U0162081

Springer Handbook of Robotics

2nd Edition

机器人手册

（原书第2版）

第2卷　机器人技术

［意］布鲁诺·西西利亚诺（Bruno Siciliano）
［美］欧沙玛·哈提卜（Oussama Khatib）　主编

于靖军　译

机 械 工 业 出 版 社

《机器人手册》（原书第 2 版）第 2 卷 机器人技术共分三篇：传感与感知、操作与交互、移动与环境。

第 3 篇传感与感知详细介绍了机器人不同的感知形态和跨时空的传感数据融合技术，主要用于生成机器人模型以及外部环境，涵盖力、触觉传感器，惯性传感器、GPS 和里程计，声呐传感器，距离传感器等常用的机器人传感器，三维视觉导航与抓取，视觉对象类识别，视觉伺服，以及多传感数据融合。

第 4 篇操作与交互讲解了与机器人操作与交互相关的技术，其中机器人操作技术主要涉及面向操作任务的运动、接触建模与操作、抓取、协同操作臂、移动操作与主动操作感知等问题；机器人交互技术重点讨论触觉技术、遥操作机器人、网络机器人等。

第 5 篇移动与环境介绍了环境建模、同步定位与建图、运动规划与避障，不同作业环境下的机器人，包括腿式机器人、轮式机器人、崎岖地形下机器人、水下机器人、飞行机器人的建模与控制，以及多移动机器人系统。

本手册可供机器人、人工智能、机械工程、自动化、计算机等领域的科研技术人员使用，也可供高等院校相关专业师生参考，还可供机器人业余爱好者阅读。

图书在版编目（CIP）数据

机器人手册：原书第 2 版. 第 2 卷，机器人技术/（意）布鲁诺·西西利亚诺（Bruno Siciliano），（美）欧沙玛·哈提卜（Oussama Khatib）主编；于靖军译. —北京：机械工业出版社，2022. 9
书名原文：Springer Handbook of Robotics 2nd Edition
ISBN 978-7-111-70858-2

Ⅰ. ①机… Ⅱ. ①布…②欧…③于… Ⅲ. ①机器人-手册 Ⅳ. ①TP242-62

中国版本图书馆 CIP 数据核字（2022）第 090423 号

机械工业出版社（北京市百万庄大街 22 号 邮政编码 100037）
策划编辑：孔 劲 王春雨 责任编辑：孔 劲 王春雨 李含杨
责任校对：郑 婕 王 延 封面设计：张 静
责任印制：刘 媛
盛通（廊坊）出版物印刷有限公司印刷
2022 年 9 月第 1 版第 1 次印刷
184mm×260mm · 40 印张 · 2 插页 · 1257 千字
标准书号：ISBN 978-7-111-70858-2
定价：239. 00 元

电话服务 网络服务
客服电话：010-88361066 机 工 官 网：www. cmpbook. com
010-88379833 机 工 官 博：weibo. com/cmp1952
010-68326294 金 书 网：www. golden-book. com
封底无防伪标均为盗版 机工教育服务网：www. cmpedu. com

译者序

机器人诞生于20世纪50年代，至今已有70多年的历史，其研究取得了巨大进展，已在制造业、服务业、国防安全和深空探测等领域得到了广泛应用。2013年，《从互联网到机器人：美国机器人路线图》预言，机器人是一项能像网络技术一样对人类未来产生革命性影响的新技术，有望像计算机一样在未来几十年里遍布世界的各个角落。21世纪的头20年，人们正在越来越深切地感受到机器人深入产业、融入生活的坚实步伐。

机器人的快速发展是多学科交叉融合的产物，机器人技术日益成熟的背后离不开全球范围内大量科学家、工程师和其他科技人员的开拓进取和通力合作。通力合作的集大成代表作之一便突出反映在2008年出版的Springer《机器人手册》上。这是一本聚集了全球机器人领域大量活跃的科学家和研究人员的集体智慧，充分反映了学科基础与前沿发展的综合文献。手册从立意到成稿，历时6年，共7篇64章，由165位作者撰写，超过1650页，内含950幅插图和5500篇参考文献。主编Siciliano和Khatib通过“学科基础层、技术层和应用层”的三层结构将这些丰富的材料有序组织成一个富有逻辑且内在统一的整体。

Springer《机器人手册》自问世以来非常成功，得到了业内的广泛好评，在机器人学领域树立起了一道丰碑。但由于机器人新的研究领域不断诞生，机器人技术更是持续推陈出新，所以又促使手册主编们着手开展手册第2版的编写工作，从2011年开始，历时5年，终于在2016年出版。

Springer《机器人手册》（原书第2版）共7篇80章，由229位作者撰写，超过2300页，内含1375幅插图和9411篇参考文献，荟萃了当今世界机器人研究和技术领域中各学科专业的最新成果。第2版手册不仅调整和增加了部分章节，而且还大幅更新和扩展了第1版手册的内容。例如，新增了16章内容，包括机器人学习（第15章）、蛇形机器人与连续体机器人（第20章）、软体机器人的驱动器（第21章）、仿生机器人（第23章）、视觉对象类识别（第33章）、移动操作（第40章）、主动操作感知（第41章）、水下机器人的建模与控制（第51章）、飞行机器人的建模与控制（第52章）、监控安保机器人（第61章）、竞赛机器人（第66章）、人体运动重建（第68章）、人-机器人增强（第70章）、认知人-机器人交互（第71章）、社交辅助机器人（第73章）、向人类学习（第74章）。对第1版手册中的部分章节进行了全面更新，如飞行机器人（第26章）、工业机器人（第54章）、仿生机器人（第75章），也对其中大部分章节进行了部分更新和拓展，具体内容可见各章。此外，还新增了数百个多媒体资源，其中的视频内容使读者能够更直观地理解书中的内容，并作为手册的全面补充。

需要说明的是，第2版手册总体上沿用了第1版手册三层七主题的组织架构，但在逻辑关系上略有调整。相对于第1版手册，第2版手册具有以下特点：①对机器人学基础的内容进行了扩展；②强化了不同类型机器人系统的设计；③扩展了移动作业机器人的内容；④丰富了各类机器人的应用。

如手册的编者所言，本手册不仅为机器人领域的专家学者而写，也为将机器人作为扩展领域的初学者（工程师、医师、设计师等）提供了宝贵的资源。尤其需要强调的是，在各篇中，第1篇的指导价值对于研究生和博士后很重要；第2~5篇对于机器人领域所覆盖的研究有着很重要的科研价值；第6和第7篇对于那些对新应用感兴趣的工程师和科学家具有较高的附加值。

为了满足不同用户的需要，将《机器人手册》（原书第2版）分为3卷，即第1卷　机器人基础（第1篇和第2篇）、第2卷　机器人技术（第3~5篇）和第3卷　机器人应用（第6篇和第7篇），力争做到深入浅出，以便于读者应用和自学。本手册可作为机器人、人工智能、机械工程、自动化和计算机等领域的科研人员、高等院校相关专业师生的参考用书，还可供机器人业余爱好者阅读。

需要说明的是，有很多人为本手册的翻译、校对工作提供了帮助。衷心感谢北京航空航天大学机械工程及自动化学院的近百名博士生、硕士生和本科生（大多数是我的研究生和授课学生）的辛苦付出。在本手册的翻译过程中参阅了《机器人手册》中文版，在此对所有译者表示感谢。另外，机械工业出版社的领导和责任编辑也为本手册付出了异常辛苦的工作，值此《机器人手册》（原书第2版）3卷本出版之际，我也向本手册的编辑，以及机械工业出版社表示诚挚的感谢！也真心希望本手册能够为中国的机器人技术发展和人才培养起到绵薄之力。

鉴于本手册内容浩瀚，而译者水平有限，错误和不妥之处在所难免，敬请读者批评指正。

于靖军

作者序一（第1版）

我对机器人的首次接触源于1964年接到的一个电话。打电话的人是Fred Terman，时任斯坦福大学教务长，同时也是享誉国际的专著——《无线电工程师手册》的作者。Terman博士告诉我，计算机科学教授John McCarthy刚刚得到一大笔科研经费，其中一部分将用于开发由计算机控制的机器人。已有人向Terman建议，如果以数学见长的McCarthy教授能够与机械设计人员一道合作开发机器人，这不失为明智之举。而我恰是斯坦福教员中从事机械设计研究的最佳人选，Terman博士因此才决定与我联系。尽管之前我们从未打过交道，而且我当时还只是个刚刚博士毕业、在斯坦福工作仅两年的助理教授。

伯纳德·罗斯（Bernard Roth）
美国斯坦福大学机械工程系教授

Terman博士的电话让我与John McCarthy和他所创建的斯坦福人工智能实验室（Stanford Artificial Intelligence Laboratory，SAIL）从此有了紧密的联系。机器人研究也成为我整个学术生涯的主体。时至今日，我依然保持着对这一方向的浓厚兴趣，无论是教学还是科研。

机器人操作的历史可以追溯到20世纪40年代后期。当时伺服控制的操作臂已被开发出来，将其与主从式操作臂连接起来，以协同处理核废料，从而保护工作人员。这一领域的发展一直延续至今。然而，在20世纪60年代初期，有关机器人的学术活动及商业活动还很少。1961年，麻省理工学院（MIT）H. A. Ernst的论文是该领域的首个学术成果，他开发了一款配有接触传感器的从动式操作臂，可以在计算机的控制下进行工作。其研究思想就是利用接触传感器中的信息来引导操作臂运动。

之后，斯坦福人工智能实验室开展了相关研究，MIT的Marvin Minsky教授也启动了类似的项目。在当时，这些研究是机器人领域屈指可数的学术探索活动，在商业操作臂方面也有一些尝试，其中的大部分与汽车行业的零件生产相关。在美国，汽车行业正在试验两种不同的操作臂设计：一个来自AMF（美国机械和铸造）公司，另一个来自Unimation公司。

此外，还出现了一些被开发为手、腿和手臂假肢的机械装置。不久之后，为了提升人类的能力，还出现了外骨骼装置。那时还没有微处理器，因此这些装置既不受计算机控制，也不受远程的所谓小型机遥控，更不用说受大型计算机控制了。

最初，计算机科学领域的部分学者认为，计算机的功能已足够强大，可以控制机械装置完美地执行各种任务，但很快发现并非如其所愿。为此，我们制订了两条技术路线并分头实施：一条路线是为斯坦福人工智能实验室开发一种特殊装置，用作硬件演示与概念验证样机，以保证刚刚起步的机器人团队开展相关试验；另一条路线则与斯坦福人工智能实验室的工作间接相关，即构建机器人学的机械科学基础。我当时有一种强烈的预感，可能会由此创建一个有意义的新学科。因此，最好着力于构建一般概念，而不专注于特定的设备开发。

幸运的是，这两条路线彼此间竟然和谐融洽地向前发展。更重要的是，学生们对这一领域的研究都很感兴趣。硬件开发为更多的基本概念提供了具体例证，同时也能不断完善相关理论。

起初，为了加速研究进程，我们购买了一款操作臂。在洛杉矶的Rancho Los Amigos医院，有人正在销售一种由开关控制的电动外骨骼操作臂，用于帮助那些臂部失去肌肉的患者。于是，我们购买了一台，并将它连接在PDP-6型分时计算机上。这套设备被命名为“奶油手指”，它成为我们实验室的第一台机器人。一些电影中所展示的视觉反馈控制、码垛任务和避障等镜头，都是由这台机器人明星来完成的。

而由我们自主设计的第一台操作臂简称为“液压臂”。顾名思义，该操作臂是由液压驱动的。当时的理念是开发一个速度很快的操作臂，为此我们设计了一种特殊的旋转式驱动器。这个操作臂工作得非常好，它也是最早研究机器人操作臂动力学分析与时间最优控制的试验测试平台。然而在当时，无论是计算能力，还是规划和传感的性能都十分有限，由于设计速度比实际要快得多，导致这项技术的应用受到了限制。

之后，我们又去尝试着开发一种真正意义的数字化操作臂，由此诞生了一种蛇形结构，并将其命名为Orm（挪威语中的蛇）。Orm由若干节组成，每节即为可膨胀的气动驱动器阵列，要么完全伸展，要么完全收缩。基本思想是，虽然Orm在其工作空间中仅能到达有限数量的位置，但如果可达的位置足够多，也可以满足要求。后来，又开发了一个小型的概念型样机Orm，但我们发现，这种类型的操作臂无法为斯坦福人工智能实验室服务。

我们实验室第一台真正的功能型操作臂是由当时的研究生Victor Scheinman设计的，即后来大获成功的“斯坦福操作臂”。目前，在一些大学、政府和工业界的实验室中，仍有十几台斯坦福操作臂被作为研究工具使用。斯坦福操作臂有6个独立的驱动关节，均由计算机控制的直流伺服电动机驱动。其中一个是移动关节，另外5个是旋转关节。

“奶油手指”的几何结构使其逆运动学的求解需要不断迭代（只有数值解），而“斯坦福操作臂”的特殊几何位形可保证其逆运动学具有解析解，可以通过编程很快求解，应用起来简单高效。不仅如此，经过特殊的机械结构设计，可以兼容分时计算机控制固有的局限性。形状不一的末端执行器可与操作臂末端相连，作为机器人手来使用。在我们设计的这个版本中，机器人手做成了夹钳的形式，由两只滑动手指组成，通过伺服驱动器驱动手指运动。因此，该操作臂的实际自由度是7，还包含一个经过特殊设计的六轴腕力传感器。Victor Scheinman之后又开发了多款机器人，都产生了重要影响：首先是一个有6个旋转关节的小型仿人操作臂，最初的设计是在MIT人工智能实验室Marvin Minsky教授的资助下完成的。Victor Scheinman后来成立了Vicarm公司。Vicarm开始只是一家小公司，专门为其他实验室研制小型仿人操作臂和“斯坦福操作臂”，后来成为Unimation公司的西海岸分部。在通用汽车公司的资助下，Victor Scheinman研制出了著名的PUMA操作臂。后来，Scheinman还为Automatix公司开发了一款全新的多机器人系统，即Robot World。在Scheinman离开Unimation公司后，他的同事Brian Carlisle和Bruce Shimano重组了Unimation公司的西海岸分部，创建了Adept公司，该公司现在已成为美国最大的装配机器人制造商。

很快，日益精益化的机械与电子设计，不断优化的软件，以及全方位的系统集成技术等已成为常态技术。现在，这些技术的集成水平可以充分反映在最先进的机器人装置中。当然，这也是mechatronic［机械电子学（又译机电一体化或电子机械学）］中的基本概念。mechatronic一词发源于日本，它是机械和电子两个词的组合体，依赖于计算机的机械电子学，正如我们今天所知的，是机器人技术的实质。

随着机器人技术在全球范围内的发展与普及，很多人开始从事与机器人相关的工作，由此也诞生了若干子学科及专业。最早出现的也是最大的一个分支是从事操作臂和视觉系统工作的群体。因为在早期，视觉系统在提供机器人周围环境的信息方面看起来比其他方法更有前途。

视觉系统通过摄像机来捕获周围物体的图像，然后使用计算机算法对图像进行分析，进而推断出物体的位置、姿态和其他特性。图像系统最初的成功主要用于解决障碍物的定位问题、物体的操作问题和读取装配工程图。人们发现，视觉用在与工厂自动化和太空探索相关的机器人系统中潜力巨大，由此促使人们开始研发软件，使视觉系统能够识别机械零件（特别对于那些部分未知的零件，如发生在所谓的“拾箱”问题中）和形状不规则的碎石。

当机器人具备了“识别”和移动物体的能力之后，下一种能力自然就是让机器人按预定的规划算法去完成一项复杂的任务，这使得规划问题研究成为机器人技术一个非常重要的分支。在已知的环境中进行相对固定的运动规划，相对而言是件比较简单的事情。然而，机器人学所面临的挑战之一是，由于误差或意外事件引起环境发生了始料未及的变化，而此时的机器人还能够识别出这种环境的变化，并且调整自身的行为。在该领域，部分开创性的研究都是在一台名为Shakey的智能车上完成的，该研究始于1966年，由斯坦福研究所（Stanford

Research Institute）（现被称为SRI）的Charlie Rosen小组负责实施。Shakey上装有一台摄像机、距离探测器、碰撞传感器，通过无线电和视频连接到DEC PDP-10和PDP-10计算机上。

Shakey是第一台可以对自己的行为进行决策的移动机器人。它利用程序获得了独立感知、环境建模并生成动作的能力：低级别的操作程序负责简单的移动、转动和路径规划；中级别的操作程序包含若干个低级别程序，可以完成稍复杂的任务；高级别的操作程序能够通过制订和执行规划来实现用户提出的高级目标。

视觉系统对导航、定位物体，以及确定它们之间的相对位置与姿态都非常有效，但当机器人应用在受到某种环境约束的场合，如装配零件或与其他机器人一道工作，这时只有视觉系统通常是不够的。由此产生了一种新的需求，即能对环境施加给机器人的力与力矩进行有效测量，并将测量结果用于控制机器人的运动。多年以来，力控制问题已成为斯坦福人工智能实验室和世界上其他几个实验室的主要研究方向之一。不过，力控制在工程实际中的应用始终滞后于该领域的研究进展，其主要原因可能在于：尽管某种高级的力控制系统对一般的机器人操作问题十分有效，但对于那些要求适应条件异常苛刻的工业环境中的特殊问题，经常只能在有限的力控制甚至没有力控制的情况下加以解决。

20世纪70年代，一些特殊场合中应用的机器人，如步行机器人、机器人手、无人驾驶汽车、多传感器融合机器人和恶劣环境作业机器人等也开始迅猛发展。今天，更是有大量的、种类繁多的与机器人相关的专题研究，其中一些发生在经典的工程学科领域，如运动学、动力学、自动控制、结构设计、拓扑学和轨迹规划等。这些学科在研究机器人之前都已经走过了一段漫长的路程，而为了发展机器人系统和应用，每个学科已成为机器人技术不断完善发展的必要环节。

在机器人学理论迅猛发展的同时，工业机器人，尽管与理论研究稍微有些分离，但也在同步迈进。在日本和欧洲，机器人商业开发的劲头十足，美国也紧紧跟进。与机器人相关的工业协会纷纷成立［日本机器人协会于1971年3月成立，美国机器人工业协会（RIA）于1974年成立］，并定期举办贸易展和以应用为导向的技术会议。其中最具影响力的有国际工业机器人研讨会（ISIR）、工业机器人技术会议［现在称为工业机器人技术国际会议（ICIRT）］、RIA年度贸易展（现在称为国际机器人与视觉展会）。

首个定期的系列会议于1973年在意大利乌迪内召开，会议主要是交流机器人学研究领域各方面的进展，与工业界关系不大，由国际机械科学中心（ICSM）与国际机构与机器理论联合会（IFToMM）共同赞助（尽管IFToMM仍在使用，但该组织现已更名为国际机构与机器科学联合会）。该会议全称为“机器人和操作臂理论与实践研讨会（RoManSy）”，其主要特色是强调机械科学，来自东欧、西欧、北美和日本的科研人员积极交流、分享成果。会议现在依然每年举办两次。在我的记忆里，好像就是在RoManSy会议中首次遇到了本手册的两位主编：1978年遇到了Khatib博士，1984年遇到了Siciliano博士。他们当时还都是学生：Bruno Siciliano已经攻读博士学位差不多一年了，Oussama Khatib那时刚刚完成他的博士学位论文答辩。每次邂逅都一见如故！

RoManSy之后，机器人领域又诞生了一些新的会议和研讨会。如今，每年在世界各地举办多场以研究为导向的机器人会议。其中，规模最大的会议要属可吸引超过上千位参会者的IEEE机器人与自动化国际会议（ICRA）。

20世纪80年代初，Richard P. Paul撰写了美国第一部有关机器人操作的教材《机器人操作臂：数学、编程与控制》（MIT出版社，1981）。在该书中，作者将经典力学的理论应用到了机器人学领域。此外，书中的部分主题取材于他在斯坦福人工智能实验室的学位论文（在该书中，许多例子都基于Scheinman的“斯坦福操作臂”）。Paul的教材是美国的一个里程碑事件，它为未来几本有影响力的教材撰写开创了一种范式；更为重要的是，激励众多的大学与学院开设了专门的机器人学课程。

大约在同一时间，一些新的期刊开始创刊，主要刊登机器人相关领域的论文。在1982年的春天，*International Journal of Robotics Research* 创刊；三年之后，*IEEE Journals of Robotics and Automation*（现为 *IEEE Transactions on Robotics*）创刊。

随着微处理器的普及，关于什么是机器人或什么不是机器人的问题逐渐凸显出来。在我的脑海里，这个争论好像从来没有停止过，我认为永远也不会找到一个能得到普遍认可的定义。当然，还存在着科幻小说中所描绘的各种各样的外太空生物，以及戏剧、文学作品和电影中所塑造的形态各异的机器人。早在工业革命之前，就有一些想象中的类似机器人的生物，但实际的机器人又会是什么样的呢？我的观点是，机器人的定义实质上就是一个随着科技进步而不断改变其特征的“移动靶”。例如，陀螺仪自动罗盘刚开始用在船上时，被当作是一个机器人，而现在呢，当我们罗列现存于这个星球中的机器人时，它通常不包括在内，它已经降级，现在被看作是一种自动控制装置。

很多人认为，机器人应该包含多功能的含义，即意味着在设计和制造时就具备了容易适应或通过重新编程以完成不同任务的能力。理论上讲，这种想法应该不难实现，但在实际应用中，大多数的机器人装置都只能在非常有限的领域内实现所谓的多功能。人们很快发现，在工业领域，一台具有特定功能的机器，其性能通常要比一台多功能机器好得多，当生产量足够高的时候，一台具有特定功能的机器的制造成本也会比一台多功能机器低。因此，人们开发了很多可以实现特种功能的机器人，如用于喷漆、铆接、零部件装配、压装、电路板填充等方面。有时，机器人被用于如此专一的应用场合，以至于很难划清一台所谓的机器人与一条自动化流水线之间的界限。人类理想中的机器人应该是能做“所有事”的万能机器，但许多机器人的实际情况则恰好与之相反。这种专一用途的机器人由于可以大批量销售，价格也会相对便宜。

我认为，机器人的概念应与在特定时间内哪些活动与人相关，以及哪些活动与机器相关联系起来。如果一台机器能够完成我们通常和人联系在一起的工作时，这台机器就可以在定义上被提升为机器人的范畴。过了一段时间，人们习惯于这件工作由机器来完成了，这个装置就从“机器人”降为“机器”的范畴。相对而言，那些没有固定基座，或者具有手臂及腿状部件的机器更有可能被称为机器人。总之，很难让人想到一套始终如一的定义标准，并适合目前所有的命名习惯。

事实上，任何机器，包括我们熟悉的家用电器，用微处理器来控制其动作的都可以被认为是机器人。除了真空吸尘器，还有洗衣机、冰箱和洗碗机等，都可以很容易地当作机器人被推向市场。当然，还有更多，包括那些具有对环境感知反馈和决策能力的机器。在实际中，那些被看作是机器人的装置，其中传感器的数量和决策能力差异显著，由很大、很强到几乎完全没有。

在最近的几十年里，对机器人的研究已经由一个以机电一体化装置研究为中心的学科扩展为一个宽泛得多的交叉性学科，被称作以人为本的机器人尤其如此。在该研究领域中，人们正在研究人与智能机器之间的相互作用，这是一个正在快速发展的前沿领域。其中，对机器人与人之间相互作用的研究已经吸引了来自传统机器人研究领域以外的专家学者参与。人们正在研究一些诸如人与机器人情感之类的概念，而一些像人体生理学和生物学等的传统领域正逐渐成为主流的机器人研究方向。通过这些研究活动，不断地将新的工程与科学引入机器人的研究中，从而大大丰富了机器人学的研究范畴。

最初，稚嫩的机器人界主要关注如何让机器去工作。对于那些早期的机器人装置，人们只关注它们能不能工作，而很少去在意它们的性能。现在，我们拥有大量精密、可靠的装置，使之成为现代机器人系统的一部分。这一进步是全世界千百万人智慧的结晶，这些工作很多都是在大学、政府的研究实验室和企业里完成的，这一成就创造了包含在本手册64章㊀中的大量信息，这是全世界工程界和科学界的一笔财富。显然，这些成果并非出自于任何一个国家规划或一个整体有序的计划。因此，本手册的主编所面临的任务十分艰巨，即如何保证将这些材料组织成一个富有逻辑而且内在统一的整体。

主编将内容分为三层结构：第一层主要阐述学科基础。该层由9章组成，详细讲述了运动学、动力学、自动控制、机构学、总体架构、编程、推理和传感，这些都是进行机器人研究与开发的学科基础。

第二层包含四个部分。第一部分阐述了机器人的结构，包括手臂、腿、手及其他大多数机器人共有的部件。乍一看，手臂、腿和手这些硬件可能相互之间差异很大，但它们之间存在共性，能够用相同的或接近的、在第一层中描述过的原理去分析。第二部分涉及传感与感知，这是任一真正自主机器人系统所必备的基本能力。如前所述，许多所谓的机器人实际上只具备上述的部分能力，但很显然，更先进的机器人离不开它们，而且总体趋势是将这些能力赋予机器人。第三部分主要讲述与操作和接口技术相关的主题。第四部分由8章组成，主要介绍移动机器人和不同形式的分布式机器人。

第三层由两部分共22章组成，涉及当今机器人前沿研究及开发的高级应用。一部分涉及野外与

㊀ 指本手册第1版，译者注。

服务机器人，另一部分讲述以人为本和类生命机器人。对于大部分读者，不妨认为这些章节即代表着现代机器人的全部。尽管如此，还要必须意识到，这些非同寻常的应用如果没有前两层所介绍的理论和技术基础，就很可能不复存在。

正是这种理论与实践的有机结合促成了机器人学的飞速发展，并成为现代机器人的一种标志。对于我们当中那些拥有机会同时从事机器人研究和开发的同行而言，这已成为了个人成就之源。本手册很好地反映了本学科在理论与实践中的互补性，并向人们展现了近五十年来累积而成的大量研究成果。有理由相信，本手册的内容将作为有价值的工具和向导，引导人们发明出更有竞争力和多样化的新一代机器人！

向本手册的主编和作者致以衷心的祝贺和敬意！

伯纳德·罗斯（Bernard Roth）
美国斯坦福大学
2007年8月

作者序二（第1版）

翻开本手册，纵观其中全部64章[1]的丰富内容，我们不妨从个人的视角，对机器人学在基础理论、发展趋势及关键技术等方面的进展进行一个概述。

现代机器人学大约开始于20世纪50年代，并沿两个不同的路线向前发展。

首先，让我们了解一下操作臂可能涉及的应用范围。从对遭受辐射污染产品的遥操作机器人到工业机器人，无不包含在其中。而这之中，最具标志性的产品是UNIMATE，意为通用操作臂。相关工业产品的开发，也大多围绕6自由度串联操作臂来进行，将机械工程与自动控制有机结合，成为机器人发展的主要驱动力。当今特别值得关注的是，通过运用复杂但功能强大的数学工具，我们在新颖的结构优化设计方面所付诸的努力终于获得了回报。与之类似，为了研制出新一代的认知型机器人，涉及机器人的手臂和手的设计与开发问题变得越来越重要。

其次，还未被人类充分认识但我们应该清楚的是涉及人工智能相关主题的研究。在该领域中，最具里程碑意义的项目是斯坦福国际开发的移动机器人Shakey。这项旨在通过集成计算机科学、人工智能和应用数学等知识来研发智能机器人的工作，作为一个子领域至今已经有很长一段时间了。20世纪80年代，通过开展包括从极端环境（如星际、南极探测等）的漫游机器人到服务机器人（如医院、博物馆导游等）等个案研究，研究力度和范围不断加大，日趋奠定了智能机器人的地位。

因此，机器人学的研究可以将这两个不同的分支有机地联系起来，将智能机器人按照一种纯粹的计算方式界定为有限的理性机器。这是在20世纪80年代对第三代机器人定义的基础上所做的扩展，原定义为“（机器人）是一台在三维环境中运行的机器，通过智能将感知和行为联系在一起，具有理解、推断并执行某项任务的能力。”

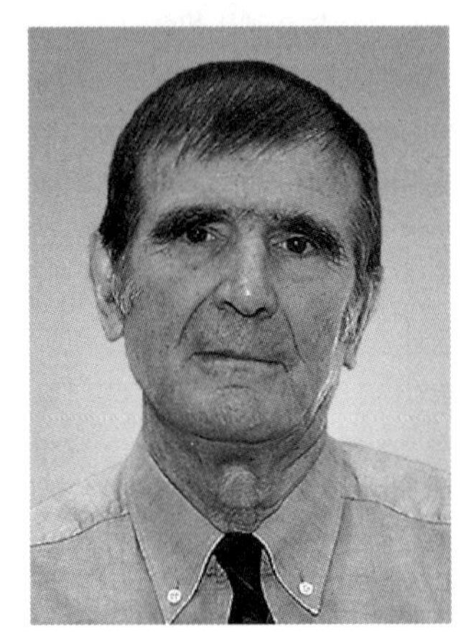

乔治·吉拉特（Georges Giralt）
法国图卢兹LAAS-CNRS中心主任

作为一个被广泛认可的测试平台，自主机器人领域最近从机器人设计方面的突出贡献中受益良多，而这些贡献是通过在环境建模和在机器人定位上运用几何算法及随机框架方法（SLAM，同步定位与建图），以及运用贝叶斯估计与决策方法所带来的决策程序的进展等共同取得的。

20世纪90年代，机器人学研究的重心已放在了智能机器人上。在这样一个覆盖了先进传感与感知、任务推理与规划、操作与决策自主性、功能集成架构、智能人机接口、安全性与可靠性等研究范畴的主题下，将机器人与通用的机器智能研究紧密结合起来。

对于第二个分支，多年来被认为是非制造机器人学的范畴，涉及大量有关现场、服务、辅助，以及后来的个体机器人的、以研究为驱动的真实世界的案例。这里，机器智能是各个主题的中心研究方向，使机器人能够在以下三个方面有所作为：

1）作为人类的替代者，尤其能在远程或恶劣环境中工作。

2）扩展协作型机器人或以人为本机器人的应

---

[1] 指本手册第1版，译者注。

用，使之能与人类近距离交互，并在人类环境中进行作业。

3）与用户紧密协同，从机械外骨骼辅助、外科手术、保健和康复扩展到人类丰胸。

总之，在千年之交，机器人学已成为一个广泛的研究主题。不仅有工程化程度很高的工业机器人产品，也有大量在危险环境中运行的面向不同领域的应用案例，如水下机器人、复杂地形（火星）漫游车、医疗/康复机器人等。

机器人学的发展首先依赖于理论研究，目前正从应用领域向技术及科学领域转移。本手册的组织构架很好地阐释了这三个层次。此外，为了研发出未来的认知型机器人，除了大量的软件系统，人们还需要考虑与人友好交互环境中所需的各种物理单元及新部件，包括腿、手臂和手的设计。

在2000—2010年的这十年中，处于学科前沿的机器人学取得了突出的进展，主要表现在以下两个方面：

1）中短期面向应用的个案研究。

2）面向中长期的通用研究。

为了完整起见，我们还需要提到大量外围的、激发机器人灵感的主题，通常涉及娱乐、广告和精致玩具等。

助友型机器人的前沿研究包括了大量应用领域，其中机器人（娱乐、教育、公共服务、辅助和个人机器人等）在人类环境或与人类密切相关的环境中工作，势必涉及人机交互等关键性问题。

正是在这个领域的核心，出现了个体机器人的前沿研究方向。在这里我们着重强调其三个一般特征：

1）可能由非专业使用者来操作。

2）可能与使用者共同完成较高层次的决策。

3）它们可能包含与环境装置、机器附件、远程系统和操作者的联系；其中隐含的共同决策自主概念意味着有一系列新的研究课题和伦理问题有待解决。

个体机器人的概念，正扩大为机器人助手和万能“伴侣”，对于机器人学来说确实是一项重大的挑战。机器人学作为科学和技术领域的一个重要分支，提供了在中长期对社会和经济可能产生重大影响的若干新观念。例如（主要是认知方面的研究主题），可协调的智能人机交互、感知（场景分析、种类识别）、开放式学习（了解所有的行为）、技能获取、机器人世界的海量数据处理、自主决定权和可信赖性（安全性、可靠性、通信和操作鲁棒性）等。

上面提到的两种方法具有明显的协同性，尽管架构之间可能存在差异。科学联系不仅将问题与取得的成果结合在一起，更有积极意义的是两者交互带来的和谐交互与技术进步。

事实上，这些研究与应用领域的发展离不开当前知识爆炸时代各种实用技术的支持，如计算机处理能力、通信技术、计算机网络、传感装置、知识检索、新材料、微纳米技术等。

今天，展望不远的将来，我们不仅要面对与机器人相关的各种建设性议题及观点，同时也必须对相关的批评性意见与隐含的风险做出回应。这种风险主要表现为，有人担心机器人在与人类接触的过程中，可能会实施一些不可控或不安全的行为。因此，必然会存在一个非常明确的课题需求，即研究机器人安全性、可靠性及其相应的系统约束问题。

《机器人手册》的出版非常及时，其中的内容也十分丰富，165位作者归纳总结的大量难题、问题等分布在全书的64章中。就其本身而言，它不仅是本领域世界各地研究成果的一个有效展现，而且为读者提供了大量的观点和方法。它确实是一本可以带来科技进步的重要工具书，而更为重要的是，它将为机器人学在千禧年之后的20年中的研究提供方向，使之成为机器智能领域的核心学科。

乔治·吉拉特（Georges Giralt）
法国图卢兹
2007年12月

作者序三（第1版）

机器人学领域诞生于20世纪中叶，当时新兴的计算机正在改变科学与工程的每一个领域。机器人学研究经历了不同的阶段：从婴儿期、童年期到青春期，再到壮年期，已经完成了快速而健康的成长，现已逐渐成熟，并有望在未来提升人们的生活质量。

井上博允（Hirochika Inoue）
日本东京大学教授

在机器人学发展的婴儿期，人们认为其核心是模式识别、自动控制和人工智能。面对这些挑战，该领域的科学家和工程师齐聚一堂，共同探索全新的机器人传感器和驱动器、规划和编程算法，以及连接各组件的最优结构。在此过程中，他们发明了在现实世界中可以与人进行交互的机器人。早期的机器人学研究专注于手-眼系统，同时也可作为研究人工智能的试验平台。

童年期机器人的活动场地主要是工厂。工业机器人研发出来后，就将其应用到工厂，用于自动喷涂、点焊、打磨、物料处理和零件装配。拥有传感器和记忆功能的机器人使工厂车间变得更加智能，也使机器人的操作变得更加柔性化、可靠和精确。这种机器人自动化将人类从繁重乏味的体力劳动中解放出来，汽车、电器和半导体行业迅速将其传统的生产线重构成机器人集成系统。英文单词“mechatronics（机械电子学）”（又称“机电一体化”“电子机械学”）最早是由日本人在20世纪70年代末提出来的，它定义了一种全新的机械概念。其中，电子和机械系统有机融合在一起，使一系列工业产品的结构更简单、功能更强大，并可编程和智能化。机器人学和机械电子学无论对制造工艺的设计和操作，还是产品的设计都产生了积极的影响。

随着机器人学进入青春期，研究者开始雄心勃勃地探索新的领域。运动学、动力学和系统控制理论变得更加精妙，同时也被应用于相对复杂的机器人机构中。为了规划和完成真正的任务，机器人必须具备认知周围环境的能力。视觉系统作为外部感知的主要途径，同时作为机器人了解其所处外部环境的最常用、最有效的手段，已成功地研发出来。各种高级算法和精密装置进一步提高了机器人视觉系统的速度及鲁棒性。与此同时，对触觉传感器和力传感系统也提出了需求，只有将上述传感器配备齐全，机器人才能更好地操控对象；在建模、规划、认知、推理和记忆方面的研究进一步提升了机器人的智能属性。因此，机器人学也逐渐被定义为“对传感与驱动之间进行智能连接的研究”。这种定义覆盖了机器人学的所有方面：三大科学内核和一个集成它们的综合性方法。事实上，正是系统集成技术使类生命机器的发明成为可能，后者已经成为机器人领域中一个关键性议题。发明类生命机器人的乐趣同时也强烈吸引了众多学生投身到机器人学领域。

随着机器人学的进一步发展，如何理解人类成为一个新的科学性议题，并引起众多学者的研究兴趣。通过对人与机器人的比较性研究，学者在人体功能的科学建模方面开辟出了一条新路。认知机器人、类生命行为、受生物激发灵感的机器人和机器人生理心理学方法等方面的研究，充分让人们认识到机器人的未来潜能有多么大！一般来说，在科学探索中不太容易找到一个不太成熟的研究领域，而20世纪八九十年代的机器人学正处于这样一个年轻的不成熟阶段，它吸引了大量充满好奇心的研究者进入这个新的前沿领域，他们对该领域持之以恒的探索，形成了这本富含科学内涵的综合性手册。

伴随着对机器人学科前沿知识的掌握，进一步的挑战为我们打开了将成熟的机器人技术应用于实际的大门。早期机器人的活动空间是工业机器人的舞台，而内科机器人、外科机器人、活体成像技术为医生做手术提供了强有力的工具，也使许多病人免于病痛的折磨，人们期望诸如康复、卫生保健、健康福祉领域的新型机器人能够改善老龄人的生活质量。机器人必将遍布世界的每一个角落：或者天上，或者水下，或者太空中。人类希望能和机器人协同工作，无论在农业、林业、矿业、建筑业，还是危险环境及救援中，并认识到机器人在家务、商店、餐馆、医院服务中也大有用武之地。机器人可以以各种方式助力我们的生活，但目前来看，机器人的主要应用仍限定在结构化的环境中，出于安全考虑，机器人与人是相互隔离的。下一个阶段，机器人所处的环境需要扩展到非结构化环境中，其中人作为享受服务的对象，要与机器人一起工作和生活。在这样的环境中，机器人需要配备更高性能的传感器，更加智能化，具有更好的安全性，以及更强的理解人类的能力。为了找到研制上述机器人的妙方，不仅必须考虑技术上的问题，还必须考虑可能带来的社会问题。

自从我最初的研究——让机器人变成一个“怪人”，到现在已经过去了四十年。作为机器人学完整成长历程的见证者之一，我由衷地感到幸运和幸福！机器人学诞生伊始，便从其他学科引进了基础技术，但苦于没有现成的教科书和手册。为达到目前的这个阶段，许多科学家和工程师须不断面临着新的挑战，在推动机器人学向前发展的同时，他们从多维度的视角丰富了知识本身。所有努力的成果都已经编入这本《机器人手册》中了，这本出版物是百余位国际级领军的专家和学者协同工作的成果。现在，那些希望投身于机器人学研究的人们可以找到建构自己知识体系的坚实基础了。这本手册必将对促进机器人学的进步，强化工程教育与系统的知识学习有所帮助，并促进社会与工业创新。

在老龄化社会中，人与机器人的角色是科学家和工程师们需要考虑的一个重要议题。机器人能够对捍卫和平、促进繁荣和提高生活质量做出贡献吗？这是一个悬而未决的问题。然而，个体机器人、家用机器人与仿人机器人的最新进展表明，机器人正从工业领域向服务业转移。为了实现这种转移，机器人学就不能回避这样的现实，即机器人学基础中还应包括社会学、生理学、心理学、法律、经济、保险、伦理、艺术、设计、戏剧和体育科学等。因此，将来的机器人学应该作为包含人类学和技术的一门交叉性学科来研究。本手册有选择地提供了推进机器人学这个新兴科学领域的若干技术基础知识。我衷心地期待机器人学持续向前发展，不断促进未来社会的繁荣与进步！

井上博允（Hirochika Inoue）
日本东京
2007年9月

作者序四（第1版）

机器人已经让人类痴迷了数千年。在20世纪之前制造的那些机器人并没有将感知和动作联系起来，只是通过人力或作为重复机器来操纵。直到20世纪20年代，当电子学登上历史舞台后，才出现了第一台真正能够感知环境并正常工作的机器人；20世纪50年代，人们开始在一些主流期刊上看到了对真正机器人的描述；20世纪60年代，工业机器人开始进入人们的视野。商业上的压力迫使机器人对环境变得越来越不敏感，但在它们自己的工程世界中，速度却变得越来越快；20世纪70年代中期，机器人再一次出现在法国、日本和美国的少数科研实验室中；今天，我们迎来了一个全球性的研究热潮和遍布世界的智能机器人的蓬勃发展。本手册汇集了目前机器人学各个领域的最新研究进展：涉及机器人机构、传感和认知、智能、动作及其他许多应用领域。

罗德尼·布鲁克斯（Rodney Brooks）
麻省理工学院机器人学教授

我非常幸运地成为过去30年来这场机器人研究大潮之中的一员。在澳大利亚，当我还是一个懵懂顽童的时候，受1949年和1950年Walter在《科学美国人》中所描述的乌龟的启发，制作了一个小小的机器人玩具。1977年，当我抵达硅谷时，恰好是计算个性化开始发展的时候，我的研究反而转向了希望更为渺茫的机器人世界。1979年，我成为斯坦福人工智能实验室Hans Moravec教授的助手。当时他正在绞尽脑汁地让他的机器人（Cart）在6h之内行驶20m，而在26年之后的2005年，在同一个实验室，Sebastian Thrun和他的团队已经可以让机器人在6h之内自动行驶200km了。在仅仅26年间速度竟提高了4个数量级，比每两年翻一番的速度还快！更为重要的是，机器人不仅在速度上得到了提升，在数量上也大大增加了。我在1977年刚到斯坦福人工智能实验室时，世界上只有3台移动机器人。最近，我投资建立的一家公司，已经生产了第300万台移动机器人，并且步伐还在加快。机器人的其他领域也有类似惊人的发展，简直难以用简单的数字来描述。以前，机器人无法感知周围环境，所以人与机器人近距离一起工作非常不安全，而且机器人也根本意识不到人的存在，但近些年来，人们逐渐放弃传统机器人的研究，开始研发可以从人的面部表情和声音韵律中领悟其要义的机器人。最近，机器人已经跨越了肉体和机器的界限，我们现在看到这样一类神经机器人，包括假肢机器人，以及专门为残疾人设计的康复机器人等。机器人俨然成为认知科学和神经科学研究的重要贡献者。

本手册提供了众多推动机器人重大进步的关键思想。参与和部分参与此项工作的主编们和所有的作者将这些知识汇集起来，完成了这项一流的工作，将为机器人的进一步研发提供基础。谢谢你们，并祝贺所有在这项工作中付出劳动的人们！

在未来机器人的研究中，有些将是渐进式的，可通过继承和改善现有技术不断进步；而其他方面则需要一些颠覆性的研究，其研究基础可能会与传统观念和本手册所述的若干技术背道而驰。

当你读完本手册，并通过自己的才华和努力找到一些研究领域，为机器人研究做出贡献时，我想提醒你，如我一贯所相信的那样，能力与灵感会让机器人变得更加有用、更加高产、更容易被接受。我将这些能力按照一个孩子拥有同等能力时的年龄来描述：

1）一个两岁孩子的物体认知能力。

2）一个四岁孩子的语言能力。

3）一个六岁孩子的灵巧操作能力。

4）一个八岁孩子的社会理解能力。

让机器人达到上述每一种能力的要求都是相当困难的事情。即便如此，以上任何一个目标上的微小进步都会使机器人在外部世界中即刻得到应用。当你希望对机器人学有所贡献时，请好好阅读本手册并祝你好运！

罗德尼·布鲁克斯（Rodney Brooks）
麻省理工学院
2007年10月

第2版前言

经过2002—2008年为期六年的不懈努力，Springer《机器人手册》终于出版，这是一本聚集大量活跃的科学家和研究人员的集体智慧，充分反映学科基础与前沿发展的独特的综合参考资料。本手册自出版以来非常成功，受到业内的广泛好评。不断有新的研究人员被机器人技术吸引进来，同时为机器人学这一跨学科领域的进一步发展做出贡献。

手册出版之后，很快就在机器人学领域树立起一座丰碑。在过去的七年中，它一直是Springer所有工程书籍中的畅销书，章节下载量排名第一（每年将近4万）。2011年，在所有Springer图书中下载量排名第四。2009年2月，手册被美国出版商协会（AAP）授予PROSE杰出物理科学与数学奖及工程与技术奖。

机器人领域的快速发展以及不断诞生的新研究领域，促使我们于2011年着手第2版的撰写工作，其目的不仅是更新原手册内容，还包括对已有内容的扩展。编辑委员会（David Orin、Frank Park、Henrik Christensen、Makoto Kaneko、Raja Chatila、Alex Zelinsky和Daniela Rus）在过去的四年中积极热心地协调着作者，并将手册的组织架构分为三大部分7个主题（即7篇内容），通过内容重组以实现4个主要目标：

1）对机器人学基础内容进行扩展。

2）强化各类不同机器人系统的设计。

3）扩展移动机器人方面的内容。

4）丰富各类现代机器人的应用。

这样，不仅对第1版中全部64章进行了修订，还针对新的主题增加了16章内容，新一代的作者也加盟到手册的创作团队中。手册主体内容在2015年春季完成后，又经过广泛的审查和反馈后，2015年秋正式完工。此时，记录在我们文件夹中的往返电子邮件已从第1版时的10000个又创纪录地增加了12000多个。其成果同样令人震撼：整个手册内容包括7篇80章，由229位作者撰写，超过2300页，内含1375幅插图和9411篇参考文献。

第2版中还有一个主要新增的内容，即多媒体资源，并专门为此成立了一个编辑小组，由Torsten Kröger牵头，Gianluca Antonelli、Dongjun Lee、Dezhen Song和Stefano Stramigioli也参与其中。在这样一群充满活力的年轻学者的努力下，多媒体项目与手册项目齐头并进。多媒体编辑团队根据（各章）作者的建议，如他们对视频质量的要求和与本章内容的相关性，为每一章精心选择视频。此外，手册的责任编辑还专门制作了教程视频，读者可以直接从手册的每篇导读部分进行访问，为此还创立了一个开放的多媒体网站，即http://handbookofrobotics.org，这些视频由IEEE机器人与自动化学会和Google共同管理。该网站已经被看作是一项传播性项目，反映最新的机器人技术对国际社会的贡献。

我们对手册扩展小组的成员，特别是项目中新人的不懈努力深表感谢！还想对Springer公司的Judith Hinterberg、Werner Skolaut和Thomas Ditzinger的大力支持，以及Anne Strohbach和le-tex公司员工非常专业的排版工作表示感谢和赞赏。

在《机器人手册》（第1版）出版八年后，它的第2版与读者见面，这已经完全超越了手册对机器人这个群体本身的价值。我们深信，本手册将继续吸引新的研究人员进入机器人领域，并作为激发灵感的有效资源，在这个引人入胜的领域中蓬勃发展。自手册第1版创作团队成立以来，合作精神不断激励着我们这个团队。在《手册——简史》（VIDEO 844）中有趣地记录了这一点。手册第2版的完成同样受到了相同的精神鼓舞，并让我们坚持不懈;-）现在提醒机器人团队的同仁保持;-）。

意大利那不勒斯　布鲁诺·西西利亚诺
（Bruno Siciliano）
美国斯坦福大学　欧沙玛·哈提卜
（Oussama Khatib）
2016年1月

多媒体扩展序

在过去的十年中，机器人技术领域的科学与技术加速发展。2011 年，Springer《机器人手册》（第 2 版）启动之初，主编 Bruno Siciliano 和 Oussama Khatib 决定增加多媒体资源，并任命了一个编辑团队，Gianluca Antonelli、Dongjun Lee、Dezhen Song、Stefano Stramigioli 和我本人作为多媒体的责任编辑。

在该项目实施的五年中，团队中的每个成员与所有 229 位作者，各篇与各章的责任编辑协同工作。此外，还组成了一个由 80 人组成的作者团队，帮助审查、选择和改进所有视频内容。

我们还翻阅了自 1991 年以来由 IEEE 机器人与自动化学会组织的机器人学会议上发布的所有视频；总共往来发送了 5500 多封电子邮件，以协调项目并确保内容质量。我们开发了一个视频管理系统，允许作者上传视频，编辑查看视频，而读者可以访问视频。视频选用的主要原则是能将内容有效传达给第 2 版的所有读者，这些视频可能与技术、科学、教育或历史有关。所有的章节和篇视频都可公开访问，并通过以下网址访问：

http://handbookofrobotics. org

除了各章中引用的视频，全部 7 篇的各篇篇首也都附有一个教程视频，用于对该篇内容进行概述。这些故事版本的视频由各篇的责任编辑创建，然后由专业人士制作。

多媒体扩展中提供的视频内容作为手册的全面补充，可使读者更容易理解书中内容。书中描述的概念、方法、试验和应用以动画、视频并配以音乐和解说的形式展现，以使读者对本书的书面内容有更深入的理解。

协调 200 多名贡献者的工作不能仅仅由一个小团队来完成，我们非常感谢许多人和组织所给予的大力支持！海德堡 Springer 团队的 Judith Hinterberg 和 Thomas Ditzinger 在整个制作阶段为我们提供了专业支持；用于智能手机和平板计算机的应用 App 由 StudioOrb 公司的 Rob Baldwin 完成，可使读者轻松访问这些多媒体内容。IEEE 机器人与自动化学会授权使用已发布在该学会主办的会议系统中的所有视频。Google 和 X 公司通过捐赠支持网站的后端维护。

跟随编辑们的灵感，让我们作为一个集体继续工作和交流！并团结一致！

美国加利福尼亚州山景城　托尔斯腾·克洛格（Torsten Kröger）

2016 年 3 月

如何访问多媒体内容

多媒体内容是 Springer《机器人手册》（第 2 版）不可或缺的一部分，如第 69 章[1]包含如下视频图标：

VIDEO 843

每个图标表示一个视频 ID，可通过网络连接，以简单、直观的方式访问其中的每个视频。

1. 多媒体 App 的使用

我们建议用智能手机和平板计算机访问多媒体 App。你可以使用下面的二维（QR）码在 iOS 和 Android 设备上安装此应用程序。该应用程序允许你简单地扫描书中的以下页面，便可以在阅读正文时自动在设备上播放所有视频。

多媒体内容

2. 网站的使用（http://handbookofrobotics.org）

各章视频和每篇的篇首视频都可以直接从网站中的“多媒体扩展（multi-media extension）”进行访问。只需要在网站右上方的搜寻栏中输入视频 ID 即可，也可以用网站浏览各章节视频。

3. PDF 文件的使用

如果你想阅读该手册的电子版本，则每个视频图标都包含一个超链接，只需要单击链接即可观看相应的视频。

4. QR 码的使用

每章均以 QR 码开头，其中包含指向该章所有的视频链接。篇视频可以在每篇的开篇部分通过 QR 码访问。

[1] 见《机器人手册》（原书第 2 版）第 3 卷 机器人应用，译者注。

主编简介

布鲁诺·西西利亚诺（Bruno Siciliano），那不勒斯大学自动控制与机器人学教授，1987 年毕业于意大利那不勒斯大学，获电子工程博士学位。主要研究方向包括力控制、视觉伺服、协作机器人、人机交互和飞行机器人。合著出版专著 6 本，发表期刊、会议论文及专著章节 300 余篇，被世界多家机构邀请，发表了 20 多场主题演讲，参加了 100 多场座谈会和研讨会。IEEE、ASME 和 IFC 会士，Springer“高级机器人技术系列图书”与 Springer《机器人手册》主编，后者荣获 PROSE 杰出物理科学与数学奖和工程与技术奖；曾担任众多核心期刊的编委会委员，多家知名国际会议的主席或联席主席。IEEE 机器人与自动化学会（RAS）前任主席，获荣誉多项，包括 IEEE RAS George Saridis 领袖奖和 IEEE RAS 杰出服务奖等。

欧沙玛·哈提卜（Oussama Khatib），斯坦福大学计算机科学教授，1980 年毕业于法国图卢兹高等航空航天研究所，获电气工程博士学位，主要研究以人为本的机器人设计和方法，包括仿人控制架构、人体运动合成、交互式动力学仿真、触觉交互和助友型机器人设计等。合著发表期刊、会议论文及专著章节 300 余篇，被世界多家机构邀请，发表了 100 多场主题演讲，参加了数百场座谈会和研讨会。IEEE 会士，Springer“高级机器人技术系列图书”与 Springer《机器人手册》主编，后者荣获 PROSE 杰出物理科学与数学奖和工程与技术奖。曾担任众多核心期刊的编委会委员，多家知名国际会议的主席或联席主席，国际机器人学研究基金会（IFRR）主席，获荣誉多项，包括 IEEE RAS 先锋奖、IEEE RAS George Saridis 领袖奖、IEEE RAS 杰出服务奖，以及日本机器人协会（JARA）研究与开发奖。

篇主编简介

戴维・E. 奥林
(David E. Orin)

美国哥伦布 俄亥俄州立大学
电气与计算机工程系
orin. 1@ osu. edu

第 1 篇

David E. Orin，1976 年获得俄亥俄州立大学电气工程博士学位。1976—1980 年，在凯斯西储（Case Western Reserve）大学任教；1981 年以来，在俄亥俄州立大学任教，现为电气与计算机工程荣誉教授；于 1996 年在桑地亚国家实验室担任休假教授。主要研究兴趣集中在仿人与四足机器人的奔跑和动态行走、腿部运动机动性和机器人动力学，发表论文 150 余篇。他对教育的贡献使其获得俄亥俄州立大学 Eta Kappa Nu 年度最佳教授奖（1998—1999 年）和工程学院 MacQuigg 杰出教学奖（2003 年）。IEEE 会士（1993 年），曾担任 IEEE 机器人与自动化学会主席（2012—2013 年）。

朴钟宇
(Frank Chongwoo Park)

韩国首尔 首尔国立大学机械与航空航天工程系
fcp@ snu. ac. kr

第 2 篇

Frank Chongwoo Park，1985 年获得麻省理工学院电气工程学士学位，1991 年获得哈佛大学应用数学博士学位。1991—1995 年，担任加利福尼亚大学尔湾分校机械与航天工程助理教授；1995 年以来，担任韩国首尔国立大学机械与航空航天工程教授。研究方向主要包括机器人机构学、规划与控制、视觉与图像处理。2007—2008 年，荣获 IEEE 机器人与自动化学会（RAS）杰出讲师。Springer《机器人手册》、Springer“高级机器人技术系列图书”、*Robotica* 和 *ASME Journal of Mechanisms and Robotics* 编委；IEEE 会士，IEEE Transactions on Robotics 主编。

亨里克・I. 克里斯滕森
(Henrik I. Christensen)

美国亚特兰大 佐治亚理工学院
机器人学与智能机器实验室
hic@ cc. gatech. edu

第 3 篇

Henrik I. Christensen，佐治亚理工学院机器人学系主任，兼任 KUKA 机器人总监。分别于 1987 年和 1990 年获得丹麦奥尔堡大学硕士和博士学位，曾在丹麦、瑞典和美国任职，发表了有关视觉、机器人学和 AI 领域学术论文 300 余篇，其成果通过大型公司和六家衍生公司得到了商业化应用。曾在欧洲机器人学研究网络（EURON）和美国机器人学虚拟组织中担任要职，也是《美国国家机器人路线图》的编辑。国际机器人研究基金会（IFRR）、美国科学促进会（AAAS）、电气与电子工程师协会（IEEE）会士，Springer“高级机器人技术系列图书”和多个顶级机器人期刊编委。

金子真人
(Makoto Kaneko)
日本吹田 大阪大学机械工程系
mk@mech. eng. osaka-u. ac. jp

第 4 篇

Makoto Kaneko，分别于 1978 年和 1981 年获得东京大学机械工程硕士和博士学位；1981—1990 年，担任机械工程实验室研究员；1990—1993 年，任九州工业大学副教授；1993—2006 年，任广岛大学教授，并于 2006 年成为大阪大学教授。主要研究兴趣包括基于触觉的主动感知、夹持策略、超人类技术及其在医学诊断中的应用，获奖 17 项。担任 Springer“高级机器人技术系列图书”编委，曾担任多个国际会议主席或联席会议主席。IEEE 会士，IEEE 机器人与自动化学会副主席，*IEEE Transactions on Robotics and Automation* 技术主编。

拉贾・夏提拉
(Raja Chatila)
法国巴黎 皮埃尔和玛丽・居里大学智能系统与机器人研究所
raja. chatila@laas. fr

第 5 篇

Raja Chatila，IEEE 会士，法国国家科学研究中心（CNRS）主管，巴黎皮埃尔和玛丽・居里大学智能系统与机器人研究所所长，人机交互卓越智能实验室主任。2007—2010 年，担任法国图卢兹 LAAS-CNRS 主任。在机器人领域的主要研究方向包括导航与 SLAM、运动规划与控制、认知与控制体系结构、人机交互与机器人学习。发表论著 140 余篇（部）。目前主要负责机器人自我认知项目 Roboergosum 和人口稠密环境中的人机交互项目 Spencer。2014—2015 年，担任 IEEE 机器人与自动化学会主席，Allistene 信息科学与技术研究伦理委员会成员，荣获 IEEE 机器人与自动化学会先锋奖和瑞典厄勒布鲁大学名誉博士学位。

亚历克斯・泽林斯基
(Alex Zelinsky)
澳大利亚堪培拉 国防部 DST 集团总部
alexzelinsky@yahoo. com

第 6 篇

Alex Zelinsky，博士，移动机器人、计算机视觉和人机交互领域的科研带头人。2004 年 7 月，任澳大利亚联邦科学与工业研究组织（CSIRO）信息与通信技术中心主管。曾担任 Seeing Machines 公司首席执行官，该公司致力于计算机视觉系统的商业化，该技术主要是 Zelinsky 博士从 1996—2000 年在澳大利亚国立大学担任教授期间开发完成的。2012 年 3 月，受聘澳大利亚国防科学与技术组织（DSTO）任首席执行官，目前是澳大利亚首席国防科学家。早在 1997 年，他就创立了“野外与服务机器人”系列会议。Zelinsky 博士的贡献得到了多方认可：荣获澳大利亚工程卓越奖（1999 年、2002 年）、世界经济论坛技术先锋奖（2002—2004 年）、IEEE 机器人与自动化学会 Inaba 创新引领生产技术奖（2010 年）和 Pearcey（皮尔西）奖章（2013）；于 2002 年当选澳大利亚技术科学与工程院会士，2008 年当选 IEEE 会士，2013 年当选澳大利亚工程师学会名誉会士。

丹妮拉・露丝
(Daniela Rus)
美国剑桥 麻省理工学院 CSAIL 机器人中心
rus@csail. mit. edu

第 7 篇

Daniela Rus，麻省理工学院 Andrew and Erna Viterbi 电气工程与计算机科学教授，计算机科学与人工智能实验室（CSAIL）主任。主要研究兴趣是机器人技术、移动计算和数据科学。Rus 是 2002 级麦克阿瑟会士，也是 ACM、AAAI 和 IEEE 会士，以及 NAE 成员。获康奈尔大学计算机科学博士学位，在加入 MIT 之前，曾是达特茅斯学院计算机科学系教授。

多媒体团队简介

托尔斯腾·克洛格
(Torsten Kröger)

美国山景城
谷歌公司
t@ kroe. org

Torsten Kröger，谷歌公司机器人专家，斯坦福大学访问学者。于2002年在德国布伦瑞克工业大学获电气工程硕士学位。2003—2009年，布伦瑞克工业大学机器人研究所助理研究员，2009年获得计算机科学博士学位（优等生）。2010年，加盟斯坦福大学AI实验室，从事瞬时轨迹生成、机器人自主混合控制，以及分布式实时硬件和软件系统的研究。作为布伦瑞克工业大学派生子公司Reflexxes GmbH的创始人，致力于确定性实时运动生成算法的开发；2014年，Reflexxes被谷歌收购。担任多个IEEE会议论文集、专著和丛书的主编或副主编，曾获得IEEE RAS早期职业奖、Heinrich Büssing奖、GFFT奖，以及两项德国研究学会的奖学金；同时，也是IEEE/IFR IERA奖和eu-Robotics技术转移奖的决赛入围者。

詹卢卡·安东内利
(Gianluca Antonelli)

意大利卡西诺　卡西诺与南拉齐奥大学电子与信息工程系
antonelli@ unicas. it

Gianluca Antonelli，卡西诺与南拉齐奥大学副教授，主要研究方向包括海洋与工业机器人、多智能体系统辨识等。发表国际期刊论文32篇，会议论文90余篇，《水下机器人》一书的作者。IEEE意大利分部IEEE RAS分会主席。

李东俊
(Dongjun Lee)

韩国首尔　首尔国立大学机械与航空工程系
djlee@ snu. ac. kr

Dongjun Lee，博士，目前在首尔国立大学（SNU）主要负责交互与网络机器人实验室（INRoL）。于KAIST分别获得学士和硕士学位，于美国明尼苏达大学获得博士学位。主要研究方向包括机器人及机电一体化系统的结构与控制，涉及遥操作、触觉、飞行机器人和多机器人系统等。

宋德真
(Dezhen Song)

美国大学城　得克萨斯A&M大学计算机科学系
dzsong@ cs. tamu. edu

Dezhen Song，2004年获得加利福尼亚大学伯克利分校工程学博士学位。得克萨斯A&M大学副教授，主要研究方向包括网络机器人、计算机视觉、优化与随机建模。与J. Yi和S. Ding一起获得2005年IEEE ICRA的Kayamori最佳论文奖；2007年，获NSF早期职业（CAREER）奖。

斯蒂凡诺·斯特拉米焦利
(Stefano Stramigioli)

荷兰恩斯赫德　特温特大学
电子工程、数学与计算科学
系控制实验室
s. stramigioli@ utwente. nl

Stefano Stramigioli，分别于 1992 年和 1998 年获得荷兰特温特大学硕士和博士学位，期间曾担任该校的研究助理。1998 年以来，担任教员，目前为特温特大学先进机器人技术领域的全职教授，机器人学与机电一体化研究室主任；IEEE 工作人员和高级会员。出版论著 200 余篇（部），包括 4 本专著、专著章节、期刊和会议论文等。现任 IEEE 机器人与自动化学会（IEEE RAS）会员活动分部副主席，IEEE RAS AdCom 成员；欧洲航空局（ESA）微重力捕捉动力学及其在机器人和动力假肢应用专题小组成员。

作者列表

Markus W. Achtelik
ETH Zurich
Autonomous Systems Laboratory
Leonhardstrasse 21
8092 Zurich, Switzerland
markus@ achtelik. net

Alin Albu-Schäffer
DLR Institute of Robotics and Mechatronics
Münchner Strasse 20
82230 Wessling, Germany
alin. albu-schaeffer@ dlr. de

Kostas Alexis
ETH Zurich
Institute of Robotics and Intelligent Systems
Tannenstrasse 3
8092 Zurich, Switzerland
konstantinos. alexis@ mavt. ethz. ch

Jorge Angeles
McGill University
Department of Mechanical Engineering and
Centre for Intelligent Machines
817 Sherbrooke Street West
Montreal, H3A 2K6, Canada
angeles@ cim. mcgill. ca

Gianluca Antonelli
University of Cassino and Southern Lazio
Department of Electrical and Information
Engineering
Via G. Di Biasio 43
03043 Cassino, Italy
antonelli@ unicas. it

Fumihito Arai
Nagoya University
Department of Micro-Nano Systems Engineering
Furo-cho, Chikusa-ku
464-8603 Nagoya, Japan
arai@ mech. nagoya-u. ac. jp

Michael A. Arbib
University of Southern California
Computer Science, Neuroscience and ABLE Project
Los Angeles, CA 90089-2520, USA
arbib@ usc. edu

J. Andrew Bagnell
Carnegie Mellon University
Robotics Institute
5000 Forbes Avenue
Pittsburgh, PA 15213, USA
dbagnell@ ri. cmu. edu

Randal W. Beard
Brigham Young University
Electrical and Computer Engineering
459 Clyde Building
Provo, UT 84602, USA
beard@ byu. edu

Michael Beetz
University Bremen
Institute for Artificial Intelligence
Am Fallturm 1
28359 Bremen, Germany
ai-office@ cs. uni-bremen. de

George Bekey
University of Southern California
Department of Computer Science
612 South Vis Belmonte Court
Arroyo Grande, CA 93420, USA
bekey@ usc. edu

Maren Bennewitz
University of Bonn
Institute for Computer Science VI
Friedrich-Ebert-Allee 144
53113 Bonn, Germany
maren@ cs. uni-bonn. de

Massimo Bergamasco
Sant'Anna School of Advanced Studies
Perceptual Robotics Laboratory
Via Alamanni 13
56010 Pisa, Italy
m. bergamasco@ sssup. it

Marcel Bergerman
Carnegie Mellon University
Robotics Institute
5000 Forbes Avenue
Pittsburgh, PA 15213, USA
marcel@ cmu. edu

Antonio Bicchi
University of Pisa
Interdepartmental Research Center "E. Piaggio"
Largo Lucio Lazzarino 1
56122 Pisa, Italy
bicchi@ ing. unipi. it

Aude G. Billard
Swiss Federal Institute of Technology (EPFL)
School of Engineering
EPFL-STI-I2S-LASA, Station 9
1015 Lausanne, Switzerland
aude. billard@ epfl. ch

John Billingsley
University of Southern Queensland
Faculty of Engineering and Surveying
West Street
Toowoomba, QLD 4350, Australia
john. billingsley@ usq. edu. au

Rainer Bischoff
KUKA Roboter GmbH
Technology Development
Zugspitzstrasse 140
86165 Augsburg, Germany
rainer. bischoff@ kuka. com

Thomas Bock
Technical University Munich
Department of Architecture
Arcisstrasse 21
80333 Munich, Germany
thomas. bock@ br2. ar. tum. de

Adrian Bonchis
CSIRO
Department of Autonomous Systems
1 Technology Court
Pullenvale, QLD 4069, Australia
adrian. bonchis@ csiro. au

Josh Bongard
University of Vermont
Department of Computer Science
205 Farrell Hall
Burlington, VT 05405, USA
josh. bongard@ uvm. edu

Wayne J. Book
Georgia Institute of Technology
G. W. Woodruff School of Mechanical Engineering
771 Ferst Drive
Atlanta, GA 30332-0405, USA
wayne. book@ me. gatech. edu

Cynthia Breazeal
MIT Media Lab
Personal Robots Group
20 Ames Street
Cambridge, MA 02139, USA
cynthiab@ media. mit. edu

Oliver Brock
Technical University Berlin
Robotics and Biology Laboratory
Marchstrasse 23
10587 Berlin, Germany
oliver. brock@ tu-berlin. de

Alberto Broggi
University of Parma
Department of Information Technology
VialedelleScienze 181A
43100 Parma, Italy
broggi@ ce. unipr. it

Davide Brugali
University of Bergamo
Department of Computer Science and
Mathematics
Viale Marconi 5
24044 Dalmine, Italy
brugali@ unibg. it

Heinrich Bülthoff
Max-Planck-Institute for Biological Cybernetics
Human Perception, Cognition and Action
Spemannstrasse 38
72076 Tübingen, Germany
heinrich. buelthoff@ tuebingen. mpg. de

Joel W. Burdick
California Institute of Technology
Department of Mechanical Engineering
1200 East California Boulevard
Pasadena, CA 9112, USA
jwb@ robotics. caltech. edu

Wolfram Burgard
University of Freiburg
Institute of Computer Science
Georges-Koehler-Allee 79
79110 Freiburg, Germany
burgard@ informatik. uni-freiburg. de

Fabrizio Caccavale
University of Basilicata
School of Engineering
Via dell'AteneoLucano 10
85100 Potenza, Italy
fabrizio. caccavale@ unibas. it

Sylvain Calinon
Idiap Research Institute
Rue Marconi 19
1920 Martigny, Switzerland
sylvain. calinon@ idiap. ch

Raja Chatila
University Pierre et Marie Curie
Institute of Intelligent Systems and Robotics
4 Place Jussieu
75005 Paris, France
raja. chatila@ isir. upmc. fr

FrançisChaumette
Inria/Irisa
Lagadic Group
35042 Rennes, France
francois. chaumette@ inria. fr

I-Ming Chen
Nanyang Technological University
School of Mechanical and Aerospace Engineering
50 Nanyang Avenue
639798 Singapore, Singapore
michen@ ntu. edu. sg

Stefano Chiaverini
University of Cassino and Southern Lazio
Department of Electrical and Information Engineering
Via G. Di Biasio 43
03043 Cassino, Italy
chiaverini@ unicas. it

Gregory S. Chirikjian
John Hopkins University
Department of Mechanical Engineering
3400 North Charles Street
Baltimore, MD 21218-2682, USA
gchirik1@ jhu. edu

Kyu-Jin Cho
Seoul National University
Biorobotics Laboratory
1 Gwanak-ro, Gwanak-gu
Seoul, 151-744, Korea
kjcho@ sun. ac. kr

Hyun-Taek Choi
Korea Research Institute of Ships & Ocean Engineering (KRISO)
Ocean System Engineering Research Division
32 Yuseong-daero 1312 Beon-gil, Yuseong-gu
Daejeon, 305-343, Korea
htchoiphd@ gmail. com

Nak-Young Chong
Japan Advanced Institute of Science and Technology
Center for Intelligent Robotics
1-1 Asahidai, Nomi
923-1292 Ishikawa, Japan
nakyoung@ jaist. ac. jp

Howie Choset
Carnegie Mellon University
Robotics Institute
5000 Forbes Avenue
Pittsburgh, PA 15213, USA
choset@ cs. cmu. edu

Henrik I. Christensen
Georgia Institute of Technology
Robotics and Intelligent Machines
801 Atlantic Drive NW
Atlanta, GA 30332-0280, USA
hic@ cc. gatech. edu

Wendell H. Chun
University of Denver
Department of Electrical and Computer
Engineering
2135 East Wesley Avenue
Denver, CO 80208, USA
wendell. chun@ du. edu

Wan Kyun Chung
POSTECH
Robotics Laboratory
KIRO 410, San 31, Hyojadong
Pohang, 790-784, Korea
wkchung@ postech. ac. kr

Woojin Chung
Korea University
Department of Mechanical Engineering
Anam-dong, Sungbuk-ku
Seoul, 136-701, Korea
smartrobot@ korea. ac. kr

Peter Corke
Queensland University of Technology
Department of Electrical Engineering and
Computer Science
2 George Street
Brisbane, QLD 4001, Australia
peter. corke@ qut. edu. au

Elizabeth Croft
University of British Columbia
Department of Mechanical Engineering
6250 Applied Science Lanve
Vancouver, BC V6P 1K4, Canada
elizabeth. croft@ ubc. ca

Mark R. Cutkosky
Stanford University
Department of Mechanical Engineering
450 Serra Mall
Stanford, CA 94305, USA
cutkosky@ stanford. edu

Kostas Daniilidis
University of Pennsylvania
Department of Computer and Information Science
3330 Walnut Street
Philadelphia, PA 19104, USA
kostas@ upenn. edu

Paolo Dario
Sant'Anna School of Advanced Studies
The BioRobotics Institute
Piazza MartiridellaLibertà 34
56127 Pisa, Italy
paolo. dario@ sssup. it

Kerstin Dautenhahn
University of Hertfordshire
School of Computer Science
College Lane
Hatfield, AL10 9AB, UK
k. dautenhahn@ herts. ac. uk

Alessandro De Luca
Sapienza University of Rome
Department of Computer, Control, and
Management Engineering
Via Ariosto 25
00185 Rome, Italy
deluca@ diag. uniroma1. it

Joris De Schutter
University of Leuven (KU Leuven)
Department of Mechanical Engineering
Celestijnenlaan 300
B-3001, Leuven-Heverlee, Belgium
joris. deschutter@ kuleuven. be

RüdigerDillmann
Karlsruhe Institute of Technology
Institute for Technical Informatics
Haid-und-Neu-Strasse 7
76131 Karlsruhe, Germany
dillmann@ ira. uka. de

Lixin Dong
Michigan State University
Department of Electrical and Computer
Engineering

428 South Shaw Lane
East Lansing, MI 48824-1226, USA
ldong@ egr. msu. edu

Gregory Dudek
McGill University
Department of Computer Science
3480 University Street
Montreal, QC H3Y 3H4, Canada
dudek@ cim. mcgill. ca

Hugh Durrant-Whyte
University of Sydney
Australian Centre for Field Robotics (ACFR)
Sydney, NSW 2006, Australia
hugh@ acfr. usyd. edu. au

Roy Featherstone
The Australian National University
Department of Information Engineering
RSISE Building 115
Canberra, ACT 0200, Australia
roy. featherstone@ anu. edu. au

Gabor Fichtinger
Queen's University
School of Computing
25 Union Street
Kingston, ON, K7L 2N8, Canada
gabor@ cs. queensu. ca

Paolo Fiorini
University of Verona
Department of Computer Science
Strada le Grazie 15
37134 Verona, Italy
paolo. fiorini@ univr. it

Paul Fitzpatrick
Italian Institute of Technology
Robotics, Brain, and Cognitive Sciences
Department
Via Morengo 30
16163 Genoa, Italy
paul. fitzpatrick@ iit. it

Luke Fletcher
Boeing Research & Technology Australia
Brisbane, QLD 4001, Australia
luke. s. fletcher@ gmail. com

Dario Floreano
Swiss Federal Institute of Technology (EPFL)
Laboratory of Intelligent Systems
LIS-IMT-STI, Station 9
1015 Lausanne, Switzerland
dario. floreano@ epfl. ch

Thor I. Fossen
Norwegian University of Science and Technology
Department of Engineering Cyberentics
O. S. Bragstadsplass 2D
7491 Trondheim, Norway
fossen@ ieee. org

Li-Chen Fu
Taiwan University
Department of Electrical Engineering
No. 1, Sec. 4, Roosevelt Road
106 Taipei, China
lichen@ ntu. edu. tw

Maxime Gautier
University of Nantes
IRCCyN, ECN
1 Rue de la Noë
44321 Nantes, France
maxime. gautier@ irccyn. ec-nantes. fr

Christos Georgoulas
Technical University Munich
Department of Architecture
Arcisstrasse 21
80333 Munich, Germany
christos. georgoulas@ br2. ar. tum. de

Martin A. Giese
University Clinic Tübingen
Department for Cognitive Neurology
Otfried-Müller-Strasse 25
72076 Tübingen, Germany
martin. giese@ uni-tuebingen. de

Ken Goldberg
University of California at Berkeley
Department of Industrial Engineering and
Operations Research
425 Sutardja Dai Hall

Berkeley, CA 94720-1758, USA
goldberg@ ieor. berkeley. edu

Clément Gosselin
Laval University
Department of Mechanical Engineering
1065 Avenue de la Médecine
Quebec, QC G1K 7P4, Canada
gosselin@ gmc. ulaval. ca

Eugenio Guglielmelli
University Campus Bio-Medico of Rome
Faculty Department of Engineering
Via Alvaro del Portillo 21
00128 Rome, Italy
e. guglielmelli@ unicampus. it

Sami Haddadin
Leibniz University Hannover
Electrical Engineering and Computer Science
Appelstrasse 11
30167 Hannover, Germany
sami. haddadin@ irt. uni-hannover. de

Martin Hägele
Fraunhofer IPA
Robot Systems
Nobelstrasse 12
70569 Stuttgart, Germany
mmh@ ipa. fhg. de

Gregory D. Hager
Johns Hopkins University
Department of Computer Science
3400 North Charles Street
Baltimore, MD 21218, USA
hager@ cs. jhu. edu

William R. Hamel
University of Tennessee
Mechanical, Aerospace, and Biomedical Engineering
414 Dougherty Engineering Building
Knoxville, TN 37996-2210, USA
whamel@ utk. edu

Blake Hannaford
University of Washington
Department of Electrical Engineering
Seattle, WA 98195-2500, USA
blake@ ee. washington. edu

Kensuke Harada
National Institute of Advanced Industrial Science and Technology
Intelligent Systems Research Institute
Tsukuba Central 2, Umezono, 1-1-1
305-8568 Tsukuba, Japan
kensuke. harada@ aist. go. jp

Martial Hebert
Carnegie Mellon University
The Robotics Institute
5000 Forbes Avenue
Pittsburgh, PA 15213, USA
hebert@ ri. cmu. edu

Thomas C. Henderson
University of Utah
School of Computing
50 South Central Campus Drive
Salt Lake City, UT 84112, USA
tch@ cs. utah. edu

Eldert van Henten
Wageningen University
Wageningen UR Greenhouse Horticulture
Droevendaalsesteeg 4
6708 PB, Wageningen, The Netherlands
eldert. vanhenten@ wur. nl

Hugh Herr
MIT Media Lab
77 Massachusetts Avenue
Cambridge, MA 02139-4307, USA
hherr@ media. mit. edu

Joachim Hertzberg
Osnabrück University
Institute for Computer Science
Albrechtstrasse 28
54076 Osnabrück, Germany
joachim. hertzberg@ uos. de

Gerd Hirzinger
German Aerospace Center (DLR)
Institute of Robotics and Mechatronics
Münchner Strasse 20

82230 Wessling, Germany
gerd. hirzinger@ dlr. de

John Hollerbach
University of Utah
School of Computing
50 South Central Campus Drive
Salt Lake City, UT 84112, USA
jmh@ cs. utah. ledu

Kaijen Hsiao
Robert Bosch LLC
Research and Technology Center, Palo Alto
4005 Miranda Avenue
Palo Alto, CA 94304, USA
kaijenhsiao@ gmail. com

Tian Huang
Tianjin University
Department of Mechanical Engineering
92 Weijin Road, Naukai
300072 Tianjin, China
tianhuang@ tju. edu. cn

Christoph Hürzeler
Alstom Power Thermal Services
Automation and Robotics R&D
Brown Boveri Strasse 7
5401 Baden, Switzerland
christoph. huerzeler@ power. alstom. com

Phil Husbands
University of Sussex
Department of Informatics
Brighton, BN1 9QH, UK
philh@ sussex. ac. uk

Seth Hutchinson
University of Illinois
Department of Electrical and Computer Engineering
1308 West Main Street
Urbana-Champaign, IL 61801, USA
seth@ illinois. edu

Karl Iagnemma
Massachusetts Institute of Technology
Laboratory for Manufacturing and Productivity
77 Massachusetts Avenue
Cambridge, MA 02139, USA
kdi@ mit. edu

Fumiya Iida
University of Cambridge
Department of Engineering
Trumpington Street
Cambridge, CB2 1PZ, UK
fumiya. iida@ eng. cam. ac. uk

Auke Jan Ijspeert
Swiss Federal Institute of Technology (EPFL)
School of Engineering
MED 1, 1226, Station 9
1015 Lausanne, Switzerland
auke. ijspeert@ epfl. ch

GenyaIshigami
Keio University
Department of Mechanical Engineering
3-14-1 Hiyoshi
223-8522 Yokohama, Japan
ishigami@ mech. keio. ac. jp

Michael Jenkin
York University
Department of Electrical Engineering and Computer Science
4700 Keele Street
Toronto, ON M3J 1P3, Canada
jenkin@ cse. yorku. ca

ShuujiKajita
National Institute of Advanced Industrial Science and Technology (AIST)
Intelligent Systems Research Institute
1-1-1 Umezono
305-8586 Tsukuba, Japan
s. kajita@ aist. go. jp

Takayuki Kanda
Advanced Telecommunications Research (ATR) Institute International
Intelligent Robotics and Communication Laboratories
2-2-2 Hikaridai, Seikacho, Sorakugun
619-0288 Kyoto, Japan
kanda@ atr. jp

Makoto Kaneko
Osaka University
Department of Mechanical Engineering
2-1 Yamadaoka
565-0871 Suita, Japan
mk@ mech. eng. osaka-u. ac. jp

Sung-Chul Kang
Korea Institute of Science and Technology
Center for Bionics
39-1 Hawolgok-dong, Wolsong-gil 5
Seoul, Seongbuk-gu, Korea
kasch@ kist. re. kr

Imin Kao
Stony Brook University
Department of Mechanical Engineering
167 Light Engineering
Stony Brook, NY 11794-2300, USA
imin. kao@ stonybrook. edu

Lydia E. Kavraki
Rice University
Department of Computer Science
6100 Main Street
Houston, TX 77005, USA
kavraki@ rice. edu

Charles C. Kemp
Georgia Institute of Technology and Emory University
313 Ferst Drive
Atlanta, GA 30332-0535, USA
charlie. kemp@ bme. gatech. edu

Wisama Khalil
University of Nantes
IRCCyN, ECN
1 Rue de la Noë
44321 Nantes, France
wisama. khalil@ irccyn. ec-nantes. fr

Oussama Khatib
Stanford University
Department of Computer Sciences,
Artificial Intelligence Laboratory
450 Serra Mall
Stanford, CA 94305, USA
khatib@ cs. stanford. edu

Lindsay Kleeman
Monash University
Department of Electrical and Computer Systems Engineering
Melbourne, VIC 3800, Australia
kleeman@ eng. monash. edu. au

Alexander Kleiner
Linköping University
Department of Computer Science
58183 Linköping, Sweden
alexander. kleiner@ liu. se

Jens Kober
Delft University of Technology
Delft Center for Systems and Control
Mekelweg 2
2628 CD, Delft, The Netherlands
j. kober@ tudelft. nl

Kurt Konolige
Google, Inc.
1600 Amphitheatre Parkway
Mountain View, CA 94043, USA
konolige@ gmail. com

David Kortenkamp
TRACLabs Inc
1012 Hercules Drive
Houston, TX 77058, USA
korten@ traclabs. com

Kazuhiro Kosuge
Tohoku University
System Robotics Laboratory
Aoba 6-6-01, Aramaki
980-8579 Sendai, Japan
kosuge@ irs. mech. tohoku. ac. jp

Danica Kragic
Royal Institute of Technology (KTH)
Centre for Autonomous Systems
CSC-CAS/CVAP
10044 Stockholm, Sweden
dani@ kth. se

TorstenKröger
Google Inc.
1600 Amphitheatre Parkway

Mountain View, CA 94043, USA
t@ kroe. org

Roman Kuc
Yale University
Department of Electrical Engineering
10 Hillhouse Avenue
New Haven, CT 06520-8267, USA
kuc@ yale. edu

James Kuffner
Carnegie Mellon University
The Robotics Institute
5000 Forbes Avenue
Pittsburgh, PA 15213-3891, USA
kuffner@ cs. cmu. edu

Scott Kuindersma
Harvard University
Maxwell-Dworkin 151, 33 Oxford Street
Cambridge, MA 02138, USA
scottk@ seas. harvard. edu

Vijay Kumar
University of Pennsylvania
Department of Mechanical Engineering and Applied Mechanics
220 South 33rd Street
Philadelphia, PA 19104-6315, USA
kumar@ seas. upenn. edu

Steven M. LaValle
University of Illinois
Department of Computer Science
201 North Goodwin Avenue, 3318 Siebel Center
Urbana, IL 61801, USA
lavalle@ cs. uiuc. edu

FlorantLamiraux
LAAS-CNRS
7 Avenue du Colonel Roche
31077 Toulouse, France
florent@ laas. fr

Roberto Lampariello
German Aerospace Center (DLR)
Institute of Robotics and Mechatronics
Münchner Strasse 20
82234 Wessling, Germany
roberto. lampariello@ dlr. de

Christian Laugier
INRIA Grenoble Rhône-Alpes
655 Avenue de l'Europe
38334 Saint Ismier, France
christian. laugier@ inria. fr

Jean-Paul Laumond
LAAS-CNRS
7 Avenue du Colonel Roche
31077 Toulouse, France
jpl@ laas. fr

Daniel D. Lee
University of Pennsylvania
Department of Electrical Systems Engineering
460 Levine, 200 South 33rd Street
Philadelphia, PA 19104, USA
ddlee@ seas. upenn. edu

Dongjun Lee
Seoul National University
Department of Mechanical and Aerospace Engineering
301 Engineering Building, Gwanak-ro 599, Gwanak-gu
Seoul, 51-742, Korea
djlee@ snu. ac. kr

Roland Lenain
IRSTEA
Department of Ecotechnology
9 Avenue Blaise Pascal-CS20085
63178 Aubiere, France
roland. lenain@ irstea. fr

David Lentink
Stanford University
Department of Mechanical Engineering
416 Escondido Mall
Stanford, CA 94305, USA
dlentink@ stanford. edu

John J. Leonard
Massachusetts Institute of Technology
Department of Mechanical Engineering
5-214 77 Massachusetts Avenue
Cambridge, MA 02139, USA

jleonard@ mit. edu

AlešLeonardis
University of Birmingham
Department of Computer Science
Edgbaston
Birmingham, B15 2TT, UK
a. leonardis@ cs. bham. ac. uk

Stefan Leutenegger
Imperial College London
South Kensington Campus, Department of Computing
London, SW7 2AZ, UK
s. leutenegger@ imperial. ac. uk

Kevin M. Lynch
Northwestern University
Department of Mechanical Engineering
2145 Sheridan Road
Evanston, IL 60208, USA
kmlynch@ northwestern. edu

Anthony A. Maciejewski
Colorado State University
Department of Electrical and Computer Engineering
Fort Collins, CO 80523-1373, USA
aam@ colostate. edu

Robert Mahony
Australian National University (ANU)
Research School of Engineering
115 North Road
Canberra, ACT 2601, Australia
robert. mahony@ anu. edu. au

Joshua A. Marshall
Queen's University
The Robert M. Buchan Department of Mining
25 Union Street
Kingston, ON K7L 3N6, Canada
joshua. marshall@ queensu. ca

Maja J. Matarić
University of Southern California
Computer Science Department
3650 McClintock Avenue
Los Angeles, CA 90089, USA
mataric@ usc. edu

Yoshio Matsumoto
National Institute of Advanced Industrial Science and Technology (AIST)
Robot Innovation Research Center
1-1-1 Umezono
305-8568 Tsukuba, Japan
yoshio. matsumoto@ aist. go. jp

J. Michael McCarthy
University of California at Irvine
Department of Mechanical Engineering
5200 Engineering Hall
Irvine, CA 92697-3975, USA
jmmccart@ uci. edu

Claudio Melchiorri
University of Bologna
Laboratory of Automation and Robotics
Via Risorgimento 2
40136 Bologna, Italy
claudio. melchiorri@ unibo. it

Arianna Menciassi
Sant'Anna School of Advanced Studies
The BioRobotics Institute
Piazza MartiridellaLibertà 34
56127 Pisa, Italy
a. menciassi@ sssup. it

Jean-Pierre Merlet
INRIA Sophia-Antipolis
2004 Route des Lucioles
06560 Sophia-Antipolis, France
jean-pierre. merlet@ sophia. inria. fr

Giorgio Metta
Italian Institute of Technology
iCub Facility
Via Morego 30
16163 Genoa, Italy
giorgio. metta@ iit. it

François Michaud
University of Sherbrooke
Department of Electrical Engineering and Computer Engineering
2500 Boul. Université

Sherbrooke, J1N4E5, Canada
francois. michaud@ usherbrooke. ca

David P. Miller
University of Oklahoma
School of Aerospace and Mechanical Engineering
865 Asp Avenue
Norman, OK 73019, USA
dpmiller@ ou. edu

Javier Minguez
University of Zaragoza
Department of Computer Science and Systems Engineering
C/María de Luna 1
50018 Zaragoza, Spain
jminguez@ unizar. es

Pascal Morin
University Pierre and Marie Curie
Institute for Intelligent Systems and Robotics
4 Place Jussieu
75005 Paris, France
morin@ isir. upmc. fr

Mario E. Munich
iRobot Corp.
1055 East Colorado Boulevard, Suite 340
Pasadena, CA 91106, USA
mariomu@ ieee. org

Robin R. Murphy
Texas A&M University
Department of Computer Science and Engineering
333 H. R. Bright Building
College Station, TX 77843-3112, USA
murphy@ cse. tamu. edu

Bilge Mutlu
University of Wisconsin-Madison
Department of Computer Sciences
1210 West Dayton Street
Madison, WI 53706, USA
bilge@ cs. wisc. edu

KeijiNagatani
Tohoku University
Department of Aerospace Engineering,
Graduate School of Engineering
6-6-01, Aramakiaza Aoba
980-8579 Sendai, Japan
keiji@ ieee. org

Daniele Nardi
Sapienza University of Rome
Department of Computer, Control, and Management Engineering
Via Ariosto 25
00185 Rome, Italy
nardi@ dis. uniroma1. it

Eduardo Nebot
University of Sydney
Department of Aerospace, Mechanical and Mechatronic Engineering
Sydney, NSW 2006, Australia
eduardo. nebot@ sydney. edu. au

Bradley J. Nelson
ETH Zurich
Institute of Robotics and Intelligent Systems
Tannenstrasse 3
8092 Zurich, Switzerland
bnelson@ ethz. ch

Duy Nguyen-Tuong
Robert Bosch GmbH
Corporate Research
Wernerstrasse 51
70469 Stuttgart, Germany
duy@ robot-learning. de

Monica Nicolescu
University of Nevada
Department of Computer Science and Engineering
1664 North Virginia Street, MS 171
Reno, NV 8955, USA
monica@ unr. edu

Günter Niemeyer
Disney Research
1401 Flower Street
Glendale, CA 91201-5020, USA
gunter. niemeyer@ email. disney. com

Klas Nilsson
Lund Institute of Technology
Department of Computer Science

22100 Lund, Sweden
klas. nilsson@ cs. lth. se

Stefano Nolfi
National Research Council (CNR)
Institute of Cognitive Sciences and Technologies
Via S. Martino della Battaglia 44
00185 Rome, Italy
stefano. nolfi@ istc. cnr. it

IllahNourbakhsh
Carnegie Mellon University
Robotics Institute
500 Forbes Avenue
Pittsburgh, PA 15213-3890, USA
illah@ andrew. cmu. edu

Andreas Nüchter
University of Würzburg
Informatics VII-Robotics and Telematics
Am Hubland
97074 Würzburg, Germany
andreas@ nuechti. de

Paul Y. Oh
University of Nevada
Department of Mechanical Engineering
3141 Chestnut Street
Las Vegas, PA 19104, USA
paul@ coe. drexel. edu

Yoshito Okada
Tohoku University
Department of Aerospace Engineering,
Graduate School of Engineering
6-6-01, Aramakiaza Aoba
980-8579 Sendai, Japan
okada@ rm. is. tohoku. ac. jp

Allison M. Okamura
Stanford University
Department of Mechanical Engineering
416 Escondido Mall
Stanford, CA 94305-2203, USA
aokamura@ stanford. edu

Fiorella Operto
Scuola di Robotica
Piazza Monastero 4
16149 Genoa, Italy
operto@ scuoladirobotica. it

David E. Orin
The Ohio State University
Department of Electrical and Computer
Engineering
2015 Neil Avenue
Columbus, OH 43210-1272, USA
orin. 1@ osu. edu

Giuseppe Oriolo
University of Rome "La Sapienza"
Department of Computer, Control, and
Management Engineering
Via Ariosto 25
00185 Rome, Italy
oriolo@ diag. uniroma1. it

Christian Ott
German Aerospace Center (DLR)
Institute of Robotics and Mechatronics
Münchner Strasse 20
82234 Wessling, Germany
christian. ott@ dlr. de

ÜmitÖzgÜner
Ohio State University
Department of Electrical and Computer
Engineering
2015 Neil Avenue
Columbus, OH 43210, USA
umit@ ee. eng. ohio-state. edu

Nikolaos Papanikolopoulos
University of Minnesota
Department of Computer Science and Engineering
200 Union Street SE
Minneapolis, MN 55455, USA
npapas@ cs. umn. edu

Frank C. Park
Seoul National University
Mechanical and Aerospace Engineering
Kwanak-ku, Shinlim-dong, San 56-1
Seoul, 151-742, Korea
fcp@ snu. ac. kr

Jaeheung Park
Seoul National University
Department of Transdisciplinary Studies
Gwanggyo-ro 145, Yeongtong-gu
Suwon, Korea
park73@ snu. ac. kr

Lynne E. Parker
University of Tennessee
Department of Electrical Engineering and
Computer Science
1520 Middle Drive
Knoxville, TN 37996, USA
leparker@ utk. edu

Federico Pecora
University of Örebro
School of Science and Technology
Fakultetsgatan 1
70182 Örebro, Sweden
federico. pecora@ oru. se

Jan Peters
Technical University Darmstadt
Autonomous Systems Lab
Hochschulstrasse 10
64289 Darmstadt, Germany
mail@ jan-peters. net

Anna Petrovskaya
Stanford University
Department of Computer Science
353 Serra Mall
Stanford, CA 94305, USA
anya@ cs. stanford. edu

J. Norberto Pires
University of Coimbra
Department of Mechanical Engineering
Palácio dos Grilos, Rua da Ilha
3000-214 Coimbra, Portugal
norberto@ uc. pt

Paolo Pirjanian
iRobot Corp.
8 Crosby Drive
Bedford, MA 01730, USA
paolo. pirjanian@ gmail. com

Erwin Prassler
Bonn-Rhein-Sieg Univ. of Applied Sciences
Department of Computer Sciences
Grantham-Allee 20
53754 Sankt Augustin, Germany
erwin. prassler@ h-brs. de

Domenico Prattichizzo
University of Siena
Department of Information Engineering
Via Roma 56
53100 Siena, Italy
prattichizzo@ ing. unisi. it

Carsten Preusche
German Aerospace Center (DLR)
Institute of Robotics and Mechatronics
Münchner Strasse 20
82234 Wessling, Germany
carsten. preusche@ dlr. de

William Provancher
University of Utah
Department of Mechanical Engineering
50 South Central Campus Drive
Salt Lake City, UT 84112-9208, USA
wil@ mech. utah. edu

John Reid
John Deere Co.
Moline Technology Innovation Center
One John Deere Place
Moline, IL 61265, USA
reidjohnf@ johndeere. com

David J. Reinkensmeyer
University of California at Irvine
Mechanical and Aerospace Engineering and
Anatomy and Neurobiology
4200 Engineering Gateway
Irvine, CA 92697-3875, USA

dreinken@ uci. edu

Jonathan Roberts
Queensland University of Technology
Department of Electrical Engineering and Computer Science
2 George Street
Brisbane, QLD 4001, Australia
jonathan. roberts@ qut. edu. au

Nicholas Roy
Massachusetts Institute of Technology
Department of Aeronautics and Astronautics
77 Massachusetts Avenue 33-315
Cambridge, MA 02139, USA
nickroy@ csail. mit. edu

Daniela Rus
Massachusetts Institute of Technology
CSAIL Center for Robotics
32 Vassar Street
Cambridge, MA 02139, USA
rus@ csail. mit. edu

Selma Šabanović
Indiana University Bloomington
School of Informatics and Computing
919 East 10th Street
Bloomington, IN 47408, USA
selmas@ indiana. edu

Kamel S. Saidi
National Institute of Standards and Technology
Building and Fire Research Laboratory
100 Bureau Drive
Gaitherbsurg, MD 20899-1070, USA
kamel. saidi@ nist. gov

Claude Samson
INRIA Sophia-Antipolis
2004 Route des Lucioles
06560 Sophia-Antipolis, France
claude. samson@ inria. fr

Brian Scassellati
Yale University
Computer Science, Cognitive Science, and Mechanical Engineering
51 Prospect Street
New Haven, CT 06520-8285, USA
scaz@ cs. yale. edu

Stefan Schaal
University of Southern California
Depts. of Computer Science, Neuroscience, and Biomedical Engineering
3710 South McClintock Avenue
Los Angeles, CA 90089-2905, USA
sschaal@ tuebingen. mpg. de

Steven Scheding
University of Sydney
Rio Tinto Centre for Mine Automation
Sydney, NSW 2006, Australia
steven. scheding@ sydney. edu. au

Victor Scheinman
Stanford University
Department of Mechanical Engineering
440 Escondido Mall
Stanford, CA 94305-3030, USA
vds@ stanford. edu

Bernt Schiele
Saarland University
Department of Computer Science
Campus E1 4
66123 Saarbrücken, Germany
schiele@ mpi-inf. mpg. de

James Schmiedeler
University of Notre Dame
Department of Aerospace and Mechanical Engineering
Notre Dame, IN 46556, USA
schmiedeler. 4@ nd. edu

Bruno Siciliano
University of Naples Federico II
Department of Electrical Engineering and Information Technology
Via Claudio 21
80125 Naples, Italy
bruno. siciliano@ unina. it

Roland Siegwart
ETH Zurich
Department of Mechanical Engineering

Leonhardstrasse 21
8092 Zurich, Switzerland
rsiegwart@ ethz. ch

Reid Simmons
Carnegie Mellon University
The Robotics Institute
5000 Forbes Avenue
Pittsburgh, PA 15213, USA
reids@ cs. cmu. edu

Patrick van der Smagt
Technical University Munich
Department of Computer Science, BRML Labs
Arcisstrasse 21
80333 Munich, Germany
smagt@ brml. org

Dezhen Song
Texas A&M University
Department of Computer Science
311B H. R. Bright Building
College Station, TX 77843-3112, USA
dzsong@ cs. tamu. edu

Jae-Bok Song
Korea University
Department of Mechanical Engineering
Anam-ro 145, Seongbuk-gu
Seoul, 136-713, Korea
jbsong@ korea. ac. kr

CyrillStachniss
University of Bonn
Institute for Geodesy and Geoinformation
Nussallee 15
53115 Bonn, Germany
cyrill. stachniss@ igg. uni-bonn. de

Michael Stark
Max Planck Institute of Informatics
Department of Computer Vision and Multimodal Computing
Campus E1 4
66123 Saarbrücken, Germany
stark@ mpi-inf. mpg. de

Amanda K. Stowers
Stanford University
Department Mechanical Engineering
416 Escondido Mall
Stanford, CA 94305-3030, USA
astowers@ stanford. edu

Stefano Stramigioli
University of Twente
Faculty of Electrical Engineering, Mathematics & Computer Science, Control Laboratory
7500 AE, Enschede, The Netherlands
s. stramigioli@ utwente. nl

Gaurav S. Sukhatme
University of Southern California
Department of Computer Science
3710 South McClintock Avenue
Los Angeles, CA 90089-2905, USA
gaurav@ usc. edu

Satoshi Tadokoro
Tohoku University
Graduate School of Information Sciences
6-6-01 Aramaki Aza Aoba, Aoba-ku
980-8579 Sendai, Japan
tadokoro@ rm. is. tohoku. ac. jp

Wataru Takano
University of Tokyo
Department of Mechano-Informatics
7-3-1 Hongo, Bunkyo-ku
113-8656 Tokyo, Japan
takano@ ynl. t. u-tokyo. ac. jp

Russell H. Taylor
The Johns Hopkins University
Department of Computer Science
3400 North Charles Street
Baltimore, MD 21218, USA
rht@ jhu. edu

Russ Tedrake
Massachusetts Institute of Technology
Computer Science and Artificial Intelligence
Laboratory (CSAIL)
The Stata Center, Vassar Street
Cambridge, MA 02139, USA
russt@ csail. mit. edu

Sebastian Thrun
Udacity Inc.
2465 Latham Street, 3rd Floor
Mountain View, CA 94040, USA
info@ udacity. com

Marc Toussaint
University of Stuttgart
Machine Learning and Robotics Lab
Universitätsstrasse 38
70569 Stuttgart, Germany
marc. toussaint@ ipvs. uni-stuttgart. de

James Trevelyan
The University of Western Australia
School of Mechanical and Chemical Engineering
35 Stirling Highway
Crawley, WA 6009, Australia
james. trevelyan@ uwa. edu. au

Jeffrey C. Trinkle
Rensselaer Polytechnic Institute
Department of Computer Science
110 8th Street
Troy, NY 12180-3590, USA
trink@ cs. rpi. edu

Masaru Uchiyama
Tohoku University
Graduate School of Engineering
6-6-01 Aobayama
980-8579 Sendai, Japan
uchiyama@ space. mech. tohoku. ac. jp

H. F. Machiel Van der Loos
University of British Columbia
Department of Mechanical Engineering
2054-6250 Applied Science Lane
Vancouver, BC V6T 1Z4, Canada
vdl@ mech. ubc. ca

Manuela Veloso
Carnegie Mellon University
Computer Science Department
5000 Forbes Avenue
Pittsburgh, PA 15213, USA
mmv@ cs. cmu. edu

Gianmarco Veruggio
National Research Council (CNR)
Institute of Electronics, Computer and
Telecommunication Engineering
Via De Marini 6
16149 Genoa, Italy
gianmarco@ veruggio. it

Luigi Villani
University of Naples Federico II
Department of Electrical Engineering and
Information Technology
Via Claudio 21
80125 Naples, Italy
luigi. villani@ unina. it

Kenneth J. Waldron
University of Technology Sydney
Centre of Mechatronics and Intelligent Systems
City Campus, 15 Broadway
Ultimo, NSW 2001, Australia
kenneth. waldron@ uts. edu. au

Ian D. Walker
Clemson University
Department of Electrical and Computer
Engineering
105 Riggs Hall
Clemson, SC 29634, USA
ianw@ ces. clemson. edu

Christian Wallraven
Korea University
Department of Brain and Cognitive Engineering,
Cognitive Systems Lab
Anam-Dong 5ga, Seongbuk-gu
Seoul, 136-713, Korea
wallraven@ korea. ac. kr

Pierre-Brice Wieber
INRIA Grenoble Rhône-Alpes
655 Avenue de l'Europe

38334 Grenoble, France
pierre-brice. wieber@ inria. fr

Brian Wilcox
California Institute of Technology
Jet Propulsion Laboratory
4800 Oak Ridge Grove Drive
Pasadena, CA 91109, USA
brian. h. wilcox@ jpl. nasa. gov

Robert Wood
Harvard University
School of Engineering and Applied Sciences
149 Maxwell-Dworkin
Cambridge, MA 02138, USA
rjwood@ seas. harvard. edu

Jing Xiao
University of North Carolina
Department of Computer Science
Woodward Hall
Charlotte, NC 28223, USA
xiao@ uncc. edu

Katsu Yamane
Disney Research
4720 Forbes Avenue, Suite 110
Pittsburgh, PA 15213, USA
kyamane@ disneyresearch. com

Mark Yim
University of Pennsylvania
Department of Mechanical Engineering and
Applied Mechanics
220 South 33rd Street
Philadelphia, PA 19104, USA
yim@ seas. upenn. edu

Dana R. Yoerger
Woods Hole Oceanographic Institution
Applied Ocean Physics & Engineering
266 Woods Hole Road
Woods Hole, MA 02543-1050, USA
dyoerger@ whoi. edu

Kazuhito Yokoi
AIST Tsukuba Central 2
Intelligent Systems Research Institute
1-1-1 Umezono
305-8568 Tsukuba, Ibaraki, Japan
kazuhito. yokoi@ aist. go. jp

Eiichi Yoshida
National Institute of Advanced Industrial Science
and Technology (AIST)
CNRS-AIST Joint Robotics Laboratory, UMI3218/CRT
1-1-1 Umezono
305-8568 Tsukuba, Ibaraki, Japan
e. yoshida@ aist. go. jp

Kazuya Yoshida
Tohoku University
Department of Aerospace Engineering
Aoba 01
980-8579 Sendai, Japan
yoshida@ astro. mech. tohoku. ac. jp

Junku Yuh
Korea Institute of Science and Technology
National Agenda Research Division
Hwarangno 14-gil 5, Seongbuk-gu
Seoul, 136-791, Korea
yuh. junku@ gmail. com

Alex Zelinsky
Department of Defence
DST Group Headquarters
72-2-03, 24 Scherger Drive
Canberra, ACT 2609, Australia
alexzelinsky@ yahoo. com

缩略词列表

k-NN	*k*-nearest neighbor	*k* 阶最近邻域
2. 5-D	two-and-a-half-dimensional	两维半
3-D-NDT	three-dimensional normal distributions transform	三维正态分布变换
6R	six-revolute	6 个转动副
7R	seven-revolute	7 个转动副
	A	
A&F	agriculture and forestry	农业和林业（简称：农林）
AA	agonist-antagonist	激发剂-拮抗剂
AAAI	American Association for Artificial Intelligence	美国人工智能协会
AAAI	Association for the Advancement of Artificial Intelligence	人工智能促进协会
AAL	ambient assisted living	环境辅助生活
ABA	articulated-body algorithm	关节体算法
ABF	artificial bacterial flagella	人工细菌鞭毛
ABRT	automated bus rapid transit	自动公共汽车快速交通（自动快速公交）
ABS	acrylonitrile-butadiene-styrene	丙烯腈-丁二烯-苯乙烯
AC	aerodynamic center	空气动力中心
AC	alternating current	交流电
ACARP	Australian Coal Association Research Program	澳大利亚煤炭协会研究计划
ACBS	automatic constructions building system	自动施工建造系统
ACC	adaptive cruise control	自适应巡航控制
ACFV	autonomouscombat flying vehicle	自主战斗飞行器
ACM	active chord mechanism	主动和弦机构
ACM	active cord mechanism	主动绳索机构
ACT	anatomically correct testbed	人体工程学试验台
ADAS	advanced driving assistance system	高级驾驶辅助系统
ADC	analog digital conveter	模-数转换器
ADCP	acoustic Doppler current profiler	声学多普勒流速分析仪
ADL	activities for daily living	日常活动
ADSL	asymmetric digital subscriber line	非对称数字用户线
AFC	alkaline fuel cell	碱性燃料电池
AFC	armoured (or articulated) face conveyor	铠装（或铰接）端面输送机
AFM	atomic force microscope	原子力显微镜
AFV	autonomous flying vehicle	自主飞行器
AGV	autonomous guided vehicle	自动导引车
AHRS	attitude and heading reference system	姿态和航向参考系统
AHS	advanced highway system	先进公路系统
AI	artificial intelligence	人工智能
AIAA	American Institute of Aeronautics and Astronautics	美国航空航天学会
AIM	assembly incidence matrix	装配关联矩阵
AIP	air-independent power	空气独立电源
AIP	anterior intraparietal sulcus	前顶内沟
AIP	anterior interparietal area	顶叶前区
AIS	artificial intelligence system	人工智能系统

AIST	Institute of Advanced Industrial Scienceand Technology	先进工业科学技术研究所
AIST	Japan National Institute of Advanced Industrial Science and Technology	日本国家先进工业科学技术研究所
AIST	National Institute of Advanced Industrial Science and Technology (Japan)	国家先进工业科学技术研究所（日本）
AIT	anterior inferotemporal cortex	前下颞皮质
ALEX	active leg exoskeleton	主动腿外骨骼
AM	actuator for manipulation	操纵驱动器
AMASC	actuator with mechanically adjustableseries compliance	机械可调串联柔度驱动器
AMC	Association for Computing Machinery	计算机协会
AMD	autonomous mental development	自主心智发展
AMM	audio-motor map	音频马达图
ANN	artificial neural network	人工神经网络
AOA	angle of attack	迎角
AP	antipersonnel	防步兵
APF	annealed particle filter	退火粒子滤波器
APG	adjustable pattern generator	可调模式发生器
API	application programming interface	应用程序接口
APOC	allowing dynamic selection and changes	允许动态选择和变更
AR	auto regressive	自回归
aRDnet	agile robot development network	敏捷机器人开发网络
ARM	Acorn RISC machine architecture	Acorn RISC 机器架构
ARM	assistive robot service manipulator	辅助机器人服务操作臂
ARX	auto regressive estimator	自回归估计器
ASAP	adaptive sampling and prediction	自适应采样与预测
ASCII	American standard code for information interchange	美国标准信息交换码
ASD	autism spectrum disorder	孤独症谱系障碍
ASIC	application-specific integrated circuit	专用集成电路
ASIMO	advanced step in innovative mobility	创新机动的先进步骤
ASK	amplitude shift keying	幅移键控
ASL	autonomous systems laboratory	自主系统实验室
ASM	advanced servomanipulator	高级伺服操作臂
ASN	active sensor network	有源传感器网络
ASR	automatic spoken-language recognition	自动口语识别
ASR	automatic speech recognition	自动语音识别
ASTRO	autonomous space transport robotic operations	自主空间运输机器人操作
ASV	adaptive suspension vehicle	自适应悬架车辆
ASyMTRe	automated synthesis of multirobot task solutions through softwarere configuration	通过软件重构自动合成多机器人任务方案
AT	anti-tank mine	防坦克
ATHLETE	all-terrain hex-legged extra-terrestrial explorer	全地形六腿星际探测器
ATLANTIS	a three layer architecture for navigating through intricate situations	用于在复杂情况下导航的三层体系架构
ATLSS	advanced technology for large structural systems	大型结构系统先进技术
ATR	automatic target recognition	自动目标识别
AuRA	autonomous robot architecture	自主机器人体系架构
AUV	autonomous underwater vehicle	自主水下航行器（自主水下机器人）
AUVAC	Autonomous Undersea Vehicles Application Center	自主水下航行器应用中心
AUVSI	Association for Unmanned Vehicle Systems International	国际无人机系统协会
AV	anti-vehicle	防车辆

B

B/S	browser/server	浏览器/服务器
B2B	business to business	企业对企业
BCI	brain-computer interface	脑机接口
BE	body extender	身体扩展器
BEMT	blade element momentum theory	叶素动量理论
BEST	boosting engineering science and technology	促进工程科学和技术的发展
BET	blade element theory	叶素理论
BFA	bending fluidic actuator	弯曲流体驱动器
BFP	best-first-planner	最优规划器
BI	brain imaging	脑成像
BIP	behavior-interaction-priority	行为交互优先级
BLE	broadcast of local eligibility	本地适任度广播
BLEEX	Berkely exoskeleton	伯克利外骨骼
BLUE	best linear unbiased estimator	最佳线性无偏估计器
BML	behavior mark-up language	行为标记语言
BMS	battery management system	电池管理系统
BN	Bayesian network	贝叶斯网络
BOM	bill of material	物料清单
BoW	bag-of-word	词袋
BP	behavior primitive	行为原语
BP	base plate	基座
BRICS	best practice in robotics	机器人技术最佳实践
BRT	bus rapid transit	公共汽车快速交通（快速公交）
BWSTT	body-weight supported treadmill training	负重跑步机训练

C

CJ	cylindrical joint	圆柱副
C/A	coarse-acquisition	粗采集
C/S	client/server	客户端/服务器
CA	collision avoidance	防撞（避免冲突）
CACC	cooperative adaptive cruise control	协作自适应巡航控制
CAD	computer-aided drafting	计算机辅助绘图
CAD	computer-aided design	计算机辅助设计
CAE	computer-aided engineering	计算机辅助工程
CALM	communication access for land mobiles	陆地移动通信接入
CAM	computer-aided manufacturing	计算机辅助制造
CAN	controller area network	控制器局域网
CARD	computer-aided remote driving	计算机辅助远程驾驶
CARE	coordination action for robotics in Europe	欧洲机器人技术协作行动
CASA	Civil Aviation Safety Authority	民航安全局
CASALA	Centre for Affective Solutions for Ambient Living Awareness	环境生活意识情感解决方案中心
CASPER	continuous activity scheduling, planning, execution and replanning	持续的活动调度、规划、执行和重新规划
CAT	collision avoidance technology	防撞技术
CAT	computer-aided tomography	计算机辅助层析
CB	computional brain	计算脑
CB	cluster bomb	集束炸弹
CBNRE	chemical, biological, nuclear, radiological, or explosive	化学、生物、辐射、核或爆炸
CC	compression criterion	压缩准则
CCD	charge-coupled device	电荷耦合器件
CCD	charge-coupled detector	电荷耦合检测器

CCI	control command interpreter	控制命令解释器
CCP	coverage configuration protocol	覆盖配置协议
CCT	conservative congruence transformation	保守同构变换
CCW	counterclockwise	逆时针旋转
CC&D	camouflage, concealment, and deception	伪装性、隐蔽性和欺骗性
CD	collision detection	碰撞检测
CD	committee draft	委员会草案
CD	compact disc	光盘
CDC	cardinal direction calculus	基向计算
CDOM	colored dissolved organic matter	有色溶解有机物
CE	computer ethic	计算机伦理学
CEA	Commissariat à l'Énergie Atomique	法国原子能委员会
CEA	Atomic Energy Commission	原子能委员会
CEBOT	cellular robotic system	胞元机器人系统
CEC	Congress on Evolutionary Computation	进化计算大会
CEPE	Computer Ethics Philosophical Enquiry	计算机伦理哲学探究
CES	Consumer Electronics Show	消费电子展
CF	carbon fiber	碳纤维
CF	contact formation	接触形式
CF	climbing fiber	攀缘纤维
CFD	computational fluid dynamics	计算流体动力学
CFRP	carbon fiber reinforced prepreg	碳纤维增强预浸料
CFRP	carbon fiber reinforced plastic	碳纤维增强塑料
CG	computer graphics	计算机图形学
CGI	common gateway interface	公共网关接口
CHMM	coupled hidden Markov model	耦合隐马尔可夫模型
CHMM	continuous hidden Markov model	连续隐马尔可夫模型
CIC	computer integrated construction	计算机集成建造
CIE	International Commission on Illumination	国际照明委员会
CIP	Children's Innovation Project	儿童创新项目
CIRCA	cooperative intelligent real-time control architecture	协同智能实时控制架构
CIS	computer-integrated surgery	计算机集成外科手术
CLARAty	coupled layered architecture for robotautonomy	机器人自主耦合分层架构
CLEaR	closed-loop execution and recovery	闭环执行和恢复
CLIK	closed-loop inverse kinematics	闭环逆运动学
CMAC	cerebellar model articulation controller	小脑模型关节控制器
CMC	ceramic matrix composite	陶瓷基复合材料
CML	concurrent-mapping and localization	并发映射与定位
CMM	coordinate measurement machine	坐标测量机
CMOMMT	cooperative multirobot observation of multiple moving target	多机器人协同观测多个移动目标
CMOS	complementary metal-oxide-semiconductor	互补金属氧化物半导体
CMP	centroid moment pivot	质心力矩枢轴
CMTE	Cooperative Research Centre for Mining Technology and Equipment	采矿技术与设备合作研究中心
CMU	Carnegie Mellon University	卡内基梅隆大学
CNC	computer numerical control	计算机数控
CNN	convolutional neural network	卷积神经网络
CNP	contract net protocol	合同网协议
CNRS	Centre National de la Recherche Scientifique	国家科学研究中心
CNT	carbon nanotube	碳纳米管
COCO	common objects in context	背景中的常见对象

CoG	center of gravity	重心
CoM	center of mass	质心
COMAN	compliant humanoid platform	柔性仿人平台
COMEST	Commission mondialed' éthique desconnaissancess cientifiques et destechnologies	世界科学知识与技术伦理委员会
COMINT	communication intelligence	通信情报
CONE	Collaborative Observatory for Nature Environments	自然环境合作观测站
CoP	center of pressure	压力中心
CoR	center of rotation	旋转中心
CORBA	common object request broker architecture	通用对象请求代理体系架构
CORS	continuous operating reference station	连续运行参考站
COT	cost of transport	运费
COTS	commercial off-the-shelf	商用现货
COV	characteristic output vector	特征输出向量
CP	complementarity problem	互补性问题
CP	capture point	捕获点
CP	continuous path	连续路径
CP	cerebral palsy	脑瘫
CPG	central pattern generation	中枢模式生成
CPG	central pattern generator	中枢模式发生器
CPS	cyber physical system	信息物理系统（赛博系统）
CPSR	Computer Professional for Social Responsibility	计算机社会责任专家联盟
CPU	central processing unit	中央处理器
CRASAR	Center for Robot-Assisted Search and Rescue	机器人辅助搜救中心
CRBA	composite-rigid-body algorithm	复合刚体算法
CRF	conditional random field	条件随机场
CRLB	Cramér-Rao lower bound	克拉默-拉奥下界
CSAIL	Computer Science and Artificial Intelligence Laboratory	计算机科学与人工智能实验室
CSIRO	Commonwealth Scientific and Industrial Research Organisation	联邦科学与工业研究组织
CSMA	carrier-sense multiple-access	载波侦听多址访问
CSP	constraint satisfaction problem	约束满足问题
CSSF	Canadian Scientific Submersile Facility	加拿大科学潜水设施
CT	computed tomography	计算机断层扫描
CTFM	continuous-transmission frequency modulation	连续传输调频
CU	control unit	控制单元
cv-SLAM	ceiling vision SLAM	天花板视觉 SLAM
CVD	chemical vapor deposition	化学气相沉积
CVIS	cooperative vehicle infrastructure system	协同车辆基础设施系统
CVT	continuous variable transmission	无级变速
CW	clockwise	顺时针旋转
CWS	contact wrench sum	接触力旋量

D

D	distal	远端
D-A	digital-to-analog	数-模
DAC	digital analog converter	数-模转换器
DARPA	Defense Advanced Research Projects Agency	国防高级研究计划局
DARS	distributed autonomous robotic systems	分布式自主机器人系统
DBN	dynamic Bayesian network	动态贝叶斯网络
DBN	deep belief network	深层信念网络
DC	disconnected	断线

DC	direct current	直流
DC	dynamic-constrained	动态约束
DCS	dynamic covariance scaling	动态协方差缩放
DCT	discrete-cosine transform	离散余弦变换
DD	differentially driven	差速驱动
DDF	decentralized data fusion	分布式数据融合
DDP	differential dynamic programming	微分动态编程
DDS	data distribution service	数据分发服务
DEA	differential elastic actuator	差动弹性驱动器
DEM	discrete-element method	离散元法
DFA	design for assembly	兼顾产品设计
DFRA	distributed field robot architecture	分布式现场机器人架构
DFT	discrete Fourier transform	离散傅里叶变换
DGPS	differential global positioning system	差分全球定位系统
D-H	Denavit-Hartenberg	D-H 法
DHMM	discrete hidden Markov model	离散隐马尔可夫模型
DHS US	Department of Homeland Security	国土安全部
DIRA	distributed robot architecture	分布式机器人体系架构
DIST	Dipartmento di Informatica Sistemica e Telematica	系统和远程通信部
DL	description logic	描述逻辑
DLR	Deutsches Zentrumfür Luft-und Raumfahrt	德国航空航天中心
DLR	German Aerospace Center	德国航空航天中心
DMFC	direct methanol fuel cell	直接甲醇燃料电池
DMP	dynamic movement primitive	动态运动原语
DNA	deoxyribonucleic acid	脱氧核糖核酸
DNF	dynamic neural field	动态神经场
DOD	Department of Defense	国防部
DOF	degree of freedom	自由度
DOG	difference of Gaussian	差分高斯
DOP	dilution of precision	稀释精度（精度衰减因子）
DPLL	Davis-Putnam algorithm	戴维斯-普特南算法
DPM	deformable part model	可变形零件模型
DPN	dip-pen nanolithography	蘸笔纳米光刻
DPSK	differential phase shift keying	差分相移键控
DRIE	deep reactive ion etching	深层反应离子刻蚀
DSM	dynamic state machine	动态状态机
DSO	Defense Sciences Office	国防科学办公室（美国）
DSP	digital signal processor	数字信号处理器
DSRC	dedicated short-range communications	专用短程通信协议
DU	dynamic-unconstrained	动态无约束
DVL	Doppler velocity log	多普勒速度计
DWA	dynamic window approach	动态窗口法
DWDM	dense wave division multiplex	密集波分复用
D&D	deactivation and decommissioning	去激活和退役

E

e-beam	electron-beam	电子束
EAP	electroactive polymer	电活性聚合物
EBA	energy bounding algorithm	能量边界算法
EBA	extrastriate body part area	纹状体外区
EBID	electron-beam induced deposition	电子束诱导沉积
EC	externally connected	外接

EC	exteroception	外感知
ECAI	European Conference on Artificial Intelligence	欧洲人工智能会议
ECD	eddy current damper	涡流阻尼器
ECER	European Conference on Educational Robotics	欧洲教育机器人会议
ECG	electrocardiogram	心电图
ECU	electronics controller unit	电子控制器单元
EDM	electrical discharge machining	电火花加工
EE	end-effector	末端执行器
EEG	electroencephalography	脑电图
EGNOS	European Geostationary Navigation Overlay Service	欧洲同步卫星导航覆盖服务
EHC	enhanced horizon control	增强型地平线控制
EHPA	exoskeleton for human performance augmentation	人体性能增强的外骨骼
EKF	extended Kalman filter	扩展卡尔曼滤波器
ELS	ethical, legal and societal	道德、法律和社会
EM	expectation maximization	期望最大化
emf	electromotive force	电动势
EMG	electromyography	肌电图
EMIB	emotion, motivation and intentional behavior	情感、动机与意向性行为
EMS	electrical master-slave manipulator	电动式主从操作臂
EO	electro-optical	光电
EO	elementary operator	初等算子
EOA	end of arm	手臂末端（臂端）
EOD	explosive ordnance disposal	易爆军械处理
EP	exploratory procedure	探索性程序（探测流程）
EP	energy packet	能量包
EPFL	Ecole Polytechnique Fédérale de Lausanne	洛桑联邦理工学院
EPP	extended physiological proprioception	扩展生理本体感知
EPS	expandable polystyrene	可膨胀聚苯乙烯
ER	electrorheological	电流变
ER	evolutionary robotics	进化机器人学
ERA	European robotic arm	欧洲机器人手臂
ERP	enterprise resource planning	企业资源计划
ERSP	evolution robotics software platform	进化机器人软件平台
ES	electricalstimulation	电刺激
ESA	European Space Agency	欧洲航天局
ESC	electronic speed controller	电子速度控制器
ESL	execution support language	执行支持语言
ESM	energy stability margin	能量稳定裕度
ESM	electric support measure	电子支援措施
ETL	Electro-Technical Laboratory	电子技术实验室
ETS-VII	Engineering Test Satellite VII	工程测试卫星七号
EU	European Union	欧盟
EURON	European Robotics Research Network	欧洲机器人学研究网络
EVA	extravehicular activity	舱外活动
EVRYON	evolving morphologies for human-robot symbiotic interaction	人-机器人共生交互的演化形态

F

F5	frontal area 5	额头第 5 区域
FAA	Federal Aviation Administration	联邦航空管理局（美国）
FAO	Food and Agriculture Organization	粮食及农业组织
FARSA	framework for autonomous robotics simulation and analysis	自主机器人仿真与分析框架
FastSLAM	fast simultaneous localization and mapping	快速同步定位与建图

FB-EHPA	full-body EHPA	全身 EHPA
FCU	flight control-unit	飞行管制单位（飞行控制单元）
FD	friction damper	摩擦阻尼器
FDA	US Food and Drug Association	美国食品药品监督管理局
FDM	fused deposition modeling	熔融沉积建模
FE	finite element	有限元
FEA	finite element analysis	有限元分析
FEM	finite element method	有限元法
FESEM	field-emission SEM	场发射扫描电子显微镜
FF	fast forward	快进
FFI	Norwegian defense research establishment	挪威国防研究机构
FFT	fast Fourier transform	快速傅里叶变换
FIFO	first-in first-out	先进先出
FIRA	Federation of International Robot-soccer Association	国际机器人足球联合会
FIRRE	family of integrated rapid response equipment	综合快速反应设备系列
FIRST	For Inspiration and Recognition of Science and Technology	激励和表彰科学技术
Fl-UAS	flapping wing unmanned aerial system	扑翼无人飞行系统
FLIR	forward looking infrared	前视红外
FMBT	feasible minimum buffering time	可行的最短缓冲时间
FMCW	frequency modulation continuous wave	频率调制连续波
FMRI	functional magnetic resonance imaging	功能性磁共振成像
FMS	flexible manufacturing system	柔性制造系统
FNS	functional neural stimulation	功能性神经刺激
FOA	focus of attention	着眼点（焦点）
FOG	fiber-optic gyro	光纤式光学陀螺仪
FOPEN	foliage penetration	植被穿透
FOPL	first-order predicate logic	一阶谓词逻辑
FOV	field of view	视场
FP	fusion primitive	融合原语
FPGA	field-programmable gate array	现场可编程门阵列
FR	false range	虚假范围
FRI	foot rotation indicator	脚旋转指示器
FRP	fiber-reinforced plastics	纤维增强塑料
FRP	fiber-reinforced prepreg	纤维增强型预浸料
FS	force sensor	力传感器
FSA	finite-state acceptor	有限状态接收器
FSK	frequency shift keying	频移键控
FSR	force sensing resistor	力敏电阻
FSW	friction stir welding	搅拌摩擦焊
FTTH	fiber to the home	光纤到户
FW	fixed-wing	固定翼

G

GA	genetic algorithm	基因算法（遗传算法）
GAPP	goal as parallel programs	作为并行程序的目标
GARNICS	gardening with a cognitive system	园艺认知系统
GAS	global asymptotic stability	全局渐近稳定性
GBAS	ground based augmentation system	地基增强系统
GCDC	Grand Cooperative Driving Challenge	合作驾驶大挑战赛
GCER	Global Conference on Educational Robotics	全球教育机器人会议
GCR	goal-contact relaxation	目标接触松弛
GCS	ground control station	地面控制站

GDP	gross domestic product	国内生产总值
GenoM	generator of modules	模块生成器
GEO	geostationary Earth orbit	地球静止轨道
GF	grapple fixture	抓斗夹具
GFRP	glass-fiber reinforced plastic	玻璃纤维增强塑料
GI	gastrointestinal	胃肠道
GIB	GPS intelligent buoys	GPS 智能浮标
GICHD	Geneva International Centre for Humanitarian Demining	日内瓦国际人道主义排雷中心
GID	geometric intersection data	几何交叉点数据
GIE	generalized-inertia ellipsoid	广义惯性椭球
GIS	geographic information system	地理信息系统
GJM	generalized Jacobian matrix	广义雅可比矩阵
GLONASS	globalnaya navigatsionnaya sputnikovaya sistema	人造地球卫星全球导航系统
GNSS	global navigation satellite system	全球导航卫星系统
GMAW	gas-shielded metal arc welding	气体保护电弧焊
GMM	Gaussian mixture model	高斯混合模型
GMSK	Gaussian minimum shift keying	高斯最小移频键控
GMTI	ground moving target indicator	地面移动目标指示器
GNC	guidance, navigation, and control	制导、导航和控制
GO	golgi tendon organ	高尔基肌腱器官
GP	Gaussian process	高斯过程
GPCA	generalized principal component analysis	广义主成分分析
GPRS	general packet radio service	通用分组无线服务
GPS	global positioning system	全球定位系统
GPU	graphics processing unit	图形处理单元（图形处理器）
GRAB	guaranteed recursive adaptive bounding	保证递归自适应约束
GRACE	graduate robot attending conference	出席会议的研究生机器人
GraWoLF	gradient-based win or learn fast	基于梯度赢取或快速学习
GSD	geon structural description	几何结构描述
GSN	gait sensitivity norm	步态敏感性标准
GSP	Gough-Stewart platform	Gough-Stewart 平台
GUI	graphical user interface	图形用户界面
GV	ground vehicle	地面车辆
GVA	gross value added	总增加值
GZMP	generalized ZMP	广义零力矩点

H

H	helical joint	螺旋关节
HAL	hybrid assistive limb	混合辅助肢体
HAMMER	hierarchical attentive multiple models for execution and recognition	执行与识别的分层感应多种模型
HASY	handarm system	手臂系统
HBBA	hybrid behavior-based architecture	基于混合行为的架构
HCI	human-computer interaction	人-计算机交互
HD	high definition	高清晰度（高清）
HD	haptic device	触觉装置
HD-SDI	high-definition serial digital interface	高清串行数字接口
HDSL	high data rate digital subscriber line	高速数字用户线
HE	hand exoskeleton	手部外骨骼
HF	hard finger	硬手指
HF	histogram filter	直方图滤波器
HFAC	high frequency alternating current	高频交流电

HHMM	hierarchical hidden Markov model	分层隐马尔可夫模型
HIC	head injury criterion	头部损伤标准
HIII	Hybrid III dummy	混合Ⅲ型假人
HIP	haptic interaction point	触觉交互点
HJB	Hamilton-Jacobi-Bellman	汉密尔顿-雅可比-贝尔曼
HJI	Hamilton-Jacobi-Isaac	汉密尔顿-雅可比-艾萨克
HMCS	human-machine cooperative system	人-机器人协作系统
HMD	head-mounted display	头戴式显示器
HMDS	hexamethyldisilazane	六甲基二硅氮烷
HMI	human-machine interaction	人-机器交互
HMI	human-machine interface	人机界面
HMM	hidden Markov model	隐马尔可夫模型
HO	human operator	人类操作员
HOG	histogram of oriented gradient	定向梯度直方图
HOG	histogram of oriented features	定向特征直方图
HPC	high-performance computing	高性能计算
HRI	human-robot interaction	人-机器人交互
HRI/OS	HRI operating system	HRI 操作系统
HRP	humanoid robotics project	仿人机器人项目
HRR	high resolution radar	高分辨力雷达
HRTEM	high-resolution transmission electron microscope	高分辨力透射电子显微镜
HSGR	high safety goal region	高安全目标区域
HST	Hubble space telescope	哈勃太空望远镜
HSTAMIDS	handheld standoff mine detection system	手持式远距离雷场探测系统
HSWR	high safety wide region	高安全宽度区域
HTAS	high tech automotive system	高科技汽车系统
HTML	hypertext markup language	超文本标识语言
HTN	hierarchical task net	分层任务网
HTTP	hypertext transmission protocol	超文本传输协议
HW/SW	hardware/software	硬件/软件

I

I/O	input/output	输入/输出
I3CON	industrialized, integrated, intelligent construction	工业化、集成化、智能化建设
IA	interval algebra	区间代数
IA	instantaneous allocation	瞬时分配
IAA	interaction agent	交互代理
IAB	International Association of Bioethics	国际生物伦理学协会
IACAP	International Association for Computing and Philosophy	国际计算与哲学协会
IAD	interaural amplitude difference	耳间振幅差
IAD	intelligentassisting device	智能辅助装置（设备）
IARC	International Aerial Robotics Competition	国际飞行机器人竞赛
IAS	intelligent autonomous system	智能自主系统
IBVS	image-based visual servo control	基于图像的视觉伺服控制
IC	integrated chip	集成芯片
IC	integrated circuit	集成电路
ICA	independent component analysis	独立成分分析
ICAPS	International Conference on Automated Planning and Scheduling	自动规划和调度国际会议
ICAR	International Conference on Advanced Robotics	先进机器人国际会议
ICBL	International Campaign to Ban Landmines	国际禁止地雷运动
ICC	instantaneous center of curvature	瞬时曲率中心

ICE	internet communications engine	互联网通信引擎
ICP	iterative closest point	迭代最近点
ICR	instantaneous center of rotation	瞬时旋转中心
ICRA	International Conference on Robotics and Automation	机器人与自动化国际会议
ICT	information and communication technology	信息和通信技术
ID	inside diameter	内径
ID	identifier	标识符（识别码）
IDE	integrated development environment	集成开发环境
IDL	interface definition language	接口定义语言
IE	information ethics	信息伦理学
IED	improvised explosive device	简易爆炸装置
IEEE	Institute of Electrical and Electronics Engineers	电气电子工程师协会
IEKF	iterated extended Kalman filter	迭代扩展卡尔曼滤波器
IETF	internet engineering task force	互联网工程任务组
IFA	Internationale Funk Ausstellung	国际无线电展览会
IFOG	interferometric fiber-optic gyro	干涉式光纤陀螺仪
IFR	International Federation of Robotics	国际机器人联合会
IFREMER	Institut français de recherche pourl' exploitation de la mer	法国海洋开发研究所
IFRR	International Foundation of Robotics Research	国际机器人研究基金会
IFSAR	interferometric SAR	干涉式合成孔径雷达
IHIP	intermediate haptic interaction point	中间触觉交互点
IIR	infinite impulse response	无限脉冲响应
IIS	Internet Information Services	互联网信息服务
IIT	IstitutoItaliano di Tecnologia	意大利理工学院
IJCAI	International Joint Conference on Artificial Intelligence	国际人工智能联合会议
IK	inverse kinematics	逆运动学
ILLS	instrumented logical sensor system	仪表逻辑传感器系统
ILO	International Labor Organization	国际劳工组织
ILQR	iterative linear quadratic regulator	迭代线性二次调节器
IM	injury measure	损伤措施
IMAV	International Micro Air Vehicles	国际微型飞行器
IMTS	intelligent multimode transit system	智能多模式交通系统
IMU	inertial measurement unit	惯性测量单元（惯性传感器）
INS	inertia navigation system	惯性导航系统
IO	inferior olive	下橄榄核
IOSS	input-output-to-state stability	输入-输出-状态稳定性
IP	internet protocol	互联网协议
IP	interphalangeal	指间
IPA	Institute for Manufacturing Engineering and Automation	制造工程与自动化研究所
IPC	inter-process communication	进程间通信
IPC	international AI planning competition	国际人工智能规划大赛
IPMC	ionic polymer-metal composite	离子聚合物金属复合材料
IPR	intellectual property right	知识产权
IR	infrared	红外线
IRB	Institutional Review Board	机构审查委员会
IREDES	International Rock Excavation Data Exchange Standard	国际岩石挖掘数据交换标准
IRL	in real life	在现实生活中
IRL	inverse reinforcement learning	逆强化学习
IRLS	iteratively reweighted least square	迭代复权最小二乘法
IRNSS	Indian regional navigational satellite system	印度区域导航卫星系统
IROS	Intelligent Robots and Systems	智能机器人与系统

IS	importance sampling	重要性采样
ISA	industrial standard architecture	工业标准架构
ISA	international standard atmosphere	国际标准大气
ISAR	inverse SAR	逆合成孔径雷达
ISDN	integrated services digital network	综合业务数字网络
ISE	international submarine engineering	国际海底工程
ISER	International Symposium on Experimental Robotics	实验机器人学国际研讨会
ISM	implicit shape model	隐性形状模型
ISO	International Organization for Standardization	国际标准化组织
ISP	internet service provider	互联网服务提供商
ISR	intelligence，surveillance and reconnaissance	情报、监控和侦察
ISRR	International Symposium of Robotics Research	机器人学研究国际研讨会
ISS	international space station	国际空间站
ISS	input-to-state stability	输入状态稳定性
IST	Instituto Superior Técnico	高等理工学院
IST	Information Society Technologies	信息社会技术
IT	intrinsic tactile	内在触觉
IT	information technology	信息技术
ITD	interaural time difference	耳间时间延迟差
IU	interaction unit	交互单元
IV	instrumental variable	工具变量（辅助变量）
IvP	interval programming	间隔编程
IWS	intelligent wheelchair system	智能轮椅系统
IxTeT	indexed time table	索引时间表

J

JAEA	Japan Atomic Energy Agency	日本原子能机构
JAMSTEC	Japan Agency for Marine-Earth Scienceand Technology	日本海洋地球科学和技术厅（日本海洋厅）
JAMSTEC	Japan Marine Science and Technology Center	日本海洋科学与技术中心
JAUS	joint architecture for unmanned systems	无人系统联合架构
JAXA	Japan Aerospace Exploration Agency	日本宇宙航空研究开发机构
JDL	joint directors of laboratories	实验室联合主任（主管）
JEM	Japan Experiment Module	日本实验舱
JEMRMS	Japanese experiment module remote manipulator system	日本实验模块遥控操作臂系统
JHU	Johns Hopkins University	约翰斯·霍普金斯大学（美国）
JND	just noticeable difference	最小可觉差
JPL	Jet Propulsion Laboratory	喷气推进实验室
JPS	jigsaw positioning system	拼图定位系统
JSC	Johnson Space Center	约翰逊航天中心
JSIM	joint-space inertia matrix	关节空间惯性矩阵
JSP	Java server pages	Java 服务器页面

K

KAIST	Korea Advanced Institute of Scienceand Technology	韩国科学技术院
KERS	kinetic energy recovery system	动能回收系统
KIPR	KISS Institute for Practical Robotics	KISS 实用机器人研究所
KLD	Kullback-Leibler divergence	Kullback-Leibler 散度
KNN	k-nearest neighbor	k 邻域
KR	knowledge representation	知识表征
KRISO	Korea Research Institute of Ships and Ocean Engineering	韩国船舶和海洋工程研究所

L

L/D	lift-to-drag	升阻比
LAAS	Laboratory for Analysis and Architecture of Systems	系统分析与体系架构实验室

LADAR	laser radar	激光雷达
LAGR	learning applied to ground robots	用于地面机器人的学习
LARC	Lie algebra rank condition	李代数秩条件
LARS	Laparoscopic Assistant Robotic System	腹腔镜辅助机器人系统
LASC	Longwall Automation Steering Committee	长壁自动化指导委员会
LBL	long-baseline	长基线
LCAUV	long-range cruising AUV	远程巡航 AUV（水下机器人）
LCC	life-cycle-costing	生命周期成本
LCD	liquid-crystal display	液晶显示器
LCM	light-weight communications and marshalling	轻型通信与编组
LCP	linear complementarity problem	线性互补问题
LCSP	linear constraint satisfaction program	线性约束满足度规划
LDA	latent Dirichlet allocation	潜在的（隐含）狄利克雷分配
LED	light-emitting diode	发光二极管
LENAR	lower extremity nonanthropomorphic robot	下肢非各向异性机器人
LEO	low Earth orbit	低地球轨道
LEV	leading edge vortex	前缘涡
LfD	learning from demonstration	从示范中学习
LGN	lateral geniculate nucleus	外侧膝状体核
LIDAR	light detection and ranging	光探测与测距
LIP	linear inverted pendulum	线性倒立摆
LIP	lateral intraparietal sulcus	顶壁外侧沟
LiPo	lithium polymer	锂聚合物
LLC	locality constrained linear coding	局部约束线性编码
LMedS	least median of squares	最小平方中值（最小中位数平方法）
LMS	laser measurement system	激光测量系统
LOG	Laplacian of Gaussian	高斯-拉普拉斯算子
LOPES	lower extremity powered exoskeleton	下肢动力外骨骼
LOS	line-of-sight	视线
LP	linear program	线性程序
LQG	linear quadratic Gaussian	线性二次高斯
LQR	linear quadratic regulator	线性二次调节器
LSS	logical sensor system	逻辑传感器系统
LSVM	latent support vector machine	潜在支持向量机
LtA	lighter-than-air	比空气轻
LtA-UAS	lighter-than-air system	轻于空气的系统
LTL	linear temporal logic	线性时间逻辑
LVDT	linear variable differential transformer	线性可变差动变压器
LWR	light-weight robot	轻型机器人

M

MACA	Afghanistan Mine Action Center	阿富汗排雷行动中心
MACCEPA	mechanically adjustable compliance and controllable equilibrium position actuator	机械可调柔度和可控平衡位置驱动器
MAP	maximum a posteriori	最大后验概率
MARS	multiappendage robotic system	多附件机器人系统
MARUM	Zentrumfür Marine Umweltwissenschaften	海洋环境科学中心
MASE	Marine Autonomous Systems Engineering	海洋自主系统工程
MASINT	measurement and signatures intelligence	测量与特征情报
MAV	micro aerial vehicles	微型飞行器
MAZE	Micro robot maze contest	微型机器人迷宫大赛
MBA	motivated behavioral architecture	动机行为架构

MBARI	Monterey Bay Aquarium Research Institute	蒙特雷湾水族馆研究所
MBE	molecular-beam epitaxy	分子束外延
MBS	mobile base system	移动基站系统
MC	Monte Carlo	蒙特卡洛
MCFC	molten carbonate fuel cell	熔融碳酸盐燃料电池
MCP	metacarpophalangeal	掌指
MCS	mission control system	任务控制系统
MDARS	mobile detection assessment and response system	移动检测评估与响应系统
MDL	minimum description length	最小描述长度
MDP	Markov decision process	马尔科夫决策过程
ME	mechanical engineering	机械工程
MEG	magnetoencephalography	脑磁图
MEL	Mechanical Engineering Laboratory	机械工程实验室
MEMS	microelectromechanical system	微机电系统
MEP	motor evoked potential	运动诱发电位
MESSIE	multi expert system for scene interpretation and evaluation	多专家场景解释与评估
MESUR	Mars environmental survey	火星环境调查
MF	mossy fiber	苔藓纤维
MFI	micromechanical flying insect	微机械飞虫
MFSK	multiple FSK	多重 FSK
MHS	International Symposium on MicroMechatronics and Human Science	微机电一体化与人类科学国际研讨会
MHT	multihypothesis tracking	多假设跟踪
MIA	mechanical impedance adjuster	机械阻抗调节器
MIME	mirrorimage movement enhancer	镜像运动增强器
MIMICS	multimodal immersive motionrehabilitation with interactive cognitive system	交互式认知系统的多模态沉浸式运动康复
MIMO	multi-input-multi-output	多输入多输出
MIP	medial intraparietal sulcus	枕内沟
MIPS	microprocessor without interlocked pipeline stages	无级联锁的微处理器
MIR	mode identification and recovery	模式识别与恢复
MIRO	middleware for robot	机器人中间件
MIS	minimally invasive surgery	微创手术
MIT	Massachusetts Institute of Technology	麻省理工学院
MITI	Ministry of International Trade and Industry	国际贸易和工业部
MKL	multiple kernel learning	多核学习
ML	machine learning	机器学习
MLE	maximum likelihood estimate	最大似然估计
MLR	mesencephalic locomotor region	中脑运动区
MLS	multilevel surface map	多级表面映射
MMC	metal matrix composite	金属基复合材料
MMMS	multiple master multiple-slave	多主多从
MMSAE	multiple model switching adaptive estimator	多模型切换自适应估计器
MMSE	minimum mean-square error	最小均方误差
MMSS	multiple master single-slave	多主单从
MNS	mirrorneuron system	镜像神经元系统
MOCVD	metallo-organic chemical vapor deposition	金属有机化学气相沉积
MOMR	multiple operator multiple robot	多操作员多机器人
MOOS	mission oriented operating suite	面向任务的操作套件
MOOS	motion-oriented operating system	面向运动的操作系统
MORO	mobile robot	移动机器人

MOSR	multiple operator single robot	多操作员单机器人
MP	moving plate	动平台
MPC	model predictive control	模型预测控制
MPF	manifold particle filter	流形粒子滤波器
MPFIM	multiplepaired forward-inverse model	多对正逆模型
MPHE	multiphalanx hand exoskeleton	多指手外骨骼
MPSK	M-ary phase shift keying	M 进制相移键控
MQAM	M-ary quadrature amplitude modulation	M 进制正交幅度调制
MR	magnetorheological	磁流变
MR	multiple reflection	多重反射
MR	multirobottask	多机器人任务
MRAC	model reference adaptive control	模型参考自适应控制
MRDS	Microsoft robotics developers studio	微软机器人开发人员工作室
MRF	Markov random field	马尔科夫随机场
MRHA	multiple resource host architecture	多资源主机架构
MRI	magnetic resonance imaging	磁共振成像
MRSR	Mars rover sample return	火星漫游车样品返回
MRTA	multirobottask allocation	多机器人任务分配
MSAS	multifunctional satellite augmentation system	多功能卫星增强系统
MSER	maximally stable extremal region	最大稳定极值区域
MSHA	US Mine Safety and Health Administration	美国矿山安全与健康管理局
MSK	minimum shift keying	最小频移键控
MSL	middle-size league	中型联赛
MSM	master-slave manipulator	主从操作臂
MST	microsystem technology	微系统技术
MT	momentum theory	动量理论
MT	multitask	多任务
MT	medial temporal	颞内侧
MTBF	mean time between failures	平均故障间隔时间
MTI	moving target indicator	移动目标指示器
MVERT	move value estimation for robot teams	机器人团队的移动值估计
MWNT	multiwalled carbon nanotube	多壁碳纳米管

N

N&G	nursery and greenhouse	苗圃与温室
NAP	nonaccidental property	非意外财产（非偶然的性质）
NASA	National Aeronautics and Space Agency	美国国家航空航天局
NASDA	National Space Development Agency of Japan	日本国家空间开发厅
NASREM	NASA/NBS standard reference model	NASA/NBS 标准参考模型
NBS	National Bureau of Standards	国家标准局
NC	numerical control	数控
ND	nearness diagram navigation	近程图导航
NDDS	network data distribution service	网络数据分发服务
NDGPS	nationwide different GPS system	国家差分 GPS 系统
NDI	nonlinear dynamic inversion	非线性动态反演
NDT	normal distributions transform	正态分布变换
NEMO	network mobility	网络移动性
NEMS	nanoelectromechanical system	纳米机电系统
NEO	neodymium	钕
NERVE	New England Robotics Validation and Experimentation	新英格兰机器人技术验证与实验
NESM	normalized ESM	标准化能量稳定裕度
NIDRR	National Institute on Disability and Rehabilitation Research	国家残疾和康复研究所

NiMH	nickel metal hydride battery	镍氢电池
NIMS	networked infomechanical systems	网络信息机械系统
NIOSH	National Institute for Occupational Safety and Health	国家职业安全和健康研究所
NIRS	near infrared spectroscopy	近红外光谱
NIST	National Institute of Standards and Technology	国家标准与技术研究所
NLIS	national livestock identification scheme	国家牲畜识别计划
NLP	nonlinearprogramming problem	非线性规划问题
NMEA	National Marine Electronics Association	国家海洋电子协会
NMF	nonnegative matrix factorization	非负矩阵分解
NMMI	natural machine motion initiative	自然机器运动倡议
NMR	nuclearmagnetic resonance	核磁共振
NN	neural network	神经网络
NOAA	National Oceanic and Atmospheric Administration	国家海洋和大气管理局
NOAH	navigationand obstacle avoidance help	导航和避障帮助
NOC	National Oceanography Centre	国家海洋学中心
NOTES	natural orifice transluminal endoscopic surgery	自然腔道内镜手术
NPO	nonprofit organization	非营利组织
NPS	Naval Postgraduate School	海军研究生院
NQE	national qualifying event	全国资格赛
NRI	national robotics initiative	国家机器人计划（倡议）
NRM	nanorobotic manipulator	纳米操作机
NRTK	network real-time kinematic	网络实时运动学
NTPP	nontangential proper part	非切向正交部分
NTSC	National Television System Committee	国家电视系统委员会
NURBS	nonuniform rational B-spline	非均匀有理B样条
NUWC	Naval Undersea Warfare Center（Division Newport）	海军海底作战中心（Newport 分部）
NZDF	New Zealand Defence Force	新西兰国防军

O

OAA	open agent architecture	开放式代理架构
OASIS	onboard autonomous science investigation system	机载自主科考系统
OAT	optimal arbitrary time-delay	最佳任意时滞
OBU	on board unit	机载设备
OC	optimal control	最优控制
OCPP	optimal coverage path planning	最佳覆盖路径规划
OCR	OC robotics	OC 机器人公司
OCT	opticalcoherence tomography	光学相干层析扫描
OCU	operator control unit	操作控制单元
OD	outer diameter	外径
ODE	ordinary differential equation	常微分方程
ODE	open dynamics engine	开放式动力学引擎
ODI	ordinary differential inclusion	常微分包含
OECD	Organization for Economic Cooperationand Development	经济合作与发展组织
OKR	optokinetic response	光动反应（视动反应）
OLP	offline programming	离线编程
OM	optical microscope	光学显微镜
ONR	US Office of Naval Research	美国海军研究办公室
OOF	out of field	视野外
OOTL	human out of the loop control	人出环控制
OPRoS	open platform for robotic service	开放式机器人服务平台
ORCA	open robot control architecture	开放式机器人控制架构
ORCCAD	open robot controller computer aided design	开放式机器人控制器计算机辅助设计

ORI	open roboethics initiative	开放式机器人伦理计划（倡议）
ORM	obstacle restriction method	障碍约束法
OROCOS	open robot control software	开放式机器人控制软件
ORU	orbital replacement unit	轨道更换单元
OS	operating system	操作系统
OSC	operational-space control	操作空间控制
OSIM	operational-space inertia matrix	操作空间惯性矩阵
OSU	Ohio State University	俄亥俄州立大学
OTH	over-the-horizon	超视距
OUR-K	ontology based unified robot knowledge	基于本体的统一机器人知识
OWL	web ontology language	网络本体语言
OxIM	Oxford intelligent machine	牛津智能机器研究所

P

P	prismatic joint	移动关节
P&O	prosthetics and orthotic	假肢和矫形器
PA	point algebra	点代数
PACT	perceptionfor action control theory	行动控制知觉理论
PAD	pleasure arousal dominance	快感唤醒优势
PAFC	phosphoric acid fuel cell	磷酸燃料电池
PAM	pneumatic artificial muscle	气动人工肌肉
PaMini	pattern-based mixed-initiative	基于模式的混合倡议
PANi	polyaniline	聚苯胺
PAPA	privacy, accuracy, intellectual property, and access	隐私权、准确性、知识产权和访问权
PAS	pseudo-amplitude scan	伪振幅扫描
PAT	proximity awareness technology	近距离感知技术
PB	parametric bias	参数偏差
PbD	programmingby demonstration	示教编程
PBVS	pose-based visual servo control	基于位姿的视觉伺服控制
PC	polycarbonate	聚碳酸酯
PC	personal computer	个人计算机
PC	principal contact	主接触
PC	passivity controller	无源控制器
PC	proprioception	本体感知
PC	Purkinje cell	浦肯野细胞
PCA	principal component analysis	主成分分析
PCI	peripheral component interconnect	外围组件互连
PCIe	peripheral component interconnect express	外围组件互连快线
PCL	point cloud library	点云库
PCM	programmable construction machine	可编程建造机器人
PD	proportional-derivative	比例-微分
PDE	partial differential equation	偏微分方程
PDGF	power data grapple fixture	电源数据抓斗固定装置
PDMS	polydimethylsiloxane	聚二甲基硅氧烷
PDOP	positional dilution of precision	位置精度衰减因子
PDT	proximity detection technology	近距离探测技术
PEAS	probing environment and adaptive sleeping protocol	探测环境和自适应睡眠协议
PEFC	polymer electrolyte fuel cell	聚合物电解质燃料电池
PEMFC	proton exchange membrane fuel cell	质子交换膜燃料电池
PerceptOR	perception for off-road robotics	越野机器人的感知
PET	positron emission tomography	正电子发射断层成像
PF	particle filter	粒子滤波器

PF	parallel fiber	平行纤维
PFC	prefrontal cortex	前额皮质
PFH	point feature histogram	点特征直方图
PFM	potential field method	势场法
PGM	probabilistic graphical model	概率图形模型
PGRL	policy gradientreinforcement learning	决策梯度强化学习
PHRI	physical human-robot interaction	人-机器人物理交互
PI	policy iteration	决策迭代
PI	possible injury	可能损伤
PI	proportional-integral	比例-积分
PIC	programmable intelligent computer	可编程智能计算机
PID	proportional-integral-derivative	比例-积分-微分
PIT	posterior inferotemporal cortex	后下颞皮质
PKM	parallel kinematic machine	并联运动学机器（并联机床）
PL	power loading	功率载荷
PLC	programmable logic controller	可编程逻辑控制器
PLD	programmable logic device	可编程逻辑器件
PLEXIL	plan execution interchange language	规划执行交换语言
PLSA	probabilistic latent semantic analysis	概率潜在语义分析
PLZT	lead lanthanum zirconate titanate	锆钛酸铅镧
PM	permanent magnet	永磁体
PMC	polymer matrix composite	聚合物基复合材料
PMMA	polymethyl methacrylate	聚甲基丙烯酸甲酯
PneuNet	pneumatic network	气动网路
PNT	Petri net transducer	Petri 网传感器（换能器）
PO	partially overlapping	部分重叠
PO	passivity observer	被动观察器（无源观测器）
POE	local product-of-exponential	局部指数积
POI	point of interest	兴趣点
POM	polyoxymethylene	聚甲醛
POMDP	partially observable Markov decision process	部分可观测马尔可夫决策过程
POP	partial-order planning	偏序规划
PPS	precise positioning system	精确定位系统
PPy	polypyrrole	聚吡咯
PR	positive photoresist	正性光刻胶
PRM	probabilistic roadmap	概率路线图
PRM	probabilistic roadmap method	概率路线图法
PRN	pseudo-random noise	伪随机噪声
PRoP	personal roving presence	个人巡视机器人
ProVAR	professional vocational assistive robot	职业辅助机器人
PRS	procedural reasoning system	程序推理系统
PS	power source	电源
PSD	position sensing device	位置传感装置
PSD	position-sensitive-device	位置敏感装置
PSK	phase shift keying	相移键控
PSPM	passive set-position modulation	无源定位调制
PTAM	parallel tracking and mapping	并行测绘（并行跟踪和建图）
PTU	pan-tilt unit	俯仰单元（云台）
PUMA	programmable universal machine for assembly	可编程通用装配机
PVA	position, velocity and attitude	位置、速度和姿态
PVC	polyvinyl chloride	聚氯乙烯

PVD	physical vapor deposition	物理气相沉积
PVDF	polyvinylidene fluoride	聚偏氟乙烯
PWM	pulse-width modulation	脉宽调制
PwoF	point-contact-without-friction	无摩擦点接触
PZT	lead zirconate titanate	锆钛酸铅（压电陶瓷）

Q

QAM	quadrature amplitude modulation	正交幅度调制（正交调幅）
QD	quantum dot	量子点
QID	qualifier, inspection and demonstration	鉴定、检验和示范（演示）
QOLT	quality of life technology	生命品质技术（生活质量技术）
QOS	quality of service	服务质量
QP	quadratic programming	二次规划
QPSK	quadrature phase shift keying	正交相移键控
QSC	quasistatic constrained	准静态约束
QT	quasistatic telerobotics	准静态遥操作机器人
QZSS	quasi-zenith satellite system	准天顶卫星系统

R

R	revolute joint	旋转关节
R. U. R.	Rossum's Universal Robots	Rossum 的通用机器人
RA	rectangle algebra	矩形代数
RAC	Robotics and Automation Council	机器人与自动化理事会
RAIM	receiver autonomous integrity monitor	接收机自主完整性监测器
RALF	robotic arm large and flexible	大型柔性机器人手臂
RALPH	rapidly adapting lane position handler	快速适应车道位置处理程序
RAM	random access memory	随机存储器
RAMS	robot-assisted microsurgery	机器人辅助显微外科
RAMS	randomaccess memory system	随机存取存储器系统
RANSAC	random sample consensus	随机抽样一致性
RAP	reactive action package	反应行动包
RAS	Robotics and Automation Society	机器人与自动化学会
RBC	recognition by-component	成分识别
RBF	radial basis function network	径向基函数网络
RBF	radial basis function	径向基函数
RBT	robot experiment	机器人试验
RC	radio control	无线电控制
RC	robot controller	机器人控制器
RCC	region connection calculus	区域连接计算
RCC	remote center of compliance	远程柔顺中心
RCM	remote center of motion	远程运动中心
RCP	rover chassis prototype	月球车（漫游者）底盘原型
RCR	responsible conduct of research	研究负责行为
RCS	real-time control system	实时控制系统
RCS	rig control system	钻机控制系统
RDT	rapidly exploring dense tree	快速搜索密集树
RECS	robotic explosive charging system	机器人炸药装填系统
REINFORCE	reward increment = nonnegative factor×offset reinforcement×characteristic eligibility	奖励增量=非负因子×偏移加固×特征资格
RERC	Rehabilitation Engineering Research Center	康复工程研究中心
RF	radio frequency	射频
RFID	radio frequency identification	射频识别
RG	rate gyro	速率陀螺仪

RGB-D	red green blue distance	红绿蓝距离
RHIB	rigid hull inflatable boat	刚性船体充气艇
RIE	reactive-ion etching	反应离子刻蚀
RIG	rate-integrating gyro	速率积分陀螺仪
RISC	reduced instruction set computer	精简指令集计算机
RL	reinforcement learning	强化学习
RLG	ring laser gyroscope	环形激光陀螺仪
RLG	random loop generator	随机环路发生器
RMC	resolved momentum control	解析动量控制
RMDP	relational Markov decision processes	关系马尔科夫决策过程
RMMS	reconfigurable modular manipulator system	可重构模块化操作臂系统
RMS	root mean square	均方根
RNDF	route network definition file	路由网络定义文件
RNEA	recursive Newton-Euler algorithm	递推牛顿-欧拉算法
RNN	recurrent neural network	递归神经网络
RNNPB	recurrent neural network with parametric bias	参数偏差的递归神经网络
RNS	reaction null-space	反应零空间
ROC	receiver operating curve	接收者操作曲线
ROC	remote operations centre	远程运营中心
ROCCO	robot construction system for computer integrated construction	用于计算机集成建造的机器人建造系统
ROD	robot oriented design	面向机器人的设计
ROKVISS	robotics component verification on ISS	机器人国际空间站组件核查
ROM	run-of-mine	原矿
ROM	read-only memory	只读存储器
ROMAN	Robot and Human Interactive Communication	机器人与人的交互通信
ROS	robot operating system	机器人操作系统
ROV	remotely operated vehicle	遥控车
ROV	remotely operated underwater vehicle	遥操作水下航行器（遥操作水下机器人）
RP	rapid prototyping	快速成型
RP-VITA	remote presence virtual+independent telemedicine assistant	远程存在虚拟+独立远程医疗助手
RPC	remote procedure call	远程程序调用
RPI	Rensselaer Polytechnic Institute	伦斯勒理工学院
RPS	room positioning system	室内定位系统
RRSD	Robotics and Remote Systems Division	机器人和远程系统部
RRT	rapidly exploring random tree	快速探索随机树
RS	Reeds and Shepp	Reeds 和 Shepp
RSJ	Robotics Society of Japan	日本机器人学会
RSS	Robotics：Science and Systems	机器人学科学与系统
RSTA	reconnaissance，surveillance，and target acquisition	侦察、监控和目标捕获
RSU	road side unit	路边单元（设备）
RT	real-time	实时
RT	room temperature	室温
RT	reaction time	反应时间
RTCMS C104	Radio Technical Commission for Maritime Services Special Committee 104	C104 无线电技术委员会海事服务特别委员会 104
RTD	resistance temperature devices	电阻温度装置（器件）
RTI	real-time innovation	实时创新
RTK	real-time kinematics	实时运动学
rTMS	repetitive TMS	重复 TMS
RTS	real-time system	实时系统
RTT	real-time toolkit	实时工具包

RV	rotary vector	旋转矢量
RVD	rendezvous/docking	交会/对接
RW	rotary-wing	旋翼
RWI	real-world interface	真实世界界面
RWS	robotic workstation	机器人工作站
R&D	research and development	研究与开发（研发）

S

SA	simulated annealing	模拟退火
SA	selective availability	选择可用性
SAFMC	Singapore Amazing Flying Machine Competition	新加坡神奇飞行器竞赛
SAI	simulation and active interfaces	模拟和主动交互
SAM	smoothing and mapping	平滑和映射
SAN	semiautonomous navigation	半自主导航
SAR	synthetic aperture radar	合成孔径雷达
SAR	socially assistive robotics	社交辅助机器人
SARSA	state action-reward-state-action	国家行动-奖励-行动
SAS	synthetic aperture sonar	合成孔径声呐
SAS	stability augmentation system	增稳系统
SAT	Theory and Applications of Satisfiability Testing	满意度测试理论与应用
SBAS	satellite-based augmentation system	星基增强系统
SBL	short baseline	短基线
SBSS	space based space surveillance	天基空间监测
SC	sparse coding	稀疏编码
SCARA	selective compliance assembly robot arm	选择性柔顺装配机器人手臂
SCI	spinal cord injury	脊髓损伤
sci-fi	science fiction	科幻小说
SCM	smart composite microstructures	智能复合微结构
SCM	soil contact model	土壤接触模型
SD	standard deviation	标准差
SDK	standard development kit	标准开发工具包
SDK	software development kit	软件开发工具包
SDM	shape deposition manufacturing	形状沉积制造
SDR	software for distributed robotics	分布式机器人软件
SDV	spatial dynamic voting	空间动态投票
SEA	series elastic actuator	串联弹性驱动器
SEE	standard end effector	标准末端执行器
SELF	sensorized environment for life	感知生命环境
SEM	scanning electron microscope	扫描电子显微镜
SET	single electron transistor	单电子晶体管
SF	soft finger	软手指
SFM	structure from motion	运动结构
SFX	sensor fusion effect	传感器融合效应
SGAS	semiglobal asymptotic stability	半全局渐近稳定性
SGD	stochastic gradient descent	随机梯度下降
SGM	semiglobal matching	半全域匹配
SGUUB	semiglobal uniform ultimate boundedness	半全局一致终极有界性
SIFT	scale-invariant feature transform	尺度不变特征变换
SIGINT	signal intelligence	信号情报（智能）
SISO	single input single-output	单输入单输出
SKM	serialkinematic machines	串联运动学机器
SLA	stereolithography	立体光刻

SLAM	simultaneous localization and mapping	同步定位与建图
SLICE	specification language for ICE	ICE 规范语言
SLIP	spring loaded inverted pendulum	弹簧加载倒立摆
SLRV	surveyor lunar rover vehicle	“探索者”号月球车
SLS	selective laser sintering	激光选区烧结
SM	static margin	静态裕度
SMA	shape memory alloy	形状记忆合金
SMAS	solid material assembly system	固体材料组装系统
SMC	sequential Monte Carlo	序贯蒙特卡洛
SME	smalland medium enterprises	中小企业
SMMS	single-master multiple-slave	单主多从
SMP	shape memory polymer	形状记忆聚合物
SMS	short message service	短信服务
SMSS	single-master single-slave	单主单从
SMT	satisfiabiliy modulo theory	可满足性模理论
SMU	safe motion unit	安全运动单元
SNAME	society of naval architects and marine engineer	海军建筑师和海洋工程师协会
SNOM	scanning near-field optical microscopy	近场扫描光学显微镜
SNR	signal-to-noise ratio	信噪比
SNS	spallation neutron source	散裂中子源
SOFC	solid oxide fuel cell	固体氧化物燃料电池
SOI	silicon-on-insulator	绝缘体上的硅
SOMA	stream-oriented messaging architecture	面向流的信息传递架构
SOMR	single operator multiple robot	单操作员多机器人
SOS	save our souls	拯救我们的灵魂
SOSR	single operator single robot	单操作员单机器人
SPA	sense-plan-act	感知-规划-行动
SPaT	signal phase and timing	信号相位和定时
SPAWAR	Space and Naval Warfare Systems Center	空间和海军作战系统中心
SPC	self-posture changeability	自我位姿可变性
SPDM	special purpose dexterous manipulator	特殊用途灵巧操作臂
SPHE	single-phalanx hand exoskeleton	单指手外骨骼
SPL	single port laparoscopy	单孔腹腔镜
SPL	standard platform	标准平台
SPM	scanning probe microscope	扫描探针显微镜
SPM	spatial pyramid matching	空间金字塔匹配
SPMS	shearer position measurement system	采煤机位姿测量系统
SPS	standard position system	标准定位系统
SPU	spherical, prismatic, universal	球铰-移动副-虎克铰
SQP	sequential quadratic programming	逐步二次规划
SR	single-robot task	单机器人任务
SRA	spatial reasoning agent	空间推理代理
SRCC	spatial remote center compliance	空间远程柔顺中心
SRI	Stanford Research Institute	斯坦福研究所
SRMS	shuttle remote manipulator system	航天飞机遥控操作臂系统
SSA	sparse surface adjustment	稀疏表面调整
SSC	smart soft composite	智能软体复合材料
SSL	small-size league	小型联赛
SSRMS	space station remote manipulator system	空间站遥控操作臂系统
ST	single-task	单任务
STEM	science, technology, engineering and mathematics	科学、技术、工程和数学

STM	scanning tunneling microscope	扫描隧道显微镜
STP	simple temporal problem	简单时间问题
STriDER	self-excited tripodal dynamic experimental robot	自激式三脚架动力学实验机器人
STS	superior temporal sulcus	颞上沟
SUGV	small unmanned ground vehicle	小型无人地面车辆
SUN	scene understanding	场景理解
SVD	singular value decomposition	奇异值分解
SVM	support vector machine	支持向量机
SVR	support vector regression	支持向量回归
SWNT	single-walled carbon nanotube	单壁碳纳米管
SWRI	Southwest Research Institute	西南研究院

T

T-REX	teleo-reactive executive	远程反应执行器
TA	time-extended assignment	续期任务（时间扩展分配）
TAL	temporal action logic	时间动作逻辑
TAM	taxon affordance model	分类单元供给模型
TAP	test action pair	测试动作对
TBG	time-base generator	时基发生器
TC	technical committee	技术委员会
TCFFHRC	Trinity College's Firefighting Robot Contest	三一学院消防机器人大赛
TCP	transfer control protocol	传输控制协议
TCP	tool center point	工具中心点
TCP	transmission control protocol	传输控制协议
TCSP	temporal constraint satisfaction problem	时间约束满足问题
tDCS	transcranial direct current stimulation	经颅直流电刺激
TDL	task description language	任务描述语言
TDT	tension-differential type	张力差动式
TECS	total energy control system	总能量控制系统
TEM	transmission electron microscope	透射电子显微镜
tEODor	telerob explosive ordnance disposal and observation robot	远程爆炸物处理和观察机器人
TFP	total factor productivity	全要素生产率
TL	temporal logic	时间逻辑
TMM	transfer matrix method	传递矩阵法
TMS	tether management system	系绳管理系统
TMS	transcranial magnetic stimulation	经颅磁刺激
TNT	trinitrotoluene	三硝基甲苯
TOA	time of arrival	到达时间
ToF	time-of-flight	飞行时间
TORO	torquecontrolled humanoid robot	力矩控制仿人机器人
TPaD	tactile pattern display	触觉模式显示
TPBVP	two-point boundary value problem	两点边值问题
TPP	tangential proper part	切向正交部分
TRC	Transportation Research Center	交通研究中心
TRIC	task space retrieval using inverse optimal control	利用逆向最优控制进行任务空间检索
TS	technical specification	技术规范
TSEE	teleoperated small emplacement excavator	遥操作小型挖掘机
TSP	telesensor programming	远程传感器编程
TTC	time-to-collision	碰撞时间
TUM	Technical University of Munich	慕尼黑工业大学

U

U	universal joint	万向节

UAS	unmanned aircraft system	无人机系统
UAS	unmanned aerial system	无人飞行系统
UAV	unmanned aerial vehicle	无人机
UAV	fielded unmanned aerial vehicle	野战无人机
UB	University of Bologna	博洛尼亚大学
UBC	University of British Columbia	不列颠哥伦比亚大学
UBM	Universität der Bundeswehr Munich	慕尼黑联邦国防军大学
UCLA	University of California, Los Angeles	加利福尼亚大学洛杉矶分校
UCO	uniformly completely observable	一致完全可观测
UDP	user datagram protocol	用户数据报协议
UDP	user data protocol	用户数据协议
UGV	unmannedground vehicle	无人驾驶地面车辆
UHD	ultrahigh definition	超高清晰度
UHF	ultrahigh frequency	特高频
UHV	ultrahigh-vacuum	超高真空
UKF	unscented Kalman filter	无迹卡尔曼滤波器
ULE	upper limb exoskeleton	上肢外骨骼
UML	unified modeling language	统一建模语言
UMV	unmanned marine vehicle	无人潜水器
UNESCO	United Nations Educational, Scientificand Cultural Organization	联合国教育、科学及文化组织
UPnP	universal plug and play	通用即插即用
URC	Ubiquitous Robotic Companion	无处不在的机器人伴侣
URL	uniform resource locator	统一资源定位器
USAR	urban search and rescue	城市搜索救援
USB	universal serial bus	通用串行总线
USBL	ultrashort baseline	超短基线
USC	University of Southern California	南加州大学
USV	unmanned surface vehicle	无人水面航行器（无人水面机器人）
UTC	universal coordinated time	世界协调时间
UUB	uniform ultimate boundedness	一致终极有界性
UUV	unmanned underwater vehicle	无人水下机器人（无人水下航行器）
UV	ultraviolet	紫外线
UVMS	underwater vehicle manipulator system	水下航行器（机器人）操作臂系统
UWB	ultrawide band	超宽频段
UXO	unexploded ordnance	未爆炸军事武器（未爆弹药）

V

V2V	vehicle-to-vehicle	车辆与车辆
VAS	visual analog scale	视觉模拟量表
VCR	video cassette recorder	录像机
vdW	van der Waals	范德华力
VE	virtual environment	虚拟环境
VFH	vector field histogram	向量场直方图
VHF	very high frequency	甚高频
VI	value iteration	值迭代
VIA	variable impedance actuator	可变阻抗驱动器
VIP	ventral intraparietal	顶内腹侧
VM	virtual manipulator	虚拟操作臂
VO	virtual object	虚拟对象
VO	velocity obstacle	速度障碍
VOC	visual object class	视觉对象类

VOR	vestibular-ocular reflex	前庭-眼反射
VR	variable reluctance	可变磁阻
VRML	virtual reality modeling language	虚拟现实建模语言
VS	visual servo	视觉伺服
VS-Joint	variable stiffness joint	变刚度关节
VSA	variable stiffness actuator	变刚度驱动器
VTOL	vertical take-off and landing	垂直起降

W

W3C	WWW consortium	万维网联盟
WAAS	wide-area augmentation system	广域增强系统
WABIAN	Waseda bipedal humanoid	早稻田双足类人机器人
WABOT	Waseda robot	早稻田机器人
WAM	whole-arm manipulator	全臂操作臂
WAN	wide-area network	广域网
WASP	wireless ad-hoc system for positioning	无线特设定位系统
WAVE	wireless access in vehicularen vironments	车辆环境中的无线接入
WCF	worst-case factor	最坏情况因素
WCR	worst-case range	最坏情况范围
WDVI	weighted difference vegetation index	加权差分植被指数
WG	world graph	世界图
WGS	World Geodetic System	世界测地系统
WHOI	Woods Hole Oceanographic Institution	伍兹霍尔海洋研究所
WML	wireless markup language	无线标记语言
WMR	wheeled mobile robot	轮式移动机器人（简称：轮式机器人）
WSN	wireless sensor network	无线传感器网络
WTA	winner-take-all	赢家通吃
WTC	World Trade Center	世界贸易中心
WWW	world wide web	万维网

X

XCOM	extrapolated center of mass	外推质心
XHTML	extensible hyper text markup language	可扩展超文本标记语言
XML	extensible markup language	可扩展标记语言
xUCE	urban challenge event	城市挑战赛

Y

YARP	yet another robot platform	另一个机器人平台

Z

ZMP	zero moment point	零力矩点
ZOH	zero order hold	零阶保持
ZP	zona pellucida	透明带

目　录

第3篇　传感与感知

第 4 篇　操作与交互

第5篇 移动与环境

第 3 篇
传感与感知

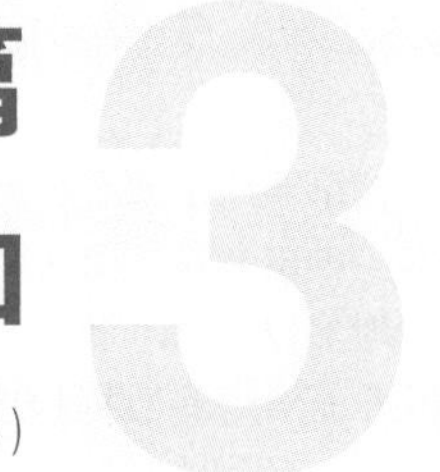

（篇主编：Henrik I. Christensen）

内容导读

第3篇主要介绍与机器人传感与感知相关的技术。本篇涵盖了有关传感的所有方面，包括对环境物理参数的基本测量，以及为使机器人能够执行其任务而对这些数据的理解。目前，机器人技术正在经历一场传感器的革命。传统意义上，机器人总是被设计成具有最大的刚度，应用层面则被设计成可预测的操作。随着机器人从范围区域出现，我们已将机器人部署到更广泛的应用中，从协作机器人到自动驾驶汽车，因此必须具有感知能力，以便估计机器人的状态和周围环境的状态。由于这些新的要求，传感与感知在机器人中的重要性在过去十年中显著增强，而且毫无疑问，在今后仍将越来越重要。

本篇讨论的主题包括从检测和处理与环境进行物理接触的各个方面，从通过增强环境中的感知来检测环境中对象的位置和运动，到结构化和非结构化环境中映射、检测和控制的基于图像的方法。在许多情况下，单一的感知模型/传感器不足以提供对环境状态进行可靠的估计。因此，本篇还包括一章关于多传感数据融合方面的内容。本篇主要考虑机器人技术中的传感与感知方面，对许多其他方面的讨论相对有限。手册第1卷第1篇提供了基础，第2篇提供了我们设计交互控制方法所需的运动学结构，而本卷第4篇将介绍对象的抓取和操作。本手册的后续各篇主要介绍可使传感与感知发挥关键作用的各个应用领域。

在了解了本篇的核心内容之后，下面再对其中各章内容做简要介绍。

第28章力、触觉传感器，涵盖了力、触觉传感，这对与环境进行物理层面的交互至关重要。触觉传感解决了检测和处理与环境对象和结构相接触的问题。触觉传感对于安全和操作都是至关重要的，因为机器人的控制由于接触的变化而改变了运动学位形。力传感解决了作为动态运动一部分的力和转矩的估计问题，也解决了物理对象的相互作用问题，如插入物体或转动阀门。用于力估计的模型也会影响机器人的控制。

第29章惯性传感器、GPS和里程计，涵盖了使用里程计、惯性传感器和GPS来估计环境中的运动和位置变化的相关内容。里程计是基于安装在机器人上的传感器对其位置或运动进行自我估计的。通过引入用于估计加速器和转速的传感器，可以改进对位置和运动的估计。在游戏和手机行业的推动下，随着价格低廉的惯性测量单元（IMU）的引入，IMU的使用显著增加。对于户外操作，经常可以使用全球导航系统，如全球定位系统（GPS）。里程测量、IMU和GPS信息的集成允许设计精准农业、自动驾驶等系统。本章介绍了与之相关的使能技术。

第30章声呐传感器，涵盖了基于声音的测距和定位的基本方法。声呐是一种最早用于大规模估计与外部对象距离的传感器，它被广泛用于水下测绘和定位，因其成本低廉，也被用于定位、地面车辆的避障以及辅助无人机着陆。通常，单个传感器的精度有限，但通过使用相控阵技术和多个传感器，可以实现高保真度的测距。本章涵盖了基本的物理学、传感和估计方法。

在过去的20年里，我们看到了基于激光的测距取得了巨大进步，它是对立体/多眼距离估计方法的补充。光探测与测距（LIDAR）今天已被用作对外部环境对象的映射、定位和跟踪的有效模式。第31章距离传感器，描述了使用光测距估计距离的基本技术，并描述了环境三维建模的基本方法。最近，由于RGB-D传感器的引入，基于测距的传感领域出现了复兴，它利用结构光和相机以极低的成本生成密集的测距图。

第32章三维视觉导航与抓取，涵盖了三维视觉的一般主题，其中包括估计两个或多个相机之间的视差距离和（或）相机随时间的运动。两个或两个以上图像之间的视差允许估计与外部对象的距离，这可以用于定位和导航，也可以用于抓取和与环境中的对象进行交互。本章涵盖了三维估计的基本原理和三维视觉在机器人控制中的一些典型应用。

第33章视觉对象类识别，涵盖了对象识别的主题。基于计算机的对象识别已经有50多年的研究历史。在过去的10年里，由于相机的改进、更好的计算机的出现和内存的增加，我们已经在对象识别方面取得了巨大的进步。开发出了基于图像的识别技术和基于对象的三维结构识别方法。

最近，我们看到由于新的贝叶斯方法，神经网络在检测对象方面重新得到了有趣的应用，而对象分类的问题——识别对象的类别，如汽车、摩托车、交通标志、人等，已经成为一个重要问题。本章涵盖了基于视图和三维图像的识别方法，同时也讨论了对象的分类。

第34章视觉伺服，涵盖了视觉伺服的主要议题。当尝试与对象交互时，我们可以使用图像数据将末端执行器驱动到目标位置。两种常见的配置是手对眼和手眼协同。此外，该控制可以直接在图像坐标中实施，或者通过恢复一个对象的二维半（2.5D）或三维姿态来实现。为了实现上述技术，一个关键技术是推导出机器人运动变化与图像/姿态变化之间的映射关系，即导出系统的雅可比矩阵。本章讨论了手眼视觉伺服和基于图像/姿态的过程控制，并提供了在真实场景中使用视觉伺服的实例。

第35章多传感数据融合，讨论了多传感数据融合技术。如前所述，大多数应用程序都需要使用多个传感器来生成鲁棒/完整的控制方法。数据融合涉及许多不同的方面，从时间同步到转换为一个共同的参考系，再到随时间/空间变化的数据集成，以产生对环境状态更具鲁棒性/准确的估计。近年来，出现了一些实现贝叶斯数据融合的新方法。本章综述了数据融合的基本原理，并介绍了一些最常见的多传感数据融合技术。

第 28 章

力、触觉传感器

Mark R. Cutkosky，William Provancher

本章主要对力、触觉传感器进行介绍，尤其以触觉传感器为推介重点。首先给出一些选择触觉传感器的基本考虑因素，然后对多种类型的传感器进行概述，这些传感器包括接近觉、运动、力、动态、触觉、皮肤变形、热觉和压力传感器。我们还介绍了各种针对传感器大类的信息转换方法。根据这些类型传感器提供的信息，分析了这些不同类型的传感器提供的信息是否对操作、表面探测或对来自外部接触的响应最为有效。

关于触觉信息的解释，我们给出一般问题描述并提供两个简单算例。第一个算例是关于本征触觉感测方面的，即估算接触位置和力传感器所感测到的力；第二个是关于接触压力的感测，即利用弹性表皮上的传感器阵列来估算表面正应力和剪切应力的分布。本章最后简要讨论了在抗损伤触觉传感器的封装与制造方面仍需解决的难题。

目　录

28.1　概述

触觉感测已经成为机器人的一项功能，与视觉开始用于机器人的时间大致相当。视觉在硬件和软件方面都已取得巨大的进展，现在广泛地用于工业和移动机器人中。与之相比，触觉感测看起来还需要若干年后才能得以广泛的应用。因此，在评述当前的技术与方法之前，有必要考虑一些基本问题：

1）触觉感测的重要性？

2）触觉的用途是什么？

3）为什么它仍然相对落后？

在自然界中，触觉感测是一项基本的生存能力。即使是最简单的生物也都具有大量的机械性感受器来探索和响应外界的各种刺激。就人类而言，对于操作、探测、响应这三种不同的行为，触觉感测都是必不可少的。触觉感测对于操作的重要性在精细作业中体现得最为明显。当我们冻僵时，像扣衬衫纽扣这样的任务也变成一个令人难以完成的操作，主要问题在于触觉感知的缺失。在低温时，我们皮肤的机械性感受器变麻木了，使我们的动作变得笨拙。对于探测，我们连续地接收关于材料和表面特征的触觉信息（如硬度、导热性、摩擦力、粗糙程度等），以帮助我们识别物体。如果不去触摸，仅靠观察，我们可能很难区分出天然皮革和合成皮革。最后，从周围神经病变（一种糖尿病的并发症）病人身上可以看出触觉响应的重要性，由于不能区分是轻柔接触还是撞击，他们会意外地伤害到自己。

如图28.1所示，相同的功能分类也可用在机器人上。然而，相比于每平方厘米的皮肤上就拥有成千上万的机械性感受器的动物，即使最复杂精细的机器人也变得十分逊色。和视觉比起来，触觉感测技术发展落后的一个原因就是没有类似于电荷耦合器件（CCD）或互补金属氧化物半导体（CMOS）光学阵列那样的触觉装置。相反，触觉传感器获取信息是通过物理接触实现的。它们必须被嵌入到具有一定柔性的表皮当中，和皮肤表面局部吻合，并具有适当的摩擦系数（只有这样才可以安全地握住目标）。传感器和皮肤也必须足够坚韧，从而能够承受反复的碰撞和摩擦。与成像平面就安置在相机里面不同，触觉传感器必须分布于机器人附件的外面，并且在某些部位具有特别高的分布密度，比如指尖。因此，触觉传感器的引线分布问题又成为另一个艰巨的挑战。

尽管如此，在过去的20多年中，触觉传感器的设计和配置方面仍取得了长足的进步。在下面的几个小节里我们将概述触觉传感器主要的功能类型，并讨论它们的相对优势和不足。展望未来，新的制造技术为新型人工皮肤材料提供了可能性，这种材料具有传感器集成、传感器信号变换的本地化处理和减少引线的总线通信等特征。

关于触觉感测的研究有大量的文献，最近的一般性综述有参考文献［28.1-4］，它们也引用了一些经典的综述文献[28.5-7]。

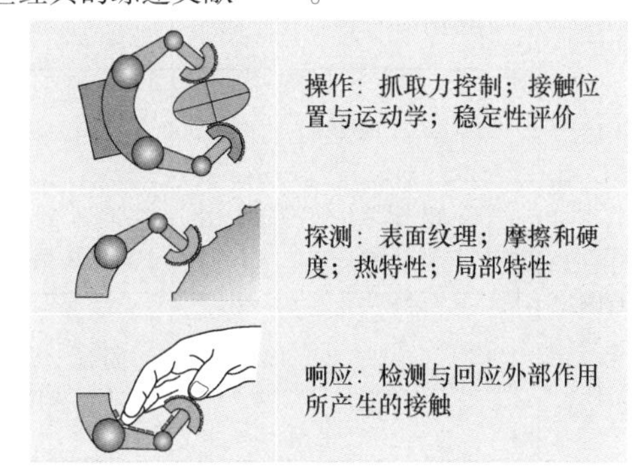

图28.1 触觉传感器在机器人技术中的应用

28.2 传感器类型

这部分简要概括了五种主要的传感器类型：本体感知、运动、力、动态触觉和触觉阵列传感器。其中的前三种传感器，与能提供热力学和材料成分数据的接触传感器一起进行了基本评述。但是，评述重点放在能够提供机械感受作用的触觉传感器上。表28.1列出了触觉传感器的工作方式和常见类型。在讨论触觉传感器时，有必要先分析一下那些只能通过与周围环境接触才能感测的基本物理量。用接触传感器测量的最重要的物理量是形状和力。其中每种量要么检测为机器人一些部件的平均量，要么为在接触面积上能够空间分辨的分布量。在本章中，我们依照研究人类接触感觉的惯例，并用接触感知这个术语来特指上述两种模式的组合。用于测量平均或合成量的装置有时称为内部传感器或本征传感器。这类传感器的基础是力感测，它将先于触觉传感器阵列进行讨论。

表28.1 触觉传感器的工作方式和常见类型

传感器形态	传感器类型	传感器属性	优　点	缺　点
标准压力	压阻式阵列[28.8-12]	1）压阻式结点阵列 2）嵌入到弹性皮肤中 3）铸造或丝网印刷	1）适合大批量生产 2）设计简单 3）信号调节简单	1）力阈值低，对温度敏感 2）脆弱 3）信号漂移和迟滞
	电容式阵列[28.13-17]	1）电容式结点阵列 2）行和列电极用弹性体电介质分开	1）良好的灵敏度 2）适度的迟滞，取决于结构	电路复杂
	压阻式微机电系统（MEMS）阵列[28.18-20]	带掺杂硅应变计测量挠曲的硅微加工阵列	适合大批量生产	脆弱
	光学式[28.21,22]	结合本构模型跟踪光学标记	不存在互连导线损坏问题	需要计算机来计算作用力

（续）

传感器形态	传感器类型	传感器属性	优　点	缺　点
皮肤变形	光学式[28.23,24]	1）填充液体的弹性膜 2）结合能量极小化算法跟踪薄膜上的光学标记	1）柔性薄膜 2）不存在互连导线损坏的问题	1）计算复杂 2）定制传感器困难
	电磁式[28.25]	霍尔传感器阵列		1）计算复杂 2）定制传感器困难
	电阻断层成像[28.26]	导电橡胶条阵列作为电极	结构坚固	病态逆问题
	压阻式（曲率）[28.27,28]	采用一组应变片阵列	直接测量曲率	1）电气连接不稳定 2）磁滞现象
动态触觉感测	压电式（应力变化率）[28.19,29,30]	嵌入到弹性皮肤的PVDF（聚偏氟乙烯）	高带宽	电气连接不稳定
	皮肤加速度[28.31,32]	附着于机器人皮肤的工业加速度计	简单	1）没有空间分布内容 2）感测的振动往往受结构共振频率限制

28.2.1　本体感知与接近感知

本体感知感测是指能够提供关于构件的合力或运动信息的传感器，其类似于在人体中能够提供有关肌腱张力和关节运动信息的感受器。一般而言，机器人空间本体感知信息主要来源于关节角度和力/力矩传感器。因为角度传感器，像电位计、编码器和旋转变压器都已是相当成熟的技术，这里不再讨论。取而代之，提供了关于利用触须和触角进行接近感知以及非接触接近感知的简要评述。力/力矩传感器则在第28.2.4节中进行更为详细的讨论。

1. 触须和触角传感器

对于许多动物来说，触须或触角提供了接触感应和本体感知信息的极其精确的组合。例如，蟑螂可以只使用其触角收集的位置和速率信息沿着弯曲的墙壁为自己导航[28.33]。其他昆虫和节肢动物使用外骨骼上的大量微细毛发传感器来定位。通过专门的桶状皮层进行传感器信息处理，老鼠可以进行非常精确的快速移动，以探索附近物体的形状和纹理[28.34]。

在机器人学中，这种潜在的、非常有用的本体感知和触觉感知的组合体受到的关注相对较少，尽管类似的例子至少可以追溯到20世纪90年代初[28.35,36]。在最近的研究中，Clements 和 Rahn[28.37]展示了一种具有扫掠运动的主动胡须；Lee 等[28.33]使用一种被动、灵活的触角来操纵一个仿蟑螂机器人；Prescott 等[28.34,38]在哺乳动物模型的启发下，对用于物体探索和识别的主动机器人摆动进行了广泛的研究。

2. 接近觉

尽管严格来说，接近觉感测并不能被归入触觉感测这一类，但由于有诸多研究者将各类接近传感器用于机械臂和周围环境的碰撞检测中，因此我们在这里简要评述一下相关技术。这个应用中所使用的有三种主要的传感器类型，包括电容反射、红外（IR）光学和超声传感器。Vranish 等[28.39]开发了一种早期的电容反射式传感器，用于避免环境与机械臂之间的碰撞。人工皮肤中，红外发射器/探测器对的早期应用实例在参考文献［28.40，41］中有所体现。参考文献［28.42］中介绍了使用光纤的最新设计，而参考文献［28.43］中则介绍了其在假肢改进中的应用。其他研究人员已经开发了机器人皮肤，包括用于避免碰撞的超声波和红外光学传感器[28.44]。Wegerif 和 Rosinski[28.45]对这三类接近传感器的性能进行了比较。对这些传感器更详细的评述，参见第31章。

28.2.2　其他接触式传感器

还有多种其他接触式传感器，它们能够辨识目标的一些特性，如电磁特性、密度（通过超声波）或化学成分（比照动物的味觉和嗅觉）。这些传感器不在本章的讨论范围之内，在关于仿生机器人的第 3 卷第 75 章中将简要讨论有关嗅觉和味觉的仿生化学传感器。考虑到内容的完整性，下面将对热传感器和材料成分传感器进行简单讨论。

1. 热传感器

热传感是人类触觉传感的一个重要元素，可用于确定物体的材料组成以及测量表面温度。由于环境中的大多数物体处于大致相同的温度（室温），因此包含热源的温度传感器可以检测物体吸收热量的速率。根据这些数据可以得到有关物体的热容和制造物体材料的导热系数信息，例如，可以很容易地区分金属和塑料。

Buttazzo 等[28.46]注意到，有些触觉传感系统中使用的压电聚合物也是强热释电物质，因而可将其作为热传感器的表面材料。也有采用热敏电阻作为传感器[28.47-49]的。一些系统特地提供一个内部参考温度，并使用环境温差来检测触点[28.50,51]；但是，当外界物体和参考温度相同时，就不能被检测到。大多数这类传感器有一层相当厚的蒙皮覆盖在热敏元件上，从而保护了里面的精密部件，并提供了一个保形功能。不过这些都是以降低响应速度为代价的。

作为一个较新的热传感示例，Engel 等[28.52]设计了一种柔性触觉传感器，包括在微加工聚合物基底上集成了镀金薄膜加热装置和一个电阻式温度计（RTD）。Lin 等[28.24]在其设计的人工指尖中植入一个热敏电阻作为传感组件的一部分。虽然这些传感器的集成度很高，但如何在这些系统中综合考虑结构、性能以及对热敏元件保护的相互均衡，始终是一个极具挑战性的难题。

2. 材料组分传感器

关于材料组分传感器的研究工作也取得了一些成果。通过模拟人类的触觉与嗅觉，液相和气相化学传感器能大体测定物体表面的化学成分[28.53,54]。然而，绝大多数机器人化学传感器都涉及对气载羽流的非接触式传感模式[28.55,56]。电磁场感测是另外一种获取材料属性信息的感测模式，它使用涡流和霍尔效应探针来测量铁磁性和导电性[28.57,58]。

28.2.3 运动传感器

尽管运动传感器通常并不被看作触觉传感器，然而这些感测手臂位置信息的传感器可以给机器人提供几何信息用于操纵和探测，尤其当手臂上还装有用于记录接触信息的传感器时。将关节角度感测和接触感测与柔顺手指相结合，以了解抓握位形的例子[28.59,60]。

28.2.4 力与负载感测

1. 驱动力传感器

对于一些驱动装置，比如伺服电动机，可以直接通过测量电动机电流来测量驱动力（典型的做法是用一个检测电阻与电动机串联，来测量检测电阻两端的电势）。但是，电动机通常是通过减速器与机械臂相连接，由于减速器的传动效率为 60% 甚至更低，因此测量减速器输出端的转矩通常更为准确些。这个问题的解决方案包括轴转矩负载单元（通常采用应变片）或机器人关节处的机械结构，这种结构的挠度可以使用电磁或光学传感器进行测量。对于绳索或钢缆驱动的手臂和手爪，测量绳索的张力是很有必要的，不仅可以用于补偿传动系统的摩擦力，而且可以作为测量作用在工具附件上负载的方法[28.61,62]。当手指或手臂与外界环境中的物体接触时，绳索张力感测可以用于替代末端负载感测来测量接触力分量。当然，仅仅只有那些能产生很大转矩的分量才能被测量出来。在第 1 卷第 19 章有关机器人手的描述中包括更多关于绳索张力测量的细节。

2. 力传感器

当驱动力传感器不足以测量由工具附件所施加或施加于工具附件上的力时，通常会采用单独的力传感器。这种传感器经常安装在机器人的基关节或手腕处，也可以分布于机器人的各连杆处。

原则上，任何类型的多轴负载单元都可以用于机械手手腕的力/力矩感测。然而，市场上的大多数传感器都不能满足小巧、轻质并具有良好的静态响应性能的要求。除了设计安装在腕关节夹持器上的力传感器得到很大的关注[28.63,64]之外，也有一些设计是用于灵巧手的指尖传感器。通常这些传感器是基于安装于金属挠曲器上的应变片的[28.65-67]，相当坚固。Sinden 和 Boie[28.68]给出了一种基于测量弹性体电介质电容的平面六轴力/力矩传感器。力传感器设计需要考虑的因素有刚度、迟滞性、可标定性、放大系数、鲁棒性和安装方面的考虑等。Dario 等[28.29]给出了一个机器人手指尖，其中集成了压力感测电阻阵列、压电陶瓷双晶片动态传感器和力/力矩传感器。最近，Edin 等[28.69]开发出一种微型多轴指尖力传感器（图 28.2）。对于有抗电磁噪声干扰要求的应用，Park[28.70]给出了一种在机器人指尖嵌入光纤光栅作为光学应变仪的设计方案。Bicchi[28.71]和Uchiyama等[28.72]讨论了多轴力传感器的一般优化设计。

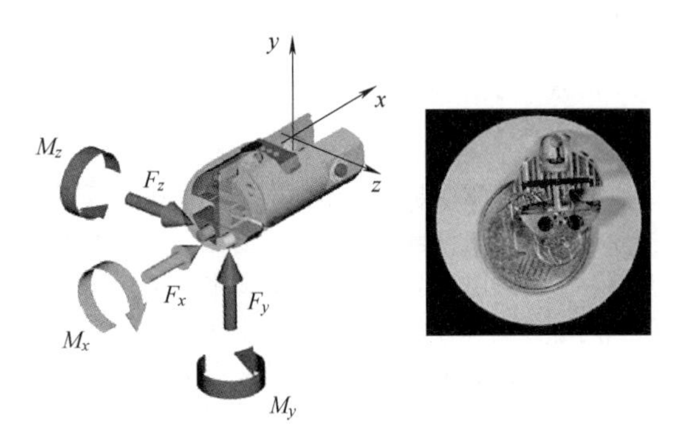

图28.2 用于仿生手的微型多轴指尖力/力矩传感器[28.69]

力传感器的信息可以和指尖几何形状知识相结合来确定接触点位置，如图28.3所示。这种接触感测的方法被称为本征触觉感测，最先是由Bicchi等[28.73]提出的。Son等[28.74]给出了本征和外在（比如使用分布式接触传感器）接触感测的比较。这些还将在28.3.1节中进一步详细讨论。

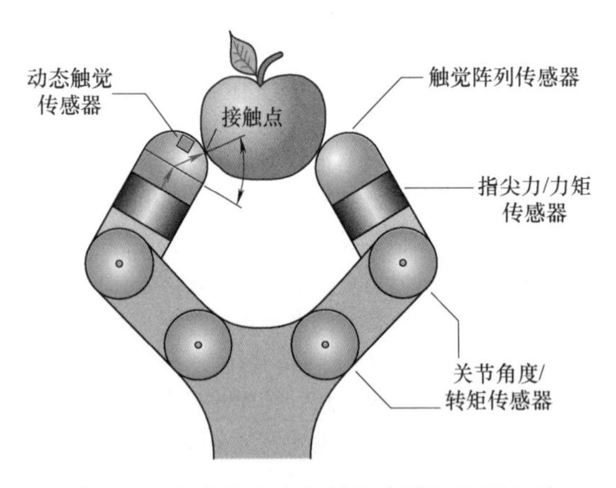

图28.3 具有指尖力和触觉感测的机器人手
注：力传感器测得的信息与指尖几何形状知识相结合来确定接触位置，称之为本征触觉感测。

28.2.5 动态触觉传感器

根据快速动作或动态触觉传感器在人类操作中的作用[28.75]，研究人员开发了用于滑动检测和感知纹理精细特征的动态传感器。

早期基于位移的专用滑动传感器是用来检测移动元件的运动，比如夹持器表面的滚轮或针状物[28.76,77]。后续工作通常使用加速度计或其他传感器，这些传感器天然对微小的瞬态力或运动敏感。早期的例子见参考文献［28.31，78-80］，参考文献［28.81］则回顾了许多后续贡献。

对于夹持在金属夹具中的坚硬物体，声音反射可能会显示出这种滑移[28.82]。由于这些信号的频率非常高（超过100kHz），因此它们可用于区分噪声环境中不同类型的接触[28.83]。提高动态传感信号/噪声鲁棒性的另一种方法是使用主动受激传感器，并测量接触条件变化时的响应变化[28.84,85]。

对于抓取力控制，在发生剧烈滑动之前，在手指/物体接触区域的外围检测伴随着小的局部振动或微滑移的初始滑移尤其有效。难点在于如何将这些信息与产生振动的其他信息区分开[28.86-89]。

为了检测精细的表面特征，可以有效地使用小纤维、具有指纹状纹路的皮肤或像指甲一样在表面上拖动的触针[28.46,90,91]。

由于许多动态触觉传感器仅产生瞬态响应，因此它们通常与压力传感阵列或力传感器进行组合，以同时提供低频和高频触觉感测[28.24,29,32,46,89,92,93]。从传感器集成的角度来看，另一种更简单的方法是将传统的压力传感器用在滑动检测阵列中。在这种情况下，可防止抓握失败。阵列分辨率和扫描速率必须足以快速检测运动或初始运动。幸运的是，这正变得越来越可行[28.19,81,94,95]。VIDEO 14 给出了一个动态触觉感测实例。

28.2.6 传感器阵列

在过去的25年中，已有数百种触觉传感器阵列出现在文献中，其中许多设计能适用于灵巧手。就传感器而言，最基本的要求就是能够从柔顺的弹性层下面清晰地复原接触面上形状或压力的分布。这也有利于抓握稳定性（参见第37章和第38章）。形状感应触觉阵列的示例见参考文献［28.23，24］。

然而，更常见的方法是测量内表面应变，其可与表面压力分布相关，如Fearing和Hollerbach[28.96]所述，并在第28.3.2节中进一步讨论。

1. 接触位置传感器

最简单、或许也是最坚固的触觉阵列仅提供接触位置的测量。这样的一些传感器采用薄膜开关设计，如键盘[28.97]的设计。另一个例子是，一个坚固的二维开关阵列可以嵌入到假手中[28.69]。一些光学触觉传感器也主要用作接触位置传感器。Maekawa等[28.98]使用单个光学位置传感装置（PSD）或CCD相机阵列检测带有硅橡胶盖的半球形光学波导指尖的散射光的位置。光在触点的位置散射。对于有纹理的蒙皮，还可以估计力的大小，因为接触面积与压力成比例增长。然而指尖使用柔顺皮肤覆盖硬基板的问题是两种材料之间的黏附会导致滞后。此外，当指尖在曲面上拖动时，摩擦力会使估计的接触位置发生移动。

2. 压力感测阵列

（1）电容式压感阵列　触觉压力阵列是最早并且最普遍的触觉传感器类型之一。Fearing[28.99] 在这个领域开展了一些早期的研究。他们研制了嵌入机器人指尖的电容式触觉压力阵列，用于灵巧操作。这些传感器阵列由重叠的行和列电极组成，它们被弹性电介质分开形成电容阵列。在个别交叉点处，压紧行列隔板间的电介质会导致电容的变化。基于物理参量的电容表达式可表示为 $C \approx (\varepsilon A)/d$，其中，$\varepsilon$ 是电容极板间电介质的介电常数，A 是极板的面积，d 是两极板间的距离。压紧电容极板间电介质使极板间距 d 变小，由此产生了对位移的线性响应。通过适当的电路转换系统，在传感器阵列中某个行列交叉点处对应的特定区域，信息就可以被分离出来。类似的电容式触觉阵列的例子可见于参考文献［28.100，101］，以及商品化的例子[28.14]。科研人员还开发了大型电容阵列来覆盖机器人的手臂[28.15-17]。参考文献［28.102］中报告了一种带有电容传感结的机织物。

通过合适的电介质和平板设计，电容阵列可以具有强鲁棒性、大动态范围（最小和最大可检测压力之间的比率）和低迟滞特性，这是快速响应所需要的。然而，一个常见的问题是需要屏蔽阵列的杂散电容效应（例如，接近的金属表面），并最小化与有源元件之间的布线相关的寄生电容。由于这些原因，最近的趋势是使用专门用于电容测量的本地微处理器作为集成传感系统的一部分（见第 28.4 节）。示例如图 28.4 所示。VIDEO 15 显示了使用图 28.4 所示传感器拍摄的结果。

（2）压阻式压感阵列　很多研究者研发出的触觉传感器阵列实质上是压阻式的。这些传感器一般来说不是采用批量模塑的导电橡胶，就是采用压阻油墨。油墨通常通过丝网印刷或压印的方式形成图案。它们都是利用导电添加剂（通常是炭黑）来产生导电/压阻特性。而由于这些传感器形态结构所呈现的脆弱性和迟滞现象，一些研究者又开发出基于纤维的压阻式传感器。

Russell[28.27] 提出了第一个模塑导电橡胶触觉传感器阵列，由压阻式结点连接的导电橡胶行列电极组成。然而这种传感器存在严重的漂移和磁滞现象，如何通过合理选择模型材料使这些影响最小化，成为后来研究者的一个研究热点[28.8]。由于橡胶固有的迟滞特性，这些问题并未得到彻底的解决。但由于便于制造，这种感测方法仍然具有吸引力。因此，在不需要极高精度要求的仿人机器人的附件上仍可以发现这种传感器的应用[28.104]。使用一种利用量子隧道效应的处理过的弹性体[28.105] 也可以显著改善动态范围和鲁棒性[28.106]，商业版本现已上市[28.106]。

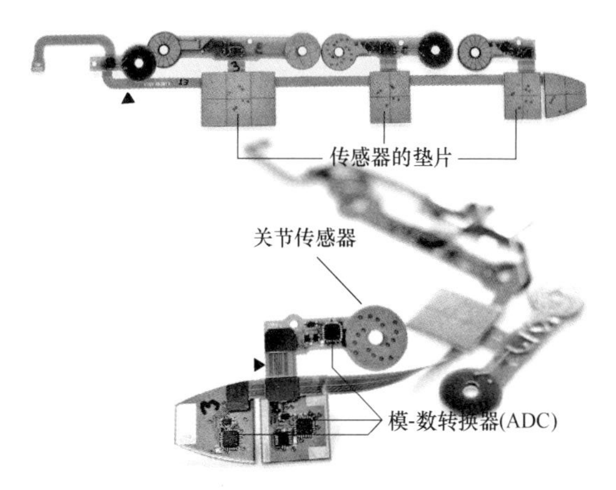

图 28.4　电容式触摸传感器和柔性电路上的关节角传感器，以便将关节角传感器集成在机器人手中，共享用于信号处理和通信的相同微处理器[28.103]

很多研究者和公司开发了出使用导电（压阻）油墨的触觉传感器，通常称为力敏电阻（FSR）。将现有的分立式传感器组合成触觉感测阵列是目前最普遍、最简单也是最方便可用的方法。然而，要得到高集成度的密集传感器阵列，就必须要定制加工了。参考文献［28.9，29］给出了这类传感器的例子。为使这种方法距离应用更进一步，Someya[28.107] 研制出将压阻式传感器阵列印刷在柔性聚酰亚胺薄膜上的机器人皮肤，并将有机半导体图案化用于传感器阵列的本地放大。然而，尽管这些传感器阵列被制作在柔性基底上，仍然容易受到弯曲疲劳的影响。

压阻织物被研制用来克服触觉阵列中出现的疲劳和脆弱性问题。参考文献［28.10-12，108］给出了这类传感器的一些范例。这类传感器往往比较大（即空间分辨率比较低），一般在诸如仿人机器人的手臂和腿上应用。考虑到这项技术有替代传统织物的可能性，因此，它是一项在可穿戴式计算甚至智能服装应用方面很有前景的技术。为了制作能够在具有大挠度的关节和位置上工作的传感器，另一种解决方案是在弹性体中使用液态金属的微细沟道[28.109]。

最后还有一种不能归入上述制作类型中的设计方案，它是由 Kageyama 等[28.110]设计的一类传感器。在他们为仿人机器人所开发的传感器中，采用了一个压阻导电凝胶压力阵列和一个基于可变接触阻抗的多级接触开关阵列。

（3）MEMS 压感阵列　微机电系统（MEMS）技术对于制造高集成度封装的触觉感测及相关连线和电子器件是非常有吸引力的。

早期的器件是通过标准的微加工技术用硅作为原料生产的，允许高空间分辨率和专用的多路复用硬件等[28.111,112]。然而，这种仅含硅的设备可能很脆弱，很难集成到坚固、兼容的外壳中。最近的研究通过结合使用半导体和其他材料（包括有机半导体）解决了这些问题[28.18,19,52,113,114]。

回到使用硅基称重传感器进行触觉感测的想法，Valdastri 等[28.115]开发了一种微型 MEMS 硅基三轴力传感器，类似于操纵杆，适用于嵌入弹性蒙皮内检测切应力和法向应力[28.93]（图 28.5）。最近的其他工作还包括使用电容或压阻技术的高分辨率柔性阵列[28.20,116]。

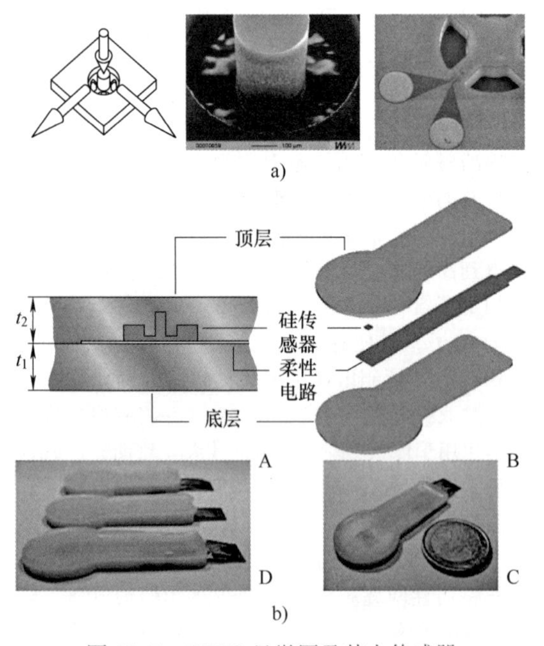

图 28.5　MEMS 显微图及其力传感器
a）MEMS 硅基三轴力传感器的显微图　b）MEMS 力传感器被线粘接到柔性电路并嵌入到硅橡胶皮肤中[28.115]

3. 皮肤挠度感测

Brocket[28.117]是首先提出使用可变形薄膜机器人指尖想法的人之一。正如 Shimoga 和 Goldenberg[28.118]所指出的，使用可变形指尖比使用更坚硬的机器人指尖有若干优势，包括：①提高抓取的稳定性；②降低振动；③降低嵌入的传感元件的疲劳。其他早期工作包括可变形指尖，其表面覆盖聚氨酯泡沫，并配备弹性应变仪[28.27]。

Nowlin[28.25]使用贝叶斯算法改善了可变形触觉传感器的数据转换，传感器采用的是磁场感测。一个 4×4 的磁体阵列通过充满液体的球，支撑在配对的霍尔传感器上，并与硬质基底隔开。霍尔传感器测量局部磁场强度，并且越靠近磁体越强。但是，在接近传感器阵列中相邻的磁体时，这个关系就变得复杂了。因此，使用贝叶斯算法组合来自霍尔传感器的噪声数据，来估计可变形指尖的薄膜形变。

Russell 和 Parkinson[28.26]开发出通过一个 8×5 阵列测量皮肤形变的阻抗断层成像触觉传感器。这种传感器由氯丁橡胶构成并充满蒸馏水，类似于最近提出的 BioTac 传感器[28.24]。行和列电极分别由铜和导电橡胶制成，适于硬质基底和氯丁橡胶皮肤。与前面描述的电容式触觉传感器类似，这种传感器采用多路复用的电子器件来减少电子互连数量。方波驱动器件用来测量行与列元件间形成的一支水柱的电阻，发出一个与当前皮肤高度成比例的信号。

继提出可变形触觉传感器的想法之后，Ferrier 和 Brocket[28.23]完成了一种使用光学追踪的触觉传感器，该传感器结合传感器皮肤模型来估计传感器指尖皮肤形变。这种指尖传感器包含一个聚焦在 7×7 点阵上的微型 CCD 相机，该点阵被标记在充满凝胶的硅指尖薄膜内侧。然后采用了一种算法，在点阵之上构造一个 13×13 栅格。该算法结合 CCD 相机感知到的位置（它提供了沿焦点径向向外的一条线的位置），并结合一个基于能量最小化的机械模型来求解到相机焦点的径向距离。

形状传感阵列的最新示例是商用的 Syntouch BioTac，它源自对多模态指尖触觉传感器的研究[28.24]。在这种设计中，测量充水蒙皮中端子之间的电阻变化可以估计蒙皮变形。

4. 其他触觉阵列传感器

虽然不如电容式或压阻式传感器常见，但光学触觉传感器因其对电磁干扰的免疫力而一直具有吸引力。基本方法包括使用小型相机测量皮肤变形的设计，以及光学发射器和探测器阵列。光纤也可用于将传感器与接触点分开[28.42,119]。

一个有趣的触觉传感器使用视觉来跟踪嵌入在透明弹性体中的球形标记阵列，以推断皮肤材料由于作用力而产生的应力状态[28.21]。该传感器目前正在商品化，商标为 GelForce。

光学元件的小型化也使得构建表面安装光学器件的触觉阵列成为可能。在一个物理上坚固的设计中，可适用于剪切和正常传感，发射器和探测器对由一层薄的半透明硅橡胶层和一层不透明的外层覆盖。当硅橡胶皮肤被压下时，从发射器反射到探测器的光线量会发生变化[28.22,120]。

柔性皮肤下侧反射的概念也用于声学或超声波传感器。Shinoda 等[28.121]提出了一种传感器，用于观察皮肤表面附近谐振器腔室反射的声音能量的变化，并应用于摩擦力的测量[28.122]。Ando 等[28.123]提出了一种更为复杂的超声波传感器，该传感器通过成对平板元件实现 6 自由度的位移传感，每个平板元件使用 4 个超声波传感器。

5. 多模阵列

人类的感知本质上是多模态的，包括快速和慢速作用的机械感受器以及专门的热和疼痛感应器。在一个类似的方法中，许多研究人员已经开发了多模态触觉感应套件，将机械与热感应结合起来[28.24,49,52,124,125]。如前所述，其他工作结合了静态和动态感测[28.24,29,32,46,92,93,126]。

28.3 触觉信息处理

在讨论触觉信息处理时，我们先回到图 28.1 所示的三种主要用途中来。对于操作，我们首先需要有关接触位置和力的信息，以便我们能够安全地抓住物体，并将所需的力和运动传递给它们。对于探测，我们关注获取和整合有关物体的信息，包括局部几何形状、硬度、摩擦力、纹理、导热系数等。对于响应，我们特别关注信息检测，例如外部因素产生的接触，以及评估其类型和大小。信息的使用往往是相互关联的。例如，我们操作物体以探测它们，我们使用通过物体探测获得的信息来提高我们在操作中控制力和运动的能力。识别接触类型对于操作和探测也很重要，因为它对于响应也是如此。

28.3.1 触觉信息流：触觉感测的手段和目的

图 28.6 总结了前面所评述的各种类型传感器获得信息的一般流程，由原始的感测量到提供给操作、探测和响应的信息。一种有用的思考就是考虑我们执行一项任务究竟需要哪些信息。例如，在手指间来回转动钢笔，即使我们闭上眼睛也很容易完成这个任务。这时，我们使用了哪些信息？我们需要跟踪笔的位置和方向，监测我们施加于钢笔上的力以保持稳定的操作。换句话说，我们需要知道我们所抓取的结构外形，在我们手指表面上接触的位置和运动，抓取力的大小，考虑摩擦力限制的接触条件等。对于机器人也要有同样的需求，可以通过图 28.6 所示的信息流来提供。

在图 28.6 的左上角，关节角度结合机械臂的正向运动学模型与所知的外部连杆几何尺寸，建立固连于指尖的位置和方向的坐标系。这个信息需要整合关于物体形状、表面法向方位等的局部信息，以便能确定物体整体的几何形状和姿态。

驱动力传感器提供关于合力的信息，使用了雅可比转置矩阵：$\boldsymbol{J}^{\mathrm{T}}\boldsymbol{f}=\boldsymbol{\tau}$，其中 $\boldsymbol{f}$ 是一个 $n\times1$ 维向量，表示相对固连于末端工具坐标系的外部力和力矩；$\boldsymbol{J}^{\mathrm{T}}$ 是雅可比矩阵的转置，映射外部作用力和力矩到关节转矩是一个 $m\times1$ 维向量，表示具有 m 个自由度的一列运动链的转矩。我们需要 $\boldsymbol{J}^{\mathrm{T}}$ 的第 k 列元素都远远大于 $\boldsymbol{J}$ 的条件数，从而为 $\boldsymbol{f}$ 的第 k 个元素提供准确的测量。Eberman 和 Salisbury[28.127]认为如果机械臂具有明晰的动力学方程，就有可能仅仅使用对关节转矩的测量来实现对接触力及其位置的测量。

或者，我们可以使用安装在手指上（图 28.3），或者安装在机器人腕关节处的多维力/力矩传感器来获得接触力。这种方法的优势在于可以提供具有很高信噪比的动态力信号，因为它们不会被机械臂或手指以及它们的传动装置的惯性所掩盖。如果指尖的几何形状已知，可以使用本征触觉感测方法[28.65,128]通过检测作用在传感器上合力和力矩的比值来计算接触位置和接触力。

当接触面相对指尖很小时，以至于可以近似为点接触，结合指尖为凸面形状，就容易计算出接触位置。图 28.7 描绘了与指尖表面接触在位置 $\boldsymbol{r}$ 的接触力 $\boldsymbol{f}$。用如图 28.2 所示的力/力矩传感器测量相对于坐标系原点的力矩 $\boldsymbol{\tau}=\boldsymbol{r}\times\boldsymbol{f}$。如果我们考虑垂直于 $\boldsymbol{f}$ 作用线的力臂 $\boldsymbol{h}$，则 $\boldsymbol{h}/h=\boldsymbol{f}/f\times\boldsymbol{\tau}/\tau$，其中 $h=\tau/f$ 是力臂 $\boldsymbol{h}$ 的长度。于是可以得到 $\boldsymbol{r}=\boldsymbol{h}-\alpha\boldsymbol{f}$，其中 α 是通过求解力作用线与指尖表面的交点得到的常量。对于凸状指尖，将有两个这样的交点，其中只有一个对应于正（内向）的接触力。

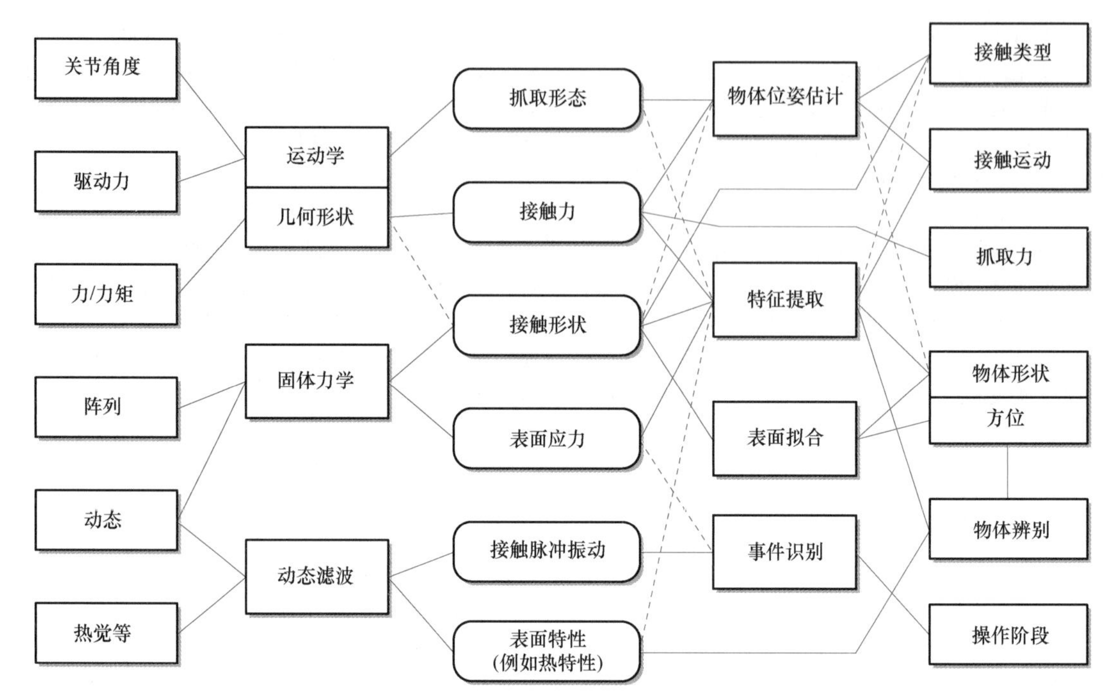

图 28.6　力和触觉传感器的信息流和信号处理

更进一步，从接触位置可以推断出局部接触法向，并且通过少量力的测量推断出接触运动的类型。Bicchi[28.128]提出一种算法将这些方法扩展应用于柔软手指。Brock 和 Chiu[28.66]描述了采用这种方法，利用力传感器来感知物体的形状以及测量被抓物体的质量和重心。

对于涉及很小的物体或很小的力和动作的精细作业，皮肤传感器可以提供非常灵敏的测量。一般而言，随着作业要求变得越来越小，传感器必须更加靠近接触部分，以使介于中间的机械手零件的柔顺性和惯性不干扰测量。Dario[28.129]指出指尖力传感器可以测量 0.1~10.0N 的力，而阵列传感器可以测量 0.01~1.0N 的分布力。Son 等[28.74]发现本征触觉感测和阵列传感器都可以精确地（1mm 以内）提供接触位置，但是本征触觉感测方法对力/力矩传感器标定精度具有固有的敏感性，并且未建模的动态力也会产生瞬态误差。

沿着图 28.6 的左侧继续向下，是皮肤阵列传感器这一大类。对来自传感器阵列的信息转换首先取决于换能器的类型。对于二元接触或接近觉传感器阵列来说，信息转换主要就是确定接触面的位置和形状。二元视觉的通用技术可以用于获得亚像素分辨率，从而识别接触特征。这个信息，与通过驱动力或力/力矩传感器所测量的抓取力相结合，对于基本的操作作业已经足够了[28.69]。

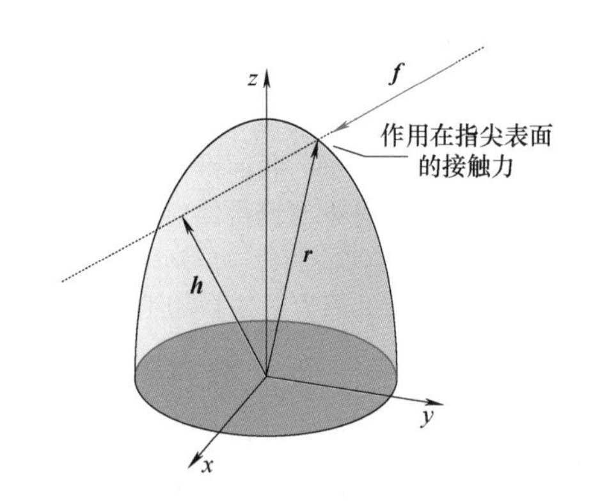

图 28.7　本征触觉感测：接触会产生一条唯一的作用线和相对指尖坐标系原点的力矩（通过求解作用线与指尖表面的交点可以得到接触位置）

28.3.2　固体力学与反卷积

有一个与触觉阵列传感器相关的基本问题，就是通过一组从皮肤表面下所获取的有限数量的测试量来重构皮肤表面所发生的情况。我们通常感兴趣的是确定与皮肤接触有关的压力，或者是切应力的分布。在其他情况下，比如当指尖由凝胶或被一层薄膜覆盖的柔性泡沫组成，以至于压力几乎恒定不变时，所关注的则是接触的局部几何形状。

在下面的例子里，我们考虑阵列元件位于弹性皮肤表面下方深度为 d 的情况。接触导致了在关注区域上的压力分布。我们建立一个其 z 轴指向向内法线方向的坐标系。为简单起见，考虑一维受力状况，其压力分布 $p(y)$ 沿 x 方向是不变的。进一步假设皮肤在 x 方向上的长度远大于皮肤的厚度，这时，x 方向的应变是受抑制的，因此就可以看作平面应变弹性力学问题。我们还假设皮肤是一个均质、各向同性的材料并且应变小到足以满足线性弹性理论应用的条件。当然，在现实情况下没有一种假设是完全符合的。但是，结果与从实际机器人手指和触觉阵列获得的测量在定性上是一致的。对于一般方法和线弹性模型精度的详尽讨论可参见参考文献［28.91，96，99，130，131］。

图 28.8 说明了两个线性负载或刀刃挤压皮肤表面的情况（类似于人类触觉敏锐度的两点辨别测试中的平面类型）。对单个线性负载和脉冲响应的求解在 1885 年由 Boussinesq 得出。对于平面应变情况，在笛卡儿坐标系下，单位法向脉冲在 (y,z) 平面的主应力可以表示为[28.132]

$$\sigma_z(y,z)=\left(\frac{-2}{\pi z}\right)\frac{1}{[1+(y/z)^2]^2} \qquad (28.1)$$

$$\sigma_y(y,z)=\left(\frac{-2}{\pi z}\right)\frac{(y/z)^2}{[1+(y/z)^2]^2} \qquad (28.2)$$

$$\sigma_x(y,z)=\nu(\sigma_y+\sigma_z) \qquad (28.3)$$

式中，ν 为材料的泊松比（弹性橡胶材料一般为 0.5）。

对于距离原点分别为 δ_1 和 δ_2 的两个线性负载，可以通过叠加求解得到：

$$\sigma_z(y,z)=\left(\frac{-2}{\pi z}\right)\left\{\frac{1}{\left[1+\left(\frac{y-\delta_1}{z}\right)^2\right]^2}+\frac{1}{\left[1+\left(\frac{y-\delta_2}{z}\right)^2\right]^2}\right\} \qquad (28.4)$$

$$\sigma_y(y,z)=\left(\frac{-2}{\pi z}\right)\left\{\frac{\left(\frac{y-\delta_1}{z}\right)^2}{\left[1+\left(\frac{y-\delta_1}{z}\right)^2\right]^2}+\frac{\left(\frac{y-\delta_2}{z}\right)^2}{\left[1+\left(\frac{y-\delta_2}{z}\right)^2\right]^2}\right\} \qquad (28.5)$$

对于更一般的压力分布，应力可以通过压力分布 $p(y)$ 和脉冲响应 $G_i(y,z)$ 的卷积得到：

$$\sigma_i=\int_{-\infty}^{y}p(\tau)G_i(y-\tau,z)\mathrm{d}\tau \qquad (28.6)$$

图 28.8 中也绘制了垂直应力分量 σ_z 在两个不同深度所对应的曲线，$d_1=2\lambda$ 和 $d_2=3\lambda$，其中 λ 为传感器的间距。往皮肤下面越深，应力就变得越平滑或模糊，并且区别两个近邻脉冲的能力越小。但是，这种对于集中压力分布造成的模糊也有一个好处，当我们只有有限数量的传感器时，因为应力和应变遍及更大的区域，于是有更大可能对至少一个传感器产生作用。弹性皮肤还提供了一种自动边缘增强的功能，因为在皮肤上负载作用和未作用区域之间的过渡处的应力很高。

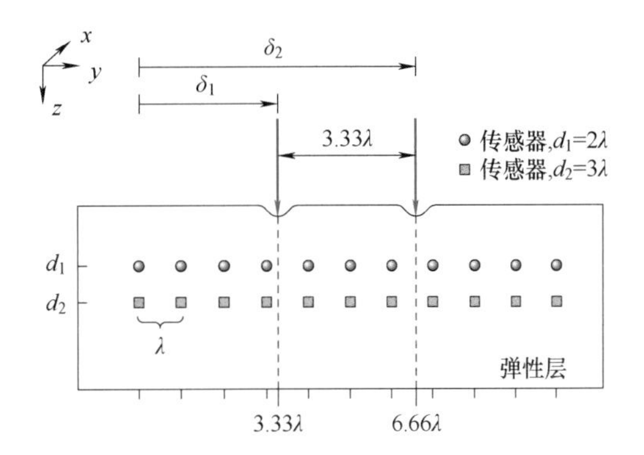

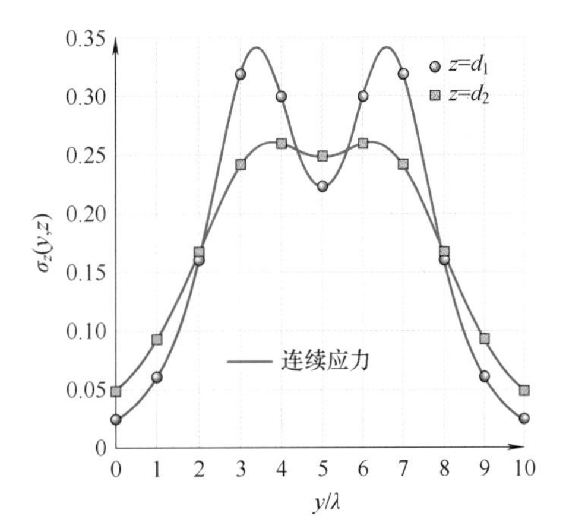

图 28.8 两个线性负载（单位量）的平面-应变应力响应
（注意在较大深度处出现模糊情况）

在大多数情况下，例如，就电容式或电磁式传感器来说，敏感元件测量的是皮肤材料在垂直方向上的应变或局部变形。在少数情况下，比如压电薄膜片嵌入到弹性皮肤里[28.91]，传感器和周围材料比起来足够坚硬，所以它们可以被认为是直接测量应力。

对于弹性平面应变的情况，应变与应力有这样的关系[28.133]：

$$\varepsilon_y=\frac{1}{E}[\sigma_y-\nu(\sigma_x+\sigma_z)] \qquad (28.7)$$

$$\varepsilon_z=\frac{1}{E}[\sigma_z-\nu(\sigma_x+\sigma_y)] \qquad (28.8)$$

式中，E 是杨氏模量；ν 是泊松比，对于弹性橡胶皮肤，我们假定它为 0.5。

图 28.9 展示了一个由一行压敏元件获取的典

型测量结果，是对图 28.8 中两个线性负载作用的测量。每一个竖条表示对应的应变 ε_{zi}，它由相应的敏感元件测量并利用式（28.8）计算，其中的应力由式（28.3）~式(28.5）得到。

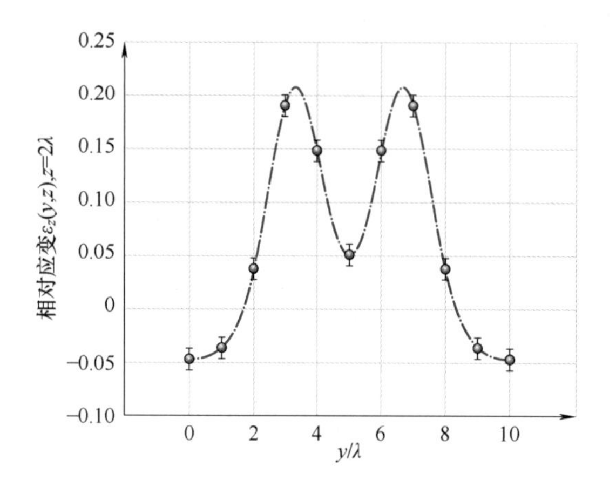

图 28.9　假定 5%噪声情况下测量的应变

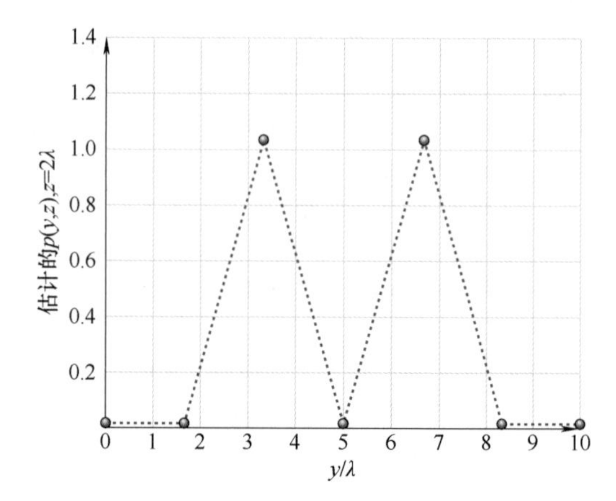

图 28.10　对 11 个传感器和 7 个给定脉冲，利用伪逆法估计的表面压力分布

在这一点上的问题是，利用有限数量的表面下应变测量值，对表面压力分布 $p(y)$ 做出最佳估计。这个问题是关于从稀少的遥测数据来估计信号的一个经典例子。实现这个过程的一种方法是基于反卷积技术[28.91,96,99]。将从传感器测得的信号 ε_z 与脉冲应变响应 $H(y)$ 的逆进行卷积来求导致信号产生的表面压力。这种逆运算常常会放大高频噪声，并且必须根据传感器的空间密度及其在表面下的深度对逆滤波器的带宽加以限制。

另一种方法[28.21,130]是假定表面压力分布可以由一组有限的脉冲 $\boldsymbol{p}=(p_1,p_2,\cdots,p_n)^{\mathrm{T}}$近似。传感器的读数构成一个向量 $\boldsymbol{\varepsilon}=(\varepsilon_1,\varepsilon_2,\cdots,\varepsilon_n)^{\mathrm{T}}$，其中对于上面讨论的带宽限制取 $m>n$。于是应变响应可以被写成一个矩阵方程

$$\boldsymbol{\varepsilon}=\boldsymbol{H}\boldsymbol{p} \tag{28.9}$$

$\boldsymbol{H}$ 中的每个元素可以使用式（28.8）计算得到，用到的 σ_z 和 σ_y 由与式（28.4）和式（28.5）类似的等式计算得到，σ_x 由式（28.3）得到。于是估计的离散压力分布可以通过 $\boldsymbol{H}$ 的伪逆得到：

$$\hat{\boldsymbol{p}}=\boldsymbol{H}^{+}\boldsymbol{\varepsilon} \tag{28.10}$$

利用图 28.9 中在深度 $d=2\lambda$ 处的应变测量值，使用伪逆法估计的表面压力分布如图 28.10 所示。在这个例子中，尽管有假定的 5%的噪声，因为这组假定的 7 个脉冲偶然地与实际载荷相匹配，重构仍是非常精确的。

构造柔软机器人指尖的一种可供选择的方法是包裹上柔顺的中间物，比如海绵橡胶或装在薄弹性膜里的流体[28.25,27,117,134-137]。鉴于为这类手指开发的触觉阵列传感器可以直接测量薄膜形状，因此不需要物理模型用于信号的解释[28.25]。另一个感测方案使用位于手指中间的磁性传感器阵列，测量磁场中由于磁性负载薄膜的变形而引起的改变[28.137]。已经开发出的一种统计算法由传感器信号可以鲁棒地确定薄膜形状[28.25]。然而，仍然需要一个力学模型，才能由所有这些传感器提供的形状信息来得到接触面上的压力分布。

28.3.3　曲率和形状信息

测量表面下应变或挠度的另一个选择就是在传感器阵列的每一个元件处直接测量局部曲率。曲率信息可以直接应用于识别接触类型和形心位置，或将它整合在一起以获得接触的局部形状[28.28,138]。

回到图 28.6，一旦局部接触形式或几何形状建立起来，下一步往往是特征识别（例如，识别物体上的拐角或尖脊）以及确定手中物体的整体形状和姿态。

通常物体形状至少是部分已知的，在这种情况下有多种表面或数据拟合方法可以使用。例如，Fearing[28.139]开发了一种由触觉阵列数据来计算曲率半径和广义圆柱方位的方法，还开发了进行类似的计算的神经网络[28.140]。其他的方案使用接触位置、表面法向和接触力来确定关于物体形状和相对于手的方向信息[28.141-144]。

Allen[28.145]基于用于感测物体的特殊探测过程，对物体形状属性使用了几种不同的基元表示法。物体的体积和近似形状通过围绕抓取来感知，并且利用超二次曲面对最终得到的形状建模。同样，依

据一种广义圆柱表示法，测量物体表面的侧面大小可以得到一个“面—边—顶点”模型和轮廓。

关于由什么构成一个恰当的特征集合的问题还不是很清楚，尽管它明显地取决于预期的应用。Ellis[28.146]考虑了恰当的特征集合以及用于获得所需数据的方法。Lederman 和 Browse[28.147]指出表面粗糙度、表面曲率和定位边都在人类触觉感知中有所使用。

28.3.4 物体与表面识别

触觉信息最常见的应用是关于物体的识别和分类。物体识别的目标就是使用由触觉得到的信息把一个物体从一组已知的物体中辨别出来。分类的目标则是按照预选的感知的属性把对象分类。这些系统通常是基于由触觉阵列或力传感器获得的几何信息。最近，在探测和识别任务中使用其他类型的触觉信息（比如柔顺性、纹理、热觉特性）也受到了一些关注[28.148-154]。

28.3.5 主动感测策略

由于接触仅仅提供局部的信息，因此运动是进行识别和探测的触觉感测中必不可少的一个部分。参考文献［28.2］对触觉感测的研究进行了综述，重点放在探测和操作上。一些研究人员已经制定了安排传感器移动的策略，以便每次后续观测都能减少与先前观测中结果一致的对象数量。这有时被称为“假设和测试”方法。早期的例子见参考文献［28.141，155-157］。

Klatzky 等[28.149]提出机器人系统可以采用与人类在触觉探测中所使用的相同的探测程序。这些程序规定了任务所需要的手指运动，比如描摹物体轮廓、测量柔顺性和确定物体表面的横向尺寸。探测性触觉感知的早期工作见参考文献［28.145，158，159］。最近的例子见参考文献［28.32，160，161］。

边缘跟踪和表面跟踪策略也受到了特别的关注。早期的例子见参考文献［28.162-166］；参考文献［28.167］中有一个较新的例子。

28.3.6 动态感测与事件检测

对于用来检测诸如指尖和物体间轻柔接触或滑动事件的动态触觉传感器来说，最主要的挑战就是在于能否可靠地检测事件，并且没有误报。响应触觉事件而产生很大信号的动态触觉传感器，也很容易响应机器人传动机构的振动和机器人手爪快速地加速而产生很大的信号。为能更具鲁棒性地检测触觉事件，解决方法包括比较来自接触区域上和远离接触区域的动态触觉传感器所测量的信号，以及鉴别真正触觉事件的“特征”的统计模式识别方法。早期的例子见参考文献［28.86，127，168］，最新的例子则具有更强的实时处理能力，现在可用于信号处理和事件分类[28.32,161,169,170]。

28.3.7 热觉传感器与其他传感器的集成

像热接触传感器的这类传感器很少单独使用。它们的信号通常与来自触觉阵列和其他传感器的信号整合在一起，以产生额外信号用于识别物体。将热觉传感器与机械传感器集成在一起用于表面特征表征的例子见参考文献［28.24，52，171］。

28.4 集成方面的挑战

我们尚未讨论的一个关键问题，就是如何实现一个大规模、包含各类触觉传感器的阵列连接（布线）。早在 1987 年，Jacobsen 等[28.172]就指出布线可能是灵巧手设计中最大的难题，并且在很大程度上，今天依然如此。但是，近年来针对这个问题已经提出了一些解决办法，比如使用无线传感器或者使用智能总线用于电源与信号的连接。

在早期的研究中，Shinoda 和 Oasa[28.173]在弹性皮肤里嵌入了微型无线传感元件，使用一个感应基础线圈来供电和发送信号。Hakozaki 和 Shinoda[28.174]在双层导电橡胶之间嵌入触觉传感器芯片，提供电源和串行通信。在其他工作中，参考文献［28.18，20］制作出具有内置多路复用和通信功能的大规模打印阵列。

在另一种方法中，Yamada 等[28.168]使用无线传感器芯片和通过透明弹性体传输的光来进行电源与功率接收器芯片的通信。Ascari 等[28.175]提出了一种沿光纤传输所有信息的通信方案。

近年来，能够执行本地信号调节、多路复用和数字通信的微处理器种类和数量在激增。这些设备由触摸屏改造而成，尺寸小到可以放在手指尖上。一种解决方案是修改手机中常见的气压传感芯片，将它们转换为压力传感元件[28.95,176]。另一种方法是使用适合于电容式触摸屏的处理器[28.94,103]。还有一种涉及光学触觉设备的阵列[28.22]。

28.5 总结与展望

与计算机视觉相比，触觉感测看起来还要等到若干年之后才能被广泛应用。正如在本章的概述中所言，原因包括物理问题（传感器的放置和鲁棒性，连线的困难）和传感器类型的多样性，比如用于检测力、压力、局部几何形状、振动等。正如我们所看到的，这些触觉信息量中每种的变换和解释方法都存在很大不同。但是，仍有一些基本的问题是触觉感测所共同面临的。例如，传感器普遍置于柔性皮肤里面或皮肤下方，在检测作用于皮肤表面上的压力、应力、热梯度或移位时，测得的量将受到影响。

当为机械臂或机器人手选择触觉传感器时，首先要考虑：最想得到哪种触觉信息以及用于什么目的。例如，在力伺服中主要关心的是以足够的数据来获得负载或接触力的准确测量值，这时，本征触觉感测可能是最合理的。如果以滑动或滚动方式的轻柔接触来操作物体，测量压力分布或者局部皮肤变形的弯曲阵列传感器将是最好的选择。如果探测物体来了解它们的纹理或材料成分，动态触觉传感器和热觉传感器将更为有效些。

在理想世界里，可以把所有这些触觉传感器加入到机器人的末端执行器中，而无须考虑成本、信号处理或布线复杂性。幸运的是，适于触觉感测的转换器的成本和尺寸都在持续下降，并且柔性电路表面封装器件的利用，使得执行本地化信息处理的能力也在不断提高。在不久的将来，使用材料沉积和激光加工技术，在型面上现场制作密集的转换器阵列将逐渐成为可能。真能这样的话，机器人将具有类似于最低级动物的触觉灵敏度和响应能力。

视频文献

VIDEO 14 The effect of twice dropping, and then gently placing, a two gram weight on a small capacitive tactile array
available from http://handbookofrobotics.org/view-chapter/28/videodetails/14

VIDEO 15 Capacitive tactile sensing
available from http://handbookofrobotics.org/view-chapter/28/videodetails/15

参考文献

28.1 M.I. Tiwana, S.J. Redmond, N.H. Lovell: A review of tactile sensing technologies with applications in biomedical engineering, Sens. Actuators A Phys. **179**, 17–31 (2012)

28.2 H. Yousef, M. Boukallel, K. Althoefer: Tactile sensing for dexterous in-hand manipulation in robotics – A review, Sens. Actuators A Phys. **167**(2), 171–187 (2011)

28.3 R.S. Dahiya, G. Metta, M. Valle, G. Sandini: Tactile sensing – From humans to humanoids, IEEE Trans. Robotics **26**(1), 1–20 (2010)

28.4 C. Lucarotti, C.M. Oddo, N. Vitiello, M.C. Carrozza: Synthetic and bio-artificial tactile sensing: A review, Sensors **13**(2), 1435–1466 (2013)

28.5 M.H. Lee: Tactile sensing: new directions, new challenges, Int. J. Robotic Res. **19**(7), 636–643 (2000)

28.6 M.H. Lee, H.R. Nicholls: Tactile sensing for mechatronics-a state of the art survey, Mechatronics **9**(1), 1–31 (1999)

28.7 L.D. Harmon: Automated tactile sensing, Int. J. Robotics Res. **1**(2), 3–32 (1982)

28.8 J.-P. Uldry, R.A. Russell: Developing conductive elastomers for applications in robotic tactile sensing, Adv. Robotics **6**(2), 255–271 (1992)

28.9 T.V. Papakostas, J. Lima, M. Lowe: A large area force sensor for smart skin applications, Proc. IEEE Sens., Vol. 2 (2002) pp. 1620–1624

28.10 M. Shimojo, A. Namiki, M. Ishikawa, R. Makino, K. Mabuchi: A tactile sensor sheet using pressure conductive rubber with electrical-wires stitched method, IEEE Sens. J. **4**(5), 589–596 (2004)

28.11 D. De Rossi, A. Della Santa, A. Mazzoldi: Dressware: wearable piezo- and thermoresistive fabrics for ergonomics and rehabilitation, Proc. 19th Annu. Int. Conf. IEEE Eng. Med. Biol. Soc., Vol. 5 (1997) pp. 1880–1883

28.12 A. Tognetti, F. Lorussi, M. Tesconi, D. De Rossi: Strain sensing fabric characterization, Proc. IEEE Sens., Vol. 1 (2004) pp. 527–530

28.13 R.S. Fearing, T.O. Binford: Using a cylindrical tactile sensor for determining curvature, IEEE Trans. Robotics Autom. **7**(6), 806–817 (1991)

28.14 Pressure Profile Systems: http://www.pressureprofile.com/

28.15 H.-K. Lee, S.-I. Chang, E. Yoon: A flexible polymer tactile sensor: Fabrication and modular expandability for large area deployment, J. Microelectromechanical Syst. **15**(6), 1681–1686 (2006)

28.16 T. Hoshi, H. Shinoda: A sensitive skin based on touch-area-evaluating tactile elements, Proc. 14th Symp. Haptic Interfaces Virtual Env. Teleoperator Syst. (2006) pp. 89–94

28.17 P. Maiolino, M. Maggiali, G. Cannata, G. Metta, L. Natale: A flexible and robust large scale capacitive tactile system for robots, IEEE Sens. J. **13**(10), 3910–3917 (2013)

28.18 T. Sekitani, M. Takamiya, Y. Noguchi, S. Nakano, Y. Kato, T. Sakurai, T. Someya: A large-area wireless power-transmission sheet using printed organic transistors and plastic MEMS switches, Nat. Mater. **6**(6), 413–417 (2007)

28.19 R.S. Dahiya, D. Cattin, A. Adami, C. Collini, L. Barboni, M. Valle, L. Lorenzelli, R. Oboe, G. Metta, F. Brunetti: Towards tactile sensing system on chip for robotic applications, IEEE Sens. J. **11**(12), 3216–3226 (2011)

28.20 K. Takei, T. Takahashi, J.C. Ho, H. Ko, A.G. Gillies, P.W. Leu, R.S. Fearing, A. Javey: Nanowire active-matrix circuitry for low-voltage macroscale artificial skin, Nat. Mater. **9**(10), 821–826 (2010)

28.21 K. Kamiyama, H. Kajimoto, N. Kawakami, S. Tachi: Evaluation of a vision-based tactile sensor, Proc. IEEE Int. Conf. Robotics Autom. (ICRA), Vol. 2 (2004) pp. 1542–1547

28.22 M. Quigley, C. Salisbury, A.Y. Ng, J.K. Salisbury: Mechatronic design of an integrated robotic hand, Int. J. Robobotics Res. **33**(5), 706–720 (2014)

28.23 N.J. Ferrier, R.W. Brockett: Reconstructing the shape of a deformable membrane from image data, Int. J. Robotics Res. **19**(9), 795–816 (2000)

28.24 C.H. Lin, T.W. Erickson, J.A. Fishel, N. Wettels, G.E. Loeb: Signal processing and fabrication of a biomimetic tactile sensor array with thermal, force and microvibration modalities, Proc. IEEE Int. Conf. Robotics Biomim. (ROBIO) (2009) pp. 129–134

28.25 W.C. Nowlin: Experimental results on Bayesian algorithms for interpreting compliant tactile sensing data, Proc. IEEE Int. Conf. Robotics Autom. (ICRA), Vol. 1 (1991) pp. 378–383

28.26 R.A. Russell, S. Parkinson: Sensing surface shape by touch, Proc. IEEE Int. Conf. Robotics Autom. (ICRA), Vol. 1 (1993) pp. 423–428

28.27 R.A. Russell: Compliant-skin tactile sensor, Proc. IEEE Int. Conf. Robotics Autom. (ICRA) (1987) pp. 1645–1648

28.28 W.R. Provancher, M.R. Cutkosky: Sensing local geometry for dexterous manipulation, Proc. Intl. Symp. Exp. Robotics (2002) pp. 507–516

28.29 P. Dario, R. Lazzarini, R. Magni, S.R. Oh: An integrated miniature fingertip sensor, Proc. 7th Int. Symp. Micro Mach. Hum. Sci. (1996) pp. 91–97

28.30 R.D. Howe, M.R. Cutkosky: Dynamic tactile sensing: perception of fine surface features with stress rate sensing, IEEE Trans. Robotics Autom. **9**(2), 140–151 (1993)

28.31 R.D. Howe, M.R. Cutkosky: Sensing skin acceleration for texture and slip perception, Proc. IEEE Int. Conf. Robotics Autom. (ICRA), Vol. 1 (1989) pp. 145–150

28.32 J.M. Romano, K. Hsiao, G. Niemeyer, S. Chitta, K.J. Kuchenbecker: Human-inspired robotic grasp control with tactile sensing, IEEE Trans. Robotics **27**(6), 1067–1079 (2011)

28.33 J. Lee, S.N. Sponberg, O.Y. Loh, A.G. Lamperski, R.J. Full, N.J. Cowan: Templates and anchors for antenna-based wall following in cockroaches and robots, IEEE Trans. Robotics **24**(1), 130–143 (2008)

28.34 T.J. Prescott, M.J. Pearson, B. Mitchinson, J.C. Sullivan, A. Pipe: Whisking with robots: from rat vibrissae to biomimetic technology for active touch, IEEE Robotics Autom. Mag. **16**(3), 42–50 (2009)

28.35 R.A. Russell: Using tactile whiskers to measure surface contours, Proc. IEEE Int. Conf. Robotics Autom. (ICRA) (1992) pp. 1295–1299

28.36 M. Kaneko, N. Kanayama, T. Tsuji: Active antenna for contact sensing, IEEE Trans. Robotics Autom. **14**(2), 278–291 (1998)

28.37 T.N. Clements, C.D. Rahn: Three-dimensional contact imaging with an actuated whisker, IEEE Trans. Robotics **22**(4), 844–848 (2006)

28.38 T.J. Prescott, M.J. Pearson, B. Mitchinson, J.C. Sullivan, A. Pipe: Tactile discrimination using active whisker sensors, IEEE Sens. J. **12**(2), 350–362 (2012)

28.39 J.M. Vranish, R.L. McConnell, S. Mahalingam: Capaciflector collision avoidance sensors for robots, Comput. Electr. Eng. **17**(3), 173–179 (1991)

28.40 E. Cheung, V. Lumelsky: A sensitive skin system for motion control of robot arm manipulators, Robotics Auton. Syst. **10**(1), 9–32 (1992)

28.41 D. Um, V. Lumelsky: Fault tolerance via component redundancy for a modularized sensitive skin, Proc. IEEE Int. Conf. Robotics Autom. (ICRA) (1999) pp. 722–727

28.42 S. Walker, K. Loewke, M. Fischer, C. Liu, J.K. Salisbury: An optical fiber proximity sensor for haptic exploration, Proc. IEEE Int. Conf. Robotics Autom. (ICRA) (2007) pp. 473–478

28.43 P. Wei, L. Zhizeng: A design of miniature strong anti-jamming proximity sensor, Proc. Int. Conf. Comp. Sci. Electron. Eng. (ICCSEE) (2012) pp. 327–331

28.44 E. Guglielmelli, V. Genovese, P. Dario, G. Morana: Avoiding obstacles by using a proximity US/IR sensitive skin, IEEE/RSJ Int. Conf. Intell. Robots Syst. (IROS) (1993) pp. 2207–2214

28.45 D. Wegerif, D. Rosinski: Sensor based whole arm obstacle avoidance for kinematically redundant robots, Proc. SPIE – Int. Soc. Opt. Eng. **1828**, 417–426 (1992)

28.46 G. Buttazzo, P. Dario, R. Bajcsy: Finger based explorations, Proc. SPIE 0726, Intell. Robots Comput. Vis. V, ed. by D.P. Casadent (1986) pp. 338–345

28.47 D. Siegel, I. Garabieta, J. Hollerbach: An integrated tactile and thermal sensor, Proc. IEEE Int. Conf. Robotics Autom. (ICRA) (1986) pp. 1286–1291

28.48 R.A. Russell: A thermal sensor array to provide tactile feedback for robots, Int. J. Robotics Res. **5**(3), 35–39 (1985)

28.49 F. Castelli: An integrated tactile-thermal robot sensor with capacitive tactile array, IEEE Trans. Ind. Appl. **38**(1), 85–90 (2002)

28.50 D.G. Caldwell, C. Gosney: Enhanced tactile feedback (Tele-taction) using a multi-functional sensory system, Proc. IEEE Int. Conf. Robotics Autom. (ICRA) **1**, 955–960 (1993)

28.51 G.J. Monkman, P.M. Taylor: Thermal tactile sensing, IEEE Trans. Robotics Autom. **9**(3), 313–318 (1993)

28.52 J. Engel, J. Chen, X. Wang, Z. Fan, C. Liu, D. Jones: Technology development of integrated multimodal and flexible tactile skin for robotics applications, Proc. IEEE/RSJ Int. Conf. Intell. Robots Syst. (IROS), Vol. 3 (2003) pp. 2359–2364

28.53 P. Bergveld: Development and application of chemical sensors in liquids. In: *Sensors and Sensory Systems for Advanced Robots*, NATO ASI Series, Vol. 43, ed. by P. Dario (Springer, Berlin, Heidelberg 1988) pp. 397–414

28.54 T. Nakamoto, A. Fukuda, T. Moriizumi: Perfume and flavor identification by odor sensing system using quartz-resonator sensor array and neural-network pattern recognition, Proc. 6th Int. Conf. Solid-State Sens. Actuators (TRANSDUCERS '91) (1991)

28.55 R.A. Russell: Survey of robotic applications for odor-sensing technology, Int. J. Robotics Res. **20**(2), 144–162 (2001)

28.56 A.J. Lilienthal, A. Loutfi, T. Duckett: Airborne chemical sensing with mobile robots, Sensors **6**(11), 1616–1678 (2006)

28.57 B.A. Auld, A.J. Bahr: A novel multifunction robot sensor, Proc. IEEE Int. Conf. Robotics Autom. (ICRA) (1986) pp. 1791–1797

28.58 H. Clergeot, D. Placko, J.M. Detriche: Electrical proximity sensors. In: *Sensors and Sensory Systems for Advanced Robots*, NATO ASI Series, Vol. 43, ed. by P. Dario (Springer, Berlin, Heidelberg 1988) pp. 295–308

28.59 M. Kaneko, K. Tanie: Contact point detection for grasping of an unknown object using self-posture changeability (SPC), IEEE Trans. Robotics Autom., Vol. 10 (1994) pp. 355–367

28.60 A.M. Dollor, L.P. Jentoft, J.H. Cao, R.D. Howe: Contact sensing and grasping performance of compliant hands, Auton. Robots **28**(1), 65–75 (2010)

28.61 J.K. Salisbury: Appendix to kinematic and force analysis of articulated hands. In: *Robot Hands and the Mechanics of manipulation*, ed. by M.T. Mason, J.K. Salisbury (MIT Press, Cambridge 1985)

28.62 G. Palli, C. Melchiorri, G. Vassura, U. Scarcia, L. Moriello, G. Berselli, A. Cavallo, G. De Maria, C. Natale, S. Pirozzi, C. May, F. Ficuciello, B. Siciliano: The DEXMART hand: Mechatronic design and experimental evaluation of synergy-based control for human-like grasping, Int. J. Robotics Res. **33**(5), 799–824 (2014)

28.63 A. Pugh (Ed.): *Robot Sensors, Volume 2: Tactile and Non-Vision* (IFS Publ./Springer, New York 1986)

28.64 J.G. Webster: *Tactile Sensors for Robotics and Medicine* (Wiley, New York 1988)

28.65 J.K. Salisbury: Interpretation of contact geometries from force measurements. In: *Robotics Res. First Int. Symp*, ed. by M. Brady, R.P. Paul (MIT Press, Cambridge 1984)

28.66 D. Brock, S. Chiu: Environment perception of an articulated robot hand using contact sensors, ASME Winter Annu. Meet. Robotics Manuf. Automa., Vol. 15 (1985) pp. 89–96

28.67 J. Butterfass, M. Grebenstein, H. Liu, G. Hirzinger: DLR-Hand II: next generation of a dextrous robot hand, Proc. IEEE Int. Conf. Robotics Autom. (ICRA), Vol. 1 (2001) pp. 109–114

28.68 F.W. Sinden, R.A. Boie: A planar capacitive force sensor with six degrees of freedom, Proc. IEEE Int. Conf. Robotics Autom. (ICRA) (1986) pp. 1806–1813

28.69 B.B. Edin, L. Beccai, L. Ascari, S. Roccella, J.J. Cabibihan, M.C. Carrozza: A bio-inspired approach for the design and characterization of a tactile sensory system for a cybernetic prosthetic hand, Proc. IEEE Int. Conf. Robotics Autom. (ICRA) (2006) pp. 1354–1358

28.70 Y.-L. Park, S.C. Ryu, R.J. Black, K.K. Chau, B. Moslehi, M.R. Cutkosky: Exoskeletal force-sensing end-effectors with embedded optical fiber-bragg-grating sensors, IEEE Trans. Robotics **25**(6), 1319–1331 (2009)

28.71 A. Bicchi: A criterion for optimal design of multiaxis force sensors, Robotics Auton. Syst. **10**(4), 269–286 (1992)

28.72 M. Uchiyama, E. Bayo, E. Palma-Villalon: A mathematical approach to the optimal structural design of a robot force sensor, Proc. USA-Japan Symp. Flexible Automation (1998) pp. 539–546

28.73 A. Bicchi, J.K. Salisbury, P. Dario: Augmentation of grasp robustness using intrinsic tactile sensing, Proc. IEEE Int. Conf. Robotics Autom. (ICRA), Vol. 1 (1989) pp. 302–307

28.74 J.S. Son, M.R. Cutkosky, R.D. Howe: Comparison of contact sensor localization abilities during manipulation, Proc. IEEE/RSJ Int. Conf. Intell. Robots Syst. (IROS), Vol. 2 (1995) pp. 96–103

28.75 R.S. Johansson, J.R. Flanagan: Coding and use of tactile signals from the fingertips in object manipulation tasks, Nat. Rev. Neurosci. **10**(5), 345–359 (2009)

28.76 M. Ueda: Tactile sensors for an industrial robot to detect a slip, Proc. 2nd Int. Symp. Ind. Robots (1972) pp. 63–70

28.77 R. Matsuda: Slip sensor of industrial robot and its application, Electric. Eng. Jap. **96**(5), 129–136 (1976)

28.78 J. Rebman, J.-E. Kallhammer: A Search for Precursors of Slip in Robotic Grasp, Intelligent Robots and Computer Vision: Fifth in a Series, Cambridge, ed. by E. Casaent (1986) pp. 329–337

28.79 P. Dario, D. De Rossi: Tactile sensors and the gripping challenge, IEEE Spectrum **22**(8), 46–52 (1985)

28.80 R.W. Patterson, G.E. Nevill: The induced vibration touch sensor – A new dynamic touch sensing concept, Robotica **4**(01), 27–31 (1986)

28.81 M.R. Cutkosky, J. Ulmen: Dynamic Tactile Sensing. In: *The Human Hand as an Inspiration for Robot Hand Development*, Springer Tracts in Advanced Robotics 95, ed. by R. Balasubramanian, V.J. Santos (Springer, Cham 2014) pp. 389–403

28.82 D. Dornfeld, C. Handy: Slip detection using acoustic emission signal analysis, Proc. IEEE Int. Conf. Robotics Autom. (ICRA), Vol. 3 (1987) pp. 1868–1875

28.83 X.A. Wu, N. Burkhard, B. Heyneman, R. Valen, M.R. Cutkosky: Contact event detection for robotic oil drilling, Proc. IEEE Int. Conf. Robotics Autom. (ICRA) (2014) pp. 2255–2261

28.84 S. Omata: Real time robotic tactile sensor system for the determination of the physical properties of biomaterials, Sens. Actuators A Phys. **112**(2/3), 278–285 (2004)

28.85 S.B. Backus, A.M. Dollar: Robust resonant frequency-based contact detection with applications in robotic reaching and grasping, IEEE/ASME Trans. Mechatron. **19**(5), 1552–1561 (2014)

28.86 M.R. Tremblay, M.R. Cutkosky: Estimating friction using incipient slip sensing during a manipulation task, Proc. IEEE Int. Conf. Robotics Autom. (ICRA), Vol. 1 (1993) pp. 429–434

28.87 E.G.M. Holweg, H. Hoeve, W. Jongkind, L. Marconi, C. Melchiorri, C. Bonivento: Slip detection by tactile sensors: Algorithms and experimental results, Proc. IEEE Int. Conf. Robotics Autom. (ICRA), Vol. 4 (1996) pp. 3234–3239

28.88 I. Fujimoto, Y. Yamada, T. Maeno, T. Morizono, Y. Umetani: Identification of incipient slip phenomena based on the circuit output signals of PVDF film strips embedded in artificial finger ridges, Trans. Soc. Instrum. Control Eng. **40**(6), 648–655 (2004)

28.89 B. Choi, H.R. Choi, S. Kang: Development of tactile sensor for detecting contact force and slip, Proc. IEEE Int. Conf. Robotics Autom. (ICRA) (2005) pp. 2638–2643

28.90 P.A. Schmidt, E. Maël, R.P. Würtz: A sensor for dynamic tactile information with applications in human–robot interaction and object exploration, Robotics Auton. Syst. **54**(12), 1005–1014 (2006)

28.91 R.D. Howe: Tactile sensing and control of robotic manipulation, Adv. Robotics **8**(3), 245–261 (1993)

28.92 C. Melchiorri: Slip detection and control using tactile and force sensors, IEEE/ASME Trans. Mechatron. **5**(3), 235–243 (2000)

28.93 C.M. Oddo, L. Beccai, G.G. Muscolo, M.C. Carrozza: A biomimetic MEMS-based tactile sensor array with fingerprints integrated in a robotic fingertip for artificial roughness encoding, Proc. IEEE Int. Conf. Robotics Biomim. (2009) pp. 894–900

28.94 A. Schmitz, M. Maggiali, L. Natale, B. Bonino, G. Metta: A tactile sensor for the fingertips of the humanoid robot iCub, Proc. IEEE/RSJ Int. Conf. Intell. Robots Syst. (2010) pp. 2212–2217

28.95 L.P. Jentoft, Y. Tenzer, D. Vogt, R.J. Wood, R.D. Howe: Flexible, stretchable tactile arrays from MEMS barometers, Proc. 16th Int. Conf. Adv. Robotics (2013) pp. 1–6

28.96 R.S. Fearing, J.M. Hollerbach: Basic solid mechanics for tactile sensing, Int. J. Robotics Res. **4**(3), 40–54 (1985)

28.97 W. Griffin, W.M. Provancher, M.R. Cutkosky: Feedback strategies for telemanipulation with shared control of object handling forces, Presence Teleoperations Virtual Environ. **14**(6), 720–731 (2005)

28.98 H. Maekawa, K. Tanie, K. Komoriya, M. Kaneko, C. Horiguchi, T. Sugawara: Development of a finger-shaped tactile sensor and its evaluation by active touch, Proc. IEEE Int. Conf. Robotics Autom. (ICRA), Vol. 2 (1992) pp. 1327–1334

28.99 R.S. Fearing: Tactile sensing mechanisms, Int. J. Robotics Res. **9**(3), 3–23 (1987)

28.100 G. Cannata, M. Maggiali, G. Metta, G. Sandini: An embedded artificial skin for humanoid robots, Proc. IEEE Int. Conf. Muiltisens. Fusion Integr. Intell. Syst. (2008) pp. 434–438

28.101 M.-Y. Cheng, X.-H. Huang, C.-W. Ma, Y.-J. Yang: A flexible capacitive tactile sensing array with floating electrodes, J. Micromechanics Microengineering **19**(11), 115001 (2009)

28.102 Y. Hasegawa, M. Shikida, D. Ogura, Y. Suzuki, K. Sato: Fabrication of a wearable fabric tactile sensor produced by artificial hollow fiber, J. Micromechanics Microengineering **18**(8), 085014 (2008)

28.103 D. McConnell Aukes, M.R. Cutkosky, S. Kim, J. Ulmen, P. Garcia, H. Stuart, A. Edsinger: Design and testing of a selectively compliant underactuated hand, Int. J. Robotics Res. **33**(5), 721–735 (2014)

28.104 O. Kerpa, K. Weiss, H. Worn: Development of a flexible tactile sensor system for a humanoid robot, Proc. IEEE/RSJ Int. Conf. Intell. Robots Syst. (IROS) (2003) pp. 1–6

28.105 D. Bloor, A. Graham, E.J. Williams, P.J. Laughlin, D. Lussey: Metal–polymer composite with nanostructured filler particles and amplified physical properties, Appl. Phys. Lett. **88**(10), 102103 (2006)

28.106 Peratech: Peratech QTC, http://www.peratech.com/standard-products/ (2014)

28.107 T. Someya: Integration of organic field-effect transistors and rubbery pressure sensors for artificial skin applications, Proc. IEEE Int. Electron. Dev. Meet. (2003) pp. 8–14

28.108 H. Alirezaei, A. Nagakubo, Y. Kuniyoshi: A tactile distribution sensor which enables stable measurement under high and dynamic stretch, Proc. IEEE Symp. 3D User Interfaces (2009) pp. 87–93

28.109 Y.-L. Park, B.-R. Chen, R.J. Wood: Design and fabrication of soft artificial skin using embedded microchannels and liquid conductors, IEEE Sens. J. **12**(8), 2711–2718 (2012)

28.110 R. Kageyama, S. Kagami, M. Inaba, H. Inoue: Development of soft and distributed tactile sensors and the application to a humanoid robot, Proc. IEEE Int. Conf. Syst. Man Cybern., Vol. 2 (1999) pp. 981–986

28.111 B.J. Kane, M.R. Cutkosky, G.T.A. Kovacs: A traction stress sensor array for use in high-resolution robotic tactile imaging, J. Microelectromechanical Syst. **9**(4), 425–434 (2000)

28.112 H. Takao, K. Sawada, M. Ishida: Monolithic silicon smart tactile image sensor with integrated strain sensor array on pneumatically swollen single-diaphragm structure, IEEE Trans. Electron. Dev. **53**(5), 1250–1259 (2006)

28.113 K. Noda, I. Shimoyama: A Shear stress sensing for robot hands -Orthogonal arrayed piezoresistive cantilevers standing in elastic material-, Proc. 14th Symp. Haptic Interfaces Virtual Env. Teleoperator Syst. (2006) pp. 63–66

28.114 M.-Y. Cheng, C.-L. Lin, Y.-J. Yang: Tactile and shear stress sensing array using capacitive mechanisms with floating electrodes, 2010 IEEE 23rd Int. Conf. Micro Electro Mech. Syst. (2010) pp. 228–231

28.115 P. Valdastri, S. Roccella, L. Beccai, E. Cattin, A. Menciassi, M.C. Carrozza, P. Dario: Characterization of a novel hybrid silicon three-axial force sensor, Sens. Actuators A **123/124**, 249–257 (2005)

28.116 S.C.B. Mannsfeld, B.C.-K. Tee, R.M. Stoltenberg, C.V.H.H. Chen, S. Barman, B.V.O. Muir, A.N. Sokolov, C. Reese, Z. Bao: Highly sensitive flexible pressure sensors with microstructured rubber dielectric layers, Nat. Mater. **9**(10), 859–864 (2010)

28.117 R. Brockett: Robotic hands with rheological surfaces, Proc. IEEE Int. Conf. Robotics Autom. (ICRA) (1985) pp. 942–946

28.118 K.B. Shimoga, A.A. Goldenberg: Soft robotic fingertips. I. A comparison of construction materials, Int. J. Rob, Res. **15**(4), 320–350 (1996)

28.119 A. Mazid, R. Russell: A robotic opto-tactile sensor for assessing object surface texture, IEEE Conf. Robotics Autom. Mechatronics (2006) pp. 1–5

28.120 L.S. Lincoln, S.J.M. Bamberg, E. Parsons, C. Salisbury, J. Wheeler: An elastomeric insole for 3-axis ground reaction force measurement, Proc. IEEE RAS/EMBS Int. Conf. Biomedical Robotics Biomech. (2012) pp. 1512–1517

28.121 H. Shinoda, K. Matsumoto, S. Ando: Acoustic resonant tensor cell for tactile sensing, Proc. IEEE Int. Conf. Robotics Autom. (ICRA), Vol. 4 (1997) pp. 3087–3092

28.122 H. Shinoda, S. Sasaki, K. Nakamura: Instantaneous evaluation of friction based on ARTC tactile sensor, Proc. IEEE Int. Conf. Robotics Autom. (ICRA), Vol. 3 (2000) pp. 2173–2178

28.123 S. Ando, H. Shinoda, A. Yonenaga, J. Terao: Ultrasonic six-axis deformation sensing, IEEE Trans. Ultrason. Ferroelectr. Freq. Control. **48**(4), 1031–1045 (2001)

28.124 P. Dario, D. De Rossi, C. Domenici, R. Francesconi: Ferroelectric polymer tactile sensors with anthropomorphic features, Proc. IEEE Int. Conf. Robotics Autom. (ICRA) (1984) pp. 332–340

28.125 D.M. Siegel: *Contact sensors for dextrous robotic hands*, MIT Artificial Intelligence Laboratory Tech. Rep., no. 900 (MIT Press, Cambridge 1986)

28.126 J.S. Son, E.A. Monteverde, R.D. Howe: A tactile sensor for localizing transient events in manipulation, Proc. IEEE Int. Conf. Robotics Autom. (ICRA), Vol. 1 (1994) pp. 471–476

28.127 B.S. Eberman, J.K. Salisbury: Determination of Manipulator Contact Information from Joint Torque Measurements. In: *Experimental Robotics I, The First International Symposium*, ed. by V. Hayward, O. Khatib (Springer, Montreal 1990)

28.128 A. Bicchi: Intrinsic contact sensing for soft fingers, Proc. IEEE Int. Conf. Robotics Autom. (ICRA) (1990) pp. 968–973

28.129 P. Dario: Tactile sensing for robots: Present and future. In: *The Robotics Review 1*, ed. by O. Khatib, J. Craig, T. Lozano-Perez (MIT Press, Cambridge 1989) pp. 133–146

28.130 J.R. Phillips, K.O. Johnson: Tactile spatial resolution III: A continuum mechanics model of skin predicting mechanoreceptor responses to bars, edges and gratings, J. Neurophysiol. **46**(6), 1204–1225 (1981)

28.131 T. Speeter: A tactile sensing system for robotic manipulation, Int. J. Robotics Res. **9**(6), 25–36 (1990)

28.132 K.L. Johnson: *Contact Mechanics* (Cambridge Univ. Press, Cambridge 1985)

28.133 S. Timoshenko, J.N.N. Goodier: *Theory of Elasticity* (McGraw-Hill, New York 1951)

28.134 G. Kenaly, M. Cutkosky: Electrorheological fluid-based fingers with tactile sensing, Proc. IEEE Int. Conf. Robotics Autom. (ICRA) (1989) pp. 132–136

28.135 R.D. Howe: Dynamic Tactile Sensing, Ph.D. Thesis (Stanford University, Stanford 1990)

28.136 R.M. Voyles, B.L. Stavnheim, B. Yap: Practical electrorheological fluid-based fingers for robotic applications, IASTED Int. Symp. Robotics Manuf. (1989)

28.137 J.J. Clark: A magnetic field based compliance matching sensor for high resolution, high compliance tactile sensing, Proc. IEEE Int. Conf. Robotics Autom. (ICRA) (1989) pp. 772–777

28.138 T.H. Speeter: Analysis and Control of Robotic Manipulation, Ph.D. Thesis (Case Western Reserve University, Cleveland 1987)

28.139 R. Fearing: Tactile sensing for shape interpretation. In: *Dextrous Robot Hands*, ed. by S.T. Venkataraman, T. Iberall (Springer, Berlin, Heidelberg 1990) pp. 209–238

28.140 A.J. Worth, R.R. Spencer: A neural network for tactile sensing: The hertzian contact problem, Proc. Int. Jt. Conf. Neural Netw. (1989) pp. 267–274

28.141 W.E.L. Grimson, T. Lozano-Perez: Model-based recognition and localization from sparse range or tactile data, Int. J. Robotics Res. **3**(3), 3–35 (1984)

28.142 P.C. Gaston, T. Lozano-Perez: Tactile recognition and localization using object models: The case of polyhedra on a plane, Proc. IEEE Trans. Pattern Anal. Mach. Intell. (1984) pp. 257–266

28.143 J.L. Schneiter: An objective sensing strategy for object recognition and localization, Proc. IEEE Int. Conf. Robotics Autom. (ICRA) (1986) pp. 1262–1267

28.144 R. Cole, C. Yap: Shape from probing, J. Algorithm. **8**(1), 19–38 (1987)

28.145 P.K. Allen: Mapping haptic exploratory procedures to multiple shape representations, Proc. IEEE Int. Conf. Robotics Autom. (ICRA) (1990) pp. 1679–1684

28.146 R.E. Ellis: Extraction of tactile features by passive and active sensing, Proc. SPIE 0521 (1985) p. 289

28.147 S.J. Lederman, R. Browse: The physiology and psychophysics of touch. In: *Sensors and Sensory Systems for Advanced Robotics*, ed. by P. Dario (Springer, Berlin, Heidelberg 1986) pp. 71–91

28.148 H. Ozaki, S. Waku, A. Mohri, M. Takata: Pattern recognition of a grasped object by unit-vector distribution, IEEE Trans. Syst. Man Cybern. **12**(3), 315–324 (1982)

28.149 R.L. Klatzky, R. Bajcsy, S.J. Lederman: Object exploration in one and two fingered robots, Proc. IEEE Int. Conf. Robotics Autom. (ICRA) (1987) pp. 1806–1809

28.150 D. Siegel: Finding the pose of an object in the

hand, Proc. IEEE Int. Conf. Robotics Autom. (ICRA) (1991) pp. 406–411
28.151 D. Taddeucci, C. Laschi, R. Lazzarini, R. Magni, P. Dario, A. Starita: An approach to integrated tactile perception, Proc. IEEE Int. Conf. Robotics Autom. (ICRA), Vol. 4 (1997) pp. 3100–3105
28.152 A. Schneider, J. Sturm, C. Stachniss, M. Reisert, H. Burkhardt, W. Burgard: Object identification with tactile sensors using bag-of-features, IEEE/RSJ Int. Conf. Intell. Robots Syst. (IROS) (2009) pp. 243–248
28.153 N. Gorges, S.E. Navarro, D. Göger, H. Wörn: Haptic object recognition using passive joints and haptic key features, Proc. IEEE Int. Conf. Robotics Autom. (ICRA) (2010) pp. 2349–2355
28.154 Y. Bekiroglu, J. Laaksonen, J.A. Jorgensen, V. Kyrki, D. Kragic: Assessing grasp stability based on learning and haptic data, IEEE Trans. Robotics **27**(3), 616–629 (2011)
28.155 V.S. Gurfinkel: Tactile sensitizing of manipulators, Eng. Cybern. **12**(6), 47–56 (1974)
28.156 R. Ellis: Acquiring tactile data for the recognition of planar objects, Proc. IEEE Int. Conf. Robotics Autom. (ICRA), Vol. 4 (1987) pp. 1799–1805
28.157 A. Cameron: Optimal tactile sensor placement, Proc. IEEE Int. Conf. Robotics Autom. (ICRA) (1989) pp. 308–313
28.158 P. Dario: Sensing body structures by an advanced robot system, Proc. IEEE Int. Conf. Robotics Autom. (ICRA) (1988) pp. 1758–1763
28.159 S.A.A. Stansfield: Robotic grasping of unknown objects: A knowledge-based approach, Int. J. Robotics Res. **10**(4), 314–326 (1991)
28.160 A. Petrovskaya, O. Khatib: Global localization of objects via touch, IEEE Trans. Robotics **27**(3), 569–585 (2011)
28.161 N.F. Lepora, U. Martinez-Hernandez, H. Barron-Gonzalez, M. Evans, G. Metta, T.J. Prescott: Embodied hyperacuity from Bayesian perception: Shape and position discrimination with an iCub fingertip sensor, IEEE/RSJ Int. Conf. Intell. Robots Syst. (IROS) (2012) pp. 4638–4643
28.162 C. Muthukrishnan, D. Smith, D. Meyers, J. Rebman, A. Koivo: Edge detection in tactile images, Proc. IEEE Int. Conf. Robotics Autom. (ICRA) (1987) pp. 1500–1505
28.163 A.D. Berger, P.K. Khosla: Using tactile data for real-time feedback, Int. J. Robotics Res. **10**(2), 88–102 (1991)
28.164 K. Pribadi, J.S. Bay, H. Hemami: Exploration and dynamic shape estimation by a robotic probe, IEEE Trans. Syst. Man Cybern. **19**(4), 840–846 (1989)
28.165 H. Zhang, N.N. Chen: Control of contact via tactile sensing, IEEE Trans. Robotics Autom. **16**(5), 482–495 (2000)
28.166 A.M. Okamura, M.R. Cutkosky: Feature detection for haptic exploration with robotic fingers, Int. J. Robotics Res. **20**(12), 925–938 (2001)
28.167 K. Suwanratchatamanee, M. Matsumoto, S. Hashimoto: Robotic tactile sensor system and applications, IEEE Trans. Ind. Electron. **57**(3), 1074–1087 (2010)
28.168 K. Yamada, K. Goto, Y. Nakajima, N. Koshida, H. Shinoda: A sensor skin using wire-free tactile sensing elements based on optical connection, Proc. 41st SICE Annu. Conf., Vol. 1 (2002) pp. 131–134
28.169 M. Schoepfer, C. Schuermann, M. Pardowitz, H. Ritter: Using a piezo-resistive tactile sensor for detection of incipient slippage, Proc. ISR/ROBOTIK 41st Int. Symp. Robotics (2010) pp. 14–20
28.170 B. Heyneman, M.R. Cutkosky: Slip interface classification through tactile signal coherence, IEEE/RSJ IEEE Int. Conf. Intell. Robots Syst. (IROS) (2013) pp. 801–808
28.171 P. Dario, P. Ferrante, G. Giacalone, L. Livaldi, B. Allotta, G. Buttazzo, A.M. Sabatini: Planning and executing tactile exploratory procedures, IEEE/RSJ Int. Conf. Intell. Robots Syst. (IROS), Vol. 3 (1992) pp. 1896–1903
28.172 S.C. Jacobsen, J.E. Wood, D.F. Knutti, K.B. Biggers: The Utah/MIT dextrous hand: Work in progress. In: *First International Conference on Robotics Research*, ed. by M. Brady, R.P. Paul (MIT Press, Cambridge 1984) pp. 601–653
28.173 H. Shinoda, H. Oasa: Passive wireless sensing element for sensitive skin, IEEE/RSJ Int. Conf. Intell. Robots Syst. (IROS), Vol. 2 (2000) pp. 1516–1521
28.174 M. Hakozaki, H. Shinoda: Digital tactile sensing elements communicating through conductive skin layers, Proc. IEEE Int. Conf. Robotics Autom. (ICRA'02), Vol. 4 (2002) pp. 3813–3817
28.175 L. Ascari, P. Corradi, L. Beccai, C. Laschi: A miniaturized and flexible optoelectronic sensing system for a tactile skin, Int. J. Micromechanics Microengineering **17**, 2288–2298 (2007)
28.176 M. Zillich, W. Feiten: A versatile tactile sensor system for covering large and curved surface areas, IEEE/RSJ Int. Conf. Intell. Robots Syst. (IROS) (2012) pp. 20–24

29

第 29 章 惯性传感器、GPS 和里程计

Gregory Dudek，Michael Jenkin

本章探讨了如何利用环境的某些特性，使机器人或其他设备衍生出反映自身相对于外部参考系的运动或姿态（位置和方向）的模型。尽管这对于许多自主机器人系统来说是一个关键问题，但是建立和保持对移动智能体的方向或位置估计的问题在陆地导航中已经有很长的历史了。

目　录

29.1　里程计

里程计 odometry 是希腊文字 hodos（意为旅行或旅程）和 metron（意为测量）的缩写。鉴于它在一系列从土木工程到军事上的广泛应用，有关里程计基本概念的研究已经持续了两千多年。关于里程计最早期的记述有可能是 Vitruvius 所著的《建筑十书》。在书中，他这样描述道：[29.1]

有这样一种从我们的祖先传下来的，极其有用的，凝聚了最伟大的智慧发明。它使得我们在驾驶马车来往于大道上时，或者乘坐帆船航行于大海中时，可以知道我们已经完成了多少里程。

在自动驾驶汽车的背景下，里程计通常是指利用来自交通工具的致动器（如轮子、履带等）的数据来预测它的整体运动。这其中的基本概念[29.2]是针对交通工具的致动器，如轮子和关节、铰链等的特定运动，开发一种数学模型，以推导出交通工具自身的运动，并且对这些特定运动进行时域的积分以开发出一个交通工具自身的姿态关于时间变量的函数模型。这种利用里程计的信息，以时间为变量来预估交通工具姿态函数的方法通常被称为航位推测法或者演绎推测法。这种方法在航海中的应用非常广泛[29.3]。

具体使用里程计来预测交通工具的方位随其设计的不同而相异。对使用里程计预测方位的陆地移动机器人而言，最简单的可能是差动驱动小车（图 29.1）。一部使用差动机构来驱动的小车拥有两个装在同一车轴上的可独立控制的驱动轮。假定两个驱动轮相对于车身的安装位置固定，为保证两个轮子始终保持与地面接触，这两个轮子必须在地面上做圆弧运动以使整个车身能以驱动轴上的一点为中心旋转。

此点也就是 ICC，即瞬时曲率中心（图 29.1）。假设左右两个驱动轮相对于地面的速度分别为 v_r 和 v_l，且两轮之间的距离为 $2d$，那么有

$$\omega(R+d)=v_r$$
$$\omega(R-d)=v_l$$

式中，ω 是车身围绕 ICC 旋转的角速度；R 是车身中心到 ICC 的距离。重新排布上面这两个公式，就可以求解 ω 和 R，即

$$\omega=\frac{(v_r-v_l)}{2d}$$
$$R=\frac{d(v_r+v_l)}{(v_r-v_l)}$$

并且，两个驱动轮之间中点的线速度 $V=\omega R$。

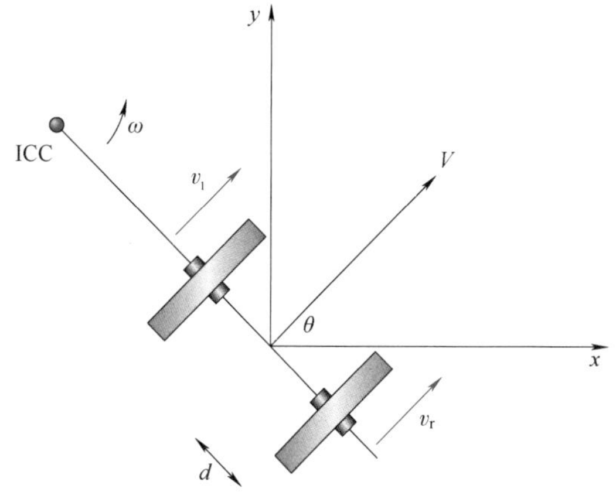

图 29.1 差动驱动小车的运动学模型

既然 v_r 和 v_l 是时间的函数，我们就可以获得一系列差动驱动小车的运动方程。以驱动轮中点为车身原点，设 θ 为车身相对于一个全局笛卡儿坐标系的 x 轴的方向角，可以得到

$$x(t)=\int V(t)\cos[\theta(t)]\mathrm{d}t$$
$$y(t)=\int V(t)\sin[\theta(t)]\mathrm{d}t$$
$$\theta(t)=\int \omega(t)\mathrm{d}t$$

这就是差动驱动小车在平面上以里程计预测姿态的方程。如果控制输入量（v_r 和 v_l）以及一些初始预测值已知，我们就可以使用这个运动模型求得此类机器人在任何时刻的一个理想化的状态。

因此，从原则上来说，借用此模型和充分的控制输入量，我们一定能够用里程计预测任何时刻下的机器人姿态。在一个理想世界里，这些即是我们用以预测机器人在未来任何时刻姿态的必要条件。但遗憾的是，在现实世界里，在使用航位推测法得到的机器人的运动状态和它的实际运动状态总是存在着误差。导致这些误差的因素很多，包括建模误差（如轮子尺寸的测量误差，车辆本身尺寸的测量误差），控制输入量的不确定性，马达控制器的实现（如轮子的指令旋转角度和实际旋转角度之间有误差），以及机器人本身的物理建模误差（包括轮子的上紧状态，地面的压实状态，轮子打滑和轮胎面实际上的宽度不可能为零等）等等。针对这些误差的解决就形成了车辆的姿态控制这一研究课题。这个课题的解决需要融合航位推测法和其他的传感器系统。

本书的其他章节研究了依赖于外部事件、视觉和其他方面的传感器，这些传感器可以提供有关机器人姿态或姿态变化的信息。在这里，我们考虑在外力和内在属性的影响以及全球定位系统（GPS）的使用下，转换物理属性的传感器。

29.2 陀螺仪系统

陀螺仪是测量交通工具方向变化的传感器系统。此类系统利用了物理学中物体在旋转时能够产生可预测效应的原理。一个旋转系并不一定是惯性系，因此许多物理系统将会显现非常明显的非牛顿状态。通过测量这些与本应出现在牛顿坐标系的常规状态的差异，我们得以求得物体潜在的自转。

29.2.1 机械式

机械式陀螺仪系统和旋转罗盘系统在导航史中出现的时间很早。通常，有据可查的史料认为 Bohnenberger 是第一个制造陀螺仪的人[29.4]。第一个旋转罗盘系统的专利则属于 Martinus Gerardus ven den Bos，那时是 1885 年。1903 年，Herman Anschütz-Kaempfe 则第一次制造出一个可以运转的陀螺仪并对其设计申请了专利。在 1908 年，Elmer Sperry 在美国申请了一个旋转罗盘的专利并试图把它卖给德国海军。紧接着一场专利战争开始打响，并由 Albert Einstein 证实了整个经过。更多有关旋转罗盘及其发明者的详情请参见参考文献［29.5-8］。

陀螺仪和旋转罗盘主要是依赖于角动量守恒原理工作的[29.9]。角动量是指在无外部力矩作用下，一个旋转的物体围绕同一转轴保持恒定角速度

的趋势。假设一个转动中的物体的角速度为$\boldsymbol{\omega}$，而它的转动惯量是$\boldsymbol{I}$，那么它的角动量$\boldsymbol{L}$为

$$\boldsymbol{L}=\boldsymbol{I}\times\boldsymbol{\omega}$$

让我们考虑安装在一个万向节上可以任意改变转轴的快速转轮（图29.2a）。假设空气阻尼和轴承没有产生任何摩擦阻力，那么转子的转轴将保持固定，而与万向节转子的运动无关。尽管通常不直接通过陀螺仪来使用角动量守恒定律，这种转轴保持旋转方向固定的性质可以用以保持一个安装在交通工具上的轴承的转动。而此轴承的转动可以与此交通工具的运动无关。为更清楚地解释这一点，让我们假设一个陀螺仪安置在赤道上，其转轴与赤道方向一致（图29.2b）。当地球转动时，陀螺仪围绕一个固定转轴转动。在一个与地球同步的观测者眼中，这个陀螺仪将每24h旋转回到它起始的方向。同样，假设此陀螺仪被放置在赤道上，但它的转轴与地球的转轴平行，那么，在一个与地球同步的观测者看来，此陀螺仪将在地球转动的时候保持静止。

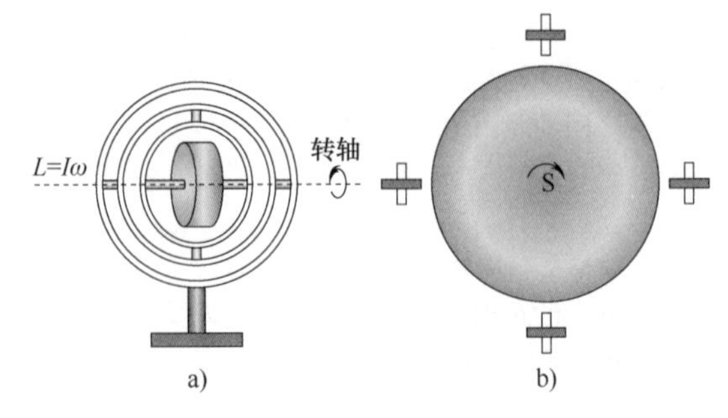

图29.2　机械式陀螺仪系统

a）传统万向节式陀螺仪（万向节保证了陀螺仪在其基部被动旋转的时候，仍能够围绕转轴旋转的自由度）

b）一个围绕地球旋转的陀螺仪（陀螺仪的转轴在陀螺仪围绕地球转动的时候保持同一方向。对与地球同步的观测者来说，陀螺仪始终在转动。）

尽管这种全局性的转动限制了机械式陀螺仪感知绝对方位角的能力，它还是可以用来测量局部性的方向变化，因而还是适合于交通工具式机器人的应用。速率陀螺仪测量交通工具的转速（即其旋转的角速度）。这种基本测量是所有陀螺仪系统的基础。速率积分陀螺仪在陀螺仪内部使用嵌入式处理器对旋转速率进行积分，从而计算出交通工具的绝对旋转角度。

为了探究如何在相对于地球固定的坐标系内使用陀螺仪来进行导航，我们希望陀螺仪的转轴相对于地球坐标系固定，而不是相对于一个外部坐标系固定。旋转罗盘通过进动获得这种相对固定。当一个力矩作用于一个旋转的物体使其改变旋转方向时，角动量的守恒造成改变的旋转方向同时垂直于角动量的方向和力矩施加的方向。这种效应将造成悬置于某一端的陀螺仪围绕着其悬置的那一端旋转。让我们再来观察一下图29.3a所示的钟摆式陀螺仪，这是一个在旋转轴的下端质量块的标准陀螺仪。如前所述，想象此钟摆式陀螺仪在赤道上旋转，转轴与地球的转轴一致而转轴下方的质量块自然下垂。当地球转动时，陀螺仪的转轴保持静止，而看上去也是静止的。现在，让我们想象如果陀螺仪的转轴不是与地球的转轴一致，而是与赤道的方向一致，当地球转动时，陀螺仪的转轴将向转出纸面的方向旋转，因为它要保持原有转向。当它转出纸面时，下方的质量块将被抬起，而重力就产生一个力矩。此时，与转轴和力矩同时保持垂直的方向将使转轴偏离已知的赤道方向而向地球的极点转去。整个过程如图29.3b所示。

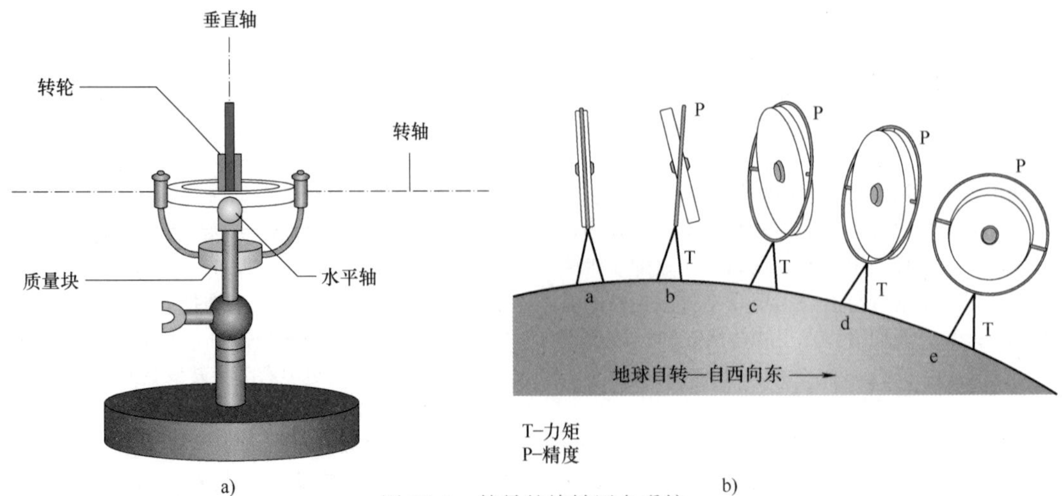

图29.3　简易的旋转罗盘系统

a）钟摆式陀螺仪　b）进动

遗憾的是，钟摆式陀螺仪并不是理想的导航仪器。尽管它的转轴能与地球转轴保持一致，但它并不是固定于这一个状态而是在其左右来回振荡。这类阻尼问题的解决方案是使用一个油池，而不是一个固体质量块作为平衡量，并且限制了油在池内的运动[29.10]。

钟摆式旋转罗盘通过控制陀螺仪的进动来找到真正的地球北极方向。实际上，作用于机械式旋转罗盘的外力会影响到陀螺仪的进动，也会影响到罗盘的性能。这些外力既包括了整个罗盘装置的旋转所产生的力，也包括了任何作用于交通工具本身的外力。有关机械式旋转罗盘的另一个问题是，在纬度较高的地方，罗盘的稳定位置不是水平的，而在这种地点需要校正陀螺仪的原始数据才能得到对地球正北的准确测量。最后，机械式旋转罗盘需要一个外力作用于罗盘才能维持陀螺仪的持续转动。这个过程引入了测量系统本不需要的外力，造成了测量过程的额外误差。

考虑到机械式旋转罗盘的复杂度、造价、尺寸和独特的属性，机械式旋转罗盘已经让位给成本更低、性能更可靠的光学陀螺仪和 MEMS 陀螺仪。

29.2.2 光学式

光学陀螺仪并不依靠转动惯量，而是依靠 Sagnac 效应来测量（相对）航向角。Sagnac 效应的原理基于在一个转动系的光学驻波的运动特性。这种系统在陀螺仪史上最初是通过使用激光和反射镜的设置实现的，而现在通常采用光纤技术来实现。Sagnac 效应以它的发现者 Georges Sagnac 命名[29.11,12]。但是其根本原理可以追溯到更早的 Harress 的工作[29.13]。而 Sagnac 效应最著名的应用可能是用于地球自转的测量[29.14]。

为了研究 Sagnac 效应，如图 29.4a 所示，我们需要忽略相对运动而只考虑图中圆形的光线路径。如果两束光线从周长为 $D=2\pi R$ 的静止路径的同一点向相反的方向以相同速度出发，那么它们将同时回到起点，用时为 $t=D/c$（c 为光在此媒介中的速度）。现在，让我们假设圆形的路径并不是静止的，而是以角速度 ω 围绕其中心顺时针转动，如图 29.4b 所示。那么沿顺时针方向前进的光线将需要走更长的路程才能到达起点，而沿逆时针方向行进的光线则需要走更短的路程。假设 t_c 是光线沿顺时针方向回到起点的时间，那么沿顺时针方向的路径长度则是

$$D_c=2\pi R+\omega R t_c$$

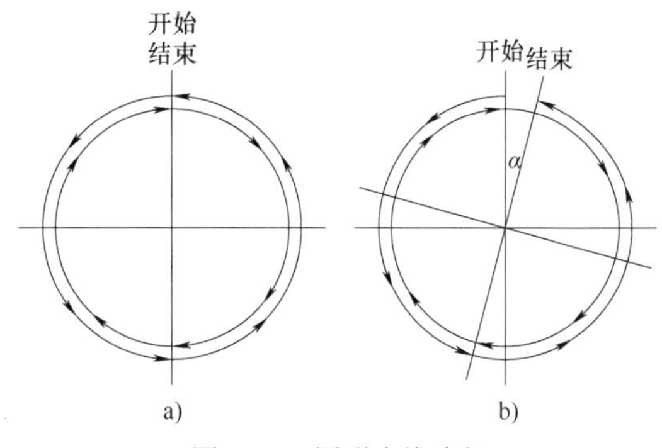

图 29.4 圆形光线路径
a）静止路径 b）运动路径

类似的，假设 t_a 是光线沿逆时针方向回到起点的时间，那么沿逆时针方向的路径长度则是

$$D_a=2\pi R-\omega R t_a$$

此外还有 $D_c=ct_c$ 和 $D_a=ct_a$，因此

$$t_c=2\pi R\frac{1}{c-\omega R}$$

而

$$t_a=2\pi R\frac{1}{c+\omega R}$$

两者的差 $\Delta t=t_c-t_a$，则有

$$\Delta t=t_c-t_a=2\pi R\left(\frac{1}{c-\omega R}-\frac{1}{c+\omega R}\right)$$

一旦测量出时间差 Δt，角速度 ω 就可以得到了。需要指出的是，尽管以上推导是建立在经典力学的基础上而忽略了相对效应，但是同样的推导在考虑了相对速度以后也同样适用，能得到相同结果[29.15]。有关 Sagnac 效应和环形激光的深入讨论请参阅参考文献［29.16］。

光学陀螺仪通常将激光作为光源，具体的实现方法通常有三种：第一种采用镜面表面的直线光线路径；第二种则是采用放置于系统边际的棱镜来导向光束，也即环形激光陀螺仪（RLG）；最后一种则是应用偏振现象来保持玻璃光纤圈，也即光纤式光学陀螺仪（FOG）。实际上，玻璃光纤可能环绕多圈以延长光线的有效路径。顺时针和逆时针方向的时间差则通过测量顺、逆时针方向的光学信号的相位干涉来计算。而多个光学式陀螺仪可以沿不平行的方向组装在一起，以测量三维旋转。

用以测量顺、逆时针方向两条路径之间的时间差的方法也有很多，其中包括了测量激光由于陀螺仪的运动产生的多普勒频移以及测量顺、逆时针方向之间干涉模式下的频率[29.17]。环形干涉仪通常拥有多条光纤线圈。这些线圈引导光线在圈内以固定的频率向相反方向传播，从而测量相位差。一个环

形激光通常包括了一个环形的激光谐振腔。光线沿着这个谐振腔的两个相反方向环形传播，产生了沿这两个方向上拥有相同数目节点的两个驻波。因为激光路径沿这两个方向的长度不同，激光的谐振频率也就不同，频率差就被测量出来。对于环形激光陀螺仪来说，一个不好的副效应是两个激光信号会在小幅度旋转时相互锁定。为了确保这种锁定效应不会发生，通常整个装置需要以一种固定的方式旋转。

29.2.3 MEMS式

几乎所有的MEMS陀螺仪都是基于振动的机械部件来测量转动的。振动式陀螺仪依赖基于科氏（Coriolis）加速度振动模式的变化而引起的能量迁移。科氏加速度是在一个旋转坐标系中所产生的加速度项。假设一个物体在一个旋转坐标系中沿直线前进，那么对于一个位于这个坐标系外面的观测者来说，这个物体的运动路径在惯性坐标系中是弯曲的。这就造成了对一个旋转的观测者而言，必须有一种力去作用在这个物体上，以使得该物体仍保持直线运动状态。假设一个物体在一个角速度为 $\boldsymbol{\Omega}$ 的旋转坐标系中，以局部速度 $\boldsymbol{v}$ 做直线运动，产生的科氏加速度 $\boldsymbol{a}$ 相对于惯性坐标系则为

$$\boldsymbol{a}=2\boldsymbol{v}\times\boldsymbol{\Omega}$$

在一个MEMS陀螺仪中，转换加速度意味着可以引入局部线速度，并可以测量由此产生的科氏加速度。

早期的MEMS陀螺仪使用振动石英晶体来产生必要的线性运动。近期的设计则以硅基振动器取代了振动石英晶体。人们开发了许多种不同的MEMS结构，下面对其中一些进行介绍。

1. 音叉陀螺仪

音叉陀螺仪采用一种类似音叉的结构（图29.5）作为基本机构。当音叉在一个转动的坐标系中振荡时，科氏力将使音叉的尖头向音叉所在的平面外振动，而这种力是可以测量的。InertiaCube传感器就利用了这种效应[29.18]。

2. 振动轮陀螺仪

振动轮陀螺仪使用一种围绕其转轴振荡的轮子。坐标系额外的转动致使轮子倾斜，通过测量这种倾斜可以测量旋转。

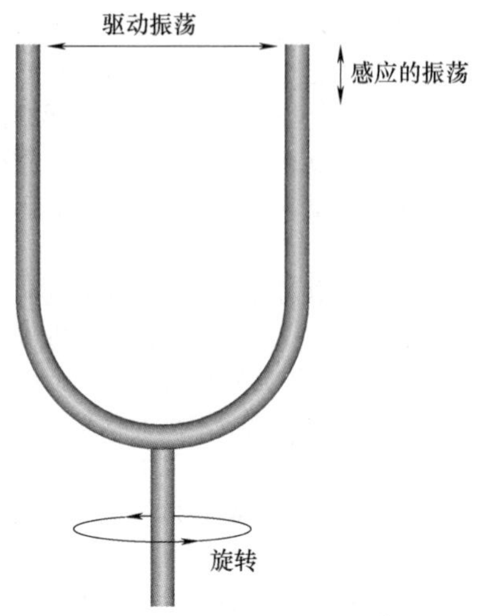

图29.5 MEMS陀螺仪的工作原理

3. 酒杯谐振器陀螺仪

酒杯谐振器陀螺仪则通过测量一个酒杯形振荡结构的节点位置的科氏力来达到测量外部转动的目的。

因为MEMS陀螺仪没有旋转元件，符合耗电量低的要求，并且尺寸很小，在机器人应用中，它很快地取代了机械式和光学式陀螺仪。

除了旋转罗盘以外，陀螺仪测量的是围绕一个旋转轴的相对旋转运动。不同的陀螺仪利用旋转坐标系的不同属性来达到测量这种旋转运动的目的。早期的机械式陀螺仪已经让位于光学式和MEMS陀螺仪，但是基本工作原理保持不变，即利用旋转坐标系的不同属性来测量相对旋转运动。

对所有陀螺仪来说，误差都是一个共性的主题。每一种相对运动的测量都有不同的测量误差，而这些误差随时间累积。这样，每一种陀螺仪技术都有特定的测量误差存在。除非这些误差能被其他的（外部的）测量手段纠正，否则，误差的大小将迟早超过测量需要的精度。

由于一个单一的陀螺仪只能测量一条单一旋转轴的转动，通常可以将三个单一传感器安置在三个互相垂直的旋转轴上以测量三维旋转。这种三维陀螺仪通常会跟其他传感器（如罗盘和加速度计等）集成在一起，以形成惯性传感器。我们将在第29.4节介绍惯性传感器。

29.3 加速度计

正如陀螺仪可以用来测量一个机器人方向的变化，另一类惯性传感器——加速度计，可以测量作用于机器人的外力。一个有关加速度计的很重要的因素是它们对包括重力在内的所有外加的作用力都

敏感。加速度计可采用多种不同的机理将外力转换为计算机可读的信号。

29.3.1 机械式

一个机械式加速度计基本上是由一个弹簧-质量块-阻尼（图 29.6a）组成的系统，并能提供一些方法用以外部观测。当一个外力（比如重力）施加于加速度计，这个力作用于质量块而使弹簧发生形变。假设一个理想的弹簧，它的形变与作用力成正比，内外力平衡，方程为

$$F_{\text{applied}}=F_{\text{intertial}}+F_{\text{damping}}+F_{\text{spring}}=m\ddot{x}+c\dot{x}+kx$$

式中，c 是阻尼系数。可以通过求解这个方程看出，依靠与需要施加的外力和质量块有关的阻尼系数的大小，该系统可以在一段合理的、较短的时间内达到稳定状态，不论有没有一个静态的力作用于系统本身。不过，由于需要事先预测需要施加的外力的大小以及系统需要达到稳定状态的作用时间（可能很长），并且这些因素与达不到理想条件的弹簧相耦合，从而限制了机械式加速度计的应用。机械式加速度计的另一个问题是它们对振动特别敏感。

29.3.2 压电式

不用像机械式加速度计那样去直接测量施加外力的大小，压电式加速度计是基于一些晶体呈现出的特性，这种特性使这些晶体可以在被压迫时产生一个电压。可以恰当地放置一个小质量块使它只被晶体支撑，这样有外力施加于加速度计上时，质量块作用于晶体的压力将发生变化，可以测得对应的电压，如图 29.6b 所示。

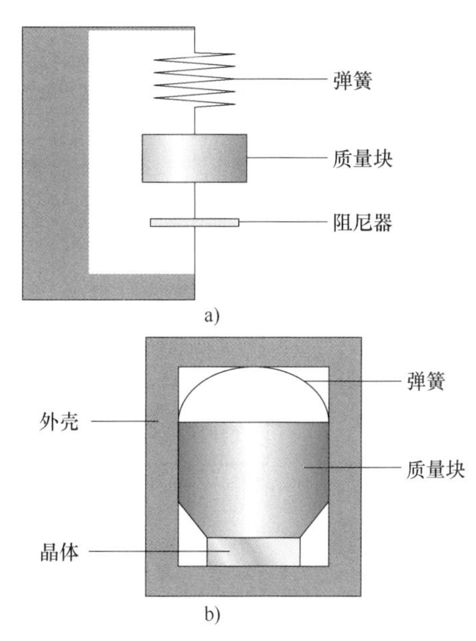

图 29.6 加速度计

a）机械式加速度计 b）压电式加速度计

29.4 惯性传感器套装

一个惯性传感器为惯性传感单元（IMU），是指一种利用如陀螺仪和加速度计等测量系统，来预测一个运动中的交通工具相对位置、速度和加速度的装置。由惯性传感器形成的导航系统就是惯性导航系统（INS）。该器件由 C. S. Draper 于 1949 年首次提出。现在，惯性传感器成为一种飞机和舰船常用的导航器件。一直以来，惯性传感器是一种设备齐全的（或独立的）、不借助外部校正的、可以提供导航测量的装置。但是这一定义最近变得不够准确了。这是因为，近年来人们越来越倾向于认为惯性传感器系统也可以包含外部校正环节。

惯性传感器基本上分为两大类：万向节式系统和捷联式系统。顾名思义，万向节式惯性传感器安装于复杂的万向节机构内部以形成一个稳定的测算平台。这种系统使用陀螺仪以确保万向节与加电时的初始坐标系保持一致。万向节平台相对于交通工具的方位角一般被用来将惯性传感器内取得的测量值映射到交通工具的参考坐标系中。另一方面，捷联式惯性传感器，则需要将传感器固定地连接在交通工具上（捷联），因而不需要万向节这样的转换。不管采取哪种方式，总是需要实时地获取惯性传感器（加速度计、陀螺仪等）内的传感器所得的积分数据，才能获得相对于初始坐标系的运动测量。这种积分对于早期使用的惯性传感器来说是沉重的计算负担，因而历史上（早于 1970 年），万向节惯性传感器更为常用些。而现在，鉴于实现这种积分已经非常廉价，反而是制造和操作万向节系统的费用更高，捷联式惯性传感器变得更为常用了[29.19]。

一个完备的惯性传感器可以对交通工具的姿态进行 6 个自由度上的测量。这 6 个自由度是位置（x，y，z）和姿态（roll，pitch，yaw）。类似于惯性传感器的系统，比如，仅测量实时方位角的系统通常称为姿态航向参照系统。这种系统跟惯性传感器的工作原理相似，但是只测量了交通工具的一

部分状态。除了上述的6个自由度以外，商用的惯性传感器通常还提供对速度和加速度的测量。

惯性传感器的基础计算功能如图29.7所示。此传感器使用了三个相互垂直的加速度计和三个相互垂直的陀螺仪。对陀螺仪的数据 $\boldsymbol{\omega}$ 进行积分以持续地预测装有此传感器的交通工具的方位角 $\boldsymbol{\theta}$。同时，三个加速度计用以预测交通工具的瞬时加速度 $\boldsymbol{a}$。将此加速度根据现有的交通工具相对于重力的方位角的预测值进行转换。这样，重力因子可以被测量出来并且从加速度中扣除。将剩余的加速度进行积分就能得到交通工具的速度 $\boldsymbol{v}$，再次进行积分就能得到位置 $\boldsymbol{r}$。

惯性传感器对陀螺仪和加速度计数据中潜在的测量误差非常敏感。陀螺仪的误差常常导致机器人相对于重力的方位角产生误测，并进一步导致重力因子的误扣除。这样，当误扣除的加速度被积分两次得到位置时，误扣除的重力因子就会在位置结果中产生二次方的误差[29.18]。因为对重力因子的扣除永远做不到完全彻底，再加上其他误差，经过两次积分，这些误差就导致惯性传感器精度变差。运转足够长的时间后，所有的惯性传感器都将偏移，而必须使用相关特定的外部测量数据进行校正。对许多野外机器人来说，全球定位系统就是一种提供这种外部校正的有效手段。

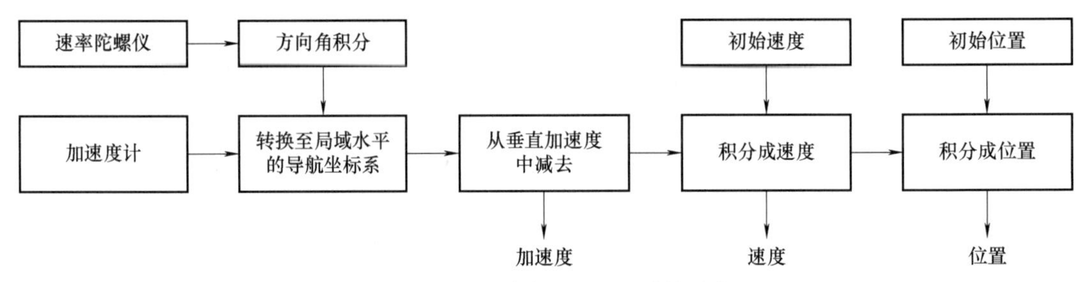

图29.7　惯性传感器的基础计算功能

今天的陀螺仪和惯性测量单元经常包括所需的计算支持，以直接集成惯性信号并提供位置、速度和姿态（PVA）估计作为直接输出。这些估计的准确性不仅取决于传感技术，还取决于估计过程中使用的算法（几乎普遍包括扩展卡尔曼滤波器）及其校准。虽然扩展卡尔曼滤波器是一种很好理解的算法，但其实现的微妙性仍然是不同品牌IMU之间的重要区别因素。

可以根据决定性能的各种因素对间隙测量单位进行评估。下面列举了其中的几个因素：

1. 偏差重复性

这是陀螺仪在恒定温度下的固定惯性工作条件下的最大偏差，即理想条件下读数的漂移。这是在不同的时间尺度上测量的，并导致短期和长期偏差重复性。

2. 角度随机漂移

这可以测量来自陀螺仪的角速率数据中的噪声。

3. 比例因子比

该参数不是IMU或陀螺仪特有的，而是信号幅度测量的一般特征。它测量输出模拟电压与所需的传感器参数的比率。对于陀螺仪，通常以mV/[(°)/s]为单位进行测量；而对于加速度计，通常以mV/(m/s^2)为单位进行测量。

4. 定位精度

实际位置估计的准确性取决于传感器和积分算法，两者都是IMU固有的。此外，实际位置估计的准确性还取决于IMU所经历的轨迹的特征。

29.5　基于卫星的定位（GPS和GLS）

在全球导航卫星系统（GNSS）中，全球定位系统（GPS）是应用最广泛的一类定位预测装置。它提供了包括当前时间和日期在内的，三维绝对坐标系位置预测。这种预测可以是地球表面上的任何一个位置。标准的全球定位系统可以在水平面内提供误差在20m以内的位置预测。最初，全球定位系统是为军事应用设计的，而后被广泛应用于民用项目。包括自主车辆导航系统，娱乐性的定向越野比赛和运输公司的存货追踪等。

29.5.1　概述

全球定位系统基于接收围绕地球做固定轨道旋转的一组卫星发射的无线电信号进行方位计算。在比较从不同的卫星接收到的信号的时间延迟后，方位就能被计算出来。最广泛应用的全球定位系统是基于由美国开发的 NAVSTAR 卫星系统。这套系统是由美国空军航天司令部开发并维持运转的。作为一种军事设施，美国政府保留了终止和修改这套系统的可用性的权力。另一套类似的系统称为人造地球卫星全球导航系统（GLONASS），是由俄罗斯政府运行的。但是这套系统在撰写本书的时候还没有应用于机器人领域。另一套替代系统是由欧盟开发的，取名为伽利略（Galileo）的系统。这套系统的开发目的明确，就是要脱离军事管控。伽利略系统将提供两个级别的服务：一种是开放式的服务；另一种则是高质量的加密商业服务。其余的全球定位系统例如中国的北斗系统或日本的准天顶卫星系统（QZSS）则不在本章的讨论范围。印度区域导航卫星系统（IRNSS）旨在提供类似的功能。能够从多个不同的卫星系统接收位置数据的全球定位系统接收器容易获得，被称为全球导航卫星系统（GNSS）。

通常的全球定位系统是指 NAVSTAR 系统。一直以来，NAVSTAR 提供两种不同的服务：一种是精确定位系统（PPS），专为军用；另一种是准确度较低的标准定位系统（SPS）。两种服务的不同就在于选择可用性（SA）。这种在 SPS 信号中人为地引进伪随机噪声造成准确度的下降是出于战略考量的，并于 2001 年 5 月 2 日撤销。虽然原则上可以恢复这种精度区分，但这似乎不太可能，而且最近的 GPS 卫星（GPS Block Ⅲ系列，目前尚未发射）没有配备 SA 功能。美国军事用户可以使用精确定位服务（PPS）。第二个频率使军事用户能够纠正由地球大气层造成的无线电信号衰减。

全球定位系统的卫星网络是基于一个 24 颗在轨卫星的基本星群，再加上 6 颗其实也在运行的辅助卫星。这些卫星都是处于近乎圆形的地球中轨道。与对地静止轨道不同的是，这些卫星的轨道是半同步的，这意味着对一个地面上的观测者来说，轨道的位置是持续变化的，并且轨道的周期都是准确的半恒星日。之所以这样选择卫星的轨道，是因为这样的话几乎在地球表面上的任意一点，都可以观测到至少 4 颗卫星，而这也正是全球定位系统进行位置预测的标准。24 颗卫星被平均安排在 6 个轨道面，这样，每个轨道面就各有 4 颗卫星。系统这样设计可以保证在 24h 间隔内，卫星平均覆盖整个地球表面；而在 24h 内，即便是位置最差的地点，也能保持 99.9%的覆盖率；而在 30 天的测量间隔里，24h 内地球上位置最差的地点，也至少有 83.92%的信号有效率。需要指出的是，有效性指标还考量了传输操作等因素，而不仅仅是覆盖率的问题。当然，该指标忽略了实际的像高山之类的地形特点，以及其他物体，比如可能隔断视线的高楼等。

每一颗卫星反复播出一个被称为 C/A 码的数据包。数据通过频率为 1575.42MHz 的 L1 信道由接收器接收。这个简单的原理是，如果接收器知道被观测卫星的绝对位置的话，接收器自身的位置也可以直接得到；或者如果无线电信号传播的时间是已知的话，接收器的位置同样可以通过三边测量术计算出（图 29.8）。这就意味着接收器必须设有可以获得绝对时间的元件。接收器计算从不同的卫星接收到信号的时间差，并利用这个时间差计算出被称为伪距的距离预测值。伪距这个用法表明了这个距离值被几种来源的测量噪声所污染。这一特定的几何学问题被称为多点定位技术或者双曲线定位技术。结果通常是由接收器里面一个复杂的卡尔曼滤波器计算得出。为了避免需要记住每一个卫星的星历（姿态）表，和在接收器上使用非常精准的时钟，每一颗卫星在传播的数据包里面广播自己的位置和一个精确的时钟信号。

全球定位系统的卫星以 L1～L5 之间的几个频率进行广播，其中只有 L1（1575.42MHz）和 L2（1227.6MHz）用于民事用途的接收器上。

由 NAVSTAR 提供的标准设备以及该设备的性能标准取决于 L1 信号。信号包含两部分不加密的内容：粗采集（C/A）信息和一条导航数据信息。同时，即便没有密码解密匙，还是可以通过使用加密的 L2 信号来提供额外的误差纠正（用 L2 信号来观测以频率为变量的电离层干扰函数造成的相对效应）。同时在 L1 和 L2 信道上广播的访问受限信号是 P 代码（和最近推出的 M 代码）。此代码在加密后被称为 Y 代码或 P（Y）、P/Y 代码。C/A 信息和 P（Y）代码都包含了导航信息流。这些信息流明确了时钟偏差数据、轨道信息、电离层传播校正因子、星历表、所有卫星的状态信息、世界时钟代码以及其他信息。卫星的性能则由坐落于美国科罗拉多州科罗拉多斯普林斯市附近的施里弗空军基地的主控制基站统一协调控制。该主基站与位于世界各地（美国卡纳维拉尔角、阿森松岛、马绍尔群岛的夸贾林环礁、迪戈加西亚环礁和夏威夷）的其余五个监控基站连成全局网络用以产生测量值并上传到卫星上，生成导航信息流。最后需要指出的是 L2 信道上多了一个额外信号可用。这种位于卫星上指定的 IIR-M 模块上的 L2C 信号能保证大幅度提升接收器的敏感度。这将有助于在现有的一些不能够取得定位信息的环境中（比如森林里）获得接收器的定位。

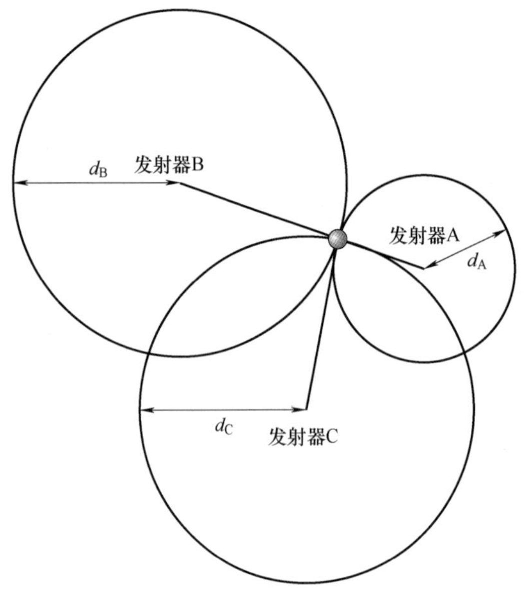

图29.8　全球定位系统在地面上的三边测量术

注：图29.8中，假设同时从三个已知位置的发射器（A、B和C）接收到信号。如果知道其中一个发射器（比如说A）的信号延迟，则能够将接收器的位置约束在一个以发射器为圆心，以已知距离（d_A）为直径的圆弧上。同时来自两个发射器的约束则至多相交于两个点。第三个发射器则用来区分这两个交点以确定真正的接收器所在的位置。在三维坐标系里面，第一个发射器传播的信号将接收器的位置约束在一个球面上，来自两个发射器的约束则相交并将接收器的位置约束在一个圆形上，来自三个发射器的约束则相交并将接收器的位置定位于一个或两个点。

29.5.2　性能因素

全球定位系统的性能取决于几个因素：卫星传输准确度、环境条件、信号与地面上障碍物的交互以及接收器的性能。

在机器人应用的场景中，影响卫星自身性能的因素和大气层条件状况基本上是无法控制的。只是，需要注意的是，正是这些不可控制的因素构成了导致全球定位系统的信号不能始终可靠的误差源。当定位设备表现出非典型性错误行为（比如不正确的信号）时，这种情况定义为服务失效。这种失效可以分类为一般失效和严重失效。一般失效是指给接收器造成了有限的影响并导致定位误差不超过150m。严重失效是指造成了很大的定位误差或者接收器的过载。如果一颗卫星出现了一个错误，导致了重大故障，那么在6h以内，在地面上大概63%的地方都将发现这颗卫星有问题。

在使用全球定位系统进行准确定位时，影响效果的因素包括：

1）在接收器和卫星之间，视线不能被阻挡。

2）依赖于大气层的条件。

3）依赖于接收（弱）射频信号的能力。

大面积出现错误预测的可能性还是存在的。总体来说，当卫星位于接收器的正上方时，射频信号的质量比卫星位于接收器的水平方向要好。另外，因为全球定位系统的定位是基于差分信号分析，最好的情况是用于全球定位系统定位计算的卫星广泛地分布在空中。

全球定位系统的信号处于微波段，因此，信号可以穿透塑料和玻璃，但是会被诸如水、木材和大量树叶吸收，并且会被许多种材料反射。其后果是，在诸如茂密的森林里、深谷中、车船舰艇内部、降雪量大的时候或者高层建筑物之间，全球定位系统不能稳定工作。在这些情况下，空中的部分障碍物可能不会阻碍定位预测的进行。假设在轨运转的卫星数至少是24颗，那么穿越地球表面上空的卫星平均会有8颗在可视范围内，这样即便是出现这种情况，也还是可以容忍的。另一方面，空中的部分障碍物可以导致定位的准确度下降。这是因为此时有效卫星的选择变少了，而最优准确度的取得是基于尽可能多地提供定位运算的备选卫星（以便在接收器内部的卡尔曼滤波器进行适当加权）。

进一步区分不同接收器的性能因素包括：采集信号的频率、接收器的灵敏度、最终运算中使用的卫星数、预测器中考虑的因子数和辅助定位系统，如广域增强系统（WAAS，见29.5.3节）。一个决定定位预测产生快慢的主要因素是定位系统内的独立接收元件的数量。序列单信道接收器简单且较为经济（尺寸可能也较小），但是它们必须顺序锁定每一个需要用到的卫星信号。并行多信道接收器可以同时锁定多个卫星，因而定位比较快而且造价也比较高。一定程度的并行度是高质量消费级电子类设备的标配。

全球定位系统的计算是基于对所谓精度衰减因子（DOP），尤其是针对系统中定位部分的精度衰减因子的估测，即位置精度衰减因子（PDOP）。这个定义对应于误差关于定位预测的偏导数并且使得系统能在任何时刻确认可用于最准确定位预测的卫星组。全球定位系统的标准实施中指定了每5min

重新计算一次位置精度衰减因子值。

全球定位系统接收器的最小化性能指标的计算是基于通过使用来自一个静止的测绘点的线性化求解，将瞬时距离残差转换为一个用户的定位预测而获得的。大部分接收器使用额外的技术，例如距离残差平滑化、速度补偿、卡尔曼滤波或者多卫星（所有可视卫星）方案等。也就是说，定位系统的正式性能是根据最小值来衡量的。全球定位系统的定位预测算法总结如下：

1）根据位置精度衰减因子计算最小误差并以此选择最好的 4 颗卫星。

2）每隔 5min 更新一次，或者在所选卫星在轨时进行更新。

3）测量从接收器到每颗卫星之间的伪距。四次测量中的每一次都必须有一个求解时间在 0.5s 内的接收时间标签。接收时间标签基于测量系统时间，而传输时间标签基于卫星时间。

4）决定每一颗在使用中的卫星的星历表并为每一颗卫星计算出位于地固地心直角坐标系内的坐标。根据地球自转进行校正并因此为每一颗卫星计算一个伪距的估计值。

5）计算距离残差，即实际距离和观测距离之间的差。

6）估算决定整个系统解决方案的矩阵 $\boldsymbol{G}$，即定位解决方案几何矩阵。此矩阵可以用行向量组描述，每个行向量包含了其中一个被使用卫星的 (x, y, z) 坐标和介于接收器和卫星之间向量的时间坐标方向余弦。这个向量是位于一个被称为世界测地系统（WGS84）的固定于地球的参考坐标系。WGS84 表示地球上的纬度、经度和地面以上的高度，建模为椭球体。WGS84 坐标系将经度表示为 -180° 到 180°之间的值，其中 0°位于地球本初子午线，而纬度表示为-90°（北极）到 90°之间的值。

7）计算接收器的位置。

标准的全球定位系统的实施是每一秒钟计算出一个定位信息，虽然更快或者更慢的频率也是可行的。在典型的操作条件下，没有进行任何特别性能提升的定位准确率大概在水平方向 20~25m，垂直方向 43m 左右。受限的 PPS 信号至少可以提供水平方向 22m（典型值是 7~10m）和垂直方向 27.7m 的精度，并且基于美国海军观象台的参考信号，世界协调时间（UTC）精度在 200ns 以内。

全球定位系统的信号可能会被多路径问题影响。也就是无线电信号会在接收器周围的地域——如建筑物、峡谷峭壁和硬地等发生反射。反射以后被接收器接收的信号会造成误差。为了解决多路径问题，研究人员研发出来多种有关接收器的科技，其中最有名的可能就是狭窄相关器间隔法[29.20]。对于长时延迟的多路径问题，接收器本身就能辨认出延迟的信号并弃之不用。为了解决由地面反射造成的短路径的多路径问题，可能就需要安装特别的天线了。这种短路径形式的信号很难被过滤掉，因为跟直接广播到接收器的信号相比，它只是稍微延迟了一些而已。而它的影响与大气层延迟造成的路径波动很难区分开。

29.5.3 增强型全球定位系统

政府机构和私人公司都开发了大量的增强系统来增强基本的 GPS 信号。

1. 广域增强系统（WAAS）

广域增强系统（WAAS）是一种可以被接收器接收的辅助信号，用以提高接收器的准确性。WAAS 能将单独使用 GPS 的水平位置准确度从 10~12m 提高到 1~2m。WAAS 的信号里面包含了对 GPS 信号的一些引发误差的因素的校正，包括时间误差、卫星位置纠正和电离层变化引起的局部扰动等。这些校正信息由方位固定并经过精确定位的地面基站估测并上传到卫星上以广播到恰当配置的接收器。WAAS 信号只适用于北美地区。但是作为星基增强系统（SBAS）的一部分，相似的校正信号正逐步在其他地方应用开来。这些地方包括欧洲，称为欧洲同步卫星导航覆盖服务（EGNOS），包括日本和亚洲其他部分地区，被称为多功能卫星增强系统（MSAS）。以一种称为全球导航卫星着陆系统（GLS）对 GPS 和 WAAS 的进一步提升于 2013 年完成。

2. 差分式全球定位系统（DGPS）

差分式全球定位系统（DGPS）是一种采用坐落于一个接收器周围的、已经精确勘测位置的地点对 GPS 信号进行纠正的技术。事实上，基于此基本概念有几种版本存在，而它们一般也被称为地基增强系统（GBAS）。DGPS 与 WAAS 使用同样的原理，但是它仅是一种局部的手段而没有借助于向卫星上传数据的办法。在已知地点接收器计算出 GPS 信号中的误差并把它传输给附近未知方位的接收器。由于这种误差因地球上的地点不同而变化，这种纠正的有效性随距离增加而下降。一般来说，最大有效距离为几百千米。该方法在撤销 SA 和发展 WAAS（可视为 DGPS 的一种形式）之前尤其适合。在美国和加拿大，一个地基 DGPS 发射器网络在运转着，发射频率介于 285~325kHz 的无线电信号。

类似于WAAS的商用DGPS解决方案也同样存在。

29.5.4　国家差分GPS系统（NDGPS）

（美国）国家差分GPS系统（NDGPS）是一种增强系统，它集成了沿海和地面运输系统，可在美国大部分地区提供10~15cm的精度。该系统依赖于从基站广播的无线电信号网络。包括加拿大在内的许多其他国家也存在类似的系统。

1. 接收机自主完整性监测器（RAIM）

接收机自主完整性监测器（RAIM）是一种使用不同卫星组合获得多个伪距测量值（即位姿估计）的技术。如果获得不一致的测量结果，则表明系统中发生了某种故障。需要尽可能少地使用卫星的定位来检测这样的错误，即至少需要6颗卫星才能排除来自单颗故障卫星的数据并仍然获得可靠的定位预测。

2. 实时动态（RTK）

实时动态（RTK）定位（即载波相位差分技术）是一种在机器人应用中迅速得到接受的GPS增强技术[29.21]。GNSS配置中的RTK-GPS还利用多个卫星星座，通常被认为是现有的最高性能GPS解决方案。由于它的准确性很高，因此通常称为调查等级。在实践中，普通的RTK-GPS单元可以达到1cm量级的水平定位精度。RTK-GPS通过使用基站获得的校正来增强伪距估计的有效分辨率，从而增强了标准差分GPS技术。具体而言，RTK估计GPS卫星与每个基站和接收器之间的通信路径中的载波周期数，因此本质上取决于信号的相位。此类单元通常会忽略信号的实际数据载荷并利用GPS信号的相位（通常为L1频段）；这是一种与低成本接收器使用的普通代码相位计算根本不同的操作模式。用于为估计过程提供参考位置的基站可以是正在部署的定制系统的一部分，但现在存在可供公众访问的各种网络参考基站。当使用基站网络在大范围内提供校正信号时，该系统被称为网络实时动态（NRTK）GPS，这类网络称为连续运行参考站（CORS）网络。NRTK网络正在迅速发展，并且已经开发或采用了范围计算协议，包括用于传输GNSS数据的国际海事无线电技术委员会第104专业委员会（RTCM SC-104）协议。

如果估计得当，RTK-GPS可以获得的位置预测精度比与传统DGPS相关的多米精度高几个数量级。RTK的关键是估计从卫星到电台的路径中存在的整个信号周期数。GPS载波的波长约为19cm，这与载波信号相位的估计值相结合，可以使得伪距估计值的误差在1mm范围内。

29.5.5　GPS接收器及其通信系统

全球定位系统接收器以性能和造价区分类别。最好的是达到测地级别的接收器，而经济型的型号则被称为有源级或娱乐型接收器。大体上，这些不同型号接收器的造价会相差几个数量级，但是它们的性能差异则在逐渐缩小。

接收器按原理分为两类：代码相位型和载波相位型。代码相位型接收器使用数据流中卫星导航信息的部分来提供星历表数据并产生实时结果。它们需要一段时间以锁定卫星，但不需要估测初始位置就可以连续输出结果。C/A信号是一个具有一个已知密钥的含有1023个伪随机噪声（PRN）的位串。真正的伪距通过找到这个位串的相位偏差决定。另一方面来说，载波相位型接收器使用的是原始的GPS信号相位，而不是嵌入式的（数字）C/A信号。在L1和L2信道上的信号分别有19cm和25cm的波长，而优质的相位测量可以为水平方向提供毫米级的准确率。然而，这些测量只是提供一个距离达到数十千米的范围内的相对定位信息。

全球各地的全球定位系统消费级设备几乎都支持一种称为国家海洋电子协会（NMEA）的传输协议的变体，以及针对每个制造商的各种专有协议。NMEA是一种串行协议，有时封装在其他协议中。协议存在多种变体，但NMEA 0183是应用最广泛的，而NMEA 2000支持更高的数据传输速率，并使用非常不同的通信协议。虽然该协议是专有的，官方配置只能从NMEA购买，但该协议的一些开源描述已被逆向开发，其基本消息特征已被广泛使用和分发。

该协议支持一种ASCII代码通信模式，该模式基于以一个谈话者（GPS接收器）和一个或多个收听者（计算机）。收听者接收的是简单的协议字符串，称为句子。有传闻暗示在该协议中存在模棱两可的地方，从而导致无法确保不同设备间的兼容性（此暗示不是通过对协议的独家文档的检视而获得的，因而不便在本书中讨论）。

29.6　GPS-IMU集成

尽管全球定位系统能够提供有关地球表面的高精度的定位信息，但它并不能解决关于机器人姿态预测的所有问题。首先，它不能直接获得有关交通工具方位角的信息。为了决定交通工具的航向角以及许多交通工具需要的俯仰角和侧滚角，必须对 GPS 信号进行差分或者与其他诸如罗盘、陀螺仪和 IMU 之类的传感器进行融合。其次，GPS 接收器通常无法提供连续的、独立的有关位置的预测，而只能提供在不同的时间点的预测（至少对廉价接收器是这样），而这种测量的延迟相当大。连续的姿态预测需要在两个 GPS 读数之间进行。最后，GPS 的定位不是一直都可行的。当地的地理条件（像高山、高楼和树）或接收器上方对无线电信号的屏蔽（如室内或水下）都会将信号完全封锁。GPS 接收器与另一种传感技术（通常为 IMU）的集成至少可以在短时期内解决这些问题。

GPS 与 IMU 的集成通常以卡尔曼滤波器的形式进行（参见第 35.2.3 节）。从本质上讲，IMU 数据被用于连接固定的 GPS 测量数据，并以最小二乘法的最优方式与 GPS 数据相结合。鉴于此两组传感器互补的自然属性和完全独立性，市场上有相当多的商用套装已经开发出来用以集成 GPS 和 IMU 的数据（见参考文献［29.22］）。

当 GPS 测量集成到移动机器人中时，特别是当它们与来自 IMU 的数据相结合时，天线的方位就成为一个考虑因素。GPS 定位基于 GPS 天线的位置，如果它远离 IMU 或车辆坐标系的中心，则必须考虑到这一点，否则可能会出现位置或方位的不稳定性。

29.7 延展阅读

1. 里程计

包括参考文献［29.2］和参考文献［29.23］在内，许多关于机器人技术的一般介绍性书籍都提供了相当多的有关交通工具使用里程计的信息，以及使用交通工具设计标准推导里程计的方程。

2. 陀螺仪系统

Everett 撰写的书[29.24]提供了包括陀螺仪系统和加速度计在内的许多传感器技术的回顾。而有关旋转罗盘及其发明者的有趣的历史记载则可以在 Hughes 的书里找到[29.5]。

3. 加速度计

刚刚提到，Everett 撰写的书[29.24]提供了许多传感器技术的回顾，其中就包括陀螺仪系统和加速度计。

4. GPS

相当多的有关 GPS 系统的理论和实现的详细资料可以在 Leick 的书[29.25]里找到。有关 GPS 系统的理论知识和实现同样可以参见参考文献［29.26］。而多种有关 GPS 和惯性导航系统集成的详细材料可以参阅参考文献［29.27］和参考文献［29.28］。

29.8 市场上的现有硬件

虽然下面所列出来的硬件有可能只有很短的上架时间，但这些联系方式清单应该对识别、寻找特别的惯性传感设备有所帮助。

29.8.1 陀螺仪系统

1. KVN DSP-3000 型战术级光纤式光学陀螺仪（FOG）

KVH Industries Inc.，50 Enterprise Center，Meddletown RI，02842-5279，USA，1-401-847-3327.

2. 光纤式光学陀螺仪 HOFG-1（A）

Hitachi Cable Ltd. 4-14-1 Sotokanda，Chiyodaku，Tokyo 101-8971，Japan.

3. 速率陀螺仪 CRS03

Silicon Sensing Systems Japan，Ltd. 1-10 Fusocho（Sumitomo Precision Complex），Amagaxaki，Hyogo 660-0891，Japan.

29.8.2 加速度计

1. 加速度计 GSA 101

A-KAST 测量和控制有限公司，1054-2 Centre St. Suite #299，Thornhill，ON，L4J 8E5，Canada.

2. ENDEVCO MODEL 22

Brüel and Kjaer，DK-2850 Naerum，Demark.

29.8.3 IMU 套装

1. μIMU

MEMSense，2693D Commerce Rd.，Rapid City，SD 7702，USA.

2. IMU400 MEMS 惯性传感器

Crossbow Technology Inc.，4145 N. First St.，

San Jose, CA 95134, USA.

3. IntertiaCube3（三自由度惯性传感器）

Intersense, 36 Crosby Dr, #15, Bedford, MA 01730, USA.

29.8.4 GPS 组件

1. Garmin GPS 18

Garmin International Inc., 1200 East 151st St., Olathe, KS 66062-3426, USA.

2. Magellan Mericlian Color

Thales Navigation 471 EI Camino Real, Santa Clara, CA 95050-4300, USA.

3. TomTom 蓝牙 GPS 接收器

Rembrandtplein 35, 1017 CT Amsterdam, The Netherlands.

参考文献

29.1 Vitruvius: *Ten Books on Architecture* (Harvard Univ. Press, London 1914) p. 301, English translation by M. H. Morgan

29.2 G. Dudek, M. Jenkin: *Computational Principles of Mobile Robotics*, 2nd edn. (Cambridge Univ. Press, Cambridge 2010)

29.3 E. Maloney: *Dutton's Navigation and Piloting* (US Naval Institute Press, Annapolis 1985)

29.4 J.G.F. Bohnenberger: Beschreibung einer Maschine zur Erläuterung der Geseze der Umdrehung der Erde um ihre Axe, und der Veränderung der Lage der lezteren, Tüb. Bl. Naturw. Arzneik. **3**, 72–83 (1817)

29.5 T.P. Hughes: *Elmer Sperry: Inventor and Engineer* (The Johns Hopkins Univ. Press, Baltimore 1993)

29.6 H.W. Sorg: From Serson to Draper – Two centuries of gyroscopic development, Navigation **23**, 313–324 (1976)

29.7 W. Davenport: *Gyro! The Life and Times of Lawrence Sperry* (Charles Scribner, New York 1978)

29.8 J.F. Wagner: From Bohnenberger's machine to integrated navigation systems, 200 years of inertial navigation, Photogramm. Week (2005)

29.9 R.P. Feynman, R.B. Leighton, M. Sands: *The Feynman Lectures on Physics* (Addison-Wesley, Reading 1963)

29.10 T.F.T. Submarine: *Navpers 16160 Standards and Curriculum Division Training* (Bureau of Naval Personnel United States Navy, Arlington 1946)

29.11 G. Sagnac: L'ether lumineux demontre par l'effect du vent relatif d'ether dans un interferometre en rotation uniforme, C. R. Acad. Sci. Paris **157**, 708–710 (1913)

29.12 G. Sagnac: Sur la preuve de la realitet de l'ether lumineaux par l'experience de l'interferographe tournant, C. R. Acad. Sci. Paris **157**, 1410–1413 (1913)

29.13 F. Harress: Die Geschwindigkeit des Lichtes in bewegten Körpern, Ph.D. Thesis (Richters, Jena 1912)

29.14 A.A. Michelson, H.G. Gale: The effect of the Earth's rotation on the velocity of light, J. Astrophys. **61**, 140–145 (1925)

29.15 S. Ekeziel, H.J. Arditty: *Fiber-Optic Rotation Sensors*, Springer Ser. Opt. Sci. (Springer, Berlin, Heidelberg 1982)

29.16 G.E. Stedman: Ring-laser tests of fundamental physics and geophysics, Rep. Prog. Phys. **60**, 615–688 (1997)

29.17 D. Mackenzie: From the luminiferous ether to the Boeing 757: A history of the laser gyroscope, Technol. Cult. **34**(3), 475–515 (1993)

29.18 E. Foxlin, M. Harringon, Y. Altshuler: Miniature 6-DOF inertial system for tracking HMDs, SPIE Proc. 3362 (1998) pp. 214–228

29.19 M. Mostafa: History of inertial navigation systems in survey applications, J. Am. Soc. Photogramm. Remote Sens. **67**, 1225–1227 (2001)

29.20 A.J. Van Dierendonck, P. Fenton, T. Ford: Theory and performance of narrow correlator spacing in a GPS receiver, Navigation **39**, 265–283 (1992)

29.21 A. Rietdorf, C. Daub, P. Loef: Precise positioning in real-time using navigation satellites and telecommunication, Proc. 3rd Workshop Posit. Navig. Commun. (2006) pp. 123–128

29.22 J. Rios, E. White: Low cost solid state GPS/INS package, Proc. Inst. Navig. Conf. (2000)

29.23 R. Siegwart, I.R. Nourbakhsh: *Introduction to Autonomous Mobile Robots* (MIT Press, Cambridge 2004)

29.24 H.R. Everett: *Sensors for Mobile Robots: Theory and Application* (Peters, Wellesley 1995)

29.25 A. Leick: *GPS Satellite Surveying* (Wiley, Hoboken 2004)

29.26 P. Misra, P. Enge: *Global Positioning System: Signals, Measurements, and Performance* (Ganga-Jamuna Press, Lincoln 2006)

29.27 J. Farrell, M. Barth: *The Global Positioning System and Inertial Navigation* (McGraw-Hill, New York 1989)

29.28 M.S. Grewal, L.R. Weill, A.P. Andrews: *Global Positioning Systems, Inertial Navigation, and Integration* (Wiley, Hoboken 2007)

第 30 章

声呐传感器

Lindsay Kleeman，Roman Kuc

声呐或者超声波感测借助高出人耳听力频率范围的声波能量传播来获取环境信息。本章介绍声呐传感技术中面向机器人应用的目标定位、地标测量、分类技术的基本概念和物理原理；阐述了声呐伪影的来源，以及如何处理它们。对不同超声波换能器技术做了简要概述，并着重描述了其主要特性。

本章首先介绍了不同复杂度的声呐系统，从基于阈值的低成本测距模块到多传感器多脉冲模型，具备精确测距、方位测量、干扰抑制、运动补偿和目标分类等相关的信号处理能力。其次，介绍了连续传输调频（CTFM）系统，并讨论了其在噪声存在条件下提高目标灵敏度的能力。接着，结合测绘结果，对各式的、可实现快速环境覆盖的声呐环的设计进行了介绍。最后，本章以对仿生声呐的讨论作为结尾，该技术灵感源于蝙蝠和海豚等动物。

目　录

30.1 声呐原理

声呐是机器人技术中一种常用的传感器，采用声脉冲及其回波来测量目标距离。由于声音的速度通常为可知量，目标距离与回波传播时间成正比。在超声波频段中声呐能量集中于一束，除了距离之外还提供方位信息。与其他测距传感器相比，声呐传感器具有低成本、重量轻、低功耗和低计算量等特点。在一些应用场景中，如水下和低可见度环境中，声呐经常是唯一可行的感测方式。

声呐在机器人技术中有三种不同但相关联的用途：

1）避障：第一个探测到的回波被假设为最近目标产生的回波，测量其所在的距离。机器人利用这一信息来规划路径绕过障碍物，防止碰撞。

2）声呐测绘：通过旋转扫描或声呐阵列获得一批回波，用来创建环境地图。类似于雷达显示，测量点被放置在沿着探测脉冲方向的可测范围内。

3）目标识别：对一系列回波或声呐地图进行处理以实现包含一个或多个物理目标的回波结构分类。这些信息将有助于机器人标定或地标导航。

图30.1所示为一个简化的声呐系统，包括从构成到所产生的声呐地图。声呐传感器（记为T/R）既充当探测声脉冲（记为P）的发射器（记为T），又作为回波（记为E）的接收器。目标O位于由阴影区域表示的声呐波束中，来反射探测脉冲。反射信号的一部分返回至换能器上，被检测为一个回波。回波传播时间t_0，也被称为飞行时间（TOF），是由探测脉冲传输时间测得的。在这种情况下，回波波形是探测脉冲的副本，通常由多达16个周期的传感器共振频率组成。目标距离r_0，采用式（30.1）计算。

$$r_0=\frac{ct_0}{2} \tag{30.1}$$

式中，c表示声速（在标准温度和压力下空气中的声速为343m/s）；因子2将往返（P+E）传播距离转换为单程测量。波束扩展损失和声吸收限制了声呐距离。

在声呐地图上，测量点被设置在与换能器物理定位原点相对应的方向上。通常声呐地图通过旋转竖直轴线上的传感器建立，用方位角θ表示，通过一系列离散的角度$\Delta\theta$分隔开，并在相应的范围内放置声呐点。由于T/R旋转时目标O到T/R中心的距离几乎是不变的，只要O位于波束内，测量点通常会落在一个圆圈内。因此，声呐地图是由圆弧组成的。

声呐的主要局限性包括：

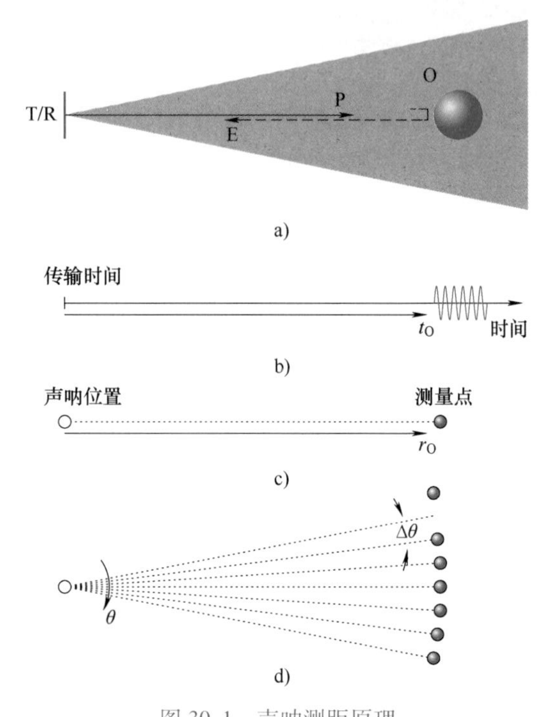

图30.1 声呐测距原理
a）声呐系统构成 b）回波波形 c）测量点位置 d）声呐地图

1）声呐波束宽导致方向性分辨率差。目标被定位在孤立弧的中间，但距离较短的目标会缩短距离较远的目标的弧线，而由一系列目标产生的弧线往往难以解释。这种影响的结果是宽波束遮挡了小孔，限制了机器人的导航能力。

2）相对于光学传感器，缓慢的声速降低了声呐传感速度。一个新的探测脉冲应该在来自先前脉冲的所有检测回波终止后被发射，否则将发生误读，如图30.2所示，来自探测脉冲1的回波在探测脉冲2发射后出现。声呐从最近的探测脉冲测量TOF。许多声呐每隔50ms发射探测脉冲，但在混响环境下会遭遇误读。

3）光滑表面在斜入射时不产生可探测的回波。图30.3显示一个平坦表面（墙），充当声呐束的镜子。重点是邻近墙自身不产生可探测的回波，使用声呐避障的机器人可能会与墙碰撞。

4）波束旁瓣和多次反射导致的伪影产生了无目标存在环境下的距离读数。图30.3也显示了包围着目标O的重定向波束。回波也被墙面改变方向后反

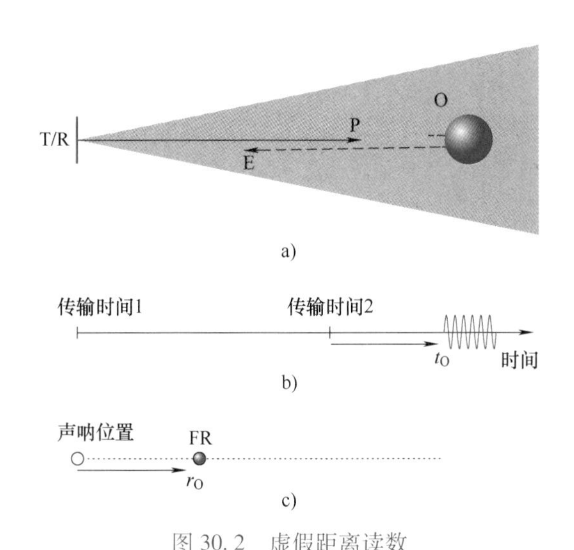

图 30.2 虚假距离读数

a）声呐系统构成 b）脉冲 1 的回波到来之前发射的探测脉冲 2 c）从传输时间 2 测出的虚假距离

射回换能器。以换能器为参考，目标处于虚拟物体（VO）位置处，而且它会产生相同的声呐地图，如图 30.1 所示。由于没有物理目标对应于声呐点位置，因此它是一个伪影。也要注意，点虚线表示从换能器反射回来的声学能量，并不能被检测到，这是因为它没有位于波束锥形区内。波束旁瓣通常检测这些回波，产生沿声呐方位放置的短程读数。

5）回波的传播时间和振幅变化由声速的不均匀性造成。两种效应导致检测回波传播时间的随机波动，即使在静态环境下。图 30.4 说明了热波动可导致加速、延迟以及回波折射产生的传播改向。这些波动会引起回波时间和振幅变化，以及距离读数抖动。虽然这些波动通常只引起声呐地图的较小变化，但它们经常会给更为精细的分析方法带来巨大的困难。

本章描述了物理和数学细节，将简化的声呐模型扩展到实际的声呐系统。

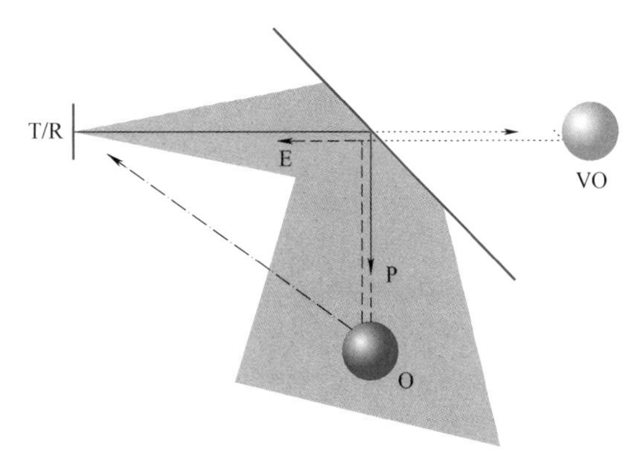

图 30.3 光滑表面在斜入射时不产生可探测的回波

注：平面改变波束方向，导致在虚拟目标位置产生声呐伪影。点虚线表示的回波路径落到了声呐波束外面，并不产生一个可探测的回波。

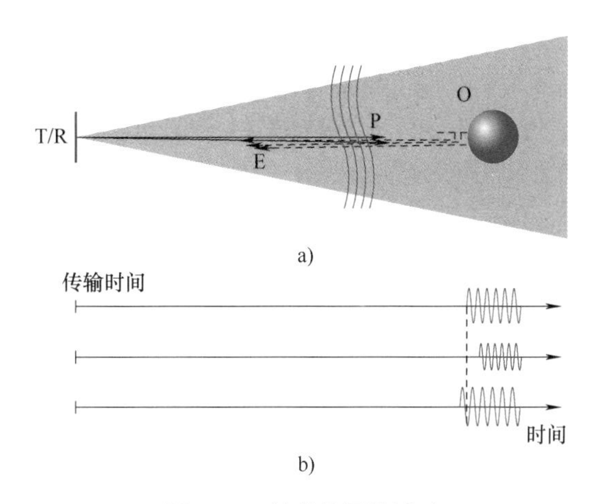

图 30.4 任意的回波抖动

a）声呐系统构成，传播介质的热不均匀性导致折射效应 b）静态环境下回波的传播时间和振幅变化举例

30.2 声呐波束图

为了推导声呐换能器的定性描述，我们对简化模型运用基本声学理论得到简单的解析式[30.1]。声呐发射器通常被建模为一个半径为 a 的圆瓣表面，在无限平面隔声板上以频率 f 振动。波长 λ 表示为

$$\lambda=\frac{c}{f} \tag{30.2}$$

式中，c 是声音在空气中的传播速度，25℃时为 343m/s[30.2]。当 $a>\lambda$ 时，发射压力场形成一个波束，由一个主瓣和环绕的若干旁瓣组成。在远场，或者距离大于 a^2/λ 时，波束由它的方向图描述，方向图是孔径函数的二维傅里叶变换，在这种情况下圆孔可产生贝塞尔（Bessel）函数。在距离 r 以及与瓣轴线相关的角度 θ 下，发射压力振幅可写为

$$P_{\mathrm{E}}(r,\theta)=\frac{\alpha a^2 f}{r}\left(\frac{2J_1(ka\sin\theta)}{ka\sin\theta}\right) \tag{30.3}$$

式中，α 是比例常数，包含了空气密度和声强；$k=2\pi/\lambda$；J_1 为第一类 Bessel 函数；$\theta=0$，括号项沿着声呐轴线，求值等于 1；a^2 项表示发射压力，随声

呐瓣的面积而增大。频率 f 出现在分子上，这是因为快速移动的声呐瓣产生更高的压力。距离 r 出现在分母上，因为能量守恒定律要求当波束随距离加宽时压力减小。

主瓣由它的第一个离轴零位定义，可按式（30.4）计算。

$$\theta_0=\arcsin\left(\frac{0.61\lambda}{a}\right) \tag{30.4}$$

例如，广泛采用的静电仪器级换能器，原先由宝丽来公司（Polaroid）生产[30.3]，半径 $a=1.8\text{cm}$，且通常在频率 $f=49.4\text{kHz}$ 下驱动，此时 $\lambda=0.7\text{cm}$，$\theta_0=14.7°$。

目标相对于 λ 较小，且被放置在发射压力场内，以球形波阵面产生回波，球形波阵面的振幅随传播距离的倒数衰减。在常用的脉冲回波单一换能（单静态）测距传感器中，回波阵面只有部分落到接收孔径上。如今圆孔用作接收器，其敏感度模式具有与 Bessel 函数相同的波束形状，由互易定理[30.1]给出，见式（30.3）。如果反射物相对于换能器位于 (r,θ) 处，则参考接收器输出，检测到的回波压力振幅为

$$P_D(r,\theta)=\frac{\beta f a^4}{r^2}\left(\frac{2J_1(ka\sin\theta)}{ka\sin\theta}\right)^2 \tag{30.5}$$

式中，β 是比例常数，包含了设计中不可控参数，比如空气密度。分子中出现附加项 a^2，是由于大的孔径可检测更多的回波阵面。

图30.5显示了来自远场中小（点状）目标的回波振幅，其作为静电仪器级换能器探测到的角度函数。曲线已被轴上回波振幅归一化。

该模型只是定性的描述，原因是它提供了以下实际有用的结论：

1）如果反射镜尺寸相对于波长较小，回波振幅随距离平方的倒数而减小，因为从发射器到目标有 $1/r$ 扩散损失，随后又有返回至接收器的回波中额外的 $1/r$ 扩散损失。然而，大尺寸反射体能够根据惠更斯（Huygens）原理进行处理[30.4]，通过将其划分为小尺寸反射体，协同增加它们的回波贡献。当在二维空间采用垂直入射增强的平面反射体处理时，回波振幅减小了 $1/r$，而不是 $1/r^2$。柱面反射体在一维空间扩展，导致振幅在 $1/r$ 与 $1/r^2$ 之间变化。更极端的情况也可能发生在作为声音放大器的凹面反射体上，振幅随着小于1的距离的负幂减少。

2）正弦曲线逼近激励的换能器表现为旁瓣，其取决于由相位抵消造成的零位。例如，常规声呐

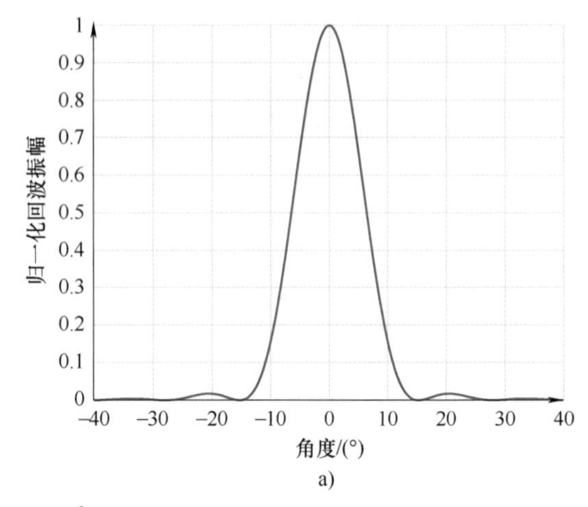

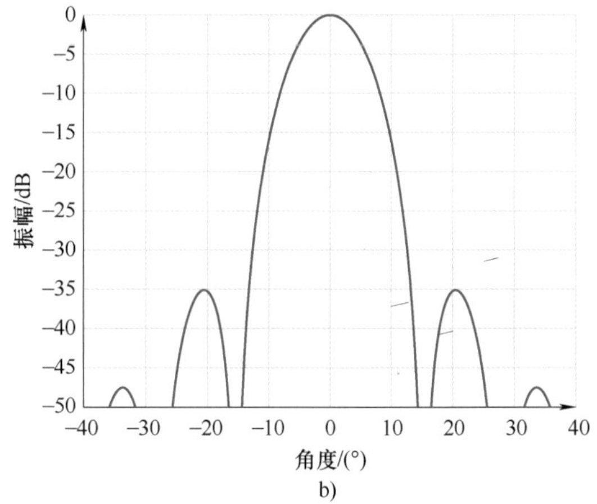

图30.5　角度函数的瓣模型预测的小目标回波的归一化振幅
a）线性尺度　b）分贝尺度

经16周期激励展现为旁瓣。当小反射体位于换能器轴上，相对于回波振幅，第一个旁瓣的峰值是-35dB。600系列仪器级换能器的说明书指出第一个离轴零位在15°，第一个旁瓣峰值为-26dB。我们认为这些测量是采用平面作为反射体进行的。

3）该模型可用来计算其他常规换能器的波束参数近似值。例如，半径为1.25cm的SensComp 7000系列[30.5]产生20°的角度，等于额定值。然而，规定的第一个旁瓣峰值大约等于-16dB，这完全不同于-35dB期望值。

定性模型的局限性包括：

1）现有换能器只是粗略估计声呐瓣在无限平面隔声板上的振动，无限挡板指引所有的辐射声压进入换能器的前半空间。现有换能器向四面八方辐射，但大多数声能集中于主瓣。

2）所有脉冲回波测距声呐都采用有限持续时间脉冲，而不采用无限持续时间的正弦脉冲。下面

介绍几个使用脉冲的系统，无论是持续时间还是形式，这些脉冲都完全不同于正弦激励。一般通过计算脉冲频谱以及将其分解成若干个正弦频率对这些脉冲进行分析，每个正弦频率都有自身的波束图。例如，上述 16 周期脉冲的回波振幅预测是相当精确的，包括波束宽度和旁瓣。但是，当使用脉冲或者扫频激励时，净波束剖面成为每个激励频率成分所产生的波束模式的（线性振幅）叠加。这样的宽带激励并不表现为零位，因为某个频率形成的零位可由其他频率产生的波束的主瓣和旁瓣填充。

3）大多数声呐换能器要被装入保护外壳中。静电仪器级换能器盖子形成一个机械过滤器，可增强 49.4kHz 声音输出。其他换能器的案例可能会扭曲发射场，但大多数换能器会产生某一类型的方向波束。

4）该模型不包括传播介质中与频率相关的声吸收。这些声吸收减少模型预测的回波振幅。

上述分析模型只限于简单配置。随着当前计算能力的发展，换能器能被扩展到那些任意的、甚至多重的孔径，具有各种各样的激励方式。目标产生的任意形状的回波波形可根据 Huygens 原理来模拟[30.4]。发射器、接收器和目标表面被分解为二维表面阵列，使用尺寸小于 $\lambda/5$ 的方阵来发射、反射和探测组件（注：尺寸越小越好，但要长些）。通过假设脉冲发射，以及沿着从发射器组件到目标组件再到接收器组件的所有可能路径叠加传播时间，计算给定模型的脉冲响应。时间分辨率应小于 $(20f_{max})^{-1}$，其中 f_{max} 是最大激励频率。对于 16 周期的 49.4kHz 频率激励，1μs 分辨率就足够了。更加精细的分辨率（<0.1μs）是脉冲激励所必需的。于是，以脉冲响应与实际发射脉冲波形的卷积来计算回波波形[30.4]。

30.3 声速

声速 c（此处单位为 m/s）随大气温度、压力和湿度变化发生显著变化，对确定声呐系统的精度至关重要。本节基于参考文献［30.6，7］概述了 c 和这些变量之间的关系。

在海平面空气密度和一个大气压力下，干燥空气中的声速表示为

$$c_T = 20.05\sqrt{T_C + 273.16} \tag{30.6}$$

式中，T_C 表示温度值，单位是℃。在大多数情况下，式（30.6）可精确到 1%以内。然而，既然相对湿度是已知的，可以做一个更准确的估计如下

$$c_H = [1.7776\times10^{-7}(T_C+17.78)^3 + 1.0059\times10^{-3}]h_r + c_T \tag{30.7}$$

对于接近标准大气压温度在 −30～43℃范围内，式（30.7）可精确到 0.1%以内。既然大气压 p_s 已知，则可以使用下列表达式

$$c_P = 20.05\sqrt{\frac{T_C+273.16}{1-3.79\times10^{-3}(h_r p_{sat}/p_s)}} \tag{30.8}$$

此处，空气饱和压力 p_{sat} 依赖于温度，表示如下

$$\begin{aligned}\log_{10}\left(\frac{p_{sat}}{p_{s0}}\right) &= 10.796\left[1-\frac{T_{01}}{T}\right] - 5.0281\log_{10}\left(\frac{T_{01}}{T}\right) \\ &+ 1.5047\times10^{-4}\{1-10^{-8.2927[(T/T_{01})-1]}\} \\ &+ 0.42873\times10^{-3}\{10^{4.7696[1-(T_{01}/T)]}-1\} \\ &- 2.2196\end{aligned} \tag{30.9}$$

式中，p_{s0} 是参考大气压 101.325kPa；T_{01} 是三相点等温温度，其精确值为 273.16K，T 是空气温度，单位为 K。

30.4 波形

声呐可以有各种各样的波形，其中最常见的类型如图 30.6 所示。每个波形可被认为是来自垂直入射面的回波。根据频谱带宽，波形分为窄带和宽带。在附加噪声存在下，窄带脉冲具有良好的探测性能，而宽带脉冲具备较好的距离分辨率，且没有旁瓣。

图 30.6a 给出由日本村田公司（Murata）生产的 40kHz 压电换能器在 8 周期、40kHz 方波（$40V_{rms}$）激励下产生的波形。Murata 传感器体积小、重量轻、效率高，但是具有近似 90°的波束宽度。这些换能器可用在单站、双站、多站传感器阵列中[30.8,9]。

接下来的三个波形都是由 Polaroid 600 静电换能器产生的。更小的 Polaroid 7000 换能器也可产生类似的波形。图 30.6b 给出了 6500 测距模块产生的波形。此测距模块具有 10m 测距范围，成本低，数字界面简单，是实施声呐阵列和声呐环的一个受欢迎的选择。静电换能器本来是宽带的，使用频率范围为 10～120kHz[30.10]，而窄带脉冲是通过在 16 周期、49.4kHz 频率下激励换能器产生的。图 30.6c 说明了一个使用 Polaroid 静电换能器宽带的方法，以降频方波来激励换能器。这样的扫频脉冲经带通

滤波器组处理，以提取出依赖于反射体的频率。相关检测器，也称为匹配滤波器，其通过压缩扫频脉冲来提高距离分辨率。长持续时间（100ms）脉冲用于CTFM系统。图30.6d显示了以10μs持续时间、300V电压脉冲激励的宽带脉冲。金属防护网格也可作为以50kHz为共振频率的机械过滤器，通过机械加工去除，以获得范围为10~120kHz的可用带宽，峰值为60kHz。这样的宽带脉冲对目标识别是有用的[30.10,11]。最好将这些脉冲振幅的距离限制到1m或者更小范围之内。

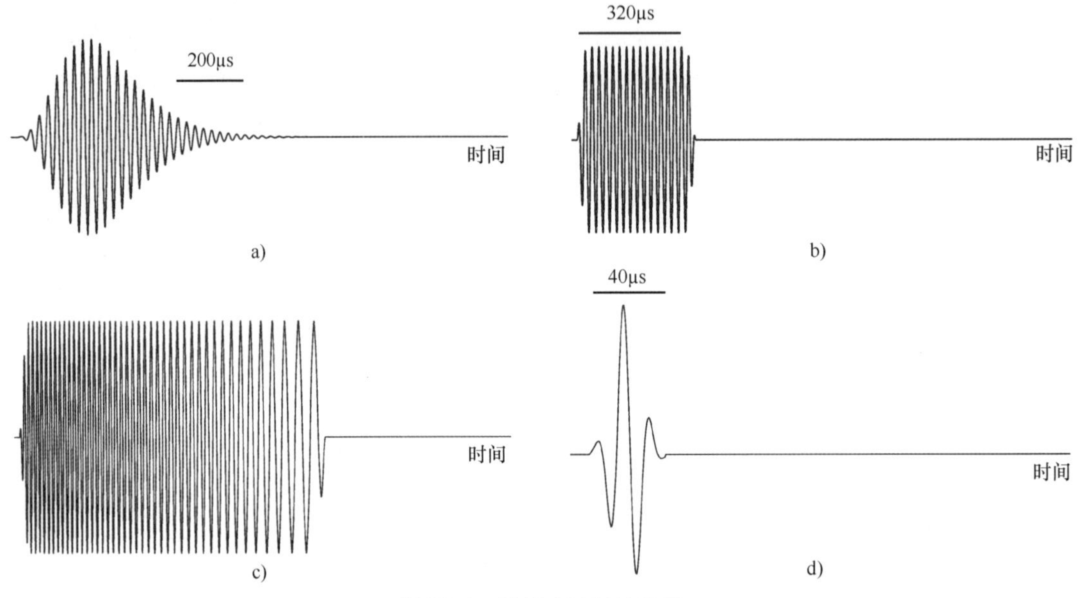

图30.6　常规声呐脉冲波形

a）Murata的40kHz换能器（窄带）　b）Polaroid 600静电换能器，采用16周期49.4kHz正弦波激励（6500测距模块—窄带）　c）Polaroid 600静电换能器，采用降频激发信号激励（宽带）　d）Polaroid 600静电换能器，采用10μs持续时间、300V电压脉冲激励（宽带）

30.5　换能器技术

静电换能器和压电换能器是可用于空气中的两种主要类型，大多数既作为发射器又作为接收器，图30.7给出了一些例子。

图30.7　从左到右：9000系列、仪器级、7000系列换能器的正视图和后视图（照片由Boulder旗下Acroname公司提供，网址为www.acroname.com）

一般来说，静电装置有较高的灵敏度和带宽，但通常需要超过100V的偏置电压。压电装置在较低电压下工作，这使其电子接口变得简单，但其具有高Q值的共振陶瓷晶体，这导致相较于静电换能器，它们的频率响应范围更窄。

30.5.1　静电换能器

一个静电传感器的例子是Polaroid仪器级换能器（现在可从SensComp.com网址获取），它是由外面镀金的塑料薄膜横跨在一个带圆形凹槽的铝制背板上构造而成的。通过向背板施加150V偏置电压对导电箔充电。引入的声波使金属薄片振动，改变金属薄片与背板之间的平均距离，从而改变金属薄片的电容。假设电荷q是常量，产生的电压$V(t)$与不断变化的电容$C(t)$成反比，即$V(t)=q/C(t)$。作为一个发射器，换能器隔膜的振动是对电容施加0~300V脉冲引起的，一般是采用脉冲变压器。对电容施加300V电压产生的电荷造成隔膜与背板之间的静电引力。背板上的凹槽允许隔膜伸展，通过引起背板粗糙度的随机性，在频率响应中可以获得一个宽的共振。例如，Polaroid 7000 系列换能器的带宽是20kHz。前置格栅安装在换能器上，移除这个格栅可减少格栅与隔膜之间的损失和混响。另一个静电换能器是由 Kay 设计的，详细设计细节可参见参考文献［30.12］。

30.5.2 压电换能器

压电换能器可用作发射器和接收器，但一些厂商将发射器和接收器分开出售，以便优化发射功率和接收器的灵敏度。当电压施加在晶体上时，压电共振晶体产生机械振动，反之当晶体机械振动时也会产生电压。通常圆锥形凹角被安装到晶体上，以便从声学上匹配晶体在空气中的声阻抗。例如，Murata MA40A5R/S 接收和发射换能器工作于 40kHz。该装置直径为 16mm，发射器波束角为 60°，相较于最大灵敏度接收器损耗为-20dB。发射器和接收器的有效带宽只有几千赫兹，归因于晶体的共振特性。这将脉冲的包络上升时间限制在 0.5ms 左右。一个优势就是用低电压驱动压电装置的能力，例如将每个终端连接到互补金属氧化物半导体（CMOS）逻辑输出。压电换能器的共振频率有较宽的范围，可从20kHz 到几兆赫。Murata 还提供命名为极化氟聚合物——聚偏氟乙烯（PVDF）的压电薄膜，可参考网址 www.msiusa.com[30.13]。该柔韧性薄膜能被切割成超声波发射器和接收器定制所需的任意形状和样式。采用 PVDF 制造的发射器和接收器的灵敏度通常低于陶瓷晶体换能器，大多数应用是短距离的，PVDF 的宽带性质允许产生短脉冲，脉冲回波测距也只有 30mm。

30.5.3 微机电系统（MEMS）

微机电系统（MEMS）超声波传感器被制作在一个硅芯片上，并与电子设备集成在一起。低成本、大量生产的传感器可作为标准换能器的替代物。MEMS 超声波换能器可像静电容换能器一样操作，其隔膜由薄氮化物制成。装置的工作频率可达几兆赫兹，并提供比压电装置更好的信噪比优势，这是由于它们能更好匹配空气声阻抗[30.14]。二维阵列装置可以集成在一个匹配良好和可操纵的芯片上。

30.6 反射物体模型

反射过程建模有助于解释回波信息。本节考虑三个简单的反射体模型：平面、角和边，如图 30.8 所示。这些模型适用于单一换能器和阵列。

平面是光滑的表面，可用作声学反射镜。光滑的墙壁和门的表面起到平面反射镜的作用。平面必须足够宽以产生两种反射，反射路径用虚线表示。平面反射器略大于光束与无限宽平面的相交面积。较小的平面产生较弱的回波，因为较小的反射面和从平面边缘衍射的回波产生了负干涉。声反射镜允许使用虚拟换能器进行分析，图中用灰色阴影线表示。

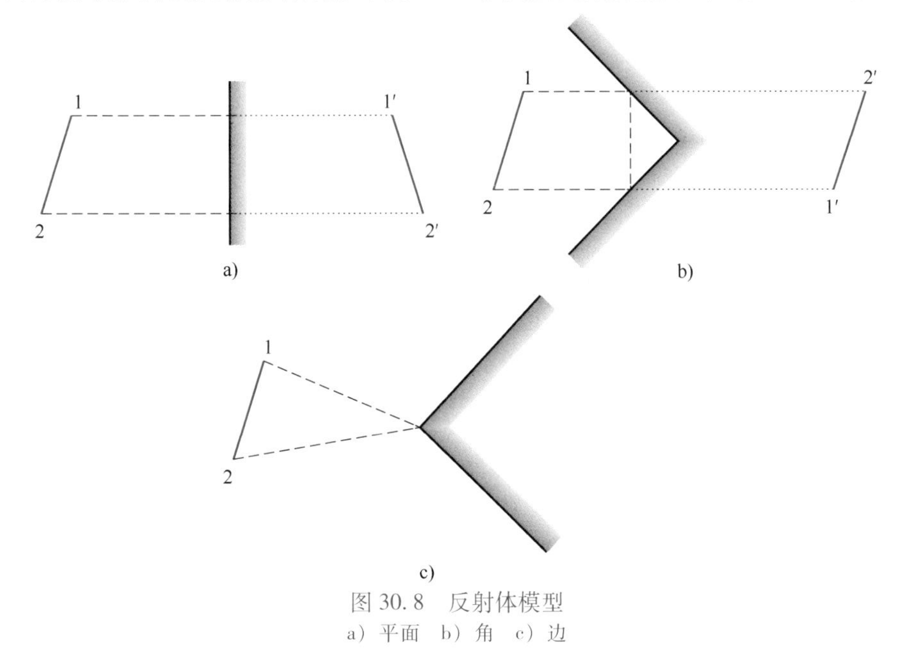

图 30.8 反射体模型
a）平面 b）角 c）边

角是两个表面的凹直角交会而成。交叉墙壁、文件柜的侧边、门侧板形成的角通常都被视为室内环境的角反射体。角及其三维对应物——角棱镜的新特性是，波从源头以相同方向反射回来。这是由定义为角的两个表面各自的平面反射造成的。通过先在角的一个平面反射换能器，然后在另一个平面反射换能器，可获得虚拟换能器。这导致了反射穿过角的交叉点，如图30.8b所示。虚拟换能器分析结果表明，对于单站声呐，来自平面和角的回波是相同的，平面和角也能产生相同的声呐地图[30.4]。虚拟换能器对平面与角的定位差别是利用传感器阵列区分这些反射体来实现的[30.11,15]。

图30.8c所示的边模仿了诸如凸拐角、大曲率表面的物理对象，反射点几乎不依赖于换能器的位置。在走廊中随处可遇到边。平面和角反射体产生强烈回波，而边反射体只产生弱的回波，只能在短距离内被检测到[30.4]，这使得它们成为难以探测的对象。早期机器人声呐研究人员将泡沫包装材料放到边的表面，以便让它们被可靠地探测到。

许多环境对象都可以被认为是集平面、角和边为一体的物理对象。回波产生的模型[30.16,17]表明，垂直入射面斑点和表面函数中尖头改变的位置及其衍生物都能产生回波。具有粗糙表面的物体或者多物体集合可产生各种各样的距离和方位，如图30.9所示。如果 $p(t)$ 表示单一回波波形，通常是探测波形的副本，总回波波形 $p_T(t)$ 是 N 个垂直入射斑点产生的单独回波 $p_i(t)$ 的总和，入射点距离是 r_i，方位是 θ_i，以振幅 a_i 进行缩放，即

$$p_T(t)=\sum_{i=1}^{N}a_i(\theta_i)p_i\left(t-\frac{2r_i}{c}\right) \tag{30.10}$$

式中，$a_i(\theta_i)$ 是与表面斑点大小和波束方位有关的振幅因子。宽带回波更加复杂，因为它们的波形由于衍射而以一种确定的方式变化[30.11]。

声呐采用模拟/数字转换器获得波形样本以分析 $p_T(t)$[30.11,18]。在射程内能被分开的反射斑点可产生孤立的斑点[30.11]，但更常见的是，增加的传播时间比脉冲持续时间少，从而导致脉冲重叠。粗糙表面和大散射体，如室内宽叶植物，有较大的 N，允许 $p_T(t)$ 被当作随机过程[30.19,20]。传统TOF声呐第一次输出时，$p_T(t)$ 超过阈值[30.11]。

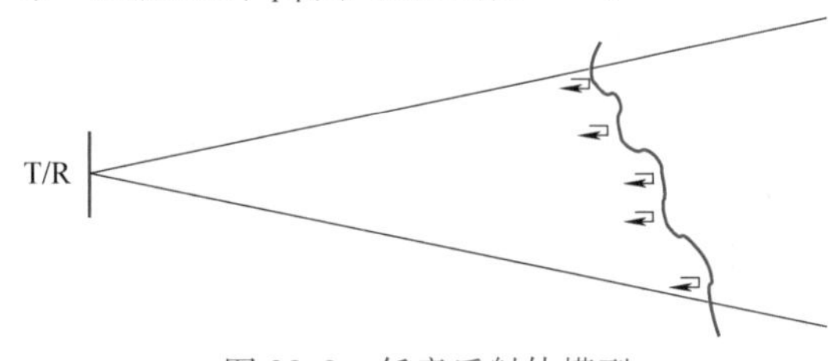

图30.9　任意反射体模型
（回波从波束内垂直入射截面反射回来）

30.7　伪影

通常声呐在简单环境下工作良好，而复杂环境往往产生异常读数、伪影，阻碍构建可靠的声呐地图。伪影带给声呐一个坏名声，即嘈杂的或低质量的感测模态。声呐技术支持者认为声呐将会开辟许多新的应用，只要我们以近似蝙蝠和海豚使用回波的水平来理解回波[30.21]。根据它们如何看待伪影，将声呐的支持声音分为两类：第一类试图构造智能传感器，在数据传送给高级推理程序之前识别并抑制伪影。以前的方法[30.22,23]需要特制的电子设备，由于费用昂贵或缺乏经验，其他研究人员一直不愿意采用这些电子设备。一个替代方法是以新颖的方式控制传统声呐，只需要更改软件就可以产生一系列尖脉冲[30.24]。声呐阵列已被用来发现相容数据[30.25,27]。镜反射体产生的回波，如平面、角或柱状物，显示出被伪影模糊化的可探测特征。

第二类声呐使用者采用高级后处理方法，试图消除常规传感器产生的伪影。这些包括（确定性）栅格法的支持者[30.28,29]，包括那些使用简化物理模型的支持者，如声呐弧[30.30,31]。在简单环境中，后处理通常消除伪影，这些伪影与特征[30.32]或物理地图不一致[30.31]。更加复杂的伪影处理方法是将伪影看作噪声，并采用隐马尔可夫模型（HMM）[30.33]。然而，需要多次操作才能成功教会系统认知相对简单的环境，主要因为伪影不可以作为独立的加性噪声。消除令人烦恼的伪影可用更为简单的马尔可夫链[30.34,35]代替HMM，以单一通道获得充足的声呐数据。令第二类使用者感到挫败、却让第一类使用者略微感到愉快的是，这种后处理方法在简单环境很有效，但在现实环境中却不成功。第二类使用者最终放弃了声呐，加入到相机和激光测距的队伍中。

有两类重要的伪影：轴向多重反射（MR）伪影和动态伪影。当它们表示某个位置存在静态目标而实际上并不存在时，这些伪影对声呐测绘很重要。令人讨厌的MR伪影是由延迟回波造成的，而

延迟回波是在当前探测脉冲发出后，先前的探测脉冲超过检测阈值产生的。于是这样的伪影在常规声呐中以近距离目标出现，使真实的远距离目标变得不明显。大多数声呐采用大于 50ms 的探测脉冲发射周期以避免 MR 伪影，尽管有些混响环境仍能产生伪影[30.36]。

动态伪影是由移动物体产生的，比如个人穿越声呐波束。即使这些都是真实的物体，回波表示它们的真正距离，它们的存在也不应该作为描绘静态环境的声呐地图的一部分。这样的动态伪影使得已存储的声呐地图与实际产生的声呐地图之间的定量匹配容易出错。

另一个普通伪影是非轴向 MR 伪影[30.4]，由斜入射光滑表面产生，该表面改变声呐波束方向到其他一些产生回波的物体。TOF 产生沿着声呐轴放置的距离读数。虽然目标没有出现在声呐地图所指示的位置，但是目标在声呐地图的位置是稳定的元素，能对导航有用。

有人可能会认为，如果所有目标的位置是已知的，则回波可以被确定，那么回波不应视为随机过程。然而，介质中热梯度和始终存在的电子噪声引起速度波动，这导致阈值超出次数的随机波动[30.37]。甚至静态环境中的固定声呐也表现出随机波动，类似于观测超过受热面物体时出现的视觉衰减体验。

通过应用三个物理标准声呐可识别伪影，来自静态环境目标的回波满足这些标准。伪影特征包括[30.36]：

1）回波振幅。回波振幅小于某一特定阈值。

2）相干性。回波形成恒定范围的方位角间隔小于某一特定阈值。

3）一致性。用声呐阵列在不同时间（缺乏时间相干性）或者对应不同位置（缺乏空间相干性）探测到的回波。

30.8 TOF 测距

大多数传统声呐采用与 Polaroid 600 系列静电超声波换能器连接的 Polaroid 6500 测距模块[30.38]。该模块由两个输入线上的数字信号控制（其中 *INIT* 用于初始化和探测脉冲传输，*BLNk* 用于清除指示和复位探测器），TOF 读数出现在输出线（*ECHO*）上。*INIT* 的逻辑转换引起换能器发射脉冲，在 49.4kHz 频率下持续 16 个周期。同一换能器在短暂延迟后检测回波，允许传输暂态衰减。另一个询问脉冲通常只在先前脉冲产生的所有回波衰减到低于检测阈值之后才被发射。

该模块通过整流和有损积分来处理回声。图 30.10 给出了用于阈值检测器处理过的波形的仿真。当回波在发射后的 t_0 时刻到达时，回波在实测的 TOF 时刻 t_m 发生跃迁，即处理后的回波信号第一次超过检测阈值 τ 的时间。按照惯例，反射物体的距离 r 可由式（30.11）计算。

$$r=\frac{ct_m}{2} \tag{30.11}$$

式中，c 表示声音在空气中的速度，通常取为 343m/s。

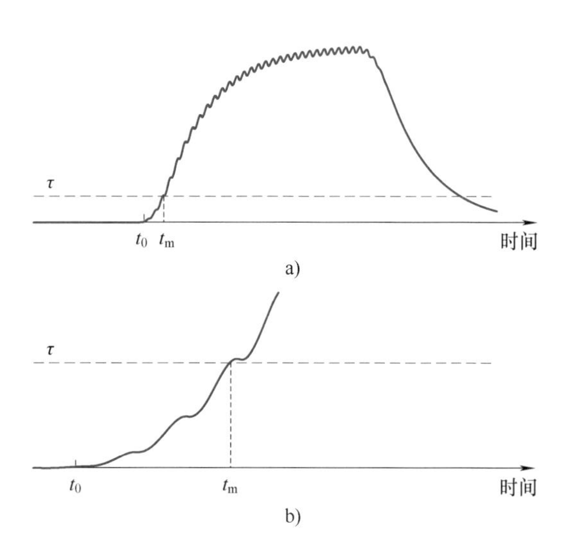

图 30.10 Polaroid 测距模块操作过程仿真
a）处理后的回波波形 b）阈值交叉点周围延长的时间和振幅尺度

图 30.10b 显示了阈值检测点的详细情况，包括全波整流和积分后残留的高频波纹。可注意到两个影响：第一，t_m 总是出现在 t_0 之后，使得阈值检测成为真实回波到达时间的有偏估计。而且，这个偏差与回波振幅有关，即较强的回波产生具有较大斜坡的积分输出，比 t_0 早了 τ。第二，当回波振幅减小时，例如当目标离开换能器轴，阈值随后出现在积分输出中，t_m 将经历小的跳动，最后近似等于半周期[30.39]。

检测过程模型设计的第一步是建立与方位函数

有关的回波振幅模型。Polaroid 换能器通常被模型化为振动瓣，来产生发射器/接收器波束图，如图 30.11 所示。为了简化分析，波束剖面峰值可用高斯函数近似表示，即图 30.11 中以对数为单位表示的抛物线，根据目标方位角 θ 确定回波振幅，即

$$A_\theta = A_0 \mathrm{e}^{\left(-\frac{\theta^2}{2\sigma^2}\right)} \tag{30.12}$$

式中，A_0 是轴上振幅；σ 是测量的波束宽度。σ 取 5.25°时与波束图峰值很符合。高斯模型仅仅对产生探测回波的主瓣中央部分是合理的。

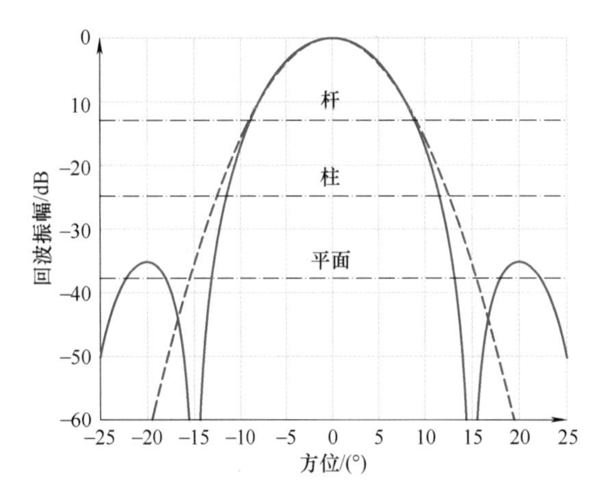

图 30.11　Polaroid 600 系列换能器的发射器/接收器波束图瓣模型（SD=5.25°的高斯逼近用虚线表示，1.5m 距离内平面、柱和杆状物体的等效阈值用点虚线表示）

我们假定回波到达时间 t_0 不随换能器方向（目标方位）明显变化，这个影响已得到了分析，且明确其影响很小。相反，图 30.12 中用 t_m 和 t'_m 表示测量的 TOF 值，这依赖于振幅，且与影响回波振幅的目标方位有关，如图 30.11 所示。

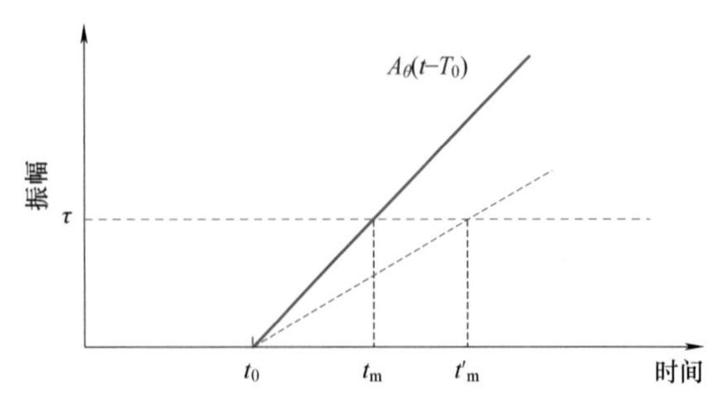

图 30.12　理想化处理后有两个振幅的回波波形所对应的 TOF 值 t_m 和 t'_m（实线表示大振幅回波）

该模块处理检测回波波形是通过上述整流和有损积分实现的。为了获得有用的分析模型，要假设积分是无损的，整流后的波形是幅值为 A 的单位阶跃函数。图 30.10b 给出了线性函数（图 30.12）在时间 t_m 左右逼近处理后的波形。当有损整流接近恒定值时，该模型忽视波形的残余波纹和下降斜率，如图 30.10 所示。斜率与回波振幅成正比的线性函数定义为 $A_\theta(t-t_0)$，$t \geqslant t_0$。该函数在时间 t_m 超过阈值 τ。

$$t_m = t_0 + \frac{\tau}{A_\theta} = t_0 + \frac{\tau}{A_0} \mathrm{e}^{\left(\frac{\theta^2}{2\sigma^2}\right)} \tag{30.13}$$

对于固定的 τ，t_m 中增加的延迟是方位角 θ 的函数，与回波振幅成反比。当恒定的回波振幅 A(V) 应用于积分器时，线性输出的斜率是 A(V/s)，典型值近似为 $A_\theta = 10^5$ V/s。当 $\tau = 0.10$V，则 $\tau/A_\theta = 10^{-6}$s $= 1\mu$s。

参考文献［30.39］采用连接到 6500 型测距模块的 Polaroid 600 系列换能器进行了试验。当进行旋转扫描时，Polaroid 模块按照常规操作来产生 t_m 值。所有物体都位于 1.5m 距离内，包括宽为 1m 的平面体、直径为 8.9cm 的柱状体以及直径为 8mm 的杆状体。从−40°到+40°每步 0.3°执行旋转扫描。在每个角度记录下 100t_m 值。当目标位于声呐轴上（$\theta=0$）时，确定 t_m 的均差，并计算出标准差（SD）。没有其他目标接近于被扫描的对象。2m 外的目标产生的回波会被距离选通消除。

图 30.13a 给出平面体的数据，图 30.13b 显示

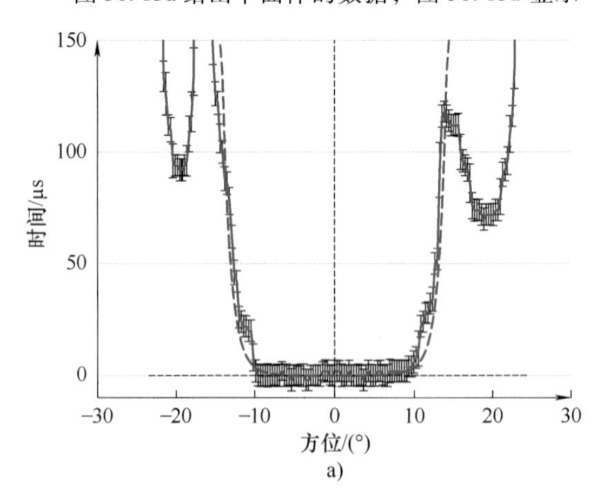

图 30.13　来自 1.5m 距离内目标的 TOF 数据（100 个测量值取平均，柱状条表示±1 SD，虚线表示模型预测值）

a）1m 宽的平面体（$\tau/A=0.15\mu$s）

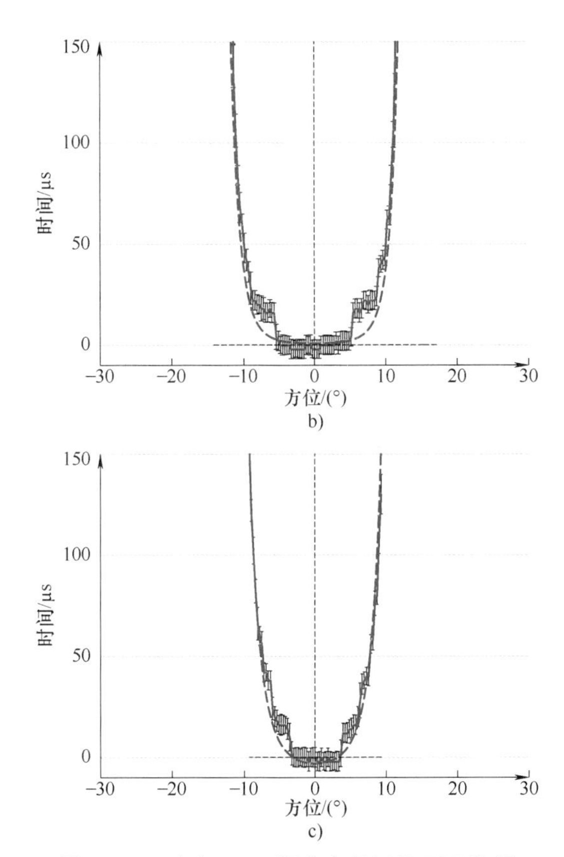

图 30.13 来自 1.5m 距离内目标的 TOF 数据（100 个测量值取平均，柱状条表示±1 SD，虚线表示模型预测值）（续）

b）8.9cm 直径的柱状体（$\tau/A=0.67\mu s$）

c）8mm 直径的杆状体（$\tau/A=2.68\mu s$）

了柱状体的数据，图 30.13c 是杆状体的数据。可以看出，这些值与 0°方位角观测到的 t_m 值有关。虚线表示该模型的预测值。t_m 数值表明了在 0°方位角上 SD=5μs（0.9mm）的变化，这比单独采样抖动预测得到的值大将近 9 倍。随机的时间抖动是由空气传播介质的动态热不均匀性造成的，这可改变局部声速，并引起折射[30.37,40]。SD 随着零方位偏差而增加，因为较小的回波在处理过的波形之后超过阈值。处理回波波形后半部分的较小斜率如图 30.10 所示，导致对于给定的回波振幅变化，t_m 出现较大差异，从而需要增大 SD。

该模型未描述的一个数据特征是，由于积分器输出的残余波纹，导致 TOF 读数的跳动，这些跳动等于式（30.13）得出的预测值再加上半周期（10μs）。在图 30.13 所示的均值中，这些跳动是明显的。

检测回波的角度范围是平面为 45°，柱状体为 22.8°，杆状体为 18.6°。平面体产生的旁瓣是可见的，具有小的回波振幅，这导致它们的 t_m 值在时间上变化缓慢。这些角度范围与回波振幅有关，根据瓣模型回波振幅将产生各自的弧，如图 30.11 所示。对于平面体，与最大回波振幅有关的阈值是−38dB，柱状体的门限值是−25dB，杆状体的阈值是−13dB。因为每个目标在 1.5m 距离内的测距模块阈值是相同的，所以阈值差异表明了来自每个目标的相对回波强度，即平面体回波比柱状体回波大 13dB（4.5 倍），而柱状体回波比杆状体回波大 12dB（4 倍）。

30.9 回声波形编码

第一个回波之后的回波信息显示系统已经得到了研究[30.11,18,25,41-43]，但一般使用常规电子设备。采用该方法的医学诊断超声成像系统的成功应用是检验整个回波波形的贡献之一[30.44,45]。

作为模拟/数字转换较为经济的选择，Polaroid 测距模块通过不断重置检测电路来探测起始回波之后的回波。6500 模块说明书指出，复位之前要延时以防止当前回波重新触发检测电路[30.3]。让我们忽略这个建议，以非标准方式控制 Polaroid 模块来提供整个回波的信息。自从 Polaroid 模块产生的数字输出中估计出回波振幅后，这个操作过程就被称为伪振幅扫描（PAS）声呐[30.24]。

传统测距模块采用整流和有损积分来处理检测回波，如图 30.14a 所示。

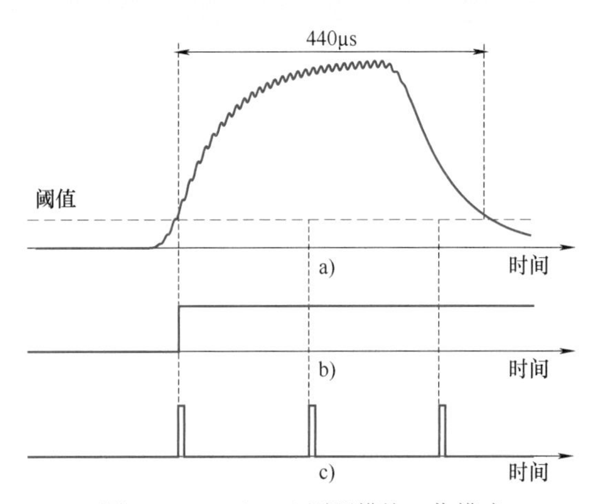

图 30.14 Polaroid 测距模块工作模式

a）处理后的回波波形 b）常规飞行时间模式下 *ECHO* 输出 c）PAS 模式下 *ECHO* 输出

BLNk 输入一般保持在零逻辑电平，使 *ECHO* 输出。当处理后的回波信号超过阈值时，*ECHO* 表现为一个跃迁，如图 30.14b 所示。按照惯例，*INIT* 和 *ECHO* 转换之间的时间间隔表示为飞行时间（TOF），反射物体的距离 r 计算如下

$$r=\frac{c\times \mathrm{TOF}}{2} \tag{30.14}$$

通过脉冲调制 *BLNk* 输入和复位 *ECHO*，检测起始回波之后出现的回波。使用说明书建议在 *ECHO* 指示至少 440μs 之后，*BLNk* 脉冲应该延时，以便回波中出现所有 16 个返回周期，并允许脉冲衰减到低于最大的可观测回波的阈值。最大的回波通常使得检测电路饱和，提供一个预设的最大值。这个持续时间相当于处理后的信号在阈值之上的时间间隔，如图 30.14a 所示。

当观测到一个 *ECHO* 事件时，PAS 系统向 *BLNk* 输入线发出 3μs 的短脉冲（相当于一个软件的查询周期），清除 *ECHO* 信号，如图 30.14c 所示。在被清除前，Polaroid 模块执行延时，与回波振幅成反比，大振幅回波至少持续 140μs，若处理后的回波信号仍然超过阈值，就产生另一个 *ECHO* 事件。每当观察到一个 *ECHO* 事件，PAS 系统就不断发出 *BLNk* 脉冲。然而，一个强回波由 *ECHO* 线上的三个脉冲表示，第一脉冲对应于传统 TOF，再紧跟两个脉冲。因为较低振幅的回波超过阈值的时间较少，所以较弱的回波产生两个相隔较远的脉冲，而一个非常微弱的回波可能只产生一个脉冲。较短的初始脉冲 *INIT* 使积分器放电较少，从而增加标准极化片发射产生的脉冲数[30.46,47]。

当进行旋转扫描时，通过沿换能器轴线放置测量点产生 PAS 声呐地图。由于每个询问脉冲产生多个读数，因此 PAS 声呐地图在每个询问角度包含了多个点。于是旋转扫描形成弧，用孤立弧表示弱回波，两联弧表示中等回波，三联弧表示大回波。举例说明，图 30.15 给出了放在 1m 距离内的大平面体（2.3m 宽、0.6m 高）、五个不同直径的柱体所形成的弧。检查处在相同距离的物体可消除该模块距离相关增益造成的影响。

相比之下，传统 TOF 声呐地图只显示每个物体所产生的 PAS 地图中最近的弧。从定性角度来说，随着依赖于方位的回波振幅的增大，弧长增大，弧的数量也增加。最强的反射体产生凹弧[30.4,48]，发生这种情况是因为回波振幅远远大于阈值，而阈值在回波开始附近就被超过了，产生一个在方位上很大程度接近恒定的距离读数。相比之下，最弱的反

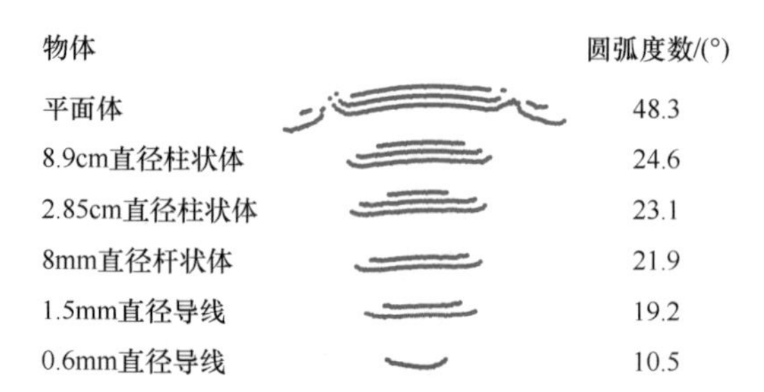

图 30.15 六个位于 1m 距离内的物体产生的 PAS 声呐地图
（声呐放在图中物体的下面）

射体产生凸弧，这是由于振幅比得上阈值的回波造成的。当回波振幅减少时，在沿着处理回波波形的稍后点处阈值被超过，产生较大的距离读数。这个效应也出现在强反射体所产生的弧的边缘。

计算振动瓣模型的波束图[30.1]得到的曲线如图 30.16所示，该模型是对 Polaroid 换能器的合理逼近。此图显示了检测回波大小，被归一化到最大值为 0dB，沿着波束轴出现。较大的回波远远大于阈值，比如平面体产生的回波，相对于阈值其最大振幅可达 44dB。-44dB 阈值与平面的 PAS 地图一致；强回波（三条纹）出现在垂直入射 10°以内，在±15.6°回波振幅减少引起距离读数增加，在±14.7°接近预测零位，也会出现来自旁瓣的小振幅回波。当它们的轴上回波归一化到 0dB 时，较弱的反射体与较大的阈值相对应。波束图模型说明弧长如何随物体反射强度变化而变化。通过角波束宽度与弧度相配，可得到指定的阈值。

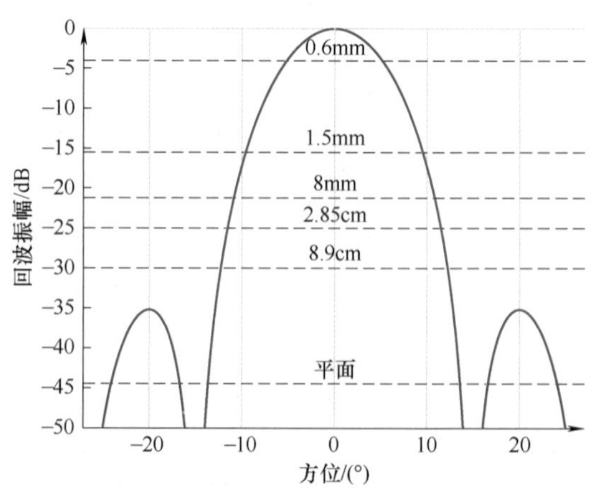

图 30.16 发射器/接收器波束图
（点虚线表示每个对象的等价阈值）

很明显，PAS 地图提供用于解决逆问题的有用信

息，即从回波确定目标的身份。图 30.15 表明，PAS 地图包含回波振幅信息。由最邻近的弧所表示的常规 TOF 声呐地图能从弧中心确定出目标位置，且能从弧的大小推断出回波振幅，而这个信息以更加有效的方式出现在 PAS 地图中也是事实。针对孤立对象的简单实例，柱状体是明显区别于杆状体的，而相应的常规 TOF 弧也是可比较的。柱体直径增大 10 倍仅仅引起常规 TOF 弧长的适度增加，而 PAS 地图中弧的数量由 2 个增加到 3 个。可以对峰值数据进行处理，以生成与声呐 B 扫描类似的环境声呐图像[30.49]。VIDEO 315 显示了一棵树的声呐 B 扫描结果。

当检查全部回波波形时，必须从声学上解释目标相互作用时产生的伪影。一些伪影在第一个检测回波之后出现，因此在 TOF 声呐地图中这些并不是难题[30.4]，但在解释 PAS 地图时不可回避。考虑一个由两个柱体组成的简单环境：一个柱体（p）的直径为 2.85cm、$r=1$m、方位角为 12°，另一个柱体（P）的直径为 8.9cm、$r=1.3$m、方位角为−10°。相应的 PAS 地图如图 30.17 所示，显示了两个物体的回波以及表示两类多反射伪影的附加回波。

由 A 和 B 表示的第一类伪影，在只有一个物体处在换能器波束内时产生。经反射体改变方向的询问脉冲必须返回到波束图中的接收器，才能被检测到。实施这一过程的路径已显示在图中。A 中的单一凸弧形状表明回波具有小的振幅。这是合理的，因为两个反射体都是非平面的，因此很微弱。

如图 30.17 所示，第二类伪影（C）当两个物体都位于波束图内时出现。这允许回波以两种截然不同的路径返回至接收器，两种路径的方向相反，且使伪影振幅增加一倍。由于两个物体靠近波束边缘，因而回波振幅小。因为这些回波传播距离比较远物体的距离略大些，所以这个伪影出现的距离比较远物体略远一些。这两种成分的叠加使得较远物体产生的回波看上去可以及时扩展。这种脉冲伸展解释了为什么能观察到四个弧，并且某一角度可观察到五个弧。如果 p 与 P 之间的方位角被增大到超过波束宽度，那么该伪影将消失。

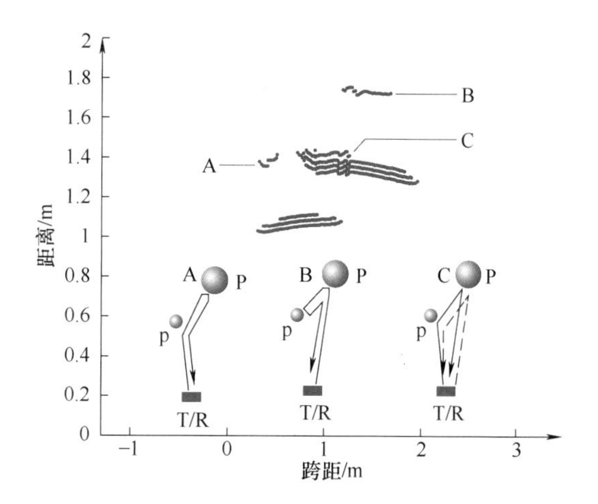

图 30.17 直径为 2.85cm 的柱体（p）和直径为 8.9cm 的柱体（P）产生的 PAS 声呐地图。换能器放置于坐标点（0，0）处。
A—回波产生的伪影，该回波起源于发射器 T，经 p 反射给 P，又被 P 反弹给 p，再经 p 定向传给接收器 R（T→p→P→p→R） B—T→P→p→P→R C—T→p→P→R 和 T→P→p→R

30.10 回声波形处理

本节阐述用于处理采样数字化接收器波形的脉冲回波声呐。这些系统提供了比前述的简单 Polaroid 测距模块系统更优越的性能，测距模块系统报道了基于阈值的 TOF。然而，回波波形处理导致复杂电子设备和信号处理上的开销，不容易在市场上买到。

30.10.1 测距与宽带脉冲

参考文献［30.11，50］表明，TOF 最大似然估计器（MLE）可通过最大化接收脉冲 $p(t)$（含高斯白噪声）以及可由 τ 改变的已知脉冲形状 $\mathrm{rec}(t-\tau)$ 之间的相关系数 $\mathrm{cor}(\tau)$ 获得

$$\mathrm{cor}(\tau)=\frac{\int_a^b p(t)\,\mathrm{rec}(t-\tau)\,\mathrm{d}t}{\sqrt{\int_a^b p^2(t)\,\mathrm{d}t\int_a^b \mathrm{rec}^2(t)\,\mathrm{d}t}} \quad (30.15)$$

式中，脉冲从时间 a 延续到 b。接收端已知的脉冲形状取决于相对各自换能器法线的接收和发射角。脉冲形状可以通过收集信噪比好的信号获得，信号在 1m 范围内向接收器和发射器垂直入射，并使用椭圆脉冲响应模型在不同的垂直入射角度获得模板脉冲。由于空气传播损失导致的吸收分散特性，脉冲形状也随距离而变化。这些可以采用脉冲响应估计来建模，归功于参考文献［30.11］中所做的通

过空气的一米路径。

按照式（30.15）将相关系数 cor(τ) 归一化到-1与+1之间。因此，最大相关系数很好表示了期望脉冲形状与实际脉冲形状之间的匹配度，可用来评价TOF估计品质。实际上，式（30.15）用于离散时间形式，积分都由乘积和代替，并且由于数字信号处理器进行这种计算是经过高度优化的[30.51,52]，因此它们是理想的执行器。为了获得分辨率小于离散时间采样率的到达时间估计，可以对最大的三个相关项使用抛物线插值[30.11]。我们关心的是TOF估计器由于接收器噪声而产生的抖动标准差 σ_R。由参考文献［30.11，50］可知

$$\sigma_R=\frac{\sigma_n}{B\sqrt{\sum_k \text{rec}(kT_s)^2}} \tag{30.16}$$

式中，k 是求和指标，用来指示每隔 T_s(s)（参考文献［30.11，51］使用1μs）采样得到的全部接收器脉冲；B 表示接收器脉冲的带宽；σ_n 是接收器噪声的标准差。式（30.16）表明在TOF估计器中宽带高能脉冲可获得较低的误差。在参考文献［30.11］中，这是通过采用300V脉冲激励发射器获得的，并从具有类似于图30.6d中脉冲形状的装置中近似获得脉冲响应。

30.10.2 方位估计

目前学界已提出了许多方位估计的方法。通过利用接收脉冲形状对接收角的依赖性，可以使用单一换能器[30.53]。这种方法适用于半波束宽度之内的角度，因为脉冲形状是关于换能器法线角对称的。最大脉冲振幅两边过零点次数的差异可被用来获得大约1°的精度。其他单一接收器技术依靠来自扫描场景的重复测量[30.54,55]，达到了相似的精度级别，但由于需要多次读数，所以感测速度非常低。

另一个单一测量方法依赖于两个或多个接收器[30.11,12,25]。这导致了通信问题，数据必须在各接收器之间关联。接收器之间的间隔越靠近，通信过程越简单、可靠。这种方位精度随接收器间隔增大而提高的误解，忽视了测量误差之间的相关性，测量误差的产生是由于测量值共享了超声传播过程中重叠的大气空间。由于TOF估计的高精度[30.11]，接收器可以采用尽可能近的、物理可实现的间隔（35mm）放置，尽管如此，还是有报道称取得了低于任何其他系统的方位精度。据报道在-10°~+10°波束宽度、4m范围内，方位误差的标准差低于0.2°。

有两种常用的方位估计方法，即耳间振幅差（IAD）[30.56]和耳间时间延迟差（ITD）[30.11,25,51-53,56]。IAD使用两个接收器彼此远离指向，以便每个接收波束宽度内回波有不同的振幅响应。在ITD中，两个接收器通常指向同一方向，测出每个接收器的TOF，并应用三角测量法确定到达角。方位计算依赖于目标类型，比如平面、角或边，这些几何形状已在参考文献［30.11］中得到分析。一个具有收发器和接收器的简单装置如图30.18所示，图中T/R1表示收发器，R2表示第二个接收器，彼此以距离 d 隔开。发射器的虚拟图像表示为T′。在两个接收器上测得的两个TOF分别是 t_1 和 t_2，被用来估计方位角 θ，即与平面法线之间的夹角。对图30.18中的R1、R2、T′应用余弦定律，可得

$$\cos(90°-\theta)=\sin\theta=\frac{d^2+c^2t_1^2-c^2t_2^2}{2dct_1} \tag{30.17}$$

当 $d \ll ct_1$ 时，式（30.17）可用下式近似

$$\sin\theta\approx\frac{c(t_1-t_2)}{d} \tag{30.18}$$

注意，t_1 和 t_2 中任何共模（即相关）噪声都可用式（30.18）中的差分加以去除，因此在上述方位估计中不能忽略TOF中噪声成分的相关性。

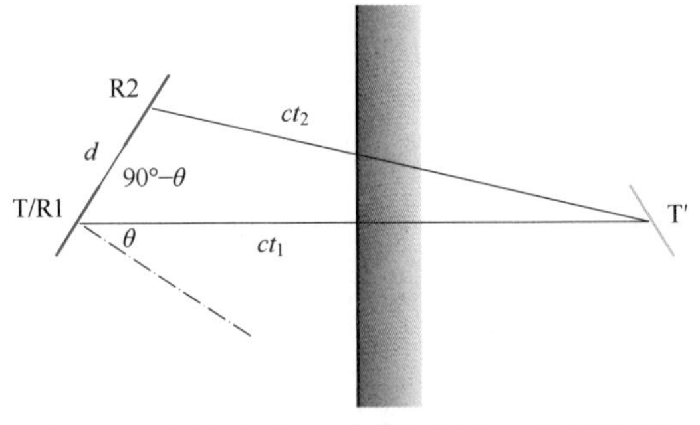

图30.18 用收发器T/R1和接收器R2计算平面的方位角（θ）（T′是T的虚像）

关于角的情况如图30.19所示，式（30.17）同样适用并可得出相同结果。图30.20给出了有关边的情况，R1具有从T到边再返回到R1的TOF，同时R2具有从T到边再返回到R2的TOF。从几何上，我们采用与式（30.17）同样的方法得出

$$\begin{aligned}\sin\theta &=\frac{d^2+c^2t_1^2/4-c^2(t_2-t_1/2)^2}{2dct_1/2}\\ &=\frac{d^2+c^2t_2(t_1-t_2)}{dct_1}\end{aligned} \tag{30.19}$$

注意，当 $d \ll ct_1$，时，式（30.19）可由式（30.18）近似。

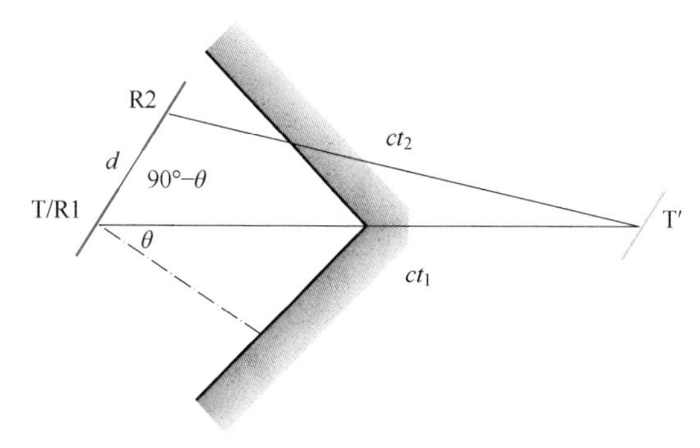

图 30.19 用收发器 T/R1 和接收器 R2 计算角的方位角（θ）（T′是 T 的虚像）

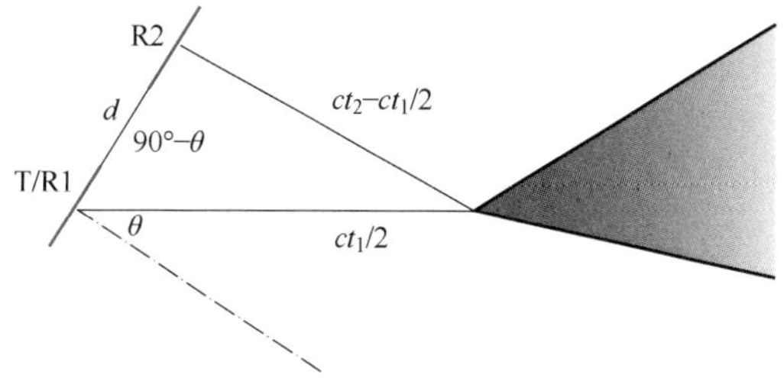

图 30.20 用收发器 T/R1 和接收器 R2 计算边的方位角（θ）（因为边是从边缘的一个点源向外辐射，所以不会出现虚像）

30.11 CTFM 声呐

连续传输调频（CTFM）声呐与前面几节描述的常规脉冲回波声呐的不同之处在于传输编码和从接收器信号中提取信息的处理过程。

30.11.1 CTFM 传输编码

CTFM 发射器连续发射一个变频率信号，通常基于图 30.21 所示的锯齿模式，其中频率通常在每个扫描周期 T 中扫过一个倍频程。频率线性变化的发射信号可表示为

$$S(t)=\cos[2\pi(f_{\mathrm{H}}t-bt^2)] \tag{30.20}$$

对于 $0\leqslant t<T$ 成立。扫频周期每隔 T(s) 重复，如图 30.21 所示。频率是式（30.20）中相位时间倒数的 $1/2\pi$。需要注意的是，最高频率是 f_{H}，最低发射频率是 $f_{\mathrm{H}}-2bT$，其中 b 是确定扫描速率的常量。我们可以定义扫描频率 ΔF 如下

$$\Delta F=2bT \tag{30.21}$$

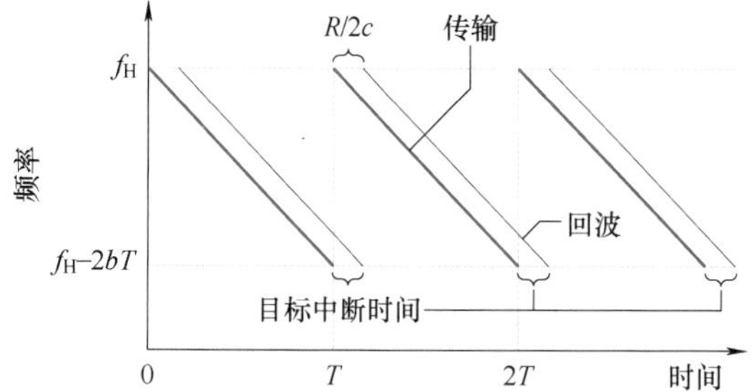

图 30.21 CTFM 频率-时间图（如果显示的回波对应于最大距离 R_{m} 处的目标，则应用目标中断时间）

30.11.2 CTFM TOF 估计

发射波阵面遇到反射体时产生回波，回波是发射信号弱化、延迟后的产物。

$$E(t)=AS\left(t-\frac{2R}{c}\right) \tag{30.22}$$

式中，R 是到反射体的距离；c 表示声速；A 表示在曲线物体情况下依赖于声音反射频率的振幅。

通过解调和频谱分析两步过程估计 TOF。解调是通过发射信号副本与接收信号相乘以及低通滤波来实现的。在只有一个回波的简单情况中这是最容易理解的。利用式（30.20）和式（30.22）可以得到信号 $D(t)$，即

$$D(t)=E(t)S(t)=\frac{A}{2}[\cos(2\pi f_{\mathrm{e}}t-\phi)+\cos(2\pi f_{\mathrm{u}}t-2bt^2-\phi)] \tag{30.23}$$

式中，$f_{\mathrm{e}}=\frac{4Rb}{c}$；$f_{\mathrm{u}}=\left(2f_{\mathrm{H}}+\frac{4Rb}{c}\right)$；$\phi=f_{\mathrm{H}}\frac{2R}{c}+\frac{4bR^2}{c^2}$。

此处，三角恒等式已被用于式（30.23）中，即

$$\cos(x)\cos(y)=\frac{1}{2}[\cos(x-y)+\cos(x+y)] \tag{30.24}$$

低通滤波器滤除高于 f_{H} 的频率成分，可导出下列基带信号

$$D_{\mathrm{b}}(t)=\frac{A}{2}\left[\cos\left(2\pi\frac{4Rb}{c}t-\phi\right)\right] \tag{30.25}$$

它具有一个与距离 R 成正比的频率。通过检查 D_{b} 频谱提取回波的距离，例如，如果采样数量是 2 的幂次方，就可以使用离散傅里叶变换（DFT）或者快速傅里叶变换（FFT）。式（30.25）中，对于频率峰值 f_{r}Hz，相应的距离 R 可表示为

$$R=f_{\mathrm{r}}\frac{c}{4b} \tag{30.26}$$

需要注意的是，对于目标中断时间 $R_m/2c$，以上分析依赖于在每个扫描起始阶段排除接收器波形，其中 R_m 表示最大目标距离。在目标中断时间期间，接收器信号依赖于以前的扫描而不是当前扫描，这正如上述分析假设的那样。扫描时间 T 要远远大于声呐有效运作的目标中断时间。目标中断时间可被消除，但正如参考文献［30.57］描述的那样，以增加解调过程的复杂性为代价，该文献采用了交错双解调方案。

30

30.11.3 CTFM 距离鉴别力和分辨率

我们对距离鉴别力的定义是同时检测出的两个截然不同的目标的距离间隔。距离分辨率被定义为声呐测量距离的最小增量。

假设为了提取日标距离，式（30.25）中的 $D_b(t)$ 是以 ΔT 间隔采样的，在进行 DFT（或者 FFT）之前，收集好 k 个样本（如果 k 是 2 的幂次方）。DFT 的频率样本将是分散的 $\Delta f=1/(k\Delta T)$。根据式（30.26），这可表示距离分辨率 ΔR 为

$$\Delta R=\frac{c\Delta f}{4b}=\frac{c}{4bk\Delta T} \tag{30.27}$$

我们可以将其与式（30.21）中的扫描频率 ΔF 联系起来，即

$$\Delta R=\frac{c}{2\Delta F}\times\frac{T}{k\Delta T} \tag{30.28}$$

式中，第二项表示扫描时间与频谱采样时间的比率。为了区分 DFT 中的两个峰值，它们必须是两个分离的样本，由此可得

$$\text{距离鉴别力}=\frac{c}{\Delta F}\times\frac{T}{k\Delta T} \tag{30.29}$$

在式（30.28）和式（30.29）中需要注意的是，受峰值信噪比约束的影响，CTFM 可以延长数值积分时间 $k\Delta T$，以提高声呐的距离鉴别力和分辨率。也有可能，由于信号噪声的影响，在 DFT 峰值使用插值方法（如抛物线插值）来解决小于 Δf 的频率，从而提高距离分辨率（但不是距离鉴别力）。

30.11.4 CTFM 声呐和脉冲回波声呐的比较

1）当给定相同的峰值信噪比和带宽，脉冲回波声呐和 CTFM 声呐的距离分辨率理论上是相同的[30.57]。在脉冲回波声呐中，距离鉴别力受脉冲宽度的限制，较短的脉冲长度需要较大的带宽。然而，在 CTFM 中，可以通过增加数值积分时间来改善距离鉴别力，从而让设计更具有灵活性。

2）CTFM 也考虑到发射信号的能量随时间均匀散布，导致相较于具有相同接收器峰值信噪比的脉冲回波系统，它具有较低的声功率发射峰值。在实际环境下，CTFM 能提供较大的平均功率，因此对弱反射体具有较大敏感性是可能的。

3）CTFM 需要更加复杂的发射电路和接收器端的 FFT 处理。

4）单独的发射器和接收器换能器是 CTFM 必需的，而脉冲回波系统可使用单一换能器进行发射和接收，导致脉冲回波声呐的最小距离限制归因于传输过程中接收器的消隐。CTFM 对最小距离没有内在约束。

5）CTFM 声呐能每隔 $k\Delta T$(s) 不断地从目标获得距离信息，延迟时间为 $R/c+k\Delta T$，相较而言，脉冲回波声呐（两者都忽略处理延迟）是每隔 $2R_m/c$，延迟时间为 $2R/c$，这在实时跟踪应用中可能是重要的。

6）CTFM 的其他好处是每个周期距离测量的数量只受峰值信噪比和式（30.28）中距离鉴别力的限制。

7）在移动平台的目标分类和方位估计方面，像参考文献［30.27，51］中的短脉冲回波声呐系统，不会有 CTFM 数值积分时间问题，数值积分时间被用来精确估计相应于距离（进而方位）的频率。在数值积分时间中，目标可以相对于传感器移动，模糊了测量值，使方位估计和分类不甚准确。在短脉冲回波系统中，采用小于 100μs 的脉冲对目标进行有效采样，获得与目标一致的镜像。

30.11.5 CTFM 应用

Kay[30.58,59]采用 CTFM 声呐系统，以最高频率为 100kHz、最低频率为 50kHz，扫描周期 T 为 102.4ms 进行扫描，为盲人开发了一种辅助运动系统。解调后，当频率达到 5kHz、相应距离达到 1.75m 时，该范围内的声音是可以听见的。该系统使用一个发射器和三个接收器，如图 30.22 所示。系统使用者可以从立体声耳机中听到解调后的信号，立体声耳机对应于左右两边的接收器，每个接收器都是与位于中央的大椭圆形接收器相混合的。较高的频率与较远的距离相对应。为了说明其敏感性，1 根直径 1.5mm 的导线在 1m 距离内很容易被探测到——产生的回波是 35dB，高于系统背景噪声。

CTFM 声呐已被用来识别孤立的植物[30.41,60]。CTFM 所获得的优势是，在给定的解调接收信号频谱下，可以从整株植物获得广泛的距离和回波振幅信息，通过从 100kHz 到 50kHz 的一个倍频程激励下获得这些回波，具有高的信噪比以便叶子产生的弱回波可被感测到。这种信息被称作为声密度剖面，有 19 种不同特征对分类植物有用，比如高于

图 30.22 盲人辅助工具——小的椭圆形换能器是发射器，其他三个部件是接收器。大的椭圆形接收器提供高分辨率，由使用者颈部灵活控制加以固定（照片由参考文献［30.58］提供）

振幅阈值的距离单元的数量、所有距离单元的总和、有关质心的变化、第一个振幅单元到最高振幅单元之间的距离、检测到的反射距离。对于 100 种植物群体，采用统计分类器可平均获得 90.6%的成对分类准确率。

用单一发射器和单一接收器扫描 CTFM 已成功应用于包括光滑表面和粗糙表面的室内环境的地图构建[30.55]，光滑表面的方位误差近似 0.5°，边缘的方位误差则更高。使用振幅信息进行分类，采用距离对振幅信息归一化，而距离使用了声音的固定衰减常量。在实践中，这个衰减常量随温度和湿度而变化，需要在每次试验之前进行校准以得出一致结果。已证实 TOF 分类方法要取得更好的鲁棒性、速度和准确性，至少需要两个发射器和两个接收器，正如参考文献［30.11，51］描述的一样。CTFM 可应用于阵列系统，对微弱目标可获得比现有的脉冲回波系统更高的灵敏度。

CTFM 已广泛应用于三路立体声系统[30.12]，基于不同的距离和方位估计器，对这些超声感测系统做了严格的理论和试验比较。Stanley[30.12]也提供了 CTFM 声呐系统的详细工程设计信息。所得的结论是，CTFM 可以使声穿透大的面积，这是由于 CTFM 有较高的平均传输功率，因而具备良好的信噪性能。已发现，对解调信号谱线使用自回归估计器，可获得比 DFT 更好的分辨率。除了参考文献［30.11］提出的脉冲回波方法使用高能短脉冲被认为在方位精度具有 6~8 倍的优越性之外，耳间距离和功率差动 CTFM 方法可提供最先进的性能。

30.12 多脉冲声呐

本节采用多个发射脉冲检验声呐系统。主要目的是干扰抑制和即时分类。利用巴克（Barker）码[30.61]生成较长的发射脉冲序列，多脉冲声呐也被用来产生更好的信噪比。巴克码的自相关性提供具有低相关性、远离中心瓣的窄尖峰。匹配滤波器引起脉冲压缩，将噪声均分以经过较长的时间周期。

30.12.1 干扰抑制

外部噪声，如压缩空气，是声呐干扰的一个来源。声呐系统试图通过信号滤波减小外部干扰带来的影响，最佳滤波器是一种匹配滤波器，其中脉冲响应是预期脉冲形状的逆时卷积。因为逆时卷积是一个相关系数，所以匹配滤波器扮演与第 30.10 节论述的期望脉冲形状一样的相关系数的角色。在具有与期望接收脉冲频谱相似的频率响应的带通滤波器基础上，设计出近似的匹配滤波器。通过采用匹配滤波器处理包含有连续短促声波传输中的宽泛频率，CTFM 系统可对外部干扰进行鲁棒抑制。

当多个声呐系统运行在相同环境下，从一个声呐系统发出的信号能被另一个系统接收，造成串扰误差。在由 Polaroid 测距模块构建的传统声呐环中，这是十分明显的。消除误差的快速超声波激励策略已被提出[30.62]，并声称可以去除大多数干扰，允许更快地操作这些声呐环。

更加复杂的发射脉冲编码方法已被用来抑制外部干扰和串扰[30.23,63-66]。多发射脉冲要比单一脉冲经过更长的时间周期，其困难之一在于目标杂波能在接收器产生多个重叠脉冲，这些脉冲很难拆分和解释，声呐距离鉴别力也受到影响。

30.12.2 目标即时分类

通过单个发射器和三个接收器，使用单一测量周期，可实现将目标分类为平面体、圆柱体和边[30.25]。至少需要两个发射器才可以将平面体与凹面直角体区分开来[30.11]，使用两个发射器排列在连续两个测量周期内将目标分类为平面、角和边。自从出现镜面反射声呐后，分类方法可被视为虚拟图像和反射镜。相较于照一个直角镜，照一个平面镜会产生左右翻转的图像。观察边就好比是观察一个高曲率的镜面，比如抛光的椅子腿，整个图像被压缩到一点。声呐分类利用了来自两个发射器的目标方位角的差值，具体如下：一个正的差值 δ 表示平面，一个负的差值 δ 表示角，零差值表示边，这里的角度 δ 取决于传感器的几何形状和目标距离。通过使用除了方位之外的距离测量，采用最大似然估计，可以提高先进性。

采用大约35ms~5s的测量周期进行工作，这样的排列[30.11]变得很完善，因此参考文献［30.51］提出了“即时（on-the-fly）”一词。该即时方法以精确的时间差 ΔT 激励脉冲，两个发射器相距40mm，并与两个距离较远的接收器形成一个正方形。ΔT 通常为200μs左右，但随时间随机变化，以达到使用相同的声呐系统抑制干扰（包括串扰和环境干扰）的目的。在一个测量周期中，分类是同时进行的。传感器用鲁棒分类获得较高的距离和方位精度，利用了不同发射器到接收器路径中TOF抖动之间的紧密相关性，而这种相关性是由于紧密的时空排列造成的。在参考文献［30.67］中，该传感器被用于大规模地图构建。

30.13 声呐环

因为声呐只能检测位于波束内的目标，扫描整个机器人外部环境的常用办法是使用声呐阵列，或者声呐环[30.68]。

30.13.1 简单测距模块环

最常用的是Denning环，它包含24个声呐，等间隔放置在机器人外围。15°间距允许一些声呐波束内的重叠，因而至少有一个声呐将检测到一个强反射物体。环内的声呐通常被顺序地使用，每次一个。使用50ms探测脉冲周期来减少错误读数，则每隔1.2s才能完成一次完整的环境扫描。这个采样时间对于研究试验中的“非连续性”操作足够了，但对于不断移动的机器人来说就可能太慢了。以1m/s速度移动的机器人不能检测物体，没有足够的警告来防止碰撞。一些研究人员提出同时在环相反的两端使用声呐以加快收集时间，而另一些人也减少了探测脉冲周期，并试图识别伪影。

30.13.2 高级环

Yata等[30.53]研发了一个直径为32cm的声呐环，交替放置了30个发射器和30个接收器。Murata压电式MA40S4R广角换能器被用来重叠接收回波，这些回波是同时激励所有发射器产生的。采用轴对称指数喇叭结构使得发射器的波束形状垂直变窄，以避免来自地面的反射。接收信号与衰减的阈值做比较，以产生1位无校正的数字采样信号。由回波的前沿估计方位，已有报道称，对于1.5m以内的范围，方位误差的标准差可达0.4°。

已开发出一个含有7个数字信号处理器（DSP）的声呐环[30.52,69,70]，使用了24对Polaroid 7000系列换能器，每个换能器包含一个收发器和一个接收器，如图30.23所示。采用12位模拟/数字转换器以250kHz频率采样两个接收器通道，再对每个通道使用模板匹配数字信号处理（见第30.10节），每对换能器可以获得精确的距离和方位信息。总之，每个DSP可处理八个接收器通道。同时激励所有收发器完成整个环境感测，在6m距离内大约每秒钟感测11次，试验验证了光滑目标的距离与方位精度分别是0.6mm和0.2°。为了抑制相邻对之间的干扰，在环的周围以隔行扫描方式发射两个不同的脉冲形状。脉冲形状都来源于2~3个65kHz的激励周期。由于高的重复性以及精确的距离和方位感测，该DSP声呐环可实现快速准确的沿墙运动、构建地图和避障。换能器对的波束宽度支持对3m距离内平滑镜面物体的360°覆盖。DSP声呐环产生同步定位与建图（SLAM）的一个实例如图30.24所示。

图30.23 DSP声呐环

a)

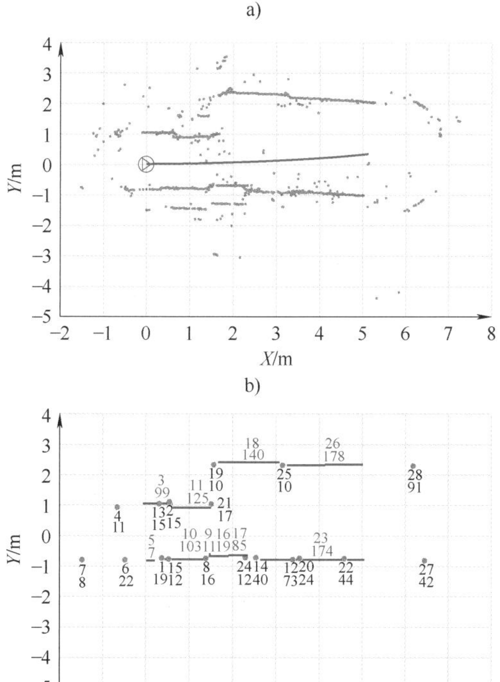

图 30.24 DSP 声呐环产生同步定位与建图实例（声呐环以 10cm/s 速度移动，采样频率为 11.5Hz）
a）DSP 声呐环构建室内环境地图 b）原始数据
c）具有特征数量和联想数量的 SLAM 特征图

30.13.3 声呐环与 FPGA 硬件处理

基于 DSP 的信号处理装置（如参考文献［30.52，69，70］）实现的限制之一是，在多通道声呐环中，没有足够的处理来对完整的接收器回波信号执行匹配滤波。也就是说，在信号超过阈值的情况下处理选定的回波段，以限制 DSP 处理器上的计算负载。一旦完整回波到达，匹配滤波将应用于这些段。最近的工作[30.71,72]描述了一个声呐环，当信号到达时，该声呐环通过匹配滤波处理来自 48 个接收器的完整回波信号。对整个接收器信号的完整处理允许检测到弱回波，其将低于参考文献［30.52，69，70］中的分割阈值。这是通过使用单个现场可编程门阵列（FPGA）实现的，FPGA 配置了自定义数据路径硬件设计，每秒执行 4.9 千兆算术运算。VIDEO 313 显示一个 DSP 声呐跟踪目标实例。在周围 360°全覆盖的情况下，距离和方位测量以 30Hz～4m 的频率获得。

FPGA 声呐环的照片如图 30.25 所示。注意，采用两层接收器来减小 48 接收器声呐环的半径。另一个显著的特点是在环的中心使用一个发射器。发射器是 Murata 的半球形高音扬声器 ESTD01 和锥形抛物面反射器，用于在水平方向上均匀分布发射器脉冲[30.73]。48kHz 正弦波的两个周期形成发射机脉冲。发射器可以建模为点源，并且对于每对接收器，脉冲形状相对于接收角度近似不变。这简化了匹配滤波，因为每对接收器的模板不依赖于接收器角度。然而，在实践中，不同对之间的脉冲形状存在一些变化，并且是范围的函数。模板匹配相关处理硬件被设计为允许在预定范围内动态切换模板，以考虑脉冲形状的范围变化。

图 30.25 基于 FPGA 的声呐环

30.13.4 双刷新率声呐环

声呐环在发射器连续发射前等待最大距离回波返回，从而限制了其发射速率。例如，参考文献［30.71］中介绍的FPGA声呐环受此约束限制为30Hz刷新率。参考文献［30.74］中介绍了双刷新率FPGA声呐环，该声呐环在5.7m范围内以60Hz的频率工作。为了实现双刷新率，通过从随机集合中选择发射时间来调度下一次声呐发射，以便将对预测回波到达时间的干扰最小化。基于两个可能的发射时间，对接收机信号应用两个匹配滤波器。在回声与传输过程中，应满足的条件如下：

1）到达时间必须与以前的回波一致，因为这受传感器与障碍物相对速度的限制。

2）脉冲能量应在同一障碍物先前回波的50%以内。

3）模板匹配相关性必须适用于假定范围。

30.13.5 稀疏三维阵列

Steckel等[30.75]的工作介绍了一种声呐系统，该系统借鉴了天线阵列设计中的波束形成理论。声呐阵列基于32个全方位超声换能器的稀疏随机阵列传声器和一个用作发射器的Polaroid 7000。传声器信号以500kHz的最大频率进行采样，并由FPGA处理，可产生12Hz的测量重复率。发射器波形为在3ms内从100kHz降到20kHz的精心控制的双曲线。对接收信号应用匹配滤波和波束形成处理，以产生能量谱，即从大约1°分辨率的离散方向反射得到的能量分布。试验表明，该系统能在800mm的距离处以5°间距识别20mm直径的杆状物。最小角度间隔与空间阵列滤波器的主瓣宽度有关。对于1.5m处的直径80mm球体，报告的方位角误差和仰角标准差分别为1.1°和0.6°。该系统的优点是能够在杂乱的环境中分辨重叠回波。

30.14 运动影响

当一个传感器相对于目标运动时，声呐测量会受到影响。例如，以声速的1%速度（3.4m/s）移动的声呐传感器将给一些方位测量带来0.6°的误差。线性速度对TOF和接收角的影响取决于目标类型，因此运动补偿显得很有意义，对目标分类传感器是必要的。本节我们考虑传统的平面、角和边状目标类型。参考文献［30.27］讨论了旋转运动的影响，结果表明非常高速的旋转对产生小的方位误差（例如大约1700(°)/s对应0.1°误差）是必要的。有效波束宽度的缩小是声呐传感器高速度旋转的另一个影响。

假定传感器从一点T发射，接收器测量值是以传感器上的该点作为参考的。然而，由于传感器的运动，地面参考位置R在回波接收时已从T移动了整个TOF过程。对于线性速度，T与R之间的距离是TOF×v，其中v是相对地面的传感器速度矢量的大小，速度矢量分量v_x和v_y分别平行于它们各自的坐标轴。因为仅仅运用了声音传播和反射的物理学原理，所以针对线性运动推导出的表达式可应用于任何声呐传感器。所有目标都被认为是静止的。

本节是基于参考文献［30.27］的，其中还可以找到本节没有包含的更多试验工作。

30.14.1 平面的移动观测

平面目标反射从位置T到R的传播，如图30.26a所示。TOF被分解成两部分；t_1表示传播到平面的时间，t_2表示从平面到接收器R的时间。这里，我们可以获得线性运动对TOF=t_1+t_2以及接收角θ的影响，两者都是从静止观测者的角度来看的。移动的观测模式将在下面讨论。

从图30.26a左边的直角三角形，可以推导出

$$\sin\theta=\frac{v_x}{c}$$

$$\cos\theta=\sqrt{1-\left(\frac{v_x}{c}\right)^2} \qquad (30.30)$$

还可导出

$$\cos\theta=\frac{d_1}{t_1 c}\Rightarrow t_1=\frac{d_1}{c\cos\theta} \qquad (30.31)$$

从图30.26a右边的直角三角形，我们可以得出

$$\cos\theta=\frac{(t_1+t_2)v_y+d_1}{t_2 c}\Rightarrow t_2=\frac{(t_1+t_2)v_y+d_1}{c\cos\theta} \qquad (30.32)$$

将式（30.31）与式（30.32）相加可得出TOF，然后带入式（30.31）中可得

$$\text{TOF}=\left(\frac{2d_1}{c}\right)\frac{1}{\sqrt{1-\frac{v_x^2}{c}}-\frac{v_y}{c}} \qquad (30.33)$$

式（30.33）中第一个因子表示静止TOF。当速度趋近于零时，第二个因子接近单位1。

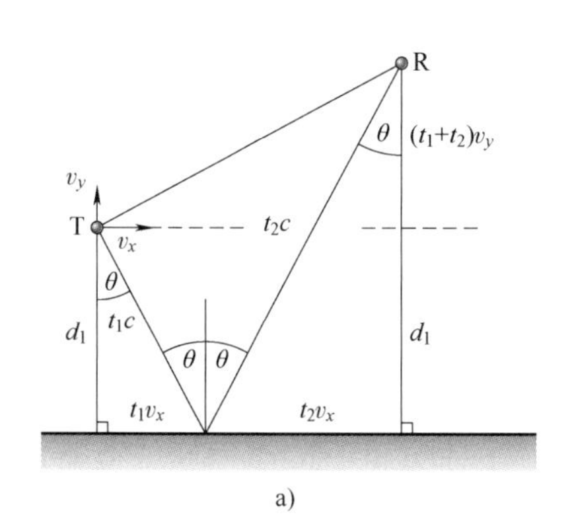

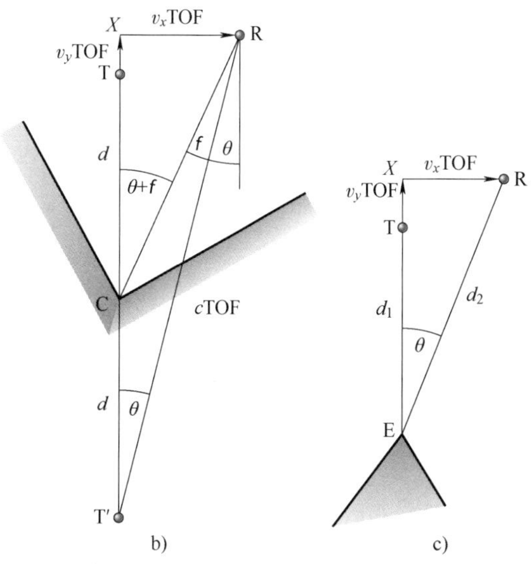

图 30.26 从移动的传感器观测目标（T 表示发射器的位置，R 表示 TOF 结束时接受回波的位置）
a）平面目标 b）角状目标 c）边状目标

30.14.2 角的移动观测

图 30.26b 给出了角观测的情况，T 的虚像表示为 T′。直角三角形 T′XR 的三条边服从勾股定理，即

$$c^2\mathrm{TOF}^2=(2d_1+v_y\mathrm{TOF})^2+v_x^2\mathrm{TOF}^2 \quad (30.34)$$

可得

$$\mathrm{TOF}=\frac{2d_1}{c}\left[\frac{\sqrt{1-\left(\frac{v_x}{c}\right)^2}+\frac{v_y}{c}}{1-\left(\frac{v}{c}\right)^2}\right] \quad (30.35)$$

式中，$v^2=v_x^2+v_y^2$。式（30.35）的左边项表示静止 TOF，右边项在小速度时接近单位 1。图 30.26b 中的角度 ϕ 是由于以静止观测者为参照物的运动造成的角度偏差。由三角形 T′XR 和 CXR 可得

$$\tan\theta=\frac{v_x\mathrm{TOF}}{2d_1+v_y\mathrm{TOF}}$$

$$\tan(\theta+\phi)=\frac{v_x\mathrm{TOF}}{d_1+v_y\mathrm{TOF}} \quad (30.36)$$

$$\tan(\theta+\phi)=\left(2-\frac{v_y\mathrm{TOF}}{d_1+v_y\mathrm{TOF}}\right)\tan\theta \quad (30.37)$$

求解 $\tan\phi$，可得

$$\tan\phi=\tan\theta\left(\frac{1-\sin^2\theta}{\frac{v_y\mathrm{TOF}}{d_1}+1+\sin^2\theta}\right)$$

$$=\left(\frac{v_x}{\frac{2d_1}{\mathrm{TOF}}+v_y}\right)\left(\frac{1-\sin^2\theta}{\frac{v_y\mathrm{TOF}}{d_1}+1+\sin^2\theta}\right) \quad (30.38)$$

对于 v_x，$v_y \ll c$，$\sin\theta \ll 1$ 和 $2d_1/\mathrm{TOF}\approx c$，式（30.38）可近似为

$$\phi\approx\frac{v_x}{c} \quad (30.39)$$

30.14.3 边的移动观测

注意到，边状物体从有效点源处再辐射入射的超声波，相对于静止观测者的接受角不受运动的影响（图 30.26c）。由直角三角形 XER，$d_2^2=(d_1+v_y\mathrm{TOF})^2+v_x^2\mathrm{TOF}^2$ 和 $d_1+d_2=c\mathrm{TOF}$，可导出

$$\mathrm{TOF}=\frac{2d_1}{c}\left(\frac{1+\frac{v_y}{c}}{1-\frac{v^2}{c^2}}\right)\approx\frac{2d_1}{c}\left(1+\frac{v_y}{c}\right) \quad (30.40)$$

对于 $v\ll c$，式（30.40）近似成立。

30.14.4 接收角移动观测的影响

在前面章节中接收角的表达式是基于相对传播介质（空气）静止的观测模式的。实际上，观测者是传感器，以速度 v 移动。假设声呐波相对于空气以角度 α 到达，如图 30.27 所示。相对于观测者，波阵面的速度分量 w_x 和 w_y 定义如下

$$w_x=c\sin\alpha-v_x$$
$$w_y=c\cos\alpha-v_y \quad (30.41)$$

由式（30.41）可得观测出的到达角 β，表示为

$$\tan\beta=\frac{c\sin\alpha-v_x}{c\cos\alpha-v_y}=\frac{\sin\alpha-\frac{v_x}{c}}{\cos\alpha-\frac{v_y}{c}} \quad (30.42)$$

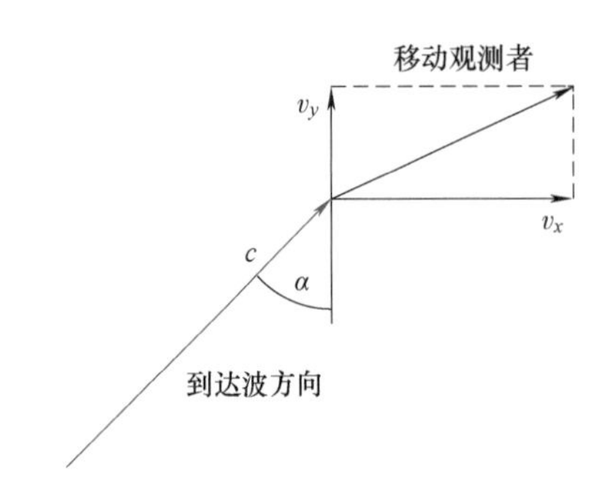

图 30.27　观察来自移动观测者的到达波

30.14.5　平面、角和边的移动观测到达角

在本节中，对每个目标类型的到达角（rad）进行了总结，并对移动机器人的期望速度进行了粗略估计。一般认为此速度小于声速（在室温下声速通常是340m/s）的百分之几。在1m/s速度下，已有试验观察到这些影响[30.27]。

式（30.41）与式（30.30）正好抵消，对于平面目标，与传感器相关的到达角刚好等于零，即

$$\beta_{\text{plane}}=0 \tag{30.43}$$

这可以解释为当反射保持前向波速度分量时，该分量总是与传感器的分量一样。

对于角状目标，角度 ϕ 导致波阵面似乎在与来自真实角方向的传感器运动相同的方向上被取代了，如图30.26b所示。移动观测者的影响使这种效果加倍，可从式（30.39）和式（30.41）看到。

$$\beta_{\text{corner}}\approx-\frac{2v_x}{c} \tag{30.44}$$

至于边状目标，其结果仅由观察者决定。

$$\beta_{\text{edge}}=\arctan\left(\frac{0-\dfrac{v_x}{c}}{\cos\alpha-\dfrac{v_y}{c}}\right)\approx-\frac{v_x}{c} \tag{30.45}$$

30.15　仿生声呐

生物声呐的成功应用，比如蝙蝠和海豚[30.76]，引发研究者们基于生物声呐形态、策略和非线性处理来实现声呐[30.77]。生物声呐所展现的能力促使研究人员检查仿效生物的（仿生的）系统。

生物声呐形态通常有单一的发射器和一对接收器。蝙蝠通过口或鼻发出声脉冲，而海豚则通过气囊发射脉冲。两个接收器相当于耳朵，允许双耳声处理。模仿双耳听觉促成了用于定位目标[30.8]和扫描策略[30.78]的小型阵列的出现。VIDEO 311、VIDEO 316、VIDEO 317显示了生物声呐的作用效果。对蝙蝠可动耳郭的观察促进了旋转接收器[30.79,80]和变形[30.81]的研究。VIDEO 312显示了耳郭变形实例。图30.28给出了这样一个例子。

旋转接收器让其轴线落到反射体上，不仅增加检测回波的振幅，而且增大其带宽，这两种效果均能改善目标分类能力。

生物声呐策略提供了成功定位目标的灵感。众所周知，换能器波束内的目标定位可影响回波波形，并使目标分类的逆问题变得复杂[30.10,82]。有关海豚的影片展示了它们通过双耳回声处理在一个可重复的位置和距离机动地确定目标的位置。这激发了模仿海豚的可移动声呐的研发，该声呐被安装在用于目标分类的机器人臂上[30.10,82]，如图30.29所示。

这个系统能够可靠地区分一枚硬币的正反面，

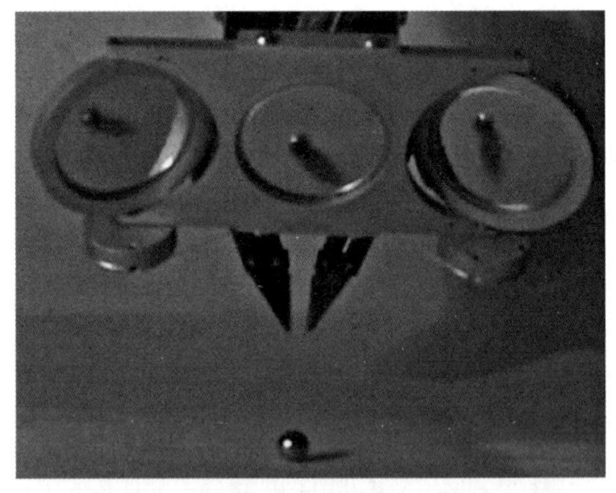

图 30.28　中心发射器侧面与旋转接收器相接的仿生结构声呐

但只能在引入一次标高扫描之后，标高扫描是为了适应双耳听觉所造成的这种定位能力的缺乏。标高扫描的想法是受海豚在搜寻位于沙地下的猎物时所展现出的点头运动的启发而产生的。

另一个有用的策略是受蝙蝠发出的探测脉冲所启发的回波序列处理。作为大多数声呐的传统“停止与扫描”操作的一种扩展，当声呐沿着分段线性路径移动以显现出双曲线趋势时，可获得声呐数据，该趋势与声流类似[30.83]。匹配数据以符合双曲线趋势，可以估计传送距离，从而有助于避免碰撞

和穿越狭窄的通道[30.83]。

图 30.29 安装在机器人臂末端上的仿生声呐

大多数声呐系统使用经典的估计过程，涉及相关检测和频谱分析。耳蜗模型已导致用多带通滤波器去处理环境地标分类中的宽带脉冲[30.43]。在生物神经系统中观察到的动作电位尖峰还启发了基于符合探测技术的神经形态处理。传统 TOF 测量所提供的稀疏信息促进了声呐探测器从多个检测中提供完整的回波波形信息，这些多个检测导致了尖峰状数据的产生[30.24,84]。对脉冲数据运用时空重合技术可导致混响伪影识别和传送距离估计[30.85]。VIDEO 302 显示了侧视声呐通过两个目标的模拟。VIDEO 314 给出了移动机器人沿走廊行进的相机视图。VIDEO 303 显示了走廊的声呐尖峰图。

声呐的一个缺点是波束相对较宽，这限制了反射器方位估计的准确性。生物声呐有两个耳朵，有助于回声定位，其策略令工程师们惊讶。图 30.30 显示了参考文献 [30.86] 中所述的仿生双耳声呐，该声呐使用两个连接到 7000 系列超声换能器（直径 $d=2.5\text{cm}$）的 Polarioid 6500 测距模块，指定为右侧和左侧。两个传感器同时发射，但每个传感器都进行 TOF 读数。传感器之间用距离 D(cm) 隔开，D 最小，以便两个传感器的入射回波波前尽可能相似。如果两个传感器的方向与声呐轴平行，则方位处物体回波的 TOF 差为

$$\Delta\text{TOF}=\frac{D}{c}\sin\theta \tag{30.46}$$

D 越小，该值也越小。

虽然大多数传感器工程师都会通过让两个传感器均指向目标来最大化信号强度，但生物声呐通过将耳朵指向具有聚散角的目标来平衡信号强度，以改进定位。该聚散角使灵敏度模式远离声呐轴，如图 30.30 所示。如图 30.12 所示，这通过增加回波振幅差来增强 ΔTOF。VIDEO 301 显示了聚散声呐正在工作的情形。

这种聚散声呐在移动机器人中有多种应用。当两个 TOF 几乎重合时，双耳聚散声呐可以检测到反射物体在声呐方位的±0.1°范围内。这种声呐对于移动机器人导航非常有用，因为除了距离测量之外，它还指示障碍物是在预定路径的左侧还是右侧。VIDEO 295 显示了一种配备多个聚散声呐的移动机器人。此外，与声呐传感相关的遮挡问题通过将聚散声呐放置在机器人的外壳上来解决，以确定开口是否位于机器人尺寸的外部，从而允许机器人通过狭窄的开口。

a)

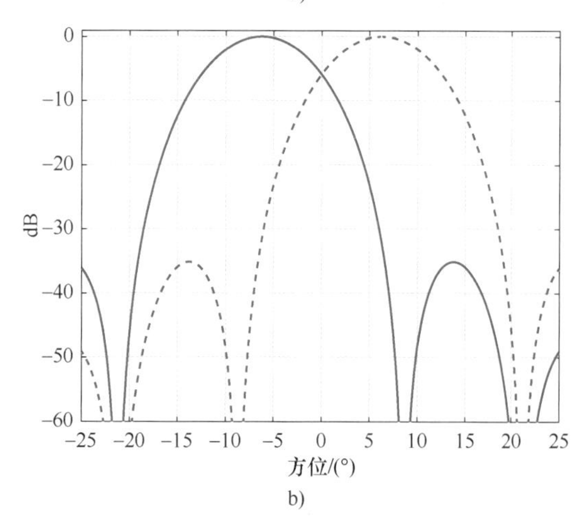

b)

图 30.30 双耳聚散声呐和沿声呐轴的波束图（聚散角 $\alpha=8°$，实线表示左换能器，虚线表示右换能器）

a）双耳聚散声呐 b）沿声呐轴的波束图

上述仿生技术对于回波中存在的信息量和最适合声呐的感测任务类型提供了一些见解。

30.16 总结

声呐是一种有用的、价格低廉的、功耗低的、重量轻和简单的测距传感器，为机器人技术应用提供精确的目标定位。对于有效工作的声呐，理解其物理原理和实现是重要的，而且这些主题已经包含在本章的前面部分中。突出了各种声呐感测方法，从简单的单一换能器测距到更加复杂的多换能器和具有关联信号处理要求的多脉冲配置。复杂的声呐能够精确测量目标距离和角度，也可以实现目标分类、干扰抑制和运动补偿。声呐环提供周围环境覆盖，CTFM 系统可改善检测小反射体的灵敏度。正在进行的研究所涉及的领域包括信号与数据处理、声呐地图构建、声呐配置、换能器技术和仿生声呐，这些领域可从蝙蝠和海豚所使用的生物声呐系统中得到启示。

视频文献

VIDEO 295 Sonar guided chair at Yale
available from http://handbookofrobotics.org/view-chapter/30/videodetails/295
VIDEO 301 Vergence sonar
available from http://handbookofrobotics.org/view-chapter/30/videodetails/301
VIDEO 302 Side-looking TOF sonar simulation
available from http://handbookofrobotics.org/view-chapter/30/videodetails/302
VIDEO 303 Side-looking multi-pulse sonar moving down cider-block hallway
available from http://handbookofrobotics.org/view-chapter/30/videodetails/303
VIDEO 311 Antwerp biomimetic sonar tracking complex object
available from http://handbookofrobotics.org/view-chapter/30/videodetails/311
VIDEO 312 Biological bat ear deformation in sonar detection
available from http://handbookofrobotics.org/view-chapter/30/videodetails/312
VIDEO 313 Monash DSP sonar tracking a moving plane
available from http://handbookofrobotics.org/view-chapter/30/videodetails/313
VIDEO 314 Side-looking sonar system traveling down hallway (camera view)
available from http://handbookofrobotics.org/view-chapter/30/videodetails/314
VIDEO 315 B-scan image of indoor potted tree using multi-pulse sonar
available from http://handbookofrobotics.org/view-chapter/30/videodetails/315
VIDEO 316 Antwerp biomimetic sonar tracking single ball
available from http://handbookofrobotics.org/view-chapter/30/videodetails/316
VIDEO 317 Antwerp biomimetic sonar system tracking two balls
available from http://handbookofrobotics.org/view-chapter/30/videodetails/317

参考文献

30.1 L.E. Kinsler, A.R. Frey, A.B. Coppens, J.V. Sanders: *Fundamentals of Acoustics* (Wiley, New York 1982)
30.2 R.C. Weast, M.J. Astle (Eds.): *CRC Handbook of Chemistry and Physics*, 59th edn. (CRC, Boca Raton 1978)
30.3 J. Borenstein, H.R. Everett, L. Feng: *Navigating Mobile Robots* (Peters, Wellesley 1996)
30.4 R. Kuc, M.W. Siegel: Physically-based simulation model for acoustic sensor robot navigation, IEEE Trans. Pattern Anal. Mach. Intell. **9**(6), 766–778 (1987)
30.5 SensComp: 7000, http://www.senscomp.com (2007)
30.6 H.H. Poole: *Fundamentals of Robotics Engineering* (Van Nostrand, New York 1989)
30.7 J.E. Piercy: *American National Standard: Method for Calculation of the Absorption of Sound by the Atmosphere*, Vol. ANSI SI-26-1978 (Acoust. Soc. Am., Washington 1978)
30.8 B. Barshan, R. Kuc: A bat-like sonar system for obstacle localization, IEEE Trans. Syst. Man Cybern. **22**(4), 636–646 (1992)
30.9 R. Kuc: Three dimensional docking using qualitative sonar. In: *Intelligent Autonomous Systems IAS-3*, ed. by F.C.A. Groen, S. Hirose, C.E. Thorpe (IOS, Washington 1993) pp. 480–488
30.10 R. Kuc: Biomimetic sonar locates and recognizes objects, J. Ocean Eng. **22**(4), 616–624 (1997)
30.11 L. Kleeman, R. Kuc: Mobile robot sonar for target localization and classification, Int. J. Robotics Res. **14**(4), 295–318 (1995)
30.12 B. Stanley: A Comparison of Binaural Ultrasonic Sensing Systems, Ph.D. Thesis (University of Wollongong, Wollongong 2003)

30.13 Material Systems Inc.: http://www.matsysinc.com/
30.14 F.L. Degertekin, S. Calmes, B.T. Khuri-Yakub, X. Jin, I. Ladabaum: Fabrication and characterization of surface micromachined capacitive ultrasonic immersion transducers, J. Microelectromech. Syst. **8**(1), 100–114 (1999)
30.15 B. Barshan, R. Kuc: Differentiating sonar reflections from corners and planes by employing an intelligent sensor, IEEE Trans. Pattern Anal. Mach. Intell. **12**(6), 560–569 (1990)
30.16 A. Freedman: A mechanism of acoustic echo formation, Acustica **12**, 10–21 (1962)
30.17 A. Freedman: The high frequency echo structure of somae simple body shapes, Acustica **12**, 61–70 (1962)
30.18 Ö. Bozma, R. Kuc: A physical model-based analysis of heterogeneous environments using sonar – ENDURA method, IEEE Trans. Pattern Anal. Mach. Intell. **16**(5), 497–506 (1994)
30.19 Ö. Bozma, R. Kuc: Characterizing pulses reflected from rough surfaces using ultrasound, J. Acoust. Soc. Am. **89**(6), 2519–2531 (1991)
30.20 P.J. McKerrow: Echolocation – from range to outline segments. In: *Intelligent Autonomous Systems IAS-3*, ed. by F.C.A. Groen, S. Hirose, C.E. Thorpe (IOS, Washington 1993) pp. 238–247
30.21 J. Thomas, C. Moss, M. Vater (Eds.): *Echolocation in Bats and Dolphins* (University of Chicago Press, Chicago 2004)
30.22 J. Borenstein, Y. Koren: Error eliminating rapid ultrasonic firing for mobile robot obstacle avoidance, IEEE Trans. Robotics Autom. **11**(1), 132–138 (1995)
30.23 L. Kleeman: Fast and accurate sonar trackers using double pulse coding, Proc. IEEE/RSJ Int. Conf. Intell. Robots Syst. (IROS) (1999) pp. 1185–1190
30.24 R. Kuc: Pseudo-amplitude sonar maps, IEEE Trans. Robotics Autom. **17**(5), 767–770 (2001)
30.25 H. Peremans, K. Audenaert, J.M. Van Campenhout: A high-resolution sensor based on tri-aural perception, IEEE Trans. Robotics Autom. **9**(1), 36–48 (1993)
30.26 A. Sabatini, O. Di Benedetto: Towards a robust methodology for mobile robot localization using sonar, Proc. IEEE Int. Conf. Robotics Autom. (ICRA) (1994) pp. 3142–3147
30.27 L. Kleeman: Advanced sonar with velocity compensation, Int. J. Robotics Res. **23**(2), 111–126 (2004)
30.28 A. Elfes: Sonar-based real world mapping and navigation, IEEE Trans. Robotics Autom. **3**, 249–265 (1987)
30.29 S. Thrun, M. Bennewitz, W. Burgard, A.B. Cremers, F. Dellaert, D. Fox, D. Haehnel, C. Rosenberg, N. Roy, J. Schulte, D. Schulz: MINERVA: A second geration mobile tour-guide robot, Proc. IEEE Int. Conf. Robotics Autom. (ICRA) (1999) pp. 1999–2005
30.30 K. Konolige: Improved occupancy grids for map building, Auton. Robotics **4**, 351–367 (1997)
30.31 R. Grabowski, P. Khosla, H. Choset: An enhanced occupancy map for exploration via pose separation, Proc. IEEE/RSJ Int. Conf. Intell. Robotics Syst. (IROS) (2003) pp. 705–710
30.32 J.D. Tardos, J. Neira, P.M. Newman, J.J. Leonard: Robust mapping and localization in indoor environments using sonar data, Int. J. Robotics Res. **21**(6), 311–330 (2002)
30.33 O. Aycard, P. Larouche, F. Charpillet: Mobile robot localization in dynamic environments using places recognition, Proc. IEEE Int. Conf. Robotics Autom. (ICRA) (1998) pp. 3135–3140
30.34 B. Kuipers, P. Beeson: Bootstrap learning for place recognition, Proc. 18th Nat. Conf. Artif. Intell. (ANAI) (2002)
30.35 A. Bandera, C. Urdiales, F. Sandoval: Autonomous global localization using Markov chains and optimized sonar landmarks, Proc. IEEE/RSJ Int. Conf. Intell. Robots Syst. (IROS) (2000) pp. 288–293
30.36 R. Kuc: Biomimetic sonar and neuromorphic processing eliminate reverberation artifacts, IEEE Sens. J. **7**(3), 361–369 (2007)
30.37 A.M. Sabatini: A stochastic model of the time-of-flight noise in airborne sonar ranging systems, IEEE Trans. Ultrason. Ferroelectr. Freq. Control **44**(3), 606–614 (1997)
30.38 C. Biber, S. Ellin, E. Sheck, J. Stempeck: The Polaroid ultrasonic ranging system, Proc. 67th Audio Eng. Soc. Conv. (1990)
30.39 R. Kuc: Forward model for sonar maps produced with the Polaroid ranging module, IEEE Trans. Robotics Autom. **19**(2), 358–362 (2003)
30.40 M.K. Brown: Feature extraction techniques for recognizing solid objects with an ultrasonic range sensor, IEEE J. Robotics Autom. **1**(4), 191–205 (1985)
30.41 N.L. Harper, P.J. McKerrow: Classification of plant species from CTFM ultrasonic range data using a neural network, Proc. IEEE Int. Conf. Neural Netw. (1995) pp. 2348–2352
30.42 Z. Politis, P.J. Probert: Target localization and identification using CTFM sonar imaging: The AURBIT method, Proc. IEEE Int. Symp. Comput. Intell. Robotics Autom. (CIRLA) (1999) pp. 256–261
30.43 R. Mueller, R. Kuc: Foliage echoes: A probe into the ecological acoustics of bat echolocation, J. Acoust. Soc. Am. **108**(2), 836–845 (2000)
30.44 P.N.T. Wells: *Biomedical Ultrasonics* (Academic, New York 1977)
30.45 J.L. Prince, J.M. Links: *Medical Imaging Signals and Systems* (Prentice Hall, Upper Saddle River 2006)
30.46 F.J. Alvarez, R. Kuc: High resolution adaptive spiking sonar, IEEE Trans. Ultrason. Ferroelectr. Freq. Control **56**(5), 1024–1033 (2009)
30.47 F.J. Alvarez, R. Kuc, T. Aguilera: Identifying fabrics with a variable emission airborne spiking sonar, IEEE Sens. J. **11**(9), 1905–1912 (2011)
30.48 J.J. Leonard, H.F. Durrant-Whyte: Mobile robot localization by tracking geometric beacons, IEEE Trans. Robotics Autom. **7**(3), 376–382 (1991)
30.49 R. Kuc: Generating B-scans of the environmental with conventional sonar, IEEE Sens. J. **8**(2), 151–160 (2008)
30.50 P.M. Woodward: *Probability and Information Theory with Applications to Radar*, 2nd edn. (Pergamon, Oxford 1964)
30.51 A. Heale, L. Kleeman: Fast target classification using sonar, Proc. IEEE/RSJ Int. Conf. Intell. Robots Syst. (IROS) (2001) pp. 1446–1451
30.52 S. Fazli, L. Kleeman: A real time advanced sonar ring with simultaneous firing, Proc. IEEE/RSJ Int. Conf. Intell. Robots Syst. (IROS) (2004) pp. 1872–1877
30.53 T. Yata, A. Ohya, S. Yuta: A fast and accurate sonar-

ring sensor for a mobile robot, Proc. IEEE Int. Conf. Robotics Autom. (ICRA) (1999) pp. 630–636

30.54 L. Kleeman: Scanned monocular sonar and the doorway problem, Proc. IEEE/RSJ Int. Conf. Intell. Robots Syst. (IROS) (1996) pp. 96–103

30.55 G. Kao, P. Probert: Feature extraction from a broadband sonar sensor for mapping structured environments efficiently, Int. J. Robotics Res. **19**(10), 895–913 (2000)

30.56 B. Stanley, P. McKerrow: Measuring range and bearing with a binaural ultrasonic sensor, Proc. IEEE/RSJ Int. Conf. Intell. Robots Syst. (IROS) (1997) pp. 565–571

30.57 P.T. Gough, A. de Roos, M.J. Cusdin: Continuous transmission FM sonar with one octave bandwidth and no blind time. In: *Autonomous Robot Vehicles*, ed. by I.J. Cox, G.T. Wilfong (Springer, Berlin, Heidelberg 1990) pp. 117–122

30.58 L. Kay: A CTFM acoustic spatial sensing technology: Its use by blind persons and robots, Sens. Rev. **19**(3), 195–201 (1999)

30.59 L. Kay: Auditory perception and its relation to ultrasonic blind guidance aids, J. Br. Inst. Radio Eng. **24**, 309–319 (1962)

30.60 P.J. McKerrow, N.L. Harper: Recognizing leafy plants with in-air sonar, IEEE Sens. J. **1**(4), 245–255 (2001)

30.61 K. Audenaert, H. Peremans, Y. Kawahara, J. Van Campenhout: Accurate ranging of multiple objects using ultrasonic sensors, Proc. IEEE Int. Conf. Robotics Autom. (ICRA) (1992) pp. 1733–1738

30.62 J. Borenstein, Y. Koren: Noise rejection for ultrasonic sensors in mobile robot applications, Proc. IEEE Int. Conf. Robotics Autom. (ICRA) (1992) pp. 1727–1732

30.63 K.W. Jorg, M. Berg: Mobile robot sonar sensing with pseudo-random codes, Proc. IEEE Int. Conf. Robotics Autom. (ICRA) (1998) pp. 2807–2812

30.64 S. Shoval, J. Borenstein: Using coded signals to benefit from ultrasonic sensor crosstalk in mobile robot obstacle avoidance, Proc. IEEE Int. Conf. Robotics Autom. (ICRA) (2001) pp. 2879–2884

30.65 K. Nakahira, T. Kodama, T. Furuhashi, H. Maeda: Design of digital polarity correlators in a multiple-user sonar ranging system, IEEE Trans. Instrum. Meas. **54**(1), 305–310 (2005)

30.66 A. Heale, L. Kleeman: A sonar sensor with random double pulse coding, Aust. Conf. Robotics Autom. (2000) pp. 81–86

30.67 A. Diosi, G. Taylor, L. Kleeman: Interactive SLAM using Laser and Advanced Sonar, Proc. IEEE Int. Conf. Robotics Autom. (ICRA) (2005) pp. 1115–1120

30.68 S.A. Walter: The sonar ring: obstacle detection for a mobile robot, Proc. IEEE Int. Conf. Robotics Autom. (ICRA) (1987) pp. 1574–1578

30.69 S. Fazli, L. Kleeman: Wall following and obstacle avoidance results from a multi-DSP sonar ring on a mobile robot, Proc. IEEE Int. Conf. Mechatron. Autom. (2005) pp. 432–436

30.70 S. Fazli, L. Kleeman: Sensor design and signal processing for an advanced sonar ring, Robotica **24**(4), 433–446 (2006)

30.71 D. Browne, L. Kleeman: An advanced sonar ring design with 48 channels of continuous echo processing using matched filters, Proc. IEEE/RSJ Intell. Robots Syst. Conf. (IROS) (2009) pp. 4040–4046

30.72 D.C. Browne, L. Kleeman: A sonar ring with continuous matched filtering and dynamically switched templates, Robotica **30**(6), 891–912 (2012)

30.73 L. Kleeman, Akihisa Ohya: The design of a transmitter with a parabolic conical reflector for a sonar ring, Aust. Conf. Robotics Autom. (ICRA), Auckland (2006)

30.74 D.C. Browne, L. Kleeman: A double refresh rate sonar ring with FPGA-based continuous matched filtering, Robotica **30**(7), 1051–1062 (2012)

30.75 J. Steckel, A. Boen, H. Peremans: Broadband 3-D sonar system using a sparse array for indoor navigation, IEEE Trans. Robotics **91**, 1–11 (2012)

30.76 W.W.L. Au: *The Sonar of Dolphins* (Springer, Berlin, Heidelberg 1993)

30.77 R. Kuc, V. Kuc: Bat wing air pressures may deflect prey structures to provide echo cues for detecting prey in clutter, J. Acoust. Soc. Am. **132**(3), 1776–1779 (2012)

30.78 B. Barshan, R. Kuc: Bat-like sonar system strategies for mobile robots, Proc. IEEE Int. Conf. Syst. Man Cybern. (1991)

30.79 R. Kuc: Biologically motivated adaptive sonar, J. Acoust. Soc. Am. **100**(3), 1849–1854 (1996)

30.80 V.A. Walker, H. Peremans, J.C.T. Hallam: One tone, two ears, three dimensions: A robotic investigation of pinnae movements used by rhinolophid and hipposiderid bats, J. Acoust. Soc. Am. **104**, 569–579 (1998)

30.81 L. Gao, S. Balakrishnan, W. He, Z. Yan, R. Mueller: Ear deformations give bats a physical mechanism for fast adaptation of ultrasonic beam patterns, Phys. Rev. Lett. **1007**, 214–301 (2011)

30.82 R. Kuc: Biomimetic sonar system recognizes objects using binaural information, J. Acoust. Soc. Am. **102**(2), 689–696 (1997)

30.83 R. Kuc: Recognizing retro-reflectors with an obliquely-oriented multi-point sonar and acoustic flow, Int. J. Robotics Res. **22**(2), 129–145 (2003)

30.84 T. Horiuchi, T. Swindell, D. Sander, P. Abshire: A low-power CMOS neural amplifier with amplitude measurements for spike sorting, Proc. Int. Symp. Circuits Syst. (ISCAS), Vol. IV (2004) pp. 29–32

30.85 R. Kuc: Neuromorphic processing of moving sonar data for estimating passing range, IEEE Sens. J. **7**(5), 851–859 (2007)

30.86 R. Kuc: Binaural sonar electronic travel aid provides vibrotactile cues for landmark, reflector motion, and surface texture classification, IEEE Trans. Biomed. Eng. **49**(10), 1173–1180 (2002)

第 31 章

距离传感器

Kurt Konolige，Andreas Nüchter

距离传感器是一种从自身的位置获取其周围环境三维结构的装置。通常它测量的是距物体最近表面的深度。这些测量可以是穿过扫描平面的单个点，也可以是一幅在每个像素都具有深度测量的图像。这种测量距离信息的优势在于机器人可以据此合理地确定出该距离传感器所处的实际环境，从而允许机器人能更有效地寻找导航路径、避开障碍物、抓取物体，以及在工业零件上进行加工或执行其他操作。

本章将介绍距离数据的主要表现形式（点阵、三角化曲面和三维像素）以及从距离数据中提取有用特征（平面、直线和三角化曲面）的主要方法。也将介绍获得距离数据的主要传感器（第 31.1 节——立体激光三角测距系统），以及对同一景象的多重观测（比如来自移动中的机器人的数据）进行距离配准（第 31.3 节）和几种因使用距离数据而大大简化任务的室内外机器人的应用（第 31.4 节）。

目　录

31.1　距离传感器的基础知识

本节我们将介绍最基本的应用于距离图像数据的表现形式，并探讨距离传感器在表现方式和机器人应用方面的一些问题。虽然有些测距装置使用声音或其他形式来确定距离，但本章主要介绍光学传感器。

距离数据是对机器人周边景象的二维半或三维描述。三维概念的出现是因为我们是对景象中的一个或多个点进行 (X,Y,Z) 坐标测量。通常在每个时间点，我们只使用一个单幅距离图像。这意味着我们仅能观察到机器人所能看到的那部分景象——物体的正面。换句话说，我们无法观察到一个景象所有侧面的完整三维图像。这就是术语“二维半”的由来。图 31.1 显示的是一幅距离图像的例子和一幅进行了反射配准的图像，其中的每一个像素点都记录了红外线的反射光强度。

距离数据有两种基本的表现方式。第一种是距离图像 $d(i,j)$，它记录了图像中的每个像素点 (i,j) 到对应的景象点 (X,Y,Z) 的相对距离 d。通常有几种方法把 $(i,j,d(i,j))$ 映射到 (X,Y,Z)，基本上都是基于距离传感器的几何学原理或者应用需求。图 31.2 以经度和纬度网格显示球体，并与图 31.1 的图像映射叠加。图 31.3 描绘了最常用的映射方法，带旋转镜的距离扫描仪在球坐标下采样，即（θ,ϕ,d）。最自然的范围图像表示法是把（θ,ϕ）转移到距离图像上的（i,j）坐标系上，即

$$i=\theta$$

$$j=\phi$$

式中，θ 和 ϕ 分别表示球坐标的经度和纬度。这就是包括失真的样本球到二维图像的投影。两者之间的转换关系如下

$$d=\sqrt{x^2+y^2+z^2}$$

$$\theta=\arccos\left(\frac{z}{r}\right)$$

$$\phi=\arctan2(y,x)$$

反过来，笛卡儿坐标可以通过以下方式从球坐标中求得，即

$$x=d\sin\theta\cos\phi$$

$$y=d\sin\theta\sin\phi$$

$$z=d\cos\theta$$

a)

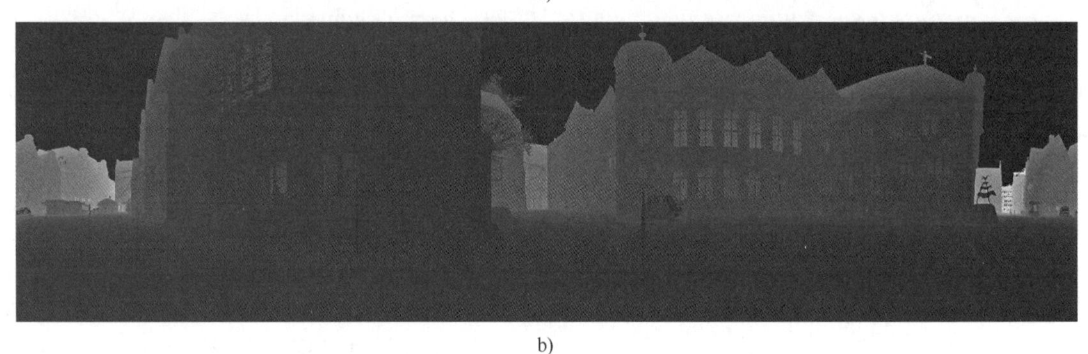

b)

图 31.1　在城市环境中获得的 360°×100° 三维激光扫描（不来梅市区）

a）红外反射图像　b）距离图像，越近的点越暗

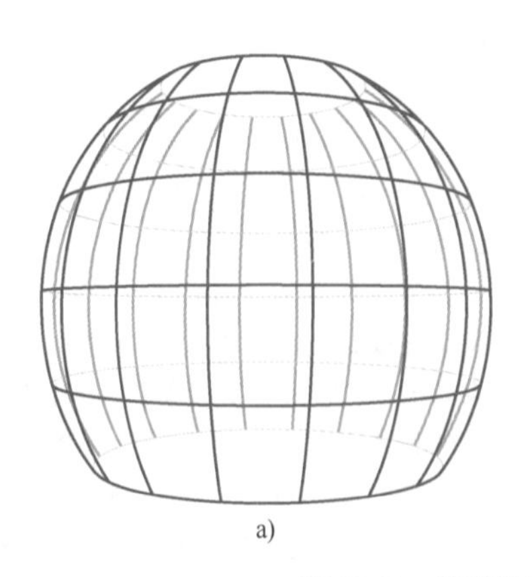

a)

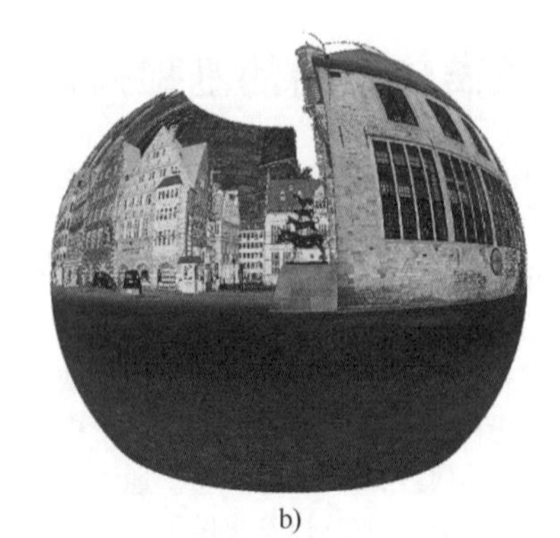

b)

图 31.2　使用旋转镜和轴的三维距离扫描

a）网格显示了使用旋转镜和轴的三维距离扫描仪的光栅　b）经过叠加反射率值的球体

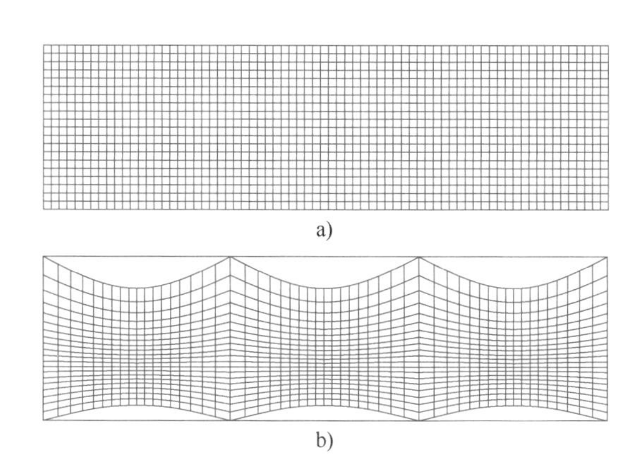

图31.3 球面距离扫描
a）球面距离扫描的等矩投影，其中显示了经度和纬度网络
b）组合三幅图像展开扫描球体的直线投影

更常见的投影是透视投影，通常称为直线投影。它也被称为日晷仪投影或切线平面投影，包括类似动能装置产生的距离图像。这里假定距离值以针孔相机式的方法投影。直线投影的主要优点是，它在三维空间和二维图像中映射的是直线。其缺点是视场（FOV）较小，投影向拐角处延伸时，失真随着视场的增大而增大。此外，视场通常无法通过硬件进行观测。投影过程如下：

$$i=\frac{\cos\phi\sin(\theta-\theta_0)}{\sin\phi_1\sin\phi+\cos\phi_1\cos\phi\cos(\theta-\theta_0)}$$

$$j=\frac{\cos\phi_1\sin\phi-\sin\phi_1\cos\phi\cos(\theta-\theta_0)}{\sin\phi_1\sin\phi+\cos\phi_1\cos\phi\cos(\theta-\theta_0)}$$

式中，θ_0 和 ϕ_1 分别是中心经度和中心纬度。图31.4按顺序显示了一个由三条直线映射的距离图像组成的360°全景扫描的结果。

图31.4 三条直线投影表示的三维距离扫描（图31.1）

其他常见的投影有等角墨卡托投影、圆柱投影、潘尼尼投影和立体平面投影[31.1]。所有这些投影都用于将扫描球体展开为二维阵列表示。在一些应用中，正交投影是从三维点云数据中得到的。一些距离传感器只记录切片中的距离，因此场景 (x,z) 用每一个像素 i 的线性图像 $d(i)$ 表示。

第二种格式是三维数据点列表 $\{(x_i,y_i,z_i)\}$，但是这种格式可以用于上面列出的所有映射。给定从图像数据 $d(i,j)$ 到 (x,y,z) 的转换，范围数据仅作为列表提供，通常称为点云。

31.2 距离传感器技术

31.2.1 三角测量

距离传感器技术主要分为两种：三角测量和飞行时间测量。这两种方法之间有许多不同，也有各自不同的优、缺点。这里我们简要介绍传感器的基本概念，并总结主要类型传感器的特点。有关立体光和结构光传感器的更详细描述将在第31.2.4节和第31.2.5节中给出。

三角测量传感器通过确定从一个世界点到两个传感器的射线间所形成的角度来测量深度。传感器由长度为 b 的基线隔开，该基线在两个传感器和该点之间形成三角形的第三条边。为简单起见，让其中一条射线与基线形成直角。然后，另一个传感器射线的角度 θ 与垂直于基线的深度 Z 之间的关系为

$$\tan\theta=\frac{Z}{b} \tag{31.1}$$

图像传感器通过图像平面上与主射线的偏移量来测量角度 θ；这个偏移量 x 称为视差。假设图像平面与基线平行，则 $\tan\theta=f/x$，由此得到三角测量深度传感器的基本方程为

$$Z=\frac{fb}{x} \tag{31.2}$$

1. 深度精度

传感器的深度分辨率是一个重要的概念：传感器如何精确地测量深度？对 x 进行微分并代入 x 得出

$$\frac{dZ}{dx}=\frac{-Z^2}{fb} \tag{31.3}$$

三角测量的精度会随着到物体距离的平方降低：如果在1m处为1mm，则在2m处为4mm。增加基线或减小视场（FOV）与精度成反比，即如果基线加倍或FOV减半，则精度减半（例如，从0.1m基线的1mm到0.2m基线的0.5mm）。这使得三角测量传感器难以远距离使用；改变视场或基线有助于补偿，但也带来了其他的问题（见第31.2.4节）。

2. 三角测量传感器的类型

两种主要类型分别是，相机之间用基线隔开的立体相机；用投影仪代替其中一个相机的结构光传感器。

立体相机从两个稍有不同的视角拍摄场景图像，并通过匹配图像中的纹理以确定相应的点及其之间的差异。立体相机的问题包括：通常纹理太少，尤其在室内无法进行可靠的匹配；匹配使用的块较小，会模糊空间分辨率。许多巧妙的方法被开发以处理这些问题，包括用投影仪绘制纹理（不与结构光混淆）和使用不同种类的支持邻域和正则化的方法。

一个完整的图像结构光系统投射出一个覆盖整个图像的图案，该图案可以被解码以获得每个像素或一小群像素的信息。在Kinect中使用的PrimeSense技术，会投射出已知的点图案，并解码一个较小邻域以找到射影坐标；因此，这种传感器也模糊了空间分辨率。其他传感器以垂直结构投射图像的时间序列，使得水平线上的每个像素累积一个唯一的代码，然后根据投射的图像解码。常用的二进制码是灰度码，当图像宽度为 $2N$ 时需要 N 幅图像；而正弦相移模式通常使用三幅图像，通过确定每个点的相位来解码。这些时间序列结构光系统可以产生非常好的空间和深度分辨率。

一般来说，由于自然光的干扰，结构光系统不用于室外，也不用于室内的远处物体。它们在处理高对比度和镜面反射的物体时也会有困难，而基于相位差的系统会存在 2π 的相位模糊。传感器和场景之间的相对运动也会扭曲时间序列和扫描传感器的读数，尽管非常高速的投影仪和相机可以缓解前者的这个问题。

31.2.2 飞行时间

飞行时间（TOF）传感器的原理类似于雷达：测量光线投射到物体并返回所需的时间。由于光的传播速度约为0.3m/ns，直接测量TOF需要非常精确的计时器；另一种方法是间接方法，通常是测定与调制参考光束的相位差。

因为它们测量飞行时间，这些传感器理论上可以在深度测量上保持恒定的精度，不管物体有多远——不像会随着距离的平方而衰减的三角测量传感器那样。但是对于近距离物体，TOF传感器不像三角测量传感器有非常高的精度，因此不能用于近距离测量应用，例如小型物体重建或零件质量测量等场合。

1. 直接飞行时间传感器

在直接飞行时间传感器中，行程时间由高速计时器测量。基于激光的直接飞行时间距离传感器也被称为光探测与测距（LIDAR）或激光雷达（LADAR）传感器。传播时间乘以光速（在给定的介质中——空间、空气或水，并根据介质的密度和温度进行调整）得出距离

$$2d=ct \tag{31.4}$$

式中，d 是到物体的距离；c 是光速；t 是测量的传播时间。传播时间 t 的误差会引起成比例的距离误差。在实际应用中，一种方法是测量输出脉冲的峰值，然而其范围是有限的，而来自远处物体的微弱反射使得测量这一峰值变得更加困难，因此误差会随着距离的增加而增加。多个读数取平均值可以减少这些读数中的随机误差。

最简单的TOF传感器只发射一束光，因此只能测量一个表面点的距离。若在机器人方面进行应用通常需要更多的信息，因此通常将距离数据作为距离向量提供给平面上的表面（图31.5）或图像（图31.1）。这些更密集的表示方法可以用激光束扫描场景来获取。通常，光束由一组反射镜扫描，而不是移动激光器和探测器本身（反射镜更轻，更不容易受到运动损伤）。最常见的技术是使用步进电动机（用于基于程序的范围感应）或者通过旋转或振荡反射镜进行自动扫描。

扫描或取平均值需要多个TOF脉冲，重复率可能很高，这也许会导致实际接收到的脉冲不明确。假定 δt 是两脉冲之间的间隔时间，则设备的模糊间隔为 $1/2c\delta t$。例如，对于100kHz的脉冲重复率，模糊间隔为1500m。如果物体比这更远，它将被视为在间隔内，此时距离 z 对 $1/2c\delta t$ 取模。如果扫描系统的距离值变化缓慢并且在模糊区间内开始，使用展开算法可以恢复真实深度。

适于机器人应用的典型地面飞行时间传感器的测距范围为10~100m，精度为5~10mm。扫描的场

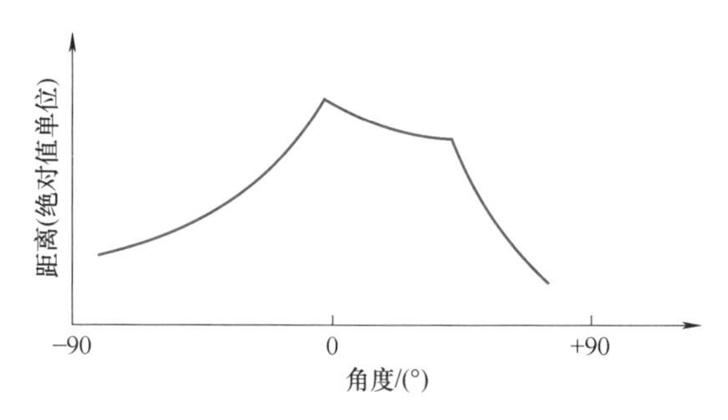

图 31.5 采样距离与测量角度的理想一维关系图

景数量取决于镜头的扫描速率和脉冲速率，但通常为每秒 1～25 千点。这些传感器的制造商包括 Acuity、Hokuyo、Sick、Mensi、DeltaSphere 和 Cyrax。

多光束扫描激光雷达能够增加可用的信息量。Velodyne[31.2] 研发了三种设备，分别有 16、32 和 64 束垂直排列的光束，它们以高达每秒 15 次扫描（1.3 兆像素/秒）的速率采集点数据，同时配备 360°水平扫描和 27°的垂直 FOV。激光脉冲长 5ns，深度精度约 2cm。这些设备通常用于自动驾驶、环境重建和避障。

2. 闪光激光雷达

与扫描设备不同的是，闪光激光雷达有一个二维探测器阵列（也称为焦平面阵列，类似于相机成像仪，但每个像素都有定时电路来测量激光脉冲的 TOF）。光源脉冲［发光二极管（LED）或激光器］的形状可以覆盖大面积，而不是单个或多个激光束。所有像素在脉冲启动时都会启动计时器，并测量接收后向散射光所需的时间。通常采集几十个样本并取平均值，以减少测量中的噪声——由于激光没有聚焦到光束中，因此接收到的能量非常小。正如可以预料的那样，由于采用了定时电子器件，探测器阵列像素相当大；ASC[31.3] 的一个典型设备有 128×128 像素，能够以高达 60Hz 的频率捕获数据（约为 1 兆像素/秒，类似于 Velodyne 设备）。这些设备价格昂贵，因此不用于消费类应用。或者，用更简单的逐像素电子设备来间接测量 TOF。表 31.1列出了一种 ASC 设备的特性。

表 31.1 TigerEye 装置的特性

制造商/品牌	分辨率	最大范围	重复精度
ASC TigerEye	128×128	60～1100m	0.04m@ 60m

3. 间接飞行时间传感器

间接飞行时间传感器通过从传播光束的特定特性推断出传输时间来测量距离。两种主要的方法分别是基于调制和相位差以及选通强度。

4. 基于调制的飞行时间传感器

基于调制的距离传感器通常有两种类型，其中连续激光信号是振幅调制或频率调制。通过观察输出和返回信号之间的相位差，估计信号传输时间，并由此计算目标距离。

振幅调制的工作原理是用频率 f 改变光信号 $s(t)=\sin(2\pi ft)$ 的强度。从物体反射的信号具有相移 φ，并且返回的信号是

$$r(t)=R\sin(2\pi ft-\varphi)=R\sin\left[2\pi f\left(t-\frac{2d}{c}\right)\right]$$

$$d=\frac{c\phi}{4\pi f} \tag{31.5}$$

式中，c 是光速；d 是到物体的距离；R 是反射振幅。测量相移得到距离；注意，因为相移在 2π 处，模糊区间为 $c/2f$。对于 10MHz 的调制，间隔为 15m。

为了测量相位差，需要将返回信号与初始参考信号和一个 90°相移版本进行混合，然后进行低通滤波处理。图 31.6 比较了给出相位差和强度信息的两个混合信号。

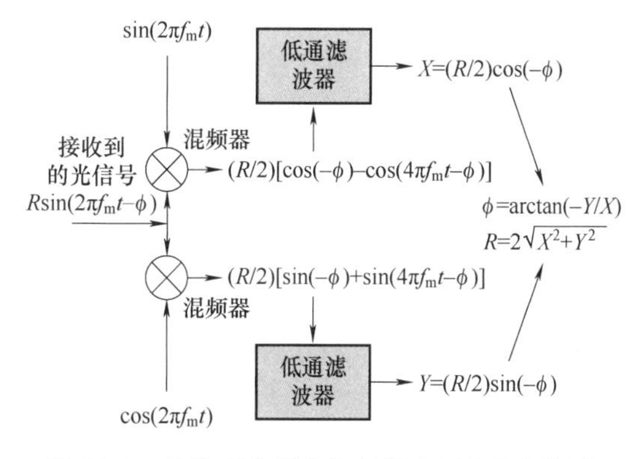

图 31.6 比较两个混合信号得出相位差和强度

有些商用设备会使用单波束和平面阵列形式的幅度调制。平面阵列利用 CMOS 集成，在紧凑型传感器中实现每个像素的全信号比较[31.4,5]。由于信噪比（SNR）取决于返回信号的振幅，因此这些设备的深度分辨率通常会随着时间的推移而以 d^2 的比例降低，与三角测量装置相当。典型的重复精度为在 0.5m 处约 3cm，明显低于三角测量装置；阵列高达 200×200 像素。平面阵列的优势在于它是一种简单且生产成本低廉的单芯片测距装置。它们也有良好的环境光抑制，并有可能被用于户外。

频率调制，也称为频率调制连续波（FMCW），

用周期 t_m 的锯齿形斜波调制激光频率，其中最大频率扩展为 Δf。输出信号和输入信号被混合以得到信号差 f_i，其通过频率计数来测量。距离计算为 $d=f_i ct_m/2\Delta f$。由于可以非常精确地测量频率差，因此该技术可以产生极好的深度精度，在2m处约为5mm[31.6]。混频和频率计数所需的电子设备，以及线性激光频率调制的困难，使这种技术仅限于高端单光束设备[31.7]。

5. 距离选通强度

有些商用设备会使用单波束和平面阵列形式的振幅调制。平面阵列利用CMOS集成，在紧凑型传感器中实现每个像素的全信号。

另一种间接测量脉冲TOF的方法是测量在精确时间段内返回的脉冲量。如果发出宽度为 w 的脉冲，探测器将开始接收 $t_0=2d/c$ 处距离为 d 的物体反射的脉冲，并在 $t_w=(w+2d)/c$ 处完成接收。如果探测器在精确的时间 t 内打开，那么相对于全脉冲反射，它接收到的反射信号量是距离 d 的线性度量。因此，通过比较两个返回值可以确定 d，其中一个具有较大的打开时间来测量全脉冲，另一个具有较小的打开时间。只要每个像素可以在一个精确的时间被光敏触发，就可以制造一个连续测量两个脉冲返回的平面阵列CMOS器件。使用这一原理的商用设备在1m处的精度约为几厘米，阵列高达128×96[31.8,9]。

31.2.3 方法比较

参考文献［31.6］对不同类型的距离感测技术进行了有深度的全面总结。该类技术的两个主要参数是空间精度和深度精度。在图31.7中，可用的传感器沿着这两个维度进行分类。直接TOF激光扫描仪（LMS、UT设备）在空间和深度精度上都集中在0.5~1cm。Photon80器件采用FMCW调制，具有优异的空间和深度精度，它同时也是一种扫描设备。

三角测量设备（通常是立体、Kinect和结构光）的特性相对较差。特别当目标位于2m处时，三角测量精度随 d^2 下降，这种比较有失偏颇。在距离误差方面，所有这些装置都比0.5m处的TOF装置好。立体传感器在不同配置下也可以表现出更好的空间密度，即分辨率更高、基线更大、相关窗口更小。一般来说，我们期望三角测量传感器在较短距离内优于TOF传感器。

单芯片闪光LIDAR设备IFMO3D200使用振幅调制，相对于其他传感器，其结果通常较差。

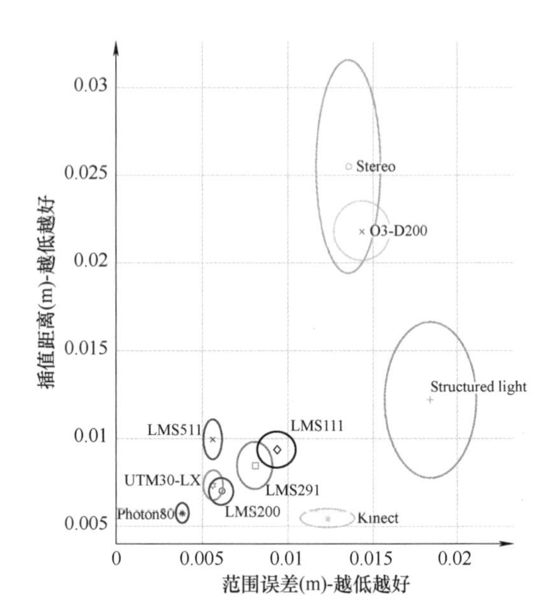

图31.7 测距装置特性[31.6]
（Y 轴为空间精度，X 轴为深度精度，在2m处的目标上进行测量）

31.2.4 立体视觉

本节将更详细地讨论立体分析。立体分析使用两个或多个输入图像来估计到场景中的点的距离。基本概念是三角测量：一个场景点和两个相机点形成一个三角形。若已知两个相机之间的基线，以及相机光线形成的角度，就可以确定到物体的距离。

实际上，在搭建一个可应用于机器人的立体成像系统时会遇到许多困难。这些困难大多出现在为两幅图像中对应于场景中同一点的像素寻找可靠的匹配时。进一步讲，机器人的立体分析具有实时性约束，而某些算法所需的处理能力可能非常高，不过近年来已经取得了很大的进展。立体成像的优势在于它可以提供全三维范围的图像，与视觉信息一起记录，更有以高帧速率输出到无限远距离的潜力，这是其他距离传感器无法比拟的。

在本小节中，我们将回顾立体分析的基本算法，并强调该方法的问题和潜力。为了简单起见，我们以双目立体分析为例。

1. 立体图像几何

本小节给出了基本立体几何结构的一些细节，特别是通过投影和重投影将图像与三维世界建立起的关系。关于几何结构和校正过程的更深入的讨论见参考文献［31.10］。

对输入图像进行校正，意味着对初始图像进行修改，以对应于具有特定几何形状的理想针孔相机，如图 31.8 所示。任何三维点都会沿着穿过焦点的射线投射到图像中的一个点。如果相机的主射线是平行的，图像嵌入在一个公共平面中并且具有共线扫描线，则搜索几何体采用简单的形式。左图像中点 s 的极线（定义为右图像中 s' 的可能位置）始终是与 s 具有相同 y 坐标的扫描线。因此，搜索立体匹配是线性的。将初始图像校正成标准形式的过程称为校准，这将在参考文献［31.10］中有深入讨论。

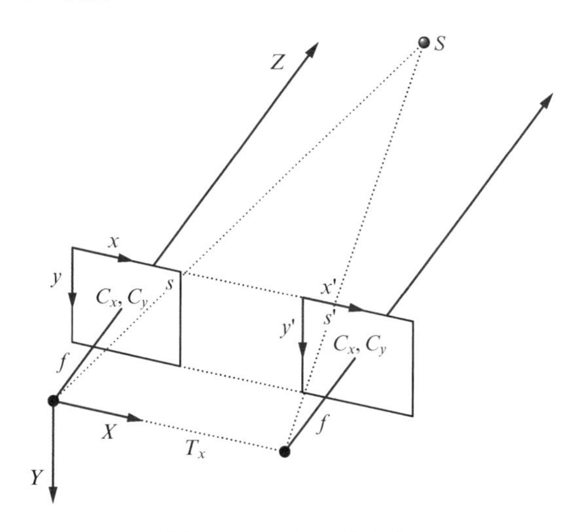

图 31.8 理想立体成像

注：全局坐标系的原点位于左边相机的焦点（相机中心）。坐标系是一个右手系统，Z 轴正方向指向相机前边，而 X 轴正方向指向右边。相机的主光学轴穿过成像面，坐标为（C_x，C_y），两个相机都是如此（有一种非平行轴双目立体视觉相机的变形允许两个 C_x 不同）。两个相机的焦距也相同，图像排成一线。任何景象点投射到成像面的坐标都具有关系 $y=y'$，x 坐标之间的差别定义为视差，焦点之间的向量与 X 轴一致。

s 和 s' 的 x 坐标差是三维点的视差，和它与焦点的距离有关，而基线 T_x 将焦点分开。

利用投影矩阵，通过齐次坐标系下的矩阵乘法，可以将三维点投影到左或右图像中。三维坐标位于左侧相机坐标系内（图 31.8）。

$$\boldsymbol{P}=\begin{pmatrix} F_x & 0 & C_x & -F_xT_x \\ 0 & F_y & C_y & 0 \\ 0 & 0 & 1 & 0 \end{pmatrix} \tag{31.6}$$

这是单个相机的投影矩阵。F_x 和 F_y 是校正图像的焦距，C_x 和 C_y 是光学中心；T_x 是相机相对于左侧（参考）相机的平移。对于左侧相机，T_x 为 0；对于右侧相机，它是基线乘以 x 焦距。

三维中的点用齐次坐标表示，投影用矩阵乘法进行，即

$$\begin{pmatrix} x \\ y \\ z \end{pmatrix}=\boldsymbol{P}\begin{pmatrix} X \\ Y \\ Z \\ 1 \end{pmatrix} \tag{31.7}$$

其中，$(x/w, y/w)$ 是理想的图像坐标。

如果左图像和右图像中的点对应于同一场景特征，则可以使用重投影矩阵从图像坐标计算特征深度。

$$\boldsymbol{Q}=\begin{pmatrix} 1 & 0 & 0 & -C_x \\ 0 & 1 & 0 & -C_y \\ 0 & 0 & 0 & F_x \\ 0 & 0 & -1/T_x & \dfrac{(C_x-C_{x'})}{T_x} \end{pmatrix} \tag{31.8}$$

带“′”的参数来自左投影矩阵，不带“′”的参数来自右投影矩阵。最后一项是零，相机边缘除外。如果 (x, y) 和 (x', y) 是两个匹配的像素点，且 $d=x-x'$，则有

$$\begin{pmatrix} X \\ Y \\ Z \\ W \end{pmatrix}=\boldsymbol{Q}\begin{pmatrix} x \\ y \\ d \\ 1 \end{pmatrix} \tag{31.9}$$

式中，$(X/W, Y/W, Z/W)$ 是特征场景的坐标，$d=x-x'$ 是视差。假设 $C_x=C'_x$，则距离 Z 呈现熟悉的三角测量逆形式

$$Z=\frac{F_xT'_x}{d} \tag{31.10}$$

重投影仅对校正后的图像有效——对于一般情况，投影线不相交。视差 d 是逆深度度量，向量 (x, y, d) 是距离图像的透视法表述（第 31.1 节），有时称为视差空间表示法。视差空间在应用中经常被用来代替三维空间，作为确定障碍物或其他特征的更有效的表述形式（见第 31.4.3 节）。

式（31.9）建立了视差空间与三维欧氏空间之间的一一映射关系。视差空间在三维帧之间的平移中也很有用。设 $p_0=(x_0, y_0, d_0, 1)$ 在第 0 帧中，第 1 帧由刚体运动 $\boldsymbol{R}$、$\boldsymbol{t}$ 关联。利用重投影方程（31.9）则有三维位置是 $\boldsymbol{Q}_{p_0}$，在刚性运动下有

$$\begin{pmatrix} \boldsymbol{R} & \boldsymbol{t} \\ \boldsymbol{0} & 1 \end{pmatrix}\boldsymbol{Q}_{p_0}$$

最后应用 $\boldsymbol{Q}^{-1}$ 得到第 1 帧中的视差表示。这些运算的组合就是单应性

$$H(R,t)=Q^{-1}\begin{pmatrix}R & t\\ 0 & 1\end{pmatrix}Q \tag{31.11}$$

使用单应性允许参考坐标系中的点直接投影到另一坐标系上，而不必转换为三维点。

2. 立体匹配方法

立体分析的基本问题是匹配表示场景中同一对象或部分对象的图像元素。匹配完成后，可以使用图像几何关系计算对象的范围。

匹配方法可以分为局部匹配和全局匹配。局部方法试图根据区域的内在特征将一幅图像的小区域与另一幅图像进行匹配。全局方法通过考虑表面连续性或支撑基础等物理约束来补充局部方法。局部方法可以通过它们是否匹配图像中的离散特征，或者是否关联一个小块区域来进一步分类[31.11]。特征通常被选择为独立于光源和视点。例如，角点是一个自然的特征，因为它们在几乎所有的投影中都保留角点。基于特征的匹配算法补偿了视点变化和相机差异，能够产生快速、鲁棒的匹配。但是它们的缺点是需要高成本的特征提取，并且只能得到稀疏的范围结果。

在下一节中，我们将更详细地介绍局部区域相关算法，因为它是最有效和实用的实时立体分析算法之一。最近的立体匹配方法的研究及结果见参考文献［31.12］，在参考文献［31.13］中，作者给出了一个列出最新信息的网页。

3. 区域相关立体分析

区域相关是利用相关系数比较图像中的小块区域的过程。区域大小是一个折中方案，因为在具有不同视点的图像中，较小的区域更可能相似，而较大的区域增加了信噪比。与基于特征的方法相比，基于区域的相关性会产生更密集的结果。因为区域相关方法不需要计算特征，并且具有非常规则的算法结构，所以它们的实现可以优化。

典型区域相关方法可分解成五步（图31.9）：

（1）几何校正　在该步骤中，通过扭曲成标准形式来校正输入图像中的失真。

（2）图像变换　局部操作符将灰度图像中的每个像素转换为更合适的形式，例如，基于平均局部强度对其进行规格化。

（3）区域相关性　这是相关步骤，其中每个小区域与搜索窗口中的其他区域进行比较。

（4）极值提取　确定每个像素处相关性的极值，生成视差图像：每个像素的值是左右图像块之间最佳匹配的视差。

（5）后滤波　一个或多个滤波器清除视差图像结果中的噪声。

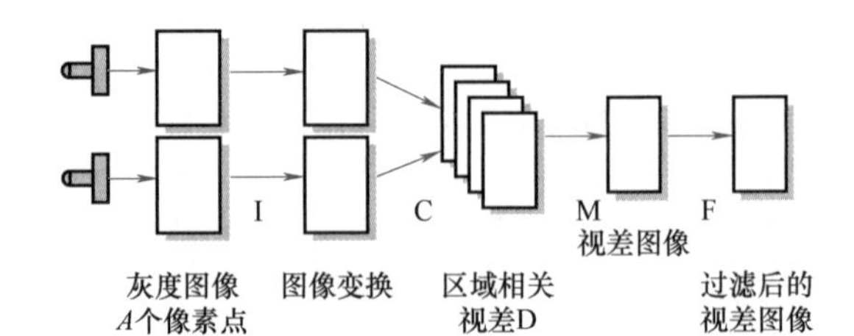

图31.9　典型区域相关方法的处理过程（详见正文）

图像区域的相关性受到光照、透视和图像之间成像差异的干扰。区域相关方法通常不是通过对初始强度图像进行相关，而是通过对强度的某些变换进行相关来实现补偿。假设 u，v 是相关的中心像素，d 是视差，而 $I_{x,y}$，$I'_{x,y}$ 分别是左右图像的像素强度。

1）归一化的交叉相关性。

$$\frac{\sum_{x,y}[I_{x,y}-\hat{I}_{x,y}][I'_{x-d,y}-\hat{I}'_{x-d,y}]}{\sqrt{\sum_{x,y}[I_{x,y}-\hat{I}_{x,y}]^2\sum_{x,y}[I'_{x-d,y}-\hat{I}'_{x-d,y}]^2}}$$

2）高通滤波器，如高斯拉普拉斯算子（LOG）。拉普拉斯方法可以测量高斯平滑区域上的定向边缘强度。通常，高斯标准差是1~2个像素。

$$\sum_{x,y}s(\mathrm{LOG}_{x,y}-\mathrm{LOG}_{x-d,y})$$

当 $s(x)$ 是 x^2 或者是 $\|x\|$ 时上式成立。

3）非参数。这些变换是为了尝试处理异常值问题，这些异常值往往会颠覆相关度量，特别是使用平方差时。普查方法[31.14]可以计算描述像素的局部环境的位向量，其相关度量是两个向量之间的汉明（Hamming）距离

$$\sum_{x,y}(I_{x,y}>I_{u,v})\oplus(I'_{x-d,y}>I'_{u,v})$$

一些标准图像的不同变换及其错误率的结果汇编在参考文献［31.13］中。

另一种提高匹配信噪比的技术是使用两幅以上的图像[31.15]。该技术还可以克服视点遮挡的问题，即物体的匹配部分不会出现在另一幅图像中。在相同的视差下添加图像间相关性的简单技术似乎很有效[31.16]。显然，多幅图像的计算开销要大于两幅图像。

密集的距离图像通常包含必须过滤的错误匹配，尽管这对于多图像方法来说问题不大。表31.2列出了文献中讨论过的一些后过滤技术。

通过定位像素间的相关峰值，视差图像可以得

到亚像素精度。这增加了可用的距离分辨率，而无须进行太多额外的工作。典型精度为 1/10 像素。

表 31.2 在区域相关中清除错误匹配的后滤波技术

关联表面法[31.17]	宽的峰值代表差的特征定位 低的峰值指示较差的匹配 多个峰值说明了结果模棱两可
模式滤波器	缺乏支持视差导致平滑度受损
左/右检验[31.18,19]	非对称匹配指示观测角度的遮挡
纹理[31.20]	较低的纹理能量造成较差的匹配

4. 立体距离图像质量

各种伪影和其他问题会对立体距离图像的质量造成影响。

（1）涂抹　区域相关性引入了前景对象的扩展，从而造成模糊，例如图 31.10 中的女性头部。原因是物体上的强边占主导地位。非参数测度较少受到这种现象的影响。其他方法包括多重相关窗口和成形窗口。

（2）图像失落　这些区域由于纹理能量低，无法找到好的匹配。对于室内外人造表面来说脱落是一种问题。投射一个随机纹理会对此有所帮助[31.21]。

（3）距离分辨率　与 LADAR 设备不同，立体距离精度是距离的二次函数，通过对视差的微分，即式（31.10）得到

$$\delta Z = -\frac{F_x T_x'}{d^2} \tag{31.12}$$

立体距离图像随距离的衰减可以在图 31.10 的三维重建中清楚地看到。

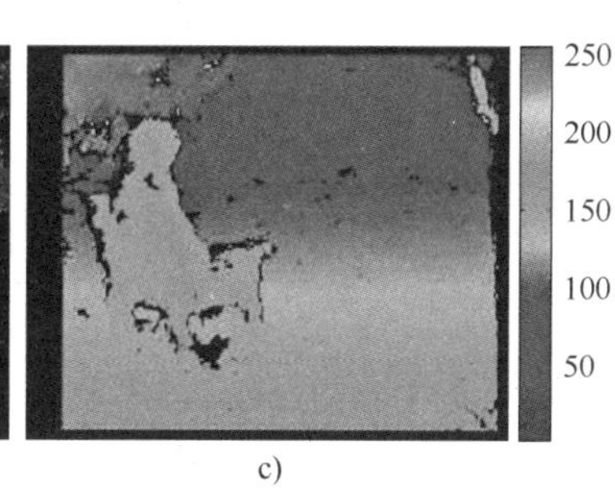

a)　b)　c)

图 31.10 室外花园场景的立体图像效果示例（基线是 9cm）
a）初始左图像 b）从不同角度计算三维点 c）伪彩色视差图像

（4）处理　区域相关属于处理器密集型，需要 Awd 操作，其中 A 是图像区域，w 是相关窗口大小，d 是视差的数量。明智的优化方式是利用冗余计算将其减少到 Ad（与窗口大小无关），而要以一定的存储空间为代价。标准个人计算机（PC）[31.22,23]、图形加速器[31.24,25]、数字信号处理器（DSP）[31.26]、现场可编程门阵列（FPGA）[31.22,27]和专用集成电路（ASIC）[31.28]都有实时实现的能力。

5. 其他可视源的距离信息

在这里，我们简要列出最流行但不太可靠的来源信息。这些来源可能会对其他传感器做出补充。

（1）聚焦/离焦　通过了解相机参数和图像特征的模糊程度，可以估计相应的场景特征距离理想焦距有多远[31.29]。传感器可以是被动的（如使用预先拍摄的图像）或主动的（使用不同的焦点设置拍摄多个图像）。

（2）结构与运动　结构和运动算法同时计算三维场景结构和传感器位置[31.30]。除了只使用一个移动相机外，这基本上是一个双目立体成像过程（见前面的讨论）。因此，立体处理所需的图像由同一相机在多个不同位置获取，虽然同样可以使用相机，但分辨率比较低。与普通算法相比，这种方法的一个重要优点是，如果帧间时间或相机运动足够小，就可以很容易地跟踪图像中的特征。由此简化了通信问题；然而，这可能会导致另外一个问题。如果用于立体计算的一对图像在时间上被拍得很近，那么相机图像之间的间隔就不会太大——这是一个很短的基线。三角测量计算则更加不准确，因为估计图像特征位置的较小误差会导致估计的三维位置的较大误差（特别是深度估计）。通过长时间跟踪可以部分避免这个问题。可能出现的第二个问题是，并非所有的运动都适合估计完整的三维场景结构。例如，如果录像机仅围绕其光轴或焦点旋转，则无法恢复三维信息。通过小心谨慎地操作可以避免这个问题。

（3）着色　表面上的着色图案与表面相对于观

察者和光源的方向有关。此关系可用于估计整个表面的方向。然后可以对表面法线进行积分，以估计相对表面深度。

（4）光度立体化 光度立体化[31.31]是着色和立体处理的组合。关键概念是物体的明暗度随光源的位置变化而变化。因此，如果有多张光源位于不同位置（例如，太阳移动）的对象或场景的对齐图片，则可以计算场景的曲面法线。由此，可以估算出相对地表深度。由于观察者需静止和光源不断变化的限制，这种方法不太可能对大多数机器人都适用。

（5）纹理 均匀或统计纹理在表面上的变化方式与表面相对于观察者的方向有关。与着色一样，纹理梯度可用于估计整个表面的方向[31.32]。然后可以对表面法线进行积分，以估计相对表面深度。

31.2.5 立体结构光技术

最近，Kinect 距离感测设备成为历史上销售最快的消费电子设备[31.33]。Kinect 采用 PrimeSense （被苹果公司收购）的立体结构光技术，以极低的价格在高度集成的设备中提供空间和深度精度的合理平衡。

PrimeSense 技术投射出一种由红外（IR）激光器和衍射元件的专利组合产生的结构化图案（图 31.11）。图案由网格上的亮点组成，在水平区域上有独特的点组合。分辨率为 1280×960 的相机在距投影仪 7.5cm 的水平偏移处捕获红外图像，并将 19×19 的块与给定水平线的已知点的模式相关联。如果找到匹配，则已知投影图案中图案的位置给出了反射对象对投影仪和相机的角度，从而计算出距离。在大约 50°的视场上，以 640×480 的分辨率返回深度图像，深度精度为 11 位；深度插值到 1/8 像素的精度。参考文献［31.34］研究了 Kinect 的误差特性。深度测量受分辨率的限制，类似于式（31.3）。

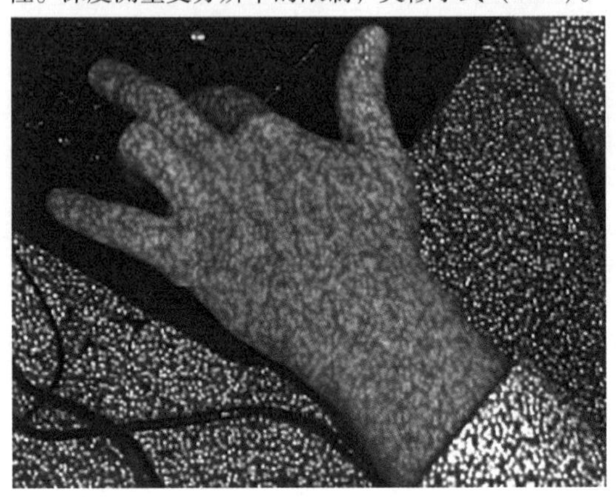

图 31.11 用于计算深度的 Kinect 激光网格

还有其他错误来源。当表面具有最小反射或镜面反射时，会发生丢失现象。在 PrimeSense 技术中，假阳性（即匹配时出现严重的不匹配）非常罕见。由于块相关性的涂抹效应，空间精度远低于返回的 640×480 深度图像。投影图案根据温度拉伸和收缩，导致沿垂直轴的差异偏移。虽然投影仪是通过珀耳帖（Peltier）单元控制温度的，但其温度可能会发生变化。用温度传感器测量这种变化，并在整个图像上应用视差步长，这在深度图像中作为明显的垂直步长出现。

31.3 配准

本节主要介绍用于机器人操作的零件的三维定位技术、机器人车辆的自定位技术以及用于机器人导航的场景理解技术。所有这些都有配准三维形状的能力，例如，从距离图像到距离图像、三角化曲面或几何模型。配准将两个或多个独立获取的三维形状放入一个参考系中。这可以作为一个优化问题来解决，该问题使用了一个成本函数来确定路线的质量。通过确定使成本函数最小化的刚性变换（旋转和平移）来配准三维形状。使用基于特征的配准提取距离图像的特征，并利用相应的特征进行配准。

31.3.1 ICP 算法

下面的方法可用于点集的配准。1991 年，Besl 和 McKay[31.35]、Chen 和 Medioni[31.36]以及 Zhang[31.37]同时发明了完整的算法。这种方法称为迭代最近点（ICP）算法。它是点集配准的实际上的标准，但是如果以三维形状作为样本的话，也同样适用。

给定两个独立获取的三维点集，$\hat{M}$（模型集）和 $\hat{D}$（数据集），它们对应于一个形状，我们要找到由旋转矩阵 $\boldsymbol{R}$ 和平移向量 $\boldsymbol{t}$ 组成的变换 $(\boldsymbol{R},\boldsymbol{t})$，它使下列成本函数最小化。

$$E(\boldsymbol{R},\boldsymbol{t})=\frac{1}{N}\sum_{i=1}^{N}\|\boldsymbol{m}_i-(\boldsymbol{R}\boldsymbol{d}_i+\boldsymbol{t})\|^2 \quad (31.13)$$

所有对应的点都可以用一个元组 $(\boldsymbol{m}_i,\boldsymbol{d}_i)$ 来表示，其中 $\boldsymbol{m}_i\in M\subset\hat{M}$ 且 $\boldsymbol{d}_i\in D\subset\hat{D}$。有两组参数

需要计算，分别是对应点和在对应点的基础上最小化 $E(\boldsymbol{R},\boldsymbol{t})$ 的变换 $(\boldsymbol{R},\boldsymbol{t})$。ICP 算法使用最近点作为对应点。一个足够好的初始估计值使得 ICP 算法能够收敛到正确的最小值。图 31.12 显示了两个三维点云，分别表示它们的初始对准和经过几次 ICP 迭代后的最终配准。

a)

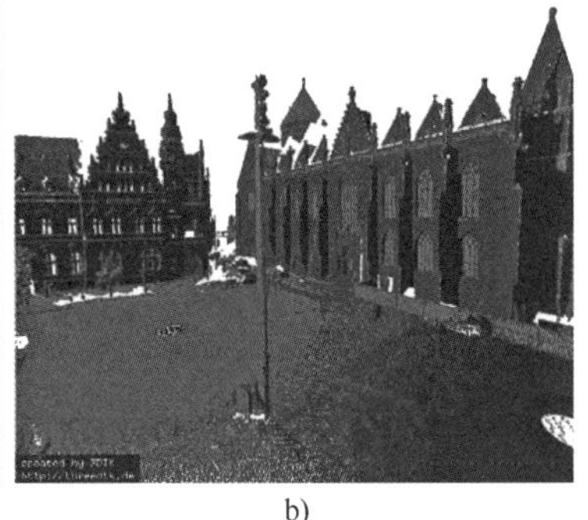

b)

图 31.12 三维点云

a）两个三维点云的初始对准 b）使用 ICP 优化后的最终配准

ICP 的实现（见算法 31.1）使用最近点的最大距离来处理部分重叠的点集。在这种情况下，参考文献［31.35］中关于 ICP 单调收敛的证明不再成立，因为在应用变换后，点数以及 $E(\boldsymbol{R},\boldsymbol{t})$ 的值可能会增加。

算法 31.1 ICP 算法

1：**for** i=0 to *maxIterations* do

2：**for all** $d_j \in D$ **do**

3：在点 d_j 的集合 M 中找到范围 $d_{\max}$ 内最近的点。

4：**end for**

5：计算变换 $(\boldsymbol{R},\boldsymbol{t})$，同时使误差函数式（31.13）最小化。

6：将步骤 5 中的变换应用于数据集合 D。

7：计算二次误差的差异，即计算变换前后 $\|E_{i-1}(\boldsymbol{R},\boldsymbol{t})-E_i(\boldsymbol{R},\boldsymbol{t})\|$ 的差值。如果该值低于阈值 ε，则计算终止。

8：**end for**

当前对 ICP 算法的研究主要集中在 ICP 算法的快速变体上[31.38]。如果输入是三维网格，则可以使用点到平面的度量代替式（31.13）。使用最小化的点到平面度量优于标准的点到点度量，但需要在预处理步骤中计算法线和网格。

最近点的计算是 ICP 算法的关键步骤。可以实现检查 $\hat{M}$ 中的所有点，得到 ICP 计算时间的是 $O(|\hat{D}||\hat{M}|)$，即 $O(n)^2$。注意 $\hat{N}$ 可以很大；先进的高精度三维激光扫描仪，如 Zoller C Fröhlich 的数据传输速率高达每秒 1000000 个三维点。一种高效的树型数据结构，即 k-d 树，被广泛用于加快最近点的计算速度。k-d 树的每个节点表示一个点集划分为两个不同的集，即后继节点。树的根表示整个点集。树的叶子被称为桶，将点集划分成小的析取点集。此外，树的每个节点都由点集的中心和维数组成。在初始的 k-d 树论文中，这些所谓的分裂维度是根据节点的深度以循环方式选择的[31.39]。分裂维度和值定义了 k 维空间中与轴对齐的超平面。根据数据在超平面上的位置将其划分为后续节点。构造 k-d 树，直到节点中的点数低于阈值 b（桶大小）。只有树的叶子包含数据点。在 k-d 树中进行递归搜索。一个给定的 3D 点 $\boldsymbol{p}_q$ 需要与分离平面（分裂维度和分裂值）进行比较，以决定搜索在哪一侧继续。执行此过程直到到达叶，在那里，算法必须评估所有桶点。然而，如果查询点 $\boldsymbol{p}_q$ 到限制的距离 d 小于到桶 $\boldsymbol{p}_q$ 中最近点的距离 d，则最近点可以在不同的桶中。在这种情况下，必须执行回溯。这种测试称为界内球测试[31.39-41]。优化后的 k-d 树选择分裂维度和分裂值[31.40]，使得期望的回溯量最小化。由于人们通常没有关于查询点的信息，k-d 树算法只考虑给定点的分布。对于所有可能的查询，这都是有效的，但对于特定的查询来说，这并不是最佳的[31.40]。这使得递归构造成为可能，并避免了已知的 NP 完全（NP-complete）的整体优化[31.42]。

k-d 树搜索的改进，特别是对于小维度的改进，在过去的十年中已经被证明。它们包括近似 k-d 树搜索[31.41]、使用 d^2 树的配准[31.43]和缓存 k-d 树搜索[31.44]。此外，空间数据结构八叉树可以用于搜索性能相似的点云，这将在本节后面讨论。在每个ICP迭代中，可通过以下四种方法中的任何一种以$O(N)$为单位计算转换：

1）Arun等[31.45]提出的基于奇异值分解（SVD）的方法。

2）Horn等[31.46]提出的基于四元数的方法。

3）Horn使用正交矩阵的算法[31.47]。

4）Walker等[31.48]基于对偶四元数的计算方法。

除了上述这些封闭解法之外，还有一些线性化的近似求解方法[31.49]。

目前的挑战是要确保旋转矩阵$\boldsymbol{R}$是正交的。大多数情况下，第一种方法是可实现的，因为它的简单性和各种库中的数值奇异值分解的可用性。旋转矩阵$\boldsymbol{R}$为3×3阶正交阵。用$\boldsymbol{R}=\boldsymbol{V}\boldsymbol{U}^{\mathrm{T}}$计算了最佳旋转角度。这里矩阵$\boldsymbol{V}$和$\boldsymbol{U}$由SVD($\boldsymbol{H}=\boldsymbol{U}\boldsymbol{A}\boldsymbol{V}^{\mathrm{T}}$)导出。这个3×3阶矩阵$\boldsymbol{H}$由下式给出

$$\boldsymbol{H}=\sum_{i=1}^{N}\boldsymbol{m}_i'^{\mathrm{T}}\boldsymbol{d}_i'=\begin{pmatrix}S_{xx} & S_{xy} & S_{xz}\\ S_{yx} & S_{yy} & S_{yz}\\ S_{zx} & S_{zy} & S_{zz}\end{pmatrix} \quad (31.14)$$

式中，$S_{xx}=\sum_{i=1}^{N}m'_{x,i}d'_{x,i}$，$S_{xy}=\sum_{i=1}^{N}m'_{x,i}d'_{y,i}\cdots\cdots$

31.3.2 基于标记和特征的配准

为了避免ICP框架中的初始估计问题，基于标记的配准使用定义的人工或自然地标作为对应点。这种手动数据关联确保通过最小化式（31.13）扫描实现在正确的位置配准。不再需要迭代，但可以通过RANSAC算法进行验证。RANSAC算法是一种通用的随机过程，可以不断迭代，为可能包含大量异常值的观测数据找到精确的模型[31.50]。

三维特征表示与提取的说明如下。

可用于编码三维场景结构和模型的表示方法有很多，但以下表示是机器人应用中最常见的表示。一些场景模型或描述可能同时使用其中的多个来描述场景或对象模型的不同方面。

（1）法线　法线描述点中的曲面方向。有许多方法已被开发用于计算点云和距离图像中的法线。这些方法中的大多数都涉及某种形式的特征值分解，类似于线性最小二乘法。法线的计算通常是考虑到附近的相邻点，此相邻点是使用各种方法计算的，如近邻搜索计算。这些方法包括k邻域（k-NN）和半径搜索等。总体最小二乘法对噪声具有鲁棒性，因为它本身包含低通滤波，但是它对点样本的分布和密度以及基础流形的曲率非常敏感。参考文献［31.51］中讨论了使用高阶曲面对上述方法的改进，并指出，即使使用任意密度的样品，这种方法也可能失败。

最小二乘问题是指在相邻点集中找到最适合小表面积的平面参数。平面的定义是

$$n_x x+n_y y+n_z z-d=0$$

式中，设$\boldsymbol{p}=(x,y,z)^{\mathrm{T}}$位于平面上，且$(n_x,n_y,n_z,d)$是要计算的参数。给定曲面$k$个三维点的子集$p_i$，$i=1,2,\cdots,k$，最小二乘法求最优法向量$\boldsymbol{n}=(n_x,n_y,n_z)^{\mathrm{T}}$和标量$d$，使以下误差方程最小化

$$e=\sum_{i=1}^{k}(\boldsymbol{p}_i\boldsymbol{n}-d) \quad (31.15)$$

利用拟合平面从相邻点进行正态估计的基本方法是主成分分析（PCA）。PCA是数据协方差（或相关）矩阵的特征值分解或数据矩阵的奇异值分解，通常在对每个属性（三维查询点）的数据矩阵进行均值居中（和归一化）之后。PCA可以解释为拟合高斯分布和计算主轴。对于每个查询点，有

$$\boldsymbol{\mu}=\frac{1}{k}\sum_{i=1}^{k}\boldsymbol{p}_i$$

$$\Sigma=\frac{1}{k}\sum_{i=1}^{k}(\boldsymbol{p}_i-\boldsymbol{\mu})^{\mathrm{T}}(\boldsymbol{p}_i-\boldsymbol{\mu})$$

如果相邻点属于一个平面，则与上述矩阵Σ的最小特征值对应的向量和为法向，这也是总体最小二乘问题的封闭解。

对于等矩范围的图像，即球坐标，在参考文献［31.52］中提出了一种快速算法，避免了计算特征值。式（31.15）除以d^2，得到一个简化的函数，再除以距离平方ρ^2可得

$$e=\sum_{i=1}^{k}((\rho^{-1}\boldsymbol{p}_i)^{\mathrm{T}}\boldsymbol{n}-\rho_i^{-1})^2$$

其中

$$\boldsymbol{p}_i=\begin{pmatrix}\cos\theta_i\sin\phi_i\\ \sin\theta_i\sin\phi_i\\ \cos\phi_i\end{pmatrix}$$

因此，$\boldsymbol{n}$的解如下所示：

$$\boldsymbol{n}=\boldsymbol{M}^{-1}\boldsymbol{b}$$

式中，$\boldsymbol{M}=\sum_{i=1}^{k}\boldsymbol{p}_i\boldsymbol{p}_i^{\mathrm{T}}$，$\boldsymbol{b}=\sum_{i=1}^{k}\frac{\boldsymbol{p}_i}{\rho_i}$。

这种方法避免了特征值的计算，并且由于矩阵$\boldsymbol{M}$不依赖于距离，因此可以预先计算矩阵$\boldsymbol{M}$的期望图像坐标。切向曲面及其法向量是通过简单地取兴趣点的曲面函数的导数得到的，即

$$
\boldsymbol{n} = \nabla\rho = \nabla\rho(\theta,\phi) = \begin{pmatrix} \cos\theta\sin\theta - \dfrac{\sin\theta}{\rho\sin\phi}\dfrac{\partial\rho}{\partial\theta} + \dfrac{\cos\theta\cos\varphi}{\rho}\dfrac{\partial\rho}{\partial\phi} \\ \sin\theta\sin\theta - \dfrac{\cos\theta}{\rho\sin\phi}\dfrac{\partial\rho}{\partial\theta} + \dfrac{\sin\theta\cos\varphi}{\rho}\dfrac{\partial\rho}{\partial\phi} \\ \cos\phi - \dfrac{\sin\varphi}{\rho}\dfrac{\partial\rho}{\partial\phi} \end{pmatrix}
$$

（2）三维点特征　这是一组三维点的集合 $\{\boldsymbol{p}_i=(x_i,y_i,z_i)\}$，描述场景中一些显著和可识别的点。它们可能是球体的中心（通常用作标记），三个平面相交的角，或表面上某些凸起或凹痕的极值。它们可以是最初获取的三维完整场景点集的子集，或者可以从距离图像中提取，或者可以是基于提取的数据特征计算的理论点。

三维点特征和描述符的一个早期示例是 spin 图像，用于点云和网格之间的曲面匹配。扫描的三维点作为网格的顶点，并通过三维扫描几何体建立连通性。曲面匹配表示法的一个基本组成部分是一个定向点，即具有相关方向的三维点。Huber 等[31.53]使用顶点 $\boldsymbol{p}$ 的三维位置和顶点 $\boldsymbol{n}$ 处的曲面法线定义曲面网格顶点处的定向点 O。给定一个定向点，可以计算两个坐标：α 为到曲面法线 L 的径向距离，β 为切平面 P 上方的轴向距离（图 31.13）。

$$
(x)\mapsto(\alpha,\beta)=\left(\sqrt{\|\boldsymbol{x}-\boldsymbol{p}\|^2-[\boldsymbol{n}\cdot(\boldsymbol{x}-\boldsymbol{p})]^2}\,\boldsymbol{n}\cdot(\boldsymbol{x}-\boldsymbol{p})\right)
$$

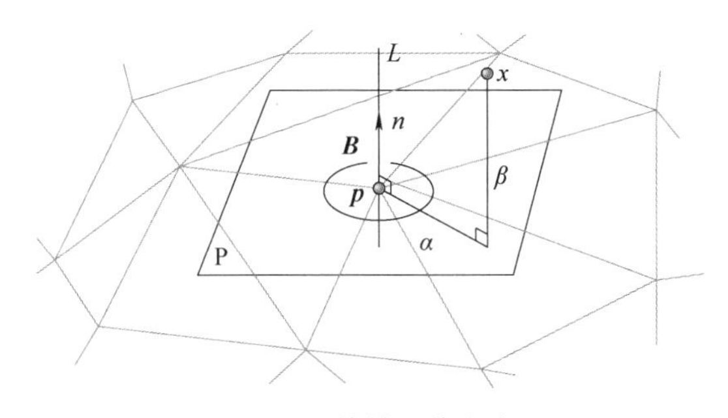

图 31.13　旋转图像的定义

旋转映射一词来源于定向点基的圆柱对称性；基面可以绕其轴旋转，而不影响点相对于基面的坐标[31.53]。圆柱对称的结果是，相对于基面，位于平行于切平面 P 且以 L 为中心的圆上的点将具有相同的坐标 (α,β)。

三维点特征的开创性工作是点特征直方图（PFH）描述符。它们通过使用多维直方图概括点周围的平均曲率来编码点的 k 邻域几何特性[31.54]。这种高维超空间旨在为特征表示提供信息性特征，对下垫面的六维姿态保持不变，并能很好地应对邻域中存在的不同采样密度或噪声水平[31.55]。

为了构造新的特征空间，首先引入了双环邻域的概念。按照参考文献［31.54］的符号和文本规定，设 P 是一组三维点，(x_i,y_i,z_i) 为几何坐标。属于 P 的点 $\boldsymbol{p}_i$ 有一个双环邻域，如果 r_1，$r_2\in R$，$r_1<r_2$，$\begin{cases} r_1\rightarrow p_{k_1} \\ r_2\rightarrow p_{k_2} \end{cases}$，有 $0<k_1<k_2$。两个半径 r_1 和 r_1 用于确定 $\boldsymbol{p}_i$ 的两个不同的特征表示层。第一层表示邻域曲面单元 p_{k_1} 的查询点处的曲面法线，第二层包括 PFH 作为一组角度特征（图 31.14），即

$$
\alpha=\boldsymbol{v}\cdot\boldsymbol{n}_{\mathrm{t}}
$$

$$
\varphi=\boldsymbol{u}\cdot\frac{(\boldsymbol{p}_{\mathrm{t}}-\boldsymbol{p}_{\mathrm{s}})}{d}
$$

$$
\theta=\arctan(\boldsymbol{w}\cdot\boldsymbol{n}_{\mathrm{t}},\boldsymbol{u}\cdot\boldsymbol{n}_{\mathrm{t}})
$$

除了三维结构特征外，从纹理中提取的三维特征（例如，共配准彩色图像或扫描反射率）也被广泛用于配准[31.56,57]。图 31.15 显示了从具有校准反射率值的三维扫描仪中提取的尺度不变特征变换（SIFT）的特征。

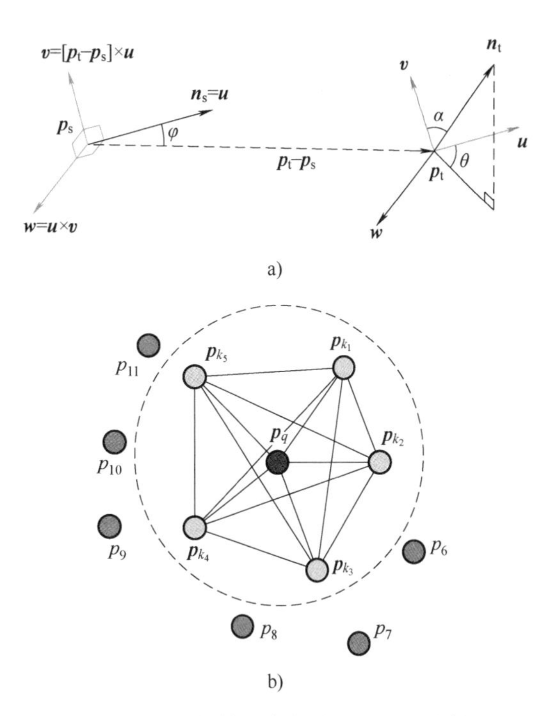

图 31.14　点特征直方图（PFH）示例
a）PFH 中的角度特征　b）定义的两个区域

（3）平面　平面曲面可以仅由方程给出的无限曲面来描述，但也可以包括曲面单元边界的描述。机器人应用的方便表示是形成贴片边界的三维点

图 31.15 从三维激光扫描反射率值中提取的 SIFT 特征

$\{(x_i, y_i, z_i)\}$，或由一组连接线段表示边界的折线的列表。折线由三维点 $\{(x_i, y_i, z_i)\}$ 的序列表示，这些点形成连接线段的顶点。

平面提取（Plane extraction）或平面拟合（Plane fitting）是将给定的三维点云建模为一组理想地解释每个数据点的平面的问题。RANSAC 算法是一种可行的算法。该算法适用于平面搜索时，随机选取三个三维点（尽管利用点选择算法的局部性可以提高算法的效率）。这三个点决定了一个具有参数向量 $\boldsymbol{a}$ 的平面。测试集合中的所有点 $\{\boldsymbol{p}\}$ 是否属于平面（$|\boldsymbol{p}_i \cdot \boldsymbol{a}| < \tau$）。如果有足够多的点靠近这个平面，那么就有可能找到一个平面。这些点也应该被处理以找到一个连通集，从中可以使用上面给出的最小二乘法来估计一个更精确的平面参数集。如果成功找到平面单元，则位于该平面上的点从数据集中删除。然后继续随机选择三个点，直到找不到更多的平面为止（可以估计尝试次数的界限）。例如，Schnabel 等[31.58]将 RANSAC 用于平面提取，并发现该算法可以执行精确和快速的平面提取，但前提是参数已正确微调。为了进行优化，他们使用了点云数据中不易获得的信息，如法线、相邻关系和异常值比率。

平面检测的另一个标准方法是基于种子单元的区域生长。当场景主要由平面组成时，一种特别简单的方法是基于选择先前未使用的点和它附近的点集 $\{\boldsymbol{p}_i = (x_i, y_i, z_i)\}$。使用最小二乘法（参见正常计算）将平面拟合到这些点。然后，需要通过检查最小特征值（它应该很小，并且是预期噪声级的平方的数量级）和确保拟合集中的大多数三维点位于平面（$|\boldsymbol{p}_i \cdot \boldsymbol{a}| < \tau$）上来测试该假设平面的合理性。

通过定位位于平面（$|\boldsymbol{p}_i \cdot \boldsymbol{a}| < \tau$）上的新相邻点 $\boldsymbol{p}_i$，可以“生长”出更大的平面区域。当找到足够的参数时，重新估计平面的参数 $\boldsymbol{a}$。检测到的平面上的点被移除，并用新的种子单元重复该过程。此过程将继续，直到无法添加更多点。参考文献［31.59］中给出了平面特征随区域增长而扩展的完整描述。

Bauer 和 Polthier 使用 Radon 变换来检测体积数据中的平面[31.60]。该算法的思想和速度与标准 Hough 变换相似。Hough 变换[31.61]是一种检测参数化对象的方法。对于 Hough 变换，使用法向量以 Hesse 范式表示平面。因此，一个平面是由平面上的点 $\boldsymbol{p}$，垂直于平面的法向量 $\boldsymbol{n}$ 和到原点的距离 ρ 给出，即

$$\rho = \boldsymbol{p} \cdot \boldsymbol{n} = p_x n_x + p_y n_y + p_z n_z = \rho$$

考虑法向量与坐标系的夹角，将 $\boldsymbol{n}$ 的坐标分解为

$$p_x \cos\theta \sin\phi + p_y \sin\varphi \sin\theta + p_z \cos\varphi = \rho \qquad (31.16)$$

式中，θ 是法向量在平面 xy 上的角度；ϕ 为平面 xy 与 z 方向上的法向量之间的角度。ϕ、θ 以及 ρ 定义三维 Hough 空间 (θ, ϕ, ρ)，使得 Hough 空间中的每个点对应于 $\mathbb{R}^3$ 中的一个平面。要在点集中找到平面，需要计算每个点的 Hough 变换。给定笛卡儿坐标系中的一个点 $\boldsymbol{p}$，就可以找到该点所在的所有平面，也就是说，找到所有满足式（31.16）的 θ、ϕ 以及 ρ。在 Hough 空间中标记这些点，即得到如图 31.16 所示的三维正弦曲线。Hough 空间中两条曲线的交点表示围绕两点所建直线旋转的平面。因此，Hough 空间中三条曲线的交点对应于定义由三个点跨越的平面的极坐标。在图 31.16 中，交叉点用黑色标记。给定笛卡儿坐标系中的一组点，一个变换所有点 $\boldsymbol{p}_i \in P$ 进入 Hough 空间。在 $\boldsymbol{h}_j \in (\theta, \phi, \rho)$ 中相交的曲线越多，$\boldsymbol{h}_j$ 所代表的平面上的点越多，从 P 中提取 $\boldsymbol{h}_j$ 的概率就越高。

标准 Hough 变换对于真实数据中的平面检测来说速度太慢了。所以出现了一种称为随机 Hough 变换的变体。它是处理三维数据时的首选方法，因为它在运行时间和质量方面具有优异的性能[31.62]。

其他的平面提取算法对于特定的应用是高度专业化的，并且由于各种各样的原因而没有被广泛使用。Lakaemper 和 Latecki[31.63]使用期望最大化（EM）算法来拟合最初随机生成的平面，Wulf 等[31.64]根据扫描激光扫描仪的特定特性检测平面，Yu 等[31.65]开发了一种聚类方法来解决该问题。

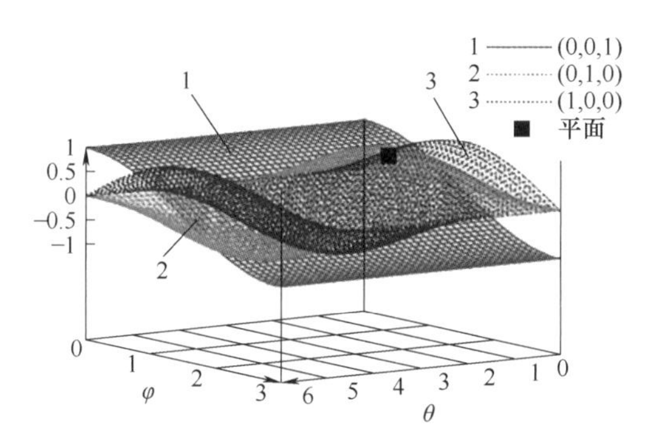

图 31.16 三点从 ℝ 到空间的变换（θ,ϕ,ρ）

注：曲线的交点（用黑色标记）描绘了三个点所跨越的平面。

（4）三角化曲面 最常见的是表面近似多边形网格，特别是三角网格，是一种标准的数据结构，在计算机图形学中一般表示三维物体。这种表示法通过一组三角形曲面单元来描述对象或场景。也可以使用更一般的多边形曲面单元甚至各种平滑曲面表示，但三角形最常用，因为它们更简单，并且有廉价的 PC 图形卡可以高速显示三角形。

三角形可以是大的（例如，当表示平面时）或小的（例如，当表示曲面时）。三角形尺寸的选择反映了表示对象或场景曲面所需的精度。三角化曲面可能是完整的，因为所有可观察的场景或对象曲面都是由三角形表示的，或者可能存在带或不带内部孔的断开曲面单元。对于抓取或导航，人们不希望任何未呈现的场景曲面位于曲面的表示部分前面，在该部分中，夹持器或车辆可能与其碰撞。因此，我们假设三角测量算法产生曲面单元集，如果在边缘完全连接，则隐式地绑定所有真实场景曲面。图 31.17 显示了三角化曲面和初始点云的示例。

a)

b)

图 31.17 三角化曲面和初始点云的示例

a）使用类似 kinect 的传感器获取的图像 b）kinect 融合重建

事实上的标准是 Lorensen 和 Cline[31.66] 提出的行进立方体（marching cubes）算法。该算法将扫描体积细分为若干个立方体单元或体素。对于每个单元，计算单元边和曲面之间的交点。然后使用预先计算的曲面图案生成局部三角形曲面进行近似。图 31.18 给出了此类图案的示例。为了对交点进行插值，使用最小二乘法将隐式连续曲面表示（如平面或样条曲线）拟合成局部数据[31.67,68]。行进立方体算法的一个特点是，它生成的三角形比表示对象所需的三角形多。因此，在过去的几年中，已经引入了几种网格简化算法。其中大多数定义了误差度量，以表明某个操作对模型造成的误差，即删除边缘[31.69,70]。为了优化模型，会进行多次迭代，去除对拓扑造成最小误差的边。由于每次删除边后，都必须将新的顶点插入网格，因此可以更改初始拓扑。

kinect 融合方法修改了 Hoppe 的距离函数[31.71]。它利用深度图像（矩形）的特性来计算法线和相关平面。该方法通过图形处理单元（GPU）实现大规模并行化，可以实时重建和配准网格。

（5）空间直线 平面相交的空间直线是立体和距离传感器都能很容易检测到的特征。这些特征通常出现在建筑环境中（例如，墙壁、地板、天花板和门口交汇处、布告板等墙壁结构边缘、办公室和仓库家具边缘等）。它们在人造物体上也很常见。在立体的情况下，将表面形状或颜色的变化检测为边缘，在立体成像过程中进行匹配，直接生成三维边缘。在距离传感器的情况下，平面可以很容易地从距离数据中提取（见第 31.3.5 节），相邻的平面可以相交得到边缘。

空间直线最直接的表示方法是表示所有 λ 的点集 $\boldsymbol{x}=\boldsymbol{p}+\lambda\boldsymbol{v}$，其中 $\boldsymbol{v}$ 是单位向量。它有 5 个自由度；不过也有存在 4 个自由度的更复杂的表示实例[31.10]。

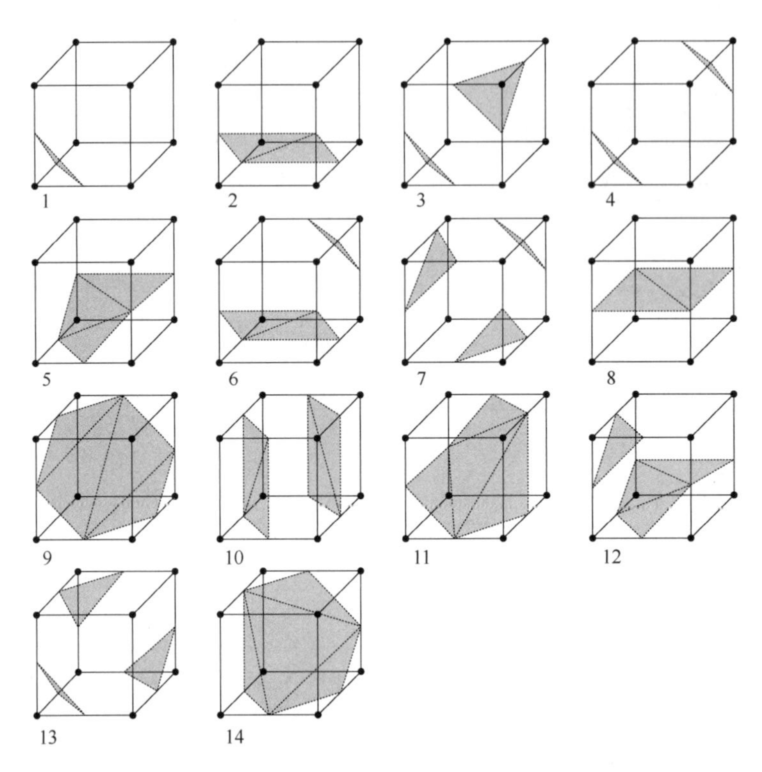

图 31.18 三维体素网格模式

注：256 种组合是可能的，但如果考虑对称性，就足以模拟 16 种组合。

（6）体素 体素（volume pixel）方法的实际效果是通过三维线框/单元来表示三维环境，这些三维线框/单元会显示哪里是场景结构，哪里是自由空间。最简单的表示是一个三维二进制数组，编码为 1 表示有一个结构，编码为 0 表示自由空间。这可能会占用大量内存，而且还需要大量计算来检查许多体素的内容。一种更复杂但更紧凑的表示是称为八叉树的层次表示[31.72]。这将整个（有界的）矩形空间分成八个称为八分体的矩形子空间（图 31.19）。树数据结构将每个八进制的内容编码为空、满或混合型。混合型的八分体再细分为八个较小的矩形八分体，编码为较大树的子树。细分将继续，直到达到某个最小八分之一大小。确定体素是空的、满的还是混合型取决于所使用的传感器，但是，如果体素的体积中没有三维数据点，则很可能是空的。类似地，如果存在多个三维点，则体素可能已满。目前，许多使用八叉树的范围数据实现都是可用的[31.73,74]。此外，如前所述，这些体素表示是曲面/网格重建算法的基础。

为了实现机器人的导航、定位或抓取，只需要对物体表面和自由空间的体素进行精确的标记，对象的内部和场景结构在很大程度上是无关的。

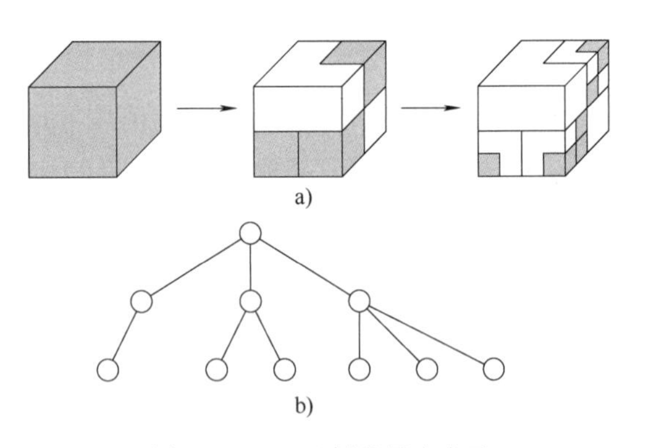

图 31.19 八叉树的层次表示

a）第 3 层八叉树的空间细分。占用的叶节点为灰色阴影

b）稀疏数据结构的对应树结构

（7）直线 虽然直线在人造场景中很常见，但直接从三维数据集中提取直线并不容易。困难的主要来源是三维传感器往往无法在表面边缘获得良好的响应。因此，大多数三维直线检测算法是间接的。例如，首先使用上一节的方法检测平面，然后使相邻平面相交。邻接性可以通过寻找从一个平面到另一个平面的连接像素的路径来测试。如果平面 1 和 2 包含点 $\boldsymbol{p}_1$ 和 $\boldsymbol{p}_2$，并且分别具有曲面法线 $\boldsymbol{n}_1$

和 n_2，则得到的相交线具有等式 $x=a+\lambda d$，其中 a 是直线上的一点，$d=\frac{n_1\times n_2}{\|n_1\times n_2\|}$ 表示直线方向。

通过求解方程 $a'n_1=p'_1n_1$ 和 $a'n_2=p'_2n_2$，我们可以找到无限多个可能的点 a。而得到 p_2 附近点的第三个合理约束是方程 $a'd=p'_2d$。这给了我们一条无限长的直线，而大多数实际应用需要有限的线段。端点可以通过找到直线上靠近两个平面上观察点的点，然后找到这些点的两个极端来估计。另一方面，使用立体传感器可以更容易地找到空间直线，因为这是匹配两条二维直线的结果。

31.3.3 多角度配准

机器人环境的全局一致性表示对于许多机器人应用至关重要。许多移动系统配备了三维深度感知传感器，可以收集本地三维环境的空间信息。匹配算法的任何迭代应用都会由于感知错误和匹配过程本身的不精确性而导致不一致。为了避免这些问题，需要采用全局匹配算法，同时考虑距离传感器数据之间的全局对应关系。第 46 章讨论的同步定位与建图（SLAM）算法解决了一个非常类似的问题。除了配准多个视图，它们还估计了一个地图。多视点配准还涉及摄影测量领域中的束调整和运动结构（SFM）。

如果必须配准 n 视图，则两点集配准方法任何顺序的应用都会累积误差，因此配准算法（见第 31.3.1 节）必须扩展。全局误差函数变为

$$E=\sum_{l\to k}\sum_{i}\|(R_l m_{l,i}+t_l)-(R_k d_{k,i}+t_k)\|^2 \tag{31.17}$$

其中所有视图都有其独特的位姿（R,t）。找到所有重叠视图（l,k）的点对后，对式（31.17）最小化。遗憾的是，最小化式（31.17）的封闭形式解是未知的，但是小角度近似或螺旋变换会产生一个线性方程组，可以通过 Choleskey 分解来求解[31.49]。以类似 ICP 算法的方式，每次变换后必须找到新的点对（见算法 31.2）。

算法 31.2 全局一致的 ICP 算法

1：**for** $i=0$ to *maxIterations* **do**
2：在每对三维点云（l,k）的范围 d_{max} 内找到最近的点。
3：计算 n 次变换（R,t），同时使误差函数（31.17）最小化。
4：将步骤 4 中的 n 次变换应用于所有数据集合。
5：计算二次误差的差异，即计算变换前后 $\|E_{i-1}-E_i\|$ 的差值。如果该值低于阈值 ε，则计算终止。
6：**end for**

参考文献［31.75］中给出了二维距离扫描的概率 SLAM-like 表示法（31.17）。对于每个位姿 X，用 $\bar{X}$ 表示位姿估计，并且 ΔX 是位姿误差。X_j 和 X_k 两种位姿的误差用下式描述：

$$E_{j,k}=\sum_{i=1}^{m}\|X_j\oplus d_i-X_k\oplus m_i\|^2$$

在这里，$\oplus$ 将点转换为全局坐标系的复合运算。对于较小的位姿差，$E_{j,k}$ 可以使用泰勒级数展开进行线性化。线性化误差度量 $E'_{j,k}$ 和高斯分布（$\bar{E}_{j,k},C_{j,k}$）构造了描述所有位姿全局误差的马氏距离：

$$\begin{aligned}W&=\sum_{j\to k}(\bar{E}_{j,k}-E'_{j,k})^{\mathrm{T}}C_{j,k}^{-1}(\bar{E}_{j,k}-E'_{j,k})\\&=\sum_{j\to k}[\bar{E}_{j,k}-(X'_j-X'_k)]^{\mathrm{T}}C_{j,k}^{-1}\sum_{j\to k}[\bar{E}_{j,k}-(X'_j-X'_k)]\end{aligned} \tag{31.18}$$

可以使用迭代最小二乘法有效地求解，例如，Levenberg-Markadt 或共轭梯度法[31.76,77]。协方差是从点对计算出来的。在存在正确协方差的情况下，式（31.18）一次最小化。在扫描匹配的情况下，新的姿态估计产生新的最近点对，进而产生新的协方差。迭代计算点对和最小化的过程可以得到一个快速收敛的稳定算法。概率表示法和全球 ICP 表示法非常相似[31.49]。在参考文献［31.78］中，二维范围扫描的解决方案已扩展到 6 自由度。

31.3.4 模型匹配

模型匹配是将存储的表示与观测数据进行匹配的过程。这里讨论的情况，我们假设两者都是三维表示。此外，我们假设匹配的表示都是同一类型的，例如，三维模型和场景线（虽然也可以匹配不同类型的数据，但我们忽略了这些更专用的算法）。

匹配的一种特殊情况是，匹配的两个结构都是场景或模型曲面。用于匹配的算法取决于被匹配结构的复杂性。如果匹配的结构是扩展的几何实体，如平面或三维线条，则可以使用离散匹配算法，如解释树算法[31.79]。它适用于匹配少量（例如，约 20~30）离散对象，例如二维或三维中看到的垂直边。如果存在 M 种模式和 D 种数据对象，那么可

能存在 M^D 种不同的匹配。有效匹配的关键是识别成对约束以消除不合适的匹配。模型特征对和数据特征对之间的约束也大大减少了匹配空间。如果约束消除了足够多的特征，就会产生多项式时间算法。算法 31.3 的核心定义如下：假设 $\{m_i\}$ 和 $\{d_j\}$ 是要匹配的模型和数据特征的集合，如果 m_i 和 d_j 是兼容特征，则 $u(m_i, d_i)$ 为真；如果四个模型和数据特征兼容，则 $b(m_i, m_j, d_k, d_l)$ 为真，并且 T 是声明成功匹配之前匹配特征的最小数目。Pairs 表示一组成功匹配的特征。函数 truesizeof 统计集合中实际匹配的数目，忽略与任何匹配的通配符 * 的匹配。

算法 31.3

```
pairs=it(0,{})
if truesizeof(pairs) >= T, then success

function pairs=it(level,inpairs)
  if level >= T, then return inpairs
  if M-level+truesizeof(inpairs) < T
    then return {} % can never succeed
  for each d_i % loopD start
    if not u(m_level,d_i), then
                              continue loopD
    for each (m_k,d_l) in inpairs
      if not b(m_level,m_k,d_i,d_l)
        then continue loopD
    endfor
    % have found a~successful new pair
                                 % to add
    pairs = it(level+1,
           union(inpairs,(m_level,d_i)))
    if truesizeof(pairs) >= T, then return
  endfor % loopD end

  % no success, so try wildcard
  it(level+1,union(inpairs,(m_level,*)))
```

31.3.5　相对位姿预测

位姿预测的许多任务的核心是估算两个坐标系之间的坐标系相对位置或姿态变换。例如，这种任务可能是安装在移动车辆上的扫描仪相对于场景地标的位姿。或者，它可能是从不同位置的两个视图中观察到的某些场景特征的相对位姿。

我们在这里提出了三种算法，涵盖了位姿估算过程的大多数实例，它们根据匹配的特征类型略有不同。

1. 点集相对位姿估算法

ICP 算法也可用于相对位姿估算（见第 31.3.1 节）。

2. 直线相对位姿估算法

如果提取的特征是三维直线，则相对位姿变换可以按如下方法估算。假设 N 条成对的线。第一组直线由方向向量 $\{\boldsymbol{e}_i\}$ 和每条直线上的一个点 $\{\boldsymbol{a}_i\}$ 描述。第二组直线由方向向量 $\{\boldsymbol{f}_i\}$ 和每条直线上的一个点 $\{\boldsymbol{b}_i\}$ 描述。在该算法中，我们假设匹配片段上的方向向量总是指向相同的方向（即不可逆）。这可以通过利用一些场景约束，或者尝试所有组合并消除不一致的解决方案来实现。对齐后，点 $\boldsymbol{a}_i$ 和 $\boldsymbol{b}_i$ 不必对应于同一点。期望的旋转矩阵 $\boldsymbol{R}$ 使 $\sum_i \|\boldsymbol{R}\boldsymbol{e}_i-\boldsymbol{f}_i\|^2$ 最小化。构造由向量 $\{\boldsymbol{e}_i\}$ 叠加而成的 $3\times N$ 阶矩阵 $\boldsymbol{E}$。由向量 $\{\boldsymbol{f}_i\}$ 以类似的方式构造 $3\times N$ 阶矩阵 $\boldsymbol{F}$。计算奇异值分解 $\mathrm{svd}(\boldsymbol{F}\boldsymbol{E}')=\boldsymbol{U}'\boldsymbol{D}\boldsymbol{V}'$。计算旋转矩阵 $\boldsymbol{R}=\boldsymbol{V}\boldsymbol{U}'$。平移估算 $\boldsymbol{t}$ 使距离的平方和在 λ_i 旋转点 $\boldsymbol{a}_i$ 和相应平面 $(\boldsymbol{f}_i, \boldsymbol{b}_i)$ 之间最小化。定义矩阵 $\boldsymbol{L}=\sum_i(\boldsymbol{I}-\boldsymbol{f}_i\boldsymbol{f}_i')(\boldsymbol{I}-\boldsymbol{f}_i')$。定义向量 $\boldsymbol{n}=\sum_i(\boldsymbol{I}-\boldsymbol{f}_i\boldsymbol{f}_i')'(\boldsymbol{I}-\boldsymbol{f}_i\boldsymbol{f}_i')(\boldsymbol{R}\boldsymbol{a}_i-\boldsymbol{b}_i)$，那么变换方式就是 $\boldsymbol{t}=-\boldsymbol{L}^{-1}\boldsymbol{n}$。

3. 平面相对位姿估算法

最后，如果平面是为匹配而提取的三维特征，则相对位姿变换可以按如下方法估计。假设有 N 对平面，第一组平面由平面法线 $\{\boldsymbol{e}_i\}$ 和每个平面上的点 $\{\boldsymbol{a}_i\}$ 描述。第二组平面由平面法线 $\{\boldsymbol{f}_i\}$ 和每个平面上的点 $\{\boldsymbol{b}_i\}$ 描述。这里我们假设平面法线总是指向平面的外侧。对齐后，点 $\boldsymbol{a}_i$ 和 $\boldsymbol{b}_i$ 不必对应于同一点。期望的旋转矩阵 $\boldsymbol{R}$ 使 $\sum_i \|\boldsymbol{R}\boldsymbol{e}_i-\boldsymbol{f}_i\|^2$ 最小化。构造由向量 $\{\boldsymbol{e}_i\}$ 叠加而成的 $3\times N$ 阶矩阵 $\boldsymbol{E}$。由向量 $\{\boldsymbol{f}_i\}$ 以类似的方式构造 $3\times N$ 阶矩阵 $\boldsymbol{F}$。计算奇异值分解 $\mathrm{svd}(\boldsymbol{F}\boldsymbol{E}')=\boldsymbol{U}'\boldsymbol{D}\boldsymbol{V}'$[31.45]。计算旋转矩阵 $\boldsymbol{R}=\boldsymbol{V}\boldsymbol{U}'$。平移估算 $\boldsymbol{t}$ 使距离的平方和在 λ_i 旋转点 $\boldsymbol{a}_i$ 和相应平面 $(\boldsymbol{f}_i, \boldsymbol{b}_i)$ 之间最小化。定义矩阵 $\boldsymbol{L}=\sum_i \boldsymbol{f}_i\boldsymbol{f}_i'$。定义向量 $\boldsymbol{n}=\sum_i \boldsymbol{f}_i\boldsymbol{f}_i'(\boldsymbol{R}\boldsymbol{a}_i-\boldsymbol{b}_i)$。那么变换方式就是 $\boldsymbol{t}=-\boldsymbol{L}^{-1}\boldsymbol{n}$。

在上述所有计算中，我们假设了正态分布误差。有关这些计算的鲁棒性技术，请参见 Zhang 的研究[31.80]。

31.3.6　三维应用

本节将上述技术与机器人操作零件的三维定位、机器人车辆的自定位和机器人导航的场景理解等机器人学应用联系起来。这里提到的机器人任务将在本系列的其他章节中进行更详细的讨论。虽然本章主要讨论在机器人领域的应用，但还有许多其他的三维传感应用。当前许多研究的领域是获取三维模型，特别是机械零件的逆向工程[31.81]、历史文物[31.82]、建筑物[31.83]、电脑游戏和电影中的人物角色（如 Cyberware 的全身 X 射线三维扫描仪）。

机器人操作的关键任务包括：

1）抓取点的识别（本卷第 37 和 38 章）。

2）无碰撞抓取的识别（本卷第 37 和 38 章）。

3）待操作零件的识别（本卷第 32 章）。

4）操纵零件的位置估计（本卷第 32 和 42 章）。

机器人导航和自定位的关键任务包括：

5）可导航地平面的识别（第 31.4 节）。

6）无碰撞路径的识别（本卷第 47 章）。

7）地标的识别（本卷第 45 章）。

8）车辆位置估计（本卷第 53 章）。

移动机器人和装配机器人的任务很自然地联系在一起。当我们在未知部分或路径的背景中考虑这些任务时，任务 1 和 5 是有联系的。零件抓取需要在零件上找到可抓取的区域，这通常意味着局部的平坦小块区域足够大，以至于夹具可以很好地接触到它们。类似地，导航通常需要足够大的平滑地面区域，也就是局部的平坦区域块。这两种任务通常都是用基于三角场景的方法来表示数据，从中可以提取出近似共面的小块组成的连通区域。这两个任务之间的主要区别是，地平面探测任务是寻找一个较大的区域，即必须在地面上并且面朝上方。

任务 2 和任务 6 需要一种方法来表示沿着夹具触点或车辆的拟定轨迹的空白空间。三维像素表示法适合于此任务。

任务 3 和任务 7 是模型匹配任务，可以使用第 31.3.3 节的方法。将观察到的场景特征与已知部分或场景位置的预存储模型相匹配。常用的特征是大平面、三维边和三维特征点。

任务 4 和任务 8 是位姿估算任务，可以使用第 31.3.5 节的方法，估算物体相对于传感器或车辆（即传感器）的位姿。同样，常用的特征是大平面、三维边和三维特征点。

31.4 导航、地形分类与测绘

距离数据的一个更引人注目的用途是移动机器人车辆的导航。距离数据以直观的几何形式提供有关障碍物和车辆自由空间的信息。由于导航的实时性限制，使用本章介绍的技术重建完整的三维地形模型通常是不切实际的。相反，大多数系统使用高程模型。高程模型是空间的二维镶嵌表示，其中每个单元都有关于单元中三维点分布的信息。在最简单的情况下，高程图仅包含标称地平面以上的距离点的平均高度（图 31.20）。这种形式对于某些室内和城市环境是足够的；更复杂的版本可以确定一个局部平面，单元内的点分散等，对于更复杂的越野驾驶是很有用的。标有障碍物的高程图对于规划车辆的无碰撞路径具有明显的实用性。

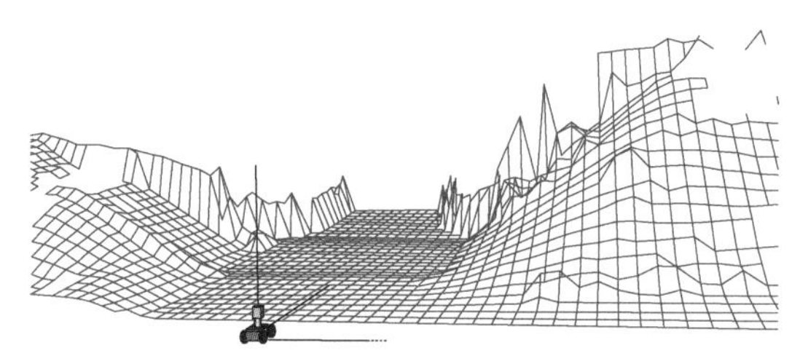

图 31.20 城市地形的高程图（每个单元格都包含该点的地形高度。更广泛的特征也可以被纳入，如斜率、点方差等）

31.4.1 移动测图

激光距离扫描为主动获取物体表面或环境的精确而密集的三维点云提供了一种有效的方法。移动扫描目前用于建筑、农业以及城市和区域规划的建模。现代系统，如由 Optech 公司生产的 Riegl VMX-450 和 Lynx 移动地图仪，使用了相同的工作原理。它们结合了一个高精度的全球定位系统（GPS）、一个高精度的惯性传感器（IMU）和车辆的里程计来计算完整的时间戳轨迹。使用一个称为运动补偿的过程，然后这个轨迹被用来展开激光测距测量，这些测量是由同样安装在车辆上的二维激光扫描仪获得的。生成的点云的质量取决于以下几个因素：

1）整个系统的标定，即确定每个传感器相对于车辆的位置和方向的精度。

2）外部传感器的定位精度，即 GPS、IMU 和里程计。

3）GPS 的可用性，因为它可能会在桥下、隧道和高层建筑之间暂时失效。

4）激光扫描仪本身的精度。

移动激光扫描仪在时间 t_0 和 t_n 之间的移动产生轨迹 $T=\{\boldsymbol{V}_0,\cdots,\boldsymbol{V}_n\}$，其中 $\boldsymbol{V}_i=(t_{x,i},t_{y,i}t_{z,i},\theta_{x,i},\theta_{y,i},\theta_{z,i})$ 是时间 t_i 时车辆的 6 自由度位姿，其中 $t_0\leqslant t_i\leqslant t_n$。使用车辆的轨迹，通过展开激光测量

值 M 可以获得环境的三维表示，从而创建最终地图 P。然而，里程计、IMU 和 GPS 中的传感器误差、系统校准误差以及 GPS 临时中断期间的姿态误差累积会降低轨迹精度，从而降低点云质量。此外，请注意，用现代系统创建三维扫描切片很容易。

这些移动地图系统扩展了利用机器人运动的两个二维激光进行三维重建的早期工作[31.84]。一台激光扫描仪水平扫描，一台垂直安装。生成的点云通常使用由二维 SLAM 算法校正的机器人姿态进行配准，而不是本章中介绍的任何三维配准技术。Bosse 等人[31.85]为提高机器人界移动地图绘制者的整体地图质量而开发的最新技术是对时间进行粗略离散化。这将导致将轨迹划分为严格处理的子扫描。然后采用刚性配准算法如 ICP 和其他 SLAM 问题的解决方案。

图 31.21 显示了一辆装有 Riegl 激光测量系统公司的 Riegl-VMX-450 移动测图系统和 CSIRO 公司的 Zebedee handhald 地图仪的汽车。图 31.21 显示了典型的三维点云。

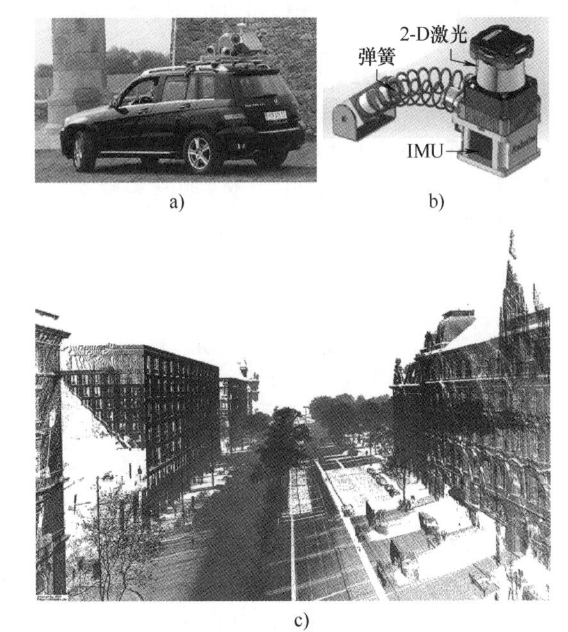

d)

图 31.21　移动测图应用示例
a）移动绘图车　b）Zedebee 手持式绘图机
c）用 Riegl-VMX-450 系统获取三维点云
d）Zebedee 三维点云

31.4.2　城市环境导航

在城市环境导航中，环境是结构化的，有道路、建筑物、人行道，还有移动的物体——人和其他车辆。面临两个主要挑战：如何记录快速移动车辆的激光扫描数据以获得一致的映射，以及如何使用距离扫描检测移动对象（当然，其他方法也用于检测移动对象，例如基于外观的视觉）。

户外车辆可以使用精密 GPS、惯性传感器和车轮里程计来跟踪其位置和方向，通常使用扩展卡尔曼滤波器。只要使用车辆的运动模型和距离扫描仪的定时来将每个扫描读数放置在全局坐标系中的适当位置，这种方法就不必在扫描之间进行精确配准匹配。这种方法也适用于相对简单的越野地形，如 DARPA（美国国防部高级研究计划局）重大挑战赛[31.86]。在任何情况下，减小位姿估算误差对于良好的性能至关重要[31.87]。

一旦使用车辆姿态估计记录了扫描读数，就可以将其放入高程图中，并使用地图单元格中距离读数的斜率和垂直范围检测障碍物。一个复杂的问题是，在城市环境中可能存在多个标高，例如，如果天桥足够高，它就不会成为障碍物。一个建议是在每个单元中使用多个高程簇；这种技术被称为多级表面映射（MLS[31.88]）。地图中的每个单元格存储一组由平均高度和方差表示的曲面。图 31.22 显示了单元格大小为 $10cm^2$ 的 MLS，并标记了地平面和障碍物。

图 31.22　城市场景的高程图
（使用 10cm×10cm 的单元格。障碍物和地平面用不同颜色表示[31.88]）

对于动态物体，15~30Hz 的实时立体声波可以捕捉物体的运动。当立体声波设备固定时，距离背景减法只分离出移动的物体[31.89]。当设备在移动的车辆上时，问题就更困难了，因为整个场景都是相对于设备移动的。它可以通过估计设备相对于场景主要刚性背景的运动来解决。假设用（$\boldsymbol{R},\boldsymbol{t}$）来描述在两个坐标系之间的运动，通过提取特征并使用第 46 章的技术在两个坐标系之间进行匹配来估计。式（31.11）的单应映射 $H(\boldsymbol{R},\boldsymbol{t})$ 给出了对参考坐标系中视差向量 $\boldsymbol{P}_0=[x_0,y_0,d_0,1]$ 的直接投影，通过 $H(\boldsymbol{R},\boldsymbol{t})$ 将 $\boldsymbol{p}_0$ 映射至第二个坐标系中。使用单应映射可以将参考坐标系中的点直接投影到下一个坐标系中，而无须转换为三维点。图 31.23 显示了参考场景中刚体运动下的投影像素。投影像素与实际像素之间的差异给出了独立移动的对象（来自参考文献［31.90］）。

a)

b)

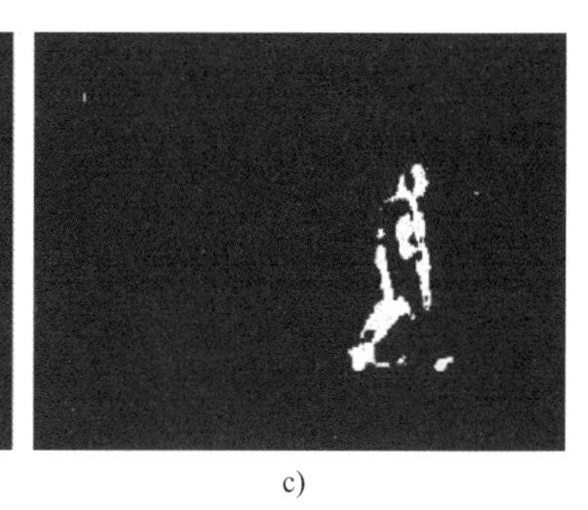

c)

图 31.23　使用运动单应性对移动平台进行独立运动检测

a）参考图像　b）投影到面板上映射得到的图像一　c）投影到面板上映射得到的图像二

31.4.3　复杂地形

崎岖的户外地形带来两大挑战：

1）可能没有宽广的地平面来分辨出可驾驶的路面和障碍物。

2）柔韧和可驾驶通过的植被可能在距离图像中显示为障碍物。

图 31.24 显示了一个典型的室外场景，一个 1 米长的机器人在植被和粗糙的地面上行驶[31.91]。机器人上立体视觉的距离数据可以看到植被的顶部和下面的一些地面点。高程模型可以扩展到查看每个单元内的点统计信息，以获取与植被相关的局部地平面和渗透性的概念。例如，在参考文献［31.92］中，提出的特征集包括：

1）采用鲁棒拟合的主平面坡度（第 31.3.2 节：三维特征表示和提取）。

2）最大、最小高度的高度差。

3）主平面以上的点。

4）密度：单元格中的点与穿过单元格的射线的比率。

密度特征很有趣（而且计算量很大），它试图通过观察距离读数是否穿透高程单元来描述植被（如草或灌木）。在越野驾驶的其他几个项目中，已经讨论了使用植被渗透性来测量读数的想法[31.94-96]。高程图单元可以通过学习或手工构建分类器来区分为障碍物或可驾驶区域。学习技术包括神经网络[31.92]和具有期望最大化学习的高斯混合模型[31.93]。后一项工作还包括较低层次的解释，将表面分为平坦的小块（地平面、固体障碍物）、线性特征（电话线）和分散特征（植被）。图 31.25 显示了激光扫描室外场景的一些结果：线性特征，如电话线和电话杆，以及高渗透性植被的准确确定。

图 31.24　地形崎岖，无地平面，可在植被上驾驶

在崎岖地形导航中还会出现一些其他问题。对

于被车辆运动扫过地形的平面激光测距仪而言，车辆位姿估算的精度对于精确的地形重建至关重要。在障碍物检测中，姿态误差小于0.5°可能会导致误报，尤其是扫描机器人前面较远的地方时。在参考文献［31.87］中，通过观察每次激光读数的时间，并注意高度误差和读数时差之间的相关性，从而解决了这个问题。

由于传感器可能感测不到障碍物的底部，因此利用距离信息很难探测到负障碍物（沟渠和悬崖）。这对于离地不太高、面向前方的车载传感器尤其如此。当地平面上有间隙，且间隙后缘有一个向上倾斜的平面时，可以推断出负障碍物。使用视差图像上的列搜索可以有效地找到这些伪影[31.97]。

图31.25　使用点统计进行分类[31.93]
（使用不同颜色代表不同表面）

31.5　结论与延展阅读

距离传感器是机器人技术中一个活跃且不断扩展的研究领域。新型设备（闪光激光雷达、多光束激光雷达、相机立体处理）的出现以及用于物体重建、定位和建图的可靠算法的不断发展，有助于将应用程序从实验室带到现实世界。使用激光雷达的室内导航已经在商业产品中得到应用（例如，参考文献［31.98］）。随着基本功能变得更加强大，研究人员正在寻找有用的可执行任务，如拿东西或洗碗碟[31.99]。

另一类挑战出现在恶劣环境中，例如城市和越野驾驶（DARPA重大挑战赛和城市挑战赛[31.86]）。立体视觉和激光测距也将发挥其作用，它们有助于为新一代更强大的，依靠行走运动[31.100]的机器人平台提供自主性。而处理比轮式平台更不平滑的运动、包含动态障碍物的环境以及面向任务的对象识别也增加了此类平台的难度。

参考文献

31.1　H. Houshiar, J. Elseberg, D. Borrmann, A. Nüchter: A study of projections for key point based registration of panoramic terrestrial 3D laser scans, J. Geo-Spat. Inf. Sci. **18**(1), 11–31 (2015)

31.2　Velodyne: High definition lidar, http://velodynelidar.com/ (2015)

31.3　R. Stettner, H. Bailey, S. Silverman: Three-dimensional flash Ladar focal planes and time-dependent imaging, Int. J. High Speed Electron. Syst. **18**(2), 401–406 (2008)

31.4　S.B. Gokturk, H. Yalcin, C. Bamji: A time-of-flight depth sensor – system description, issues and solutions, Computer Vis. Pattern Recognit. Workshop (CVPRW) (2004)

31.5　T. Oggier, M. Lehmann, R. Kaufmannn, M. Schweizer, M. Richter, P. Metzler, G. Lang, F. Lustenberger, N. Blanc: An all-solid-state optical range camera for 3D-real-time imaging with sub-centimeter depth-resolution (SwissRanger), Proc. SPIE **5249**, 534–545 (2003)

31.6　U. Wong, A. Morris, C. Lea, J. Lee, C. Whittaker, B. Garney, R. Whittaker: Red: Comparative evaluation of range sensing technologies for underground void modeling, Proc. IEEE/RSJ Int. Conf. Intell. Robots Syst. (IROS) (2011) pp. 3816–3823

31.7　D.D. Lichti: A review of geometric models and self-calibration methods for terrestrial laser scanner, Bol. Cienc. Géod. **16**(1), 3–19 (2010)

31.8　G. Iddan, G. Yahav: 3D imaging in the studio (and elsewhere...), Proc. SPIE 4298 (2003) pp. 48–55

31.9　TriDiCam GmbH: http://www.tridicam.de/en.html (2015)

31.10　R. Hartley, A. Zisserman: *Multiple View Geometry in Computer Vision* (Cambridge Univ. Press, Cambridge 2000)

31.11　S. Barnard, M. Fischler: Computational stereo, ACM Comput. Surv. **14**(4), 553–572 (1982)

31.12　D. Scharstein, R. Szeliski, R. Zabih: A taxonomy and evaluation of dense two-frame stereo correspondence algorithms, Int. J. Computer Vis. **47**(1–3), 7–42 (2002)

31.13　D. Scharstein, R. Szeliski: Middlebury College Stereo Vision Research Page, http://vision.middlebury.edu/stereo (2007)

31.14　R. Zabih, J. Woodfill: Non-parametric local transforms for computing visual correspondence, Proc. Eur. Conf. Comput. Vis., Vol. 2 (1994) pp. 151–158

31.15　O. Faugeras, B. Hotz, H. Mathieu, T. Viéville, Z. Zhang, P. Fua, E. Théron, L. Moll, G. Berry,

J. Vuillemin, P. Bertin, C. Proy: Real time correlation based stereo: algorithm implementations and applications, Int. J. Computer Vis. **47**(1–3), 229–246 (2002)
31.16 M. Okutomi, T. Kanade: A multiple-baseline stereo, IEEE Trans. Pattern Anal. Mach. Intell. **15**(4), 353–363 (1993)
31.17 L. Matthies: Stereo vision for planetary rovers: stochastic modeling to near realtime implementation, Int. J. Comput. Vis **8**(1), 71–91 (1993)
31.18 R. Bolles, J. Woodfill: Spatiotemporal consistency checking of passive range data, Proc. Int. Symp. Robotics Res. (1993)
31.19 P. Fua: A parallel stereo algorithm that produces dense depth maps and preserves image features, Mach. Vis. Appl. **6**(1), 35–49 (1993)
31.20 H. Moravec: Visual mapping by a robot rover, Proc. Int. Jt. Conf. Artif. Intell. (IJCAI) (1979) pp. 598–600
31.21 A. Adan, F. Molina, L. Morena: Disordered patterns projection for 3D motion recovering, Proc. Int. Conf. 3D Data Process. Vis. Transm. (2004) pp. 262–269
31.22 Videre Design LLC: http://www.videredesign.com (2007)
31.23 Point Grey Research Inc.: http://www.ptgrey.com (2015)
31.24 C. Zach, A. Klaus, M. Hadwiger, K. Karner: Accurate dense stereo reconstruction using graphics hardware, Proc. EUROGRAPHICS (2003) pp. 227–234
31.25 R. Yang, M. Pollefeys: Multi-resolution real-time stereo on commodity graphics hardware, Int. Conf. Comput. Vis Pattern Recognit., Vol. 1 (2003) pp. 211–217
31.26 K. Konolige: Small vision system. Hardware and implementation, Proc. Int. Symp. Robotics Res. (1997) pp. 111–116
31.27 Focus Robotics Inc.: http://www.focusrobotics.com (2015)
31.28 TYZX Inc.: http://www.tyzx.com (2015)
31.29 S.K. Nayar, Y. Nakagawa: Shape from Focus, IEEE Trans. Pattern Anal. Mach. Intell. **16**(8), 824–831 (1994)
31.30 M. Pollefeys, R. Koch, L. Van Gool: Self-calibration and metric reconstruction inspite of varying and unknown intrinsic camera parameters, Int. J. Computer Vis. **32**(1), 7–25 (1999)
31.31 A. Hertzmann, S.M. Seitz: Example-based photometric stereo: Shape reconstruction with general, Varying BRDFs, IEEE Trans. Pattern Anal. Mach. Intell. **27**(8), 1254–1264 (2005)
31.32 A. Lobay, D.A. Forsyth: Shape from texture without boundaries, Int. J. Comput. Vis. **67**(1), 71–91 (2006)
31.33 Wikipedia: http://en.wikipedia.org/wiki/List_of_fastest-selling_products (2015)
31.34 K. Khoshelham, S.O. Elberink: Accuracy and resolution of kinect depth data for indoor mapping applications, Sensors **12**(5), 1437–1454 (2012)
31.35 P.J. Besl, N.D. McKay: A method for registration of 3D shapes, IEEE Trans. Pattern Anal. Mach. Intell. **14**(2), 239–256 (1992)
31.36 Y. Chen, G. Medioni: Object modeling by registration of multiple range images, Image Vis. Comput. **10**(3), 145–155 (1992)
31.37 Z. Zhang: *Iterative Point Matching for Registration of Free-Form Curves, Tech. Rep. Ser., Vol. RR-1658* (INRIA-Sophia Antipolis, Valbonne Cedex 1992)
31.38 S. Rusinkiewicz, M. Levoy: Efficient variants of the ICP algorithm, Proc. 3rd Int. Conf. 3D Digital Imaging Model. (2001) pp. 145–152
31.39 J.L. Bentley: Multidimensional binary search trees used for associative searching, Commun. ACM **18**(9), 509–517 (1975)
31.40 J.H. Friedman, J.L. Bentley, R.A. Finkel: An algorithm for finding best matches in logarithmic expected time, ACM Trans. on Math. Software **3**(3), 209–226 (1977)
31.41 M. Greenspan, M. Yurick: Approximate K-D tree search for efficient ICP, Proc. 4th IEEE Int. Conf. Recent Adv. 3D Digital Imaging Model. (2003) pp. 442–448
31.42 L. Hyafil, R.L. Rivest: Constructing optimal binary decision trees is NP-complete, Inf. Proc. Lett. **5**, 15–17 (1976)
31.43 N.J. Mitra, N. Gelfand, H. Pottmann, L. Guibas: Registration of point cloud data from a geometric optimization perspective, Proc. Eurographics/ACM SIGGRAPH Symp. Geom. Process. (2004) pp. 22–31
31.44 A. Nüchter, K. Lingemann, J. Hertzberg: Cached *k*-d tree search for ICP Algorithms, Proc. 6th IEEE Int. Conf. Recent Adv. 3D Digital Imaging Model. (2007) pp. 419–426
31.45 K.S. Arun, T.S. Huang, S.D. Blostein: Least-squares fitting of two 3-D point sets, IEEE Trans. Pattern Anal. Mach. Intell. **9**(5), 698–700 (1987)
31.46 B.K.P. Horn, H.M. Hilden, S. Negahdaripour: Closed-form solution of absolute orientation using orthonormal matrices, J. Opt. Soc. Am. A **5**(7), 1127–1135 (1988)
31.47 B.K.P. Horn: Closed-form solution of absolute orientation using unit quaternions, J. Opt. Soc. Am. A **4**(4), 629–642 (1987)
31.48 M.W. Walker, L. Shao, R.A. Volz: Estimating 3-d location parameters using dual number quaternions, J. Comput. Vis. Image Underst. **54**, 358–367 (1991)
31.49 A. Nüchter, J. Elseberg, P. Schneider, D. Paulus: Study of parameterizations for the rigid body transformations of the scan registration problem, J. Comput. Vis. Image Underst. **114**(8), 963–980 (2010)
31.50 M.A. Fischler, R.C. Bolles: Random sample consensus: A paradigm for model fitting with applications to image analysis and automated cartography, Comm. ACM **24**(6), 381–395 (1981)
31.51 N.J. Mitra, A. Nguyen: Estimating surface normals in noisy point cloud data, Proc. Symp. Comput. Geom. (SCG) (2003) pp. 322–328
31.52 H. Badino, D. Huber, Y. Park, T. Kanade: Fast and accurate computation of surface normals from range images, Proc. IEEE Int. Conf. Robotics Autom. (ICRA) (2011) pp. 3084–3091
31.53 D. Huber: Automatic Three-Dimensional Modeling from Reality, Ph.D. Thesis (Robotics Institute, Carnegie Mellon University, Pittsburg 2002)
31.54 R.B. Rusu: Semantic 3D Object Maps for Everyday Manipulation in Human Living Environments, Dissertation (TU Munich, Munich 2009)
31.55 Point Cloud Library (PCL): http://www.pointclouds.org (2015)
31.56 J. Böhm, S. Becker: Automatic marker-free registration of terrestrial laser scans using reflectance features, Proc. 8th Conf. Opt. 3D Meas. Tech. (2007)

pp. 338–344
31.57 N. Engelhard, F. Endres, J. Hess, J. Sturm, W. Burgard: Real-time 3D visual SLAM with a hand-held camera, Proc. RGB-D Workshop 3D Percept. Robotics at Eur. Robotics Forum (2011)
31.58 R. Schnabel, R. Wahl, R. Klein: Efficient RANSAC for point-cloud shape detection, Computer Graph. Forum (2007)
31.59 A. Hoover, G. Jean-Baptiste, X. Jiang, P.J. Flynn, H. Bunke, D. Goldgof, K. Bowyer, D. Eggert, A. Fitzgibbon, R. Fisher: An experimental comparison of range segmentation algorithms, IEEE Trans. Pattern Anal. Mach. Intell. **18**(7), 673–689 (1996)
31.60 U. Bauer, K. Polthier: Detection of planar regions in volume data for topology optimization, Proc. 5th Int. Conf. Adv. Geom. Model. Process. (2008)
31.61 P.V.C. Hough: Method and means for recognizing complex patterns, Patent US 306 9654 (1962)
31.62 D. Borrmann, J. Elseberg, A. Nüchter, K. Lingemann: The 3D Hough transform for plane detection in point clouds – A review and a new accumulator design, J. 3D Res. **2**(2), 1–13 (2011)
31.63 R. Lakaemper, L.J. Latecki: Extended EM for planar approximation of 3D data, Proc. IEEE Int. Conf. Robotics Autom. (ICRA) (2006)
31.64 O. Wulf, K.O. Arras, H.I. Christensen, B.A. Wagner: 2D Mapping of cluttered indoor environments by means of 3D perception, Proc. IEEE Int. Conf. Robotics Autom. (ICRA) (2004) pp. 4204–4209
31.65 G. Yu, M. Grossberg, G. Wolberg, I. Stamos: Think globally, cluster locally:A unified framework for range segmentation, Proc. 4th Int. Symp. 3D Data Process. Vis. Transm. (2008)
31.66 W.E. Lorensen, H.E. Cline: Marching Cubes: A high resolution 3D surface construction algorithm, Computer Graph. **21**(4), 163–169 (1987)
31.67 M. Alexa, J. Behr, D. Cohen-Or, S. Fleishman, D. Levin, C.T. Silva: Computing and rendering point set surfaces, IEEE Trans. Vis. Comput. Graph. **9**(1), 3–15 (2003)
31.68 H. Hoppe, T. DeRose, T. Duchamp, J. McDonald, W. Stuetzle: Surface reconstruction from unorganized points, Comput. Graph. **26**(2), 71–78 (1992)
31.69 S. Melax: A Simple, fast and effective polygon reduction algorithm, Game Dev. **5**(11), 44–49 (1998)
31.70 M. Garland, P. Heckbert: Surface simplification using quadric error metrics, Proc. SIGGRAPH (1997)
31.71 S. Izadi, D. Kim, O. Hilliges, D. Molyneaux, R. Newcombe, P. Kohli, J. Shotton, S. Hodges, D. Freeman, A. Davison, A. Fitzgibbon: KinectFusion: Real-time 3D reconstruction and interaction using a moving depth camera, ACM Symp. User Interface Softw. Technol. (2011)
31.72 J.D. Foley, A. van Dam, S.K. Feiner, J.F. Hughes: *Computer Graphics: Principles and Practice*, 2nd edn. (Addison-Wesley, Reading 1996)
31.73 J. Elseberg, D. Borrmann, A. Nüchter: One billion points in the cloud – An octree for efficient processing of 3D laser scans, ISPRS J. Photogramm. Remote Sens. **76**, 76–88 (2013)
31.74 A. Hornung, K.M. Wurm, M. Bennewitz, C. Stachniss, W. Burgard: OctoMap: An efficient probabilistic 3D mapping framework based on octrees, Auton. Robots **34**(3), 189–206 (2013)
31.75 F. Lu, E. Milios: Globally consistent range scan alignment for environment mapping, Auton. Robots **4**, 333–349 (1997)
31.76 K. Konolige: Large-scale map-making, Proc. Natl. Conf. Artif. Intell. (AAAI) (2004) pp. 457–463
31.77 A. Kelly, R. Unnikrishnan: Efficient construction of globally consistent ladar maps using pose network topology and nonlinear programming, Proc. Int. Symp. Robotics Res. (2003)
31.78 D. Borrmann, J. Elseberg, K. Lingemann, A. Nüchter, J. Hertzberg: Globally consistent 3d mapping with scan matching, J. Robotics Auton. Syst. **56**(2), 130–142 (2008)
31.79 E. Grimson, T. Lozano-Pérez, D.P. Huttenlocher: *Object Recognition by Computer: The Role of Geometric Constraints* (MIT Press, Cambridge 1990)
31.80 Z. Zhang: Parameter estimation techniques: a tutorial with application to conic fitting, Image Vis. Comput., Vol. 15 (1997) pp. 59–76
31.81 P. Benko, G. Kos, T. Varady, L. Andor, R.R. Martin: Constrained fitting in reverse engineering, Computer Aided Geom. Des. **19**, 173–205 (2002)
31.82 M. Levoy, K. Pulli, B. Curless, S. Rusinkiewicz, D. Koller, L. Pereira, M. Ginzton, S. Anderson, J. Davis, J. Ginsberg, J. Shade, D. Fulk: The digital Michelangelo project: 3D scanning of large statues, Proc. 27th Conf. Computer Graph. Interact. Tech. (SIGGRAPH) (2000) pp. 131–144
31.83 I. Stamos, P. Allen: 3-D model construction using range and image data, Proc. IEEE Conf. Computer Vis. Pattern Recognit., Vol. 1 (2000) pp. 531–536
31.84 S. Thrun, W. Burgard, D. Fox: A real-time algorithm for mobile robot mapping with applications to multi-robot and 3D mapping, Proc. IEEE Inf. Conf. Robotics Autom. (2000) pp. 321–328
31.85 M. Bosse, R. Zlot, P. Flick: Zebedee: Design of a spring-mounted 3-D range sensor with application to mobile mapping, IEEE Trans. Robotics **28**(5), 1104–1119 (2012)
31.86 The DARPA Grand Challenge: http://archive.darpa.mil/grandchallenge05/gcorg/index.html (2015)
31.87 S. Thrun, M. Montemerlo, H. Dahlkamp, D. Stavens, A. Aron, J. Diebel, P. Fong, J. Gale, M. Halpenny, G. Hoffmann, K. Lau, C. Oakley, M. Palatucci, V. Pratt, P. Stang, S. Strohband, C. Dupont, L.-E. Jendrossek, C. Koelen, C. Markey, C. Rummel, J. van Niekerk, E. Jensen, P. Alessandrini, G. Bradski, B. Davies, S. Ettinger, A. Kaehler, A. Nefian, P. Mahoney: Stanley: The robot that won the DARPA grand challenge, J. Field Robot. **23**(9), 661–692 (2006)
31.88 R. Triebel, P. Pfaff, W. Burgard: Multi-level surface maps for outdoor terrain mapping and loop closing, Proc. IEEE Int. Conf. Intel. Robots Syst. (IROS) (2006)
31.89 C. Eveland, K. Konolige, R. Bolles: Background modeling for segmentation of video-rate stereo sequences, Proc. Int. Conf. Computer Vis. Pattern Recog. (1998) pp. 266–271
31.90 M. Agrawal, K. Konolige, L. Iocchi: Real-time detection of independent motion using stereo, IEEE Workshop Motion (2005) pp. 207–214
31.91 K. Konolige, M. Agrawal, R.C. Bolles, C. Cowan, M. Fischler, B. Gerkey: Outdoor mapping and Navigation using stereo vision, Intl. Symp. Exp. Robotics (ISER) (2006)

31.92 M. Happold, M. Ollis, N. Johnson: Enhancing supervised terrain classification with predictive unsupervised learning, Robotics: Sci. Syst. Phila. (2006)

31.93 J. Lalonde, N. Vandapel, D. Huber, M. Hebert: Natural terrain classification using three-dimensional ladar data for ground robot mobility, J. Field Robotics **23**(10), 839–862 (2006)

31.94 R. Manduchi, A. Castano, A. Talukder, L. Matthies: Obstacle detection and terrain classification for autonomous off-road navigation, Auton. Robots **18**, 81–102 (2005)

31.95 J.-F. Lalonde, N. Vandapel, M. Hebert: Data structure for efficient processing in 3-D, Robotics: Sci. Syst. (2005)

31.96 A. Kelly, A. Stentz, O. Amidi, M. Bode, D. Bradley, A. Diaz-Calderon, M. Happold, H. Herman, R. Mandelbaum, T. Pilarski, P. Rander, S. Thayer, N. Vallidis, R. Warner: Toward reliable off road autonomous vehicles operating in challenging environments, Int. J. Robotics Res. **25**(5/6), 449–483 (2006)

31.97 P. Bellutta, R. Manduchi, L. Matthies, K. Owens, A. Rankin: Terrain perception for Demo III, Proc. IEEE Intell. Veh. Conf. (2000) pp. 326–331

31.98 KARTO: Software for robots on the move, http://www.kartorobotics.com (2015)

31.99 The Stanford Artificial Intelligence Robot: http://www.cs.stanford.edu/group/stair (2015)

31.100 Perception for Humanoid Robots: https://www.ri.cmu.edu/research_project_detail.html?project_id=595 (2015)

第 32 章

三维视觉导航与抓取

Danica Kragic，Kostas Daniilidis

在本章中，我们描述了用于三维视觉的算法，可帮助机器人完成导航和抓取。为实现对相机建模，我们从透视投影和镜头造成的失真原理开始。从三维环境到二维图像的投影只能通过使用来自真实世界或多个二维视图的信息来反转。如果知道对象的三维模型或三维地标的位置，则可以从一个角度解决位姿估计问题。当有两个视图可用时，我们可以计算三维运动并进行三角测量，以按比例因子重构环境。当以稀疏视点或连续视频的形式给出多个视图时，机器人路径可以通过计算机实现，点轨迹可以产生环境的稀疏三维表示。为了抓取物体，我们可以估计末端执行器的三维位姿或物体上可抓取点的三维坐标。

目　录

32

随着数字成像技术的飞速发展和成本的降低，相机已成为标准配置，并且可能是机器人上最便宜的传感器。与定位（全球定位系统，GPS）、惯导（IMU）和距离传感器（声呐、激光、红外等）不同，相机产生的数据带宽最高。与 GPS 或激光扫描仪相比，从这样的比特流中得到的对机器人有用的信息虽不那么明确，但在信息量上更丰富。自手册第 1 版问世以来，我们在硬件和算法方面取得了长足的进步。像 Primesense Kinect 这样的 RGB-D 传感器可以通过任意的相机运动实现新一代的全模型重建系统[32.1]。Google 的探戈（Tango）项目[32.2]使用视觉与惯导数据[32.3]的最新融合方法，建立了视觉测距的里程碑（VIDEO 120）。三维建模已成为一种商业化软件（如 Autodesk 的 123D Catch App），随着宽基线匹配和包调整的发展，广泛使用的开源 Bundler[32.4]成为可能（VIDEO 121）。对于运动引起的位姿和结构的几种变化，已经提出了宽基线匹配的方法[32.5]。最后，通过使用分支和边界全局最优化的一组方法解决了非最小过约束求解器的局部极小值问题，该总和受到凸约束[32.6]或误差函数的 L_∞-范数约束[32.7]。

让我们考虑一下机器人的两个主要感知领域：导航和抓取。假设以下情形：仅赋予中间视觉地标和（或）GPS 航路点作为指示，赋予机器人车辆从地点 A 到地点 B 的任务。机器人从 A 处开始，必须确定在哪里可以行驶。为了实现这一点，需要从至少两幅图像中检测障碍物，并用立体算法估计深度或占用图。在驾驶时，机器人可以通过运动算法中的匹配和重建估计其轨迹。轨迹的结果可用于通过密度匹配和三角测量来构建环境布局，进而可以将其用作后续位姿估计的参考。在每次实例中，机器人都必须解析周围的环境，以应对行人之类的风险，同时寻找目标对象如垃圾桶。如果机器人被强制拐走或“失明”了一段时间，则它必须意识到闭合回路或重新连接。机器人可以通过物体和场景识别掌握周围有什么以及它们的位置。在极端情况下，可以让一辆车去探索一个城市，构建一个语义三维地图以及它所访问的所有地方的轨迹，最终实现视觉同步定位和语义映射问题。在抓取情况下，机器人检测一个学习过的给定物体，然后它必须通过三角测量来估计物体的位姿和形状。当相机没有安装在末端执行器上时，机器人必须找到手和物体之间的绝对方向。

在下一节中，我们将介绍三维视觉的几何基础，而在第 32.2 节中，我们将描述抓取的方法。

32.1 几何视觉

首先介绍从真实世界到相机平面的映射。假设在全局坐标系（X,Y,Z）的点相对相机 c_i 坐标系中的坐标为（X_{ci},Y_{ci},Z_{ci}），两者之间的转换关系为

$$\begin{pmatrix} X_{ci} \\ Y_{ci} \\ Z_{ci} \end{pmatrix} = \boldsymbol{R}_i \begin{pmatrix} X \\ Y \\ Z \end{pmatrix} + \boldsymbol{t}_i \tag{32.1}$$

式中，$\boldsymbol{R}_i$ 是旋转矩阵，其坐标值代表的是全局坐标系相对于相机坐标系的旋转；$\boldsymbol{t}_i$ 是从相机坐标系到全局坐标系原点的平移向量。旋转矩阵为正交矩阵 $\boldsymbol{R}^{\mathrm{T}}\boldsymbol{R}=\boldsymbol{I}$，其行列式值为 1。我们设定光心为坐标系原点，光轴为相机坐标系的 Z_{ci} 轴。如果我们假定成像面为 $Z_{ci}=1$，则图像坐标（x_i,y_i）可以表示为

$$x_i = \frac{X_{ci}}{Z_{ci}}, \quad y_i = \frac{X_{ci}}{Z_{ci}} \tag{32.2}$$

在实际应用中，我们用像素坐标（u_i,v_i）来表示像素的位置，其与图像坐标（x_i,y_i）的映射关系为

$$u_i = f\alpha x_i + \beta y_i + c_u, \quad v_i = f y_i + c_v \tag{32.3}$$

式中，f 是光心到成像平面的距离，也叫焦距，两者是近似相等的；α 是成像点的纵横比，它是由非正方形的传感器单元和在水平和竖直方向上的采样频率不一致而引起的；倾斜因子 β 是矫正成像面的稍许倾斜；图像中心 c_u，c_v 是光轴与成像面的交点。这五个参数为相机的内部参数，获得这几个参数的过程称为内部参数标定。对一个已经标定好的相机，我们用图像坐标（x_i,y_i）来代替像素坐标（u_i,v_i）。在许多视觉系统，特别是移动机器人中，采用的广角相机会带来图像的径向畸变，这种径向畸变可用多项式表示。这时，图像坐标要用到如下的公式

$$x_i^{\mathrm{dist}} = x_i(1+k_1 r+k_2 r^2+k_3 r^3+\cdots)$$
$$y_i^{\mathrm{dist}} = y_i(1+k_1 r+k_2 r^2+k_3 r^3+\cdots)$$

式中，$r^2=x_i^2+r_i^2$。

这里，我们暂时假定图像中心的坐标为（0,0）。在式中的原图像坐标（x_i，y_i）由校正后的坐标（$x^{\mathrm{dist}},y^{\mathrm{dist}}$）代替。

32.1.1 标定

利用对棋盘格标定板的多幅图像来获得相机的内部参数的方法是目前被广泛采用的标定方式，且已经出现标准的处理工具，比如 MATLAB 的标定工具箱，OpenCV 的张氏标定方程[32.8]。当焦距等内部参数在操作过程中发生变化或者被观察对象不可靠时，我们便用 Pollefeys 等[32.9,10]提出的最新方法，当所有的参数都未知的时候，我们采用 Kruppa 方程和几种分层自标定方法[32.11,12]，此方法至少需要三个视图。不考虑径向畸变的情况下，上面提到的映射关系可以归纳成矩阵形式。设定图像坐标 $\boldsymbol{u}_i=(u_i,v_i,1)$，与全局坐标 $\boldsymbol{X}=(X,Y,Z,1)$之间的关系为

$$\lambda_i \boldsymbol{u}_i = \boldsymbol{K}_i(\boldsymbol{R}_i \quad \boldsymbol{t}_i)\boldsymbol{X} = \boldsymbol{P}\boldsymbol{X} \tag{32.4}$$

式中，$\lambda_i=Z_{ci}$是点 $\boldsymbol{X}$ 在相机坐标系中的深度；$\boldsymbol{P}$ 是 3×4 阶投影矩阵。有两个这样的变换方程就可以将深度变量 λ_i 消除。

32.1.2 位姿估计或 PnP

如果已知标志点 $\boldsymbol{X}$ 的全局坐标，我们就可以计算它们的映射，这个计算未知的旋转与平移的过程在标定中称为位姿估计或预测 n 点（PnP）问题。当然，这是在标志点的图像坐标已经得到的情况下进行的。在机器人学当中，位姿估计可以当成是在已知环境下的定位。当抓取已知形状的物体时，PnP 产生末端执行器模块的目标位姿，并确定抓取点的位置。假定我们已知相机的标定参数，n 个点的全局坐标 $\boldsymbol{X}_{j=1,\cdots,n}$ 和对应的图像坐标 $\boldsymbol{x}_{j=1,\cdots,n}$。定义场景中两点 $\boldsymbol{x}_1$、$\boldsymbol{x}_2$ 的映射夹角为 δ_{12}，如图 32.1 所示，设两点之间的距离二次方 $\|\boldsymbol{X}_i-\boldsymbol{X}_j\|^2$ 为 d_{ij}^2，点 $\boldsymbol{X}_j$ 到观察点的距离为 d_j^2，则根据余弦定理得到

$$d_i^2+d_j^2-2d_i d_j\cos\delta_{ij}=d_{ij}^2 \tag{32.5}$$

如果可以得到 d_i 和 d_j，剩下的问题就是根据式（32.6）来计算相机坐标系和全局坐标系之间的旋转和平移变换。

$$d_j \boldsymbol{x}_j = \boldsymbol{R}\boldsymbol{X}_j + \boldsymbol{t} \tag{32.6}$$

在式（32.5）中有两个未知变量 d_i 和 d_j，所以有三个点，我们就可以完成位姿估计。实际上，三个点可以建立三个三元二次方程组，最多可

32

能有八组解。

根据一些经典解决方案[32.13]，设定 $d_2=ud_1$，$d_3=vd_1$，可以得到关于 d_1 的方程为

$$d_1^2=\frac{d_{23}^2}{u^2+v^2-2uv\cos\delta_{23}}$$

$$d_1^2=\frac{d_{13}^2}{1+v^2-2v\cos\delta_{13}}$$

$$d_1^2=\frac{d_{12}^2}{u^2+1-2u\cos\delta_{12}}$$

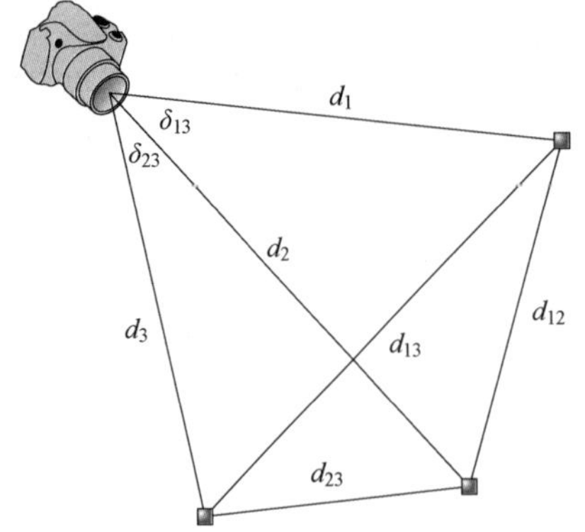

图 32.1 位姿估计问题：视场中有三个点，点到相机的距离 d_1，d_2 和 d_3 未知，但是各射线之间的夹角已知，点之间的距离 d_{12}，d_{13} 和 d_{23} 已知

这相当于求解关于 u 和 v 的二次方程组，即

$$d_{12}^2(1+v^2-2v\cos\delta_{13})=d_{13}^2(u^2+1-2u\cos\delta_{12}) \quad (32.7)$$

$$d_{13}^2(u^2+v^2-2uv\cos\delta_{23})=d_{23}^2(1+v^2-2v\cos\delta_{13}) \quad (32.8)$$

方程组包含两个方程，其中包括 d_{23} 和 d_{13} 的方程称为 E3，包括 d_{12} 和 d_{13} 的方程称为 E1。通过求解 E3 来获得 u^2，然后再将 u^2 代入 E1 中，从而不用开根号就可以得到 u，再将 u 代回到 E3 中，从而得到一个关于 v 的四次方程。该方程最多有四个实根，对每个 v，我们可以通过任意两个二次方程获得两个相应的 u，因而用上述方法求解的话，最多可能产生八组实数解[32.13,14]。现在通用的方法是采用迭代法[32.15,16]或者利用更高维的线性空间进行求解[32.17,18]。

最新的 n 个全局坐标的方法[32.19]是将三维坐标表示为相对于四个虚拟控制点的重心坐标

$$\boldsymbol{X}_i=\sum_{j=1}^{4}\alpha_{ij}\boldsymbol{C}_j$$

式中，$\sum_{j=1}^{4}\alpha_{ij}=1$。

对相机坐标系的刚性变换使重心坐标保持不变，并产生透视投影。

$$\lambda_i\boldsymbol{x}_i=\sum_{j=1}^{4}\alpha_{ij}(X_{ci},Y_{ci},Z_{ci})^{\mathrm{T}}$$

消除 λ_i 会为每个点产生两个线性方程组，即

$$\sum_{j=1}^{4}\alpha_{ij}C_{x_{cj}}=\alpha_{ij}x_iC_{z_{cj}}$$

$$\sum_{j=1}^{4}\alpha_{ij}C_{y_{cj}}=\alpha_{ij}y_iC_{z_{cj}}$$

相机画面中控制点的三重坐标是 12 个未知数。这是一个齐次线性方程组，其解是 $2n\times12$ 阶矩阵。未知的控制点可以找到一个比例因子，这个比例因子很容易确定，因为我们知道点间的距离。位姿是从相机中的控制点和全局坐标系之间的绝对方向找到的。这产生了一个非常有效的 $n\geqslant6$ 个点的解决方案，但留给控制点的初始选择作为影响解决方案的一个因素。

如果 $n\geqslant4$ 个点位于一个平面上，我们可以计算全局平面与相机平面之间的转换矩阵 $\boldsymbol{H}$[32.8]。假设 $Z=0$ 是全局平面，则转换矩阵为

$$\begin{pmatrix}u\\v\\w\end{pmatrix}\approx\underbrace{K\,(r_1\quad r_2\quad T)}_{H}\begin{pmatrix}X\\Y\\Z\end{pmatrix}$$

r_1，r_2 分别是旋转矩阵的前两列，$\approx$ 表示投影等价，也就是说，对于 $\lambda\neq0$，任何两点 $\boldsymbol{p}$ 和 $\boldsymbol{p}'$ 当且仅当 $\boldsymbol{p}=\lambda\boldsymbol{p}'$ 时在投影平面上满足 $\boldsymbol{p}\approx\boldsymbol{p}'$。

$$\boldsymbol{K}^{-1}\boldsymbol{H}=(h_1'\quad h_2'\quad h_1'\times h_2')$$

因此 $\boldsymbol{K}^{-1}\boldsymbol{H}$ 前两列的值必须是正交的。我们想找一个相似于 $(h_1'\quad h_2'\quad h_1'\times h_2')$ 的正交阵 $\boldsymbol{R}$。

$$\underset{\boldsymbol{R}\in SO(3)}{\operatorname{argmin}}\left\|\boldsymbol{R}-(h_1'\quad h_2'\quad h_1'\times h_2')\right\|_F^2$$

如果奇异值分解满足

$$(h_1'\quad h_2'\quad h_1'\times h_2')=\boldsymbol{USV}^{\mathrm{T}}$$

那么解为

$$\boldsymbol{R}=\boldsymbol{U}\begin{pmatrix}1&0&0\\0&1&0\\0&0&\det(\boldsymbol{UV}^{\mathrm{T}})\end{pmatrix}\boldsymbol{V}^{\mathrm{T}} \quad (32.9)$$

对角矩阵是从正交矩阵 O(3) 到正交矩阵 SO(3) 的投影。

最后，我们提出了一种计算 n 点过约束 PnP 问题所有局部极小值的方法[32.21]。这涉及显式求解关于位姿未知数的一阶导数。为实现这一点，以下观察可以消除深度值 λ 和平移值。对于 n 个点，刚体变换 $\lambda\boldsymbol{X}=\boldsymbol{RX}+\boldsymbol{T}$ 可以写成关于 $\lambda_{j=1,\cdots,n}$ 和平移 $\boldsymbol{T}$ 的线性系统，即

$$\begin{pmatrix}\boldsymbol{x}_1&&&-\boldsymbol{I}\\&\ddots&&\vdots\\&&\boldsymbol{x}_n&-\boldsymbol{I}\end{pmatrix}\begin{pmatrix}\lambda_1\\\vdots\\\lambda_n\\\boldsymbol{T}\end{pmatrix}=\begin{pmatrix}\boldsymbol{RX}_1\\\vdots\\\boldsymbol{RX}_n\end{pmatrix}$$

我们可以求解未知深度的平移向量，并将其反代入旋转参数的最小二乘最小化问题。结果表明，如果我们用三个 Rodriguez 参数作为旋转参数化，极值（消失导数）的必要条件是三个三次方程[32.21]。最后，我们要向读者指出，对于直线对应的情形，旋转矩阵的非线性函数也可以作为 SO（3）上的一个优化问题来求解[32.22-24]。

32.1.3 三角测量

即使我们已知相机的内外参数或者投影矩阵 $\boldsymbol{P}$，我们还是无法从单个相机中恢复一个点的深度。现在，我们有一个点 $\boldsymbol{X}$ 在两个相机中的投影

$$\lambda_1\boldsymbol{u}_1=\boldsymbol{P}_1\begin{pmatrix}\boldsymbol{X}\\1\end{pmatrix}$$

$$\lambda_2\boldsymbol{u}_2=\boldsymbol{P}_2\begin{pmatrix}\boldsymbol{X}\\1\end{pmatrix}\tag{32.10}$$

在知道投影矩阵 $\boldsymbol{P}_1$、$\boldsymbol{P}_2$ 的情况下，我们就可以计算点 $\boldsymbol{X}$ 的空间位置，这个过程被称为三角测量。虽然为了得到如上的形式，我们没有考虑畸变的情况，但可以得到三角测量的结果而不需要把投影矩阵分解为内部参数和外部参数。

在得到同一个空间点在两个相机坐标系的位置，且已知投影矩阵 $\boldsymbol{P}_1$、$\boldsymbol{P}_r$ 的情况下，我们能得到该点的两个投影方程。值得注意的是，每个点提供了两个独立的方程，这就使得三角测量成为对两个视角的过约束问题。这与实际情况并不矛盾，因为从两个相机光心中发出的两条射线通常在空间中并不交于一点，除非它们满足极线约束。关于极线约束，我们在第 32.1.5 节进行说明。下面左侧矩阵的一般情况下为 4，在满足极限约束的情况下，它的秩为 3。

$$\begin{pmatrix}x\boldsymbol{P}_1(3,:)-\boldsymbol{P}_1(1,:)\\y\boldsymbol{P}_1(3,:)-\boldsymbol{P}_1(2,:)\\x\boldsymbol{P}_r(3,:)-\boldsymbol{P}_r(1,:)\\y\boldsymbol{P}_r(3,:)-\boldsymbol{P}_r(2,:)\end{pmatrix}\begin{pmatrix}X\\Y\\Z\\1\end{pmatrix}=\boldsymbol{0}\tag{32.11}$$

式中，$\boldsymbol{P}(i,:)$ 是矩阵 $\boldsymbol{P}$ 的第 i 行。

显然，上面的齐次系统可以转化为带有未知数 (X,Y,Z) 的非线性系统，否则，就可以利用奇异值分解（SVD）来得到使等式左边最接近 0 的解[32.25]。

32.1.4 移动立体视觉

假设一个刚性的立体视觉系统由左右两个相机组成，安置在移动机器人平台上，投影关系如下

$$\boldsymbol{u}_{1i}\approx\boldsymbol{P}_1\boldsymbol{X}_i\tag{32.12}$$

$$\boldsymbol{u}_{ri}\approx\boldsymbol{P}_r\boldsymbol{X}_i\tag{32.13}$$

在两个不同的时间点，观察系统可得

$$\boldsymbol{X}_0=\boldsymbol{R}_1\boldsymbol{X}_1+\boldsymbol{t}_1\tag{32.14}$$

式中，$\boldsymbol{X}_0$ 是空间中一点的全局坐标，通常我们会将全局坐标系设为某一相机的相机坐标系；$\boldsymbol{X}_1$ 是同一点在经历了一次相机运动（$\boldsymbol{R}_1,\boldsymbol{t}_1$）后的坐标。为了估计相机的位姿变化，我们要解决两方面的匹配问题：一个是左右图像间的匹配，另一个是同一相机前后帧图像之间的匹配。同一时刻左右图像之间的相关匹配可以计算空间中特征点的位置。而通过求解式（32.14）可以得到运动参数（$\boldsymbol{R}_1,\boldsymbol{t}_1$），我们称为绝对方向。同样的，我们也可以避免第二次三角测量，而通过空间中已知位置的点和左图上点的位置关系来解决位姿估计的问题。当今最流行的视觉里程计系统是 libviso[32.26]，它基于一个移动的立体视觉装置（VIDEO 122）。

移动立体视觉的描述将会比较简短，读者可以去参考距离传感器中的相似的论述。图像之间的跟踪建立了不同时刻之间的联系，因此我们可以得到

$$\boldsymbol{X}_2=\boldsymbol{R}\boldsymbol{X}_1+\boldsymbol{t}$$

根据参考文献［32.20，27］提出的标准办法，通过（点集）形心的相减来消除平移变量，得到

$$\boldsymbol{X}_2-\overline{\boldsymbol{X}_2}=\boldsymbol{R}(\boldsymbol{X}_1-\overline{\boldsymbol{X}_1})$$

我们至少需要三个点才可以得到两个不共线的独立向量 $\boldsymbol{X}-\overline{\boldsymbol{X}}$，如果把从 n 个点得到的独立向量组成 $3\times n$ 阶矩阵 $\boldsymbol{A}_{1,2}$，我们可以得到如下的最小化弗罗贝尼乌斯（Frobenius）范数方程

$$\min_{\boldsymbol{R}\in SO(3)}\|\boldsymbol{A}_2-\boldsymbol{R}\boldsymbol{A}_1\|_F$$

这是一个普鲁克问题，通过奇异值分解（SVD）方法[32.26]就可以求解。其中 $\boldsymbol{U}$、$\boldsymbol{V}$ 就是通过奇异值分解得到的：

$$\boldsymbol{A}_2\boldsymbol{A}_1^{\mathrm{T}}=\boldsymbol{U}\boldsymbol{S}\boldsymbol{V}^{\mathrm{T}}$$

我们可用随机抽样一致（RANSAC）算法进行求解，采集 $3\times n$ 个采样点，并用普鲁克方法进行验证。

32.1.5 运动结构（SfM）

现在，假设所有的投影矩阵已知，关注相关点 $\boldsymbol{u}_1$ 和 $\boldsymbol{u}_2$ 的测量与匹配，即著名的从运动信息恢复三维场景问题；更精确地说，从二维运动信息重建三维运动信息与结构。在机器视觉中，这是相对定位问题。即使我们在式（32.12）中消去 λ 项，或将其重新写为

$$\boldsymbol{u}_1\approx\boldsymbol{P}_1\begin{pmatrix}\boldsymbol{X}\\1\end{pmatrix}$$

32

$$u_2 \approx P_2 \begin{pmatrix} X \\ 1 \end{pmatrix} \tag{32.15}$$

我们会意识到如果（X, P_1, P_2）是一个解，那么（HX, P_1H^{-1}, P_2H^{-1}）也是一个解。这里，H 是一个4×4阶可逆实矩阵，也就是说在 $\mathbb{P}^3$ 中共线。在实际应用中，我们会让全局坐标系与第一个相机一致，即

$$u_1 \approx (I \quad 0)X$$
$$u_2 \approx P_2X \tag{32.16}$$

保留相同的歧义，H 的形式可以表现为

$$H \approx \begin{pmatrix} 1 & 0 & 0 & 0 \\ 0 & 1 & 0 & 0 \\ 0 & 0 & 1 & 0 \\ h_{41} & h_{41} & h_{43} & h_{44} \end{pmatrix} \tag{32.17}$$

式中，$h_{44} \neq 0$，产生歧义的原因可能是因为投影矩阵是任一秩为3的矩阵而没有加以约束。假如标定的相机参数没有问题的话，那么投影矩阵只和位移有关，这里唯一的模糊量就是尺度

$$u_1 \approx (I \quad 0)X$$
$$u_2 \approx (R \quad t)X \tag{32.18}$$

除了尺度因子 $h_{44}=s \neq 1$，H 很像一个单位矩阵。换句话说，如果（R, t, X）是一个解，那么（$R, st, 1/sX$）也是一个解。这个结论可以推广到多视图的情形中。因为对于机器人，（R, t）反映的是自身定位，而 X 是对环境结构的描述。这个问题与SLAM相似，但是SLAM采用的是多传感器，单目SLAM可以更好地描述基于多视图的SfM问题[32.28]。

1. 极线几何

这也许是计算机视觉中被研究最多的问题了。我们只涉及其中关于标定的部分，因为这部分与机器人应用关系最密切。射线 Rx_1 与 x_2 相交的充分必要条件是两射线与基线 T 共面

$$x_2^{\mathrm{T}}(T \times Rx_1) = 0 \tag{32.19}$$

这就是外极线约束方程（图32.2）。这里为了避免尺度上的模糊，我们假定 T 是单位向量。我们把未知数放到一个矩阵中

$$E = \hat{T}R \tag{32.20}$$

式中，$\hat{T}$ 是一个3×3阶反对称矩阵；矩阵 E 是基础矩阵。所以外极线约束方程又可以写为

$$x_2^{\mathrm{T}}Ex_1 = 0 \tag{32.21}$$

该方程可以解读为通过点 x_2 所在成像面的直线参数是 Ex_1 或者通过 x_1 所在成像面的直线的参数是 $E^{\mathrm{T}}x_2$。这些线叫作极线，它们分别形成了中心在极点 e_1、e_2 的光束线。如图32.2所示，基点是极线与两个成像面的交点，所以 $e_2 \approx T$，$e_1 \approx -R^{\mathrm{T}}T$，通过观察极线方程，我们可以很快推出 $E^{\mathrm{T}}e_1=0$，$Ee_2=0$。

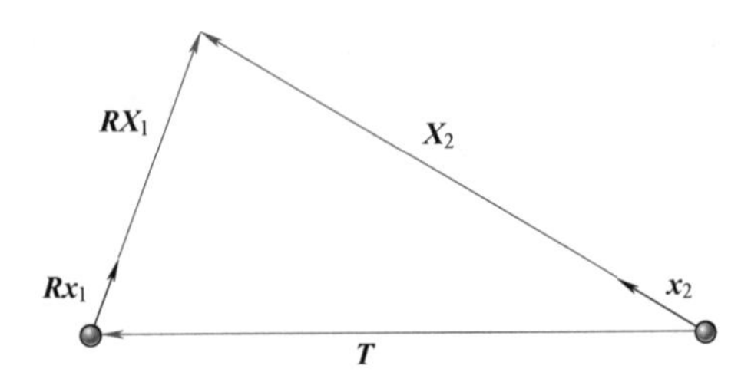

图32.2 点透视投影到与基线 T 共面的校准图像向量 Rx_1 和 x_2

对于所有基础矩阵的集合

$$\mathcal{E} = \{E \in \mathbb{R}^{3\times3} \mid E = \hat{T}R, T \in \mathbb{S}^2, R \in SO(3)\}$$

我们认为这是一个五次流形[32.29]。下述结果已经在参考文献［23.30］中得到证明。

命题32.1

一个 $E \in \mathbb{R}^{3\times3}$ 的矩阵是基础矩阵的充分必要条件是它含有两个相等的奇异值，而且第三个奇异值是0。

我们在这里介绍一种最近由Nister提出的方法[32.31]，从五点对应中计算基础矩阵，该方法由于适用于随机抽样一致（RANSAC）方法而得到广泛的应用。

2. 最小案例

我们把极线约束扩展到齐次坐标 $x_1=(x_1, y_1, z_1)$，$x_2=(x_2, y_2, z_2)$（当点不在 $z_i=1$ 上时），可以得到

$$(x_1x_2^{\mathrm{T}} \quad y_1x_2^{\mathrm{T}} \quad z_1x_3^{\mathrm{T}})E_s = 0 \tag{32.22}$$

式中，E_s 是矩阵 E 按行排列而成的结果。

当我们仅用五个点对应的齐次线性系统时，以下数据矩阵的四维核空间中的向量都可以是这个系统的解

$$E_s = \lambda_1u_1 + \lambda_2u_2 + \lambda_3u_3 + \lambda_4u_4 \tag{32.23}$$

在这里我们希望由 E_s 得出的 E 是个满足【命题32.1】的基础矩阵。这一点已经在参考文献［32.30］得到证明。

命题32.2

一个 $E \in \mathbb{R}^{3\times3}$ 的矩阵当且仅当满足以下条件时，它是一个基础矩阵

$$EE^{\mathrm{T}}E = \frac{1}{2}\mathrm{trace}(EE^{\mathrm{T}})E \tag{32.24}$$

虽然，这个 $\det(E)=0$ 约束可以从式（32.24）

推导出来，我们仍要把它和式（32.24）一起使用来利用 $\boldsymbol{E}$ 中的 10 个三次方程。如参考文献[32.31] 所述，可以得到关于 λ_4 的 10 级多项式。这个多项式的实根可以通过施图姆（Sturm）序列来计算。目前没有证据证明对于所有的情况都存在一个实根。自从 Nister 的论文[32.32-35]发表以来，已经提出了几种替代的五点解算器；Pajdla 的小组已经建立了一个包括代码在内的广泛列表[32.36]。

假设我们已经从相关点中恢复了基础矩阵，下一个任务就是恢复一个正交矩阵 $\boldsymbol{R}$ 和这个矩阵到基础矩阵的平移单位向量 $\boldsymbol{t}$。如果 $\boldsymbol{E}=\boldsymbol{U}\mathrm{diag}(\sigma,\sigma,0)\boldsymbol{V}^{\mathrm{T}}$，以下是 $(\hat{\boldsymbol{T}},\boldsymbol{R})$ 的四组解：

$$(\hat{\boldsymbol{T}}_1,\boldsymbol{R}_1)=(\boldsymbol{U}\boldsymbol{R}_{z,+\pi/2}\boldsymbol{\Sigma}\boldsymbol{U}^{\mathrm{T}},\boldsymbol{U}\boldsymbol{R}_{z,+\pi/2}^{\mathrm{T}}\boldsymbol{V}^{\mathrm{T}})$$
$$(\hat{\boldsymbol{T}}_2,\boldsymbol{R}_2)=(\boldsymbol{U}\boldsymbol{R}_{z,-\pi/2}\boldsymbol{\Sigma}\boldsymbol{U}^{\mathrm{T}},\boldsymbol{U}\boldsymbol{R}_{z,-\pi/2}^{\mathrm{T}}\boldsymbol{V}^{\mathrm{T}})$$
$$(\hat{\boldsymbol{T}}_3,\boldsymbol{R}_3)=(\boldsymbol{U}\boldsymbol{R}_{z,+\pi/2}\boldsymbol{\Sigma}\boldsymbol{U}^{\mathrm{T}},\boldsymbol{U}\boldsymbol{R}_{z,-\pi/2}^{\mathrm{T}}\boldsymbol{V}^{\mathrm{T}})$$
$$(\hat{\boldsymbol{T}}_4,\boldsymbol{R}_4)=(\boldsymbol{U}\boldsymbol{R}_{z,-\pi/2}\boldsymbol{\Sigma}\boldsymbol{U}^{\mathrm{T}},\boldsymbol{U}\boldsymbol{R}_{z,+\pi/2}^{\mathrm{T}}\boldsymbol{V}^{\mathrm{T}})$$

式中，$\boldsymbol{R}_z$ 表示绕 z 轴旋转。这四种解决方案可分为两类双重模糊：

1）镜像模糊。如果 $\boldsymbol{T}$ 是一个解，那么 $-\boldsymbol{T}$ 也是一个解，无法从极线约束中消除模糊：$\boldsymbol{x}_2^{\mathrm{T}}((-\boldsymbol{T})\times\boldsymbol{R}\boldsymbol{x}_1)=0$。

2）旋转模糊。如果 $\boldsymbol{R}$ 是一个解，那么 $\boldsymbol{R}^{\mathrm{T}}$ 也是一个解。第一个图像围绕基线旋转 180°。

通过检查三角点的深度是否为正，可以解决这些模糊问题。

3. 临界模糊

当场景中的点位于一个平面（双重模糊）[32.37]上，或者当场景上的点和相机中心位于具有附加约束的双片双曲面上，相机中心与双曲面的主发生器对称[32.38]时，五点对应的方法具有有限数量的可行（可行意味着它们可能会对相机前面的结构产生多种解释）解决方案。这些都是内在的模糊，当人们寻求一个精确的基础矩阵的解时，这些模糊性适用于任意数量的点与之对应。

当求解最小二乘系统的基础矩阵时，场景平面以及所有的点和相机中心都在一个二次曲面上而导致秩不足，且产生无穷多个解。

除了这些模糊的情况，还有大量的文献提到了双目立体视觉的不稳定性。特别地，在参考文献[32.37，39，40] 中提到视场角小和视场深度变化小会导致平移与坐标轴夹角的估计的不确定性。一个额外的小旋转可能导致平移与旋转之间的混淆[32.41]。另外，已经证明在全局最优解附近存在的局部最优解会给基于迭代的算法带来干扰[32.42,43]。

4. 三点 SfM

基于五点的最小解求解仍然太慢，无法在移动平台上使用。在移动平台上，可以从 IMU 获得额外的信息，如参考重力矢量。我们在这里提出了一个最新的解决方案，只使用一个参考方向和三个点[32.44]。

我们得到三个来自校准后的相机图像对应关系，以及一个如重力矢量或消失点的单向对应。这个问题等价于求平移向量 $\boldsymbol{t}$ 和绕任意旋转轴的旋转角 θ。

让我们选择任意旋转轴 $\boldsymbol{e}_2=(0,1,0)^{\mathrm{T}}$，在考虑了方向约束后，从基础矩阵的最初五个参数中，我们现在只需要估计三个。我们可以使用旋转矩阵的轴角参数化来重写基础矩阵约束，如下所示

$$\boldsymbol{p}_{2i}^{\mathrm{T}}\widetilde{\boldsymbol{E}}\boldsymbol{p}_1=0 \tag{32.25}$$

式中，$\widetilde{\boldsymbol{E}}=\hat{\tilde{\boldsymbol{t}}}[\boldsymbol{I}+\sin\theta\hat{\boldsymbol{e}}_2+(1-\cos\theta)\hat{\boldsymbol{e}}_2^2]$，且 $\tilde{\boldsymbol{t}}=(x,y,1)^{\mathrm{T}}$。

每个图像点对应一个这样的方程，在三个未知数中总共有三个方程。为了创建一个多项式，我们设定 $s=\sin\theta$，$c=\cos\theta$，并添加三角约束 $s^2+c^2-1=0$，形成含四个未知数的四个方程。为了减少未知数的数目，我们通过假设平移向量 $\tilde{\boldsymbol{t}}$ 为 $(x,y,1)^{\mathrm{T}}$ 来选择外极的方向。这意味着对于我们重新讨论的每个 $\tilde{\boldsymbol{t}}$，$-\tilde{\boldsymbol{t}}$ 也需要被视为一个可能的解决方案。一旦我们替换式（32.25）中的 $\widetilde{\boldsymbol{E}}$，多项式方程组的计算结果如下

$$a_{i1}xs+a_{i2}xc+a_{i3}ys+a_{i4}yc+a_{i5}x-a_{i2}s-a_{i1}c+a_{i6}=0 \tag{32.26}$$

其中，$i=1$，2，3，且

$$s^2+c^2-1=0 \tag{32.27}$$

这个多项式系统可以用封闭形式求解，最多有四组解。因此，当我们考虑到平移中符号的模糊时，由我们的公式产生的可能位姿矩阵的总数最多为八个。

32.1.6 多视图 SfM

当我们谈论同步定位与建图时，我们显然是指在较长的时间范围内。现在的问题是如何在我们的三维运动估计（定位）过程中集成额外的帧。

为了利用多帧，我们引入了秩约束的概念[32.45]。我们假设全局坐标系与第一帧的坐标系重合，在第 i 帧中投影场景点到 $\boldsymbol{x}_i$，并且其相对于第一帧的深度是 λ_1。

$$\lambda_i\boldsymbol{x}_i=\boldsymbol{R}_i(\lambda_1\boldsymbol{x}_1)+\boldsymbol{T}_i \tag{32.28}$$

取和 X_i 的叉积并写到第 n 帧，得到如下齐次系统：

$$\begin{pmatrix} \hat{\boldsymbol{x}}_2\boldsymbol{R}_2\boldsymbol{x}_1 & \hat{\boldsymbol{x}}_2\boldsymbol{T}_2 \\ \vdots & \vdots \\ \hat{\boldsymbol{x}}_n\boldsymbol{R}_n\boldsymbol{x}_1 & \hat{\boldsymbol{x}}_2\boldsymbol{T}_n \end{pmatrix}\begin{pmatrix} \lambda_1 \\ 1 \end{pmatrix}=0 \tag{32.29}$$

第一帧中某个点的深度是未知的。$3n\times2$ 阶多视图矩阵必须具有秩1，这是一个推断极线和三焦点方程的约束方程[32.46]。深度的最小二乘解可以很容易地导出为

$$\lambda_1=-\frac{\sum_{i=1}^{n}(\boldsymbol{x}_i\times\boldsymbol{T}_i)^{\mathrm{T}}(\boldsymbol{x}_i\times\boldsymbol{R}_i\boldsymbol{x}_1)}{\|\boldsymbol{x}_i\times\boldsymbol{R}_i\boldsymbol{x}_1\|^2} \tag{32.30}$$

给定每个点的深度，我们可以通过将多视图约束式（32.29）重新排列为

$$\begin{pmatrix} \lambda_1^1\boldsymbol{x}_1^{1T}\otimes\hat{\boldsymbol{x}}_i^1 & \hat{\boldsymbol{x}}_i^1 \\ \vdots & \vdots \\ \lambda_1^n\boldsymbol{x}_1^{nT}\otimes\hat{\boldsymbol{x}}_i^n & \hat{\boldsymbol{x}}_i^n \end{pmatrix}\begin{pmatrix} \boldsymbol{R}_i^{\text{stacked}} \\ \boldsymbol{T}_i \end{pmatrix}=0 \tag{32.31}$$

式中，$\boldsymbol{x}_i^n$ 是第 i 帧和 $\boldsymbol{R}_i$ 中的第 n 个图像点；$\boldsymbol{T}_i$ 是从第一帧到第 i 帧的运动；$\boldsymbol{R}^{\text{stacked}}$ 是旋转矩阵 $\boldsymbol{R}_i$ 的叠加元素的 12×1 维向量。假设 k 是通过奇异值分解得到的左侧 $3n\times12$ 阶矩阵的 12×1 核（或最小二乘意义上最接近的核），我们称 $\boldsymbol{A}$ 为从 k 的前9个元素得到的 3×3 阶矩阵，$\boldsymbol{a}$ 为10~12个元素对应的向量。为了得到旋转矩阵，我们利用式（32.14）解决绝对定位问题的奇异值分解的方式来得到一个最接近正交矩阵的可逆矩阵。

在这种方法的基础上，光束法平差[32.47]使图像坐标和待重建点的后投影之间的所有偏差之和最小化，即

$$\underset{\boldsymbol{R}^f,\boldsymbol{T}^f,\boldsymbol{X}_p}{\operatorname{argmin}}\boldsymbol{\varepsilon}^{\mathrm{T}}\boldsymbol{C}^{-1}\boldsymbol{\varepsilon}$$

对于所有 $6(F-1)$ 维运动和 $(3N-1)$ 维结构的未知数最小化，其中包含所有误差的向量是

$$\boldsymbol{\varepsilon}_p^f=\left(x_p^f-\frac{R_{11}^fX_p+R_{12}^fY_p+R_{13}^fZ_p+T_x}{R_{31}^fX_p+R_{32}^fY_p+R_{33}^fZ_p+T_z}\quad y_p^f-\frac{R_{21}^fX_p+R_{22}^fY_p+R_{23}^fZ_p+T_y}{R_{31}^fX_p+R_{32}^fY_p+R_{33}^fZ_p+T_z}\right)$$

$\boldsymbol{C}$ 是误差协方差矩阵。我们将继续假设 $\boldsymbol{C}=\boldsymbol{I}$。调用目标函数 $\boldsymbol{\Phi}(\boldsymbol{u})=\boldsymbol{\varepsilon}^{\mathrm{T}}\boldsymbol{C}^{-1}\boldsymbol{\varepsilon}$，用 $\boldsymbol{u}$ 表示未知向量。给定一个未知向量 $\boldsymbol{u}$ 的起始值，通过逻辑拟合一个二次函数来迭代步长 $\Delta\boldsymbol{u}$

$$\boldsymbol{\Phi}(\boldsymbol{u}+\Delta\boldsymbol{u})=\boldsymbol{\Phi}(\boldsymbol{u})+\Delta\boldsymbol{u}^{\mathrm{T}}\nabla\boldsymbol{\Phi}(\boldsymbol{u})+\frac{1}{2}\Delta\boldsymbol{u}^{\mathrm{T}}\boldsymbol{H}(\boldsymbol{u})\Delta\boldsymbol{u}$$

式中，$\nabla\boldsymbol{\Phi}$ 表示梯度；$\boldsymbol{H}$ 为对应 $\boldsymbol{\Phi}$ 的 Hessian 矩阵。

这个局部二次函数的最小值为 $\Delta\boldsymbol{u}$，

$$\boldsymbol{H}\Delta\boldsymbol{u}=-\nabla\boldsymbol{\Phi}(\boldsymbol{u})$$

若 $\boldsymbol{\Phi}(\boldsymbol{u})=\boldsymbol{\varepsilon}(\boldsymbol{u})^{\mathrm{T}}\boldsymbol{\varepsilon}(\boldsymbol{u})$，则

$$\nabla\boldsymbol{\Phi}=2\sum_i\boldsymbol{\varepsilon}_i(\boldsymbol{u})\nabla\boldsymbol{\varepsilon}_i(\boldsymbol{u})^{\mathrm{T}}=\boldsymbol{J}(\boldsymbol{u})^{\mathrm{T}}\boldsymbol{\varepsilon}$$

其中，雅可比矩阵 $\boldsymbol{J}$ 的组成元素为

$$\boldsymbol{J}_{ij}=\frac{\partial\boldsymbol{\varepsilon}_i}{\partial u_i}$$

Hessian 矩阵为

$$\begin{aligned}\boldsymbol{H}&=2\sum_i\left[\nabla\boldsymbol{\varepsilon}_i(\boldsymbol{u})\nabla\boldsymbol{\varepsilon}_i(\boldsymbol{u})^{\mathrm{T}}+\boldsymbol{\varepsilon}_i(\boldsymbol{u})\frac{\partial^2\boldsymbol{\varepsilon}_i}{\partial u^2}\right]\\&=2\left[\boldsymbol{J}(\boldsymbol{u})^{\mathrm{T}}\boldsymbol{J}(\boldsymbol{u})+\sum_i\boldsymbol{\varepsilon}_i(\boldsymbol{u})\frac{\partial^2\boldsymbol{\varepsilon}_i}{\partial u^2}\right]\approx2\boldsymbol{J}(\boldsymbol{u})^{\mathrm{T}}\boldsymbol{J}(\boldsymbol{u})\end{aligned}$$

通过省略 Hessian 函数中的二次项，这就产生了高斯-牛顿迭代：

$$(\boldsymbol{J}^{\mathrm{T}}\boldsymbol{J})\Delta\boldsymbol{u}=\boldsymbol{J}^{\mathrm{T}}\boldsymbol{\varepsilon}$$

该迭代涉及 $(6F+3N-7)\times(6F+3N-7)$ 阶矩阵的求逆。光束法平差是一种对求逆 $(\boldsymbol{J}^{\mathrm{T}}\boldsymbol{J})$ 有效的方法。

让我们把未知向量 $\boldsymbol{u}$ 分成 $\boldsymbol{u}=(a,b)$[32.48]，其中包括：

1）$6F-6$ 个运动未知量 a。

2）$3P-1$ 个结构未知量 b。

可以更好地解释这种情况，假设2帧对应的2个运动未知量 a_1 和 a_2，以及3个未知点 b_1、b_2 和 b_3。

为了保持对称性，我们这里不讨论全局参考和全局尺度的模糊性。

2帧3点的雅可比矩阵有6对行（每个图像投影一对）和15列/未知数，即

$$\boldsymbol{J}=\frac{\partial\boldsymbol{\varepsilon}}{\partial(a,b)}=\begin{pmatrix} \boldsymbol{A}_1^1 & 0 & \boldsymbol{B}_1^1 & 0 & 0 \\ 0 & \boldsymbol{A}_1^2 & \boldsymbol{B}_1^2 & 0 & 0 \\ \boldsymbol{A}_2^1 & 0 & 0 & \boldsymbol{B}_2^1 & 0 \\ 0 & \boldsymbol{A}_2^2 & 0 & \boldsymbol{B}_2^2 & 0 \\ \boldsymbol{A}_3^1 & 0 & 0 & 0 & \boldsymbol{B}_3^1 \\ \underbrace{0 \quad \boldsymbol{A}_3^2}_{\text{运动}} & & \underbrace{0 \quad 0 \quad \boldsymbol{B}_3^2}_{\text{结构}} & & \end{pmatrix}$$

式中，$\boldsymbol{A}$ 为 2×6 阶矩阵；$\boldsymbol{B}$ 为 2×3 阶矩阵；$\boldsymbol{\varepsilon}_i^f$ 是第 f 帧中第 i 点投影的误差雅可比矩阵。我们现在观察到 $\boldsymbol{J}^{\mathrm{T}}\boldsymbol{J}$ 中出现了一种模式：

$$\boldsymbol{J}^{\mathrm{T}}\boldsymbol{J}=\begin{pmatrix} \boldsymbol{U}^1 & 0 & \boldsymbol{W}_1^1 & \boldsymbol{W}_2^1 & \boldsymbol{W}_3^1 \\ 0 & \boldsymbol{U}^2 & \boldsymbol{W}_1^2 & \boldsymbol{W}_2^2 & \boldsymbol{W}_3^2 \\ \cdot\cdot & \cdot\cdot & \boldsymbol{V}_1 & 0 & 0 \\ \cdot\cdot & \cdot\cdot & 0 & \boldsymbol{V}_2 & 0 \\ \cdot\cdot & \cdot\cdot & 0 & 0 & \boldsymbol{V}_3 \end{pmatrix}$$

用块对角线将运动和结构分离。让我们重写基

32

本迭代公式 $(\boldsymbol{J}^{\mathrm{T}}\boldsymbol{J})\Delta\boldsymbol{u}=\boldsymbol{J}^{\mathrm{T}}\boldsymbol{\varepsilon}$，有

$$\begin{pmatrix}\boldsymbol{U} & \boldsymbol{W}\\ \boldsymbol{W}^{\mathrm{T}} & \boldsymbol{V}\end{pmatrix}\begin{pmatrix}\Delta a\\ \Delta b\end{pmatrix}=\begin{pmatrix}\varepsilon_a'\\ \varepsilon_b'\end{pmatrix}$$

$$\begin{pmatrix}\boldsymbol{I} & \boldsymbol{W}\boldsymbol{V}^{-1}\\ \boldsymbol{0} & \boldsymbol{I}\end{pmatrix}\begin{pmatrix}\boldsymbol{U} & \boldsymbol{W}\\ \boldsymbol{W}^{T} & \boldsymbol{V}\end{pmatrix}\begin{pmatrix}\Delta a\\ \Delta b\end{pmatrix}$$

$$=\begin{pmatrix}\boldsymbol{I} & \boldsymbol{W}\boldsymbol{V}^{-1}\\ \boldsymbol{0} & \boldsymbol{I}\end{pmatrix}\begin{pmatrix}\varepsilon_a'\\ \varepsilon_b'\end{pmatrix}$$

我们发现，运动参数可以通过对一个 $6F\times 6F$ 阶矩阵求逆来分别更新：

$$(\boldsymbol{U}-\boldsymbol{W}\boldsymbol{V}^{-1}\boldsymbol{W}^{\mathrm{T}})\Delta a=\varepsilon_a'-\boldsymbol{W}\boldsymbol{V}^{-1}\varepsilon_b'$$

每个三维点可以通过对 3×3 阶矩阵 $\boldsymbol{V}$ 求逆进行更新：

$$\boldsymbol{V}\Delta b=\varepsilon_b'-\boldsymbol{W}^{\mathrm{T}}\Delta a$$

值得一提的是，尽管光束法平差速度非常慢，但它捕捉到了运动估计和结构（三维点）估计之间的相关性，这在式（32.29）中的迭代方案中被人为隐藏。

Teller 等[32.49]通过先进行相对旋转，最后进行相对平移的解耦计算，完成了最大尺度的运动估计和视图配准。上述多视图 SfM 技术也可以应用于滑动窗口模式。Davison 等[32.28]通过将观察光线的方向与深度未知数解耦，展示了第一种实时递归方法。对于其他递归方法，读者可以参考相应的 SLAM 章节。

32.2 三维视觉抓取

在本节中，我们将从抓取所需的基本几何图形转移到主要的三维视觉挑战，这些挑战与我们对物体形状以及三维抓取姿势的实际选择的有限知识有关。

自然，物体的抓取和操纵与一般的场景理解以及物体的检测、识别、分类和位姿估计等问题密切相关。综上所述，很少有方法能够解决单个系统中的所有问题。参考文献［32.50］中报告的一个示例解决了在对象类别（使用其物理特性和功能定义）之间实现抓取知识转移的问题。这是一个具有挑战性的问题，因为许多具有相似物理特性的物体承担不同的任务。例如，螺钉旋具和胡萝卜在结构上是相似的，但只有前者可以作为工具；或者球和橘子，只有后者可以吃（图 32.3）。

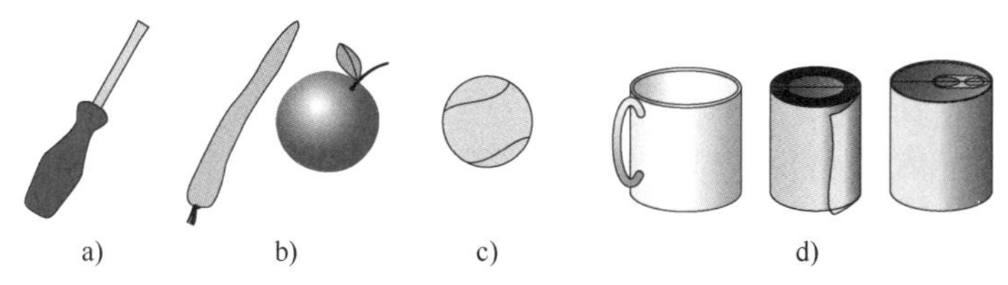

图 32.3 不同任务的物理相似对象的示例

a）工具 b）食物 c）玩具 d）用具

特别是对物体的抓取，有一些方法假设物体的全三维模型是可用的，而只关注于抓取综合体。此外，许多方法只在模拟环境中进行试验，而不使用真实的感官数据。然而，在模拟中得到的知识也可以稍后应用到感官数据上。另一些方法直接考虑对真实感官数据的抓取综合、处理噪声、遮挡和丢失数据等问题。

如果要抓取的对象是已知的，那么有一些方法可以存储抓取假设的数据库，这些假设是在模拟或真实环境中通过试验生成的。大多数方法假设物体的三维网格是可用的，难点是自动生成一组可用的抓取假设。这涉及对可能的手部位形的无限空间进行采样，并根据一些质量度量对得到的抓取进行排序。

为了简化这个过程，一种常用的方法是用一组基本体（如球体、圆锥体、圆柱体、长方体或超二次曲面）来近似物体的形状[32.51-55]。使用形状基元的目的是减少候选抓取的数量，从而修剪搜索空间，以找到最优的抓取假设集。

图 32.4 所示（在参考文献［32.52］中提及）的一个示例将立体相机中的点云分解为一组方框。抓取规划直接在方框上执行，这减少了潜在抓取的数量。El-Khoury 和 Sahbani[32.56]区分了对象的可抓取部分和不可抓取部分，其中每个部分通过将超二次曲面拟合到点云数据来表示。Pelossof 等[32.57]用一个超二次曲面逼近一个物体，并使用基于支持向量机的方法来搜索抓取，以最大化抓取质量。Boularias 等[32.58]将对象建模为马尔可夫随机场（MRF），其中节点是来自点云的点，边跨越一个点的六个最近邻点。MRF 中的一个节点带有两个标签中的一个：好的抓取位置或坏的抓取位置。Detry 等[32.59]将对象建模为一系列局部多模态轮廓描述符。一组相关的

抓取假设被建模为六维抓取位姿空间中的非参数密度函数，称为引导密度。Papazov 等[32.60]演示了在抓取场景中考虑杂乱场景的三维物体识别和位姿估计。Weisz 和 Allen[32.61]提出了一种适合于预测位姿不确定性下抓取稳定性的度量。

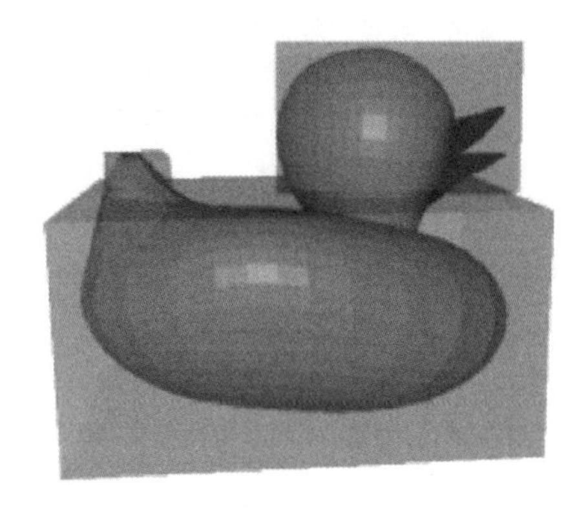

图 32.4 基于对象形状逼近和分解的抓取候选生成方法[32.62]

有几种方法专门处理不完整的点云。Marton 等[32.63]通过利用对称性将曲线拟合到点云的横截面。Rao 等[32.64]使用曲面法线从分割对象的曲面集中深度分割和采样抓取点。Bohg 等[32.65]提出了一种相关的方法，该方法在假设平面对称的情况下重建完整的对象形状，并基于对象的全局形状生成抓取假设。Bone 等[32.66]没有事先假设物体的形状并应用形状雕刻产生平行钳口夹持器。Hsiao 等[32.67]采用启发式方法，根据点云的形状生成抓取假设。最近在参考文献［32.68］中的工作确定了通过以下方式提供力封闭情形下抓取的区域：根据物体对于手的相对大小，评估物体的局部曲率，用两个或三个手指创建一个初始的相对抓取。Richtsfeld 和 Vincze[32.69]使用立体相机设置生成具有多个对象的场景的三维表示，然后在候选对象上生成各种顶部抓取。Maldonado 等[32.70]使用飞行时间范围数据，使用三维高斯对物体建模，并依赖抓取过程中的手指扭矩信息来监控抓取执行。Stückler 等[32.71]基于物体足迹的特征向量生成抓取假设，这些特征向量是通过将三维物体点云投影到支撑面上生成的。参考文献［32.72］提出了一个用于抓取规划和执行的一般场景理解系统。该系统采用自下而上的分组方法，其中轮廓和曲面结构作为抓取规划的基础。这项工作建立在所述的先前工作[32.73]的基础上。

近年来的研究主要集中在抓取泛化方面，即通过观察人类抓取或直接在机器人上进行离线和在线学习。Kroemer 等[32.74]使用任务场景演示了泛化能力。该方法的目标是找到对象中最可能负担得起示范行动的部分，学习方法基于核逻辑回归。Herzog 等[32.75]存储了一组人类与之交互的对象的本地模板。如果在线分割的对象的局部部分与数据库中的模板相似，则执行相关的抓取假设。Song 等[32.62]提出了一个问题，即根据目标的具体任务推断完全抓取配置。如参考文献［32.76］所述，各种抓取变量的联合分布被建模为贝叶斯网络，引入了任务、对象类别和任务约束等附加变量。在模拟器中生成大量抓取实例，并用抓取质量指标和对特定任务的适用性对模型的结构进行了说明。图 32.5 显示了在给定任务的特定物体上抓取的学习质量。

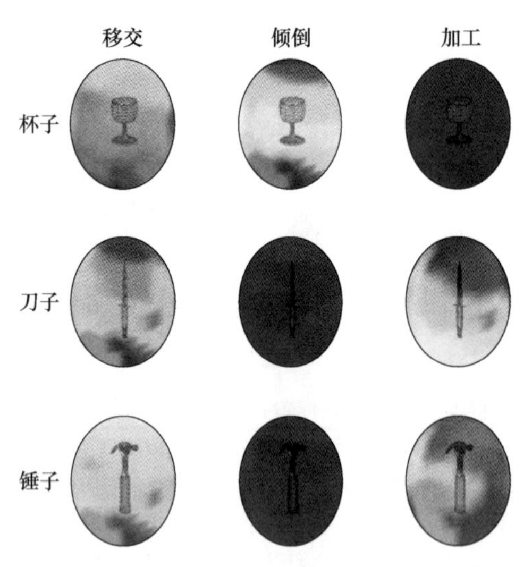

图 32.5 给定任务的不同对象上的接近向量的排序

注：区域越亮，等级越高；区域越暗，等级越低。

32.3 结论与延展阅读

作为重要的额外阅读文献源，我们推荐 Hartley 和 Zisserman[32.12]，Ma 等[32.46]，Faugeras[32.77]，以及 Faugeras 和 Luong[32.11]的专著。读者可参阅本手册第 1 卷第 5 章以了解估计的基本原理，本卷第 35 章了解传感器功能，本卷第 34 章了解视觉伺服，本卷第 31 章了解距离传感器，本卷第 45 章了解环境建模，本卷第 46 章了解 SLAM。

三维视觉是一个快速发展的领域。在本章中，我们只讨论了基于 RGB 相机的几何方法。尽管深度传感器在室内普遍存在，也可能在室外存在，但 RGB 相机仍然很强大，因为可以匹配并用于位姿估计和三维建模的特征数量更多、多样性更大。远距离传感仍然可以通过大位移的移动来实现，而有源传感器则受到环境反射能量的限制。

视频文献

VIDEO 120 Google's project Tango
available from http://handbookofrobotics.org/view-chapter/32/videodetails/120
VIDEO 121 Finding paths through the world's photos
available from http://handbookofrobotics.org/view-chapter/32/videodetails/121
VIDEO 122 LIBVISO: Visual odometry for intelligent vehicles
available from http://handbookofrobotics.org/view-chapter/32/videodetails/122
VIDEO 123 Parallel tracking and mapping for small AR workspaces (PTAM)
available from http://handbookofrobotics.org/view-chapter/32/videodetails/123
VIDEO 124 DTAM: Dense tracking and mapping in real-time
available from http://handbookofrobotics.org/view-chapter/32/videodetails/124
VIDEO 125 3-D models from 2-D video – automatically
available from http://handbookofrobotics.org/view-chapter/32/videodetails/125

参考文献

32.1 S. Izadi, R.A. Newcombe, D. Kim, O. Hilliges, D. Molyneaux, S. Hodges, P. Kohli, J. Shotton, A.J. Davison, A. Fitzgibbon: Kinectfusion: Real-time dynamic 3D surface reconstruction and interaction, ACM SIGGRAPH 2011 Talks (2011) p. 23
32.2 Google: Atap project tango, https://www.google.com/atap/projecttango (2014)
32.3 J.A. Hesch, D.G. Kottas, S.L. Bowman, S.I. Roumeliotis: Camera-IMU-based localization: Observability analysis and consistency improvement, Int. J. Robotics Res. **33**(1), 182–201 (2014)
32.4 N. Snavely, S.M. Seitz, R. Szeliski: Modeling the world from internet photo collections, Int. J. Comput. Vis. **80**(2), 189–210 (2008)
32.5 Z. Kukelova, M. Bujnak, T. Pajdla: Polynomial eigenvalue solutions to minimal problems in computer vision, IEEE Trans. Pattern Anal. Mach. Intell. **34**(7), 1381–1393 (2012)
32.6 F. Kahl, S. Agarwal, M.K. Chandraker, D. Kriegman, S. Belongie: Practical global optimization for multiview geometry, Int. J. Comput. Vis. **79**(3), 271–284 (2008)
32.7 R.I. Hartley, F. Kahl: Global optimization through rotation space search, Int. J. Comput. Vis. **82**(1), 64–79 (2009)
32.8 Z. Zhang: A flexible new technique for camera calibration, IEEE Trans. Pattern Anal. Mach. Intell. **22**, 1330–1334 (2000)
32.9 M. Pollefeys, L. Van Gool, M. Vergauwen, F. Verbiest, K. Cornelis, J. Tops, R. Koch: Visual modeling with a hand-held camera, Int. J. Comput. Vis. **59**, 207–232 (2004)
32.10 M. Pollefeys, L. Van Gool: Stratified self-calibration with the modulus constraint, IEEE Trans. Pattern Anal. Mach. Intell. **21**, 707–724 (1999)
32.11 O. Faugeras, Q.-T. Luong, T. Papadopoulo: *The Geometry of Multiple Images: The Laws That Govern the Formation of Multiple Images of a Scene and Some of Their Applications* (MIT Press, Cambridge 2001)
32.12 R. Hartley, A. Zisserman: *Multiple View Geometry* (Cambridge Univ. Press, Cambridge 2000)
32.13 K. Ottenberg, R.M. Haralick, C.-N. Lee, M. Nolle: Review and analysis of solutions of the three-point perspective problem, Int. J. Comput. Vis. **13**, 331–356 (1994)
32.14 M.A. Fischler, R.C. Bolles: Random sample consensus: A paradigm for model fitting with applications to image analysis and automated cartography, ACM Commun. **24**, 381–395 (1981)
32.15 R. Kumar, A.R. Hanson: Robust methods for estimaging pose and a sensitivity analysis, Comput. Vis. Image Underst. **60**, 313–342 (1994)
32.16 C.-P. Lu, G. Hager, E. Mjolsness: Fast and globally convergent pose estimation from video images, IEEE Trans. Pattern Anal. Mach. Intell. **22**, 610–622 (2000)
32.17 L. Quan, Z. Lan: Linear n-point camera pose determination, IEEE Trans. Pattern Anal. Mach. Intell. **21**, 774–780 (1999)
32.18 A. Ansar, K. Daniilidis: Linear pose estimation from points and lines, IEEE Trans. Pattern Anal. Mach. Intell. **25**, 578–589 (2003)
32.19 V. Lepetit, F. Moreno-Noguer, P. Fua: EPNP: An accurate $o(n)$ solution to the PNP problem, Int. J. Comput. Vis. **81**(2), 155–166 (2009)
32.20 G.H. Golub, C.F. van Loan: *Matrix Computations* (Johns Hopkins Univ. Press, Baltimore 1983)
32.21 J.A. Hesch, S.I. Roumeliotis: A direct least-squares (dls) method for pnp, IEEE Int. Conf. Comput. Vis.

(ICCV) (2011) pp. 383–390
32.22 C.J. Taylor, D.J. Kriegman: *Minimization on the Lie Group SO(3) and Related Manifolds* (Yale University, New Haven 1994)
32.23 P.-A. Absil, R. Mahony, R. Sepulchre: *Optimization Algorithms on Matrix Manifolds* (Princeton Univ. Press, Princeton 2009)
32.24 Y. Ma, J. Košecká, S. Sastry: Optimization criteria and geometric algorithms for motion and structure estimation, Int. J. Comput. Vis. **44**(3), 219–249 (2001)
32.25 R.I. Hartley, P. Sturm: Triangulation, Comput. Vis. Image Underst. **68**(2), 146–157 (1997)
32.26 B. Kitt, A. Geiger, H. Lategahn: Visual odometry based on stereo image sequences with ransac-based outlier rejection scheme, IEEE Intell. Veh. Symp. (IV) (2010)
32.27 B.K.P. Horn, H.M. Hilden, S. Negahdaripour: Closed-form solution of absolute orientation using orthonormal matrices, J. Opt. Soc. Am. A **5**, 1127–1135 (1988)
32.28 A.J. Davison, I.D. Reid, N.D. Molton, O. Stasse: Monoslam: Real-time single camera SLAM, IEEE Trans. Pattern Anal. Mach. Intell. **29**(6), 1052–1067 (2007)
32.29 R. Tron, K. Daniilidis: On the quotient representation for the essential manifold, Proc. IEEE Conf. Comput. Vis. Pattern Recognit. (2014) pp. 1574–1581
32.30 T.S. Huang, O.D. Faugeras: Some properties of the E matrix in two-view motion estimation, IEEE Trans. Pattern Anal. Mach. Intell. **11**, 1310–1312 (1989)
32.31 D. Nister: An efficient solution for the five-point relative pose problem, IEEE Trans. Pattern Anal. Mach. Intell. **26**, 756–777 (2004)
32.32 H. Li, R. Hartley: Five-point motion estimation made easy, IEEE 18th Int. Conf. Pattern Recognit. (ICPR), Vol. 1 (2006) pp. 630–633
32.33 Z. Kukelova, M. Bujnak, T. Pajdla: Polynomial eigenvalue solutions to the 5-pt and 6-pt relative pose problems, BMVC (2008) pp. 1–10
32.34 H. Stewenius, C. Engels, D. Nistér: Recent developments on direct relative orientation, ISPRS J. Photogramm. Remote Sens. **60**(4), 284–294 (2006)
32.35 D. Batra, B. Nabbe, M. Hebert: An alternative formulation for five point relative pose problem, IEEE Workshop Motion Video Comput. (2007) pp. 21–21
32.36 Center for Machine Perception, Minimal problems in computer vision; http://cmp.felk.cvut.cz/minimal/5_pt_relative.php
32.37 S. Maybank: *Theory of Reconstruction from Image Motion* (Springer, Berlin, Heidelberg 1993)
32.38 S.J. Maybank: The projective geometry of ambiguous surfaces, Phil. Trans. Royal Soc. Lond. A **332**(1623), 1–47 (1990)
32.39 A. Jepson, D.J. Heeger: A fast subspace algorithm for recovering rigid motion, Proc. IEEE Workshop Vis. Motion. Princeton (1991) pp. 124–131
32.40 C. Fermüller, Y. Aloimonos: Algorithmic independent instability of structure from motion, Proc. 5th Eur. Conf. Comput. Vision, Freiburg (1998)
32.41 K. Daniilidis, M. Spetsakis: Understanding noise sensitivity in structure from motion. In: *Visual Navigation*, ed. by Y. Aloimonos (Lawrence Erlbaum, Mahwah 1996) pp. 61–88
32.42 S. Soatto, R. Brockett: Optimal structure from motion: Local ambiguities and global estimates, IEEE Conf. Comput. Vis. Pattern Recognit., Santa Barbara (1998)
32.43 J. Oliensis: A new structure-from-motion ambiguity, IEEE Trans. Pattern Anal. Mach. Intell. **22**, 685–700 (1999)
32.44 O. Naroditsky, X.S. Zhou, J. Gallier, S. Roumeliotis, K. Daniilidis: Two efficient solutions for visual odometry using directional correspondence, IEEE Trans. Patterns Anal. Mach. Intell. (2012)
32.45 Y. Ma, K. Huang, R. Vidal, J. Kosecka, S. Sastry: Rank conditions of the multiple view matrix, Int. J. Comput. Vis. **59**(2), 115–139 (2004)
32.46 Y. Ma, S. Soatto, J. Kosecka, S. Sastry: *An Invitation to 3-D Vision: From Images to Geometric Models* (Springer, Berlin, Heidelberg 2003)
32.47 W. Triggs, P. McLauchlan, R. Hartley, A. Fitzgibbon: Bundle adjustment – A modern synthesis, Lect. Notes Comput. Sci **1883**, 298–372 (2000)
32.48 M. Lourakis, A. Argyros: *The Design and Implementation of a Generic Sparse Bundle Adjustment Software Package Based on the Levenberg–Marquard Method*, Tech. Rep, Vol. 340 (ICS/FORTH, Heraklion 2004)
32.49 S. Teller, M. Antone, Z. Bodnar, M. Bosse, S. Coorg: Calibrated, registered images of an extended urban area, Int. Conf. Comput. Vis. Pattern Recognit., Kauai, Vol. 1 (2001) pp. 813–820
32.50 D. Kragic, M. Madry, D. Song: From object categories to grasp transfer using probabilistic reasoning, Proc. IEEE Int. Conf. Robotics Autom. (ICRA) (2012) pp. 1716–1723
32.51 A.T. Miller, S. Knoop, H.I. Christensen, P.K. Allen: Automatic grasp planning using shape primitives, Proc. IEEE Int. Conf. Robotics Autom. (ICRA) (2003) pp. 1824–1829
32.52 K. Hübner, D. Kragic: Selection of robot pre-grasps using box-based shape approximation, IEEE/RSJ Int. Conf. Intell. Robots Syst. (IROS) (2008) pp. 1765–1770
32.53 C. Dunes, E. Marchand, C. Collowet, C. Leroux: Active rough shape estimation of unknown objects, IEEE Int. Conf. Intell. Robots Syst. (IROS) (2008) pp. 3622–3627
32.54 M. Przybylski, T. Asfour: Unions of balls for shape approximation in robot grasping, IEEE/RSJ Int. Conf. Intell. Robots Syst. (IROS), Taipei (2010) pp. 1592–1599
32.55 C. Goldfeder, P.K. Allen, C. Lackner, R. Pelossof: Grasp Planning Via Decomposition Trees, Proc. IEEE Int. Conf. Robotics Autom. (ICRA) (2007) pp. 4679–4684
32.56 S. El-Khoury, A. Sahbani: Handling objects by their handles, IEEE/RSJ Int. Conf. Intell. Robots Syst. Workshop Grasp Task Learn. Imitation (2008)
32.57 R. Pelossof, A. Miller, P. Allen, T. Jebera: An SVM learning approach to robotic grasping, Proc. IEEE Int. Conf. Robotics Autom. (ICRA) (2004) pp. 3512–3518
32.58 A. Boularias, O. Kroemer, J. Peters: Learning robot grasping from 3-d images with markov random fields, IEEE/RSJ Int. Conf. Intell. Robots Syst. (IROS) (2011) pp. 1548–1553
32.59 R. Detry, E. Başeski, N. Krüger, M. Popović, Y. Touati,

O. Kroemer, J. Peters, J. Piater: Learning object-specific grasp affordance densities, IEEE Int. Conf. Dev. Learn. (2009) pp. 1–7
32.60 C. Papazov, S. Haddadin, S. Parusel, K. Krieger, D. Burschka: Rigid 3D geometry matching for grasping of known objects in cluttered scenes, Int. J. Robotics Res. **31**(4), 538–553 (2012)
32.61 J. Weisz, P.K. Allen: Pose error robust grasping from contact wrench space metrics, Proc. IEEE Int. Conf. Robotics Autom. (ICRA) (2012) pp. 557–562
32.62 D. Song, C.H. Ek, K. Hübner, D. Kragic: Multivariate discretization for bayesian network structure learning in robot grasping, Proc. IEEE Int. Conf. Robotics Autom. (ICRA) (2011) pp. 1944–1950
32.63 Z.C. Marton, D. Pangercic, N. Blodow, J. Kleinehellefort, M. Beetz: General 3D modelling of novel objects from a single view, IEEE/RSJ Int. Conf. Intell. Robots Syst. (IROS) (2010) pp. 3700–3705
32.64 D. Rao, V. Le Quoc, T. Phoka, M. Quigley, A. Sudsang, A.Y. Ng: Grasping novel objects with depth segmentation, IEEE/RSJ Int. Conf. Intell. Robots Syst. (IROS), Taipei (2010) pp. 2578–2585
32.65 J. Bohg, M. Johnson-Roberson, B. León, J. Felip, X. Gratal, N. Bergström, D. Kragic, A. Morales: Mind the gap – Robotic grasping under incomplete observation, Proc. IEEE Int. Conf. Robotics Autom. (ICRA) (2011)
32.66 G.M. Bone, A. Lambert, M. Edwards: Automated Modelling and Robotic Grasping of Unknown Three-Dimensional Objects, Proc. IEEE Int. Conf. Robotics Autom. (ICRA) (2008) pp. 292–298
32.67 K. Hsiao, S. Chitta, M. Ciocarlie, E.G. Jones: Contact-reactive grasping of objects with partial shape information, IEEE/RSJ Int. Conf. Intell. Robots Syst. (IROS) (2010) pp. 1228–1235
32.68 M.A. Roa, M.J. Argus, D. Leidner, C. Borst, G. Hirzinger: Power grasp planning for anthropomorphic robot hands, Proc. IEEE Int. Conf. Robotics Autom. (ICRA) (2012)
32.69 M. Richtsfeld, M. Vincze: Grasping of Unknown Objects from a Table Top, ECCV Workshop Vis. Action: Effic. Strateg. Cogn. Agents Complex Environ. (2008)
32.70 A. Maldonado, U. Klank, M. Beetz: Robotic grasping of unmodeled objects using time-of-flight range data and finger torque information, IEEE/RSJ Int. Conf. Intell. Robots Syst. (IROS) (2010) pp. 2586–2591
32.71 J. Stückler, R. Steffens, D. Holz, S. Behnke: Real-time 3d perception and efficient grasp planning for everyday manipulation tasks, Eur. Conf. Mob. Robots (ECMR) (2011)
32.72 G. Kootstra, M. Popovic, J.A. Jørgensen, K. Kuklinski, K. Miatliuk, D. Kragic, N. Kruger: Enabling grasping of unknown objects through a synergistic use of edge and surface information, Int. J. Robotics Res. **31**(10), 1190–1213 (2012)
32.73 D. Kraft, N. Pugeault, E. Baseski, M. Popovic, D. Kragic, S. Kalkan, F. Wörgötter, N. Krueger: Birth of the object: Detection of objectness and extraction of object shape through object action complexes, Int. J. Humanoid Robotics **pp**, 247–265 (2009)
32.74 O. Kroemer, E. Ugur, E. Oztop, J. Peters: A Kernel-based Approach to Direct Action Perception, Proc. IEEE Int. Conf. Robotics Autom. (ICRA) (2012)
32.75 A. Herzog, P. Pastor, M. Kalakrishnan, L. Righetti, T. Asfour, S. Schaal: Template-based learning of grasp selection, Proc. IEEE Int. Conf. Robotics Autom. (ICRA) (2012)
32.76 L. Montesano, M. Lopes, A. Bernardino, J. Santos-Victor: Learning object affordances: From sensory–motor coordination to imitation, IEEE Trans. Robotics **24**(1), 15–26 (2008)
32.77 O. Faugeras: *Three-Dimensional Computer Vision* (MIT Press, Cambridge 1993)

第 33 章

视觉对象类识别

Michael Stark，Bernt Schiele，Aleš Leonardis

对象类识别是计算机视觉中最根本的问题之一，近年来得到了广泛的研究。本章主要涉及对汽车、人、椅子或狗等基本对象类的识别和检测。我们将回顾这一技术的现状，并特别讨论目前最有前途的方法。

目　录

33

33.1　对象类

自计算机视觉诞生以来，泛型对象类识别一直是计算机视觉的目标之一[33.1,2]。对于这点，需要着重强调的是，对象类的概念和抽象层次还远不是唯一的且没有被明确地定义。值得注意的是，人类如何在不同层次上组织知识的问题已经引起了认知心理学的广泛关注。以布朗的作品为例，犬类不仅可以被视为犬类，而且可以被视为拳师犬、四足动物，或一般意义上有生命的动物[33.3]。然而，最容易被联想到的还是狗，这绝不是偶然的。试验表明，在人类的分类认识中存在一个基本层次，大多数知识都是在这个层次上被组织起来的[33.4]。根据 Rosch 等人和 Lakoff[33.4,6] 的研究，这一基本层次也是：

1）类别成员具有相似感知特征的最高层次。

2）单一的心理意象可以反映整个类别的最高层次。

3）使用类似运动动作与类别成员交互的最高层次。

4）人类主体在识别类别成员方面最快的层次。

5）在儿童时期命名和理解的第一个层次。

对人类来说，做出基本水平的分类是最容易的，这应该也是机器视觉的一个很好的起点[33.7]。下一个较低的层次，从属范畴，对应于用于对象识别的个体层次；下一个更高的层次，上级范畴，需要更高的抽象程度和环境知识。因此，下面将首先讨论最先进的基本层次分类方法，然后简要介绍细粒度分类的从属分类方法。

33.2　技术现状回顾

人们可以认为当前对象类识别中的所有方法都是基于部件的方法，其中对象类实例由一组部分（如人体部位）和各部分之间的拓扑学（如连接人体部位的关节定义的运动树）描述。以下各小节系统地处理了不同的工艺状态，基于部件的方法，从词袋模型（33.2.1 节）和空间金字塔匹配（33.2.2 节），柔性单元模型（33.2.3 节）和定向梯度直方图（33.2.4 节）到可变形单元模型（33.2.5 节）和卷积神经网络（33.2.6 节）。表 33.1总结了本节中提出的各种基于单元的模型分类方法。后两小节突出了细粒度分类（33.2.7 节）和可视识别数据集的最新趋势（33.2.8 节）。

表 33.1 基于单元的模型分类的一些典型方法

模型	部分	拓扑
词袋（BoW）	功能集群	无空间信息编码
空间金字塔	功能集群	分层但刚性的空间网格
星座模型	功能集群	簇间全协方差矩阵
隐式形状模型	功能集群	星形模型
HOG	HOG 单元	刚性空间网格
DPM	HOG 部分	星形模型
图形结构模型	语义部分	树状结构
卷积神经网络	卷积过滤器	空间假脱机和层次结构

33.2.1 词袋模型

局部图像块除了允许建立同一场景的多幅图像之间的点向对应外，还为视觉识别的各种对象类表示提供了基础。受自然语言处理文献的启发，词袋或特征袋模型[33.8]将图像表示为无序的局部补丁集合（一个包）。这种表述假设关于图像内容的大部分重要信息完全由补丁出现的时间（和频率）捕获，而不管它们出现在哪里。虽然这显然是一个近似值，但从文本文档的类比来看，它似乎是合理的：即使文本文档中的单词是随机打乱的，仅某些关键术语的出现就能提供关于文档主题的有力线索。同样地，局部图像块的集合，如两个眼罩、嘴巴和鼻子，为图像中是否存在面孔提供了强有力的线索。

词袋模型通常基于视觉词的代码簿：一套固定的、离散的视觉特征，所有其他功能相对于这些功能进行描述（图 33.1c）。通过计算每个代码字出现的频率（图 33.1b）可以相对于该代码簿描述输入图像（图 33.1a）。在接下来的段落中，我们详细描述了视觉特征的提取，视觉词的代码簿的生成，以及使用概率生成和判别模型在图像分类中的应用。

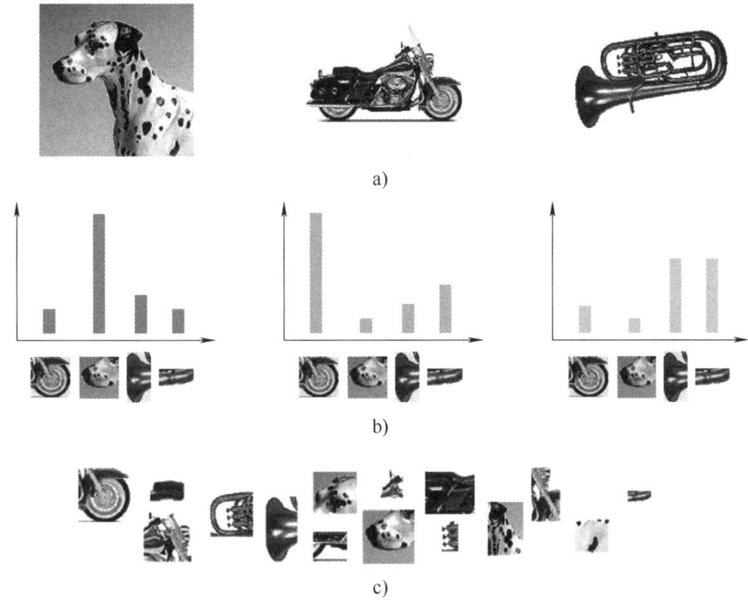

图 33.1 词袋表示
a）图像 b）词袋直方图 c）代码簿

1. 特征提取

用于特征提取的位置和尺度通常是稀疏地选择，基于兴趣运算符，如用于尺度不变特征变换（SIFT）的差分高斯（DOG）兴趣点检测器[33.9]，哈里斯角、尺度和仿射不变性 Hessian-Laplace 兴趣点[33.10]，最大稳定极值区域（MSER）[33.11]，或基于使用固定空间网格的密集特征采样[33.12]。虽然兴趣运算符通常有本地化良好、可重复的特征，并具有足够的召回率，但当今日益增长的计算能力使密集的特征采样成为可能（例如，只需一个像素的步幅，就会导致图像中有数千个特征）——在极限情况下，在图像分类中，密集采样通常优于稀疏兴趣运算符，因为兴趣点检测器被设计用于特定类型的图像结构采样，而密集采样允许采样任何类型的图像结构（注意，这可能对其他应用程序是不同的，如来自运动的结构，在这种情况下，更重要的是高精度地找到更少的特征）。

2. 代码簿生成

视觉特征代码簿通常是通过对图像特征向量训练集应用无监督聚类算法，如 k-means 或层次凝聚聚类来构建的[33.13]。结果是视觉特征空间的向量量化表示，将相似的特征描述符分组成簇。因此，每个集群有效地概括了它的成员，这样微小的视觉差异就被抑制了——这通常被视为分类的一个关键特征，尽管较大的代码簿通常会带来更好的性能。每个聚类都有一个代表性成员，即它的质心（对于 k-means）或中心点（对于聚集聚类）。为了表示一个新的图像相对于生成的代码簿，图像特征被提取，并与每个聚类的成员进行匹配（例如，通过计算成对距离和定义匹配阈值）。然后记录匹配的结果（例如，作为每个聚类被匹配次数的直方图），以产生图像或对象表示。注意，在词袋模型的上下文中，对象表示和图像表示是同义的。

对于代码簿的生成，聚类的数量是一个重要的自由参数：已经发现较大的代码簿尺寸通常会提高识别性能，因为它们更忠实地表示初始特征空间，具有更低的重构误差。另一方面，大型代码簿泛化得更少，在构建词袋表示并使用非线性分类器对它们进行分类时，代价是增加计算成本。通常，为了获得最佳性能，会选择包含多个甚至是 10000 个集群（10000 的倍数）的代码簿[33.14]。

3. 生成模型

受其在文本领域的成功启发，生成概率模型也被采用与词袋表示相关的图像分类。可以说，最简单的一种是朴素贝叶斯模型[33.8,15]，其图像具有某个特定类别的后验概率是由每个直方图单元的独立贡献决定的（即对于给定的类别，了解一个特性的存在并不会使另一个特性的存在可能性变多或变少）。虽然这个模型并不清楚特征之间通常存在相关性（例如，在汽车侧视图中已经观察到两个车轮的特征，因此不太可能再会观察另一个，假设图像中只有一辆车），这种模型经常在实践中工作得很好，并因其简单性而具有吸引力。

与文本领域一致，已经提出了更强大的图像分类模型，通过生成过程显式捕获特征的共现。在这里，假设图像中包含的特征是由一系列步骤生成的，其中每个步骤决定下一步骤可用的选项。更准确地说，每一步骤都是根据前一步骤的结果从概率分布中采样来实现的。

生成模型中比较流行的一类是主题模型[33.16,17]：图像被认为是由多个主题（例如，在描绘海滩场景的图像中，可以有水主题、沙主题和天空主题）组成的视觉词汇的无秩序文档。为了在图像中生成特定的特征，首先从主题的离散分布中采样（海滩场景可以是水、沙和天空的大致均匀分布）。然后，以之前采样的主题为条件，从离散的特征分布上采样视觉特征（例如，对于一个水主题，采样的特征很可能是一个带有波纹图案的蓝色图像块）。在实践中，视觉特征对主题的分配是通过潜在变量来表示的，这意味着它必须从其他可以观察到的量中推断出来（这样特征的可能性是最大的）。这通常是通过期望最大化（EM）[33.18]算法实现的，该算法在迭代过程中交替（重）估计主题分布（E-步）和输入潜在变量（M-步）。

在文献中，存在各种各样的主题模型，从基于贝叶斯扩展的基本概率潜在语义分析（PLSA）[33.16]，到潜在的狄利克雷分配（LDA）[33.17]，再到图像及其特征的无限层次模型[33.19]。

4. 条件判别模型

一旦图像被表示为代码簿上匹配特征的直方图，则可以通过适用于直方图的任何鉴别分类器进行分类。热门选择包括支持向量机（SVM）[33.21]与直方图交叉口内核或其近似对应[33.22]，推进[33.23]，以及随机森林分类器[33.24]。

5. 扩展

虽然词袋表示本质上忽略了空间信息，但它可以通过限制词袋表示对局部图像区域的支持，并独立处理多个区域来重新引入空间信息。具体来说，可以通过在考虑的图像上滑动一个矩形窗口来本地化对象类的实例，在每个位置提取一个词袋表示，并将结果输入一个分类器，该分类器将感兴趣的对象类与背景区分开来。通过将该方案应用于输入图像的多个重新缩放版本[33.25]（称为图像金字塔），可以定位不同大小的对象。

不是以蛮力方式应用滑动窗口，而是意识到图像窗口可以获得的分类器分数可以由它所包含的子窗口的分数来约束。这种观察结果产生了一种高效的子窗口搜索[33.26]，大大减少了与滑动窗口的词袋表示相关的分类器评估数量，使强大但缓慢的非线性核支持向量机得以应用。

33.2.2 空间金字塔匹配

与其完全忽略图像中局部特征的空间布局，倒不如包含至少一个粗略的位置概念，以增加对象类表示的辨别能力。空间金字塔匹配将这一概念作为词袋模型（见第 33.2.1 节）的扩展来实现，通过对单一输入图像提取不同空间位置和尺度的多个词袋表示，并将这些局部表示聚合为整个图像的单个全局表示。具体来说，空间金字塔匹配（SPM）[33.27] 提取了覆盖在输入图像上的矩形网格中的每个单元格的词袋直方图（典型情况下，对于 $l \in \{0,1,2\}$，有 2^l 个粗网格）。这个过程以不同数量的单元格重复多次，形成一个空间分辨率降低的过度完整的金字塔结构（图 33.2）。由此产生的每个单元格的词袋直方图是连在一起的（并重新标准化）。SPM 的吸引力在于可以在多个分辨率上表示空间布局，而不需要对任何一个特定的分辨率做出承诺——相反，保留所有分辨率的表示，如果它们被证明是有用的，就有机会对图像分类做出贡献。

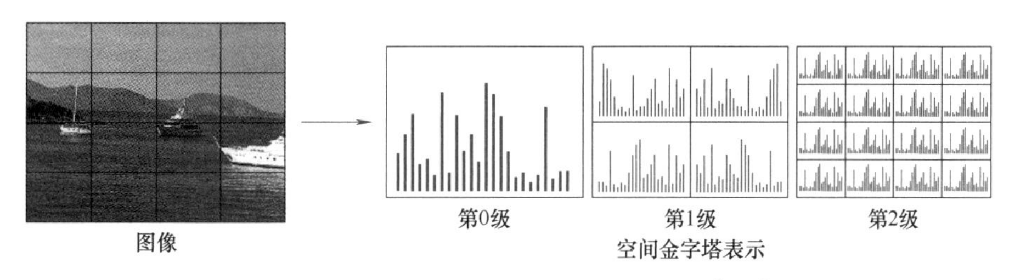

图 33.2 空间金字塔匹配为多级词袋表示[33.20]

基本的 SPM 方法在文献中出现了许多变体，但通常遵循相同的四个步骤（特征提取、特征编码、空间池化和分类），我们将在以下部分回顾每一个步骤。

1. 特征提取

与基本的词袋模型一样，SPM 模型已用于各种特征类型，从 SIFT[33.9] 的外观特征到局部边缘配置[33.28] 和自相似功能[33.29]。

2. 特征编码

相对于通过向量量化得到的预先训练的代码簿，表示视觉特征只是特征编码的一种特殊情况（执行表示的改变），参考文献［33.30-32］提出了一些改进方法。最重要的是，将代码簿训练和特征编码明确地表述为联合优化问题是有益的，这样可以从各自的编码中以较小的误差重建初始特征。此外，通过 L1 正则化替换基数约束，这个公式允许我们放松每个特性只匹配一个代码簿条目的假设。得到的稀疏编码（SC）公式[33.31] 已经被证明比初始 SPM[33.27] 有更显著的优势，即使与线性 SVM 相结合（而 SPM 在与非线性直方图相交或卡方（chi-square）内核相联系时工作得最好，这是计算成本很高的）。局部约束线性编码（LLC）给出了一种改进的 SC 算法[33.32]。它用局部约束代替稀疏性，鼓励特征空间中的特征被附近的特征重建，这样相似的特征产生相似的编码（为了方便分类器学习，这显然是可取的）。

Fisher 向量[33.30] 方法通过预先训练的生成概率模型（高斯混合模型，GMM）对所包含特征的解释程度来描述该区域，而不是仅仅依靠计算 SPM、SC 和 LLC 所推广的空间区域中视觉特征的出现次数。具体地说，它从图像特征的对数似然导数构建一个向量，给定混合系数、平均值和 GMM 的对角协方差。注意，这个向量比使用相同的 GMM 作为代码簿的事件直方图有更多的条目，允许为少量的 GMM 混合组件（通常只有几百个）构建具有高度区别性的表示。

稀疏编码和 Fisher 向量表示已经被证明对与空间金字塔相关的图像分类非常有效，并已成功地应用于大规模设置，如在 ImageNet 上的分类[33.33]（见第 33.2.8 节）。

3. 空间池化

除了将不同金字塔层次的直方图连接在一起的经典金字塔方案[33.27] 之外，在一个空间区域甚至多个金字塔层次上保持特定二进制文件的最大值（max-pooling）也受到了越来越多的关注[33.31]，特别是与 CNN（见第 33.2.6 节）有关。Max-pooling 的优点是促进局部平移和尺度变化的不变性，并且已经发现存在于人类视觉皮层（V1）中[33.34]。

除了在二维图像平面上的池化特征外，在细粒度分类的背景下还发展了更多以对象为中心的池化技术[33.35,36]（见第 33.2.7 节）。

4. 分类

SPM 方法的最后阶段通常由一个判别分类器给

出，该分类器在由 SPM 表示生成的固定长度向量的训练集上进行训练的。根据特征编码步骤的复杂度，具有非线性直方图相交或卡方[33.27]或线性内核[33.30-32]的支持向量机可以达到最先进的性能。进一步扩展包括使用多个具有学习贡献权重的内核[33.37]。当作为分类级联的一部分进行评估时，多核学习（multiple kernel learning，MKL）也可用于滑动窗口对象类探测器[33.38]。

33.2.3 柔性单元模型

虽然无序词袋的视觉特性（见第 33.2.1 节）或具有固定网格布局的空间金字塔（见第 33.2.2 节）已被证明是有效的分类对象类表示，但它们都未能明确捕捉由多个部分组成的对类的弹性性质。作为一个例子，考虑包含眼睛、眉毛、嘴巴、鼻子、耳朵的人脸：显然，这些器官的精确形状和空间布置会因人而异，但形状和排列的变化限制在合理的范围内（即单元不是像在词袋表示中一样是无序的）。同样直观的是，控制似是而非的变化范围的约束应该是柔性的，而不是局限于固定的层级或固定的空间网格（如空间金字塔匹配）。在本节中，我们将回顾一组实现这种直觉的柔性单元模型。

1. 星座模型

星座模型[33.39-41]将一个对象类表示为固定数量单元的灵活排列。它由两个部分组成：第一，每个部分的外观模型；第二，各部分的相对空间布局模型。它是以全概率的方式制定的，每个单元由其外观的概率生成模型来描述，各单元的空间布局是由联合高斯分布管理，体现出每个单元的位置（和比例）如何随其他单元的位置变化。有趣的是，单元的定义完全是由训练数据驱动的：单元的选择和放置使得在训练期间，给定模型的训练数据的可能性最大化。这可以看作是丢失数据问题的一个实例（特征和单元之间的关联是未知的），并通过期望最大化（EM）算法来解决。

遗憾的是，具有代表性的联合高斯空间分布是有代价的：完全连接的依赖结构要求检查图像中所有单元的指数级组合，以找到全局最优解，准确的推理问题是棘手的。因此，初始星座模型[33.40,41]被限制在每个单元、每个图像的几十个候选星座，这限制了它的通用性。解决精确推理问题的另一种方法是采用近似方法，例如，从部分检测方案中对可能的星座采样[33.42]。这样，单元候选人的数量就可以扩大到几千人。

由于星座模型的概率特性，星座模型也被扩展为全贝叶斯模型[33.43]，其中对象类模型本身受模型的先验分布支配。这种抽象允许将一个特定对象类的特征（例如，马头的特殊形状）与类共享的属性（例如，所有四足动物都是四条腿的）分开。这些共享属性可以在多个对象类检测器中重复使用（例如，用于马、牛、狗等），促进从有限的训练数据中学习。在机器学习文献中，信息重用的基本思想被称为迁移学习，并已成功应用于图像分类[33.43]以及对象类检测。

2. 隐式形状模型

隐式形状模型（ISM）[33.44]放宽了星座模型的假设，即所有单元的位置和比例都是相互依赖的。相反，它将依赖结构限制为星形拓扑。在给定对象中心的情况下，单元的位置和比例是有条件独立的（即给定对象中心，显示一个单元位置的信息不会改变观察任何其他单元位置的预期）。虽然这个模型明确地构成了物理世界的近似情况，但它极大地简化了寻找最优配置的推理问题（存在一种精确有效的算法）。

具体来说，ISM 将一个对象类表示为局部特征匹配的集合——可匹配的特征由可视单词的代码簿提供，因为它也用于词袋（见第 33.2.1 节）或空间金字塔表示（见第 33.2.2 节）。然而，与这些不同的是，每个 ISM 代码簿条目还维护一个来自训练图像集的特征匹配列表：每个匹配指定相对于对象中心的匹配发生的位置。因此，给定匹配的特征，该事件列表构成了对象中心位置的非参数概率密度估计。换句话说，每个特征都可以为可能的对象中心位置进行投票（例如，一个车轮特征可以进行两次投票：一次在其左侧，假设是汽车的前轮；另一次在其右侧，假设是后轮）。这个投票过程可以直接转化为一种识别算法：在识别时，所有测试图像特征将其投票投到一个三维投票空间（x，y 和比例）中。所有的投票都是累积的，而且由于多个特征可能在真实对象中心上一致，这个投票空间的最大值可以被认为是候选对象检测（注意，该投票可以被认为是一个广义霍夫变换）。实际中，连续投票空间的极大值是用均值移位算法求得的。

为了提高基本 ISM 模型的鉴别能力，通过验证步骤[33.44]对其进行了扩展。在该步骤中，根据目标检测候选对象与前景-背景分割的一致性来验证候选对象。为此，作为代码簿一部分存储的特征出现被分割掩码片段（必须在训练期间提供，作为额外监督）所丰富。在识别时，基于最小描述长度（MDL）对演员分段掩码投票的一致性进行量化。此外，有人建议以一种有区别的方式学习调节特征匹配对最终检测假设贡献的权重（即通过优化来区分目标和背景触发）。这种有识别力的霍夫变换[33.45]进一步改善了ISM的性能，并构成了波塞特框架[33.46]的基础。在该框架中，将大量小型HOG[33.47]探测器（见第33.2.4节）组合在一起来检测人。

从理论上讲，ISM投票空间除了可以容纳物体中心和尺度外，还可以容纳任意的量，因此有一些扩展研究可以预测行人的行走姿态[33.48]，以及预测被检测物体成像的视点[33.49, 50]。

3. 图形结构

图形结构模型[33.39,51]是第一个概念化物体由柔性单元组成的模型，通常被理解为星座模型的简化版本。各部分之间完全的相互依赖结构被放宽为一棵树（或者在更高级的版本中是树的混合物）。注意，星形ISM是树深为1的图形结构模型的一种特殊情况。在星座模型中，单元是用数据驱动的方式定义的，与此相反，图形结构模型通常与单元的语义概念相关联。一个直观的例子是人体部位（头、躯干、上臂、小臂等）与自然运动学树结构的集合（图33.3）。

事实上，目前最先进的人体检测和人体姿态估计系统通常是建立在图形结构模型之上的[33.52]。在这里，身体部位之间的成对关系表示了人体的角度约束以及观察不同姿态的人的先验概率（例如，在某些关节处不太可能观察到极端角度，见图33.3b）。为了补偿与星座模型相比较弱的空间模型，图形结构模型通常依赖于一个针对每个单元外观的强大模型，该模型经过区别性训练（将单元与背景区分开，图33.3a），而不是以生成方式（解释单元的外观）。区分单元外观模型的示例包括基于密集形状上下文特征训练[33.52]的AdaBoost分类器[33.23]。还需要注意的是，单元外观和空间布局模型是独立训练的（联合训练已经实现，在可变形单元模型的背景下具有很大的改进潜力[33.53]，我们将在第33.2.5节中回顾这一点）。

语义部分的使用自然要求在培训期间以部分注释的形式提供额外监督；人体部位通常以相对于人的大小的固定尺寸进行注释。对于识别，树结构概率图形模型中的推理可以通过最大乘积或和积置信传播准确有效地进行，这取决于最大后验概率（MAP）和边缘解的选择。

对图形结构模型的扩展包括学习树结构而不是使用自然运动学树[33.54]，在树状边之外引入额外的边缘[33.55]，并将图形结构模型与部分人体姿态的非参数表示（poselets[33.46]）相结合。

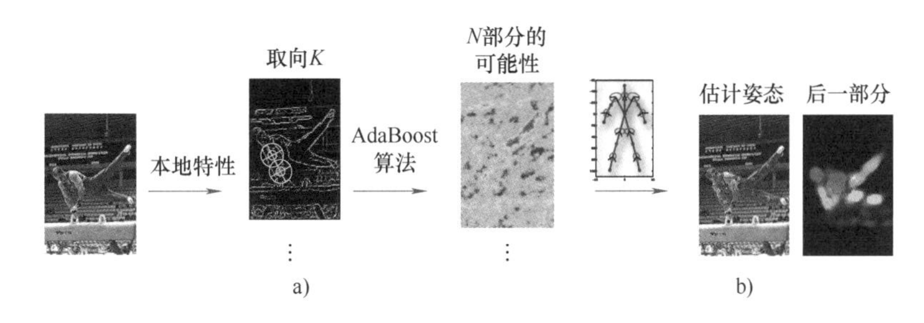

图33.3 基于图形结构模型的人体姿态估计
a）个别部件的图像可能性 b）使用空间布局先验的最后姿态估计

33.2.4 定向梯度直方图

与词袋（见第33.2.1节）或柔性单元模型（见第33.2.3节）相反的是，将对象类表示为具有固定空间布局的局部特征的刚性模板。从概念上讲，这相当于一个空间金字塔的最优层级，在这个金字塔中，每个特征都被分配了自己专属的一组直方图箱子（值等于特征本身）。到目前为止，最成功的刚性模板检测器是定向梯度直方图（HOG）[33.47]检测器，本节我们将详细讨论它的特性。HOG特征最初是为人检测而开发的，现在已经发展成为迄今为止计算机视觉中最常用的特征之一，也构成了第33.2.5节中描述的可变形单元模型（DPM）[33.53]的成功基础。

1. 功能提取

HOG功能可视为SIFT[33.9]从单个圆形兴趣区域到矩形检测窗口的扩展——在其核心，它将梯度方向分类为直方图，根据各自的大小对其贡献进行加权。和SIFT一样，它也经过了精心设计，其参数也经过了经验调整，以提高性能（最近，端到端学习特性重新受到了关注，详见33.2.6节）。

计算HOG特征的第一步是将检测窗口划分为

固定的单元格：单元格是HOG特征的基本空间度量单位。第二步是对每个单元的像素内容进行伽马规范化，以增加对光照变化的鲁棒性。第三步，利用离散微分掩模对图像进行平滑处理并计算图像梯度。第四步，对梯度进行分块，这样每个梯度根据九个不同的梯度方向分块（按大小）进行加权投票。选票在方向和位置上都是双线性插值的。第五步，为了补偿光照和前景-背景对比度的局部变化，对每个细胞的直方图相对于更大的周围细胞块进行对比度正则化。关键在于，块的形成方式是重叠的，这意味着每个单元对最终的特征描述符有多次贡献，并以不同的方式进行正则化，从而形成一个过完整的表示。这一步对于保证良好的性能至关重要。

2. 滑动窗口对象检测

类似于纯粹的词袋和基于空间金字塔的检测器，HOG检测器通常以滑动窗口的方式运行于不同位置和尺度的测试图像上（图33.4），即对一个固定大小的检测窗口计算HOG特征，得到一个特征向量，然后将该特征向量送入一个判别分类器，如线性支持向量机（SVM）。

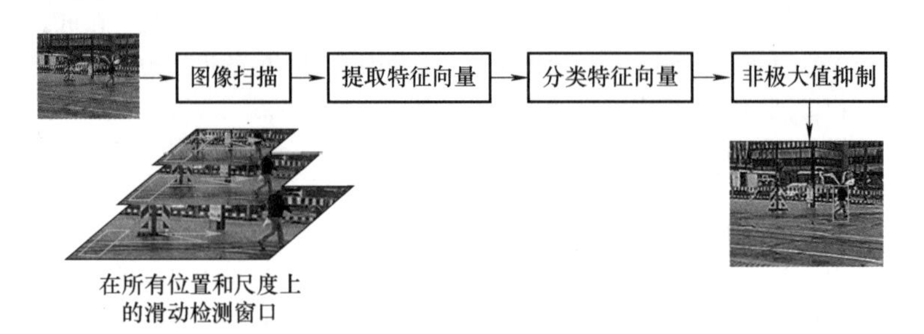

图33.4　滑动窗口对象类检测

3. 自举

HOG检测器[33.47]良好检测性能的关键因素之一是一种称为自举的技术（不要与统计学中已知的相同名称的技术相混淆，在该技术中，数据集被反复进行子采样）。通过在一组扩展的负向训练图像上对初始训练模型进行再训练来细化模型，这在精神上类似于自适应提升[33.23]。具体来说，初始模型在一个验证集上运行，假阳性检测（错误检测的对象）被添加到负向训练集。因此，经过再训练的分类器的决策边界被进一步推离这些困难的负面因素。请注意，这个过程并不能保证一定会带来改进，但在实践中经常会极大地提高性能。

4. 扩展

HOG特征由于其简单的网格结构，易于与从相似的空间网格中提取的其他特征通道相结合。值得注意的是，它已经成功地结合光流特征用于视频中的人检测[33.57]。

33.2.5　可变形单元模型

本节介绍了迄今为止最成功的计算机视觉算法之一，即DPM[33.53]，它的成功不仅归功于它在检测各种对象类方面一贯的高性能，而且在于从一开始就提供了高质量的实现。最初的实现被不断地改进和更新，甚至在OpenCV中找到了它的方式[33.58]。HOG[33.47]的核心实现在计算机视觉领域得到了广泛的应用。

1. 模型结构与推理

DPM可被视为对完全刚性的HOG[33.47]模板恰当地推广到柔性的、基于单元的对象类表示（图33.5）。它以两种不同的方式对HOG进行了概括，这两种方式都提高了HOG处理类内变化的能力：首先，它将单个HOG模板划分为多个模板的集合，这些模板可以相互移动，并捕获对象形状的小变化（因此命名为可变形单元模型）。具体地说，它包括整个对象的一个低分辨率的根模板，加上数量限制的高分辨率单元，这些单元被限制在相对于根部的预期位置不太远的地方，这就构成了一个星形的概率图形模型（PGM），可完全类比隐式形状模型[33.44]（见第33.2.3节）或一个特殊的树状图形结构模型[33.39]（见第33.2.3节）。虽然在表示方面，这不如完整的星座模型[33.41]强大，但它已被证明在区分学习机制方面非常有效。

其次，DPM被公式化为一个包含多个组件的混合模型，其中每个组件负责感兴趣的对象类的一个方面，如对象出现的特定环境或特定视角（例如，一个坐在椅子上的人）。每个组件由前面描述的带有根和多个部分模板的星形模型组成，训练为对其专用方面做出最强烈的响应。这种关注点的分离导致了一个更简单的学习问题，而不是试图用单个组件处理所有方面。

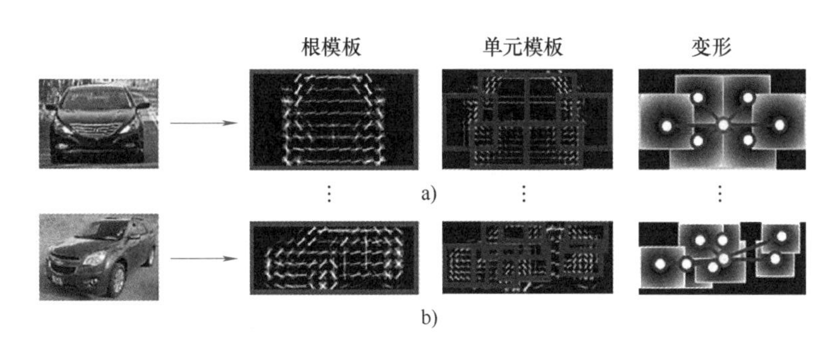

图 33.5 具有多个混合组件的可变形单元模型

a）对象类汽车正视图的混合组件 b）对象类汽车侧视图的混合组件[33.56]

为了进行识别，每个 DPM 组件产生如下的评分：第一，所有组件的模板（根和单元）以滑动窗口的方式与图像卷积，如初始 HOG[33.47] 工作（见第 33.2.4 节）中所示，得到图像位置和尺度上密集的评分地图。第二，根分数和部分分数与反映星形空间依赖结构的空间变形项相结合，从而在位置和尺度上生成新的分数图。请注意，这一推理步骤可以通过最大乘积（max-product）置信传播来执行，由于星形拓扑结构，这一步骤准确有效，并作为广义距离变换的实例来实现[33.59]。第三，对于每个图像位置和比例，所有组件的最大响应都被保留为最终检测分数（然后通过一个标准的非极大值抑制进一步处理）。

2. 学习

有人认为，DPM 优异的检测性能主要是由于从训练数据中学习参数的特定方式，以及与单一、刚性 HOG 模板相比增加的表达能力。这种学习也构成了 DPM 与早期柔性单元模型［如 ISM[33.44] 或图形结构模型[33.39]（见第 33.2.3 节）］之间的主要区别，后者在结构上是等价的，但在性能方面效率较低。

与之前的模型相比，局部单元外观和空间布局模型分别训练，所有 DPM 参数联合学习，从而优化单一的二值分类目标（区分感兴趣的对象类别和背景）。关键是，这包括单元相对于根模板的放置，以及被认为有责任的混合组件的选择；在训练（和测试）时，两者都被视为潜在变量。因此，DPM 的所有方面都朝着对象类检测的单一目标进行了优化，而不会被基于外观相似性（ISM）或语义（图形结构）的单元配置潜在的次优选择所困扰。

联合优化问题被描述为单个 HOG 模板的线性 SVM[33.21] 公式的推广，称为潜在支持向量机（LS-VM）[33.60]。它基于以下直觉：假设观察到潜在的变量（单元位置和混合组件选择），所有模型参数（HOG 模板和单元位移权重）都可以使用标准的线性 SVM 程序学习（结果目标函数是凸的，假设使用铰链损耗）。相反，假设模型参数是已知的，可以准确有效地找到所有隐藏变量的最优值（使用距离变换进行单元布置和穷举搜索）。这种直觉产生两步的 EM 型交替，可以证明它收敛于原非凸目标函数的局部最优值。

当然，为了在学习过程中达到良好的局部最优值，需要一个良好的初始化。DPM 建议基于长宽比对训练示例进行聚类，这在实践中已经证明效果非常好（基于外观的聚类通常会带来小的改进，但在计算时间方面代价要高得多）。至于 HOG 检测器[33.47]，自举（这里称为硬负挖掘）允许避开坏的局部最优值。

虽然星座模型[33.41] 中已经存在联合优化单元外观和布局的概念，但 DPM 通过不同的技术手段实现了这一目标，从而获得了更好的性能：①它使用带有线性 SVM 分类器的滑动窗口 HOG 模板，而不是基于局部兴趣点描述符的生成模型来表示局部外观；②它将完全连通的概率图形模型拓扑结构放宽为星形，使精确推断易于处理，学习效率高。DPM 在各种基准数据集上取得了优异的性能，包括 PASCAL VOC（视觉对象类）[33.61]（见第 33.2.8 节）。

3. 多视图和三维 DPM

虽然初始的 DPM[33.53] 在标准检测基准上达到了显著的性能，但它本质上仅限于预测二维边界框。虽然这可能足以满足某些应用（如计算图像中的对象数量），但显然对其他应用程序是不够的：假设在一个自动驾驶场景中，车辆在多个帧间被跟踪，为了避免碰撞，需要估计它们的空间范围，此时，需要每个车辆的三维表示。

为此，DPM 被扩展[33.56,62,63] 以输出比二维边界框更丰富的对象假设，以额外的视点估计（提供了比单独的二维边界框更好的三维对象范围概念）和跨视点一致的三维部分（为在一个序列中建立多个帧之间的对应关系提供了基础）的形式。提供这些更丰富的输出可以通过以两种不同的方式扩展初始DPM来实现：首先，可以将学习过程中解决的分类问题重新表述为结构化输出预测问题[33.62]。这样，通过使用不同的损失函数，该模型可以优化用于预测除二元目标-背景标签之外的其他数量，如二维边界框重叠或角视点估计。在其最简单的变体中，视点估计可以通过角的分类来实现，并将单个DPM混合组件用于每个角的分类。虽然这个模型本质上仍然是基于视图的，但它已经被证明在二维边界框定位和视点估计方面具有出色的性能（注意，除了边界框标注之外，在训练过程中还必须有视点标签）。

其次，无须对图像平面中的DPM单元进行参数化，可以使用以对象为中心的三维坐标系，使不同混合组件中的单元指代相同的三维对象单元（图33.6a）。然后，根据三维位移分布控制零件变形（图33.6b），可以在连续的外观模型中捕获对象和单元外观（图33.7a）。结果是一个三维对象类表示[33.63]，它可以在测试时合成之前未见的视点（通过在训练数据可用的多个支持视点之间插值），从而估计任意粒度的视点。除了使用真实世界的图像外，还可以使用感兴趣的对象类的三维计算机辅助设计（CAD）模型来促进这种三维对象类表示的学习（图33.7b）。在训练过程中，CAD模型既可以建立三维坐标系，也可以通过渲染生成不同视点的人工训练数据。图33.8显示了通过3-D^{2}PM获得的检测示例。

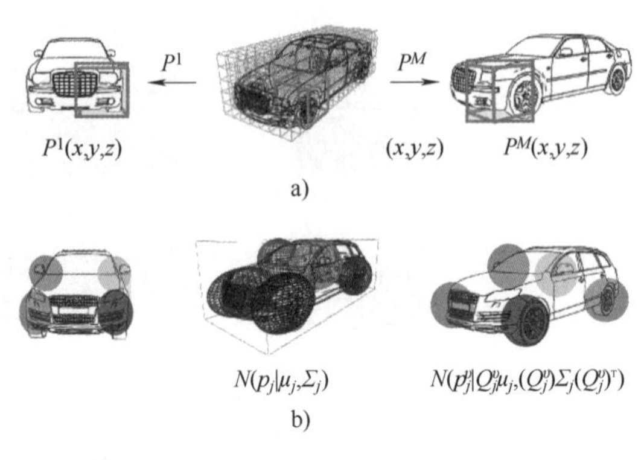

图33.6　三维可变形单元模型（DPM）中的部分表示

a）三维/二维单元坐标系[33.62]

b）三维/二维单元空间分布[33.63]

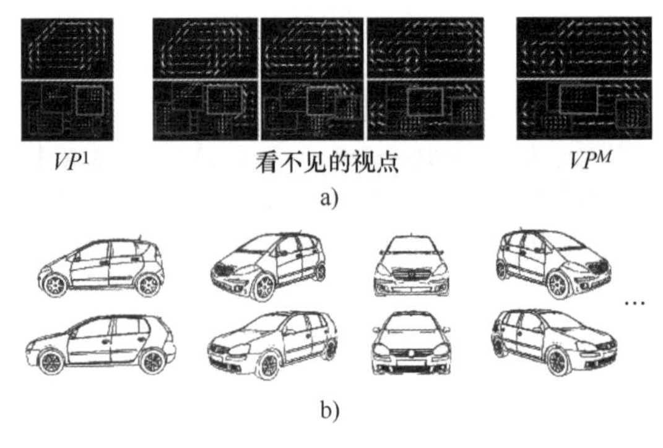

图33.7　连续外观模型

a）在3-D^{2}PM，从渲染的三维CAD模型训练[33.63]

b）真实图像（未显示）进行对照

图33.8　3-D^{2}PM检测示例（汽车、自行车、人头、手机）

4. 计算考虑

有趣的是，人们已经认识到初始DPM[33.53]在识别时的主要计算瓶颈是HOG模板与图像特征的卷积（而不是人们认为的概率图形模型推理）。因此，人们试图通过各种方法来最小化HOG卷积的数量，例如，通过在组件和对象类之间部分共享零件[33.64]，通过将模板分解为一个过完整的字典元素集[33.65]或级联检测器计算[33.66]来复用模板单元。同样，也有人尝试通过利用HOG特征统计重用模型之间的计算来减少DPM的训练时间[33.67,68]。

33.2.6　卷积神经网络

直到2010年左右，由于支持向量机、随机森林和其他学习器的使用，人工神经网络（ANN）[33.69]在很大程度上被忽视了，但最近它们又回到了现实中，并取得了相当显著的成功。在计算机视觉早期已经提出的许多人工神经网络架构中，卷积神经网络（CNN）[33.70]已经成为视觉识别任务标准工具的一个特别有前途的候选者。

CNN 的关键属性之一是其特殊的结构（图 33.9），它既能处理多维输入（如彩色图像），又能有效防止从有限的训练数据中学习时的过度拟合。作为一个 ANN，CNN 在输入图像上定义了一个多层人工神经网络，这样，图像像素为神经元的第一层提供输入，每一层神经元的输出提供了下一层的输入（最后一层可以提供一个特定任务的输出，如不同图像类的编码）。现在，CNN 拓扑结构限制在两个特定方面：首先，在一层神经元只能连接到前一层神经元的固定空间区域（接受域）——这大大减少了网络中连接的总数，因此模型的参数是需要学习的。第二，大多数神经元层（通常较低的层次）是通过多次复制局部神经元群而形成的，包括与前一层连接相关的权重（权重共享）——这进一步减少了模型的参数数量，并鼓励网络学习对翻译不变的输入表示。由于其特定的结构，CNN 比全连接 ANN 更不容易发生过度拟合，可以使用基于梯度的方法和误差反向传播成功训练。

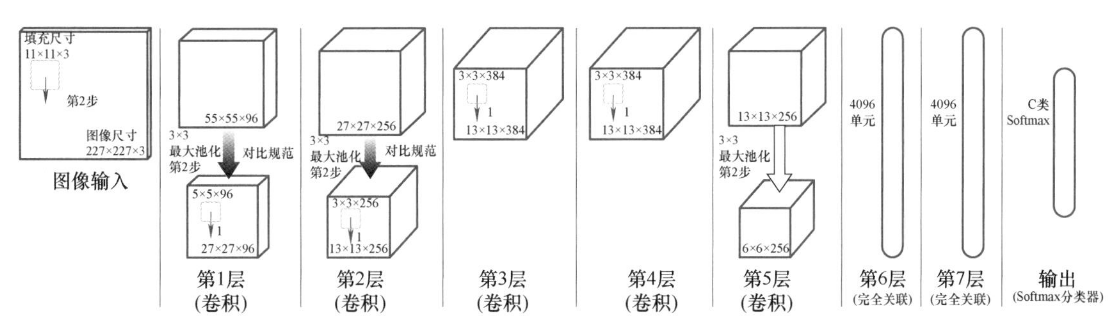

图 33.9 在 Caffe 实现中的 CNN 模型[33.71-73]

1. 用于图像分类的 CNN

由于 ImageNet[33.33] 等大规模数据集的可用性，CNN 最近在大规模图像分类方面取得了显著的性能[33.71]。ImageNet[33.33] 为每个对象类提供数千张图像。CNN 在图像分类方面的成功主要归功于其端到端学习有用图像表示（深度学习）的能力，而不是依赖工程特征，如 SIFT[33.9] 或 HOG[33.47]。虽然后者经过了多年的精心设计和经验调整，但它们是通用的，并不特别适合手边的分类任务，因此是次优的。最近的一项研究通过可视化进一步深入了解了单个 CNN 组件（隐藏层和分类器）的操作[33.74]，从而进一步提高了性能。

2. 区域检测建议

由于卷积，CNN 的评估是非常消耗算力的，CNN 通常应用于预先选择的候选区域，而不是密集的滑动窗口方式进行检测。候选区域可以由专门针对感兴趣的目标类训练的检测器生成（如 HOG[33.47]，见第 33.2.4 节），该检测器相较于 CNN 来说评估能力更弱但是却更快，或者通过更普遍的注意机制生成可能包含任何类的对象实例的边界框。在生成具有高度客观度的提议区域的各种方法中[33.75,76]，选择性搜索[33.77] 已经成功地与基于 CNN 的特定对象类别的分类器相结合用于检测[33.78]。在超像素过度分割的基础上建立了选择性搜索算法，提出了一种贪婪算法，将相邻超像素划分为高目标区域。由此产生的检测器[33.79] 在通用对象类检测中表现出了很大的优势（明显优于 DPM[33.53]，详见第 33.2.5 节；PASCAL VOC[33.61]，详见第 33.2.8 节）。有趣的是，为了获得良好的性能，无须对该检测器进行端到端训练，而是可以像参考文献［33.71］那样，对 CNN 的底层进行预先训练，以便在 ImageNet 上进行分类，然后再进行调整以进行检测。CNN 在 ImageNet 上进行的预先训练和由此产生的最先进的对象类检测器都以 Caffe[33.72] 的名称公开可用，并且很可能会进入许多计算机视觉从业者的工具箱。

3. 结构化输出

虽然理论上人工神经网络可以表示任何函数，但要有效地学习具有比单类标签或连续值更复杂的结构化输出的人工神经网络仍然是一个挑战。与端到端学习完整的网络不同，结构化输出通常是将最后一层神经元的输出输入到现有的结构化模型中，如用于人体姿态估计的多体关节回归器[33.80]。

33.2.7 细粒度分类

近年来，人们对区分对象的兴趣越来越浓厚，不仅涉及基本层次的类别[33.5]（如汽车、自行车和人），而且还涉及更细粒度的层次（如不同的汽车模型或动植物的物种）。这种细粒度的分类被认为特别具有挑战性：两个类别之间的区别通常是由微小的视觉差异（如汽车前照灯的形状）决定的：这些差异很容易被灯光或视角的变化（汽车从前面和侧面看起来差异很大）造成的外观差异所掩盖，承担了过度拟合无关细节的风险。

1. 特征选择

识别微妙的鉴别特征，同时防止过度拟合的第一个策略是将经典特征选择技术与随机化结合，例如，以随机森林分类器的形式[33.35,81]。在这里，随机化充当了正则器的角色，防止多棵树锁定同一个潜在不相关的特征，从而降低了过度拟合的风险。通过使用众包和游戏化，特征选择也可以由人在循环中进行[33.82]。

2. 位姿正则化

细粒度分类中的第二种正交策略是设计可分解的对象类表示，它明确捕获对象外观变化的不同模式，从而将由类别成员引起的变化与由其他因素（如视角变化）引起的变化分开。其主要思想是为提取视觉特征建立一个共同的参考框架（例如，本地坐标SIFT[33.9]功能密集提取系统），这样，相同的对象实例总是会导致（大致）无论视角、灯光等如何，都提取相同的视觉特征。

具体来说，这种参考框架可以通过首先检测测试图像中感兴趣的对象，并对其语义部分进行定位来建立。然后提取视觉功能，并描述相对于估计对象位置和检测到的零件，确保鸟嘴上的一个特征只会永远与另一只鸟嘴上的相应特征进行比较，而不是与其尾巴上的特征比较（假设检测、视点估计和部分定位完美）。这种基于部位的位姿正则化已经被证明是鸟类分类的有效方法[33.83,84]。

有些工作不是在二维中定位对象的部分，而是通过在特征提取之前估计感兴趣的对象的粗略三维几何形状来建立一个共同的参考系，此外还要估计它的视点。这不仅允许描述相对于对象表面而不是二维图像平面的特征位置（有效地执行三维池化[33.36]），而且可以根据估计的表面法线校正图像块，提高结果特征描述符对小视点变化的鲁棒性。该策略已在预先建立的鸟类模型[33.35]以及预测的三维CAD模型匹配的细粒度汽车分类中被证明是有效的[33.36]。

33.2.8 数据集

由于视觉对象类识别方法的核心依赖于机器学习算法，因此它们在很大程度上依赖于获得足够的训练数据。事实上，有人认为该领域的重大进展可能是在于获取更多数据而不是开发更强大的算法[33.85]。同时，为了量化和比较不同方法在受控条件下的性能，以及检查新开发算法的健全性，数据集是至关重要的。为此，视觉对象类识别的基准数据集包括分割为训练集、验证集和测试集的图像集合，加上一组基础真理注释，通常还包括评估脚本，用来衡量识别算法相对于所提供的注释的性能。

由于每个数据集只提供视觉世界的一小部分样本，因此对于选择哪些图像作为数据集的一部分（哪些图像不是），以及通过何种方式捕获图像存在有偏见的固有危险[33.85]。因此，应始终在多个数据集上测试和交叉训练新的识别算法，以防止对特定数据集的特征进行过度拟合，而不是学习感兴趣的概念。以下段落提供了一个小的，但不完整的，对于当今视觉对象类识别有影响力的数据集选择。

1. PASCAL VOC

PASCAL视觉对象类挑战[33.61]代表从2005年到2012年每年发布的一系列数据集。每个数据集包含多个挑战（图像分类、目标类检测、分割、人体姿态估计），这些挑战定义在给定的一组图像上。值得注意的是，这组图像集是稳步增加的，这样第n年的图像在第$n+1$年被重复使用。PASCAL VOC通过不向公众发布测试集基础数据来抵消数据集的过度拟合，以维护一个为特定识别算法运行有限数量的自动测试的评估服务器。PASCAL VOC图像添加了额外的注释，例如，以对齐的三维CAD模型（三维PASCAL[33.86]）的形式进行注释。

2. SUN和COCO

场景理解（SUN）[33.87]和背景中的常见对象（COCO）[33.88]数据集的建立是为了捕获整个视觉场景而不是孤立的对象。它们可以作为对场景中多个对象进行联合推理的方法的基准，而不是执行独立的分类或检测。

3. ImageNet

ImageNet[33.33]是迄今为止最大的图像数据集之一，由超过1400万张的互联网图像组成，这些图像已经用来自WordNet[33.89]层次结构的对象标签进行了注释。就像PASCAL VOC一样，它构成了定义在数据集上的多个挑战的基础，从对象类检测上的分类（1000个类）到细粒度分类。由于ImageNet数据集规模庞大，其收集工作主要通过众包的方式进行。ImageNet是迄今为止一些最成功的基于CNN的图像分类器的预训练基础[33.71]（详见第33.2.6节）。

33.3 讨论与结论

在本章中，我们讨论了视觉对象类识别作为计算机视觉中最基本的问题之一，重点介绍了当今实践者可用的最有前途的模型。我们回顾的方法选择并不完整，但有利于深入了解最常见的技术。我们跳过了基于流形学习[33.90]的对象表示以及基于语法[33.91,92]的表示，仅举几例进行简要说明。

正如我们所看到的，几乎所有可用的模型本质上都是基于由某些拓扑约束控制的对象部分的概念。当然，选择基于部件的模型并不容易，因为它取决于许多需要仔细考虑的不同因素。

33.3.1 任务

首先，模型的适当选择取决于应用场景和由此产生的预期识别输出：不同的方法可以生成不同粒度的输出，从图像级标签（基本词袋，见第 33.2.1 节；空间金字塔匹配，见第 33.2.2 节）到二维边界框位置（词袋和空间金字塔匹配以滑动窗口方式运行；定向梯度直方图，见第 33.2.4 节；柔性单元模型，见第 33.2.3 节；可变形单元模型，见第 33.2.5 节），再到多视图检测和视点估计（多视图 ISM，见第 33.2.3 节；三维 DPM，见第 33.2.5 节）。

其次，应用程序场景通常会附带一组感兴趣的对象类，这些对象类又由相当不同的视觉属性来描述。刚性物体（如汽车或杯子）往往可以通过刚性模板（如定向梯度直方图，见第 33.2.4 节）或可变形单元模型（见第 33.2.5 节）很好地处理，而清晰的对象（如猫和狗）可以更可靠地使用宽松空间模型，如词袋（见第 33.2.1 节），或由明确建模其运动树结构（图形结构见第 33.2.3 节）表示。

最后，应该注意的是，在任意两个类之间划定严格的边界时，对象类本身之间的区别是相当随意的。在现实中，有些类本质上比其他类更相似（例如，狗和马比狗和车更相似，因为狗和马都是四足动物）。从物体分类的多个层次而不是单个类别来看，来自同一层类别（如四足动物）的物体比来自不同层类别的物体更相似，这是一个理想的属性。换句话说，对象分类系统应该优雅地降级：如果对象本身没有正确识别，那么我们希望它至少被分配到类似的类别。因此，我们需要一种表示对象类别之间的关系和分级相似性的方法[33.93]。

33.3.2 数据

模型的特定选择意味着必须了解一定数量的参数，以及必须在测试时推断的附加潜在参数。模型的选择不仅要适合（上述）任务，而且要符合现有的数据，以防止拟合过度或不足。

33.3.3 效率

虽然简单的前馈模型，如定向梯度直方图（见第 33.2.4 节）和词袋（见第 33.2.1 节）是非常高效的，但模拟单元的变形和相互依赖性（柔性单元模型，见第 33.2.3 节；可变形单元模型，见第 33.2.5 节）成本是推断模型中的潜在数量。值得注意的是，这种推论往往在学习过程中必须反复进行，这就强调了高效推理程序的重要性。

参考文献

33.1 D. Marr: *Vision* (Freeman, San Francisco 1982)
33.2 D.H. Ballard, C.M. Brown: *Computer Vision* (Prentice Hall, Englewood Cliffs 1982)
33.3 R. Brown: How shall a thing be called?, Psychol. Rev. **65**, 14–21 (1958)
33.4 R. Brown: *Social Psychology* (Free, New York 1965)
33.5 E. Rosch, C. Mervis, W. Gray, D. Johnson, P. Boyes-Braem: Basic objects in natural categories, Cogn. Psychol. **8**, 382–439 (1976)
33.6 G. Lakoff: *Women, Fire, and Dangerous Things – What Categories Reveal About the Mind* (Univ. Chicago Press, Chicago 1987)
33.7 S. Dickinson, A. Leonardis, B. Schiele, M. Tarr: *Object Categorization: Computer and Human Vision Perspectives* (Cambridge Univ. Press, Cambridge 2009)
33.8 G. Csurka, C.R. Dance, L. Fan, J. Willarnowski, C. Bray: Visual categorization with bags of keypoints, Eur. Conf. Comput. Vis. (ECCV) (2004)
33.9 D. Lowe: Distinctive image features from scale-invariant keypoints, Int. J. Comput. Vis. **60**(2), 91–110 (2004)
33.10 K. Mikolajczyk, C. Schmid: A performance evaluation of local descriptors, IEEE Trans. Pattern Anal. Mach. Intell. **27**(10), 1615–1630 (2004)
33.11 J. Matas, O. Chum, M. Urban, T. Pajdla: Robust wide baseline stereo from maximally stable extremal regions, Image Vis. Comput. **22**(10), 761–767 (2004)
33.12 T. Tuytelaars: Dense interest points, IEEE Conf. Comput. Vis. Pattern Recognit. (CVPR) (2010)
33.13 R.O. Duda, P.E. Hart, D.G. Stork: *Pattern Classification* (Wiley, New York 2000)

33.14 F. Jurie, B. Triggs: Creating efficient codebooks for visual recognition, 10th IEEE Int. Conf. Comput. Vis. (ICCV) (2005)
33.15 B. Schiele, J.L. Crowley: Recognition without correspondence using multidimensional receptive field histograms, Int. J. Comput. Vis. **36**(1), 31–52 (2000)
33.16 T. Hofmann: Probabilistic latent semantic indexing, Proc. 22nd Annu. Int. ACM SIGIR Conf. Res. Dev. Inf. Retr. (1999)
33.17 D.M. Blei, A.Y. Ng, M.I. Jordan: Latent dirichlet allocation, J. Mach. Learn. Res. **3**, 983–1022 (2003)
33.18 A.P. Dempster, N.M. Laird, D.B. Rubin: Maximum likelihood from incomplete data via the EM algorithm, J. R. Statist. Soc. B **39**, 1–38 (1977)
33.19 Z. Shi, Y. Yang, T.M. Hospedales, T. Xiang: Weakly supervised learning of objects, attributes and their associations, Eur. Conf. Comput. Vis. (ECCV) (2014) pp. 472–487
33.20 S. Lazebnik, C. Schmid, J. Ponce: Spatial pyramid matching. In: *Object Categorization*, ed. by S. Dickinson, A. Leonardis, B. Schiele, M. Tarr (Cambridge Univ. Press, Cambridge 2009) pp. 401–415
33.21 C. Cortes, V. Vapnik: Support-vector networks, Mach. Learn. **20**(3), 273–297 (1995)
33.22 S. Maji, A.C. Berg, J. Malik: Classification using intersection kernel support vector machines is efficient, IEEE Conf. Comput. Vis. Pattern Recognit. (CVPR) (2008)
33.23 Y. Freund, R.E. Schapire: A decision-theoretic generalization of on-line learning and an application to boosting, J. Comput. Syst. Sci. **55**(1), 119–139 (1997)
33.24 L. Breiman: Random forests, Mach. Learn. **45**(1), 5–32 (2001)
33.25 T. Lindeberg: Feature detection with automatic scale selection, Int. J. Comput. Vis. **30**(2), 79–116 (1998)
33.26 C.H. Lampert, M.B. Blaschko, T. Hofmann: Efficient subwindow search: A branch and bound framework for object localization, IEEE Trans. Pattern Anal. Mach. Intell. **31**(12), 2129–2142 (2009)
33.27 S. Lazebnik, C. Schmid, J. Ponce: Beyond bags of features: Spatial pyramid matching for recognizing natural scene categories, IEEE Conf. Comput. Vis. Pattern Recognit. (CVPR) (2006)
33.28 V. Ferrari, L. Fevrier, F. Jurie, C. Schmid: Groups of adjacent contour segments for object detection, IEEE Trans. Pattern Anal. Mach. Intell. **30**(1), 36–51 (2008)
33.29 E. Shechtman, M. Irani: Matching local self-similarities across images and videos, IEEE Conf. Comput. Vis. Pattern Recognit. (CVPR) (2007)
33.30 F. Perronnin, C. Dance: Fisher kernels on visual vocabularies for image categorization, IEEE Conf. Comput. Vis. Pattern Recognit. (CVPR) (2007)
33.31 J. Yang, K. Yu, Y. Gong, T. Huang: Linear spatial pyramid matching using sparse coding for image classification, IEEE Conf. Comput. Vis. Pattern Recogn. (CVPR) (2009)
33.32 J. Wang, J. Yang, K. Yu, F. Lv, T. Huang, Y. Gong: Locality-constrained linear coding for image classification, IEEE Conf. Comput. Vis. Pattern Recogn. (CVPR) (2010)
33.33 J. Deng, W. Dong, R. Socher, L.-J. Li, K. Li, L. Fei-Fei: ImageNet: A large-scale hierarchical image database, IEEE Conf. Comput. Vis. Pattern Recognit. (CVPR) (2009)
33.34 N. Kruger, P. Janssen, S. Kalkan, M. Lappe, A. Leonardis, J. Piater, A.J. Rodriguez-Sanchez, L. Wiskott: Deep hierarchies in the primate visual cortex: What can we learn for computer vision?, IEEE Trans. Pattern Anal. Mach. Intell. **35**(8), 1847–1871 (2013)
33.35 R. Farrell, O. Oza, N. Zhang, V.I. Morariu, T. Darrell, L.S. Davis: Birdlets: Subordinate categorization using volumetric primitives and pose-normalized appearance, IEEE Int. Conf. Comput. Vis. (ICCV) (2011)
33.36 J. Krause, M. Stark, J. Deng, L. Fei-Fei: 3d object representations for fine-grained categorization, 4th Int. IEEE Workshop 3D Represent. Recognit. (3dRR-13), Sydney (2013)
33.37 M. Varma, D. Ray: Learning the discriminative power-invariance trade-off, IEEE Conf. Comput. Vis. Pattern Recogn. (CVPR) (2007)
33.38 A. Vedaldi, V. Gulshan, M. Varma, A. Zisserman: Multiple kernels for object detection, IEEE Int. Conf. Comput. Vis. (ICCV) (2009)
33.39 M.A. Fischler, R.A. Elschlager: The representation and matching of pictorial structures, IEEE Trans. Comput. **22**(1), 67–92 (1973)
33.40 M. Weber, M. Welling, P. Perona: Unsupervised learning of models for recognition, Eur. Conf. Comput. Vis. (ECCV) (2000)
33.41 R. Fergus, P. Perona, A. Zisserman: Object class recognition by unsupervised scale-invariant learning, IEEE Conf. Comput. Vis. Pattern Recognit. (CVPR) (2003)
33.42 M. Stark, M. Goesele, B. Schiele: A shape-based object class model for knowledge transfer, IEEE Int. Conf. Comput. Vis. (ICCV) (2009)
33.43 L. Fei-Fei, R. Fergus, P. Perona: Learning generative visual models from few training examples: An incremental Bayesian approach tested on 101 object categories, IEEE Conf. Comput. Vis. Pattern Recognit. (CVPR) (2004) pp. 178–186
33.44 B. Leibe, A. Leonardis, B. Schiele: Robust object detection by interleaving categorization and segmentation, Int. J. Comput. Vis. **77**(1–3), 259–289 (2008)
33.45 S. Maji, J. Malik: Object detection using a max-margin Hough transform, IEEE Conf. Comput. Vis. Pattern Recognit. (CVPR) (2009)
33.46 L. Bourdev, J. Malik: Poselets: Body part detectors trained using 3D human pose annotations, IEEE Int. Conf. Comput. Vis. (ICCV) (2009)
33.47 N. Dalal, B. Triggs: Histograms of oriented gradients for human detection, IEEE Conf. Comput. Vis. Pattern Recognit. (CVPR) (2005) pp. 886–893
33.48 B. Leibe, E. Seemann, B. Schiele: Pedestrian detection in crowded scenes, IEEE Conf. Comput. Vis. Pattern Recognit. (CVPR), Washington (2005) pp. 878–885
33.49 A. Thomas, V. Ferrari, B. Leibe, T. Tuytelaars, B. Schiele, L. Van Gool: Towards multi-view object class detection, IEEE Conf. Comput. Vis. Pattern Recognit. (CVPR) (2006)
33.50 M. Arie-Nachimson, R. Basri: Constructing implicit

3D shape models for pose estimation, IEEE Int. Conf. Comput. Vis. (ICCV) (2009)

33.51 P.F. Felzenszwalb, D.P. Huttenlocher: Efficient matching of pictorial structures, IEEE Conf. Comput. Vis. Pattern Recognit. (CVPR) (2000)

33.52 M. Andriluka, S. Roth, B. Schiele: Pictorial structures revisited: People detection and articulated pose estimation, IEEE Conf. Comput. Vis. Pattern Recognit. (CVPR) (2009)

33.53 P.F. Felzenszwalb, R. Girshick, D. McAllester, D. Ramanan: Object detection with discriminatively trained part based models, IEEE Trans. Pattern Anal. Machin. Intell. **32**(9), 1627–1645 (2010)

33.54 F. Wang, Y. Li: Beyond physical connections: Tree models in human pose estimation, IEEE Conf. Comput. Vis. Pattern Recognit. (CVPR) (2013) pp. 596–603

33.55 M. Sun, M. Telaprolu, H. Lee, S. Savarese: An efficient branch-and-bound algorithm for optimal human pose estimation, IEEE Conf. Comput. Vis. Pattern Recogn. (CVPR) (2012)

33.56 P. Bojan, M. Stark: Multi-view and 3D deformable part models, IEEE Trans. Pattern Anal. Mach. Intell. (TPAMI) **37**(11), 2232–2245 (2015)

33.57 N. Dalal, B. Triggs, C. Schmid: Human detection using oriented histograms of flow and appearance, Eur. Conf. Comput. Vis. (ECCV) (2006)

33.58 G. Bradski: Opencv. http://opencv.org/ (July 09, 2015)

33.59 P.F. Felzenszwalb, D.P. Huttenlocher: *Distance transforms of sampled functions, Technical Report 1963* (Cornell Univ., Ithaca 2004)

33.60 C.-N.J. Yu, T. Joachims: Learning structural SVMs with latent variables, ACM Proc. 26th Annu. Int. Conf. Mach. Learn., New York (2009) pp. 1169–1176

33.61 M. Everingham, L. Gool, C.K. Williams, J. Winn, A. Zisserman: The PASCAL visual object classes (VOC) challenge, Int. J. Comput. Vis. **88**(2), 303–338 (2010)

33.62 B. Pepik, M. Stark, P. Gehler, B. Schiele: Teaching 3d geometry to deformable part models, IEEE Conf. Comput. Vis. Pattern Recogn. (CVPR) (2012)

33.63 B. Pepik, P. Gehler, M. Stark, B. Schiele: 3D^{2}PM–3D deformable part models, Eur. Conf. Comput. Vis. (ECCV) (2012)

33.64 P. Ott, M. Everingham: Shared parts for deformable part-based models, IEEE Comput. Vis. Pattern Recognit. (CVPR) (2011)

33.65 H.O. Song, S. Zickler, T. Althoff, R. Girshick, M. Fritz, C. Geyer, P. Felzenszwalb, T. Darrell: Sparselet models for efficient multiclass object detection, Eur. Conf. Comput. Vis. (ECCV) (2012)

33.66 P. Felzenszwalb, R. Girshick, D. McAllester: Cascade object detection with deformable part models, IEEE Conf. Comput. Vis. Pattern Recognit. (CVPR) (2010)

33.67 T. Gao, M. Stark, D. Koller: What makes a good detector? – structured priors for learning from few examples, Eur. Conf. Comput. Vis. (ECCV) (2012)

33.68 B. Hariharan, J. Malik, D. Ramanan: Discriminative decorrelation for clustering and classification, Eur. Conf. Comput. Vis. (ECCV) (2012)

33.69 S. Haykin: *Neural Networks: A Comprehensive Foundation*, 2nd edn. (Prentice Hall, Upper Saddle River 1998)

33.70 Y. LeCun, B. Boser, J.S. Denker, D. Henderson, R.E. Howard, W. Hubbard, L.D. Jackel: Backpropagation applied to handwritten zip code recognition, Neural Comput. **1**(4), 541–551 (1989)

33.71 A. Krizhevsky, I. Sutskever, G.E. Hinton: Imagenet classification with deep convolutional neural networks, Adv. Neural Inform. Process. Syst. **25**, 1097–1105 (2012)

33.72 Y. Jia, E. Shelhamer, J. Donahue, S. Karayev, J. Long, R. Girshick, S. Guadarrama, T. Darrell: Caffe: Convolutional architecture for fast feature embedding, http://caffe.berkeleyvision.org/ (arXiv preprint arXiv:1408.5093) (2014)

33.73 J. Hosang, M. Omran, R. Benenson, B. Schiele: Taking a deeper look at pedestrians, IEEE Conf. Comput. Vis. Pattern Recognit. (CVPR) (2015)

33.74 M.D. Zeiler, R. Fergus: Visualizing and understanding convolutional networks, Eur. Conf. Comput Vis. (ECCV) (2014)

33.75 B. Alexe, T. Deselares, V. Ferrari: Measuring the objectness of image windows, IEEE Trans. Pattern Anal. Mach. Intell. **34**(11), 2189–2202 (2012)

33.76 J. Hosang, R. Benenson, B. Schiele: How good are detection proposals, really?, 25th Br. Mach. Vis. Conf. (BMVC) (2014)

33.77 K.E.A. van de Sande, J.R.R. Uijlings, T. Gevers, A.W.M. Smeulders: Segmentation as selective search for object recognition, IEEE Int. Conf. Comput. Vis. (ICCV) (2013)

33.78 B. Hariharan, P. Arbeláez, R. Girshick, J. Malik: Simultaneous detection and segmentation, Eur. Conf. Comput. Vis. (ECCV) (2014)

33.79 R. Girshick, J. Donahue, T. Darrell, J. Malik: Rich feature hierarchies for accurate object detection and semantic segmentation, IEEE Conf. Comput. Vis. Pattern Recogn. (CVPR) (2014)

33.80 A. Toshev, C. Szegedy: Deeppose: Human pose estimation via deep neural networks, IEEE Conf. Comput. Vis. Pattern Recogn. (CVPR) (2014)

33.81 J. Deng, J. Krause, M. Stark, L. Fei-Fei: Leveraging the wisdom of the crowd for fine-grained recognition, IEEE Trans. Pattern Anal. Mach. Intel. (2015)

33.82 J. Deng, J. Krause, L. Fei-Fei: Fine-grained crowdsourcing for fine-grained recognition, IEEE Conf. Comput. Vis. Pattern Recogn. (CVPR) (2013)

33.83 N. Zhang, R. Farrell, T. Darrell: Pose pooling kernels for sub-category recognition, IEEE Conf. Comput. Vis. Pattern Recogn. (CVPR) (2012)

33.84 T. Berg, P.N. Belhumeur: Poof: Part-based one-vs-one features for fine-grained categorization, face verification, and attribute estimation, IEEE Conf. Comput. Vis. Pattern Recogn. (CVPR) (2013)

33.85 A. Torralba, A.A. Efros: Unbiased look at dataset bias, IEEE Conf. Comput. Vis. Pattern Recognit. (CVPR) (2011)

33.86 Y. Xiang, R. Mottaghi, S. Savarese: Beyond pascal: A benchmark for 3d object detection in the wild, IEEE Winter Conf. Appl. Comput. Vis. (WACV) (2014)

33.87 J. Xiao, J. Hays, K. Ehinger, A. Oliva, A. Torralba: Sun database: Large-scale scene recognition from abbey to zoo, IEEE Conf. Comput. Vis. Pattern Recogn. (CVPR) (2010)

33.88 T.-Y. Lin, M. Maire, S. Belongie, J. Hays, P. Perona, D. Ramanan, P. Dollár, C.L. Zitnick: Microsoft coco: Common objects in context, Lect. Notes Comput. Sci. **8693**, 740–755 (2014)

33.89 G.A. Miller: Wordnet: A lexical database for english, ACM Communication **38**(11), 39–41 (1995)
33.90 M.A. Turk, A.P. Pentland: Face recognition using eigenfaces, IEEE Conf. Comput. Vis. Pattern Recognit. (CVPR) (1991) pp. 586–591
33.91 Z.W. Tu, X.R. Chen, A.L. Yuille, S.C. Zhu: Image parsing: Unifying segmentation, detection and recognition, Int. J. Comput. Vis. **63**(2), 113–140 (2005)
33.92 L. Zhu, Y. Chen, A.L. Yuille: Unsupervised learning of probabilistic Grammar–Markov models for object categories, IEEE Trans. Pattern Anal. Machin. Intell. **31**(1), 114–128 (2009)
33.93 J. Deng, J. Krause, A. Berg, L. Fei-Fei: Hedging your bets: Optimizing accuracy-specificity trade-offs in large scale visual recognition, IEEE Conf. Comput. Vis. Pattern Recognit. (CVPR), Providence (2012)

第34章

视觉伺服

François Chaumette，Seth Hutchinson，Peter Corke

本章介绍视觉伺服控制，视觉伺服控制是指在控制机器人运动的伺服环内采用计算机视觉数据。我们首先介绍目前本领域中已成熟的基本技术，然后给出视觉伺服控制问题公式化的总体概述，介绍两种典型的视觉控制方案：基于图像的和基于位置的视觉伺服控制方案。然后，为推动先进技术，讨论这两种方案的性能和稳定性问题。在已有的众多先进技术中，我们讨论二维半、混合、分块和开关方法。在介绍了大量控制方案后，转而以简短地介绍目标跟踪和关节空间的直接控制问题作为本章的结束。

目　录

视觉伺服（Visual Servo，VS）控制是指采用计算机视觉数据去控制机器人的运动。视觉数据可由相机获取。相机可直接安装于机器人操作臂上或者安装在移动机器人上，在这两种情况下，由相机的运动均可以推导出机器人的运动。相机也可固定安装于工作空间内，这样相机可以通过固定配置观测机器人的运动。其他配置也值得考虑，例如安装于偏转—俯仰云台上观测机器人运动的多台相机。在数学上，所有这些情况的分析是类似的。所以，在本章中我们将主要集中于前者，即所谓的“手眼系统”（Eye-in-Hand）。

视觉伺服控制依赖于图像处理、计算机视觉、控制理论等技术。本章中，我们将主要处理控制理论问题，并在适当的时候与前述各章建立联系。

34.1　视觉伺服的基本要素

所有基于视觉的控制方案的目的是将误差 $\boldsymbol{e}(t)$ 最小化，误差的典型定义如下

$$\boldsymbol{e}(t)=\boldsymbol{s}(\boldsymbol{m}(t),\boldsymbol{a})-\boldsymbol{s}^* \tag{34.1}$$

该公式非常通用，正如下面所看到的那样，它

包括了很多方法。式（34.1）中的参数定义如下：向量 $\boldsymbol{m}(t)$ 是一个图像测量集（例如，兴趣点的图像坐标，或者一些图像片断的参数）。这些图像测量结果用于计算 k 个视觉特征的向量 $\boldsymbol{s}(\boldsymbol{m}(t),\boldsymbol{a})$，其中，$\boldsymbol{a}$ 是一个参数集，代表了系统的潜在附加知识（例如，粗略的相机内参数或者目标的三维模型）。矢量 $\boldsymbol{s}^*$ 为含有特征的期望值。

现在，我们考虑这种情况，即一个位姿固定且无运动的目标，其 $\boldsymbol{s}^*$ 为常数，$\boldsymbol{s}$ 的变化仅依赖于相机运动。而且，我们此处仅考虑控制一个6自由度相机运动的情况（即相机安装于6自由度机器人操作臂的末端）。在随后的小节中，我们将处理更一般的情况。

视觉伺服方案主要体现在 $\boldsymbol{s}$ 的设计上不同。在第34.2节和34.3节，我们将介绍经典的方法，包括基于图像的视觉伺服（Image-Based Visual Servo，IBVS）控制，其 $\boldsymbol{s}$ 由图像数据中直接得到的特征构成；和基于位置的视觉伺服（Pose-Based Visual Servo，PBVS）控制，其 $\boldsymbol{s}$ 由三维参数构成，三维参数必须从图像测量中估计[34.1,2]。我们将于第34.4节提供几种更加先进的方法。

一旦选定 $\boldsymbol{s}$，控制系统方案的设计将变得非常简单。或许，最直截了当的方法是设计一个速度控制器。为了设计速度控制器，需要建立 $\boldsymbol{s}$ 的时间导数与相机速度之间的关系。将相机的空间速度记为 $\boldsymbol{v}_c=(\boldsymbol{v}_c,\boldsymbol{\omega}_c)$，其中，$\boldsymbol{v}_c$ 是相机坐标系原点的瞬时线速度，$\boldsymbol{\omega}_c$ 是相机坐标系的瞬时角速度。$\dot{\boldsymbol{s}}$ 与 $\boldsymbol{v}_c$ 的关系如下

$$\dot{\boldsymbol{s}}=\boldsymbol{L}_s\boldsymbol{v}_c \tag{34.2}$$

式中，$\boldsymbol{L}_s\in\mathbb{R}^{k\times6}$ 称为与 $\boldsymbol{s}$ 有关的交互矩阵[34.3]，在视觉伺服参考文献［34.2］中有时也称为特征雅可比矩阵。本章中，我们将采用后面的术语将 $\boldsymbol{s}$ 的时间导数与关节速度联系在一起（见第34.8节）。

由式（34.1）和式（34.2），得到相机速度与误差时间导数之间的关系如下

$$\dot{\boldsymbol{e}}=\boldsymbol{L}_e\boldsymbol{v}_c \tag{34.3}$$

式中，$\boldsymbol{L}_e=\boldsymbol{L}_s$。考虑以 $\boldsymbol{v}_c$ 作为机器人控制器的输入，如果我们愿意尝试使得误差以指数解耦下降（即 $\dot{\boldsymbol{e}}=-\lambda\boldsymbol{e}$），则由式（34.3）得

$$\boldsymbol{v}_c=-\lambda\boldsymbol{L}_e^+\boldsymbol{e} \tag{34.4}$$

式中，$\boldsymbol{L}_e^+\in\mathbb{R}^{6\times k}$ 是 $\boldsymbol{L}_e$ 的摩尔—潘洛斯（Moore-Penrose）伪逆矩阵。当 $k\geqslant6$ 和 $\boldsymbol{L}_e$ 为满秩6时，$\boldsymbol{L}_e^+=(\boldsymbol{L}_e^{\mathrm{T}}\boldsymbol{L}_e)^{-1}\boldsymbol{L}_e^{\mathrm{T}}$。当 $k=6$ 时，如果 $\det\boldsymbol{L}_e\neq0$，则可能得到 $\boldsymbol{L}_e$ 的逆，并给出控制律 $\boldsymbol{v}_c=-\lambda\boldsymbol{L}_e^{-1}\boldsymbol{e}$。当 $k\leqslant6$ 和 $\boldsymbol{L}_e$ 为满秩 k 时，有

$$\boldsymbol{L}_e^+=\boldsymbol{L}_e^{\mathrm{T}}(\boldsymbol{L}_e\boldsymbol{L}_e^{\mathrm{T}})^{-1}$$

当 $\boldsymbol{L}_e$ 不满秩时，由 $\boldsymbol{L}_e$ 的奇异值分解得到 $\boldsymbol{L}_e^+$ 的数值。在所有情况下，控制方案（34.4）允许 $\|\dot{\boldsymbol{e}}-\lambda\boldsymbol{L}_e\boldsymbol{L}_e^+\boldsymbol{e}\|$ 和 $\|\boldsymbol{v}_c\|$ 最小化。注意，只有当 $\boldsymbol{L}_e\boldsymbol{L}_e^+=\boldsymbol{I}_k$ 时，才能获得期望的行为 $\dot{\boldsymbol{e}}=-\lambda\boldsymbol{e}$，其中 $\boldsymbol{I}_k$ 为 $k\times k$ 阶单位矩阵，即只有当 $\boldsymbol{L}_e$ 为满秩 k 时，$k\leqslant6$。

在真实的视觉伺服系统中，实际上不可能真正知道 $\boldsymbol{L}_e$ 或 $\boldsymbol{L}_e^+$。因此，需要实现对这两个矩阵之一的近似或者估计。因此，我们把交互矩阵近似矩阵的伪逆和交互矩阵伪逆的近似矩阵用符号 $\hat{\boldsymbol{L}}_e^+$ 表示。采用该符号后，控制律实际上变成

$$\boldsymbol{v}_c=-\lambda\hat{\boldsymbol{L}}_e^+\boldsymbol{e}=-\lambda\hat{L}_e^+(\boldsymbol{s}-\boldsymbol{s}^*) \tag{34.5}$$

将回路闭环，并假设机器人控制器能够很好地实现 $\boldsymbol{v}_c$，将式（34.5）代入式（34.3），有

$$\dot{e}=-\lambda\boldsymbol{L}_e\hat{\boldsymbol{L}}_e^+\boldsymbol{e} \tag{34.6}$$

该方程刻画了闭环系统的实际行为，即

$$\boldsymbol{L}_e\hat{\boldsymbol{L}}_e^+\neq\boldsymbol{I}_k$$

这也是采用李雅普诺夫（Lyapunov）理论进行系统稳定性分析的基础。

上面给出的是大部分视觉伺服控制器采用的基本设计，其所缺乏的是具体细节。例如，$\boldsymbol{s}$ 应该如何选择？$\boldsymbol{L}_s$ 具有什么形式？应该如何估计 $\hat{\boldsymbol{L}}_e^+$？形成的闭环系统的性能特性如何？这些问题将在本章的后续部分予以解决。我们首先介绍一下两种基本的方法，IBVS和PBVS，其原理已在20多年前提出[34.1]。然后，我们给出一些最近提出的改进其性能的方法。

34.2　基于图像的视觉伺服

传统的基于图像的控制方案[34.1,4]，采用一系列点的图像平面坐标定义集合 $\boldsymbol{s}$。图像测量结果 $\boldsymbol{m}$ 通常是这些图像点的像素坐标（尽管不是唯一选择），在式（34.1）中定义的 $\boldsymbol{s}=\boldsymbol{s}(\boldsymbol{m},\boldsymbol{a})$ 中的 $\boldsymbol{a}$，只不过是相机的内参数，用于从以像素表示的图像测量结果转换为特征。

34.2.1　交互矩阵

对于相机坐标系中一个坐标为 $X=(X,Y,Z)$ 的三维点，其在图像中的投影为一个坐标为 $\boldsymbol{x}=(x,y)$

的二维点。于是，有

$$\begin{cases} x=\dfrac{X}{Z}=\dfrac{u-c_u}{f\alpha} \\ y=\dfrac{Y}{Z}=\dfrac{v-c_v}{f} \end{cases} \tag{34.7}$$

式中，$\boldsymbol{m}=(u,v)$ 是图像点以像素为单位表示的坐标，$\boldsymbol{a}=(c_u,c_v,f,\alpha)$ 是相机的内参数集合，其定义见第 32 章：c_u 和 c_v 是主点坐标，f 是焦距，α 是像素维的比率。第 32 章中定义的内参数 β，此处假设为 0。在此情况下，取 $\boldsymbol{s}=\boldsymbol{x}=(x,y)$，即点的图像平面坐标。成像几何与透视投影的细节，在很多计算机视觉的文献中均可找到，包括参考文献 [34.5-7]。

对投影方程式（34.7）相对时间求导，有

$$\begin{cases} \dot{x}=\dfrac{\dot{X}}{Z}-\dfrac{X\dot{Z}}{Z^2}=\dfrac{\dot{X}-x\dot{Z}}{Z} \\ \dot{y}=\dfrac{\dot{Y}}{Z}-\dfrac{Y\dot{Z}}{Z^2}=\dfrac{\dot{Y}-y\dot{Z}}{Z} \end{cases} \tag{34.8}$$

我们可以利用以下著名的方程建立三维点的速度和相机空间速度之间的关系

$$\dot{\boldsymbol{X}}=-\boldsymbol{v}_c-\boldsymbol{\omega}_c\times\boldsymbol{X}=\begin{cases} \dot{X}=-v_x-\omega_y Z+\omega_z Y \\ \dot{Y}=-v_y-\omega_z X+\omega_x Z \\ \dot{Z}=-v_z-\omega_x Y+\omega_y X \end{cases} \tag{34.9}$$

式中，$\boldsymbol{v}_c=(v_x,v_y,v_z)$，$\boldsymbol{\omega}_c=(\omega_x,\omega_y,\omega_z)$。将式（34.9）代入式（34.8），合并同类项，并应用式（34.7），得到

$$\begin{cases} \dot{x}=\dfrac{-v_x}{Z}+\dfrac{xv_z}{Z}+xy\omega_x-(1+x^2)\omega_y+y\omega_z \\ \dot{y}=\dfrac{-v_y}{Z}+\dfrac{yv_z}{Z}+(1+y^2)\omega_x-xy\omega_y-x\omega_z \end{cases} \tag{34.10}$$

可重写为

$$\dot{\boldsymbol{x}}=\boldsymbol{L}_x\boldsymbol{v}_c \tag{34.11}$$

式中，交互矩阵 $\boldsymbol{L}_x$ 为

$$\boldsymbol{L}_x=\begin{pmatrix} \dfrac{-1}{Z} & 0 & \dfrac{x}{Z} & xy & -(1+x^2) & y \\ 0 & \dfrac{-1}{Z} & \dfrac{y}{Z} & (1+y^2) & -xy & -x \end{pmatrix} \tag{34.12}$$

在矩阵 $\boldsymbol{L}_x$ 中，Z 的值是该点相对于相机坐标系的深度。因此，采用如上形式交互矩阵的任何控制方案必须估计或近似给出 Z 的值。类似地，在计算 x 和 y 时，涉及相机的内参数。因此，在式（34.4）中，$\boldsymbol{L}_x^+$ 不能直接使用，只能采用估计值或者近似值 $\hat{\boldsymbol{L}}_x^+$，如式（34.5）所示。更多细节将在下面讨论。

为了控制 6 个自由度，至少 3 个点是需要的（即需要 $k\geqslant 6$）。如果采用特征向量 $\boldsymbol{x}=(x_1,x_2,x_3)$，可以获得由 3 个点堆砌而成的交互矩阵

$$\boldsymbol{L}_x=\begin{pmatrix} \boldsymbol{L}_{x1} \\ \boldsymbol{L}_{x2} \\ \boldsymbol{L}_{x3} \end{pmatrix}$$

在这种情况下，会存在某些配置，其 $\boldsymbol{L}_x$ 是奇异的[34.8]。而且，存在 4 种不同相机姿态使得 $\boldsymbol{e}=\boldsymbol{0}$。换言之，存在 4 个全局最小解，并且无法对它们进行区分[34.9]。由于这些原因，常常考虑采用多于 3 个点。

34.2.2 交互矩阵的近似

对于构造用于控制律的估计值 $\hat{\boldsymbol{L}}_e^+$，有数种方法可供选择。当然，如果 $\boldsymbol{L}_e=\boldsymbol{L}_x$ 已知，即如果每个点的当前深度是已有的[34.2]，则选择 $\hat{\boldsymbol{L}}_e^+=\boldsymbol{L}_e^+$ 是一种常用的方案。实际上，这些参数必须在控制的每次迭代中进行估计。基本的 IBVS 方法采用经典的姿态估计方法（参见第 32 章和 34.3 节的开头部分）。另一种常用方法是选择 $\hat{\boldsymbol{L}}_e^+=\boldsymbol{L}_{e^*}^+$，其中，$\boldsymbol{L}_{e^*}$ 是在期望位置 $\boldsymbol{e}=\boldsymbol{e}^*=0$ 时 $\boldsymbol{L}_e$ 的值[34.3]。在这种情况下，$\hat{\boldsymbol{L}}_e^+$ 是常数，且每个点只有期望深度需要进行设定，这意味着在视觉伺服过程中必须估计无变化的三维参数。最后，最近提出了采用 $\hat{\boldsymbol{L}}_e^+=(\boldsymbol{L}_e/2+\boldsymbol{L}_{e^*}/2)^+$ 的方案[34.10]。由于该方法中涉及 $\boldsymbol{L}_e$，必须获得每个点的当前深度。

我们通过一个例子说明这些控制方案的行为。目标为定位相机，以便其观测到的矩形位于图像中心（图 34.1）。我们定义 $\boldsymbol{s}$ 为形成矩形的 4 个点的 x 和 y 坐标。注意，相机的初始姿态选为远离期望姿态，特别是被认为对 IBVS 最成问题的旋转运动。在以下给出的仿真中，未引入噪声和建模误差，以便使不同行为的比较处于完全相同的条件下。在以下给出的仿真中，未引入噪声或建模误差，以便在完美条件下比较不同的行为。视频文献显示了使用 Adept Viper 机器人手臂和 ViSP 库获得的试验结果[34.11]。这些视频显示了在相同条件下执行相同的任务，只有控制方法不同。

采用 $\hat{\boldsymbol{L}}_e^+=\boldsymbol{L}_{e^*}^+$ 获得的结果如图 34.2 所示（VIDEO 59）。注意，不管需要的偏移多大，系统都收敛。但是，在图像中的行为，或者计算出的相机速度分量，或者相机的三维轨迹中，都没有呈现出远离收敛位置的期望特性（即在开始阶段的 30 次左右迭代）。

采用 $\hat{L}_e^+ = L_e^+$ 获得的结果如图 34.3 所示（VIDEO 60）。在此情况下，图像中点的轨迹几乎是直线，但其导致的在相机坐标系中的行为甚至不如 $\hat{L}_e^+ = L_{e^*}^+$ 的情况。相机在伺服开始阶段速度大，说明 $\hat{L}_e^+$ 在轨迹开始阶段条件数高，而且相机的轨迹远非直线。

选择 $\hat{L}_e^+ = (L_e/2 + L_{e^*}/2)^+$，提供了好的实际性能。实际上，如图 34.4 所示，相机的速度分量未含有大的振荡，而且在图像空间和三维空间的轨迹平滑（VIDEO 61）。

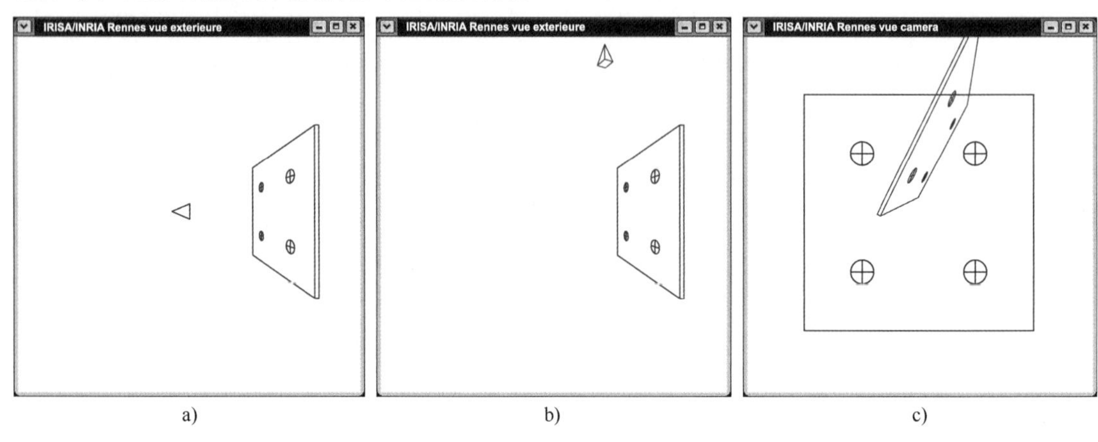

a)　b)　c)

图 34.1　定位任务的例子

a）相对于简单目标的期望相机姿态　b）初始相机姿态　c）相应的初始和期望目标图像

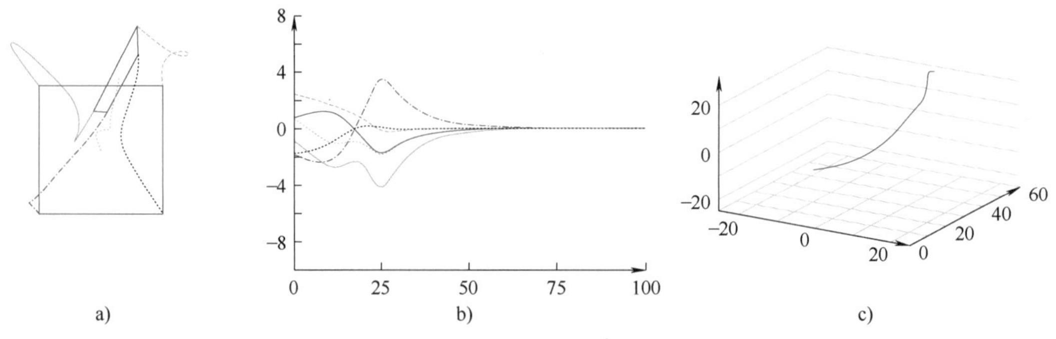

a)　b)　c)

图 34.2　采用 $s = (x_1, y_1, \cdots, x_4, y_4)$ 和 $\hat{L}_e^+ = L_{e^*}^+$ IBVS 的系统行为

a）图像点的轨迹，包括矩形中心点的轨迹，该点在控制方案中未用　b）控制方案的每次迭代计算出的 v_c 分量 [cm/s 和(°)/s]　c）表示于 R_{c^*} 中的相机光轴中心的三维轨迹（cm）

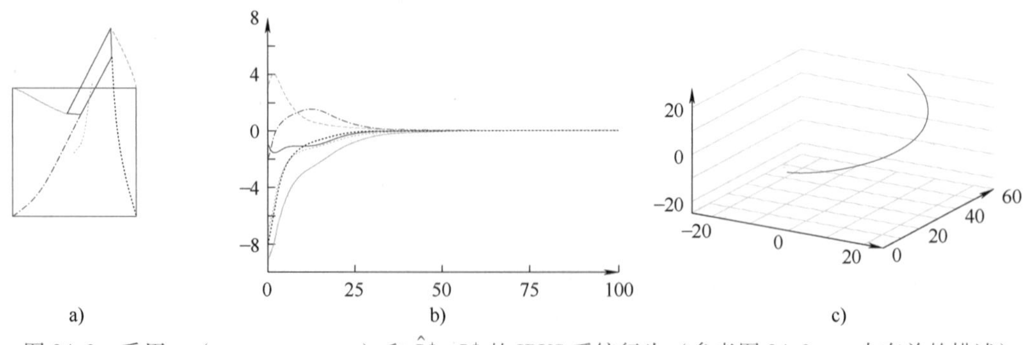

a)　b)　c)

图 34.3　采用 $s = (x_1, y_1, \cdots, x_4, y_4)$ 和 $\hat{L}_e^+ = L_e^+$ 的 IBVS 系统行为（参考图 34.2a~c 中有关的描述）

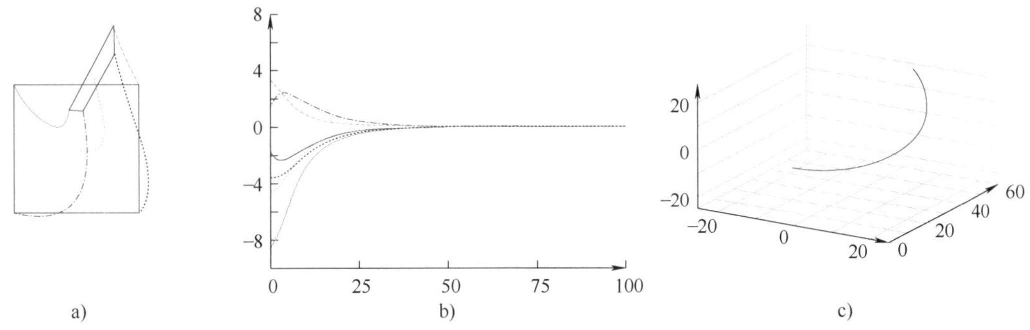

图 34.4 采用 $s=(x_1, y_1, \cdots, x_4, y_4)$ 和 $\hat{L}_e^+=(L_e/2+L_e^*/2)^+$ 的 IBVS 系统行为（参考图 34.2a~c 中有关的描述）

34.2.3 IBVS 的几何解释

对于上述定义的控制方案的行为，很容易给出几何解释。图 34.5 给出的例子，对应于从平行于图像平面的 4 个共面点的初始位形（以蓝色显示）到期望位形（以红色显示）绕光轴的纯旋转。

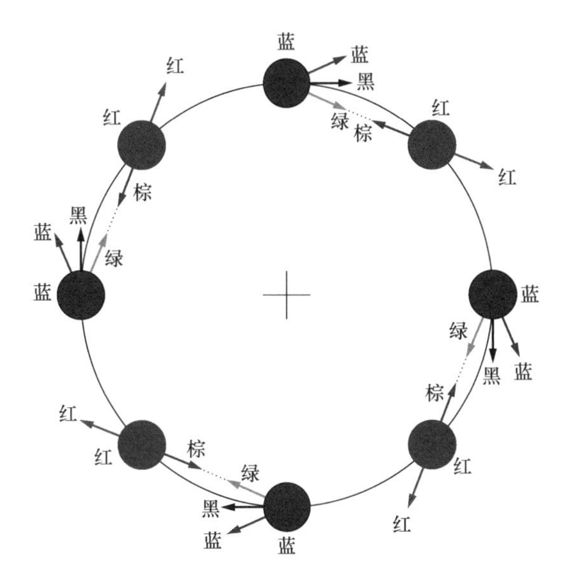

图 34.5 IBVS 的几何解释：从蓝色位置运动到红色位置

红色箭头代表控制方案中采用 L_e^+ 时的图像运动，蓝色箭头代表控制方案中采用 $L_{e^*}^+$ 时的图像运动，黑色箭头代表控制方案中采用 $(L_e/2+L_{e^*}/2)^+$ 时的图像运动（更多细节如下）。

如上述解释，在控制方案中采用 L_e^+ 试图保证误差 e 以指数递减。这意味着，当 x 和 y 图像点坐标构成误差时，如果可能的话，这些点在图像中的轨迹沿着从初始到期望位形的直线运动。这导致了图 34.5 中以绿线表示的图像运动。实现该图像运动的相机运动易于导出，且它确实由绕光轴的旋转运动构成，但结合了一个沿光轴的后退平移运动[34.12]。该非期望的运动是由于特征的选择，以及在交互矩阵中第 3 列和第 6 列的耦合。如果在初始和期望位形之间的旋转很大，该现象将被放大并导致一种特殊情况，即旋转 π 弧度，但从控制方案中不能导出旋转运动[34.13]。另一方面，当旋转角度很小时，该现象几乎不出现。综上所述，该行为是局部令人满意的（即当误差较小时），但当误差较大时该行为不能令人满意。在后面我们将会看到，这些结果与 IBVS 获得的局部渐近稳定的结果是一致的。

如果在控制方案中采用 $L_{e^*}^+$，产生的图像运动如图 34.5 中的蓝线所示。实际上，如果我们考虑与前面相同的控制方案，但从 s^* 开始运动到 s，则

$$v_c=-\lambda L_{e^*}^+(s^*-s)$$

再次引起从红点到蓝点的直线运动轨迹，引起棕色线表示的图像运动。回到我们的问题，该控制方案计算出的相机速度恰好相反，即

$$v_c=-\lambda L_{e^*}^+\ (s-s^*)$$

并且产生的图像运动如图 34.5 中红点处的红线所示。在蓝点处的变换，相机速度产生蓝色所示的图像运动，并再次对应于绕光轴的旋转运动，以及一个非期望的沿光轴的前进运动。对于大误差和小误差，可以进行如前所述的分析。需要补充说明的是，一旦误差明显下降，两种控制方案就变得相近了，而且趋向于相同（因为当 $e=e^*$ 时 $L_e=L_{e^*}$），具有如图 34.5 中黑线所示的良好图像运动行为，而且当误差趋近于 0 时，相机运动仅由绕光轴的旋转构成。

如果采用 $\hat{L}_e^+=(L_e/2+L_{e^*}/2)^+$，在直观上很明

显的是，甚至当误差大时，L_e 和 L_{e^*} 的平均也产生如图34.5中的黑线所示的图像运动。除旋转π弧度之外，在所有的情况下，相机的运动是绕光轴的纯旋转运动，不含有任何非期望的沿光轴的平移运动。

34.2.4　稳定性分析

我们现在考虑与IBVS稳定性相关的基本问题。为了评价闭环视觉伺服系统的稳定性，我们采用李雅普诺夫法分析。特别地，考虑由误差范数的平方定义的候选李雅普诺夫函数 $L=\frac{1}{2}\|\boldsymbol{e}(t)\|^2$，其导数为

$$\dot{L}=\boldsymbol{e}^{\mathrm{T}}\dot{\boldsymbol{e}}=-\lambda\boldsymbol{e}^{\mathrm{T}}\boldsymbol{L}_e\hat{\boldsymbol{L}}_e^+\boldsymbol{e}$$

$\dot{\boldsymbol{e}}$ 见式（34.6）。当下面的充分条件满足时，可获得系统的全局渐近稳定。

$$\boldsymbol{L}_e\hat{\boldsymbol{L}}_e^+>0 \tag{34.13}$$

如果特征数量等于相机自由度的数量（即 $k=6$），并且特征的选择和控制方案设计使得 $\boldsymbol{L}_e$ 和 $\hat{\boldsymbol{L}}_e^+$ 具有满秩6，而 $\hat{\boldsymbol{L}}_e^+$ 的近似也不是太粗糙，则式（34.13）条件能够满足。

正如上面所讨论的那样，对于大部分IBVS方法，$k>6$。因此，不能保证满足式（34.13）条件。$\boldsymbol{L}_e\hat{\boldsymbol{L}}_e^+\in\mathbb{R}^{k\times k}$ 的秩最高为6，所以 $\boldsymbol{L}_e\hat{\boldsymbol{L}}_e^+$ 具有非平凡的零空间。在此情况下，$\boldsymbol{e}\in\ker\hat{\boldsymbol{L}}_e^+$（ker表示核）的位形对应于局部最小。图34.6给出了达到这样的局部极小的过程。由图34.6d可见，$\boldsymbol{e}$ 的每个分量具有相同收敛速度的指数下降，在图像中产生的运动轨迹为直线，但其误差并未真正到0。由图34.6c可以明显地看到，系统被吸引到远离期望位形的一个局部极小点。因此，IBVS仅具有局部渐近稳定性。

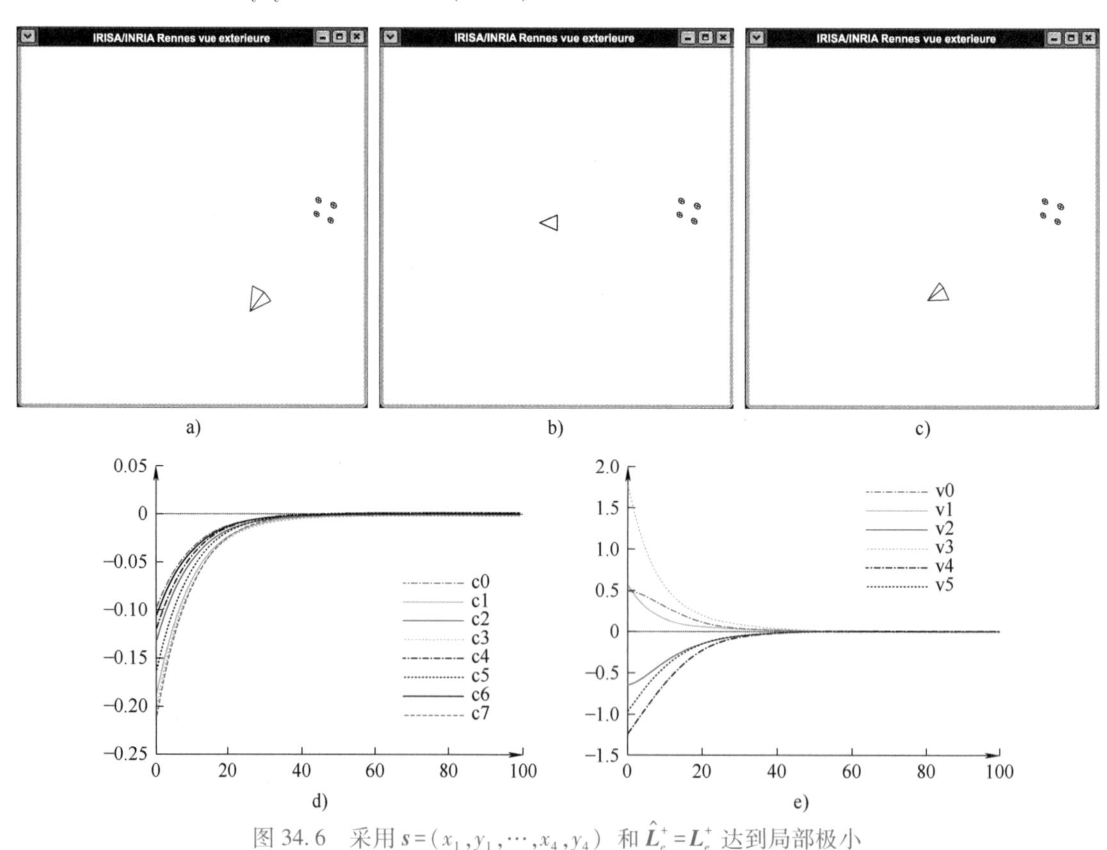

图34.6　采用 $\boldsymbol{s}=(x_1,y_1,\cdots,x_4,y_4)$ 和 $\hat{\boldsymbol{L}}_e^+=\boldsymbol{L}_e^+$ 达到局部极小

a）初始位形　b）期望位形　c）控制方案收敛后达到的位形　d）控制方案每次迭代的误差 $\boldsymbol{e}$ 的变化　e）相机速度 $\boldsymbol{v}_c$ 的6个分量的变化

为了研究当 $k>6$ 时的局部渐近稳定性，首先定义一个新的误差 $\boldsymbol{e}'=\hat{\boldsymbol{L}}_e^+\boldsymbol{e}$。该误差的时间导数如下

$$\dot{\boldsymbol{e}}'=\hat{\boldsymbol{L}}_e^+\dot{\boldsymbol{e}}+\dot{\hat{\boldsymbol{L}}}_e^+\boldsymbol{e}=(\hat{\boldsymbol{L}}_e^+\boldsymbol{L}_e+\boldsymbol{O})\boldsymbol{v}_c$$

式中，无论如何选择 $\hat{L}_e^+$[34.14]，只要当 $e=0$，$O=0$，且 $O\in\mathbb{R}^{6\times6}$。利用控制律式（34.5），可得

$$\dot{e}'=-\lambda(\hat{L}_e^+L_e+O)e'$$

说明上式在 $e=e^*=0$ 邻域内是局部渐近稳定的，如果

$$\hat{L}_e^+L_e>0 \tag{34.14}$$

式中，$\hat{L}_e^+L_e\in\mathbb{R}^{6\times6}$。实际上，如果我们对局部渐近稳定性感兴趣，只需要考虑线性系统[34.15] $\dot{e}'=-\lambda\hat{L}_e^+L_e e'$。

再者，如果特征选择和控制方案设计使得 L_e 和 $\hat{L}_e^+$ 具有满秩 6，而 $\hat{L}_e^+$ 的近似也不是太粗糙，则式（34.14）能够满足条件。

结束讨论局部渐近稳定性之前，我们必须指出，不存在任何位形 $e\neq e^*$，使得 $e\in\ker\hat{L}_e^+$ 在 e^* 的微小邻域内，以及在相应姿态 p^* 的微小邻域内。这种位形对应于局部极小，其 $v_c=0$ 且 $e\neq e^*$。如果这样一个姿态 p 存在，则可限定 $p*$ 的邻域使得存在从 p 到 p^* 的相机速度 v。该相机速度隐含着误差的变化 $\dot{e}=L_e v$。但是，因 $\hat{L}_e^+L_e>0$，故该变化不属于 $\ker\hat{L}_e^+$。因此，在 p^* 的微小邻域内，当且仅当 $\dot{e}=0$（即 $e=e^*$）时，$v_c=0$。

我们回顾一下，当 $k>6$ 时，不能保证全局渐近稳定，但能保证局部渐近稳定。例如，如图 34.6 所示，存在对应于位形 $e\in\ker\hat{L}_e^+$ 的很多局部极小，它们位于上述考虑的邻域之外。如何确定能够保证稳定性和收敛的邻域范围，仍然是有待解决的问题，即使在实践中该邻域会非常大。

34.2.5 立体视觉系统的 IBVS

IBVS 方法可以直接扩展到多相机系统。如果采用立体视觉系统，而且一个三维点在左右相机的图像中均是可见的，则该点可用作视觉特征

$$s=x_s=(x_l,x_r)=(x_l,y_l,x_r,y_r)$$

即，通过在 s 中仅仅跟踪观测点在左右图像中的 x 和 y 坐标，以表示该点[34.16]。但在构造相应的交互矩阵时需注意，式（34.11）给出的表达式，要么是在左相机坐标系，要么是在右相机坐标系。更准确一点，有

$$\begin{cases}\dot{x}_l=L_{x_l}v_l\\ \dot{x}_r=L_{x_r}v_r\end{cases}$$

式中，v_l 和 v_r 分别是左右相机的空间速度；L_{x_l} 和 L_{x_r} 的解析形式已在式（34.12）给出。

选择一个附着于立体视觉系统的传感器坐标系，则有

$$x_s=\begin{pmatrix}\dot{x}_l\\ \dot{x}_r\end{pmatrix}=L_{x_s}v_s$$

式中，与 x_s 相关的交互矩阵可采用第 1 卷第 2 章有关确定空间运动变换矩阵 V 的内容，它将表示于左右相机坐标系的速度转换到传感器坐标系。回顾一下

$$V=\begin{pmatrix}R & [t]_\times R\\ 0 & R\end{pmatrix} \tag{34.15}$$

式中，$[t]_\times$ 为与向量 t 对应的反对称矩阵，$(R,t)\in SE(3)$ 是从相机到传感器坐标系的刚体变换。该矩阵的数值从立体视觉系统的标定直接获得。由该方程，有

$$L_{x_s}=\begin{pmatrix}L_{x_l} & {}^{l}v_s\\ L_{x_r} & {}^{r}v_s\end{pmatrix}$$

注意，由于立体视觉系统中的一个三维点的透视投影构成极线约束，所以 $L_{x_s}\in\mathbb{R}^{4\times6}$ 总是具有秩 3（图 34.7）。另一种简单的解释是，一个三维点由 3 个独立的参数表示，这就使得采用任何传感器观测该点时，不可能找出多于 3 个的独立变量。

为了控制系统的 6 个自由度，有必要考虑至少 3 个点，因为仅考虑两点时的交互矩阵的秩为 5。

采用立体视觉系统时，对于在两幅图像中观测到的任意点，利用简单的三角法很容易估计其三维坐标。因此，将这些三维坐标用在特征集 s 中是可能的，也是很自然的。严格地说，这种方法是基于位置的方法，因为在 s 中需要三维参数。

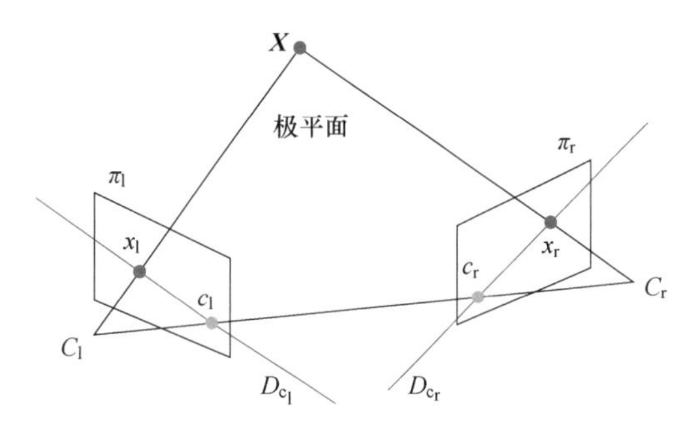

图 34.7 立体视觉系统

34.2.6 图像点柱面坐标的 IBVS

在前面的小节中，我们考虑的是图像点的笛卡儿坐标。正如参考文献［34.17］提出的，用图像

点的圆柱坐标（ρ,θ）代替其笛卡儿坐标（x,y），或许是有趣的。柱面坐标如下

$$\rho=\sqrt{x^2+y^2},\quad \theta=\arctan\frac{y}{x}$$

从而导出

$$\dot{\rho}=\frac{x\dot{x}+y\dot{y}}{\rho},\quad \dot{\theta}=\frac{x\dot{y}-y\dot{x}}{\rho^2}$$

使用式（34.11），然后用 $\rho\cos\theta$ 替换 x，用 $\rho\sin\theta$ 替换 y，我们立即得到

$$\boldsymbol{L}_\gamma=\begin{pmatrix}\frac{-c}{Z} & \frac{-s}{Z} & \frac{\rho}{Z} & (1+\rho^2)s & -(1+\rho^2)c & 0\\ \frac{s}{\rho Z} & \frac{-c}{\rho Z} & 0 & \frac{c}{\rho} & \frac{s}{\rho} & -1\end{pmatrix}\tag{34.16}$$

式中，$c=\cos\theta$，$s=\sin\theta$。请注意，当图像点位于主点（其中 $x=y=\rho=0$）时，不定义 θ。因此，在这种情况下，交互矩阵 $\boldsymbol{L}_\gamma$ 为奇异阵就不足为奇了。

如果我们回到图34.5所示的示例，使用圆柱坐标获得的行为将是预期的行为，即通过在控制方案中使用 $\boldsymbol{L}_e^+$、$\boldsymbol{L}_{e^*}^+$ 或 $(\boldsymbol{L}_e/2+\boldsymbol{L}_{e^*}/2)^+$ 围绕光轴进行纯旋转。这是由于交互矩阵式（34.16）的第3列和第6列的形式导致了一个解耦系统。

34.2.7 其他几何特征的 IBVS

在前面的小节中，我们仅考虑了 $\boldsymbol{s}$ 中的图像点。其他的初始几何特征，当然也可采用。这样做有几个原因。首先，相机观测的场景并不总是仅仅由一系列的点描述，其图像处理也可提供其他类型的测量，如直线或者目标的轮廓。其次，丰富的初始几何特征可改善解耦和线性化问题，从而促进分块系统的设计（见第34.4节）。最后，要实现的机器人任务，可以用相机与被观测目标之间的虚拟连杆的形式表示[34.18,19]，有时也直接表示为原始特征之间的约束，如点到线约束[34.20]（这意味着观测点必须位于特定线上）。

关于第一点，对于大量初始几何特征，如片断、直线、球、圆、柱等，确定其透视投影的交互矩阵是可能的，其结果见参考文献［34.3，18］。近来，对应于平面目标的任意图像矩，已经可以计算其交互矩阵的解析解。这就使得考虑任意形状的平面目标成为可能[34.21]。如果在图像中测量了一系列点，则也可利用其矩[34.22]。在两种情况下，矩允许采用直观的几何特征，如目标的重心或者方向。通过选择矩的适当组合，有可能确定出具有良好解耦和线性特性的分块系统[34.21,22]。

注意，对于所有这些特征（初始几何特征，矩），初始特征或者目标的深度体现在交互矩阵中与平移自由度相关的系数上，这与图像点的情况一样。对该深度的估计，通常还是必要的（第34.6节）。也有少量的例外，如矩阵的适当标准化，可以允许在一些特殊情况下使得交互矩阵中仅有期望的定常深度[34.22]。

34.2.8 非透视相机

我们所使用的绝大多数相机就像我们自己的眼睛一样，都有一个透视投影模型，该模型非常接近理想的针孔成像模型。这种相机的视野很窄，通常小于半个半球。对于机器人而言，拥有大视场通常是有利的，这可以通过使用鱼眼镜头相机或折反射相机（通常称为全景相机）实现。对于这些非透视传感器，任何视觉特征的交互矩阵的形式都与前文讨论的不同，例如针对图像点的式（34.12）和式（34.16）。

我们可以将这些相机的图像转换为理想球形相机可以看到的视图，而不是确定非透视相机图像平面中表示的视觉特征的交互矩阵。球形模型将世界点投影到单位球体上，即单位球体与从世界点到球体中心的射线的交点。这样的理想相机具有尽可能大的视野。图34.8所示的统一成像模型[34.23]提供了一种将世界点投影到大型相机图像平面的一般机制。准确地说，它包括所有中央投影相机，其中包括透视相机和一些具有特定镜面形状的折反射相机，但实际上它非常接近非中央相机，包括鱼眼和一般折反射系统。该统一模型的机制也可用于将这些不同图像平面上的点重新投影到球形相机。

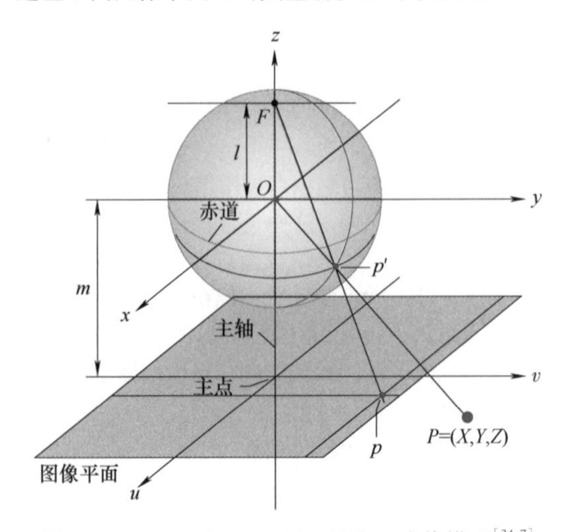

图34.8 Geyer 和 Daniilidis 的统一成像模型[34.7]

如图 34.8 所示，世界点 $\boldsymbol{P}$ 由向量 $\boldsymbol{X}=(X,Y,Z)$ 在相机坐标系中的表示，在并投影到单位球的表面一点 $\boldsymbol{x}_s=(x_s,y_s,z_s)$ 上，且

$$x_s=\frac{X}{R},\quad y_s=\frac{Y}{R},\quad z_s=\frac{Z}{R}$$

式中，$R=\sqrt{X^2+Y^2+Z^2}$ 是从球体中心到世界点的距离。

$\boldsymbol{x}_s$ 交互矩阵的推导方式与透视相机基本相同，可以写成[34.24]

$$\boldsymbol{L}_{\boldsymbol{x}_s}=\left[\frac{1}{R}(\boldsymbol{x}_s\boldsymbol{x}_s^{\mathrm{T}}-\boldsymbol{I}_3)\left[\boldsymbol{x}_s\right]_\times\right] \tag{34.17}$$

注意，通过使用 R 可以表示为点深度 Z 的函数，即 $R=Z\sqrt{1+x_s^2+y_s^2}$。因此，一般球形模型不会在相互作用矩阵中添加任何补充的未知数。

球形模型的一个特别优点是，对于纯相机旋转，对象的形状是不变的，这使得确定仅与平移运动相关的视觉特征变得容易。

34.2.9 直接估计

在前面的小节中，我们将重点放在了交互矩阵的解析形式上。也可以采用离线学习或者在线估计方法，直接估计其数值解。

已提出的数值估计交互矩阵的所有方法，依赖于对已知的或测量的相机运动所引起的特征变化的观测。更准确地说，如果由于相机的运动 $\Delta\boldsymbol{v}_c$，我们测量到的一个特征的变化为 $\Delta\boldsymbol{s}$，则由式（34.2）有

$$\boldsymbol{L}_s\Delta\boldsymbol{v}_c=\Delta\boldsymbol{s}$$

上式提供了 k 个方程，而在 $\boldsymbol{L}_s$ 中有 $k\times6$ 个未知数。利用 N 次独立的相机运动，$N>6$，则可以通过求解下式估计出 $\boldsymbol{L}_s$

$$\boldsymbol{L}_s\boldsymbol{A}=\boldsymbol{B}$$

式中，$\boldsymbol{A}\in\mathbb{R}^{6\times N}$，$\boldsymbol{B}\in\mathbb{R}^{k\times N}$，其列来自于相机的一系列运动和对应的特征变化。当然，最小二乘法的解为

$$\hat{\boldsymbol{L}}_s=\boldsymbol{B}\boldsymbol{A}^{+} \tag{34.18}$$

基于神经网络的方法也已经被用于估计 $\boldsymbol{L}_s$[34.25,26]。直接估计出 $\boldsymbol{L}_s^{+}$ 的数值解也是可能的，这在实践中能提供更好的行为[34.27]。在此情况下，基本映射关系为

$$\boldsymbol{L}_s^{+}\Delta\boldsymbol{s}=\Delta\boldsymbol{v}_c$$

上式提供了 6 个方程。利用 N 次测量，$N>k$，则有

$$\boldsymbol{L}_s^{+}=\boldsymbol{A}\boldsymbol{B}^{+} \tag{34.19}$$

在式（34.18）的第一种情况下，$\boldsymbol{L}_s$ 的 6 列通过求解 6 个线性系统进行估计。而在式（34.19）的第二种情况下，$\boldsymbol{L}_s^{+}$ 的 k 列通过求解 k 个线性系统进行估计。这就是上述结果中的差别。

在线估计交互矩阵可以看作优化问题，许多研究者已经研究了一些源自优化的方法。这些方法将系统方程（34.2）进行离散化，并在每个阶段采用迭代更新方案优化 $\hat{\boldsymbol{L}}_s$ 的估计。参考文献［34.28, 29］给出的一种采用希罗伊登（Broyden）更新规则的在线迭代公式为

$$\hat{\boldsymbol{L}}_s(t+1)=\hat{\boldsymbol{L}}_s(t)+\frac{\alpha}{\Delta\boldsymbol{v}_c^{\mathrm{T}}\Delta\boldsymbol{v}_c}\left[\Delta\boldsymbol{x}-\hat{\boldsymbol{L}}_s(t)\Delta\boldsymbol{v}_c\right]\Delta\boldsymbol{v}_c^{\mathrm{T}}$$

式中，α 定义了更新速度。在参考文献［34.30］中，该方法已推广到运动目标的情形。

在控制方案中采用数值估计的主要优点是，避免了所有的建模和标定步骤。当所采用特征的交互矩阵不能得到解析解时，数值估计特别有用。例如，在参考文献［34.31］中，一幅图像的主成分分析的主特征值，被用于视觉伺服方案。这些方法的缺点是，不能从理论上进行稳定性和鲁棒性分析。

34.3 基于位置的视觉伺服

基于位置的控制方案[34.1,32,33]采用相机相对于某参考坐标系的位姿定义 $\boldsymbol{s}$。从一幅图像的一系列测量值中计算位姿，需要已知相机的内参数和被观测目标的三维模型。这一经典的计算机视觉问题称为三维定位问题。该问题超出本章的讨论范围，但在参考文献［34.34，35］中可以找到很多解决方法，其基本原理在第 32 章进行了回顾。

典型地，以代表相机位姿的参数形式定义 $\boldsymbol{s}$。注意，$\boldsymbol{s}$ 的定义式（34.1）中的参数 $\boldsymbol{a}$，现在是相机的内参数和目标的三维模型。

为方便起见，考虑 3 个坐标系：当前相机坐标系 F_c，期望相机坐标系 F_{c^*}，以及附着于目标的参考坐标系 F_o。此处，采用左上标符号代表一系列坐标所处的坐标系。于是，坐标向量 ${}^{c}\boldsymbol{t}_o$ 和 ${}^{c^*}\boldsymbol{t}_o$，分别代表在当前相机坐标系和期望相机坐标系下，目标坐标系原点的坐标。此外，以 $\boldsymbol{R}={}^{c^*}\boldsymbol{R}_c$ 作为旋转矩阵，表示当前相机坐标系相对于期望相机坐标系的姿态。

将 $\boldsymbol{s}$ 定义为 $(\boldsymbol{t},\theta\boldsymbol{u})$，其中，$\boldsymbol{t}$ 为平移向量，$\theta\boldsymbol{u}$ 为用于描述旋转的等效轴/角参数。现在讨论 $\boldsymbol{t}$ 的两

种选择，并给出相应的控制律。

如果 t 相对于目标坐标系 F_o 定义，则有 $s=({}^c t_o,\theta u)$，$s^*=({}^{c^*}t_o,0)$ 和 $e=({}^c t_o-{}^{c^*}t_o,\theta u)$。

在此情况下，关于 e 的交互矩阵为

$$L_e=\begin{pmatrix} I_3 & [{}^c t_o]_\times \\ 0 & L_{\theta u} \end{pmatrix} \tag{34.20}$$

式中，I_3 为3×3阶单位矩阵，$L_{\theta u}$ 由下式给出[34.36]

$$L_{\theta u}=I_3+\frac{\theta}{2}[u]_\times+\left(1-\frac{\operatorname{sinc}\theta}{\operatorname{sinc}^2(\theta/2)}\right)[u]_\times^2 \tag{34.21}$$

式中，sinc x 是定义为 $x\operatorname{sinc}x=\sin x$ 且 $\operatorname{sinc}0=1$ 的正弦基数。

遵循第34.1节的脉络，我们得到了如下控制方案

$$v_c=-\lambda\hat{L}_e^{-1}e$$

由于 s 的阶数 $k=6$，也就是相机自由度的数量。设定

$$\hat{L}_e^{-1}=\begin{pmatrix} -I_3 & [{}^c t_o]_\times L_{\theta u}^{-1} \\ 0 & L_{\theta u}^{-1} \end{pmatrix} \tag{34.22}$$

化简后，得

$$\begin{cases} v_c=-\lambda[{}^{c^*}t_o-{}^c t_o]+[{}^c t_o]_\times\theta u \\ \omega_c=-\lambda\theta u \end{cases} \tag{34.23}$$

式中，$L_{\theta u}$ 的取值使得 $L_{\theta u}^{-1}\theta u=\theta u$。

理想情况下，如果姿态参数估计准确，则 e 的行为将为期望行为（$\dot{e}=-\lambda e$）。e 的选择会引起跟随测地线的旋转运动以指数速度下降，会引起 s 中的平移参数以同样速度下降。这就解释了为什么图34.9中的相机速度分量以良好的指数规律下降。此外，目标坐标系原点在图像中的轨迹为一条直线（此处选择4个点的中心为原点）。另一方面，相机的轨迹不是沿着一条直线（VIDEO 62）。

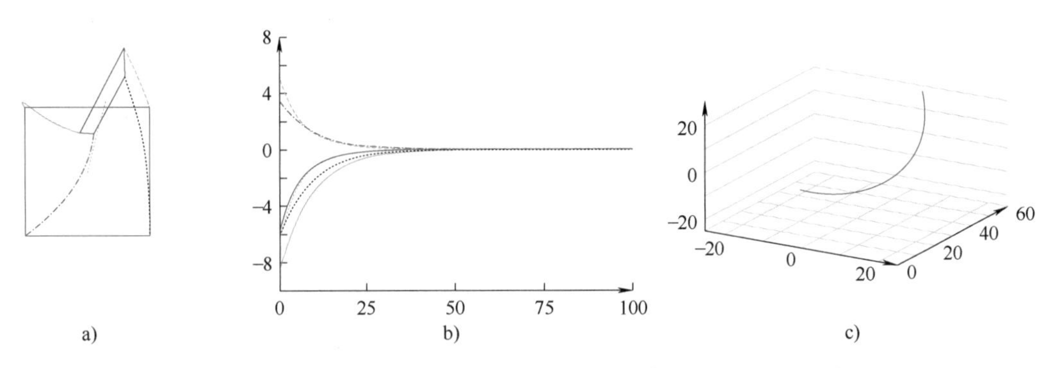

图34.9 采用 $s=({}^c t_o,\theta u)$ 的PBVS系统行为（参考图34.2a~c的描述）

另一种PBVS方案采用 $s=({}^{c^*}t_c,\theta u)$ 设计。在此情况下，有 $s^*=0$，$e=s$，且

$$L_e=\begin{pmatrix} R & 0 \\ 0 & L_{\theta u} \end{pmatrix} \tag{34.24}$$

注意到平移与旋转运动的解耦，这允许我们获得简单的控制方案为

$$\begin{cases} v_c=-\lambda R^{\mathrm{T}}\,{}^{c^*}t_c \\ \omega_c=-\lambda\theta u \end{cases} \tag{34.25}$$

在此情况下，如图34.10所示，如果式（34.25）中的姿态参数估计准确，则相机的轨迹为一条直线，而图像轨迹则不如以前令人满意（VIDEO 63）。甚至可以发现某些特殊的位形，使得某些点离开相机的视场。

PBVS的稳定性特性看起来很具有吸引力。因为当 $\theta\neq 2k\pi$，$\forall k\in Z^*$ 时，式（34.21）给出的 $L_{\theta u}$ 是非奇异的，在所有姿态参数是准确的这一强假设下，$L_e\hat{L}_e^{-1}=I_6$，所以由式（34.13）可以获得系统的全局渐近稳定。这对上述两种方法均成立，因为当 $L_{\theta u}$ 非奇异时，式（34.20）和式（34.24）给出的交互矩阵是满秩的。

关于鲁棒性，反馈是采用估计量计算的，而估计量是图像测量和系统标定参数的函数。对于34.3节中的第一种方法（第二种方法的分析类似），式（34.20）给出的交互矩阵对应于准确估计的姿态参数，而估计的姿态参数可能由于标定误差而偏离真实值，或者由于噪声而不精确或不稳定，所以真实值是未知的[34.13]。实际上，真正的正定条件应写为

$$L_{\hat{e}}\hat{L}_{\hat{e}}^{-1}>0 \tag{34.26}$$

式中，$\hat{L}_{\hat{e}}^{-1}$ 由式（34.22）给出，但 $L_{\hat{e}}$ 未知，且不能由式（34.20）给出。实际上，在图像中计算出的点的位置即使存在很小的误差，也会导致姿态误差，明显影响系统的精度和稳定性（图34.11）。

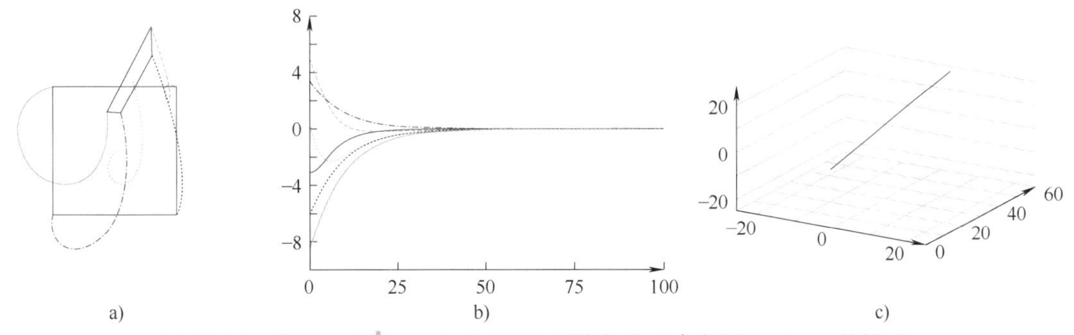

图 34.10 采用 $s=({}^{c^*}t_c,\theta u)$ 的 PBVS 系统行为（参考图 34.2a～c 的描述）

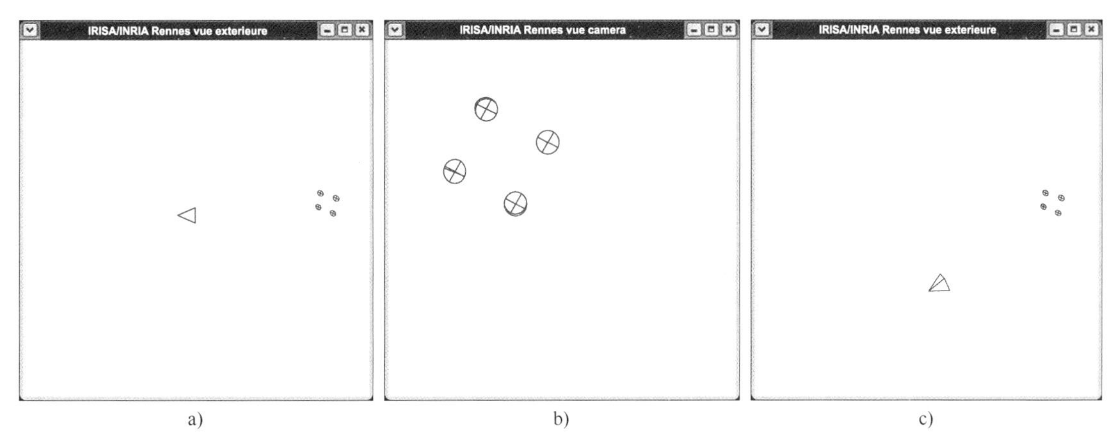

图 34.11 两种不同的相机位姿与四个共面点示意

a）相机位姿一 b）叠加的四个共面点 c）相机位姿二

34.4 先进方法

34.4.1 混合视觉伺服

假设我们已获得对 $\boldsymbol{\omega}_c$ 很好的控制律，例如在 PBVS 中使用的控制律［见式（34.23）或式（34.25）］，设

$$\boldsymbol{\omega}_c=-\lambda\theta\boldsymbol{u} \tag{34.27}$$

我们如何将其与传统的 IBVS 结合使用？

考虑用于控制平移自由度的特征向量 $\boldsymbol{s}_t$ 和误差 $\boldsymbol{e}_t$，我们可以将交互矩阵分块如下

$$\begin{aligned}\dot{\boldsymbol{s}}_t&=\boldsymbol{L}_{s_t}\boldsymbol{v}_c\\&=(\boldsymbol{L}_v\quad\boldsymbol{L}_\omega)\begin{pmatrix}\boldsymbol{v}_c\\\boldsymbol{\omega}_c\end{pmatrix}\\&=\boldsymbol{L}_v\boldsymbol{v}_c+\boldsymbol{L}_\omega\boldsymbol{\omega}_c\end{aligned}$$

现在，设定 $\dot{\boldsymbol{e}}_t=-\lambda\boldsymbol{e}_t$，可以求解出期望的平移控制输入为

$$\begin{aligned}-\lambda\boldsymbol{e}_t=\dot{\boldsymbol{e}}_t=\dot{\boldsymbol{s}}_t=\boldsymbol{L}_v\boldsymbol{v}_c+\boldsymbol{L}_\omega\boldsymbol{\omega}_c\\\Rightarrow\boldsymbol{v}_c=-\boldsymbol{L}_v^+(\lambda\boldsymbol{e}_t+\boldsymbol{L}_\omega\boldsymbol{\omega}_c)\end{aligned} \tag{34.28}$$

我们可以将（$\lambda\boldsymbol{e}_t+\boldsymbol{L}_\omega\boldsymbol{\omega}_c$）作为误差修正项，它结合了初始误差和由旋转运动 $\boldsymbol{\omega}_c$ 引起的误差。平移控制输入 $\boldsymbol{v}_c=-\boldsymbol{L}_v^+(\lambda\boldsymbol{e}_t+\boldsymbol{L}_\omega\boldsymbol{\omega}_c)$ 将使该误差趋近于 0。该方法称为二维半视觉伺服[34.36]，首次探索了结合 IBVS 和 PBVS 的一种分块。更确切地说，在参考文献［34.36］中，$\boldsymbol{s}_t$ 选取图像点的坐标及其深度的对数，这样，$\boldsymbol{L}_v$是一个可逆的三角矩阵。更确切地说，我们有 $\boldsymbol{s}_t=(\boldsymbol{x},\log Z)$，$\boldsymbol{s}_t^*=(\boldsymbol{x}^*,\log Z^*)$，$\boldsymbol{e}_t=(\boldsymbol{x}-\boldsymbol{x}^*,\log\rho_Z)$，其中 $\rho_Z=Z/Z^*$，且

$$\boldsymbol{L}_v=\frac{1}{\rho_Z Z^*}\begin{pmatrix}-1&0&x\\0&-1&y\\0&0&-1\end{pmatrix}$$

$$\boldsymbol{L}_\omega=\begin{pmatrix}xy&-(1+x^2)&y\\1+y^2&-xy&-x\\-y&x&0\end{pmatrix}$$

注意，比率 ρ_Z 能够从局部姿态估计算法中直接获得，相关算法将在 34.6 节介绍。

34

如果我们回到视觉伺服方案的常用全局表示，则有 $\boldsymbol{e}=(\boldsymbol{e}_t,\theta\boldsymbol{u})$，$\boldsymbol{L}_e$为

$$\boldsymbol{L}_e=\begin{pmatrix}\boldsymbol{L}_v & \boldsymbol{L}_\omega\\ \boldsymbol{0} & \boldsymbol{L}_{\theta u}\end{pmatrix}$$

应用式（34.5），可以立即从上式得到控制律公式（34.27）和式（34.28）。

采用上述 $\boldsymbol{s}_t$ 获得的行为如图 34.12 及 VIDEO 64 所示。此处，$\boldsymbol{s}_t$ 中的点为目标的重心 $\boldsymbol{x}_g$。我们注意到，该点的图像轨迹正如期望的那样，是一条直线，而且相机的速度分量下降良好，这使得该方案非常接近 PBVS 的第一种方案。

关于稳定性，很明显该方案在理想的条件下是全局渐近稳定的。此外，得益于交互矩阵 $\boldsymbol{L}_e$的三角形式，采用第 34.6 节介绍的局部姿态估计算法[34.37]，能够分析该方案在存在标定误差时的稳定性。最后，该方案中唯一未知的定常参数 Z^*，可以采用自适应技术在线估计[34.38]。

也可以设计其他的混合方案。例如，在参考文献［34.39］中，$\boldsymbol{s}_t$ 的第三个元素是不同的，其选择使得所有目标点尽可能保留在相机的视场中。参考文献［34.40］给出了另一个例子。在该例中，$\boldsymbol{s}$ 选作 $\boldsymbol{s}=({}^{c^*}\boldsymbol{t}_c,\boldsymbol{x}_g,\theta u_z)$，以提供如下形式的分块三角交互矩阵：

$$\boldsymbol{L}_e=\begin{pmatrix}\boldsymbol{R} & \boldsymbol{0}\\ \boldsymbol{L}_v' & \boldsymbol{L}_\omega'\end{pmatrix}$$

式中，$\boldsymbol{L}_v'$ 和 $\boldsymbol{L}_\omega'$ 很容易计算。在理想的条件下，该方案的行为如下：相机的轨迹是一条直线（因为${}^{c^*}\boldsymbol{t}_c$ 是 $\boldsymbol{s}$ 的一部分），目标重心的图像轨迹也是一条直线（因为 $\boldsymbol{x}_g$也是 $\boldsymbol{s}$ 的一部分）。平移相机自由度用于实现三维直线，而旋转相机自由度用于实现二维直线，并补偿由于平移运动引起的 $\boldsymbol{x}_g$ 的二维运动。如图 34.13 及 VIDEO 65 所示，该方案实际上相当令人满意。

最后，以不同的方法结合二维和三维是可能的。例如，在参考文献［34.41］中，提出了在 s 中采用一系列图像点的二维齐次像素坐标乘以对应的深度：$\boldsymbol{s}=(u_1Z_1,v_1Z_1,Z_1,\cdots,u_nZ_n,v_nZ_n,Z_n)$。对于经典的 IBVS，在此情况下我们获得一系列冗余特征，因为至少需要 3 个点以控制相机的 6 个自由度（此处 $k\geqslant 9$）。然而，在参考文献［34.42］中已证实，选择冗余特征与有吸引力的局部极小没有关系。

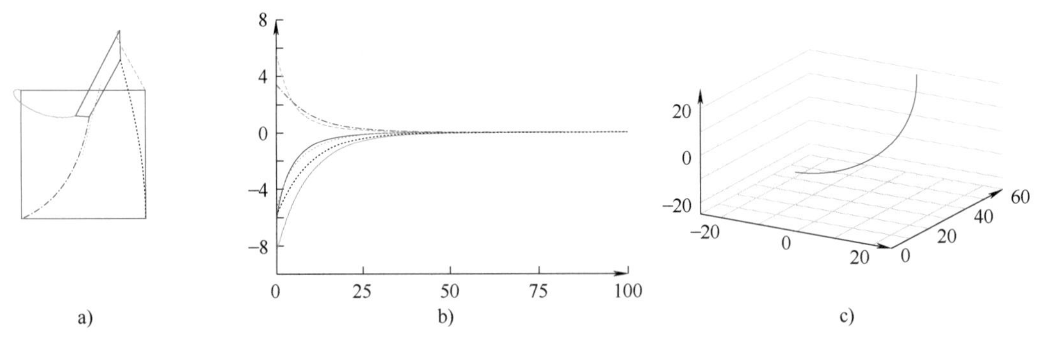

图 34.12 采用 $\boldsymbol{s}=(\boldsymbol{x}_g,\log(Z_g),\theta\boldsymbol{u})$ 的系统行为（参考图 34.2a~c 的描述）

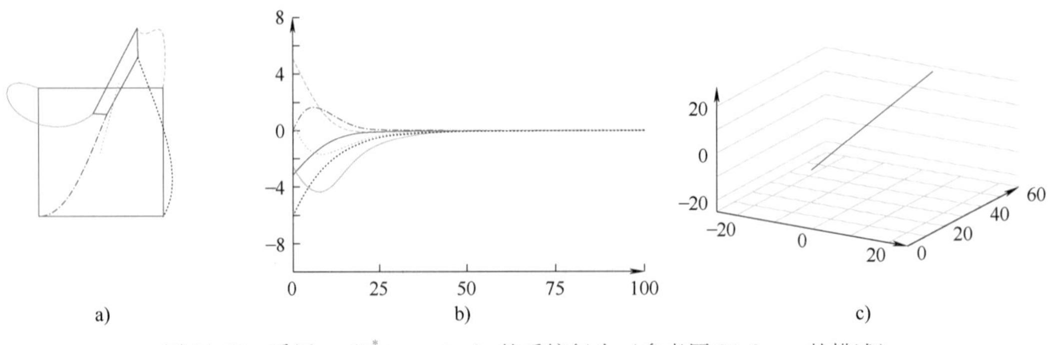

图 34.13 采用 $\boldsymbol{s}=({}^{c^*}\boldsymbol{t}_c,\boldsymbol{x}_g,\theta\boldsymbol{u}_z)$ 的系统行为（参考图 34.2a~c 的描述）

34.4.2 分块视觉伺服

上面介绍的混合视觉伺服方案，通过选择适当的视觉特征，部分为二维，部分为三维（这也是它们为何被称为二维半视觉伺服的原因），将旋转运动从平移运动中解耦出来。该工作激发了一些研究者，去寻找能够展现出类似解耦特性的特征，但采用仅仅直接表达于图像中的特征。更确切地说，该目标是寻找 6 个特征，每个特征只与 1 个自由度相关（在此情况下，交互矩阵是对角矩阵）。最高目标是寻找一个元素为常数的对角交互矩阵，并尽可能接近单位矩阵，从而导致一个纯粹的、直接的、简单的线性控制问题。

在该领域中的第一项工作是将交互矩阵分块，以隔离与光轴相关的运动[34.12]。实际上，无论如何选择 $\boldsymbol{s}$，我们都有

$$\begin{aligned}\dot{\boldsymbol{s}} &= \boldsymbol{L}_s\boldsymbol{v}_c\\ &= \boldsymbol{L}_{xy}\boldsymbol{v}_{xy}+\boldsymbol{L}_z\boldsymbol{v}_z\\ &= \dot{\boldsymbol{s}}_{xy}+\dot{\boldsymbol{s}}_z\end{aligned}$$

式中，$\boldsymbol{L}_{xy}$包含了$\boldsymbol{L}_s$的第一、第二、第四和第五列；$\boldsymbol{L}_z$ 包含了 $\boldsymbol{L}_s$ 的第三和第六列。类似地，$\boldsymbol{v}_{xy}=(v_x, v_y, \omega_x, \omega_y)$，$\boldsymbol{v}_z=(v_z, \omega_z)$。此处，$\dot{\boldsymbol{s}}_z=\boldsymbol{L}_z\boldsymbol{v}_z$ 给出的是由于相机沿着和绕着光轴运动产生的 $\dot{\boldsymbol{s}}$ 的分量，$\dot{\boldsymbol{s}}_{xy}=\boldsymbol{L}_{xy}\boldsymbol{v}_{xy}$ 给出的是由于沿着和绕着相机的 x 轴和 y 轴运动产生的 $\dot{\boldsymbol{s}}$ 的分量。

如上，通过设置 $\dot{\boldsymbol{e}}=-\lambda\boldsymbol{e}$，可得

$$-\lambda\boldsymbol{e}=\dot{\boldsymbol{e}}=\dot{\boldsymbol{s}}=\boldsymbol{L}_{xy}\boldsymbol{v}_{xy}+\boldsymbol{L}_z\boldsymbol{v}_z$$

从而导致

$$\boldsymbol{v}_{xy}=-\boldsymbol{L}_{xy}^{+}[\lambda\boldsymbol{e}(t)+\boldsymbol{L}_z\boldsymbol{v}_z]$$

与前面一样，我们可将 $[\lambda\boldsymbol{e}(t)+\boldsymbol{L}_z\boldsymbol{v}_z]$ 看作是修正误差，它结合了初始误差和由 $\boldsymbol{v}_z$ 引起的误差。

给出该结果后，剩下的问题就是选择 $\boldsymbol{s}$ 和 $\boldsymbol{v}_z$。与基本的 IBVS 一样，一系列图像点的坐标可用于 $\boldsymbol{s}$。同时，定义了两个新的图像特征以确定 $\boldsymbol{v}_z$。

1）定义 α 为图像平面的水平轴与连接两个特征点的线段之间的夹角，$0\leqslant\alpha<2\pi$。显然，α 与绕光轴的旋转密切相关。

2）定义 σ^2 为这些点构成的多边形的面积。类似地，σ^2 与沿光轴的平移密切相关。

采用这些特征，$\boldsymbol{v}_z$ 在参考文献［34.12］被定义为

$$\begin{cases}v_z=\lambda_{v_z}\ln\dfrac{\sigma^*}{\sigma}\\ \omega_z=\lambda_{\omega_z}(\alpha^*-\alpha)\end{cases}$$

34

34.5 性能优化与规划

在某种意义上，分块方法表现了对优化系统性能的一种努力，该方法通过将独有的特征和控制器配置到各个自由度以实现优化。这样，在将控制器分配到具体自由度时，设计者需要完成一种离线优化。明确地设计控制器以优化各种系统性能也是可能的。我们在本节中介绍几种这类方法。

34.5.1 优化控制与冗余框架

这种方法的一个例子见参考文献［34.43］和参考文献［34.44］，其中线性二次高斯（Linear quadratic Gaussian，LQG）控制器设计用于选择最小化状态与输入线性组合的增益。该方法直接平衡了跟踪误差（因为控制器试图使 $\boldsymbol{s}-\boldsymbol{s}^*$ 为 0）和机器人运动之间的交替关系。参考文献［34.45］中提出了一种类似的方法，那就是在定位任务中同时考虑避免关节限位。

也可以规定最优性判据，以明确表示机器人的运动在图像中的观测值。例如，交互矩阵的奇异值分解给出了哪些自由度是最明显的，从而也是最容易控制的；交互矩阵的条件数给出了运动可视性的一种全局性测量。该概念在参考文献［34.46］中称为可解性，在参考文献［34.47］中称为可感知性。通过选择特征并设计控制器，使针对某些特定的自由度或者全局的这些测量最大化，可以改善视觉伺服系统的性能。

采用优化控制方法设计控制方案所考虑的约束，在某些情况下可能是相反的，由于在被最小化的目标函数中的局部极小值，会导致系统失效。例如，可能会发生这样的情况，从机器人关节限位离开的运动恰好与趋近目标位姿的运动相反，从而导致一个零全局运动。为了避免这一潜在问题，可以采用梯度投影法，这在机器人学中是一种经典方法。在参考文献［34.3，19］中，已经将该方法用于视觉伺服。该方法将次要约束 $\boldsymbol{e}_s$ 投影到基于视觉的任务 $\boldsymbol{e}$ 的零空间，从而使它们对于 $\boldsymbol{e}$ 到 0 的调节没有影响。

$$\boldsymbol{e}_g=\hat{\boldsymbol{L}}_e^{+}\boldsymbol{e}+\boldsymbol{P}_e\boldsymbol{e}_s$$

式中，$\boldsymbol{e}_g$ 是要考虑的全局新任务，且 $\boldsymbol{P}_e=(\boldsymbol{I}_6-\hat{\boldsymbol{L}}_e^{+}\hat{\boldsymbol{L}}_e)$ 使得 $\hat{\boldsymbol{L}}_e\boldsymbol{P}_e\boldsymbol{e}_s=0$，$\forall\,\boldsymbol{e}_s$。

在参考文献［34.48］中，采用该方法避免机器人关节的限位。然而，当基于视觉的任务约束相机的所有自由度时，不能考虑次要约束，因为当$\hat{\boldsymbol{L}}_e$具有满秩6时，有$\boldsymbol{P}_e\boldsymbol{e}_s=0$，$\forall \boldsymbol{e}_s$。在此情况下，有必要在全局目标函数（如导航函数）中加入约束，以便能够避免局部极小[34.49,50]。

34.5.2 开关方案

前面描述的分块方法，试图通过将独立的控制器配置到特定的自由度以优化性能。另一种方法是采用多控制器来优化性能，即设计开关方案，在任一时刻基于优化判据选用相应的控制器。

一种简单的开关控制器，可以采用IBVS和PBVS控制器来设计[34.51]。对于PBVS控制器，考虑其李雅普诺夫函数$L_P=\frac{1}{2}\|\boldsymbol{e}_P(t)\|^2$，其中$\boldsymbol{e}_P(t)=({}^c\boldsymbol{t}_o-{}^{c^*}\boldsymbol{t}_o,\theta\boldsymbol{u})$。如果在任意时刻李雅普诺夫函数的值超过阈值$\gamma_P$，则系统切换到PBVS控制器。当采用PBVS控制器时，在任意时刻李雅普诺夫函数的值超过阈值$L_I=\frac{1}{2}\|\boldsymbol{e}_I(t)\|^2>\gamma_I$，则系统切换到IBVS控制器。采用该方案，当对于特定控制器的李雅普诺夫函数超过某一阈值时，该控制器被调用，并用于降低相应的李雅普诺夫函数的值。如果开关阈值选择的合适，则系统能够利用IBVS和PBVS各自的优势，并避免IBVS和PBVS各自的不足。

34

图34.14给出了一个绕光轴旋转160°的此类系统的例子。注意，系统首先以IBVS模式开始，其图像特征开始以指向图像中目标位置的直线方向运动。但是，随着相机的后退，该系统切换到PBVS，允许相机结合绕光轴的旋转运动和向前的平移运动到达其期望位置，在图像中产生圆弧轨迹。

特征轨迹（初始点位置为蓝色，期望点位置为红色）还有其他一些时间开关方案的例子，以保证被观测目标的可见性，例如参考文献［34.52］中的方案。

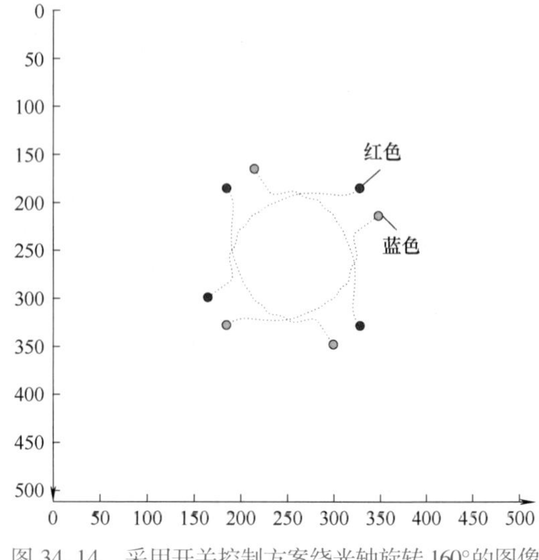

图34.14 采用开关控制方案绕光轴旋转160°的图像

34.5.3 特征轨迹规划

也可以在规划阶段，离线处理优化问题。在此情况下，可以同时考虑几个约束，例如避障[34.53]，关节限位和避碰，保证目标的可视性[34.54]。保证满足约束并允许相机到达期望位姿的特征轨迹$\boldsymbol{s}^*(t)$，可采用路径规划技术确定，例如众所周知的势场法[34.54]或线性矩阵不等式优化法[34.55]。

路径规划与轨迹跟踪的结合，使得视觉伺服对于建模误差的鲁棒性得到极大的改善。事实上，当误差$\boldsymbol{s}-\boldsymbol{s}^*$较大时，建模误差会有很大影响；当误差$\boldsymbol{s}-\boldsymbol{s}^*$较小时，建模误差的影响较小。一旦符合$\boldsymbol{s}^*(0)=\boldsymbol{s}(0)$的期望特征轨迹$\boldsymbol{s}^*(t)$在规划阶段完成设计，在考虑到$\boldsymbol{s}^*$是变化的，并且使误差$\boldsymbol{s}-\boldsymbol{s}^*$保持较小的情况下，很容易修改控制方案。更确切地说，我们有

$$\dot{\boldsymbol{e}}=\dot{\boldsymbol{s}}-\dot{\boldsymbol{s}}^*=\boldsymbol{L}_e\boldsymbol{v}_c-\dot{\boldsymbol{s}}^*$$

通过选择常用期望行为$\dot{\boldsymbol{e}}=-\lambda\boldsymbol{e}$，由上式可以推导出

$$\boldsymbol{v}_c=-\lambda\hat{\boldsymbol{L}}_e^+\boldsymbol{e}+\hat{\boldsymbol{L}}_e^+\dot{\boldsymbol{s}}^*$$

该控制律的第二项引入了期望值$\boldsymbol{s}^*$的变化率，以消除由其引起的跟踪误差。在第34.8节我们将会看到，当跟踪运动目标时，其控制律的形式是相似的。

34.6 三维参数估计

上面介绍的所有控制方案都用到三维参数，而三维参数在视觉测量中不是直接可用的。我们简要回顾一下，对于IBVS，目标相对于相机的范围体现在交互矩阵与平移自由度相关的系数中。值得注意的是，基于数值估计$\boldsymbol{L}_e$或$\boldsymbol{L}_e^+$的方案是个例外（参见第34.2.8节）。

另一个例外是采用常数矩阵的IBVS方案，它仅需要期望位姿的深度，而该深度在实际中不难获得。对于PBVS和在$\boldsymbol{e}$中结合二维与三维数据的混合方案，三维参数既出现在要调整到0的误差$\boldsymbol{e}$

中，又出现在交互矩阵中。涉及三维参数的正确估计，对于 IBVS 非常重要，因为它们对相机在任务执行过程中的运动具有影响［它们体现在稳定条件式（34.13）和式（34.14）中］。三维参数的正确估计，对于 PBVS 和混合方案是至关重要的，因为它们对于收敛后达到的位姿具有影响。

如果使用校准好的立体视觉系统，所有三维参数都可以通过三角测量轻松确定，如第 34.2.5 节和第 32 章所述。类似地，如果已知对象的三维模型，则可以通过位姿估计算法计算所有三维参数。然而，由于图像噪声，这种估计可能非常不稳定（第 34.3 节）。如前所述，IBVS 不需要完整的位姿估计，只需要对象相对于相机的范围。当 $\boldsymbol{s}$ 中涉及图像点时，范围表示为相应世界点的标量深度 Z 或距离 R，其出现在交互矩阵式（34.12）、式（34.16）和式（34.17）中。这可以被视为一个参数估计问题，也就是说，根据交互矩阵分析形式的知识以及相机运动和视觉特征位置和速度的测量来估计三维参数[34.56-58]。

还可以通过使用极线几何来估计三维参数，极线几何将从不同视点观察到的同一场景的图像关联起来。实际上，在视觉伺服中，通常有两种图像可用：当前图像和所需图像。给定在当前图像和期望图像中的图像测量的一系列匹配，如果相机已经进行了标定，则基本矩阵或者本质矩阵可以计算出来[34.6]，进而用于视觉伺服[34.59]。实际上，从本质矩阵中，可以估计出带比例因子的旋转矩阵和平移向量。但是，在接近视觉伺服收敛点时，即在当前图像和期望图像很相似时，极线几何变成退化的，不能准确估计两个视点之间的位姿偏差。由于这一原因，采用单应性更受青睐。

以 $\boldsymbol{x}_i$ 和 $\boldsymbol{x}_i^*$ 分别代表一个点在当前图像和期望图像中的齐次图像坐标。$\boldsymbol{x}_i$ 和 $\boldsymbol{x}_i^*$ 的关系表示为

$$\boldsymbol{x}_i=\boldsymbol{H}_i\boldsymbol{x}_i^*$$

式中，$\boldsymbol{H}_i$ 为单应性矩阵。

如果所有的特征点在一个三维平面内，则存在一个单应性矩阵 $\boldsymbol{H}$，使得 $\boldsymbol{x}_i=\boldsymbol{H}\boldsymbol{x}_i^*$ 对所有的 i 成立。该单应性可采用期望图像和当前图像中的 4 个匹配点的位置进行估计。如果不是所有的特征点都属于同一个三维平面，则可利用 3 个点定义一个这样的平面，需要 5 个附加点来估计 $\boldsymbol{H}$[34.60]。

一旦获得 $\boldsymbol{H}$，则可将其分解为

$$\boldsymbol{H}=\boldsymbol{R}+\frac{\boldsymbol{t}}{d^*}\boldsymbol{n}^{*\mathrm{T}} \tag{34.29}$$

式中，$\boldsymbol{R}$ 是与当前和期望相机坐标系的姿态相关的旋转矩阵；$\boldsymbol{n}^*$ 是选择的三维平面在期望坐标系中的法向量；d^* 是期望坐标系到三维平面的距离；$\boldsymbol{t}$ 是当前和期望坐标系之间的平移。从 $\boldsymbol{H}$ 中，有可能恢复出 $\boldsymbol{R}$、$\boldsymbol{t}/d^*$ 和 $\boldsymbol{n}$。事实上，这些变量存在两组解[34.61]，但利用期望位姿的某些知识很容易选择出正确解。也可以估计出任意目标点带有公共比例因子的深度[34.54]。在经典的 IBVS 中每个点的未知深度，可以表示为单一常数的函数。类似地，PBVS 需要的位姿参数也可以恢复，但在其平移项中带有比例因子。因此，前述 PBVS 方案可以采用这种方法，将其新的误差定义为带比例因子的平移误差和旋转的角/轴参数化误差。最后，该方法已用于第 34.4.1 节介绍的混合视觉伺服方案。在此情况下，采用这种单应性估计，有望分析混合视觉伺服方案在存在标定误差时的稳定性[34.62]。最后，也可以在控制方案中直接使用单应性，从而避免将其分解为部分位姿[34.62]。

34.7 确定 s^* 和匹配问题

所有视觉伺服方法都需要了解所需的特征值，这些特征值隐含地定义了所需相机或机器人相对于目标的姿态约束。具体有三种常见的方法：第一种方法是将任务直接指定为要达到的某些特性的期望值。例如，当目标必须在图像中居中时，就是这种情况。当任务被指定为要达到的特定位姿并且选择了 PBVS 时，也会出现这种情况。但是，在这种情况下，只有在完全校准摄影机的情况下，摄影机才会达到其所需的位姿。事实上，粗略的相机校准会导致位姿的偏差估计，这将使最终位姿与所需位姿不同。

对于 IBVS 和混合方案，第二种方法是使用对象和相机投影模型的知识来计算所需相对位姿的 $\boldsymbol{s}$。同样，系统的精度直接取决于相机的校准，因为计算 $\boldsymbol{s}^*$ 涉及相机的固有参数。

最后，第三种方法是当相机或机器人相对于目标具有所需位姿时，简单地记录特征值 $\boldsymbol{s}^*$。这通常在离线教学步骤中完成。当在实际应用时，这种方法非常有效，因为定位精度不再依赖于相机校准。对于 PBVS 来说，这仍然是正确的，因为即使根据所需图像估计的位姿由于校准误差而有偏差，一旦机器人会聚，相同的偏差位姿也将被估计，以便相机获取的最终图像将是所需的。

到目前为止，我们还没有讨论视觉伺服方法中涉及的匹配问题。两种情况可根据 s 成分的性质进行区分。当 s 的某些组件来自位姿估计时，需要将图像中的测量值（通常是一些图像点）与对象的模型（通常是一些世界点）相匹配。不正确的关联将导致对位姿的错误估计。在所有其他情况下，计算式（34.1）中定义的误差向量 e 需要在当前图像中的测量值 $m(t)$ 和期望图像中的测量值 m^* 之间进行匹配。例如，在上述所有 IBVS 示例中，相机观察四个图像点，我们需要确定四个期望点中的哪一个与每个观测点关联，以便视觉特征 s 与其期望值 s^* 正确关联。不正确的关联将导致不正确的最终相机位姿，并可能产生无法从任何真实相机位姿实现的配置。如果我们想使用极线几何或估计单应性矩阵，则需要类似的匹配过程（见第34.6节）。

这种匹配过程是一个经典的计算机视觉问题。请注意，对于第一张图像来说可能特别困难，尤其是当要实现的机器人位移较大时，这通常意味着初始图像和所需图像之间存在较大差异。一旦对第一幅图像正确进行了关联，匹配将大大简化，因为它将转换为视觉跟踪问题。在该问题中，为前一幅图像获得的结果可以用作当前图像的初始化。

34.8 目标跟踪

现在，我们考虑运动目标的情况。此时，固定的期望特征值 s^* 被泛化为变化的期望特征 $s^*(t)$。其误差的时间变化为

$$\dot{e} = L_e v_c + \frac{\partial e}{\partial t} \tag{34.30}$$

式中，$\partial e/\partial t$ 项表示由于未知的目标运动引起的 e 的时变。如果控制律仍然设计为试图保证 e 呈指数解耦下降（$\dot{e}=-\lambda e$），则由式（34.30）有

$$v_c = -\lambda \hat{L}_e^+ e - \hat{L}_e^+ \frac{\partial \hat{e}}{\partial t} \tag{34.31}$$

式中，$\partial \hat{e}/\partial t$ 是 $\partial e/\partial t$ 的估计或近似。该项必须引入控制律，以补偿目标的运动。

将回路闭环，即将式（34.31）代入式（34.30），有

$$\dot{e} = -\lambda L_e \hat{L}_e^+ e - L_e \hat{L}_e^+ \frac{\partial \hat{e}}{\partial t} + \frac{\partial e}{\partial t} \tag{34.32}$$

即使 $L_e \hat{L}_e^+ > 0$，也只有当 $\partial \hat{e}/\partial t$ 的估计值充分准确到使式（34.33）成立时，误差才收敛到0。

$$L_e \hat{L}_e^+ \frac{\partial \hat{e}}{\partial t} = \frac{\partial e}{\partial t} \tag{34.33}$$

否则，会有跟踪误差。实际上，仅通过求解式（34.32）化简后的标量微分方程 $\dot{e}=-\lambda e+b$，可以获得 $e(t)=e(0)e^{-\lambda t}+b/\lambda$，收敛于 b/λ。一方面，设定高的增益 λ 会降低跟踪误差。但另一方面，增益太高会导致系统不稳定。因此，需要使 b 尽可能小。

当然，如果已知系统 $\partial e/\partial t=0$（即相机观测不运动的目标，见第34.1节），则采用 $\partial \hat{e}/\partial t=0$ 给出的最简单的估计也不会出现跟踪误差。否则，可采用自动控制中消除跟踪误差的经典方法，即通过在控制律中的积分项补偿目标的运动。在此情况下，有

$$\frac{\partial \hat{e}}{\partial t} = \mu \sum_j e(j)$$

式中，μ 是积分增益，必须被调整。只有当目标以恒速运动时，该方案才能消除跟踪误差。其他方法，例如基于前馈控制的方法，当相机速度可用时，通过图像测量和相机速度直接估计 $\partial \hat{e}/\partial t$。实际上，由式（34.30）有

$$\frac{\partial \hat{e}}{\partial t} = \hat{\dot{e}} - \hat{L}_e \hat{v}_c$$

式中，$\hat{\dot{e}}$ 可以获得，如 $\hat{\dot{e}}(t)=[e(t)-e(t-\Delta t)]/\Delta t$，$\Delta t$ 为控制周期。卡尔曼滤波器[34.63]或者更加精细的滤波方法[34.64]可用于改善获得的估计值。如果关于目标速度或者目标轨迹的知识是已知的，则这些知识完全可以用于平滑或者预测该运动[34.65-67]。例如，在参考文献[34.68]中，视觉伺服在医疗机器人中得到了应用，对心脏与呼吸的周期性运动进行了补偿。

最后，还有一些其他方法已经被研发出来，用于尽可能快地消除目标运动引起的扰动[34.43]，例如采用预测控制器[34.69]。

34.9 关节空间控制的 Eye-in-Hand 和 Eye-to-Hand 系统

在前面的小节中，我们考虑以相机速度的6个分量作为机器人控制器的输入。一旦机器人不能实现该运动，例如，因为机器人少于6个自由度，则控制方案必须在关节空间中表示。本节中，我们将

介绍如何实现上述控制，并在此过程中导出 Eye-to-Hand 系统的公式。

在关节空间中，Eye-to-Hand 和 Eye-in-Hand 配置的系统方程具有相同形式，即

$$\dot{\boldsymbol{s}}=\boldsymbol{J}_s\dot{\boldsymbol{q}}+\frac{\partial \boldsymbol{s}}{\partial t} \tag{34.34}$$

式中，$\boldsymbol{J}_s \in \mathbb{R}^{k\times n}$ 是特征雅可比矩阵，可以建立与交互矩阵之间的联系，n 是机器人的关节数量。

对于 Eye-in-Hand 系统（图 34.15a），$\partial \boldsymbol{s}/\partial t$ 是由于潜在的目标运动引起的 $\boldsymbol{s}$ 的时变，$\boldsymbol{J}_s$ 给出如下

$$\boldsymbol{J}_s=\boldsymbol{L}_s{}^c\boldsymbol{X}_N\boldsymbol{J}(\boldsymbol{q}) \tag{34.35}$$

对式（34.35）的说明如下：

1）${}^c\boldsymbol{X}_N$ 是从视觉传感器坐标系到末端坐标系的空间运动变换矩阵（定义见第 1 卷第 2 章，以及本章式（34.15）），它通常是一个常值阵（只要视觉传感器固定于机器人末端）。得益于闭环控制方案的鲁棒性，该变换矩阵的粗略近似对于视觉伺服已经足够了。如果需要，通过经典的手眼标定方法[34.70]也能够获得其精确估计。

2）$\boldsymbol{J}(\boldsymbol{q})$ 是末端坐标系中机器人的雅可比矩阵（其定义见第 1 卷第 2 章）。

对于 Eye-to-Hand 系统（图 34.15b），$\partial \boldsymbol{s}/\partial t$ 是由于潜在的视觉传感器运动引起的 $\boldsymbol{s}$ 的时变，$\boldsymbol{J}_s$ 可表示为

$$\boldsymbol{J}_s=-\boldsymbol{L}_s{}^c\boldsymbol{X}_N{}^N\boldsymbol{J}(\boldsymbol{q}) \tag{34.36}$$

$$=-\boldsymbol{L}_s{}^c\boldsymbol{X}_0{}^0\boldsymbol{J}(\boldsymbol{q}) \tag{34.37}$$

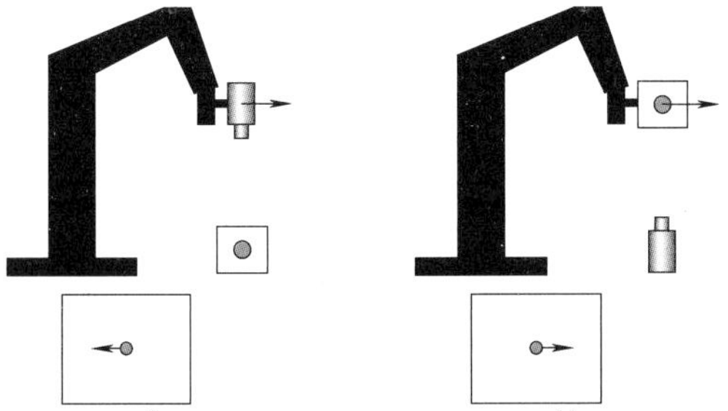

a) b)

图 34.15 系统示意图（上图）和同样的机器人运动引起的相对图像运动（下图）
a）Eye-in-Hand 系统 b）Eye-to-Hand 系统

在式（34.36）中，采用表示于末端坐标系的经典的机器人雅可比矩阵${}^N\boldsymbol{J}(\boldsymbol{q})$，但从视觉传感器坐标系到末端坐标系的空间运动变换矩阵${}^c\boldsymbol{X}_N$ 会随着伺服而变化，在控制方案的每次迭代中均需要估计，通常采用位姿估计方法进行估计。

在式（34.37）中，机器人雅可比矩阵${}^0\boldsymbol{J}(\boldsymbol{q})$表示于机器人参考坐标系中。只要相机不运动，从视觉传感器坐标系到该参考坐标系的空间运动变换矩阵${}^c\boldsymbol{X}_0$ 是常数。在此情况下便于实践，而且${}^c\boldsymbol{X}_0$的粗略近似对于视觉伺服已经足够了。

一旦完成建模，很容易遵循上述采用的过程设计关节空间的控制方案，确定保证控制方案稳定的充分条件。再次考虑误差 $\boldsymbol{e}=\boldsymbol{s}-\boldsymbol{s}^*$，误差 $\boldsymbol{e}$ 呈指数解耦下降，则有

$$\dot{\boldsymbol{q}}=-\lambda\hat{\boldsymbol{J}}_e^+\boldsymbol{e}-\lambda\hat{\boldsymbol{J}}_e^+\frac{\partial\hat{\boldsymbol{e}}}{\partial t} \tag{34.38}$$

如果 $k=n$，考虑如 34.1 节中的李亚普诺夫函数 $L=\frac{1}{2}\|\boldsymbol{e}(t)\|^2$，则保证全局渐近稳定的一个充分条件为

$$\boldsymbol{J}_e\hat{\boldsymbol{J}}_e^+>0 \tag{34.39}$$

如果 $k>n$，我们可获得类似于第 34.1 节中的

$$\hat{\boldsymbol{J}}_e^+\boldsymbol{J}_e>0 \tag{34.40}$$

以保证系统的局部渐近稳定。注意，实际的相机外参数出现在 $\boldsymbol{J}_e$ 中，而估计值用于 $\hat{\boldsymbol{J}}_e^+$。因此，有可能分析控制方案关于相机外参数的鲁棒性。采用第 34.2.8 节介绍的方法，也有可能直接估计 $\boldsymbol{J}_e$ 或 $\hat{\boldsymbol{J}}_e^+$ 的数值解。

为消除跟踪误差，我们需要保证

$$\boldsymbol{J}_e\hat{\boldsymbol{J}}_e^+\frac{\partial\hat{\boldsymbol{e}}}{\partial t}=\frac{\partial\boldsymbol{e}}{\partial t}$$

最后，需要注意，即使机器人具有 6 个自由度，用式（34.38）直接计算 $\dot{\boldsymbol{q}}$ 通常也不等价于先用式（34.5）计算 $\boldsymbol{v}_c$ 再用机器人的逆雅可比导出 $\dot{\boldsymbol{q}}$。实际上，有可能发生这样的情况，即机器人的雅可比矩阵 $\boldsymbol{J}(\boldsymbol{q})$ 是奇异的，但特征雅可比矩阵 $\boldsymbol{J}_s$ 非奇异（当 $k<n$ 时可能发生）。此外，伪逆的特性保证了，采用式（34.5）时 $\boldsymbol{v}_c$ 极小，采用式（34.38）时 $\|\dot{\boldsymbol{q}}\|$ 极小。一旦 $\boldsymbol{J}_e^+\neq\boldsymbol{J}^+(\boldsymbol{q}){}^N\boldsymbol{X}_c\boldsymbol{L}_e^+$，则两种控制方案将不同，并导致不同的机器人轨迹。因此，状态空间的选择是十分重要的。

34.10 欠驱动机器人

许多有用的机器人都是欠驱动的，也就是说，由于驱动器的数量或分布，它们不能在所有方向上瞬时移动（第 52 章）。例如，一个四旋翼飞行机器人是欠驱动的，因为它只有 4 个驱动器，而其位形空间的维度是 6。许多其他有用的机器人受到非完整约束（第 49 章），导致类似的运动障碍。例如，

汽车只有2个自由度（速度和转向），而其位形空间的维度为3（地平面中的位置和方位）。

欠驱动的后果是可能需要时变操纵以实现特定目标状态。例如，如果四旋翼飞行机器人必须向前移动，它必须首先改变姿态，向下俯仰，以便其推力矢量的一个分量能够加速飞行器向前行进。对于视觉伺服系统来说，这可能会有问题，因为初始姿态变化甚至在飞行器移动之前就会影响视觉特征的值。事实上，姿态的改变增加了误差，这最终会破坏稳定。

一种常见且方便的解决方案[34.71]是去旋转图像，即使用来自非视觉姿态传感器［如惯性传感器（IMU）（见第29章）］的信息来校正特征坐标，就好像它们是由光轴在空间中具有恒定方向（通常是笔直向下）的虚拟相机观看的一样。如第34.2.8节所述，由于球面投影模型对旋转运动的不变性，它非常适合这种图像变换。

对于非完整约束下的飞行器，有几组解。在非一般情况下，飞行器能够沿着从初始位形到目标位形的平滑路径行驶，可以使用基于视觉估计的相对位姿（范围、航向角和横向偏移）的控制器（第49章），遵循PBVS策略。还设计了基于极线几何或三焦点张量的特定控制器[34.72,73]。对于更一般的情况，可以使用控制律切换方式。如果在实际中可能，另一个常见的解决方案是在车辆和摄像头之间添加一个受控的自由度，以便通过冗余绕过非完整约束。因此，可以控制完整的相机配置，但不能控制机器人位形。

34.11　应用

视觉伺服在机器人技术中的应用非常广泛。只要视觉传感器可用，并将任务分配给动态系统以控制其运动，就可以使用它。典型应用示例如下（图34.16）：

1）用于目标跟踪的云台变焦相机的控制。

2）使用机器人手臂抓取。

3）仿人机器人的移动和灵巧操作。

4）微机电系统（MEMS）或生物细胞的微纳操作。

5）并联机器人的精确定位。

6）水下自主航行器管路检查。

7）移动机器人在室内或室外环境中的自主导航。

8）飞机着陆。

9）自主卫星主对接。

10）在医疗机器人中使用超声波探头或心脏运动补偿进行活检。

11）动画中的虚拟摄影。

软件可帮助任何有兴趣开发视觉伺服应用程序的用户。我们推荐机器人、机器视觉工具箱，基于Matlab[34.74]和ViSPC++库[34.11]等软件平台。

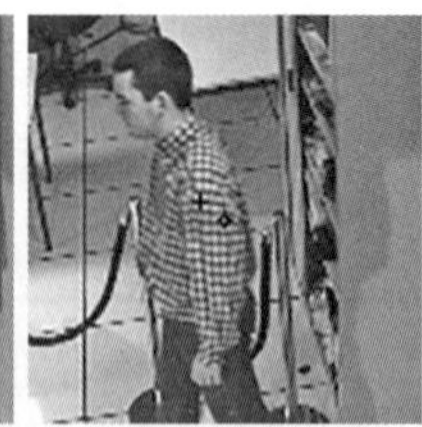

a)

b)

图34.16　视觉伺服的一些应用

a）用于目标跟踪的凝视控制　b）使用全向视觉传感器的移动机器人跟随墙壁的导航

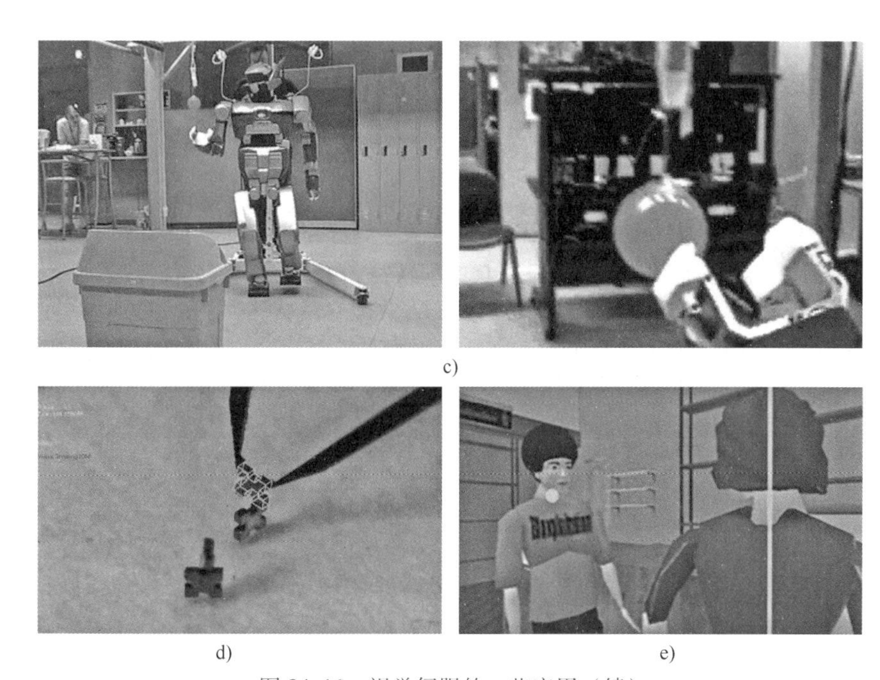

c)

d)　　e)

图 34.16　视觉伺服的一些应用（续）

c）使用仿人机器人抓取球　d）MEMS 组装　e）动画脚本约束下的对话胶片

34.12　结论

在本章中，我们仅考虑了速度控制器，它们对于大部分经典的机器人手臂是有效的。但是，对于高速任务，或者我们处理移动式非限定性的或欠驱动机器人时，必须考虑机器人动力学。对于传感器，我们仅考虑了来自典型射影相机的几何特征。对于与图像运动[34.75]、图像强度[34.76]相关的特征或者来自其他视觉传感器（鱼眼相机、反射折射相机、回声图形探测器等[34.77]）的特征，有必要重新考虑建模问题，并选择合适的视觉特征。最后，在控制方案层面上融合视觉特征与来自其他传感器的数据（力传感器、接近传感器等），将会产生有待探索的新的研究问题。大量雄心勃勃的视觉伺服应用也可以考虑，包括室内、室外环境中的移动机器人，航空、航天、水下机器人和医疗机器人等。在视觉伺服领域，富有成效的研究还一望无际，远远未到尽头。

视频文献

VIDEO 59　IBVS on a 6 DOF robot arm (1);
available from http://handbookofrobotics.org/view-chapter/34/videodetails/59

VIDEO 60　IBVS on a 6 DOF robot arm (2);
available from http://handbookofrobotics.org/view-chapter/34/videodetails/60

VIDEO 61　IBVS on a 6 DOF robot arm (3);
available from http://handbookofrobotics.org/view-chapter/34/videodetails/61

VIDEO 62　PBVS on a 6 DOF robot arm (1);
available from http://handbookofrobotics.org/view-chapter/34/videodetails/62

VIDEO 63　PBVS on a 6 DOF robot arm (2);
available from http://handbookofrobotics.org/view-chapter/34/videodetails/63

VIDEO 64　2.5-D VS on a 6 DOF robot arm (1);
available from http://handbookofrobotics.org/view-chapter/34/videodetails/64

VIDEO 65　2.5-D VS on a 6 DOF robot arm (2);
available from http://handbookofrobotics.org/view-chapter/34/videodetails/65

参考文献

34.1 L. Weiss, A. Sanderson, C. Neuman: Dynamic sensor-based control of robots with visual feedback, IEEE J. Robot. Autom. **3**, 404–417 (1987)
34.2 S. Hutchinson, G. Hager, P. Corke: A tutorial on visual servo control, IEEE Trans. Robot. Autom. **12**, 651–670 (1996)
34.3 B. Espiau, F. Chaumette, P. Rives: A new approach to visual servoing in robotics, IEEE Trans. Robot. Autom. **8**, 313–326 (1992)
34.4 J. Feddema, O. Mitchell: Vision-guided servoing with feature-based trajectory generation, IEEE Trans. Robot. Autom. **5**, 691–700 (1989)
34.5 D. Forsyth, J. Ponce: *Computer Vision: A Modern Approach* (Prentice Hall, Upper Saddle River 2003)
34.6 Y. Ma, S. Soatto, J. Kosecka, S. Sastry: *An Invitation to 3-D Vision: From Images to Geometric Models* (Springer, New York 2003)
34.7 P. Corke: *Robotics, Vision and Control: Fundamental Algorithms in MATLAB* (Springer, Berlin, Heidelberg 2011)
34.8 H. Michel, P. Rives: Singularities in the Determination of the Situation of a Robot Effector from the Perspective View of Three Points. Res. Rep. RR-1850 (INRIA 1993)
34.9 M. Fischler, R. Bolles: Random sample consensus: a paradigm for model fitting with applications to image analysis and automated cartography, Communications ACM **24**, 381–395 (1981)
34.10 E. Malis: Improving vision-based control using efficient second-order minimization techniques, IEEE Int. Conf. Robot. Autom., New Orleans (2004) pp. 1843–1848
34.11 E. Marchand, F. Spindler, F. Chaumette: ViSP for visual servoing: A generic software platform with a wide class of robot control skills, IEEE Robot. Autom. Mag. **12**(4), 40–52 (2005), https://team.inria.fr/lagadic/visp/visp.html
34.12 P. Corke, S. Hutchinson: A new partitioned approach to image-based visual servo control, IEEE Trans. Robot. Autom. **17**, 507–515 (2001)
34.13 F. Chaumette: Potential problems of stability and convergence in image-based and position-based visual servoing, Lect. Note. Contr. Inform. Sci. **237**, 66–78 (1998)
34.14 E. Malis: Visual servoing invariant to changes in camera intrinsic parameters, IEEE Trans. Robot. Autom. **20**, 72–81 (2004)
34.15 A. Isidori: *Nonlinear Control Systems*, 3rd edn. (Springer, Berlin, Heidelberg 1995)
34.16 G. Hager, W. Chang, A. Morse: Robot feedback control based on stereo vision: Towards calibration-free hand-eye coordination, IEEE Control Syst. Mag. **15**, 30–39 (1995)
34.17 M. Iwatsuki, N. Okiyama: A new formulation of visual servoing based on cylindrical coordinate system, IEEE Trans. Robot. Autom. **21**, 266–273 (2005)
34.18 F. Chaumette, P. Rives, B. Espiau: Classification and realization of the different vision-based tasks, Robot. Autom. Syst. **7**, 199–228 (1993)
34.19 A. Castano, S. Hutchinson: Visual compliance: Task directed visual servo control, IEEE Trans. Robot. Autom. **10**, 334–342 (1994)
34.20 G. Hager: A modular system for robust positioning using feedback from stereo vision, IEEE Trans. Robot. Autom. **13**, 582–595 (1997)
34.21 F. Chaumette: Image moments: A general and useful set of features for visual servoing, IEEE Trans. Robot. Autom. **20**, 713–723 (2004)
34.22 O. Tahri, F. Chaumette: Point-based and region-based image moments for visual servoing of planar objects, IEEE Trans. Robot. **21**, 1116–1127 (2005)
34.23 C. Geyer, K. Daniilidis: Catadioptric projective geometry, Int. J. Comput. Vis. **45**(3), 223–243 (2001)
34.24 T. Hamel, R. Mahony: Visual servoing of an under-actuated dynamic rigid-body system: An image-based approach, IEEE Trans Robot. **18**(2), 187–198 (2002)
34.25 I. Suh: Visual servoing of robot manipulators by fuzzy membership function based neural networks. In: *Visual Servoing*, Robotics and Automated Systems, Vol. 7, ed. by K. Hashimoto (World Scientific, Singapore 1993) pp. 285–315
34.26 G. Wells, C. Venaille, C. Torras: Vision-based robot positioning using neural networks, Image Vis. Comput. **14**, 75–732 (1996)
34.27 J.T. Lapresté, F. Jurie, F. Chaumette: An efficient method to compute the inverse jacobian matrix in visual servoing, IEEE Int. Conf. Robot. Autom., New Orleans (2004) pp. 727–732
34.28 K. Hosada, M. Asada: Versatile visual servoing without knowledge of true jacobian, IEEE/RSJ Int. Conf. Intell. Robots Syst., München (1994) pp. 186–193
34.29 M. Jägersand, O. Fuentes, R. Nelson: Experimental evaluation of uncalibrated visual servoing for precision manipulation, IEEE Int. Conf. Robot. Autom., Albuquerque (1997) pp. 2874–2880
34.30 J. Piepmeier, G.M. Murray, H. Lipkin: Uncalibrated dynamic visual servoing, IEEE Trans. Robot. Autom. **20**, 143–147 (2004)
34.31 K. Deguchi: Direct interpretation of dynamic images and camera motion for visual servoing without image feature correspondence, J. Robot. Mechatron. **9**(2), 104–110 (1997)
34.32 W. Wilson, C. Hulls, G. Bell: Relative end-effector control using cartesian position based visual servoing, IEEE Trans. Robot. Autom. **12**, 684–696 (1996)
34.33 B. Thuilot, P. Martinet, L. Cordesses, J. Gallice: Position based visual servoing: Keeping the object in the field of vision, IEEE Int. Conf. Robot. Autom., Washington (2002) pp. 1624–1629
34.34 D. Dementhon, L. Davis: Model-based object pose in 25 lines of code, Int. J. Comput. Vis. **15**, 123–141

(1995)
34.35 D. Lowe: Three-dimensional object recognition from single two-dimensional images, Artif. Intell. **31**(3), 355–395 (1987)
34.36 E. Malis, F. Chaumette, S. Boudet: 2-1/2 D visual servoing, IEEE Trans. Robot. Autom. **15**, 238–250 (1999)
34.37 E. Malis, F. Chaumette: Theoretical improvements in the stability analysis of a new class of model-free visual servoing methods, IEEE Trans. Robot. Autom. **18**, 176–186 (2002)
34.38 J. Chen, D. Dawson, W. Dixon, A. Behal: Adaptive homography-based visual servo tracking for fixed camera-in-hand configurations, IEEE Trans. Control Syst. Technol. **13**, 814–825 (2005)
34.39 G. Morel, T. Leibezeit, J. Szewczyk, S. Boudet, J. Pot: Explicit incorporation of 2-D constraints in vision-based control of robot manipulators, Lect. Note. Contr. Inform. Sci. **250**, 99–108 (2000)
34.40 F. Chaumette, E. Malis: 2 1/2 D visual servoing: a possible solution to improve image-based and position-based visual servoings, IEEE Int. Conf. Robot. Autom., San Fransisco (2000) pp. 630–635
34.41 E. Cervera, A.D. Pobil, F. Berry, P. Martinet: Improving image-based visual servoing with three-dimensional features, Int. J. Robot. Res. **22**, 821–840 (2004)
34.42 F. Schramm, G. Morel, A. Micaelli, A. Lottin: Extended 2-D visual servoing, IEEE Int. Conf. Robot. Autom., New Orleans (2004) pp. 267–273
34.43 N. Papanikolopoulos, P. Khosla, T. Kanade: Visual tracking of a moving target by a camera mounted on a robot: A combination of vision and control, IEEE Trans. Robot. Autom. **9**, 14–35 (1993)
34.44 K. Hashimoto, H. Kimura: LQ optimal and nonlinear approaches to visual servoing, Robot. Autom. Syst. **7**, 165–198 (1993)
34.45 B. Nelson, P. Khosla: Strategies for increasing the tracking region of an eye-in-hand system by singularity and joint limit avoidance, Int. J. Robot. Res. **14**, 225–269 (1995)
34.46 B. Nelson, P. Khosla: Force and vision resolvability for assimilating disparate sensory feedback, IEEE Trans. Robot. Autom. **12**, 714–731 (1996)
34.47 R. Sharma, S. Hutchinson: Motion perceptibility and its application to active vision-based servo control, IEEE Trans. Robot. Autom. **13**, 607–617 (1997)
34.48 E. Marchand, F. Chaumette, A. Rizzo: Using the task function approach to avoid robot joint limits and kinematic singularities in visual servoing, IEEE/RSJ Int. Conf. Intell. Robots Syst., Osaka (1996) pp. 1083–1090
34.49 E. Marchand, G. Hager: Dynamic sensor planning in visual servoing, IEEE Int. Conf. Robot. Autom., Leuven (1998) pp. 1988–1993
34.50 N. Cowan, J. Weingarten, D. Koditschek: Visual servoing via navigation functions, IEEE Trans. Robot. Autom. **18**, 521–533 (2002)
34.51 N. Gans, S. Hutchinson: An asymptotically stable switched system visual controller for eye in hand robots, IEEE/RSJ Int. Conf. Intell. Robots Syst., Las Vegas (2003) pp. 735–742
34.52 G. Chesi, K. Hashimoto, D. Prattichizio, A. Vicino: Keeping features in the field of view in eye-in-hand visual servoing: a switching approach, IEEE Trans. Robot. Autom. **20**, 908–913 (2004)
34.53 K. Hosoda, K. Sakamato, M. Asada: Trajectory generation for obstacle avoidance of uncalibrated stereo visual servoing without 3-D reconstruction, IEEE/RSJ Int. Conf. Intell. Robots Syst. 3, Pittsburgh (1995) pp. 29–34
34.54 Y. Mezouar, F. Chaumette: Path planning for robust image-based control, IEEE Trans. Robot. Autom. **18**, 534–549 (2002)
34.55 G. Chesi: Visual servoing path-planning via homogeneous forms and LMI optimizations, IEEE Trans. Robot. **25**(2), 281–291 (2009)
34.56 L. Matthies, T. Kanade, R. Szeliski: Kalman filter-based algorithms for estimating depth from image sequences, Int. J. Comput. Vis. **3**(3), 209–238 (1989)
34.57 C.E. Smith, N. Papanikolopoulos: Computation of shape through controlled active exploration, IEEE Int. Conf. Robot. Autom., San Diego (1994) pp. 2516–2521
34.58 A. De Luca, G. Oriolo, P. Robuffo Giordano: Feature depth observation for image-based visual servoing: Theory and experiments, Int. J. Robot. Res. **27**(10), 1093–1116 (2008)
34.59 R. Basri, E. Rivlin, I. Shimshoni: Visual homing: Surfing on the epipoles, Int. J. Comput. Vis. **33**, 117–137 (1999)
34.60 E. Malis, F. Chaumette, S. Boudet: 2 1/2 D visual servoing with respect to unknown objects through a new estimation scheme of camera displacement, Int. J. Comput. Vis. **37**, 79–97 (2000)
34.61 O. Faugeras: *Three-Dimensional Computer Vision: A Geometric Viewpoint* (MIT Press, Cambridge 1993)
34.62 G. Silveira, E. Malis: Direct visual servoing: Vision-based estimation and control using only nonmetric information, IEEE Trans. Robot. **28**(4), 974–980 (2012)
34.63 P. Corke, M. Goods: Controller design for high performance visual servoing, 12th World Congr. IFAC'93, Sydney (1993) pp. 395–398
34.64 F. Bensalah, F. Chaumette: Compensation of abrupt motion changes in target tracking by visual servoing, IEEE/RSJ Int. Conf. Intell. Robots Syst., Pittsburgh (1995) pp. 181–187
34.65 P. Allen, B. Yoshimi, A. Timcenko, P. Michelman: Automated tracking and grasping of a moving object with a robotic hand-eye system, IEEE Trans. Robot. Autom. **9**, 152–165 (1993)
34.66 K. Hashimoto, H. Kimura: Visual servoing with non linear observer, IEEE Int. Conf. Robot. Autom., Nagoya (1995) pp. 484–489
34.67 A. Rizzi, D. Koditschek: An active visual estimator for dexterous manipulation, IEEE Trans. Robot. Autom. **12**, 697–713 (1996)
34.68 R. Ginhoux, J. Gangloff, M. de Mathelin, L. Soler, M.A. Sanchez, J. Marescaux: Active filtering of physiological motion in robotized surgery using predictive control, IEEE Trans. Robot. **21**, 67–79 (2005)
34.69 J. Gangloff, M. de Mathelin: Visual servoing of a 6-DOF manipulator for unknown 3-D profile following, IEEE Trans. Robot. Autom. **18**, 511–520 (2002)
34.70 R. Tsai, R. Lenz: A new technique for fully autonomous efficient 3-D robotics hand-eye calibra-

tion, IEEE Trans. Robot. Autom. **5**, 345–358 (1989)

34.71 N. Guenard, T. Hamel, R. Mahony: A practical visual servo control for an unmanned aerial vehicle, IEEE Trans. Robot. **24**(2), 331–340 (2008)

34.72 G.L. Mariottini, G. Oriolo, D. Prattichizo: Image-based visual servoing for nonholonomic mobile robots using epipolar geometry, IEEE Trans. Robot. **23**(1), 87–100 (2007)

34.73 G. Lopez-Nicolas, J.J. Guerrero, C. Sagues: Visual control through the trifocal tensor for nonholonomic robots, Robot. Auton. Syst. **58**(2), 216–226 (2010)

34.74 P. Corke: *Robotics, Vision and Control: Fundamental Algorithms in MATLAB*, Springer Tracts in Advanced Robotics, Vol. 73 (Springer, Berlin, Heidelberg 2011)

34.75 A. Crétual, F. Chaumette: Visual servoing based on image motion, Int. J. Robot. Res. **20**(11), 857–877 (2001)

34.76 C. Collewet, E. Marchand: Photometric visual servoing, IEEE Trans. Robot. **27**(4), 828–834 (2011)

34.77 R. Mebarki, A. Krupa, F. Chaumette: 2D ultrasound probe complete guidance by visual servoing using image moments, IEEE Trans. Robot. **26**(2), 296–306 (2010)

第35章 多传感数据融合

Hugh Durrant-Whyte，Thomas C. Henderson

多传感数据融合是指结合来自大量不同传感器的测量结果的过程，以提供对相关环境或过程的可靠及完整的描述。数据融合在机器人技术的对象识别、环境建图和定位等许多领域都得到了广泛的应用。

本章分为三个部分：方法、体系架构和应用。目前的大多数数据融合方法都是对数据观测和过程的概率学描述，并使用贝叶斯定理来综合这些信息。本章介绍了主要的概率建模和融合技术，包括基于网格的模型、卡尔曼滤波和连续蒙特卡罗技术。本章也简要回顾了一些非概率学数据融合方法。数据融合系统通常是集成了传感器设备、处理和融合算法的复杂组合系统。本章从硬件和算法的角度概括叙述了数据融合体系架构中的关键原理。数据融合在机器人技术中的应用非常广泛，是传感、评估和感知的核心问题。我们重点介绍了两个展示这些特性的应用程序示例。第一个描述了自动驾驶车辆的导航或自跟踪应用。第二个描述了在映射和环境建模中的应用。

数据融合的基本算法工具已经相当完善。然而，这些工具在机器人应用中的开发和使用仍在发展中。

目　　录

35.1　多传感数据融合方法

机器人技术中应用最广泛的数据融合方法起源于统计学、评估学和控制领域。然而，这些方法在机器人学中的应用有许多独有的特点和挑战。特别是，自动化是最常见的目标，因此其最终成果必须以一种可以做出自主决策的形式呈现，例如自动识别或自动导航。

在本节中，我们回顾了机器人技术中采用的主要数据融合方法。这些方法通常是基于概率学方法，概率学方法现在已被视为所有机器人应用中数据融合的标准方法[35.1]。概率数据融合方法通常是基于贝叶斯定理，将先验信息和观测信息相结合。实际上，这可以通过多种方式实现：通过使用卡尔曼滤波器和扩展卡尔曼滤波器，通过连续蒙特卡罗法，或通过使用函数密度估计方法，确保每一个数据都会被检测。概率方法有许多替代方法，其中包括证据推理和区间方法。这些替代技术并不像之前那样广泛使用，但是可以利用它们的一些特点解决特定的问题。这些我们也将进行简要回顾。

35.1.1 贝叶斯定理

贝叶斯定理是大多数数据融合方法的核心。一般来说，在给定观测值z的情况下，利用贝叶斯定理可以对状态$\boldsymbol{x}$所描述的对象或环境进行推断。

1. 贝叶斯推导

根据贝叶斯定理，$\boldsymbol{x}$和z之间的关系应该满足针对离散变量和连续变量的联合概率或联合概率分布$P(\boldsymbol{x},z)$。条件概率链式法则可以通过两种方法来扩展联合概率，即

$$P(\boldsymbol{x},z)=P(\boldsymbol{x} \mid z)P(z)=P(z \mid \boldsymbol{x})P(\boldsymbol{x}) \tag{35.1}$$

根据其中一个条件重新排列，可得贝叶斯定理为

$$P(\boldsymbol{x} \mid z)=\frac{P(z \mid \boldsymbol{x})P(\boldsymbol{x})}{P(z)} \tag{35.2}$$

上式描述了概率$P(\boldsymbol{x} \mid z)$、$P(z \mid \boldsymbol{x})$和$P(\boldsymbol{x})$之间的关系。假如我们需要确定未知状态$\boldsymbol{x}$的不同值所对应的各种可能性。关于$\boldsymbol{x}$的期望值可能存在先验概率，而此先验概率$P(\boldsymbol{x})$以相对可能性的形式存在。为了获得关于状态x的更多信息，对z进行观测，并以条件概率$P(z \mid \boldsymbol{x})$的形式建模。该条件概率描述了对于每个固定状态$\boldsymbol{x}$，产生观测z的概率，即给定$\boldsymbol{x}$时z的概率。根据原始先验信息与观测信息的乘积，计算出与状态$\boldsymbol{x}$相关的新概率。这个可能性由后验概率$P(\boldsymbol{x} \mid z)$表示，它描述了基于观测z的$\boldsymbol{x}$的可能性。在融合过程中，边缘概率$P(z)$的作用只是标准化后验概率而通常不真正计算出来。边缘概率$P(z)$在模型验证和数据结合方面起重要作用，因为它提供了一个尺度度量观测被先验信息预测的准确度，而这是因为$P(z)=\int P(z \mid \boldsymbol{x})P(\boldsymbol{x})\mathrm{d}x$。贝叶斯定理的意义在于它提供了一种综合观测信息与有关状态的先验信息的基本方法。

2. 传感器模型和多传感器贝叶斯推导

条件概率$P(z \mid \boldsymbol{x})$的角色是一个传感器模型，我们可以从两方面加以认识。首先，在建立传感器模型时，此概率的构建需要得出$\boldsymbol{x}=x$的值、有关z的概率密度$P(z \mid \boldsymbol{x}=x)$是多少。相反，当使用该传感器模型进行观测时，$z=z$已经确定，那么基于$z$的概率函数$P(z=z \mid \boldsymbol{x})$就推导出来了。此概率函数虽然不是一个严格的概率密度，但是对不同的$\boldsymbol{x}$值产生的观测值z的概率进行建模。此概率与先验概率的乘积，两者都取决于$\boldsymbol{x}$，给了后验概率或观察更新$P(\boldsymbol{x} \mid z)$。在式（35.2）的实现中，$P(z \mid \boldsymbol{x})$由一个包含了两个变量的方程构成（或在离散形式下由一个矩阵构成）。对于$\boldsymbol{x}$的每个确定值，一个z的概率密度就确定了。因此，随着$\boldsymbol{x}$的变化，一组有关z的概率密度就产生了。

贝叶斯定理的多传感器形式要求条件独立性，有

$$\begin{aligned} P(z_1,\cdots,z_n \mid \boldsymbol{x}) &= P(z_1 \mid \boldsymbol{x})\cdots P(z_n \mid \boldsymbol{x}) \\ &= \prod_{i=1}^{n} P(z_i \mid \boldsymbol{x}) \end{aligned} \tag{35.3}$$

因此

$$P(\boldsymbol{x} \mid \boldsymbol{Z}^n)=CP(\boldsymbol{x})\prod_{i=1}^{n}P(z_i \mid \boldsymbol{x}) \tag{35.4}$$

式中，C是归一化常数。式（35.4）被称为独立概率池[35.2]。这意味着在所有观测$\boldsymbol{Z}^n$的条件下，有关$\boldsymbol{x}$的后验概率仅与先验概率、每个信息源的单个概率乘积成正比。

贝叶斯定理的递归形式是

$$P(\boldsymbol{x} \mid \boldsymbol{Z}^k)=\frac{P(z_k \mid \boldsymbol{x})P(\boldsymbol{x} \mid \boldsymbol{Z}^{k-1})}{P(\boldsymbol{x}_k \mid \boldsymbol{Z}^{k-1})} \tag{35.5}$$

式（35.5）的优势是我们只需要计算和存储概率密度$P(\boldsymbol{x} \mid \boldsymbol{Z}^{k-1})$，它包含了过去所有信息的完整摘要。当下一条信息$P(z_k \mid \boldsymbol{x})$到达时，先前的后验概率将被当作当前的先验概率，并且在归一化后，两者的乘积将成为新的后验概率。

3. 贝叶斯滤波

当需要维护一个状态的概率模型而进行连续处理，而这又涉及随时间进化以及得到一个传感器对此姿态周期性的观测，这时候滤波就派上用场了。滤波构成了解决跟踪和导航领域中的许多问题的根本。通常的滤波问题可以用贝叶斯的形式描述。这一点是很重要的，因为它提供了对一系列离散和连续数据融合问题的通用表达方法，而不需要依赖某个具体的目标或观测模型。

定义$\boldsymbol{x}_t$为时刻t的某一个我们感兴趣的状态的值。此状态，例如，可能描述了一个待跟踪的特征、一个被监视的过程的状态或者一个需要获取其导航数据的平台的位置。为了简便且不失一般性，将时间定义为离散（异步）时间$t_k \triangleq k$。在时刻k，定义了以下变量。

$\boldsymbol{x}_k$：在时刻k需要被估测的状态向量。

$\boldsymbol{u}_k$：一个假定已知的控制向量，作用于时刻$k-1$

35

以驱动状态从 $\boldsymbol{x}_{k-1}$ 转变为时刻 k 的 $\boldsymbol{x}_k$。

z_k:在时刻 k 对状态 $\boldsymbol{x}_k$ 的观测。

此外,还定义了以下变量集。

1)状态的时序记录:

$$\boldsymbol{X}^k=\{\boldsymbol{x}_0,\boldsymbol{x}_1,\cdots,\boldsymbol{x}_k\}=\{\boldsymbol{X}^{k-1},\boldsymbol{x}_k\}。$$

2) 控制输入的时序记录:

$$\boldsymbol{U}^k=\{\boldsymbol{u}_0,\boldsymbol{u}_1,\cdots,\boldsymbol{u}_k\}=\{\boldsymbol{U}^{k-1},\boldsymbol{u}_k\}。$$

3) 状态观测的历史记录:

$$\boldsymbol{Z}^k=\{z_0,z_1,\cdots,z_k\}=\{\boldsymbol{Z}^{k-1},z_k\}。$$

在概率形式中,一般的数据融合问题是找到一个对所有时刻 k 的后验密度

$$P(\boldsymbol{x}_k \mid \boldsymbol{Z}^k,\boldsymbol{U}^k,\boldsymbol{x}_0) \tag{35.6}$$

基于记录下来的直到时刻 k 之前(并包括 k)的所有观测和控制输入,以及状态 x_0 的初始值。使用贝叶斯定理可以将式(35.6)改写成关于一个传感器模型 $P(z_k \mid \boldsymbol{x}_k)$ 和一个预测的概率密度 $P(\boldsymbol{x}_k \mid \boldsymbol{Z}^{k-1},\boldsymbol{U}^k,\boldsymbol{x}_0)$的形式,基于直到时刻 k-1 的所有观测

$$P(\boldsymbol{x}_k \mid \boldsymbol{Z}^k,\boldsymbol{U}^k,\boldsymbol{x}_0)=\frac{P(z_k \mid \boldsymbol{x}_k)P(\boldsymbol{x}_k \mid \boldsymbol{Z}^{k-1},\boldsymbol{U}^k,\boldsymbol{x}_0)}{P(z_k \mid \boldsymbol{Z}^{k-1},\boldsymbol{U}^k)} \tag{35.7}$$

式(35.7)中的分母与状态无关,并且可以按式(35.4)设置为某个归一化常数 C。传感器模型采用来自式(35.3)的条件独立性假设。

使用全概率定理可以将式(35.7)分子中的第二项,改写为以状态转换模型和来自时刻 k-1 的联合后验概率为变量的方程

$$\begin{aligned}
&P(\boldsymbol{x}_k \mid \boldsymbol{Z}^{k-1},\boldsymbol{U}^k,\boldsymbol{x}_0)\\
&=\int P(\boldsymbol{x}_k,\boldsymbol{x}_{k-1} \mid \boldsymbol{Z}^{k-1},\boldsymbol{U}^k,\boldsymbol{x}_0)\,\mathrm{d}\boldsymbol{x}_{k-1}\\
&=\int P(\boldsymbol{x}_k \mid \boldsymbol{x}_{k-1},\boldsymbol{Z}^{k-1},\boldsymbol{U}^k,\boldsymbol{x}_0)\\
&\quad\times P(\boldsymbol{x}_{k-1} \mid \boldsymbol{Z}^{k-1},\boldsymbol{U}^k,\boldsymbol{x}_0)\,\mathrm{d}\boldsymbol{x}_{k-1}\\
&=\int P(\boldsymbol{x}_k \mid \boldsymbol{x}_{k-1},\boldsymbol{u}_k)\\
&\quad\times P(\boldsymbol{x}_{k-1} \mid \boldsymbol{Z}^{k-1},\boldsymbol{U}^{k-1},\boldsymbol{x}_0)\,\mathrm{d}\boldsymbol{x}_{k-1}
\end{aligned} \tag{35.8}$$

式(35.8)中,最后一个等式意味着未来状态仅取决于当前状态和此时施加的控制输入。状态转换模型以一个概率分布 $P(\boldsymbol{x}_k \mid \boldsymbol{x}_{k-1},\boldsymbol{u}_k)$ 的形式描述。也就是说,可以合理地假设状态转换是马尔可夫(Markov)过程,其中下一个状态 $\boldsymbol{x}_k$ 仅取决于前一个状态 $\boldsymbol{x}_{k-1}$和使用的控制输入 $\boldsymbol{u}_k$,而与观测量以及再之前的状态都无关。

式(35.7)和(35.8)定义了式(35.6)的递归解。式(35.8)是全贝叶斯数据融合算法的时间更新或预测步骤。该公式的图形描述如图 35.1 所示。式(35.7)是全贝叶斯数据融合算法的观测更新步骤。该方程的图形描述如图 35.2 所示。将要介绍的卡尔曼滤波器、基于网格的方法和顺序蒙特卡罗法,都是这些通用方程的具体实现。

35.1.2 概率网格

概率网格在概念上是实现贝叶斯数据融合方法的最简单方法。它们既可以应用于地图创建[35.3,4]也能用于追踪[35.5]。

在地图创建的应用中,我们将感兴趣的环境分成大小相等的空间单元网格。每个单元都被索引并用属性标记,因此状态 $\boldsymbol{x}_{ij}$可以描述一个使用 ij 索引并具有属性 x 的二维世界。我们关注的重点是在每个网格单元上维持可能状态值 $P(\boldsymbol{x}_{ij})$ 的概率分布。通常,在导航和地图创建问题中,感兴趣的属性只有两个值 O 和 E,分别为占用(Occupied)和空(Empty),通常假设 $P(\boldsymbol{x}_{ij}=O)=1-P(\boldsymbol{x}_{ij}=E)$。然而,对由状态 $\boldsymbol{x}_{ij}$编码的属性没有特别的限制,它可以有许多值(例如绿色、红色、蓝色)或可能是连续的(例如一个单元的温度)。

当状态的定义已经确定,贝叶斯方法就需要建立传感器模型或传感器的似然函数。从理论上讲,这要求规范概率分布 $P(z \mid \boldsymbol{x}_{ij}=x_{ij})$,将每个可能的网格状态 x_{ij}映射到观测值的分布。但实际上,这只是简单地实现为另一个观察网格,以便以形式 $P(z=z \mid \boldsymbol{x}_{ij})=\Lambda(\boldsymbol{x}_{ij})$ 对特定观察$z=z$(从特定位置获取)生成状态 x_{ij}上的似然网格。之后,应用贝叶斯定理将每个网格单元的属性值更新为

$$P^{+}(\boldsymbol{x}_{ij})=C\boldsymbol{\Lambda}(\boldsymbol{x}_{ij})P(\boldsymbol{x}_{ij}), \qquad \forall i,j \tag{35.9}$$

式中,C 是一个归一化常数,它是通过将后验概率求和到节点 ij 处获得的。在计算上,此运算是对两个单元的逐点相乘。需要注意的是,两个网格适当地重叠并以正确的比例排列。在某些情况下,将空间上相邻的单元相互影响的这个事实进行编码也是有价值的;也就是说,如果我们知道 ij 处的属性值(例如占用率、温度),我们也会对相邻节点 i+1, j, i, j+1 等处的该属性值有一定的了解。通过建立适当的传感器模型 $\boldsymbol{\Lambda}(\boldsymbol{x}_{ij})$ 可以简单地进行不同传感器和不同传感器融合的输出。

网格也可用于跟踪和自跟踪(定位)。在本例中,状态 $\boldsymbol{x}_{ij}$是被跟踪实体的位置信息。从定性的角度考虑,这是一个跟之前在地图创建中使用的不同

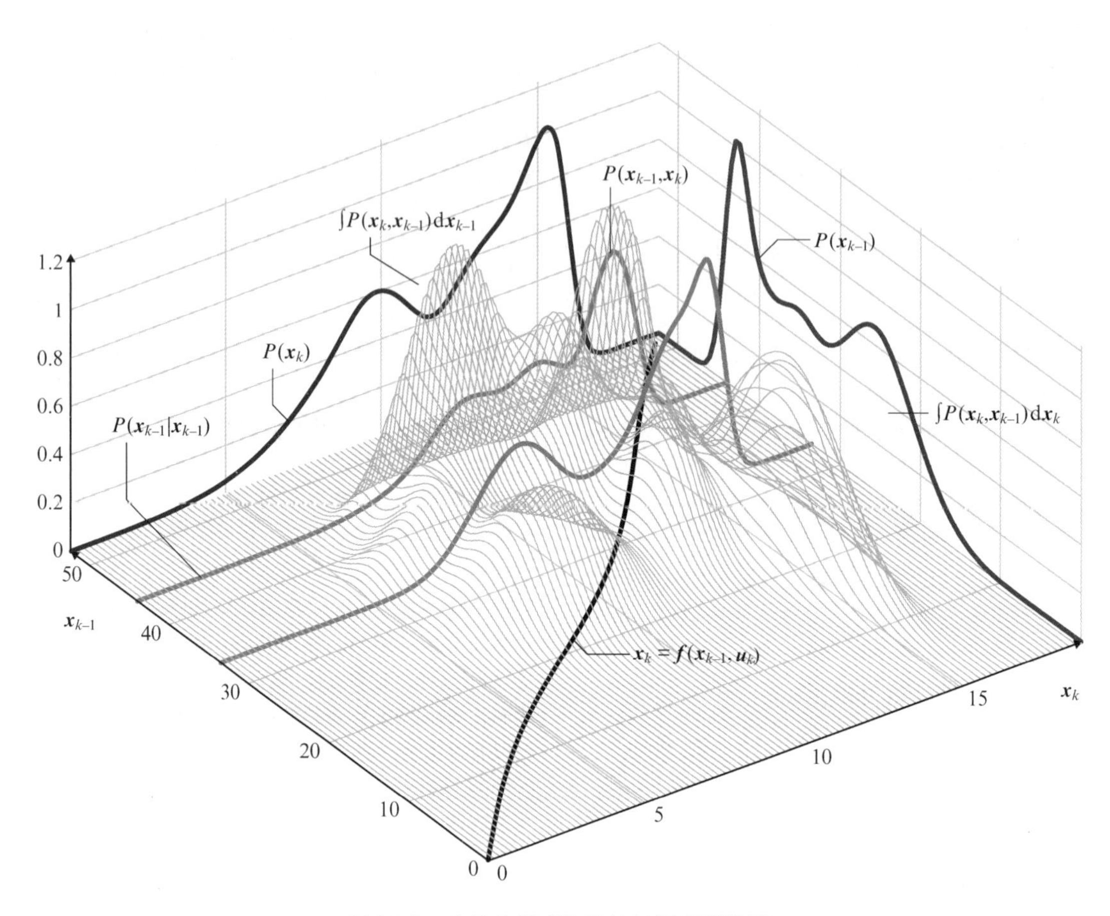

图 35.1　全贝叶斯滤波器的时间更新步骤

注：在时刻 $k-1$，对状态 x_{k-1} 的认知以概率分布 $P(x_{k-1})$ 的形式总结出来。一个机器人模型，以条件概率密度 $P(x_k|x_{k-1})$ 描述了此机器人从时刻 $k-1$ 的状态 x_{k-1} 到时刻 k 的状态 x_k 的随机转变过程。从功能性来说，这个状态转换与一个形式为 $x_k=f(x_{k-1},u_k)$ 的潜在的机器人状态模型相关。此图显示了基于 x_{k-1} 的固定值的状态 x_k 的两种典型的条件概率分布 $P(x_k|x_{k-1})$。此条件分布与边缘分布 $P(x_{k-1})$ 的乘积，描述了 x_k 的先验概率值，给出了显示于图表面的联合分布 $P(x_k,x_{k-1})$。全边缘密度 $P(x_k)$ 描述了在状态转变后对 x_k 的认知。$P(x_k)$ 是通过对所有的 x_{k-1} 进行联合分布 $P(x_k,x_{k-1})$ 的积分（投影）获得的。同样，使用全概率定理，此边缘密度可以通过对所有条件密度 $P(x_k|x_{k-1})$ 积分（求和）得到，而 $P(x_k|x_{k-1})$ 的权数是每个 x_{k-1} 的先验概率 $P(x_{k-1})$。整个过程可以逆序进行（后翻运动模型），从而在给定模型 $P(x_{k-1}|x_k)$ 的条件下从 $P(x_k)$ 得到 $P(x_{k-1})$。

的状态定义。概率 $P(x_{ij})$ 必须理解为被追踪的物体占据网格单元 ij 的概率。在地图创建里，每个网格单元的属性概率之和为 1，而在跟踪里，所有单元格的位置可能性之和必须为 1。除此之外，更新的步骤都非常相似。通过构造一个观测网格，当一个观测值实例化时，它提供了一个位置似然网格 $P(z=z|x_{ij})=\Lambda(x_{ij})$，然后应用贝叶斯定理以与式（35.9）相同的形式更新每个网格单元的位置概率，仅有的区别是现在归一化常数 C 是通过对所有 ij 网格单元的后验概率求和得到的。尤其是当网格具有三个或更多维度时，可能会需要很大计算量。基于网格的跟踪的一个主要优点是，它很容易合并相当复杂的先验信息。例如，如果已知被跟踪的对象在其路径上，则所有路径网格单元的概率位置值可以简单地设置为零。

基于网格的融合适合于域和维数适中的情况。在这种情况下，基于网格的方法提供了简单有效的融合算法。基于网格的方法可以进一步延展：等级性（四叉树）网格或不规则（三角形、五边形）网格。这些有助于减少在大规模空间应用的计算量。

35

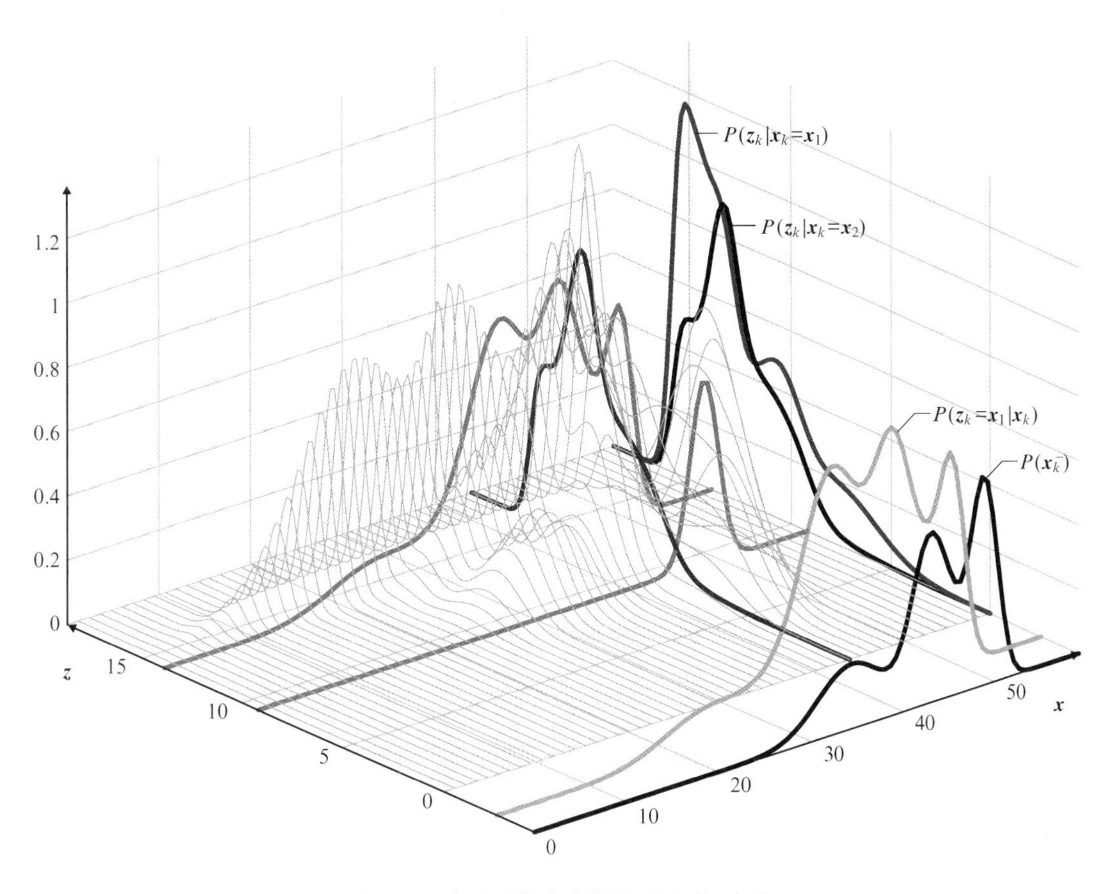

图 35.2 全贝叶斯滤波器的观测更新步骤

注：在观测前，建立了条件概率密度 $P(z_k \mid \boldsymbol{x}_k)$ 的观测模型。例如，对于 $\boldsymbol{x}_k$ 的一个固定值，比如 $\boldsymbol{x}_1$ 或 $\boldsymbol{x}_2$，定义了描述进行观测 z_k 的可能性的概率密度函数 $P(z_k \mid \boldsymbol{x}_k=\boldsymbol{x}_1)$ 或 $P(z_k \mid \boldsymbol{x}_k=\boldsymbol{x}_2)$。概率密度 $P(z_k \mid \boldsymbol{x}_k)$ 是 z_k 和 $\boldsymbol{x}_k$ 的函数。这个条件概率定义了观测模型。如今，在操作中我们得到了一个特定的观测 $z_k=\boldsymbol{x}_1$，得到的分布 $P(z_k=\boldsymbol{x}_1 \mid \boldsymbol{x}_k)$ 定义了 $\boldsymbol{x}_k$ 上的密度函数（现在称为似然函数）。然后将该密度乘以先验密度 $P(\boldsymbol{x}_k^-)$，经归一化之后得到后验分布 $P(\boldsymbol{x}_k \mid z_k)$，从而描述了进行观测后对状态的认知。

蒙特卡罗和粒子滤波方法（第 35.1.4 节）可认为是基于网格的方法，其中网格单元本身可以认为是状态的潜在概率密度的样本。

35.1.3 卡尔曼滤波器

卡尔曼滤波器是一种线性递归估算器。在对状态周期性的观测基础上，它成功计算出一个随时间进化的连续值状态的估算值。卡尔曼滤波器采用的是兴趣状态参数 $\boldsymbol{x}(t)$ 如何随时间进化的显式随机模型，以及与此参数相关的观测值 $\boldsymbol{z}(t)$ 如何得到的显式随机模型。卡尔曼滤波器所使用的权数的选择是为了确保在观测模型和处理模型使用的某些假设条件下，使求得的估计值 $\hat{\boldsymbol{x}}(t)$ 的均方差最小化，而且条件平均值 $\hat{\boldsymbol{x}}(t)=\mathrm{E}[\boldsymbol{x}(t) \mid \boldsymbol{Z}^t]$ 是一个平均值，而不是最可能的值。

卡尔曼滤波器具有许多特性，很理想地适用于处理复杂得多传感器预测和数据融合问题。特别是，对处理过程和观测进行显式的描述使得各种不同的传感器模型可以轻易地应用于基本算法中。此外，对未知量进行统计测量的一致使用，使得定量评估每个传感器在整个系统性能中所起的作用成为可能。此外，该算法的线性递归性质确保了它的应用简单而有效。基于所有这些原因，卡尔曼滤波器在许多不同的数据融合问题中均得到了广泛的应用[35.6-9]。

在机器人技术中，卡尔曼滤波器最适合于跟

踪、定位和导航问题，而不太适合于地图创建。这是因为该算法适用于定义明确的状态描述（例如位置、速度），也适用于对观测和时间传播模型也很明确的状态。

1. 观测和过渡模型

在状态概率密度为高斯分布的情况下，卡尔曼滤波器可以视为式（35.7）和（35.8）的递归贝叶斯滤波器的特例。卡尔曼滤波算法的出发点是为状态定义一个可以使用标准的状态空间形式进行预测的模型：

$$\dot{\boldsymbol{x}}(t)=\boldsymbol{F}(t)\boldsymbol{x}(t)+\boldsymbol{B}(t)\boldsymbol{u}(t)+\boldsymbol{G}(t)\boldsymbol{v}(t) \quad (35.10)$$

式中，$\boldsymbol{x}(t)$ 是目标状态向量；$\boldsymbol{u}(t)$ 是已知的控制输入；$\boldsymbol{v}(t)$ 是描述状态演化不确定性的随机变量；$\boldsymbol{F}(t)$、$\boldsymbol{B}(t)$ 和 $\boldsymbol{G}(t)$ 是描述状态、控制和噪声对状态转变贡献的矩阵[35.7]。观测（输出）模型也以标准状态空间形式定义：

$$\boldsymbol{z}(t)=\boldsymbol{H}(t)\boldsymbol{x}(t)+\boldsymbol{D}(t)\boldsymbol{w}(t) \quad (35.11)$$

式中，$\boldsymbol{z}(t)$ 是观测向量；$\boldsymbol{w}(t)$ 是描述观测不确定性的随机变量；$\boldsymbol{H}(t)$ 和 $\boldsymbol{D}(t)$ 是描述状态和噪声对观测的贡献矩阵。

这些方程定义了连续时间系统的演化，并对状态进行了连续观测。然而，卡尔曼滤波算法几乎总是在离散时间 $t_k=k$ 时实现。由参考文献［35.8］，可以很容易得到式（35.10）和式（35.11）的离散形式：

$$\boldsymbol{x}(k)=\boldsymbol{F}(k)\boldsymbol{x}(k-1)+\boldsymbol{B}(k)\boldsymbol{u}(k)+\boldsymbol{G}(k)\boldsymbol{v}(k) \quad (35.12)$$

$$\boldsymbol{z}(k)=\boldsymbol{H}(k)\boldsymbol{x}(k)+\boldsymbol{D}(k)\boldsymbol{w}(k) \quad (35.13)$$

推导卡尔曼滤波器的一个基本假设是，描述过程和观测噪声的随机序列 $\boldsymbol{v}(k)$ 和 $\boldsymbol{w}(k)$ 都是高斯的、时间不相关的以及拥有零均值，即

$$\mathrm{E}[\boldsymbol{v}(k)]=\mathrm{E}[\boldsymbol{w}(k)]=0, \quad \forall k \quad (35.14)$$

根据已知的协方差，有

$$\mathrm{E}[\boldsymbol{v}(i)\boldsymbol{v}^{\mathrm{T}}(j)]=\delta_{ij}\boldsymbol{Q}(i)$$
$$\mathrm{E}[\boldsymbol{w}(i)\boldsymbol{w}^{\mathrm{T}}(j)]=\delta_{ij}\boldsymbol{R}(i) \quad (35.15)$$

通常假设过程噪声和观测噪声也是不相关的，即

$$\mathrm{E}[\boldsymbol{v}(i)\boldsymbol{w}^{\mathrm{T}}(j)]=0, \quad \forall i,j \quad (35.16)$$

这些等价于要求观测和连续状态是条件独立的马尔可夫（Markov）性质。如果序列 $\boldsymbol{v}(k)$ 和 $\boldsymbol{w}(k)$ 在时间上相关，则可以使用整型滤波器将观测进行白化处理，从而获得卡尔曼滤波器要求的假设条件[35.8]。如果过程噪声和观测噪声序列是相关的，那么这种相关性也可以用卡尔曼滤波算法来解释[35.10]。如果序列不是高斯序列，但是具有对称的有限模数，卡尔曼滤波器仍然可以产生很好的估算。然而，如果序列具有偏态分布或病态分布，那么卡尔曼滤波器产生的结果将有偏差，此时我们可以使用更复杂的贝叶斯滤波器[35.5]。

2. 滤波算法

在给定观测条件的情况下，卡尔曼滤波算法产生的是均方差最小的预测，因而条件均值为

$$\hat{\boldsymbol{x}}(i\mid j)\triangleq\mathrm{E}[\boldsymbol{x}(i)\mid z(1),\cdots,z(j)]\triangleq\mathrm{E}[\boldsymbol{x}(i)\mid \boldsymbol{Z}^j] \quad (35.17)$$

此预测的方差定义为此预测的均方差

$$P(i\mid j)\triangleq\mathrm{E}\{[\boldsymbol{x}(i)-\hat{\boldsymbol{x}}(i\mid j)][\boldsymbol{x}(i)-\hat{\boldsymbol{x}}(i\mid j)]^{\mathrm{T}}\mid \boldsymbol{Z}^j\} \quad (35.18)$$

在时刻 k，在给定所有至时刻 k 的信息的情况下，状态的预测写为 $\hat{\boldsymbol{x}}(k\mid k)$。在时刻 k，在给定所有至时刻 $k-1$ 的信息的情况下，状态的预测被称为单步预测，写为 $\hat{\boldsymbol{x}}(k\mid k-1)$。

现在我们仅给出卡尔曼滤波算法而不予证明。详细的推导可以在许多关于此问题的书中找到，例如参考文献［35.7，8］。描述的状态假设根据式（35.12）随时间变化。此状态的观测根据式（35.13）在固定的时间间隔得到。假设进入系统的噪声过程符合式（35.14）~式（35.16）。同时还假设 $\hat{\boldsymbol{x}}(k-1\mid k-1)$ 是状态 $\boldsymbol{x}(k-1)$ 在时刻 $k-1$，在基于直到时刻 $k-1$ 之前（包括时刻 $k-1$）的观测做出的预测。而此预测等同真实状态 $\boldsymbol{x}(k-1)$ 基于所有这些观测的条件平均值。而该预测的条件方差 $P(k-1\mid k-1)$ 也假定已知。那么，卡尔曼滤波器分两步递归运行（图35.3）。

（1）预测　一个状态在时刻 k 的预测 $\hat{\boldsymbol{x}}(k\mid k-1)$ 和它的协方差 $P(k\mid k-1)$ 可以根据以下公式计算：

$$\hat{\boldsymbol{x}}(k\mid k-1)=\boldsymbol{F}(k)\hat{\boldsymbol{x}}(k-1\mid k-1)+\boldsymbol{B}(k)\boldsymbol{u}(k) \quad (35.19)$$

$$\boldsymbol{P}(k\mid k-1)=\boldsymbol{F}(k)\boldsymbol{P}(k-1\mid k-1)\boldsymbol{F}^{\mathrm{T}}(k)+\boldsymbol{G}(k)\boldsymbol{Q}(k)\boldsymbol{G}^{\mathrm{T}}(k) \quad (35.20)$$

（2）更新　在时刻 k 处做出观测 $\boldsymbol{z}(k)$，更新的状态 $\boldsymbol{x}(k)$ 的预测 $\hat{\boldsymbol{x}}(k\mid k)$ 以及更新的预测协方差 $\boldsymbol{P}(k\mid k)$ 计算方法如下

$$\hat{\boldsymbol{x}}(k\mid k)=\hat{\boldsymbol{x}}(k\mid k-1)+\boldsymbol{W}(k)[z(k)-\boldsymbol{H}(k)\hat{\boldsymbol{x}}(k\mid k-1)] \quad (35.21)$$

$$\boldsymbol{P}(k\mid k)=\boldsymbol{P}(k\mid k-1)-\boldsymbol{W}(k)\boldsymbol{S}(k)\boldsymbol{W}^{\mathrm{T}}(k) \quad (35.22)$$

式中，增益矩阵 $\boldsymbol{W}(k)$ 为

$$\boldsymbol{W}(k)=\boldsymbol{P}(k\mid k-1)\boldsymbol{H}(k)\boldsymbol{S}^{-1}(k) \quad (35.23)$$

革新协方差为

$$\boldsymbol{S}(k)=\boldsymbol{R}(k)+\boldsymbol{H}(k)\boldsymbol{P}(k\mid k-1)\boldsymbol{H}(k) \quad (35.24)$$

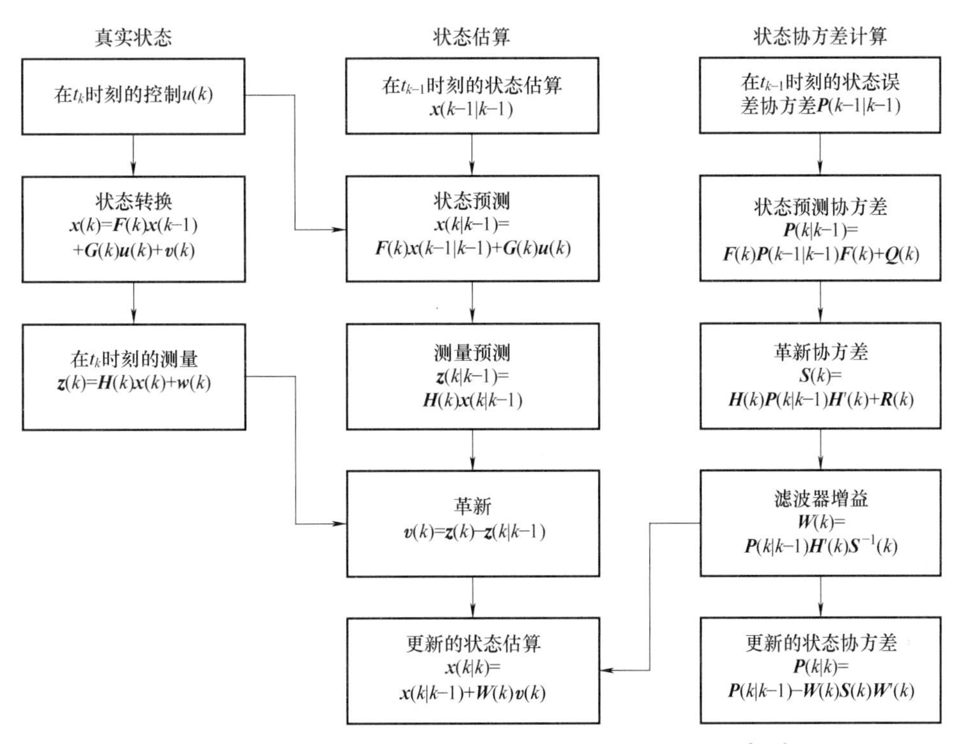

图 35.3 卡尔曼滤波器循环框图（Bar Shalom 和 Fortmann[35.7]）

观测值 $z(k)$ 与预测观测值 $H(k)\hat{x}(k|k-1)$ 之间的差称为革新或残差 $v(k)$，即

$$v(k)=z(k)-H(k)\hat{x}(k|k-1) \quad (35.25)$$

残差是衡量滤波器预测值与观测序列之间偏差的重要指标。事实上，由于真实状态不总是能够被获得，从而无法与估计状态进行比较，因此残差通常是衡量估计器性能的唯一标准。残差在数据关联中尤为重要。

3. 扩展卡尔曼滤波器

扩展卡尔曼滤波器（EKF）是卡尔曼滤波器的一种形式，可用于状态模型和/或观测模型为非线性的情况。本节简要介绍扩展卡尔曼滤波器。

扩展卡尔曼滤波器所考虑的状态模型在状态空间符号系统中用一阶非线性向量微分方程或状态模型的形式表示

$$\dot{x}(t)=f[x(t),u(t),v(t),t] \quad (35.26)$$

式中，$f[\cdot,\cdot,\cdot,]$ 现在是状态和控制输入到状态转换的一般非线性映射。扩展卡尔曼滤波器所考虑的观测模型在状态空间中由非线性向量函数描述，其形式为

$$z(t)=h[x(t),u(t),w(t),t] \quad (35.27)$$

式中 $h[\cdot,\cdot,\cdot,\cdot]$ 是状态和控制输入到观测值的一般非线性映射。

像卡尔曼滤波器一样，扩展卡尔曼滤波器几乎总是在离散时间内实现的。通过积分并对离散时间状态和观测的适度辨识，离散的状态模型可以写为

$$x(k)=f[x(k-1),u(k),v(k),k] \quad (35.28)$$

观测模型为

$$z(k)=h[x(k),w(k)] \quad (35.29)$$

像卡尔曼滤波器一样，假设噪声 $v(k)$ 和 $w(k)$ 均为高斯噪声、时间上不相关，并且拥有零均值，正如式（35.14）~式（35.16）中描述的那样。扩展卡尔曼滤波器的目标是将均方差最小化，从而计算出条件均值的近似值。因而它假设在时刻 $k-1$ 状态的预测近似等于条件均值，即 $\hat{x}(k-1|k-1)\approx E[x(k-1|Z^{k-1})]$。现在仅陈述扩展卡尔曼滤波器算法而不进行证明。详细的推导可以参见与此课题有关的参考书。扩展卡尔曼滤波器推导的主要阶段直接遵循线性卡尔曼滤波器的原则，其附加步骤是将过程和观测模型分别线性化为关于估计和预测的泰勒级数。该算法分为预测和更新两个步骤。

（1）预测　时刻 k 的状态的预测 $\hat{x}(k|k-1)$ 及其协方差 $P(k|k-1)$ 计算如下

$$\hat{x}(k|k-1)=f[\hat{x}(k-1|k-1),u(k)] \quad (35.30)$$

$$P(k|k-1)=\nabla f_x(k)P(k-1|k-1)\nabla^{\mathrm{T}}f_x(k)+$$

$$\nabla \boldsymbol{f}_v(k)\boldsymbol{Q}(k)\nabla^{\mathrm{T}}\boldsymbol{f}_v(k) \tag{35.31}$$

（2）更新　在时刻 k 处做出观测 $\boldsymbol{z}(k)$，更新的状态 $\boldsymbol{x}(k)$ 的预测 $\hat{\boldsymbol{x}}(k|k)$ 以及更新的预测协方差 $\boldsymbol{P}(k|k)$ 计算如下

$$\hat{\boldsymbol{x}}(k|k)=\hat{\boldsymbol{x}}(k|k-1)+\boldsymbol{W}(k)\{z(k)-\boldsymbol{h}[\hat{\boldsymbol{x}}(k|k-1)]\} \tag{35.32}$$

$$\boldsymbol{P}(k|k)=\boldsymbol{P}(k|k-1)-\boldsymbol{W}(k)\boldsymbol{S}(k)\boldsymbol{W}^{\mathrm{T}}(k) \tag{35.33}$$

其中，

$$\boldsymbol{W}(k)=\boldsymbol{P}(k|k-1)\nabla^{\mathrm{T}}\boldsymbol{h}_x(k)\boldsymbol{S}^{-1}(k) \tag{35.34}$$

且

$$\boldsymbol{S}(k)=\nabla\boldsymbol{h}_w(k)\boldsymbol{R}(k)\nabla^{\mathrm{T}}\boldsymbol{h}_w(k)+\nabla\boldsymbol{h}_x(k)\boldsymbol{P}(k|k-1)\nabla^{\mathrm{T}}\boldsymbol{h}_x(k) \tag{35.35}$$

式中，雅可比矩阵 $\nabla \boldsymbol{f}_{\cdot}(k)$ 为 $\boldsymbol{x}(k-1)=\hat{\boldsymbol{x}}(k-1|k-1)$ 的值，$\nabla \boldsymbol{h}_{\cdot}(k)$ 为 $\boldsymbol{x}(k)=\hat{\boldsymbol{x}}(k|k-1)$ 的值。

比较式（35.19）~式（35.24）与式（35.30）~式（35.35）可以看出EKF算法与线性卡尔曼滤波算法非常相似，只要在方差和增益传播方程中替换 $\boldsymbol{F}(k)\to\nabla \boldsymbol{f}_x(k)$ 和 $\boldsymbol{H}(k)\to\nabla \boldsymbol{h}_x(k)$ 即可。因此，EKF实际上是对状态误差的线性估算器，它由线性方程描述，并根据式（35.13）形式的线性方程进行观测。

EKF的工作原理与线性卡尔曼滤波器基本相同，但有一些值得注意的问题：

1）雅可比矩阵 $\nabla \boldsymbol{f}_x(k)$ 和 $\nabla \boldsymbol{h}_x(k)$ 通常不是常量，而是状态和时间两者的函数。这意味着与线性滤波器不同，随着预测和估算的计算，协方差和增益矩阵必须实时计算出来，并且通常不会趋于定值。这显著增加了算法需要实时运算的计算量。

2）由于线性化模型的推导是围绕预测或标称轨迹对真实状态预测和观测模型扰动进行的，必须非常小心地确保这些预测总是足够接近真实状态，而线性化的第二阶项其实很小。如果标称轨迹与真实轨迹距离太远，则真实协方差将远大于估计协方差，并且滤波器的配准将变得很差。在极端情况下，滤波器甚至可能变得不稳定。

3）EKF采用线性化模型，必须由状态的近似值计算得出。与线性算法不同，这意味着滤波器必须在运行开始时准确赋值，以确保获得的线性化模型有效。如果不这样做，滤波器计算出的估计值将毫无意义。

4. 信息滤波器

信息滤波器在数学上等同于卡尔曼滤波器。然而，它不是生成状态估计值 $\hat{\boldsymbol{x}}(i|j)$ 和协方差 $\boldsymbol{P}(i|j)$，而是使用信息状态变量 $\hat{\boldsymbol{y}}(i|j)$ 和信息矩阵 $\boldsymbol{Y}(i|j)$，它们通过以下关系相互关联：

$$\begin{aligned}\hat{\boldsymbol{y}}(i|j)&=\boldsymbol{P}^{-1}(i|j)\hat{\boldsymbol{x}}(i|j)\\ \boldsymbol{Y}(i|j)&=\boldsymbol{P}^{-1}(i|j)\end{aligned} \tag{35.36}$$

信息滤波器具有与卡尔曼滤波器相同的预测—更新结构。

（1）预测　一个信息状态在时刻 k 处的预测 $\hat{\boldsymbol{y}}(k|k-1)$ 和它的信息矩阵 $\boldsymbol{Y}(k|k-1)$ 可以分别计算如下（约瑟夫形式[35.8]）

$$\hat{\boldsymbol{y}}(k|k-1)=(\boldsymbol{I}-\boldsymbol{\Omega}\boldsymbol{G}^{\mathrm{T}})\boldsymbol{F}^{-\mathrm{T}}\hat{\boldsymbol{y}}(k-1|k-1)+\boldsymbol{Y}(k|k-1)\boldsymbol{B}\boldsymbol{u}(k) \tag{35.37}$$

$$\boldsymbol{Y}(k|k-1)=\boldsymbol{M}(k)-\boldsymbol{\Omega}\boldsymbol{\Sigma}\boldsymbol{\Omega}^{\mathrm{T}} \tag{35.38}$$

其中，

$$\boldsymbol{M}(k)=\boldsymbol{F}^{-\mathrm{T}}\boldsymbol{Y}(k-1|k-1)\boldsymbol{F}^{-1}$$

$$\boldsymbol{\Sigma}=\boldsymbol{G}^{\mathrm{T}}\boldsymbol{M}(k)\boldsymbol{G}+\boldsymbol{Q}^{-1}$$

且

$$\boldsymbol{\Omega}=\boldsymbol{M}(t_k)\boldsymbol{G}\boldsymbol{\Sigma}^{-1}$$

应注意的是，$\boldsymbol{\Sigma}$ 需要对它求逆来计算 $\boldsymbol{\Omega}$，其维数与过程驱动噪声的维数相同，通常比状态维数小得多。此外，矩阵 $\boldsymbol{F}^{-1}$ 是在时间上逆向计算的状态转移矩阵，因此必须始终存在。

（2）更新　在时刻 k 做出观测 $\boldsymbol{z}(k)$，更新的信息状态预测 $\hat{\boldsymbol{y}}(k|k)$ 以及更新的信息矩阵 $\boldsymbol{Y}(k|k)$ 计算如下

$$\hat{\boldsymbol{y}}(k|k)=\hat{\boldsymbol{y}}(k|k-1)+\boldsymbol{H}(k)\boldsymbol{R}^{-1}(k)\boldsymbol{z}(k) \tag{35.39}$$

$$\boldsymbol{Y}(k|k)=\boldsymbol{Y}(k|k-1)+\boldsymbol{H}(k)\boldsymbol{R}^{-1}(k)\boldsymbol{H}^{\mathrm{T}}(k) \tag{35.40}$$

要注意的是，式（35.38）和式（35.37）在数学上与式（35.19）和式（35.20）相同，式（35.39）和式（35.40）在数学上与式（35.21）和式（35.22）相同。值得注意的是，信息和状态空间形式之间存在着二元性[35.10]。这种二元性其实是很明显的，因为 Σ 和 $\boldsymbol{\Omega}$ 在信息滤波器的预测阶段起到的作用，与卡尔曼滤波器的更新阶段的增益矩阵 $\boldsymbol{W}$ 和革新协方差 $\boldsymbol{S}$ 的作用相同。此外，卡尔曼滤波器简单的信息预测步骤也印证了信息滤波器简单的线性更新步骤。

在数据融合问题中，信息滤波相比卡尔曼滤波的主要优点是更新阶段相对简单。对于一个具有 n 个传感器的系统，融合后的信息状态更新就是所有传感器信息贡献的线性和，即

$$\begin{aligned}\hat{\boldsymbol{y}}(k|k)&=\hat{\boldsymbol{y}}(k|k-1)+\sum_{i=1}^{n}\boldsymbol{H}_i(k)\boldsymbol{R}_i^{-1}(k)\boldsymbol{z}_i(k)\\ \boldsymbol{Y}(k|k)&=\boldsymbol{Y}(k|k-1)+\sum_{i=1}^{n}\boldsymbol{H}_i(k)\boldsymbol{R}_i^{-1}(k)\boldsymbol{H}_i^{T}(k)\end{aligned} \tag{35.41}$$

表达式以这种形式存在的原因是，信息滤波器本质上是贝叶斯定理关于概率的对数表示，因而概率的乘积［式（35.4）］变成了求和。而对于卡尔曼滤波器，不存在这种多传感器更新的简单表达式。信息滤波器的这一特性已被用于机器人网络的数据融合[35.11,12]，近来也被用于机器人导航和定位问题[35.1]。信息滤波器的主要劣势在于非线性模型的编码，尤其是在预测步骤上。

5. 何时使用卡尔曼或信息滤波器

当我们感兴趣的物理量是使用连续参数状态定义的时候，卡尔曼或信息滤波器就很适用此类数据融合问题。这包括对机器人或其他物体的位置、姿态和速度的预测，或对简单几何特征（如点、线或曲线）的跟踪。当物理量的特征不易参数化的时候，比如空间占据性、离散的标签或过程，就不适合使用卡尔曼或信息滤波器进行预测了。

35.1.4 连续蒙特卡罗法

蒙特卡罗（MC）滤波方法用概率分布的方式对一个隐含的状态空间的一组加权采样进行描述。MC 滤波方法通常通过贝叶斯定理来使用这些采样进行概率推导的仿真，使用的采样或仿真数很大。通过研究这些采样经过推导过程的统计特性，仿真过程的概率图形就建立起来了。

1. 概率分布的表示

在连续蒙特卡罗法中，概率分布的描述是通过使用一系列支撑点（状态空间值）$\boldsymbol{x}^i$，$i=1, \cdots, N$，以及相应的一组归一化权重 w^i，$i=1, \cdots, N$ 进行的，其中 $\sum_i w^i=1$。支撑点和权重可用于定义以下形式的概率密度函数

$$P(\boldsymbol{x}) \approx \sum_{i=1}^{N} w^i \delta(\boldsymbol{x}-\boldsymbol{x}^i) \qquad (35.42)$$

一个关键问题是如何选择支撑点和权重以获得概率密度 $P(\boldsymbol{x})$ 的合理表示。最常用的选择支撑点的方法是使用重要性密度 $q(\boldsymbol{x})$。支撑点 x^i 是对此密度进行的采样；当密度具有高概率时，较多的采样就被选择出来；当密度具有低概率时，较少的采样被选择出来。然后根据式（35.43）计算式（35.42）中的权重。

$$w^i \propto \frac{P(\boldsymbol{x}^i)}{q(\boldsymbol{x}^i)} \qquad (35.43)$$

实际上，一个支撑点采样 $\boldsymbol{x}^i$ 来自重要性分布。此采样从隐含的概率分布中初始化以产生概率值 $P(\boldsymbol{x}=\boldsymbol{x}^i)$。两个概率值的相比并进行适当归一化就得到权重。

重要性取样法有两个极端例子：

1）在一个极端例子中，重要性密度可以被看作是均匀分布，从而支撑点 $\boldsymbol{x}^i$ 均匀分布在状态空间上，与网格的形式很接近。每一个概率 $q(\boldsymbol{x}^i)$ 也因此相等。从式（35.43）计算的权重与概率成正比，$w^i \propto P(\boldsymbol{x}=\boldsymbol{x}^i)$。结果是一个看起来很像常规网格模型的分布模型。

2）在另一个极端例子中，我们选择重要性分布等同于概率模型，即 $q(\boldsymbol{x})=P(\boldsymbol{x})$。支撑点采样 $\boldsymbol{x}^i$ 从该密度中获得。密度高的地方采样多，密度低的地方采样少。然而，如果我们将 $q(\boldsymbol{x}^i)=P(\boldsymbol{x}^i)$ 代入式（35.43），很明显，全部权重 $w^i=1/N$。一组具有相同权重的样本称为粒子分布。

当然，可以将这两种表示方法融合，既使用一组权重又使用一组支撑点对一个概率分布进行描述。描述概率分布的样本和权重的完整集合 $\{\boldsymbol{x}^i, w^i\}_{i=1}^N$ 被称为随机测度。

2. 连续蒙特卡罗法

连续蒙特卡罗（SMC）滤波方法是对递归贝叶斯更新方程的仿真，使用支撑采样值和权重来描述隐含的概率分布。方法的起点是式（35.7）和式（35.8）中给出的递归或连续贝叶斯观测更新。SMC 递归开始于由一组支撑值和权重 $\{\boldsymbol{x}_{k-1}^i, w_{k-1|k-1}^i\}_{i=1}^{N_{k-1}}$ 表示的后验概率密度，形式如下

$$P(\boldsymbol{x}_{k-1} \mid \boldsymbol{Z}^{k-1}) = \sum_{i=1}^{N_{k-1}} w_{k-1}^i \delta(\boldsymbol{x}_{k-1}-\boldsymbol{x}_{k-1}^i) \qquad (35.44)$$

预测步骤要求将式（35.44）代入式（35.8）中，从而使联合密度边缘化，但实际上，我们假设重要性密度就是转变模型见式（35.45），可以避免这一复杂步骤。

$$q_k(\boldsymbol{x}_k^i) = P(\boldsymbol{x}_k^i \mid \boldsymbol{x}_{k-1}^i) \qquad (35.45)$$

这允许在旧支撑值 $\boldsymbol{x}_{k-1}^i$ 的基础上绘制新支撑值 $\boldsymbol{x}_k^i$，同时保持权重不变，$w_k^i=w_{k-1}^i$。从而，预测就变为

$$P(\boldsymbol{x}_k \mid \boldsymbol{Z}^{k-1}) = \sum_{i=1}^{N_k} w_{k-1}^i \delta(\boldsymbol{x}_k-\boldsymbol{x}_k^i) \qquad (35.46)$$

SMC 观测更新步骤相对简单。先定义一个观测模型 $P(\boldsymbol{z}_k \mid \boldsymbol{x}_k)$，它是两个变量 $\boldsymbol{z}_k$ 和 $\boldsymbol{x}_k$ 的函数，且是关于 $\boldsymbol{z}_k$ 的概率分布（积分结果为单位 1）。当进行观测或测量时，$\boldsymbol{z}_k=z_k$，观测模型变为仅是状态 $\boldsymbol{x}_k$ 的函数。如果状态采样是 $\boldsymbol{x}_k=\boldsymbol{x}_k^i$，$i=1, \cdots, N_k$，观测模型 $P(\boldsymbol{z}_k=z_k \mid \boldsymbol{x}_k=\boldsymbol{x}_k^i)$ 变为一组描述采样 $\boldsymbol{x}_k^i$ 产生观测 z_k 的概率的标量。将此概率和式（35.46）代入式（35.7）得到

35

$$P(\boldsymbol{x}_k \mid \boldsymbol{Z}^k)=C\sum_{i=1}^{N_k} w_{k-1}^i P(z_k=z_k \mid \boldsymbol{x}_k=\boldsymbol{x}_k^i)\delta(\boldsymbol{x}_k-\boldsymbol{x}_k^i) \tag{35.47}$$

这通常以一组更新的归一化权重的形式实现，即

$$w_k^i=\frac{w_{k-1}^i P(z_k=z_k \mid \boldsymbol{x}_k=\boldsymbol{x}_k^i)}{\sum_{j=1}^{N_k} w_{k-1}^j P(z_k=z_k \mid \boldsymbol{x}_k=\boldsymbol{x}_k^i)} \tag{35.48}$$

所以

$$P(\boldsymbol{x}_k \mid \boldsymbol{Z}^k)=\sum_{i=1}^{N_k} w_k^i \delta(\boldsymbol{x}_k-\boldsymbol{x}_k^i) \tag{35.49}$$

注意，式（35.49）中的支撑值与式（35.46）中的支撑值相同，只是观测更新改变了权重。

SMC法的实现需要枚举状态转移模型 $P(\boldsymbol{x}_k \mid \boldsymbol{x}_{k-1})$ 和观测模型 $P(z_k \mid \boldsymbol{x}_k)$。这些需要以允许实例化 z_k、$\boldsymbol{x}_k$ 和 $\boldsymbol{x}_{k-1}$ 的值的形式呈现。对于低维状态空间，查找表中的插值是一种可行的表示方法。对于高维状态空间，首选方法是提供函数表示。

实际上，式（35.46）和（35.49）的实现如下：

（1）时间更新　过程模型以通常的状态空间形式定义为 $\boldsymbol{x}_k=f(\boldsymbol{x}_{k-1},\boldsymbol{w}_{k-1},k)$。式中，$\boldsymbol{w}_k$ 是一个具有已知概率密度为 $P(z_k)$ 的独立噪声序列。预测步骤的实现如下：从分布 $P(z_k)$ 中提取 N_k 个样本 $\boldsymbol{w}_k^i$，$i=1, \cdots, N_k$，支撑值 $\boldsymbol{x}_{k-1}^i$ 与样本 $\boldsymbol{w}_k^i$ 一起通过过程模型传递，即

$$\boldsymbol{x}_k^i=\boldsymbol{f}(\boldsymbol{x}_{k-1}^i,\boldsymbol{w}_{k-1}^i,k) \tag{35.50}$$

产生一组新的支撑向量 $\boldsymbol{x}_k^i$。这些支撑向量的权重 w_{k-1}^i 不变。实际上，过程模型只是用来模拟状态传播。

（2）观测更新　观测模型也以通常的状态空间形式定义为 $\boldsymbol{z}_k=\boldsymbol{h}(\boldsymbol{x}_k,\boldsymbol{v}_k,k)$。式中，$\boldsymbol{v}_k$ 是具有已知概率密度 $P(\boldsymbol{v}_k)$ 的独立噪声序列。观测步骤的实现如下。测量 $\boldsymbol{z}_k=z_k$。对于每个支撑值 $\boldsymbol{x}_k^i$，似然计算为

$$\Lambda(\boldsymbol{x}_k^i)=P(\boldsymbol{z}_k=z_k \mid \boldsymbol{x}_k=\boldsymbol{x}_k^i) \tag{35.51}$$

实际上，这要求观测模型为等式形式（如高斯模型），允许测量值 z_k 和每个粒子预测的观测值 $\boldsymbol{h}(\boldsymbol{x}_k^i, k)$ 之间误差的概率得到计算。观测后更新的权重为

$$w_k^i \propto w_{k-1}^i P(\boldsymbol{z}_k=z_k \mid \boldsymbol{x}_k^i) \tag{35.52}$$

3. 重新采样

权重更新后，通常对测量 $\{\boldsymbol{x}_k^i, w_k^i\}_{i=1}^N$ 进行重新采样，这将样本集中在那些概率密度最大的区域上。重新采样的决定是基于样品中粒子的有效数量 N_{eff}，该有效数量近似为

$$N_{\text{eff}}=\frac{1}{\sum_i (w_k^i)^2}$$

采样重要性重新采样（SIR）算法在每个周期进行重新采样，以使权重始终相等。重新采样的一个关键问题是样本集固定在一些较大可能性的样本上，这种在重新采样过程中固定在几个极有可能的粒子上的问题称为样本贫化。一般来说，当 N_{eff} 下降到实际样本的某一部分时（如1/2），最好重新进行采样。

4. 何时使用蒙特卡罗法

蒙特卡罗法非常适合状态转换模型和观测模型高度非线性的问题。这是因为基于样本的方法可以表示非常普遍的概率密度。特别是多模型或多重假设密度方程，都能很好地被蒙特卡罗法处理。但是需要注意的是，模型 $P(\boldsymbol{x}_k \mid \boldsymbol{x}_{k-1})$ 和 $P(z_k \mid \boldsymbol{x}_k)$ 在所有情况下都必须是可枚举的，并且通常必须是简单的参数形式。蒙特卡罗法也覆盖了基于参数和基于网格的数据融合方法之间的缺口。

蒙特卡罗法不适用于高维状态空间的问题。一般来说，对给定密度进行精确建模所需的样本数随状态空间维数呈指数增长。可以通过将不需要采样就可以建模的状态边缘化来限制状态空间维数的影响，这一过程被称为Rao-Blackwellization。

35.1.5　概率的替代

对于信息融合问题来说，不确定性的表示是非常重要的，以至于人们提出许多替代性建模技术来处理概率方法中观察到的局限性。

概率建模技术有四个主要的局限性：

1）复杂性：需要指定大量的概率才能正确应用概率推理方法。

2）不一致性：以概率的形式指定一组一致的可信度，并使用此可信度对兴趣状态进行一致的推导中存在的困难。

3）模型的精确性：对于数量未知的量，需要精确地说明其概率。

4）不确定因素的不确定性：在面对不确定因素或对信息来源的不了解，这导致很难分配概率。

三种方法可以解决这些问题：区间微积分法、模糊逻辑和证据推理（Dempster-Shafer方法）。我们依次进行简要介绍。

1. 区间微积分法

使用区间表示不确定性来约束真实参数值，比概率性方法具有许多潜在的优势。特别是，当缺乏概率信息但传感器和参数误差需要限定时，区间提供了对不确定性的很好度量。在区间技术中，参数

x 的不确定性可以用一个声明进行简单描述：状态 x 的真值在 a 之上，b 之下，即 $x\in[a,b]$。重要的是没有其他任何概率结构的暗示，特别是 $x\in[a,b]$ 并不一定意味着 x 在区间 $[a,b]$ 内具有相同的概率（均匀分布）。

区间误差的处理有许多简单而基础的规则。Moore 所著专著[35.13]对此进行了详细的描述（其分析最初旨在理解有限精度的计算机算法）。简而言之，对于 a，b，c，$d\in\mathbb{R}$，加法、减法、乘法和除法由以下代数关系定义

$$[a,b]+[c,d]=[a+c,b+d]$$

$$[a,b]-[c,d]=[a-d,b-c] \tag{35.53}$$

$$[a,b]\times[c,d]=[\min(ac,ad,bc,bd),\ \max(ac,ad,bc,bd)] \tag{35.54}$$

$$\frac{[a,b]}{[c,d]}=[a,b]\times\left[\frac{1}{d},\frac{1}{c}\right],\quad 0\notin[c,d] \tag{35.55}$$

可以证明区间加法和区间乘法都满足结合律和交换律。区间算法允许采用明显的米制距离度量：

$$d([a,b],[c,d])=\max(|a-c|,|b-d|) \tag{35.56}$$

使用区间的矩阵算法也是可能的，但实际上要复杂得多，尤其是当需要矩阵求逆时。

区间微积分法有时用于检测。但是，它们通常不用于数据融合问题，因为：

1）很难得到收敛于任何值的结果（这是主要问题）。

2）在许多数据融合问题中，变量之间的依赖关系是很难编码的。

2. 模糊逻辑

作为一种表示不确定性的方法，模糊逻辑得到了广泛的应用，特别是在监控和高级数据融合任务中。模糊逻辑通常被认为是不精确推理的理想工具，尤其是在基于规则的系统中。当然，模糊逻辑在实际应用中取得了一定的成功。

关于模糊集和模糊逻辑已经有很多文章（例如参考文献［35.14］和［35.15］中第 11 章的讨论）。在这里，我们简要地描述了主要的定义和操作，而没有考虑模糊逻辑方法的更高级的特性。

考虑一个由元素 x 组成的通用集；$X=\{x\}$。假设一个适当的子集 $A\subseteq X$，使得

$$A=\{x\mid x\text{ 具有某些特性}\}$$

在传统的逻辑系统中，我们可以定义一个隶属函数 $\mu_A(x)$（也称为特征函数），它报告一个特定的元素 $x\in X$ 是否是这个集合的成员。

$$A\rightleftharpoons\mu_A(x)=\begin{cases}1, & x\in A\\ 0, & x\notin A\end{cases}$$

例如，设 X 是所有飞机构成的集合。集合 A 可以是所有超音速飞机构成的集合。在模糊逻辑文献中，这被称为明确（crisp）集。相比之下，模糊集是一个有一定程度的隶属度，范围在 0 到 1 之间的集合。模糊隶属函数 $\mu_A(x)$ 定义了元素 $x\in X$ 对集合 A 的隶属度。例如，仍设 X 是所有飞机构成的集合，则 A 可以是所有快速飞机构成的集合。然后模糊隶属函数 $\mu_A(x)$ 分配一个介于 0 和 1 之间的值，表示每个飞机 x 对该集合的隶属度，形式上为

$$A\rightleftharpoons\mu_A\mapsto[0,1]$$

模糊集的合成规则遵循正常明确集的合成过程，例如

$$A\cap B\rightleftharpoons\mu_{A\cap B}(x)=\min[\mu_A(x),\mu_B(x)]$$

$$A\cap B\rightleftharpoons\mu_{A\cap B}(x)=\max[\mu_A(x),\mu_B(x)]$$

与二进制逻辑相关的正常特性包括：交换律、结合律、幂等性、分配律、摩根定律和吸收性。唯一的例外是，排中律不再成立，即

$$A\cup\overline{A}\neq X,\quad A\cap\overline{A}\neq\varnothing$$

这些定义和定律共同构成了一种系统的方法来推理不精确的值。

模糊集理论与概率论之间的关系仍然是学术界争论的焦点。

3. 证据推理

证据推理（通常根据该理论的创始人而称为 Dempster-Shafer 证据推理）已经有一些断断续续的成功，特别是在自动推理应用中。证据推理与概率论或模糊集理论在本质上有所不同，不同点如下所述。考虑一个通用集 X。在概率论或模糊集理论中，一个可信度可以赋给任何元素 $x_i\in X$，而对于任何子集有 $A\subseteq X$。在证据推理中，可信度不能赋给任何元素或子集，或子集的子集。特别的，当概率方法的域是所有可能的子集 X，而证据推理的域是幂集 2^X。

例如，考虑互斥集 $X=\{$占用,空$\}$。在概率论中，我们可以给每个可能的事件分配一个概率值，例如，$P($占用$)=0.3$，因此 $P($空$)=0.7$。在证据推理中，我们构造包含所有子集的集合为

$$2^X=\{\{\text{占用},\text{空}\},\{\text{占用}\},\{\text{空}\},\varnothing\}$$

然后给此集中的每一个元素赋可信度如下

$$m(\{\text{占用},\text{空}\})=0.5$$

$$m(\{\text{占用}\})=0.3$$

$$m(\{\text{空}\})=0.2$$

$$m(\varnothing)=0.0$$

空集 $\varnothing$ 被赋予可信度 0 以保证标准化。对此的解释是，有 30% 的概率被占用，20% 的概率为空，50% 的概率为占用或空。

35

实际上，赋予子集占用或空的值是一种对未知状态的赋值或无法区分这两种情形的赋值。有关将证据方法应用于确定性网格导航的更详细示例，请参见参考文献［35.16］。

因此，证据推理提供了一种捕捉位置状态或无法区分占据和空的方法。在概率论中，将以一种完全不同的方式来处理，即给每个备选方案分配一个相等或一致的概率。然而，声明占用的可能性是50%，显然不等于声明不知道是否会占用。使用幂集作为辨别的框架，可以更丰富置信程度。但是，付出的代价是复杂性的显著增加。如果原始集合 X 中有 n 个元素，那么将有 2^n 个可能的子集需要赋予可信度。对于较大的 n 来说，显然这是不可解的。此外，当集合是连续的时，集合的所有子集甚至是不可测量的。

证据推理方法提供了一种在集合上赋予和融合可信度的方法。也有其他方法获得相关测量，称为支持度和可行度，其实就是 Dempster 最初提出的方法中的上限和下限概率。

证据推理在离散数据融合系统中发挥着重要作用，特别是在属性融合和态势评估等信息未知或模棱两可的领域。它在较低水平的数据融合问题中的应用具有挑战性，因为给幂集赋予可信度与状态的集的势呈指数性关联。

35.2 多传感器融合体系架构

上节讨论的多传感器融合方法提供了一种算法，使得传感器数据及其相关的不确定性模型可以用来构建环境的隐式或显式模型。然而，一个多传感器融合系统必须包含许多其他功能部件来管理和控制融合过程。这些内容被称为多传感器融合架构。

35.2.1 架构的分类

多传感器系统体系架构可以由多种方式组织。基于实验室联合主管（JDL）模型是军方为多传感器系统开发出的一种功能性结构的规划。该方法从信号、特征、线程和态势分析的层次（即 JDL 层次）来看待多传感器融合。这种系统的评估是从跟踪性能、生存能力、效率和带宽等方面进行的。这些措施通常不适用于机器人应用，因而在此对 JDL 模型不做进一步讨论（详见参考文献［35.17，18］）。其他分类方案区分低级和高级融合[35.19]，或集中式与分布式处理数据与变量[35.20]。

Makarenko[35.21]已经开发并详细描述了多传感器机器人系统的通用体系架构框架，我们将基于这种方法进行讨论。系统架构定义如下。

1. 元架构

一组高层级的考虑因素，强烈体现了系统架构的特征。系统元素的选择和组织可以遵循美学、效率或其他设计标准和目标（例如，系统和组件的可理解性、模块性、可扩展性、可移植性、互操作性、集中/分散化、鲁棒性和容错性）。

2. 算法架构

一组特定的信息融合和决策方法。这组方法解决的问题包括数据的异构性、注册、校准、一致性、信息内容、独立性、时间间隔和比例，以及模型和不确定性之间的关系。

3. 概念架构

组件的粒度和功能（特别是从算法元素到功能结构的映射）。

4. 逻辑架构

详细的规范化组件类型（即面向对象的规范）和接口，以使元件间的服务规范化。组件可能是临时的或受限制的，其他问题包括粒度、模块化、重复使用性、验证、数据结构、语义等。通信问题包括层次结构与非层次结构组织、共享内存与信息传递、基于信息的子组件交互特征、拉/推机制和订阅—发布机制等。控制既包括对多传感器融合系统内驱动系统的控制，也包括对系统内信息输入和输出的控制，以及任何外部决策和命令的控制。

5. 执行架构

定义组件到执行元素的映射。这包括确保程序正确性的内部或外部方法（即环境和传感器模型已从数学或其他形式的描述正确转换为计算机程序等），以及模型验证（确保形式的描述符合要求的实际情况等）。

在任何闭环控制系统中，传感器都被用来提供反馈信息来描述系统的当前状态及其不确定性。为给定应用构建传感器系统是一个系统工程过程，包括系统需求分析、环境模型、在不同条件下确定系统行为以及选择合适的传感器[35.22]。构建传感器系统的下一步是组装硬件组件，并开发必要的软件模块以进行数据融合和解释。最后，对系统进行测试，并对其性能进行分析。系统建成后，有必要对系统的不同组件进行监控，以便进行测试、调试和分析。系统还需要时间复杂度、空间复杂度、鲁棒性和效率方面的定量测量。

此外，由于图形用户界面（GUI）、可视化功能以及许多不同类型传感器的使用，实时系统的设计和实现变得越来越复杂。因此，许多软件工程问题，如可重用性和商用现货（COTS）组件的使用[35.23]、实时问题[35.24-26]、传感器选择[35.27]、可靠性[35.28-30]和嵌入式测试[35.31]正受到越来越多系统开发人员的更多关注。

每种传感器类型都有不同的特性和功能描述。因此，一些方法旨在以独立于所使用的物理传感器的方式开发传感器系统建模的通用方法。因此，这使得能够以一般方式研究多传感器系统的性能和鲁棒性。已经有很多种尝试去提供一般性方法，连同其数学基础和描述。其中一些建模技术涉及多传感器系统的误差分析和容错性[35.32-37]。其他技术是基于模型的，并且需要对感测对象及其环境的先验知识[35.38-40]。这些方法有助于将数据与模型相匹配，但并不能始终提供比较替代性模型的方法。任务导向感知是设计感知策略的另一种方法[35.41-43]。一般的传感器建模工作对多传感器融合体系架构的发展有很大的影响。

对传感器系统建模的另一种方法是定义与每个传感器相关的感知—计算系统，以允许设计、比较、转换和简化任何传感器系统[35.44]。在这种方法中，信息不变性的概念被用来定义信息复杂性的度量。这提供了一种计算理论，允许对传感器系统进行分析、比较和简化。

一般而言，多传感器融合体系架构可根据四个独立设计维度的选择进行分类：

1）集中式与分布式。

2）局部交互式与全局交互式。

3）模块式与整体式。

4）异构式与分层式。

最普遍的组合包括：

1）集中式、局部交互式与分层式。

2）分布式、全局交互式与异构式。

3）分布式、局部交互式与分层式。

4）分布式、局部交互式与异构式。

在某些情况下，显式模块式也是可取的。大多数现有的多传感器体系架构都很适合这些类别中的一种。如果算法结构是系统的主要特征，那么在第35.1节中，它将被视为多传感器融合理论的一部分。否则，它和这四种分类组合其中之一的方法仅仅存在些许差异。

35.2.2 集中式、局部交互式与分层式

集中式、局部交互和分层式结构包含许多系统原理。最不具代表性的要求是包容架构，它最初由Braitenberg[35.45]提出，并由Brooks[35.46]推广。包容多传感器体系架构将行为定义为基本组件，并采用一系列分层的行为来体现一个程序（整体式）。任何行为都可以利用其他行为的输出，也可以抑制其他行为。层次结构是由层定义的，尽管这并不总是明确的。主要的设计理念是直接从感知—动作循环中开发行为模式，而不依赖于不友好的环境表现。这导致了操作的鲁棒性，但缺乏动作的可预测性。

一个更复杂（更具代表性）的基于行为的系统是分布式现场机器人体系架构（DFRA）[35.47]。这是传感器融合效应（SFX）架构的推广[35.48]。这种方法利用模块化，通过使用Java、Jini和XML语言、容错性、适应性、长期性、界面一致性和动态组件等，来实现基于行为和协商的操作、可重构性和互操作性。算法结构基于模糊逻辑控制器。对于室外移动机器人的导航，已有试验对其进行了研究。

其他此类的相似结构包括感知—动作网络Lee和Ro[35.49,50]，而Draper等人[35.51]致力于需要执行任务的信息类型（更高级别的集成）；另见参考文献[35.52]。

此类传感器融合的另一种方法是使用人工神经网络。这样做的好处是用户（至少理论上）不需要了解传感器模式之间的关系，也不需要对不确定性进行建模，也不需要实际决定系统的结构，只需要指定网络中的层数和每层的节点数。神经网络以一组训练实例呈现，并且必须通过神经元连接上的权重来确定从输入到期望输出（分类、控制信号等）的最优映射[35.53,54]。

此外还存在各种其他方法。例如，Hager和Mintz[35.42,43]定义了一种基于贝叶斯决策理论的面向任务的传感器融合方法，并开发了一个面向对象的编程架构。Joshi和Sanderson[35.55]描述了解决模型选择和多传感器融合问题的方法：

> 该方法使用表示大小（描述长度）来选择①模型类别和参数数量；②模型参数分辨率；③需要建模的被观测特征子集；④特征映射到模型的对应关系。

他们的方法比体系架构更广泛，并使用最小化

准则来合成多传感器融合系统，以解决特定的二维和三维目标识别问题。

35.2.3　分布式、全局交互式与异构式

分布式、全局交互式元体系架构的主要例子是黑板系统。很多黑板系统的例子已经应用于数据融合问题。例如，Berge Cherfaui 和 Vachon[35.56] 的 SEPIA 系统使用模块化代理形式的逻辑传感器，将结果发布到黑板上。黑板的总体架构目标包括高效协作和动态配置。文献指出有试验进行室内机器人在房间之间的移动。

MESSIE（多专家景象解释和评估）系统[35.57] 是一个基于多传感器融合的场景解释系统；该系统已被应用于遥感图像的解译中。该系统提出了一种多传感器融合概念的类型，推导了建模问题对目标、场景和策略的影响。该多专家体系架构总结了之前工作的概念，考虑了传感器知识、多视角概念（shot）以及模型和数据的不确定性和不准确性。特别是，物体的通用模型由独立于传感器（几何关系、材料和空间背景）的概念表示。体系架构中存在三种专家：通用专家（场景和冲突）、语义对象专家和低层专家。采用集中控制的黑板结构。被解释的场景使用矩阵指针实现，使得冲突能够很容易地被检测到。在场景专家的控制下，冲突专家利用对象的空间背景知识解决冲突。最后，介绍了一个合成孔径雷达（synthetic aperture radar，SAR）/SPOT 传感器解译系统，并给出了一个桥梁、城区和道路检测的实例。

35.2.4　分布式、局部交互式与分层式

这种架构最早的应用之一是实时控制系统（RCS）[35.58]。RCS 是一种用于智能控制的认知结构，但本质上是利用多传感器融合来实现复杂的控制。RCS 以任务分解为基本组织原则。它定义了一组节点，每个节点由一个传感器处理器、一个全局模型和一个行为生成组件组成。尽管允许跨层连接，但节点通常以分层方式与其他节点通信。该系统支持多种算法架构，从反应行为到语义网络。此外，它可以维护信号、图像和地图，并允许图标和符号表示之间的紧密耦合。该体系架构通常不允许动态重新配置，但保持了规范的静态模块连接结构。RCS 已经在无人地面车辆上得到了验证[35.59]。其他面向对象的方法也有报道[35.34,60]。

作为一种早期为多传感器系统宣扬强烈编程语义需求的结构法，逻辑传感器系统（LSS）使用功能性（或应用性）语言理论达到其目标。最发达的 LSS 版本是仪表化的 LSS（ILLS）[35.22]。ILLS 方法基于 Shilcrat 和 Henderson[35.61] 提出的 LSS。LSS 方法旨在以隐藏其物理性质的方式指定任何传感器。LSS 的主要目标是开发一个连贯和有效的信息呈现方式，这些信息由许多不同类型的传感器提供。这种表示法提供了一种从传感器故障中恢复的方法，也有助于在添加或更换传感器时重新配置传感器系统[35.62]。

ILSS 定义为 LSS 的扩展，由以下组件组成（图 35.4）：

1）ILSS 名称：唯一标识模块。

2）特征输出向量（COV）：具有一个输出向量和零个或多个输入向量的强类型输出结构。

3）命令：向模块输入命令，并向其他模块输出命令。

4）选择功能：一种选择器，用于检测一个备用电源的故障，并在可能的情况下切换到另一个备用电源。

5）替代子网：产生 COV_{out} 的替代方法；正是一个或多个算法的实现才使得模块的主要功能得以延续实现。

6）控制命令解释器（CCI）：模块的命令解释器。

7）嵌入式测试：增加鲁棒性和便于调试的自检程序。

8）监视器：检查结果 COV 有效性的模块。

9）点击器：位于输出行以查看不同的 COV 值。

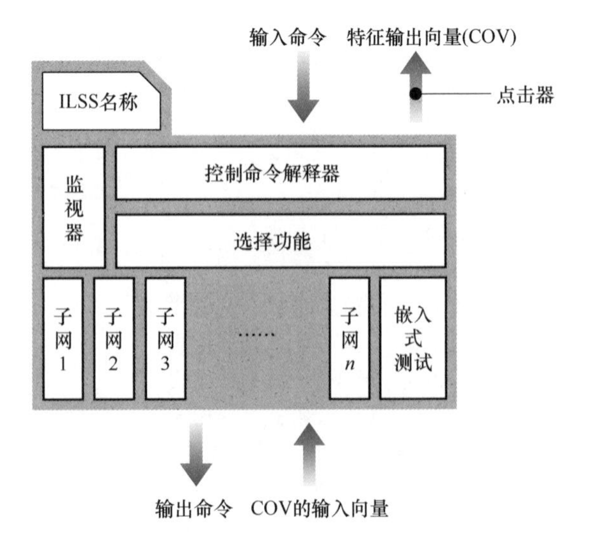

图 35.4　仪表化逻辑传感器模块示意图

这些组件可以识别系统行为，并提供在线监视和调试的机制。此外，它们还提供了对系统的实时性能测量。监视器是有效性检查站，用于过滤输出并对错误结果提出警告。每个监视器都配备了一组规则（或约束），用于控制 COV 在不同条件下的行为。

嵌入式测试用于在线检测和调试。Weller 等人提出了一种传感器处理模型，能够检测测量误差并减小这些误差[35.31]。该方法基于为每个系统模块提供验证测试，以验证测量数据中的某些特性，并验证传感器模块算法产生的内部和输出数据。恢复策略基于不同传感器模块的局域规则。ILSS 使用了一种类似的方法，称为本地嵌入式测试，其中每个模块都配备了一组基于该模块语义定义的测试。这些测试生成输入数据以检查模块的不同方面，然后使用语义定义的一组约束和规则检查模块的输出。这些测试还可以从其他模块获取输入，以检查一组模块的运行情况。文中给出了由带摄像机和声呐的 Labmate 平台组成的壁面姿态估计系统的示例。该系统已经为 LSS 提供了许多扩展[35.63,64]。

35.2.5 分布式、局部交互式与异构式

这种基本体系架构的最好例子是由 Makarenko 等人开发的用于分布式数据融合的有源传感器网络（ASN）框架[35.21,65]。下面描述各种架构的区别特征。

1. 元架构

ASN 的显著特点是其对分散性、模块化和严格的局部交互（可能是物理的或按类型的）的保证。因此，对于这些通信过程来说，分散性意味着没有元件位于系统的操作中心，并且通信是点对点的。此外，没有中央设施或服务（例如，用于通信、名称和服务查找或计时）。这些特性使得系统具有可扩展性、容错性和可重构性。

局部交互意味着通信链接的数量与网格大小无关。此外，信息的数量也应该保持不变。这使得系统具有可扩展性和可重构性。

模块化导致了源于接口协议、可重构性和容错性的互操作性：故障可能仅限于单个模块。

2. 算法架构

算法主要有三个部分：置信度融合、效用融合和策略选择。

可信度融合是通过将所有信息传递给相邻平台来实现的。可信度被定义为全局状态空间的概率分布。

效用融合是通过将单个平台的局部效用分解为置信质量的集体效用，以及动作与通信的局部效用来实现的。缺点是由于动作和通信的效用仍然是局部的，因此忽略了单个动作和通信之间的潜在耦合性。

通过最大化期望值来选择通信和行动策略。选定的方法是遵循 Durrant Whyte 等人的工作[35.11,66]，针对一种特定状态实现点最大化。

3. 概念架构

系统的数据类型包括：

1）置信度：当前世界的置信度。

2）计划：未来计划的世界置信度。

3）动作：未来计划的动作。

元件角色的定义导致了系统的自然划分。

信息融合任务是通过为每个数据类型定义四个组件角色来实现的：信息源、接收器、融合器和分配器（请注意，数据类型操作没有融合器或分配器组件角色。）

不同分配器之间的连接构成了 ASN 框架的主干，被交换的信息采取的形式是它们的局域置信度。类似的考量应用于决定决策和系统配置任务的组件角色。

4. 逻辑架构

详细的架构规范取决于概念架构。它由表 35.1[35.21] 中描述的六种规范组件类型组成。

表 35.1 规范组件及其作用

组件类型	置信度			计划			动作	
	信息源	融合/分配	接收	信息源	融合/分配	接收	信息源	接收
传感器	×							
节点		×			×			
执行器								×
规划器			×	×		×	×	

（续）

组件类型	置信度			计划			动作	
	信息源	融合/分配	接收	信息源	融合/分配	接收	信息源	接收
用户界面	×		×			×	×	
帧								

注：同一行中的多个×表示一个元件里的交叉作用关系。“帧”不参与信息融合或决策，但需要用于定位和其他平台特定任务[35.21]。

Makarenko 接着描述了如何整合元件和接口来实现 ASN 中问题域的例子。

5. 执行架构

执行架构跟踪逻辑元件到执行元素（如进程和共享库）的映射。配置视图显示物理组件到物理系统节点的映射。源代码视图解释了实现系统的软件配置方式。在体系架构级别上，解决了三个问题：执行、配置和源代码组织。

ASN 框架的试验性实现已经证明它是足够灵活的，可以容纳各种系统拓扑、平台、传感器硬件和环境表示。其中给出了多传感器、处理器和硬件平台的几个例子。

35.3 应用

多传感器融合系统已经广泛地应用于机器人领域的各种问题中（参见本章参考文献和 VIDEO 132、VIDEO 638 和 VIDEO 639），但最普遍的两个领域是动态系统控制和环境建模。尽管它们之间有一些重叠，但它们通常可以被描述为

1）动态系统控制：此问题在于使用适当的模型和传感器来控制动态系统的状态（例如，工业机器人、移动机器人、自动驾驶汽车、医疗机器人）。通常这类系统涉及实时反馈控制回路，用于转向、加速和行为选择。除了状态估计之外，还需要不确定性模型。传感器可包括力/力矩传感器、陀螺仪、全球定位系统（GPS）、位置编码器、相机、测距仪等。

2）环境建模：此问题是使用合适的传感器来构建物理环境某个方面的模型。这可以是特定的物体，比如杯子；可能是一个物理部分，比如一张人脸；或是周围事物的一大片部位，例如建筑物的内部、城市的一部分或延伸的遥远区域或地下区域。典型的传感器包括相机、雷达、三维测距仪、红外（IR）传感器、触觉传感器和触摸测头（CMM）等。结果通常表示为几何特征（点、线、面）、物理特征（孔、凹陷、角等）或物理特性。一部分问题包括确定最佳的传感器位置。

35.3.1 动态系统控制

EMS-Vision 系统[35.67]是这一应用领域的杰出范例。目的是开发一套鲁棒并可靠的自动驾驶车辆感知系统。EMS-Vision 团队提出的开发目标是：

1）COTS 组件。

2）多种物体建模和植入式行为。

3）用于自我状态估计的惯性传感器。

4）周边/中心窝/扫视视觉。

5）认知和目标驱动行为。

6）对象的状态跟踪。

7）25Hz 的实时更新频率。

这种方法自 20 世纪 80 年代以来一直在发展。图 35.5 显示了第一辆在德国高速公路上以 96km/h 行驶 20km 的完全自动驾驶的车辆。

图 35.5 第一辆在德国高速公路上的完全自动驾驶车辆

来自惯性传感器和视觉传感器的信息综合产生一个道路场景树（图 35.6）。建立了一个四维的通用对象表示形式，包括对象的背景认识（如道路）、行为能力、对象状态和方差、形状和外观参

数。图 35.7 显示了四维惯性/视觉多传感器导航系统，而图 35.8 显示了硬件布局情况。

总之，EMS-Vision 系统是多传感器融合应用于动态系统控制的有趣且功能强大的范例。

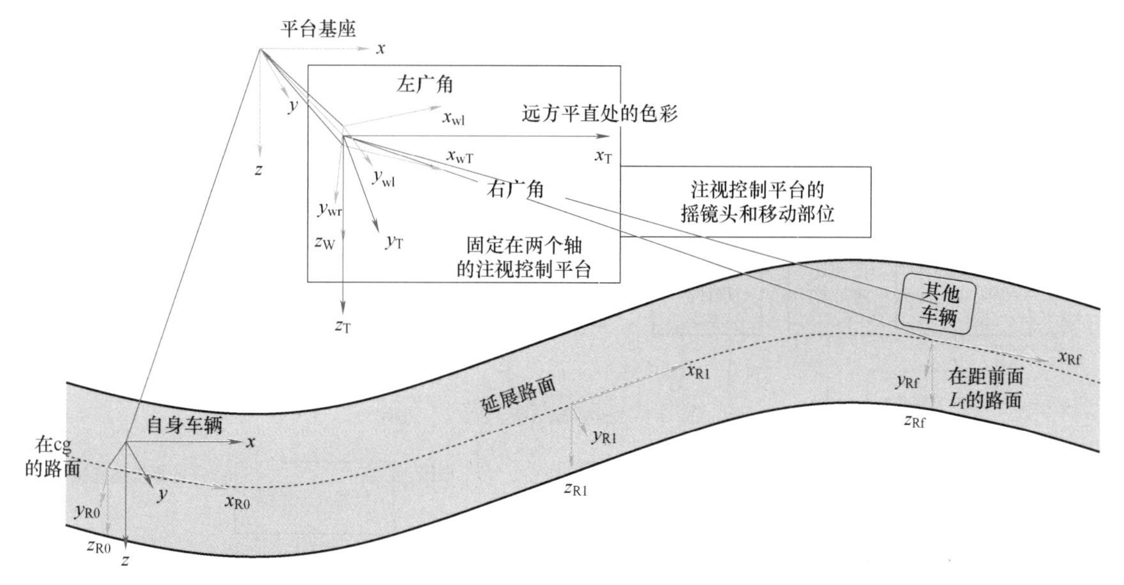

图 35.6 EMS-Vision 道路场景树

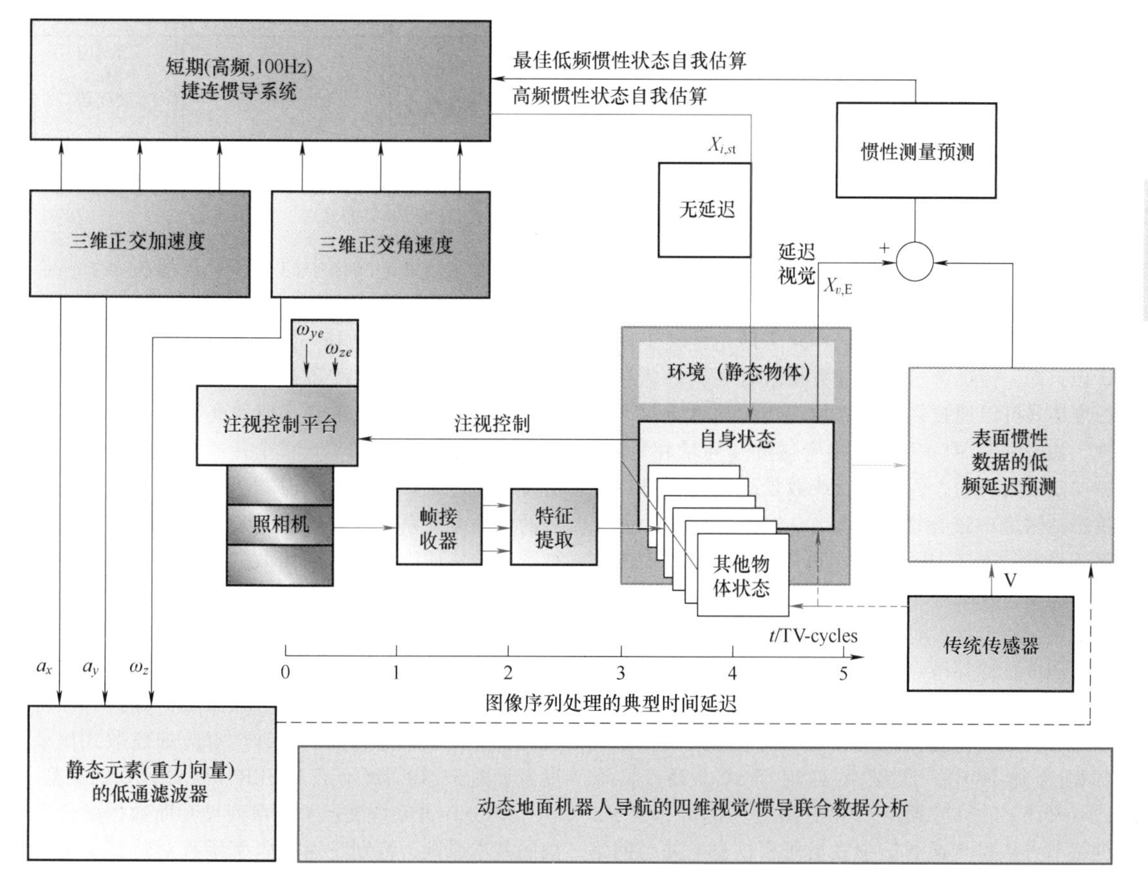

图 35.7 EMS-Vision 导航系统

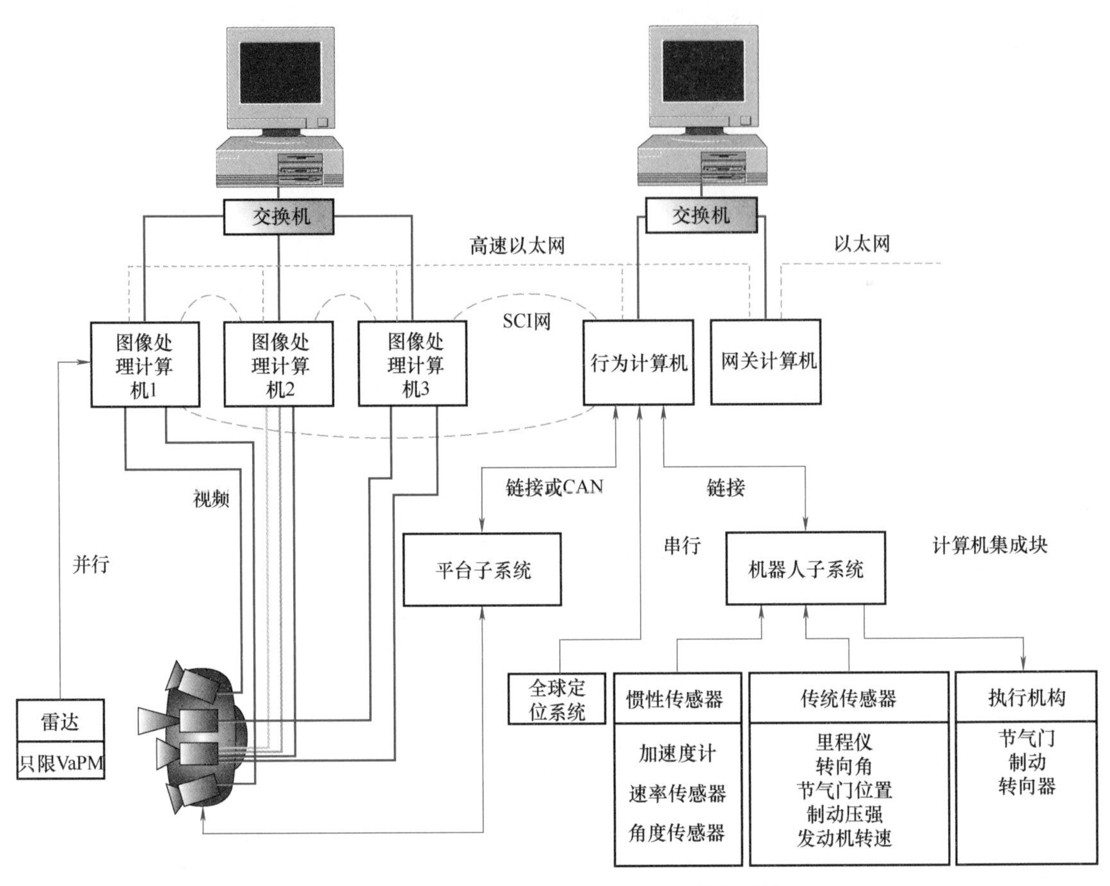

图 35.8　EMS 视觉硬件布局（CAN：控制器局域网）

35.3.2　ANSER Ⅱ：分布式数据融合

分布式数据融合（DDF）方法最初是基于以下认识，即，传统卡尔曼滤波数据融合算法的信息或标准形式可以通过简单地添加观测的信息贡献来实现，如式（35.41）所示。由于这些（向量和矩阵）相加是可交换的，因此更新或数据融合过程可以在传感器网络中进行优化分配[35.11,12,68]。ANSER Ⅱ项目的目的是推广 DDF 方法，以处理观测和状态的非高斯概率，并结合不同信息源的信息，包括无人机和地面交通工具、地形数据库和操作人员。

DDF 传感器节点的数学结构如图 35.9 所示。该传感器使用概率函数的形式直接建模。一旦使用一个观察使之实例化，该概率函数就被输入到一个局部融合循环中，该循环实现了式（35.7）和式（35.8）的贝叶斯时间和观测更新的局部形式。网络节点从观测或通信中收集概率信息，并与网络中的其他节点交换信息（信息增益）[35.21]。这种信息交换以特别的方式被传输到网络中的其他节点并被其吸收。结果是网络中的所有节点都获得了一个简单集成的基于后验概率所有节点的观测。

ANSER Ⅱ系统包括一对配备红外和视觉传感器的自主飞行器、一对配备视觉和雷达传感器的无人地面车辆，额外信息来自几何及高等频谱数据库以及人类操作的信息[35.69]。单个传感器特征的概率函数可以通过半监督机器学习方法获得[35.70]。由此产生的概率以高斯混合体的形式建模。每个平台针对被观测的特征维持一系列离散的、非高斯的贝叶斯滤波器，并将这些信息传输到所有其他平台。最终的结果是，每个平台维持一个被网络中所有节点观察到的所有特征的完整地图。同一特征的多重观测可能来自不同平台，对所有节点来说，导致对该特征位置进行越来越精确的估计。对应的离散式概率度量见图 35.10，展示了 ANSER Ⅱ系统操作的概览。

ANSER-Ⅱ系统展示了一系列贝叶斯数据融合方法的基本原则，特别是通过概率函数对传感器进行适当建模的需要，以及从基本的贝叶斯形式构建差异较大的数据融合架构的可能性。

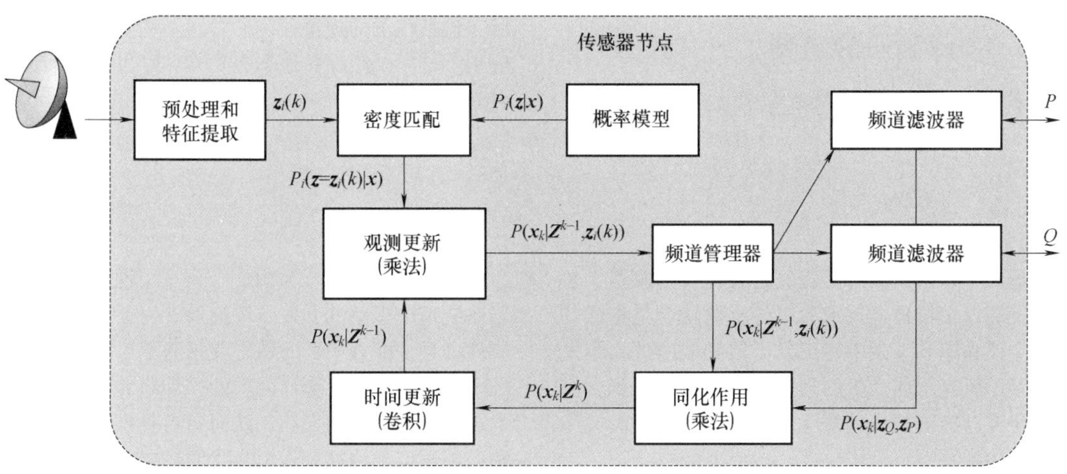

图 35.9　分布式数据融合节点的数学结构

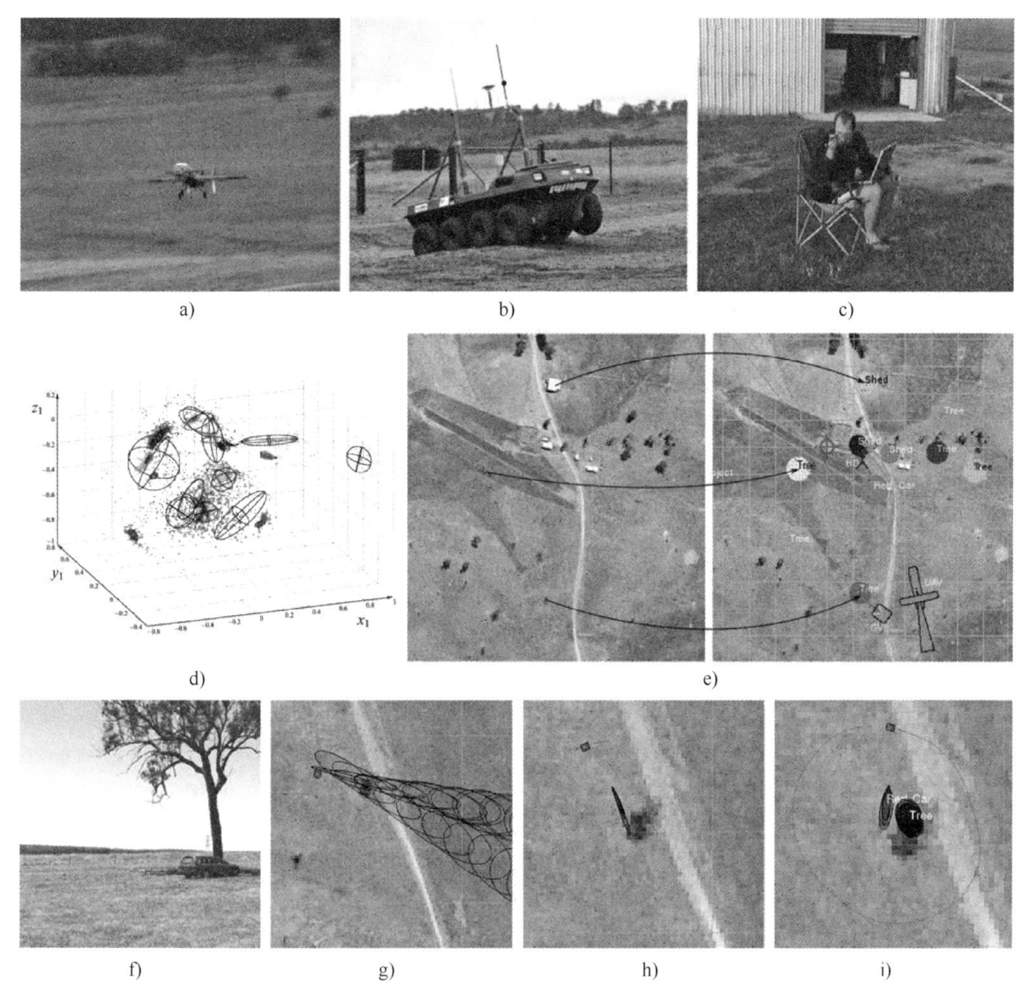

图 35.10　ANSER Ⅱ自动化网络及其运行概览

a）飞行器　b）地面车辆　c）人工操作　d）从地面视觉传感器数据中发现的特征的前三个维度，以及描述这些特征属性的衍生混合模型　e）从无人机（UAV）、地面车辆（GV）和人类操作员（HO）信息中获得的整体图像的扇区。每一组椭圆对应一个特定的特征，标签以最大的概率表示身份状态　f）一棵树和一辆红色汽车　g）只对这些地标进行视觉观察，然后依次融合　h）确定位置和身份　i）高斯混合模型方位测量的可能性

35.3.3 最新研究进展

多传感器融合方法最近有了一些新的研究进展。包括相关的理论研究[35.71-73]、视觉和生物医学应用[35.74-77]、跟踪和地形分类[35.78-81]以及机器人和自动化[35.82-87]等。

35.4 结论

近几十年来，多传感器数据融合技术取得了长足的发展。在机器人技术和多传感器融合与集成的相关会议和期刊文献中也记录了该领域的进一步发展。基于研究团体产生的理论基础和试验知识，应用性研究已经被投入到实际应用中。当前人们关注的方向包括：

1）大规模、无处不在的传感器系统。

2）生物或仿生系统。

3）医疗实际应用。

4）无线传感器网络。

具有代表性的大规模范例包括智能车辆和道路系统，也包括诸如城市之类的应用环境。生物学原理可以为密集的、冗余的、相关的、有噪声的传感器的开发及利用提供截然不同的途径，特别是被考虑到作为吉布斯（Gibbsian）框架的一部分，以作为应对环境刺激的行为响应。另一个课题是对传感器系统理论理解的开发，该理解针对系统开发、适应性和系统配置中针对特别背景的学习。

对技术和理论更深层次的推动将允许微型和纳米级传感器引入到人体，从而对各种疾病进行监测和局部适应性治疗。最后，我们需要更完整的理论框架以包容无线传感器网络的系统模型。这应该包括被监测的物理现象的模型，以及操作性和网络问题。最后，对具有传感器数据误差源的数据驱动系统算法特性的数值分析必须与截断分析、四舍五入和其他误差的分析联合起来。

开发新的理论、系统和应用的坚实基础现在已经存在且较为完善。假以时日，多传感器融合将是一个充满活力的研究领域。

视频文献

35

VIDEO 132 AnnieWay
available from http://handbookofrobotics.org/view-chapter/35/videodetails/132

VIDEO 638 Application of visual odometry for sewer inspection robots
available from http://handbookofrobotics.org/view-chapter/35/videodetails/638

VIDEO 639 Multisensor remote surface inspection
available from http://handbookofrobotics.org/view-chapter/35/videodetails/639

参考文献

35.1 S. Thrun, W. Burgard, D. Fox: *Probabilistic Robotics* (MIT Press, Cambridge 2005)

35.2 J.O. Berger: *Statistical Decision Theory and Bayesian Analysis* (Springer, Berlin, Heidelberg 1985)

35.3 A. Elfes: Sonar-based real-world mapping and navigation, IEEE Trans. Robotics Autom. **3**(3), 249–265 (1987)

35.4 L. Matthies, A. Elfes: Integration of sonar and stereo range data using a grid-based representation, Proc. IEEE Int. Conf. Robotics Autom. (ICRA) (1988) pp. 727–733

35.5 L.D. Stone, C.A. Barlow, T.L. Corwin: *Bayesian Multiple Target Tracking* (Artech House, Norwood 1999)

35.6 Y. Bar-Shalom: *Multi-Target Multi-Sensor Tracking* (Artec House, Norwood 1990)

35.7 Y. Bar-Shalom, T.E. Fortmann: *Tracking and Data Association* (Academic, New York 1988)

35.8 P.S. Maybeck: *Stochastic Models, Estimaton and Control* (Academic, New York 1979)

35.9 W. Sorensen: Special issue on the applications of the Kalman filter, IEEE Trans. Autom. Control **28**(3), 254–255 (1983)

35.10 B.D.O. Anderson, J.B. Moore: *Optimal Filtering* (Prentice Hall, Englewood Cliffs 1979)

35.11 J. Manyika, H.F. Durrant-Whyte: *Data Fusion and Sensor Management: An Information-Theoretic Approach* (Ellis Horwood, New York 1994)

35.12 S. Sukkarieh, E. Nettleton, J.H. Kim, M. Ridley, A. Goktogan, H. Durrant-Whyte: The ANSER project: Data fusion across multiple uninhabited air vehicles, Int. J. Robotics Res. **22**(7), 505–539 (2003)

35.13 R.E. Moore: *Interval Analysis* (Prentice Hall, Englewood Cliffs 1966)

35.14 D. Dubois, H. Prade: *Fuzzy Sets and Systems: Theory and Applications* (Academic, New York 1980)

35.15 S. Blackman, R. Popoli: *Design and Analysis of Modern Tracking Systems* (Artec House, Boston 1999)

35.16 D. Pagac, E.M. Nebot, H. Durrant-Whyte: An evidential approach to map-building for autonomous vehicles, IEEE Trans. Robotics Autom. **14**(4), 623–629 (1998)

35.17 D. Hall, J. Llinas: *Handbook of Multisensor Data Fusion* (CRC, Boca Raton 2001)

35.18 E.L. Waltz, J. Llinas: *Sensor Fusion* (Artec House, Boston 1991)

35.19 M. Kam, Z. Zhu, P. Kalata: Sensor fusion for mobile robot navigation, Proceedings IEEE **85**, 108–119 (1997)

35.20 H. Carvalho, W. Heinzelman, A. Murphy, C. Coelho: A general data fusion architecture, Proc. 6th Int. Conf. Inf. Fusion, Cairns (2003)

35.21 A. Makarenko: A Decentralized Architecture for Active Sensor Networks, Ph.D. Thesis (University of Sydney, Sydney 2004)

35.22 M. Dekhil, T. Henderson: Instrumented logical sensors systems, Int. J. Robotics Res. **17**(4), 402–417 (1998)

35.23 J.A. Profeta: Safety-critical systems built with COTS, Computer **29**(11), 54–60 (1996)

35.24 H. Hu, J.M. Brady, F. Du, P. Probert: Distributed real-time control of a mobile robot, J. Intell. Autom. Soft Comput. **1**(1), 63–83 (1995)

35.25 S.A. Schneider, V. Chen, G. Pardo: ControlShell: A real-time software framework, AIAA Conf. Intell. Robotics Field Fact. Serv. Space (1994)

35.26 D. Simon, B. Espiau, E. Castillo, K. Kapellos: Computer-aided design of a generic robot controller handling reactivity and real-time issues, IEEE Trans. Control Syst. Technol. **4**(1), 213–229 (1993)

35.27 C. Giraud, B. Jouvencel: Sensor selection in a fusion process: a fuzzy approach, Proc. IEEE Int. Conf. Multisens. Fusion Integr., Las Vegas (1994) pp. 599–606

35.28 R. Kapur, T.W. Williams, E.F. Miller: System testing and reliability techniques for avoiding failure, Computer **29**(11), 28–30 (1996)

35.29 K.H. Kim, C. Subbaraman: Fault-tolerant real-time objects, Communication ACM **40**(1), 75–82 (1997)

35.30 D.B. Stewart, P.K. Khosla: Mechanisms for detecting and handling timing errors, Communication ACM **40**(1), 87–93 (1997)

35.31 G. Weller, F. Groen, L. Hertzberger: A sensor processing model incorporating error detection and recovery. In: *Traditional and Non-Traditional Robotic Sensors*, ed. by T. Henderson (Springer, Berlin, Heidelberg 1990) pp. 351–363

35.32 R.R. Brooks, S. Iyengar: *Averaging Algorithm for Multi-Dimensional Redundant Sensor Arrays: Resolving Sensor Inconsistencies*, Tech. Rep. (Louisiana State University, Baton Rouge 1993)

35.33 T.C. Henderson, M. Dekhil: *Visual Target Based Wall Pose Estimation*, Tech. Rep. UUCS-97-010 (University of Utah, Salt Lake City 1997)

35.34 S. Iyengar, D. Jayasimha, D. Nadig: A versatile architecture for the distributed sensor integration problem, Computer **43**, 175–185 (1994)

35.35 D. Nadig, S. Iyengar, D. Jayasimha: A new architecture for distributed sensor integration, Proc. IEEE Southeastcon (1993)

35.36 L. Prasad, S. Iyengar, R.L. Kashyap, R.N. Madan: Functional characterization of fault tolerant integration in distributed sensor networks, IEEE Trans. Syst. Man Cybern. **25**, 1082–1087 (1991)

35.37 L. Prasad, S. Iyengar, R. Rao, R. Kashyap: Fault-tolerence sensor integration using multiresolution decomposition, Am. Phys. Soc. **49**(4), 3452–3461 (1994)

35.38 H.F. Durrant-Whyte: *Integration, Coordination, and Control of Multi-Sensor Robot Systems* (Kluwer, Boston 1987)

35.39 F. Groen, P. Antonissen, G. Weller: Model based robot vision, IEEE Instrum. Meas. Technol. Conf. (1993) pp. 584–588

35.40 R. Joshi, A.C. Sanderson: Model-based multisensor data fusion: A minimal representation approach, Proc. IEEE Int. Conf. Robotics Autom. (ICRA) (1994)

35.41 A.J. Briggs, B.R. Donald: Automatic sensor configuration for task-directed planning, Proc. IEEE Int. Conf. Robotics Autom. (ICRA) (1994) pp. 1345–1350

35.42 G. Hager: *Task Directed Sensor Fusion and Planning* (Kluwer, Boston 1990)

35.43 G. Hager, M. Mintz: Computational methods for task-directed sensor data fusion and sensor planning, Int. J. Robotics Res. **10**(4), 285–313 (1991)

35.44 B. Donald: On information invariants in robotics, Artif. Intell. **72**, 217–304 (1995)

35.45 V. Braitenberg: *Vehicles: Experiments in Synthetic Psychology* (MIT Press, Cambridge 1984)

35.46 R.A. Brooks: A robust layered control system for a mobile robot, IEEE Trans. Robotics Autom. **2**(1), 14–23 (1986)

35.47 K.P. Valavanis, A.L. Nelson, L. Doitsidis, M. Long, R.R. Murphy: *Validation of a Distributed Field Robot Architecture Integrated with a Matlab Based Control Theoretic Environment: A Case Study of Fuzzy Logic Based Robot Navigation*, CRASAR Tech. Rep. 25 (University of South Florida, Tampa 2004)

35.48 R.R. Murphy: *Introduction to AI Robotics* (MIT Press, Cambridge 2000)

35.49 S. Lee: Sensor fusion and planning with perception-action network, Proc. IEEE Conf. Multisens. Fusion Integr. Intell. Syst., Washington (1996)

35.50 S. Lee, S. Ro: Uncertainty self-management with perception net based geometric data fusion, Proc. IEEE Conf. Robotics Autom. (ICRA), Albuquerque (1997)

35.51 B.A. Draper, A.R. Hanson, S. Buluswar, E.M. Riseman: Information acquisition and fusion in the mobile perception laboratory, Proc. SPIE Sens. Fusion VI (1993)

35.52 S.S. Shafer, A. Stentz, C.E. Thorpe: An architecture for sensor fusion in a mobile robot, Proc. IEEE Int. Conf. Robotics Autom. (ICRA) (1986) pp. 2002–2007

35.53 S. Nagata, M. Sekiguchi, K. Asakawa: Mobile robot control by a structured hierarchical neural network, IEEE Control Syst. Mag. **10**(3), 69–76 (1990)
35.54 M. Pachter, P. Chandler: Challenges of autonomous control, IEEE Control Syst. Mag. **18**(4), 92–97 (1998)
35.55 R. Joshi, A.C. Sanderson: *Multisensor Fusion* (World Scientific, Singapore 1999)
35.56 V. Berge-Cherfaoui, B. Vachon: Dynamic configuration of mobile robot perceptual system, Proc. IEEE Conf. Multisens. Fusion Integr. Intell. Syst., Las Vegas (1994)
35.57 V. Clement, G. Giraudon, S. Houzelle, F. Sandakly: *Interpretation of Remotely Sensed Images in a Context of Multisensor Fusion Using a Multi-Specialist Architecture*, Rapp. Rech.: No. 1768 (INRIA, Sophia-Antipolis 1992)
35.58 J. Albus: RCS: A cognitive architecture for intelligent multi-agent systems, Proc. IFAC Symp. Intell. Auton. Veh., Lisbon (2004)
35.59 R. Camden, B. Bodt, S. Schipani, J. Bornstein, R. Phelps, T. Runyon, F. French: *Autonomous Mobility Technology Assessment*, Interim Rep., ARL-MR 565 (Army Research Laboratory, Washington 2003)
35.60 T. Queeney, E. Woods: A generic architecture for real-time multisensor fusion tracking algorithm development and evaluation, Proc. SPIE Sens. Fusion VII, Vol. 2355 (1994) pp. 33–42
35.61 T. Henderson, E. Shilcrat: Logical sensor systems, J. Robotics Syst. **1**(2), 169–193 (1984)
35.62 T. Henderson, C. Hansen, B. Bhanu: The specification of distributed sensing and control, J. Robotics Syst. **2**(4), 387–396 (1985)
35.63 J.D. Elliott: Multisensor Fusion within an Encapsulated Logical Device Architecture, Master's Thesis (University of Waterloo, Waterloo 2001)
35.64 M.D. Naish: Elsa: An Intelligent Multisensor Integration Architecture for Industrial Grading Tasks, Master's Thesis (University of Western Ontario, London 1998)
35.65 A. Makarenko, A. Brooks, S. Williams, H. Durrant-Whyte, B. Grocholsky: A decentralized architecture for active sensor networks, Proc. IEEE Int. Conf. Robotics Autom. (ICRA), New Orleans (2004) pp. 1097–1102
35.66 B. Grocholsky, A. Makarenko, H. Durrant-Whyte: Information-theoretic coordinated control of multiple sensor platforms, Proc. IEEE Int. Conf. Robotics Autom. (ICRA), Taipei (2003) pp. 1521–1527
35.67 R. Gregor, M. Lützeler, M. Pellkofer, K.-H. Siedersberger, E. Dickmanns: EMS-Vision: A perceptual system for autonomous vehicles, IEEE Trans. Intell. Transp. Syst. **3**(1), 48–59 (2002)
35.68 B. Rao, H. Durrant-Whyte, A. Sheen: A fully decentralized multi-sensor system for tracking and surveillance, Int. J. Robotics Res. **12**(1), 20–44 (1993)
35.69 B. Upcroft: Non-gaussian state estimation in an outdoor decentralised sensor network, Proc. IEEE Conf. Decis. Control (CDC) (2006)
35.70 S. Kumar, F. Ramos, B. Upcroft, H. Durrant-Whyte: A statistical framework for natural feature representation, Proc. IEEE/RSJ Int. Conf. Intell. Robots Syst. (IROS), Edmonton (2005) pp. 1–6
35.71 S. Gao, Y. Zhong, W. Li: Random weighting method for multisensor data fusion, IEEE Sens. J. **11**(9), 1955–1961 (2011)
35.72 M. Lhuillier: Incremental fusion of structure-from-motion and GPS using constrained bundle adjustments, IEEE Trans. Pattern Anal. Mach. Intell. **34**(12), 2489–2495 (2012)
35.73 S. Yu, L. Tranchevent, X. Liu, W. Glanzel, J. Suykens, B. DeMoor, Y. Moreau: Optimized data fusion for kernel k-means clustering, IEEE Trans. Pattern Anal. Mach. Intell. **34**(5), 1031–1039 (2012)
35.74 K. Kolev: Fast joint estimation of silhouettes and dense 3D geometry from multiple images, IEEE Trans. Pattern Anal. Mach. Intell. **34**(3), 493–505 (2012)
35.75 C. Loy: Incremental activity modeling in multiple disjoint cameras, IEEE Trans. Pattern Anal. Mach. Intell. **34**(9), 1799–1813 (2012)
35.76 N. Poh, J. Kittler: A unified framework for biometric expert fusion incorporating quality measures, IEEE Trans. Pattern Anal. Mach. Intell. **34**(1), 3–18 (2012)
35.77 M.-F. Weng, Y.-Y. Chuang: Cross-domain multicue fusion for concept-based video indexing, IEEE Trans. Pattern Anal. Mach. Intell. **34**(10), 1927–1941 (2012)
35.78 M. Hwangbo, J.-S. Kim, T. Kanade: Gyro-aided feature tracking for a moving camera: fusion, auto-calibration and GPU implementation, Intl. J. Robotics Res. **30**(14), 1755–1774 (2011)
35.79 H. Seraji, N. Serrano: A multisensor decision fusion system for terrain safety assessment, IEEE Trans. Robotics **25**(1), 99–108 (2009)
35.80 H. Himberg, Y. Motai, A. Bradley: Interpolation volume calibration: a multisensor calibration technique for electromagnetic trackers, IEEE Trans. Robotics **28**(5), 1120–1130 (2012)
35.81 K. Zhou, S.I. Roumeliotis: Optimal motion strategies for range-Only constrained multisensor target tracking, IEEE Trans. Robotics **24**(5), 1168–1185 (2008)
35.82 N.R. Ahmed, E.M. Sample, M. Campbell: Bayesian multicategorical soft data fusion for human–robot collaboration, IEEE Trans. Robotics **PP**(99), 1–18 (2012)
35.83 H. Frigui, L. Zhang, P.D. Gader: Context-dependent multisensor fusion and its application to land mine detection, IEEE Trans. Geosci. Remote Sens. **48**(6), 2528–2543 (2010)
35.84 J.G. Garcia, A. Robertson, J.G. Ortega, R. Johansson: Sensor fusion for compliant robot motion control, IEEE Trans. Robotics **24**(2), 430–441 (2008)
35.85 R. Heliot, B. Espiau: Multisensor input for CPG-based sensory–motor coordination, IEEE Trans. Robotics **24**(1), 191–195 (2008)
35.86 S. Liu, R.X. Gao, D. John, J.W. Staudenmayer, P.S. Freedson: Multisensor data fusion for physical activity assessment, IEEE Trans. Bio-Med. Eng. **59**(3), 687–696 (2012)
35.87 A. Martinelli: Vision and IMU data fusion: closed-Form solutions for attitude, speed, absolute scale, and bias determination, IEEE Trans. Robotics **28**(1), 44–60 (2012)

第 4 篇 操作与交互

（篇主编：Makoto Kaneko）

第 36 章　面向操作任务的运动
James Kuffner，美国匹兹堡
Jing Xiao，美国夏洛特

第 37 章　接触建模与操作
Imin Kao，美国石溪
Kevin M. Lynch，美国埃文斯顿
Joel W. Burdick，美国帕萨迪纳

第 38 章　抓取
Domenico Prattichizzo，意大利锡耶纳
Jeffrey C. Trinkle，美国特洛伊

第 39 章　协同操作臂
Fabrizio Caccavale，意大利波坦察
Masaru Uchiyama，日本仙台

第 40 章　移动操作
Oliver Brock，德国柏林
Jaeheung Park，韩国水原
Marc Toussaint，德国斯图加特

第 41 章　主动操作感知
Anna Petrovskaya，美国斯坦福
Kaijen Hsiao，美国帕洛阿托

第 42 章　触觉技术
Blake Hannaford，美国西雅图
Allison M. Okamura，美国斯坦福

第 43 章　遥操作机器人
Günter Niemeyer，美国格伦代尔
Carsten Preusche，德国韦斯林
Stefano Stramigioli，荷兰恩斯赫德
Dongjun Lee，韩国首尔

第 44 章　网络机器人
Dezhen Song，美国大学城
Ken Goldberg，美国伯克利
Nak-Young Chong，日本石川

内容导读

第4篇 操作与交互，分为两个部分：第一部分是有关操作的技术，其中阐述了建模、运动规划、对象抓取和操作控制等主体框架；第二部分是关于交互的技术，主要阐述人与机器人之间的物理交互问题。通过臂-手协同，人类可以很敏捷地抓取和操作物体。人类通过日积月累的经验逐渐掌握了对手臂这样一个冗余系统的最佳操控技能。特别是手指，充分体现了人类的灵巧性。没有灵巧的手指，我们很难使用任何日常工具，如铅笔、键盘、杯子、小刀和叉子等。手指的灵巧性源于主动与被动的柔顺性以及指尖处的多感官融合。如此敏捷的操作能力使得人类与其他动物截然不同。因此，操作已成为人类最重要的能力之一。人类经过长达600万年的长期进化，终于有了现在的手指形状、感觉器官和操作技能。而由于人类和机器人在驱动、传感和机构等方面还存在着显著的差别，使机器人实现像人一样的敏捷操作是一个充满挑战的研究课题。纵观现有的机器人技术，我们发现机器人的灵巧性仍然远不及人类。

通过对以上的概述，我们现在给出第4篇第一部分中各章内容的简要介绍。

第36章 面向操作任务的运动，讨论了通过利用位形空间理论，为手臂层面，特别是在环境中的操作任务，提供运动生成算法。在前面的章节（第6、7章）中，重点是机器人运动学的具体算法技术，而本章将重点放在机器人操作的具体应用上。通过对接触状态和柔顺运动控制进行分析，讨论了装配运动这一重要工程实例。

第37章 接触建模与操作，提供了基于柔性以及刚性接触的接触环境建模。这一章准确地处理了刚体接触下，含摩擦的运动学和动力学问题；引入了选择矩阵 $\boldsymbol{H}$ 来认识接触面上的速度约束及力约束。这一章还运用摩擦极限表面的概念来阐述推进这一操作模式。

第38章 抓取，本章假定多指机器人手情形，基于封闭性讨论了多种抓取范例。抓取的一个强约束条件是单向性，所谓单向性是指通过一个接触点，指尖只能推动而不能拉动物体。本章重点阐述了单向约束条件下的运动学与封闭性问题。

第39章 协同操作臂，介绍了当两只操作臂牢牢地抓住一个普通物体时的控制策略，以同时控制协同系统的运动以及操作臂与被抓物体之间的相互作用力。需要指出的是，这里允许双向约束，其中有方向的力和力矩都是允许的。本章还介绍了适用不同类型多操作臂机器人系统的通用协同工作空间方程。

第40章 移动操作，重点介绍在一个结合了移动和操作能力的试验平台上所进行的研究。此外，它还涉及机器人与真实环境、非结构化环境之间的交互作用。这里的主要研究目标是在尽量不依赖任务指标、硬编码或狭义相关信息的情况下，尽可能保证自主机器人系统的任务通用性。

第41章 主动操作感知，涵盖了感知方法，其中操作是感知的一个组成部分。使用操作而非视觉感知有很多优点。例如，操作可用于在能见度低的条件下进行感知，也可用于确定需要物理交互的属性。本章还包括如何通过操作方法在传感中进行推理、规划、识别和建模的各种方法。

如果没有像人类一样的灵巧性，未来的机器人就不能在一些人类无法进入的环境里替代人类进行工作。因此，实现机器人的灵巧性成为未来机器人设计的一大亮点。第36~41章在提高机器人的灵巧性方面给出了很好的解决方案。

第4篇的第二部分介绍了人-机器人交互技术。通过交互技术，人类可以以直接或间接接触机器人的方式控制一个或多个机器人。在此，我们对第4篇第二部分的各章进行简单介绍。

第42章 触觉技术，探讨了能让操作者在遥远或虚拟环境中感受触觉的机器人装置。在触觉装置设计中，讨论了两类触觉装置：一类是导纳型触觉装置，它能够感知操作者施加的力，然后约束操作者的姿势，使之与模拟物体或表面的挠度相匹配；另一类是阻抗型触觉装置，它能够感知操作者的姿势，然后根据模拟物体或表面的计算性能，对操作者施加方向力。本章还介绍了实时三维图像的触觉渲染技术。

第43章 遥操作机器人，从三种不同概念的分类入手：直接控制，即用户通过主界面直接控制所有的从动运动；共享控制，即直接控制和局部感官控制共同控制任务的执行；监督控制，即用户和从动装置通过高度的局部自主性松散地关联起来。本章还介绍了诸如因特网有损通信和移动机器人操作等多种控制主题。

第 44 章 网络机器人，重点介绍了计算机网络的框架，它提供了大量的计算、内存和其他可以显著提高性能的资源。本章中涵盖了网络机器人的发展历史，从遥操作到云机器人技术，再到如何构建网络机器人。本章后面还介绍了云机器人技术的最新研究进展和未来可能的研究主题。

不管是遥操作机器人（见第 43 章）还是网络机器人（见第 44 章），都使人与机器人之间保持适当的距离，但是触觉技术（见第 42 章）需要机器人与人进行直接接触。主要的研究课题之一就是如何在人出现以及人与机器人交互过程中存在延迟时，仍能获得一个合适的系统控制性能。

第 36 章

面向操作任务的运动

James Kuffner，Jing Xiao

本章作为全书第 4 篇的导论，介绍了关于机器人操作任务中涉及的运动生成及控制策略等问题。以下将从概念、高层任务描述、任务执行层精细反馈的各种自动控制展开陈述，阐述不同时间尺度下的机器人和环境之间交互（interface）的建模、传感和反馈等重要问题。控制规划作为基本运动规划问题的扩展，可将其建模成一种由机器人在空间中执行抓取和移动动作所生成的连续位形空间（configuration spaces）的混合系统（hybrid system）。以装配运动为例，分析了其接触状态和柔顺运动控制（compliant motion control）。在本章的最后，总结了一些关于集成状态下反馈控制的全局规划方法。

目　录

36.1　概述

本书第 4 篇着重于机器人与环境的交互问题，我们将这些交互分为三类，如图 36.1 所示。第一类交互，处于计算机和机器人之间，侧重于执行某项任务时，运动的自动生成。第二类交互是关于机器人与环境的物理交互。本章由操作任务将这两类交互联系起来，重点介绍以下内容：在一定物理环境约束下，为了实现任务目标，机器人或被控物体的自动规范（automatic specification）、规划以及运动的执行。第 37～40 章及第 42 章介绍了一些与第二类交互相关的其他重要问题，如机器人与环境之间接触的物理特性，抓取和主动控制（如机器人和被控制物体的交互），机器人之间的协同控制交互以及机器人运动和控制之间的交互。第三类交互，在第 41、43 章以及第 44 章中有详细介绍，存在于人和机器人之间，其关键问题包括传递给人合适的传感信息以及允许人主动指定机器人应当完成的任务或运动。

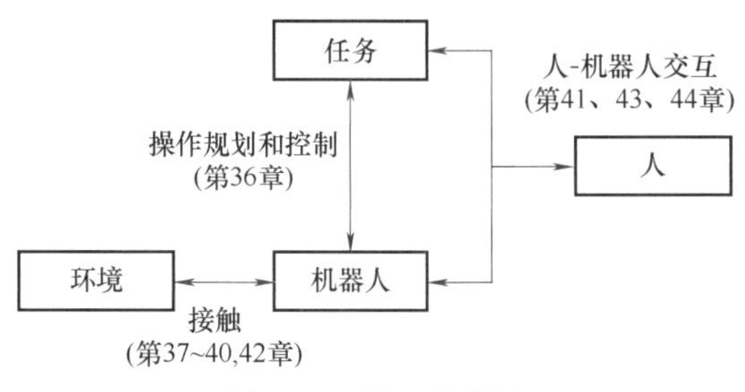

图 36.1 第 4 篇概述

操作（manipulation），指的是在环境中移动或重新规划物体位置的过程[36.1]。为执行一个操作任务，机器人应首先建立与环境中物体的物理接触，继而通过施加外力或外力矩的方式移动物体。被操作的物体可大可小，根据不同的操作任务，可以实现不同的目的（如按开关、开关门、抛光某个表面）。在自动装配和工业操作中，被操作的物体通常被称为一个零件（part）。末端执行器（end effector）通常指的是执行机构（manipulator）和零件相接触并对其施力的部件。之所以称为“末端”执行器，是因为它们通常处于串联操作臂的末端。但是，在复杂的操作任务下，有时可能需要对同一物件的不同部位同时施加多个力或力矩，也有可能对多个物体按一定顺序施加力或力矩。

为理解执行操作任务中生成运动的难点，我们考虑一个经典实例：把一个轴插入孔中（轴孔装配）。如图 36.2 所示，移动操作臂执行轴孔装配操作任务，这类问题常见于柔顺装配等场合。

为了简化任务，我们只考虑本章第 36.3 节中的传输运动（transfer motion），并假设该操作臂已对轴实现稳定抓取（见第 38 章）。若轴孔间隙很小，轴和孔壁会产生接触，轴将很难插入孔中。为实现成功装配，操作臂要能对不同接触状态进行判断（见本章第 36.4 节）并采用适当的控制策略来完成任务。

轴孔装配的例子说明，机器人执行操作任务需要处理具有不确定性的几何体和接触模型。不确定因素有很多种，存在于建模、执行以及传感器感知过程中。在这些不确定因素的影响下，运动规划在计算上变得更加困难。一直以来，针对操作的运动

图 36.2 一个移动操作臂执行轴孔装配的操作任务

规划被分为粗运动规划（gross motion planning）和精细运动规划（fine motion planning）两类。前者涉及操作臂在宏观尺度上的运动，同时考虑其全局运动策略。而后者侧重于解决上文提及的不确定性，以使得操作臂能以高精度和高鲁棒性完成目标任务。之所以会分为上述两类规划方式，是试图简化任务以便于运算。假设执行器位姿、目标物体以及环境障碍物形状的不确定性是有界的，则粗运动规划能根据几何形状进行构造（见本章第 36.3 节）。当操作臂或被操作物体与环境相接触时，如轴孔装配任务，需要引入精细运动规划技术，规划时会考虑接触面的几何特征、受力、摩擦以及不确定性（参见 Mason 的书[36.1]和参考文献［36.2，3］，给出了面向操作任务的精细运动策略的已有方法及综述）。

轴孔装配例子同时说明了在执行操作任务时，运动受到约束（constrains）。为成功完成任务，这些约束需要一直保持。具体约束取决于操作任务的类型，可能包括接触约束、操作臂与环境接触点的位置约束和力约束；由机构及执行器性能产生的运动学和动力学约束；执行操作任务及指定行为的位姿约束；在不可预见的动态环境中的反应避障；确保指定目标点可达的全局运动约束。这些约束由任务、执行机构的运动学、机构的执行能力及环境施加产生。

为确保在各种不确定性条件下满足约束条件，需要在反馈控制回路（见第 1 卷第 8 章和本卷第 47 章）中考虑传感信息（见本书第 3 篇“传感与感知”）。在不同时间尺度下引入与约束类型相关的反馈。例如，对环境中的一个物体施加恒力需要高频反馈（可高达 1000Hz）。在时间尺度的另一端，则考虑机器人和环境的全局连接性的变化。例如，在开门或移动障碍物时，这些变化一般比较缓慢或不常改变，此时反馈频率只要每秒几次即可。图 36.3

以图像的形式描述了操作任务中基于任务的运动约束排序和相对应的反馈频率要求。

本章涉及针对操作任务的运动生成算法。之前的章节已经讨论过规划算法（见第1卷第7章）和控制方法（见第1卷第8章）。这两个章节注重于机器人运动时的具体算法，而本章侧重于算法和规划在机器人控制中的具体应用。其中规定了在操作任务中必须满足的运动约束及其反馈要求。而在第7章和第8章中仅仅讨论了如图36.3所示的运动约束中的一小部分。

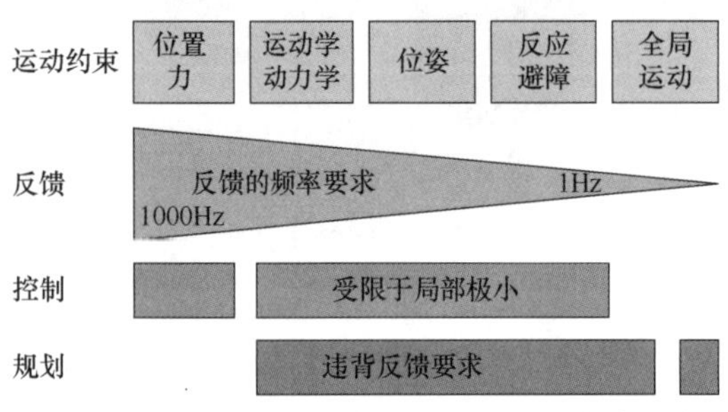

图36.3 操作任务中与任务相关的运动约束排序和相关反馈要求

本章会在第36.2节先描述任务级的控制，介绍根据机器人机构与环境的接触点状态控制机器人机构的技术。控制这些接触点执行运动以完成具体的操作任务。不是直接控制机构，而是控制机构上与任务相关的点，即操作点（operation points）。这种间接控制为操作任务中具体描述运动提供了一种直观的方式。

本章第36.3节综述了操作规划的位形空间（configuration space）形式，以及构造成一个传统运动规划问题的方法（见第1卷第7章）。这些方法帮助我们直观地理解操作臂、被操作物体和工作空间中障碍物如何影响操作位形空间中的几何学以及拓扑结构。显而易见，完成一个操作任务可能存在无数种方式。因此，操作规划的难点在于建立一种能够在这些操作的排列组合中寻找最优解的有效方法。

本章第36.4节给出了面向装配任务的运动规划，其中轴孔装配是一个典型例子。主要介绍受到接触约束的运动，即柔顺运动。柔顺运动的装配策略有两种比较宽泛的分类：一类是利用特殊的机构或控制方法，即被动柔顺；另一类则根据接触状态进行主动推理，即主动柔顺。在主动柔顺控制中讨论了精细运动规划。

任务级控制和操作规划方法从不同侧面以互补的方式对运动进行了描述。虽然控制方法能满足操作任务的反馈要求，但无法应对实现操作任务的全局进展。而操作规划则在上层对全局任务进行推理，但通常计算量太大，很难及时处理不确定性，或难以满足操作任务的高频反馈要求。一个鲁棒的熟练的操作臂必须在确保操作任务实现的同时，满足所有反馈要求。本章第36.5节讨论了面向操作任务的集成规划与控制的多种方法。

36.2 任务级的控制

为执行操作任务，机器人必须建立与环境的接触。通过接触点，机器人能够在物体上施加力或力矩。通过控制接触点的位置、速度及作用力，机器人使物体产生期望运动，实现操作任务。对该任务的编程直接指定接触点的位置、速度和力，而不是指定各个关节的位置和速度，因此可以很容易地实现。

考虑图36.4所示的端水这一操作任务，可以很容易地给出杯子的运动轨迹。然而，为实现这个任务计算关节空间的轨迹，则要复杂得多，可以通过计算量很大的逆运动学求解实现（见第1卷第2.9节）。更重要的是，施加在杯子运动上的任务约束并不能唯一确定杯子的轨迹。例如，杯子不允许倾斜、需要保持铅垂地送到目的地，而路径却可以任意指定。在任务级，根据物体运动可以很容易确定这种任务约束，但很难用关节轨迹进行描述。因此，操作空间控制是执行操作任务的自然选择。在第36.2.3节里，我们将看到对于冗余度操作臂，操作空间控制相比关节空间控制有更大的优势。

任务级控制的优势受限于操作臂速度雅可比（Jacobian）的计算成本。在操作臂的奇异位形上（见第1卷第3章），很难计算操作臂的雅可比。在这些位形处，操作臂任务级的控制是不稳定的。需要采取特殊措施防止操作臂进入这些位形中，或在这些位形附近设计特殊的控制器。通常情况下，需要控制操作臂避免进入奇异位形。

36.2.1 操作空间控制

任务级控制，也称为操作空间控制[36.4,5]（见第1卷第8.6节），是根据操作点而不是关节位置和速度来指定机器人的行为。操作点是按照要求执行运动或施加指定力以完成操作任务的机器人上的任意点。对于串联操作臂，通常选择末端执行器为操作点。对于更复杂的机构，如仿人机器人，不仅是冗余度串联机构，而且可以有多个操作点。为描述操作点的位置、速度、加速度、力和力矩，通常以操作点为原点定义坐标系。这种坐标系称为操作坐标系（operational frame）。根据任务确定坐标系的方向。然而，在仅考虑操作点的定位任务的情况下，也可以忽略方向。在第 36.2.2 节，我们将讨论更一般的情况，即力/位混合控制（combining position and force control）。

首先，我们考虑机器人上的操作点 $\boldsymbol{x}$。其上的关节速度 $\dot{\boldsymbol{q}}$ 点和操作点速度 $\dot{\boldsymbol{x}}$ 之间的关系可由雅可比矩阵（见第 1 卷第 2.8 节）描述为

$$\dot{\boldsymbol{x}}=\boldsymbol{J}_x(\boldsymbol{q})\dot{\boldsymbol{q}} \tag{36.1}$$

注意，雅可比矩阵 $\boldsymbol{J}$ 与操作点 $\boldsymbol{x}$ 的位置、机器人的当前位形有关。为了简化，我们省略这些相关变量表示，将上式表述为 $\dot{\boldsymbol{x}}=\boldsymbol{J}\dot{\boldsymbol{q}}$。由式（36.1），我们可以得出施加在关节上的瞬态力矩 $\boldsymbol{\tau}$，与施加在操作点 $\boldsymbol{x}$ 上的力和力矩 $\boldsymbol{F}$ 之间的关系为

$$\boldsymbol{\tau}=\boldsymbol{J}^{\mathrm{T}}(\boldsymbol{q})\boldsymbol{F}_x \tag{36.2}$$

向量 $\boldsymbol{F}$ 描述了在操作点 $\boldsymbol{x}$ 上要执行的任务。如果任务给出了操作坐标系下的位置和方向的全部信息，则 $\boldsymbol{F}$ 表示为 $\boldsymbol{F}=(f_x,f_y,f_z,u_x,u_y,u_z)$，其中 f 为沿坐标轴的力，u 为绕坐标轴的力矩（尽管 $\boldsymbol{F}$ 代表了力和力矩，为简化表示，我们将其描述为向量形式）。执行这种操作任务的操作臂至少需要具有 6 个自由度，如果任务没有给出 $\boldsymbol{F}$ 中某一元素的值，可以将其去掉，雅可比矩阵中相应的列也应当去掉（低于 6 自由度的操作臂可以用来完成这种任务）。例如，将 u_z 去掉，这表示任务中对于绕着 z 轴的方向没有要求。去掉任务空间中的某个维度，意味着这个维度上机器人可以自由运动（float）[36.4]，实施任何动作。在第 36.2.3 节中，我们会讨论在这些未指定任务空间的维度上，如何执行其他附加动作。

与关节空间控制相似，我们须建立操作臂在操作空间的动力学，以实现在操作空间中的控制。通过式（36.1），我们将关节空间动力学投影到操作空间中，得到

$$\boldsymbol{F}_x=\boldsymbol{\Lambda}(\boldsymbol{q}\cdots\ddot{\boldsymbol{x}})+\boldsymbol{\Gamma}(\boldsymbol{q},\dot{\boldsymbol{q}})\dot{\boldsymbol{x}}+\boldsymbol{\eta}(\boldsymbol{q}) \tag{36.3}$$

式中，$\boldsymbol{\Lambda}$ 是操作空间惯性矩阵；$\boldsymbol{\Gamma}$ 是操作空间中离心力和科氏力；$\boldsymbol{\eta}$ 是对环境中重力的补偿项。这个公式和具体的操作相关。直观地讲，操作空间惯性矩阵 $\boldsymbol{\Lambda}$ 体现了操作点对沿着不同轴的加速度的反力。关于操作空间控制及其与关节空间控制之间关系的更详细的介绍，参见第 1 卷第 8.2 节（运动控制、关节空间以及操作空间控制的比较）。

36.2.2 力/位混合控制

我们以轴孔装配为例，假设轴已插入孔中，且稳固连接在机器人末端执行器上。在轴上的一个点定义操作坐标系，z 轴定义为沿轴插入孔的期望运动方向。为实现这个任务，操作臂控制轴在操作坐标系 z 轴上的位置，同时控制轴和孔之间的接触力以避免卡住。因此，在孔中移动轴的任务需要力和位置控制的无缝结合。

为了描述操作空间框架下的接触力，我们将式（36.3）改写为

$$\boldsymbol{F}_x=\boldsymbol{F}_{\mathrm{c}}+\boldsymbol{\Lambda}(\boldsymbol{q})\boldsymbol{F}_{\mathrm{m}}+\boldsymbol{\Gamma}(\boldsymbol{q},\dot{\boldsymbol{q}})\dot{\boldsymbol{x}}+\boldsymbol{\eta}(\boldsymbol{q}) \tag{36.4}$$

式中，$\boldsymbol{F}_{\mathrm{c}}$ 表示作用在末端执行器上的作用力[36.4]，因为 $\ddot{\boldsymbol{x}}$ 仅用于动力学解耦系统中，即单位质量点的系统，我们可以用 $\boldsymbol{F}_{\mathrm{m}}$ 代替 $\ddot{\boldsymbol{x}}$。现在，我们可以通过选择如下控制结构来控制操作坐标系下的力和运动

$$\boldsymbol{F}_x=\boldsymbol{F}_{\mathrm{m}}+\boldsymbol{F}_{\mathrm{c}} \tag{36.5}$$

其中

$$\boldsymbol{F}_{\mathrm{m}}=\boldsymbol{\Lambda}(\boldsymbol{q})\boldsymbol{\Omega}\boldsymbol{F}'_{\mathrm{m}}+\boldsymbol{\Gamma}(\boldsymbol{q},\dot{\boldsymbol{q}})\dot{\boldsymbol{x}}+\boldsymbol{\eta}(\boldsymbol{q}) \tag{36.6}$$

$$\boldsymbol{F}_{\mathrm{c}}=\boldsymbol{\Lambda}(\boldsymbol{q})\overline{\boldsymbol{\Omega}}\boldsymbol{F}'_{\mathrm{c}} \tag{36.7}$$

式中，$\boldsymbol{\Omega}$ 和 $\overline{\boldsymbol{\Omega}}$ 为互补任务描述矩阵[36.4]，决定末端执行器沿哪个方向进行位置控制和力控制。通过适当地选择 $\boldsymbol{\Omega}$，位置和力控制可以形成不同组合，以适应不同任务需求。最简单形式为对角矩阵，即 $\boldsymbol{\Omega}=\boldsymbol{I}-\overline{\boldsymbol{\Omega}}$。如果对末端操作臂的第 i 个操作坐标进行位置控制，则 $\boldsymbol{\Omega}$ 的第 i 个对角输入为 1，如果进行力控制则为 0。这种最简单的情况，是在同一个坐标系下进行沿坐标轴的位置和力控制。任务描述矩阵的概念可以扩展到在不同方向的坐标系中进行位置和力控制[36.4]。

一旦由式（36.5）计算出 $\boldsymbol{F}_x$，则可以通过式（36.2）计算出用于控制机器人相应关节的力矩。

36.2.3 冗余度机构的操作空间控制

冗余度操作臂可以实现任务级控制的完全可达性。一个操作臂执行操作任务，如果具有比执行任务需要的更多的自由度，则其是冗余的。例如，在端水的任务中，只需要 2 个自由度，也就是水平面上沿两个轴的平移运动。而完成该任务的操作臂（图 36.2）有 10 个自由度，因此对于该任务而言有 8 个冗余自由度。

冗余度操作臂面向任务级控制的操作空间框架，可以将整体运动行为分为两部分。第一部分是由任务给定，由作用在操作点上的力和力矩描述，$\boldsymbol{F}_{\text{task}}$。可根据式（36.2）将这个向量 $\boldsymbol{F}$ 转换为关节力矩，$\boldsymbol{\tau}=\boldsymbol{J}^{\mathrm{T}}\boldsymbol{F}_{\text{task}}$。然而，对于冗余度操作臂，力矩向量 $\boldsymbol{\tau}$ 并不能唯一确定，我们可以从一组确保一致性任务（task-consistent）的力矩向量中进行选择。操作空间框架考虑选择次要的任务，实现所谓的位姿行为（posture behavior），构成了整体运动行为的第二部分。位姿行为可由任意力矩向量 $\boldsymbol{\tau}_{\text{posture}}$ 确定。为确保附加力矩不影响任务行为（$\boldsymbol{F}_{\text{task}}$），将力矩 $\boldsymbol{\tau}_{\text{posture}}$ 投影到任务雅可比 $\boldsymbol{J}$ 的零空间 $\boldsymbol{N}$ 中[36.6]。雅可比的零空间与 $\boldsymbol{J}$ 所涵盖的空间正交，秩为 N_J-k，其中，N_J 是操作臂的自由度数，且 $k=\operatorname{rank}(\boldsymbol{J})$。由零空间投影得到的力矩 $\boldsymbol{N}^{\mathrm{T}}\boldsymbol{\tau}_{\text{posture}}$ 能确保任务的一致性，即确保不影响操作点的行为。然而，由于向量 $\boldsymbol{N}^{\mathrm{T}}\boldsymbol{\tau}_{\text{posture}}$ 不可能完全位于 $\boldsymbol{J}$ 的零空间内，而不能确保位姿行为的执行。

操作空间任务（$\boldsymbol{J}^{\mathrm{T}}\boldsymbol{F}_{\text{task}}$）和位姿行为（$\boldsymbol{N}^{\mathrm{T}}\boldsymbol{\tau}_{\text{posture}}$）可以结合起来实现整体运动行为在力矩层的分解。

$$\boldsymbol{\tau}=\boldsymbol{J}^{\mathrm{T}}\boldsymbol{F}_{\text{task}}+\boldsymbol{N}^{\mathrm{T}}\boldsymbol{\tau}_{\text{posture}} \tag{36.8}$$

与任务雅可比 $\boldsymbol{J}$ 相关的零空间投影 $\boldsymbol{N}$ 为

$$\boldsymbol{N}=\boldsymbol{I}-\bar{\boldsymbol{J}}\boldsymbol{J} \tag{36.9}$$

式中，$\boldsymbol{I}$ 是单位阵；$\bar{\boldsymbol{J}}$ 是与 $\boldsymbol{J}$ 动态一致的广义逆，即

$$\bar{\boldsymbol{J}}=\boldsymbol{H}^{-1}\boldsymbol{J}^{\mathrm{T}}\boldsymbol{\Lambda} \tag{36.10}$$

式中，对于 $\boldsymbol{J}$ 所定义的操作点，$\boldsymbol{H}$ 是其关节空间惯性矩阵；$\boldsymbol{\Lambda}$ 是其操作空间惯性矩阵。这种利用求逆的方法计算零空间投影的结果，可以得到使动能最小的任务一致性的力矩向量的一系列候选解。

36.2.4 移动性与操作性

操作空间控制不能具体给出哪些自由度用于移动，哪些用于操作。这种方法以末端执行器为中心，考虑所有自由度，对末端执行器定位和移动。任务级控制的操作和移动的明确协调不是必要的。

参考文献［36.7］给出了一种高效地协调操作和移动的方法。而参考文献［36.8］给出了一种相似的，基于模式（schema）的操作和移动的协调方法，进行了动态障碍环境验证。这种方法基于式（36.2），将由不同模式得到的力投影到机器人的位形空间中生成运动，另一种操作和移动的协调方法考虑到了末端执行器的给定路径，按照一定操作度准则生成平台路径[36.9]。这种移动操作臂的底层表达方法，也可在给定末端执行器路径时用来生成平台的避障行为[36.10]。参考文献［36.11］介绍了非完整约束（non-holonomic）的移动操作臂的协调方法，实现推小车任务。参考文献［36.12］分析了有两个操作臂的移动平台系统可以看作一个分支运动链。在第36.6节讨论了对这种分支机构的操作空间控制方法。

36.2.5 多任务行为

将冗余度机器人的整体运动行为分解为任务和位姿行为，这种概念可以扩展到任意数量的行为[36.13,14]。假设有 n 种任务集合 T_i，当 $i<j$ 时，T_i 的优先级高于 T_j。每个任务 T_i 与力向量 $\boldsymbol{F}_i$ 以及相应的关节力矩 $\boldsymbol{\tau}_i$ 相关。将与任务相关的关节力矩投影到所有更高优先级任务的组合零空间中，则可以同时执行这些任务，就如上面所述的任务和姿态行为相结合一样。零空间投影确保任务 i 的执行不影响更高优先级任务的执行，其表示为集合 $\operatorname{prec}(i)$。

给定任务 i，将 $\boldsymbol{\tau}_i$ 投影到更高优先级任务集合 $\operatorname{prec}(i)$ 的组合零空间中，可以得到与 $\operatorname{prec}(i)$ 相一致的关节力矩为

$$\boldsymbol{\tau}_{i\mid\operatorname{prec}(i)}=\boldsymbol{N}_{\operatorname{prec}(i)}^{\mathrm{T}}\boldsymbol{\tau}_i \tag{36.11}$$

式中，组合零空间 $\boldsymbol{N}_{\operatorname{prec}(i)}^{\mathrm{T}}$ 为

$$\boldsymbol{N}_{\operatorname{prec}(n)}=\boldsymbol{N}_{n-1}\boldsymbol{N}_{n-2}\boldsymbol{N}_{n-3}\cdots\boldsymbol{N}_1 \tag{36.12}$$

式中，$\boldsymbol{\tau}_{i\mid\operatorname{prec}(i)}$ 定义为上述任务集合 $\operatorname{prec}(i)$ 条件下任务 i 的力矩。把这个力矩作用到操作臂上不会影响更高优先级任务的执行。初始力矩向量 $\boldsymbol{\tau}_i$ 可由式（36.2）计算。

如果可以计算出与上述任务集合相一致的任务力矩，我们就能将任意数量的任务组合为单一运动行为，则

$$\boldsymbol{\tau}=\boldsymbol{\tau}_1+\boldsymbol{\tau}_{2\mid\operatorname{prec}(2)}+\boldsymbol{\tau}_{3\mid\operatorname{prec}(3)}+\cdots+\boldsymbol{\tau}_{n\mid\operatorname{prec}(n)} \tag{36.13}$$

式中，$\boldsymbol{\tau}$ 是用来控制机器人的力矩。

注意，$\boldsymbol{\tau}_1$ 是最高优先级的任务，没有被投影到任何零空间中。因此，任务1将在由机器人运动学定义的整个空间中执行。如果机器人有 N 个自由度，这个空间就有 N 维。随着机器人执行任务数量的增加，零空间投影 $\boldsymbol{N}_{\operatorname{prec}(i)}$ 将把与低优先级任务相关的 N 维力矩向量投影到一个降维的子空间中。最终，当所有力矩向量都投影到零向量上，零空间会被缩减到很小。这将抑制低优先级任务的执行。任务集合 $\operatorname{prec}(i)$ 的零空间维数可以通过 $\boldsymbol{N}_{\operatorname{prec}(i)}$ 的非零奇异值[36.6]的数目确定，用来进行任务可行性的方案评价。

如果为确保某一特定任务的执行，需要将其与

任务 1 用式（36.13）关联起来。因此，最高优先级任务通常作为一种硬性约束，在任何条件下都不能违背。对于仿人机器人而言，这些约束可以包括接触约束、关节范围、平衡等（见第 3 卷第 67 章）。

式（36.11）的投影将任务 i 的力矩 τ_i 映射到所有上述任务集合的零空间中。这个投影同时也调整了会主要妨碍任务 i 执行的向量的级别。为了减少这种影响，可调整操作点的期望加速度 $\ddot{x}$，即一致性任务的惯性矩阵 $\boldsymbol{\Lambda}_{i\mid prec(i)}$，计算如下

$$\boldsymbol{\Lambda}_{i\mid prec(i)}=(\boldsymbol{J}_{i\mid prec(i)}\boldsymbol{H}^{-1}\boldsymbol{J}_{i\mid prec(i)}^{T})^{-1} \quad (36.14)$$

式中，$\boldsymbol{H}$ 是关节空间惯性矩阵，且

$$\boldsymbol{J}_{i\mid prec(i)}=\boldsymbol{J}_i\boldsymbol{N}_{prec(i)} \quad (36.15)$$

式（36.15）是与上述所有任务集合相一致的任务雅可比矩阵。这个雅可比矩阵将操作空间的力转换为关节力矩，并不使任务集合 prec(i) 产生在操作点的任何加速度。当操作点的运动局限在与上述所有任务相一致的子空间中时，一致性任务的惯性矩阵 $\boldsymbol{\Lambda}_{i\mid prec(i)}$ 可用于描述操作点的惯性。

利用一致性任务的惯性矩阵，将关节空间动力学投影到 $\boldsymbol{J}_{i\mid prec(i)}$ 的动态一致性逆所定义的空间中，我们便能得到一致性任务的操作空间动力学。对式（36.2）求逆，并替换掉式（36.2）中的 $\boldsymbol{\tau}$，可以得到

$$\boldsymbol{J}_{i\mid prec(i)}^{T}(\boldsymbol{H}(\boldsymbol{q})+\boldsymbol{C}(\boldsymbol{q},\dot{\boldsymbol{q}})+\boldsymbol{\tau}_g(\boldsymbol{q})=\boldsymbol{\tau}_{i\mid prec(i)}) \quad (36.16)$$

生成与式（36.3）等价的一致性任务。

$$\boldsymbol{F}_{i\mid prec(i)}=\boldsymbol{\Lambda}_{i\mid prec(i)}\ddot{\boldsymbol{x}}+\boldsymbol{\Gamma}_{i\mid prec(i)}\dot{\boldsymbol{x}}+\boldsymbol{\eta}_{i\mid prec(i)} \quad (36.17)$$

式中，$\boldsymbol{\Lambda}_{i\mid prec(i)}$ 是一致性任务的操作空间惯性矩阵；$\boldsymbol{\Gamma}_{i\mid prec(i)}$ 描述了操作空间的离心力和科氏力；$\boldsymbol{\eta}_{i\mid prec(i)}$ 是重力补偿项。可用式（36.17）以一致性任务方式控制特定操作点的任务，即不会产生与 prec(i) 中任务相关的操作点的加速度。注意，实际上可以在关节空间中计算 $\boldsymbol{C}(\boldsymbol{q},\dot{\boldsymbol{q}})$ 和 $\boldsymbol{\tau}_g(\boldsymbol{q})$，在多任务行为中仅需计算一次。

参考图 36.3，我们能分析操作空间框架的有效性。操作点的控制直接描述了操作任务运动过程中的力和位置约束。可用任务优先级更低的附属行为来确保运动学和动力学约束，实现姿态行为控制，或基于人工势场法实现避障[36.15]。所有这些方面的操作任务控制的计算效率都很高。因此，操作空间框架能保持这些运动约束且满足反馈频率的要求。然而，操作空间框架不包括全局运动约束，如工作空间的连通性所施加的约束等。因此，操作空间框架与人工势场类似，容易陷入局部极小值。这种局部极小值在所有上述运动约束中都可能发生，影响机器人实现任务。为解决这个问题，需要采用规划的方法（详见第 1 卷第 7 章和本章第 36.3 节）。

参考文献［36.16］中介绍了基本控制方法，给出了一种考虑多行为的简单替代形式。每个单独行为由一个控制器描述，表示为势函数 $\phi\in\Phi$，传感器 $\sigma\in\Sigma$，执行器 $\tau\in Y$。设定传感器和执行器的参数，可以确定控制器 ϕ。一个特定行为可以表示成 $\phi\big|_{\tau}^{\sigma}$。控制器设计可与零空间投影结合起来，如式（36.13）。在控制基础方法中式（36.13）可以更简洁地描述为

$$\phi_n\triangleleft\cdots\triangleleft\phi_3\triangleleft\phi_2\triangleleft\phi_1 \quad (36.18)$$

式中，将 $\phi_i\big|_{\tau_i}^{\sigma_i}$ 缩写为 ϕ_i。$\phi_i\triangleleft\phi_j$ 表示 ϕ_i 投影到 ϕ_j 的零空间中，称 ϕ_i 执行上属于（subjet to）ϕ_j。如果联合了两种以上的行为，如式（36.18）所示，则每个控制器 ϕ_i 投影到其所有高级任务的组合零空间中。

基本控制方法反映了控制器联合的通用方法，且并不局限于任务级的控制。除去以上控制器的联合方式，控制基础方法也包括了离散结构，其定义了联合控制器的转换。这种转换方式可由用户指定，或通过强化学习方法进行学习[36.16]。基本控制方法可构成多任务级控制器，实现不能由单一任务级控制器所描述的操作任务。

36.3 操作规划

可以采用数学方法，评估面向操作的全局运动规划所固有的计算难度。本书中规划的章节（见第 1 卷第 5 章）介绍了位形空间（C-space），其代表了机器人可变换的空间。一般情况下，所有可变换的集合构成了一个 n 维流形（manifold），其中 n 为机械系统的自由度数。对于一个操作臂而言，位形空间可由其运动学位形来定义（见第 1 卷第 2 章）。常见的一类操作臂是串联操作臂，由一系列转动或移动关节构成，相互连接形成一个串联运动链。本节所讨论的操作规划是针对单一运动链的操作臂的位形空间。然而，这些数学方法也可以应用于更复杂的机器人上，如仿人机器人（见图 36.4，第 3 卷第 67 章），其上身包括一个移动平台和附着其上的两个协作

操作臂（见第39章）。这里所采用的模型极大地简化了抓取、稳定性、摩擦、力学和不确定性所产生的问题，而主要针对几何形状。本节中，我们考虑一种简单的操作任务事例，涉及传统的取放操作。第36.4节中进一步考虑在装配操作中的抓取和接触状态。而第36.5节则综述了面向更加复杂的操作任务的集成反馈控制和规划技术。

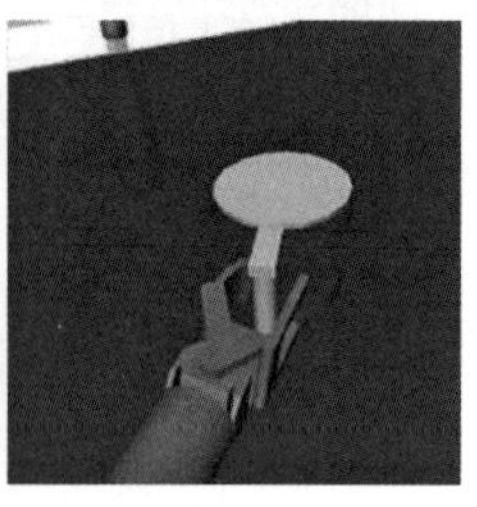

图36.4 H6仿人机器人操作物体的仿真图

36.3.1 位形空间的类型

基本的运动规划问题定义为在位形空间中寻找一条连接起始点到目标点的路径，同时需要规避环境中的静态障碍物（见第1卷第5章）。操作规划则引入了更多的复杂性，这是由于实现操作任务需要与环境物体相接触。当物体被抓取、移动时，自由位形空间的结构和拓扑会产生很大变化。然而，操作规划又同时具有与传统路径规划相同的基本理论基础和计算复杂性，如PSPACE难度（详见第1卷第5章）。

更确切地说，我们所采用的面向操作规划的方法主要来源于Alami等[36.17]和LaValle的书[36.18]。我们的目的是获得对面向操作任务的搜索空间及其产生的不同状况的理解和直观认识。通过这种讨论，要记住操作臂工作空间，待操作物体，障碍物的几何形状和相对位置，是决定自由位形空间的几何形状和拓扑结构的因素。在这个框架下，操作规划可以直观地划分为混杂系统规划范畴[36.19]。混杂系统（Hybrid Systems）指连续变量和离散模式（modes）的混合，模式的转变由开关函数定义（关于混杂系统规划的讨论，见LaValle的书[36.18]的第7章）。操作规划时，在环境中抓取、重新定位及释放物体，都对应着不同连续位形空间的相互转换。

我们考虑一个简单的拾取操作任务，操作臂A将一个可移动物体（零件）P从当前位置移动到工作空间中的某个期望目标的位置。注意，完成这个任务只需要使零件P到达目标位置即可，而不必考虑到操作臂是如何实现这个任务的。因为零件不能自行移动，只能通过操作臂进行移动，或被放置在某个稳定的中间位形上。操作臂有一些位形，能够抓取和移动零件到环境中的其他位置。也有一些不可达的位形，在这些位形下，操作臂或零件会与环境中的障碍物发生碰撞。操作规划问题的解由机器人单独运动或抓取零件时运动的一系列子路径构成。施加在运动上的主要约束包括：

1）操作臂在趋向、抓取或再抓取零件时不能与环境中的任何障碍物碰撞。

2）机器人在运输过程中必须稳定抓持零件（抓取的详细介绍以及稳定抓持的准则参见第38章）。

3）在零件运输的过程中，操作臂和零件不能与环境中的任何障碍物碰撞。

4）如果机器人没有在传输零件，那么零件应当静止地处于某个稳定的中间位置上。

5）零件最终应被放置在工作空间中的期望目标位置上。

这个混杂系统规划有两种操作模式：一是机器人单独运动，一是机器人抓持零件时的运动。通常情况下，我们将机器人稳定抓持物体的运动称为传输路径（transfer path），将物体稳定静止时机器人的单独运动称为过渡路径（transit path）[36.17,20,21]。操作规划问题的求解是指在操作臂能完成任务的传输路径和过渡路径所构成的连续序列中进行搜索。对于自主机器人，理想情况是通过规划算法能自动生成与抓取和非抓取操作相对应的传输和过渡路径的准确序列。

1. 容许位形

在第1卷第7章介绍的概念的基础上，我们定义一个在欧氏空间中有n个自由度的操作臂A，$W=\mathbb{R}^N$，其中$N=2$或$N=3$。令C^A表示A的n维C空间，q^A代表一个位形。C^A称作操作臂的位形空间。令P表示一个可移动的零件，是一个可由几何元素描述的刚性体。假设零件P允许进行刚性体变形。相应地存在一个零件的位形空间$C^P=SE(2)$或$C^P=SE(3)$。令$q^P\in C^P$，表示一个零件的位形。零件模型的变形所占据的工作空间的区域或大小由$P(q^P)$表示。

我们用笛卡儿（Cartesian）积定义组合（机器人和零件）位形空间C为

$$C=C^A\times C^P$$

式中，每个位形$q\in C$的形式为$q=(q^A,q^P)$。注意，与简单的C_{free}（在有障碍物环境中的所有避障空间，详见第 1 卷第 7 章的定义）相比，用于操作规划目的的容许位形集的限制性更强。我们必须通过删除禁止位形以体现允许运动的约束。图 36.5 中给出了用于操作规划的 C 的一些重要子集的例子。我们首先删除所有与障碍物碰撞的位形。定义操作臂与障碍物碰撞的位形子集为

$$C_{\text{obs}}^{A}=\{(q^{A},q^{P})\in C \mid A(q^{A})\cap O\neq\varnothing\}$$

我们也要删除零件表面与障碍物相碰撞，而保留零件表面与障碍物相接触的位形。在很多例子中会出现这种现象，如将零件放在书架或桌子表面，或将轴类物体插入孔中。因此，令

$$C_{\text{obs}}^{A}=\{(q^{A},q^{P})\in C \mid \text{int}[P(q^{P})]\cap O\neq\varnothing\}$$

上式表示在任意位形 q^{P} 上，零件内部点集合 $\text{int}[P(q^{P})]$ 与障碍物集合 O 相交的开集。很明显，需要避免那些零件内部点进入到 O 中的位形。

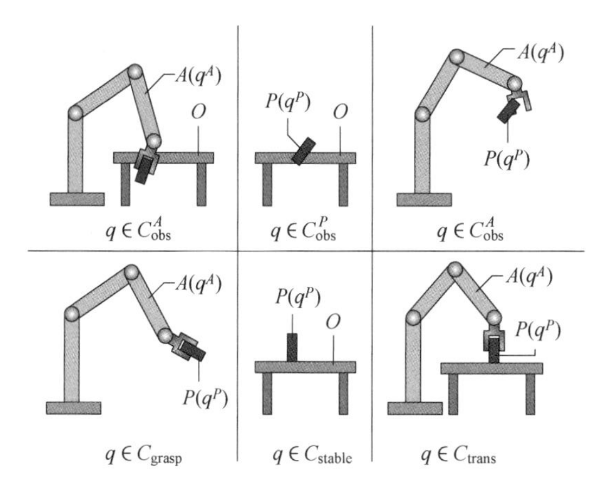

图 36.5 用于操作规划的不同位形空间子集定义的示例

现在，我们定义 $C\backslash(C_{\text{obs}}^{A},C_{\text{obs}}^{P})$，表示机器人和零件不与 O 发生不正当碰撞的所有位形集合。接下来，考虑 A 与 P 之间的交互。允许操作臂与零件表面接触，但禁止进入零件内部。因此，定义零件内部与机器人外形相交的所有位形为

$$C_{\text{obs}}^{PA}=\{(q^{A},q^{P})\in C \mid A(q^{A})\cap\text{int}[P(q^{P})]\neq\varnothing\}$$

最后，我们可以定义

$$C_{\text{adm}}=C\backslash(C_{\text{obs}}^{A}\cup C_{\text{obs}}^{P}\cup C_{\text{obs}}^{PA})$$

上式表示除去所有不期望的位形后的位形集。我们称这个集合为容许位形。

2. 稳定和抓持位形

由定义可知，在 C_{adm} 中的所有位形上，机器人、零件和环境中的障碍物都不会发生相互之间的进入式碰撞。然而，在所定义的一些位形上，零件是在空间中自由漂浮，或即将跌落。现在我们考虑用于操作规划的 C_{adm} 的两个重要子集（图 36.5）。令 $C_{\text{stable}}^{P}\subseteq C^{P}$ 表示稳定零件位形（stable part configurations）子集，在这些位形上，零件在没有操作臂力作用的情况下能够稳定地静止。稳定位形的例子包括零件静止在桌子上，或插入到其他更大的零件装配体中。能够进入稳定位形集合的条件与零件的属性相关，包括几何形状、摩擦、质量分布、与环境的接触等。我们不去直接考虑这些影响，而是假设已有的一些方法可用来评价零件位形的稳定性。已知 C_{stable}^{P}，我们定义 $C_{\text{stable}}\subseteq C_{\text{adm}}$，为零件和机器人系统的相应的稳定位形，有

$$C_{\text{stable}}=\{(q^{A},q^{P})\in C_{\text{adm}} \mid q^{P}\in C_{\text{stable}}^{P}\}$$

C_{adm} 中的一些其他重要子集，是机器人抓持零件，且能够根据某个定义的准则进行操作的所有位形集合。令 $C_{\text{grasp}}\subseteq C_{\text{adm}}$ 表示抓持位形（grasp configurations）集合。在每个位形 $(q^{A},q^{P})\in C_{\text{grasp}}$ 上，操作臂接触零件则意味着 $A(q^{A})\cap P(q^{P})\neq\varnothing$。如上所述，由于 $C_{\text{grasp}}\subseteq C_{\text{adm}}$，不允许机器人和零件之间相互进入。通常情况下，在许多位形上 $A(q^{A})$ 和 $P(q^{P})$ 相接触，并不一定位于 C_{grasp} 中。一个位形位于 C_{grasp} 中的准则取决于操作臂、零件和相互之间接触表面的特定属性。例如，一个典型的操作臂在拾取零件时不会只通过一个点与零件接触。（有关更多信息详见本章第 36.4 节和第 37 章中与接触状态识别相关的内容，以及第 38 章和第 1 卷第 19 章的力封闭模型等抓取指标等内容）。

对于任意的机器人和零件位形，$q=(q^{A},q^{P})\in C$，面向操作规划时，我们必须确保 $q\in C_{\text{stable}}$ 或 $q\in C_{\text{grasp}}$。因此，我们定义 $C_{\text{free}}=C_{\text{stable}}\cup C_{\text{grasp}}$，代表 C_{adm} 中可以进行操作规划的子集。在混杂系统中，操作规划有两种典型的模式：过渡模式（transit mode）和传输模式（transfer mode）。在过渡模式中，操作臂不携带任何零件（即仅有机器人运动），要求 $q\in C_{\text{stable}}$。在传输模式中，操作臂携带零件（即操作臂和零件同时运动），要求 $q\in C_{\text{grasp}}$。基于这些条件，仅当 $q\in C_{\text{stable}}\cap C_{\text{grasp}}$ 时，才会出现模式变化的可能。当操作臂在这些位形上，可能有两种动作：①继续抓持和移动零件；②在当前的稳定位形下放开零件。在所有其他位形，模式是不会变化的。为方便起见，我们定义 $C_{\text{trans}}=C_{\text{stable}}\cap C_{\text{grasp}}$，代表过渡位形集合，在过渡位形中，模式可以变化，操作臂可以抓持或放开零件。

3. 操作规划任务的定义

最后，定义基本的拾取操作规划任务。零件初

始位形为 $q_{\text{init}}^{P} \in C_{\text{stable}}^{P}$，零件的目标位形为 $q_{\text{goal}}^{P} \in C_{\text{stable}}^{P}$。上述的上层任务只定义为重新定位零件，而不考虑操作臂如何完成任务。令 $C_{\text{init}} \subseteq C_{\text{free}}$，是零件位形为 q_{init}^{P}的所有位形集合。

$$C_{\text{init}} = \{(q^{A}, q^{P}) \in C_{\text{free}} \mid q^{P} \in q_{\text{init}}^{P}\}$$

同样，我们定义 $C_{\text{goal}} \subseteq C_{\text{free}}$，是零件位形为 q_{goal}^{P}的所有位形集合，即

$$C_{\text{goal}} = \{(q^{A}, q^{P}) \in C_{\text{free}} \mid q^{P} \in q_{\text{goal}}^{P}\}$$

如果给出了操作臂的初始和最终位形，则令 $q_{\text{init}} = (q_{\text{init}}^{A}, q_{\text{init}}^{P}) \in C_{\text{init}}$和 $q_{\text{goal}} = (q_{\text{goal}}^{A}, q_{\text{goal}}^{P}) \in C_{\text{goal}}$，规划的目的是计算出一条路径 τ，使得

$$\tau: [0,1] \to C_{\text{free}}$$
$$\tau(0) = q_{\text{init}}$$
$$\tau(1) = q_{\text{goal}}$$

如果没有给出操作臂的初始和最终位形，我们可以隐含地定义规划器，目的是为计算出一条路径：$\tau: [0,1] \to C_{\text{free}}$，使 $\tau(0) \in C_{\text{init}}$ 和 $\tau(1) \in C_{\text{goal}}$。无论哪种情况，解都是过渡路径和传输路径的系列，且与相应的模式对应。在每个传输路径之间，零件被放在一个稳定的中间位形上，而操作臂单独运动（过渡路径）以重新抓取零件。这个顺序持续进行，直到零件被最终放置在目标位形上。这个过程的示意图如图 36.6 所示。

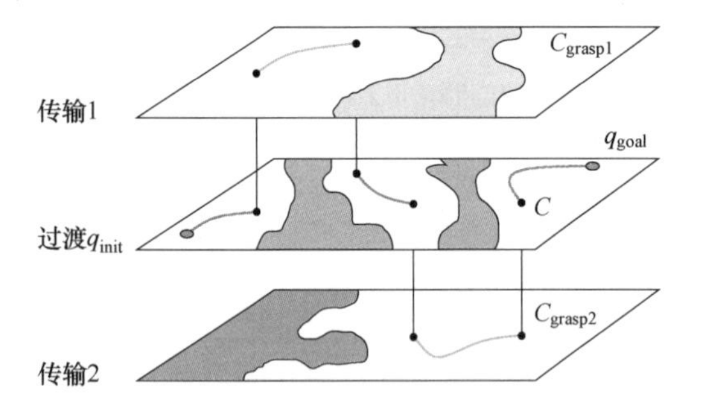

图 36.6　操作规划包括在混杂连续位形空间集合中搜索一个传输和过渡路径序列（这个例子中，由不同方式抓取零件产生了不同 C 空间中的传输路径）

36.3.2　平面 3 自由度操作臂举例

对于 3 个或更少自由度的操作臂，我们能建立可视化的 C 空间，以获得这种结构的直观展示。在本节中，我们以一个末端执行器工作在二维平面工作空间（$\mathbb{R}^2$）的 3 自由度串联操作臂为例进行介绍。

图 36.7 给出了一个简单的冗余度操作臂[36.22]。机器人有 3 个转动关节，其转动轴互相平行，关节范围是 $[-\pi, \pi]$，具有 3 个自由度。由于机器人的末端执行器仅触及平面上的位置，操作臂在平面上是冗余的。由于它仅有 3 个自由度，且每个关节角有一定的范围，C 空间可以可视化为一个边长为 2π 的立方体。一般来讲，这个有 n 个转动关节的操作臂的 C 空间如果无关节范围约束，则与 n 维超环面是同胚的；如果有关节范围约束，则与 n 维超立方体是同胚的。

如前所述，工作空间中障碍物在 C 空间的投影定义为 C 障碍（见第 1 卷第 7 章），表示机器人与障碍物发生几何形状交互时机器人的所有关节位形集合，即

$$C_{\text{obs}}^{A} = \{(q^{A}, q^{P}) \in C \mid A(q^{A}) \cap O \neq \varnothing\}$$

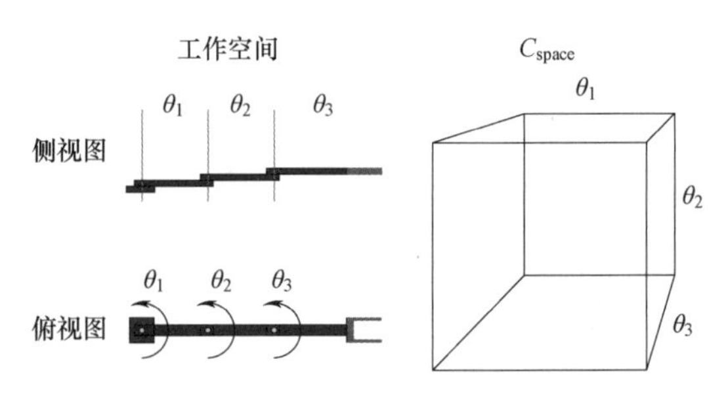

图 36.7　平面 3 自由度操作臂

通常，C_{obs}^{A}的结构高度复杂，包括 C 空间中多个互联的元素，图 36.8 中给出了平面 3 自由度操作臂的位形空间可视化的例子，其中两种盒形的障碍物用不同颜色表示。工作空间中的 C 障碍用颜色相同的盒形障碍物表示。红、绿和蓝色坐标轴分别对应操作臂的 3 个关节角 $\theta_{\{1,2,3\}}$。自碰撞是一个特殊的 C 障碍区域，指机器人自身关节几何形状的干涉，并不包括环境的几何形状。图 36.7 给出了所设计的机器人不发生自碰撞的区域。图 36.9 给出了操作臂可能发生实际碰撞的自碰撞区域，并可视化表示为相应的 C 障碍。C 障碍能覆盖较大的位形空间，甚至能够隔断 C_{free} 中不同的元素。图 36.10 解释了在障碍物上附加一个很小的点，可能使很大范围内的位形产生碰撞且隔断 C_{free}；与这个点相应的 C 障碍在位形空间中形成了与 θ_2-θ_3 平面平行的一堵“墙”。

这堵“墙”表示出与该点干涉的操作臂的第一个连杆的关节角 θ_1 的取值范围。由于元素的隔断，C_1，$C_2 \in C_{\text{free}}$，意味着将找不到一条由 C_1 起始，至 C_2 结束的无碰撞路径。

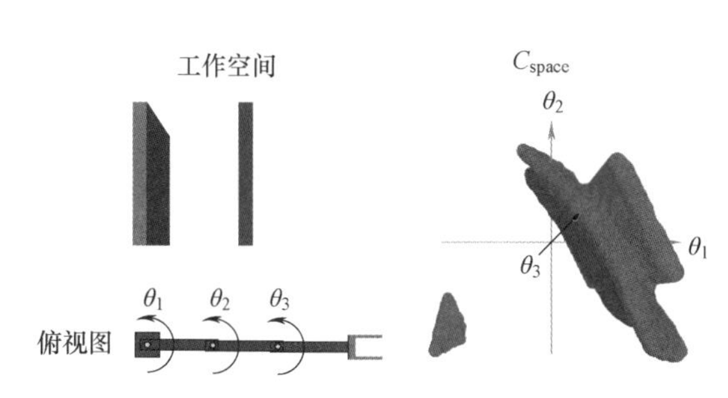

图 36.8 工作空间中存在盒形障碍物的平面 3 自由度操作臂以及相关的位形空间障碍

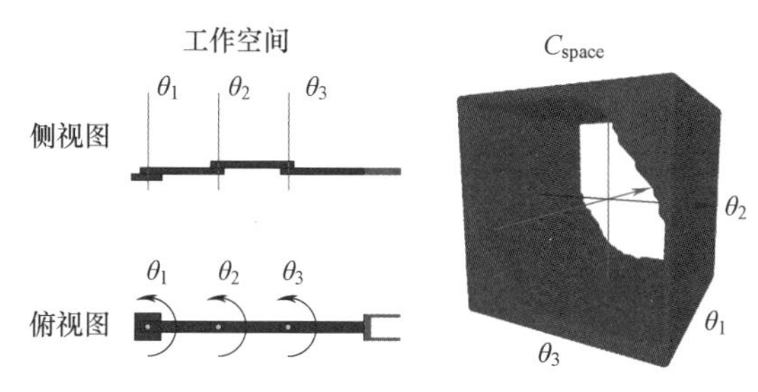

图 36.9 非平面 3 自由度操作臂和相应的自碰撞 C 障碍

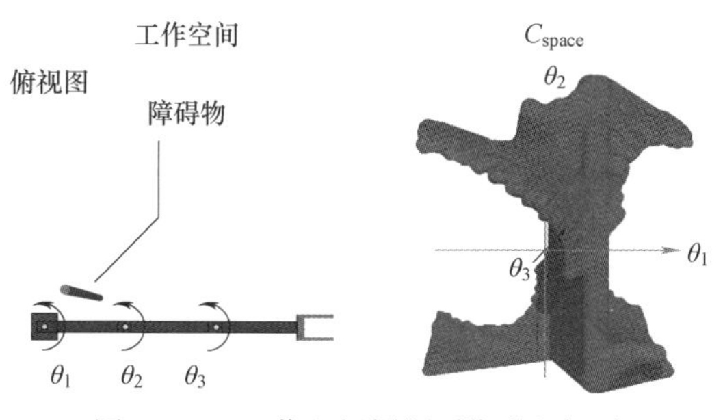

图 36.10 工作空间投影到位形空间时被分割的拓扑形状

36.3.3 逆运动学的思考

在构造路径规划问题时，需要一个目标位形 q_{goal} 作为输入（见第 1 卷第 7 章）。在操作规划时，通常根据末端执行器在工作空间中的理想位姿，由逆运动学（Inverse Kinematics，IK）求解方法（详见第 1 卷第 2.7 节）计算出这个位形。对于冗余度机构（超过 6 个自由度）而言，没有已知的逆运动学解析求解方法。一般情况下，通常采用迭代或数值求解方法（例如基于雅可比的方法或基于梯度的优化方法）来进行求解。注意，逆运动学的数值计算结果与初始值的选取、C 空间中奇异点的分布或与所有这些因素相关，计算效率可能很差，甚至不收敛（见第 1 卷第 2.7 节）。

已知一个末端执行器位姿，多数 IK 求解方法只能计算出一个位形。然而，对于冗余度操作臂，末端执行器的一个已知的期望位姿，对应着连续范围内的无限多位形。在路径规划时，这意味着 IK 求解方法要从无限数量的位形中选择出来一个作为 q_{goal}。注意，在某些情况下，所选出来的 q_{goal} 可能会发生碰撞，即不是 C_{free} 的一部分。因为并不存在于传统意义上路径规划结果相对应的解，这个位形不能用来作为计算全局趋近策略的目标（见第 1 卷第 7 章）。

另一种可能性是所选择的 q_{goal} 与 q_{init} 隔断。这种情况下，尽管 q_{goal} 是 C_{free} 的一个元素，但其所在区域与 q_{init} 的所在区域是隔断的，不宜用来进行规划。考虑如图 36.7 所示的平面操作臂，图 36.11 给出了末端执行器某个位姿所对应的两种可能的解。相应的位形分别为 $q_a=(0,\pi/2,0)$ 和 $q_b=(\pi/2,-\pi/2,\pi/2)$，在可视化的 C 空间中表示为绿色球体。这种情况下，IK 求解方法可能选择二者之一作为 q_{goal}。如果将图 36.10 中的障碍物加在工作空间中，两个解则位于 C_{free} 的隔断的两个区域内，如图 36.12 所示。

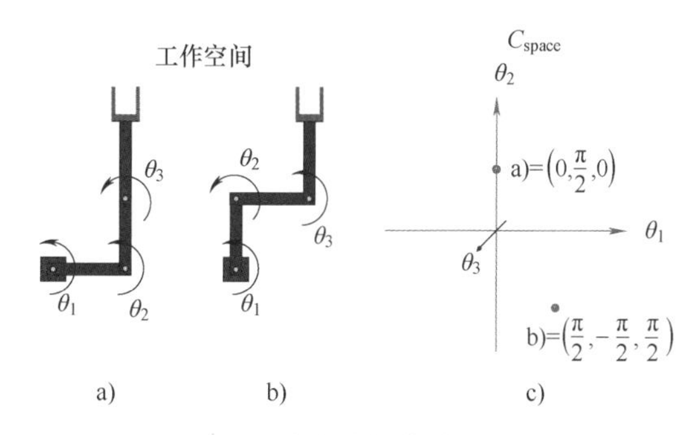

图 36.11 平面 3 自由度操作臂末端执行器位姿相同时，逆运动学的两个解

a）第一组解 b）第二组解 c）C 空间内的解

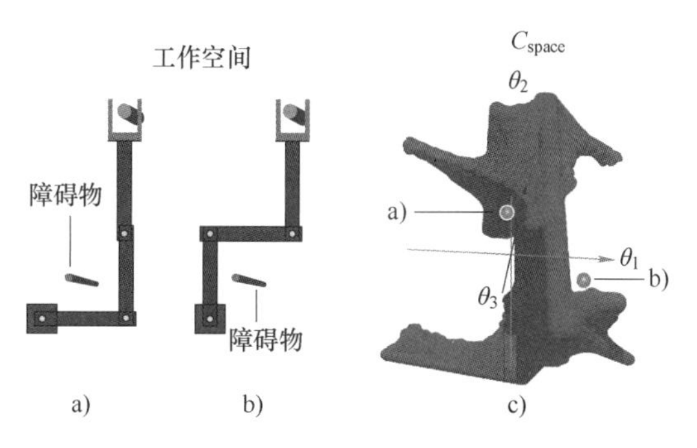

图 36.12 由于工作空间中的一个小的障碍物，使得逆运动学的两个解位于 C_{free} 中两个隔断的区域

a）第一组解 b）第二组解 c）C 空间内的解

36

令 $q_{init}=(0,0,0)$ 为初始位形，表示为图 36.12 中的 C 空间坐标系的原点，这个位形所在的 C_{free} 部分称为 C_1，其他部分称为 C_2。由于 $q_b \in C_2$ 且 $C_1 \cap C_2 = \varnothing$，如果 IK 求解方法选择 q_b 作为 q_{goal}，则规划问题将无解。这意味着以 q_{goal} 为目标的规划必定失败。

由于计算 C 空间连接性的完整表示与路径规划的复杂程度相似，在规划失败前，基本上不可能检测出 q_{goal} 与 q_{init} 的非连接性。

如前所述，经典操作规划问题在工作空间中的目标定义为采用逆运动学计算出的末端执行器的期望位姿。然而，需要注意的是，操作任务的目的是可以不用将末端执行器移动到指定位置，而是移动到任意可行位置，只要能完成期望的操作任务即可。因此，更重要的是设计出针对任务的计算方法和控制方案，而对于末端执行器的位姿和操作臂的位形，则允许有一定柔性和自由。这是任务空间或操作空间控制技术的一种优势（见第 1 卷第 8.2 节）。

举例来说，考虑用平面 3 自由度操作臂抓取一个圆柱形零件的任务。图 36.11 给出了产生末端执行器相同位姿时，两组可能的关节位置解。工作空间中附加的障碍物可能使其中的一个解与初始位形相隔断。然而，这两个位形可能不是操作臂抓取圆柱形零件的唯一有效解。图 36.13a 给出了操作臂能抓取零件的其他几种位形。通过在这些位形中插值，可以得到无限多的工作空间位姿，作为抓取问题的解。与这些工作位姿相关的逆运动学的解位于一个连续的子集中 $C_{goal} \subseteq C$，如图 36.13b 所示，展示了实现这个任务的规划问题的实际解空间。

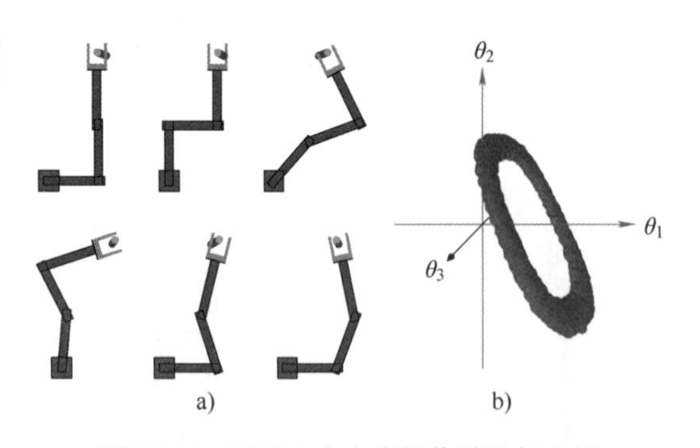

图 36.13　平面 3 自由度操作臂的解空间

a）工作空间例子求解：操作臂能抓取圆柱的多个位形
b）C 空间求解区域：位形解集的可视化 C 空间

把图 36.10 中的障碍物加在操作任务的工作空间中，所产生的位形空间如图 36.14 所示。注意，为清楚起见，操作臂与圆柱的自碰撞所对应的 C 障碍没有出现在可视化的结果中。大约一半的可行解是与初始位形分隔开的，四分之一的解在碰撞区域，只有四分之一的解是可达的，因此，其可以作为经典规划求解 q_{goal} 的合适的候选解。

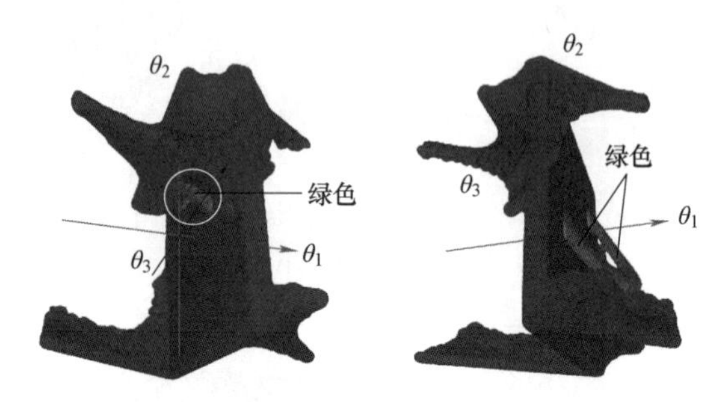

图 36.14　抓取圆柱零件时在隔断的 C 空间中目标位形集（绿色）的两个视图

36.3.4　连续体控制

正如第 20 章中所介绍，当执行器拥有比被操作物体更多的自由度时，我们称其为超冗余操作臂（hyper-redundant manipulator）。超冗余操作臂能够被进一步划分为类脊椎动物（vertebrate like）刚性操作臂（如蛇）；类无脊椎动物的连续体操作臂（如章鱼的腕足或象鼻）。很多类脊椎动物的执行器有着与关节操作臂相似的动力学特性，同时，它们和操作臂一样，也常常作为其他执行器（手爪等）的载体，如在外科手术的应用中。

而连续体操作臂[34.23]与之不同，其包含着能够变形的段节结构，并充当着全操作臂的控制器，手和操作臂之间没有分割，这样能够最大化地发挥其柔顺性的优势。这些操作臂可以视为是超冗余操作臂的极端例子，但实际上和超冗余操作臂还是有本质的不同。在抓握物体时，连续体操作臂用整条手臂缠绕在物体上。其柔软的本质使得操作臂能够很好地适应不同物体的形状。在参考文献［36.24］中介绍了一种操作臂：OctArm，它有着多个弯曲的段节，是连续体操作臂的一个典型代表。

虽然连续体操作臂的每个段节 i 都是可以变形的，其在理论上拥有无限多自由度，但实际上它只有 3 个可控的自由度。在描述时，其特性参数通常使用一个截断的环面（当操作臂变形时）或圆柱（当操作臂曲率为 0 时）来描述。其特性参数包括长度 s_i，曲率 κ_i，以及段节 i 和段节 $i-1$ 之间的角度 ϕ_i。通过改变每个段节的这三个变量，便能够改变整个操作臂的位姿。图 36.15 中展示了有 3 个段节的 OctArm 操作臂不同的位姿。

对连续的、全操作臂进行控制与对传统关节操作臂进行控制有显著的区别。前者是在已知每个段节的位形变量后找到最终的位形[36.25]。但是，为全操作臂进行运动规划必须直接考虑位姿变量以及笛卡儿空间变量（例如，每一个段节的最终姿态），因为末端执行器的形状和抓握能力（可以理解为连续体操作臂和被抓握物体接触的比例大小）是由这两者共同决定的。

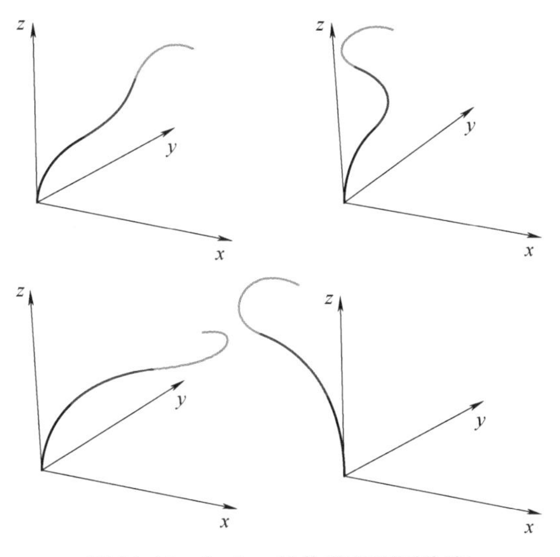

图 36.15 OctArm 操作臂的不同位姿

对于一个目标物体，其位置、大小决定了是否存在着一个使得柔性连续体操作臂能够包裹缠绕并将其拿起的位姿。如果操作臂能够绕着该物体一圈有余，那么该物体的接触面构成的圆的圆心 c 以及该圆的半径 r_c，决定了 $k(k\leqslant n)$ 个需要包裹缠绕物体的段节，以及从末端开始的第 n 个段节。这意味着剩下的 $n-k$ 个不参与包裹缠绕物体的段节的位姿必须被约束，以使得全臂的位姿便于抓握[36.26]。有效的抓握位姿必须能够在不发生碰撞的情况下进行试探性地规划[36.27]。因此，提出了多个不发生碰撞的柔性连续体操作臂路径规划方法。

参考文献 [36.28] 中提出了一个更为简单的方法，即首先用柔性操作臂的第 m 个段节（$m<n$）和目标物体相接触，然后从 m 至 n 个段节逐节计算生成包围缠绕物体的位姿。当环境中的物体杂乱无章时，逐步包围缠绕法（progressive wrapping）是通过同时控制操作臂的末端带动所有小节对物体进行包围缠绕[36.29]，这种方法能够利用最小的空间对操作臂进行位姿调整。这样能够生成一个更加稳固的抓握。

最后，针对连续体机构的规划策略同样能够对于控制类脊椎动物的操作臂产生积极效果，例如蛇形机器人。的确，针对超冗余操作臂的控制曲线的设计和拟合方法早已出现[36.30]。

在本小节中，我们介绍了操作臂规划的基础，介绍了一种空间中搜寻位姿的数学方法，讨论了一些重要的几何和拓扑学的考虑因素，以及不同种类的操作臂和执行方法。本章第 36.6 节中会对该方面进行综述，以便深入阅读。

36.4 装配运动

将加工后的零件组装成一个产品（如一部机器）的过程，定义为装配或装配任务。这是任何产品生产过程的主要操作。机器人实现自动化装配可减少成本，提高质量和操作效率。在一些危险环境（如太空），让机器人执行装配任务能挽救人的生命。对于机器人学来说，装配一直是一个既重要又最具应用挑战性的问题。在装配自动化的广阔领域中，有很多相关的重要研究问题，从装配设计[36.31]到误差分析[36.32]，装配次序规划[36.33]，夹具设计[36.34]等。本节主要讨论面向装配的机器人运动问题。

我们所关心的装配运动指的是操作臂抓持零件并将其移动到指定的装配状态，即达到目标空间位置或与其他零件接触。装配运动的主要难点在于零件装配状态所要求的高精度和低误差。因此，要实现装配运动必须克服一些不确定性。柔顺运动定义为所持零件和环境中的其他零件相接触而产生的约束运动。由于减少了所持零件的自由度数，降低了运动的不确定性，因此，在装配中期望实现柔顺运动。

考虑前面介绍的轴孔装配示例（图 36.2），如果轴和孔之间的空隙很小，不确定性的影响容易使轴的向下插入运动失败，即轴与孔的边缘发生碰撞而使得运动终止，没有达到期望的装配状态。因此，成功的装配运动必须通过移动轴来避免不期望的接触情况，使其最终达到期望状态。为了实现这种过渡，通常会选择柔顺运动。在到达期望的装配状态前，有必要通过柔顺运动产生一系列的接触过渡。图 36.16 给出了轴孔装配任务的一个典型接触过渡顺序。

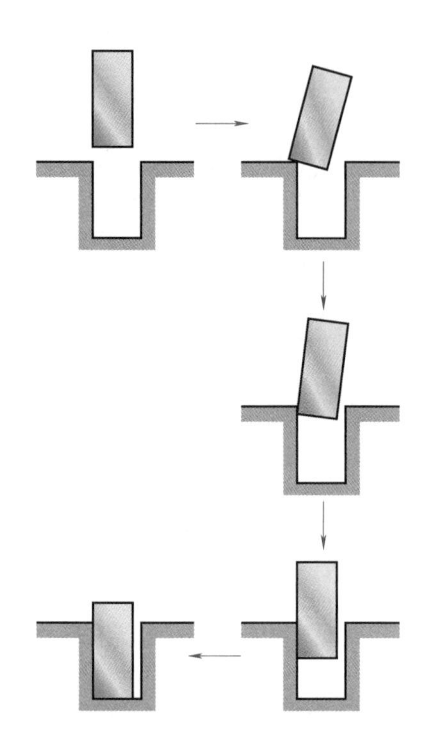

图 36.16　轴孔装配任务中的接触过渡顺序

柔顺运动的装配运动策略可被较为宽泛地分为两类：被动柔顺运动和主动柔顺运动，两种分类的策略都要求提供描述零件之间拓扑接触状态的信息。

36.4.1　拓扑接触状态

当零件 A 接触零件 B 时，A（或 B）的位形是接触位形。通常，接触位形集享有共同的上层接触特征。如杯子放置在桌子上，此时，是杯子底部在桌子上的杯子全部接触位形所共享的上层描述。由于这个描述体现了空间位置，可能是装配状态，也可能仅是一种零件之间的接触状态（contact states），其常用来表示装配运动的关系。

在多面体接触时，通常将接触状态用拓扑形式描述为元接触（primitive contact）集，每个元接触由一组接触面元素包括面、边、顶点来定义。不同接触状态的本质区别仅在于元接触的定义上。参考文献［36.35］给出了一种常用的元接触表示，将二维平面多边形的边和顶点接触，三维多面体的顶点和面接触、边和边接触定义为点接触。参考文献［36.36］定义了一种在一对拓扑接触面元素中的元接触（即面、边和顶点）。与点接触概念不同，元接触能描述出接触区域是一个点、一条线段还是一个平面。然而，在通过传感器识别接触时，尽管两种表示对应了所定义的不同接触状态，但由于受不确定因素的影响，可能识别出相同的接触结果。图 36.17 给出了这个例子。

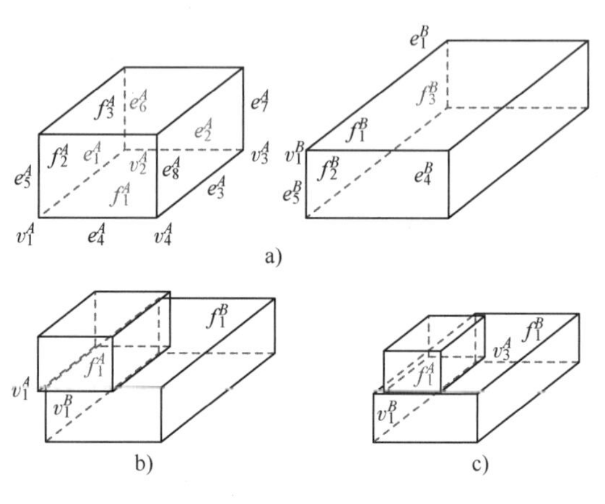

图 36.17　上面零件的不同位置对接触状态的影响很小
a）两个物体　b）状态 1　c）状态 2

参考文献［36.37，38］将主接触（principal contact，PC）作为上层元接触，表现出对识别问题的更强鲁棒性。一个主接触（PC）定义为一对拓扑面元素的接触，且不是其他拓扑接触面的边界元素。一个面的边界元素位于边界的边和顶点，一条边的边界元素是位于边界的顶点。两个物体之间的不同主接触对应不同的自由度，也通常对应着接触力和力矩的显著区别。如图 36.17 所示，元接触所不能区分出的状态，定义为主接触的一个状态。因此，主接触中的接触状态数目更少，是接触状态的一种更简洁的描述。事实上，两个凸多边形物体之间的每种接触状态都可以由一个主接触表示。

36.4.2　被动柔顺

被动柔顺指的是在装配运动中，进行误差修正的柔顺运动策略，并不要求对零件间接触状态进行主动而精确的识别推断。

1. 远程柔顺中心

在 20 世纪 70 年代，开发了一套远程柔顺中心（RCC）设备，能够实现高精度的轴孔装配[36.39-41]。RCC 是一个机械弹簧结构，作为握住圆柱形轴插入圆孔的工具连接在操作臂末端执行器上。在插入方向上，RCC 的设计刚度很高，但也具有很高的横向柔顺性 K_x 和旋转柔顺性 K_θ。令柔顺中心接近轴的端部（远程柔顺中心就是以此命名的），以克服在插入过程中孔施加给轴的接触力而引起轴位置和方向的横向和转动角度的微小误差（图 36.18）。RCC 较大的横向和转动柔顺性也有力地避免了楔紧和卡阻。楔紧是由于对立方向上的接触力使轴陷于两点接触状态，而卡阻则是由力或力矩的比例不适当而引起的。由于 RCC 是实现快速插入的低成本可靠装置，在工业领域得到了成功应用。

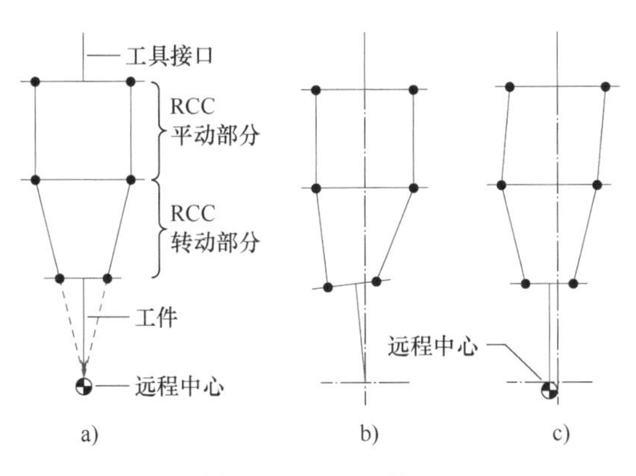

图 36.18 RCC 装置
a）RCC 的平面表示 b）使工件转动的 RCC 的转动部分
c）使工件平动的 RCC 的平动部分

然而，RCC 也是有缺点的。它仅适用于圆形的轴孔装配，对于特殊尺寸的轴和孔，最好设计专门的 RCC。相关人员为扩展 RCC 的适用性进行了很多工作。一些工作使 RCC 的某些参数可调，以实现可变的柔顺性或可调的远程中心位置[36.42-44]。参考文献［36.45］提出了一种空间 RCC（SRCC），以实现方形轴孔的装配。由此扩展产生了一种显著差别，就是所持零件的位置和方向的不确定性在一定范围内时，可能产生接触状态数的组合爆炸，这必须在设计设备时就予以考虑。与圆形轴孔装配不同，圆形轴孔装配是基本的二维问题，仅有几种不同的接触状态，而在方形轴孔之间有上百种不同的接触状态。从其中的一种可能接触状态到达目标装配状态，必须通过设备来实现所持零件的运动。很难设计出一种 RCC 设备，能够适应有更多种可能接触状态的更普通、更复杂形状的零件。这是一个主要制约因素，其阻碍了 RCC 实现不同零件装配的进一步拓展应用。

2. 导纳矩阵

作为 RCC 的一种替代方法，提出了一种操作臂力控制的特殊形式——阻尼控制，来实现操作臂所持零件的柔顺运动，以修正所持零件在装配运动过程中的微小定位误差。这种方法减少了为修正误差而建立一个类似 RCC 机械装置的需求。在力控制方法中[36.46]，阻尼控制是一种常见的策略，其根据感知的所持零件与环境之间的接触力，修改所持零件的速度指令。所产生的实际速度逐渐减少，并有望最终修正所持零件的位置和方向的微小误差。令 $\boldsymbol{v}$ 为一个六维向量，代表所持零件的实际平动和转动速度，$\boldsymbol{v}_0$ 为六维速度命令，$\boldsymbol{f}$ 为一个六维向量，代表检测到的力和力矩。则线性阻尼控制律可以描述为

$$\boldsymbol{v}=\boldsymbol{v}_0+\boldsymbol{A}\boldsymbol{f}$$

式中，$\boldsymbol{A}$ 是一个 6×6 阶矩阵，称为导纳矩阵或容纳矩阵。

这种阻尼控制的效果取决于是否存在一个合适的导纳矩阵 $\boldsymbol{A}$，以及如何找到它。对于 $\boldsymbol{A}$ 的设计有很多研究，使得在轴孔装配过程中遇到的任何接触状态，都能够成功地完成装配操作[36.47-51]。尤其针对这样一种情形，即在没有不确定性或错误时，一个单独的速度命令就足以实现装配操作，如确定的轴在孔中的插入操作。在所有可能的接触状态和匹配要求下，对于接触条件的运动和静力的确定性分析，是设计 $\boldsymbol{A}$ 的一种主要方法，其生成一系列的线性不等式作为 $\boldsymbol{A}$ 的约束条件。也可以通过使力 $\boldsymbol{f}$ 最小化的学习方法得到 $\boldsymbol{A}$，可避免产生不稳定性[36.50]。另一种方法[36.51]是在插入过程中，通过在末端执行器上加干扰来获得更加丰富的力信息。

3. 装配的学习控制

另一类方法是针对某种装配操作，通过随机或神经网络方法学习得到合适的控制[36.52-56]。大多数方法的本质是通过学习，建立所持物体接触反应力和下一步速度命令之间的映射关系，以减少误差、实现成功的装配操作。最近的一种方法[36.56]建立了人执行装配任务所获得的位姿和视觉的传感信息融合，与成功装配所需要的柔顺运动信号之间的映射关系。

另一种方法是通过视觉[36.57]或在虚拟环境中[36.58,59]观察人工操作执行装配任务，生成一种成功完成任务所必需的运动策略，包括一系列可识别的接触状态转移和相关运动参数。

由于可以生成一个速度命令序列，其与 RCC 或基于上述单个导纳矩阵的策略不同，能应用在不确定性很大的情况下。不过，通过学习得到的控制器是和任务相关的。

最近，引入了一种将视觉和力传感器相结合的装配方法[36.60]，其原理是通过视觉测量零件的变形，以调整装配所需的力，并通过力传感器和阻抗

控制器实现力控制。该方法已被用于匹配两个电源适配器的任务。其效果类似于在末端执行器上安装了RCC装置。

所有上述装配运动策略不要求明确识别出执行过程先中的接触状态。

36.4.3 主动柔顺

主动柔顺的特点是基于对接触状态的在线辨识或识别，以及接触力的反馈来实现纠错。主动柔顺运动能力使机器人能够灵活地处理范围更广、不确定性更大的装配任务，以及除装配之外的更多需要柔顺的任务。主动柔顺系统通常需要下列组成部分：一个规划器进行柔顺运动命令的规划；一个辨识器来识别接触状态、状态转移和任务操作过程中的其他状态信息；一个控制器，同时基于由传感器提供的底层反馈和由辨识器提供的上层反馈，来执行柔顺运动。每个部分的研究内容介绍如下。

1. 精细运动规划

精细运动规划是指规划精细规模的运动，在不确定性很大的情况下也能够实现装配任务。参考文献［36.61］中提出了一种基于位形空间（C空间）原像（preimages）概念的通用方法，设计出一种存在不确定性时也不会失效的运动策略[36.35]。已知目标位形的一个区域定义了所持零件的目标状态，目标状态的原像对那些位形进行编码，使得尽管存在位置和速度的不确定性（图36.19），速度命令仍能确保所持零件到达指定的目标状态。

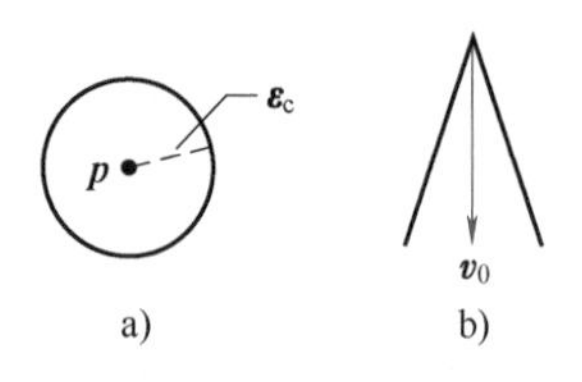

图36.19 位置和速度的不确定性（C空间中）
a）零件的实际位形可能在以所观测到的位形为中心的不确定球中 b）零件的实际速度可能在围绕给定速度的一个不确定的锥体中

已知所持物体的初始位形和目标状态，原像方法是沿着反向链生成运动规划，通过寻找与速度命令相关的目标状态的原像，然后是原像的原像，等等，直到发现包括所持零件初始位形的原像。图36.20给出了一个例子。

与原像序列相关的速度命令序列（从包括初始位形的初始原像开始）形成了运动规划，保证任务成功。从初始原像开始，在序列中每个后续的原像都可以看作一个子目标状态。在这种方法中，只要有可能就要选择柔顺运动，因为柔顺运动通常比纯定位运动生成更大的原像[36.61]，且子目标状态通常是接触状态。参考文献［36.62］进一步拓展了该办法，包括物体的建模不确定性。

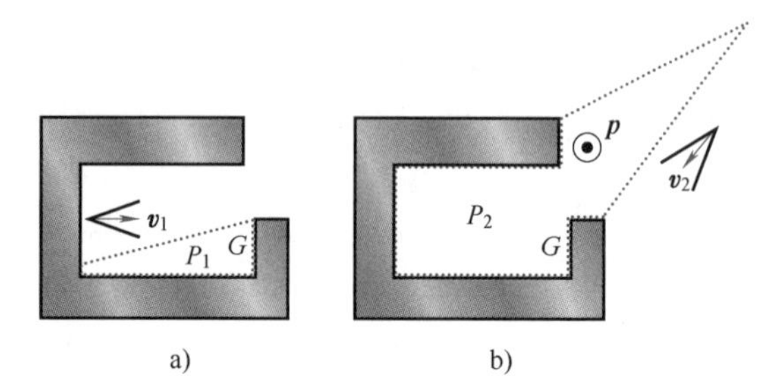

图36.20 原像的反向链
a）P_1是目标区域G的原像 b）P_2是P_1的原像

然而，该方法的计算是一个大问题。在存在传感不确定的情况下，目标可达性和可识别性的双重要求相互交织在一起，使原像的计算变得非常复杂。参考文献［36.63］给出了生成规划的时间复杂度是nmr的二倍指数关系，其中n是规划的步数，m是环境复杂度（物理空间的），r是位形空间的维数。通过分离可达性和可识别性，并限制最初原像模型的可识别能力，使得计算效率得到改善[36.64,65]。

一种两步法取而代之，能够简化精细运动规划：①假设没有不确定性的全局和离线名义路径规划；②局部和在线重新规划，以处理由于不确定性而产生的意外接触。已提出了两步法的不同变化形式[36.66-72]。该方法的成功与否取决于对接触状态的在线识别效果（参见第36.4.3节）。一些研究人员还研究了不确定性的表示和传播，以及任务成功需要满足的约束[36.73-77]。

2. 柔顺运动规划

柔顺运动规划的重点是规划始终保持接触的物体的运动。Hopcroft和Wilfong[36.78]证明，如果任意两个接触物体可以移动到另一个位形上，且仍保持接触，则存在一条接触位形路径（在障碍物位形空间或C障碍的边界）连接第一和第二个接触位形。因此，柔顺运动不仅在许多情况下是理想的，而且在已知初始和目标接触位形的情况下总是可行的。

由于柔顺运动发生在C障碍的边界上，柔顺运动规划提出了无碰撞运动规划不曾面对的挑战：它要求C障碍边界上接触位形的准确信息。遗憾的是，计算C障碍至今仍然是一项艰巨的任务。尽管

采用三维参数法将 C 障碍准确地描述为多边形[36.79,80]，然而它只是六维 C 障碍多面体的一个近似[36.81,82]，如果用 m 和 n 表示两个多面体接触的复杂度，则 C 障碍的复杂度为 $\Theta(m^6n^6)$[36.83]。

研究人员的重点放在减少问题的维数和范围，或者是完全避免计算 C 障碍的问题。一些研究人员研究了降维的 C 障碍的柔顺运动规划[36.72,84,85]。更常用的是基于拓扑接触状态预设图的方法，以避免计算 C 障碍[36.86-89]。一种特别的方法[36.87,88]是采用 Petri 网将多边形零件的装配任务建模为离散事件系统。然而，接触状态和状态转移通常是人工生成的，对于几何形状很简单的装配任务，这种工作也是相当乏味的[36.45]。而对于复杂任务，由于不同的接触状态的数量巨大，所以无法实现。

因此，能自动生成一个接触状态图，既是理想的也是必要的。参考文献［36.90］提出的一种方法是首先列举出所有可能的接触状态，以及两个凸多面体之间的联系。回想一下，两个凸多面体的接触状态可以描述为一个主接触（见第 36.4.1 节），且两个凸多面体的两个拓扑面元素的任何主接触都描述了一个几何有效的接触状态。这些都是很好的性质，并大大简化了接触状态图产生的问题。然而，一般来说，为了自动构建两个物体之间的接触状态图，需要处理两个相当难的问题：

1）如何生成有效的接触状态，即通过已知物体的几何尺寸，如何判断一个主状态集对应一个几何有效的接触状态。

2）如何将图中的一个有效的接触状态和另一个联系起来，即在接触位形空间中，如何找到属于不同接触状态的接触位形区域中的近邻（或相邻）关系。

参考文献［36.38］中介绍了一种通用而有效的分而合并的方法，用于自动生成任意两个多面体之间的接触状态图。图中的每一个节点代表一个接触状态，通过拓扑接触形式（CF）[36.37]描述为一个主接触集和满足 CF 的一个位形。每条边连接两个相邻的接触状态的节点。图 36.21 给出了两个平面零件间的接触状态图的例子。

该方法通过直接利用拓扑和物理空间中物体接触的几何知识，以及问题可以分解为更简单的生成与合并特殊子图的子问题，同时处理上述两种状况。具体来说，该方法利用了接触状态图可以分为特殊子图的性质，特殊子图称为目标接触松弛（GCR）图，其中每个 GCR 定义为一个局部最强约束的有效接触状态，即所谓的种子，以及其邻

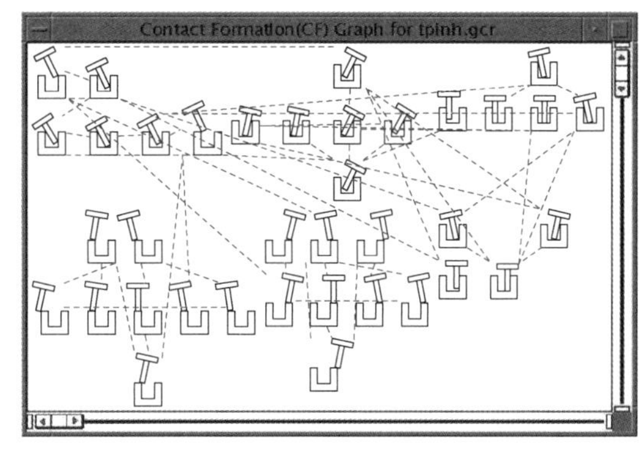

图 36.21 两个平面零件间的接触状态图

域弱约束的有效接触状态。鉴于一些性质，这些接触状态更容易生成。这些主要性质包括：

1）已知有效的接触状态 CS_i，其所有弱约束的邻域接触状态均可由 CS_i 中的主接触进行拓扑假设。

2）当且仅当存在一种柔顺运动使得 CS_i 的固定约束条件放宽以得到 CS_j，而不会产生任何其他接触状态，则假设的弱约束邻域状态 CS_j 是有效的，称为邻域松弛。

3）通常可采用瞬态柔顺运动得到邻域松弛。

通过这种方法，就能在几秒钟内生成接触状态图中的数百或上千的节点和连接。

采用这种接触状态图，柔顺运动规划问题可以分解为两个层次上的两个更简单的子问题：①上层：在接触状态图中从一个节到另一个节点的状态转移的图搜索；②底层：在受同样接触状态（和同样接触信息）约束的接触位形集中的接触运动规划，称为 CF 柔顺运动规划。可以认为跨越了几个接触状态的常用接触运动规划，是由一段段不同接触状态的 CF 柔顺运动构成。参考文献［36.91］中提出了一种方法，基于 CF 柔顺位形的随机采样来规划 CF 的柔顺运动，参考文献［36.92］扩展了概率图的运动规划方法。

3. 接触状态识别

精细运动或柔顺运动规划的成功执行取决于在执行过程中对接触状态的正确识别。接触状态的识别，同时利用接触状态的模型信息（包括拓扑、几何和物理信息），以及对末端执行器的位置和力/力矩的传感信息。由于存在传感不确定性，识别问题是一个重要的问题。根据处理不确定性的差异，可以将接触状态的识别方法分为以下几种。

一类方法是通过学习得到传感数据和相应接触状态之间的映射关系（存在传感不确定性）。学习模型包括隐马尔科夫模型[36.93,94]、阈值[36.95,96]、神

经网络结构和模糊分类[36.97-101]。可由非监督方式或以人执行任务的示范获得训练数据。这种办法是任务相关的：新的任务或环境需要新的训练。

另一类方法是基于接触状态的解析模型。一种常见的策略是先确定位形集和位形的约束，或力/力矩集，或每个可能接触状态的力/力矩的约束，并将这些信息与传感数据进行在线匹配，以识别接触状态。一些方法不考虑不确定性的影响[36.102,103]。而其他方法则采用不确定性边界或概率分布的方法[36.36,89,104-108]对不确定性进行建模。另一种策略是基于笛卡儿空间中接触元素的距离检测：在位姿不确定性下增长物体的尺寸与所得到的区域相交[36.109]，或将物体间的距离与其他几种因素结合起来，如瞬时趋近方向[36.110]。

根据传感数据的使用方式，我们认为一些识别原理是静态的，这是由于在到达当前接触状态前，并不考虑之前的运动和状态识别，而其他方法采用历史信息甚至新的运动和主动传感，以帮助识别当前状态，后者包括了同时进行接触状态识别和参数估计的方法。该方法中，接触状态模型解析表示为一个不确定参数的函数，如物体接触中的位姿或尺寸。在每一个接触状态上，一些不确定的参数是可观的，或在减少不确定性时是可估计的。例如，如果所持物体与另一个物体是面面接触，则表示接触面法线方向的参数可以由力或力矩传感数据进行估计。在任务执行过程中（即运动规划的执行），接触状态识别有助于提高不确定参数估计的准确性，进而也使随后的接触状态识别更加准确，这也提高了力控制和接触状态转移监测的效果。然而，这种方法所带来的性能提高也带来了更高的计算成本。

同时进行接触状态识别和参数估计时，最常做的是排除与传感数据或参数估计结果不一致的接触状态模型[36.111-117]。参考文献［36.118］给出了一个明显的例外情形，通过将系统描述为一个接触状态和参数的混合联合概率分布，实现真正的同时估计。

主动传感对施加力/力矩或运动进行了仔细设计，以更好地辅助接触状态识别和参数估计。前面研究的重点是单一力的策略[36.119]或可移动性测试[36.36,110]。最近，参考文献［36.120］介绍了一些方法，设计优化的接触状态转移次序和柔顺运动策略，通过主动传感确定出在到达一定目标接触状态时所有不确定的几何参数。

参考文献［36.121］介绍了一种方法，在接触状态识别器或参数估计器的设计阶段，从不同角度分析接触状态的可区分性和未知/不确定参数的可识别性。

36.4.4 操作臂约束下的柔顺运动

一般柔顺运动规划（作为柔顺运动或精细运动规划器的输出）通常包括一系列的接触状态，以及在每个接触状态内相对于接触状态柔顺并能到达此系列中下一个接触状态的接触位形路径。然而，需要一个操作臂来使一个零件相对其他零件移动，尤其是在装配任务中。因此，是否可以形成接触状态以及是否可以进行柔顺运动和接触状态转换取决于以下因素：操作臂的约束。

1. 接触状态和柔顺运动的可行性

应通过考虑操作臂约束重新访问接触状态图[36.122]。采样符合给定接触状态的接触位形，并应用逆运动学检查是否存在可行的操作臂关节空间位形来实现接触状态。如果在考虑多个样本后无法找到可行的操作臂位形，则认为接触状态至少非常难以达到，并将其作为不可行状态从图中删去。

给定两个可行的相邻接触状态，还应检查其过渡的柔顺运动在操作臂约束下的可行性。这里的主要问题是如何处理（接触位形）柔顺路径上可能出现的奇异点。如果操作臂是冗余的（例如，多于6个自由度）可以避免某些奇异点[36.123]。对于不可避免的奇异点，移动对象的柔顺路径是不可行的，必须改变路径以避免奇异点[36.124]或放弃。然而，改变的路径可能不再符合所需的接触状态。在实践中，最好检查从装配任务的目标接触状态向后开始的符合路径的可行性，以确保发现并保留通向目标的可行部分以及遇到的可行接触状态[36.125]。

2. 柔顺运动的实施

根据操作臂是否配备力/力矩传感器，可以考虑不同的控制方案来执行包括多个接触状态转换的复合运动规划。

如果操作臂具有力/力矩传感器，则可以使用混合位置/力控制器。它需要一个将力控制维度与位置/速度控制维度分开的规范。这种规范不仅必须因不同的接触状态而变化，而且在相同的接触状态下，也可能因不同的接触位形而变化。通常，控制规范是沿柔顺轨迹的时间或位形的函数。此外，为涉及多个主接触的复杂接触状态制定控制规范绝非易事[36.126]。

参考文献［36.127］中介绍了一种方法，将一系列接触状态下的接触位形的柔顺路径自动转换为扳动、扭转和位置控制信号 $\boldsymbol{w}(t)$、$\boldsymbol{t}(t)$、$\boldsymbol{p}(t)$，以便混合控制器执行规划。该方法得到了成功的试验验证。

最近，参考文献［36.128］中介绍了一种方法，通过从关节力矩估算接触力/力矩，实现力控制，而无须使用末端执行器力/力矩传感器或单个关节的力矩传感器。通过降低 PID（比例-积分-微分）控制器的积分增益，该方法就像高通滤波器一样，更有效地检测力/力矩的急剧变化，这通常表示接触状态的变化。将这种检测与位置控制相结合，能够成功地执行装配运动规划，即使位置控制不能始终保持柔顺运动。尽管柔顺或力控制是一个普遍研究的课题（见第 1 卷第 12 章），但至今为止，自动执行一个柔顺运动规划的还是很少。

在没有力传感器的情况下，实现力控制的其他方法需要操作臂的动力学模型[36.128-130]。

然而，规划、在线接触状态识别、在线重新规划（处理因不确定性而偏离预定规划路径的接触状态）和柔顺运动控制尚未实现完全集成。

36.5 集成反馈控制和规划

在前面几节我们讨论了任务级控制方法和规划算法。任务级控制和规划方法都能处理在执行操作任务时作用在机器人运动上的具体约束。然而正如图 36.3 所示，这些方法都不能处理所有的约束。控制仍然容易受到局部极小的影响，因此不能保证一个运动能获得预期的结果。另一方面，规划方法通过将可能的运动放到未来以预测运动序列能否成功，克服了局部极小的问题。在一定的假设条件下，所产生的规划能保证成功。然而，与这个过程相关的计算太复杂，难以满足操作任务反馈的要求。遗憾的是，这意味着控制和运动规划自身无法解决面向常用操作任务的机器人运动的问题。

在本节，我们来回顾一些工作，其将控制和规划方法的优点结合起来，形成一种方法，以确定机器人的运动。这些工作旨在创造一些避免局部极小敏感性，并且同时能满足反馈要求的方法。早期的控制与规划相结合的尝试可以追溯到 20 世纪 90 年代初期。但是并不是所有工作都与操作直接相关，但多数都包含了与这个主题相关的内容。在本节中，我们回顾这些工作，并讨论一些比较新的旨在集成运动规划和反馈控制的研究工作。

运动规划（见第 1 卷第 7 章）和运动控制（见第 1 卷第 8 章）传统上被视为两个截然不同的研究领域。然而，这两者有许多共同之处。这两个领域都关注机器人机构的运动、更重要的规划和控制方法，都要确定出机器人状态和机器人运动的映射关系。反馈控制方法，采用在一定状态空间区域中定义势函数的表示方法。在某个状态上势函数的梯度代表了运动命令。相反，运动规划方法则确定出运动的规划。这些运动规划方法也将运动表示为状态的集合。

运动规划和反馈控制，在某些方面也各不相同。与运动控制器相比，运动规划器通常对环境的要求更强，具有评估环境状态及其可能出现变化的能力。运动规划也要求在已知当前状态和特定动作时，机器人的状态能映射到未来某个状态的能力。基于这种能力和关于环境的全局信息，运动规划器能确定出不易陷入局部极小的运动。然而，运动规划器积极的一面却导致计算成本显著增加（见第 1 卷第 7 章）。规划和控制对计算要求的巨大差别，以及所导致运算技术的不同，可能是目前两个领域分歧的主要因素。研究人员正尝试通过设计规划和控制的统一理论来消减这种分歧。

36.5.1 反馈运动规划

反馈运动规划是将规划和反馈结合起来的一种运动策略。规划器考虑全局信息来计算不受局部极小影响的反馈运动规划方案。这种反馈运动规划方案可以表示为一个势场函数或向量场，其梯度信息可以使机器人从状态空间的任何可达部分到达目标状态[36.18]。无局部极小的势场函数也称为导航函数[36.131,132]。已知机器人的当前状态和全局导航函数（global navigation function），反馈控制可以用来确定机器人的运动。在全局导航函数中考虑机器人状态的反馈，降低了对传感和驱动的不确定性因素的敏感性。

反馈运动规划，原理上可以处理所有的运动约束及其反馈要求（图 36.3）。假设全局导航函数考虑了所有的约束，由于反馈运动规划已经为所有状态空间给出了理想的运动命令，反馈的要求很容易得到满足。显然，反馈运动规划的主要挑战是这种导航函数和反馈运动规划的计算量问题。对执行操作任务，这个问题变得尤其困难，因为机器人每次抓取或释放环境中的物体（见第 36.3 节），状态空间（或位形空间）都要变化。这种变化要求重新计算反馈运动规划方案。在动态环境中，障碍物的运动总使得计算好的反馈运动规划方案失效，也需要频繁的重新进行计算。

在本节的剩下部分，我们来回顾计算导航函数的各种方法。通常来说，有效计算面向操作任务的反馈运动规划的问题尚未得到解决。因此，我们所介绍的方法并不是明确针对操作任务的。这些方法可以分为三类：①精确方法；②基于动态规划的近似方法；③基于更简单势场函数的构造和排序的近似方法。

最早的计算导航函数的精确方法适用于特定形状障碍物的简单环境[36.131-133]。基于离散空间（网格）的近似方法可以克服这一局限性，但提出了状态空间维度指数级计算复杂度的难题。这些近似导航函数称为数值导航函数[36.134]。这些导航函数通常应用在移动机器人上。由于移动机器人具有低维位形空间，这些方法通常可以鲁棒且有效地解决运动规划的问题。

一些物理过程，如热传导或液体流动，可以描述为一种特定类型的微分方程，称为调和函数。这些函数具有适合作为导航函数的特征[36.135-139]。最常采用近似、迭代的方法来计算基于调和函数的导航函数。相对于简单的数值导航函数，迭代计算的要求增加了计算成本[36.134]。

更新的数值导航函数的计算方法考虑了可极大降低计算成本的微分运动约束[36.140]。这些方法基于传统的数字动态规划技术和数字优化控制。然而，尽管这些方法减少了计算的复杂度，其计算成本仍然过高，难以适用于动态环境中的多个自由度的操作任务。

也可以通过基于全局信息而构造局部势场函数的方法来计算导航函数。如图36.22所示，目标是计算整个C空间中的导航函数。这通过对重叠漏斗的排序完成，每个漏斗代表一个简单的局部势场函数。沿着这个势场函数的梯度，确定出位形空间子集的运动命令。如果漏斗排序正确，局部漏斗的合集能够产生一个全局反馈规划，这种反馈规划可以看作一个混杂系统[36.141]，其中漏斗序列代表了离散过渡结构，而每一个独立控制器工作在连续域。该漏斗的合集即是规划。在规划中考虑全局信息，可以确定出能避免陷入局部极小的漏斗合集。

Choi等[36.142]提出了一种基于局部漏斗的全局合集的早期方法。在这种方法中，机器人状态空间分解成凸区域，分析这些区域的连接性可以确定出关于状态空间的全局信息。这些信息可以用来与状态空间中每个凸区域的简单局部势场函数相结合，构造出避免陷入局部极小的势场函数。他们也提出了基于这个想法的更严格的方法。这些方法可以考虑机器人的

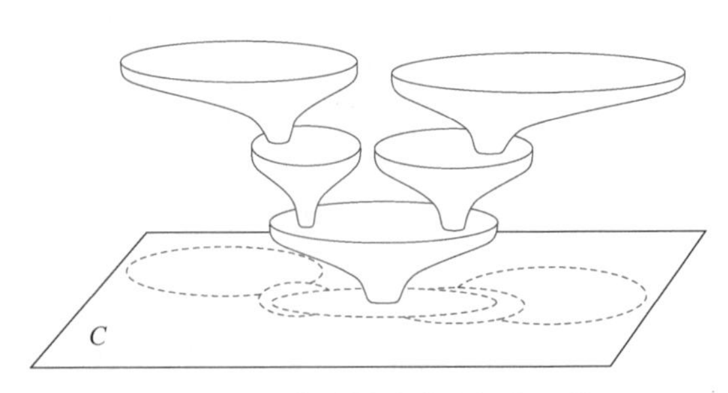

图36.22　构造漏斗形成导航函数

动力学和非完整运动约束[36.143-145]。但是这些方法只适用于低维状态空间，不易应用于操作任务。

随机邻域图[36.146]，是一种基于采样的计算整个状态空间分解的方法。如前文所述，可以通过分析分解域的全局连接性，并为每个子域赋予充分的局部势场函数来计算导航函数。针对多边形环境中的平面机器人，参考文献［36.147］采用同样原理提出了一种专用方法。构造局部势场函数的想法也被成功应用到复杂的机器人控制任务上[36.148]。最后，参考文献［36.149］针对位形空间的圆柱代数分解，提出了一种计算光滑反馈规划的通用而有效的方法。

位形空间维数的增加，使得整个位形空间上导航函数的计算成为一个棘手的问题。为了攻克这个难题，特别是在自主移动操作时，利用工作空间的启发信息可以有效确定出导航函数。这个导航函数并不包括整个位形空间，而只是那些运动问题相关的需要启发式确定的区域[36.150]。这种产生反馈规划的方法能够满足图36.3所描述的各种不同的运动约束及其相应的反馈要求。

36.5.2　增强反馈全局规划

第36.3节所介绍的操作规划技术不容易陷入局部极小，因为该方法考虑的全局状态空间信息。由于考虑全局信息导致了计算的复杂性，使得这些规划技术无法满足操作任务的反馈要求。但是，对全局运动所要求的反馈频率很低：位形空间全局连接性的变化频率很低（图36.3）。因此，有可能为全局运动考虑规划器提供能够接受的低频反馈，而为其他运动约束考虑更高频率的反馈。为了实现这一目标，必须通过能根据环境反馈逐步修改全局规划的反应式部分，使得全局运动得到增强。只要由规划所表示的全局连接信息仍然有效，逐步修改就能够确保满足其他所有的从任务要求到反应式避障的运动约束。

弹性条（elastic-band）框架[36.151]增强了具有

反应式避障的全局规划。由规划器确定的全局位形空间路径包括了局部势场函数，每个函数都可以由路径周围的障碍物的局部分布情况得到。这些局部势场可以使路径产生变形，以保持到障碍物的最小距离。直观地讲，路径就像一个弹性条，障碍物的运动使之变形。局部势场函数和全局路径，可以看作位形空间中一个局部区域的导航函数。与全局规划器和重新规划集成在一起，弹性条框架允许实时避障而不陷入局部极小。然而，全局运动的反馈频率仍然受到全局规划器的限制。具体任务的约束并没有被纳入到弹性条框架，因此，其在操作任务的应用中受到了限制。

在其初始方法中，弹性条框架假定机器人的所有自由度是完整的。一种扩展方法是增强了有反应部分的非完整平台的运动路径[36.152]。

弹性带（elastic-strip）框架[36.153]也增强了反应式避障的全局运动规划方法。然而，除了反应式避障，弹性带框架可以包含任务约束。与弹性条相似，弹性带包括有局部势场函数的全局路径。而与弹性条框架不同，这些势场函数是基于任务级的控制器（见第 36.2 节），因此在修改全局路径时能保持任务一致。因此，弹性带框架非常适合于动态环境下的操作规划的执行。只要其底层规划所描述的全局信息是有效的，一个弹性带会被逐步修改，来表示一个与约束一致的轨迹。弹性带框架已经应用到一个移动机械平台的各种操作任务中。

将弹性条和弹性带框架扩展，形成了弹性路线图（elastic roadmap）方法，其结合了反应式任务级的控制和高效的全局运动规划[36.150]。弹性路线图是一个任务级控制器的混杂系统，任务级控制器由导航函数构成，因此满足图 36.3 所描述的运动约束及其相应的反馈要求。

36.6 结论与延展阅读

本章概述了与机器人操作任务相关的生成运动和控制策略。考虑了运动的不同时间尺度下机器人集成与环境交互的建模、传感和反馈问题。操作规划作为基本运动规划问题的一个拓展，可建模为在环境中抓取和移动零件动作而生成的连续位形空间的混杂系统。通过分析接触状态和柔顺运动控制，讨论了装配运动这一重要工程实例。如第 36.2 节所述，可以实现对串联操作臂操作点的位置和力控制。在这个方向提出了很多扩展方法，扩展到同时多个点的情形，协同操作场景和分支运动等。对于操作规划，扩展到抓取和重新规划，多机器人、多个零件抓取，以及考虑移动障碍物。在本节中，我们将简要讨论这些扩展，并给出合适的参考文献。

36.6.1 通用接触模型

Raibert 和 Craig[36.154]所描述的混合力/运动控制已被证明存在一定的缺陷[36.155]。参考文献［36.155］中提出了一个通用的接触模型，用于在操作空间控制环境中动态解耦的力/运动控制，该模型克服了这些问题。该通用接触模型已扩展至柔顺运动控制框架，以实现非刚性环境中多个接触点的力控制[36.126]，并实现运动链上不同连杆的多个接触点的力控制[36.156]。任务级控制的操作空间框架已用于复杂动态环境的实时仿真[36.157]。环境中对象之间的接触点被建模为操作点，从而形成一个数学上优雅的框架，用于解决移动物体的脉冲和接触约束。

36.6.2 合作操作控制

如果多个任务级控制的机器人协同操作一个物体，它们通过与物体连接而形成一个封闭的运动链。整个系统的动力学，可以采用一个增强物体的概念来描述[36.158,159]，其中，操作臂和物体的动力学结合起来形成一个整体系统的模型。运动过程中，在抓取处产生的内力可采用虚拟链框架的方法进行建模[36.160]。参考文献［36.161-168］提出了操作空间框架外的多机器人协同操作的一些其他策略。

36.6.3 分支机构的控制

至今，我们默认假定任务控制机器人是由一个单独的运动链组成。这种假设在更加复杂的运动学机构中并不成立，如仿人机器人（见第 3 卷第 67 章）。这些机器人可以由多个分支运动链组成。例如，如果我们假设仿人机器人的躯干为机器人的基座，那么腿、胳膊和头部表示连接在基座上的 5 个运动链。如果这种机构不包含任何封闭的运动链，我们将其称为分支机构。由分支机构执行的操作任务可以对这些分支中的任何一个操作点提出要求，例如，在腿运动时，手可以实现操作任务，头部可以保持面向待操作物体的可视方向。

操作空间框架已经扩展至分支机构的任务级控制[36.169]。这个扩展结合了操作点和相关的雅可比，计算包括所有操作点的操作空间惯性矩阵。可以采用实际上与操作点数目成线性的算法，有效地计算出这个矩阵[36.170,171]。最近，操作空间框架已应用于四足运动[36.172]。

36.6.4 非完整移动操作

所有以前讨论过的任务级控制的工作都假定自由度是完整的。对于操作臂，这通常是一个有效的假设。然而，对于最常见的移动平台，其基于差分驱动，或同步驱动，或梯形转向（指向一面），所有这些都受到了非完整约束。操作空间框架已经拓展到移动操作平台，其结合了非完整移动平台与一个完整的操作臂[36.173-175]，可以实现一大类的移动操作平台的任务级控制。

36.6.5 不确定模型的学习

操作空间控制的效果取决于机器人动力学模型的准确性。尤其在采用零空间投影的方法执行多个行为时，建模误差会有很大的影响。为了克服对准确动力学模型的依赖性，可以采用强化学习的方法学习得到操作空间控制器[36.176]。

36.6.6 抓取和重新抓取规划

在可能解的连续域中，确定保证完成操作任务的零件瞬态稳定位形，以及选取合适的抓取方式，都是很困难的问题。Simeon 等[36.177]开发了一个考虑连续抓取和放置的操作规划框架。然而，从所有可能的抓取位形中选择并确定何时再抓取，仍然是一个开放的研究问题。不同抓取指标的概述，详见 Miller 和 Allen 的文章[36.178,179]，以及本书第38章。

36.6.7 多个零件

操作规划框架很好地泛化了多个零件 P_1，…，P_k 的问题，每个零件都有自己的 C 空间，C 空间是所有零件的 C 空间和操作臂的 C 空间的笛卡儿乘积。与 C_{adm} 的定义方式相似，但需要删掉零件和零件、零件和操作臂、操作臂和障碍物，以及零件和障碍物之间的碰撞空间。C_{stable} 的定义要求所有零件都处于稳定位形，也允许零件之间重叠在一起。C_{grasp} 的定义要求抓住一个零件而其他零件处于稳定位形。仍然有两种模式，取决于操作臂能否抓住零件。同样，过渡空间仅出现在机器人处于 $C_{trans} = C_{stable} \cap C_{grasp}$ 时。

36.6.8 多机器人规划

将方法泛化到 k 个机器人会产生 $2k$ 种模式，其中每种模式表示每个机器人能否抓住一个零件，甚至允许多机器人抓住同一个零件。这产生了一个封闭运动链和协作运动的有趣的规划问题（见第39章）。Koga[36.21]解决了多手臂操作规划问题，必须由几个操作臂抓住和移动同一个物体。另一种泛化是允许一个机器人同时抓住多个零件。

36.6.9 封闭运动链的规划

当多个机器人抓住同一个零件，甚至一个手的多个手指抓住同一个零件时，保持运动链的封闭性，产生了 C 空间的子空间（见第1卷第19章）。因为参数化方法不可行，这种情况下的规划要求路径保持低维变化。规划并联机构或其他有环路系统的运动时，通常要求同时保持多个封闭的约束（见第1卷第18章）。

36.6.10 有移动障碍物时的规划

在一些情况下，允许机器人重新放置环境中的障碍物，而不仅仅是简单地躲避它们。Wilfong[36.180]首次解决了存在移动障碍物的运动规划问题。Wilfong 证明了即使在所有移动物体的目标位置都是给定的二维环境中，该问题仍是 PSPACE 难题。Erdmann 和 Lozano-Perez[36.181]考虑了多个运动物体的协调规划。Alami[36.17]给出了针对一个机器人和一个移动物体的通用算法，将抓取位形空间构造成有限的单元。Chen 和 Hwang[36.182]提出了一个圆形机器人的规划器，可以在移动时将物体推到一边。Stilman 和 Kuffner 考虑了导航规划[36.183]和操作规划[36.184]的移动障碍物的问题。Nieuwenhuisen 等[36.185]开发了存在移动障碍物规划的通用框架。

36.6.11 非抓取操作

Lynch 和 Mason[36.186]探索了将抓取操作替换为推动操作的一些场景。固定的推动方向为机器人运动带来了非完整约束，并产生了与可控性相关的问题。加工和装配过程中零件传输机构及其操作，也有相关的问题（见第3卷第54章）。

36.6.12 装配运动的扩展

本章中介绍的装配运动的工作集中在刚性零件

36

的装配上，所考虑的零件通常是多面体或简单的非多面体形状，如圆轴和孔。最近的关于曲面物体接触状态分析的工作，见参考文献［36.187］。装配的一个新兴领域是微/纳米装配（见第 1 卷第 27 章）。柔性或可变形零件的装配逐渐引起关注[36.188-190]。针对仿真和原型的虚拟装配[36.191]也是一个有趣的研究领域。

视频文献

VIDEO 356 Reducing uncertainty in robotics surface assembly tasks
available from http://handbookofrobotics.org/view-chapter/36/videodetails/356
VIDEO 357 Autonomous continuum grasping
available from http://handbookofrobotics.org/view-chapter/36/videodetails/357
VIDEO 358 Robotic assembly of emergency stop buttons
available from http://handbookofrobotics.org/view-chapter/36/videodetails/358
VIDEO 359 Meso-scale manipulation: System, modeling, planning and control
available from http://handbookofrobotics.org/view-chapter/36/videodetails/359
VIDEO 360 Grasp and multi-fingers-3 cylindrical-peg-in-hole demonstration using manipulation primitives
available from http://handbookofrobotics.org/view-chapter/36/videodetails/360
VIDEO 361 Demonstration of multi-sensor integration in industrial manipulation
available from http://handbookofrobotics.org/view-chapter/36/videodetails/361
VIDEO 363 Control pre-imaging for multifingered grasp synthesis
available from http://handbookofrobotics.org/view-chapter/36/videodetails/363
VIDEO 364 Robust and fast manipulation of objects with multi-fingered hands
available from http://handbookofrobotics.org/view-chapter/36/videodetails/364
VIDEO 366 Whole quadruped manipulation
available from http://handbookofrobotics.org/view-chapter/36/videodetails/366
VIDEO 367 The mobipulator
available from http://handbookofrobotics.org/view-chapter/36/videodetails/367
VIDEO 368 Handling of a single object by multiple mobile robots based on caster-like dynamics
available from http://handbookofrobotics.org/view-chapter/36/videodetails/368
VIDEO 369 Rollin' Justin – Mobile platform with variable base
available from http://handbookofrobotics.org/view-chapter/36/videodetails/369
VIDEO 370 Learning to place new objects
available from http://handbookofrobotics.org/view-chapter/36/videodetails/370

参考文献

36.1 M.T. Mason: *Mechanics of Robotic Manipulation* (MIT Press, Cambridge 2001)
36.2 H. Inoue: *Force Feedback in Precise Assembly Tasks*, Tech. Rep. Vol. 308 (Artificial Intelligence Laboratory, MIT, Cambridge 1974)
36.3 T. Lozano-Pérez, M. Mason, R.H. Taylor: Automatic synthesis of fine-motion strategies for robots, Int. J. Robotics Res. **31**(1), 3–24 (1984)
36.4 O. Khatib: A unified approach to motion and force control of robot manipulators: The operational space formulation, Int. J. Robotics Autom. **3**(1), 43–53 (1987)
36.5 O. Khatib, K. Yokoi, O. Brock, K.-S. Chang, A. Casal: Robots in human environments, Arch. Control Sci. **11**(3/4), 123–138 (2001)
36.6 G. Strang: *Linear Algegra and Its Applications* (Brooks Cole, New York 1988)
36.7 H. Seraji: An on-line approach to coordinated mobility and manipulation, Proc. IEEE Int. Conf. Robotics Autom. (ICRA), Atlanta, Vol. 1 (1993) pp. 28–35
36.8 J.M. Cameron, D.C. MacKenzie, K.R. Ward, R.C. Arkin, W.J. Book: Reactive control for mobile manipulation, Proc. IEEE Int. Conf. Robotics Autom. (ICRA), Atlanta, Vol. 3 (1993) pp. 228–235
36.9 M. Egerstedt, X. Hu: Coordinated trajectory following for mobile manipulation, Proc. IEEE Int. Conf. Robotics Autom. (ICRA), San Francisco (2000)
36.10 P. Ögren, M. Egerstedt, X. Hu: Reactive mobile manipulation using dyanmic trajectory tracking, Proc. IEEE Int. Conf. Robotics Autom. (ICRA), San Francicso (2000) pp. 3473–3478
36.11 J. Tan, N. Xi, Y. Wang: Integrated task planning and control for mobile manipulators, Int. J. Robotics Res. **22**(5), 337–354 (2003)
36.12 Y. Yamamoto, X. Yun: Unified analysis on mobility and manipulability of mobile manipulators, Proc. IEEE Int. Conf. Robotics Autom. (ICRA), Detroit (1999) pp. 1200–1206
36.13 L. Sentis, O. Khatib: Control of free-floating humanoid robots through task prioritization, Proc. IEEE Int. Conf. Robotics Autom. (ICRA), Barcelona

(2005)
36.14 L. Sentis, O. Khatib: Synthesis of whole-body behaviors through hierarchical control of behavioral primitives, Int. J. Hum. Robotics **2**(4), 505–518 (2005)
36.15 O. Khatib: Real-time obstacle avoidance for manipulators and mobile robots, Int. J. Robotics Res. **5**(1), 90–98 (1986)
36.16 M. Huber, R.A. Grupen: A feedback control structure for on-line learning tasks, Robotics Auton. Syst. **22**(3-4), 303–315 (1997)
36.17 R. Alami, J.P. Laumond, T. Siméon: Two manipulation planning algorithms, Proc. Workshop Algorithm. Found. Robotics (1994)
36.18 S.M. LaValle: *Planning Algorithms* (Cambridge Univ., Cambridge 2006)
36.19 R. Grossman, A. Nerode, A. Ravn, H. Rischel (Eds.): *Hybrid Systems* (Springer, Berlin, Heidelberg 1993)
36.20 J.M. Ahuactzin, K. Gupta, E. Mazer: Manipulation planning for redundant robots: A practical approach, Int. J. Robotics Res. **17**(7), 731–747 (1998)
36.21 Y. Koga: On Computing Multi-Arm Manipulation Trajectories, Ph.D. Thesis (Stanford University, Stanford 1995)
36.22 D. Bertram, J.J. Kuffner, T. Asfour, R. Dillman: A unified approach to inverse kinematics and path planning for redundant manipulators, Proc. IEEE Int. Conf. Robotics Autom. (ICRA) (2006) pp. 1874–1879
36.23 D. Trivedi, C.D. Rahn, W.M. Kier, I.D. Walker: Soft robotics: Biological inspiration, state of the art, and future research, Appl. Bionics Biomech. **5**(3), 99–117 (2008)
36.24 B.A. Jones, I.D. Walker: Kinematics for multisection continuum robots, IEEE Trans. Robotics **22**(1), 43–55 (2006)
36.25 S. Neppalli, M.A. Csencsits, B.A. Jones, I. Walker: A geometrical approach to inverse kinematics for continuum manipulators, Proc. IEEE/RSJ Int. Conf. Intell. Robots Syst. (IROS) (2008) pp. 3565–3570
36.26 J. Li, J. Xiao: Determining *grasping* configurations for a spatial continuum manipulator, Proc. IEEE/RSJ Int. Conf. Intell. Robots Syst. (IROS) (2011) pp. 4207–4214
36.27 J. Xiao, R. Vatcha: Real-time adaptive motion planning for a continuum manipulator, Proc. IEEE/RSJ Int. Conf. Intell. Robots Syst. (IROS) (2010) pp. 5919–5926
36.28 J. Li, J. Xiao: Progressive generation of force-closure grasps for an n-section continuum manipulator, Proc. IEEE Int. Conf. Robotics Auto. (ICRA) (2013) pp. 4016–4022
36.29 J. Li, J. Xiao: Progressive, continuum grasping in cluttered space, Proc. IEEE/RSJ Int. Conf. Intell. Robots Syst. (IROS) (2013) pp. 4563–4568
36.30 G.S. Chirikjian, J.W. Burdick: Kinematically optimal hyperredundant manipulator configurations, IEEE Trans. Robotics Autom. **11**(6), 794–798 (1995)
36.31 G. Boothroyd: *Assembly Automation and Product Design*, 2nd edn. (Taylor Francis, Boca Raton 2005)
36.32 D. Whitney, O.L. Gilbert, M. Jastrzebski: Representation of geometric variations using matrix transforms for statistical tolerance analysis in assemblies, Res. Eng. Des. **64**, 191–210 (1994)
36.33 P. Jimenez: Survey on assembly sequencing: A combinatorial and geometrical perspective, J. Intell. Manuf. **I24**, 235–250 (2013)
36.34 B. Shirinzadeh: Issues in the design of the reconfigurable fixture modules for robotic assembly, J. Manuf. Syst. **121**, 1–14 (1993)
36.35 T. Lozano-Pérez: Spatial planning: A configuration space approach, IEEE Trans. Comput. **C-32**(2), 108–120 (1983)
36.36 R. Desai: On Fine Motion in Mechanical Assembly in Presence of Uncertainty, Ph.D. Thesis (University of Michigan, Ann Arbor 1989)
36.37 J. Xiao: Automatic determination of topological contacts in the presence of sensing uncertainties, Proc. IEEE Int. Conf. Robotics Autom. (ICRA), Atlanta (1993) pp. 65–70
36.38 J. Xiao, X. Ji: On automatic generation of high-level contact state space, Int. J. Robotics Res. **20**(7), 584–606 (2001)
36.39 S.N. Simunovic: Force information in assembly processes, Proc. 5th Int. Symp. Ind. Robots (1975) pp. 415–431
36.40 S.H. Drake: Using Compliance in Lieu of Sensory Feedback for Automatic Assembly, Ph.D. Thesis (Massachusetts Institute of Technology, Cambridge 1989)
36.41 D.E. Whitney: Quasi-static assembly of compliantly supported rigid parts, ASME J. Dyn. Syst. Meas. Control **104**, 65–77 (1982)
36.42 R.L. Hollis: A six-degree-of-freedom magnetically levitated variable compliance fine-motion wrist: Design, modeling, and control, IEEE Trans. Robotics Autom. **7**(3), 320–332 (1991)
36.43 S. Joo, F. Miyazaki: Development of variable RCC and ITS application, Proc. IEEE/RSJ Int. Conf. Intell. Robots Syst. (IROS), Victoria, Vol. 3 (1998) pp. 1326–1332
36.44 H. Kazerooni: Direct-drive active compliant end effector (active RCC), IEEE J. Robotics Autom. **4**(3), 324–333 (1988)
36.45 R.H. Sturges, S. Laowattana: Fine motion planning through constraint network analysis, Proc. Int. Symp. Assem. Task Plan. (1995) pp. 160–170
36.46 D.E. Whitney: Historic perspective and state of the art in robot force control, Int. J. Robotics Res. **6**(1), 3–14 (1987)
36.47 M. Peshkin: Programmed compliance for error corrective assembly, IEEE Trans. Robotics Autom. **6**(4), 473–482 (1990)
36.48 J.M. Schimmels, M.A. Peshkin: Admittance matrix design for force-guided assembly, IEEE Trans. Robotics Autom. **8**(2), 213–227 (1992)
36.49 J.M. Schimmels: A linear space of admittance control laws that guarantees force assembly with friction, IEEE Trans. Robotics Autom. **13**(5), 656–667 (1997)
36.50 S. Hirai, T. Inatsugi, K. Iwata: Learning of admittance matrix elements for manipulative operations, Proc. IEEE/RSJ Int. Conf. Intell. Robots Syst. (IROS) (1996) pp. 763–768
36.51 S. Lee, H. Asada: A perturbation/correlation method for force guided robot assembly, IEEE Trans. Robotics Autom. **15**(4), 764–773 (1999)
36.52 H. Asada: Representation and learning of nonlinear compliance using neural nets, IEEE Trans. Robotics Autom. **9**(6), 863–867 (1993)

36.53 J. Simons, H. Van Brussel, J. De Schutter, J. Verhaert: A self-learning automaton with variable resolution for high precision assembly by industrial robots, IEEE Trans. Autom. Control **27**(5), 1109–1113 (1982)
36.54 V. Gullapalli, J.A. Franklin, H. Benbrahim: Acquiring robot skills via reinforcement learning, IEEE Control Syst. **14**(1), 13–24 (1994)
36.55 Q. Wang, J. De Schutter, W. Witvrouw, S. Graves: Derivation of compliant motion programs based on human demonstration, Proc. IEEE Int. Conf. Robotics Autom. (ICRA) (1996) pp. 2616–2621
36.56 R. Cortesao, R. Koeppe, U. Nunes, G. Hirzinger: Data fusion for robotic assembly tasks based on human skills, IEEE Trans. Robotics Autom. **20**(6), 941–952 (2004)
36.57 K. Ikeuchi, T. Suehiro: Toward an assembly plan from observation. Part I: Task recognition with polyhedral objects, IEEE Trans. Robotics Autom. **10**(3), 368–385 (1994)
36.58 H. Onda, H. Hirokawa, F. Tomita, T. Suehiro, K. Takase: Assembly motion teaching system using position/forcesimulator-generating control program, Proc. IEEE/RSJ Int. Conf. Intell. Robots Syst. (IROS) (1997) pp. 938–945
36.59 H. Onda, T. Suehiro, K. Kitagaki: Teaching by demonstration of assembly motion in VR – nondeterministic search-type motion in the teaching stage, Proc. IEEE/RSJ Int. Conf. Intell. Robots Syst. (IROS) (2002) pp. 3066–3072
36.60 Y. Kobari, T. Nammoto, J. Kinugawa, K. Kosuge: Vision based compliant motion control for part assembly, Proc. IEEE/RSJ Int. Conf. Intell. Robots Syst. (IROS) (2013) pp. 293–298
36.61 T. Lozano-Pérez, M.T. Mason, R.H. Taylor: Automatic synthesis of fine-motion strategies for robot, Int. J. Robotics Res. **31**(1), 3–24 (1984)
36.62 B.R. Donald: *Error Detection and Recovery in Robotics* (Springer, Berlin, Heidelberg 1989)
36.63 J. Canny: On computability of fine motion plans, Proc. IEEE Int. Conf. Robotics Autom. (ICRA) (1989) pp. 177–182
36.64 M. Erdmann: Using backprojections for fine motion planning with uncertainty, Int. J. Robotics Res. **5**(1), 19–45 (1986)
36.65 J.C. Latombe: *Robot Motion Planning* (Kluwer, Dordrecht 1991)
36.66 B. Dufay, J.C. Latombe: An approach to automatic programming based on inductive learning, Int. J. Robotics Res. **3**(4), 3–20 (1984)
36.67 H. Asada, S. Hirai: Towards a symbolic-level force feedback: Recognition of assembly process states, Proc. Int. Symp. Robotics Res. (1989) pp. 290–295
36.68 J. Xiao, R. Volz: On replanning for assembly tasks using robots in the presence of uncertainties, Proc. IEEE Int. Conf. Robotics Autom. (ICRA) (1989) pp. 638–645
36.69 J. Xiao: Replanning with compliant rotations in the presence of uncertainties, Proc. Int. Symp. Intell. Control, Glasgow (1992) pp. 102–107
36.70 G. Dakin, R. Popplestone: Simplified fine-motion planning in generalized contact space, Proc. Int. Symp. Intell. Control (1992) pp. 281–287
36.71 G. Dakin, R. Popplestone: Contact space analysis for narrow-clearance assemblies, Proc. Int. Symp. Intell. Control (1993) pp. 542–547
36.72 J. Rosell, L. Basañez, R. Suárez: Compliant-motion planning and execution for robotic assembly, Proc. IEEE Int. Conf. Robotics Autom. (ICRA) (1999) pp. 2774–2779
36.73 R. Taylor: The Synthesis of Manipulator Control Programs from Task-Level Specifications, Ph.D. Thesis (Stanford University, Stanford 1976)
36.74 R.A. Brooks: Symbolic error analysis and robot planning, Int. J. Robotics Res. **1**(4), 29–68 (1982)
36.75 R.A. Smith, P. Cheeseman: On the representation and estimation of spatial uncertaity, Int. J. Robotics Res. **5**(4), 56–68 (1986)
36.76 S.-F. Su, C. Lee: Manipulation and propagation of uncertainty and verification of applicability of actions in assembly tasks, IEEE Trans. Syst. Man Cybern. **22**(6), 1376–1389 (1992)
36.77 S.-F. Su, C. Lee, W. Hsu: Automatic generation of goal regions for assembly tasks in the presence of uncertainty, IEEE Trans. Robotics Autom. **12**(2), 313–323 (1996)
36.78 J. Hopcroft, G. Wilfong: Motion of objects in contact, Int. J. Robotics Res. **4**(4), 32–46 (1986)
36.79 F. Avnaim, J.D. Boissonnat, B. Faverjon: A practical exact motion planning algorithm for polygonal objects amidst polygonal obstacles, Proc. IEEE Int. Conf. Robotics Autom. (ICRA) (1988) pp. 1656–1661
36.80 R. Brost: Computing metric and topological properties of c-space obstacles, Proc. IEEE Int. Conf. Robotics Autom. (ICRA) (1989) pp. 170–176
36.81 B. Donald: A search algorithm for motion planning with six degrees of freedom, Artif. Intell. **31**(3), 295–353 (1987)
36.82 L. Joskowicz, R.H. Taylor: Interference-free insertion of a solid body into a cavity: An algorithm and a medical application, Int. J. Robotics Res. **15**(3), 211–229 (1996)
36.83 H. Hirukawa: On motion planning of polyhedra in contact, Proc. Workshop Algorithm. Found. Robotics, Toulouse (1996) pp. 381–391
36.84 S.J. Buckley: Planning compliant motion strategies, Proc. Int. Symp. Intell. Control (1988) pp. 338–343
36.85 E. Sacks: Path planning for planar articulated robots using configuration spaces and compliant motion, IEEE Trans. Robotics Autom. **19**(3), 381–390 (2003)
36.86 C. Laugier: Planning fine motion strategies by reasoning in the contact space, Proc. IEEE Int. Conf. Robotics Autom. (ICRA) (1989) pp. 653–659
36.87 B.J. McCarragher, H. Asada: A discrete event approach to the control of robotic assembly tasks, Proc. IEEE Int. Conf. Robotics Autom. (ICRA) (1993) pp. 331–336
36.88 B.J. McCarragher, H. Asada: The discrete event modeling and trajectory planning of robotic assembly tasks, ASME J. Dyn. Syst. Meas. Control **117**, 394–400 (1995)
36.89 R. Suárez, L. Basañez, J. Rosell: Using configuration and force sensing in assembly task planning and execution, Proc. Int. Symp. Assem. Task Plan. (1995) pp. 273–279
36.90 H. Hirukawa, Y. Papegay, T. Matsui: A motion planning algorithm for convex polyhedra in contact under translation and rotation, Proc. IEEE Int. Conf. Robotics Autom. (ICRA), San Diego (1994)

pp. 3020–3027
36.91 X. Ji, J. Xiao: Planning motion compliant to complex contact states, Int. J. Robotics Res. **20**(6), 446–465 (2001)
36.92 L.E. Kavraki, P. Svestka, J.C. Latombe, M. Overmars: Probabilistic roadmaps for path planning in high-dimensional configuration spaces, IEEE Trans. Robotics Autom. **12**(4), 566–580 (1996)
36.93 B. Hannaford, P. Lee: Hidden Markov model analysis of force/torque information in telemanipulation, Int. J. Robotics Res. **10**(5), 528–539 (1991)
36.94 G.E. Hovland, B.J. McCarragher: Hidden Markov models as a process monitor in robotic assembly, Int. J. Robotics Res. **17**(2), 153–168 (1998)
36.95 T. Takahashi, H. Ogata, S. Muto: A method for analyzing human assembly operations for use in automatically generating robot commands, Proc. IEEE Int. Conf. Robotics Autom. (ICRA), Vol. 2, Atlanta (1993) pp. 695–700
36.96 P. Sikka, B.J. McCarragher: Rule-based contact monitoring using examples obtained by task demonstration, Proc. 15th Int. Jt. Conf. Artif. Intell., Nagoya (1997) pp. 514–521
36.97 E. Cervera, A. Del Pobil, E. Marta, M. Serna: Perception-based learning for motion in contact in task planning, J. Intell. Robots Syst. **17**(3), 283–308 (1996)
36.98 L.M. Brignone, M. Howarth: A geometrically validated approach to autonomous robotic assembly, Proc. IEEE/RSJ Int. Conf. Intell. Robots Syst. (IROS), Lausanne (2002) pp. 1626–1631
36.99 M. Nuttin, J. Rosell, R. Suárez, H. Van Brussel, L. Basañez, J. Hao: Learning approaches to contact estimation in assembly tasks with robots, Proc. 3rd Eur. Workshop Learn. Robotics, Heraklion (1995)
36.100 L.J. Everett, R. Ravari, R.A. Volz, M. Skubic: Generalized recognition of single-ended contact formations, IEEE Trans. Robotics Autom. **15**(5), 829–836 (1999)
36.101 M. Skubic, R.A. Volz: Identifying single-ended contact formations from force sensor patterns, IEEE Trans. Robotics Autom. **16**(5), 597–603 (2000)
36.102 S. Hirai, H. Asada: Kinematics and statics of manipulation using the theory of polyhedral convex cones, Int. J. Robotics Res. **12**(5), 434–447 (1993)
36.103 H. Hirukawa, T. Matsui, K. Takase: Automatic determination of possible velocity and applicable force of frictionless objects in contact from a geometric model, IEEE Trans. Robotics Autom. **10**(3), 309–322 (1994)
36.104 B.J. McCarragher, H. Asada: Qualitative template matching using dynamic process models for state transition recognition of robotic assembly, ASME J. Dyn. Syst. Meas. Control **115**(2), 261–269 (1993)
36.105 T.M. Schulteis, P.E. Dupont, P.A. Millman, R.D. Howe: Automatic identification of remote environments, Proc. ASME Dyn. Syst. Control Div., Atlanta (1996) pp. 451–458
36.106 A.O. Farahat, B.S. Graves, J.C. Trinkle: Identifying contact formations in the presence of uncertainty, Proc. IEEE/RSJ Int. Conf. Intell. Robots Syst. (IROS), Pittsburg (1995) pp. 59–64
36.107 J. Xiao, L. Zhang: Contact constraint analysis and determination of geometrically valid contact formations from possible contact primitives, IEEE Trans. Robotics Autom. **13**(3), 456–466 (1997)
36.108 H. Mosemann, T. Bierwirth, F.M. Wahl, S. Stoeter: Generating polyhedral convex cones from contact graphs for the identification of assembly process states, Proc. IEEE Int. Conf. Robotics Autom. (ICRA) (2000) pp. 744–749
36.109 J. Xiao, L. Zhang: Towards obtaining all possible contacts – Growing a polyhedron by its location uncertainty, IEEE Trans. Robotics Autom. **12**(4), 553–565 (1996)
36.110 M. Spreng: A probabilistic method to analyze ambiguous contact situations, Proc. IEEE Int. Conf. Robotics Autom. (ICRA), Atlanta (1993) pp. 543–548
36.111 N. Mimura, Y. Funahashi: Parameter identification of contact conditions by active force sensing, Proc. IEEE Int. Conf. Robotics Autom. (ICRA), San Diego (1994) pp. 2645–2650
36.112 B. Eberman: A model-based approach to Cartesian manipulation contact sensing, Int. J. Robotics Res. **16**(4), 508–528 (1997)
36.113 T. Debus, P. Dupont, R. Howe: Contact state estimation using multiple model estimation and Hidden Markov model, Int. J. Robotics Res. **23**(4–5), 399–413 (2004)
36.114 J. De Geeter, H. Van Brussel, J. De Schutter, M. Decréton: Recognizing and locating objects with local sensors, Proc. IEEE Int. Conf. Robotics Autom. (ICRA), Minneapolis (1996) pp. 3478–3483
36.115 J. De Schutter, H. Bruyninckx, S. Dutré, J. De Geeter, J. Katupitiya, S. Demey, T. Lefebvre: Estimating first-order geometric parameters and monitoring contact transitions during force-controlled compliant motions, Int. J. Robotics Res. **18**(12), 1161–1184 (1999)
36.116 T. Lefebvre, H. Bruyninckx, J. De Schutter: Polyhedral contact formation identification for autonomous compliant motion: Exact nonlinear bayesian filtering, IEEE Trans. Robotics **21**(1), 124–129 (2005)
36.117 T. Lefebvre, H. Bruyninckx, J. De Schutter: Online statistical model recognition and state estimation for autonomous compliant motion systems, IEEE Trans. Syst. Man Cybern. C **35**(1), 16–29 (2005)
36.118 K. Gadeyne, T. Lefebvre, H. Bruyninckx: Bayesian hybrid model-state estimation applied to simultaneous contact formation recognition and geometrical parameter estimation, Int. J. Robotics Res. **24**(8), 615–630 (2005)
36.119 K. Kitagaki, T. Ogasawara, T. Suehiro: Methods to detect contact state by force sensing in an edge mating task, Proc. IEEE Int. Conf. Robotics Autom. (ICRA), Atlanta (1993) pp. 701–706
36.120 T. Lefebvre, H. Bruyninckx, J. De Schutter: Task planning with active sensing for autonomous compliant motion, Int. J. Robotics Res. **24**(1), 61–82 (2005)
36.121 T. Debus, P. Dupont, R. Howe: Distinguishability and identifiability testing of contact state models, Adv. Robotics **19**(5), 545–566 (2005)
36.122 W. Meeussen, J. Xiao, J. De Schutter, H. Bruyninckx, E. Staffetti: Automatic verification of contact states taking into account manipula-

tor constraints, Proc. IEEE Int. Conf. Robotics Autom. (ICRA), New Orleans (2004) pp. 3583–3588

36.123 N.S. Bedrossian: Classification of singular configurations for redundant manipulators, Proc. 1990 IEEE Int. Conf. Robotics Autom. (ICRA), Cincinnati (1990) pp. 818–823

36.124 F.-T. Cheng, T.-L. Hour, Y.-Y. Sun, T.-H. Chen: Study and resolution of singularities for a 6-DOF PUMA manipulator, IEEE Trans. Syst. Man Cybern. B **27**(2), 332–343 (1997)

36.125 A. Sarić, J. Xiao, J. Shi: Robotic surface assembly via contact state transitions, Proc. IEEE Int. Conf. Autom. Sci. Eng. (CASE) (2013) pp. 954–959

36.126 J. Park, R. Cortesao, O. Khatib: Multi-contact compliant motion control for robotic manipulators, Proc. IEEE Int. Conf. Robotics Autom. (ICRA), New Orleans (2004) pp. 4789–4794

36.127 W. Meeussen, E. Staffetti, H. Bruyninckx, J. Xiao, J. De Schutter: Integration of planning and execution in force controlled compliant motion, J. Robotics Auton. Syst. **56**(5), 437–450 (2008)

36.128 A. Stolt, M. Linderoth, A. Robertsson, R. Johansson: Force controlled robotic assembly without a force sensor, Proc. IEEE Int. Conf. Robotics Autom. (ICRA), Minneapolis (2012) pp. 1538–1543

36.129 S. Tachi, T. Sakaki, H. Arai, S. Nishizawa, J.F. Pelaez-Polo: Impedance control of a direct-drive manipulator without using force sensors, Adv. Robotics **5**(2), 183–205 (1990)

36.130 M. Van Damme, B. Beyl, V. Vanderborght, V. Grosu, R. Van Ham, I. Vanderniepen, A. Matthys, D. Lefeber: Estimating robot end-effector force from noisy actuator torque measurements, Proc. Int. Conf. Robotics Autom. (ICRA), Shanghai (2011) pp. 1108–1113

36.131 D.E. Koditschek: Exact robot navigation by means of potential functions: Some topological considerations, Proc. IEEE Int. Conf. Robotics Autom. (ICRA), Raleigh (1987) pp. 1–6

36.132 E. Rimon, D.E. Koditschek: Exact robot navigation using artificial potential fields, IEEE Trans. Robotics Autom. **8**(5), 501–518 (1992)

36.133 E. Rimon, D.E. Koditschek: The construction of analytic diffeomorphisms for exact robot navigation on star worlds, Proc. IEEE Int. Conf. Robotics Autom. (ICRA), Scottsdale (1989) pp. 21–26

36.134 J. Barraquand, J.-C. Latombe: Robot motion planning: A distributed representation approach, Int. J. Robotics Res. **10**(6), 628–649 (1991)

36.135 C.I. Connolly, J.B. Burns, R. Weiss: Path planning using Laplace's equation, Proc. IEEE Int. Conf. Robotics Autom. (ICRA), Cincinnati (1990) pp. 2102–2106

36.136 C.I. Connolly, R.A. Grupen: One the applications of harmonic functions to robotics, J. Robotics Syst. **10**(7), 931–946 (1993)

36.137 S.H.J. Feder, E.J.-J. Slotine: Real-time path planning using harmonic potentials in dynamic environments, Proc. IEEE Int. Conf. Robotics Autom. (ICRA), Albuquerque (1997) pp. 811–874

36.138 J.-O. Kim, P. Khosla: Real-time obstacle avoidance using harmonic potential functions, Proc. IEEE Int. Conf. Robotics Autom. (ICRA), Sacramento (1991) pp. 790–796

36.139 K. Sato: Collision avoidance in multi-dimensional space using Laplace potential, Proc. 15th Conf. Robotics Soc. Jpn. (1987) pp. 155–156

36.140 S.M. LaValle, P. Konkimalla: Algorithms for computing numerical optimal feedback motion strategies, Int. J. Robotics Res. **20**(9), 729–752 (2001)

36.141 A. van der Schaft, H. Schumacher: *An Introduction to Hybrid Dynamical Systems* (Springer, Belin, Heidelberg 2000)

36.142 W. Choi, J.-C. Latombe: A reactive architecture for planning and executing robot motions with incomplete knowledge, Proc. IEEE/RSJ Int. Conf. Intell. Robots Syst. (IROS), Vol. 1, Osaka (1991) pp. 24–29

36.143 D.C. Conner, H. Choset, A.A. Rizzi: Integrated planning and control for convex-bodied nonholonomic systems using local feedback control policies, Proc. Robotics Sci. Syst., Philadelphia (2006)

36.144 D.C. Conner, A.A. Rizzi, H. Choset: Composition of local potential functions for global robot control and navigation, Proc. IEEE/RSJ Int. Conf. Intell. Robots Syst. (IROS), Las Vegas (2003) pp. 3546–3551

36.145 S.R. Lindemann, S.M. LaValle: Smooth feedback for car-like vehicles in polygonal environments, Proc. IEEE Int. Conf. Robotics Autom. (ICRA), Rome (2007)

36.146 L. Yang, S.M. LaValle: The sampling-based neighborhood graph: A framework for planning and executing feedback motion strategies, Proc. IEEE Int. Conf. Robotics Autom. (ICRA), Taipei (2003)

36.147 C. Belta, V. Isler, G.J. Pappas: Discrete abstractions for robot motion planning and control in polygonal environments, IEEE Trans. Robotics Autom. **21**(5), 864–871 (2005)

36.148 R.R. Burridge, A.A. Rizzi, D.E. Koditschek: Sequential composition of dynamically dexterous robot behaviors, Int. J. Robotics Res. **18**(6), 534–555 (1999)

36.149 S.R. Lindemann, S.M. LaValle: Computing smooth feedback plans over cylindrical algebraic decompositions, Proc. Robotics Sci. Syst. (RSS), Philadephia (2006)

36.150 Y. Yang, O. Brock: Elastic roadmaps: Globally taskconsitent motion for autonomous mobile manipulation, Proc. Robotics Sci. Syst. (RSS), Philadephia (2006)

36.151 S. Quinlan, O. Khatib: Elastic bands: Connecting path planning and control, Proc. IEEE Int. Conf. Robotics Autom. (ICRA), Vol. 2, Atlanta (1993) pp. 802–807

36.152 M. Khatib, H. Jaouni, R. Chatila, J.-P. Laumond: How to implement dynamic paths, Proc. Int. Symp. Exp. Robotics (1997) pp. 225–236, Preprints

36.153 O. Brock, O. Khatib: Elastic strips: A framework for motion generation in human environments, Int. J. Robotics Res. **21**(12), 1031–1052 (2002)

36.154 M.H. Raibert, J.J. Craig: Hybrid position/force control of manipulators, J. Dyn. Syst. Meas. Control **103**(2), 126–133 (1981)

36.155 R. Featherstone, S. Sonck, O. Khatib: A gen-

eral contact model for dynamically-decoupled force/motion control, Proc. IEEE Int. Conf. Robotics Autom. (ICRA), Detroit (1999) pp. 3281–3286
36.156 J. Park, O. Khatib: Multi-link multi-contact force control for manipulators, Proc. IEEE Int. Conf. Robotics Autom. (ICRA), Barcelona (2005)
36.157 D.C. Ruspini, O. Khatib: A framework for multi-contact multi-body dynamic simulation and haptic display, Proc. IEEE/RSJ Int. Conf. Intell. Robots Syst. (IROS), Takamatsu (2000) pp. 1322–1327
36.158 K.-S. Chang, R. Holmberg, O. Khatib: The augmented object model: Cooperative manipluation and parallel mechanism dynamics, Proc. IEEE Int. Conf. Robotics Autom. (ICRA), San Francisco (2000) pp. 470–475
36.159 O. Khatib: Object Manipulation in a multi-effector robot system. In: *Robotics Research 4*, ed. by R. Bolles, B. Roth (MIT Press, Cambridge 1988) pp. 137–144
36.160 D. Williams, O. Khatib: The virtual linkage: A model for internal forces in multi-grasp manipulation, Proc. IEEE Int. Conf. Robotics Autom. (ICRA), Vol. 1, Altanta (1993) pp. 1030–1035
36.161 J.A. Adams, R. Bajcsy, J. Kosecka, V. Kuma, R. Mandelbaum, M. Mintz, R. Paul, C. Wang, Y. Yamamoto, X. Yun: Cooperative material handling by human and robotic agents: Module development and system synthesis, Proc. IEEE/RSJ Int. Conf. Intell. Robots Syst. (IROS), Pittsburgh (1995) pp. 200–205
36.162 S. Hayati: Hybrid postiion/force control of multi-arm cooperating robots, Proc. IEEE Int. Conf. Robotics Autom. (ICRA), San Francisco (1986) pp. 82–89
36.163 D. Jung, G. Cheng, A. Zelinsky: Experiments in realizing cooperation between autonomous mobile robots, Proc. Int. Symp. Exp. Robotics (1997) pp. 513–524
36.164 T.-J. Tarn, A.K. Bejczy, X. Yun: Design of dynamic control of two cooperating robot arms: Closed chain formulation, Proc. IEEE Int. Conf. Robotics Autom. (ICRA) (1987) pp. 7–13
36.165 M. Uchiyama, P. Dauchez: A symmetric hybrid position/force control scheme for the coordination of two robots, Proc. IEEE Int. Conf. Robotics Autom. (ICRA), Philadelphia (1988) pp. 350–356
36.166 X. Yun, V.R. Kumar: An approach to simultaneious control fo trajecotry and integraction forces in dual-arm configurations, IEEE Trans. Robotics Autom. **7**(5), 618–625 (1991)
36.167 Y.F. Zheng, J.Y.S. Luh: Joint torques for control of two coordinated moving robots, Proc. IEEE Int. Conf. Robotics Autom. (ICRA), San Francisco (1986) pp. 1375–1380
36.168 T. Bretl, Z. McCarthy: Quasi-static manipulation of a Kirchhoff elastic rod based on a geometric analysis of equilibrium configurations, Int. J. Robotics Res. **33**(1), 48–68 (2014)
36.169 J. Russakow, O. Khatib, S.M. Rock: Extended operational space formation for serial-to-parallel chain (branching) manipulators, Proc. IEEE Int. Conf. Robotics Autom. (ICRA), Vol. 1, Nagoya (1995) pp. 1056–1061
36.170 K.-S. Chang, O. Khatib: Operational space dynamics: Efficient algorithms for modelling and control of branching mechanisms, Proc. IEEE Int. Conf. Robotics Autom. (ICRA), San Francisco (2000) pp. 850–856
36.171 K. Kreutz-Delgado, A. Jain, G. Rodriguez: Recursive formulation of operational space control, Int. J. Robotics Res. **11**(4), 320–328 (1992)
36.172 M. Hutter, H. Sommer, C. Gehring, M. Hoepflinger, M. Bloesch, R. Siegwart: Quadrupedal locomotion using hierarchical operational space control, Int. J. Robotics Res. **33**(8), 1047–1062 (2014)
36.173 B. Bayle, J.-Y. Fourquet, M. Renaud: A coordination strategy for mobile manipulation, Proc. Int. Conf. Intell. Auton. Syst., Venice (2000) pp. 981–988
36.174 B. Bayle, J.-Y. Fourquet, M. Renaud: Generalized path generation for a mobile manipulator, Proc. Int. Conf. Mech. Des. Prod., Cairo (2000) pp. 57–66
36.175 B. Bayle, J.-Y. Fourquet, M. Renaud: Using manipulability with nonholonomic mobile manipulators, Proc. Int. Conf. Field Serv. Robotics, Helsinki (2001) pp. 343–348
36.176 J. Peters, S. Schaal: Reinforcement learning for operational space control, Proc. IEEE Int. Conf. Robotics Autom. (ICRA), Rome (2007)
36.177 T. Simeon, J. Cortes, A. Sahbani, J.P. Laumond: A manipulation planner for pick and place operations under continuous grasps and placements, Proc. IEEE Int. Conf. Robotics Autom. (ICRA) (2002)
36.178 A. Miller, P. Allen: Examples of 3D grasp quality computations, Proc. IEEE Int. Conf. Robotics Autom. (ICRA), Vol. 2 (1999)
36.179 A.T. Miller: Graspit: A Versatile Simulator for Robotic Grasping, Ph.D. Thesis (New York, Columbia University 2001)
36.180 G. Wilfong: Motion panning in the presence of movable obstacles, Proc. ACM Symp. Comput. Geom. (1988) pp. 279–288
36.181 M. Erdmann, T. Lozano-Perez: On multiple moving objects, Proc. IEEE Int. Conf. Robotics Autom. (ICRA), San Francisco (1986) pp. 1419–1424
36.182 P.C. Chen, Y.K. Hwang: Pracitcal path planning among movable obstacles, Proc. IEEE Int. Conf. Robotics Autom. (ICRA) (1991) pp. 444–449
36.183 M. Stilman, J.J. Kuffner: Navigation among movable obstacles: Real-time reasoning in complex environments, Int. J. Hum. Robotics **2**(4), 1–24 (2005)
36.184 M. Stilman, J.-U. Shamburek, J.J. Kuffner, T. Asfour: Manipulation planning among movable obstacles, Proc. IEEE Int. Conf. Robotics Autom. (ICRA) (2007)
36.185 D. Nieuwenhuisen, A.F. van der Stappen, M.H. Overmars: An effective framework for path planning amidst movable obstacles, Proc. Workshop Algorithm. Found. Robotics (2006)
36.186 K.M. Lynch, M.T. Mason: Stable pushing: Mechanics, controllability, and planning, Int. J. Robotics Res. **15**(6), 533–556 (1996)
36.187 P. Tang, J. Xiao: Generation of point-contact state space between strictly curved objects. In: *Robotics Science and Systems II*, ed. by G.S. Sukhatme, S. Schaal, W. Burgard, D. Fox (MIT Press, Cambridge 2007) pp. 239–246
36.188 H. Nakagaki, K. Kitagaki, T. Ogasawara, H. Tsuku-

ne: Study of deformation and insertion tasks of a flexible wire, Proc. IEEE Int. Conf. Robotics Autom. (ICRA) (1997) pp. 2397–2402
36.189 W. Kraus Jr., B.J. McCarragher: Case studies in the manipulation of flexible parts using a hybrid position/force approach, Proc. IEEE Int. Conf. Robotics Autom. (ICRA) (1997) pp. 367–372
36.190 J.Y. Kim, D.J. Kang, H.S. Cho: A flexible parts assembly algorithm based on a visual sensing system, Proc. Int. Symp. Assem. Task Plan. (2001) pp. 417–422
36.191 B.J. Unger, A. Nocolaidis, P.J. Berkelman, A. Thompson, R.L. Klatzky, R.L. Hollis: Comparison of 3-D haptic peg-in-hole tasks in real and virtual environments, Proc. IEEE/RSJ Int. Conf. Intell. Robots Syst. (IROS) (2001) pp. 1751–1756

36

第 37 章

接触建模与操作

Imin Kao，Kevin M. Lynch，Joel W. Burdick

操作臂通过接触力实现对所处环境中的物体进行抓取和操作。夹持器通过接触来定位工件。移动机器人和仿人机器人通过轮或足来产生接触力，以实现移动。对接触面进行建模是对诸多机器人作业任务进行分析、设计、规划和控制的基础。

本章对接触面的建模进行了概述，并对诸如推送操作等无法抓取或不适于抓取操作的作业任务的应用进行了重点描述。抓取和夹持动作的分析和设计也是基于对接触环境的建模，详细介绍参见第 38 章。第 37.2~37.5 节主要介绍了刚体接触环境的建模。其中，第 37.2 节介绍了由接触引起的运动约束，第 37.3 节介绍了由接触力引起的库仑摩擦力。第 37.4 节提供了考虑刚体接触和库仑摩擦力时的多接触操作任务方面的实例分析。第 37.5 节将分析内容扩展至推送操作。第 37.6 节介绍了接触面的建模、运动学对偶性和压力分布。第 37.7 节介绍了摩擦限定面的概念，并通过如何创建软接触约束面的例子加以说明。最后，在第 37.8 节讨论了这些精确的模型在夹持器的分析和设计中的应用。

目　录

37.1　概述

接触模型的特性是：力可通过相互接触的物体实现传递，而且相互接触的物体也可实现相对运动。这些特性取决于相互接触物体的接触表面几何特性以及物体的材料特性，也决定着摩擦力和接触变形的大小。

37.1.1　接触模型的选择

接触模型的选择主要取决于研究的内容或应用

场合。当采用精确的分析模型时，研究者必须清楚，操作规划或夹持器设计时的功能要求是否在该模型的限定范围内。

1. 刚性模型

操作、抓取和夹持器的分析等诸多方面的问题都以刚性模型为基础。在刚性模型中，两个相互接触刚体的接触点或接触面之间不允许存在变形。反过来，接触力有两个来源：刚体的不可压缩和不可穿透特性的约束，以及表面摩擦力。刚性模型易于使用，有利于规划算法的运算以及与实体建模软件系统的兼容。刚性模型通常可用于回答定性问题，例如：夹持器是否能拿起工件？该模型还可用来解决刚体间接触力的缓冲问题。

然而，刚性模型不能描述所有范围内的接触现象。例如，对于一个多接触点夹持器来说，刚性模型无法预测其单接触力的大小（静不定问题[37.1,2]）。此外，对于存在较大夹持力的加工操作来说，夹持器中物体的变形是不可忽略的[37.3-6]。这些严重影响加工精度的变形无法由刚性模型获得。同样，存在库仑摩擦力的刚性模型会引起力学问题，且对于这类力学问题没有什么解决办法[37.7-15]。为了克服刚性模型存在的这些局限性，必须在接触模型中引入柔性。

2. 柔性模型

柔性体的变形是由所施加的力引起的。接触环境的相互作用力是由柔性或刚性模型推导出来的，然而柔性接触模型显得更加复杂，并具有诸多优势：该模型可以解决刚性模型固有的静不定问题，并且可以预测抓取或夹持器在加载过程中的变形情况。

实际材料变形的具体模型是十分复杂的。因此，为了分析方便，我们经常采用具有有限变量数目的集中参数或降阶的柔性模型。本章将介绍一种降阶的准刚体法来建立模型，该建模方法与固体力学理论、传统机器人分析及规划模式是一致的，可用于多种柔性材料的建模。

最后采用三维有限元模型[37.16-18]或相似的理念[37.19,20]来分析夹持器中的工件的变形和应力。当要求精确时，这些数值分析方法就会存在缺陷。例如，对于抓取的刚度矩阵只能通过复杂困难的数值方法来建立。刚度矩阵是经常用来计算质量的方法，是实现优化抓取动作规划及夹持器设计的依据[37.21,22]，所以数值分析方法更适合各种末端夹持器的设计。

37.1.2 抓持分析

接触模型一旦选定，可以应用该模型来分析涉及多接触面的作业情况。如果一个物体有多个接触面，则由自身接触引起的运动学约束和自由度必须整体考虑。这种整体分析方法有助于操作的规划，即接触位置的选择，以及由这些接触面可能施加的运动和力，以便完成零件预期的动作。最基本的范例是关于抓取和夹持的问题：选择接触位置和合适的接触力，以防止在外界干扰下在零件表面上产生的运动。第 38 章将更加详细地讨论这个问题，其他的范例涉及了部分约束，例如推拉一个零件或者往孔中插入销钉等问题。

37.2 刚体接触运动学

接触运动学是关于在考虑刚体不可穿透约束的情况下如何使两个或更多的物体产生相对运动的理论，其对接触面的运动分为滚动和滑动两类。

考虑位置和姿态（位姿）都已确定的两个刚体，分别用局部坐标列向量 $\boldsymbol{q}_1$ 和 $\boldsymbol{q}_2$ 表示。其组合形式记为 $\boldsymbol{q}=(\boldsymbol{q}_1^{\mathrm{T}},\boldsymbol{q}_2^{\mathrm{T}})^{\mathrm{T}}$。定义两刚体间的位置函数为 $d(\boldsymbol{q})$：当两刚体分离时取正值，接触时为零，贯穿时取负值。如果 $d(\boldsymbol{q})>0$，则刚体间的运动没有约束。如果刚体相互接触［$d(\boldsymbol{q})=0$］，则要视位置函数关于时间的导数 $\dot{d}$、$\ddot{d}$ 等情况，以便确定刚体是否保持接触或者是按自身遵循的运动轨迹 $\boldsymbol{q}(t)$ 分开。该种情况可以由表 37.1 所示的可能性来确定：

表 37.1 接触的可能性

d	$\dot{d}$	$\ddot{d}$	接触的可能性
>0			无接触
<0			不会实现（穿透）
=0	>0		脱离接触
=0	<0		不会实现（穿透）
=0	=0	>0	脱离接触
=0	=0	<0	不会实现（穿透）
……			

只有所有的时间导数均为零时，刚体才一直保持接触。前两个时间导数记为

$$\dot{d}=\left(\frac{\partial d}{\partial \boldsymbol{q}}\right)^{\mathrm{T}}\dot{\boldsymbol{q}} \tag{37.1}$$

$$\ddot{d}=\dot{\boldsymbol{q}}^{\mathrm{T}}\frac{\partial^2 d}{\partial \boldsymbol{q}^2}\dot{\boldsymbol{q}}+\left(\frac{\partial d}{\partial \boldsymbol{q}}\right)^{\mathrm{T}}\ddot{\boldsymbol{q}} \tag{37.2}$$

式中，$\frac{\partial d}{\partial \boldsymbol{q}}$和$\frac{\partial^2 d}{\partial \boldsymbol{q}^2}$项承载了刚体局部接触的几何形状信息。前者对应于接触的法向，而后者则对应于接触处的相对曲率。

如果一直保持接触，可以把接触形式分为滑动和滚动两类。与表37.1所示相似，当且仅当物体接触点间的相对切线速度和加速度等为零时，接触形式才为滚动。如果相对切线速度不为零，则接触形式为滑动；如果相对速度为零但相对切线加速度（或更高阶导数）不为零，则只有初始状态为滑动。

本节侧重于接触运动学的一阶分析，从一阶分析得出：如果 $d(\boldsymbol{q})=0$，且 $\dot{d}=0$，则物体保持接触。接触运动学的局部线性化集中于速度 $\dot{\boldsymbol{q}}$ 和接触法向 $\partial d/\partial \boldsymbol{q}$，不考虑接触几何形状（曲率）的高阶空间导数。虽然这是一个很好的开端，不过也可能时而导致错误的结论。例如，Rimon 和 Burdick[37.23-25] 指出，如果二阶分析时显示物体实际上是被完全约束的，那么一阶分析可能会错误地预测零件在夹持器中的运动。

参考文献［37.26］介绍了参数化表面的滚动接触运动学分析，也可参见参考文献［37.27-30］。

37.2.1　接触约束

正如第1卷第2章所述，空间刚体具有6个自由度，这些自由度由附着在物体上的坐标系原点 P 及其相对固定于地球的惯性坐标系 O 的方位定义。定义 ${}^O\boldsymbol{p}_p\in\mathbb{R}^3$ 为物体质心的位置，并定义 ${}^O\boldsymbol{R}_p\in SO(3)$ 描述物体相对惯性坐标系 O 的旋转矩阵。物体的空间速度记为 $\boldsymbol{t}\in\mathbb{R}^6$，也被称作运动旋量

$$\boldsymbol{t}=(\boldsymbol{\omega}^{\mathrm{T}},\boldsymbol{v}^{\mathrm{T}})^{\mathrm{T}}$$

式中，$\boldsymbol{\omega}=(\omega_x,\omega_y,\omega_z)^{\mathrm{T}}$，$\boldsymbol{v}=(v_x,v_y,v_z)^{\mathrm{T}}$ 分别代表局部坐标系 P 在惯性坐标系 O 内的角速度和线速度，并满足

$${}^O\dot{\boldsymbol{R}}_P=\boldsymbol{\omega}\times{}^O\boldsymbol{R}_P$$

$$\boldsymbol{v}={}^O\dot{\boldsymbol{p}}_P-\boldsymbol{\omega}\times{}^O\boldsymbol{p}_P$$

此时，花一些时间去真正理解刚体的空间速度是必要的。空间速度包括由惯性坐标系 O 表示的刚体角速度，以及当前位于惯性坐标系的原点并牢固地附着在物体上的某点处的线速度。这些点并不需要位于物体上。换句话说，$\boldsymbol{v}$ 并不简单地等价于 ${}^O\dot{\boldsymbol{p}}_P$。所有速度和力由惯性坐标系 O 统一表示的表达式将会被简化如下（请注意，运动旋量有时是在局部坐标系内定义的）。

物体上的点接触提供了单向约束，可以阻止物体相对接触法向的局部移动。定义 $\boldsymbol{x}$ 是坐标系 O 内的接触点位置坐标，物体上接触点的线速度为

$$\boldsymbol{v}_c=\boldsymbol{v}+\boldsymbol{\omega}\times\boldsymbol{x}$$

（为了简化，省略左上角标 O。例如，${}^o x$ 简写作 x。）定义 $\hat{\boldsymbol{u}}$ 为指向物体的单位法向量（图37.1）。未处于单向约束的物体为一阶情况，可以表示为

$$\boldsymbol{v}_c^{\mathrm{T}}\hat{\boldsymbol{u}}=(\boldsymbol{v}+\boldsymbol{\omega}\times\boldsymbol{x})^{\mathrm{T}}\hat{\boldsymbol{u}}\geqslant 0 \tag{37.3}$$

换句话说，零件上点 C 的速度不可以含有与接触法向反向的分量。为了用另一种方式表达，定义广义的沿接触法向的单位力或力旋量 $\boldsymbol{w}$，用其合成作用在零件上力矩 $\boldsymbol{m}$ 和力 $\boldsymbol{f}$。

$$\boldsymbol{w}=(\boldsymbol{m}^{\mathrm{T}},\boldsymbol{f}^{\mathrm{T}})^{\mathrm{T}}=[(\boldsymbol{x}\times\hat{\boldsymbol{u}})^{\mathrm{T}},\hat{\boldsymbol{u}}^{\mathrm{T}}]^{\mathrm{T}}$$

则式（37.3）可记作

$$\boldsymbol{t}^{\mathrm{T}}\boldsymbol{w}\geqslant 0 \tag{37.4}$$

如果外部约束点随着线速度移动，式（37.4）变更为

$$\boldsymbol{t}^{\mathrm{T}}\boldsymbol{w}\geqslant \boldsymbol{v}_{\mathrm{ext}}^{\mathrm{T}}\hat{\boldsymbol{u}} \tag{37.5}$$

如果是静止约束，则仍要采用式（37.4）。

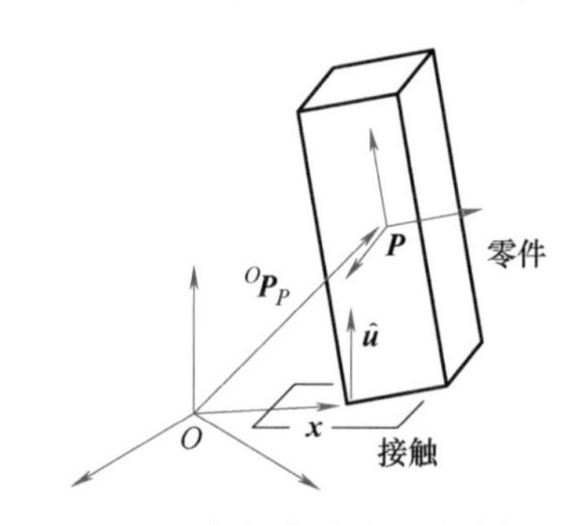

图37.1　与操作臂或环境接触的物体的表示方法

诸如式（37.5）形式的每个不等式会限制物体的速度，速度被约束在由 $\boldsymbol{t}^{\mathrm{T}}\boldsymbol{w}=\boldsymbol{v}_{\mathrm{ext}}^{\mathrm{T}}\hat{\boldsymbol{u}}$ 超平面限制的六维速度空间的半空间。集中所有约束的集合，可以获得可行的物体速度的凸多面体点集。如果零件的半空间约束没有改变可行速度多面体，那么该约束是冗余的。对于给定的运动旋量 $\boldsymbol{t}$，如果满足式（37.6），则约束为有效的；否则零件在那一点脱离接触。

$$\boldsymbol{t}^{\mathrm{T}}\boldsymbol{w}=\boldsymbol{v}_{\mathrm{ext}}^{\mathrm{T}}\hat{\boldsymbol{u}} \tag{37.6}$$

一般来说，物体可行的速度多面体包括内六面体（没有接触约束是有效的情况）、五维多面体、四维多面体，一直到一维边界和零维点等等。

物体在速度多面体的 n 维平面上的速度表明 6-n 个独立（非冗余）约束是有效的。

如果所有的约束条件都是静止的（$v_{ext}=0$），则每个由式（37.5）定义的约束半平面通过速度空间的原点，并且可行速度集变成根在原点的锥面。假设 w_i 为第 i 个静止约束的约束力旋量，则可行的速度锥面为

$$V=\{t \mid t^{T}w_i \geq 0 \quad \forall i\}$$

如果 w_i 跨越六维广义力空间，或者等价地说，w_i 的凸边界包含内部原点，那么静止约束条件完全约束零件的运动，就具备了形封闭，正如第 38 章所讨论的一样。

在上面的讨论中，每一种式（37.5）的约束把物体的速度空间划分为三类：始终保持接触的速度超平面、使零件分离的速度半平面、使零件产生穿透的速度半平面。始终保持接触的速度可进一步分为两类：物体在接触约束面上做滑动运动的速度、物体黏附于接触约束面或在接触约束面上做滚动运动的速度。在后面一种情况下。零件速度满足如下方程

$$v+\omega\times x=v_{ext} \tag{37.7}$$

现在可以赋予每个接触点 i 一个标号 m_i 以对应其接触类型，称为接触标号：如果正脱离接触则记为 b，如果是固定的接触（包括滚动）则记为 f，如果接触为滑动，即满足式（37.6）却不满足式（37.7），则记为 s。整个系统的接触模式可以记作 k 个接触点的级联接触标签的形式，m_1，m_2，⋯，m_k。

37.2.2 多接触体的综合

上面的讨论可以归结为确定多物体接触的可行速度域。如果零件 i 和 j 在点 x 处接触，在该点 $\hat{u}_i$ 指向零件 i，则 $w_i=[(x\times\hat{u}_i)^{T},\hat{u}_i^{T}]^{T}$，其空间速度 t_i 和 t_j 必须满足式（37.8）的约束条件以避免贯穿。

$$(t_i-t_j)^{T}w_i \geq 0 \tag{37.8}$$

这是一种在（t_i,t_j）合成速度空间中的齐次半空间约束。在多零件的组件中，每两两接触会在组合零件的速度空间中产生附加约束，其结果是一个在运动学上可行的多面体速度凸锥，并且其根位于合成速度空间的原点。整体组件的接触模式是在组件内每个接触点接触标签的级联形式。

如果存在指定运动形式的移动接触，例如机械手指，关于其他部件的运动约束不会再是齐次的。所以凸多面体可行速度空间不再是解在原点的锥面。

37.2.3 平面图解法

当物体被限制在 x-y 平面内移动，运动旋量 t 退化为

$$t=(\omega_x,\omega_y,\omega_z,v_x,v_y,v_z)^{T}=(0,0,\omega_z,v_x,v_y,0)^{T}$$

点（$-v_y/\omega_z$,v_x/ω_z）被称为投影平面内的旋转中心（COR），任何平面运动旋量都可由它的旋转中心和旋转速度 ω_z 表示（请注意，必须小心对待 $\omega_z=0$ 的情况，它对应旋转中心在无穷远的情况）。这有时对图解法有帮助：对于被静止夹持器约束的单一物体，至少可以画出其可行的运动旋量锥面作为旋转中心[37.14,31]。

作为一个例子，图 37.2a 展示了一个置于桌面上并由机械手指约束的平面零件。该机械手指当前是静止的，但是，在后文中会让手指运动起来。机械手指对零件的运动定义了一种约束，桌面则定义了另外两个约束（请注意，零件和桌面间的内部边界上的接触点提供了冗余的运动学约束）力旋量可以写成

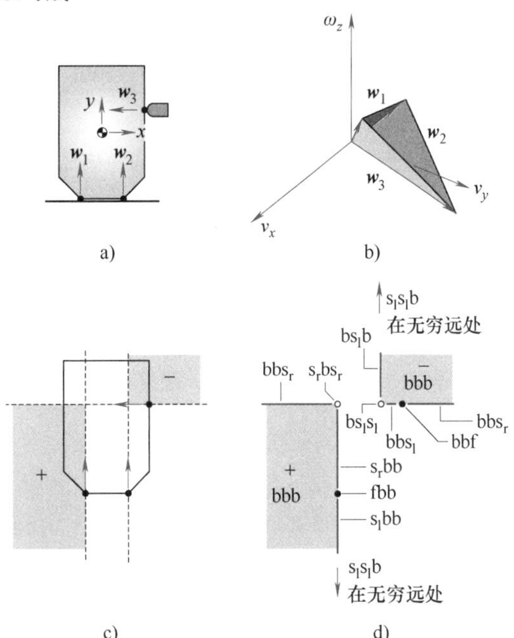

图 37.2 机械手指与桌面接触的运动与约束分析
a）置于桌面上的具有三个接触约束的零件 b）力旋量锥面满足接触约束，用与零件接触的约束平面表示接触法线方向 c）COR 的等价表示方法，用灰色表示。请注意，向左和向底部向外延伸的线在无穷远处回绕，并分别从右侧和顶部回来，所以 COR 区域应该被理解为单独接触的凸区域，等价于图 b 所示的力旋量锥面 d）为每个可行运动标记接触符号，速度为零的接触符号是 fff

$$w_1=(0,0,-1,0,1,0)^T$$
$$w_2=(0,0,1,0,1,0)^T$$
$$w_3=(0,0,1,-1,0,0)^T$$

对于静止的机械手指，其运动学约束产生可行的运动旋量锥面，如图37.2b所示。采用以下方法也可以很容易地使该区域在平面内可视化：在每个接触处，画出接触法向线。在所有法向上的点标记±，指向内法向左侧的为“+”，指向内法向右侧的为“-”。在没有违背接触约束的条件下，对于所有的接触约束，所有标记为“+”的点可以看作旋转中心具有正的角速度，则所有标记为“-”的点可以看作旋转中心具有负的角速度。当对所有的接触法向进行了上述处理后，只保证旋转中心一致性的被标记。这些旋转中心是可行运动旋量锥面的平面表示方法，如图37.2c所示。

通过为每个可行的COR分配接触符号，可以细化上述方法。对于每一个接触法向，对于固定的接触法向在接触点处标记COR为f，对于滑动接触在法向线上的其他COR标记为s，对于分离接触其他所有的COR则标记为b。这一系列标记给出了一种特定零件运动的接触模式。在平面情况下，接触法向上标记为s的可以进一步细化为s_r或s_l，其可以指明零件相对约束是在其左侧还是右侧滑动。对于在接触上方标记为“+”（沿着接触法向方向）或者在接触下方标记“-”的s型旋转中心，其应该重新标记为s_r，对于在接触上方标记为“-”或在接触下方标记“+”的s型旋转中心应标记为s_l，如图37.2d所示。

这种方法可以轻易地判断零件是否处于形封闭。如果不存在标志一致的旋转中心，则可行的速度锥面只包括零速度点，并且零件被静止约束固定。该方法也说明：对于一阶分析至少需要4个约束条件来固定零件（见第38章），这是一阶分析的缺陷：曲率效应可以用3个或甚至2个约束来固定零件[37.24]该缺陷在图37.2d中也有体现，被标记为$\{+,s_r bs_r\}$的COR的纯转动事实上是不可行的，但如果零件在与机械手指接触的位置具有较小的曲率半径，则该情况就是可行的。一阶分析忽略了这样的曲率要求。

37.3　力与摩擦

机器人操作中一种常用的摩擦力模型满足库仑定律[37.32]，该试验规律表明摩擦力在接触面处的切平面内幅值f_t与法向力f_n的幅值有关，两者关系为：$f_t \leqslant \mu f_n$，其中，μ为摩擦系数。如果为滑动接触，则$f_t=\mu f_n$，且摩擦力方向与运动方向相反。摩擦力与滑动速度无关。

经常定义两个摩擦力系数：静摩擦系数μ_s和动（滑动）摩擦系数μ_k，并存在$\mu_s \geqslant \mu_k$的关系。这意味着更大的摩擦力可以用来阻止内部运动。但是一旦开始运动，阻力就减小。许多其他的摩擦模型已经发展为具有诸如滑动速度及滑动前静态接触的持续时间等不同功能依赖性因素的模型，所有这些都是复杂微观行为的集合模型。为简单起见，假设最简单的库仑摩擦力模型只有单一的摩擦力系数μ，该模型适用于坚硬的干物质。摩擦力系数取决两接触物体的材料，基本上在0.1~1的区间内变化。

图37.3a表明，摩擦定律可以用摩擦锥解释。由支撑线施加给圆盘的所有力的集合被限制在该锥体内。相应的，圆盘施加给支撑面的任何作用力是在锥体负半轴的内部。椎体的半角$\beta=\arctan\mu$，如图37.4所示。如果圆盘在支撑面上向左侧滑动，支撑施加给圆盘的作用力作用在摩擦锥体的右侧，并且力的幅值由法向力决定。

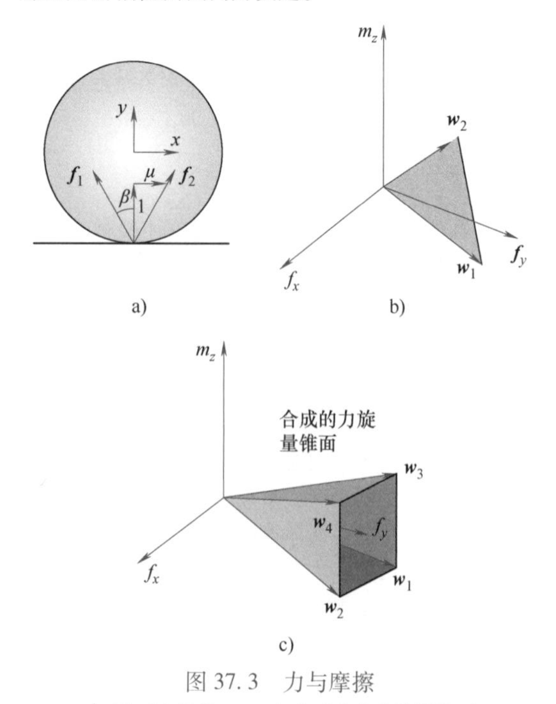

图37.3　力与摩擦

a）平面摩擦锥　b）与之对应的力旋量锥面

c）两个摩擦接触下的合力旋量锥面的示例

37

如果选择一个坐标系，由支撑面施加给圆盘的力 $\boldsymbol{f}$ 可以表示为力旋量 $\boldsymbol{w}=[(\boldsymbol{x}\times\boldsymbol{f})^{\mathrm{T}},\boldsymbol{f}^{\mathrm{T}}]^{\mathrm{T}}$，其中 $\boldsymbol{x}$ 是接触点位置。这样摩擦锥转换为力旋量锥，如图 37.3b所示。平面摩擦锥的两条边界线在力旋量空间中提供了两条半直线，通过接触传递给零件的力旋量都是沿边界的基本向量的非负线性组合。如果 $\boldsymbol{w}_1$ 和 $\boldsymbol{w}_2$ 是力旋量锥这些边界上的基本向量，可以把力旋量锥表示为

$$WC=\{k_1\boldsymbol{w}_1+k_2\boldsymbol{w}_2 \mid k_1,k_2\geqslant 0\}$$

如果物体上有多个接触面，那么由接触传递给物体的所有力旋量的集合是所有独立力旋量锥 WC_i 的非线性组合，即

$$WC=\mathrm{pos}(\{WC_i\})=\left\{\sum_i k_i\boldsymbol{w}_i \mid \boldsymbol{w}_i\in WC_i,k_i\geqslant 0\right\}$$

这个合力旋量锥是解在原点的凸多面体锥体。一个由两个平面摩擦接触产生的合力旋量锥的实例如图 37.3c 所示。如果合力旋量锥上就是整个力旋量空间，则接触可以提供一个力封闭抓取（见第 38 章）。在空间情况下，当接触法向沿 z 向的正向时（图 37.4），摩擦锥是一个由式（37.9）定义的圆锥。

$$\sqrt{f_x^2+f_y^2}\leqslant\mu f_z,f_z\geqslant 0 \tag{37.9}$$

其余的力旋量锥和多接触情况的合力旋量锥 $\mathrm{pos}(\{WC_i\})$ 是一个解在原点，而非多面体的凸锥体。为了便于计算，通常把圆形摩擦锥近似为棱锥。如图 37.4 所示，单独的与合成的力旋量锥在六维力旋量空间里转变成凸多面体锥体。

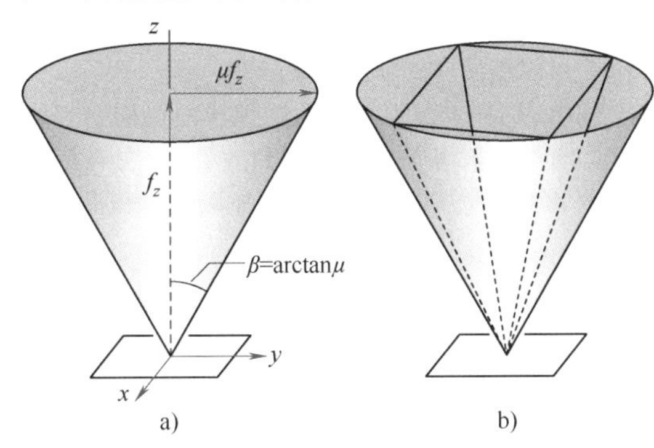

图 37.4　摩擦锥

a）空间摩擦锥，锥体半角 $\beta=\arctan\mu$　b）摩擦锥的内接锥体的近似，通过增加锥体的面数以获得更精确的内接锥体逼近。根据应用情况，可以采用外切棱锥来代替内接棱锥

如果作用在零件上的单个接触或接触的集合是由理想力控制的，则由控制器规定的力旋量 $\boldsymbol{w}_{\mathrm{ext}}$ 必须位于与这些接触相对应的合力旋量锥内。由于这些力控制型的接触选择了这个力旋量锥的一个子集（可能是单一力旋量），能够作用在物体上的合力旋量锥的集合（包括其他的非力控制的接触）可能不再是根位于原点的齐次锥体。这种情况大致类似于 37.2.1 节讲述的速度控制型接触，它会导致零件可行的旋量集合不再是根在原点的锥体。理想的机器人操作可能由位置控制、力控制、力/位置混合控制或其他方法控制，控制方法必须与零件之间的接触类型和环境相兼容，以防止过多的作用力[37.33]。

37.3.1　平面图解法

正如平面问题的齐次运动旋量锥能够用在该平面内标记有（“+”或“-”）COR 的凸面区域表示。平面问题的齐次力旋量锥可以在平面内用标记的凸面区域表示，这被称为力矩标记法[37.14,34]。在平面内给定作用力的作用线的集合（例如，来自点接触集合的摩擦锥的边界），所有这些非负线性组合的集合可以用平面内所有的点表示，如果这些点产生关于该点非负的力矩则标记为“+”，如果关于该点产生非正的力矩则标记为“-”，如果关于该点是零力矩则标记为“±”，如果关于该点既可以产生正值力矩也可以产生负值力矩，则该点为空白标记。

上述观点最好用实例说明。在图 37.5a 中，通过标记线左侧的点为“+”，线右侧的点为“-”的方法表示单根力的作用线，位于线上的点标记为“±”。在图 37.5b 中，增加了另外一条力的作用线，平面内只有那些被两条力作用线兼容的点保留着它们的标记。不能被兼容标记的点不再采用原有标记。最后，在图 37.5c 中增加了第三条力的作用线，其结果是只有单独的一块区域被标记为“+”，三条力作用线的非负组合在平面内可以生成任何以逆时针方向穿过该区域的力的作用线。这种表达方式等价于力旋量的齐次凸锥面的表达方式。

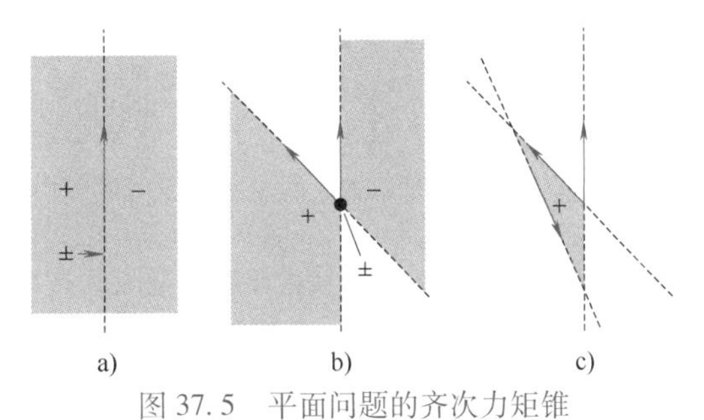

图 37.5　平面问题的齐次力矩锥

a）采用力矩标识表示力的作用线　b）采用力矩标识表示两条力作用线的非负线性组合

c）三条力作用线的非负线性组合

37.3.2 接触力旋量与自由度的对偶性

关于运动学约束和摩擦力的讨论应该清楚地认识到：对于任何的点接触及其接触标记，由接触导致的物体运动的等式约束条件的数目。与其提供的力旋量自由度的数目相等。例如，分离接触 b 对于零件的运动没有提供等式约束条件，并容许没有接触力。固定接触 f 提供了三个运动约束（零件上点的运动是特定的）和三个接触力的自由度：任何处于接触力旋量锥内的力旋量与接触模式保持一致。最后，滑动接触 s 提供了一个等式约束条件（为了保持接触零件运动必须满足的等式），对于给定的满足约束的运动，接触力旋量只有 1 个自由度，在摩擦锥边界上的接触力旋量的幅值是唯一的，并且与滑动方向相反。在平面情况下，对于 b、s 和 f 三种接触的约束力旋量的维数分别为 0，1，2。

在每个接触位置，在接触面上的力和速度约束可以用 $n\times6$ 阶约束方程或选择矩阵 $\boldsymbol{H}$ 来表示[37.3]。约束矩阵就像过滤器一样，传递或拒绝穿越接触平面的运动因素；同样的道理，施加到整个接触平面的力/力矩被同一个约束矩阵 $\boldsymbol{H}^{\mathrm{T}}$ 以对偶的关系过滤选择。接下来将介绍三种典型的接触模型，在机架接触处的接触法向为 z 轴正向的接触力和力旋量会被测量。

1）无摩擦的点接触模型。在接触物体间只有法向力 f_z 是外力。

$$f_z\geqslant0,\boldsymbol{w}=\boldsymbol{H}^{\mathrm{T}}f_z=(0\ 0\ 1\ 0\ 0\ 0)^{\mathrm{T}}f_z \tag{37.10}$$

2）有摩擦的点接触模型除了有法向力 f_z，还包括切向摩擦力 f_x 和 f_y。

$$f_z\geqslant0;\ |f_t|=\sqrt{f_x^2+f_y^2}\geqslant\mu f_z$$

$$\boldsymbol{w}=\boldsymbol{H}^{\mathrm{T}}\begin{pmatrix}f_x\\f_y\\f_z\end{pmatrix}=\begin{pmatrix}1&0&0\\0&1&0\\0&0&1\\0&0&0\\0&0&0\\0&0&0\end{pmatrix}\begin{pmatrix}f_x\\f_y\\f_z\end{pmatrix} \tag{37.11}$$

式中，f_x 是 x 向切向接触力；f_y 是 y 向切向接触力；f_z 是法向力。

3）具有有限接触域的软指接触模型除具有摩擦力和法向力外，还允许有相对接触法向的扭转力矩[37.35-39]

$$f_z\geqslant0$$

$$\boldsymbol{w}=\boldsymbol{H}^{\mathrm{T}}\begin{pmatrix}f_x\\f_y\\f_z\\m_z\end{pmatrix}=\begin{Bmatrix}1&0&0&0\\0&1&0&0\\0&0&1&0\\0&0&0&0\\0&0&0&0\\0&0&0&1\end{Bmatrix}\begin{Bmatrix}f_x\\f_y\\f_z\\m_z\end{Bmatrix} \tag{37.12}$$

式中，m_z 是相对于接触法向的力矩。由柔软接触面假定的有限接触域除了会产生牵引力外，还会产生摩擦力矩。如果接触处切平面内的合力可以表示为 $f_t=\sqrt{f_x^2+f_y^2}$，且相对于接触法向的力矩为 m_z，如下的椭圆方程表示了滑动起始处力和力矩的关系：

$$\frac{f_t^2}{a^2}+\frac{m_z^2}{b^2}=1 \tag{37.13}$$

式中，$a=\mu f_z$ 是最大摩擦力；$b=(m_z)_{\max}$ 是式（37.32）定义的最大力矩。关于这个问题的更多的文章参见参考文献［37.35-42］。

从以上三种情况可以得出：矩阵 $\boldsymbol{H}$ 的行代表所提供接触力作用的方向。相反地，两物体的相对运动方向也由这些方向限制，即 $\boldsymbol{H}\dot{\boldsymbol{q}}=0$，所以，约束矩阵就像一个动态过滤器一样限制了那些可以传递整个接触面的运动因素。约束矩阵的引入使得建立的接触力学模型分析更加简单，该分析采用力/力矩与运动间动态对偶关系的方法，见表 37.2。例如，式（37.12）中的约束选择矩阵揭示了这样的现象：力的三要素和关于接触法向的力矩的其中一个参数可以被传递到软指的接触面。

在第 38 章，当考虑多接触情况时，诸如与每个手指有关的 $\boldsymbol{H}$ 矩阵可以扩展到一个增广矩阵，联合抓取和雅可比矩阵，用来进行抓取动作和操作的分析。

表 37.2 总结了力/力矩和位移之间的对偶关系，即从虚拟任务中推导出来的结论。在表 37.2 中，$\boldsymbol{J}_\theta$ 是联系关节速度和指尖速度的雅可比矩阵，$\boldsymbol{J}_e$ 是联系接触点和抓取物体的重力坐标系的笛卡儿坐标系转换矩阵。此外，在作业空间内的运动自由度的数目为 n，关节空间内的自由度数目为 m。

表 37.2 接触界面运动学的对偶性

	关节	接触	物体
运动	$\boldsymbol{J}_\theta\times\delta\boldsymbol{\theta}=\delta\boldsymbol{x}_{\mathrm{f}}$ $(6\times m)(m\times1)(6\times1)$	$\boldsymbol{H}\times\delta\boldsymbol{x}_{\mathrm{f}}=\delta\boldsymbol{x}_{\mathrm{tr}}=\boldsymbol{H}\times\delta\boldsymbol{x}_{\mathrm{p}}$ $(n\times6)(6\times1)(n\times1)(n\times6)(6\times1)$	$\boldsymbol{J}_e\times\delta\boldsymbol{x}_{\mathrm{b}}=\delta\boldsymbol{x}_{\mathrm{p}}$ $(6\times6)(6\times1)(6\times1)$

（续）

	关节	接触	物体
力	$J_{\theta}^{T}\times f=\tau$ $(m\times 6)(6\times 1)(m\times 1)$	$f_{t}=H^{T}\times f_{tr}=f_{p}$ $(6\times 1)(6\times n)(n\times 1)(6\times 1)$	$J_{e}^{T}\times f_{p}=f_{b}$ $(6\times 6)(6\times 1)(6\times 1)$

注：对于手指和被抓取的物体，其在各自的关节空间、接触表面和物体的笛卡儿坐标系内的力与力矩的关系具有对偶性。表37.2中θ、x_{f}、x_{p}和x_{b}分别表示关节空间的位移，在手指接触点处笛卡儿坐标系内的位移，在物体的接触点处的笛卡儿坐标系内的位移，在物体参考坐标系内的位移，x_{tr}表示传递因素。前缀δ表示在各命名坐标系下的微小变化。各作用力的相应下标可以参考对应坐标系下如上文所描述的各位移的标记方式。

37.4 考虑摩擦时的刚体运动学

操作规划问题就是选择操作臂接触面施加的运动和力，以便单一零件（或多个零件）按预期目的运动，这要求解决在给定特定的操作臂行为的情况下确定各零件的运动的子问题。

设$q\in\mathbb{R}^{n}$属于局部坐标系，该坐标系表示由一个或更多个零件和操作臂组成的系统的组合位形，并设$w_{i}\in\mathbb{R}^{6}$表示在正接触i处的力旋量，该力旋量在通用坐标系O内被测量。设$w_{all}\in\mathbb{R}^{6k}$为通过累计$w_{i}$获得的向量，$w_{all}=(w_{1}^{T},w_{2}^{T},\cdots,w_{k}^{T})^{T}$（具有$k$个接触），设$A(q)\in\mathbb{R}^{n\times 6k}$表示接触力旋量是如何（或是否）作用在每个零件上的矩阵（作用在一个零件上的接触力旋量w_{i}意味着存在一个接触力旋量$-w_{i}$作用在接触的另一物体上）。问题在于确定接触力w_{all}和系统的加速度$\ddot{q}$。给定系统$(q,\dot{q})$状态和系统质量矩阵$M(q)$，可以求得科氏矩阵$C(q,\dot{q})$、重力$g(q)$、约束力τ以及描述约束力τ是如何作用在系统上的矩阵$T(q)$（如果把操作臂视为位置控制，操作臂加速度$\ddot{q}$的各因素和求解得到的与之相对应的约束力τ的各因素可以直接规定）。解决该问题的一种方法是：①列举当前正接触接触模型的所有可能的集合；②对于每种接触模型，确定是否存在力旋量w_{all}和加速度$\ddot{q}$满足动力学方程（37.14），以及判断其是否存在与接触模型的运动学约束（关于加速度$\ddot{q}$的约束）和摩擦锥的力学约束（关于接触力w_{all}的约束）。

$$A(q)w_{all}+T(q)\tau-g(q)=M(q)\ddot{q}+C(q,\dot{q})\dot{q} \quad (37.14)$$

该方程很常见，并可以应用到多零件接触的情况中。式（37.14）可以通过恰当的表达刚体零件的外形和速度的方法得到简化（例如，用刚体的角速度代替局部角坐标的导数）。

该方程引出了一些令人惊讶的结论：对于特定的问题可能存在多解（多义性）或者无解（不一致性）[37.7-14]。这种奇怪的现象是在库仑定律是一种近似法则，并忽略摩擦或摩擦力足够小的情况下产生的。尽管这是库仑摩擦定律的缺陷，但这是有效地近似。虽然如此。如果想证实物体一种特定预期的运动发生了，通常也必须证实不会发生其他的运动。否则，我们仅仅说明了预期运动只是一种可能的结果。

37.4.1 互补性

每种接触提供相同数目的运动约束与力旋量自由度的情况（第37.3.2节）可以记作互补性条件。因此求解式（37.14）受接触约束限制的问题可以归结为互补性问题（CP）[37,12,13,43-46]。对于平面问题或具有近似摩擦锥空间的问题，其是一种线性互补性问题[37,47]。对于圆形空间摩擦锥问题，由于描述了摩擦锥的二次约束，其是一种非线性互补性问题。在这两种情况下，可以采用标准算法来解决可能的接触模型和零件运动。

另外，假设为线性摩擦锥，对于每种接触模型可以制定一个线性约束满意度规划（LCSP）（例如，一个没有目标函数的线性规划）。接触模型展示了关于零件加速度的线性约束，以及求解零件加速度和用于乘以摩擦锥每条边界的非负参数的受运动方程[37.14]约束的解决方法。每个LCSP方程的可行解代表了一个可行的接触模式。

37.4.2 准静态假设

机器人操作规划中普遍存在的一个假设就是准静态假设。该假设表明：当零件运动得足够慢时，可以忽略惯性力的影响。这意味着式（37.14）的左侧和右侧均为零。通常利用该假设求解物体的速度而不是加速度，这些速度必须与运动约束和力约束保持一致，并且作用在物体上的力的总和为零。

37.4.3 实例

虽然考虑摩擦的刚体的力学问题通常采用处理

互补性问题和线性约束满意度规划的计算手段来求解，等价的图形方法可以用来求解一些平面问题以帮助直觉分析。以如图 37.6 所示的管夹作为简单的例子[37.14]。在外力旋量 $\boldsymbol{w}_{ext}$ 的作用下，管夹是沿管子滑下还是保持原地不动呢？图中的力矩用来标记接触力的合力旋量锥，接触力则是管路施加给管夹的作用力。作用在管夹上的力旋量 $\boldsymbol{w}_{ext}$ 恰好可以与合力旋量锥内的力旋量平衡。显而易见，与 $\boldsymbol{w}_{ext}$ 相反的力旋量以顺时针方向穿过标记有“+”的区域，这意味着该力旋量处于接触力旋量锥内。所以，对于管夹类问题，静态平衡（ff 接触模型）是可行的解决方法。采用 LCSP 方法可以获得相同的结果，标记摩擦锥边界上的单位力旋量为 $\boldsymbol{w}_1$，…，$\boldsymbol{w}_4$。如果存在系数 a_1，…，a_4 并满足

$$a_1,a_2,a_3,a_4 \geqslant 0$$

$$a_1\boldsymbol{w}_1+a_2\boldsymbol{w}_2+a_3\boldsymbol{w}_3+a_4\boldsymbol{w}_4+\boldsymbol{w}_{ext}=0$$

那么管夹将保持不动。

必须排除其他接触模型的情况以说明静平衡状态是唯一的解。请注意，如果各接触面的摩擦系数太小，那么管夹力将减小为 $\boldsymbol{w}_{ext}$。

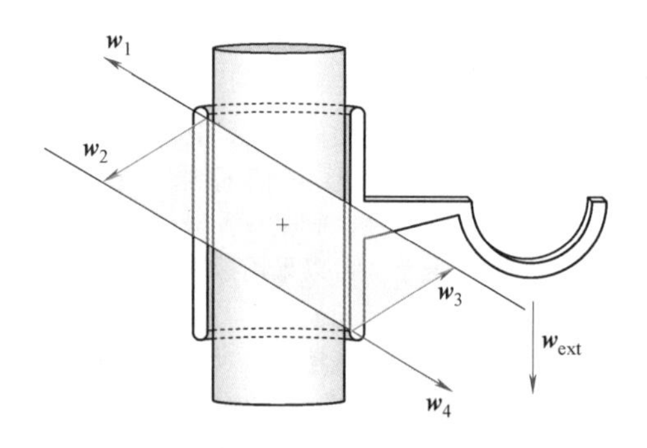

图 37.6 表示管路施加给管夹的接触力的合力旋量锥的力旋量标记法（图中，施加到管夹上的力旋量 $\boldsymbol{w}_{ext}$ 可以被处于合成摩擦锥内的力抵消）

经典的轴孔装配问题的分析和管夹问题相似。图 37.7a 描述了一个与孔有两个接触点的倾斜轴。如果施加两点接触不能抵消力旋量 $\boldsymbol{w}_1$，则 ff 型的接触模式是不可能的，且轴会继续插进孔中。如果施加接触能够抵消力旋量 $\boldsymbol{w}_2$，这样轴就会被卡住。这被称为楔紧[37.48]。如果接触处存在更大的摩擦力，如图 37.7b 所示，然后每一个摩擦锥能够看见其他的基座，并且可行的接触力旋量穿越整个力旋量空间[37.49]。在这种情况下，施加的任何力旋量都可以被接触抵消，轴被称为楔紧[37.48]。事实上，轴是否会抵消施加的力旋量取决于接触间作用了多大的内力，这个问题不能用刚性模型解释，其要求柔性接触模型才能解释，将会在第 37.6 节中讨论该模型。

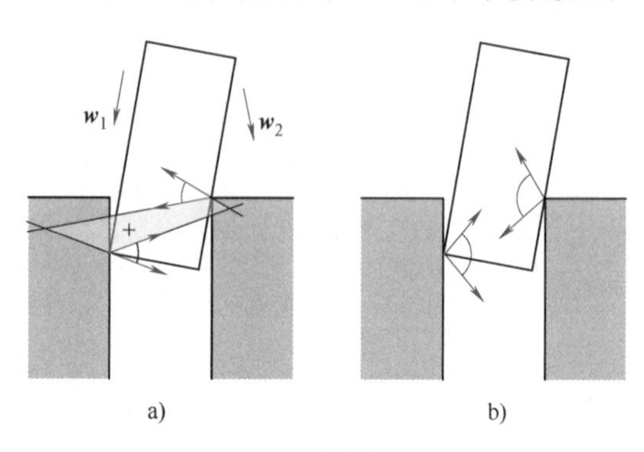

图 37.7 准静态示例（一）
a）轴在外力旋量 $\boldsymbol{w}_1$ 的作用下会插入孔中，但是又会被力旋量 $\boldsymbol{w}_2$ 卡住 b）轴被楔紧

举一个稍微复杂的准静态的例子，桌面上一个物体正在被机械手指水平向左推动（图 37.8）[37.50,51]。零件是倾倒还是滑动，或是滑动和倾倒同时发生呢？与其对应的接触模型为 $\mathrm{fbs_r}$、$\mathrm{s_1s_1f}$ 和 $\mathrm{s_1bs_r}$，如图 37.8 所示。该图同时也展示了使用力旋量标记的合成接触力旋量锥。显然，重力和接触力旋量锥的准静态平衡只适用于没有滑动的倾倒接触模式 $\mathrm{fbs_r}$。因此，唯一的准静态解是物体开始无滑动倾斜，且手指运动速度决定该运动的速度。图形化的方法可以用来肯定我们的直觉，从而判断物体的倾倒是发生在对物体的推力大或者是物体支撑的摩擦系数大的时候。可以通过推一个罐头或玻璃杯尝试一下。准静态下，质量中心的高度是无关紧要的。

最后一个示例如图 37.9 所示，质量为 m 且摩擦系数为 μ 的物体由水平方向上周期性运动的水平面支撑。周期性运动由一个大且时间短的负值加速度运动和小且时间长的正值加速度运动组成。施加到零件上的水平摩擦力由 $\pm\mu mg$ 限定，所以零件的水平加速度由 $\pm\mu g$ 限定。所以，零件不可能跟上表面运动，因为其加速度滞后。相反，零件相对表面向前滑动，这意味着最大摩擦力表现为负值方向，并且零件试图降低表面的速度。最终零件以缓慢的向前加速度赶上了表面运动，该加速度小于 μg。零件一旦追赶上表面运动，就会黏附于表面上运动，一直到下一个向后加速度时期。从图 37.9 可以明显看出，零件一周期内的平均速度为正值，所以零件在支撑面上向前运动[27.52,53]。这种想法可以扩展到在刚性圆盘上建立一个多种类的摩擦力场，该刚性圆盘在水平面内有 3 个自由度的振动[37.54,55]或者具有 6 个自由度[37.56]。

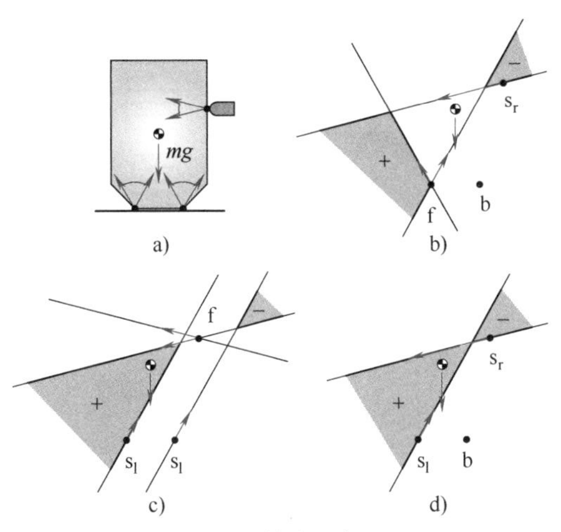

图 37.8 准静态示例（二）

a）在重力场中，置于桌面上的手指向左移动到一个平面区域，并引入接触摩擦锥 b）对于在底部最左侧为 f 型的接触，底部最右侧为 b 型接触及标记为 r 的推接触的接触情况下可能产生的接触力。这种 fbr 型接触模式对应于在接触最左侧的倾倒。请注意，接触力旋量锥（用力旋量表示）可以提供恰好平衡重力的作用力。因此这种接触模式极可能发生 c）对于 llf 接触模式（物体在桌面上向左滑动）的接触力旋量锥不能平衡重力。这种接触模式极不可能发生 d）对于 lbr 接触模式（物体滑动和倾倒同时发生）是极不可能发生的

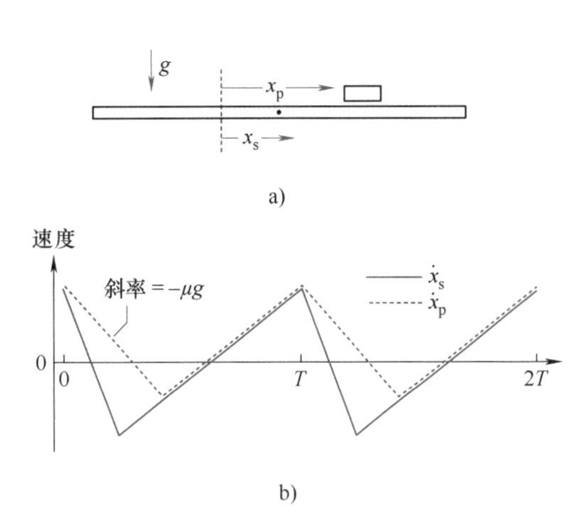

图 37.9 水平运动物体与支撑面之间的接触

a）被水平振动平面支撑的物体 b）物体和支撑面间的摩擦力使零件总是追赶支撑面，但是其运动加速度被 $\pm\mu g$ 限制。支撑面的不对称运动使零件在一个运动周期内获得了平均正值速度

采用考虑库仑摩擦的刚性模型的操作规划的进一步示例，请参见参考文献［37.14］及其所附的参考文献。

37.5 推进操作

摩擦力约束的表面（见第 37.7 节）对于分析推进操作是有用的，它描述了物体在支撑面上滑动时产生的摩擦力。当物体由包含在极限曲面内的力旋量推动时，物体和支撑间的摩擦力抵消推力并保持物体不动。当物体准静态滑动时，推力 $\boldsymbol{w}$ 位于极限曲面上，且物体的运动旋量 $\boldsymbol{t}$ 垂直于在 $\boldsymbol{w}$ 处的极限曲面（图 37.10）。当物体无旋转的平移时，摩擦力的幅值为 μmg，其中 m 为物体质量，g 为重力加速度。由物体施加给表面的作用力在平移方向直接通过物体的质心。

如果推力旋量产生关于零件质心的正值力旋量，零件会逆时针旋转（CCW），如果产生关于零件质心的负值力旋量，零件会顺时针旋转（CW）。同样，如果零件上的接触点以 CW（或 CCW）方向沿着穿过零件质心做直线运动，则零件会顺时针旋转（逆时针旋转）。观察这两个现象并考虑所有可能的接触模式可以得出结论：由点接触推动的零件在满足条件①或②中的一个时，会产生 CW（CCW）。①接触摩擦锥的两条边都 CW（CCW）方向穿过质心；②摩擦锥的一条边和接触点的推动方向都以 CW（CCW）方向穿过质心[37.14,57]（图 37.11）。

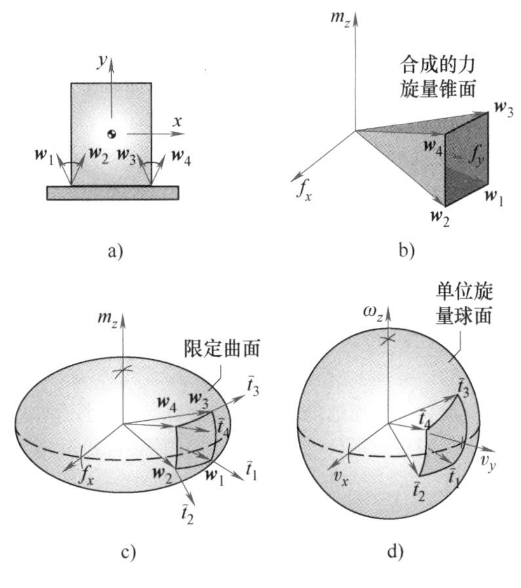

图 37.10 滑动物体的接触

a）推力器和滑动物体间的接触 b）合成接触力旋量锥 c）在限定曲面中将力旋量锥映射到物体的旋量锥 d）在合成力旋量锥中可以产生作用力的单位旋量

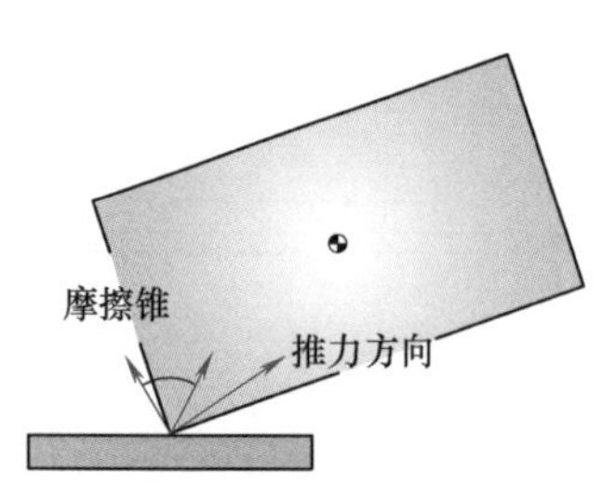

图 37.11　推力器的运动方向为倾向于绕零件的逆时针方向，但是更倾向于摩擦锥均以顺时针方向旋转的两条边界的方向

通过观察，可以使用推进操作来减少零件方向的不确定性。可以使用一系列带有平面栅栏的推进操作来完全消除多边形零件在定向上的不确定性[37.57-59]。零件旋转速度的界限[37.14,60,61]允许使用悬挂在传送带上方的一系列固定围栏，通过推动输送机携带的零件来确定零件的方向[37.62,63]。平稳的推进规划（图 37.12）采用这样推动运动方案，确保零件在移动时固定在推送器上，甚至是零件压力分布不确定的表面上[37.14,64,65]。这项工作的延伸发现了零件的平面组件的推进运动，从而使它们在运动过程中保持固定在其相对位形中[37.66-68]。

图 37.12　平稳的推进可以用来操纵零件在障碍中运动

以上示例假设推力和支撑摩擦力作用在同一个平面内。其他有关推进操作的任务已经考虑了施加到支撑平面上的推力的三维空间影响[37.69]。

37.6　接触面及其建模

接触面是一种用来描述运动学和动力学接触的普遍表达形式。各种类型的接触被应用到机器人研究中。因此，参照无限制手指抓取和操作的一般性的接触作为接触面会更有意义。接触面的概念可以延伸到传统的物理接触的内容上。它涉及继承动态滤波和在接触面内传递力/运动的对偶性的接触面。

所以，无论一个接触面是刚性的还是可变形的，它都可以看作具有以下两个特征的动态过滤器：① 传递运动和力；② 在力/力矩和运动间存在对偶性。接下来的章节将会描述不同的接触面。

本章之前的章节已经假定了接触中的物体为刚体，然而，实际上所有的接触都伴随着物体的一定程度的变形。常常通过设计使其处于机器人柔性指尖的情况下。当变形不可忽视时，可以使用弹性接触模型。

37.6.1　接触面建模

接触模型取决于接触物体的性质，包括它们的材料特性、被施加的作用力、接触变形和弹性系数。本节将讨论不同的接触模型。

1. 刚体的点接触模型

刚体假设理论在本章之前的小节中已经讨论过，在该假设条件下，两种模型经常被使用：①无摩擦的点接触模型；②有摩擦的点接触模型。在前一种情况下，接触只能施加垂直接触方向的力。在后一种情况下，除了法向力还可以施加切向力。最简单的有摩擦点接触的分析模型就是式（37.9）描述的库仑摩擦模型。

2. 赫兹接触模型

弹性接触模型在一个多世纪前的1882年被首次提出，并由赫兹建立[37.30]。该模型基于两线弹性材料间的接触，并具有会导致很小接触变形的法向力。它通常被称作赫兹接触。并可以在大部分力学书籍中找到，例如参考文献［37.71，72］。为了使赫兹接触模型具有应用性，赫兹做出了两个重要的明确假设：

1）接触的物体是线弹性材料。

2）相对物体尺寸为小接触变形。

赫兹采用球形玻璃透镜和平面玻璃圆盘进行试验来验证接触理论。

应用到机器人接触面的赫兹接触理论的两项相关成果可以总结如下：第一项成果涉及接触区域半径。赫兹[37.70]研究接触域随基于线弹性模型施加的法向力 N 的函数变化而变化。根据10项实验性的试验，赫兹得出结论：接触域的半径与增加到力的1/3时的法向力成正比关系，该结论与他基于线弹性模型推导出的分析结果一致。

接触域半径 a 与法向力 N 有关，其关系如式（37.15）所示。

$$a \propto N^{\frac{1}{3}} \tag{37.15}$$

第二个结论涉及假定接触域上的压力分布，它是一个具有椭圆或圆性质的二阶压力分布。对于一个对称圆形接触域，其压力分布为

$$p(r)=\frac{N}{\pi a^2}\sqrt{1-\left(\frac{r}{a}\right)^2} \tag{37.16}$$

式中，N 为法向力；a 为接触域半径；r 为到接触中心的距离，且 $0 \leqslant r \leqslant a$。

3. 软接触模型

在软指和接触表面间典型的接触面如图 37.13 所示。在典型的机器人接触面中，指尖的材料不是线弹性的。在参考文献［37.38］中用包含赫兹接触理论的幂律方程提出了从线性扩展到非线弹性接触模型，幂律方程为

$$a=cN^{\gamma} \tag{37.17}$$

式中，$\gamma=n/(2n+1)$ 是法向力的幂阶，n 为应变强化指数；c 为取决于指尖大小和曲率以及材料性质的常量。式（37.17）是一个新的幂律方程，其将圆形接触域半径的变化与对软指施加的法向力联系起来。请注意，该方程是在假定为圆形接触域的情况下推导出来的。对于线弹性材料，常数 n 等价于 $\gamma=1/3$ 中的 1，推导出式（37.15）所述的赫兹接触模型。所以，式（37.17）所述的软接触模型包含了赫兹接触模型。

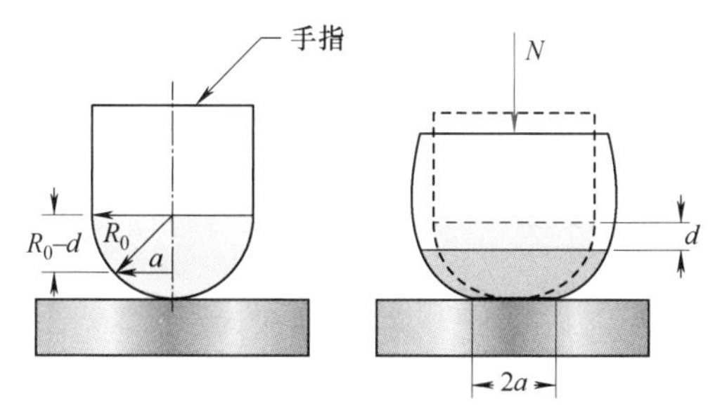

图 37.13 与刚性面接触的具有半球形指尖的弹性软指尖

4. 黏弹性软接触模型

用于机器人指尖的典型软材料，如橡胶、硅胶和聚合物，具有黏弹性。黏弹性是一种应变和应力随时间改变的物理现象[37.73]。特别是在机器人的抓取和操作背景下，有两种与时间相关的反应[37.74-76]：

1）放松：在位移保持不变时抓握力发生变化。

2）蠕变：在外力保持不变时，接触和抓取过程中位移发生变化。

这种依赖时间的响应将渐近地接近均衡。黏弹性材料还表现出以下特性：

1）应变历史依赖性：材料的响应依赖于先前的应变历史。

2）能量耗散：与加载和卸载的一个完整循环相关的净能量耗散。

两种流行的黏弹性模型包括：开尔文-伏伊格特/麦克斯韦（Kelvin-Voigt/Maxwell）模型（弹簧阻尼器模型）和冯氏模型，如下所示。

（1）开尔文-伏伊格特/麦克斯韦模型　开尔文-伏伊格特的实体模型是由弹簧和一个并联的阻尼器[37.77]组成，如图 37.14 所示。应力 σ 和应变 ε 之间的关系可以表示为

$$\sigma=k\varepsilon+c\frac{\mathrm{d}\varepsilon}{\mathrm{d}t} \tag{37.18}$$

麦克斯韦于 1867 年提出麦克斯韦流体模型[37.78]，该模型包含一组串联的弹簧和阻尼器，如图 37.15 所示。应力 σ 和应变 ε 之间的关系可以表示为

$$\frac{1}{k}\frac{\mathrm{d}\sigma}{\mathrm{d}t}+\frac{\sigma}{c}=\frac{\mathrm{d}\varepsilon}{\mathrm{d}t} \tag{37.19}$$

广义麦克斯韦模型采用多个串联弹簧阻尼器组并联一个弹簧。利用实验数据，可以采用曲线拟合技术来确定弹簧和阻尼器的建模参数。

然而，这个模型经常出现从模型中获得的参数（刚度系数和阻尼系数）缺乏一致性的问题。这些参数在数值上可能有很大的差异，通常在两个数量级或更高，同时代表相同材料的弹簧和阻尼器值相似。在不同的试验设置下，参数有时也会出现与实际不符的尺度差异（例如，在参考文献［37.79，80］中）。

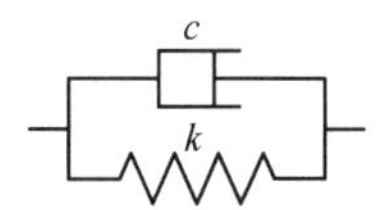

图 37.14 开尔文-伏伊格特模型

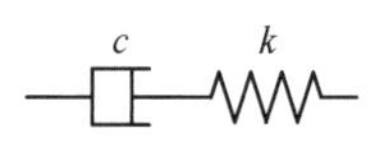

图 37.15 麦克斯韦模型

（2）冯氏模型　在生物医学材料建模中，一个流行的黏弹性模型是由 Fung 于 1993 提出的冯氏模型[37.76]。该模型的主要思想是将反作用力表示为两个独立响应的乘积：时间响应和弹性响应，同时结合了应力响应的历史。该模型可以写成

$$T(t)=\int_{-\infty}^{t}G(t-\tau)\frac{\partial T^{(e)}[\lambda(t)]}{\partial\lambda}\frac{\partial\lambda(\tau)}{\partial\tau}\mathrm{d}\tau \quad (37.20)$$

式中，$T(t)$ 是时间 t 的拉应力，试样上的伸长率随着尺寸 λ 逐步增大；函数 $T^{(e)}(\lambda)$ 是所谓的弹性效应；$G(t)$ 是时间的归一化函数，称为简约松弛函数。

Tiezzi 和 Kao[37.42,81,82]通过假设过去没有研究软接触界面压力的历史来简化这个模型，结果如下

$$G(\delta,t)=N^{(e)}(\delta)g(t) \quad (37.21)$$

式中，$G(\delta,t)$ 表示位移 δ 和时间 t 关于抓取力的函数；$N^{(e)}(\delta)$ 表示法向力的弹性响应，是位移（或压向物体）的函数；$g(t)$ 表示松弛或蠕变的时间响应。该模型的重要特性是将空间响应和时间响应分离为两个独立的函数。结果表明，黏弹性模型对刚性或线弹性模型无法捕获的抓取稳定性具有重要意义。

5. 其他模型

除了上述的模型，还从不同的角度提出了其他模型，例如，流变学的角度[37.83-86]、分子角度[37.73,87-92]、能量角度[37.85]、分布式建模角度[37.93-98]和压力波传播角度[37.99-102]。

37.6.2 接触面的压力分布

在第 37.6.1 节中，当考虑赫兹接触理论时，对于小弹性变形的假定压力分布由式（37.16）给出。随着两个凹凸体的曲率半径的增加以及材料性质转变为超弹性体，压力分布变得更加均匀[37.38,103,104]。归纳方程式（37.16），半径为 a 的圆形接触域的压力分布函数为

$$p(r)=C_k\frac{N}{\pi a^2}\left[1-\left(\frac{r}{a}\right)^k\right]^{\frac{1}{k}} \quad (37.22)$$

式中，N 为法向力；a 为接触域半径；r 为半径且 $0\leqslant r\leqslant a$；k 决定压力剖面的形状；C_k 为调节接触域上压力分布剖面的参数，以便满足平衡条件。在式（37.22）中，$p(r)$ 被定义在 $0\leqslant r\leqslant a$ 的区域。当 $-a\leqslant r\leqslant 0$ 时，利用对称性可得 $p(r)=p(-r)$，如图 37.16 所示。当 k 变大时，压力分布接近均匀分布，如图 37.16 所示。同时也要求整个接触域压力的积分等于法向力，即

$$\int_R p(r)\,\mathrm{d}A=\int_{\theta=0}^{2\pi}\int_{r=0}^{a}p(r)r\mathrm{d}r\mathrm{d}\theta=N \quad (37.23)$$

将式（37.22）代入式（37.23），可以得到参数 C_k。值得注意的是，当对式（37.23）积分时，法向力和接触半径都消失了，只剩下常数 C_k，得到式（37.24）。

$$C_k=\frac{3}{2}\frac{k\Gamma\left(\frac{3}{k}\right)}{\Gamma\left(\frac{1}{k}\right)\Gamma\left(\frac{2}{k}\right)} \quad (37.24)$$

式中，$k=1,\ 2,\ 3,\ \cdots$是典型的整数（虽然 k 值可能是非整数值）；且 $\Gamma()$ 是伽马函数[37.105]。参数 C_k 关于一些 k 值的数值解列于表 37.3 中以做参考。在图 37.16 中绘制了相对标准半径 r/a 的标准压力分布图。从图中可以看出，在 $C_k=1.0$ 的情况下，当 k 值接近无穷时，压力分布会变成幅值为 $N/(\pi a^2)$ 的均匀分布载荷。

表 37.3 在压力分布式（37.22）中参数 C_k 的值

k	参数 C_k
$k=2$（圆形的）	$C_2=1.5$
$k=3$（立方形的）	$C_3=1.24$
$k=4$（四边形的）	$C_4=1.1441$
$k\to\infty$（均匀的）	$C_\infty=1.0$

对于线弹性材料，取 $k=2$，在某些情况下 $k\cong1.8$ 也是合适的[37.106]。对于非线性弹性和黏弹性材料，k 的取值趋于更大的值，这取决于材料的特性。

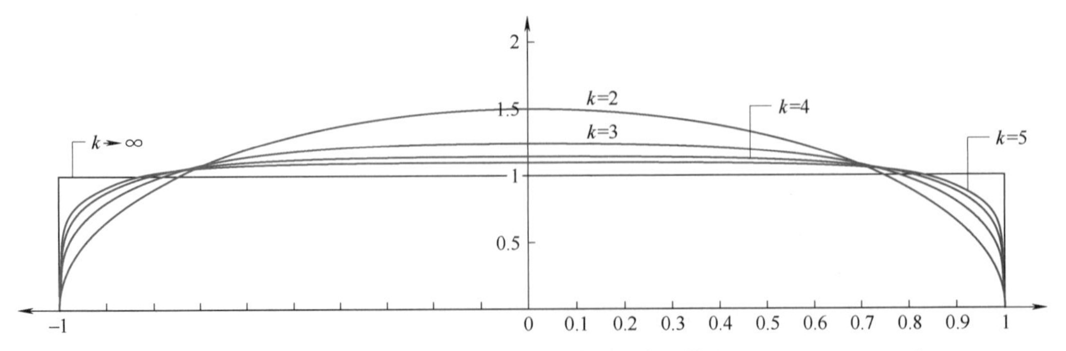

图 37.16 压力分布相对于标准半径 r/a 的说明（该图描述了 $k=2,\ 3,\ 4,\ 5$ 和 ∞ 时的轴对称的压力分布。随着 k 值的增加，压力分布变得更加均匀）

37.7 摩擦限定面

第 37.3 节介绍了力旋量锥的概念，描述了可以应用到有摩擦点接触模型的力旋量集合。任何接触力旋量被约束在位于锥体表面内部的空间里。这引入了摩擦限定面的概念，它是包围力旋量集合的表面，该力旋量是通过给定的接触或接触的集合施加的。

本节将研究从平面接触域中产生限定面的特殊情况[37.7,107]。当一个平整的物体在地面上滑动时，或者柔软的机器人手指按压多面体的一个表面时，或者仿人机器人的脚在地面上拖动时，将产生平面接触域。我们想知道这样的接触可以传递什么样的力旋量。本节的其他内容中，我们关注在接触域具有指定压力分布的平面接触域的性质。

为便于讨论，可以称接触物体中的一个为零件（例如，地面上的平整物体或机器人手指），其他的物体称为固定支撑，定义一个坐标系以便使平面接触域处于 $z=0$ 的平面内，并设 $p(\boldsymbol{r})\geqslant 0$ 为零件和支撑间的接触压力分布，$\boldsymbol{r}=(x,y)^{\mathrm{T}}$ 作为位置函数。接触域的摩擦系数为 μ。如果零件的平面速度为 $\boldsymbol{t}=(\omega_z,v_x,v_y)^{\mathrm{T}}$，则在位置 $\boldsymbol{r}$ 处的线速度为 $v(\boldsymbol{r})=(v_x-\omega_z y,v_y+\omega_z x)^{\mathrm{T}}$，且单位速度 $\hat{\boldsymbol{v}}(\boldsymbol{r})=\boldsymbol{v}(\boldsymbol{r})/\|\boldsymbol{v}(\boldsymbol{r})\|$。在滑动平面内，在 $\boldsymbol{r}$ 处由零件施加给支撑的无穷小的作用力为

$$\mathrm{d}\boldsymbol{f}(\boldsymbol{r})=[\mathrm{d}f_x(\boldsymbol{r}),\mathrm{d}f_y(\boldsymbol{r})]^{\mathrm{T}}=\mu p(\boldsymbol{r})\hat{\boldsymbol{v}}(\boldsymbol{r}) \tag{37.25}$$

零件施加到支撑上力旋量的总和为

$$\boldsymbol{w}=\begin{pmatrix} m_z \\ f_x \\ f_y \end{pmatrix}=\int_A \begin{pmatrix} x\mathrm{d}f_y(\boldsymbol{r})-y\mathrm{d}f_x(\boldsymbol{r}) \\ \mathrm{d}f_x(\boldsymbol{r}) \\ \mathrm{d}f_y(\boldsymbol{r}) \end{pmatrix}\mathrm{d}A \tag{37.26}$$

式中，A 为支撑域面积。

不出所料，力旋量与运动速度无关：对于给定的 $\boldsymbol{t}_0$ 及所有的 $\alpha>0$，由速度 $\alpha\boldsymbol{t}_0$ 产生的力旋量都是相同的。把式（37.26）看作运动旋量到力旋量的映射，可以将单位旋量球体的表面（$\|\hat{\boldsymbol{t}}\|=1$）映射到力旋量空间的表面。该表面即为封闭的外凸的包含力旋量空间原点的限定面（图 37.17）。力旋量空间被限定面包含的部分恰恰是零件力旋量可以传递到支撑上的力旋量的集合。当零件在支撑上滑动时（$\boldsymbol{t}\neq 0$），由最大功不等式知，接触力旋量 $\boldsymbol{w}$ 位于限定面上，运动旋量 $\boldsymbol{t}$ 垂直于在 $\boldsymbol{w}$ 处的限定面。如果压力分布在各处都是有限的，则限定面是平滑和严格外凸的，且单位运动旋量到单位力旋量的映射及反过来的映射是一对一且连续的。限定面也满足式 $\boldsymbol{w}(-\hat{\boldsymbol{t}})=-\boldsymbol{w}(\hat{\boldsymbol{t}})$ 的性质。

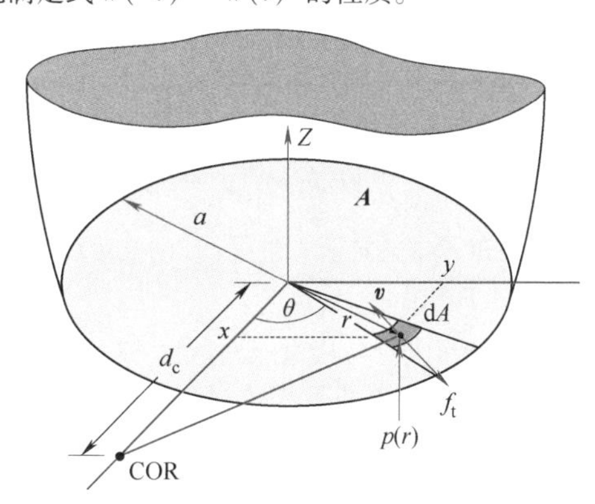

图 37.17　为建立软指限定面的接触，COR 坐标系及用于数值积分的无穷小面域 dA

37.7.1 在软接触面上的摩擦限定面

按式（37.22）给定一个压力分布，通过使用式（37.25）和式（37.26），可以用数值法建立相应的摩擦限定面。对于无限小接触域，接触类似于点接触，所以可以应用库仑摩擦定律。

接下来，将通过对称模型探索旋转中心（COR）的动态特性。以制定圆形接触域上摩擦力和力矩的幅值方程。图 37.17 给出了具有瞬时旋转中心的圆形接触域。通过沿着 x 轴移动（或扫描）COR，可以获得不同的摩擦力和力矩的组合来构建限定面。更多的详细内容参见参考文献［37.35-38，41，42，107-109］。

下面是沿 x 轴在距离 d_c 处的旋转中心在接触面上关于摩擦力（f_t）和力矩（m_z）的推导，如图 37.17 所示，通过在 $-\infty$ 至 ∞ 范围内改变 COR 的距离 d_c，可以获得所有可能的（f_t,m_z）组合以便构建整个摩擦限定面。

在整个接触域 A 中，通过对可以应用库仑摩擦定律的每个微小面域 dA 的剪切力的积分可以获得整个接触域的切向力。当考虑赫兹接触压力分布时[37.70]，在式（37.22）中取 $k=2$。设 $\boldsymbol{r}=(x,y)^{\mathrm{T}}$ 且 $r=\|\boldsymbol{r}\|$，对式（37.25）积分可获得总的切向力为

$$\boldsymbol{f}_t=\begin{pmatrix} f_x \\ f_y \end{pmatrix}=-\int_A \mu\hat{\boldsymbol{v}}(\boldsymbol{r})p(r)\mathrm{d}A \tag{37.27}$$

式中，A 表示图 37.17 中的圆形接触域；$\boldsymbol{f}_t$ 为图 37.17 所示的切向力向量的方向；μ 为摩擦系数；$\hat{\boldsymbol{v}}(\boldsymbol{r})$ 为相对位置 r 处的无限小面域 dA 上的旋转中

37

心的速度向量 $\boldsymbol{v}(\boldsymbol{r})$ 方向上的单位向量；$p(r)$ 为距接触中心距离为 r 处的压力分布。由于沿距接触中心为 r 的环形线上的压力相同，可以用 $p(r)$ 代替 $p(\boldsymbol{r})$。用负号表示 $\hat{\boldsymbol{v}}(\boldsymbol{r})$ 和 $\boldsymbol{f}_t$ 的相反方向。由于我们主要关心摩擦力和力矩的幅值，在后面的推导中，当考虑幅值时可以省略负号。

同理，z 轴或垂直于接触域的力矩为

$$m_z=\int_A \mu \|\boldsymbol{r}\times\hat{\boldsymbol{v}}(\boldsymbol{r})\| p(r)\mathrm{d}A \tag{37.28}$$

式中，$\|\boldsymbol{r}\times\hat{\boldsymbol{v}}(\boldsymbol{r})\|$ 是向量 $\boldsymbol{r}$ 和 $\hat{\boldsymbol{v}}(\boldsymbol{r})$ 的叉乘的幅值，其方向垂直于接触面。

单位向量 $\hat{\boldsymbol{v}}(\boldsymbol{r})$ 与从原点到从图 37.17 所示 x 轴上选择的旋转中心的距离 d_c 有关，并可以记为如下形式

$$\begin{aligned}\hat{\boldsymbol{v}}(\boldsymbol{r})&=\frac{1}{\sqrt{(x-d_c)^2+y^2}}\begin{pmatrix}-y\\(x-d_c)\end{pmatrix}\\&=\frac{1}{\sqrt{(r\cos\theta-d_c)^2+(r\sin\theta)^2}}\begin{pmatrix}-r\sin\theta\\(r\cos\theta-d_c)\end{pmatrix}\end{aligned} \tag{37.29}$$

根据对称性，对于沿 x 轴的所有旋转中心有 $f_x=0$，所以在接触切向平面内切向力的幅值为 $f_t=f_y$，将式（37.22）和式（37.29）代入式（37.27）和式（37.28）可以得到

$$f_t=\int_A \mu\frac{(r\cos\theta-d_c)}{\sqrt{r^2+d_c^2-2rd_c\cos\theta}}C_k\times\frac{N}{\pi a^2}\left[1-\left(\frac{r}{a}\right)^k\right]^{\frac{1}{k}}\mathrm{d}A \tag{37.30}$$

同理，关于垂直于平面的坐标轴的力矩为

$$m_z=\int_A \mu\frac{r^2-rd_c\cos\theta}{\sqrt{r^2+d_c^2-2rd_c\cos\theta}}C_k\times\frac{N}{\pi a^2}\left[1-\left(\frac{r}{a}\right)^k\right]^{\frac{1}{k}}\mathrm{d}A \tag{37.31}$$

在式（37.30）和式（37.31）中，定义了极坐标系，如 $x=r\cos\theta$，$y=r\sin\theta$ 和 $\mathrm{d}A=r\mathrm{d}r\mathrm{d}\theta$。同时也引入标准坐标系。

$$\tilde{r}=\frac{r}{a} \tag{37.32}$$

从式（37.32）中我们可以把 $\mathrm{d}r$ 记作 $\mathrm{d}r=a\mathrm{d}\tilde{r}$。也可以把 d_c 表示为 $\tilde{d}_c=d_c/a$，并假设在整个接触域中 μ 为常数。将标准坐标系代入式（37.30），并且两边同时除以 μN 可以推导出

$$\frac{f_t}{\mu N}=\frac{C_k}{\pi}\int_0^{2\pi}\int_0^1\frac{(\tilde{r}^2\cos\theta-\tilde{r}\tilde{d}_c)}{\sqrt{\tilde{r}^2+\tilde{d}_c^2-2\tilde{r}\tilde{d}_c\cos\theta}}\times(1-\tilde{r}^k)^{\frac{1}{k}}\mathrm{d}\tilde{r}\mathrm{d}\theta \tag{37.33}$$

再次将 $\tilde{r}=r/a$ 和 $\mathrm{d}r=a\mathrm{d}\tilde{r}$ 代入式（37.31）并除以 $a\mu N$ 以便无量纲化，可以得到

$$\frac{m_z}{a\mu N}=\frac{C_k}{\pi}\int_0^{2\pi}\int_0^1\frac{(\tilde{r}^3\cos\theta-\tilde{r}^2\tilde{d}_c)}{\sqrt{\tilde{r}^2+\tilde{d}_c^2-2\tilde{r}\tilde{d}_c\cos\theta}}\times(1-\tilde{r}^k)^{\frac{1}{k}}\mathrm{d}\tilde{r}\mathrm{d}\theta \tag{37.34}$$

可以对式（37.33）和式（37.34）在距离为 d_c 或 $\tilde{d}_c$ 时进行数值积分，其可在由式（37.22）给定的指定压力分布 $p(r)$ 的极限面内产生一个点。这两个方程都涉及椭圆积分，其封闭解可能不存在，但可以数值计算。当旋转中心的距离 d_c 在 $-\infty$ 至 ∞ 范围内变化时，通过绘制摩擦接触面可以获得 (f_t, m_z) 所有可能的组合。

37.7.2 构建摩擦限定面的示例

当压力分布是四阶的，即 $k=4$，表 37.3 中的参数 $C_4=(6/\sqrt{\pi})[\Gamma(3/4)/\Gamma(1/4)]=1.1441$，式（37.33）和式（37.34）可以写为

$$\frac{f_t}{\mu N}=0.3642\int_0^{2\pi}\int_0^1\frac{(\tilde{r}^2\cos\theta-\tilde{r}\tilde{d}_c)}{\sqrt{\tilde{r}^2+\tilde{d}_c^2-2\tilde{r}\tilde{d}_c\cos\theta}}\times(1-\tilde{r}^4)^{\frac{1}{4}}\mathrm{d}\tilde{r}\mathrm{d}\theta$$

$$\frac{m_z}{a\mu N}=0.3642\int_0^{2\pi}\int_0^1\frac{(\tilde{r}^3\cos\theta-\tilde{r}^2\tilde{d}_c)}{\sqrt{\tilde{r}^2+\tilde{d}_c^2-2\tilde{r}\tilde{d}_c\cos\theta}}\times(1-\tilde{r}^4)^{\frac{1}{4}}\mathrm{d}\tilde{r}\mathrm{d}\theta$$

对于不同 $\tilde{d}_c$ 值的数值积分会产生关于 $(f_t/(\mu N), m_z/(a\mu N))$ 的多对点，绘制这些点如图 37.18 所示。

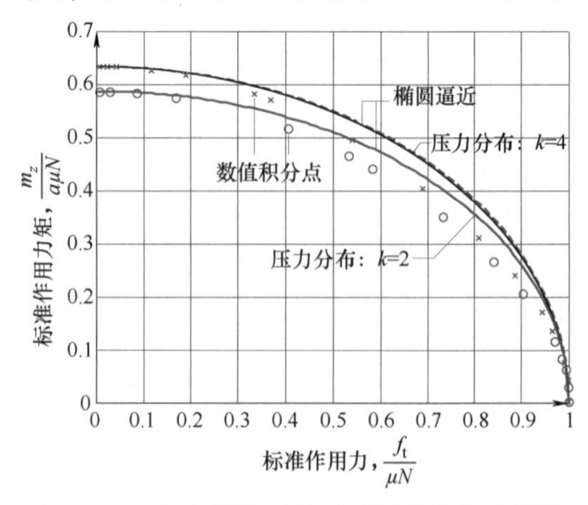

图 37.18 通过椭圆近似和数值积分获得的限定曲面的示例［数值积分是基于压力分布 $p(r)$ 和参数 C_k 的。在图中，取式（37.22）中 $k=2$ 和 $k=4$ 两种情况时的压力分布］

这些数值解得合理的近似值可由如下的椭圆方程表示

$$\left(\frac{f_t}{\mu N}\right)^2+\left(\frac{m_z}{(m_z)_{\max}}\right)^2=1 \qquad (37.35)$$

式中，最大力矩 $(m_z)_{\max}$ 为

$$(m_z)_{\max}=\int_A \mu\,|r|\,C_k\frac{N}{\pi a^2}\left[1-\left(\frac{r}{a}\right)^k\right]^{\frac{1}{k}}\mathrm{d}A \qquad (37.36)$$

从式（37.31）中得到 $d_c=0$ 处的旋转中心。它在图 37.18 中定义了四分之一椭圆曲线，这种近似是构建三维椭球形限定面的基础(图 37.19)，同时也是第 37.6.1 节所讲述的软接触的很好的模型。更多的详细内容参见参考文献［37.35-37，39-42］。

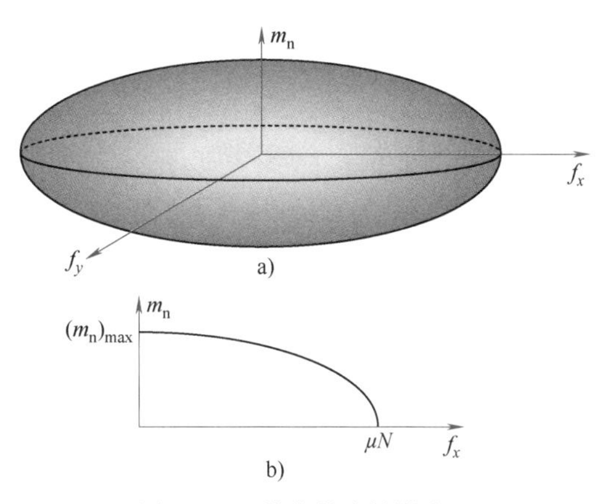

图 37.19　软指的摩擦限定面
a）三维椭球形表示的限定面　b）椭圆形限定面的一部分表示力和力矩的耦合关系

37.8　抓取和夹持器设计中的接触问题

在涉及可变形接触的抓取和夹持器设计中，将力和接触位移（或接触界面的变形）联系起来是很重要的。此外，由于接触的性质，这种力—位移关系是典型的非线性关系。像胡克定律这样的线性表达式不能捕获这类接触的力和位移的瞬时关系和整体特征。在本节中，我们使用弹性接触模型来建立和讨论这种关系。

根据图 37.13 和接触的几何形状，将接触域半径和法向力联系起来，可以改写式（37.17)。假设 $d\leqslant R_0$，式（37.37）可以从参考文献［37.39］推导出

$$N=c_d d^{\zeta} \qquad (37.37)$$

式中，c_d 是比例系数，且 ζ 为

$$\zeta=\frac{1}{2\gamma} \qquad (37.38)$$

c_d 和 ζ 都可以通过试验获得。如果指尖的 γ 已知，则指数 ζ 也可以通过 γ 由式（37.38）获得。式（37.37）中指数 ζ 的变化范围是 $\frac{3}{2}\leqslant\zeta\leqslant\infty$。在式（37.37）中，指尖的轨迹或垂直下降距离 d 与增至 2γ 的法向力成比例关系［见式（37.38)］，其中 2γ 在 0~2/3 范围内变化。

图 37.20 描述了法向力与接触位移的关系，该图采用了具有非线性的幂律方程（37.37)。与图 37.20 相比，其与软指和平面接触的试验数据结果一致[37.39]。

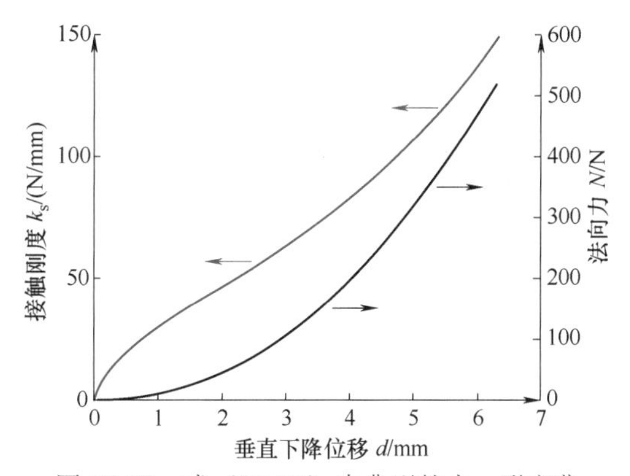

图 37.20　式（37.37）中典型的力—形变曲线作为右侧标度，并且由式（37.39）给定的接触刚度 k_s 作为左侧标度

37.8.1　软指的接触刚度

一个软指的非线性接触刚度定义为法向力的变化量与接触处垂直凹陷变化量的比值。软指的接触刚度可以通过对式（37.37）求微分获得，即

$$k_s=\frac{\partial \boldsymbol{N}}{\partial d}=c_d\zeta d^{\zeta-1}=\zeta\left(\frac{N}{d}\right) \qquad (37.39)$$

用 $d=\left(\frac{N}{c_d}\right)^{\frac{1}{\zeta}}$ 替代式（37.37)，并将其代入式（37.39)，可导出

$$k_s=c_d^{\frac{1}{\zeta}}\zeta N^{\frac{\zeta-1}{\zeta}}=c_d^{2\gamma}\zeta N^{1-2\gamma} \qquad (37.40)$$

由此，以简洁形式推导出的软质的非线性接触

37

刚度是指数 ζ 和法向力与逼近的比值 N/d 的乘积。在图37.20中绘制了典型的接触刚度，并作为垂向形变量的函数。图中描述的刚度随力的增加而增加。不同参数下 k_s 的表达式见表37.4。

表37.4　接触刚度表达式总结

	$f(d)$	$f(N)$	$f(N,d)$
k_s	$c_d\zeta d^{\zeta-1}$	$c_d^{\frac{1}{\zeta}}\zeta N^{\frac{\zeta-1}{\zeta}}$	$\zeta\left(\frac{N}{d}\right)$

通过对式（37.39）微分，可以获得刚度的变化量，以推导如下公式：

$$\frac{\partial k_s}{\partial d}=c_d\zeta(\zeta-1)d^{\zeta-2} \tag{37.41}$$

$$\frac{\partial k_s}{\partial N}=\frac{\zeta-1}{d} \tag{37.42}$$

式（37.39）表明，在指定的指尖材料和法向力的变化范围下，由于 N/d 的比值一直在增大，所以软指的刚度也总是增大。这与接触刚度随形变量和力的增大而增大（即，更加刚性化）的观察是一致的。此外，式（37.42）表明，由于 $\partial k_s/\partial N>0$ 且 $\zeta\geqslant1.5$，所以接触刚度 k_s 总是随法向力增加而增加。另外，刚度相对法向载荷的变化量与垂向形变量 d 成反比关系，如式（37.42）推导所示。这些结论说明：随着法向载荷和垂向形变量的增加，接触刚度增加的速率会逐渐变得越来越小。

表37.5列出了对软指公式的总结。一般幂律方程（37.17）中的指数的变化范围为 $0\leqslant\gamma\leqslant1/3$。赫兹接触的指数 $\gamma=1/3$；所以，对于线弹性材料的赫兹接触理论是式（37.17）的特殊情况。线弹性材料，如钢或其他金属指尖，在小变形情况下，一般都能很好地遵循赫兹接触理论。幂律方程（37.17）适用于柔软材料制成的指尖中，例如软橡胶或硅胶，甚至是黏弹性指尖。

表37.5　对线弹性（$\gamma=1/3$ 或 $\zeta=3/2$ 时）和非线弹性软指接触力学方程的总结

描述	软指公式	参　数
幂级	$a=cN^{\gamma}$	$0\leqslant\gamma\leqslant\frac{1}{3}$
压力分布	$p(r)=p(0)\left[1-\left(\frac{r}{a}\right)^k\right]^{\frac{1}{k}}$	代表性地 $k\geqslant1.8$
接触载荷	$N=c_d d^{\zeta}$	$\frac{3}{2}\leqslant\zeta\leqslant\infty$
接触刚度	$k_s=\zeta\frac{N}{d}$	非线性

37.8.2　软接触理论在夹持器设计中的应用

上述分析和结论可以应用到夹持器的设计和涉及有限接触域接触的其他应用场合[37.6]。在比较大变形和载荷下的软接触（如铜表面）夹持器设计中，应考虑表37.5中的幂律方程代替赫兹接触方程。在这些情况下，赫兹接触模型不再精确，应该被替换掉。另一方面，如果夹持器设计采用线弹性材料，变形较小（$d/R_0\leqslant5\%$），则在应用接触理论时应将指数取为 $\gamma=1/3$。此外，指数 γ 一般是由材料决定的，而与几何形状无关[37.38]。一旦材料的指数 γ 确定（例如，参考文献［37.38］使用拉伸试验机开展试验过程），它可以使用本文中提出的相关方程来进行夹持器设计的分析。

37.9　结论与延展阅读

本章讨论了接触界面的刚性模型和弹性模型，包括运动学约束以及接触力旋量与运动旋量之间的对偶性。描述了库仑摩擦可能产生的接触力。提出了具有刚体和库仑摩擦的多接触操作任务。提出并讨论了软接触界面和黏弹性接触界面。引入了摩擦极限面，并将其用于分析推力问题。基于软接触界面的力/力矩公式，给出了一个构造软接触摩擦限定面的实例。通过接触界面的建模，介绍了这些接触模型在夹持器分析和设计中的应用。本章参考书目部分的许多参考文献提供了关于这个主题的进一步阅读。

操作模型包括抓取、推进、滚动、拍打、投掷、捕捉、放置和其他类型的准静态和动态操作[37.110]。本章提出了接触模型表面的概述，重点关注它们在操作任务中的应用，包括无法抓取的或不适合抓取的操作模式，例如推进操作。同时提供了抓取和夹持操作的分析。Mason的教材[37.14]在本章扩展了一系列理论，包括凸多面锥体理论，平面问题的图解法以及在操作规划问题中的应用。在参考文献［37.111］中可以找到关于多面锥体的基础材料，在参考文献［37.10，112-114］中介绍了运动旋量和力旋量的应用。运动旋量和力旋量是经典旋量理论的组成部分，关于旋量理论的介绍

参考文献 [37.115, 116], 关于旋量理论在机器人角度的介绍在参考文献 [37.30, 117, 118] 中有所阐述。

此外，本手册中的几个相关章节为理论和应用提供了进一步的阅读，例如第 1 卷第 2 章和本卷第 38 章。

视频文献

VIDEO 802 Pushing, sliding, and toppling
available from http://handbookofrobotics.org/view-chapter/37/videodetails/802

VIDEO 803 Horizontal Transport by 2-DOF Vibration
available from http://handbookofrobotics.org/view-chapter/37/videodetails/803

VIDEO 804 Programmable Velocity Vector Fields by 6-DOF Vibration
available from http://handbookofrobotics.org/view-chapter/37/videodetails/804

参考文献

37.1 A. Bicchi: On the problem of decomposing grasp and manipulation forces in multiple whole-limb manipulation, Int. J. Robotics Auton. Syst. **13**, 127–147 (1994)

37.2 K. Harada, M. Kaneko, T. Tsuji: Rolling based manipulation for multiple objects, Proc. IEEE Int. Conf. Robotics Autom. (ICRA), San Francisco (2000) pp. 3888–3895

37.3 M.R. Cutkosky, I. Kao: Computing and controlling the compliance of a robotic hand, IEEE Trans. Robotics Autom. **5**(2), 151–165 (1989)

37.4 M.R. Cutkosky, S.-H. Lee: Fixture planning with friction for concurrent product/process design, Proc. NSF Eng. Des. Res. Conf. (1989)

37.5 S.-H. Lee, M. Cutkosky: Fixture planning with friction, ASME J. Eng. Ind. **113**(3), 320–327 (1991)

37.6 Q. Lin, J.W. Burdick, E. Rimon: A stiffness-based quality measure for compliant grasps and fixtures, IEEE Trans. Robotics Autom. **16**(6), 675–688 (2000)

37.7 P. Lötstedt: Coulomb friction in two-dimensional rigid body systems, Z. Angew. Math. Mech. **61**, 605–615 (1981)

37.8 P. Lötstedt: Mechanical systems of rigid bodies subject to unilateral constraints, SIAM J. Appl. Math. **42**(2), 281–296 (1982)

37.9 P.E. Dupont: The effect of Coulomb friction on the existence and uniqueness of the forward dynamics problem, Proc. IEEE Int. Conf. Robotics Autom. (ICRA), Nice (1992) pp. 1442–1447

37.10 M.A. Erdmann: On a representation of friction in configuration space, Int. J. Robotics Res. **13**(3), 240–271 (1994)

37.11 K.M. Lynch, M.T. Mason: Pulling by pushing, slip with infinite friction, and perfectly rough surfaces, Int. J. Robotics Res. **14**(2), 174–183 (1995)

37.12 J.S. Pang, J.C. Trinkle: Complementarity formulations and existence of solutions of dynamic multi-rigid-body contact problems with Coulomb friction, Math. Prog. **73**, 199–226 (1996)

37.13 J.C. Trinkle, J.S. Pang, S. Sudarsky, G. Lo: On dynamic multi-rigid-body contact problems with Coulomb friction, Z. Angew. Math. Mech. **77**(4), 267–279 (1997)

37.14 M.T. Mason: *Mechanics of Robotic Manipulation* (MIT Press, Cambrige 2001)

37.15 Y.-T. Wang, V. Kumar, J. Abel: Dynamics of rigid bodies undergoing multiple frictional contacts, Proc. IEEE Int. Conf. Robotics Autom. (ICRA), Nice (1992) pp. 2764–2769

37.16 T.H. Speeter: Three-dimensional finite element analysis of elastic continua for tactile sensing, Int. J. Robotics Res. **11**(1), 1–19 (1992)

37.17 K. Dandekar, A.K. Srinivasan: A 3-dimensional finite element model of the monkey fingertip for predicting responses of slowly adapting mechanoreceptors, ASME Bioeng. Conf., Vol. 29 (1995) pp. 257–258

37.18 N. Xydas, M. Bhagavat, I. Kao: Study of soft-finger contact mechanics using finite element analysis and experiments, Proc. IEEE Int. Conf. Robotics Autom. (ICRA), San Francisco (2000)

37.19 K. Komvopoulos, D.-H. Choi: Elastic finite element analysis of multi-asperity contacts, J. Tribol. **114**, 823–831 (1992)

37.20 L.T. Tenek, J. Argyris: *Finite Element Analysis for Composite Structures* (Kluwer, Bosten 1998)

37.21 Y. Nakamura: Contact stability measure and optimal finger force control of multi-fingered robot hands, crossing bridges: Advances in flexible automation and robotics, Proc. U.S.-Jpn. Symp. Flex. Autom. (1988) pp. 523–528

37.22 Y.C. Park, G.P. Starr: Optimal grasping using a multifingered robot hand, Proc. IEEE Int. Conf. Robotics Autom. (ICRA), Cincinnati (1990) pp. 689–694

37.23 E. Rimon, J. Burdick: On force and form closure for multiple finger grasps, Proc. IEEE Int. Conf. Robotics Autom. (ICRA) (1996) pp. 1795–1800

37.24 E. Rimon, J.W. Burdick: New bounds on the number of frictionless fingers required to immobilize planar objects, J. Robotics Sys. **12**(6), 433–451 (1995)

37.25 E. Rimon, J.W. Burdick: Mobility of bodies in contact – Part I: A 2nd-order mobility index for multiple-finger grasps, IEEE Trans. Robotics Autom. **14**(5), 696–708 (1998)

37.26 D.J. Montana: The kinematics of contact and grasp, Int. J. Robotics Res. **7**(3), 17–32 (1988)

37.27 C.S. Cai, B. Roth: On the planar motion of rigid bodies with point contact, Mech. Mach. Theory **21**(6), 453–466 (1986)

37.28 C. Cai, B. Roth: On the spatial motion of a rigid body with point contact, Proc. IEEE Int. Conf. Robotics Autom. (ICRA) (1987) pp. 686–695

37.29 A.B.A. Cole, J.E. Hauser, S.S. Sastry: Kinematics and control of multifingered hands with rolling contact, IEEE Trans. Autom. Control **34**(4), 398–404 (1989)

37.30 R.M. Murray, Z. Li, S.S. Sastry: *A Mathematical Introduction to Robotic Manipulation* (CRC, Boca Raton 1994)

37.31 F. Reuleaux: *The Kinematics of Machinery* (Dover, New York 1963), reprint of MacMillan, 1876

37.32 C.A. Coulomb: *Theorie des Machines Simples en Ayant Egard au Frottement de Leurs Parties et a la Roideur des Cordages* (Bachelier, Paris 1821)

37.33 Y. Maeda, T. Arai: Planning of graspless manipulation by a multifingered robot hand, Adv. Robotics **19**(5), 501–521 (2005)

37.34 M.T. Mason: Two graphical methods for planar contact problems, IEEE/RSJ Int. Conf. Intell. Robots Syst. (IROS), Osaka (1991) pp. 443–448

37.35 R. Howe, I. Kao, M. Cutkosky: Sliding of robot fingers under combined torsion and shear loading, Proc. IEEE Int. Conf. Robotics Autom. (ICRA), Vol. 1, Philadelphia (1988) pp. 103–105

37.36 I. Kao, M.R. Cutkosky: Dextrous manipulation with compliance and sliding, Int. J. Robotics Res. **11**(1), 20–40 (1992)

37.37 R.D. Howe, M.R. Cutkosky: Practical force-motion models for sliding manipulation, Int. J. Robotics Res. **15**(6), 555–572 (1996)

37.38 N. Xydas, I. Kao: Modeling of contact mechanics and friction limit surface for soft fingers with experimental results, Int. J. Robotics Res. **18**(9), 941–950 (1999)

37.39 I. Kao, F. Yang: Stiffness and contact mechanics for soft fingers in grasping and manipulation, IEEE Trans. Robotics Autom. **20**(1), 132–135 (2004)

37.40 J. Jameson, L. Leifer: Quasi-Static Analysis: A method for predicting grasp stability, Proc. IEEE Int. Conf. Robotics Autom. (ICRA) (1986) pp. 876–883

37.41 S. Goyal, A. Ruina, J. Papadopoulos: Planar sliding with dry friction: Part 2, Dynamics of motion Wear **143**, 331–352 (1991)

37.42 P. Tiezzi, I. Kao: Modeling of viscoelastic contacts and evolution of limit surface for robotic contact interface, IEEE Trans. Robotics **23**(2), 206–217 (2007)

37.43 M. Anitescu, F. Potra: Formulating multi-rigid-body contact problems with friction as solvable linear complementarity problems, ASME J. Nonlin. Dyn. **14**, 231–247 (1997)

37.44 S. Berard, J. Trinkle, B. Nguyen, B. Roghani, J. Fink, V. Kumar: daVinci code: A multi-model simulation and analysis tool for multi-body systems, Proc. IEEE Int. Conf. Robotics Autom. (ICRA) (2007)

37.45 P. Song, J.-S. Pang, V. Kumar: A semi-implicit time-stepping model for frictional compliant contact problems, Int. J. Numer. Methods Eng. **60**(13), 2231–2261 (2004)

37.46 D. Stewart, J. Trinkle: An implicit time-stepping scheme for rigid body dynamics with inelastic collisions and Coulomb friction, Int. J. Numer. Methods Eng. **39**, 2673–2691 (1996)

37.47 R.W. Cottle, J.-S. Pang, R.E. Stone: *The Linear Complementarity Problem* (Academic, New York 1992)

37.48 S.N. Simunovic: Force information in assembly processes, Int. Symp. Ind. Robots (1975)

37.49 V.-D. Nguyen: Constructing force-closure grasps, Int. J. Robotics Res. **7**(3), 3–16 (1988)

37.50 K.M. Lynch: Toppling manipulation, Proc. IEEE Int. Conf. Robotics Autom. (ICRA) (1999)

37.51 M.T. Zhang, K. Goldberg, G. Smith, R.-P. Berretty, M. Overmars: Pin design for part feeding, Robotica **19**(6), 695–702 (2001)

37.52 D. Reznik, J. Canny: The Coulomb pump: A novel parts feeding method using a horizontally-vibrating surface, Proc. IEEE Int. Conf. Robotics Autom. (1998) pp. 869–874

37.53 A.E. Quaid: A miniature mobile parts feeder: Operating principles and simulation results, Proc. IEEE Int. Conf. Robotics Autom. (ICRA) (1999) pp. 2221–2226

37.54 D. Reznik, J. Canny: A flat rigid plate is a universal planar manipulator, Proc. IEEE Int. Conf. Robotics Autom. (ICRA) (1998) pp. 1471–1477

37.55 D. Reznik, J. Canny: C'mon part, do the local motion!, Proc. IEEE Int. Conf. Robotics Autom. (ICRA) (2001) pp. 2235–2242

37.56 T. Vose, P. Umbanhowar, K.M. Lynch: Vibration-induced frictional force fields on a rigid plate, Proc. IEEE Int. Conf. Robotics Autom. (ICRA) (2007)

37.57 M.T. Mason: Mechanics and planning of manipulator pushing operations, Int. J. Robotics Res. **5**(3), 53–71 (1986)

37.58 K.Y. Goldberg: Orienting polygonal parts without sensors, Algorithmica **10**, 201–225 (1993)

37.59 R.C. Brost: Automatic grasp planning in the presence of uncertainty, Int. J. Robotics Res. **7**(1), 3–17 (1988)

37.60 J.C. Alexander, J.H. Maddocks: Bounds on the friction-dominated motion of a pushed object, Int. J. Robotics Res. **12**(3), 231–248 (1993)

37.61 M.A. Peshkin, A.C. Sanderson: The motion of a pushed, sliding workpiece,, IEEE J. Robotics Autom. **4**(6), 569–598 (1988)

37.62 M.A. Peshkin, A.C. Sanderson: Planning robotic manipulation strategies for workpieces that slide, IEEE J. Robotics Autom. **4**(5), 524–531 (1988)

37.63 M. Brokowski, M. Peshkin, K. Goldberg: Curved fences for part alignment, Proc. IEEE Int. Conf. Robotics Autom. (ICRA), Atlanta (1993) pp. 467–473

37.64 K.M. Lynch: The mechanics of fine manipulation by pushing, Proc. IEEE Int. Conf. Robotics Autom. (ICRA), Nice (1992) pp. 2269–2276

37.65 K.M. Lynch, M.T. Mason: Stable pushing: Mechanics, controllability, and planning, Int. J. Robotics Res. **15**(6), 533–556 (1996)

37.66 K. Harada, J. Nishiyama, Y. Murakami, M. Kaneko: Pushing multiple objects using equivalent friction center, Proc. IEEE Int. Conf. Robotics Autom. (ICRA) (2002) pp. 2485–2491

37.67 J.D. Bernheisel, K.M. Lynch: Stable transport of assemblies: Pushing stacked parts, IEEE Trans. Autom. Sci. Eng. **1**(2), 163–168 (2004)

37.68 J.D. Bernheisel, K.M. Lynch: Stable transport of assemblies by pushing, IEEE Trans. Robotics **22**(4), 740–750 (2006)

37.69 H. Mayeda, Y. Wakatsuki: Strategies for pushing a 3D block along a wall, IEEE/RSJ Int. Conf. Intell. Robots Syst. (IROS), Osaka (1991) pp. 461–466

37.70 H. Hertz: On the Contact of Rigid Elastic Solids and on Hardness. In: *Miscellaneous Papers*, ed. by H. Hertz (MacMillan, London 1882) pp. 146–183

37.71 K.L. Johnson: *Contact Mechanics* (Cambridge Univ. Press, Cambridge 1985)

37.72 S.P. Timoshenko, J.N. Goodier: *Theory of Elasticity*, 3rd edn. (McGraw-Hill, New York 1970)

37.73 M.A. Meyers, K.K. Chawla: *Mechanical Behavior of Materials* (Prentice Hall, Upper Saddle River, 1999)

37.74 C.D. Tsai: Nonlinear Modeling on Viscoelastic Contact Interface: Theoretical Study and Experimental Validation, Ph.D. Thesis (Stony Brook University, Stony Brook 2010)

37.75 C. Tsai, I. Kao, M. Higashimori, M. Kaneko: Modeling, sensing and interpretation of viscoelastic contact interface, J. Adv. Robotics **26**(11/12), 1393–1418 (2012)

37.76 Y.C. Fung: *Biomechanics: Mechanical Properties of Living Tissues* (Springer, Berlin, Heidelberg 1993)

37.77 W. Flugge: *Viscoelasticity* (Blaisdell, Waltham 1967)

37.78 J.C. Maxwell: On the dynamical theory of gases, Philos. Trans. R. Soc. Lond. **157**, 49–88 (1867)

37.79 N. Sakamoto, M. Higashimori, T. Tsuji, M. Kaneko: An optimum design of robotic hand for handling a visco-elastic object based on maxwell model, Proc. IEEE Int. Conf. Robotics Autom. (ICRA) (2007) pp. 1219–1225

37.80 D.P. Noonan, H. Liu, Y.H. Zweiri, K.A. Althoefer, L.D. Seneviratne: A dual-function wheeled probe for tissue viscoelastic property indentification during minimally invasive surgery, Proc. IEEE Int. Conf. Robotics Autom. (ICRA) (2007) pp. 2629–2634

37.81 P. Tiezzi, I. Kao: Characteristics of contact and limit surface for viscoelastic fingers, Proc. IEEE Int. Conf. Robotics Autom. (ICRA), Orlando (2006) pp. 1365–1370

37.82 P. Tiezzi, I. Kao, G. Vassura: Effect of layer compliance on frictional behavior of soft robotic fingers, Adv. Robotics **21**(14), 1653–1670 (2007)

37.83 M. Kimura, Y. Sugiyama, S. Tomokuni, S. Hirai: Constructing rheologically deformable virtual objects, Proc. IEEE Int. Conf. Robotics Autom. (ICRA) (2003) pp. 3737–3743

37.84 W.N. Findley, J.S.Y. Lay: A modified superposition principle applied to creep of non-linear viscoelastic material under abrupt changes in state of combined stress, Trans. Soc. Rheol. **11**(3), 361–380 (1967)

37.85 D.B. Adolf, R.S. Chambers, J. Flemming: Potential energy clock model: Justification and challenging predictions, J. Rheol. **51**(3), 517–540 (2007)

37.86 A.Z. Golik, Y.F. Zabashta: A molecular model of creep and stress relaxation in crystalline polymers, Polym. Mech. **7**(6), 864–869 (1971)

37.87 B.H. Zimm: Dynamics of polymer molecules in dilute solution: Viscoelasticity, flow birefringence and dielectric loss, J. Chem. Phys. **24**(2), 269–278 (1956)

37.88 T. Alfrey: A molecular theory of the viscoelastic behavior of an amorphous linear polymer, J. Chem. Phys. **12**(9), 374–379 (1944)

37.89 P.E. Rouse Jr.: A theory of the linear viscoelastic properties of dilute solutions of coiling polymers, J. Chem. Phys. **21**(7), 1272–1280 (1953)

37.90 F. Bueche: The viscoelastic properties of plastics, J. Chem. Phys. **22**(4), 603–609 (1954)

37.91 L.R.G. Treloar: *The Physics of Rubber Elasticity* (Clarendon Press, Oxford, 1975)

37.92 T.G. Goktekin, A.W. Bargteil, J.F. O'Brien: A method for animating viscoelastic fluid, ACM Trans. Graph. **23**(3), 463–468 (1977)

37.93 S. Arimoto, P.A.N. Nguyen, H.Y. Han, Z. Doulgeri: Dynamics and control of a set of dual fingers with soft tips, Robotica **18**, 71–80 (2000)

37.94 T. Inoue, S. Hirai: Modeling of soft fingertip for object manipulation using tactile sensig, Proc. IEEE/RSJ Int. Conf. Intell. Robots Syst. (IROS), Las Vegas, Nevada (2003)

37.95 T. Inoue, S. Hirai: Rotational contact model of soft fingertip for tactile sensing, Proc. IEEE Int. Conf. Robotics Autom. (ICRA) (2004) pp. 2957–2962

37.96 T. Inoue, S. Hirai: Elastic model of deformable fingertip for soft-fingered manipulation, IEEE Trans. Robotics **22**, 1273–1279 (2006)

37.97 T. Inoue, S. Hirai: Dynamic stable manipulation via soft-fingered hand, Proc. IEEE Int. Conf. Robotics Autom. (ICRA) (2007) pp. 586–591

37.98 V.A. Ho, D.V. Dat, S. Sugiyama, S. Hirai: Development and analysis of a sliding tactile soft fingertip embedded with a microforce/moment sensor, IEEE Trans. Robotics **27**(3), 411–424 (2011)

37.99 D. Turhan, Y. Mengi: Propagation of initially plane waves in nonhomogeneous viscoelastic media, Int. J. Solids Struct. **13**(2), 79–92 (1977)

37.100 P. Stucky, W. Lord: Finite element modeling of transient ultrasonic waves in linear viscoelastic media, IEEE Trans. Ultrason. Ferroelectr. Freq. Control **48**(1), 6–16 (2001)

37.101 J.M. Pereira, J.J. Mansour, B.R. Davis: Dynamic measurement of the viscoelastic properties of skin, J. Biomech. **24**(2), 157–162 (1991)

37.102 R. Fowles, R.F. Williams: Plane stress wave propagation in solids, J. Appl. Phys. **41**(1), 360–363 (1970)

37.103 E. Wolf: *Progress in Optics* (North-Holland, Amsterdam 1992)

37.104 E.J. Nicolson, R.S. Fearing: The reliability of curvature estimates from linear elastic tactile sensors, Proc. IEEE Int. Conf. Robotics Autom. (ICRA) (1995)

37.105 M. Abramowitz, I. Stegun: *Handbook of Mathematical Functions with Formulas, Graphs, and mathematical Tables*, 7th edn. (Dover, New York 1972)

37.106 I. Kao, S.-F. Chen, Y. Li, G. Wang: Application of bio-engineering contact interface and MEMS in robotic and human augmented systems, IEEE

Robotics Autom, Mag. **10**(1), 47–53 (2003)
37.107 S. Goyal, A. Ruina, J. Papadopoulos: Planar sliding with dry friction: Part 1. Limit surface and moment function, Wear **143**, 307–330 (1991)
37.108 J.W. Jameson: Analytic Techniques for Automated Grasp. Ph.D. Thesis (Department of Mechanical Engineering, Stanford University, Stanford 1985)
37.109 S. Goyal, A. Ruina, J. Papadopoulos: Limit surface and moment function description of planar sliding, Proc. IEEE Int. Conf. Robotics Autom. (ICRA), Scottsdale (1989) pp. 794–799
37.110 K.M. Lynch, M.T. Mason: Dynamic nonprehensile manipulation: Controllability, planning, and experiments, Int. J. Robotics Res. **18**(1), 64–92 (1999)
37.111 A.J. Goldman, A.W. Tucker: Polyhedral convex cones. In: *Linear Inequalities and Related Systems*, ed. by H.W. Kuhn, A.W. Tucker (Princeton Univ. Press, Princeton 1956)
37.112 M.A. Erdman: A configuration space friction cone, IEEE/RSJ Int. Conf. Intell. Robots Syst. (IROS), Osaka (1991) pp. 455–460
37.113 M.A. Erdmann: Multiple-point contact with friction: Computing forces and motions in configuration space, IEEE/RSJ Int. Conf. Intell. Robots Syst. (IROS), Yokohama (1993) pp. 163–170
37.114 S. Hirai, H. Asada: Kinematics and statics of manipulation using the theory of polyhedral convex cones, Int. J. Robotics Res. **12**(5), 434–447 (1993)
37.115 R.S. Ball: *The Theory of Screws* (Cambridge Univ. Press, Cambridge 1900)
37.116 K.H. Hunt: *Kinematic Geometry of Mechanisms* (Oxford Univ. Press, Oxford 1978)
37.117 J.K. Davidson, K.H. Hunt: *Robots and Screw Theory* (Oxford Univ. Press, Oxford 2004)
37.118 J.M. Selig: *Geometric Fundamentals of Robotics*, 2nd edn. (Springer, Berlin, Heidelberg 2005)

第 38 章

抓取

Domenico Prattichizzo，Jeffrey C. Trinkle

本章介绍抓取分析的基本模型。该整体模型是诸多模型的耦合，它们定义了广泛应用在刚体运动学和动力学模型中的接触行为。该接触模型本质上归结于通过各接触所传递的接触力和力矩分量的选择。由完整模型的数学性质可以自然地引出五种基本的抓取类型，它们的物理解释为抓取和操作规划提供了深入了解。

在对基本原理和抓取类型进行介绍之后，这一章着重于介绍最重要的抓取特征：完全约束。一个带有完全约束的抓取可以防止失去接触，因而是很安全的。两个主要的约束特性是形封闭和力封闭。一个形封闭的抓取保证了只要手的指杆和抓取目标近似为刚性及只要关节驱动足够强大，接触就可以维持。正如将要看到的，形封闭和力封闭抓取之间的主要区别在于后者依赖于接触摩擦。这意味着达到力封闭比达到形封闭需要更少的接触。

这一章的目标是对形封闭和力封闭最重要的抓取特性给出透彻的解释。这些将会贯穿在讲解抓取模型的详细起源和对具体事例的讨论当中。通过深入了解历史和文献资料的宝库确定了抓取的宽度与广度，读者可查阅参考文献［38.1］。

目　录

机器人手的开发是为了使机器人拥有抓取不同几何和物理属性物品的能力。第一个设计用于灵活操作的机器人手是索尔兹伯里手[38.2]（图 38.1）。它有 3 个三关节手指，足以控制一个对象的所有 6 个自由度和抓取力。由索尔兹伯里完成的基本抓取模型和分析提供了一个沿用到今天的抓取综合与灵巧控制研究的基础。其中一些最成熟的分析技术已经被嵌入到了软件 GraspIt![38.3] 和 SynGrasp[38.4,5] 当中。GraspIt! 中包含了一些机器人手的模型，并且提供了抓取选择、动力学的抓取仿真和图像生成的工具。SynGrasp 是一个 MATLAB 工具箱，可从参考文献［38.6］中获得，它提供了全驱动和欠驱动手抓取分析的模型和函数。它可以成为一个有用的教育工具，与本章描述的机器人抓取的数学框架相结合。自索尔兹伯里手诞生之后的几年间，已经开发出许多关节型机器人手。几乎所有这些装置中，每个关节都有一个或更少的驱动器。一个显著的例外是德国航空航天中心（DLR）开发的 DLR 手臂系统，该系统每个关节有两个驱动器，通过两个对立的肌腱独立驱动每个关节[38.7]（图 38.7）。

38.1 模型与定义

抓取过程的数学模型必须能够预测在抓取实物过程中可能发生的各种载荷条件下手和目标的动作行为。一般而言，最通常的动作是保持这样一种抓取情况：当面对作用于物体上的未知扰动力和力矩仍保持抓取状态。通常这些扰动来自于惯性力，它会在高速移动或者由重力产生的作用力下变大。抓取的保持意味着灵巧手的接触面必须要避免接触分离和不必要的接触滑动。这种特殊类型的抓取（封闭式抓取）会被保持在每一个可能的扰动载荷上。图38.1展示了索尔兹伯里手[38.2,8]对一个物体执行一个封闭式抓取，它把它的手指包裹在物体周围并且用手掌压在这个物体上面。针对封闭抓取的正式定义、分析以及计算测试将会在第38.4节中列出。

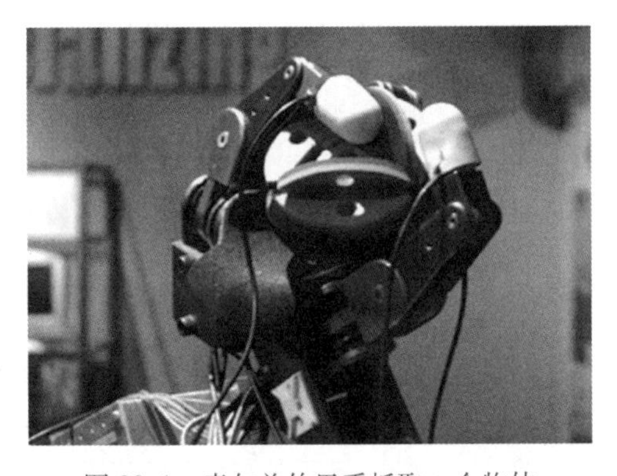

图 38.1 索尔兹伯里手抓取一个物体

图38.2列举了将会在模拟抓取系统中用到的一些主要变量。假设机器人手的指杆和物体都是刚性的，而且有一个独特的能表明各接触点的切平面。用 $\{N\}$ 代表一个方便选择的固定在工作空间的惯性坐标系。坐标系 $\{B\}$ 固定在物体上，这一坐标系的原始定义通过向量 $\boldsymbol{p}\in\mathbb{R}^3$ 和坐标系 $\{N\}$ 联系起来，其中 $\mathbb{R}^3$ 表示三维几何空间。一个便捷的处理方法是把向量 $\boldsymbol{p}$ 的原点取在物体的质心处。在坐标系 $\{N\}$ 中接触点的位置 i 由矢量 $\boldsymbol{c}_i\in\mathbb{R}^3$ 定义。在接触点 i 处，我们定义一个坐标系 $\{\boldsymbol{C}\}_i$，这个坐标系有轴 $\{\hat{\boldsymbol{n}}_i,\hat{\boldsymbol{t}}_i,\hat{\boldsymbol{o}}_i\}$（$\{\boldsymbol{C}\}_i$ 出现在分解图中）。$\{\boldsymbol{C}\}_i$ 的单位向量 $\hat{\boldsymbol{n}}_i$ 正交于接触切平面，并直接指向物体。另外两个单位向量相互正交并且处于接触切平面内。

将关节从1到 n_q 编号。用 $\boldsymbol{q}=(q_1\cdots q_{n_q})^{\mathrm{T}}\in\mathbb{R}^{n_q}$ 表示关节位移的向量，其中上标T表示矩阵的转置。同样，用 $\boldsymbol{\tau}=(\tau_1\cdots\tau_{n_q})^{\mathrm{T}}\in\mathbb{R}^{n_q}$ 表示关节载荷（移动关

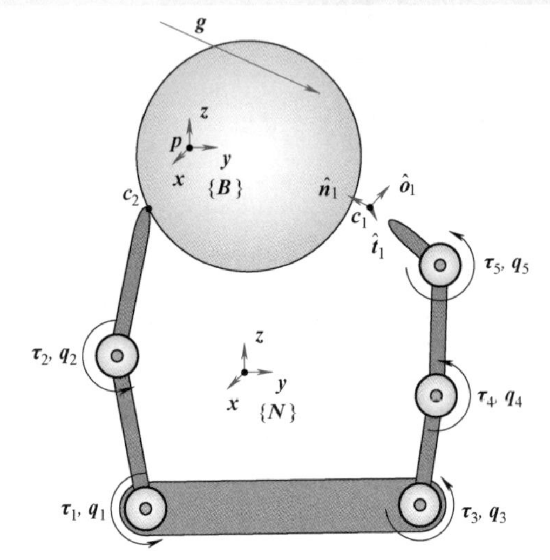

图 38.2 抓取分析的主要变量

节中的力和旋转关节中的力矩）。这些载荷产生于执行机构的作用力、其他作用力和惯性力。它们同样也可以产生于物体和机器人手之间的接触。然而，一种理想的做法是把关节载荷分解为两个部分：由接触产生的是一部分，其他来源的是另一部分。在整个章节里，非接触的载荷将被表示为 $\boldsymbol{\tau}$。

用 $\boldsymbol{u}\in\mathbb{R}^{n_u}$ 表示坐标系 $\{\boldsymbol{B}\}$ 和坐标系 $\{\boldsymbol{N}\}$ 的位置姿态关系向量。对于平面系统来说 $n_u=3$。对于三维空间系统，n_u 有不少于3个参数用来描述目标，一般来说是3个（对欧拉角）或4个（对单位四元数）。在坐标系 $\{\boldsymbol{N}\}$ 中，物体的运动旋量由 $\boldsymbol{v}=(\boldsymbol{v}^{\mathrm{T}}\quad\boldsymbol{\omega}^{\mathrm{T}})^{\mathrm{T}}\in\mathbb{R}^{n_v}$ 表示。它由点 $\boldsymbol{p}$ 的平移速度 $\boldsymbol{v}\in\mathbb{R}^3$ 和物体的角速度 $\boldsymbol{\omega}\in\mathbb{R}^3$ 合成，而二者均在坐标系 $\{\boldsymbol{N}\}$ 中表示。刚体的转动可以表示为固接于该物体的任何方便的坐标系上。前面提到的转动的部分包含了新坐标系原点的线速度和物体角速度，均表示在新坐标系中。关于运动旋量和力旋量的严格推导见参考文献［38.9，10］。请注意，对于平面系统来说 $\boldsymbol{v}\in\mathbb{R}^2$，$\boldsymbol{\omega}\in\mathbb{R}$，所以 $n_v=3$。

另一个重要的点是 $\dot{\boldsymbol{u}}\neq\boldsymbol{v}$。取而代之的是，这些变量可以利用矩阵 $\boldsymbol{V}$ 和式（38.1）联系起来。

$$\dot{\boldsymbol{u}}=\boldsymbol{V}\boldsymbol{v} \tag{38.1}$$

式中，矩阵 $\boldsymbol{V}\in\mathbb{R}^{n_u\times n_v}$ 并非一般的方阵，它满足 $\boldsymbol{V}^{\mathrm{T}}\boldsymbol{V}=\boldsymbol{I}$[38.11]，$\boldsymbol{I}$ 是单位矩阵，并且对于超出 $\boldsymbol{u}$ 的点意味着时间上的不同。请注意，对于平面系统，$\boldsymbol{V}=\boldsymbol{I}\in\mathbb{R}^{3\times3}$。

令 $\boldsymbol{f}\in\mathbb{R}^{3\times3}$ 为作用在物体上 $\boldsymbol{p}$ 点的力，令 $\boldsymbol{m}\in\mathbb{R}^3$ 为作用力矩。这些符号（$\boldsymbol{f}$ 和 $\boldsymbol{m}$）在坐标系 $\{\boldsymbol{N}\}$ 中表示，它们将物体的载荷与力旋量关联，并用 $\boldsymbol{g}=[\boldsymbol{f}^{\mathrm{T}}\quad \boldsymbol{m}^{\mathrm{T}}]^{\mathrm{T}}\in\mathbb{R}^{n_v}$ 表示出来。就像运动旋量一样，力旋量也可以用任何合适的固定在物体上的坐标系表示出来。可以把这一过程看作是对力的作用线的变换，直到它通过了新的坐标系的原点，然后调整力矩的分量，通过将这一分量移动到力的作用线上以抵消力矩的作用。最后，将力和经过移动的力矩表示在新的坐标系下。在完成了连接的载荷之后，物体的力旋量将被分为两个主要的部分：接触和非接触力旋量。在这一章里，将用 $\boldsymbol{g}$ 表示物体上的非接触力旋量。

38.1.1　速度运动学

这一章的内容对于很多种类的机器人手和其他抓取机械结构都是有效的。并且我们假设这一类机器人手都含有一个“手掌”作为基底，上面有若干数量的手指，每一个手指都有若干个关节。这一章中给出的构想会被非常明确地表达出来，不仅仅就弯曲的和直线的关节而言。大多数其他的常见的关节都可以由这两种关节建立模型（如圆柱状的、球状的和平面状的关节）。任何数量的接触可能发生在任何数量的连杆和物体之间。

1. 抓取矩阵和机器人手的雅可比矩阵

有两个矩阵在抓取分析过程中极为重要：抓取矩阵 $\boldsymbol{G}$ 和机器人手雅可比矩阵 $\boldsymbol{J}$。这些矩阵定义了相对速度运动学以及接触的力传递特性。接下来对 $\boldsymbol{G}$ 和 $\boldsymbol{J}$ 进一步的讨论将会建立在三维系统的情形下。对于向平面系统的转换将会在之后进行。

每一个接触应当被视作两个重合点：一个在机器人手上，另一个在物体上。机器人手雅可比矩阵描绘了表示在接触坐标系内的机器人手运动的关节速度，抓取矩阵的转置依赖于物体转动在接触坐标系内的表示。在机器人手的每一个指杆上，手指关节的动作均带来一个刚体的运动。机器人手的运动旋量，顾名思义，这里提到的接触 i 的运动旋量是接触 i 处指杆的运动旋量所参与的接触 i。这样，这些矩阵可以通过改变表示运动旋量的参考坐标系的方式得以相互转化。抓取分析的基本符号见表 38.1。

为了导出抓取矩阵，令表示在坐标系 $\{\boldsymbol{N}\}$ 中的 $\boldsymbol{\omega}_{i,\mathrm{obj}}^{\mathrm{N}}$ 为物体角速度，同样令表示在坐标系 $\{\boldsymbol{N}\}$ 中的 $\boldsymbol{v}_{i,\mathrm{obj}}^{\mathrm{N}}$ 为物体上点（同样是 $\{\boldsymbol{C}\}_i$ 的原点）的线速度。这些速度可以从表示在坐标系 $\{\boldsymbol{N}\}$ 中的物体速度中获得：

$$\begin{pmatrix}\boldsymbol{v}_{i,\mathrm{obj}}^{\mathrm{N}}\\ \boldsymbol{\omega}_{i,\mathrm{obj}}^{\mathrm{N}}\end{pmatrix}=\boldsymbol{P}_i^{\mathrm{T}}\boldsymbol{v} \tag{38.2}$$

其中

$$\boldsymbol{P}_i=\begin{pmatrix}\boldsymbol{I}_{3\times3} & \boldsymbol{0}\\ \boldsymbol{S}(\boldsymbol{c}_i-\boldsymbol{p}) & \boldsymbol{I}_{3\times3}\end{pmatrix} \tag{38.3}$$

$\boldsymbol{I}_{3\times3}\in\mathbb{R}^{3\times3}$ 是一个单位矩阵；$\boldsymbol{S}(\boldsymbol{c}_i-\boldsymbol{p})$ 是一个叉积矩阵，这就是说，给定一个三维向量 $\boldsymbol{r}=(r_x\ r_y\ r_z)^{\mathrm{T}}$，$\boldsymbol{S}(\boldsymbol{r})$ 定义为

$$\boldsymbol{S}(\boldsymbol{r})=\begin{pmatrix}0 & -r_z & r_y\\ r_z & 0 & -r_x\\ -r_y & r_x & 0\end{pmatrix}$$

表 38.1　抓取分析的基本符号

符　号	定　义
n_{c}	接触的数量
n_q	机器人手的关节数
$n_{\boldsymbol{v}}$	物体的自由度数
$n_{\boldsymbol{\lambda}}$	接触运动旋量数
$\boldsymbol{q}\in\mathbb{R}^{n_q}$	关节位移
$\dot{\boldsymbol{q}}\in\mathbb{R}^{n_q}$	关节速度
$\boldsymbol{\tau}\in\mathbb{R}^{n_q}$	非接触关节载荷
$\boldsymbol{u}\in\mathbb{R}^{n_u}$	物体的位置与姿态
$\boldsymbol{v}\in\mathbb{R}^{n_v}$	物体的运动旋量
$\boldsymbol{g}\in\mathbb{R}^{n_v}$	非接触物体力旋量
$\boldsymbol{\lambda}\in\mathbb{R}^{n_\lambda}$	传动接触力旋量
$\boldsymbol{v}_{\mathrm{cc}}\in\mathbb{R}^{n_\lambda}$	传动接触运动旋量
$\{\boldsymbol{B}\}$	物体坐标系
$\{\boldsymbol{C}\}_i$	关节 i 处的坐标系
$\{\boldsymbol{N}\}$	惯性坐标系

在 $\{\boldsymbol{C}\}_i$ 中所指物体的转动仅仅是式（38.2）中的等号左侧的表示在 $\{\boldsymbol{C}\}_i$ 中的向量。令 $\boldsymbol{R}_i=(\hat{\boldsymbol{n}}_i,\hat{\boldsymbol{t}}_i,\hat{\boldsymbol{o}}_i)\in\mathbb{R}^{3\times3}$，它代表了第 i 个接触坐标系 $\{\boldsymbol{C}\}_i$ 相对于惯性坐标系的姿态（单位向量 $\hat{\boldsymbol{n}}_i$，$\hat{\boldsymbol{t}}_i$，和 $\hat{\boldsymbol{o}}_i$ 为坐标系 $\{\boldsymbol{N}\}$ 中的表达）。然后给出物体运动旋量在 $\{\boldsymbol{C}\}_i$ 的表达式为

$$\boldsymbol{v}_{i,\mathrm{obj}}=\overline{\boldsymbol{R}}_i^{\mathrm{T}}\begin{pmatrix}\boldsymbol{v}_{i,\mathrm{obj}}^{\mathrm{N}}\\ \boldsymbol{\omega}_{i,\mathrm{obj}}^{\mathrm{N}}\end{pmatrix} \tag{38.4}$$

式中，$\overline{\boldsymbol{R}}_i=\mathrm{Blockdiag}(\boldsymbol{R}_i,\boldsymbol{R}_i)=\begin{pmatrix}\boldsymbol{R}_i & \boldsymbol{0}\\ \boldsymbol{0} & \boldsymbol{R}_i\end{pmatrix}\in\mathbb{R}^{6\times6}$。

将 $\boldsymbol{P}_i^{\mathrm{T}}\boldsymbol{v}$ 从式（38.2）代入到式（38.4），带来局部的抓取矩阵 $\widetilde{\boldsymbol{G}}_i^{\mathrm{T}} \in \mathbb{R}^{6\times6}$，它反映了物体运动旋量从 $\{\boldsymbol{N}\}$ 到 $\{\boldsymbol{C}\}_i$ 的转化：

$$\boldsymbol{v}_{i,\mathrm{obj}} = \widetilde{\boldsymbol{G}}_i^{\mathrm{T}}\boldsymbol{v} \tag{38.5}$$

其中

$$\widetilde{\boldsymbol{G}}_i^{\mathrm{T}} = \overline{\boldsymbol{R}}_i^{\mathrm{T}}\boldsymbol{P}_i^{\mathrm{T}} \tag{38.6}$$

机器人手雅可比矩阵可以用相似的方法推导获得。令 $\boldsymbol{\omega}_{i,\mathrm{hnd}}^{\mathrm{N}}$ 为机器人手在接触点 i 接触物体的连杆的角速度，表示在 $\{\boldsymbol{N}\}$ 中；令 $\boldsymbol{v}_{i,\mathrm{hnd}}^{\mathrm{N}}$ 为机器人手上的接触点 i 的平移速度，表示在 $\{\boldsymbol{N}\}$ 中。这些速度通过矩阵 $\boldsymbol{Z}_i$ 同关节速度相关联，$\boldsymbol{Z}_i$ 的列是关节的普吕克（Plücker）坐标轴[38.9,10]。我们可以得到

$$\begin{pmatrix} \boldsymbol{v}_{i,\mathrm{hnd}}^{\mathrm{N}} \\ \boldsymbol{\omega}_{i,\mathrm{hnd}}^{\mathrm{N}} \end{pmatrix} = \boldsymbol{Z}_i\dot{\boldsymbol{q}} \tag{38.7}$$

式中，$\boldsymbol{Z}_i \in \mathbb{R}^{6\times n_q}$ 可按式（38.8）定义。

$$\boldsymbol{Z}_i = \begin{pmatrix} \boldsymbol{d}_{i,1} & \cdots & \boldsymbol{d}_{i,n_q} \\ \boldsymbol{l}_{i,1} & \cdots & \boldsymbol{l}_{i,n_q} \end{pmatrix} \tag{38.8}$$

向量 $\boldsymbol{d}_{i,j}$，$\boldsymbol{l}_{i,j} \in \mathbb{R}^3$ 为：

$$\boldsymbol{d}_{i,j} = \begin{cases} \boldsymbol{0}_{3\times1} & \text{如果接触 } i \text{ 不影响关节 } j \\ \hat{\boldsymbol{z}}_j & \text{如果关节 } j \text{ 是平移关节} \\ \boldsymbol{S}(\boldsymbol{c}_i - \boldsymbol{\zeta}_i)^{\mathrm{T}}\hat{\boldsymbol{z}}_j & \text{如果关节 } j \text{ 是旋转关节} \end{cases}$$

$$\boldsymbol{l}_{i,j} = \begin{cases} \boldsymbol{0}_{3\times1} & \text{如果接触 } i \text{ 不影响关节 } j \\ \boldsymbol{0}_{3\times1} & \text{如果关节 } j \text{ 是平移关节} \\ \hat{\boldsymbol{z}}_j & \text{如果关节 } j \text{ 是旋转关节} \end{cases}$$

如图 38.12 所示，$\boldsymbol{\zeta}_j$ 是关联于第 j 个关节的坐标系的原点，$\hat{\boldsymbol{z}}_j$ 是同一坐标系中沿 z 轴的单位向量。两个向量都表示在坐标系 $\{\boldsymbol{N}\}$ 中。这些坐标系可以用任何合适的方法指定，如 Denavit-Hartenberg（D-H）法[38.12]。$\hat{\boldsymbol{z}}_j$ 轴是旋转关节的旋转轴和移动关节的平移方向。

将机器人手的运动旋量放在接触坐标系中的最后一步，也就是把 $\boldsymbol{v}_{i,\mathrm{hnd}}^{N}$ 和 $\boldsymbol{\omega}_{i,\mathrm{hnd}}^{N}$ 表示在坐标系 $\{\boldsymbol{C}\}_i$ 中

$$\boldsymbol{v}_{i,\mathrm{hnd}} = \overline{\boldsymbol{R}}_i^{\mathrm{T}}\begin{pmatrix} \boldsymbol{v}_{i,\mathrm{hnd}}^{\mathrm{N}} \\ \boldsymbol{\omega}_{i,\mathrm{hnd}}^{\mathrm{N}} \end{pmatrix} \tag{38.9}$$

联立式（38.9）和式（38.7），可导出局部机器人手雅可比矩阵 $\widetilde{\boldsymbol{J}}_i \in \mathbb{R}^{6\times n_q}$，它确定了关节速度和机器人手接触速度之间的关系：

$$\boldsymbol{v}_{i,\mathrm{hnd}} = \widetilde{\boldsymbol{J}}_i\dot{\boldsymbol{q}} \tag{38.10}$$

$$\widetilde{\boldsymbol{J}}_i = \overline{\boldsymbol{R}}_i^{\mathrm{T}}\boldsymbol{Z}_i \tag{38.11}$$

为了简化表达，将所有的机器人手和物体速度都计入向量 $\boldsymbol{v}_{c,\mathrm{hnd}} \in \mathbb{R}^{6n_c}$ 和 $\boldsymbol{v}_{c,\mathrm{obj}} \in \mathbb{R}^{6n_c}$ 中，表示如下

$$\boldsymbol{v}_{c,\xi} = (\boldsymbol{v}_{1,\xi}^{\mathrm{T}} \cdots \boldsymbol{v}_{n_c,\xi}^{\mathrm{T}})^{\mathrm{T}},\quad \xi = \{\mathrm{obj}, \mathrm{hnd}\}$$

由此得到完整的抓取矩阵 $\widetilde{\boldsymbol{G}} \in \mathbb{R}^{6\times6n_c}$ 和完整的机器人手雅可比矩阵 $\widetilde{\boldsymbol{J}} \in \mathbb{R}^{6n_c\times n_q}$，涉及的各种速度量如下

$$\boldsymbol{v}_{c,\mathrm{obj}} = \widetilde{\boldsymbol{G}}^{\mathrm{T}}\boldsymbol{v} \tag{38.12}$$

$$\boldsymbol{v}_{c,\mathrm{hnd}} = \widetilde{\boldsymbol{J}}\dot{\boldsymbol{q}} \tag{38.13}$$

其中

$$\widetilde{\boldsymbol{G}}^{\mathrm{T}} = \begin{pmatrix} \widetilde{\boldsymbol{G}}_1^{\mathrm{T}} \\ \vdots \\ \widetilde{\boldsymbol{G}}_{n_c}^{\mathrm{T}} \end{pmatrix},\quad \widetilde{\boldsymbol{J}} = \begin{pmatrix} \widetilde{\boldsymbol{J}}_1 \\ \vdots \\ \widetilde{\boldsymbol{J}}_{n_c} \end{pmatrix} \tag{38.14}$$

这里的术语“完整”是用来强调接触中的所有 $6n_c$ 个转动分量都包含在上述映射之中。详见本章最后的“例 1 第一部分”和“例 3 第一部分”。

2. 接触建模

接触在掌握信息方面起着核心作用。接触允许对物体施加给定的运动或通过物体施加给定的力。所有抓取动作都通过接触点，接触点的模型和控制对抓取至关重要。本文综述了三种可用于抓取分析的接触模型。有关机器人学中接触建模的完整讨论，请参阅第 37 章。

已知的抓取分析的三个最重要的模型分别是“无摩擦点接触”“硬手指”和“软手指”[38.13]。三个模型通过选择接触运动旋量分量，在机器人手和物体间传递。这是通过将机器人手和物体的接触运动旋量分量等效的方法得以实现的。与其相对应的接触力和力矩的分量也同样是等效的，但是这里并不包括那些由接触单侧性和摩擦模型施加的约束（见第 38.4.2 节）。

无摩擦点接触（PwoF）模型适用于接触点非常小、机器人手与物体比较光滑的情况。在这种模型中，只有机器人手上接触点以平移速度法向分量（如 $\boldsymbol{v}_{i,\mathrm{hnd}}$ 的第一个分量）作用于物体上。切向速度的两个分量和角速度的三个分量并不作用。类似地，接触力的法向分量作用于物体，但是摩擦力和力矩假设可以忽略不计。

硬手指（HF）模型适用于存在不可忽略的接触摩擦，但接触点很小的情况，这样就没有明显的摩擦力矩存在。当这种模型被用于一个接触时，机器人手上的全部三个平移速度分量（如 $\boldsymbol{v}_{i,\mathrm{hnd}}$ 中的前三个分量）和全部三个接触力分量通过这一接触作用于物体。没有任何角速度和力矩分量作用。

软手指（SF）模型适用于当表面摩擦和接触点足够大以至于产生了可观的摩擦力和一个正交于接触点的摩擦力矩的情况。对于一个适用于这种模型的接触来说，接触的三个平移速度分量和角速度在接触点处的法向分量会通过接触点传递并作用于物体上（如$\boldsymbol{v}_{i,\text{hnd}}$的前四个分量）。同样，接触力的全部三个分量和接触力矩的法向分量通过接触被传递。

注意：读者可能会看到刚体假设和软手指模型之间的矛盾。刚体假设是一种对抓取分析的全方位的简化近似。但是尽管如此，这种近似在许多实际情况中仍是足够精确的，所以这种抓取分析并非不切实际。另一方面，对于软手指模型的需求表明了手指杆和物体并非刚性的。可是它可以有效地应用于需要获得大量接触点的变形量较小的情况。这种情况发生在局部表面几何形状相似的条件下。如果大的手指或骨架变形在真实的系统中存在，那么本章中提及的刚体处理方法则要谨慎使用。

为了建立PwoF、HF和SF模型，定义接触i处的相对运动旋量为

$$(\widetilde{\boldsymbol{J}}_i-\widetilde{\boldsymbol{G}}_i^{\mathrm{T}})\begin{pmatrix}\dot{\boldsymbol{q}}\\ \boldsymbol{v}\end{pmatrix}=\boldsymbol{v}_{i,\text{hnd}}-\boldsymbol{v}_{i,\text{obj}}$$

通过矩阵$\boldsymbol{H}_i\in\mathbb{R}^{n_{\lambda i}\times 6}$定义一个特殊接触模型，这个矩阵选择了相对接触运动旋量的分量$n_{\lambda i}$并将它们设置为0：

$$\boldsymbol{H}_i(\boldsymbol{v}_{i,\text{hnd}}-\boldsymbol{v}_{i,\text{obj}})=\boldsymbol{0}$$

这些分量被认为是传递自由度（DOF）。将$\boldsymbol{H}_i$定义为

$$\boldsymbol{H}_i=\left(\begin{array}{c|c}\boldsymbol{H}_{i\mathrm{F}} & \boldsymbol{0}\\ \hline \boldsymbol{0} & \boldsymbol{H}_{i\mathrm{M}}\end{array}\right) \qquad (38.15)$$

式中，$\boldsymbol{H}_{i\mathrm{F}}$和$\boldsymbol{H}_{i\mathrm{M}}$依次为选择矩阵的平移和旋转分量。表38.2给出了三种接触模型的选择矩阵的定义，表中空集的含义是式（38.15）中相应的分块行矩阵为空（例如，它有0行0列）。请注意，对于SF模型，$\boldsymbol{H}_{i\mathrm{M}}$为选择接触点的法向旋转。

表38.2 三种接触模型的选择矩阵

	$n_{\lambda i}$	$\boldsymbol{H}_{i\mathrm{F}}$	$\boldsymbol{H}_{i\mathrm{M}}$
PwoF	1	(100)	空集
HF	3	$\boldsymbol{I}_{3\times3}$	空集
SF	4	$\boldsymbol{I}_{3\times3}$	(100)

在为每一个接触选择了转化模型之后，全部n_c个接触的解除约束方程可以写成如下紧凑形式：

$$\boldsymbol{H}(\boldsymbol{v}_{c,\text{hnd}}-\boldsymbol{v}_{c,\text{obj}})=\boldsymbol{0} \qquad (38.16)$$

式中，$\boldsymbol{H}=\text{Blockdiag}(\boldsymbol{H}_1,\cdots,\boldsymbol{H}_{n_c})\in\mathbb{R}^{n_\lambda\times 6n_c}$

通过n_c个接触的运动旋量分量的数量n_λ由$n_\lambda=\sum_{i=1}^{n_c}n_{\lambda i}$给出。

最后，将式（38.12）和式（38.13）代入式（38.16），可以得到

$$(\boldsymbol{J}-\boldsymbol{G}^{\mathrm{T}})\begin{pmatrix}\dot{\boldsymbol{q}}\\ \boldsymbol{v}\end{pmatrix}=\boldsymbol{0} \qquad (38.17)$$

式中，抓取矩阵和机器人手雅可比矩阵为

$$\boldsymbol{G}^{\mathrm{T}}=\boldsymbol{H}\widetilde{\boldsymbol{G}}^{\mathrm{T}}\in\mathbb{R}^{n_\lambda\times 6}$$

$$\boldsymbol{J}=\boldsymbol{H}\widetilde{\boldsymbol{J}}\in\mathbb{R}^{n_\lambda\times n_q} \qquad (38.18)$$

对于$\boldsymbol{H}$（抓取矩阵）和机器人手雅可比矩阵结构的更多细节，读者可以参见参考文献[38.14-16]，也可以参见“例1第二部分”和“例3第二部分”。

值得注意的是，式（38.17）可以写成以下形式：

$$\mathbf{J}\dot{\boldsymbol{q}}=\boldsymbol{v}_{cc,\text{hnd}}=\boldsymbol{v}_{cc,\text{obj}}=\boldsymbol{G}^{\mathrm{T}}\boldsymbol{v} \qquad (38.19)$$

式中，$\boldsymbol{v}_{cc,\text{hnd}}$和$\boldsymbol{v}_{cc,\text{obj}}$只包含通过接触传递的运动旋量分量。注意到这个等式意味着抓取矩阵的保持性，可以解释为等式的成立可以保持一段时间。当接触无摩擦时，接触的保持性意味着持续的接触，所以滑动是允许的。然而，当接触为HF类型时，接触的保持性意味着有黏性接触，所以滑移会对HF模型造成干扰。同样，对于SF类型的接触，可能就没有关于接触点法向的滑移或相对转动了。

在本章剩余的内容里，我们假设$\boldsymbol{v}_{cc,\text{hnd}}=\boldsymbol{v}_{cc,\text{obj}}$。所以，这个符号将会被缩写为$\boldsymbol{v}_{cc}$。

3. 平面简化

假设运动平面为属于$\{\boldsymbol{N}\}$的(x,y)平面。向量$\boldsymbol{v}$和$\boldsymbol{g}$通过去掉第3、4、5个坐标分量，将维数从六维减少到三维。向量$\boldsymbol{c}_i$和$\boldsymbol{p}$的维数从三维减少至二维。第i个旋转矩阵变为$\boldsymbol{R}_i=(\hat{\boldsymbol{n}}_i\hat{\boldsymbol{t}}_i)\in\mathbb{R}^{2\times2}$（这里$\hat{\boldsymbol{n}}_i$和$\hat{\boldsymbol{t}}_i$的第3个坐标分量被去掉）并且式（38.4）包含$\overline{\boldsymbol{R}}_i=\text{Blockdiag}(\boldsymbol{R}_i,1)\in\mathbb{R}^{3\times3}$。式（38.2）包含

$$\boldsymbol{P}_i=\begin{pmatrix}\boldsymbol{I}_{2\times2} & \boldsymbol{0}\\ \boldsymbol{S}_2(\boldsymbol{c}_i-\boldsymbol{p}) & 1\end{pmatrix}$$

式中，$\boldsymbol{S}_2$是对于二维向量的叉积矩阵的近似，定义为

$$\boldsymbol{S}_2(\boldsymbol{r})=(-r_y \quad r_x)$$

式（38.7）中包含$\boldsymbol{d}_{i,j}\in\mathbb{R}^2$和$\kappa_{i,j}\in\mathbb{R}$，解释为

$$\boldsymbol{d}_{i,j}=\begin{cases}\boldsymbol{0}_{2\times1} & \text{如果接触力 } i \text{ 不影响关节 } j\\ \hat{\boldsymbol{z}}_j & \text{如果关节 } j \text{ 是平移关节}\\ \boldsymbol{S}(\boldsymbol{c}_i-\boldsymbol{\xi}_i)^{\mathrm{T}} & \text{如果关节 } j \text{ 是旋转关节}\end{cases}$$

$$\kappa_{i,j}=\begin{cases}0 & \text{如果接触力 } i \text{ 不影响关节 } j\\ 0 & \text{如果关节 } j \text{ 是平移关节}\\ 1 & \text{如果关节 } j \text{ 是旋转关节}\end{cases}$$

完整的抓取矩阵和机器人手雅可比矩阵减少了维度：$\widetilde{\boldsymbol{G}}^{\mathrm{T}}\in\mathbb{R}^{3n_c\times3}$和$\widetilde{\boldsymbol{J}}\in\mathbb{R}^{3n_c\times3n_q}$。

就接触约束而言，式（38.15）就包含表38.3中的$\boldsymbol{H}_{i\mathrm{F}}$和$\boldsymbol{H}_{i\mathrm{M}}$。

表38.3　平面接触模型的选择矩阵

模型	l_i	$\boldsymbol{H}_{i\mathrm{F}}$	$\boldsymbol{H}_{i\mathrm{M}}$
PwoF	1	(10)	空集
HF/SF	2	$\boldsymbol{I}_{2\times2}$	空集

在平面状态下，因为物体和机器人手位于同一平面内，所以模型SF和HF是等价的。对于接触点法向的旋转将会引起平面外的运动。最终，抓取矩阵和机器人手雅可比矩阵的维数将会减少到以下维度：$\boldsymbol{G}^{\mathrm{T}}\in\mathbb{R}^{n_\lambda\times3}$和$\boldsymbol{J}\in\mathbb{R}^{n_\lambda\times n_q}$。参见“例1第三部分”和“例2第一部分”。

38.1.2　动力学与平衡

系统动力学的等式可以写为

$$\begin{aligned}\boldsymbol{M}_{\mathrm{hnd}}(\boldsymbol{q})\ddot{\boldsymbol{q}}+\boldsymbol{b}_{\mathrm{hnd}}(\boldsymbol{q},\dot{\boldsymbol{q}})+\boldsymbol{J}^{\mathrm{T}}\boldsymbol{\lambda}&=\boldsymbol{\tau}_{\mathrm{app}}\\\boldsymbol{M}_{\mathrm{obj}}(\boldsymbol{u})\dot{\boldsymbol{v}}+\boldsymbol{b}_{\mathrm{obj}}(\boldsymbol{u},\boldsymbol{v})-\boldsymbol{G}\boldsymbol{\lambda}&=\boldsymbol{g}_{\mathrm{app}}\end{aligned}\tag{38.20}$$

上式受式（38.17）约束。

式（38.20）中，$\boldsymbol{M}_{\mathrm{hnd}}(\cdot)$和$\boldsymbol{M}_{\mathrm{obj}}(\cdot)$为对称正定惯性矩阵；$\boldsymbol{b}_{\mathrm{hnd}}(\cdot,\cdot)$和$\boldsymbol{b}_{\mathrm{obj}}(\cdot,\cdot)$为速度产生项；$\boldsymbol{g}_{\mathrm{app}}$为通过重力和其他外力施加到物体上的力和力矩；$\boldsymbol{\tau}_{\mathrm{app}}$为外部载荷和执行机构运动的向量；向量$\boldsymbol{G\lambda}$为通过机器人手施加在物体上的总力旋量。向量$\boldsymbol{\lambda}$包含了接触力和通过接触传递力矩的分量并且在接触坐标系中得以表达。特别是，$\boldsymbol{\lambda}=(\boldsymbol{\lambda}_1^{\mathrm{T}}\cdots\boldsymbol{\lambda}_{n_c}^{\mathrm{T}})^{\mathrm{T}}$，式中的$\boldsymbol{\lambda}_i=\boldsymbol{H}_i(f_{in}\,f_{it}\,f_{io}\,m_{in}\,m_{it}\,m_{io})^{\mathrm{T}}$。下标表明了一个法向(n)和接触力$\boldsymbol{f}$与力矩$\boldsymbol{m}$的两个切向(t,o)坐标分量。对于SF、HF或PwoF类型的接触，表38.4对$\boldsymbol{\lambda}_i$做出了规定。最后，值得注意的是$\boldsymbol{G}_i\boldsymbol{\lambda}_i=\widetilde{\boldsymbol{G}}_i\boldsymbol{H}_i\boldsymbol{\lambda}_i$为通过接触$i$传递的力旋量，其中的$\boldsymbol{G}_i$和$\boldsymbol{H}_i$在式（38.6）和式（38.15）中定义。向量$\boldsymbol{\lambda}_i$被称为接触$i$的力旋量幅值向量。

表38.4　表示接触力和力矩分量的向量
（也称为通过接触i传递的力旋量）

模　型	$\boldsymbol{\lambda}_i$
PwoF	(f_{in})
HF	$(f_{in}\,f_{it}\,f_{io})^{\mathrm{T}}$
SF	$(f_{in}\,f_{it}\,f_{io}\,f_{in})^{\mathrm{T}}$

式（38.20）表征了机器人手与物体之间的动力学关系，其中没有考虑接触模型对运动的约束。联立这些方程组，则系统的动力学模型可以写为

$$\begin{pmatrix}\boldsymbol{J}^{\mathrm{T}}\\-\boldsymbol{G}\end{pmatrix}\boldsymbol{\lambda}=\begin{pmatrix}\boldsymbol{\tau}\\\boldsymbol{g}\end{pmatrix}\tag{38.21}$$

上式受约束于$\boldsymbol{J}\dot{\boldsymbol{q}}=\boldsymbol{G}^{\mathrm{T}}\boldsymbol{v}=\boldsymbol{v}_{\mathrm{cc}}$，其中

$$\begin{aligned}\boldsymbol{\tau}&=\boldsymbol{\tau}_{\mathrm{app}}-\boldsymbol{M}_{\mathrm{hnd}}(\boldsymbol{q})\ddot{\boldsymbol{q}}-\boldsymbol{b}_{\mathrm{hnd}}(\boldsymbol{q},\dot{\boldsymbol{q}})\\\boldsymbol{g}&=\boldsymbol{g}_{\mathrm{app}}-\boldsymbol{M}_{\mathrm{obj}}(\boldsymbol{u})\dot{\boldsymbol{v}}-\boldsymbol{b}_{\mathrm{obj}}(\boldsymbol{u},\boldsymbol{v})\end{aligned}\tag{38.22}$$

需要注意的一点是动力学等式和式（38.17）中的运动模型是紧密相关的。特别是当$\boldsymbol{J}$和$\boldsymbol{G}^{\mathrm{T}}$只传递接触运动旋量的所选分量时，式（38.20）中的$\boldsymbol{J}^{\mathrm{T}}$和$\boldsymbol{G}$只用于传递接触力旋量中的相应部分。

当其中的惯性项可以忽略时，如发生在缓慢移动中，系统被认为是准静态的。在这种情况下，式（38.22）变为

$$\begin{aligned}\boldsymbol{\tau}&=\boldsymbol{\tau}_{\mathrm{app}}\\\boldsymbol{g}&=\boldsymbol{g}_{\mathrm{app}}\end{aligned}\tag{38.23}$$

并且不依赖于关节和物体的速度。因此，当抓取为静态平衡或准静态运动时，可以通过式（38.21）独立求解第一项和约束来计算$\boldsymbol{\lambda}$，$\dot{\boldsymbol{q}}$和$\boldsymbol{v}$。值得注意的是，当动态效果很明显时，这样的力/速度解耦的解是不可能的，尽管式（38.21）中的第一项随式（38.22）第三项而定。

注意：式（38.21）突出强调了关于抓取和机器人手雅可比矩阵的一个重要的替代观点。$\boldsymbol{G}$可以理解为从被传递的接触力和力矩到机器人手接触物体时的一系列力旋量集合的映射。而$\boldsymbol{J}^{\mathrm{T}}$可以理解为一个从所传递的接触力和力矩到关节载荷向量的映射。注意到这些解释说明在动态和准静态的过程中均适用。

38.2　受控的运动旋量与力旋量

在机器人手的设计和其抓取与操作规划中，重要的是知道通过手指动作给予物体的运动旋量集合，以及在什么条件下$\mathbb{R}^6$中的任意力旋量均能通过接触被应用于物体上。这种知识将会通过学习与$\boldsymbol{G}$和$\boldsymbol{J}$[38.17]相关联的不同子空间而获得。

在图38.3中显示的空间是列空间和$\boldsymbol{G}$、$\boldsymbol{G}^{\mathrm{T}}$、$\boldsymbol{J}$

与 $\boldsymbol{J}^{\mathrm{T}}$ 中的零空间。列空间和零空间分别记为 $\mathcal{R}(\cdot)$ 和 $\mathcal{N}(\cdot)$。箭头表示了通过抓取系统的各种不同的速度和负载量的传递。例如，在图 38.3 的左侧，就说明了任意向量 $\dot{\boldsymbol{q}}\in\mathbb{R}^{n_q}$ 是如何被分解为在 $\mathcal{R}(\boldsymbol{J}^{\mathrm{T}})$ 和 $\mathcal{N}(\boldsymbol{J})$ 中两个正交向量之和的，以及 $\dot{\boldsymbol{q}}$ 是如何通过乘以 $\boldsymbol{J}$ 被映射到 $\mathcal{R}(\boldsymbol{J})$ 上的。

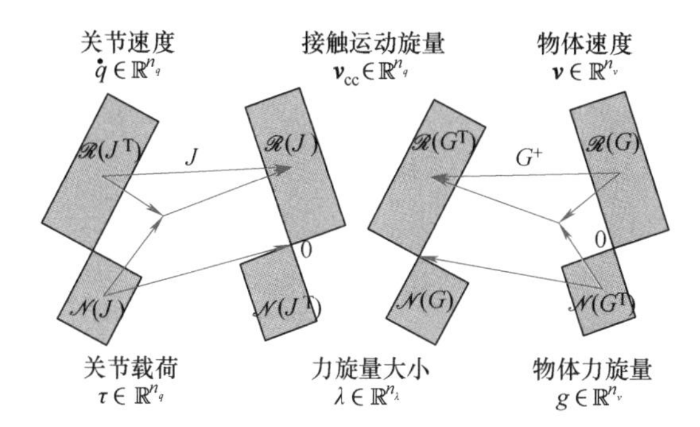

图 38.3 抓取系统中运动旋量与力旋量之间关系的线性映射

这里从线性代数中回忆两个事实是很重要的。首先，矩阵 $\boldsymbol{A}$ 是向量从 $\mathcal{R}(\boldsymbol{A}^{\mathrm{T}})$ 映射到 $\mathcal{R}(\boldsymbol{A})$ 的矩阵，映射是一一对应的，这就是说映射 $\boldsymbol{A}$ 是个双向单映射。$\boldsymbol{A}$ 的广义逆矩阵 $\boldsymbol{A}^{+}$ 是双向单映射的，它将向量映射到相反的方向[38.18]。另外，$\boldsymbol{A}$ 将向量从 $\mathcal{N}(\boldsymbol{A}^{\mathrm{T}})$ 映射到零向量。最后，不存在能被 $\boldsymbol{A}$ 映射到 $\mathcal{N}(\boldsymbol{A}^{\mathrm{T}})$ 中的非平凡向量。这说明了，如果 $\mathcal{N}(\boldsymbol{G}^{\mathrm{T}})$ 是非平凡的，那么机器人手将不能够控制物体运动的所有自由度。这对于准静态的抓取当然是正确的。但当动力学效应很显著时，它们将会引起物体沿 $\mathcal{N}(\boldsymbol{G}^{\mathrm{T}})$ 方向运动。

38.2.1 抓取类型

四类零空间形成了抓取系统的一个基本分类，其在表 38.5 中给出定义。假设式（38.21）的解存在，则如下的力和速度方程提供了对于多重零空间物理含义的深入理解：

$$\dot{\boldsymbol{q}}=\boldsymbol{J}^{+}\boldsymbol{v}_{cc}+\boldsymbol{N}(\boldsymbol{J})\boldsymbol{\gamma} \tag{38.24}$$

$$\boldsymbol{v}=(\boldsymbol{G}^{\mathrm{T}})^{+}\boldsymbol{v}_{cc}+\boldsymbol{N}(\boldsymbol{G}^{\mathrm{T}})\boldsymbol{\gamma} \tag{38.25}$$

$$\boldsymbol{\lambda}=-\boldsymbol{G}^{+}\boldsymbol{g}+\boldsymbol{N}(\boldsymbol{G})\boldsymbol{\gamma} \tag{38.26}$$

$$\boldsymbol{\lambda}=(\boldsymbol{J}^{\mathrm{T}})^{+}\boldsymbol{\tau}+\boldsymbol{N}(\boldsymbol{J}^{\mathrm{T}})\boldsymbol{\gamma} \tag{38.27}$$

在这些等式中，$\boldsymbol{A}^{+}$ 表示矩阵 $\boldsymbol{A}$ 的广义逆矩阵（此后的伪逆）；$\boldsymbol{N}(\boldsymbol{A})$ 表示了一个它的矩阵列形成了 $\mathcal{N}(\boldsymbol{A})$ 的基；γ 为参数化解集的任意向量。其中如果没有特别说明，上下文中会说明广义逆矩阵是左逆的还是右逆的。

如果方程中的零空间是非平凡的，即可马上查看在表 38.5 中的第一个多对一映射。要想了解其他的多对一映射，尤其是缺陷类，参考式（38.24）。它可以通过将 $\boldsymbol{v}_{cc}$ 依次分解为 $\mathcal{R}(\boldsymbol{J})$ 和 $\mathcal{N}(\boldsymbol{J}^{\mathrm{T}})$ 中的 $\boldsymbol{v}_{rs}$ 和 $\boldsymbol{v}_{lns}$ 分量来重写，如下所示：

$$\dot{\boldsymbol{q}}=\boldsymbol{J}^{+}(\boldsymbol{v}_{rs}+\boldsymbol{v}_{lns})+\boldsymbol{N}(\boldsymbol{J})\boldsymbol{\gamma} \tag{38.28}$$

$\mathcal{N}(\boldsymbol{A}^{\mathrm{T}})$ 中的每一个向量都正交于 $\boldsymbol{A}^{+}$ 的每个行向量，因此，$\boldsymbol{J}^{+}\boldsymbol{v}_{lns}=\boldsymbol{0}$。如果在式（38.28）中的 α 和 $\boldsymbol{v}_{rs}$ 是固定不变的，那么 $\dot{\boldsymbol{q}}$ 是唯一存在的。由此可以清楚地看到，如果 $\mathcal{N}(\boldsymbol{J}^{\mathrm{T}})$ 是非平凡的，那么在接触中机器人手运动旋量的子空间将会映射到一个单一的关节速度向量。将此方法应用到其他三个等式（38.25）~式(38.27)，则生成了其他的多对一映射，列于表 38.5 中。

表 38.5 基本抓取类型

条 件	分 类	多 对 一
$\mathcal{N}(\boldsymbol{J})\neq 0$	冗余型	$\dot{\boldsymbol{q}}\to\boldsymbol{v}_{cc}$ $\boldsymbol{\tau}\to\boldsymbol{\lambda}$
$\mathcal{N}(\boldsymbol{G}^{\mathrm{T}})\neq 0$	不确定型	$\boldsymbol{v}\to\boldsymbol{v}_{cc}$ $\boldsymbol{g}\to\boldsymbol{\lambda}$
$\mathcal{N}(\boldsymbol{G})\neq 0$	可抓取型	$\boldsymbol{\lambda}\to\boldsymbol{g}$ $\boldsymbol{v}_{cc}\to\boldsymbol{v}$
$\mathcal{N}(\boldsymbol{J}^{\mathrm{T}})\neq 0$	缺陷型	$\boldsymbol{\lambda}\to\boldsymbol{\tau}$ $\boldsymbol{v}_{cc}\to\dot{\boldsymbol{q}}$

式（38.21）和式（38.24）~式(38.27)产生了下列定义。

定义 38.1 冗余型

如果 $\mathcal{N}(\boldsymbol{J})$ 是非平凡的，则称该抓取系统为冗余型。

在 $\mathcal{N}(\boldsymbol{J})$ 中的关节速度 $\dot{\boldsymbol{q}}$ 是指手内速度，是因为它们与手指运动相一致，但是它们不在接触点的约束方向上产生机器人手的运动。如果采用准静态模型，可以显示出物体的运动不受这些动作的影响，反之亦然。

定义 38.2 不确定型

如果 $\mathcal{N}(\boldsymbol{G}^{\mathrm{T}})$ 是非平凡的，则称抓取系统为不确定型。

在 $\mathcal{N}(\boldsymbol{G}^{\mathrm{T}})$ 中的物体运动旋量称为内部物体旋量，是因为它们与物体的运动相一致，但是不会在接触中约束方向上引起物体的运动。如果采用静态模型，可以显示这些转动不能被手指的动作所控制。

定义 38.3　可抓取型

如果 $\mathcal{N}(\boldsymbol{G})$ 是非平凡的，则称抓取系统为是可抓取型。

在 $\mathcal{N}(\boldsymbol{G})$ 中的力旋量大小 λ 是指物体的内力。这些力旋量是内部作用，因为它们并不影响物体的加速度，即 $\boldsymbol{G\lambda}=\boldsymbol{0}$。但这些力旋量的大小会影响抓握的紧密性。因此，内部力旋量的大小在维持依靠摩擦力的抓取中起着重要作用（见第38.4.2节）。

定义 38.4　欠秩型

如果 $\mathcal{N}(\boldsymbol{J}^{\mathrm{T}})$ 是非平凡的，则称抓取系统为是欠秩型。

$\mathcal{N}(\boldsymbol{J}^{\mathrm{T}})$ 中的力旋量大小称为机器人手的内力。这些力不会影响式（38.20）中给出的手指关节动力学。如果考虑静态模型，可以很容易地表明，属于 $\mathcal{N}(\boldsymbol{J}^{\mathrm{T}})$ 的力旋量大小不能通过关节动作产生，但可以通过机器人手的结构平衡掉。

参见“例1第四部分”“例2第二部分”以及“例3第三部分”。

38.2.2　刚体假设的限制

刚体动力学方程（28.20）可以将与接触约束相关联的拉格朗日乘子改写为如下形式：

$$\boldsymbol{M}_{\mathrm{dyn}}\begin{pmatrix}\ddot{\boldsymbol{q}}\\ \dot{\boldsymbol{v}}\\ \boldsymbol{\lambda}\end{pmatrix}=\begin{pmatrix}\boldsymbol{\tau}-\boldsymbol{b}_{\mathrm{hnd}}\\ \boldsymbol{v}-\boldsymbol{b}_{\mathrm{obj}}\\ \boldsymbol{b}_{\mathrm{c}}\end{pmatrix}\tag{38.29}$$

其中

$$\boldsymbol{b}_{\mathrm{c}}=[\,\partial(\boldsymbol{J}\dot{\boldsymbol{q}})/\partial\boldsymbol{q}\,]\dot{\boldsymbol{q}}-[\,\partial(\boldsymbol{G}\boldsymbol{v})/\partial\boldsymbol{u}\,]\dot{\boldsymbol{u}}$$

$$\boldsymbol{M}_{\mathrm{dyn}}=\begin{pmatrix}\boldsymbol{M}_{\mathrm{hnd}} & \boldsymbol{0} & \boldsymbol{J}^{\mathrm{T}}\\ \boldsymbol{0} & \boldsymbol{M}_{\mathrm{obj}} & -\boldsymbol{G}\\ \boldsymbol{J} & -\boldsymbol{G}^{\mathrm{T}} & \boldsymbol{0}\end{pmatrix}$$

为了用该方程完全决定系统运动，矩阵 $\boldsymbol{M}_{\mathrm{dyn}}$ 就必须为可逆的。这种情况在参考文献［38.19］中已详细讨论，其中多触点操作的动力学是在机器人手雅可比矩阵行满秩，并且是在 $\mathcal{N}(\boldsymbol{J}^{\mathrm{T}})=\boldsymbol{0}$ 的假设下进行研究。对于所有的不可逆矩阵 $\boldsymbol{M}_{\mathrm{dyn}}$ 的操作系统来说，刚体动力学就不能决定运动旋量和力旋量的幅值向量了。通过观察：

$$\mathcal{N}(\boldsymbol{M}_{\mathrm{dyn}})=\{(\ddot{\boldsymbol{q}},\dot{\boldsymbol{v}},\boldsymbol{\lambda})^{\mathrm{T}}\mid\ddot{\boldsymbol{q}}=0,\dot{\boldsymbol{v}}=0,\ \boldsymbol{\lambda}\in\mathcal{N}(\boldsymbol{J}^{\mathrm{T}})\cap\mathcal{N}(\boldsymbol{G})\}$$

同理，在式（38.21）和式（38.23）定义的准静态的条件下应用。当 $\mathcal{N}(\boldsymbol{J}^{\mathrm{T}})\cap\mathcal{N}(\boldsymbol{G})\neq 0$ 时，刚体的方法不能求解出式（38.21）中的第一项，因此造成了 $\boldsymbol{\lambda}$ 的不确定。

定义 38.5　超静定型

如果 $\mathcal{N}(\boldsymbol{J}^{\mathrm{T}})\cap\mathcal{N}(\boldsymbol{G})$ 是非平凡的，则称抓取系统为超静定型。

在这样的系统中有属于 $\mathcal{N}(\boldsymbol{J}^{\mathrm{T}})$ 的内力（定义38.3），如欠秩型抓取中所讨论的那样是不可控的。刚体的动力学并不满足超静定抓取，因为刚体的假设导致了接触力旋量的不确定性[38.20]。参见“例3第三部分”。

38.2.3　理想特性

对于一个通用抓取系统，有三个主要的理想特性：对物体运动旋量 $\boldsymbol{v}$ 的控制，对于物体力旋量 $\boldsymbol{g}$ 的控制，和对于内力的控制。对于这些量的控制意味着机器人手可以通过对关节速度和动作的适当选择，在指定的抓取力下实现期望的 $\boldsymbol{v}$ 和 $\boldsymbol{g}$。在 $\boldsymbol{J}$ 和 $\boldsymbol{G}$ 中的情况等同于在表38.6中给出的这些性质。

表 38.6　抓取的理想特性

任务要求	必要条件
所有力旋量均可能实现，$\boldsymbol{g}$ 所有运动旋量可能实现，$\boldsymbol{v}$	$\boldsymbol{G}$ 的秩 $=n_v$
控制所有力旋量，$\boldsymbol{g}$ 控制所有运动旋量，$\boldsymbol{v}$	$\begin{cases}\boldsymbol{G}\text{ 的秩}=n_v\\ \boldsymbol{GJ}\text{ 的秩}=n_v\end{cases}$
控制所有内力	$\mathcal{N}(\boldsymbol{G})\cap\mathcal{N}(\boldsymbol{J}^{\mathrm{T}})=0$

我们通过两个步骤便可得出这个关联的情况。第一步，我们忽略“手”（在 $\boldsymbol{J}$ 中描绘的）的结构和位形，通过假设在手指上的接触点可以被命令移动到任何通过选择接触类型而传递到的方向。这里一个重要的观点是 $\boldsymbol{v}_{\mathrm{cc}}$ 被看作是一个独立输入变量，并且 $\boldsymbol{v}$ 被视为输出量。另一个解释为驱动器可以在约束方向上产生任何的接触力和力矩。类似的，$\boldsymbol{\lambda}$ 被视为输入量而 $\boldsymbol{g}$ 被视为输出量。在这个假设下，初步有利特性为：在物体（在 $\boldsymbol{G}$ 中描述过）上接触点的布置和类型无论是否如此，这个足够灵巧的机器人手都可以控制它的手指来指令任何运动旋量 $\boldsymbol{v}\in\mathbb{R}^6$，并且同样地，去施加任意力旋量 $\boldsymbol{g}\in\mathbb{R}^6$ 到物体上。

1. 所有物体运动旋量均可能实现

给定一组接触的坐标和类型，通过计算式（38.19）中的 $\boldsymbol{v}$ 或是观察在表38.3右侧的映射 $\boldsymbol{G}$，可以看到可行的物体运动旋量是那些在 $\mathcal{R}(\boldsymbol{G})$

中的。在 $\mathcal{N}(\boldsymbol{G}^{\mathrm{T}})$ 中的则不能由机器人手通过任何给定的抓取而达到。因此要想实现任何物体运动，我们必须有：$\mathcal{N}(\boldsymbol{G}^{\mathrm{T}})=0$，或者等效成 $\operatorname{rank}(\boldsymbol{G})=n_{\nu}$。任何有三个非共线的硬接触或者是有两个截然不同的软接触的抓取都要满足这个情况。

2. 所有物体力旋量均可能实现

这种情况是上述情况的对偶，所以我们希望是同样的条件。从式（38.21）中，会立即得到 $\mathcal{N}(\boldsymbol{G}^{\mathrm{T}})=0$ 的情况，所以我们又得到 $\operatorname{rank}(\boldsymbol{G})=n_{\nu}$。

要想得到以上各种有利变量所需的条件，机器人手的结构不能被忽略。回顾一下，只有在手上的可实现的接触运动旋量才会属于 $\mathcal{R}(\boldsymbol{J})$，而 $\mathcal{R}(\boldsymbol{J})$ 不一定等同于 $\mathbb{R}^{n_{\lambda}}$。

3. 控制所有物体运动旋量

通过计算出式（38.17）中的 $\boldsymbol{v}$，可以看到，通过选择关节速度 $\dot{\boldsymbol{q}}$ 要想引起物体的运动旋量 $\boldsymbol{v}$，我们必须有 $\mathcal{R}(\boldsymbol{GJ})=\mathbb{R}^{n_{\nu}}$ 和 $\mathcal{N}(\boldsymbol{G}^{\mathrm{T}})=0$。这些情况等同于 $\operatorname{rank}(\boldsymbol{GJ})=\operatorname{rank}(\boldsymbol{G})=n_{\nu}$。

4. 控制所有物体力旋量

这个性质与上一个是成对偶关系的。对于式（38.21）的分析表明了同样的情况：$\operatorname{rank}(\boldsymbol{GJ})=\operatorname{rank}(\boldsymbol{G})=n_{\nu}$。

5. 控制所有内力

式（38.20）表明了没有影响物体运动的力旋量只出现在 $\mathcal{N}(\boldsymbol{G})$ 中。大体而言，并不是所有的内力都可以通过关节运动被主动控制。在参考文献[38.16，21]中已经表明了所有在 $\mathcal{N}(\boldsymbol{G})$ 中的内力都是可控的，当且仅当 $\mathcal{N}(\boldsymbol{G})\cap\mathcal{N}(\boldsymbol{J}^{\mathrm{T}})=0$ 时。参见“例1第五部分”以及“例2第三部分”。

6. 设计索尔兹伯里手的注意事项

图38.4中的索尔兹伯里手被设计用最少的关节数量来满足表38.6的任务要求。假设为HF接触类型，三个非共线的接触是最小值，即 $\operatorname{rank}(\boldsymbol{G})=n_{\nu}=6$。在这样的情况下，矩阵 $\boldsymbol{G}$ 有6行和9列，并且 $\mathcal{N}(\boldsymbol{G})$ 的维数为3[38.1,4]。控制所有内力并且施加一个任意的力旋量到物体上，需要满足 $\mathcal{N}(\boldsymbol{G})\cap\mathcal{N}(\boldsymbol{J}^{\mathrm{T}})=0$，所以 $\boldsymbol{J}$ 的列空间的维数的最小值是9。为了达到这个条件，机器人手必须要有至少9个关节，而索尔兹伯里手采用3个手指，每个手指都有3个旋转关节。

用索尔兹伯里手执行一个敏捷操作任务的方式为在三个非共线的点上抓住这个物体，形成一个抓取三角形。为了确保抓住，内力被用来控制使接触点保持没有滑移的状态。灵敏操作是通过移动手指尖来控制抓取三角形的顶点位置。

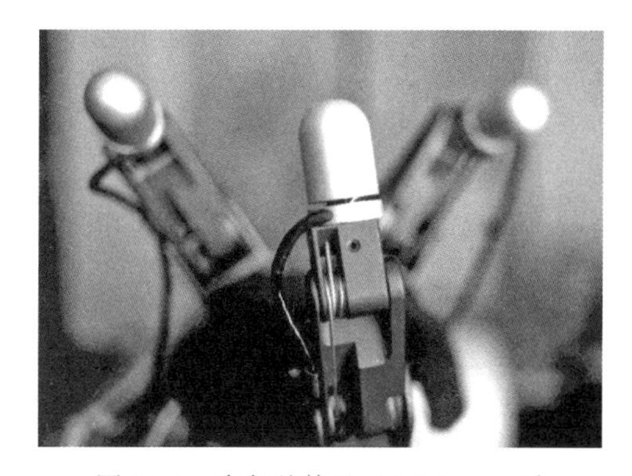

图38.4 索尔兹伯里（Salisbury）手

38.3 柔性抓取

在本节中，我们将扩展刚体模型以包括柔度。这就需要设计控制器。当被抓取物体接触环境时，控制器能够实现被抓取物体所需的顺应行为，从而提高静态抓取和灵巧操作任务的鲁棒性。它也有助于分析设计有柔性元件的机器人手[38.22,23]和利用抓握协同作用的抓握控制策略[38.24,25]。多亏了这种柔顺性，手可以设计为使用较少的关节保持安全抓握，从而提供更大的机械鲁棒性并降低规划抓握的复杂性。

另一方面，减少机器人手的自由度需要整个结构的柔性（或柔顺）设计，以使手的形状适应不同的物体，并提高对不确定因素的鲁棒性[38.26]。柔性可以是被动的，也可以是主动的。被动柔顺是由于机器人部件（包括关节）的结构变形，而主动柔顺是指驱动器的虚拟弹性。例如，由于PD关节控制器的比例作用，可通过改变控制参数来主动设置[38.26-29]。

在下文中，我们扩展了抓取分析，放松刚体接触约束，以同时考虑柔性和机器人手的少自由度。

如果手部结构不是完全刚性的，如图38.5所示，则关节变量 $\boldsymbol{q}$ 的实际向量可以不同于给定给关节控制器的参考向量 $\boldsymbol{q}_{\mathrm{r}}$，并且它们的差异通过本构方程的柔度矩阵 $\boldsymbol{C}_q\in\mathbb{R}^{n_q\times n_q}$ 与关节作用力 $\boldsymbol{\tau}$ 有关，即

38

$$q_r - q = C_q \tau \quad (38.30)$$

请注意，如果手部结构是完全刚性的，则不定义 $C_q=0$ 和手部刚度 $K_q=C_q^{-1}$。

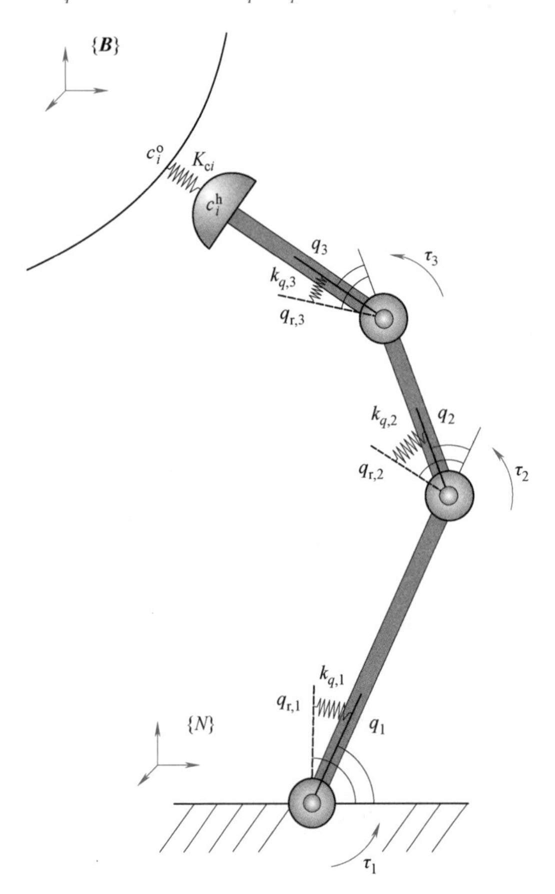

图 38.5 柔性关节和柔性接触的主要定义

很明显，要处理手的自由度少的问题，必须考虑一种兼容的接触模型。根据**定义 38.4**，在自由度数较少的情况下，抓取很可能存在缺陷，即存在非平凡的 $\mathcal{N}(J^T)$。值得注意的是，这种情况通常也发生在强力抓取中[38.30]，手包围物体，甚至与内肢形成接触。在这种情况下，手的雅可比矩阵是一个高阶矩阵，其转置包含有一个非平凡的零空间。

如果系统存在严重缺陷，则根据**定义 38.5**，抓取很可能是超静定的，因此，式（38.21）中的刚体模型确定不足，并且不允许第 38.2.2 节中讨论的接触力矢量 λ 有唯一解。请注意，计算力分布在抓取分析中至关重要，因为它允许评估是否满足接触约束，从而评估是否会保持抓取。

在式（38.17）所示的刚性接触假设下，超静定抓取中的力分布问题是一个欠静定力学问题。为了解决这个问题，我们需要用更多关于接触力的信息来丰富模型。一种可能的解决方案是将刚体运动学约束式（38.19）替换为接触相互作用的柔度模型[38.21]，该模型可通过在手 c^h 与物体 c^o 的接触点之间引入一组弹簧来获得，如图 38.5 所示。

$$C_c \lambda = c^h - c^o \quad (38.31)$$

式中，$C_c \in \mathbb{R}^{n_\lambda \times n_\lambda}$ 是对称正定的接触柔度矩阵。这里，接触刚度矩阵定义为接触柔度矩阵的倒数，即 $K_c = C_c^{-1}$。

以下分析是在准静态框架下进行的：从平衡参考位形 $q_{r,0}$、q_0、τ_0、λ_0、u_0、和 g_0，对关节参考位形施加小的输入扰动 $q_{r,0}+\Delta q_r$ 和外部负载 $g_0+\Delta g$，该负载将抓取系统移动到新的平衡位形，其线性近似表示为 $q_0+\Delta q$，$\tau_0+\Delta\tau$，$\lambda_0+\Delta\lambda$，$u_0+\Delta u$。

在下文中，为了简单起见，如前所述，需要将矩阵 G 和 J 转化到物体坐标系 $\{B\}$ 而不是惯性坐标系 $\{N\}$。请注意，这仅适用于本节的柔度分析，而本章其余部分仍参考第 38.1.1 节中所述的矩阵 G 和 J。

令 $R_b \in \mathbb{R}^{3\times3}$ 表示物体坐标系 $\{B\}$ 相对惯性坐标系 $\{N\}$ 的姿态。然后，相对 $\{B\}$ 的物体运动旋量可写成

$$v_{i,\mathrm{obj}} = \bar{R}_b^T \begin{pmatrix} v_{i,\mathrm{obj}}^N \\ \omega_{i,\mathrm{obj}}^N \end{pmatrix} \quad (38.32)$$

式中，$\bar{R}_b = \mathrm{Blockdiag}(R_b, R_b) = \begin{pmatrix} R_b & 0 \\ 0 & R_b \end{pmatrix} \in \mathbb{R}^{6\times6}$。

然后，将式（38.2）中的 $P_i^T v$ 进行替换，可得到如式（38.32）所示的部分抓取矩阵 $\tilde{G}_i^T \in \mathbb{R}^{6\times6}$，该矩阵将物体运动旋量从惯性坐标系 $\{N\}$ 映射到物体坐标系 $\{B\}$ 中的 $\{C\}_i$。

类似地，手部运动旋量相对物体坐标系 $\{B\}$ 可以表示为

$$v_{i,\mathrm{hnd}} = \bar{R}_b^T \begin{pmatrix} v_{i,\mathrm{hnd}}^N \\ \omega_{i,\mathrm{hnd}}^N \end{pmatrix} \quad (38.33)$$

结合式（38.33）和式（38.7），得出部分手部雅可比矩阵 $\tilde{J}_i \in \mathbb{R}^{6\times n_q}$，通过它将关节速度与相对于物体坐标系 $\{B\}$ 表示的手部接触运动旋量相关联。

表 38.7 给出了对三种接触模型选择矩阵的定义，当物体和手运动旋量都相对物体坐标系 $\{B\}$ 表示。在平面情况下，就接触约束而言，式（38.15）适用于表 38.8 中定义的 H_{iF} 和 H_{iM}。

表 38.7 当物体运动旋量相对物体坐标系 $\{B\}$ 表示时，三种接触模型的选择矩阵

模型	n_{λ_i}	H_{iF}	H_{iM}
PowF	1	$\hat{n}_i^{bT}$	空
HF	3	$[\hat{n}_i^b, \hat{t}_i^b, \hat{o}_i^b]^T$	空
SF	4	$[\hat{n}_i^b, \hat{t}_i^b, \hat{o}_i^b]^T$	$\hat{n}_i^{bT}$

$\hat{n}_i^b$ 是接触点 i 处相对物体坐标系 $\{B\}$ 表示的法向单位矢量。

表 38.8 当物体运动旋量相对物体坐标系 $\{B\}$ 表示时，平面简化情况的选择矩阵

模型	n_{λ_i}	H_{iF}	H_{iM}
PowF	1	$\hat{n}_i^{bT}$	空
HF/ SF	2	$[\hat{n}_i^b, \hat{t}_i^b]^T$	空

平衡位形处的接触力变化与物体和手指在接触点处的相对位移有关，如下所示：

$$C_c\Delta\boldsymbol{\lambda}=(\boldsymbol{J}\Delta\boldsymbol{q}-\boldsymbol{G}^T\Delta\boldsymbol{u}) \tag{38.34}$$

通过假设扰动位形与参考位形足够接近，可以找到有关 $\boldsymbol{g}$ 和 $\boldsymbol{\tau}$ 的以下线性化关系：

$$\Delta\boldsymbol{g}=-\boldsymbol{G}\Delta\boldsymbol{\lambda} \tag{38.35}$$

$$\Delta\boldsymbol{\tau}=\boldsymbol{J}^T\Delta\boldsymbol{\lambda}+\boldsymbol{K}_{J,q}\Delta\boldsymbol{q}-\boldsymbol{K}_{J,u}\Delta\boldsymbol{u} \tag{38.36}$$

其中

$$\boldsymbol{K}_{J,q}=\frac{\partial \boldsymbol{J}\boldsymbol{\lambda}_0}{\partial \boldsymbol{q}},\quad \boldsymbol{K}_{J,u}=\frac{\partial \boldsymbol{J}\boldsymbol{\lambda}_0}{\partial \boldsymbol{u}}$$

$\boldsymbol{K}_{J,q}$ 和 $\boldsymbol{K}_{J,u}$ 分别是手部雅可比矩阵相对于 $\boldsymbol{q}$ 和 $\boldsymbol{u}$ 变化的偏微分。

注意： 在式（38.35）和（38.36）中，抓取矩阵和手雅可比矩阵都是相对于物体坐标系来表示的，通过忽略手指和对象在接触点处的滚动，$\boldsymbol{G}$ 变为常值，而 $\boldsymbol{J}(\boldsymbol{q},\boldsymbol{u})$ 通常取决于手和物体所在的位形。矩阵 $\boldsymbol{K}_{J,q}$ 反映 $\boldsymbol{J}(\boldsymbol{q},\boldsymbol{u})$ 相对手和物体位形的变异性。

矩阵 $\boldsymbol{K}_{J,q}\in\mathbb{R}^{n_q\times n_q}$ 和 $\boldsymbol{K}_{J,u}\in\mathbb{R}^{n_q\times n_v}$ 通常被称为几何刚度矩阵[38.28]。此外，可以验证矩阵 $\boldsymbol{K}_{J,q}$ 是对称的[38.27]。

通过在式（38.30）中替换式（38.36），我们得到

$$\boldsymbol{J}_R\boldsymbol{C}_q\boldsymbol{J}^T\Delta\boldsymbol{\lambda}=\boldsymbol{J}_R\Delta\boldsymbol{q}_r-\boldsymbol{J}\Delta\boldsymbol{q}-\boldsymbol{J}_R\boldsymbol{C}_q\boldsymbol{K}_{J,u}\Delta\boldsymbol{u} \tag{38.37}$$

式中，$\boldsymbol{J}_R=\boldsymbol{J}(\boldsymbol{I}+\boldsymbol{C}_q\boldsymbol{K}_{J,q})^{-1}$。

将式（38.34）与（38.37）相加，可以得到以下接触力位移 $\Delta\boldsymbol{\lambda}$ 表达式为

$$\Delta\boldsymbol{\lambda}=\boldsymbol{K}_{c,e}(\boldsymbol{J}_R\Delta\boldsymbol{q}_r-\boldsymbol{G}_R^T\Delta\boldsymbol{u}) \tag{38.38}$$

其中

$$\boldsymbol{G}_R^T=\boldsymbol{G}^T+\boldsymbol{J}_R\boldsymbol{C}_q\boldsymbol{K}_{J,u}$$

$$\boldsymbol{K}_{c,e}=(\boldsymbol{C}_c+\boldsymbol{J}_R\boldsymbol{C}_q\boldsymbol{J}^T)^{-1} \tag{38.39}$$

矩阵 $\boldsymbol{K}_{c,e}$ 表示等效接触刚度，同时考虑了关节和接触柔度。如果忽略几何项，即 $\boldsymbol{K}_{J,q}=0$ 和 $\boldsymbol{K}_{J,u}=0$，等效接触刚度矩阵的经典表达式 $\boldsymbol{K}_{c,e}=(\boldsymbol{C}_c+\boldsymbol{J}\boldsymbol{C}_q\boldsymbol{J}^T)$ 可从参考文献［38.28］中找到。

通过将式（38.38）代入式（38.35），物体位移可作为小输入扰动 $\Delta\boldsymbol{q}_r$ 和 $\Delta\boldsymbol{g}$ 的函数进行评估：

$$\Delta\boldsymbol{u}=(\boldsymbol{G}\boldsymbol{K}_{c,e}\boldsymbol{G}_R^T)^{-1}(\boldsymbol{G}\boldsymbol{K}_{c,e}\boldsymbol{J}_R\Delta\boldsymbol{q}_r+\Delta\boldsymbol{g}) \tag{38.40}$$

当 $\Delta\boldsymbol{q}_r=0$ 时，式（38.40）可以重新写成

$$\Delta\boldsymbol{g}=\boldsymbol{K}\Delta\boldsymbol{u}\quad 且\ \boldsymbol{K}=\boldsymbol{G}\boldsymbol{K}_{c,e}\boldsymbol{G}_R^T$$

式中，乘以外部力旋量变化的项 $\Delta\boldsymbol{g}$ 表示抓取刚度矩阵 $\boldsymbol{K}$ 的倒数。抓取刚度用来评估机器人抓取抵抗施加到物体上的外部载荷变化的能力。

对于载荷分配 $\Delta\boldsymbol{\lambda}$，通过将式（38.40）代入（38.38），接触力的变化可通过下式进行评估：

$$\Delta\boldsymbol{\lambda}=\boldsymbol{G}_g^+\Delta\boldsymbol{g}+\boldsymbol{P}\Delta\boldsymbol{q}_r \tag{38.41}$$

其中

$$\boldsymbol{G}_g^+=\boldsymbol{K}_{c,e}\boldsymbol{G}_R^T(\boldsymbol{G}\boldsymbol{K}_{c,e}\boldsymbol{G}_R^T)^{-1}$$

$$\boldsymbol{P}=(\boldsymbol{I}-\boldsymbol{G}_g^+\boldsymbol{G})\boldsymbol{K}_{c,e}\boldsymbol{J}_R$$

矩阵 $\boldsymbol{G}_g^+$ 是抓取矩阵 $\boldsymbol{G}$ 的右伪逆矩阵，其中考虑到了几何效应以及手和接触刚度。通过矩阵 $\boldsymbol{P}$ 将参考关节变量 $\Delta\boldsymbol{q}_r$ 映射到接触力的变化 $\Delta\boldsymbol{\lambda}$ 中。

值得注意的是，$\boldsymbol{I}-\boldsymbol{G}_g^+\boldsymbol{G}$ 是 $\boldsymbol{G}$ 在其零空间上的投影，然后通过修改关节参考值所产生的每个接触力变化 $\Delta\boldsymbol{\lambda}_h=\boldsymbol{P}\Delta\boldsymbol{q}_r$，满足方程 $\boldsymbol{G}\Delta\boldsymbol{\lambda}_h=0$，属于内力的子空间。

总之，可使用线性化的准静态力学模型来分析柔性抓取，并分别在式（38.40）和式（38.41）中给出了将关节参考位形、受控输入和外部干扰、力旋量映射到物体运动和接触力的映射关系。

38.4 约束分析

在抓取和灵巧操作中，最基本的要求是使物体保持平衡状态，并且控制其与手掌相对的位置与方向的能力。抓取约束的两个最实用的特性为力封闭和形封闭。这些名字在公元 1876 年就已经在机械设计领域使用了，用以区分那些需要外力保持接触的关节和那些不需要的关节[38.31]。例如，一些水轮

内有圆柱轴被安置在水平的半圆柱槽内，在水轮的两边分开，在操作过程中，水轮的重量使得与槽轴的接触闭合，于是就力封闭了。通过比较发现，如果槽被仅仅是能满足轴长的圆柱形孔所替代，那么接触将会通过几何结构而停止（尽管重力的方向是相反的），于是就形封闭了。

当将其施加到抓取上时，力封闭和形封闭有如下的解释。假设一只抓住一个物体的手，它的关节角是锁定的并且它的手掌在空间中固定；如果移动物体是不可能的，甚至是极小的，那么这个抓取就是形封闭的，或者说这个物体是闭形的。在同样的情况下，如果对于任何非接触的力旋量存在，满足式（38.20）并且与通过摩擦模型在适合的接触点施加的约束一致，则抓取是力封闭的，或者说这个物体是力闭的。注意到所有的形封闭抓取也是力封闭抓取。当在形封闭的情况下，物体一点都不能移动，此时忽略非接触的力旋量。因此，手保持着物体在任何外加力旋量下的平衡，这是力封闭的要求。

大体而言，当手掌和手指包裹着物体时形成了没有余地的笼形，就像图38.6中表示的抓取，这就是形封闭。这类抓取也被称作功率抓取[38.32]或是包络抓取[38.33]。然而，力封闭在更少的接触下也是可能的，就像在图38.7中表示的那样，但是在这样的状况下，力封闭需要能够控制内力的能力。对于一个部分形封闭的抓取，这也是可能的，这表明只有可能的自由度的子集才会被形封闭所约束[38.34]。这样的抓取例子如图38.8所示。在这个抓取中，指尖放置在瓶盖外围棱线之间，在瓶盖旋转方向和垂直于旋转轴的平移方向上形成了形封闭，但是其他3个自由度是通过力封闭来约束的。严格来讲，通过人的手来提供一个真实物体抓取的时候，由于手和物体的柔性，阻止物体关于手掌的相对运动是不可能的。只有当接触体为刚性时才会阻止所有的运动，就像在大多的数学模型中应用于抓取分析中的假设一样。

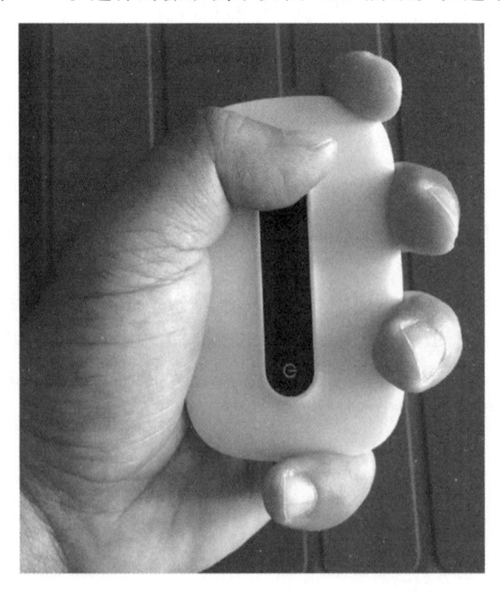

图38.6　手掌和手指结合在一起，形成一个非常安全的形封闭

图38.7　肌腱驱动DLR手臂系统的手和手腕抓取工具[38.7]，此抓取具有适合灵巧操作的力封闭抓取方式（DLR手臂系统，照片由DLR 2011提供）

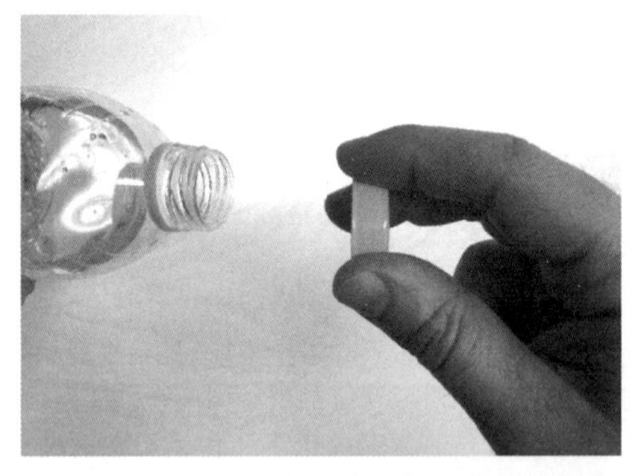

图38.8　在抓取的描述中，与瓶盖上的棱线接触时，在瓶盖旋转方向（拧紧时）和垂直于旋转轴的平移方向上形成了局部的形封闭。为了达到对瓶盖的完全控制，抓取在其他3个自由度下达到了力封闭

38.4.1　形封闭

为了使形封闭的概念精确，引入一个间隙函数，将物体和手的每个n_c接触点用$\boldsymbol{\psi}_i(\boldsymbol{u},\boldsymbol{q})$表示。这个间隙函数在每次接触中为零，如果接触停止就为正，并且如果发生贯穿就为负。这个间隙函数可以被认为是接触点间的距离。总之，这个函数是独

立的，它与接触体的形状无关。让 $\bar{u}$ 和 $\bar{q}$ 代表给定抓取物体和手的结构，则有

$$\psi_i(\bar{u},\bar{q})=0 \qquad \forall i=1,\cdots,n_c \tag{38.42}$$

形封闭的状况现在可以从 $\bar{u}$ 的微分 du 的变化方面来描述。

定义 38.6

当且仅当满足如下条件时，抓取（$\bar{u},\bar{q}$）是形封闭的：

$$\boldsymbol{\psi}(\bar{u}+\mathrm{d}\boldsymbol{u},\bar{q})\geqslant\mathbf{0}\Rightarrow\mathrm{d}\boldsymbol{u}=\mathbf{0} \tag{38.43}$$

式中，$\boldsymbol{\psi}$ 是间隙函数的 n_c 维的向量，其中的第 i 个坐标分量等于 $\boldsymbol{\psi}_i(\boldsymbol{u},\boldsymbol{q})$。通过定义，向量间的不等式说明了不等式被用于向量的对应分量上。

在关于 $\bar{u}$ 的泰勒级数上，将间隙函数展开生成无穷小的各阶的形封闭。使 ${}^{\beta}\boldsymbol{\psi}(\boldsymbol{u},\boldsymbol{q})$，$\beta=1,\ 2,\ 3,\ \cdots$，使泰勒级数在 d$\boldsymbol{u}$ 的 β 阶之后近似逼近。从式（38.42）中可知，它关于第一阶的近似为

$${}^{1}\boldsymbol{\psi}(\bar{u}+\mathrm{d}\boldsymbol{u},\bar{q})=\left|\frac{\partial\boldsymbol{\psi}(\boldsymbol{u},\boldsymbol{q})}{\partial\boldsymbol{u}}\right|_{(\bar{u},\bar{q})}\mathrm{d}\boldsymbol{u}$$

式中，$\partial\boldsymbol{\psi}(\boldsymbol{u},\boldsymbol{q})/\partial\boldsymbol{u}\,\big|_{(\bar{u},\bar{q})}$ 表示了 $\boldsymbol{\psi}$ 在（$\bar{u},\bar{q}$）点关于 $\boldsymbol{u}$ 的偏导数。用在式（38.43）中的 $\boldsymbol{\beta}$ 阶的近似值替代 $\boldsymbol{\psi}$ 说明了与 $\boldsymbol{\beta}$ 阶相关的三种情况：

1）如果存在 d$\boldsymbol{u}$ 使 ${}^{\beta}\boldsymbol{\psi}(\bar{u}+\mathrm{d}\boldsymbol{u},\bar{q})$ 至少有一个绝对为负的分量，那么抓取为关于 β 阶的形封闭。

2）如果对于每个非零的 d$\boldsymbol{u}$，式 ${}^{\beta}\boldsymbol{\psi}(\bar{u}+\mathrm{d}\boldsymbol{u},\bar{q})$ 至少有一个绝对为负的分量，那么抓取为关于 β 阶的形封闭。

3）如果对于所有的 ${}^{\alpha}\boldsymbol{\psi}(\bar{u}+\mathrm{d}\boldsymbol{u},\bar{q})\ \forall\alpha\leqslant\beta$，情况 1）和 2）都不适用，则需要对于高阶的分析来决定形封闭的存在。

图 38.9 用对灰色物体的几个平面抓取说明了形封闭的概念，抓取是通过手指完成的，在图中用深色圆点表示。对于三维物体的抓取，概念是相同的，但是在一个平面中会更易说明。在左侧的抓取是一阶的形封闭。注意到一阶形封闭只包含距离函数的一阶导数。这表明只有在一阶形封闭中的相关几何位形是接触的坐标和接触法线的方向。在中心的抓取有更高阶的形封闭，并且有特定的阶，它依据弧度来定义在相邻接触中的物体和手指的表面[38.35]。二阶形封闭的分析除了用于分析一阶形封闭的几何信息外，还取决于两个接触体的曲率。在右侧的抓取则是任意阶的形封闭，因为物体可以水平翻转并且绕中心旋转。

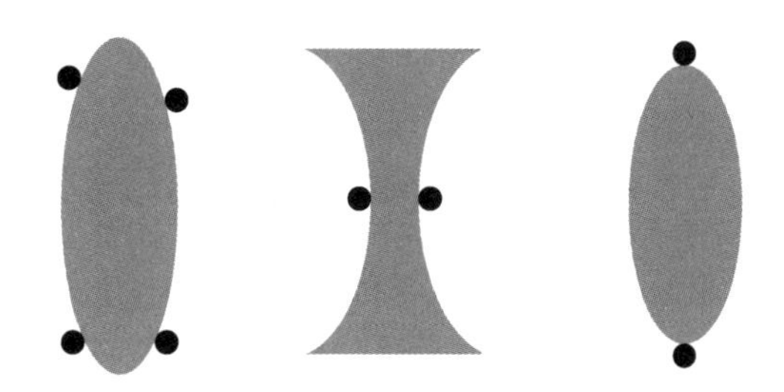

图 38.9　三平面抓取：两个具有不同阶的形封闭，一个没有形封闭

1. 一阶形封闭

一阶形封闭会存在当且仅当满足如下条件：

$$\left|\frac{\partial\boldsymbol{\psi}(\boldsymbol{u},\boldsymbol{q})}{\partial\boldsymbol{u}}\right|_{(\bar{u},\bar{q})}\mathrm{d}\boldsymbol{u}\geqslant\mathbf{0}\Rightarrow\mathrm{d}\boldsymbol{u}=\mathbf{0}$$

一阶形封闭的情况可以写成用物体运动旋量 $\boldsymbol{v}$ 表示的形式：

$$\boldsymbol{G}_{\mathrm{n}}^{\mathrm{T}}\boldsymbol{v}\geqslant\mathbf{0}\Rightarrow\boldsymbol{v}=\mathbf{0} \tag{38.44}$$

式中，$\boldsymbol{G}_{\mathrm{n}}^{\mathrm{T}}\boldsymbol{v}=\partial\boldsymbol{\psi}/\partial\boldsymbol{u}\boldsymbol{V}\in\mathbb{R}^{n_c\times6}$。回想一下，$\boldsymbol{V}$ 是式（38.1）中定义的运动学映射。还要注意，当所有接触点都没有摩擦时，$\boldsymbol{G}_{\mathrm{n}}$ 为抓取矩阵。

因为间隙函数只确定距离的量，所以乘积 $\boldsymbol{G}_{\mathrm{n}}^{\mathrm{T}}\boldsymbol{v}$ 是在接触点的物体的瞬时速度的法向分量的向量（其中接触点必须是非负的以防止相互穿透）。这反而表明抓取矩阵是所有接触都是 PwoF 类型的假设中产生的。

一种表示接触力旋量大小的向量 $\boldsymbol{\lambda}_{\mathrm{n}}\in\mathbb{R}^{n_c}$ 的等价条件可以表述如下。当且仅当满足如下条件，抓取可实现一阶形封闭：

$$\left.\begin{aligned}\boldsymbol{G}_{\mathrm{n}}\boldsymbol{\lambda}_{\mathrm{n}}&=-\boldsymbol{g}\\ \boldsymbol{\lambda}_{\mathrm{n}}&\geqslant0\end{aligned}\right\}\ \forall\boldsymbol{g}\in\mathbb{R}^{6} \tag{38.45}$$

这种情况的物理解释为，在接触无摩擦的假设下平衡可以被保持。注意到 $\boldsymbol{\lambda}_{\mathrm{n}}$ 的坐标分量是接触力法向分量的数量级。下标 n 是用来强调 $\boldsymbol{\lambda}_{\mathrm{n}}$ 不包含其他的力或力矩分量。

因为 $\boldsymbol{g}$ 必须在 $\boldsymbol{G}_{\mathrm{n}}$ 的范围里，为了满足平衡，并且因为 $\boldsymbol{g}$ 是 $\mathbb{R}^6$ 的任意元素，所以为了满足式（38.45）的条件，$\boldsymbol{G}_{\mathrm{n}}$ 的秩必须为 6。假设 $\boldsymbol{G}_{\mathrm{n}}$ 的秩为 6，另一个等价一阶形封闭的数学描述是存在 $\boldsymbol{\lambda}_{\mathrm{n}}$ 满足如下的两个条件使得参考文献［38.36］成立：

$$\begin{aligned}\boldsymbol{G}_{\mathrm{n}}\boldsymbol{\lambda}_{\mathrm{n}}&=\mathbf{0}\\ \boldsymbol{\lambda}_{\mathrm{n}}&>\mathbf{0}\end{aligned} \tag{38.46}$$

这就意味着存在着一组在 $\boldsymbol{G}_{\mathrm{n}}$ 的零空间中的严格量化正向接触力。换句话说，可以在保持平衡点的同时像期望的那样紧密地挤压物体。对这种情况

的第二种解释为非负、跨列的 $\boldsymbol{G}_{\mathrm{n}}$ 必须等于 $\mathbb{R}^6$。换句话说，$\boldsymbol{G}_{\mathrm{n}}$ 列的凸包必须严格包含 $\mathbb{R}^6$ 的原点。一个被称为“摩擦形封闭”的概念可将有关跨列和凸包的解释联系起来，这一概念存在于形封闭与力封闭之间。

情况式（38.44）和（38.45）的对偶性可以通过检测力旋量来清楚地看到，这个力旋量可以通过无摩擦接触和对可能的物体运动旋量的相应设置来应用并施加。关于这样的讨论对于圆锥和它们的对偶性的定义是很有用的。

定义 38.7

一个圆锥 C 为一组向量 $\boldsymbol{\zeta}$，对于在 C 中的每个 $\boldsymbol{\zeta}$，$\boldsymbol{\zeta}$ 的每个非负的标量倍数也在 C 中。

等价地，一个圆锥为在加法和非负标量乘法作用下封闭的一个向量集合。

定义 38.8

给定一个含有元素 $\boldsymbol{\zeta}$ 的圆锥 C，含有元素 $\boldsymbol{\zeta}^*$ 的对偶圆锥 C^* 是一组向量，其中 $\boldsymbol{\zeta}$ 和 C 中的每个向量的点积均为非负。

数学表达为：

$$C^*=\{\boldsymbol{\zeta}^* \mid \boldsymbol{\zeta}^{\mathrm{T}}\boldsymbol{\zeta}^* \geqslant 0, \forall \boldsymbol{\zeta} \in C\} \quad (38.47)$$

参见例4。

2. 一阶的形封闭要求

已知几个形封闭有用的必要条件。在1897年，Somov 证明了，要使一个有6个自由度的刚体形封闭，至少要有7个接触[38.37,38]。Lakshinarayana 总结了这个要求并且证明了要使一个有 n_v 个自由度的刚体形封闭，必须至少要有 n_v+1 个接触[38.34]（这是根据 Goldman 和 Tucker 在1956年发表的文章[38.39]），见表38.9。这引导我们进行部分形封闭的定义，这是在对手抓取瓶盖的讨论中提及过的。Markenscoff 和 Papadimitriou 定义了紧上界，该定义表明表面没有旋转的物体，最多有 n_v+1 个接触是必需的[38.40]。旋转表面是不可能达到形封闭的。

表 38.9　自由度为 n_v 的物体实现形封闭所需的最小接触数量 n_c

n_v	n_c
3（平面抓取）	4
6（空间抓取）	7
n_v（一般抓取）	n_v+1

要强调 n_v+1 个接触为必要的而不是充分的，我们就要考虑用7个或更多的接触点来抓握一个立方体。如果所有的接触在一个面上，那么很明显这个立方体就不是形闭合的。

3. 一阶形封闭的要求

因为形封闭的抓取是很精确的，所以设计或是合成这样的抓取是可行的。为此，需要一种方法去测试对于形封闭候选的抓取，并且将它们排序以选出最佳抓取。一个合理的形封闭的测试可以由此状况的解析几何得出式（38.46）。零空间约束与 $\boldsymbol{\lambda}_{\mathrm{n}}$ 的正值性条件意味着可按 $\boldsymbol{\lambda}_{\mathrm{n}}$ 分量的比例对 $\boldsymbol{G}_{\mathrm{n}}$ 的各列相加。任何可以关闭循环的关于 $\boldsymbol{\lambda}_{\mathrm{n}}$ 的选择都在 $\mathcal{N}(\boldsymbol{G}_{\mathrm{n}})$ 中。对于一个给定的循环，若 $\boldsymbol{\lambda}_{\mathrm{n}}$ 的最小分量是正值，那么抓取就是形封闭的，反之亦然。我们用 d 表示该最小分量。因为存在这样一个循环，于是 d 可以任意缩放，为了计算方便，$\boldsymbol{\lambda}_{\mathrm{n}}$ 应该为有界。

当确定 $\boldsymbol{G}_{\mathrm{n}}$ 为行满秩，一个基于以上观察结果的定量形封闭的测定可以形成一个关于未知的 d 和 $\boldsymbol{\lambda}_{\mathrm{n}}$ 的线性规划（LP），形式如下

LP1：最大值：
$$d \quad (38.48)$$
受的约束：
$$\boldsymbol{G}_{\mathrm{n}}\boldsymbol{\lambda}_{\mathrm{n}}=0 \quad (38.49)$$
$$\boldsymbol{I}\boldsymbol{\lambda}_{\mathrm{n}}-\boldsymbol{1}d \geqslant \boldsymbol{0} \quad (38.50)$$
$$d \geqslant 0 \quad (38.51)$$
$$\boldsymbol{1}^{\mathrm{T}}\boldsymbol{\lambda}_{\mathrm{n}} \leqslant \boldsymbol{n}_{\mathrm{c}} \quad (38.52)$$

式中，$\boldsymbol{I} \in \mathbb{R}^{n_c \times n_c}$ 是一个单位阵并且 $\boldsymbol{1} \in \mathbb{R}^{n_c}$ 是一个各元素都为1的矢量。最后一个不等式的目的是为了防止这个线性规划最后变得不可控制。一个典型的 LP 的求解方法决定了约束的不可行性或无界性，这些约束属于所谓的算法第一阶段；并且在尝试计算最优值之前先考虑一下结果[38.41]。如果 LP1 是不可行的，或者如果这个最优值 d^* 为0，那么该抓取就不是形封闭的。

这种定量形封闭的测定［式（38.48）~式（38.52）］有 n_c+8 个约束和 n_c+1 个未知数。对于一个典型的 $n_c<10$ 的抓取，这是个能用单一方法很快算出来的小型“线性规划”。应注意，度量 d^* 取决于形成 $\boldsymbol{G}_{\mathrm{n}}$ 时对单元 n（数量）的选择。建议对力旋量的各元素进行无量纲化处理，以避免“d 取决于其单元数量”的问题。这可以用“特征力”除 $\boldsymbol{G}_{\mathrm{n}}$ 的前三列，用“特征力矩”除 $\boldsymbol{G}_{\mathrm{n}}$ 的后三列来实现。如果希望进行二进制测试，可以通过去掉最后的约束式（38.52），只运用单纯形运算的第一阶段将 LP1 转换为二进制。

总之，“定量形封闭”的测定有两个步骤。

38

4. 形封闭测试

（1）计算 rank($\boldsymbol{G}_{\mathrm{n}}$)

1）如果 rank($\boldsymbol{G}_{\mathrm{n}}$) $\neq n_v$，那么形封闭不存在。结束。

2）如果 rank($\boldsymbol{G}_{\mathrm{n}}$) $= n_v$，继续。

（2）求解 LP1

1）如果 $d^*=0$，那么形封闭不存在。

2）如果 $d^*>0$，那么形封闭存在，并且 d^* 是衡量这个控制脱离形封闭的程度的粗略的标准。

参见“例 5 第一部分”。

（3）测试的变化　如果秩的测试失败了，这个抓取就会有局部的形封闭，还余下与 rank($\boldsymbol{G}_{\mathrm{n}}$) 一样多的自由度。如果想对其进行测试，必须用一个新的 $\boldsymbol{G}_{\mathrm{n}}$，保留与将要测定的部分形封闭的自由度相同数量的列，从而求解 LP1。如果 $d^*>0$，那么局部形封闭就存在。

第二种变化是，当人们事先知道物体已经被部分约束时。例如，在方向盘的情况下，驾驶员知道，相对于他，方向盘只有 1 个自由度。仅当限制车轮围绕转向柱的旋转时，才需要一个适用于驾驶的形封闭抓取装置。通常，假设对象受一组双向约束，这些约束可以写成

$$\boldsymbol{B}^{\mathrm{T}}\boldsymbol{v}=\boldsymbol{0} \tag{38.53}$$

通过这些附加约束，形封闭属性可以表示为

$$\left.\begin{array}{l}\boldsymbol{G}_{\mathrm{n}}^{\mathrm{T}}\boldsymbol{v}\geqslant\boldsymbol{0}\\ \boldsymbol{B}^{\mathrm{T}}\boldsymbol{v}=\boldsymbol{0}\end{array}\right\}\Rightarrow\boldsymbol{v}=\boldsymbol{0} \tag{38.54}$$

式（38.54）可等效为

$$\overline{\boldsymbol{G}}_{\mathrm{n}}^{\mathrm{T}}\boldsymbol{\rho}\geqslant\boldsymbol{0}\Rightarrow\boldsymbol{\rho}=\boldsymbol{0} \tag{38.55}$$

式中，$\boldsymbol{\rho}$ 是长度等于 $\boldsymbol{B}^{\mathrm{T}}$ 和 $\overline{\boldsymbol{G}}_{\mathrm{n}}\boldsymbol{\lambda}_{\mathrm{n}}=\boldsymbol{A}_B\boldsymbol{G}_{\mathrm{n}}$ 的零空间维数的任意向量，其中 $\boldsymbol{A}_B$ 是 $\boldsymbol{B}$ 列空间的零化子。构造 $\boldsymbol{A}_B$ 的一种可能方法是矩阵 $\boldsymbol{A}_B=[\boldsymbol{N}(\boldsymbol{B}^{\mathrm{T}})]^{\mathrm{T}}$，式中，$\boldsymbol{N}(\boldsymbol{B}^{\mathrm{T}})$ 是构成 $\boldsymbol{B}^{\mathrm{T}}$ 零空间的基。还要注意，$\boldsymbol{N}(\boldsymbol{B}^{\mathrm{T}})\boldsymbol{\rho}$ 是与双向约束一致的物体运动旋量（即，必须通过单边约束消除的运动旋量）。

对于部分受双向约束的物体，其形封闭条件也可以用力旋量的形式来表示，即

$$\begin{array}{c}\overline{\boldsymbol{G}}_{\mathrm{n}}\boldsymbol{\lambda}_{\mathrm{n}}=0\\ \boldsymbol{\lambda}_{\mathrm{n}}>0\end{array} \tag{38.56}$$

请注意，运动旋量约束方程（38.44）和（38.55）以及力旋量约束方程（38.46）和（38.56）在形式上是相似的，因此，可以通过用 $\overline{\boldsymbol{G}}_{\mathrm{n}}$ 代替 $\boldsymbol{G}_{\mathrm{n}}$、用 $[n_v-\mathrm{rank}(\boldsymbol{B})]$ 代替 n_v 来应用量化形封闭。对于有关约束形式的封闭性条件推导的更详细信息，请见参考文献［38.42］。

参见示例 5 的第 2 部分。

（4）单调性　在抓取综合中，有时希望抓取度量随接触点的数量单调增加，直觉认为向稳定抓取添加接触将使其更稳定。解决方案 d^* 不具有此属性。然而，参考文献［38.43］中提供的一个 Matlab 函数 `formClosure.m`，返回 d^*n_c 作为度量，因为它在向随机抓取添加随机触点时几乎保持单调性。这可以通过运行 `test_monotonicity.m` 来验证。

我们可以设计用于手部的一组力旋量的范数作为单调性度量。令多面体 $G=\{\boldsymbol{g}\mid\boldsymbol{g}=\boldsymbol{G}_{\mathrm{n}}\boldsymbol{\lambda}_{\mathrm{n}},0\leqslant\boldsymbol{\lambda}_{\mathrm{n}}\leqslant 1\}$ 表示力旋量空间，如果接触力大小限定为 1，则可以用于手来施加这样一组力旋量。Ferrari 和 Canny[38.44] 提出的度量指标是 $\boldsymbol{G}$ 中最大球体的半径，原点位于力旋量空间的原点。当且仅当抓取具有形封闭时，半径大于 0。此外，添加一个接触点总是会生成一个新的 $\boldsymbol{G}$，它是初始 $\boldsymbol{G}$ 的超集。因此，球体的半径不会因此而减小。因此，单调性成立。

具体参见示例 5 的第 3 部分。

5. 平面简化

在平面情况下，Nguyen[38.45] 发明了一种图形化的定性测试形封闭的方法。图 38.10 显示了两种有四个触点的形封闭的抓取。为了测试形封闭，我们将其分配到两个小组中。C_1 和 C_2 分别为这两组中两个常数的正极差。有形封闭的抓取，需要当且仅当 C_1，C_2 或者 $-C_1$，$-C_2$ 是相互呼应的。两个圆锥体相互呼应是指，由顶点分别发出的两条分割线同时经过两个圆锥。产生超过 4 个交点，如果产生任意的一个交点满足条件，这个抓取就是形封闭的。

注意，这种图示法很难应用于超过 4 个交点的情况。而且，它无法应用于三维抓取的情况，也不能提供一种封闭性的测量。

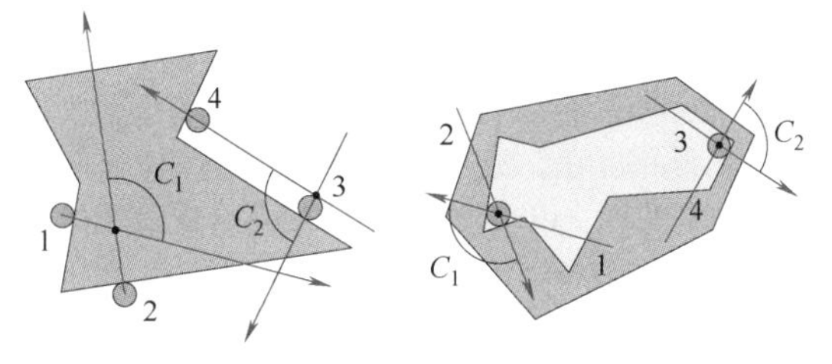

图 38.10　具有一阶形封闭的平面抓取

38.4.2　力封闭

当面对任何物体力旋量作用时，抓取仍然可以保持，那么这个抓取就有力封闭，或者说是力封闭型的。力封闭与形封闭相似，但是对于可以帮助平衡物体外力的摩擦力却没有很多的限制。在分析中

考虑摩擦力的好处是可以减少封闭必需的接触点的数目。有6个自由度的三维物体需要7个接触点来实现形封闭，但是对于力封闭而言，如果是软手指模型，只需要2个接触点，如果是硬手指模型，只需要3个接触点（不共线）。

力封闭依赖于机器人手任意地紧紧抓住物体的能力，这是为了补偿大量实际的只能被摩擦力所平衡的力旋量。图38.15所示为一个被抓取的多边形（见例2）。当我们把一个与惯性坐标系的y轴平行且向上的纯轴向力的力旋量施加在一个物体上时，直觉上好像是如果有足够大的摩擦力，机器人手就能够利用摩擦力抓住物体阻止其向上运动。同样，当施加的力幅值增加时，抓取力的幅值也必须相应地增加。

由于力封闭依赖于摩擦模型，在正式介绍力封闭的定义之前会先介绍一般的模型。

1. 摩擦模型

回顾前面给出的各种不同接触模型中通过接触i传递的分力与力矩（表38.4）。在接触点i，摩擦定律给接触力及力矩的各部分施加了约束。特别地，$\boldsymbol{\lambda}_i$的摩擦分量被约束在极限面内，表示为$\mathcal{L}_i$，其与$\mu_i f_{in}$的乘积呈线性关系，其中μ_i是接触点i的摩擦系数。在静摩擦的情况下，极限面是一个以$\mu_i f_{in}$为半径的圆。静摩擦锥$\mathcal{F}_i$是$\mathbb{R}^3$的一个子集。

$$\mathcal{F}_i=\{(f_{in},f_{it},f_{io})\mid \sqrt{f_{it}^2+f_{io}^2}\leqslant\mu_i f_{in}\} \tag{38.57}$$

更为一般地，摩擦定律在摩擦分量空间内定义有极限面$\mathbb{R}^{n\lambda_i-1}$，在$\boldsymbol{\lambda}_i$和$\mathbb{R}^{n\lambda_i}$内定义有摩擦锥$\mathcal{F}_i$，可以写成如下形式：

$$\mathcal{F}_i=\{\boldsymbol{\lambda}_i\in\mathbb{R}^{n_{\lambda_i}}\mid \|\boldsymbol{\lambda}_i\|_w\leqslant f_{in}\} \tag{38.58}$$

式中，$\|\boldsymbol{\lambda}_i\|_w$表示在接触点$i$的摩擦分量加权二次范数。极限面被定义为$\|\boldsymbol{\lambda}_i\|_w=f_{in}$。

表38.10定义了三种接触模型：PwoF模型、HF模型和SF模型的有用的加权二次范数。参数μ_i是切向力的摩擦系数，v_i是转动摩擦系数，a是物体的特征长度，用于确保SF模型中的范数项的单位一致性。

表38.10 三种主要接触模型的范数

模型	$\|\boldsymbol{\lambda}_i\|_w$
PwoF	0
HF	$\frac{1}{\mu_i}\sqrt{f_{it}^2+f_{io}^2}$
SF	$\frac{1}{\mu_i}\sqrt{f_{it}^2+f_{io}^2}+\frac{1}{av_i}\|m_{in}\|$

关于摩擦锥有几点需要注意。首先，所有这些都明确或隐含地约束了一般的接触力法向分力为非负值。SF接触类型的锥具有圆柱形极限界面，其在(f_{it},f_{io})平面内具有圆截面，在(f_{it},m_{in})平面内具有矩形截面。在这个模型之中，摩擦力大小的传递不受横向摩擦载荷的制约。Howe和Cutkosky[38.46]研究了一种耦合转动摩擦极限与切向摩擦极限的改进模型。

2. 力封闭的定义

关于力封闭的一个常见的定义可以简单表述为改变条件式（38.45）使得每个接触力都作用在它的摩擦锥之内，而不是作用在沿接触点法线方向。因为这个定义并没有考虑到机器人手能够控制接触力的能力，这种定义被称为摩擦形封闭。当且仅当下列条件成立时，一个抓取是摩擦形封闭的：

$$\left.\begin{aligned}\boldsymbol{G\lambda}&=-\boldsymbol{g}\\ \boldsymbol{\lambda}&\in\mathcal{F}\end{aligned}\right\}\ \forall\boldsymbol{g}\in\mathbb{R}^{n_\nu}$$

式中，$\mathcal{F}$是复合摩擦锥，定义为：$\mathcal{F}=\mathcal{F}_1\times\cdots\times\mathcal{F}_{n_c}=\{\boldsymbol{\lambda}\in\mathbb{R}^m\mid\boldsymbol{\lambda}_i\in\mathcal{F}_i;i=1,\cdots,n_c\}$，并且每个$\mathcal{F}_i$都符合式（38.58）的定义，其中一种模型见表38.10。

令$\mathrm{Int}(\mathcal{F})$表示复合摩擦锥的内部，Murray等[38.19]给出了如下的等价性定义。

定义38.9

一个抓取具有摩擦形封闭当且仅当以下条件成立：

1）$\mathrm{rank}(\boldsymbol{G})=n_\nu$。

2）$\exists\boldsymbol{\lambda}$，使得$\boldsymbol{G\lambda}=\boldsymbol{0}$，并且$\boldsymbol{\lambda}\in\mathrm{Int}(\mathcal{F})$。

这些条件定义了Murray等人所谓的力封闭。这里采用的力封闭的定义比摩擦形封闭更为严格：此外，它还要求机器人手能够控制物体的内力。

定义38.10

一个抓取具有力封闭当且仅当$\mathrm{rank}(\boldsymbol{G})=n_\nu$，$\mathcal{N}(\boldsymbol{G})\cap\mathcal{N}(\boldsymbol{J}^{\mathrm{T}})=\boldsymbol{0}$，并且存在$\boldsymbol{\lambda}$，使得$\boldsymbol{G\lambda}=\boldsymbol{0}$并且$\boldsymbol{\lambda}\in\mathrm{Int}(\mathcal{F})$。

虽然确定形封闭时，$\boldsymbol{G}$与$\boldsymbol{G}_n$并不相同，但矩阵$\boldsymbol{G}$行满秩同样是形封闭的条件之一。如果秩测定通过，仍然需要找到能够满足剩余三个条件的$\boldsymbol{\lambda}$。通过这些，零空间相交测定可以通过线性规划技术很容易地实现，但是摩擦锥约束是二次的，这使得我们必须使用非线性规划技术。虽然准确的非线性测定已经开发出来了[38.47]，但这里只展示近似测定。

3. 力封闭近似测试

所有以上讨论的摩擦锥都可以近似为一个摩擦

锥母线 s_{ij} 的有限数 n_g 生成的非负空间。知道这些以后，我们就可以将一些在接触点 i 适用的接触力旋量集合表示为

$$G_i\boldsymbol{\lambda}_i = \boldsymbol{S}_i\boldsymbol{\sigma}_i, \quad \boldsymbol{\sigma}_i \geqslant 0$$

式中，$\boldsymbol{S}_i=(S_{i1}\cdots S_{in_g})$ 和 $\boldsymbol{\sigma}_i$ 是非负母线分量的一个向量。如果接触 i 是光滑的，那么 $n_g=1$ 并且 $\boldsymbol{S}_i=[\hat{\boldsymbol{n}}_i^{\mathrm{T}}((\boldsymbol{c}_i-\boldsymbol{p})\times\hat{\boldsymbol{n}}_i)^{\mathrm{T}}]^{\mathrm{T}}$。

如果接触 i 是 HF 型的，我们可以将摩擦锥用一些非负的均匀间隔的接触力母线（图 38.11）的总和来表示，这些母线生成的非负空间近似于具有一个内切正多边形锥的库仑锥。这些就引出了如下关于 $\boldsymbol{S}_i$ 的定义：

$$\boldsymbol{S}_i=\begin{pmatrix}\cdots & 1 & \cdots \\ \cdots & \mu_i\cos\left(\dfrac{2k\pi}{n_g}\right) & \cdots \\ \cdots & \mu_i\sin\left(\dfrac{2k\pi}{n_g}\right) & \cdots\end{pmatrix} \tag{38.59}$$

式中，指针 k 从 1 变化到 n_g。如果更偏向使用外接多边形锥来近似二次摩擦锥，只需要将上述定义的 μ_i 改为 $\mu_i/\cos(\pi n_g)$ 即可。

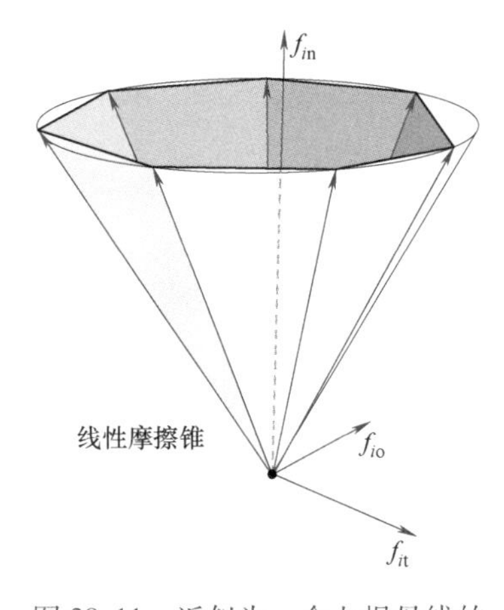

图 38.11　近似为一个七根母线的多面体锥的二次锥

对于 SF 模型需要做出的调整很简单。由于在该模型中转动摩擦都是与切向摩擦相对应的，它的母线可以由 $[1\ 0\ 0\ \pm bv_i]^{\mathrm{T}}$ 给出。因此 SF 模型的 $\boldsymbol{S}_i$ 为

$$\boldsymbol{S}_i=\begin{pmatrix}\cdots & 1 & \cdots & 1 & 1 \\ \cdots & \mu_i\cos\left(\dfrac{2k\pi}{n_g}\right) & \cdots & 0 & 0 \\ \cdots & \mu_i\sin\left(\dfrac{2k\pi}{n_g}\right) & \cdots & 0 & 0 \\ \cdots & 0 & \cdots & bv_i & -bv_i\end{pmatrix} \tag{38.60}$$

式中，b 是统一量纲后的特征长度。在任何接触点都不违反接触摩擦定律的可应用于机器人手的总接触力旋量集合可以被写作

$$\boldsymbol{G\lambda}=\boldsymbol{S\sigma}, \quad \boldsymbol{\sigma}\geqslant\boldsymbol{0}$$

式中，$\boldsymbol{S}=(\boldsymbol{S}_1,\cdots,\boldsymbol{S}_{n_g})$ 并且 $\boldsymbol{\sigma}=(\boldsymbol{\sigma}_1^{\mathrm{T}}\cdots\boldsymbol{\sigma}_{n_g}^{\mathrm{T}})^{\mathrm{T}}$。

再用对偶形式来表示摩擦约束非常方便：

$$\boldsymbol{F}_i\boldsymbol{\lambda}_i\geqslant\boldsymbol{0} \tag{38.61}$$

在这种形式中，$\boldsymbol{F}_i$ 的每一行都正交于由近似锥的两根相邻母线所形成的面。对于一个 HF 接触来说，$\boldsymbol{F}_i$ 的行 i 可以由 $\boldsymbol{S}_i$ 和 $\boldsymbol{S}_{i+1}$ 的向量积所得。在 SF 接触的情况下，母线都是四维的，因此简单的向量积在这里并不能满足需求。然而，对于能从母线形式转换到正交面形式的一般方法依然存在[38.39]。

所有接触的正交面约束可以归纳为以下的简洁形式：

$$\boldsymbol{F\lambda}\geqslant\boldsymbol{0} \tag{38.62}$$

式中，$\boldsymbol{F}=\mathrm{Blockdiag}(\boldsymbol{F}_1,\cdots,\boldsymbol{F}_{n_c})$。

令 $\boldsymbol{H}_i$ 的第一行为 $\boldsymbol{e}_i\in\mathbb{R}^{n\lambda_i}$。另外，令 $\boldsymbol{e}=(\boldsymbol{e}_1,\cdots,\boldsymbol{e}_{n_c})\in\mathbb{R}^{n_\lambda}$ 和 $\boldsymbol{E}=\mathrm{Blockdiag}(\boldsymbol{e}_1,\cdots,\boldsymbol{e}_{n_c})\in\mathbb{R}^{n_\lambda\times n_c}$。下面的线性规划是一个判断摩擦是否形封闭的定量测定。最优目标函数值 d^* 是接触力离它们的摩擦锥边界的距离的度量，因此也是一种粗略地反映一个抓取离失去摩擦形封闭有多远的一种度量。

LP2：　最大值：　d

受的约束：

$$\boldsymbol{G\lambda}=\boldsymbol{0}$$
$$\boldsymbol{F\lambda}-\boldsymbol{I}d\geqslant\boldsymbol{0}$$
$$d\geqslant 0$$
$$\boldsymbol{e\lambda}\leqslant n_c$$

LP2 中最后一个不等式是接触力的垂直分量大小的简单相加。解决 LP2 后，如果 $d^*=0$，那么摩擦形封闭并不存在，但是如果 $d^*>0$，那么确实存在摩擦形封闭。

如果一个控制是摩擦形封闭的，那么确定力封闭是否存在的最后一步是证实 $\mathcal{N}(\boldsymbol{G})\cap\mathcal{N}(\boldsymbol{J}^{\mathrm{T}})=\boldsymbol{0}$。如果条件符合，那么这个抓取就是力封闭的。该条件很容易用另一个线性规划 LP3 验证。

LP3：　最大值：　d

受的约束：

$$\boldsymbol{G\lambda}=\boldsymbol{0}$$
$$\boldsymbol{J}^{\mathrm{T}}\boldsymbol{\lambda}=\boldsymbol{0}$$
$$\boldsymbol{E\lambda}-\boldsymbol{I}d\geqslant\boldsymbol{0}$$
$$d\geqslant 0$$
$$\boldsymbol{e\lambda}\leqslant n_c$$

总之，力封闭测试是一个具有三个步骤的过程。

4. 近似力封闭测试

（1）计算 $\mathrm{rank}(\boldsymbol{G})$

1）如果 $\mathrm{rank}(\boldsymbol{G}) \neq n_v$，那么力封闭不存在，结束。

2）如果 $\mathrm{rank}(\boldsymbol{G}) = n_v$，继续。

（2）解 LP2：测试是否摩擦形封闭

1）如果 $d^* = 0$，那么摩擦形封闭不存在，结束。

2）如果 $d^* > 0$，那么摩擦形封闭存在，并且 d^* 是一种反映抓取离失去摩擦形封闭有多远的一种简单粗略的度量。

（3）解 LP3：测试内力的控制

1）如果 $d^* > 0$，那么力封闭并不存在。

2）如果 $d^* = 0$，那么力封闭存在。

测试的变化：当物体受到式（38.53）所描述的双向约束的部分约束时，近似力封闭试验的变化会出现。在这种情况下，摩擦形封闭的定义变得更加简单。

$$\overline{\boldsymbol{G}}\boldsymbol{\lambda} = \boldsymbol{0},\ \boldsymbol{\lambda} \in \mathrm{int}(\mathcal{F}) \tag{38.63}$$

式中，$\overline{\boldsymbol{G}} = \boldsymbol{A}_B\boldsymbol{G}$。$\boldsymbol{A}_B$ 是矩阵 $\boldsymbol{B}$ 列空间的零化因子。类似地，力封闭条件可以表示为

$$\overline{\boldsymbol{G}}\boldsymbol{\lambda} = \boldsymbol{0},\ \boldsymbol{\lambda} \in \mathrm{int}(\mathcal{F})$$

$$\mathcal{N}(\overline{\boldsymbol{G}}) \cap \mathcal{N}(\boldsymbol{J}^{\mathrm{T}}) = \boldsymbol{0} \tag{38.64}$$

由于摩擦形封闭的定义式（38.63）类似于【定义 38.9】，力封闭的定义式（38.64）类似于【定义 38.10】，力封闭测试时，可用 $\overline{\boldsymbol{G}}$ 代替 $\boldsymbol{G}$ 进行，前提是，用 $[n_v - \mathrm{rank}(\boldsymbol{B})]$ 代替 n_v。有关这些条件推导的详细信息，请参阅参考文献［38.42］。

具体见“例 1 第六部分”。

5. 平面简化

在平面抓取系统中，上述近似的方法是精确的。这是因为 SF 模型是无意义的，接触法线方向的旋转会造成平面外的运动。至于 HF 模型，对于平面问题来说，二次摩擦锥会变为线性的，并且这个锥可以准确地表示为

$$\boldsymbol{F}_i = \frac{1}{\sqrt{1+\mu_i^2}}\begin{pmatrix} \mu_i & 1 \\ \mu_i & -1 \end{pmatrix} \tag{38.65}$$

Nguyen 的图解形封闭测定可以应用到具有两个摩擦接触的平面抓取[38.45]。唯一的变化是四个接触点法线变为两个摩擦锥的四条母线。然而，这种测定只能确定是否具有摩擦形封闭，因为它并不包含判断是否力封闭所需的其余信息。

38.5　实例分析

38.5.1　例 1：球体抓取

1. 第一部分：$\widetilde{G}$ 和 $\widetilde{J}$

图 38.12 显示了一个由两根机器人手指控制的半径为 r 的三维球体在平面的投影，两个接触角分别为 θ_1 和 θ_2。两个坐标系 $\{\boldsymbol{C}\}_1$ 和 $\{\boldsymbol{C}\}_2$ 的方向是确定的，因此它们的 $\hat{\boldsymbol{o}}$ 方向指向图像所示平面外（如小黑圆所示）。坐标系 $\{\boldsymbol{N}\}$ 和 $\{\boldsymbol{B}\}$ 的坐标轴被选作与在球心的点相一致的原点所沿的轴，z 轴指向纸面外。注意到这点以后，因为左指的两个关节轴都垂直于 (x, y) 平面，它始终在该平面内运动。另外一根手指有三个转动关节。因为它的第一和第二轴，$\hat{z}_3$ 和 $\hat{z}_4$，一般都位于平面内，关于 $\hat{z}_3$ 轴的旋转会使得 $\hat{z}_4$ 获得一个向平面外的分量而造成接触点 2 处的指尖远离这个平面。

在图示位形中，第 i 个接触坐标系的旋转矩阵可以定义为

$$\boldsymbol{R}_i = \begin{pmatrix} -\cos\theta_i & \sin\theta_i & 0 \\ -\sin\theta_i & -\cos\theta_i & 0 \\ 0 & 0 & 1 \end{pmatrix} \tag{38.66}$$

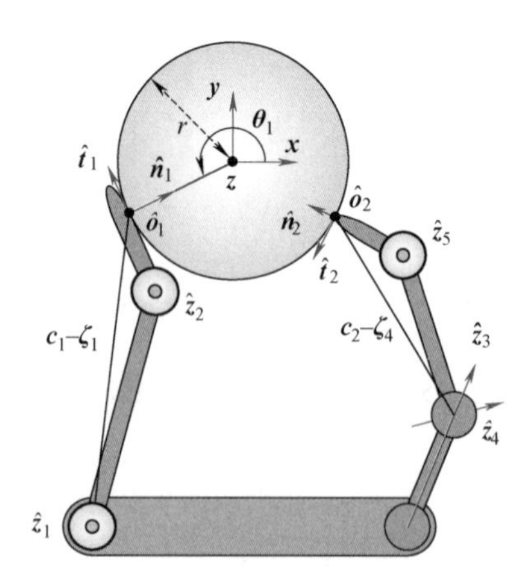

图 38.12　带有 5 个转动关节的两指抓取球体

给定从 $\{\boldsymbol{N}\}$ 原点到第 i 个接触点的向量为

$$\boldsymbol{c}_i - \boldsymbol{p} = r(\cos\theta_i \quad \sin\theta_i \quad 0)^{\mathrm{T}} \tag{38.67}$$

代入式（38.3）和式（38.6），得到完整的接触点 i 的抓取矩阵为

$$\widetilde{\boldsymbol{G}}_i=\left(\begin{array}{ccc|ccc} -c_i & s_i & 0 & & & \\ -s_i & -c_i & 0 & & \boldsymbol{0} & \\ 0 & 0 & 1 & & & \\ \hline 0 & 0 & rs_i & -c_i & s_i & 0 \\ 0 & 0 & -rc_i & -s_i & -c_i & 0 \\ 0 & -r & 0 & 0 & 0 & 1 \end{array}\right) \quad (38.68)$$

式中，$\boldsymbol{0}\in\mathbb{R}^{3\times3}$ 是一个零矩阵；c_i 和 s_i 分别为 $\cos(\theta_i)$ 和 $\sin(\theta_i)$ 的缩写。完整的抓取矩阵的定义为 $\widetilde{\boldsymbol{G}}=(\widetilde{\boldsymbol{G}}_1\widetilde{\boldsymbol{G}}_2)\in\mathbb{R}^{6\times12}$。

这个矩阵的准确性可以由以下检查验证。例如，第一列是单元接触点法线方向的单位力旋量，前三个分量是 $\hat{\boldsymbol{n}}_i$ 的方向余弦，后三个分量是 $(\boldsymbol{c}_i-\boldsymbol{p})\times\hat{\boldsymbol{n}}_i$ 的方向余弦。由于 $\hat{\boldsymbol{n}}_i$ 与 $(\boldsymbol{c}_i-\boldsymbol{p})$ 是共线的，因此二者的向量积（这列的最后三个分量）为 0。第二列的最后三个分量代表了 $\hat{\boldsymbol{t}}_i$ 关于坐标系 $\{\boldsymbol{N}\}$ 的 $\boldsymbol{x}$、$\boldsymbol{y}$、$\boldsymbol{z}$ 轴的力矩值必然为零。显然 $\hat{\boldsymbol{t}}_i$ 产生了一个关于 z 轴的力矩，值为 $-r$。

建立接触 i 的完整机器人手雅可比矩阵 $\widetilde{\boldsymbol{J}}_i$ 需要关于关节轴方向与坐标系安装在各个机器人手指连杆上的坐标系原点的信息。图 38.13 显示了与图 38.12 相同结构的机器人手，但具有一些建立机器人手雅可比矩阵所需的额外的数据。假设关节坐标系的原点位于图所在的平面内。

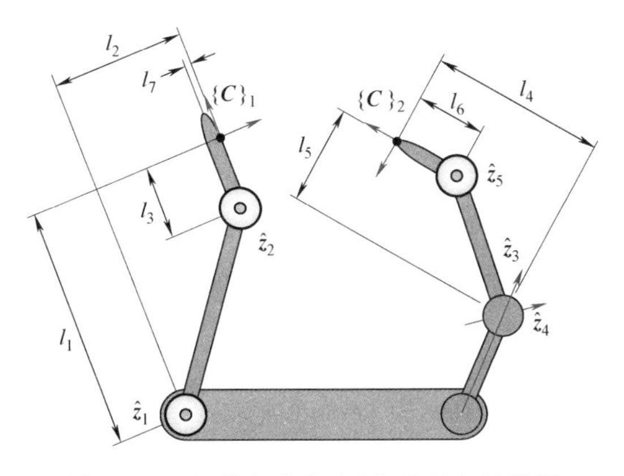

图 38.13 机器人手雅可比矩阵的相关数据

在图示位形中，接触点 1 的相关参量可以在 $\{\boldsymbol{C}\}_1$ 中表示为

$$\boldsymbol{c}_1-\boldsymbol{\zeta}_1=(l_2 \quad l_1 \quad 0)^{\mathrm{T}} \quad (38.69)$$

$$\boldsymbol{c}_1-\boldsymbol{\zeta}_2=(l_7 \quad l_3 \quad 0)^{\mathrm{T}} \quad (38.70)$$

$$\hat{z}_1=\hat{z}_2=(0 \quad 0 \quad 1)^{\mathrm{T}} \quad (38.71)$$

接触点 2 的相关参量在 $\{\boldsymbol{C}\}_2$ 中表示为

$$\boldsymbol{c}_2-\boldsymbol{\zeta}_3=\boldsymbol{c}_2-\boldsymbol{\zeta}_4=(l_4 \quad -l_5 \quad 0)^{\mathrm{T}} \quad (38.72)$$

$$\boldsymbol{c}_2-\boldsymbol{\zeta}_5=(l_6 \quad 0 \quad 0)^{\mathrm{T}} \quad (38.73)$$

$$\hat{z}_3=(0 \quad 1 \quad 0)^{\mathrm{T}} \quad (38.74)$$

$$\hat{z}_4(q_3)=\frac{\sqrt{2}}{2}(-1 \quad -1 \quad 0)^{\mathrm{T}} \quad (38.75)$$

$$\hat{z}_5(q_3,q_4)=(0 \quad 0 \quad 1)^{\mathrm{T}} \quad (38.76)$$

通常 $\boldsymbol{c}-\boldsymbol{\zeta}$ 和 $\hat{z}$ 向量的所有分量（包括那些在现有位形中为零的分量）都是关于 $\boldsymbol{q}$ 和 $\boldsymbol{u}$ 的函数。$\hat{z}$ 向量的依赖性已经十分明确地显示出来了。

代入式（38.14）、式（38.11）和式（38.8），得到完整的机器人手的雅可比矩阵 $\widetilde{\boldsymbol{J}}\in\mathbb{R}^{12\times5}$：

$$\widetilde{\boldsymbol{J}}=\left(\begin{array}{cc|ccc} -l_1 & -l_3 & & & \\ l_2 & l_7 & & & \\ 0 & 0 & & \boldsymbol{0} & \\ 0 & 0 & & & \\ 0 & 0 & & & \\ 1 & 1 & & & \\ \hline & & 0 & 0 & 0 \\ & & 0 & 0 & l_6 \\ & & l_4 & \frac{\sqrt{2}}{2}(l_4+l_5) & 0 \\ & \boldsymbol{0} & 0 & -\frac{\sqrt{2}}{2} & 0 \\ & & -1 & -\frac{\sqrt{2}}{2} & 0 \\ & & 0 & 0 & 1 \end{array}\right)$$

水平分割线将 $\widetilde{\boldsymbol{J}}$ 分为 $\widetilde{\boldsymbol{J}}_1$（顶部）与 $\widetilde{\boldsymbol{J}}_2$（底部）。各列相应于关节 1~5 块对角结构是机器人手指 i 仅影响接触点 i 这一事实的结果。

2. 第二部分：$\boldsymbol{G}$ 和 $\boldsymbol{J}$

假设图 38.12 中的接触都为 SF 型的。那么给定选择矩阵 $\boldsymbol{H}$ 为

$$\boldsymbol{H}=\left(\begin{array}{cccccc|cccccc} 1 & 0 & 0 & 0 & 0 & 0 & & & & & & \\ 0 & 1 & 0 & 0 & 0 & 0 & & & \boldsymbol{0} & & & \\ 0 & 0 & 1 & 0 & 0 & 0 & & & & & & \\ 0 & 0 & 0 & 1 & 0 & 0 & & & & & & \\ \hline & & & & & & 1 & 0 & 0 & 0 & 0 & 0 \\ & & \boldsymbol{0} & & & & 0 & 1 & 0 & 0 & 0 & 0 \\ & & & & & & 0 & 0 & 1 & 0 & 0 & 0 \\ & & & & & & 0 & 0 & 0 & 1 & 0 & 0 \end{array}\right)$$

因此矩阵 $\boldsymbol{G}^{\mathrm{T}}\in\mathbb{R}^{8\times6}$ 和 $\boldsymbol{J}\in\mathbb{R}^{8\times5}$ 都是通过去掉 $\widetilde{\boldsymbol{G}}^{\mathrm{T}}$ 和 $\widetilde{\boldsymbol{J}}$ 的第 5、6、11 和 12 行所构成的：

$$G^{\mathrm{T}}=\begin{pmatrix} -c_1 & -s_1 & 0 & 0 & 0 & 0 \\ s_1 & -c_1 & 0 & 0 & 0 & -r \\ 0 & 0 & 1 & rs_1 & -rc_1 & 0 \\ 0 & 0 & 0 & -c_1 & -s_1 & 0 \\ \hline -c_2 & -s_2 & 0 & 0 & 0 & 0 \\ s_2 & -c_2 & 0 & 0 & 0 & -r \\ 0 & 0 & 1 & rs_2 & -rc_2 & 0 \\ 0 & 0 & 0 & -c_2 & -s_2 & 0 \end{pmatrix} \tag{38.77}$$

$$J=\left(\begin{array}{cc|ccc} -l_1 & -l_3 & & & \\ l_2 & l_7 & & \mathbf{0} & \\ 0 & 0 & & & \\ 0 & 0 & & & \\ \hline & & 0 & 0 & 0 \\ & & 0 & 0 & l_6 \\ & \mathbf{0} & l_4 & \frac{\sqrt{2}}{2}(l_4+l_5) & 0 \\ & & 0 & -\frac{\sqrt{2}}{2} & 0 \end{array}\right) \tag{38.78}$$

注意到改变接触类型可以通过移除更多的行来轻易实现。把接触点1改为HF型可以由去除 G^{T} 和 J 的第4行来实现；而通过去除 G^{T} 和 J 的第2、3和4行可以将接触点1改为PwoF型。改变接触点2的模型将去除第8行或者同时去除第6、7和8行。

3. 第三部分：简化为平面情况

如图38.11所示的抓取可以按上述给出的公式简化为一个平面问题。另外，当了解了矩阵的不同的行和列的物理意义后，问题也可以解决。开始移除在平面外的速度和力。这可以由移除 $\{N\}$ 和 $\{B\}$ 的 z 轴和接触点的 $\hat{o}$ 的方向来实现。此外，关节3和4必须是锁定的。G^{T} 和 J 的结果由消除特定的行和列来构造。G^{T} 通过移除第3、4、7、8行和第3、4、5列来形成。J 通过移除第3、4、7、8行和第3、4列来形成：

$$G^{\mathrm{T}}=\begin{pmatrix} -c_1 & -s_1 & 0 \\ -s_1 & -c_1 & -r \\ \hline -c_2 & -s_2 & 0 \\ s_2 & -c_2 & -r \end{pmatrix} \tag{38.79}$$

$$J=\begin{pmatrix} -l_1 & -l_3 & 0 \\ l_2 & l_7 & 0 \\ \hline 0 & 0 & 0 \\ 0 & 0 & l_6 \end{pmatrix} \tag{38.80}$$

4. 第四部分：抓取分类

表38.11的第2列反映了不同接触模型下球形抓取范例 G 和 J 的主要子空间维数。只有非平凡的零空间被列出。

表38.11 例1中所研究抓取的主要子空间维数和分类

模型	维数	类别
HF，HF	$\dim\mathcal{N}(J)=1$	冗余型
	$\dim\mathcal{N}(G^{\mathrm{T}})=1$	不确定型
	$\dim\mathcal{N}(G)=1$	可抓取型
	$\dim\mathcal{N}(J^{\mathrm{T}})=2$	缺陷型
SF，HF	$\dim\mathcal{N}(J)=1$	冗余型
	$\dim\mathcal{N}(G)=1$	可抓取型
	$\dim\mathcal{N}(J^{\mathrm{T}})=3$	缺陷型
HF，SF	$\dim\mathcal{N}(G)=1$	可抓取型
	$\dim\mathcal{N}(J^{\mathrm{T}})=2$	缺陷型
SF，SF	$\dim\mathcal{N}(G)=2$	可抓取型
	$\dim\mathcal{N}(J^{\mathrm{T}})=3$	缺陷型

在两个HF接触模型的情况中，所有四个零空间都是非平凡的，因此该系统符合所有四个抓取类型的条件。这个系统是可抓取的，因为沿着连接两个接触点的线段上分布着内力。通过机器人手不能承受沿着那条线的作用力矩这个事实可以看出不确定性是显然的。冗余是存在的，因为虽然关节3使接触点2移除图示平面，但是关节4可以反方向旋转来抵消这个运动。最后，这个抓取是缺陷型的，因为沿着接触点1和2的 $\hat{o}_1$ 和 $\hat{n}_2$ 方向的接触力和瞬时速度，各自都不能通过关节力矩和速度来控制。这些解释在下面的零空间的基本矩阵中已被证实，用 $r=1$，$\cos(\theta_1)=-\cos(\theta_2)=-0.8$，$\sin(\theta_1)=\cos(\theta_2)=-0.6$，$l_1=3$，$l_2=2$，$l_3=1$，$l_4=2$，$l_5=1$，$l_6=1$ 以及 $l_7=0$ 来计算

$$N(J)\approx\begin{pmatrix} 0 \\ 0 \\ -0.73 \\ 0.69 \\ 0 \end{pmatrix},\quad N(G^{\mathrm{T}})\approx\begin{pmatrix} 0 \\ 0 \\ 0.51 \\ 0.86 \\ 0 \\ 0 \end{pmatrix} \tag{38.81}$$

$$N(G)\approx\begin{pmatrix} 0.57 \\ -0.42 \\ 0 \\ 0.57 \\ 0.42 \\ 0 \end{pmatrix},\quad N(J^{\mathrm{T}})\approx\begin{pmatrix} 0 & 0 \\ 0 & 0 \\ 0 & -1 \\ 1 & 0 \\ 0 & 0 \\ 0 & 0 \end{pmatrix} \tag{38.82}$$

注意到将其中任一接触改为SF型都将使机器人手承受作用在沿着包含接触点的直线上的外力矩变

为可能，因此该抓取失去了不确定性，但是保持了可抓取性（沿着含接触线的紧握依然是可能的）。然而，如果接触点 2 是 SF 型接触，这个抓取就会失去了冗余性。虽然第二个接触点依然可以通过关节 3 来移出平面并且通过关节 4 回到平面内，但是这种接触点的相互抵消的平移产生了一个沿着 $\hat{\boldsymbol{n}}_2$ 的纯转动（这也意味着机器人手可以控制作用在沿着包含接触点的线上的物体的力矩）。接触点 2 改为 SF 型不会影响机器人手不能沿着 $\hat{\boldsymbol{o}}_1$ 和 $\hat{\boldsymbol{n}}_2$ 方向移动接触点 1 和 2 的性能特点，因此缺陷型抓取依然保持。

5. 第五部分：理想特性

假设接触点 1 和 2 的接触模型类别分别为 SF 型和 HF 型，$\boldsymbol{G}$ 是行满秩，因此 $\mathcal{N}(\boldsymbol{G}^{\mathrm{T}})=\boldsymbol{0}$（见表 38.11）。因此，只要机器人手足够灵巧，它可以在物体的 $\mathbb{R}^6$ 中实现任何运动。同样，如果关节是锁定的，就会阻止物体运动。假设同样问题的值使用这个问题前面部分的值，可以得到矩阵 $\boldsymbol{G}^{\mathrm{T}}$ 为

$$\boldsymbol{G}^{\mathrm{T}}=\begin{pmatrix} -c_1 & -s_1 & 0 & 0 & 0 & 0 \\ s_1 & -c_1 & 0 & 0 & 0 & -r \\ 0 & 0 & 1 & rs_1 & -rs_1 & 0 \\ 0 & 0 & 0 & -c_1 & -s_1 & 0 \\ \hline -c_2 & -s_2 & 0 & 0 & 0 & 0 \\ s_2 & -c_2 & 0 & 0 & 0 & -r \\ 0 & 0 & 1 & rs_2 & -rc_2 & 0 \end{pmatrix} \quad (38.83)$$

三个非平凡零空间的基矩阵分别为

$$\boldsymbol{N}(\boldsymbol{G}^{\mathrm{T}})\approx\begin{pmatrix} 0 & 0 & 0 \\ 0 & 0 & 0 \\ 0 & 0 & -1 \\ 1 & 0 & 0 \\ 0 & -1 & 0 \\ 0 & 0 & 0 \\ 0 & 0 & 0 \end{pmatrix} \quad (38.84)$$

$$\boldsymbol{N}(\boldsymbol{J})\approx\begin{pmatrix} 0 \\ 0 \\ -0.73 \\ 0.69 \\ 0 \end{pmatrix} \quad \boldsymbol{N}(\boldsymbol{G})\approx\begin{pmatrix} 0.57 \\ -0.42 \\ 0 \\ 0 \\ 0.57 \\ 0.42 \\ 0 \end{pmatrix} \quad (38.85)$$

因为 $\mathcal{R}(\boldsymbol{J})$ 是四维的，$\mathcal{N}(\boldsymbol{G})$ 是一维的，因此 $\mathcal{R}(\boldsymbol{J})+\mathcal{N}(\boldsymbol{G})$ 的最大维数不可能超过 5，因此，机器人手不能控制物体所有的可能速度。举例来说，接触速度 $\boldsymbol{v}_{cc}=(0\ \ 0\ \ 0\ \ 0.8\ \ 0\ \ 0\ \ 0)^{\mathrm{T}}$ 位于 $\mathcal{N}(\boldsymbol{J}^{\mathrm{T}})$ 之内，因此不能够被机器人手指所控制。同样，$\boldsymbol{G}^{\mathrm{T}}$ 第三列的 0.6 倍加上 $\boldsymbol{G}^{\mathrm{T}}$ 的第四列也在 $\mathcal{R}(\boldsymbol{G}^{\mathrm{T}})$ 内。因为 $\mathcal{R}(\boldsymbol{G})$ 和 $\mathcal{R}(\boldsymbol{G}^{\mathrm{T}})$ 的映射关系是一一对应的，这种不可控的接触速度和一个唯一的不可控物体速度相一致，就是 $\boldsymbol{v}=(0\ \ 0\ \ 0.6\ \ 1\ \ 0\ \ 0)^{\mathrm{T}}$。换句话说，机器人手不能使球心在 z 方向上平移，也不能绕着 x 轴转动（同时也不能绕着其他轴转动）。

对于控制所有物体内力的问题，答案是肯定的，因为 $\mathcal{N}(\boldsymbol{J}^{\mathrm{T}})\cap\mathcal{N}(\boldsymbol{G})=\boldsymbol{0}$。这个结论与 $\mathcal{N}(\boldsymbol{G})$ 在第 1、第 2、第 6 个位置有非零值这个事实无关，然而 $\mathcal{N}(\boldsymbol{J}^{\mathrm{T}})$ 所有列在那些位置都为零。

6. 第六部分：力封闭

再次假设在抓取球体上的接触点 1 和 2 分别为 SF 和 HF 接触类型。在该假设下，$\boldsymbol{G}$ 是行满秩的，并且内力对应大小相等、方向相反的接触力。当摩擦形封闭存在时，内力必须分布在摩擦锥之内。选择例 1 第四部分中的 r 与 θ_1 和 θ_2 的正弦、余弦值，如果两个摩擦系数都大于 0.75，则可以证明摩擦形封闭存在。对于该抓取，由于 $\mathcal{N}(\boldsymbol{J}^{\mathrm{T}})\cap\mathcal{N}(\boldsymbol{G})=\boldsymbol{0}$，摩擦形封闭就相当于力封闭。

图 38.14 的曲线图是通过将 μ_2 固定在一个特定值，并将 μ_1 从 0.5 变为 2.0 而生成的。注意到，如果 $\mu_1<0.75$，无论 μ_2 的值是多少，力封闭都不存在。当 μ_1 逼近 μ_2 时，封闭程度会变得更加平缓。从那时起，接触点 2 处的摩擦系数就变成了限定性因素。为了进一步增加封闭程度，必须增加 μ_2。

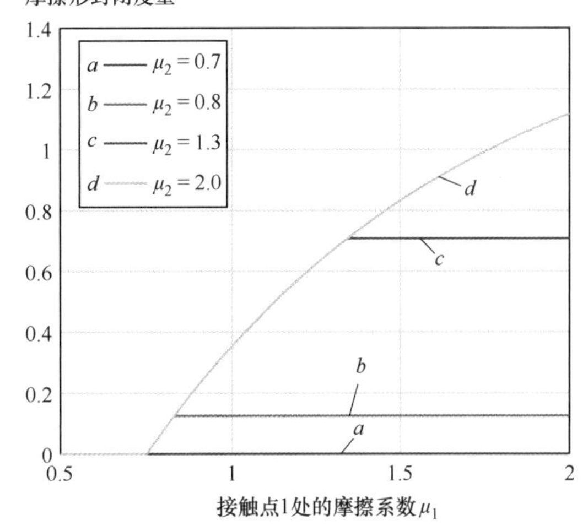

图 38.14 接触点 1 的力封闭矩阵与摩擦系数的对应关系

38.5.2 例 2：平面多边形抓取

1. 第一部分：G 和 J

图 38.15 显示的是一个平面机器人手抓取一个

多边形物体。右边的机器人手指1包含了两个关节，分别记为1和2。左边机器人手指2包含了关节3~7，离手掌越远，编号越大。已经将惯性坐标系选在物体内，使它的 x 轴通过接触点1和2，并且与接触点2法向向量共线。

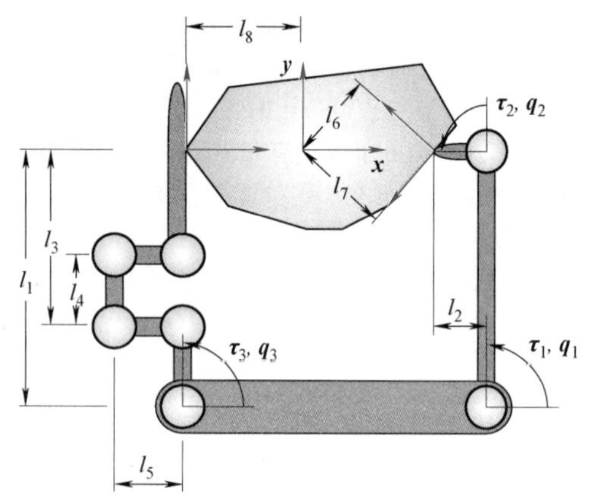

图 38.15 由2个手指共7个关节组成的平面机器人手抓取多边形物体

旋转矩阵为

$$\boldsymbol{R}_1=\begin{pmatrix}-0.8 & -0.6\\ 0.6 & -0.8\end{pmatrix},\ \boldsymbol{R}_2=\begin{pmatrix}1 & 0\\ 0 & 1\end{pmatrix} \tag{38.86}$$

假设为HF型接触，给定 $\boldsymbol{G}$ 为

$$\boldsymbol{G}=\begin{pmatrix}-0.8 & -0.6 & 1 & 0\\ 0.6 & -0.8 & 0 & 1\\ l_6 & -l_7 & 0 & -l_8\end{pmatrix} \tag{38.87}$$

注意到 $\boldsymbol{G}$ 的前两列与接触点1的单位切向量和单位法向量相一致。第3和第4列与接触点2的单位切向量和单位法向量相一致。

假设为HF型接触，并且所有关节都是活动的（不锁定），$\boldsymbol{J}$ 为

$$\boldsymbol{J}^{\mathrm{T}}=\left(\begin{array}{cc|cc}0.8l_1 & 0.6l_1 & \multicolumn{2}{c}{\multirow{2}{*}{\mathbf{0}}}\\ -0.6l_2 & 0.8l_2 & & \\ \hline \multicolumn{2}{c|}{} & -l_1 & 0\\ & & -l_3 & 0\\ \multicolumn{2}{c|}{\mathbf{0}} & -l_3 & l_5\\ & & -l_3+l_4 & l_5\\ & & -l_3+l_4 & 0\end{array}\right) \tag{38.88}$$

$\boldsymbol{J}^{\mathrm{T}}$ 的前两列是在接触点1处 $\hat{\boldsymbol{n}}_1$ 和 $\hat{\boldsymbol{t}}_1$ 方向产生单位力所需的力矩。水平线将矩阵分为两部分，分别对应第一个机器人手指（上部）和第二个机器人手指（下部）。注意到 $\boldsymbol{J}^{\mathrm{T}}$ 和 $\boldsymbol{G}$ 都是列满秩的。

2. 第二部分：抓取类别

这个例子清楚地阐明了不同抓取类别的物理特性而避免了引入会混淆描述的特征。

现在，我们运用先前的平面例子来讨论四种抓取类别的具体细节。在讨论过程中，为抓取系统的参数选取无量纲的值是有用的。假定长度满足以下值（无论选择何种单位，结果都是相同的，因此未指定具体单位）：

$$l_1=2.89,\ l_2=0.75,\ l_3=1.97 \tag{38.89}$$

$$l_4=0.80,\ l_5=0.80,\ l_6=0.90 \tag{38.90}$$

$$l_7=1.20,\ l_8=1.35 \tag{38.91}$$

（1）冗余型　如果 $N(\boldsymbol{J})$ 是非平凡的，则存在冗余性。假设两个接触点都是硬接触，并且所有关节都是驱动关节，则 $\mathrm{rank}(\boldsymbol{J})=4$，因此 $N(\boldsymbol{J})$ 是三维的。利用Matlab中的方程null( )可以计算得到 $N(\boldsymbol{J})$ 的基矩阵为

$$\boldsymbol{N}(\boldsymbol{J})\approx\left(\begin{array}{ccc}0 & 0 & 0\\ 0 & 0 & 0\\ \hline -0.49 & -0.31 & -0.27\\ 0.53 & 0.64 & -0.17\\ 0.49 & -0.50 & -0.02\\ -0.49 & 0.50 & 0.02\\ -0.02 & 0.01 & 0.95\end{array}\right) \tag{38.92}$$

由于前两行都为0，$\mathcal{N}(\boldsymbol{J})$ 不包括第一个机器人手指（手掌的右部）的运动。为了理解这一点，假设物体被固定在平面上。那么第一个机器人手指不能够保持接触在接触点1，除非它的关节也是固定的。

三个非零列数据与机器人手指2相符，表明了关节有三种基本运动使得机器人手指能够维持与物体的接触。例如，第一列显示，如果关节3大概与关节4、5、6移动差不多的距离，但是与关节4、5移动反向，与关节6同向，同时关节7或多或少被固定，那么接触2就会被保持。

注意到机器人手指2包含了一个平行四边形。由于这个几何结构，我们可以发现向量 $(0\quad 0\quad 0\quad -1\quad 1\quad -1\quad 1)^{\mathrm{T}}$ 是 $\mathcal{N}(\boldsymbol{J})$ 的一个元素。该向量的速度解释是机器人手指的连杆连接着手掌，接触物体的连杆被固定在空间中，平行四边形以一种简单的四连杆组机械装置运动。类似地，在 $\mathcal{N}(\boldsymbol{J})$ 中的关节运动并不影响接触力，但会引起内部机器人手的速度。同样注意到，因为 $\mathcal{N}(\boldsymbol{J}^{\mathrm{T}})=\mathbf{0}$，整个空间在接触点处的广义速度和广义力可以由该关节产生。

（2）不确定型　如上所述，当接触是HF模型时，系统为可抓取型。然而，把HF型接触换为PwoF型接触会移除 $\hat{\boldsymbol{t}}_1$ 和 $\hat{\boldsymbol{t}}_2$ 方向上的切向力分量。这实际上是把第2列和第4列从 $\boldsymbol{G}$ 中移除，保证了系统是不确定型。简化后的矩阵记为 $\boldsymbol{G}_{(1,3)}$。这种

38

情形下 $\boldsymbol{N}(\boldsymbol{G}_{(1,3)}^{\mathrm{T}})$ 为

$$\boldsymbol{N}(\boldsymbol{G}_{(1,3)}^{\mathrm{T}}) \approx \begin{pmatrix} 0 \\ -0.83 \\ 0.55 \end{pmatrix} \tag{38.93}$$

实际上，当目标物体逆时针方向旋转时，基向量将协调目标物体的运动，以使与 $\{\boldsymbol{N}\}$ 的原点相联系的点的运动方向向下。同样的，如果类似的力和力矩被作用于物体上，无摩擦的接触将不能保持平衡。

（3）可抓取型　具有两个 HF 接触模型时，$\operatorname{rank}(\boldsymbol{G})=3$，所以 $\mathcal{N}(\boldsymbol{G})$ 是一维的并且系统是可抓取型。则抓取矩阵的零空间基向量为

$$\boldsymbol{N}(\mathbf{G}) \approx \left(\begin{array}{c} 0.57 \\ 0.42 \\ \hline 0.71 \\ 0 \end{array}\right) \tag{38.94}$$

该基向量是由接触点两端两个反向作用的力产生的。并且，由于该接触模型是理想的运动学模型，接触点处应不存在摩擦。然而，由这个接触模型的内力作用线的法向方向可知，如果摩擦系数不大于 0.75，压紧的力将在接触点 1 处产生滑动摩擦，这将与理想运动学模型的条件相违背。

（4）缺陷型　在缺陷型抓取中，$\mathcal{N}(\boldsymbol{J}^{\mathrm{T}}) \neq \mathbf{0}$，由于初始的 $\boldsymbol{J}$ 是行满秩的，则该抓取不是缺陷型的。然而，通过锁定一些关节，或者改变机器人手的形状将有可能使 $\boldsymbol{J}$ 不再行满秩，由此变为缺陷型。例如，锁定关节 4、5、6、7 将使手指 2 成为只有 3 个关节活动的单连杆手指。在这个新的抓取系统中，$\boldsymbol{J}_{(1,2,3)}^{\mathrm{T}}$ 仅为式（38.88）中原始 $\boldsymbol{J}^{\mathrm{T}}$ 的前 3 行，其中下标是可以自由活动的关节的编号排列。此零空间的基向量是

$$\boldsymbol{N}(\boldsymbol{J}_{(1,2,3)}^{\mathrm{T}}) = \left(\begin{array}{c} 0 \\ 0 \\ \hline 0 \\ 1 \end{array}\right) \tag{38.95}$$

因为存在一个接触速度和接触力的子空间，它不能通过关节的广义速度和广义力被控制，所以该抓取是缺陷型的。由于 $\boldsymbol{N}(\boldsymbol{J}_{(1,2,3)}^{\mathrm{T}})$ 的最后一个元素是非零的，这个机器人手无法在保持接触的同时，给物体上的接触点 2 一个 $\hat{\boldsymbol{t}}_2$ 方向的速度。在诸如关节 3 的接触点 2 以及其他结构也存在这种情况。也就是说，在 $\mathcal{N}(\boldsymbol{J}^{\mathrm{T}})$ 中的力被这些结构所阻止，并且这些关节所受的载荷为零。也就是说，这些力已经不是由这个机器人手机构所控制。从另一角度来看，如果接触 2 的模型被无摩擦的关节机构所替代的话，则 $\boldsymbol{N}(\boldsymbol{J}_{(1,2,3)}^{\mathrm{T}})=\mathbf{0}$，该机构将不再是缺陷型的。

38.5.3 例 3：超静定抓取

1. 第一部分：$\widetilde{\boldsymbol{G}}$ 和 $\widetilde{\boldsymbol{J}}$

图 38.16 显示了一个三维结构的平面投影，半径为 l 的球被具有 3 个转动关节的单手指抓取。以坐标系 $\{\boldsymbol{C}\}_1$，$\{\boldsymbol{C}\}_2$，$\{\boldsymbol{C}\}_3$ 为目标，其 $\hat{\boldsymbol{o}}$ 方向指向图面以外（如小黑圈所示）。坐标系的轴 $\{\boldsymbol{N}\}$ 和 $\{\boldsymbol{B}\}$ 被选做与球心原点一致的轴。z 轴指向纸面以外。由观察知，因为 3 个手指关节与 (x,y) 平面垂直，这种抓取会在此平面上一直起作用。

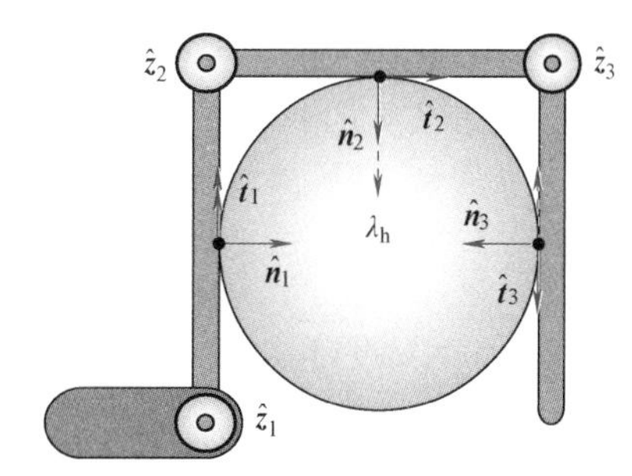

图 38.16　一个球体被含 3 个转动关节的机器人手指抓取

假设所有机器人手的连杆宽度是零，旋转矩阵 $\boldsymbol{R}_i$ 和向量 $\boldsymbol{c}_i-\boldsymbol{p}$ 可以由式（38.66）和式（38.67）计算出来，考虑到对于接触 1，2，3，$\theta_1=\pi$，$\theta_2=\pi/2$，$\theta_3=0$。最终，完整的抓取矩阵是 $\widetilde{\boldsymbol{G}}^{\mathrm{T}}=(\widetilde{\boldsymbol{G}}_1\ \ \widetilde{\boldsymbol{G}}_2\ \ \widetilde{\boldsymbol{G}}_3)^{\mathrm{T}} \in \mathbb{R}^{18\times 6}$，其中 $\widetilde{\boldsymbol{G}}_i$ 由式（38.68）确定。

$$\widetilde{\boldsymbol{G}}^{\mathrm{T}} = \left(\begin{array}{cccccc}
1 & 0 & 0 & 0 & 0 & 0 \\
0 & 1 & 0 & 0 & 0 & -l \\
0 & 0 & 1 & 0 & l & 0 \\
0 & 0 & 0 & 1 & 0 & 0 \\
0 & 0 & 0 & 0 & 1 & 0 \\
0 & 0 & 0 & 0 & 0 & 1 \\
\hline
0 & -1 & 0 & 0 & 0 & 0 \\
1 & 0 & 0 & 0 & 0 & -l \\
0 & 0 & 1 & l & 0 & 0 \\
0 & 0 & 0 & 0 & -1 & 0 \\
0 & 0 & 0 & 1 & 0 & 0 \\
0 & 0 & 0 & 0 & 0 & 1 \\
\hline
-1 & 0 & 0 & 0 & 0 & 0 \\
0 & -1 & 0 & 0 & 0 & -l \\
0 & 0 & 1 & 0 & -l & 0 \\
0 & 0 & 0 & -1 & 0 & 0 \\
0 & 0 & 0 & 0 & -1 & 0 \\
0 & 0 & 0 & 0 & 0 & 1
\end{array}\right)$$

为构建完整的与接触 i 有关的机器人手结构的雅可比矩阵，需要了解关节轴方向和固定在每个手指连杆上的坐标系原点。假设D-H坐标系的原点在这个物体的平面内。在当前的条件下，接触点1的相关参量可以直接在 $\{\boldsymbol{N}\}$ 中表示出来，具体为

$$\boldsymbol{c}_1-\boldsymbol{\zeta}_1=(0\quad l\quad 0)^{\mathrm{T}}$$

$$\hat{z}_1=(0\quad 0\quad 1)^{\mathrm{T}}$$

接触点2的相关参量用 $\{\boldsymbol{N}\}$ 表示为

$$\boldsymbol{c}_2-\boldsymbol{\zeta}_1=(l\quad 2l\quad 0)^{\mathrm{T}}$$

$$\boldsymbol{c}_2-\boldsymbol{\zeta}_2=(l\quad 0\quad 0)^{\mathrm{T}}$$

$$\hat{z}_1=(0\quad 0\quad 1)^{\mathrm{T}}$$

$$\hat{z}_2=(0\quad 0\quad 1)^{\mathrm{T}}$$

接触点3的相关参量用 $\{\boldsymbol{N}\}$ 表示为

$$\boldsymbol{c}_3-\boldsymbol{\zeta}_1=(2l\quad l\quad 0)^{\mathrm{T}}$$

$$\boldsymbol{c}_3-\boldsymbol{\zeta}_2=(2l\quad -l\quad 0)^{\mathrm{T}}$$

$$\boldsymbol{c}_3-\boldsymbol{\zeta}_3=(0\quad -l\quad 0)^{\mathrm{T}}$$

$$\hat{z}_1=(0\quad 0\quad 1)^{\mathrm{T}}$$

$$\hat{z}_2=(0\quad 0\quad 1)^{\mathrm{T}}$$

$$\hat{z}_3=(0\quad 0\quad 1)^{\mathrm{T}}$$

完整的机器人手雅可比矩阵 $\widetilde{\boldsymbol{J}}\in\mathbb{R}^{18\times 3}$（接触速度均在 $\{\boldsymbol{C}\}_i$ 中表示）为

$$\widetilde{\boldsymbol{J}}=\left(\begin{array}{ccc}
-l & 0 & 0\\
0 & 0 & 0\\
0 & 0 & 0\\
0 & 0 & 0\\
0 & 0 & 0\\
1 & 0 & 0\\ \hline
-l & -l & 0\\
-2l & 0 & 0\\
0 & 0 & 0\\
0 & 0 & 0\\
0 & 0 & 0\\
1 & 1 & 0\\ \hline
l & -l & -l\\
-2l & -2l & 0\\
0 & 0 & 0\\
0 & 0 & 0\\
0 & 0 & 0\\
1 & 1 & 1
\end{array}\right)$$

水平分割线将 $\widetilde{\boldsymbol{J}}$ 分为 $\widetilde{\boldsymbol{J}}_1$（顶部）、$\widetilde{\boldsymbol{J}}_2$ 和 $\widetilde{\boldsymbol{J}}_3$（底部）。各列分别对应关节1~3。

2. 第二部分：$\boldsymbol{G}$ 和 $\boldsymbol{J}$

假设图38.16中的3个接触是HF型的，则选择矩阵 $\boldsymbol{H}$ 为

$$\boldsymbol{H}=\begin{pmatrix}\boldsymbol{I} & \boldsymbol{0} & \boldsymbol{0} & \boldsymbol{0} & \boldsymbol{0} & \boldsymbol{0}\\ \boldsymbol{0} & \boldsymbol{0} & \boldsymbol{I} & \boldsymbol{0} & \boldsymbol{0} & \boldsymbol{0}\\ \boldsymbol{0} & \boldsymbol{0} & \boldsymbol{0} & \boldsymbol{0} & \boldsymbol{I} & \boldsymbol{0}\end{pmatrix}\qquad(38.96)$$

式中，$\boldsymbol{I}$ 和 $\boldsymbol{0}$ 都属于 $\mathbb{R}^{3\times 3}$，则矩阵 $\boldsymbol{G}^{\mathrm{T}}\in\mathbb{R}^{9\times 6}$ 和 $\boldsymbol{J}\in\mathbb{R}^{9\times 3}$ 可由消除相关旋转行来从 $\widetilde{\boldsymbol{G}}^{\mathrm{T}}$ 和 $\widetilde{\boldsymbol{J}}$ 中得到

$$\boldsymbol{G}^{\mathrm{T}}=\left(\begin{array}{cccccc}
1 & 0 & 0 & 0 & 0 & 0\\
0 & 1 & 0 & 0 & 0 & -l\\
0 & 0 & 1 & 0 & l & 0\\ \hline
0 & -1 & 0 & 0 & 0 & 0\\
1 & 0 & 0 & 0 & 0 & -l\\
0 & 0 & 1 & l & 0 & 0\\ \hline
-1 & 0 & 0 & 0 & 0 & 0\\
0 & -1 & 0 & 0 & 0 & -l\\
0 & 0 & 1 & 0 & -l & 0
\end{array}\right),\ \boldsymbol{J}=\left(\begin{array}{ccc}
l & 0 & 0\\
0 & 0 & 0\\
0 & 0 & 0\\ \hline
l & l & 0\\
2l & 0 & 0\\
0 & 0 & 0\\ \hline
l & l & l\\
2l & 2l & 0\\
0 & 0 & 0
\end{array}\right)$$

3. 第三部分：抓取类型

表38.12的第1列记录了这个三个硬手指抓取球体的例子中的 $\boldsymbol{J}^{\mathrm{T}}$ 和 $\boldsymbol{G}$ 的主要子空间的维数。只有非平凡零空间被列出。

表38.12　例3研究抓取的主要子空间维数及分类

维　　数	类　　别
$\dim\mathcal{N}(\boldsymbol{J}^{\mathrm{T}})=6$	缺陷型
$\dim\mathcal{N}(\boldsymbol{G})=3$	可抓取型
$\dim\mathcal{N}(\boldsymbol{J}^{\mathrm{T}})\cap\mathcal{N}(\boldsymbol{G})=1$	超静定型

该系统是缺陷型的，因为该结构可抵抗子空间的广义接触力，对应于零关节活动度。

$$\boldsymbol{N}(\boldsymbol{J}^{\mathrm{T}})=\left(\begin{array}{cccccc}
0 & 0 & 0 & 0 & -2 & 0\\
0 & 0 & 0 & 1 & 0 & 0\\
0 & 0 & 1 & 0 & 0 & 0\\ \hline
0 & 0 & 0 & 0 & 0 & -2\\
0 & 0 & 0 & 0 & 1 & 0\\
0 & 1 & 0 & 0 & 0 & 0\\ \hline
0 & 0 & 0 & 0 & 0 & 0\\
0 & 0 & 0 & 0 & 0 & 1\\
1 & 0 & 0 & 0 & 0 & 0
\end{array}\right)$$

前3列代表广义力在三个接触点作用的方向垂直于图38.16的平面。第4列对应一个唯一的接触力方向沿 $\hat{\boldsymbol{t}}_1$ 的应用。

该系统是可抓取型的，因为内力子空间是三维的。一个可能的基矩阵为

$$N(G)=\begin{pmatrix} 1 & 1 & 0 \\ 1 & 0 & 1 \\ 0 & 0 & 0 \\ \hline 1 & 0 & 2 \\ -1 & 0 & 0 \\ 0 & 0 & 0 \\ \hline 0 & 1 & 0 \\ 0 & 0 & -1 \\ 0 & 0 & 0 \end{pmatrix}$$

$N(G)$ 子空间的三个力向量可以很容易地从图 38.16 中确认。注意到所有的受力都是在局部接触坐标系内表示的。$N(G)$ 的第 1 列向量在连接接触点 1 和 2 的连线方向上表现出了反作用力。第 2 列向量参数化以后在连接接触点 1 和 3 的连线方向表现出反方向作用力。最后向量表示沿 $\boldsymbol{\lambda}_h$ 方向的力，如图 38.16 中的虚线所示。注意到该方向（在力旋量大小空间）对应于左右两个向上的摩擦力和一个两倍大小的从工作空间的顶部连杆中心向下的力。

最终，该抓取是超静定型的，因为：

$$N(G)\cap N(J^{\mathrm{T}})=\begin{pmatrix} 0 \\ 1 \\ 0 \\ \hline 2 \\ 0 \\ 0 \\ \hline 0 \\ -1 \\ 0 \end{pmatrix}\neq 0$$

在该子空间内，超静定作用力是无法通过机器人手关节控制的内力。在图 38.16 中内力 $\boldsymbol{\lambda}_h$ 在 $\mathcal{N}(J^{\mathrm{T}})$ 中也有表示。

图 38.16 中的抓取也是强力抓取的一个例子，即前面提到过的一种抓取类型，它用到了很多接触点，不仅仅在指尖，更在手指及手掌中的连杆上[38.8,28,33]。

所有的强力抓取都存在运动学缺陷（$\mathcal{N}(J^{\mathrm{T}})\neq 0$），并且也大多是超静定型的。根据 38.2.2 节，刚体模型不足以记录整个系统的行为，因为在 $\mathcal{N}(G)\cap\mathcal{N}(J^{\mathrm{T}})$ 中的广义接触力使动力学不确定。

许多方法被用于解决超静定抓取中的刚体限制，例如参考文献［38.16，20，21］中提到的那些，其中黏弹性接触模型被用于解决力的不确定性。在参考文献［38.48］中，作者发现超静定性的一个充分条件为 $m>q+6$，其中 m 是接触力向量的维数。

38.5.4 例 4：对偶性

考虑到一个光滑的圆盘被约束在平面内的平移情况（图 38.17）。在这个问题上 $n_v=2$，所以适用于接触力与物体速度的空间是二维平面的。在顶部的一对图片中，一个单一的（固定）接触点的瞬时速度施加了一个半空间的约束，并将该力限制在一个射线的光滑接触上。无论是射线还是（暗灰色）半空间都是由接触法向指向对象定义。注意到射线和半空间是对偶的锥体。当两个接触出现时，（浅灰色）力锥成为这两个接触法向的非负空间，且速度锥是它的对偶。此外，由于存在第三个接触，抓取形成了形封闭，正如速度锥退化至原点以及力锥扩展成整个平面所示。

重要的是，对偶锥的讨论适用于由 G 的列取代接触法线后的三维机构。

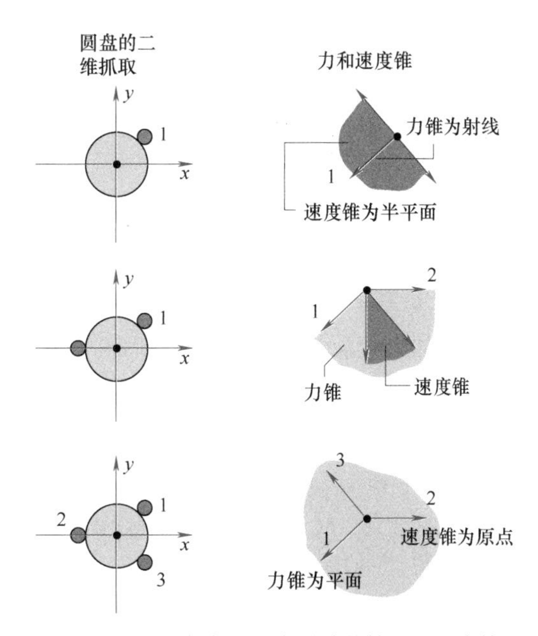

图 38.17 圆盘在平面内平移的情况：无摩擦接触，可能的圆盘速度以及净接触力之间的关系

38.5.5 例 5：形封闭

1. 第一部分：单边约束

一个空间形封闭的物体需要 7 个接触，这是很难说明的。因此，本章唯一分析的空间形封闭的例子是下面的平面问题。图 38.18 所示平面四点抓取

的基本特征。请注意，第四个接触点的法线有明确界定，尽管接触是发生在对象的顶点处。手指的角度 α 也是可以有所不同的，而且当 α 在区间 $1.0518<\alpha<\pi/2$ 内的时候可以证明形封闭存在。注意到，当 C_2 下沿含有接触点 3（$\alpha\approx1.0518$）和接触点 2（$\alpha=\pi/2$）时，会出现 α 的临界值。超过这些角度，圆椎体 C_1 与 C_2 就不能再看到彼此。

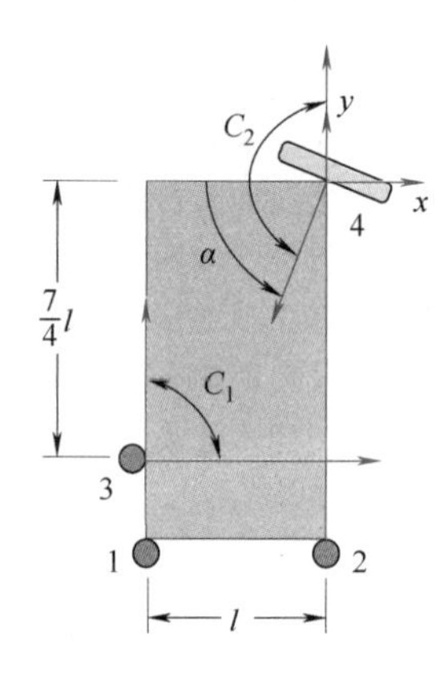

图 38.18　如果 $1.04<\alpha<1.59$，具有一阶形封闭的平面抓取

选择用于分析的坐标系，并选取第四个接触点为坐标原点，则此例的抓取矩阵为

$$G=\begin{pmatrix}0 & 0 & 1 & -\cos(\alpha)\\ 1 & 1 & 0 & -\sin(\alpha)\\ -l & 0 & \frac{7}{4}l & 0\end{pmatrix}\tag{38.97}$$

形封闭在一定的角度范围内进行了测试。图 38.19中的蓝色曲线是 LP1 度量（由函数 formClosure.m 返回的 d^*n_c，可从参考文献［38.43］中获得），这表明，抓取失去形封闭的最远距离为 $\alpha\approx1.22$rad，正如图 38.18 中所示的位形。为了便于比较，法拉利-坎尼（FC）度量（按比例缩放以具有与 LP1 公制相同的最大值）用红色示意。它们在形封闭存在的角度上达成一致，只是在最佳角度 α 上有所不同。

2. 第二部分：双边约束

接下来，我们考虑使用式（38.54）双边和单边约束的混合形封闭条件。例如，如果接触点 1 被视为双边约束，其余接触点被视为单边约束，则 $\boldsymbol{B}$ 和 $\boldsymbol{G}_n$ 为

$$\boldsymbol{B}=\begin{pmatrix}0\\1\\-l\end{pmatrix},\quad \boldsymbol{G}_n=\begin{pmatrix}0 & 1 & -\cos(\alpha)\\ 1 & 0 & -\sin(\alpha)\\ 0 & \frac{7}{4}l & 0\end{pmatrix}\tag{38.98}$$

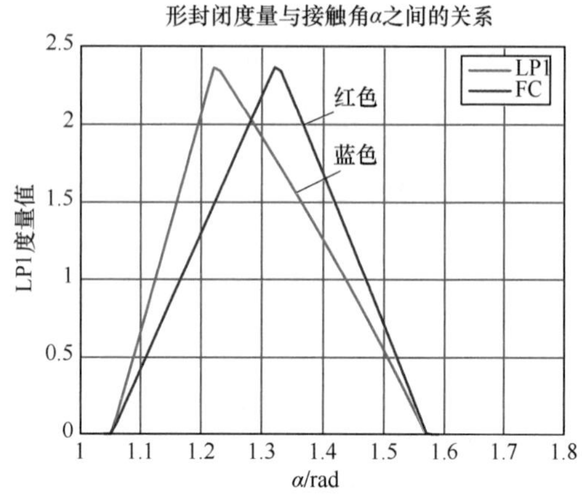

图 38.19　如果 $1.052<\alpha<\frac{\pi}{2}$，形封闭度量角与接触角之间的关系

通过将相应列从 $\boldsymbol{G}_n$ 移动到 $\boldsymbol{B}$，可以将其他接触点转换为双边接触点。图 38.20 显示了形封闭度量 LP1 的五条曲线。在图中，4 表示所有四个接触点均被视为单侧抓取，5 表示接触点 1 已转换为上一等式定义的双边接触点，6 表示接触点 1 和 2 已转换为双边接触点，等等。图中显示了 LP1 度量的重要属性；最大值等于单侧接触点的数量（双侧接触点计为两个单侧接触点），这是曲线 7 和 8 的结果。对于这个特殊的问题，所有 α 都能达到这些最大值。

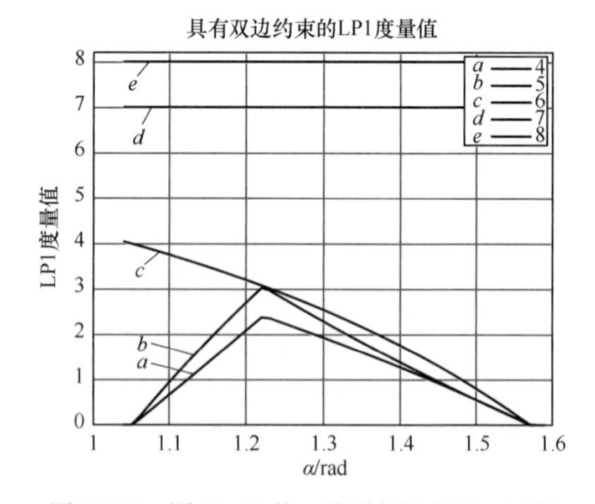

图 38.20　图 38.18 的一阶形封闭度量，逐渐将更多接触点转换为双边接触点

3. 第三部分：单调性

如果将曲线 4 和 5 放大到 $\alpha=1.5$ 附近，就会发现随着约束的增加，LP1 并不是单调的。也就是说，当接触点 1 从单边约束（曲线 4）转换为双边约束（曲线 5）时，对于 α 的某些值，尽管存在附加约束，LP1 度量值会更小。为了验证这种单调

性，将单调的法拉利-坎尼度量和非单调的 LP1 度量作为计算抓取序列 α 的函数。在原来四个接触的基础上，增加了五个单边接触：$\{(0,-1.3l),(-0.5l,0),(0,1.75l),(-l,-0.6l),(-0.7l,0)\}$。图 38.21 显示了带有 4、5、6、7、8 和 9 个接触点的度量，如图例所示。

LP1 度量值不会随着接触点的增加而单调增加。接近 $\alpha=1.2$ 时，添加第五个接触点会略微降低度量值。此外，接近 $\alpha=1.55$ 时，添加第八个触点会减少度量值。相比之下，法拉利-坎尼度量是单调的，虽然不是严格单调的；标记为 6 和 7 的曲线图对于所有的曲线图都是相同的，并且随着接触点的添加，还有其他的时间间隔，其中度量是恒定的。例如，接近 $\alpha=1.35$ 时，具有 5、6 和 7 个接触点的抓取都具有相同的度量值。

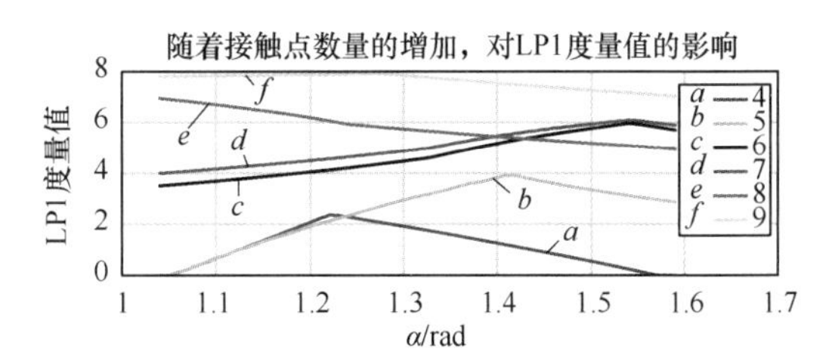

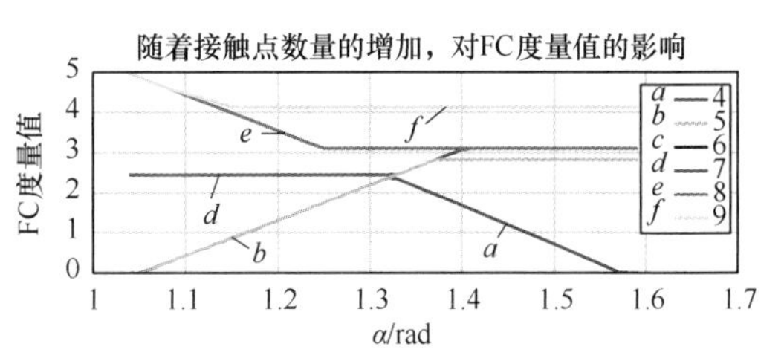

图 38.21 LP1 与 Ferrari-Canny 形封闭度量的单调性比较

38.6 结论与延展阅读

从本章介绍的简单线性运动学、动力学和接触模型中可以获得对抓取系统的大量理解。在刚体假设下，最广泛使用的抓取分类和封闭特性都可以从这些模型中导出。将这些模型线性化，可以使用计算线性代数和线性规划技术高效地计算度量和测试。基于这些测试所构建的抓取综合工具，将对象和机器人手的模型作为输入，并返回一组可能的抓取位形作为输出（例如，参见参考文献 [38.3]）。关于抓取运动学和抓取分类的深入讨论可参见参考文献 [38.15，20，34，48-52]。

人们不禁要问，由于本章所做的简化假设，人们会失去哪些深入概念。有兴趣的读者可以自己参考一下更复杂的假设下对抓取系统进行分析的文献。总体来讲，大多数的机构可以分为弯曲型和柔顺型[38.17,28,35,53-55]。接触摩擦模型并不像广泛采用的线性化模型那么简单。例如，如果一个接触点必须抵抗一个法向力矩，其有效切向摩擦系数就会降低[38.46,56]。在本章中，二次库仑摩擦锥近似为多面体锥。当使用二次锥时，分析问题更加困难，但它们非常容易处理[38.47,57]。

原则上，一个设计合理的抓取系统可以进行有效控制，以保持所有的接触，但实际情况下可能会导致不必要的滑动或转动。这让我们回到有关抓取稳定性的话题，这个话题经常被等同于抓取封闭性。然而，抓取封闭性实际上等价于平衡点的存在，这是稳定的必要条件，而非充分条件。机器人抓取领域之外对稳定性的一般定义要求是：当系统偏离平衡点时，系统返回到该点。从这个角度来看，在接触点没有滑动的假设下，所有封闭抓取都是稳定的，但反过来不一定成立[38.53,54,58,59]。然而，接触点滑动时的稳定性分析仍然是一个悬而未决的问题。

在稳定抓取的前提下，本章尚未讨论的另一个重要问题是抓取力分配问题，即寻找合适的驱动器扭矩和接触力，以平衡施加在物体上的给定外部载荷。这一问题首先由 McGhee 和 Orin[38.60] 在步行机器人中进行了研究，后来由其他人[38.61,62]进行了研究。Kumar 和 Waldron[38.63] 将类似的技术用于抓取过程中的力分配问题。Han 等和 Buss 等利用凸优化技术解决了非线性摩擦锥约束下的力分配问题[38.47,57,64]。在动力抓取中，很难找到一个好的分配方案，因为可控接触力旋量空间受到大量接触的共同限制[38.21,32,33,65]。

抓取综合在很大程度上取决于机器人手的结构，机器人手通常是一个具有多个自由度的复杂系统，内含传感器和驱动器，它们是适应许多不同对象和任务所必需的。本章尚未讨论的一个重要研究领域是简化手的设计，将部分自由度进行耦合，减少有效输入的数量，并导致更高效、更简单和可靠的设计[38.23,66]。在人类手部运动数据中也观察到了独立输入的减少，其中很少有变量（定义为姿态协同作用），从中解释了手部结构在抓取不同物体时的大部分变化[38.25,67]。手部独立控制输入数量的减少会影响抓取特性，尤其是手部灵活控制抓取力和手内操作的能力，如参考文献［38.68-71］所述。

以上所有考虑都隐含着一个假设，即抓取已实现，这并不是一项容易的任务。当今机器人抓取方面的大部分研究都集中在抓取上。换言之，问题在于将手从与物体不接触的状态移动到一个已经获得满意抓取的状态。当机器人识别出所要抓取的物体时，它对物体的姿态和几何结构的了解并不完美。即使是这样，机器人的控制系统也无法将手完美地移动到所需的抓取点位。手可能会意外地碰撞物体，从而改变其姿态，最终导致抓取失败。

目前的研究领域还包括利用在最终抓取之前进行规划或感知接触交互的一些细节方面的方法，以及试图对抓取前接触交互保持鲁棒性的方法。第一类是准静态抓取、动态抓取和感知。在包裹手指之前，抓取会寻求接触，以便让物体靠在手掌上处于良好的位置。到目前为止，它已被应用于能够在水平面上稳定滑动的物体，该水平面上布满了无法抓取的物体[38.72]。动态规划结合了抓取的动力学模型，包括间歇性接触，以同时设计最优控制器和抓取动作[38.73]。通过新的抓取感知方法，可以提高上述两种方法在实时性实现中的性能，该方法可以估计物体相对于手的姿态[38.74-76]。

目前正在开发阻抗控制器，以减少在抓取过程中手和物体之间意外接触的负面影响[38.77]，以及物体运输任务期间物体和环境之间意外接触的负面影响[38.78]。独立的接触区域是物体上具有以下特性的曲面：如果接触点在每个区域内的任何位置稳定，则抓取将具有力封闭特性[38.79,80]。使用这种方法，少量的推挤也不会导致抓取失败。也许通过锁定将独立区域的想法发挥到了极致。在这里，我们的目标是找到一种手的位形，它可以松散地围绕着物体，附加条件是物体在自身不变形或手不变形的情况下无法逃脱[38.81,82]。锁定的挑战在于找到一个预锁定位形和一个手指运动规划，该规划对机器人感知和控制系统精度方面的要求限定最小。

视频文献

VIDEO 551 Grasp analysis using the MATLAB toolbox SynGrasp
available from http://handbookofrobotics.org/view-chapter/04/videodetails/551

参考文献

38.1 A. Bicchi: Hands for dextrous manipulation and powerful grasping: A difficult road towards simplicity, IEEE Trans. Robotics Autom. **16**, 652–662 (2000)
38.2 J.K. Salisbury: Kinematic and Force Analysis of Articulated Hands, Ph.D. Thesis (Stanford University, Stanford 1982)
38.3 A.T. Miller, P.K. Allen: GraspIt! A versatile simulator for robotic grasping, IEEE Robotics Autom. Mag. **11**(4), 110–122 (2004)
38.4 M. Malvezzi, G. Gioioso, G. Salvietti, D. Prattichizzo: SynGrasp: A matlab toolbox for underactuated and compliant hands, IEEE Robotics Autom. Mag. **22**(4), 52–68 (2015)
38.5 M. Malvezzi, G. Gioioso, G. Salvietti, D. Prattichizzo, A. Bicchi: Syngrasp: A matlab toolbox for grasp analysis of human and robotic hands, Proc. IEEE Int. Conf. Robotics Autom. (ICRA) (2013) pp. 1088–1093
38.6 SynGrasp: A MATLAB Toolbox for Grasp Analysis of Human and Robotic Hands, http://syngrasp.dii.unisi.it/
38.7 M. Grebenstein, A. Albu-Schäffer, T. Bahls, M. Chalon, O. Eiberger, W. Friedl, R. Gruber, S. Haddadin, U. Hagn, R. Haslinger, H. Hoppner, S. Jorg, M. Nickl, A. Nothhelfer, F. Petit, J. Reill, N. Seitz, T. Wimbock, S. Wolf, T. Wusthoff, G. Hirzinger: The DLR hand arm system, IEEE Conf. Robotics Autom. (2011) pp. 3175–3182
38.8 K. Salisbury, W. Townsend, B. Ebrman, D. DiPietro: Preliminary design of a whole-arm manipulation system (WAMS), Proc. IEEE Int. Conf. Robotics Autom. (1988) pp. 254–260
38.9 M.S. Ohwovoriole, B. Roth: An extension of screw theory, J. Mech. Des. **103**, 725–735 (1981)
38.10 K.H. Hunt: *Kinematic Geometry of Mechanisms* (Oxford Univ. Press, Oxford 1978)
38.11 T.R. Kane, D.A. Levinson, P.W. Likins: *Spacecraft Dynamics* (McGraw Hill, New York 1980)
38.12 J.J. Craig: *Introduction to Robotics: Mechanics and Control*, 2nd edn. (Addison-Wesley, Reading 1989)
38.13 J.K. Salisbury, B. Roth: Kinematic and force analysis of articulated mechanical hands, J. Mech. Transm. Autom. Des. **105**(1), 35–41 (1983)

38.14 M.T. Mason, J.K. Salisbury Jr: *Robot Hands and the Mechanics of Manipulation* (MIT Press, Cambridge 1985)
38.15 A. Bicchi: On the closure properties of robotic grasping, Int. J. Robotics Res. **14**(4), 319–334 (1995)
38.16 D. Prattichizzo, A. Bicchi: Consistent task specification for manipulation systems with general kinematics, ASME J. Dyn. Syst. Meas. Control **119**(4), 760–767 (1997)
38.17 J. Kerr, B. Roth: Analysis of multifingered hands, Int. J. Robotics Res. **4**(4), 3–17 (1986)
38.18 G. Strang: *Introduction to Linear Algebra* (Wellesley-Cambridge Press, Wellesley 1993)
38.19 R.M. Murray, Z. Li, S.S. Sastry: *A Mathematical Introduction to Robot Manipulation* (CRC, Boca Raton 1993)
38.20 D. Prattichizzo, A. Bicchi: Dynamic analysis of mobility and graspability of general manipulation systems, IEEE Trans. Robotics Autom. **14**(2), 241–258 (1998)
38.21 A. Bicchi: On the problem of decomposing grasp and manipulation forces in multiple whole-limb manipulation, Int. J. Robotics Auton. Syst. **13**, 127–147 (1994)
38.22 A.M. Dollar, R.D. Howe: Joint coupling and actuation design of underactuated hands for unstructured environments, Int. J. Robotics Res. **30**, 1157–1169 (2011)
38.23 L. Birglen, T. Lalibertè, C. Gosselin: *Underactuated robotic hands*, Springer Tracts in Advanced Robotics (Springer, Berlin, Heidelberg 2008)
38.24 M.G. Catalano, G. Grioli, A. Serio, E. Farnioli, C. Piazza, A. Bicchi: Adaptive synergies for a humanoid robot hand, Proc. IEEE-RAS Int. Conf. Humanoid Robots (2012) pp. 7–14
38.25 M. Gabiccini, A. Bicchi, D. Prattichizzo, M. Malvezzi: On the role of hand synergies in the optimal choice of grasping forces, Auton. Robots **31**, 235–252 (2011)
38.26 M. Malvezzi, D. Prattichizzo: Evaluation of grasp stiffness in underactuated compliant hands, Proc. IEEE Int. Conf. Robotics Autom. (2013) pp. 2074–2079
38.27 S.F. Chen, I. Kao: Conservative congruence transformation for joint and cartesian stiffness matrices of robotic hands and fingers, Int. J. Robotics Res. **19**(9), 835–847 (2000)
38.28 M.R. Cutkosky, I. Kao: Computing and controlling the compliance of a robotic hand, IEEE Trans. Robotics Autom. **5**(2), 151–165 (1989)
38.29 A. Albu-Schaffer, O. Eiberger, M. Grebenstein, S. Haddadin, C. Ott, T. Wimbock, S. Wolf, G. Hirzinger: Soft robotics, IEEE Robotics Autom, Mag. **15**(3), 20–30 (2008)
38.30 A. Bicchi: Force distribution in multiple whole-limb manipulation, Proc. IEEE Int. Conf. Robotics Autom. (1993)
38.31 F. Reuleaux: *The Kinematics of Machinery* (Macmillan, New York 1876), Republished by Dover, New York, 1963
38.32 T. Omata, K. Nagata: Rigid body analysis of the indeterminate grasp force in power grasps, IEEE Trans. Robotics Autom. **16**(1), 46–54 (2000)
38.33 J.C. Trinkle: The Mechanics and Planning of Enveloping Grasps, Ph.D. Thesis (University of Pennsylvania, Department of Systems Engineering, 1987)
38.34 K. Lakshminarayana: *Mechanics of Form Closure*, Tech. Rep., Vol. 78-DET-32 (ASME, New York 1978)
38.35 E. Rimon, J. Burdick: Mobility of bodies in contact i: A 2nd order mobility index for multiple-finger grasps, IEEE Trans. Robotics Autom. **14**(5), 696–708 (1998)
38.36 B. Mishra, J.T. Schwartz, M. Sharir: On the existence and synthesis of multifinger positive grips, Algorithmica **2**(4), 541–558 (1987)
38.37 P. Somov: Über Schraubengeschwindigkeiten eines festen Körpers bei verschiedener Zahl von Stützflächen, Z. Math. Phys. **42**, 133–153 (1897)
38.38 P. Somov: Über Schraubengeschwindigkeiten eines festen Körpers bei verschiedener Zahl von Stützflächen, Z. Math. Phys. **42**, 161–182 (1897)
38.39 A.J. Goldman, A.W. Tucker: Polyhedral convex cones. In: *Linear Inequalities and Related Systems*, ed. by H.W. Kuhn, A.W. Tucker (Princeton Univ., York 1956) pp. 19–40
38.40 X. Markenscoff, L. Ni, C.H. Papadimitriou: The geometry of grasping, Int. J. Robotics Res. **9**(1), 61–74 (1990)
38.41 D.G. Luenberger: *Linear and Nonlinear Programming*, 2nd edn. (Addison-Wesley, Reading 1984)
38.42 G. Muscio. J.C. Trinkle: *Grasp Closure Analysis of Bilaterally Constrained Objects*, Tech. Rep. Ser., Vol. 13-01 (Department of Computer Science, Rensselear Polytechnic Institute, Troy 2013)
38.43 Rensselaer Computer Science: http://www.cs.rpi.edu/twiki/bin/view/RoboticsWeb/LabSoftware
38.44 C. Ferrari, J. Canny: Planning optimal grasps, Proc. IEEE Int. Conf. Robotics Autom. (1986) pp. 2290–2295
38.45 V.D. Nguyen: *The Synthesis of Force Closure Grasps in the Plane, M.S. Thesis Ser.* (MIT Department of Mechanical Engineering, Cambridge 1985), AI-TR861
38.46 R.D. Howe, M.R. Cutkosky: Practical force-motion models for sliding manipulation, Int. J. Robotics Res. **15**(6), 557–572 (1996)
38.47 L. Han, J.C. Trinkle, Z. Li: Grasp analysis as linear matrix inequality problems, IEEE Trans. Robotics Autom. **16**(6), 663–674 (2000)
38.48 J.C. Trinkle: On the stability and instantaneous velocity of grasped frictionless objects, IEEE Trans. Robotics Autom. **8**(5), 560–572 (1992)
38.49 K.H. Hunt, A.E. Samuel, P.R. McAree: Special configurations of multi-finger multi-freedom grippers – A kinematic study, Int. J. Robotics Res. **10**(2), 123–134 (1991)
38.50 D.J. Montana: The kinematics of multi-fingered manipulation, IEEE Trans. Robotics Autom. **11**(4), 491–503 (1995)
38.51 Y. Nakamura, K. Nagai, T. Yoshikawa: Dynamics and stability in coordination of multiple robotic mechanisms, Int. J. Robotics Res. **8**, 44–61 (1989)
38.52 J.S. Pang, J.C. Trinkle: Stability characterizations of rigid body contact problems with coulomb friction, Z. Angew. Math. Mech. **80**(10), 643–663 (2000)
38.53 M.R. Cutkosky: *Robotic Grasping and Fine Manipulation* (Kluwer, Norwell 1985)
38.54 W.S. Howard, V. Kumar: On the stability of grasped objects, IEEE Trans. Robotics Autom. **12**(6), 904–917 (1996)
38.55 A.B.A. Cole, J.E. Hauser, S.S. Sastry: Kinematics and control of multifingered hands with rolling contacts, IEEE Trans. Autom. Control **34**, 398–404 (1989)
38.56 R.I. Leine, C. Glocker: A set-valued force law for

spatial Coulomb–Contensou friction, Eur. J. Mech. A **22**(2), 193–216 (2003)
38.57 M. Buss, H. Hashimoto, J. Moore: Dexterous hand grasping force optimization, IEEE Trans. Robotics Autom. **12**(3), 406–418 (1996)
38.58 V. Nguyen: Constructing force-closure grasps, Int. J. Robotics Res. **7**(3), 3–16 (1988)
38.59 E. Rimon, J.W. Burdick: Mobility of bodies in contact II: How forces are generated by curvature effects, Proc. IEEE Int. Conf. Robotics Autom. (1998) pp. 2336–2341
38.60 R.B. McGhee, D.E. Orin: A mathematical programming approach to control of positions and torques in legged locomotion systems, Proc. ROMANCY (1976)
38.61 K. Waldron: Force and motion management in legged locomotion, IEEE J. Robotics Autom. **2**(4), 214–220 (1986)
38.62 T. Yoshikawa, K. Nagai: Manipulating and grasping forces in manipulation by multi-fingered grippers, Proc. IEEE Int. Conf. Robotics Autom. (1987) pp. 1998–2007
38.63 V. Kumar, K. Waldron: Force distribution in closed kinematic chains, IEEE J. Robotics Autom. **4**(6), 657–664 (1988)
38.64 M. Buss, L. Faybusovich, J. Moore: Dikin-type algortihms for dexterous grasping force optimization, Int. J. Robotics Res. **17**(8), 831–839 (1998)
38.65 D. Prattichizzo, J.K. Salisbury, A. Bicchi: Contact and grasp robustness measures: Analysis and experiments. In: *Experimental Robotics-IV, Lecture Notes in Control and Information Sciences*, Vol. 223, ed. by O. Khatib, K. Salisbury (Springer, Berlin, Heidelberg 1997) pp. 83–90
38.66 A.M. Dollar, R.D. Howe: The highly adaptive sdm hand: Design and performance evaluation, Int. J. Robotics Res. **29**(5), 585–597 (2010)
38.67 M.G. Catalano, G. Grioli, E. Farnioli, A. Serio, C. Piazza, A. Bicchi: Adaptive synergies for the design and control of the Pisa/IIT SoftHand, Int. J. Robotics Res. **33**(5), 768–782 (2014)
38.68 M.T. Ciocarlie, P.K. Allen: Hand posture subspaces for dexterous robotic grasping, Int. J. Robotics Res. **28**(7), 851–867 (2009)
38.69 T. Wimbock, B. Jahn, G. Hirzinger: Synergy level impedance control for multifingered hands, IEEE/RSJ Int Conf Intell. Robots Syst. (IROS) (2011) pp. 973–979
38.70 D. Prattichizzo, M. Malvezzi, M. Gabiccini, A. Bicchi: On the manipulability ellipsoids of underactuated robotic hands with compliance, Robotics Auton. Syst. **60**(3), 337–346 (2012)
38.71 D. Prattichizzo, M. Malvezzi, M. Gabiccini, A. Bicchi: On motion and force controllability of precision grasps with hands actuated by soft synergies, IEEE Trans. Robotics **29**(6), 1440–1456 (2013)
38.72 M.R. Dogar, S.S. Srinivasa: A framework for push-grasping in clutter, Robotics Sci. Syst. (2011)
38.73 M. Posa, R. Tedrake: Direct trajectory optimization of rigid body dynamical systems through contact, Proc. Workshop Algorithm. Found. Robotics (2012)
38.74 L. Zhang, J.C. Trinkle: The application of particle filtering to grasp acquistion with visual occlusion and tactile sensing, Proc. IEEE Int. Conf Robotics Autom. (2012)
38.75 P. Hebert, N. Hudson, J. Ma, J. Burdick: Fusion of stereo vision, force-torque, and joint sensors for estimation of in-hand object location, Proc. IEEE Int. Conf. Robotics Autom. (2011) pp. 5935–5941
38.76 S. Haidacher, G. Hirzinger: Estimating finger contact location and object pose from contact measurements in 3nd grasping, Proc. IEEE Int. Conf. Robotics Autom. (2003) pp. 1805–1810
38.77 T. Schlegl, M. Buss, T. Omata, G. Schmidt: Fast dextrous re-grasping with optimal contact forces and contact sensor-based impedance control, Proc. IEEE Int. Conf. Robotics Autom. (2001) pp. 103–108
38.78 G. Muscio, F. Pierri, J.C. Trinkle: A hand/arm controller that simultaneously regulates internal grasp forces and the impedance of contacts with the environment, IEEE Conf. Robotics Autom. (2014)
38.79 M.A. Roa, R. Suarez: Computation of independent contact regions for grasping 3-D objects, IEEE Trans. Robotics **25**(4), 839–850 (2009)
38.80 M.A. Roa, R. Suarez: Influence of contact types and uncertainties in the computation of independent contact regions, Proc. IEEE Int. Conf. Robotics Autom. (2011) pp. 3317–3323
38.81 A. Rodriguez, M.T. Mason, S. Ferry: From caging to grasping, Int. J. Robotics Res. **31**(7), 886–900 (2012)
38.82 C. Davidson, A. Blake: Error-tolerant visual planning of planar grasp, 6th Int. Conf. Comput. Vis. (1998) pp. 911–916

第 39 章

协同操作臂

Fabrizio Caccavale，Masaru Uchiyama

本章主要介绍如何通过两个或多个操作臂对同一个物体进行协同操作。本章首先对协同操作从20世纪70年代初到最近几年的研究历史进行了回顾，深入研究了操作臂协同操作刚性物体的运动学和动力学问题。本章选择基于对称方程的方法对运动学和静力学进行分析；同时也讨论了其动力学模型和闭链降阶模型的基本原理。本章对一些专题进行了讨论，如几何意义上的协同操作空间变量的定义、负载分配问题和可操作空间椭球的定义，以使读者全面了解协同操作臂的建模和评估方法。然后，本章介绍了对操作臂协同操作系统运动学模型和操作臂与被抓取物体之间相互作用模型的主要控制方法；并进一步详细介绍了力/位混合控制的基本原理、比例-微分（PD）力/位控制方案、反馈线性化技术和阻抗控制方法。在最后一节中，进一步深入讨论了协作机器人控制相关的研究主题；详细讨论了先进的非线性控制策略（即智能控制方法、同步控制、分散控制）；简要介绍了一些具有一定灵活性的协同系统建模与控制的基本结论。

目　录

39.1　历史回顾

机器人技术出现不久，科学家就开始了多操作臂系统的探索。该研究始于20世纪70年代初，主要是源于单臂机器人作业中存在的典型受限问题。事实证明，单臂机器人难以完成的任务可由两个或两个以上操作臂协同完成。这些任务包括移动大质量大体积的物体，不使用特殊的装置实现多部件组装，处理柔性或具有冗余自由度的对象等。协同操作臂的研究旨在解决现存问题并拓展其在柔性制造系统及恶劣环境中（如外太空及海底环境）新的应用。

Fujii 和 Kurono[39.1]、Nakano 等人[39.2] 以及 Takase 等人[39.3] 作为多操作臂早期研究工作的代表，其研究内容的关键技术主要包括主从控制、力/柔性控制及关节空间控制。在参考文献［39.1］中，Fujii 和 Kurono 提出了用于多操作臂协同控制的柔性控制方法，定义了相对于被控对象坐标系的任务向量及在该坐标系下控制作业的表达形式。Fujii、Kurono[39.1] 及 Takase 等人[39.3] 的研究具有一个典型特征，即不利用力/力矩传感器，而利用驱动器后退操作的灵活性实现力控制与柔性控制。当时，由于研究者专注于使用力/力矩传感器实现更复杂的控制，因此该技术在实际应用中的重要性并不被认同。Nakano 等[39.2,4] 提出了一种主从力控制方法，用于控制搬运同一物体的两操作臂的协同运动，并指出了力控制对操作臂协同作业的重要性。

基于一些单操作臂机器人的基本研究结果，在20世纪80年代恢复了对多操作臂的深入研究工作[39.5]。这些研究主要包括相对于被控对象任务向量的定义[39.6]，多操作臂与被控对象构成封闭运动链系统的动力学和控制[39.7,8]，以及力控制问题，如力/位混合控制[39.9-12]等。这些研究工作为多操作臂的控制形成了有力的理论支撑，并为从20世纪90年代至今更多先进控制方法的研究奠定了基础。

如何基于整个协同系统的动力学模型，参数化对象上的约束力/力矩已被认为是一个关键问题。事实上，这种参数化实现了控制任务变量的定义，从而回答了多操作臂领域中最常见的问题之一：如何同时控制物体的轨迹、作用于被控对象的机械应力（内力/力矩）、操作臂之间的负载分配以及物体的外部作用力/力矩。由于力分解是解决这些问题的关键，因此，Uchiyama、Dauchez[39.11,12] 和 Walker 等人[39.13] 以及 Bonitz、Hsia[39.14] 对此进行了研究。如何构造具有清晰几何意义的作用于物体的内力/力矩成为一个问题，Williams 和 Khatib[39.15,16] 给出了一个解决方法，即参数化思想。基于这种方法设计了一些协同控制策略，包括运动和力的控制[39.11,12,17-19]，以及阻抗/柔顺控制[39.20-22]。相应的一些研究还包括自适应控制[39.23,24]、运动控制[39.25]、工作空间规则[39.26]、关节空间控制[39.27,28] 以及协同控制[39.29]等。

在20世纪90年代，用于协同控制[39.26,30]的面向用户任务空间变量的定义以及更加有效的评价方法[39.31-34]都得到了广泛的研究。

许多已经发表的学术论文[39.35-40]显示，多操作臂之间的负载分配仍然是一个重要议题。当操作臂抓取物体但没有抓牢时，为保证操作臂之间最理想的负载分配以及抓取的稳定性，提出了负载分配的问题。在这种情况下，负载分配问题变成了可以用启发式方法[39.41]或数学方法[39.42]解决的最优化问题。

其他的研究工作则更关注于对多体或柔性对象的协同操作[39.43-45]。由于多柔性臂机器人的优点可以在协同系统中得到充分利用[39.46-48]，即轻量化、内在柔性和安全性等因此对多柔性臂机器人的控制进行了深入的研究[39.49]。

同样，如果能够准确地检测到滑动[39.50]，操作臂末端执行器在物体存在滑动的情况下可以稳定地抓住物体。

最近有人提出了用于协同系统的控制策略，被称为同步控制[39.51,52]。在该方法中，控制问题以协作任务中操作臂之间运动同步误差的定义形式加以公式化，而协同作业系统的非线性控制，则主要致力于智能控制（如参考文献［39.53-55］），以及研究存在部分状态反馈的控制策略[39.56]，如在参考文献［39.57］中解决了控制欠驱动协同操作臂的问题。

如何在传统工业机器人上实现协同控制已经引起了研究者们越来越大的兴趣。事实上，工业机器人的控制单元并不能体现非线性力矩控制策略的全部特性，在标准工业机器人控制单元上集成的力/力矩传感器总是笨重的，并且由于多种原因而被禁止应用于工业上，如可靠性、成本等。因此，在工业生产中，如何重新利用早期的控制方法，而不是使用力传感器（Fujii 和 Kurono[39.1]，Inoue[39.58]）变得更有吸引力，并且现在已经成功地实现了无力/力矩传感器的力/位混合控制[39.59]。工业机器人实现有效协同控制策略的成果见参考文献［39.60］，在例子中，提出了一种基于工具坐标系、轨迹生成和多机器人的分散控制方法。此外，参考文献［39.30］提出了一种多臂工业机器人工作单元的任务规划方法，以及一种用于协作任务编程的语言。

另一个引人关注的方面是参考文献［39.61］研究了与可靠性和安全性相关的协同作业系统。参考文献［39.61］认为使用非刚性手爪的目的是为了避免过大的内应力，即使抓取失败或与环境产生非预期性的接触，也可以保证作业的安全。

值得一提的是，在利用多手指/手掌抓取物体（在第38章中有较多的描述）与协同作业问题之间有着密切的关系。事实上，在这两种情况下，多个操作机构都会抓住一个常用的操纵对象。在多指手的作业中，只有某些运动分量是通过接触点传送到被控对象上的（单边约束），而机器人操作臂之间的协同作业是通过刚性（或近似刚性）抓取点及发生在该抓取点上的运动传递的相互作用来实现的（双边约束）。然而在这两个领域中，很多问题通常都可以通过一种在概念上近似的方法来解决（如运动学模型、力控制等），而其他一些问题则是各自应用领域中的特殊问题（如多指手的形封闭和力封闭）。参考文献［39.25］已经提出了关于协同作业和多指手操作的通用坐标系，通过建立有移动/旋转关节的接触模型来描述考虑物体抓取点的滑动/旋转。因此，可根据被控对象的期望运动轨迹，利用逆运动学模型求取操作臂/手指的期望关节轨迹。在参考文献［39.62-64］中可以发现，在存在不同类型的操作臂/对象接触的情况下，对协同操作系统建模和控制的贡献。此外，由于协同操作臂通常被视为闭链机构，因此与并联操作臂相关的研究（见第 1 卷第 18 章）存在密切联系，特别是从建模的角度。

最后，值得一提的是，多移动机器人系统协同运输和操作物体的重要问题[39.65,66]，是目前正在研究的课题。

39.2 运动学与静力学

假定系统由 M 个操作臂组成，每个操作臂包括 $N_i(i=1,\cdots,M)$ 个关节，$\boldsymbol{p}_i$ 为第 i 个工具坐标系 $\mathcal{T}_i$ 相对于基坐标系 $\mathcal{T}$ 的 3×1 阶位置向量；$\boldsymbol{R}_i$ 为 $\mathcal{T}_i$ 相对于基坐标系 $\mathcal{T}$ 的 3×3 阶姿态矩阵。

根据正运动学方程，$\boldsymbol{p}_i$ 和 $\boldsymbol{R}_i$ 均可以表示为每个操作臂关节变量 $\boldsymbol{q}_i$ 的 N_i×1 维向量函数：

$$\begin{cases}\boldsymbol{p}_i=\boldsymbol{p}_i(\boldsymbol{q}_i)\\ \boldsymbol{R}_i=\boldsymbol{R}_i(\boldsymbol{q}_i)\end{cases} \tag{39.1}$$

当然，工具坐标系的姿态可以用一个极小角度集来表示，例如可以用三个一组的欧拉角 ϕ_i 来表示。因此，由操作空间向量 $\boldsymbol{x}_i$ 描述的正运动学方程为

$$\boldsymbol{x}_i=\boldsymbol{k}_i(\boldsymbol{q}_i)=\begin{pmatrix}\boldsymbol{p}_i(\boldsymbol{q}_i)\\ \boldsymbol{\phi}_i(\boldsymbol{q}_i)\end{pmatrix} \tag{39.2}$$

线速度 $\dot{\boldsymbol{p}}_i$ 及角速度 $\boldsymbol{\omega}_i$ 组成的 6×1 阶列向量 $\boldsymbol{v}_i=(\dot{\boldsymbol{p}}_i^{\mathrm{T}}\boldsymbol{\omega}_i^{\mathrm{T}})^{\mathrm{T}}$ 可表示第 i 个末端执行器的广义速度 $\boldsymbol{v}_i$。因此，正运动学微分方程可以表示为

$$\boldsymbol{v}_i=\boldsymbol{J}_i(\boldsymbol{q}_i)\dot{\boldsymbol{q}}_i \tag{39.3}$$

式中，$\boldsymbol{J}_i$ 为 $6\times N_i$ 阶偏导数矩阵，称为第 i 个操作臂的几何雅可比矩阵（见第 1 卷第 2 章）。利用操作空间向量 $\boldsymbol{x}_i$ 的微分形式表示速度，微分运动学方程则可表示为与上式相似的形式：

$$\dot{\boldsymbol{x}}_i=\frac{\partial\boldsymbol{k}_i(\boldsymbol{q}_i)}{\partial\boldsymbol{q}_i}\dot{\boldsymbol{q}}_i=\boldsymbol{J}_{\mathrm{A}i}(\boldsymbol{q}_i)\dot{\boldsymbol{q}}_i \tag{39.4}$$

式中，$\boldsymbol{J}_{\mathrm{A}i}$ 是第 i 个操作臂的 $6\times N_i$ 阶解析雅可比矩阵（见第 1 卷第 2 章）。

当机器人与外界环境相互作用时，在接触点处产生力 $\boldsymbol{f}_i$ 和力矩 $\boldsymbol{n}_i$，统称为第 i 个末端执行器的广义力，用 6×1 阶列向量表示为

$$\boldsymbol{h}_i=\begin{pmatrix}\boldsymbol{f}_i\\ \boldsymbol{n}_i\end{pmatrix} \tag{39.5}$$

式中，$\boldsymbol{f}_i$ 和 $\boldsymbol{n}_i$ 分别是力和力矩。根据虚功原理，将式（39.3）代入虚功方程，可得

$$\boldsymbol{\tau}_i=\boldsymbol{J}_i^{\mathrm{T}}(\boldsymbol{q}_i)\boldsymbol{h}_i \tag{39.6}$$

式中，$\boldsymbol{\tau}_i$ 为第 i 个操作臂的 N_i×1 阶关节力/力矩向量。

为方便研究，以两个操作臂协同操作一个被控对象的系统（图 39.1）为例进行分析。设 C 为被控对象上的固定点（如质心），$\boldsymbol{p}_{\mathrm{C}}$ 为其在基坐标系中的位置坐标向量，$\mathcal{T}_{\mathrm{C}}$ 为被控对象的坐标系。假设向量 $\boldsymbol{r}_i(i=1,2)$ 为固定于第 i 个末端执行器的刚体杆，称为虚拟杆[39.11,12]，用于确定 $\mathcal{T}_{\mathrm{C}}$ 相对于 $\mathcal{T}_i(i=1,2)$ 的位置。当被控对象为刚体且被操作臂抓牢时，每一个虚拟杆在坐标系 $\mathcal{T}_i$（或 $\mathcal{T}_{\mathrm{C}}$）中表示为一个常值向量。因此，每个操作臂的正运动学可表示为虚拟工具坐标系 $\mathcal{T}_{\mathrm{S},i}=\mathcal{T}_{\mathrm{C}}$ 的形式，且与 $\mathcal{T}_{\mathrm{C}}$ 有同样的方向及起始坐标 $\boldsymbol{p}_{\mathrm{S},i}=\boldsymbol{p}_i+\boldsymbol{r}_i=\boldsymbol{p}_{\mathrm{C}}$。因此，每一个虚拟杆顶端的位置和姿态由 $\boldsymbol{p}_{\mathrm{S},i}=\boldsymbol{p}_{\mathrm{C}}$，$\boldsymbol{R}_{\mathrm{S},i}=\boldsymbol{R}_{\mathrm{C}}(i=1,2)$ 来表示。

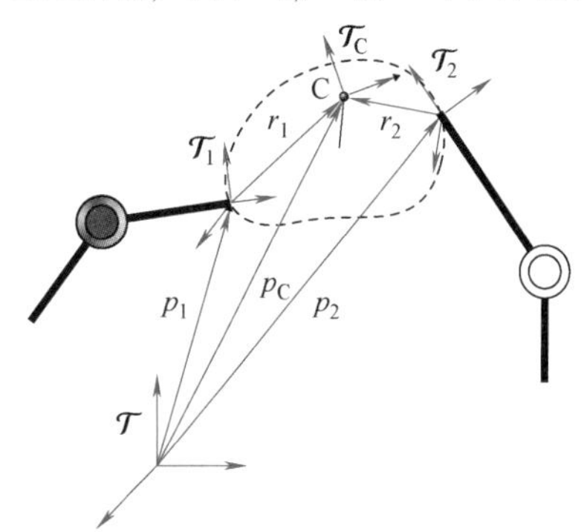

图 39.1 双臂协同操作臂抓取一般被控对象的坐标系

对应于 $\boldsymbol{R}_{\mathrm{S},i}$ 的欧拉角由 3×1 阶列向量 $\boldsymbol{\phi}_{\mathrm{S},i}$ 表示。假定被控对象为刚体（或接近刚性）且紧密地（或接近紧密）与每一个末端执行器接触，则可认为上述坐标系之间的距离为零或可忽略。否则，如果被控对象有变形（如柔性物体）或抓取不紧（如柔性的手爪），则上述坐标系间产生的位移将不可忽略。

用 $\boldsymbol{h}_{\mathrm{S},i}$ 表示作用于第 i 个虚拟杆端部的广义力矢量，则可得到下式：

$$\boldsymbol{h}_{\mathrm{S},i}=\begin{pmatrix}\boldsymbol{I}_3 & \boldsymbol{O}_3\\ -\boldsymbol{S}(\boldsymbol{r}_i) & \boldsymbol{I}_3\end{pmatrix}\boldsymbol{h}_i=\boldsymbol{W}_i\boldsymbol{h}_i \tag{39.7}$$

式中，$\boldsymbol{O}_3$ 和 $\boldsymbol{I}_3$ 分别表示零矩阵和 3×3 阶单位矩阵；

39

$S(r_i)$ 是 3×3 阶反对称矩阵。值得注意的是，W_i 始终满秩。

根据虚功原理，由式（39.7）可得

$$v_i=\begin{pmatrix} I_3 & S(r_i) \\ O_3 & I_3 \end{pmatrix} v_{S,i}=W_i^T v_{S,i} \quad (39.8)$$

式中，$v_{S,i}$是虚拟杆末端的广义速度矢量，当 $r_i=0$ 时，$W_i=I_6$。换言之，如果每个操作臂末端执行器的运动学对应相应的虚拟杆（或将被控对象简化为一点），则两个末端执行器的力及速度与它们虚拟杆上的对应点是一致的。

39.2.1 对称方程

基于被控对象与操作臂末端执行器（虚拟杆的末端）相应位置上广义力/速度之间运动学和静力学关系，Uchiyama 和 Dauchez 提出了动态静力方程[39.12]，即所谓的对称方程。

首先定义外力为 6×1 阶广义力矢量，如下式所示：

$$h_E=h_{S,1}+h_{S,2}=W_S h_S \quad (39.9)$$

式中，$W_S=(I_6 \quad I_6)$，$h_S=(h_{S,1}^T \quad h_{S,2}^T)^T$，$h_E$ 为引起物体运动的广义力矢量。由式（39.7）和式（39.9）可知，h_E 可表示为末端执行器受力的函数，即

$$h_E=W_1h_1+W_2h_2=Wh \quad (39.10)$$

式中，$W=(W_1 \; W_2)$，$h=(h_1^T \; h_2^T)^T$；$W_S(W)$ 是表示抓取几何空间的 6×12 阶抓取矩阵，其中包括六维列空间和六维零空间。

反解式（39.9）可得

$$h_S=W_S^{\dagger}h_E+V_Sh_I=U_Sh_O \quad (39.11)$$

式中，$W_S^{\dagger}$为 W_S的广义逆矩阵：

$$W_S^{\dagger}=\frac{1}{2}\begin{pmatrix} I_6 \\ I_6 \end{pmatrix} \quad (39.12)$$

矩阵 V_S的列元素为 W_S零空间的一组基，如

$$V_S=\begin{pmatrix} -I_6 \\ I_6 \end{pmatrix} \quad (39.13)$$

$$h_O=(h_E^T \; h_I^T)^T$$

$$U_S=(W_S^{\dagger} \; V_S) \quad (39.14)$$

式（39.11）等号右侧第二项 V_Sh_I为位于 W_S矩阵零空间的虚拟杆顶端广义力矢量。由于这些力不属于外力，因此，6×1 维矢量 h_I 不是引起物体运动的广义力，它代表了物体的内部载荷（即内应力），是内力矢量[39.12]。同理，可反解式（39.10）得

$$h=W^{\dagger}h_E+Vh_I=Uh_O \quad (39.15)$$

其中

$$U=(W^{\dagger} \; V) \quad (39.16)$$

根据参考文献［39.13］，当抓取矩阵的伪逆为正定矩阵时，式（39.15）等号右侧第一项代表唯一的有用外力，即

$$W^{\dagger}=\begin{pmatrix} \frac{1}{2}I_3 & O_3 \\ \frac{1}{2}S(r_1) & \frac{1}{2}I_3 \\ \frac{1}{2}I_3 & O_3 \\ \frac{1}{2}S(r_2) & \frac{1}{2}I_3 \end{pmatrix} \quad (39.17)$$

与式（39.11）中 V_S相似，矩阵 V 的列元素涵盖 W 的零空间，具体见参考文献［39.31］。

$$V=\begin{pmatrix} -I_3 & O_3 \\ -S(r_1) & -I_3 \\ I_3 & O_3 \\ S(r_2) & I_3 \end{pmatrix} \quad (39.18)$$

式（39.9）和式（39.10）的参数化逆解可分别表示为

$$h_S=W_S^{\dagger}h_E+(I_{12}-W_S^{\dagger}W_S)h_S^* \quad (39.19)$$

$$h=W^{\dagger}h_E+(I_{12}-W^{\dagger}W_S)h^* \quad (39.20)$$

式中，$h_S^*(h^*)$ 表示第 i 个虚拟杆（第 i 个末端执行器）顶端的一个任意 12×1 维广义力矢量，它由 $I_{12}-W_S^{\dagger}W_S(I_{12}-W^{\dagger}W)$ 映射到 $W_S(W)$ 的零空间。根据以上推导，利用虚功原理可建立广义速度的映射，因此，与式（39.11）对应的映射为

$$v_O=U_S^T v_S \quad (39.21)$$

式中，$v_S=(v_{S,1}^T \quad v_{S,2}^T)^T$，$v_O=(v_E^T \quad v_I^T)^T$。矢量 v_E 可以理解为物体的绝对速度，v_I 代表固定于虚拟杆顶端的两个坐标系 $\mathcal{T}_{S,1}$ 及 $\mathcal{T}_{S,2}$ 的相对速度[39.12]；当被控对象为刚体且难以抓住时，速度矢量为零。同理，根据式（39.15），可得到以下映射

$$v_O=U^T v \quad (39.22)$$

式中，$v=(v_1^T \quad v_2^T)^T$。

根据参考文献［39.12，25］，与 v_E 和 v_I 对应的位置及姿态变量可定义为

$$p_E=\frac{1}{2}(p_{S,1}+p_{S,2}), \quad p_I=p_{S,2}-p_{S,1} \quad (39.23)$$

$$R_E=R_1R^1(k_{21}^1, v_{21}/2), \quad R_I^1=R_2^1 \quad (39.24)$$

式中，$R_2^1=R_1^TR_2$ 表示 $\mathcal{T}_2$ 相对于 $\mathcal{T}_1$ 坐标轴的姿态矩阵，k_{21}^1和 v_{21}分别为当量单位向量（相对于 $\mathcal{T}_1$）及表示确定相对姿态（由 R_2^1 表示）的转角。因此，可将 R_E 旋转某一需要的角度（$\mathcal{T}_1$ 与 $\mathcal{T}_2$ 对齐角度的一半）来代表一个关于 k_{21}^1的转角。

如果由欧拉角表示姿态变量，则操作空间向量为

$$x_E=\begin{pmatrix}p_E\\ \phi_E\end{pmatrix},\quad x_1=\begin{pmatrix}p_1\\ \phi_1\end{pmatrix} \tag{39.25}$$

其中

$$\phi_E=\frac{1}{2}(\phi_{S,1}+\phi_{S,2}),\quad \phi_1=\phi_{S,2}-\phi_{S,1} \tag{39.26}$$

然而，必须强调的是，只有在虚拟杆和坐标系之间的姿态偏移量很小时，式（39.26）中的变量才具有清晰的几何意义。在这种情况下，如参考文献［39.11，12］所述，相应的操作空间速度 $\dot{x}_E$ 和 $\dot{x}_1$ 分别对应于相应的 v_E 和 v_1，且有很好的近似值。否则，如果姿态偏移量变大，式（39.26）中的变量没有任何意义，必须采用其他的定义形式，例如，单位四元数法（unit quaternion）（见第 1 卷第 2 章对四元数的简单介绍和第 39.3 节有关协同操作臂运动学的应用）。

最后，根据式（39.15）、式（39.22）、式（39.3）及式（39.6），可获得被控对象力/速度与操作臂关节空间对应量之间的动态静力映射：

$$\tau=J_0^{\mathrm{T}}h_0 \tag{39.27}$$

$$v_0=J_0\dot{q} \tag{39.28}$$

式中，$\tau=(\tau_1^{\mathrm{T}}\quad \tau_2^{\mathrm{T}})^{\mathrm{T}}$，$q=(q_1^{\mathrm{T}}\quad q_2^{\mathrm{T}})^{\mathrm{T}}$，且

$$J_0=U^{\mathrm{T}}J,\quad J=\begin{pmatrix}J_1 & O_6\\ O_6 & J_2\end{pmatrix} \tag{39.29}$$

同理，可建立操作空间速度 $\dot{x}_E$ 和 $\dot{x}_1$[39.11,12] 与对应的操作空间力/力矩之间的映射。

39.2.2 多指手操作

本章描述了多臂协同操作臂研究领域的一些联系，对第 38 章中的多指操作进行了简要概述，并分析了两类多臂操作系统的动态静力学，主要包括多臂协同系统和多指操作系统，两个或两个以上的操作臂抓取一个被控对象等。

协同操作有的利用多个操作臂刚性地抓取被控对象（如通过刚性夹持器），并通过传递作用在抓取点上的力/力矩来产生相互作用，即通过抓取点传递所有的平移和回转运动分量。

当多指操作一个被控对象时，只通过接触点传输某些运动分量。根据接触类型，合理地定义约束矩阵可有效地建立该运动模型。换句话说，由约束矩阵充当滤波器来选择可通过接触点传递的运动分量。事实上，如第 38 章所述，物体-手指之间的接触点有两个，分别为手指尖上的一点和物体上的一点。因此，第 i 个接触点的两个广义速度矢量（均相对于坐标系 $\mathcal{T}_i$）分别为：手上接触点速度 $v_{\mathrm{h},i}^i$ 和物体上接触点的速度 $v_{\mathrm{o},i}^i$。对应的广义力矢量分别是 $h_{\mathrm{h},i}^i$ 和 $h_{\mathrm{o},i}^i$。假设 m_i 个速度分量依靠接触速度 $v_{\mathrm{t},i}^i$ 传递，则利用 $m_i\times 6$ 阶约束矩阵 H_i 定义接触模型，即

$$v_{\mathrm{t},i}^i=H_iv_{\mathrm{h},i}^i=H_iv_{\mathrm{o},i}^i \tag{39.30}$$

与式（39.30）对应的广义力方程为

$$H_i^{\mathrm{T}}h_{\mathrm{t},i}^i=h_{\mathrm{h},i}^i=h_{\mathrm{o},i}^i \tag{39.31}$$

式中，$h_{\mathrm{t},i}^i$ 为被传递的广义力矢量。因此式（39.10）可写为

$$h_E=W_1\overline{R}_1H_1^{\mathrm{T}}h_{\mathrm{t},1}^1+W_2\overline{R}_2H_2^{\mathrm{T}}h_{\mathrm{t},2}^2 \tag{39.32}$$

式中，$\overline{R}_i=\mathrm{diag}\{R_i,R_i\}$。由此，概念相似的动态静力学分析得到了扩展，并引出了外力和内力的概念（与运动学相关的量）。

值得注意的是，内力通常对多操作臂牢固抓取物体会产生不利的影响（除非获得可变形物体的被控压缩量）。而适当地控制多指操作臂的内力，即使有外负载作用于被控对象，也有利于保证抓取的牢固性（如第 38 章所述的建模和力封闭问题）。

39.3 协同工作空间

第 39.2.1 节回顾了对称方程，定义了描述协同操作臂运动学和静力学所需的基本变量和主要关系。然而，对称方程最初并非用于协同机器人系统的任务和运动规划，因为该方程有效地描述了协同系统在虚拟杆上的力和速度，而用户需要根据几何意义上的变量来规划任务，这些变量描述了一组相关坐标系的位置和姿态。因此，从式（39.23）和式（39.24）开始，进一步的研究工作致力于定义替代运动学方程，明确旨在规划一般多臂系统的协调运动。此类替代方程的一个显著例子是参考文献［39.25，26］最初提出的协同工作空间定义的以任务为导向的方程式。根据式（39.23）和式（39.24），以绝对和相对运动形式直接定义了协同系统的任务变量，该变量可直接从工具坐标系的位置/姿态中获得。

绝对坐标系 $\mathcal{T}_a$ 相对于基坐标系的位置由向量 p_a 表示（绝对位置）为

$$p_a=\frac{1}{2}(p_1+p_2) \tag{39.33}$$

$\mathcal{T}_a$ 相对于基坐标系（绝对姿态）的姿态由旋

转矩阵 $\boldsymbol{R}_a$ 表示

$$\boldsymbol{R}_a=\boldsymbol{R}_1\boldsymbol{R}^1(\boldsymbol{k}_{21}^1,\vartheta_{21}/2) \tag{39.34}$$

单独的绝对变量不能唯一地描述协同操作，如一个双臂系统需要12个变量来描述。因此，必须考虑每个操作臂相对其他操作臂的位置/姿态，以完全描述系统的状态。以一个双臂系统为例，操作臂之间的相对位置为

$$\boldsymbol{p}_r=\boldsymbol{p}_2-\boldsymbol{p}_1 \tag{39.35}$$

两个工具坐标系之间的相对姿态由旋转矩阵表示：

$$\boldsymbol{R}_r^1=\boldsymbol{R}_1^T\boldsymbol{R}_2=\boldsymbol{R}_2^1 \tag{39.36}$$

变量 $\boldsymbol{p}_a$、$\boldsymbol{R}_a$、$\boldsymbol{p}_r$ 和 $\boldsymbol{R}_r^1$ 定义了协同工作空间。显然，$\boldsymbol{R}_a$ 和 $\boldsymbol{R}_r^1$ 分别对应于 $\boldsymbol{R}_E$ 和 $\boldsymbol{R}_I^1$。

值得指出的是，由于式（39.33）~式（39.36）的定义不基于被控对象和/或抓取性质的任何特殊假设，使得以上定义的协同工作空间方程具有实用性。换句话说，协同工作空间的变量可有效地描述协同系统抓取非刚性物体和/或非刚性手爪抓取的特性，也可描述纯运动协同任务，如操作臂不与普通的被控对象产生物理接触而实现协同运动。当操作臂抓取一个刚性物体（或者一个形变不可控的可变形对象）时，相对位置和姿态是保持不变的。否则，如果允许（或控制）末端执行器间的相对运动，$\boldsymbol{R}_r^1$ 和 $\boldsymbol{p}_r^1$ 可能会根据有效的（可控的）相对运动而发生改变。

根据参考文献［39.25，26］，可知绝对线速度和角速度分别为

$$\dot{\boldsymbol{p}}_a=\frac{1}{2}(\dot{\boldsymbol{p}}_1+\dot{\boldsymbol{p}}_2),\quad \boldsymbol{\omega}_a=\frac{1}{2}(\boldsymbol{\omega}_1+\boldsymbol{\omega}_2) \tag{39.37}$$

相对线速度和角速度分别为

$$\dot{\boldsymbol{p}}_r=\dot{\boldsymbol{p}}_2-\dot{\boldsymbol{p}}_1,\quad \boldsymbol{\omega}_r=\boldsymbol{\omega}_2-\boldsymbol{\omega}_1 \tag{39.38}$$

同理，也可以获得对应的绝对/相对力和力矩分别为

$$\boldsymbol{f}_a=\boldsymbol{f}_1+\boldsymbol{f}_2,\quad \boldsymbol{n}_a=\boldsymbol{n}_1+\boldsymbol{n}_2 \tag{39.39}$$

$$\boldsymbol{f}_r=\frac{1}{2}(\boldsymbol{f}_2-\boldsymbol{f}_1),\quad \boldsymbol{n}_r=\frac{1}{2}(\boldsymbol{n}_2-\boldsymbol{n}_1) \tag{39.40}$$

同理，可以建立线/角速度（力/力矩）与每个操作臂末端执行器（或关节）[39.25,26]对应点之间的动态静力学映射。

显然，根据相似的映射关系可知，对称方程及任务方程中的变量具有相关性。实际上，力（角速度、姿态变量）在两个方程中总是一致，而只有将被控对象简化为一点，或每个操作臂的运动学是相对于相应虚拟杆端部时，力矩（线速度和位置变量）才能满足方程。

在下面例子中，协同工作空间的变量在平面协同系统中是明确的。

例39.1　一个平面双臂系统的协同工作空间

平面双臂系统第 i 个工具坐标系可由3×1阶列向量表示为

$$\boldsymbol{x}_i=\begin{pmatrix}\boldsymbol{p}_i\\ \varphi_i\end{pmatrix},\quad i=1,2$$

式中，$\boldsymbol{p}_i$ 是第 i 个工具坐标系原点在平面上的2×1阶位置向量；φ_i 是姿态角（即工具坐标系相对于平面直角坐标轴的转动量）。因此，工作空间变量为

$$\boldsymbol{x}_a=\frac{1}{2}(\boldsymbol{x}_1+\boldsymbol{x}_2) \tag{39.41}$$

$$\boldsymbol{x}_r=\boldsymbol{x}_2-\boldsymbol{x}_1 \tag{39.42}$$

每一个末端执行器的姿态可以由一个转角简单的表示。

在空间中，姿态变量由欧拉角定义，例如式（39.34）和式（39.36）中的一些主要元素。而实际上 T_1 与 T_2 一般不重合，二者之间的姿态偏移可能很大，因此与式（39.26）类似的定义是不正确的。因此，必须采用几何学上有意义的姿态描述，例如单位四元数（见第1卷第2章）。根据参考文献［39.26］中的方法，姿态变量可以定义为

$$\boldsymbol{Q}_{k>}^1=\{\eta_k,\boldsymbol{\varepsilon}_k^1\}=\left\{\cos\frac{\vartheta_{21}}{4},\boldsymbol{k}_{21}^1\sin\frac{\vartheta_{21}}{4}\right\} \tag{39.43}$$

定义单位四元数从 $\boldsymbol{R}^1(\boldsymbol{k}_{21}^1,\vartheta_{21}/2)$ 中获得，$\boldsymbol{Q}_1=\{\eta_1,\boldsymbol{\varepsilon}_1\}$ 和 $\boldsymbol{Q}_2=\{\eta_2,\boldsymbol{\varepsilon}_2\}$ 分别表示从 $\boldsymbol{R}_1$ 和 $\boldsymbol{R}_2$ 中提取的单位四元数。因此，绝对姿态可以表示为四元数相乘的形式

$$\boldsymbol{Q}_a=\{\eta_a,\boldsymbol{\varepsilon}_a\}=\boldsymbol{Q}_1\times\boldsymbol{Q}_k^1 \tag{39.44}$$

相对姿态可以表示为四元数相乘的形式：

$$\boldsymbol{Q}_r^1=\{\eta_r,\boldsymbol{\varepsilon}_r^1\}=\boldsymbol{Q}_1^{-1}\times\boldsymbol{Q}_2 \tag{39.45}$$

式中，$\boldsymbol{Q}_r^{-1}=\{\eta_1,-\boldsymbol{\varepsilon}_1\}$（即 $\boldsymbol{Q}_1$ 的共轭）代表从 $\boldsymbol{R}_1^T$ 中提取的单位四元数。

最后，值得一提的是，在参考文献［39.30］中，针对不同类别的多操作臂系统开发了更通用的协同工作空间方程。

39.4　动力学及负载分配

在协同操作系统中，第 i 个操作臂的动力学方程如下：

$$\boldsymbol{M}_i(\boldsymbol{q}_i)\ddot{\boldsymbol{q}}_i+\boldsymbol{c}_i(\boldsymbol{q}_i,\dot{\boldsymbol{q}}_i)=\boldsymbol{\tau}_i-\boldsymbol{J}_i^T(\boldsymbol{q}_i)\boldsymbol{h}_i \tag{39.46}$$

式中，$\boldsymbol{M}_i(\boldsymbol{q}_i)$ 为正定对称惯性矩阵；$\boldsymbol{c}_i(\boldsymbol{q}_i,\dot{\boldsymbol{q}}_i)$ 为

39

离心力、科氏力、重力及摩擦力所产生的力/力矩矢量。模型可表示成如下的紧凑形式：

$$\boldsymbol{M}(\boldsymbol{q})\ddot{\boldsymbol{q}}+\boldsymbol{c}(\boldsymbol{q},\dot{\boldsymbol{q}})=\boldsymbol{\tau}-\boldsymbol{J}^{\mathrm{T}}(\boldsymbol{q})\boldsymbol{h} \quad (39.47)$$

式中的矩阵为分块对角矩阵（如 $\boldsymbol{M}=\mathrm{blockdiag}\{\boldsymbol{M}_1,\boldsymbol{M}_2\}$）和向量组［如 $\boldsymbol{q}=(\boldsymbol{q}_1^{\mathrm{T}} \quad \boldsymbol{q}_2^{\mathrm{T}})^{\mathrm{T}}$］。

物体的运动可根据刚体的经典牛顿—欧拉方程获得：

$$\boldsymbol{M}_{\mathrm{E}}(\boldsymbol{R}_{\mathrm{E}})\dot{\boldsymbol{v}}_{\mathrm{E}}+\boldsymbol{c}_{\mathrm{E}}(\boldsymbol{R}_{\mathrm{E}},\boldsymbol{\omega}_{\mathrm{E}})\boldsymbol{v}_{\mathrm{E}}=\boldsymbol{h}_{\mathrm{E}}=\boldsymbol{W}\boldsymbol{h} \quad (39.48)$$

式中，$\boldsymbol{M}_{\mathrm{E}}$ 为被控对象的惯性矩阵；$\boldsymbol{c}_{\mathrm{E}}$ 为惯性力/力矩的非线性分量（如重力、离心力和科氏力的力/力矩）。

两操作臂正常操作刚体时的运动耦合可形成闭链约束，该约束能保证上述公式的完整性。可在映射方程式（39.21）中添加一个为零的内部速度矢量来表示约束方程：

$$\boldsymbol{v}_{\mathrm{I}}=\boldsymbol{V}_{\mathrm{S}}^{\mathrm{T}}\boldsymbol{v}_{\mathrm{S}}=\boldsymbol{v}_{\mathrm{S},1}-\boldsymbol{v}_{\mathrm{S},2}=\boldsymbol{0} \quad (39.49)$$

根据式（39.8）和式（39.22），式（39.49）可由末端执行器的速度［其中符号 $\boldsymbol{W}_i^{-\mathrm{T}}$ 代表 $(\boldsymbol{W}_i^{\mathrm{T}})^{-1}$］形式表示：

$$\boldsymbol{V}^{\mathrm{T}}\boldsymbol{v}=\boldsymbol{W}_1^{-\mathrm{T}}\boldsymbol{v}_1-\boldsymbol{W}_2^{-\mathrm{T}}\boldsymbol{v}_2=\boldsymbol{0} \quad (39.50)$$

由关节速度形式表示为

$$\boldsymbol{V}^{\mathrm{T}}\boldsymbol{J}(\boldsymbol{q})\dot{\boldsymbol{q}}=\boldsymbol{W}_1^{-\mathrm{T}}\boldsymbol{J}_1(\boldsymbol{q}_1)\dot{\boldsymbol{q}}_1-\boldsymbol{W}_2^{-\mathrm{T}}\boldsymbol{J}_2(\boldsymbol{q}_2)\dot{\boldsymbol{q}}_2=\boldsymbol{0} \quad (39.51)$$

式（39.47）、式（39.48）、式（39.51）表示协同系统在关节空间的约束动力学模型；根据六个闭链约束式（39.51），N_1+N_2 广义坐标（如 $\boldsymbol{q}_1$ 和 $\boldsymbol{q}_2$）为彼此相关的。它表明自由度总数为 N_1+N_2-6 且模型具有一系列的微分代数等式。

39.4.1 降阶模型

将上述推导的动力学模型与一系列闭链约束方程结合，独立的广义坐标数变为 N_1+N_2-6 个，即可通过闭链约束方程式（39.51）消掉六个等式，建立降阶模型。对闭链约束建立降阶方程的早期研究可见参考文献［39.67］。后期的研究见参考文献［39.68，69］，根据式（39.47）、式（39.48）及式（39.51），通过推导整个闭链系统关节空间模型可以解决该问题：

$$\boldsymbol{M}_{\mathrm{C}}(\boldsymbol{q})\ddot{\boldsymbol{q}}+\boldsymbol{c}_{\mathrm{C}}(\boldsymbol{q},\dot{\boldsymbol{q}})=\boldsymbol{D}_{\mathrm{C}}(\boldsymbol{q})\boldsymbol{\tau} \quad (39.52)$$

式中，$\boldsymbol{M}_{\mathrm{C}}$、$\boldsymbol{D}_{\mathrm{C}}$ 和 $\boldsymbol{c}_{\mathrm{C}}$ 取决于操作臂和被控对象的动力学特性以及抓取动作的几何特性。已知关节力矩向量 $\boldsymbol{\tau}$（固定的采样时间），即可通过上述模型，求取关节变量 $\boldsymbol{q}$（正动力学）。由于 $(N_1+N_2)\times(N_1+N_2)$ 阶矩阵 $\boldsymbol{D}_{\mathrm{C}}$ 并不是满秩矩阵[39.69]，因此模型不能用来从 $\boldsymbol{\tau}$ 指定的 $\boldsymbol{q}$、$\dot{\boldsymbol{q}}$ 和 $\ddot{\boldsymbol{q}}$（逆动力学）求取，即不可求解逆动力学问题。

为找到有 N_1+N_2-6 个等式的降阶模型，必须考虑 $(N_1+N_2-6)\times1$ 阶伪速度矩阵：

$$\boldsymbol{v}=\boldsymbol{B}(\boldsymbol{q})\dot{\boldsymbol{q}} \quad (39.53)$$

式中，$\boldsymbol{B}(\boldsymbol{q})$ 为 $(N_1+N_2-6)\times(N_1+N_2)$ 阶矩阵，因此 $[\boldsymbol{A}^{\mathrm{T}}(\boldsymbol{q})\boldsymbol{B}^{\mathrm{T}}(\boldsymbol{q})]^{\mathrm{T}}$ 为非奇异矩阵且满足：

$$\boldsymbol{A}(\boldsymbol{q})=\boldsymbol{W}_2^{\mathrm{T}}\boldsymbol{V}^{\mathrm{T}}(\boldsymbol{q})$$

因此，可令 $\boldsymbol{q}$、$\boldsymbol{v}$、$\dot{\boldsymbol{v}}$ 为变量建立降阶模型如下：

$$\boldsymbol{\Sigma}^{\mathrm{T}}(\boldsymbol{q})\boldsymbol{M}_{\mathrm{C}}(\boldsymbol{q})\Sigma(\boldsymbol{q})\dot{\boldsymbol{v}}+\boldsymbol{\Sigma}^{\mathrm{T}}(\boldsymbol{q})\boldsymbol{c}_{\mathrm{R}}(\boldsymbol{q},\boldsymbol{v})=\boldsymbol{\Sigma}^{\mathrm{T}}(\boldsymbol{q})\boldsymbol{\tau} \quad (39.54)$$

式中，$\boldsymbol{\Sigma}$ 为 $(N_1+N_2)\times(N_1+N_2-6)$ 阶矩阵，且满足：

$$\begin{pmatrix}\boldsymbol{A}\\ \boldsymbol{B}\end{pmatrix}^{-1}=(\boldsymbol{\Pi}\boldsymbol{\Sigma})$$

其中，$\boldsymbol{c}_{\mathrm{R}}$ 取决于 $\boldsymbol{c}_{\mathrm{C}}$、$\boldsymbol{\Sigma}$ 及 $\boldsymbol{\Pi}$[39.69]，利用降阶模型可求解正动力学。因此，必须考虑数值积分中与 $\boldsymbol{v}$ 相关的一系列伪坐标的表达方式。由于 $\boldsymbol{\Sigma}^{\mathrm{T}}$ 为非奇异矩阵，因此逆动力学有无穷多个关于 $\boldsymbol{\tau}$ 的解，但这并不影响模型式（39.54）应用于协同操作臂的控制（如参考文献［39.68，69］中的解耦控制）。

39.4.2 负载分配

由于多臂系统有冗余的驱动器，因此，多操作臂系统的负载分配问题主要是操作臂之间的负载分配问题（如能力强的操作臂承担的负载多于弱的操作臂）。如果机器人操作臂驱动器的数目与支撑负载所需数目一致，则不能优化负载的分配。对于这种情况可见参考文献［39.36-42］的研究结果。

可以采用负载分配矩阵来描述协同操作臂的运动学，以适当的广义逆 $\boldsymbol{W}_{\mathrm{S}}^{-}$ 代替式（39.11）的广义逆，可得虚拟杆末端的广义力为

$$\boldsymbol{h}_{\mathrm{S}}=\boldsymbol{W}_{\mathrm{S}}^{-}\boldsymbol{h}_{\mathrm{E}}'+\boldsymbol{V}_{\mathrm{S}}\boldsymbol{h}_{\mathrm{I}}' \quad (39.55)$$

其中

$$\boldsymbol{W}_{\mathrm{S}}^{-}=\begin{pmatrix}\boldsymbol{L}\\ \boldsymbol{I}_6-\boldsymbol{L}\end{pmatrix}^{\mathrm{T}} \quad (39.56)$$

矩阵 $\boldsymbol{L}$ 为负载的分配矩阵。很容易证明，矩阵 $\boldsymbol{L}$ 的非对角元素仅零空间 $\boldsymbol{W}_{\mathrm{S}}$，即内力/力矩空间产生一个向量 $\boldsymbol{h}_{\mathrm{S}}$。因此，不失一般性，取 $\boldsymbol{L}$ 为

$$\boldsymbol{L}=\mathrm{diag}\{\boldsymbol{\lambda}\} \quad (39.57)$$

式中，向量 $\boldsymbol{\lambda}=(\lambda_1,\cdots,\lambda_6)^{\mathrm{T}}$，$\lambda_i$ 为负载分配系数。

适当的调整负载分配系数可确保协同操作臂的准确性。为解决该问题，将式（39.11）及式（39.55）合并可得

$$\boldsymbol{h}_{\mathrm{I}}=\boldsymbol{V}_{\mathrm{S}}^{\dagger}(\boldsymbol{W}_{\mathrm{S}}^{-}-\boldsymbol{W}_{\mathrm{S}}^{\dagger})\boldsymbol{h}_{\mathrm{E}}+\boldsymbol{h}_{\mathrm{I}}' \quad (39.58)$$

考虑到只有 $\boldsymbol{h}_{\mathrm{E}}$ 及 $\boldsymbol{h}_{\mathrm{S}}$ 为实际存在的力/力矩，表明：

1）$\boldsymbol{h}_{\mathrm{I}}$、$\boldsymbol{h}_{\mathrm{I}}'$、$\lambda_i$ 可作为虚拟变量，以更好地表述操作过程。

2）$\boldsymbol{h}_{\mathrm{I}}'$ 及 λ_i 不互相独立，内力/力矩及负载分配概念在数学上相互耦合。

因此，从数学公式看，调整负载分配系数与选择合适的内力/力矩是完全等价的（包括表达方式）。由于 $\boldsymbol{h}_{\mathrm{I}}$、$\boldsymbol{h}_{\mathrm{I}}'$ 及 $\boldsymbol{\lambda}$ 中只有一个变量是独立的，因此可利用它们中的冗余参数来优化负载的分配，该方法始于参考文献［39.39，40］。在参考文献［39.42］中，调整内力/力矩 $\boldsymbol{h}_{\mathrm{I}}$ 以实现控制算法的简化及一致性。

与负载分配十分相关的一个问题为抓取作业的鲁棒性，即如何确定操作臂作用于被控对象的力/力矩 $\boldsymbol{h}_{\mathrm{S}}$，以保证即使受到外力/力矩时也能平稳地抓取物体，通过调整内力/力矩（调整负载分配系数）可以解决该问题。正如参考文献［39.41］所述，可由末端执行器的力/力矩确定抓取条件，换句话说，将式（39.55）中 $\boldsymbol{h}_{\mathrm{S}}$ 代入抓取条件方程，可获得关于 $\boldsymbol{h}_{\mathrm{I}}'$ 及 $\boldsymbol{\lambda}$ 的线性不等式为

$$\boldsymbol{A}_{\mathrm{L}}\boldsymbol{h}_{\mathrm{I}}'+\boldsymbol{B}_{\mathrm{L}}\boldsymbol{\lambda}<\boldsymbol{c}_{\mathrm{L}} \tag{39.59}$$

式中，$\boldsymbol{A}_{\mathrm{L}}$ 与 $\boldsymbol{B}_{\mathrm{L}}$ 均为6×6阶矩阵，$\boldsymbol{c}_{\mathrm{L}}$ 为6×1阶列向量。在参考文献［39.41］中，可启发式地得到线性不等式的解 $\boldsymbol{\lambda}$。上述不等式可以变换为关于 $\boldsymbol{h}_{\mathrm{I}}$ 的其他不等式，由于 $\boldsymbol{\lambda}$ 可直观理解，它适用于启发式算法，可以通过引入优化目标函数，以数学方法解决该问题。因此选择希望被优化的 $\boldsymbol{h}_{\mathrm{I}}$ 的二次罚函数：

$$f=\boldsymbol{h}_{\mathrm{I}}^{\mathrm{T}}\boldsymbol{Q}\boldsymbol{h}_{\mathrm{I}} \tag{39.60}$$

式中，$\boldsymbol{Q}$ 为6×6阶正定矩阵。该函数可以看作关节驱动器的能量消耗，如操作臂在驱动器消耗的电能转换为力/力矩 $\boldsymbol{h}_{\mathrm{I}}$。根据参考文献［39.42］，可以求得二次方程式（39.60）的解。

对多指操作臂抓取过程中鲁棒性的深入研究可见第38章。

参考文献［39.37］利用操作臂关节空间的动力学阐述了负载的分配问题，直接通过关节驱动器力矩来描述负载的分配。同理，可以利用不同子任务的性能指标来求解冗余操作臂的逆动力学，以解决负载分配问题。

39.5　操作空间分析

与分析单臂机器人系统类似，定义合适的可操作性椭球来评价操作空间成为研究协同作业的重要问题，参考文献［39.31］已将这些概念应用于多操作臂。根据第39.3节的动态静力学公式，将整个协同系统看作从关节空间到操作空间的机械传递器，定义速度和力的可操作性椭球。由于构成力/速度的椭球包含非齐次量（如力及力矩、线速度及角速度），因此必须特别注意这些概念的定义[39.14,70,71]。同时，由于椭球包含内力，因此将内力的物理意义参数化是很重要的问题，如参考文献［39.15，16］。

根据参考文献［39.31］的方法，外力可操作性椭球可由如下标量方程描述：

$$\boldsymbol{h}_{\mathrm{E}}^{\mathrm{T}}(\boldsymbol{J}_{\mathrm{E}}\boldsymbol{J}_{\mathrm{E}}^{\mathrm{T}})\boldsymbol{h}_{\mathrm{E}}=1 \tag{39.61}$$

式中，$\boldsymbol{J}_{\mathrm{E}}=\boldsymbol{W}^{\dagger\mathrm{T}}\boldsymbol{J}$。外部速度可操作性椭球可由如下标量方程描述：

$$\boldsymbol{v}_{\mathrm{E}}^{\mathrm{T}}(\boldsymbol{J}_{\mathrm{E}}\boldsymbol{J}_{\mathrm{E}}^{\mathrm{T}})^{-1}\boldsymbol{v}_{\mathrm{E}}=1 \tag{39.62}$$

在双臂系统中，内力可操作性椭球定义如下

$$\boldsymbol{h}_{\mathrm{I}}^{\mathrm{T}}(\boldsymbol{J}_{\mathrm{I}}\boldsymbol{J}_{\mathrm{I}}^{\mathrm{T}})\boldsymbol{h}_{\mathrm{I}}=1 \tag{39.63}$$

式中，$\boldsymbol{J}_{\mathrm{I}}=\boldsymbol{V}^{\mathrm{T}}\boldsymbol{J}$。根据动态静力学的对偶性，内部速度椭球定义如下

$$\boldsymbol{v}_{\mathrm{I}}^{\mathrm{T}}(\boldsymbol{J}_{\mathrm{I}}\boldsymbol{J}_{\mathrm{I}}^{\mathrm{T}})^{-1}\boldsymbol{v}_{\mathrm{I}}=1 \tag{39.64}$$

当每次考虑一对相互影响的末端执行器时[39.31]，在包含两个以上操作臂的协同系统中可以定义内力/速度椭球。

在指定的系统中，可操作性椭球可以作为检测操作臂协同效果的度量指标。同样，就单臂操作系统而言，可操作性椭球可用来确定冗余多臂系统的最佳姿态。

除此之外，研究人员还提出了另外两种方法来分析多臂协同系统的可操作性，面向任务的可操作性测量[39.32]和多面体[39.33]。此外，参考文献［39.34］提出了多臂操作系统动力学分析的系统方法，即将动力学可操作性椭球应用于多臂操作系统中，研究控制被控对象沿操作空间方向加速的能力。

39.6　控制

利用多操作臂协同系统抓取物体时，对被控对象受力和绝对运动的控制成为研究重点。协同机器人系统的主要控制方式可分为力/运动控制，运动控制环主要跟踪期望物体的运动，力控制环主要控制负载的受力情况。

早期对协同操作臂控制系统的研究主要基于主

从控制方式[39.2]，因此协同系统可分为：

1）主动操作臂控制被控对象的绝对运动。对主动操作臂进行位置控制以实现准确、稳定的参考轨迹位置及姿态跟踪。换言之，面对外部干扰（如与其他协同操作臂的交互接触力），通过控制主动操作臂的运动来实现其准确的运动。

2）对从动操作臂进行力控制以实现交互力作用下的柔顺性，期望从动操作臂能够尽可能平滑地跟踪主动操作臂运动。

上述方法称为主从控制[39.67]，它根据闭链约束条件计算从动操作臂的参考运动。由于从动操作臂必须非常柔顺才能够平滑地跟踪主动操作臂的运动，因此该方法的实现有一定困难。在工作过程中，主从操作臂模型需要产生动力学变化，因此，对于一个给定的作业任务，如何分配主从操作臂的任务成为一个难点。

因此，随后提出的非主从控制将协同系统作为一个整体来考虑，根据被控对象的参考轨迹确定系统中所有操作臂的运动，并将每个末端执行器的受力作为反馈直接控制。为实现该控制策略，在控制器设计时，需要考虑每个操作臂末端执行器的速度和力之间的映射关系以及它们在被控对象上的偏移量。

39.6.1 混合控制

基于 Raibert 和 Craig 提出的单臂系统的机器人与环境交互控制方法，参考文献［39.11，12］提出了一种非主从控制方式（见第 1 卷第 9 章），即力/位混合控制，其操作空间向量如下

$$\boldsymbol{x}_{\mathrm{O}}=\begin{pmatrix}\boldsymbol{x}_{\mathrm{E}}\\ \boldsymbol{x}_{\mathrm{I}}\end{pmatrix} \tag{39.65}$$

式中，$\boldsymbol{x}_{\mathrm{E}}$ 及 $\boldsymbol{x}_{\mathrm{I}}$ 均为由姿态角最小集（如欧拉角）确定的关节空间向量。广义力向量为

$$\boldsymbol{h}_{\mathrm{O}}=\begin{pmatrix}\boldsymbol{h}_{\mathrm{E}}\\ \boldsymbol{h}_{\mathrm{I}}\end{pmatrix} \tag{39.66}$$

控制框图如图 39.2 所示，下标 d 和 m 分别表示期望值以及控制器输出。两操作臂驱动器的控制力矩 $\boldsymbol{\tau}_{\mathrm{m}}$ 为

$$\boldsymbol{\tau}_{\mathrm{m}}=\boldsymbol{\tau}_{\mathrm{p}}+\boldsymbol{\tau}_{\mathrm{h}} \tag{39.67}$$

其中，$\boldsymbol{\tau}_{\mathrm{p}}$ 为位置环输出的控制力矩，即

$$\boldsymbol{\tau}_{\mathrm{p}}=\boldsymbol{K}_{\mathrm{x}}\boldsymbol{J}_{\mathrm{s}}^{-1}\boldsymbol{G}_{\mathrm{x}}(s)\boldsymbol{S}\boldsymbol{B}(\boldsymbol{x}_{\mathrm{O,d}}-\boldsymbol{x}_{\mathrm{O}}) \tag{39.68}$$

$\boldsymbol{\tau}_{\mathrm{h}}$为力环输出的控制力矩，即

$$\boldsymbol{\tau}_{\mathrm{h}}=\boldsymbol{K}_{\mathrm{h}}\boldsymbol{J}_{\mathrm{s}}^{\mathrm{T}}\boldsymbol{G}_{\mathrm{h}}(s)(\boldsymbol{I}-\boldsymbol{S})(\boldsymbol{h}_{\mathrm{O,d}}-\boldsymbol{h}_{\mathrm{O}}) \tag{39.69}$$

矩阵 $\boldsymbol{B}$ 将姿态角误差转换成等价的转角向量。$\boldsymbol{J}_{\mathrm{s}}$为雅可比矩阵，可将关节空间速度 $\dot{\boldsymbol{q}}$ 变成操作空间速度 $\boldsymbol{v}_{\mathrm{O}}$。矩阵 $\boldsymbol{G}_{\mathrm{x}}(s)$ 和 $\boldsymbol{G}_{\mathrm{h}}(s)$ 分别代表位置和力的控制律。增益矩阵 $\boldsymbol{K}_{\mathrm{x}}$ 及 $\boldsymbol{K}_{\mathrm{h}}$ 为对角矩阵，其对角元素分别将力/速度控制量变成驱动器控制量。矩阵 $\boldsymbol{S}$ 包含位置控制变量，该矩阵为对角线元素是 0 或 1 的对角矩阵，如果 $\boldsymbol{S}$ 的第 i 个元素为 1，则代表第 i 个关节空间坐标系满足位置控制，当第 i 个元素为 0 时满足力控制。$\boldsymbol{I}$ 为单位矩阵，与 $\boldsymbol{S}$ 的维数相同。$\boldsymbol{q}$ 和 $\boldsymbol{h}$ 分别代表传感器检测到的关节变量向量和末端执行器的广义力。

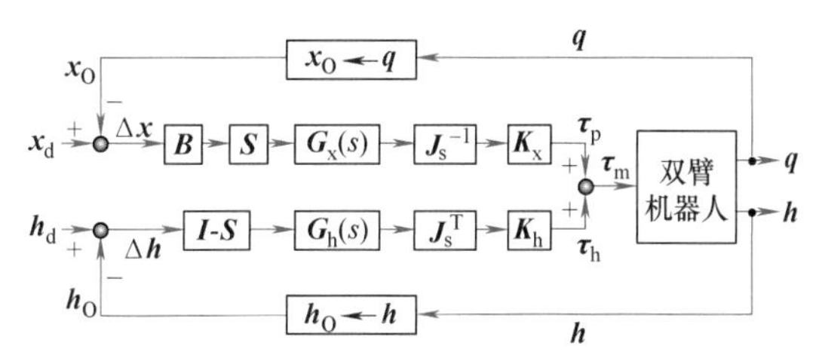

图 39.2 力/位混合控制框图

39.6.2 PD 力/位控制

参考文献［39.17］中基于李雅普诺夫函数推导了力/位 PD 控制器。每个操作臂的关节力矩输入由两部分组成：

$$\boldsymbol{\tau}_{\mathrm{m}}=\boldsymbol{\tau}_{\mathrm{p}}+\boldsymbol{\tau}_{\mathrm{h}} \tag{39.70}$$

式中，$\boldsymbol{\tau}_{\mathrm{p}}$ 为 PD 位置控制输出（主要为基于模型的前馈/反馈的补偿项）；$\boldsymbol{\tau}_{\mathrm{h}}$为控制内力/力矩。

也就是说，PD 和基于模型的项 $\boldsymbol{\tau}_{\mathrm{p}}$ 可以在关节空间计算得到，即

$$\boldsymbol{\tau}_{\mathrm{p}}=\boldsymbol{K}_{\mathrm{p}}\boldsymbol{e}_{\mathrm{q}}-\boldsymbol{K}_{\mathrm{d}}\dot{\boldsymbol{q}}+\boldsymbol{g}+\boldsymbol{J}^{\mathrm{T}}\boldsymbol{W}^{\dagger}\boldsymbol{g}_{\mathrm{E}} \tag{39.71}$$

式中，$\boldsymbol{e}_{\mathrm{q}}=\boldsymbol{q}_{\mathrm{d}}-\boldsymbol{q}$，$\boldsymbol{q}_{\mathrm{d}}$ 为期望的关节位置向量；$\boldsymbol{K}_{\mathrm{p}}$、$\boldsymbol{K}_{\mathrm{d}}$ 为正定增益矩阵；$\boldsymbol{g}$ 为重力在关节空间的力/力矩；$\boldsymbol{g}_{\mathrm{E}}$ 为作用于被控对象的重力/力矩。

由于协同任务经常以绝对运动或相对运动来分配，因此，运用闭链约束方程可计算末端执行器的等效期望轨迹，示例如下。

例 39.2 计算平面双臂系统的期望轨迹

利用绝对运动量 $\boldsymbol{x}_{\mathrm{a,d}}(t)$ 及相对运动量 $\boldsymbol{x}_{\mathrm{r,d}}(t)$ 描述协同任务的期望轨迹。因此，由式（39.41）及式（39.42）可知末端执行器的期望运动轨迹为

$$\boldsymbol{x}_{1,\mathrm{d}}(t)=\boldsymbol{x}_{\mathrm{a,d}}(t)-\frac{1}{2}\boldsymbol{x}_{\mathrm{r,d}}(t) \tag{39.72}$$

$$\boldsymbol{x}_{2,\mathrm{d}}(t)=\boldsymbol{x}_{\mathrm{a,d}}(t)+\frac{1}{2}\boldsymbol{x}_{\mathrm{r,d}}(t) \tag{39.73}$$

空间范围内必须使用有几何意义的量来表示绝对及相对姿态［如式（39.44）和式（39.45）］，因此，式（39.72）和式（39.73）不满足空间范围的要求。可使用一个稍微复杂的形式表示上式，以获得同样的结果[39.26]。

已知每个末端执行器的期望位置和姿态，就可以根据逆运动学求得每个关节的期望轨迹 $\boldsymbol{q}_{\mathrm{d}}$，并将 $\boldsymbol{q}_{\mathrm{d}}$ 作为控制量。因此，需要推导很多逆运动学公式（见第1卷第2章及第10章）。

也可以用末端执行器变量表示PD控制器，即

$$\boldsymbol{\tau}_{\mathrm{p}}=\boldsymbol{J}^{\mathrm{T}}(\boldsymbol{K}_{\mathrm{p}}\boldsymbol{e}-\boldsymbol{K}_{\mathrm{v}}\boldsymbol{v})-\boldsymbol{K}_{\mathrm{d}}\dot{\boldsymbol{q}}+\boldsymbol{g}+\boldsymbol{J}^{\mathrm{T}}\boldsymbol{W}^{\dagger}\boldsymbol{g}_{\mathrm{E}} \tag{39.74}$$

式中，$\boldsymbol{e}$ 为末端执行器的位置/姿态跟踪误差；$\boldsymbol{v}$ 为末端执行器的速度；$\boldsymbol{K}_{\mathrm{p}}$、$\boldsymbol{K}_{\mathrm{v}}$ 及 $\boldsymbol{K}_{\mathrm{d}}$ 为正定增益矩阵。

同理也可以利用被控对象变量设计PD控制器，即

$$\boldsymbol{\tau}_{\mathrm{p}}=\boldsymbol{J}^{\mathrm{T}}\boldsymbol{W}^{\dagger}(\boldsymbol{K}_{\mathrm{p}}\boldsymbol{e}_{\mathrm{E}}-\boldsymbol{K}_{\mathrm{v}}\boldsymbol{v}_{\mathrm{E}})-\boldsymbol{K}_{\mathrm{d}}\dot{\boldsymbol{q}}+\boldsymbol{g}+\boldsymbol{J}^{\mathrm{T}}\boldsymbol{W}^{\dagger}\boldsymbol{g}_{\mathrm{E}} \tag{39.75}$$

式中，$\boldsymbol{e}_{\mathrm{E}}$ 为利用被控对象的绝对位置/姿态变量得到的跟踪误差；$\boldsymbol{v}_{\mathrm{E}}$ 为被控对象的广义速度变量；$\boldsymbol{K}_{\mathrm{p}}$、$\boldsymbol{K}_{\mathrm{v}}$ 及 $\boldsymbol{K}_{\mathrm{d}}$ 为正定增益矩阵。

可以用下式代替内力控制：

$$\boldsymbol{\tau}_{\mathrm{h}}=\boldsymbol{J}^{\mathrm{T}}\boldsymbol{V}\boldsymbol{h}_{\mathrm{I,c}} \tag{39.76}$$

其中

$$\boldsymbol{h}_{\mathrm{I,c}}=\boldsymbol{h}_{\mathrm{I,d}}+\boldsymbol{G}_{\mathrm{h}}(s)(\boldsymbol{h}_{\mathrm{I,d}}-\boldsymbol{h}_{\mathrm{I}}) \tag{39.77}$$

$\boldsymbol{G}_{\mathrm{h}}(s)$ 为有线性滤波器功能的矩阵操作项，以致 $\boldsymbol{I}-\boldsymbol{G}_{\mathrm{h}}(s)$ 只在左半平面为零；$\boldsymbol{h}_{\mathrm{I,d}}$ 为期望的内部力向量，根据末端执行器的受力可计算得到内力 $\boldsymbol{h}_{\mathrm{I}}=\boldsymbol{V}^{\dagger}\boldsymbol{h}$。为使稳态误差为零，可令 $\boldsymbol{G}_{\mathrm{h}}(s)$ 为

$$\boldsymbol{G}_{\mathrm{h}}(s)=\frac{1}{s}\boldsymbol{K}_{\mathrm{h}}$$

式中，$\boldsymbol{K}_{\mathrm{h}}$ 为正定矩阵。显然，当抓取刚性物体时，为保证系统的稳定性，需要使用滤波器对力误差进行预处理[39.17]。例如，如果取简单的线性反馈 $\boldsymbol{G}_{\mathrm{h}}(s)=\boldsymbol{K}_{\mathrm{h}}$，由于存在一个任意小的时延，因此需要选择一个小于1的力系数，否则闭环系统不会稳定。实际上，运动闭环具有一定的弹性（如抓取手爪、末端执行器的力/力矩传感器、关节等），因此必须令控制系数 $\boldsymbol{K}_{\mathrm{h}}$ 与弹性元件刚度的乘积足够小，以保证系统稳定。

参考文献［39.26，28］对上述方法进行了扩展，实现对控制过程的动态静力学滤波，以过滤掉所有对被控对象产生内力的控制输入。根据滤波后的加权比例系数（$\boldsymbol{K}_{\mathrm{p}}\boldsymbol{e}_{\mathrm{q}}$），可修改控制律式（39.71）：

$$\boldsymbol{\phi}=\boldsymbol{J}^{\mathrm{T}}(\boldsymbol{W}^{\dagger}\boldsymbol{W}+\boldsymbol{V}\boldsymbol{\Sigma}\boldsymbol{V}^{\dagger})\boldsymbol{J}^{-\mathrm{T}}$$

式中，6×6阶对角矩阵 $\boldsymbol{\Sigma}=\mathrm{diag}\{\sigma_i\}$，取 $0\leqslant\sigma_i\leqslant1$ 为常值，代表了 $\boldsymbol{J}^{-\mathrm{T}}\boldsymbol{K}_{\mathrm{p}}\boldsymbol{e}_{\mathrm{q}}$ 在内力子空间的每个姿态上的分量。当 $\boldsymbol{\Sigma}=\boldsymbol{O}_6$ 时，所有控制器不起作用；当 $\boldsymbol{\Sigma}=\boldsymbol{I}_6$ 时，选择不带动态静力学滤波器的控制器式（39.71）。同理，分别选用正确的动态静力学滤波器 $\boldsymbol{K}_{\mathrm{p}}\boldsymbol{e}$ 及 $\boldsymbol{K}_{\mathrm{p}}\boldsymbol{e}_{\mathrm{E}}$，可以修改控制律式（39.74）和式（39.75）。

39.6.3 线性反馈方法

引入完整模型的补偿可实现PD重力补偿控制，即实现闭环系统的线性反馈/前馈。操作空间的线性反馈补偿是所谓的增强对象法（augmented object approach）的基础[39.72,73]。该控制方法中，在操作空间中将系统作为一个整体进行建模，通过一个单独的增广惯性矩阵 $\boldsymbol{M}_0$ 适当地表达系统的惯性特性。因此，协同系统在操作空间的动力学模型为

$$\boldsymbol{M}_0(\boldsymbol{x}_{\mathrm{E}})\ddot{\boldsymbol{x}}_{\mathrm{E}}+\boldsymbol{c}_0(\boldsymbol{x}_{\mathrm{E}},\dot{\boldsymbol{x}}_{\mathrm{E}})=\boldsymbol{h}_{\mathrm{E}} \tag{39.78}$$

式中，$\boldsymbol{M}_0$ 和 $\boldsymbol{c}_0$ 为操作空间模型，分别代表系统（操作臂及被控对象）的惯性特征和科氏力、离心力、摩擦力及重力项。

根据参考文献［39.16］中的虚拟杆模型及参考文献［39.29］中的方案，可以解决在线性反馈中（操作空间范围内）的内力控制问题，即

$$\boldsymbol{\tau}=\boldsymbol{J}^{\mathrm{T}}\boldsymbol{W}^{\dagger}[\boldsymbol{M}_0(\ddot{\boldsymbol{x}}_{\mathrm{E,d}}+\boldsymbol{K}_{\mathrm{v}}\dot{\boldsymbol{e}}_{\mathrm{E}}+\boldsymbol{K}_{\mathrm{p}}\boldsymbol{e}_{\mathrm{E}})+\boldsymbol{c}_0]+\boldsymbol{J}^{\mathrm{T}}\boldsymbol{V}\left[\boldsymbol{h}_{\mathrm{I,d}}+\boldsymbol{K}_{\mathrm{h}}\int(\boldsymbol{h}_{\mathrm{I,d}}-\boldsymbol{h}_{\mathrm{I}})\right] \tag{39.79}$$

上述模型产生了一个线性解耦的闭环动力学方程：

$$\begin{gathered}\ddot{\boldsymbol{e}}_{\mathrm{E}}+\boldsymbol{K}_{\mathrm{v}}\dot{\boldsymbol{e}}_{\mathrm{E}}+\boldsymbol{K}_{\mathrm{p}}\boldsymbol{e}_{\mathrm{E}}=\boldsymbol{0}\\ \tilde{\boldsymbol{h}}_{\mathrm{I}}+\boldsymbol{K}_{\mathrm{h}}\int\tilde{\boldsymbol{h}}_{\mathrm{I}}\mathrm{d}t=\boldsymbol{0}\end{gathered} \tag{39.80}$$

式中，$\tilde{\boldsymbol{h}}_{\mathrm{I}}=\boldsymbol{h}_{\mathrm{I,d}}-\boldsymbol{h}_{\mathrm{I}}$，该方程可保证力与运动的误差逐渐消失。

39.6.4 阻抗控制

根据已知的阻抗控制概念（见第1卷第9章），提出一种新的控制方法。事实上，在满足机器人系统动力学特性的条件下，当作业系统中的操作臂与环境或与其他操作臂接触时，柔顺运动可以避免大的接触力或者位移。因此，提出了柔性控制方法来控制协同系统中被控对象/环境间的过大的接触力[39.21]和内力[39.22]。最近，参考文献［39.74］提出了一种控制外力和内力的柔顺控制方法［在 VIDEO 67 中，记录了一些阻抗控制（双臂协同系统）的试验结果］。

为保证被控对象的位移和环境与被控对象的受力间存在阻抗关系，参考文献［39.21］提出了如下阻抗控制方法：

$$\boldsymbol{M}_{\mathrm{E}}\tilde{\boldsymbol{a}}_{\mathrm{E}}+\boldsymbol{D}_{\mathrm{E}}\tilde{\boldsymbol{v}}_{\mathrm{E}}+\boldsymbol{K}_{\mathrm{E}}\boldsymbol{e}_{\mathrm{E}}=\boldsymbol{h}_{\mathrm{env}} \tag{39.81}$$

式中，$\boldsymbol{e}_{\mathrm{E}}$ 为被控对象期望位姿与实际位姿之差；$\tilde{\boldsymbol{v}}_{\mathrm{E}}$ 为被控对象期望速度和实际广义速度之差；$\tilde{\boldsymbol{a}}_{\mathrm{E}}$

为被控对象的期望加速度和实际广义加速度之差；$\boldsymbol{h}_{env}$ 为环境作用于被控对象的广义力；$\boldsymbol{M}_E$ 为惯性矩阵；$\boldsymbol{D}_E$ 为刚度矩阵；$\boldsymbol{K}_E$ 为阻尼矩阵，表示系统的阻抗特性。选择合适的特性矩阵能够使被控对象实现期望的运动。对于式（39.81）中的位姿参数，需要特别注意其中的姿态变量。

例 39.3 两操作臂系统的外部阻抗

式（39.81）中平面双臂操作系统的变量可以直接定义如下：

$$\boldsymbol{e}_E=\boldsymbol{x}_{E,d}-\boldsymbol{x}_E \tag{39.82}$$

$$\tilde{\boldsymbol{v}}_E=\dot{\boldsymbol{x}}_{E,d}-\dot{\boldsymbol{x}}_E \tag{39.83}$$

$$\tilde{\boldsymbol{a}}_E=\ddot{\boldsymbol{x}}_{E,d}-\ddot{\boldsymbol{x}}_E \tag{39.84}$$

式中，$\boldsymbol{x}_E$ 为被控对象的 3×1 阶位置及姿态向量；$\boldsymbol{x}_{E,d}$ 为期望位置及姿态；因此，式（39.81）中的 $\boldsymbol{M}_E$、$\boldsymbol{D}_E$ 与 $\boldsymbol{K}_E$ 分别表示 3×3 阶矩阵。

对于空间操作臂系统，不能像式（39.82）中那样定义姿态误差，而需利用具有几何意义的姿态表示法（旋转矩阵或转角/坐标轴）及操作空间变量（如操作空间向量之间的偏差）来定义[39.74]。

在参考文献［39.22］提出的阻抗控制器中，令第 i 个末端执行器的位移及内力之间满足机械阻抗特性，即

$$\boldsymbol{M}_{I,i}\tilde{\boldsymbol{a}}_i+\boldsymbol{D}_{I,i}\tilde{\boldsymbol{v}}_i+\boldsymbol{K}_{I,i}\boldsymbol{e}_i=\boldsymbol{h}_{I,i} \tag{39.85}$$

式中，$\boldsymbol{e}_i$ 为第 i 个末端执行器期望位姿与实际位姿之差；$\tilde{\boldsymbol{v}}_i$ 为第 i 个末端执行器期望和实际速度之差；$\tilde{\boldsymbol{a}}_i$ 为第 i 个末端执行器期望和实际加速度之差；$\boldsymbol{h}_{I,i}$ 为第 i 个末端执行器的内力，如向量 $\boldsymbol{V}\boldsymbol{V}^{\dagger}\boldsymbol{h}$ 的第 i 个组成部分。在内力作用下，适当地选择影响阻抗动态特性的正定惯量矩阵 $\boldsymbol{M}_{I,i}$、阻尼矩阵 $\boldsymbol{D}_{I,i}$ 和刚度矩阵 $\boldsymbol{K}_{I,i}$，可以使系统实现期望的阻抗运动。

例 39.4 平面双臂操作系统的内部阻抗

式（39.85）中，平面双臂操作系统的变量可以直接定义如下：

$$\boldsymbol{e}_i=\boldsymbol{x}_{i,d}-\boldsymbol{x}_i \tag{39.86}$$

$$\tilde{\boldsymbol{v}}_i=\dot{\boldsymbol{x}}_{i,d}-\dot{\boldsymbol{x}}_i \tag{39.87}$$

$$\tilde{\boldsymbol{a}}_i=\ddot{\boldsymbol{x}}_{i,d}-\ddot{\boldsymbol{x}}_i \tag{39.88}$$

式中，$\boldsymbol{x}_i$ 为第 i 个末端执行器的位置及姿态角度的 3×1 阶向量；$\boldsymbol{x}_{i,d}$ 为第 i 个末端执行器的期望位置及姿态向量；$\boldsymbol{M}_{I,i}$、$\boldsymbol{D}_{I,i}$ 与 $\boldsymbol{K}_{I,i}$ 均为 3×3 阶矩阵。

对于空间操作臂系统，不能像式（39.86）那样定义式（39.85）所描述的姿态误差，需利用具有几何意义的姿态表示法（旋转矩阵或转角/坐标轴）及操作空间变量（如操作空间向量之间的偏差）来定义[39.74]。

参考文献［39.74］已将上述两种方法合并，利用双闭环以实现被控对象（外力）及末端执行器（内力）的阻抗运动。

39.7 结论与延展阅读

本章阐述了协同操作臂的基本知识，回顾了协同操作臂的发展历史；分析了协同操作臂抓取刚性物体的运动学及动力学特性；研究了协作工作空间的定义及负载分配等专业问题；最后探讨了协同作业系统的主要控制方法、协同操作臂的先进控制方法，如基于模型的先进非线性控制及有弹性元件的协同系统的控制等，将在下面进行简要的介绍。

为克服协同操作臂系统的不确定性及扰动，在参考文献［39.23，24］中，使用了自适应控制策略，基于不确定性模型的线性参数，在线估计不确定性参数。参考文献［39.23］提出的方法主要控制被控对象的运动、操作臂与被控对象/环境之间的接触力及内力；自适应控制策略基于误差方程估计操作臂和物体的未知参数。参考文献［39.24］提出用于设计分散模块的自适应控制策略，如冗余协同系统不使用中央控制器。

最新提出的协同机器人控制方法，称为同步控制[39.51,52]；该方法根据协同操作系统中操作臂的协同运动误差制订控制策略。参考文献［39.51］的主要控制思想是确保每个操作臂跟随期望运动轨迹，保持与其他操作臂的同步运动。参考文献［39.52］提出了一种解决多臂系统运动同步性的方法。为测量操作臂的位置，同步控制器包含反馈项及非线性观测器，通过适当地定义操作臂运动过程的耦合误差实现同步控制。

近年来，各国学者对智能控制进行了大量研究[39.53-55]。参考文献［39.53］提出了基于运动 $\mathcal{H}_\infty$ 及内力跟踪的半分散自适应模糊控制策略，每个机器人的控制器包含两部分：基于模型的自适应控制器和自适应模糊逻辑控制器。基于模型的自适应控制器处理包含纯粹的参数不确定性动力学模

型，自适应模糊逻辑控制器处理非结构不确定性和外部扰动产生的影响。参考文献［39.54］提出了分散自适应模糊控制策略，利用多输入多输出模糊逻辑控制思想及系统在线自适应机制制订控制策略。参考文献［39.55］进一步扩展了该方法。

最后值得一提的是利用局部状态反馈提出的控制策略，如只有关节位置和末端执行器的力作为控制器的反馈。最新的研究成果是参考文献［39.56］提出的分散控制算法，使用非线性速度观测器实现渐近地跟踪期望的力和位置。

当使用非刚性手爪抓取物体时，协同系统可能产生弹性变形。事实上，采用柔性手爪可避免大的内力，即使抓取失败或与环境产生非预期性接触，也可以保证操作的安全。参考文献［39.61］提出了不基于模型的离散控制方法，即具有重力补偿项的PD位置反馈控制策略。该策略能够规范被控对象的位置/姿态，同时实现由柔性手爪引起的振动阻尼。当抓取手爪的柔性太低而不能保证对被控对象施加有效的内力时，则采用混合控制方法控制沿着位置方向的内力。

其他研究主要集中于抓取多个物体和柔性对象[39.43-45]。由于这些对象难以控制，在制造业中很难实现装配的自动化。因此，对具有多个柔性操作臂协同系统的控制技术进行了研究[39.46-48]，一旦解决了建模和控制问题（见第1卷第11章），柔性机器人将具有很多优点[39.49]：重量轻，具有柔性，且安全性高。将柔性操作臂的控制方法（如振动抑制）与本章提出的协同操作臂控制方法结合是容易的[39.46]。参考文献［39.47，48］已经开始了对双柔性操作臂自动检测操作的研究（参考 VIDEO 68）。

最后，通过多个移动操作臂进行物体的协同运输和操作仍然是一个开放性的研究课题。事实上，尽管已经取得了显著的研究成果[39.65,75-77]，但预计在工业环境中使用机器人团队（超柔性机器人工作单元）和/或与人类协同（机器人同事的概念）提出了与此类系统的自主性和安全性相关的新挑战。最近出现的一个应用场景是通过多个空中机器人协同运输物体[39.66]（通过多个无人机协同运输的示例见 VIDEO 66，其他示例见 VIDEO 69，VIDEO 70）。

视频文献

VIDEO 66　Cooperative grasping and transportation of objects using multiple UAVs
available from http://handbookofrobotics.org/view-chapter/39/videodetails/66

VIDEO 67　Impedance control for cooperative manipulators
available from http://handbookofrobotics.org/view-chapter/39/videodetails/67

VIDEO 68　Cooperative capturing via flexible manipulators
available from http://handbookofrobotics.org/view-chapter/39/videodetails/68

VIDEO 69　Cooperative grasping and transportation of an object using two industrial manipulators
available from http://handbookofrobotics.org/view-chapter/39/videodetails/69

VIDEO 70　Control of cooperative manipulators in the operational space
available from http://handbookofrobotics.org/view-chapter/39/videodetails/70

参考文献

39.1　S. Fujii, S. Kurono: Coordinated computer control of a pair of manipulators, Proc. 4th IFToMM World Congr. (1975) pp. 411–417

39.2　E. Nakano, S. Ozaki, T. Ishida, I. Kato: Cooperational control of the anthropomorphous manipulator *MELARM*, Proc. 4th Int. Symp. Ind. Robots, Tokyo (1974) pp. 251–260

39.3　K. Takase, H. Inoue, K. Sato, S. Hagiwara: The design of an articulated manipulator with torque control ability, Proc. 4th Int. Symp. Ind. Robots, Tokyo (1974) pp. 261–270

39.4　S. Kurono: Cooperative control of two artificial hands by a mini-computer, Prepr. 15th Jt. Conf. Autom. Control (1972) pp. 365–366, (in Japanese)

39.5　A.J. Koivo, G.A. Bekey: Report of workshop on coordinated multiple robot manipulators: planning, control, and applications, IEEE J. Robotics Autom. **4**(1), 91–93 (1988)

39.6　P. Dauchez, R. Zapata: Co-ordinated control of two cooperative manipulators: The use of a kinematic model, Proc. 15th Int. Symp. Ind. Robots, Tokyo (1985) pp. 641–648

39.7　N.H. McClamroch: Singular systems of differential equations as dynamic models for constrained robot systems, Proc. IEEE Int. Conf. Robotics Autom. (ICRA), San Francisco (1986) pp. 21–28

39.8　T.J. Tarn, A.K. Bejczy, X. Yun: New nonlinear control algorithms for multiple robot arms, IEEE Trans.

Aerosp. Electron. Syst. **24**(5), 571–583 (1988)
39.9 S. Hayati: Hybrid position/force control of multi-arm cooperating robots, Proc. IEEE Int. Conf. Robotics Autom. (ICRA), San Francisco (1986) pp. 82–89
39.10 M. Uchiyama, N. Iwasawa, K. Hakomori: Hybrid position/force control for coordination of a two-arm robot, Proc. IEEE Int. Conf. Robotics Autom. (ICRA), Raleigh (1987) pp. 1242–1247
39.11 M. Uchiyama, P. Dauchez: A symmetric hybrid position/force control scheme for the coordination of two robots, Proc. IEEE Int. Conf. Robotics Autom. (ICRA), Philadelphia (1988) pp. 350–356
39.12 M. Uchiyama, P. Dauchez: Symmetric kinematic formulation and non-master/slave coordinated control of two-arm robots, Adv. Robotics **7**(4), 361–383 (1993)
39.13 I.D. Walker, R.A. Freeman, S.I. Marcus: Analysis of motion and internal force loading of objects grasped by multiple cooperating manipulators, Int. J. Robotics Res. **10**(4), 396–409 (1991)
39.14 R.G. Bonitz, T.C. Hsia: Force decomposition in cooperating manipulators using the theory of metric spaces and generalized inverses, Proc. IEEE Int. Conf. Robotics Autom. (ICRA), San Diego (1994) pp. 1521–1527
39.15 D. Williams, O. Khatib: The virtual linkage: A model for internal forces in multi-grasp manipulation, Proc. IEEE Int. Conf. Robotics Autom. (ICRA), Atlanta (1993) pp. 1025–1030
39.16 K.S. Sang, R. Holmberg, O. Khatib: The augmented object model: cooperative manipulation and parallel mechanisms dynmaics, Proc. 2000 IEEE Int. Conf. Robotics Autom. (ICRA), San Francisco (1995) pp. 470–475
39.17 J.T. Wen, K. Kreutz-Delgado: Motion and force control of multiple robotic manipulators, Automatica **28**(4), 729–743 (1992)
39.18 T. Yoshikawa, X.Z. Zheng: Coordinated dynamic hybrid position/force control for multiple robot manipulators handling one constrained object, Int. J. Robotics Res. **12**, 219–230 (1993)
39.19 V. Perdereau, M. Drouin: Hybrid external control for two robot coordinated motion, Robotica **14**, 141–153 (1996)
39.20 H. Bruhm, J. Deisenroth, P. Schadler: On the design and simulation-based validation of an active compliance law for multi-arm robots, Robotics Auton. Syst. **5**, 307–321 (1989)
39.21 S.A. Schneider, R.H. Cannon Jr.: Object impedance control for cooperative manipulation: Theory and experimental results, IEEE Trans. Robotics Autom. **8**, 383–394 (1992)
39.22 R.G. Bonitz, T.C. Hsia: Internal force-based impedance control for cooperating manipulators, IEEE Trans. Robotics Autom. **12**, 78–89 (1996)
39.23 Y.-R. Hu, A.A. Goldenberg, C. Zhou: Motion and force control of coordinated robots during constrained motion tasks, Int. J. Robotics Res. **14**, 351–365 (1995)
39.24 Y.-H. Liu, S. Arimoto: Decentralized adaptive and nonadaptive position/force controllers for redundant manipulators in cooperation, Int. J. Robotics Res. **17**, 232–247 (1998)
39.25 P. Chiacchio, S. Chiaverini, B. Siciliano: Direct and inverse kinematics for coordinated motion tasks of a two-manipulator system, ASME J. Dyn. Syst. Meas. Control **118**, 691–697 (1996)
39.26 F. Caccavale, P. Chiacchio, S. Chiaverini: Task-space regulation of cooperative manipulators, Automatica **36**, 879–887 (2000)
39.27 G.R. Luecke, K.W. Lai: A joint error-feedback approach to internal force regulation in cooperating manipulator systems, J. Robotics Syst. **14**, 631–648 (1997)
39.28 F. Caccavale, P. Chiacchio, S. Chiaverini: Stability analysis of a joint space control law for a two-manipulator system, IEEE Trans. Autom. Control **44**, 85–88 (1999)
39.29 P. Hsu: Coordinated control of multiple manipulator systems, IEEE Trans. Robotics Autom. **9**, 400–410 (1993)
39.30 F. Basile, F. Caccavale, P. Chiacchio, J. Coppola, C. Curatella: Task-oriented motion planning for multi-arm robotic systems, Robotics Comp.-Integr. Manuf. **28**, 569–582 (2012)
39.31 P. Chiacchio, S. Chiaverini, L. Sciavicco, B. Siciliano: Global task space manipulability ellipsoids for multiple arm systems, IEEE Trans. Robotics Autom. **7**, 678–685 (1991)
39.32 S. Lee: Dual redundant arm configuration optimization with task-oriented dual arm manipulability, IEEE Trans. Robotics Autom. **5**, 78–97 (1989)
39.33 T. Kokkinis, B. Paden: Kinetostatic performance limits of cooperating robot manipulators using force-velocity polytopes, Proc. ASME Winter Annu. Meet. Robotics Res., San Francisco (1989)
39.34 P. Chiacchio, S. Chiaverini, L. Sciavicco, B. Siciliano: Task space dynamic analysis of multiarm system configurations, Int. J. Robotics Res. **10**, 708–715 (1991)
39.35 D.E. Orin, S.Y. Oh: Control of force distribution in robotic mechanisms containing closed kinematic chains, Trans. ASME J. Dyn. Syst. Meas. Control **102**, 134–141 (1981)
39.36 Y.F. Zheng, J.Y.S. Luh: Optimal load distribution for two industrial robots handling a single object, Proc. IEEE Int. Conf. Robotics Autom. (ICRA), Phila. (1988) pp. 344–349
39.37 I.D. Walker, S.I. Marcus, R.A. Freeman: Distribution of dynamic loads for multiple cooperating robot manipulators, J. Robotics Syst. **6**, 35–47 (1989)
39.38 M. Uchiyama: A unified approach to load sharing, motion decomposing, and force sensing of dual arm robots, 5th Int. Symp. Robotics Res., ed. by H. Miura, S. Arimoto (1990) pp. 225–232
39.39 M.A. Unseren: A new technique for dynamic load distribution when two manipulators mutually lift a rigid object. Part 1: The proposed technique, Proc. 1st World Autom. Congr. (WAC), Maui, Vol. 2 (1994) pp. 359–365
39.40 M.A. Unseren: A new technique for dynamic load distribution when two manipulators mutually lift a rigid object. Part 2: Derivation of entire system model and control architecture, Proc. 1st World Autom. Congr. (WAC), Maui, Vol. 2 (1994) pp. 367–372
39.41 M. Uchiyama, T. Yamashita: Adaptive load sharing

for hybrid controlled two cooperative manipulators, Proc. IEEE Int. Conf. Robotics Autom. (ICRA) Sacramento (1991) pp. 986–991

39.42 M. Uchiyama, Y. Kanamori: Quadratic programming for dextrous dual-arm manipulation, Trans. IMACS/SICE Int. Symp. Robotics Mechatron. Manuf. Syst., Kobe (1993) pp. 367–372

39.43 Y.F. Zheng, M.Z. Chen: Trajectory planning for two manipulators to deform flexible beams, Proc. IEEE Int. Conf. Robotics Autom. (ICRA), Atlanta (1993) pp. 1019–1024

39.44 M.M. Svinin, M. Uchiyama: Coordinated dynamic control of a system of manipulators coupled via a flexible object, Prepr. 4th IFAC Symp. Robot Control, Capri (1994) pp. 1005–1010

39.45 T. Yukawa, M. Uchiyama, D.N. Nenchev, H. Inooka: Stability of control system in handling of a flexible object by rigid arm robots, Proc. IEEE Int. Conf. Robotics Autom. (ICRA), Minneapolis (1996) pp. 2332–2339

39.46 M. Yamano, J.-S. Kim, A. Konno, M. Uchiyama: Cooperative control of a 3D dual-flexible-arm robot, J. Intell. Robotics Syst. **39**, 1–15 (2004)

39.47 T. Miyabe, M. Yamano, A. Konno, M. Uchiyama: An approach toward a robust object recovery with flexible manipulators, Proc. IEEE/RSJ Int. Conf. Intell. Robots Syst. (IROS), Maui (2001) pp. 907–912

39.48 T. Miyabe, A. Konno, M. Uchiyama, M. Yamano: An approach toward an automated object retrieval operation with a two-arm flexible manipulator, Int. J. Robotics Res. **23**, 275–291 (2004)

39.49 M. Uchiyama, A. Konno: Modeling, controllability and vibration suppression of 3D flexible robots. In: *Robotics Research, The 7th Int. Symp*, ed. by G. Giralt, G. Hirzinger (Springer, London 1996) pp. 90–99

39.50 K. Munawar, M. Uchiyama: Slip compensated manipulation with cooperating multiple robots, 36th IEEE Conf. Decis. Control, San Diego (1997)

39.51 D. Sun, J.K. Mills: Adaptive synchronized control for coordination of multirobot assembly tasks, IEEE Trans. Robotics Autom. **18**, 498–510 (2002)

39.52 A. Rodriguez-Angeles, H. Nijmeijer: Mutual synchronization of robots via estimated state feedback: a cooperative approach, IEEE Trans. Control Syst. Technol. **12**, 542–554 (2004)

39.53 K.-Y. Lian, C.-S. Chiu, P. Liu: Semi-decentralized adaptive fuzzy control for cooperative multirobot systems with H-inf motion/internal force tracking performance, IEEE Trans. Syst. Man Cybern. **32**, 269–280 (2002)

39.54 W. Gueaieb, F. Karray, S. Al-Sharhan: A robust adaptive fuzzy position/force control scheme for cooperative manipulators, IEEE Trans. Control Syst. Technol. **11**, 516–528 (2003)

39.55 W. Gueaieb, F. Karray, S. Al-Sharhan: A robust hybrid intelligent position/force control scheme for cooperative manipulators, IEEE/ASME Trans. Mechatron. **12**, 109–125 (2007)

39.56 J. Gudiño-Lau, M.A. Arteaga, L.A. Muñoz, V. Parra-Vega: On the control of cooperative robots without velocity measurements, IEEE Trans. Control Syst. Technol. **12**, 600–608 (2004)

39.57 R. Tinos, M.H. Terra, J.Y. Ishihara: Motion and force control of cooperative robotic manipulators with passive joints, IEEE Trans. Control Syst. Technol. **14**, 725–734 (2006)

39.58 H. Inoue: Computer controlled bilateral manipulator, Bulletin JSME **14**(69), 199–207 (1971)

39.59 M. Uchiyama, T. Kitano, Y. Tanno, K. Miyawaki: Cooperative multiple robots to be applied to industries, Proc. World Autom. Congr. (WAC), Montpellier (1996) pp. 759–764

39.60 B.M. Braun, G.P. Starr, J.E. Wood, R. Lumia: A framework for implementing cooperative motion on industrial controllers, IEEE Trans. Robotics Autom. **20**, 583–589 (2004)

39.61 D. Sun, J.K. Mills: Manipulating rigid payloads with multiple robots using compliant grippers, IEEE/ASME Trans. Mechatron. **7**, 23–34 (2002)

39.62 M.R. Cutkosky, I. Kao: Computing and controlling the compliance of a robot hand, IEEE Trans. Robotics Autom. **5**, 151–165 (1989)

39.63 A. Jazidie, T. Tsuji, M. Nagamachi, K. Ito: Multipoint compliance control for dual-arm robots utilizing kinematic redundancy, Trans. Soc. Instr. Control Eng. **29**, 637–646 (1993)

39.64 T. Tsuji, A. Jazidie, M. Kaneko: Distributed trajectory generation for multi-arm robots via virtual force interactions, IEEE Trans. Syst. Man Cybern. **27**, 862–867 (1997)

39.65 O. Khatib, K. Yokoi, K. Chang, D. Ruspini, R. Holmberg, A. Casal: Coordination and decentralized cooperation of multiple mobile manipulators, J. Robotics Syst. **13**, 755–764 (1996)

39.66 J. Fink, N. Michael, S. Kim, V. Kumar: Planning and control for cooperative manipulation and transportation with aerial robots, Int. J. Robotics Res. **30**, 324–334 (2011)

39.67 J.Y.S. Luh, Y.F. Zheng: Constrained relations between two coordinated industrial robots for motion control, Int. J. Robotics Res. **6**, 60–70 (1987)

39.68 A.J. Koivo, M.A. Unseren: Reduced order model and decoupled control architecture for two manipulators holding a rigid object, ASME J. Dyn. Syst. Meas. Control **113**, 646–654 (1991)

39.69 M.A. Unseren: Rigid body dynamics and decoupled control architecture for two strongly interacting manipulators manipulators, Robotica **9**, 421–430 (1991)

39.70 J. Duffy: The fallacy of modern hybrid control theory that is based on *Orthogonal Complements* of twist and wrench spaces, J. Robotics Syst. **7**, 139–144 (1990)

39.71 K.L. Doty, C. Melchiorri, C. Bonivento: A theory of generalized inverses applied to robotics, Int. J. Robotics Res. **12**, 1–19 (1993)

39.72 O. Khatib: Object manipulation in a multi-effector robot system. In: *Robotics Research*, Vol. 4, ed. by R. Bolles, B. Roth (MIT Press, Cambridge 1988) pp. 137–144

39.73 O. Khatib: Inertial properties in robotic manipulation: An object level framework, Int. J. Robotics Res. **13**, 19–36 (1995)

39.74 F. Caccavale, P. Chiacchio, A. Marino, L. Villani: Six-DOF impedance control of dual-arm cooperative manipulators, IEEE/ASME Trans. Mechatron. **13**, 576–586 (2008)

39.75 T.G. Sugar, V. Kumar: Control of cooperating mobile

manipulators, IEEE Trans. Robotics Autom. **18**, 94–103 (2002)

39.76 C.P. Tang, R.M. Bhatt, M. Abou-Samah, V. Krovi: Screw-theoretic analysis framework for cooperative payload transport by mobile manipulator collectives, IEEE/ASME Trans. Mechatron. **11**, 169–178 (2006)

39.77 H. Bai, J.T. Wen: Cooperative load transport: A formation-control perspective, IEEE Trans. Robotics **26**, 742–750 (2010)

第 40 章

移动操作

Oliver Brock，Jaeheung Park，Marc Toussaint

移动操作需要集成机器人学的各种方法。移动操作通过研究机器人各方面之间的相互关联来解决富有挑战性的问题，而不是去研究机器人的某个单一领域。因此，移动操作为那些长久未解决的问题提供了新的解决思路。在这一章中，我们将向您展现这些新的想法，它们涉及抓取、控制、运动生成、机器学习和感知。所有这些领域都必须应对共同的挑战——高维性、不确定性和任务多样性。抓取操作部分描述了手、对象和环境之间的活动性杠杆接触和物理多变性交互的趋势。控制部分的研究则应对了和移动操作有适当结合的挑战。而运动生成领域逐渐模糊了控制和规划之间的界限，从而引发了在高维空间的任务一致性运动，甚至在部分动态复杂的环境内的冲突问题。在学习移动操作有关内容的过程中，一个关键挑战在于识别正确的先决条件和调研近期关于感知、抓取、运动和操作的学习方法。最后，一个有关于感知的期望方法的讨论将展示导航和有效感知的理论和方法是如何被应用在现实中的。

目　　录

移动操作究竟是什么？为了找到一个答案，我们必须了解过去在这一研究领域所取得的进展。移动操作（mobile manipulation）这一词诞生于 20 世纪八九十年代，那时候实验室开始将机器人操作系统放置在移动平台上[40.1,2]。从那时候开始，这一术语被专门用来表示在一个具有移动能力和可操作性的实验平台上进行相关机器人的研究。近几十年来开发的一系列移动操作平台如图 40.1 所示。

随着这类平台的引入，很快就可以看出，将移动性与操纵性结合起来是一个重大创新。移动性使操作臂能够离开实验室，从而受到来自真实环境的复杂多变性的考验。在这样的真实环境中，许多在精准实验环境中成功的案例被证明是脆弱而不实用的。传统的实验研究通常依赖特定环境的假设条件来通过实验室测试——一个脆弱多变的假设条件建立在一个无法预测、永远不定的实验环境中。

移动操作研究的主要内容包括可控环境（如车间和特定实验设备），因此通常被称作结构化环境。与之相反的，非结构化环境则是没有为了便于机器人执行任务而专门修改的环境。这两种截然不同的实验环境之间存在一系列连续的过渡可能性。当然，结构化环境仍然充满不确定性，就像非结构化环境仍然包含可以被机器人利用的重要结构一样。

在非结构化环境中，机器人需要执行各种各样的任务，而不是单一的特定任务。任何特定的任务，比如从图书馆取回一本书，都可能需要机器人来解决额外的挑战，如开门、操作电梯、把椅子移到靠近书架的地方，或者询问书的位置。今天，没有一个机器人系统拥有这样的能力。

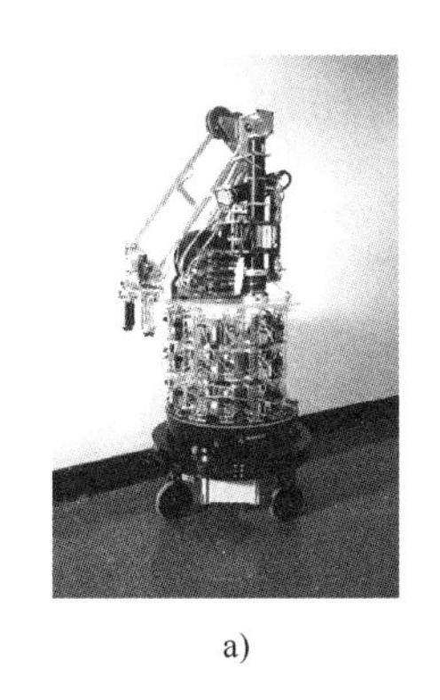

a)

b)

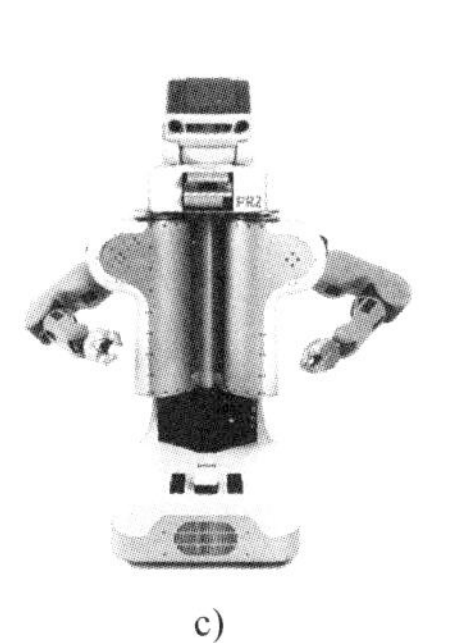

c)

d)

图 40.1 近几十年来开发的一系列移动操作平台

a）机器人 Herbert（MIT，1985） b）协助移动操作平台（Stanford，1995）

c）机器人 PR2（Willow Garage，2009） d）Herb（CMU，2013）

移动操作领域的研究人员已经认识到，机器人技术的传统研究领域所取得的进展无法通过简单的组合来达到他们所追求的能力水平。这一发现推动了移动操作作为一个研究领域的建立。该领域的研究旨在开发能够在非结构化或最小结构环境中自主执行任务的机器人系统。显然，从单一用途的实验室演示（这是机器人技术中的一种常见做法）到这种移动操作系统的转变是一个渐进的过程。因此，移动操作研究逐渐提高了机器人系统的自主性、鲁棒性和任务通用性，同时逐渐减少了对环境和任务先验信息的依赖。

移动操作研究的目标：

1）最大化自主机器人系统的任务通用性。

2）最小化对特定任务、硬编码或狭义相关信息的依赖。

有些人认为，这正是主流机器人正在做的事情，也是本书的大部分内容。他们可能是对的。但在过去的 20 年里，移动操作领域迫于机器人系统在真实环境中的失败，已经开始探索本书中收集的机器人学知识体系的替代和扩展方案。本章正是关于这些替代和扩展方案的内容。在接下来的每一节中，我们的目标是展示移动操作方面的工作，为未来在真实环境中操作的机器人的发展开辟可能的新方向。对于抓取和操作、移动性、控制、运动生成、学习和感知等领域，我们将分析当系统在真实环境中运行时，该领域的主要挑战是如何变化的。我们将展示这些领域是如何发展和进步的，以应对非结构化环境日益变化的挑战。

在我们开始这段讲述之前，有必要就机器人在无约束和不受控制的环境中执行各种任务时实际遇到的挑战进行讨论。这些挑战是我们在下面几节中讨论的所有子学科需要共同面对的。

首先，机器人执行各种任务而不是单一任务的必要性要求机器人配备通用的移动、操作和感知手段。它的能力必须是每个任务所需要的最低能力的结合。这就需要多功能的感知和灵巧操作。这又意味着机器人的传感器输入是高维的，机器人的位形空间也是高维的。因此，第一个挑战在于处理任务通用性所需要的高维和状态空间的内在复杂性。更为困难的是，任务通用性通常要求系统动力学是混合型的，即表现出离散和连续的行为。

其次，根据移动操作的定义，机器人不能依赖于一个完整的、连续的、全球更新的环境模型。虽然机器人领域的一些人试图通过使用 RFID 标签或在所有地方放置传感器来构建这样一个环境模型，但从事移动操作领域研究的许多学者认为，更有效、更有见地的方法是让机器人变得更智能。没有一个完整的环境模型意味着机器人必须使用感知来获取关于环境的相关信息；这意味着机器人不仅要解决其感知中的不确定性问题，还要解决其环境模型中的不确定性问题，这些不确定性可能会在不知情的情况下使机器人发生变化。因此，第二个挑战包括适当处理传感和驱动固有的不确定性以及动态环境造成的不确定性。

第三，在真实环境中，从物体外观的角度来看，即使机器人执行完全相同的功能，它们也表现出很大的可变性。这意味着当机器人想要在真实环境中自主操作时，会有一层通过外表面的间接性。有这么多不同种类的门把手，它们表现不同的外观，但执行相同的功能。因此，我们面临的挑战是如何通过揭示环境表象背后的功能原理来应对环境的变化。解决可变性的一种自然方式是将技能推广到新的情况。

我们将在后面的章节中看到，机器人领域为应对这些挑战所做的努力产生了若干创新和成功的概念、算法、机制和集成系统。其中一些在之前的章节中没有涉及，因为它们现在还不属于机器人智慧的经典。也许本章可以改变这一点。

40.1 抓取和操作

机器人通过抓取、操作和放置物体来完成任务。本书的以下几章涉及相关的机理、方法和概念：第1卷第19章讨论机器人手，最通用的抓取和操作末端执行器类型。第37章讨论了一般性的操作，第38章介绍了抓取技术的现状。抓取和操作的重要因素还有力和触觉传感器，第28章对其进行了讨论。虽然这四章描述了抓取和操作的良好基础，在本章中，我们仍想从更高层次的角度来评估这些方法在移动操作背景下的适用性，并推测可能的新方法。

抓取和操作都面临着我们在上面阐述的移动操作的挑战：高维性、不确定性和任务多样性。不确定性是相关的，因为物体模型中的微小误差、运动执行中的微小误差以及相对于物体的微小定位差异都可能导致抓取失败。抓取的高维性源于手的多个自由度以及环境中物体的多个自由度。最后，抓取和操作发生在大量的变化中，每种变化都涉及与对象的截然不同的交互作用。因此，并不奇怪的是，尽管几十年来关于抓取和操作的研究取得了重大进展，但迄今为止仍然无法创造出足够强大的技能，以便在真实环境中进行自主操作。

在这一节中，我们描述了抓取和操作领域的最新发展，也发现从本书其他章节介绍的基本技术似乎更适合解决移动操作中的操作挑战。

40.1.1 相关问题描述

首先，给问题下个定义。传统上，抓取和操作被视为两个截然不同的问题。但这些术语在文献中存在明显的歧义[40.3]。在本节中，我们仅限于用机器人手抓取和操作。在这种情况下，我们定义以下术语。

抓取是指通过机器人的自由度来获得对物体外部自由度的可靠控制。比如机器人抓取物体，通过改变自身的自由度来改变物体的外在自由度，不包括手的自由度，一旦抓取完成，手的自由度保持静止。为了执行抓取任务，传统上机器人的总体自由度分为两部分：一部分是在物体上施加力所需要的自由度（通常使用抓取规划方法解决），另一部分是在获得抓取后可用于重新定位物体的自由度（一般运动和操作规划）。然而，要注意的是，与此传统分解不同，在抓取过程中通常需要臂和手的自由度的相互协调。

通过灵巧抓取，即在优化抓取姿态的同时，提升抓取鲁棒性并适合执行特定任务。在相关文献中，总体自由度仍然最常见地分为负责抓取的自由度和能够改变被抓取物体位姿的自由度。

通过灵巧的手部操作，即用臂和手的所有自由度来驱动物体的外部自由度的能力，从而使物体相对于放置在手腕上的参考坐标系移动[40.4]。

解决这些问题的经典方法都依赖于精确的环境模型和手模型，且需要仔细分析接触点和状态，并试图确定和精确执行详细的规划。需要指出的是，出现了一种新方法来解决这些问题。然而，由于这种新颖的方法在这个早期阶段主要是在抓取的背景下探索的，因此我们将集中讨论抓取问题。但我们也要指出，在这种新的方法中，抓取和操作这两个问题即使不是完全相同的，也是相似的。

40.1.2 对最新技术的评估

对抓取的最早也是最基本的认知是基于力封闭和形封闭的概念而形成的（见第38章）。

1. 力封闭与形封闭

这些概念表达了一组无实体接触点的效果，比如忽略接触点所在的部位（如手指）对物体移动能力的影响。它们反映了一种静态的抓取观念，这种观念并不考虑在抓取过程中必然会发生的物理交互作用。

这一研究领域仍然继续保持活跃和成功，大量复杂和有能力的抓取规划和模拟就是证明[40.5]。然而，由此产生的抓取通常不会实现成功的实际抓取。这些失败是模型不确定性和运动执行噪声所导致的结果。规划过程中的假设，如无实体的接触点可以用手精确地实现，往往不成立。

2. 手与物体的交互

有一个非常简单的策略来克服许多基于精确模型和力封闭概念的方法的理论失败——所有的抓取研究都会默许使用这种策略：只需要紧握手，即使你认为已经达到了接触点的正确位形。该策略有效地利用了手的机械柔性，从而使手的位形适应对象的形状。这种形状的适应对抓取有以下几个积极的影响：

1）传感和驱动的不确定性得到了补偿。

2）建立了大的表面积。

3）抓取力分布均衡。

这些影响提高了抓取成功率和抓取的质量。可以说，这是抓取规划界的标准方法。

这种洞察力也有力地推动了当代机器人手设计。为了最大限度地发挥形状适应的效果，Rodriguez 和 Mason[40.6]优化了手指形状以产生类似的接触位形，而与物体的大小无关。增加形状适应性的另一种方法是在手部设计中加入柔顺部件[40.7]。形状沉积制造（SDM）手[40.8]、Velo 手爪[40.9]、i-HY 手[40.10]和 Pisa/IIT 软手[40.11]通过耦合手的自由度欠驱动实现形状适应性，使手的形状适应对象，同时均衡接触力。这种情况的一个极端例子是正压夹持器[40.12]，它将装满颗粒状材料的袋子压到要抓取的物体上。这个袋子适应物体的形状。当空气从袋子中排出时，颗粒状物质会堵塞，形成一个完全适合物体形状的夹持器。

从这个简单的分析可以说，手和物体之间的形状适应性在抓取规划中是经常被利用的，简单地说，通过闭合手直到达到一定的抓取力。此外，形状适应性已成为机器人手的一个重要设计标准，因为它非常明显地提高了抓取性能。

3. 手、物体和环境之间的相互作用

环境中的特征，如由其他物体或支撑面提供的特征，可能会约束手和物体的运动。这在支撑面（如桌子和地板）上最为明显。如果使用得当，这些约束可以帮助抓取。此外，可能的情况是，利用这些约束所需的感知信息通常比成功执行无约束抓取所需的信息更容易获得。

机器人抓取的最新研究建议利用环境约束，如相对于物体定位手[40.13]、固定物体[40.13,14]或在平面滑动期间固定物体[40.13,15]。一些前握操作依赖于环境约束来提高抓取成功率。例如，Chang 等[40.16]通过利用盘的摩擦力和远程中心，在抓取之前将盘手柄旋转到特定的方向。

但是，除了外部接触，环境约束也可以通过利用重力、惯性或臂和手的动态运动来创建。借用这种方式，手部操作是通过使用所谓的外在灵巧性来完成的[40.17]。

上述的所有抓取策略都依赖于手、物体和环境之间的多重交互作用，然后才能达到最终的抓取姿态。这些阶段的设计通常是为了减少与抓取成功相关的特定变量中的不确定性。

环境约束的概念出现在 Mason 等人的早期工作中[40.18,19]。在这里，任务环境的内在机制被用来消除不确定性和实现鲁棒性。

迄今为止，人类对环境约束利用的研究仅限于复制机器人上观察到的行为实例[40.16,20]。例如，Kaneko 等[40.20]从对人类受试者的观察中提取了一组抓取策略。这些策略包括与环境约束的相互作用。

我们相信，最近这种利用环境约束的趋势是提高机器人抓取能力的一个重要机会。为了充分利用这一机会，我们应该了解人类采用的策略，将它们转移到机器人系统中，并开发出适合这种方法的机器人手[40.21]。

4. 人类抓取的启示

有趣的是，对人类抓取的研究与机器人界的发展是同步的。早期对人类抓取的研究遵循了力封闭概念所捕获的静态视图。这反映在抓取分类法中，根据抓取过程完成后获得的最终手部姿态对抓取进行分类[40.22,23]。

即使是对机器人学产生深远影响的关于姿态协同作用的早期研究，最初也只考虑了静态抓取姿态的协同作用[40.24]。这些研究没有捕捉到动态过程和环境约束的利用，我们认为这对抓取的鲁棒性至关重要。然而，这些对人类抓取的研究已经实现了机器人抓取的重大进展[40.11]。

手-物体的相互作用的本质也在人类身上被研究过。形状适应能力对人类手的影响是众所周知的，研究已经阐明了人类利用形状适应能力改变行为的程度。Christopoulos 和 Schrater[40.25]表明，人类可以对圆柱体的不确定性做出反应，并调整手的姿势使其对齐，这可能是为了能够最大限度地发挥形状适应性的好处。然而，其他试验指出，也许人类在困难条件下也依赖于与环境更复杂的相互作用来进行抓取。当人类的视力受损时，他们在第一次尝试抓取孤立的（无环境约束的）物体时往往失败[40.26]。所证明的效果的程度似乎令人惊讶。我们认为，在这个具体的试验中，出现这种结果是由于缺乏可利用的环境约束。

最近，对人类抓取的研究表明，在抓取过程中人类会有意识地使用环境约束。例如，当视力受损时，人类会增加对环境约束的使用[40.21]。这表明，似乎使用环境约束可以对机器人实现鲁棒性和任务一般的抓取和操作发挥关键作用。

5. 机器人手

市面上已经有许多能力很强的机器人手。Controzzi 等人[40.27]编撰了一份历史综述，收集了 50 多年来的机器人手。Grebenstein[40.28]最近提出了一项关于机器人手抓取能力设计的分析。由于柔性的概念是我们手部设计的核心，因此我们将仅讨论特意包含此概念的手部设计。

我们区分了两种主要的方法来设计柔性手。柔性可以通过主动控制来实现，并在全驱动甚至超冗余驱动系统上实现，其中每个自由度都可以控制。这类手的一个令人印象深刻的例子是 Awiwi 手[40.28]、ShadowRobot 公司的 Shadow 灵巧手和 SimLab Allegro 手[40.29]。

这些手以机械复杂性为代价，通过精确控制来实现灵巧，这使得它们很难制造，成本也很高，而且容易发生故障。

另一种方法是通过包含弹性或柔性材料（被动柔性）设计柔性手。就成本、体积和系统复杂性而言，构建一个被动兼容的关节要比主动控制的成本低得多。被动柔性可以很容易地吸收冲击力，这是设计用于与外界建立联系的末端执行器的理想特性。与主动柔性手相比，增加额外（被动）自由度的成本较低。由此产生的被动适应物体形状的能力大大提高了抓取成功率和抓取质量。同时，手可以被驱动来有效地将控制转移到物理材料上。

Hirose 和 Umetani[40.7]在被动柔性抓取方面的一项开创性工作是设计软手夹持器。近年来，人们借用被动柔性制造了一系列的手爪和手，如 FRH-4 手[40.30]、SDM 手及其后续手[40.10,31,32]、海星手爪[40.33]、THE 的第二代手和 Pisa-IIT 软体手[40.34]、正压手爪[40.12]、RBO 手[40.13,35]和 Velo 手爪[40.9]。另一个不同的灵感来源于 Giannaccini 等人[40.36]，他们制造了一个仿章鱼的柔性手爪。其中一些手如图 40.2 所示。

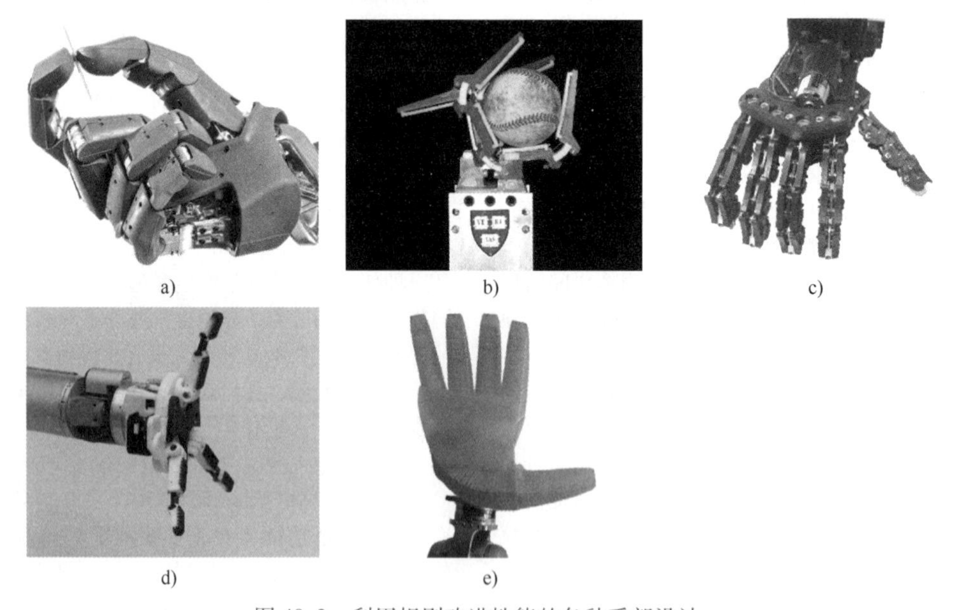

图 40.2　利用规则改进性能的各种手部设计

a) Awiwi 手（DLR）　b) SDM 手（Havard）　c) Pisa-IIT 软体手
d) i-HY 手（iRobot，Havard，Yale）　e) RBO 手（TU Berlin）

欠驱动手的实际实现与分析和评估其灵巧性的理论方法相匹配[40.37,38]。然而，这些方法需要掌握准确的抓握姿态、接触点位置和接触力。考虑到当今的传感器技术，这些信息很难通过物理方式来获取。

将柔性纳入机器人手的设计中，大大提高了机器人手抓取物体的能力。考虑到从人类抓取中获得的结论，这些改进似乎是这些手与环境进行有益接触互动的结果。虽然这些好处已经在力抓取的背景下得到了广泛的证明，但很少有工作研究柔性和欠驱动对机器人手灵巧性的有益影响[40.35]。

40.1.3 有力的抓取和操作趋势

有力的抓取和操作的关键——移动操作的一个重要先决条件——似乎是有意和有目的地使用手、物体和环境之间的相互作用。这一观点得到了人类抓取的证据支持以及成功机器人手的设计特征的支持。如果这一说法属实，它将从根本上改变抓取和操作的“游戏规则”。特定接触位形的概念在过去50年中具有关键的重要性，现在则有意识地被约束开发所取代。传统的静态抓取观被动态抓取观所取代，动态抓取观强调手、物体和环境相互接触的运动。这种新的思维方式需要手指在物体表面滑动，以符合物体的形状，并通过智能硬件设计来平衡和保持接触力，而不是将手指精确地放置在正确的位置上。

这种研究尤其在硬件设计方面有了长足的进步。最新一代的机器人手是为利用约束而设计的：没有传感和显式控制，它们支持形状适应和柔顺的接触保持。如何掌握规划方法和感知能力的发展以利用这些机器人手所提供的新的优势将是未来的挑战之一。

40.2 控制

移动操作臂是一种具有操作和移动能力的机器人系统。因此，移动操作臂的典型装置由操作臂和移动机器人组成。传统上，移动操作臂的通常实现形式为轮式移动机器人（简称：轮式机器人），它可以在二维平面上提供可移动性。然而，根据操作环境的不同，其他类型的机器人也可以提供移动性。如足式机器人系统在不平或崎岖的地形下运行良好，飞行或水下机器人允许在具有完全不同特征的环境中操作。

控制这样的移动操作臂需要对子系统进行控制。操作臂的控制问题在前面的章节中进行了解释和讨论。第 1 卷第 8 章和第 9 章详细介绍了各种移动平台的建模和控制。在本卷第 5 篇的第48~52 章中，我们将讨论移动操作中的独特控制问题，当操作臂和移动平台同时操作时会出现这些问题。

移动操作臂的控制还必须解决我们最初提出的三个挑战：高维性、不确定性和任务多样性。移动操作臂的实现首先是为了给操作臂提供可移动性。主要目的之一是增加机器人的操作工作空间（图 40.3）。这个移动平台通过提供可移动性，自然为系统增加了更多的自由度。附加的自由度增加了控制问题的维数。机器人成为一个冗余系统，因为指定给机器人的任务仍然是相同的，而总体自由度增加了。也就是说，可以执行同一任务的位形数量是无限的。

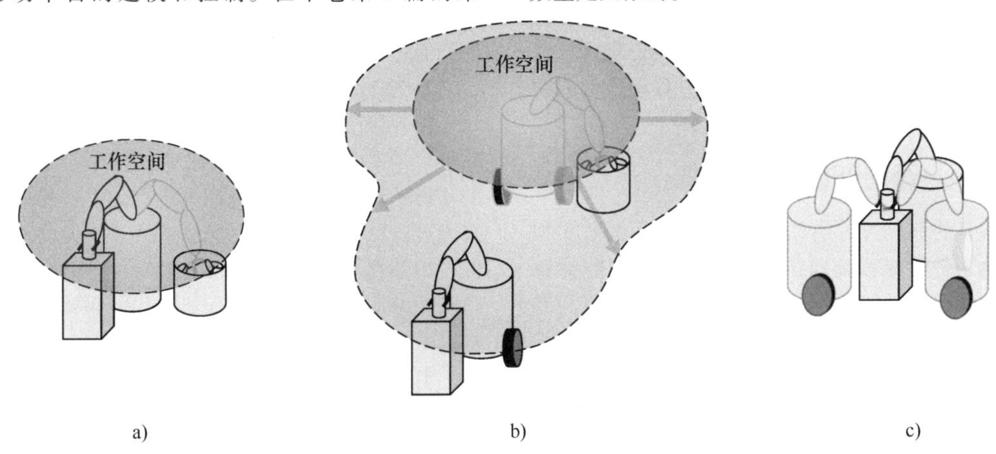

图 40.3 逐渐增加工作空间和冗余的移动操作臂

a）固定机械上的操作臂 b）增加的移动操作臂的工作空间 c）由于增加了移动性而产生的冗余度

其次，由于移动平台的存在，使得移动操作臂控制中的不确定性变得更加严重。与操作臂控制相比，控制移动平台的不确定性更大。不确定性较大的原因是有关作业环境（如地面和水下）的信息或模型不完善。此外，只有内部传感器的移动平台无法获得完美的状态信息，因为漂移会增加移动时的不确定性。然而，移动操作臂需要解决与静止操作臂相同的操作任务。它们必须克服这种不确定性才能可靠地运作。

第三，移动平台的可变性取决于操作环境，尽管高维性和不确定性是各种移动平台的共同影响因素。由于不同的移动平台而产生的不同问题也将在本章讨论。

40.2.1　问题描述

移动操作臂的控制必须同时提供操作性和移动性的能力。通常情况下，这两个是完全分开处理的。机器人通过移动平台移动到某个位置。然后，操作臂在不移动平台的情况下执行特定任务。在这种方法中，移动平台将操作臂视为静态载荷。然后将移动平台视为操作臂的固定基座。除非操作臂或移动平台无法稳定地保持其位置，否则实现这种方法没有大的困难。

本章讨论的主要问题是当操作臂和移动平台同时工作时出现的。虽然前面提到的分别控制操作臂和移动平台的方法增加了机器人的工作空间，但它并没有充分利用移动平台的功能。相反，当操作臂操作，而移动平台协调移动时，移动操作臂的优势可以最大化。这种操作不仅会减少总的工作时间，而且会增加任务的可变性。

因此在本章中，我们将讨论如何通过同时操作两个子系统来控制移动操作臂。在此操作过程中，由于移动平台增加了自由度（DOF），整个系统变得冗余。如何利用这种增加的自由度是移动操作中的一个重要问题。其次，由于移动平台的不确定性增加，需要比仅针对操作臂的控制策略更具鲁棒性的控制策略。最后，将讨论不同类型移动平台的各种问题。

40.2.2　对最新技术的评估

最早的移动操作臂是作为轮式机器人来实现的，轮子仍然是最流行的工具，使操作臂能够移动。轮式移动操作臂所涉及的大部分问题可以与其他类型的移动平台共享。因此，我们在本章中开始讨论轮式移动平台，然后讨论其他类型移动平台的特定问题。

1. 冗余求解与控制

控制移动操作臂的主要问题之一是如何利用附加的自由度以稳定的方式执行操作任务。早期的研究[40.39]调查了如何获得逆运动学问题的解决方案，以防止机器人翻倒。

其他方法利用增加的自由度来避免障碍、增加可操作性、处理奇异点或实现较低优先级的任务。在参考文献［40.40］中，定义了使操作臂可操作性最大化的优选区域，并将非完整移动平台控制在该区域内。优选区域的相同概念也适用于移动操作臂的力控制[40.41]。这些方法是与操作器和基座运动协调，但分别控制子系统的方法的典型示例。

移动操作臂的冗余允许同时处理多个任务。在位形方法[40.42,43]中，附加任务或规范被定义为与末端执行器同时控制。为了在线获得解，在参考文献［40.44］中提出了加权阻尼最小二乘法。在参考文献［40.45］中，位形方法被进一步发展用于完整和非完整约束。

在参考文献［40.46］中，通过将操作空间控制框架应用于移动操作臂，实现了对手臂和完整基座的统一控制。手臂和基座的协调可以在任务控制的零空间中实现，不影响末端执行器的控制。后来，在参考文献［40.47］中，这种方法被扩展到处理非完整基座。它利用具有非完整约束系统的完整模型，为整个系统设计了一个统一的控制器。冗余用于处理内部和外部约束。另一种基于模型的控制是在参考文献［40.48］中推导的，适用于类似汽车和差速驱动的系统。

类似地，在参考文献［40.49］中提出了一种利用冗余避免奇异性和最大化可操作性的方法，使用基于事件的规划器和非线性反馈控制器以及机器人的动力学模型。

从以上文献可以看出，移动操作臂的冗余度分解问题通常是作为冗余系统控制的一个扩展来处理的，但是这是在非完整约束的特殊情况下。

2. 移动平台导致的不确定性

控制移动操作臂时出现的另一个主要问题是移动平台带来的额外不确定性。这是因为真实环境中的移动平台是在非理想地面上运动的，虽然对导航来说可以忽略不计，但对操作造成了很大的不确定性。20世纪90年代早期的工作[40.50]研究了当基座受到地面条件的干扰时，如何控制操作臂。假设是扰动未知，而只考虑旋转运动。

另外，基于模型的方法并不总是适用于移动操作臂的控制，因为移动平台的精确模型比操作臂的模型更难获得。参考文献［40.51］提出了扩展的雅可比转置算法，用于控制操作臂克服由于未建模车辆动力学引起的末端执行器误差或不稳定性。类似地，由于相互作用的精确建模是困难的，分散控制在参考文献［40.52］中被提出。将各系统的相互作用力视为未知扰动。

在参考文献［40.53］中，控制系统分为移动平台和操作臂，每个系统采用两个低级控制器进行控制。将机器人控制中的运动相互作用力建模为未知扰动，并设计了一种自适应控制器来处理这种干扰。冗余分解方案避免了奇异性。另一方面，参考文献［40.54］研究了操作臂与轮式机器人之间的动态相互作用对末端执行器任务性能的影响。

在另一方面，有一些方法没有对每个系统的交互或动力学特性进行建模。参考文献［40.55］提出了一种鲁棒阻尼控制器，主要用于受运动学约束但不知晓任何动力学参数的运动控制。

在此基础上，提出了基于神经网络的控制方法。在参考文献［40.56］中，针对一个动力学模型未知、扰动未知的移动操作臂，提出了一种基于神经网络的关节空间控制方法。分别将两种神经网络控制器应用于操作臂和车辆。本文将加权自适应径向基函数网络应用于[40.57]非线性动力学的在线估计。该算法应用于移动平台上的双连杆操作臂仿真。参考文献［40.58］中，针对完整和非完整约束移动操作臂，提出了自适应鲁棒运动/力控制。它保证了动力学参数和扰动不确定性时跟踪误差的稳定性和有界性。

将滑模控制和自适应神经网络控制相结合，在参考文献［40.59］中对此进行了研究。将多层感知器应用于估计作为一个系统的动态模型，并在任务空间控制中设计了自适应控制。在参考文献［40.60］中提出了一种基于神经网络的全方位轮式移动操作臂滑模控制方法。

3. 各类移动平台的控制问题

尽管轮式移动平台是最通用的提供移动性的平台类型之一，但是使用其他类型平台的趋势越来越大（图 40.4）。像人和四足动物这样的足式运动系统正在变得流行起来。这些系统有趣的新方面是，运动平台可以积极参与操作。也就是说，类人系统的腿部结构不仅可以提供运动，还可以协助操作。尤其是通过使用全身控制框架[40.61-64]实现了这一点。该控制框架将机器人系统视为一个整体，利用所有关节进行操作和运动。这在足式机器人中尤其合理，因为移动平台和操作臂使用相同类型的驱动器。其他平台对基座和操作臂则使用不同类型的驱动。

此外，四足机器人，如美国国家航空航天局（NASA）喷气推进实验室（JPL）的 Robosimian 利用腿部来增加工作空间和操作的灵活性。与轮式移动平台相比，足式系统具有更强的操作能力，因为足式系统能够提供基础部件的全三维运动，使得操作部件具有更大的操作能力。参考文献［40.65］还将全身控制框架应用于四足机器人。在该系统中，机器人还没有操作臂，但控制框架可以在需要时支持操作臂的操作控制。

在水下工作的移动操作臂也越来越普遍。与轮式移动平台的主要区别在于运动过程中水动力的影响。参考文献［40.66］提出了一种有效的水下移动操作臂动力学仿真算法，可以对各种水动力进行建模和综合。在参考文献［40.67］中，对操作臂和移动平台之间的流体动力效应进行了建模和补偿。试验结果提高了机器人和移动平台的控制性能。水下移动操作臂的建模采用了参考文献［40.68］中的凯恩方法，该方法还包含了主要的水动力，如附加质量、表面阻力、流体加速度和浮力。

水下移动操作臂也有冗余自由度。在参考文献［40.69］中，利用水下机器人产生的冗余来完成次要任务，如减少能源消耗和最大化灵活性，同时在末端执行器执行主要任务。为此，采用了任务优先级冗余解析技术。在参考文献［40.70］的冗余解析解中，恢复力矩被最小化，从而提高了协调运动控制的性能。

图 40.4　各种环境下的移动机械手

与其他移动平台类似，水下机器人的不确定性是其主要难点之一。为了解决这个问题，在参考文献［40.71］中提出了一种自适应控制方法，该方法在移动平台和环境中存在不确定性时具有鲁棒性。参考文献［40.72］中针对水动力效应提出了一种迭代学习算法。参考文献［40.73］中提出了一种自适应跟踪控制方法，它保持了基于模型控制的优点，具有模块化结构。在参考文献［40.74］中，观测器-控制器策略解决了获得精确速度测量信息的困难。这显著改善了由噪声和量化引起的输出执行器的抖动。

近年来，空中移动操作的研究十分活跃。空中移动操作在另一个意义上具有不同的特点：稳定性和承载能力。在空中移动操作中，操作臂的动力学或与环境的相互作用会产生稳定性问题。此外，由于高空平台提供的提升能力，相互作用力和载荷受到限制。

参考文献［40.75］中开发了一种具有三个2自由度臂的空中移动操作臂系统，建立了操作臂与四旋翼飞行器之间的相互作用模型，以补偿飞行和操作过程中的反作用力和力矩，实现稳定飞行。

参考文献［40.76，77］中实现了笛卡儿阻抗控制，参考文献［40.76］中由于飞行器增加了自由度而产生的任务冗余用于次要任务。参考文献［40.78］提出了四旋翼飞行器的混合力和运动控制。将四旋翼飞行器的动力学转化到旋翼位置，并分解为与接触面相关的切向和法向。在此基础上，设计了一个稳定控制器，实现了运动和力的混合控制。

40.2.3　移动操作中的控制问题

移动操作臂的控制是移动操作臂概念提出以来研究最多的课题之一。尽管本章到目前为止讨论的问题仍然非常重要，需要进一步研究，但与人类和环境的交互作用是另一个重要方面，以使移动操作臂能够进入我们的日常生活。在这方面，移动操作臂末端执行器的力控制已在参考文献［40.79，80］中进行了研究。参考文献［40.81］研究了非完整移动操作臂的接触过渡问题。参考文献［40.82］提出了一种控制策略来处理移动操作臂上的冲击接触力。

另一方面，柔性驱动器如串联弹性驱动器（SEA）和变刚度驱动器（VSA）的应用将越来越广泛。第1卷第21章系统介绍了柔性驱动机构。SEA的开发是为了安全和能效，同时兼顾精确控制。VSA可以通过附加驱动来改变刚度，从而克服SEA的缺点。

尽管实现这些驱动器在硬件和算法方面都很复杂，但由于对安全的机器人-人或机器人-环境交互的需求越来越高，它们有望得到更多的应用。柔性驱动器在移动操作臂中的应用，除了对操作臂本身的精度提出要求外，还将对操作臂的不确定性和稳定性等控制问题提出新的挑战。关节上的柔性将为操作器提供更大的不确定性。这种不确定性不仅影响操作臂的控制，而且影响移动平台的控制。对移动平台的影响除了控制精度外，还有稳定性问题。然而，软/柔性驱动器的引入将是未来移动操作中实现安全交互的重要方向之一。

40.3　运动生成

机器人运动生成方法是机器人学的基础。本书对这些问题进行了广泛的讨论（见第1卷第7、8章以及本卷第5篇全部）。与本章前面的章节一样，我们将在移动操作的背景下考虑运动生成的最新技术。我们将确定目前尚未完全解决的移动操作中的运动方面的问题，并推测如何弥补这些差距。

在移动操作的背景下，机器人的运动带来了诸多挑战，这些挑战与本章引言中所述的挑战有关。能够执行各种任务的机器人系统必须具备多种运动能力。这通常是通过大量的自由度来实现的，这会导致高维度的运动生成问题。例如，仿人机器人Justin拥有58个自由度；最新版本的Honda ASIMO有57个自由度。除了相关位形空间的高维性之外，不确定性在生成机器人运动时也是一个主要的挑战。对于移动操作的应用程序，我们不能简单地假设一个精确和完整的环境模型在任何时候都是可用的。因此，运动的生成必须考虑机器人在环境模型中存在的不确定性。此外，假设整个周围环境都能同时被感知是不现实的。这意味着机器人的环境模型总是局部的，并且在重要的方面可能是错误的。所有这一切都是由于机器人传感器和驱动器本身容易出现不确定性。因此，移动操作中的运动生成容易受到两个问题的影响：高维性和不确定性。

在这一节中，我们将研究运动生成的主要研究分支，并分析它们在多大程度上准备好应对操作中的运动生成的挑战。当然，在此之前，我们必须讨论这些挑战究竟是什么。

40.3.1　问题描述

在移动操作的背景下，对机器人运动有什么要求？就像在经典的运动规划问题中，机器人必须能够从一个地方移动到另一个地方。这需要有关机器人空间范围和由此产生的全局连通性的信息。第 1 卷第 7 章对解决机器人运动最基本要求的算法进行了广泛的讨论。

除了全局性、目标导向的运动外，移动操作臂还必须能够在运动过程中保持任务约束，如直立握持一杯水、在检查任务中指向相机，或在协同操作期间与另一个机器人协调运动。同时，它必须能够对环境中无法预见的变化迅速做出反应；全局运动规划可能不够快，因此必须补充此功能以避免反应性障碍。

在执行此任务时，移动操作臂的安全和高效的运动也可能取决于运动学、动力学或位姿约束。位姿约束可以用于执行额外的任务，或者简单地以最节能的姿势移动，以延长电池寿命。

最后，所有的运动要求（全局性、任务一致性、反应式、避免关节限制、位姿优化）必须在存在各种不确定性的情况下实现并保持。在移动操作中，环境模型总是存在不确定性，甚至可能是不完整的或存在部分错误的；在不了解机器人的情况下，环境模型可能会发生变化。当然，在感知方面也存在不确定性，影响机器人对自身状态的了解或预测其行动结果的能力。

正如我们将看到的，目前大多数现有的关于运动生成的研究领域不能同时满足上述所有要求。此外，这些运动要求还需要传感能力。因此，很难独立于感知和预测来处理移动操作的运动生成。

40.3.2 对最新技术的评估

基于采样的运动规划是机器人运动规划的事实标准，第 1 卷第 7 章中详细描述了该领域的最新技术。这里，我们想展示一些扩展标准方法的工作，例如概率路线图（PRM）和快速探索随机树（RRT），以解决移动操作的一些运动需求。

1. 运动规划

当机器人通过拾取和放置物体来操纵时，被设计用来解释位形空间变化的运动规划器可能会将它们交给另一个机器人来完成运动任务[40.83]。这使得在非常紧密的环境中重复到达和抓取的复杂路径序列能够实现规划目标。

其他规划器支持全局运动与任务约束的结合[40.84,85]。由此产生的规划器生成全局目标定向运动，同时保持机器人末端执行器的任务约束。例如，这使得能够在保持末端执行器的固定姿态的同时，实现无碰撞运动。这是通过在位形空间中识别低维的、任务一致性流形，并将可能的运动限制在这些流形中来实现的。这通常是通过对采样位形的迭代优化来实现的，增加了全局运动规划的计算复杂性。

规划器还能够设计出符合动力学约束和机器人平台驱动极限的全局运动。例如，动力学规划解决了非完整性或机器人动力学施加的约束问题[40.86]。当机器人无法在手臂完全伸展的情况下举起重物时，驱动限制变得非常重要。在这种情况下，规划器可以生成一个运动，使物体更靠近工作区的某个区域，在该区域中，机器人运动学的机械优势能够实现所需的运动目标[40.87]。

全局运动规划计算量很大。因此，它一般不能以高速率运行，也不能满足被动避障的运动要求。当然，在理想情况下，我们可以在高频下确定一个全局运动规划；然后规划器将能够满足全局和反应运动的要求。为了克服可证明的规划计算复杂性，必须采用近似算法。换言之，人们必须用完整性换取计算效率。虽然实现这一点的方法可能有很多，这可能是未来研究的主题，但文献中提出的一种可能性是探索与开发的平衡[40.88]。通过将对运动规划器的探索替换为对那些包含有用信息的位形空间区域的开发，有可能将规划速度提高一个数量级以上。

本节中所有运动规划方法的共同点是它们忽略了不确定性。它们假设一个完美的几何环境模型和完美的执行能力。这些假设通常不适用于移动操作。因此，很难扩展传统的运动规划方法以解决上述的整个运动范围需求。

关于移动操作的运动生成的更多信息（特别是在仿人机器人的背景下）已经收集在一个特别的文献[40.89]中。

2. 反馈运动规划

反馈运动规划[40.86,90]解决了一种特殊类型的不确定性：驱动不确定性。由于这种不确定性，机器人最终可能会处于与预期不同的状态。因此，一个适当的规划必须包含在机器人最终可能进入的每种位形中要采取的正确行动。这样的规划称为导航函数。给定这样的导航函数，机器人可以执行马尔可夫梯度下降法，直到达到目标。反馈运动规划也假设对环境有一个完美的了解。处理驱动不确定性的能力需要大量的计算成本。不必计算单个路径，而是必须确定所有路径的隐式表示。

3. 轨迹修正

运动规划与控制方法之间有着很好的互补性。前者擅长于解决全局运动约束，但后者擅长于反应行为，包括障碍物的规避、力控制、任务约束的保持等，如果两者的优势能够结合起来，将在移动操作的运动生成方面取得重大进展。

实现此目标的最简单方法是通过连续调用：首先确定与全局运动需求一致的路径，然后将控制方法应用到整个路径，以响应环境或任务约束的变化，并不断优化。之后，将控制应用于整个路径或轨迹，而不是单个机器人位形，称为增量轨迹修正。

该类方法都通过梯度下降法对函数进行优化，编码轨迹的各种理想性质。最早的方法，称为弹性带[40.91]，将障碍物的排斥力和吸引的内力应用到位形空间轨迹的离散化，从而导致一种让人联想到弹性材料的行为。该方法在弹性条框架[40.92]中得到了推广，将这些力直接应用于机器人沿其位形空间轨迹所扫过的体积离散化。接近障碍物会使轨迹变形；当障碍物退后，轨迹会被内力缩短。

与弹性带法和弹性条法计算的局部反作用力不同，其他方法根据各种最优性准则对轨迹进行全局优化。这个优化问题可以转化为近似概率推理[40.93]，然后使用消息传递算法来寻找给定目标的最大似然轨迹。或者，可以使用哈密顿蒙特卡罗算法[40.94]来解决优化问题，其中协变函数梯度下降技术执行局部优化。这种方法的随机变化似乎能够更好地处理局部极小值[40.95]。

尽管轨迹修正方法通常被称为运动规划方法，但轨迹修正方法并不执行全局规划。轨迹修正方法已经被证明在许多真实场景中工作得很好，但当梯度信息不足以找到解决方案时，它们可能会失效。因此，轨迹修正可以作为运动生成的一个强有力的组成部分，但不能满足移动操作中运动生成的所有要求。

4. 规划控制一体化

传统上，全局运动规划产生路径或轨迹，然后传递给机器人执行。在执行时，可以修改这些轨迹，如通过本节前文中描述的方法。然而令人吃惊的是，规划器需要确定从起点到目标的整个轨迹，因为它们很清楚地知道，在动态环境中，由于障碍物的运动，大多数轨迹会在几秒钟内失效。

为了充分利用本节前文提到的全局规划和控制的互补性，可能有必要改变这两个领域之间的界限。这意味着，全局运动规划不需要计算一个详细的轨迹，只需要提供尽可能多的信息来避免控制过程中的局部极小值。这就产生了对局部控制器排序的想法，可以将其可视化为漏斗，这样就可以实现全局运动任务规划[40.96]。参考图40.5，每个控制器可被视为位形空间区域的局部平面（在图像中，位形空间是设想的平面，漏斗布置在其上方）。每个漏斗都有一个出口（控制器的聚合状态），通向下一个漏斗的开口。这些漏斗的排列代表鲁棒性强的运动规划，因为每个漏斗（控制器）固有地拒绝不确定性。

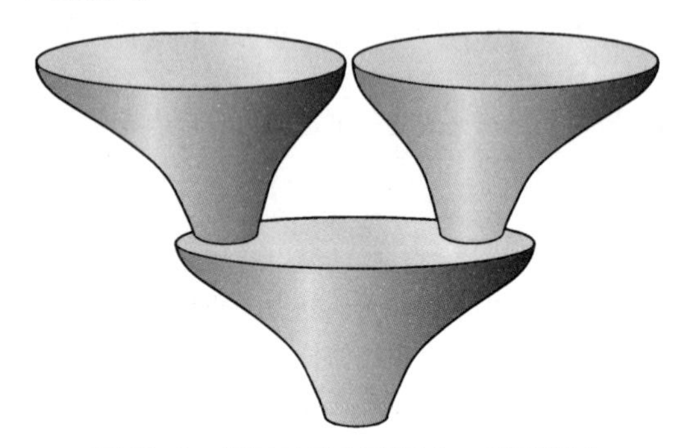

图40.5　将运动规划表示为一系列漏斗

弹性路线图方法实现了规划和控制之间边界的这种转变[40.97]。它将全局规划与轨迹修正相结合，产生一种能够生成全局的、任务一致的、反应式的、尊重约束的运动生成方法。然而，它是通过交换完整性换取计算效率来实现的。虽然这种方法在实践中效果很好，但无法保证性能。而且，这种方法不能解决不确定性问题；它仍然假定环境及其变化是已知的。

5. 关于不确定性的推断

部分可观测马尔可夫决策过程（POMDP）是一个通用框架，主要用于对在不确定（不完全已知）状态之间执行不确定转换（不确定结果）行为的问题进行建模（见第1卷第15章）。POMDP是一种非常通用的方法，可以很容易地描述移动操作中的运动规划问题。它们在通用性和表达能力上存在的一个缺点是寻找精确解的计算复杂性，这通常是难以解决的。为了克服这个问题，必须采用近似法。

基于点的POMDP解算器[40.98]为机器人状态不确定性的情况提供了有效的近似方案。基于点的解算器的关键思想是只对解空间的一部分进行采样，避免不太可能包含解的区域[40.99]。这些方法有效地利用了有关特定问题的额外知识来指导解决方案的搜索。

在运动生成的背景下，由基于采样的传统运动规划器生成的路线图可以为寻找特定运动规划问题的解决方案[40.100,101]或给定环境中的任何运动规划查询[40.4]提供此类知识。

考虑到机器人状态和环境模型的不确定性，使得问题变得更加困难。这里也需要近似环境的状态空间，从而得到相应状态空间的离散近似[40.102,103]。

尽管目前提到的所有方法都成功地解决了不确定性问题，但它们的计算复杂性使它们无法反应。这意味着所有关于环境的初始假设，包括关于不确定性分布的假设（编码在 POMDP 中），必须是正确的，并且在整个运动过程中保持正确。在移动操作的背景下，很难认为最初的假设也是正确的。

如果一个机器人不想依赖于关于不确定性的固定假设，如在状态转移函数中，则它必须依赖于感知。例如，机器人可能能够很好地减少自身状态的不确定性，从而避免对这种不确定性进行推理。但这本身就是一个非常有力的假设。通过做出这样强有力的假设，有可能以一种有意义的方式来降低解决不确定性的复杂度，从而有更多时间来解决移动操作背景下的不确定性[40.104]。虽然这种方法实现了反应性、任务一致性，并且能够解决其他约束，但它是不完整的，不能保证其性能。

40.3.3 移动操作中的运动生成问题

文献中包含了许多强大的技术工具和概念方法，这些工具和方法在运动生成方面被证明是有效的：基于采样的运动规划器、反馈规划、增量轨迹修改优化、控制器排序、规划和控制之间的边界转移，基于 POMDP 的运动规划问题形式化的近似解。使用假设来提高计算效率毫无疑问是所有这些问题的固有特点，因为即使是简单的运动规划问题也已经具备多项式空间复杂性类（PSPACE）完全性。

对于上述移动操作中的每个运动要求，当单独考虑时，存在一个适当的解决方案。但没有一种方法或途径能够以连贯的方式处理所有这些问题，并具有可表征的性能。然而，在实践中，许多有趣的移动操作应用程序都具有运动生成功能。

关于本章引言中列出的目标，这一讨论表明，所有方法仍然依赖于对环境的详细的事先了解。在移动操作的背景下，这些先验知识很难获得。例如，在全局范围内不可能获得精确的环境几何模型。即使它们是可以实现的，它们也很可能很快就会过时，并且需要不断更新。对于任意运动问题，要获得足够的不确定性特征可能更加困难。

针对这些困难，将真实感知与运动生成紧密结合将成为一个非常活跃的研究领域。这种感知必须用来减轻对先前环境模型的需求。这一发展可能与规划和控制之间的边界转移并行，只是这一次是规划和感知之间的边界转移。与其在非常详细和包罗万象的环境模型上进行规划，不如在一个粗略和近似的环境中进行规划，让感知来填充相关的细节。

40.4 机器学习

我们提到高维性、不确定性和任务多样性是离开结构化实验室环境的机器人系统面临的核心挑战。机器学习是机器人在处理非结构化环境中的任务变化的核心方法。

机器学习的主题与本节讨论的所有其他主题是相关的：机器学习方法成功地应用于抓取和操作、移动性、控制、运动生成和感知。我们将在下面重点介绍这些领域的代表性方法，但首先我们要概括性地讨论机器学习和机器人学领域之间的关系。

一个核心问题是现有的机器学习方法是否可以在不需要修改的情况下应用于机器人领域，或者是否在机器人学习的背景下提出了真正新颖的问题，这些问题必然超越了核心的机器学习研究。这从根本上讲是一个问题：是否有一个通用的先验知识？

按照贝叶斯观点，机器学习意味着计算后验概率：

$$P(M \mid D)=\frac{P(D \mid M)P(M)}{P(D)} \tag{40.1}$$

类似的讨论涉及对假设空间的选择和正则化。但为了简单起见，我们将贝叶斯观点作为参考。机器学习领域在两个方面取得了巨大的进步：第一，它开发了一套快速增长的通用和基本的建模工具，用于学习问题的公式化，包括标准参数和非参数模型、图形模型、无限（层次 Dirichlet 过程）模型，概率与一阶逻辑、随机集模型等相结合的模型。

第二，该领域发展了一整套解决学习问题的方法。如计算后验或优化判别模型，包括广泛的概率推理方法，并利用与（约束）优化领域的紧密关系。

有了这些建模形式和计算方法，还剩下什么问题？有趣的是，一个核心问题仍然是对先验概率 $P(M)$ 或假设空间本身的具体说明。一个例子是当前对深度表征的研究：Weston 等[40.105]认为，深度学习可以简单地理解为中间表征的一种正则化形式，包括自动编码器作为特例，但将其推广到嵌入的任意选择。在贝叶斯学习方法中，这种正则化与模型的选择是一对一的。大多数（非深度）回归和分类模型在某些特征上是线性的（我们这里包括Hilbert空间特征）。正则化通常是通用的：$L2$或$L1$在各自的参数上。因此，模型的先验概率主要取决于特征的选择。

研究人员普遍认为，机器学习的一个核心挑战在于先验概率$P(M)$即分别是特征的选择[40.106,107]。然而，关于权利优先权的问题真的是一个机器学习问题吗？换言之，是否存在一个通用先验概率可能在任何领域表现良好，或是在一个很好的选择先验概率固有领域，需要特别的知识？

与这个问题相关的是学习经验知识或学习正确的特征。当然，从严格意义上讲，经验知识不能是基于数据的。在讨论特征的学习时，人们通常假定一个超优先级表示一类潜在的特征。然而，是否存在允许系统学习适用于任何领域的任意特征的超优先级是值得怀疑的。经验知识的某些方面似乎是通用的，并在机器学习中被广泛讨论：$L1$或$L2$正则化以加强稀疏性和惩罚复杂性；度量或拓扑嵌入，以加强内部（深层）表示中信息的保存。然而，在机器人专家看来，现实领域中合适特征的结构复杂性似乎超出了这些通用属性。

因此，机器人学中学习方法的成功通常依赖于一种有见地的方法，即使用机器学习形式和良好的特征选择来建模问题。两者都依赖于机器人专家的专业知识和他对真实环境领域中适当的经验知识的理解，这与一般机器学习和经验知识可以应用于机器人操作中的学习的观点形成对比。

40.4.1 问题描述

也许机器学习取得巨大成功的一个原因是，与机器人学相比，机器学习的问题很容易被严格定义。在大多数情况下，学习问题定义为最小化损失或风险（通常使用交叉验证近似）、计算后验概率或最大化预期收益。特征和超参数选择包含在这些目标中。

为了使这一点更具体，我们选择了一种具体的机器学习方法：条件随机场（CRF）[40.108]。CRF已经成为解决许多学习问题的默认起点，特别是在机器人领域。CRF是建模问题的一种非常通用的方法（我们将在下面简要讨论），因此应该成为机器人专家的标准工具。

CRF也可以称为条件图形模型或条件因子图。它描述了坐标y上的结构化概率分布，其中定义此分布的因素还依赖于某些输入x。以下总结了CRF的要点：

1）我们考虑输出变量$y=(y_1,\cdots,y_l)$和输入变量x。CRF由x和y上的联合函数定义：

$$f(x,y)=\sum_{j=1}^{k}\phi_j(x,y_{\partial_j})\beta_j=\phi(x,y)^{\mathrm{T}}\beta \tag{40.2}$$

设定的输出量为

$$y^*(x)=\operatorname{argmax}_y f(x,y) \tag{40.3}$$

每个元素$\phi_j(x,y_{\partial_j})$由变量子集$y_{\partial_j}(\partial_j\subseteq\{1,\cdots,l\})$确定。函数$f$又被称为能量辨别函数。CRF还可以基于概率解释或铰链损失进行训练。

2）在概率解释[40.108]中，CRF定义了y上的条件概率分布：

$$p(y\mid x)=\frac{\mathrm{e}^{f(x,y)}}{\sum_{y'}\mathrm{e}^{f(x,y')}}=\mathrm{e}^{f(x,y)-Z(x,\beta)} \tag{40.4}$$

$$=\mathrm{e}^{-Z(x,\beta)}\prod_{j=1}^{k}\mathrm{e}^{\phi_j(x,y_{\partial_j})\beta_j} \tag{40.5}$$

这是f的玻尔兹曼分布和对数分配函数：

$$Z(x,\beta)=\ln\sum_{y'}\mathrm{e}^{f(x,y')}$$

通过最小化确保条件规范化：

$$\beta^*=\operatorname{argmin}_\beta L(D,\beta)+\lambda\|\beta\| \tag{40.6}$$

式中，第二项是一个L_2(Ridge)或L_1(Lasso)的规范化，数组$D=\{(x_i,y_i)\}_{i=1}^N$则是第一个负对数似然数组。通过牛顿法，可以借助下式梯度和Hessian项找到函数最优值：

$$L(D,\beta)=-\sum_i \ln p(y_i\mid x_i)=-\sum_i[\phi(x,y)^{\mathrm{T}}\beta-Z(x_i,\beta)] \tag{40.7}$$

$$\nabla_\beta Z(x,\beta)=\sum_y p(y\mid x)\phi(x,y) \tag{40.8}$$

$$\nabla_\beta^2 Z(x,\beta)=\sum_y p(y\mid x)\phi(x,y)\phi(x,y)^{\mathrm{T}}-\nabla_\beta Z[\nabla_\beta Z]^{\mathrm{T}} \tag{40.9}$$

对于所有的x_i，计算$p(y\mid x_i)$是对最大期望值E的近似；每次牛顿迭代的β参数更新类似于M。对于任意结构，Hessian项$\sum_y p(y\mid x)\phi(x,y)\phi(x,y)^{\mathrm{T}}$可能无法做到精确计算，但近似于Hessian项的牛顿法仍然可能比基于梯度的方法高效许多。

3）在特别解释的参考文献［40.109］中，CRF通过最小化铰链损失进行训练：

$$\min_{\beta,\xi}\beta^2+C\sum_{i=1}^{n}\xi_i$$

$$\forall_{y\neq y_i}:f(x_i,y_i)-f(x_i,y)\geqslant 1-\xi_i,\xi_i\geqslant 1 \tag{40.10}$$

40

在参考文献［40.109］中提到使用感知器或线性规划方法，类似于支持向量机（SVM）如何使用它们，这种方法也称为结构化输出 SVM。

4）核心化对这两种类型的训练都很有效。此外概率解释中提到，Ridge 正则化可以被高阶 $P(\beta)=\mathrm{N}(\beta \mid 0,\sigma^2/\lambda)$ 项所代替，而完全贝叶斯预测后验式 $P(y \mid x,D)$ 可以（作为贝叶斯 Ridge 回归和高斯方程）被计算。

5）CRF 是一种非常通用的学习工具。我们列出了几个特殊情况，其涉及特殊情况输入和输出空间、概率或铰链损失训练、核化、贝叶斯化，当然还有特征的选择（解释如下）：

$\mathrm{SVM}=\mathrm{CRF}(\mathrm{kernel},\mathrm{hinge},y\in\{0,1\},\phi_C)$

逻辑回归 $=\mathrm{CRF}(\mathrm{prob},y\in\{0,1\},\phi_C)$；

高斯方程（GP）$=\mathrm{CRF}(\mathrm{prob},\mathrm{bayes},\mathrm{kernel},y\in\mathrm{R},\phi_R)$；

GP 分类守则 $=\mathrm{CRF}(\mathrm{prob},\mathrm{bayes},\mathrm{kernel},y\in\{0,1\},\phi_C)$；

因子图（MRE）$=\mathrm{CRF}(\mathrm{prob},x=\varnothing)$；

隐式马尔可夫模型（HMM）$=\mathrm{CRF}(\mathrm{prob},y=(y_1,\cdots,y_t),\{\phi_t\})$；

Ridge 回归 $=\mathrm{CRF}$（prob，$y\in\mathrm{R}$，ϕ_R）；

6）对于多重分类、马尔可夫链（如 HMM）和回归的特殊情况，我们给出了三个特征示例。对于三类，我们选择：

$$\phi_C(y,x)=\begin{pmatrix}[y=1]\phi(x)\\ [y=2]\phi(x)\\ [y=3]\phi(x)\end{pmatrix}\in\mathrm{R}^{3k}$$

式中，$y\in\{1,2,3\}$，$[expr.]\in\{0,1\}$ 是指示函数，$\phi(x)\in\mathrm{R}^k$ 是任意（如多项式）输入特征向量。指示器的作用是，对于每一个不同 β 元素定义有不同的函数 f。

对于马尔可夫链 $y=(y_1,\cdots,y_T)$ 的二进制 y_t，可选择

$$\phi_t(y_{t+1},y_t,x)=\begin{pmatrix}[y_t=0\wedge y_{t+1}=0]\\ [y_t=0\wedge y_{t+1}=1]\\ [y_t=1\wedge y_{t+1}=0]\\ [y_t=1\wedge y_{t+1}=1]\\ [y_t=1]\phi_t(x)\end{pmatrix}\in\mathrm{R}^{4+k}$$

来确定 $\beta_{1:4}$ 的转移概率，$\beta_{5:5+k-1}$ 对输入特征 y_t 的 $\phi_t(x)\in\mathrm{R}^k$ 逻辑回归中起着相同的作用。如果 $x=(x_1,\cdots,x_T)$ 也是一个时间序列且我们选择仅依赖于 x_t 的输入特性 $\phi_t(x)=\phi_t(x_t)$，那么就是 HMM。马尔可夫链 CRF 在 HMM 上的最大优点是 $\phi_t(x)$ 可以依赖于任意 x 的整体。在（不寻常的）回归情况下，我们可以选择

$$\phi_R(y,x)=\begin{pmatrix}-\dfrac{1}{2}y^2/\sigma^2\\ \phi(x)y/\sigma^2\end{pmatrix}\in\mathrm{R}^{1+k}$$

从而导致 $y^*(x)=\phi(x)^{\mathrm{T}}\beta$ 和 $p(y \mid x)=\mathrm{N}(y \mid y^*(x),\sigma^2)$ 函数独立于 x 和 β。因此，一个单独步骤的牛顿法导致众所周知的 Ridge 回归最优参数。GP 则是贝叶斯核的变种。

一个极端的特例是逻辑回归，其中图形模型只涉及一个二进制输出变量 y，其分布则取决于输入变量 x。另一方面，y 上的任何一种标准（非条件）图形模型也是 CRF 的一个极端特例，它不依赖于任何外部变量 x。条件马尔可夫链（例如，在语言学中）、马尔可夫随机场（在计算机视觉中）和许多其他模型都可以看作 CRF 的实例。

鉴于 CRF 的这个具体框架，从机器人学的角度来看，问题实质上变成了在 y 上提出一个适当的图形模型结构，并选择适当的特征 $\phi(x,y)$。这两个选择一起对应于上述假设空间或先验的选择。

40.4.2 对最新技术的评估

也许学习感知是机器人学中应用学习方法最多的领域。

1. 学习感知和场景理解

Saxena 等人通过开发一系列方法，非常成功地将 CRF 的一般框架应用于各种感知任务。在参考文献［40.110］中，他们训练 CRF 来预测二维视图的深度；参考文献［40.111］学习用 CRF 在二维视图中对抓取功能进行分类；参考文献［40.112］学习 CRF（或 SVM）对位置可给予性进行分类；参考文献［40.113］学习 CRF 标记，从而预测可能有威胁性的行动和动向。这些工作是当前机器学习感知方法的典范，但它们的成功也依赖于对问题形式化和特征的创造性选择。例如，我们在参考文献［40.111］中提到一些独特特征，这些特征被选为凹度和位置稳定性的指标，用于预测杯状位置。这种类型的特征能被更先进的机器学习方法自主发现吗？

此外，三维点云数据特征的定义对于基本的注册和分类问题也至关重要[40.114]。

关于我们对学习特征的讨论，在标准图像分类任务中，近来在使用通用（稀疏编码）经验学习方面取得了巨大成功[40.115]，该方法显著优于手工编码特征，如鲁棒特征（SURF）和定向特征直方图（HOG）的特征法。这样的学习特征对应于局部二维或三维外观模式（定义码本）；这种模式的直方图是图像分类的一个很好的基础。像上面提到

的那样，典型的二维CRF分类方法可以扩展到使用学习的局部特征。然而，这种一般学习的特征可能有局限性。例如，它们单纯地不尊重任何自然不变性（如仿射或照明不变性，这可以通过在数据集中人为地合并这样的不变性来解决）。仅使用稀疏编码经验知识，它们不太可能反映自然物理环境中更强的经验知识（如格式塔定律或刚体场景的运动学理解）。例如，用于位置预测的凹度特征似乎与这样的学习特征形成强烈对比。

在学习感知方面，现有的机器学习机制，包括新的特征学习方法已经取得了很大的成功。对于特定的移动操作任务（如可承受性预测），这通常依赖于精心选择的问题形式化。与下述主题一样，未来研究的一个核心问题是关于特征类和经验知识的新想法，这些概念是通用的，支持操作任务的特征学习，但包含比现有方法更强的物理环境经验知识。

2. 学习抓取

抓取能力是机器人操作的关键，因此学习抓取的方法需要特别注意。学习抓取至少从两个方面进行了论述。

首先，在感知方面，一些学者提出了直接对预测抓取的二维或三维外观模式进行分类的方法[40.111]。从积极角度来讲，这意味着一个非常密切的感知-动作周期；感知被直接转换到一个潜在的预抓取位置，而不需要估计物体的三维形状，甚至不需要物体和形状的概念。这些方法提供了一种潜在启示的概念图，例如，用于勘探或减少操作的选项数量。但它们缺乏抓取方法的通用性，这些方法考虑到了对物体施加某种力或运动的目标，但通常需要形状估计。

其次，关于抓取运动本身，一个基本的方法是采用策略搜索方法来改进抓取运动的参数动态运动原语（DMP）模型[40.116]。

3. 学习运动生成

关于控制的学习方法存在着大量的研究工作，如以系统识别的形式（基于模型和无模型）强化学习和示范学习。这超出了本章的范围。因此，在这里我们重点学习路径发现或轨迹规划的操作。

操作运动生成的一个核心问题是正确的任务空间问题。例如，Cakmak和Thomaz关于从人际交往中学习的研究[40.117]表明，实际的任务空间应该是交流的中心。在某种形式化中，运动任务空间的选择完全类似于机器学习中特征的选择：从几何问题设置到适当运动的映射可以形式化为CRF[40.118]，其中最优运动使罚函数（或负成本函数）最大化。通常，这样的罚函数是特征的平方和，其中每个特征捕获一些非线性任务空间中的误差。因此，找到合适的任务空间（运动的正确特征）的问题类似于机器学习中找到合适特征的问题。至于一般机器学习，其核心问题是，什么是一般类别的潜在特征（潜在任务空间），以及什么是该类别的可能先例。

Jetchev和Toussaint的任务空间检索（TRIC）方法[40.119]考虑了一组潜在的任务维度，这些维度涵盖物体的各种绝对和相对坐标，并在选择那些最能解释一组演示轨迹的特征之前使用套索（Lasso）。虽然该方法成功地提取了给定轨迹经过优化的地面真值任务空间，但该方法仍然受到允许特征的粗糙集的限制。物体中心的相对坐标不能表达更有意义和更具普遍性的概念。例如，将一个工件装配到另一个工件中。此外，操作运动的特征可能是指与接触点或其他环境约束的临时交互[40.120,121]。怎样可以跨越一个良好形式化的特征集？这应该是未来研究的主题，从而产生适当的经验性操作运动及其相应的优化方法。

以上讨论将运动视为由成本（或区别性）函数建模。这接近于由吸引子（Lyapunov函数或势）函数建模的运动视图；一个罚函数意味着这样一个潜在的形式的运行成本函数，并转移建模直接到成本函数，从而避免了优化步骤。其核心问题仍然没有改变，即找到合适的特征来建模。因此TRIC[40.119]实际上是建立在成本水平上的模型，而不是成本函数。

然而，这些关于运动建模的观点似乎发现与基于样本的路径方法正交，这是因为它们传统上只在位形空间中操作，并且采用可行/不可行和目标区域的离散概念。

4. 从范例中学习顺序操作

最近，机器学习也被应用于更高层次的顺序操作。Niekum等[40.122]提出了一个完整的系统来分析已演示的顺序操作，并以鲁棒方式在机器人上重现，包括在某些操作失败时搜索替代步骤的能力。与此同时，表示方法的选择是这种方法的核心：在参考文献［40.122］中，技能树被用来表示所学的策略。Alexandrova等[40.123]提出了一个明确的用户界面，允许演示者纠正机器人对任务的解释，例如，明确传达相关的任务空间，从而扩展了这种方法。

从结构上看，学习顺序操作是最有趣的研究挑战之一，因为它最终需要在所有层面上选择表征和先验，从感知和运动生成到行动和合作策略的更高层次表征。上述工作在示范学习方面迈出了第一步。但是，要使机器人能够自主地获得技能，使其能够像人类一样灵活地控制和操作环境状态，还需要做大量的研究。

40.4.3 移动操作中的学习

我们已经提出了这样一个问题：现有的机器学习方法是否可以在不需要修改的情况下应用于机器人领域，或者是否能在机器人学习的背景下提出真正新颖的问题，这些问题必然超越了机器学习的核心研究。第40.4.2节的论述给出了两个答案：第一，CRF等标准机器学习工具在移动操作领域得到了广泛而成功的应用，采用现成的算法进行训练。第二，第40.4.2节的论述表明，实际问题的关键在于学习问题本身的建模，特别是特征选择、所使用的正则化和所选择的输出结构。这些问题需要大量的相关领域专业知识。在某些情况下，特征学习或特征选择的现代方法确实是成功的——特别令人印象深刻的是训练感知特征的新颖稀疏编码原则[40.115]。然而，在许多情况下，移动操作的成功学习需要基于机器人专家的洞察力选择一个非常特定的特征空间（例如，TRIC中的潜在操作空间，或预测放置位置的形状凹度特征）。

如果我们对真实环境中的移动操作问题有一个更基本的理论，我们可以希望这样一个理论也能告诉我们什么是有前途的和具有一般性的特征空间以及在操作中学习的先验知识。

40.5 机器感知

对感知的需要是使操作问题具有高维性的主要原因之一。技术和生物制剂都拥有许多感知环境的传感器。例如，人类拥有大约3亿个神经末梢，这些神经末梢产生丰富的、连续不断的关于环境的信息流，这些信息经过预处理，最终进入大脑。移动操作也是如此：机器人配备多个相机并不少见，每个相机都有数百万像素，每个相机都有助于输入空间的高维性。

为了说明这一点：一个简单的、只有1000个像素的黑白（不是灰度）相机可以感知更多更清晰的图像（$2^{1000}\approx10^{310}$），比可观测宇宙中的原子数（约10^{80}）或比大爆炸以来的纳秒数（约4.354×10^{26}）还要多。即使宇宙中的每个原子，每纳秒都会产生一个这样的图像，所有可能的图像也不会在宇宙死亡时（10^{100}年后）产生。当然，生物制剂可以应付这种高维性，因为世界上有实质性的结构，例如，许多可能的图像根本不存在于自然界中，或者数据中的一些变化与当前任务无关，可以忽略。

在本节中，我们将讨论不同的成功方法来感知移动操作，这些方法利用了感知数据的这种结构。我们将主要关注视觉感知，反映正在进行的研究活动的重点。机器人学中的感知基础在本书的第3篇有详细介绍。第42章也包含了感知的相关方法。

40.5.1 问题描述

机器感知是描述感官数据以实现有效动作的过程。在机器人学的背景下，考虑目前的技术水平，这可能是机器感知问题最合适的定义，尽管它的定义非常广泛。它与心理学中最常用的定义有着适当的区别，因为感知到目标不仅是获得对环境的理解，而且是利用这种理解来实现任务导向的行为。事实上，这种修改可以被看作初始感知问题的简化，因为只有那些与特定行为相关的环境方面才能被感知。事实上，有证据表明，人类的感知系统确实存在这种限制，因此有时会导致奇怪的感知缺陷[40.124]。

在机器人学的背景下，最早的机器感知工作遵循了心理学家对感知的定义。它着重于利用视觉感知，从二维光学投影到相机传感器上，推导出被感知物体的精确三维模型[40.125]。然而，这个问题在数学上是不适用的（三维形状信息不能从它的二维投影中清晰地重建），而且，正如我们上面所讨论的，这也是高维性问题。因此，为了在移动操作的背景下实现鲁棒和适用性的感知，尝试降低感知的复杂性似乎是明智的，这进一步支持了机器人学背景下对感知的定义。

40.5.2 对最新技术的评估

我们在本节剩余部分讨论的大部分工作都将遵循第40.5.1节给出的机器人感知问题的特定观点。我们将首先调查在重建环境的三维几何模型方面取得的令人印象深刻的进展。我们这些方法是否适合移动操作中遇到的复杂和一般的操作任务只能在未来等待解答。接下来，我们将介绍可变方法。

1. 三维建图与定位技术

近年来，在稠密三维建图和视觉SLAM方面取得了显著的进展。稠密跟踪与建图（DTAM）[40.126]

的起源导致了像大规模直接单目同步定位与建图（LSDSLAM）[40.127]这样的系统可以在不使用GPU的情况下，从单目视频中高效而可靠地实时估计三维环境模型。

2. 高效稠密多分辨率建图

最常使用RGB-D传感器的多尺度面元模型[40.128,129]是直接基于像素的重建方法的替代方法，并提供了类似的稠密三维模型。在参考文献[40.130]和[40.131]中，提出了一种基于概率方法的具有多分辨率的三维表示八叉树。这种三维多分辨率方法可以根据高分辨率或低分辨率的要求提供灵活的占用率建图。Saarinen等[40.132]提出了正态分布变换占用图（NDT-OM），它具有NDT建图的紧凑性和占用图的鲁棒性。该算法支持多分辨率建图，能有效地实现动态环境下的建图。

这些发展意味着，撇开系统集成问题不谈，我们今天可以假设能够获得环境的精确三维网格模型。在具体的移动操作环境中，只有当机器人靠近物体或环境时，才需要高分辨率的三维信息。因此，基于与机器人的距离，提出了一种实用的多分辨率建图技术。Droeschel等[40.133,134]展示了三维多分辨率地图，其中低分辨率用于远处的环境，而高分辨率用于即将交互的物体。

3. 运动目标的建图与跟踪

大多数三维网格估计方法都假设一个静态的环境（但是传感器移动）。把分割物体和处理移动物体（或者说利用物体的移动）搁置一旁。但幸运的是，最近的方法通过联合解决密集三维重建、运动对象分割和跟踪，以及运动关节感知等问题，采用了一种更为完整的感知观点[40.135,136]，类似于之前基于关键点所做的工作。我们认为，融合视觉证据和多层次表征的经验知识（从低层次的密集像素到高层次的刚体假设）的集成感知系统应该是该领域未来研究的核心。

其他方法通过有效地连续更新地图来应对一般的动态环境。特别是在现实问题中，总是有移动的障碍物，环境本身也会随着时间的推移而变化。参考文献[40.137]提出了一种基于网格的动态障碍物空间表示的增量更新算法。距离图、Voronoi图和配置空间碰撞图会根据环境的变化用算法进行更新。在参考文献[40.138]中，通过在占用网格中加入速度障碍的概念，提出了速度占用空间。这是为了使机器人能够有效地穿过不确定的移动障碍物。

4. 室内/室外应用

最后，对于室内或室外应用，地图的使用可能有所不同。室外地图主要用于导航，室内地图则用于导航和操作。户外或野外应用的地图需要覆盖更大范围的导航区域，与室内应用相比，移动平台不需要高分辨率地图。然而，室内应用通常要求更高的分辨率（即使是导航），因为有更多的障碍物和更少的自由空间。由于这一空间限制，需要仔细规划行进路线，考虑障碍物。操作任务更多地涉及室内应用，如清洁、连接软管和锁定阀门，这些任务必须比典型的导航任务具备更高的分辨率。

对于这种不同的应用，室内和室外的地图可能会有很大的区别。因此，在参考文献[40.139]中，图像用于当前环境的分类。具体地说，利用每幅图像的色调分量和色温值，结合k邻域（KNN）分类器对室内外环境进行分类。Payne和Singh[40.140]提出了一个简单的室内外分类系统，可以作为一个实时系统。它基于室内图像比室外图像包含更多直线的假设环境。

与室内不同，室外地图通常需要地形信息。在参考文献[40.141]中，系统将判断当前环境为室内环境还是室外环境，然后在室外环境使用地形图。它还提供室内和室外环境之间的无缝集成建图。

5. 主动交互感知

刚刚介绍的三维测绘方法的成功是通过相机运动实现的。该运动提供了三维场景连续不断变化的二维投影流。这种丰富的感知信息有助于解决从三维到二维投影的模糊性，从而克服静态视觉方法的局限性。

有意改变传感器以优化感知过程的感知算法称为主动算法。在主动感知方法中，主动视觉可能是最突出的方法[40.142-144]。但主动触觉感知方法也有希望作为一种移动操作的感知方法。主动触觉感知已被用于物体定位[40.145,146]、接触点定位[40.147]，以及估计物体的形状[40.148]。

主动感知的概念可以扩展到包括与环境的交互作用。现在，观察者可以通过移除障碍物，或者通过产生其他无法观察到的感知信号来操纵环境，从而揭示额外的感知信息。依靠传感器的运动以及对环境故意施力的感知算法被称为交互感知。

交互感知消除了传统的感知和操作之间的界限，将两者结合成一个紧密耦合的反馈回路。操作现在已经成为感知不可或缺的一部分——除了本身就是一个目标。同时，对任务相关信息的感知现在通过操作而变得至关重要。这种感知和操作的结合过程与实现操作任务和获取感知信息的目标密不可分。这两个目标必须适当地平衡，因为需要朝着任务前进来感知环境，而且在大多数情况下，不优先感知环境中的某些物体就不可能实现任务。现在，除了感知和操作之外，我们还必须考虑机器学习的各个方面：如何平衡任务（开发）的进度和获取足够信息的目标，从而稳健可靠地达到目标（探索）？这些和许多相关的问题是当前在这个新兴领域的研究主题，体现在感知、操作和机器学习的交叉领域。

使用交互感知（或感知操作），可以分离成堆的物体，这样它们就可以被感知、操作和分类[40.149-151]。也可以通过移除障碍物以交互方式搜索对象[40.152]。使用交互感知，就有可能揭示环境中物体发音的感官信息，比如关于它们固有的自由度[40.153]。这种能力是移动操作的感知前提，因为物体的自由度通常与其功能有关。例如，通过推动车门把手并观察其运动，可以看到将把手连接到车门的旋转关节，操作此旋转关节是打开车门所必需的。

对于平面物体[40.154]和三维关节物体[40.155,156]，存在纯粹基于视觉数据的交互感知方法。依靠 RGB-D 数据可以显著提高它们的性能[40.157,158]。交互感知方法已与物体数据库集成，以便识别先前看到的物体和相关的运动学模型[40.159]。在线交互感知能够将交互感知直接整合到操作过程中[40.153]。这允许检测故障、监视进度，并确定操作的成功完成。还可以用交互感知对新的发音类型进行分类[40.160,161]。交互感知可以包括额外的方式，如本体感觉和听觉，以识别物体[40.162]。

挑战之一仍然是选择适当的行为进行交互感知。与环境交互的方式有很多种，但只有很少一部分会透露相关信息。有希望的行为选择可以从经验中学习[40.163]，或者通过熵驱动的探索[40.164]。从这种探索中获得的信息可以用有关环境的相关知识来表示[40.165]。

上述研究表明，在移动操作环境下，交互感知是一种很有前途的感知和操作方法。它产生了一种强大的感知，这种感知依赖于对环境的一些假设，同时不依赖于先前几何模型的存在。它还导致了强大的操作，并得到与任务最相关的知觉反馈的支持。交互感知消除了感知、行动和学习之间的界限。虽然这看起来很复杂，但是机器人行为的这些不同方面的紧密结合为感知和操作方面长期存在的挑战提供了新的解决方案。

6. 可给予性检测

可给予性可以看作代理在其环境中执行操作的机会。这个词可以追溯到 1977 年，当时由心理学家 Gibson 提出[40.166]。从那时起，这个词的用法就不一致了，含义略有不同[40.167]。

在这里，我们将可给予性视为将代理的行为能力实例化的机会。例如，这种推动动作的实例选择了所涉及的对象（机器人手和伸手可及的门把手），并确定了行为的其他自由参数（在门把手的一侧向下推动）。

关注可给予性的感知是很有吸引力的，因为根据定义，这将只关注环境中必须已知的那些方面，以实例化并成功地执行某种特定行为。

可给予性感知研究与可给予性学习研究密切相关[40.168-170]。现代观点是将操作的可给予性学习视为一个统计关系学习问题[40.171]。

较低层次的可给予性感知研究考虑的是通过对特定动作的启示来标记场景片段的问题，通常使用条件随机场（CRF）来训练被标记的片段。这一点在可探测抓持的学习案例中得到了广泛的解决[40.172-175]。

40.5.3 鲁棒性感知

机器感知是移动操作的一大挑战。应注意，移动操作研究的目标是最大化自主机器人系统的任务通用性，同时最小化对特定任务、硬编码或狭义相关信息的依赖性。鉴于这些目标，任务所需的复杂多样的信息通常必须通过感知获得。感知还必须补偿代理所能获得的先验知识的减少。机器感知在实现移动操作中起着核心作用。

在本节中，我们讨论了一些旨在应对移动操作的感知需求带来的挑战的方法。虽然存在许多有前途的方法，但目前还没有公认的机器感知框架或理论。来自人类感知的证据可能表明存在这样一个共同的框架。一些结果似乎暗示视觉和听觉之间有一些共同的工作原理[40.3]。尽管如此，有强有力的证据表明，人类的认知是为了支持行为而建立的。这一点在视网膜中已经很明显了，而视网膜远不是一个普通的感觉器官，它包含为任务相关性量身定制的高度专业化的电路[40.176]。也许这也可以作为解决机器人技术中感知问题的线索：也许我们需要更好的底层功能？

40.6 总结与延展阅读

虽然移动操作需要整合机器人学几乎所有方面的方法——我们提到了抓取、控制、运动生成、学习和机器感知——但它也对这些研究领域的技术现状提出了替代方法。移动操作的研究没有把每个研究领域看作是独立的，而是利用了它们之间的相互依赖性，从而简化了整个问题。主动和交互感知，即操作和三维感知的结合，是一个偏离单个分区目标的实例：①被动数据的一般三维重建；②给定三维环境模型的操作规划。相反，这些方法将两者视为一个综合的、可能更简单的问题。

在本章中，我们只简要介绍了各个方面的情况及其相互依赖性。对于移动操作的综合总体目标来说，哪种方法将是最成功的，这是一个正在进行的讨论。延展阅读的一个有趣起点是关注对移动操作和机器人技术整体进行综合讨论的各种研讨会。这些研讨会的列表记载于移动操作技术委员会的网站上。

视频文献

VIDEO 650 Learning dexterous grasps that generalize to novel objects by combining hand and contact models
available from http://handbookofrobotics.org/view-chapter/40/videodetails/650
VIDEO 651 Atlas whole-body grasping
available from http://handbookofrobotics.org/view-chapter/40/videodetails/651
VIDEO 652 Handle localization and grasping
available from http://handbookofrobotics.org/view-chapter/40/videodetails/652
VIDEO 653 Catching objects in flight
available from http://handbookofrobotics.org/view-chapter/40/videodetails/653
VIDEO 654 Avian-inspired grasping for quadrotor micro UAVs
available from http://handbookofrobotics.org/view-chapter/40/videodetails/654
VIDEO 655 A compliant underactuated hand for robust manipulation
available from http://handbookofrobotics.org/view-chapter/40/videodetails/655
VIDEO 656 Yale Aerial Manipulator – Dollar Grasp Lab
available from http://handbookofrobotics.org/view-chapter/40/videodetails/656
VIDEO 657 Exploitation of environmental constraints in human and robotic grasping
available from http://handbookofrobotics.org/view-chapter/40/videodetails/657
VIDEO 658 Adaptive synergies for a humanoid robot hand
available from http://handbookofrobotics.org/view-chapter/40/videodetails/658
VIDEO 660 Universal gripper
available from http://handbookofrobotics.org/view-chapter/40/videodetails/660
VIDEO 661 DLR's Agile Justin plays catch with Rollin' Justin
available from http://handbookofrobotics.org/view-chapter/40/videodetails/661
VIDEO 662 Atlas walking and manipulation
available from http://handbookofrobotics.org/view-chapter/40/videodetails/662
VIDEO 664 Dynamic robot manipulation
available from http://handbookofrobotics.org/view-chapter/40/videodetails/664
VIDEO 665 CHOMP trajectory optimization
available from http://handbookofrobotics.org/view-chapter/40/videodetails/665
VIDEO 667 Motor skill learning for robotics
available from http://handbookofrobotics.org/view-chapter/40/videodetails/667
VIDEO 668 Policy learning
available from http://handbookofrobotics.org/view-chapter/40/videodetails/668
VIDEO 669 Autonomous robot skill acquisition
available from http://handbookofrobotics.org/view-chapter/40/videodetails/669
VIDEO 670 State representation learning for robotics
available from http://handbookofrobotics.org/view-chapter/40/videodetails/670
VIDEO 671 Extracting kinematic background knowledge from interactions using task-sensitive relational learning
available from http://handbookofrobotics.org/view-chapter/40/videodetails/671
VIDEO 673 DART: Dense articulated real-time tracking
available from http://handbookofrobotics.org/view-chapter/40/videodetails/673
VIDEO 674 Reaching in clutter with whole-arm tactile sensing
available from http://handbookofrobotics.org/view-chapter/40/videodetails/674
VIDEO 675 Adaptive force/velocity control for opening unknown doors
available from http://handbookofrobotics.org/view-chapter/40/videodetails/675

VIDEO 676 Interactive perception of articulated objects
available from http://handbookofrobotics.org/view-chapter/40/videodetails/676
VIDEO 776 A day in the life of Romeo and Juliet (Mobile Manipulators)
available from http://handbookofrobotics.org/view-chapter/40/videodetails/776
VIDEO 782 Flight stability in aerial redundant manipulator
available from http://handbookofrobotics.org/view-chapter/40/videodetails/782
VIDEO 783 HERMES, A humanoid experimental robot for mobile manipulation and exploration services
available from http://handbookofrobotics.org/view-chapter/40/videodetails/783
VIDEO 784 Task consistent Obstacle avoidance for mobile manipulation
available from http://handbookofrobotics.org/view-chapter/40/videodetails/784
VIDEO 785 Handling of a single object by multiple mobile robots based on caster-like dynamics
available from http://handbookofrobotics.org/view-chapter/40/videodetails/785
VIDEO 786 Rolling Justin – a platform for mobile manipulation
available from http://handbookofrobotics.org/view-chapter/40/videodetails/786
VIDEO 787 Combined mobility and manipulation – operational space control of free-flying space robots
available from http://handbookofrobotics.org/view-chapter/40/videodetails/787
VIDEO 788 Mobile robot helper
available from http://handbookofrobotics.org/view-chapter/40/videodetails/788
VIDEO 789 Free-floating autonomous underwater manipulation: Connector plug/unplug
available from http://handbookofrobotics.org/view-chapter/40/videodetails/789
VIDEO 790 Development of a versatile underwater robot – GTS ROV ALPHA
available from http://handbookofrobotics.org/view-chapter/40/videodetails/790

参考文献

40.1 R.A. Brooks, J. Connell, P. Ning: *Herbert: A Second Generation Mobile Robot*, Technical Report, AI Memo 1016 (MIT, Cambridge 1988)

40.2 O. Khatib, K. Yokoi, O. Brock, K. Chang, A. Casal: Robots in human environments: Basic autonomous capabilities, Int. J. Robotics Res. **18**(7), 684–696 (1999)

40.3 R.J. Adams, P. Sheppard, A. Cheema, M.E. Mercer: Vision vs. hearing: Direct comparison of the human contrast sensitivity and audibility functions, J. Vis. **13**(9), 870 (2013)

40.4 A.-A. Agha-Mohammadi, S. Chakravorty, N.M. Amato: Firm: Sampling-based feedback motion planning under motion uncertainty and imperfect measurements, Int. J. Robotics Res. **33**(2), 268–304 (2013)

40.5 A. Miller, P. Allen: Graspit! a versatile simulator for robotic grasping, IEEE Robotics Autom. Mag. **11**(4), 110–122 (2004)

40.6 A. Rodriguez, M.T. Mason: Grasp invariance, Int. J. Robotics Res. **31**(2), 236–248 (2012)

40.7 S. Hirose, Y. Umetani: The development of soft gripper for the versatile robot hand, Mech. Mach. Theory **13**(3), 351–359 (1978)

40.8 A.M. Dollar, R.D. Howe: The highly adaptive SDM hand: Design and performance evaluation, Int. J. Robotics Res. **29**(5), 585–597 (2010)

40.9 M. Ciocarlie, F.M. Hicks, S. Stanford: Kinetic and dimensional optimization for a tendon-driven gripper, Proc. IEEE Int. Conf. Robotics Autom. (ICRA) (2013) pp. 217–224

40.10 L.U. Odhner, L.P. Jentoft, M.R. Claffee, N. Corson, Y. Tenzer, R.R. Ma, M. Buehler, R. Kohout, R.D. Howe, A.M. Dollar: A compliant, underactuated hand for robust manipulation, Int. J. Robotics Res. **33**(5), 736–752 (2014)

40.11 M.G. Catalano, G. Grioli, E. Farnioli, A. Serio, C. Piazza, A. Bicchi: Adaptive synergies for the design and control of the Pisa/IIT SoftHand, Int. J. Robotics Res. **33**(5), 768–782 (2014)

40.12 J. Amend, E. Brown, N. Rodenberg, H. Jaeger, H. Lipson: A positive pressure universal gripper based on the jamming of granular material, IEEE Trans. Robotics **28**(2), 341–350 (2012)

40.13 R. Deimel, O. Brock: A compliant hand based on a novel pneumatic actuator, Proc. IEEE Int. Conf. Robotics Autom. (ICRA) Karlsruhe (2013) pp. 472–480

40.14 M. Kazemi, J.-S. Valois, J.A.D. Bagnell, N. Pollard: *Robust object grasping using force compliant motion primitives*, Techn. Rep. CMU-RI-TR-12-04 (Carnegie Mellon University Robotics Institute, Pittsburgh 2012)

40.15 M. Dogar, S. Srinivasa: Push-grasping with dexterous hands: Mechanics and a method, IEEE/RSJ Int. Conf. Intell. Robots Syst. (IROS) (2010) pp. 2123–2130

40.16 L. Chang, G. Zeglin, N. Pollard: Preparatory object rotation as a human-inspired grasping strategy, IEEE-RAS Int. Conf. Humanoids (2008) pp. 527–534

40.17 N. Chavan-Dafle, A. Rodriguez, R. Paolini, B. Tang, S. Srinivasa, M. Erdmann, M.T. Mason, I. Lundberg, H. Staab, T. Fuhlbrigge: Extrinsic dexterity: In-hand manipulation with external forces, Proc. IEEE Int. Conf. Robotics Autom. (ICRA) (2014)

40.18 T. Lozano-Pérez, M.T. Mason, R.H. Taylor: Automatic synthesis of fine-motion strategies for robots, Int. J. Robotics Res. **3**(1), 3–24 (1984)

40.19 M.T. Mason: The mechanics of manipulation, Proc. IEEE Int. Conf. Robotics Autom. (ICRA) (1985) pp. 544–548

40.20 M. Kaneko, T. Shirai, T. Tsuji: Scale-dependent

grasp, IEEE Trans. Syst. Man Cybern., A: Syst. Hum. **30**(6), 806–816 (2000)
40.21 R. Deimel, C. Eppner, J.L. Ruiz, M. Maertens, O. Brock: Exploitation of environmental constraints in human and robotic grasping, Proc. Int. Symp. Robotics Res. (2013)
40.22 M.R. Cutkosky: On grasp choice, grasp models, and the design of hands for manufacturing tasks, IEEE Trans. Robotics Autom. **5**(3), 269–279 (1989)
40.23 T. Feix, R. Pawlik, H. Schmiedmayer, J. Romero, D. Kragic: A comprehensive grasp taxonomy, Robotics Sci. Syst.: Workshop Underst. Hum. Hand Adv. Robotics Manip. (2009)
40.24 M. Santello, M. Flanders, J. Soechting: Patterns of hand motion during grasping and the influence of sensory guidance, J. Neurosci. **22**(4), 1426–1435 (2002)
40.25 V.N. Christopoulos, P.R. Schrater: Grasping objects with environmentally induced position uncertainty, PLoS Comput. Biol. **5**(10), 10 (2009)
40.26 D.R. Melmoth, A.L. Finlay, M.J. Morgan, S. Grant: Grasping deficits and adaptations in adults with stereo vision losses, Investig. Ophthalmol. Vis. Sci. **50**(8), 3711–3720 (2009)
40.27 M. Controzzi, C. Cipriani, M.C. Carozza: Design of artificial hands: A review. In: *The Human Hand as an Inspiration for Robot Hand Development*, Springer Tracts in Advanced Robotics, Vol. 95, ed. by R. Balasubramanian, V.J. Santos (Springer, Berlin, Heidlberg 2014) pp. 219–247
40.28 M. Grebenstein: Approaching Human Performance – The Functionality Driven Awiwi Robot Hand, Ph.D. Thesis (ETH, Zürich 2012)
40.29 J. Bae, S. Park, J. Park, M. Baeg, D. Kim, S. Oh: Development of a low cost anthropomorphic robot hand with high capability, Proc. IEEE/RSJ Int. Conf. Intell. Robots Syst. (IROS) (2012) pp. 4776–4782
40.30 I. Gaiser, S. Schulz, A. Kargov, H. Klosek, A. Bierbaum, C. Pylatiuk, R. Oberle, T. Werner, T. Asfour, G. Bretthauer, R. Dillmann: A new anthropomorphic robotic hand, 8th IEEE-RAS Int. Conf. Humanoid Robotics (Humanoids) (2008) pp. 418–422
40.31 A.M. Dollar, R.D. Howe: Simple, reliable robotic grasping for human environments, IEEE Int. Conf. Technol. Pract. Robot Appl. (TePRA) (2008) pp. 156–161
40.32 R. Ma, L. Odhner, A. Dollar: A modular, open-source 3-D printed underactuated hand, Proc. IEEE Int. Conf. Robotics Autom. (ICRA) (2013)
40.33 F. Ilievski, A. Mazzeo, R.F. Shepherd, X. Chen, G.M. Whitesides: Soft robotics for chemists, Angew. Chem. Int. Ed. **50**(8), 1890–1895 (2011)
40.34 G. Grioli, M. Catalano, E. Silvestro, S. Tono, A. Bicchi: Adaptive synergies: An approach to the design of under-actuated robotic hands, IEEE/RSJ Int. Conf. Intell. Robots Syst. (IROS) (2012) pp. 1251–1256
40.35 R. Deimel, O. Brock: A novel type of compliant, underactuated robotic hand for dexterous grasping, Proc. Robotics Sci. Syst., Berkeley (2014)
40.36 M.E. Giannaccini, I. Georgilas, I. Horsfield, B.H.P.M. Peiris, A. Lenz, A.G. Pipe, S. Dogramadzi: A variable compliance, soft gripper, Auton. Robots **36**(1/2), 93–107 (2014)
40.37 D. Prattichizzo, M. Malvezzi, M. Gabiccini, A. Bicchi: On the manipulability ellipsoids of underactuated robotic hands with compliance, Robotics Auton. Syst. **60**(3), 337–346 (2012)
40.38 M. Gabiccini, E. Farnioli, A. Bicchi: Grasp analysis tools for synergistic underactuated robotic hands, Int. J. Robotics Res. **32**(13), 1553–1576 (2013)
40.39 Y. Li, A.A. Frank: A moving base robot, Am. Control Conf. 1986 (1986) pp. 1927–1932
40.40 Y. Yamamoto, X. Yun: Coordinating locomotion and manipulation of a mobile manipulator, Proc. 31st IEEE Conf. Decis. Control IEEE (1992) pp. 2643–2648
40.41 Y. Yamamoto, X. Yun: Control of mobile manipulators following a moving surface, Proc. IEEE Int. Conf. Robotics Autom. (ICRA) (1993) pp. 1–6
40.42 H. Seraji: Configuration control of redundant manipulators: Theory and implementation, IEEE Trans. Robotics Autom. **5**(4), 472–490 (1989)
40.43 H. Seraji, R. Colbaugh: Improved configuration control for redundant robots, J. Robotics Syst. **7**(6), 897–928 (1990)
40.44 H. Seraji: An on-line approach to coordinated mobility and manipulation, Proc. IEEE Int. Conf. Robotics Autom. (ICRA) (1993) pp. 28–35
40.45 H. Seraji: A unified approach to motion control of mobile manipulators, Int. J. Robotics Res. **17**(2), 107–118 (1998)
40.46 O. Khatib, K. Yokoi, K. Chang, D. Ruspini, R. Holmberg, A. Casal: Coordination and decentralized cooperation of multiple mobile manipulators, J. Robotics Syst. **13**(11), 755–764 (1996)
40.47 V. Padois, J.-Y. Fourquet, P. Chiron: Kinematic and dynamic model-based control of wheeled mobile manipulators: A unified framework for reactive approaches, Robotica **25**(02), 157–173 (2007)
40.48 E. Papadopoulos, J. Poulakakis: Planning and model-based control for mobile manipulators, Proc. IEEE/RSJ Int. Conf. Intell. Robots Syst. (IROS) (2000) pp. 1810–1815
40.49 J. Tan, N. Xi: Unified model approach for planning and control of mobile manipulators, Proc. IEEE Int. Conf. Robotics Autom. (ICRA), Vol. 3 (2001) pp. 3145–3152
40.50 J. Joshi, A.A. Desrochers: Modeling and control of a mobile robot subject to disturbances, Proc. IEEE Int. Conf. Robotics Autom. (ICRA), Vol. 3 (1986) pp. 1508–1513
40.51 N. Hootsmans, S. Dubowsky: Large motion control of mobile manipulators including vehicle suspension characteristics, Proc. IEEE Int. Conf. Robotics Autom. (ICRA) (1991) pp. 2336–2341
40.52 K. Liu, F.L. Lewis: Decentralized continuous robust controller for mobile robots, Proc. IEEE Int. Conf. Robotics Autom. (ICRA) (1990) pp. 1822–1827
40.53 J.H. Chung, S.A. Velinsky, R.A. Hess: Interaction control of a redundant mobile manipulator, Int. J. Robotics Res. **17**(12), 1302–1309 (1998)
40.54 Y. Yamamoto, X. Yun: Effect of the dynamic interaction on coordinated control of mobile manipulators, IEEE Trans. Robotics Autom. **12**(5), 816–824 (1996)
40.55 S. Lin, A.A. Goldenberg: Robust damping control of mobile manipulators, IEEE Trans. Syst. Man Cybern. B: Cybern **32**(1), 126–132 (2002)
40.56 S. Lin, A.A. Goldenberg: Neural-network control

of mobile manipulators, IEEE Trans. Neural Netw. **12**(5), 1121–1133 (2001)

40.57 C.Y. Lee, I.K. Jeong, I.H. Lee, J.J. Lee: Motion control of mobile manipulator based on neural networks and error compensation, Proc. IEEE/RSJ Int. Conf. Robotics Autom. (ICRA) (2004) pp. 4627–4632

40.58 Z. Li, S.S. Ge, A. Ming: Adaptive robust motion/force control of holonomic-constrained nonholonomic mobile manipulators, IEEE Trans. Syst. Man, Cybern. B: Cybern **37**(3), 607–616 (2007)

40.59 Y. Liu, Y. Li: Sliding mode adaptive neural-network control for nonholonomic mobile modular manipulators, J. Intell. Robotics Syst. **44**(3), 203–224 (2005)

40.60 D. Xu, D. Zhao, J. Yi, X. Tan: Trajectory tracking control of omnidirectional wheeled mobile manipulators: Robust neural network-based sliding mode approach, IEEE Trans. Syst. Man Cybern. **39**(3), 788–799 (2009)

40.61 L. Righetti, J. Buchli, M. Mistry, S. Schaal: Inverse dynamics control of floating-base robots with external constraints: A unified view, Proc. IEEE Int. Conf. Robotics Autom. (ICRA) (2011) pp. 1085–1090

40.62 C. Ott, M.A. Roa, G. Hirzinger: Posture and balance control for biped robots based on contact force optimization, 11th IEEE-RAS Int. Conf. Humanoid Robotics (Humanoids) (2011) pp. 26–33

40.63 O. Khatib, L. Sentis, J. Park, J. Warren: Whole-body dynamic behavior and control of human-like robots, Int. J. Humanoid Robotics **1**(01), 29–43 (2004)

40.64 J. Park, O. Khatib: Contact consistent control framework for humanoid robots, Proc. IEEE Int. Conf. Robotics Autom. (ICRA) (2006) pp. 1963–1969

40.65 M. Hutter, H. Sommer, C. Gehring, M. Hoepflinger, M. Bloesch, R. Siegwart: Quadrupedal locomotion using hierarchical operational space control, Int. J. Robotics Res. **33**, 1062 (2014)

40.66 S. McMillan, D.E. Orin, R.B. McGhee: Efficient dynamic simulation of an underwater vehicle with a robotic manipulator, IEEE Trans. Syst. Man Cybern. **25**(8), 1194–1206 (1995)

40.67 T.W. McLain, S.M. Rock, M.J. Lee: Experiments in the coordinated control of an underwater arm/vehicle system. In: *Underwater Robots*, ed. by J. Yuh, T. Ura, G.A. Bekey (Kluwer, Boston 1996) pp. 139–158

40.68 T.J. Tarn, G.A. Shoults, S.P. Yang: A dynamic model of an underwater vehicle with a robotic manipulator using Kane's method. In: *Underwater Robots*, ed. by J. Yuh, T. Ura, G. Bekey (Kluwer, Boston 1996) pp. 195–209

40.69 G. Antonelli, S. Chiaverini: Task-priority redundancy resolution for underwater vehicle-manipulator systems, Proc. IEEE Int. Conf. Robotics Autom. (ICRA), Vol. 1 (1998) pp. 768–773

40.70 J. Han, J. Park, W.K. Chung: Robust coordinated motion control of an underwater vehicle-manipulator system with minimizing restoring moments, Ocean Eng. **38**(10), 1197–1206 (2011)

40.71 H. Mahesh, J. Yuh, R. Lakshmi: A coordinated control of an underwater vehicle and robotic manipulator, J. Robotics Syst. **8**(3), 339–370 (1991)

40.72 S. Kawamura, N. Sakagami: Analysis on dynamics of underwater robot manipulators based on iterative learning control and time-scale transformation, IEEE Int. Conf. Robotics Autom (ICRA), Vol. 2 (2002) pp. 1088–1094

40.73 G. Antonelli, F. Caccavale, S. Chiaverini: Adaptive tracking control of underwater vehicle-manipulator systems based on the virtual decomposition approach, IEEE Trans. Robotics Autom. **20**(3), 594–602 (2004)

40.74 G. Antonelli, F. Caccavale, S. Chiaverini, L. Villani: Tracking control for underwater vehicle-manipulator systems with velocity estimation, IEEE J. Ocean. Eng. **25**(3), 399–413 (2000)

40.75 M. Orsag, C. Korpela, P. Oh: Modeling and control of mm-uav: Mobile manipulating unmanned aerial vehicle, J. Intell. Robotics Syst. **69**(1–4), 227–240 (2013)

40.76 V. Lippiello, F. Ruggiero: Exploiting redundancy in cartesian impedance control of uavs equipped with a robotic arm, IEEE/RSJ Int. Conf. Intell. Robots Syst. (IROS) (2012) pp. 3768–3773

40.77 F. Forte, R. Naldi, A. Macchelli, L. Marconi: Impedance control of an aerial manipulator, Am. Control Conf. (ACC) (2002) pp. 3839–3844

40.78 H.-N. Nguyen, D. Lee: Hybrid force/motion control and internal dynamics of quadrotors for tool operation, IEEE/RSJ Int. Conf. Intell. Robots Syst. (IROS) (2013) pp. 3458–3464

40.79 F. Inoue, T. Murakami, K. Ohnishi: A motion control of mobile manipulator with external force, IEEE/ASME Trans. Mechatron. **6**(2), 137–142 (2001)

40.80 Z. Li, J. Gu, A. Ming, C. Xu, M. Shinojo: Intelligent compliant force/motion control of nonholonomic mobile manipulator working on the nonrigid surface, Neural Comput. Appl. **15**(3/4), 204–216 (2006)

40.81 V. Padois, J.-Y. Fourquet, P. Chiron, M. Renaud: On contact transition for nonholonomic mobile manipulators. In: *Experimental Robotics IX*, ed. by O. Khatib, V. Kumar, D. Rus (Springer, Berlin, Heidelberg 2006) pp. 207–216

40.82 S. Kang, K. Komoriya, K. Yokoi, T. Koutoku, B. Kim, S. Park: Control of impulsive contact force between mobile manipulator and environment using effective mass and damping controls, Int. J. Precis. Eng. Manuf. **11**(5), 697–704 (2010)

40.83 T. Simèon, J.-P. Laumond, J. Cortès, A. Sahbani: Manipulation planning with probabilistic roadmaps, Int. J. Robotics Res. **23**(7/8), 729–746 (2004)

40.84 M. Stilman: Global manipulation planning in robot joint space with task constraints, IEEE Trans. Robotics **26**(3), 576–584 (2010)

40.85 D. Berenson, S.S. Srinivasa, J. Kuffner: Task space regions: A framework for pose-constrained manipulation planning, Int. J. Robotics Res. **30**(12), 1435–1460 (2011)

40.86 S.M. LaValle: *Planning Algorithms* (Cambridge Univ. Press, Cambridge 2004)

40.87 D. Berenson, S. Srinivasa, D. Ferguson, J.J. Kuffner: Manipulation planning on constraint manifolds, Proc. IEEE Int. Conf. Robotics Autom. (ICRA) (2009) pp. 625–632

40.88 M. Rickert, A. Sieverling, O. Brock: Balancing exploration and exploitation in sampling-based motion planning, IEEE Trans. Robotics **30**(6), 1305–1317 (2014)
40.89 K. Harada, E. Yoshida, K. Yokoi (Eds.): *Motion Planning for Humanoid Robots* (Springer, Berlin, Heidelberg 2010)
40.90 W. Choi, J.-C. Latombe: A reactive architecture for planning and executing robot motions with incomplete knowledge, Proc. RSJ/IEEE Int. Conf. Robotics Intell. Syst. (IROS) Osaka, Vol. 1 (1991) pp. 24–29
40.91 S. Quinlan, O. Khatib: Elastic Bands: Connecting path planning and control, Proc. IEEE Int. Conf. Robotics Autom. (ICRA), Vol. 2 (1993) pp. 802–807
40.92 O. Brock, O. Khatib: Elastic strips: A framework for motion generation in human environments, Int. J. Robotics Autm. **21**(10), 1031–1052 (2014)
40.93 M. Toussaint: Robot trajectory optimization using approximate inference, Proc. 26th Ann. Int. Conf. Mach. Learn. (2009) pp. 1049–1056
40.94 M. Zucker, N. Ratliff, A.D. Dragan, M. Pivtoraiko, M. Klingensmith, C.M. Dellin, J.A. Bagnell, S.S. Srinivasa: CHOMP: Covariant Hamiltonian optimization for motion planning, Int. J. Robotics Res. **32**(9/10), 1164–1193 (2013)
40.95 M. Kalakrishnan, S. Chitta, E. Theodorou, P. Pastor, S. Schaal: STOMP: Stochastic trajectory optimization for motion planning, Proc. IEEE Int. Conf. Robotics Autom. (ICRA) (2011) pp. 4569–4574
40.96 R.R. Burridge, A.A. Rizzi, D.E. Koditschek: Sequential composition of dynamically dexterous robot behaviors, Int. J. Robotics Res. **18**(6), 534–555 (1999)
40.97 Y. Yang, O. Brock: Elastic roadmaps—motion generation for autonomous mobile manipulation, Auton. Robots **28**(1), 113–130 (2010)
40.98 J. Pineau, G. Gordon, S. Thrun: Point-based value iteration: An anytime algorithm for POMDPs, Int. Jt. Conf. Artif. Intell. (IJCAI) (2003) pp. 1025–1032
40.99 H. Kurniawati, D. Hsu, W.S. Lee: SARSOP: Efficient point-based POMDP planning by approximating optimally reachable belief spaces, Robotics Sci. Syst. (2008)
40.100 J. Van Den Berg, P. Abbeel, K. Goldberg: LQG-MP: Optimized path planning for robots with motion uncertainty and imperfect state information, Int. J. Robotics Res. **30**(7), 895–913 (2011)
40.101 S. Prentice, N. Roy: The belief roadmap: Efficient planning in belief space by factoring the covariance, Int. J. Robotics Res. **28**(11), 1448–1465 (2009)
40.102 H. Kurniawati, T. Bandyopadhyay, N.M. Patrikalakis: Global motion planning under uncertain motion, sensing, and environment map, Auton. Robots **33**(3), 255–272 (2012)
40.103 L.P. Kaelbling, T. Lozano-Pérez: Integrated task and motion planning in belief space, Int. J. Robotics Res. **32**(9/10), 1194–1227 (2013)
40.104 A. Sieverling, N. Kuhnen, O. Brock: Sensor-based, task-constrained motion generation under uncertainty, Proc. IEEE Int. Conf. Robotics Autom. (ICRA) (2014)
40.105 J. Weston, F. Ratle, R. Collobert: Deep learning via semi-supervised embedding, Proc. 25th Int. Conf. Mach. Learn. (ICML) (2008)
40.106 T.G. Dietterich, P. Domingos, L. Getoor, S. Muggleton, P. Tadepalli: Structured machine learning: The next ten years, Mach. Learn. **73**, 3–23 (2008)
40.107 R. Douglas, T. Sejnowski: *Future Challenges for the Science and Engineering of Learning*, Final NSF Workshop Report (NSF, Arlington County 2008)
40.108 J. Lafferty, A. McCallum, F. Pereira: Conditional random fields: Probabilistic models for segmenting and labeling sequence data, Int. Conf. Mach. Learn. (ICML) (2001) pp. 282–289
40.109 Y. Altun, I. Tsochantaridis, T. Hofmann: Hidden Markov support vector machines, Proc. 20th Int. Conf. Mach. Learn. (2003) pp. 3–10
40.110 A. Saxena, M. Sun, A.Y. Ng: Make 3-D: Depth perception from a single still image, Proc. 23rd AAAI Conf. Artif. Intell. (2008) pp. 1571–1576
40.111 A. Saxena, J. Driemeyer, A.Y. Ng: Robotic grasping of novel objects using vision, Int. J. Robotics Res. **27**(2), 157–173 (2008)
40.112 Y. Jiang, M. Lim, C. Zheng, A. Saxena: Learning to place new objects in a scene, Int. J. Robotics Res. **31**(9), 1021–1043 (2012)
40.113 Y. Jiang, A. Saxena: Modeling and control of a mobile robot subject to disturbances, Proc. Robotics Sci. Syst., Berkeley (2014)
40.114 R.B. Rusu, N. Blodow, M. Beetz: Fast point feature histograms (fpfh) for 3-D registration, Proc. IEEE Int. Conf. Robotics Autom. (ICRA) (2009) pp. 3212–3217
40.115 K. Lai, L. Bo, D. Fox: Unsupervised feature learning for 3-D scene labeling, Proc. IEEE Int. Conf. Robotics Autom. (ICRA) (2014)
40.116 F. Stulp, E. Theodorou, J. Buchli, S. Schaal: Learning to grasp under uncertainty, Proc. IEEE Int. Conf. Robotics Autom. (ICRA) (2011) pp. 5703–5708
40.117 M. Cakmak, A.L. Thomaz: Designing robot learners that ask good questions, Proc. Int. Conf. Hum.-Robot Interact. (HRI) (2012)
40.118 N. Jetchev, M. Toussaint: Fast motion planning from experience: Trajectory prediction for speeding up movement generation, Auton. Robots **34**, 111–127 (2013)
40.119 N. Jetchev, M. Toussaint: Discovering relevant task spaces using inverse feedback control, Auton. Robots **37**, 169–189 (2014)
40.120 C. Eppner, O. Brock: Grasping unknown objects by exploiting shape adaptability and environmental constraints, IEEE/RSJ Int. Conf. Intell. Robots Syst. (IROS) (2013)
40.121 M. Toussaint, N. Ratliff, J. Bohg, L. Righetti, P. Englert, S. Schaal: Dual execution of optimized contact interaction trajectories, Proc. IEEE/RSJ Int. Conf. Intell. Robots Syst. (IROS) (2014)
40.122 S. Niekum, S. Osentoski, G. Konidaris, A.G. Barto: Learning and generalization of complex tasks from unstructured demonstrations, IEEE/RSJ Int. Conf. Intell. Robotics Systems (IROS) (2012) pp. 5239–5246
40.123 S. Alexandrova, M. Cakmak, K. Hsiao, L. Takayama: Robot programming by demonstration with interactive action visualizations, Proc. Robotics Sci. Syst. (2014)
40.124 M.M. Chun, R. Marois: The dark side of visual attention, Curr. Opin. Neurobiol. **12**(2), 184–189

(2002)
40.125 D. Marr: *Vision: A Computational Investigation Into the Human Representation and Processing of Visual Information* (Henry Holt, New York 1982)
40.126 R.A. Newcombe, S.J. Lovegrove, A.J. Davison: Dtam: Dense tracking and mapping in real-time, IEEE Int. Conf. Comput. Vis. (ICCV) (2011) pp. 2320–2327
40.127 J. Engel, T. Schöps, D. Cremers: LSD-SLAM: Large-scale direct monocular SLAM, Eur. Conf. Comput. Vis. (ECCV) (2014)
40.128 P. Henry, M. Krainin, E. Herbst, X. Ren, D. Fox: Rgb-d mapping: Using kinect-style depth cameras for dense 3-D modeling of indoor environments, Int. J. Robotics Res. **31**(5), 647–663 (2012)
40.129 J. Stückler, S. Behnke: Multi-resolution surfel maps for efficient dense 3-D modeling and tracking, J. Vis. Commun. Image Represent. **25**(1), 137–147 (2014)
40.130 K.M. Wurm, A. Hornung, M. Bennewitz, C. Stachniss, W. Burgard: Octomap: A probabilistic, flexible, and compact 3-D map representation for robotic systems, Proc. ICRA 2010 Workshop Best Practice 3-D Percept. Model. Mob. Manip., Vol. 2 (2010)
40.131 A. Hornung, K.M. Wurm, M. Bennewitz, C. Stachniss, W. Burgard: Octomap: An efficient probabilistic 3-D mapping framework based on octrees, Auton. Robots **34**(3), 189–206 (2013)
40.132 J.P. Saarinen, H. Andreasson, T. Stoyanov, A.J. Lilienthal: 3-D normal distributions transform occupancy maps: An efficient representation for mapping in dynamic environments, Int. J. Robotics Res. **32**(14), 1627–1644 (2013)
40.133 D. Droeschel, J. Stückler, S. Behnke: Local multi-resolution representation for 6d motion estimation and mapping with a continuously rotating 3-D laser scanner, Proc. IEEE Int. Conf. Robotics Autom. (ICRA) (2014)
40.134 D. Droeschel, J. Stückler, S. Behnke: Local multiresolution surfel grids for MAV motion estimation and 3-D mapping, Proc. Int. Conf. Intell. Auton. Syst. (IAS) (2014)
40.135 M. McElhone, J. Stuckler, S. Behnke: Joint detection and pose tracking of multi-resolution surfel models in RGB-D, IEEE Eur. Conf. Mobile Robots (ECMR) (2013) pp. 131–137
40.136 J. Stückler, B. Waldvogel, H. Schulz, S. Behnke: Dense real-time mapping of object-class semantics from RGB-D video, J. Real-Time Image Process. **8**, 1–11 (2014)
40.137 B. Lau, C. Sprunk, W. Burgard: Efficient grid-based spatial representations for robot navigation in dynamic environments, Robotics Auton. Syst. **61**(10), 1116–1130 (2013)
40.138 R. Bis, H. Peng, G. Ulsoy: Velocity occupancy space: Robot navigation and moving obstacle avoidance with sensor uncertainty, ASME Dyn. Syst. Control Conf. (2009) pp. 363–370
40.139 A.N. Ghomsheh, A. Talebpour: A new method for indoor-outdoor image classification using color correlated temperature, Int. J. Image Process **6**(3), 167–181 (2012)
40.140 A. Payne, S. Singh: Indoor vs. outdoor scene classification in digital photographs, Pattern Recogn. **38**(10), 1533–1545 (2005)
40.141 J. Collier, A. Ramirez-Serrano: Environment classification for indoor/outdoor robotic mapping, IEEE Can. Conf. Comput. Robot Vis. (CRV) (2009) pp. 276–283
40.142 J. Aloimonos, I. Weiss, A. Bandyopadhyay: Active vision, Int. J. Comput. Vis. **1**(4), 333–356 (1988)
40.143 R. Bajcsy: Active perception, Proceedings IEEE **76**(8), 996–1006 (1988)
40.144 A. Blake, A. Yuille: *Active Vision* (MIT, Cambridge 1992)
40.145 A. Petrovskaya, O. Khatib: Global localization of objects via touch, IEEE Trans. Robotics **27**(3), 569–585 (2011)
40.146 P. Hebert, T. Howard, N. Hudson, J. Ma, J.W. Burdick: The next best touch for model-based localization, Proc. IEEE Int. Conf. Robotics Autom. (ICRA) (2013) pp. 99–106
40.147 H. Lee, J. Park: An active sensing strategy for contact location without tactile sensors using robot geometry and kinematics, Auton. Robots **36**(1/2), 109–121 (2014)
40.148 M.J. Kim, M. Choi, Y.B. Kim, F. Liu, H. Moon, J.C. Koo, H.R. Choi: Exploration of unknown object by active touch of robot hand, Int. J. Control Autom. Syst. **12**(2), 406–414 (2014)
40.149 L. Chang, J.R. Smith, D. Fox: Interactive singulation of objects from a pile, Proc. IEEE Int. Conf. Robotics Autom. (ICRA) (2012)
40.150 M. Gupta, G.S. Sukhatme: Using manipulation primitives for brick sorting in clutter, Proc. IEEE Int. Conf. Robotics Autom. (ICRA) (2012)
40.151 D. Katz, M. Kazemi, J.A. Bagnell, A. Stentz: Autonomous pile clearing using interactive perception, Proc. IEEE Int. Conf. Robotics Autom. (ICRA) (2013)
40.152 M.R. Dogar, M.C. Koval, A. Tallavajhula, S.S. Srinivasa: Object search by manipulation, Auton. Robots **36**(1/2), 153–167 (2014)
40.153 R. Martín Martín, O. Brock: Online interactive perception of articulated objects with multi-level recursive estimation based on task-specific priors, IEEE/RSJ Int. Conf. Intell. Robots Syst. (IROS) (2014)
40.154 D. Katz, O. Brock: Manipulating articulated objects with interactive perception, Proc. IEEE Int. Conf. Robotics Autom. (ICRA) (2008) pp. 272–277
40.155 D. Katz, A. Orthey, O. Brock: Interactive perception of articulated objects, Int. Symp. Exp. Robotics (2010)
40.156 D. Katz, A. Orthey, O. Brock: Interactive perception of articulated objects, Springer Tract. Adv. Robotics **79**, 301–315 (2014)
40.157 D. Katz, M. Kazemi, J.A. Bagnell, A. Stentz: Interactive segmentation, tracking, and kinematic modeling of unknown articulated objects, Proc. IEEE Int. Conf. Robotics Autom. (ICRA) (2013) pp. 5003–5010
40.158 X. Huang, I. Walker, S. Birchfield: Occlusion-aware multi-view reconstruction of articulated objects for manipulation, Robotics Auton. Syst. **63**(4), 497–505 (2014)
40.159 S. Pillai, M. Walter, S. Teller: Learning articulated motions from visual demonstration, Proc.

Robotics Sci. Syst. (2014)
40.160 J. Sturm, K. Konolige, C. Stachniss, W. Burgard: Vision-based detection for learning articulation models of cabinet doors and drawers in household environments, Proc. IEEE Int. Conf. Robotics Autom. (ICRA) (2010) pp. 362–368
40.161 J. Sturm, A. Jain, C. Stachniss, C. Kemp, W. Burgard: Operating articulated objects based on experience, IEEE/RSJ Int. Conf. Intell. Robots Syst. (IROS) (2010)
40.162 J. Sinapov, T. Bergquist, C. Schenck, U. Ohiri, S. Griffith, A. Stoytchev: Interactive object recognition using proprioceptive and auditory feedback, Int. J. Robotics Res. **30**(10), 1250–1262 (2011)
40.163 D. Katz, Y. Pyuro, O. Brock: Learning to manipulate articulated objects in unstructured environments using a grounded relational representation, Proc. Robotics Sci. Syst., Zurich (2008) pp. 254–261
40.164 S. Otte, J. Kulick, M. Toussaint, O. Brock: Entropy-based strategies for physical exploration of the environment's degrees of freedom, IEEE/RSJ Int. Conf. Intell. Robots Syst. (IROS) (2014)
40.165 S. Höfer, T. Lang, O. Brock: Extracting kinematic background knowledge from interactions using task-sensitive relational learning, Proc. IEEE Int. Conf. Robotics Autom. (ICRA) (2014)
40.166 J.J. Gibson: The theory of affordances. In: *Perceiving, Acting, and Knowing*, ed. by R. Shaw, J. Bransford (Lawrence Erlbaum, Hilldale 1977)
40.167 E. Şahin, M. Çakmak, M.R. Doğar, E. Uğur, G. Üçoluk: To afford or not to afford: A new formalization of affordances toward affordance-based robot control, Adapt. Behav. **15**(4), 447–472 (2007)
40.168 L. Montesano, M. Lopes, A. Bernardino, J. Santos-Victor: Learning object affordances: From sensory-motor coordination to imitation, IEEE Trans. Robotics **24**(1), 15–26 (2008)
40.169 L. Paletta, G. Fritz, F. Kintzler, J. Irran, G. Dorffner: Learning to perceive affordances in a framework of developmental embodied cognition, IEEE 6th Int. Conf. IEEE Dev. Learn. (ICDL) (2007) pp. 110–115
40.170 P. Sequeira, M. Vala, A. Paiva: What can i do with this?: Finding possible interactions between characters and objects, Proc. 6th ACM Int. Jt. Conf. Auton. Agents Multiagent Syst. (2007) p. 5
40.171 B. Moldovan, M. van Otterlo, P. Moreno, J. Santos-Victor, L. De Raedt: Statistical relational learning of object affordances for robotic manipulation, Latest Adv. Inductive Logic Program. (2012) p. 6
40.172 C. de Granville, J. Southerland, A.H. Fagg: Learning grasp affordances through human demonstration, Proc. Int. Conf. Dev. Learn. (ICDL06) (2006)
40.173 L. Montesano, M. Lopes: Learning grasping affordances from local visual descriptors, IEEE 8th Int. Conf. Dev. Learn. (ICDL) (2009) pp. 1–6
40.174 D. Kraft, R. Detry, N. Pugeault, E. Baseski, J. Piater, N. Krüger: Learning objects and grasp affordances through autonomous exploration, Lect. Notes Comput. Sci. **5815**, 235–244 (2009)
40.175 R. Detry, D. Kraft, O. Kroemer, L. Bodenhagen, J. Peters, N. Krüger, J. Piater: Learning grasp affordance densities, Paladyn **2**(1), 1–17 (2011)
40.176 T. Gollisch, M. Meister: Eye smarter than scientists believed: Neural computations in circuits of the retina, Neuron **65**(2), 150–164 (2010)

第41章

主动操作感知

Anna Petrovskaya，Kaijen Hsiao

本章讲述的是有关感知方法的内容，而在其中，操作是感知的一个重要组成部分。这些方法常用于应对由于数据稀疏和传感的高成本而面临的特殊挑战。然而，它们却可以在其他感知方法失效的情况下取得成功，例如，用于能见度较低的情况下或在学习场景的物理属性时。

本章重点介绍了在主动操作方法中为物体定位、推理、规划、识别和建模而开发的专门方法。最后，我们讨论了该方法的实际应用和未来的研究方向。

目　录

41.1　通过操作的感知

在这一章中，我们重点介绍依赖于操作的感知方法。正如我们将看到的，操作感知是一个复杂且高度交织的过程，其中感知的结果用于操作，而操作的目的是收集额外的数据。尽管存在这种复杂性，但同时使用操作或替代更常用的视觉传感器有以下三个主要原因。

第一，操作可在能见度低的情况下进行感知：例如，在泥水中感应或处理透明物体。事实上，由于接触传感的高精度和对任何硬表面的感知能力（无论其光学特性如何），它被广泛用于零件制造过程中的精确定位。第二，操作有助于确定需要物理交互的特性，如刚度、质量或零件的物理关系。第三，如果实际目标是操作物体，我们不妨利用从操作尝试中收集的数据来优化感知和随后的操作。

通过操作进行感知也面临着重大挑战。与在单个快照中提供整个场景视图的视觉传感器不同，接触式传感器本质上是局部的，在任何给定的时间仅提供感测表面非常小区域的信息。为了收集额外的数据，操作臂必须移动到不同的位置，这是一项耗时的任务。因此，与基于视觉的感知不同，基于接触的方法必须处理非常稀疏的数据和非常低的数据采集率，而且接触感知干扰了场景。虽然在某些情况下这可能是可取的，但这也意味着每个感知动作都会增加不确定性。事实上，人们很容易陷入这样一种情况：通过感知获得的信息少于由于场景干扰而丢失的信息。

基于这些挑战，必须开发专门的感知方法，通过操作进行感知。为了从稀疏的数据中提取最多的信息并处理那些在受限的场景下数据不足以完全解决问题的情况，推理方法已已经被开发出来。规划方法已经被开发出来，以便在可获得的少量数据的基础上做出最有效的感知决策，并将感知动作的时间、能量和不确定性成本纳入考虑范围。如今，已经开发出通过少量的数据建立最精确模型的建模方法。

本章的各个章节按感知物体进行划分：物体定位（见第41.2节），了解物体（见第41.3节）和物体识别（见第41.4节）。由于本章主题广泛，为了保持简洁，我们提供了一个关于物体定位方法的教程级讨论，但对其他两个感知目标的方法给出了鸟瞰图。不过，正如我们所指出的，许多物体定位方法可以重复用于其他两个感知目标。

41.2 物体定位

触觉物体定位是基于通过接触物体获得的一组数据来估计物体的位姿（包括位置和姿态）的问题。假定物体的先验几何模型已知，并使用某种类型的接触传感器（腕力/力矩传感器、触觉阵列、指尖力传感器等）进行感知。该问题通常局限于刚性物体，它们可以是静止的，也可以是运动的。

触觉物体定位涉及多个方面，包括操作臂控制方法、建模、推理和规划。在数据采集过程中，对操作臂的每个传感运动采用某种形式的传感运动控制。有关操作器控制的信息，鼓励读者参考第1卷第8章和第9章。除了少数例外，传感运动往往是戳动，而不是跟随表面。这是因为机器人通常无法感知操作臂的所有部件，因此，选择戳动以最小化意外非感知接触的可能性。

由于接触传感的特性，必须为触觉定位开发特定的建模、推理和规划方法。建模的选择不仅包括对建模物体本身建模方法，还包括传感过程的模型和可能的物体运动的模型。我们在第41.2节讨论了感知和运动的模型。但将物体建模技术的深入讨论留待第41.3节。我们还在第41.2.3节和第41.2.5节分别介绍推理和规划的方法。

41.2.1 问题的演变

解决触觉物体定位问题的尝试可以追溯到20世纪80年代初。多年来，问题所涵盖的范围以及解决问题的方法都在不断发展，我们将在下面详细介绍。

1. 早期方法

早期的触觉物体定位方法通常忽略了感知过程的不确定性，而专注于寻找最适合测量的单一假设。例如，Gaston 和 Lozano Perez[41.1]使用解释树来有效地找到3自由度物体定位的最佳匹配。Grimson 和 Lozano Perez[41.2]将方法扩展到了6自由度。Faugeras 和 Hebert[41.3]使用最小二乘法在初始曲面之间进行几何匹配。Shekhar 等人[41.4]通过求解加权线性方程组来定位机械手中的物体。还有几种方法使用几何约束以及运动学和动力学方程，通过用手指[41.5]或平行钳[41.6]推动它们，或在托盘[41.7]中倾斜它们，来估计或约束已知物体在平面上的位姿。

2. 工件定位

在尺寸检测[41.8]、机械加工[41.9]和机器人装配[41.10]等制造应用中，单假设方法也被广泛用于解决工件定位问题。在这些应用中，测量由坐标测量机（CMM）[41.11]或机器传感器[41.12]实现。工件定位存在许多限制性假设，不适用于非结构化环境下的机器人自主操作。一个重要的限制是，每个测量数据点和工件表面上的点或面片（称为原点或主曲面）之间存在已知的对应关系[41.13]。在半自动设置中，通过让人将机器人引导到工件上的特定位置来满足对应假设。在全自动设置中，工件以低不确定度放置在测量台上，以确保每个数据点落在相应的原点附近。

进一步的限制包括假设数据足以完全约束工件，工件不移动，并且没有未建模的影响（例如，振动、变形或温度变化）。所有这些参数都是在结构化制造环境中经过精心控制的。

工件定位问题通常采用迭代优化方法以最小二乘形式求解，包括 Hong-Tan 法[41.14]、变分法[41.15]和 Menq 提出的方法[41.16]。由于这些方法容易陷入局部极小，通常假设初始不确定性很低，以确保优化算法在解附近初始化。为了解决全局定位问题，人们尝试从预先指定的和随机的初始点多次重新运行优化算法[41.17]。最近的工作重点是仔细选择原点以改进定位结果[41.18-20]和提高复杂原点曲面的定位效率[41.21,22]。

3. 贝叶斯方法

在过去的十年中，人们对触觉物体定位问题的贝叶斯状态估计法越来越感兴趣[41.23-27]。这些方法估计所有可能状态的概率分布（置信度），从而捕获由噪声传感器、不准确的物体模型以及传感过程中存在的其他影响所导致的不确定性。因此，置信度的估计使得规划算法能够适应现实世界的不确定性。与工件定位不同，这些方法不假设已知的对应关系。与单一假设或基于集合的方法相比，置信度估计方法可以更好地描述和跟踪在数据不足以完全定位物体的欠约束场景中假设的相对可能性。这些方法还可以用于处理移动物体，并回答一些重要的问题，例如：我们是否完全定位了物体？下一个最好的地方是哪里？

41.2.2 贝叶斯框架

所有贝叶斯方法都有一个相似的框架。我们从贝叶斯问题的一般定义（不一定是触觉物体定位）开始，然后解释如何将这个公式应用于触觉定位。

1. 一般的贝叶斯问题

对于一般的贝叶斯问题，目标是根据一组传感器测量值 $\mathcal{D}:=\{D_k\}$ 推断系统的状态 X。由于不确定性，最好将此信息捕获为概率分布：

$$bel(X):=p(X \mid \mathcal{D}) \tag{41.1}$$

式（41.1）被称为后验分布或贝叶斯置信度。图 41.1a 显示了一个贝叶斯网络，表示所有涉及的随机变量以及它们之间的所有关系。在动态贝叶斯系统中，状态会随时间的推移发生变化，假设离散为小时间间隔（图 41.1b）。假设系统演化为一个状态不可观测的马尔可夫过程。目标是在时间 t 估计置信度：

$$bel_t(X_t):=p(X_t \mid \mathcal{D}_1,\cdots,\mathcal{D}_t). \tag{41.2}$$

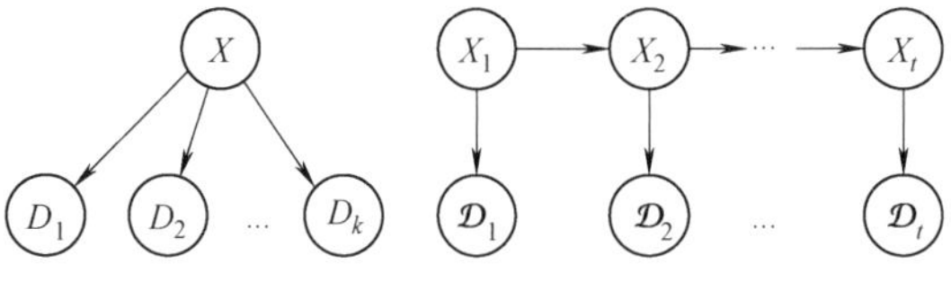

a)　b)

图 41.1 贝叶斯网络表示一般贝叶斯问题中所涉及的随机变量之间的关系

a）静态情况　b）动态情况

注：方向箭头被解读为原因。在静态情况下，单个未知状态 X 导致测量值 $\{D_k\}$ 的集合；在动态情况下，状态 X_t 随时间而变化，并且在每个时间步引起一组测量 $\mathcal{D}_t$。

系统的行为是通过两个概率定律来描述的：①测量模型 $p(\mathcal{D} \mid X)$ 捕捉传感器测量的获得方式；②动力学模型 $p(X_t \mid X_{t-1})$ 捕捉系统在时间步长之间的演化方式。

为了简洁起见，可以方便地将参数放在 $bel(X)$ 和 $bel_t(X_t)$ 中，只需编写 bel 和 bel_t，但是这两个置信度应该分别理解为 X 和 X_t 的函数。

2. 贝叶斯形式的触觉定位

触觉物体定位可以表述为一般贝叶斯问题的一个实例。在这里，机器人需要根据一组触觉测量值 $\mathcal{D}$ 确定已知物体 O 的位姿 X。状态是操作臂坐标系中物体的 6 自由度位姿，包括位置和姿态。许多状态参数化是可能的，包括矩阵表示法、四元数、欧拉角和罗德里格斯角等。对于我们这里的讨论，假设状态 $X:=(x,y,z,\alpha,\beta,\gamma)$，其中 (x,y,z) 是位置，(α,β,γ) 是欧拉角表示的姿态角。

测量值 $\mathcal{D}:=\{D_k\}$ 是通过机器人末端执行器接触物体获得的。末端执行器可以是单探头、夹持器或手，因此，它可以在一次抓取尝试中同时感知多个触点 D_k。我们假设每次接触 D_k，机器人都能够测量接触点，并且也可能感觉到表面的法线（可能是作为作用力的方向）。在这些假设下，每个测量值 $D_k:=(D_k^{pos},D_k^{nor})$ 由测量的接触点 D_k^{pos} 的笛卡儿位置和测量的表面法线 D_k^{nor} 组成。如果表面法线的测量值不可用，则 $D_k:=D_k^{pos}$。

3. 测量模型

为了解释触觉测量，我们需要定义一个物体模型和一个感知过程模型。目前，假设物体建模为多边形网格，可以从 CAD 模型或物体的三维扫描中导出，也可以使用接触式传感器构建。物体及其多边形网格表示的示例如图 41.2 所示。也可以使用其他类型的物体模型。我们在第 41.3 节中深入介绍物体建模技术。

通常，给定状态 X，数据集 $\mathcal{D}$ 中的单个测量值 D_k 被视为彼此独立。然后，测量模型的因素将对测量结果产生影响：

$$p(\mathcal{D} \mid X)=\prod_k p(D_k \mid X) \tag{41.3}$$

（1）采样模型　早期的贝叶斯触觉定位工作使用采样测量模型。例如，Gadeyne 和 Bruyninckx 使用数值积分来计算盒子的测量模型，并将其存储在查找表中，以便快速访问[41.23]。Chhatpar 和 Branicky 用机器人的末端执行器反复接触物体表面来对物体表面进行采样，以计算测量概率[41.24]（图 41.3）。

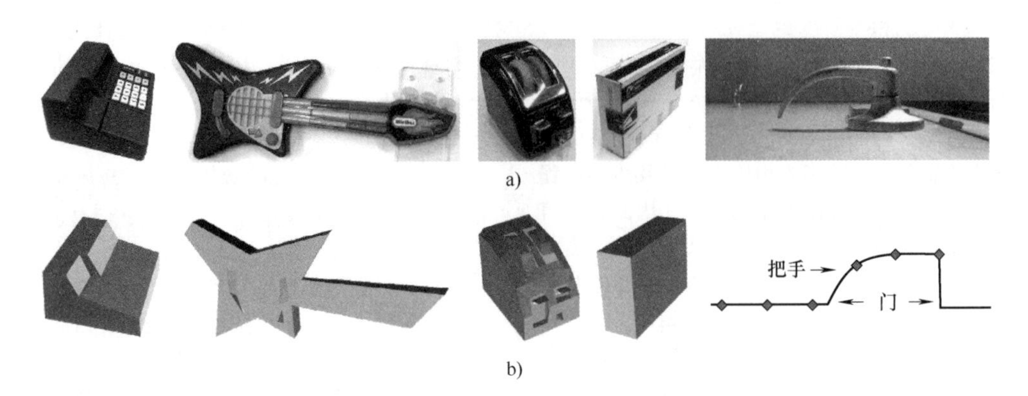

图 41.2　物体及其多边形网格模型的示例

a）对象　b）多边形网格模型

注：五个物体：收银机、玩具吉他、烤面包机、盒子、门把手。前三个模型是通过机器人末端执行器收集表面点来构建的。最后两个是用尺子手工测量的。门把手型号为二维。模型的复杂度从6个面（对于盒子）到超过100个面（相对于烤面包机）。[41.28]

（2）接近模型　解释触觉测量的一个常见模型是接近模型[41.29]。在这个模型中，测量被认为是相互独立的，位置和法向分量都被高斯噪声破坏。对于每个测量，概率取决于测量和物体表面之间的距离（因此称为接近度）。

由于测量值包含接触坐标和曲面法线，因此该距离是在坐标和法线的6自由度空间（即测量空间）。用 $\hat{O}$ 表示这个六维空间中的表示。设 $\hat{o}:=(\hat{o}^{\mathrm{pos}},\hat{o}^{\mathrm{nor}})$ 是物体表面上的一个点，D 是一个测量值。将 $d_{\mathrm{M}}(\hat{o},D)$ 定义为 $\hat{o}$ 和 D 之间的马氏距离：

$$d_{\mathrm{M}}(\hat{o},D):=\sqrt{\frac{\|\hat{o}^{\mathrm{pos}}-D^{\mathrm{pos}}\|^2}{\sigma_{\mathrm{pos}}^2}+\frac{\|\hat{o}^{\mathrm{nor}}-D^{\mathrm{nor}}\|^2}{\sigma_{\mathrm{nor}}^2}} \tag{41.4}$$

式中，σ_{pos}^2 和 σ_{nor}^2 分别是位置和法向测量分量的高斯噪声方差。对于仅测量位置（而非表面法线）的传感器，平方根内仅使用第一项。测量值 D 和整个物体 $\hat{O}$ 之间的距离是通过最小化所有物体点 $\hat{o}$ 上的马氏距离来获得的：

$$d_{\mathrm{M}}(\hat{O},D):=\min_{\hat{o}\in\hat{O}} d_{\mathrm{M}}(\hat{o},D) \tag{41.5}$$

让 $\hat{O}_X$ 表示处于状态 X 的物体。然后，测量模型计算如下

$$p(\mathcal{D}\mid X)=\eta\exp\left[-\frac{1}{2}\sum_k d_{\mathrm{M}}^2(\hat{O}_X,D_k)\right] \tag{41.6}$$

在式（41.6）和整个章节中，η 表示归一化常数，其值使得表达式积分为1。VIDEO 723 展示了用于定位门把手的接近模型。

（3）集成接近模型　接近模型的一种变体称为集成接近模型。它没有假设物体上最近的点导致了测量，而是考虑了所有表面点对测量概率的贡献[41.25]。这是一个更复杂的模型，一般来说，这是无法有效计算的。此外，对于该模型的无偏应用，我们需要计算所有曲面点的先验信息，即，每个曲面点引起测量的可能性。该先验信息通常是非均匀的，并且高度依赖于物体形状、操作臂形状和探测运动。然而，在某些情况下，这种模型可能是有益的，因为它比接近模型更具表现力。

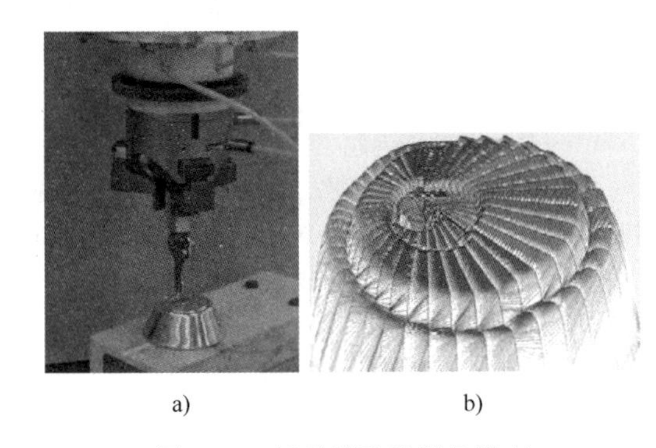

图 41.3　钥匙锁取样测量模型

a）机器人用钥匙探索物体　b）产生的锁键接触 C 空间[41.24]

（4）负面信息　到目前为止，我们所描述的模型没有考虑负面信息。即，有关没有测量值而不是存在测量值的信息。这包括机器人能够在不接触物体的情况下通过空间的某些部分获得的信息。负面信息对于积极的测量策略非常有用，参考文献［41.25］和［41.26］已经考虑到了。尽管添加负面信息会使置信度更复杂（如不连续），但在大多数情况下，它可以叠加在使用上述测量模型之一计

算的置信度之上。

4. 动力学模型

在测量过程中，独立物体可能会移动，因此需要一个动力学模型来描述这一过程。在大多数情况下，人们对可能的物体运动知之甚少，因此，假设一个简单的高斯模型。设 $p(X_t \mid X_{t-1})$ 是一个高斯分布，平均值为 X_{t-1}，方差为 σ_{met}^2 和 σ_{ang}^2（分别沿测量轴和角轴）。如果已知物体运动的其他特性，则可以使用信息量更丰富的动力学模型。例如，如果我们知道机器人的形状以及接触力的大小和方向，我们就可以用牛顿动力学来描述物体的运动。如果已知物体在特定表面上滑动，则该运动可受到进一步限制。

41.2.3 推理

一旦定义了模型并获得了传感器数据，下一步就是估计得到的概率置信度。这个过程称为推理，可以看作是多维空间上实值函数的数值估计。我们可以区分两种情况：一种是静态情况，物体是刚性固定的；另一种是动态情况，物体是可以移动的。动态情况使用贝叶斯滤波器在每个时间步长递归地求解。静态情况既可以递归解决，也可以通过将所有数据合并到单个批处理中，在单个步骤中解决。另一个重要的区别是初始不确定性的大小。在低不确定性问题中，物体的位姿是近似已知的，只需要根据最新的数据进行更新。这类问题通常出现在跟踪运动物体的过程中，在这种情况下称为位姿跟踪。在全局不确定性问题中，物体可以在大空间内的任何位置，并且可以具有任意姿态。这种情况通常被称为全局定位。当静态物体的位姿未知时，或者作为动态物体位姿跟踪的初始步骤，会出现全局定位问题。当位姿跟踪方法失败并且物体位姿的不确定性变大时，全局定位也是一种解决方法。

置信度往往是一个具有许多局部极值的高度复杂的函数。因此，参数化方法（如卡尔曼滤波器）不能很好地解决这个问题。相反，这个问题通常使用非参数方法解决。置信度的复杂性直接由世界的属性、传感器及其模型引起。有关置信度复杂性的原因和适当的估计方法的更多信息，请参考文献［41.28］第 1 章中关于置信度粗糙度的讨论。

我们首先描述基本的非参数方法，这些方法足够有效地解决多达 3 个自由度的问题。然后，在第 41.2.4 节，我们描述了几种已开发的实时解决全 6 自由度问题的先进方法。

1. 基本非参数方法

非参数方法通常通过点来近似置信度。有两种非参数方法：确定性方法和蒙特卡罗方法（即非确定性方法）。最常见的确定性方法是网格和直方图滤波器（HF）。对于这些方法，点以网格模式排列，每个点代表一个网格单元。最常见的蒙特卡罗方法是重要性采样（IS）和粒子滤波器（PF）。对于蒙特卡罗方法，这些点是从状态空间中随机采样的，称为样本或粒子。

2. 静态案例

通过贝叶斯规则，置信度 $bel(X)$ 可以显示为与 $p(\mathcal{D} \mid X)p(X)$ 成正比。第一个因素是测量模型。第二个因素 $\overline{bel}(X):=p(X)$ 被称为贝叶斯先验值，它表示我们在获得测量值 $\mathcal{D}$ 之前对 X 的置信度。因此，用这个符号，我们可以写出

$$bel=\eta p(\mathcal{D} \mid X)\overline{bel} \tag{41.7}$$

在最常见的情况下，如果只知道物体位于空间的某个有界区域内，则统一先验是最合适的。在这种情况下，置信度 bel 与测量模型成正比，等式（41.7）简化为

$$bel=\eta p(\mathcal{D} \mid X) \tag{41.8}$$

然而，如果提前知道近似物体位姿（例如，从视觉传感器产生的估计），则通常使用近似位姿周围协方差的高斯先验值。

网格方法在每个网格单元的中心计算非标准化的置信度 $p(\mathcal{D} \mid X)\overline{bel}$，然后对所有网格单元进行标准化，以获得置信度 bel 的估计值。

蒙特卡罗方法使用重要性采样。对于均匀先验值，粒子从状态空间均匀采样。对于更复杂的先验，粒子必须从先验分布 $\overline{bel}$ 中采样。将每个粒子的重要性权重设置为测量模型 $p(\mathcal{D} \mid X)$，并对整个重要度权重集进行归一化，使权重之和等于 1。

3. 动态案例

给定测量模型 $p(\mathcal{D} \mid X)$、动力学模型 $p(X_t \mid X_{t-1})$ 和直到时间 t 的测量值 $\{\mathcal{D}_1,\cdots,\mathcal{D}_t\}$，可以使用依赖于贝叶斯递归方程的贝叶斯滤波算法递归地计算置信度：

$$bel_t=\eta p(\mathcal{D}_t \mid X_t)\overline{bel}_t \tag{41.9}$$

为了计算式（41.9），贝叶斯滤波器交替两个步骤：步骤一，动态更新，计算先验置信度，即

$$\overline{bel}_t=\eta\int p(X_t \mid X_{t-1})bel_{t-1}\mathrm{d}X_{t-1} \tag{41.10}$$

步骤二，测量更新，其计算测量模型为 $p(\mathcal{D}_t \mid X_t)$。

基于网格实现的贝叶斯滤波器称为直方图过滤器。直方图过滤器分别为每个网格单元计算式（41.9）。在时间步长 t 的开始，网格单元存储其对来自上一时间步长的 bel_{t-1} 的估计。在动态更新过程中，使用式（41.10）计算该网格单元处的先验 $\overline{bel}_t$ 值，其中积分由所有网格单元的总和代替。在测量更新过程中，在网格单元的中心计算测量模型，并乘以网格单元的值（即先验值）。然后，对所有网格单元的值进行归一化，使其相加为1。由于在动力学更新期间，必须对全部网格中的每个网格单元进行求和，因此直方图滤波器的计算复杂度是网格单元数的二次方。

蒙特卡罗方法的贝叶斯滤波器实现称为粒子滤波器。表示先验 $\overline{bel}_t$ 的粒子集在动力学更新期间生成，如下所示。根据上一时间步长的置信度 bel_{t-1} 对粒子进行重采样（参见参考文献［41.30］中有关重采样的教程），然后根据动力学模型加上一些运动噪声进行移动，产生一组代表先验 $\overline{bel}_t$ 的粒子。测量更新是在上述静态情况下使用重要性采样进行的。注意，与直方图滤波器不同的是，在动力学更新期间没有每个粒子的求和，因此，粒子滤波器的计算复杂度与粒子数成线性关系。

41.2.4　先进推理方法

基本非参数方法虽然适用于某些问题，但也有许多缺点。主要存在两个方面的问题。

1）虽然在空间中定位的刚体有6个自由度，但基本非参数方法只能用于最多3个自由度的定位。超过3个自由度时，由于所需粒子（或网格单元）的数量呈指数级增长，这些方法在计算上变得不可行。指数膨胀的原因如下：为了定位物体，我们需要找到它最可能的位姿，即，bel_t 的峰值。这些峰值（也称为模式）非常窄，因此，空间中需要密集的粒子才能定位它们。达到单位体积相同密度所需的粒子数随自由度的增加呈指数级增长。因此，非参数方法的计算复杂度也随着自由度的增加呈指数级增长。这就是所谓的“维度诅咒”。

2）另一个重要问题是，随着传感器精度的提高，基本非参数方法的性能实际上会下降。这个问题在粒子滤波器中尤其明显。虽然一开始看起来很不直观，但原因很简单。传感器越精确，置信度的峰值越窄。因此，需要越来越多的粒子来找到这些峰值。我们可以称这个问题为“精确传感器诅咒”。

为了克服基本非参数方法的缺点，已经开发了几种更先进的方法。下面，我们将详细介绍一种称为缩放级数的方法，并简要讨论其他一些方法。

1. 缩放级数

缩放级数是一种推理算法，其设计比基本方法更适合于高维问题（见参考文献［41.28］的第2章）。特别是，它能够解决完整的6自由度定位问题。此外，与基本方法不同，缩放级数的精度随着传感器精度的提高而提高。因此，即使在低维问题中，该算法也可能优于基本方法。

缩放级数代表了广义粒子的置信度。每个粒子被认为是整个 δ-邻域的代表，也就是围绕样本点周围半径为 δ 的空间体积。缩放级数不固定粒子总数（如基本方法中所述），而是根据需要调整其数量，以获得主峰的良好覆盖率。峰值宽度可以通过退火来控制，这意味着对于给定的温度 τ，测量模型的幂次方被提高到 $1/\tau$。因此，对于 $\tau=1$，获得原始的测量模型，而对于 $\tau>1$，测量模型被加热。退火使 bel_t 峰变宽，使它们更容易被找到。然而，它也增加了模糊度并降低了准确度（图41.4）。为了确保精度不受影响，缩放级数将退火和迭代细化结合起来，如下所述。

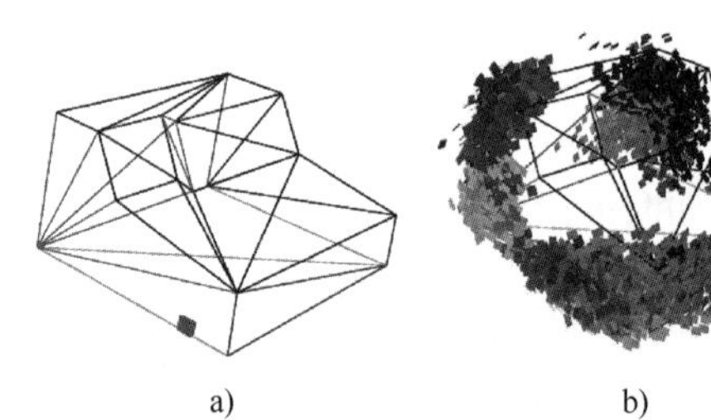

图41.4　收银机本地化的真实和退火置信度[41.28]

a）真实置信度　b）退火置信度

注：收银机模型显示为线框。小的深色方块代表高可能性粒子。注意，退火使问题更加模糊。

（1）静态实例算法　让我们首先考虑先验 $\overline{bel}$ 是均匀的情况。缩放级数从均匀地填充空间中非常宽的粒子（即，大 δ）开始。它评估每个粒子的退火测量模型，并删去空间中的低概率区域。然后，它用稍微窄一点的粒子来细化估计，并反复重复，直到获得足够精确的估计。在迭代过程中通过退火控制峰值宽度，以确保每个粒子都能够很好地表示其 δ-邻域，当 δ 值在迭代过程中减小时，δ-邻域中单位体积粒子的密度保持不变，以保持峰值附近良好的粒子密度。我们可以将 δ 视为峰值宽度，它随着迭代而减小（由于退火）。在每次迭代中，每个峰值的 δ-邻域将具有相同的固定粒子数。

41

算法 41.1 中给出了形式算法列表，其中 S_δ 表示 δ-邻域，dim$X$ 表示状态空间的维数。该算法依赖于三个子例程，即 Even_Density_Cover 子例程从空间体积的每个 δ-邻域中抽取固定数量的粒子。它可以很容易地实现使用拒绝采样。Importance_Weights 子例程使用退火度量模型 $p(\mathcal{D} \mid X)^{1/\tau}$ 计算归一化的重要性权重。Prune 子例程修剪出低概率区域。这一步可以通过加权重采样或对权重进行阈值化来完成。

该算法返回由加权粒子集 $\mathcal{X}$ 表示的置信度的近似值，其中权重 $\mathcal{W}$ 根据测量模型设置，在均匀先验的情况下，该模型与置信度成比例，参考式（41.8）。扩展到非均匀先验值的情况可以通过简单地将得到的权值乘以先验值来完成。在缩放级数开始时，从先验值采样也可能有用。参见 VIDEO 721 中的一个例子，缩放级数成功地应用于收银机的 6 自由度定位。

算法 41.1 信度估计的尺度级数算法

输入：

V_0-初始不确定性区域

$\mathcal{D}$-数据集

M-每个 δ-邻域处的粒子数量

δ_*-δ 的终值

1：$\delta_0 \leftarrow Radius(V_0)$

2：$zoom \leftarrow 2^{-1/\dim X}$

3：$N \leftarrow \lfloor \log 2(Volume(S_{\delta 0}) / = Volume(S_{\delta *})) \rfloor$

4：**for** $n=1$ to N **do**

5：$\delta_n \leftarrow zoom\ \delta_{n-1}$

6：$t_n \leftarrow (\delta_n / \delta_*)^2$

7：$\overline{\mathcal{X}}_n \leftarrow$ Even_Density_Cover(V_{n-1}, M)

8：$\mathcal{W}_n \leftarrow$ Importance_Weights$(\overline{\mathcal{X}}_n, \tau_n, \mathcal{D})$

9：$\mathcal{X}_n \leftarrow$ Prune$(\overline{\mathcal{X}}_n, \mathcal{W}_n)$

10：$V_n \leftarrow$ Union_Delta_Neighborhoods$(\mathcal{X}_n, \delta_n)$

11：**end for**

12：$\mathcal{X} \leftarrow$ Even_ Density_ Cover (V_N, M)

13：$\mathcal{W} \leftarrow$ Importance_Weights$(\mathcal{X}, 1, \mathcal{D})$

输出：

$(\mathcal{X}, \mathcal{W})$-近似于置信度的加权粒子集

（2）动态实例　可以使用与直方图滤波器相同的技术将缩放级数扩展到动态情况。在测量更新过程中，利用具有统一先验的标度序列估计测量模型。这将生成一组加权粒子 $\mathcal{X}_t$。在动力学更新期间，通过贝叶斯递推方程（41.9）调整重要性权重以捕获运动模型。为此，对于 $\mathcal{X}_t$ 中的每个粒子 X_t，重要性权重乘以先验 $\overline{bel}_t(X_t)$，与直方图滤波器一样，通过将式（41.10）中的积分替换为求和来计算点 X_t 处的先验值，但现在求和是对 $\mathcal{X}_{t-1}$ 中的所有粒子进行的。有关动态缩放级数的其他版本，请参阅参考文献［41.28］中的第 2 章。

2. 其他先进推理方法

其他先进的方法已经被用来解决触觉物体的定位问题，包括退火粒子滤波器（APF）[41.25]、GRAB 算法[41.31]，和流形粒子滤波器（MPF）[41.32]。

APF 算法类似于缩放级数，因为它也使用粒子和迭代退火。该算法最初是为基于视觉数据的关节式物体跟踪而开发的[41.33,34]。与缩放级数不同的是，APF 算法在每次迭代中保持粒子数不变，并根据生存率从粒子集本身导出退火计划。由于这些特性，APF 算法在多模态场景中处理能力较差[41.35]，这在触觉物体定位中非常普遍。

GRAB 算法基于网格和测量模型边界。它根据测量模型边界进行迭代网格细化和低概率网格单元修剪。与大多数推理方法不同的是，只要测量模型边界是合理的，GRAB 算法就能够提供有保证的结果。它非常适合于具有许多不连续性的问题，例如，当测量模型中使用负面信息时。然而，对于平滑测量模型（如邻近模型），GRAB 算法已被证明比缩放级数慢[41.28]。

与缩放级数的动态版本类似，MPF 算法从测量模型中采样粒子，并通过动力学模型对其进行加权。然而，为了从测量模型中采样，MPF 算法从接触流形中提取一组粒子，定义为接触传感器而不穿透的一组物体状态。然后，MPF 算法通过使用动力学模型向前传播先验粒子并应用核密度估计对这些新粒子进行加权。由于接触流形是比物体位姿的全状态空间更低维的流形，MPF 算法比传统的 PF 算法需要更少的粒子。目前还不知道这种改进是否足以处理完整的 6 自由度问题。然而，已经证明，MPF 算法能够处理精确的传感器[41.32]。虽然 MPF 算法提供了一种从单一触点的接触流形中进行采样的方法，但不清楚如何将这种方法扩展到多个同时接触的情况。

41.2.5 规划

为了定位一个物体，我们需要一个收集数据的策略。由于每个接触动作都需要花费大量的时间来执行，因此用尽可能少的接触来完成任务就显得尤

为重要。在本节中，我们将介绍如何生成备选动作，以及如何选择要执行的动作，目标是定位物体或以较高的成功率抓住物体。

1. 备选动作生成

为触觉定位选择动作的第一步是生成一组备选动作。当物体的位姿不确定时，我们希望避免撞倒物体或损坏机器人。因此，动作通常是有保护的动作，机器人在检测到接触时停止移动。对于多指机器人，在检测到接触时闭合手指可能是有利的，以便每个动作产生一个以上的接触点。

备选运动可以以类似于随机或启发式抓取规划方法（如参考文献［41.36］或［41.37］）的方式自动生成。如果目标是生成多个指尖接触，这种方法特别有用，因为任何可能抓住物体的运动也可能导致信息接触。

一种选择是根据物体的形状生成一个很好的备选运动区间，并相对于物体当前最可能的状态执行它们，如参考文献［41.38］所示。另一种选择是生成相对于世界是固定的一个更大的运动区间，如参考文献［41.39］所示。最后，我们可以生成专门针对消除歧义功能的路径。例如，Schneiter 和 Sheridan[41.40]展示了如何选择能够确保消除剩余物体形状和位姿假设之间歧义的路径，或者如果没有这种可能性，如何选择至少能够保证学习某些东西的路径。

2. 贝叶斯规划公式

一旦创建了一个备选运动区间，选择下一个最优动作的问题就可以被描述为一个部分可观测马尔可夫决策过程（POMDP）。有关 POMDP 的详细信息见第1卷第14章。简单地说，POMDP 由一组状态 $\mathcal{X}:=\{X_i\}$、一组动作 $\mathcal{A}:=\{A_j\}$、一组观察 $\mathcal{D}:=\{D_k\}$ 组成。第41.2.2节中的测量模型和动力学模型现在都以所采取的动作 A 为条件。这种变化在问题的动态贝叶斯网络表示中清晰可见：比较图41.5和图41.1b。因此，动力学模型现在是 $p(X_t \mid X_{t-1}, A_t)$，在 POMDP 中通常称为过渡模型。它表示状态 X_t 的概率分布，假设我们处于状态 X_{t-1} 并执行动作 A_t。对于状态 X 连续的问题，通常使用网格或一组粒子对状态空间进行离散化。

对于触觉物体定位，状态是实际的物体位姿，动作是我们的备选机器人运动（可能接触或不接触物体），观察结果可以包括执行动作时获得的触觉和/或本体感知信息。我们实际上不知道真实的潜在物体位姿，但是在任何给定的时间 t，我们可以使用第41.2.3节中描述的方法来估计关于物体位姿的不确定置信度 bel_t。在 POMDP 中，置信度通常被称为置信度状态。

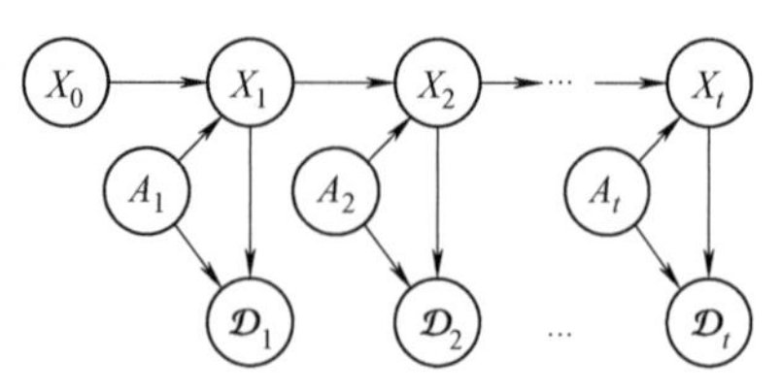

图 41.5 规划问题的贝叶斯网络表示

注：它与图41.1b的区别。测量 $\mathcal{D}_t$ 现在取决于状态 X_t 和选择的动作 A_t。状态 X_t 基于先前的状态 X_{t-1} 和所选择的动作 A_t 两者而演进。

POMDP 策略为每个可能的置信度指定一个动作 A。直观地说，对于任何可能的起始状态，都有一个最优策略可以使机器人最有效地到达目标状态。这个最优策略可以使用值或策略迭代算法来找到。然而，对于触觉定位问题，这些算法通常在计算上是禁止对状态空间进行任何实际离散化的。因此，该问题通常是用近似于状态子集的最优策略的方法来解决。例如，在线重新规划使用一步或多步前瞻并非是最佳的，但通常具有良好的效果。

对于触觉定位问题的一个子集，向前看一步几乎是最优的[41.41]。这类问题满足两个假设：①物体是静止的，接触时不会移动（如重型器具）；②所考虑的动作是一组固定的运动，而与当前的置信度无关。基于这些假设，触觉定位问题可以描述为一个自适应的子模块信息收集问题。自适应子模块化是信息收集问题的一个性质，在这个问题中，操作的回报率是递减的，并且采取额外的操作不会导致信息的丢失。

3. 向前看一步

一种选择下一个动作的方法是考虑每个动作对物体位姿的预期效果。图41.6显示了不同行为对不同置信度影响的示例。

基于当前置信度 bel_t 中可能的物体位姿，我们需要考虑每个动作 A 的可能结果。然而，同一个动作可能会导致不同的结果，这取决于实际的物体位姿，这是我们无法确切知道的。

（1）模拟试验　由于我们不能准确地确定动作 A 的影响，我们通过一系列的模拟试验来近似它。设 $\mathcal{X}_t$ 为当前的一组状态假设。对于直方图滤波器，这可以是整组 $\mathcal{X}$。对于粒子滤波器，它是当前的粒子集。对于每个特定的物体位姿 $X\in\mathcal{X}_t$，我们可以使用几何模拟来确定手将沿着保护动作 A 停止的位置，以及我们可能看到的观察结果 D。然后，我们

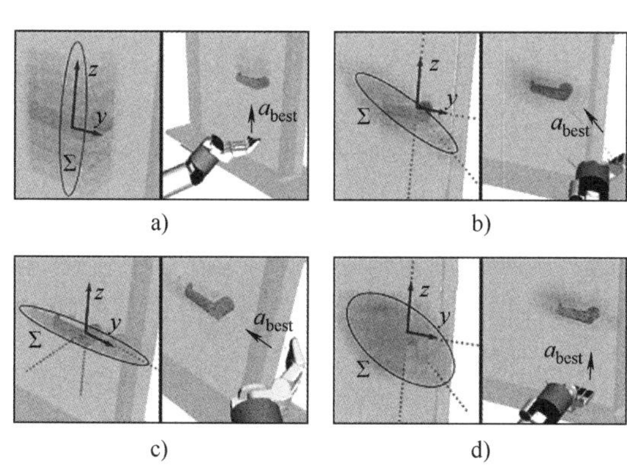

图 41.6 使用基于 KLD 的实用函数选择一个操作（在定位门把手的示例上）。对于每个示例，左侧显示开始的置信度 bel_t。右侧显示选择的操作 $A:=a_{best}$ 和执行该操作后产生的置信度贝 bel_{t+1}。颜色显示状态的概率，范围从高到低
a）沿 z 轴的窄先验值 b）沿 z-y 轴对角线的先验值 c）沿 y 轴的窄先验值 d）沿 z-y 轴对角线的宽先验值[41.39]

可以对 bel_t 进行贝叶斯更新，以获得在选择动作 A 并产生观察值 D 时将产生的模拟置信度 $\widetilde{bel}_{A,D}$。让 $\mathcal{D}_A$ 表示我们使用这些试验获得的动作 A 的所有模拟观察的集合。

为了完全解释所有可能的结果，我们需要模拟动作 A 的所有可能的噪声执行和所有可能产生的噪声观测值 D。然而，在实际中将我们的考虑局限于无噪声模拟集效果更好。

每个动作 A 还可能有一个相关的成本 C（A，D），它表示执行 A 的代价或风险有多大。注意，动作成本可能取决于观察值 D。例如，如果成本是执行一个动作所需要的时间量，那么取决于感应触点的位置，相同的保护动作将沿着轨迹在不同的时间停止。

（2）效用函数 为了决定采取哪种动作，我们需要定义一个效用函数 $U(A)$，它允许我们比较不同的可能动作。效用函数既要考虑动作的效用，又要考虑动作的成本。

为了对物体进行定位，我们需要减少物体位姿的不确定性。因此，我们可以根据结果置信度的不确定性来衡量动作的有用性。直觉上，不确定性越低，动作的有用性就越高。置信度中的不确定性可以用熵来度量，对于概率分布 $q(X)$ 定义为

$$H(q):=-\int q(X)\log q(X)\mathrm{d}X \qquad (41.11)$$

对于每个模拟的置信度 $\widetilde{bel}_{A,D}$，我们将其效用定义为其效用的线性组合（即确定性）和成本：

$$U(\widetilde{bel}_{A,D}):=-H(\widetilde{bel}_{A,D})-\beta C(A,D) \qquad (41.12)$$

式中，β 是一个权衡成本和有用性的权重[41.39]。因为我们不知道在执行动作 A 之后会得到什么样的观察结果，所以我们将其效用定义为基于所有可能的观察结果的结果置信度的预期效用：

$$U(A):=\mathbb{E}_D[U(\widetilde{bel}_{A,D})] \qquad (41.13)$$

在模拟试验的基础上，该期望值可以估计为所有试验的加权和，即

$$U(A)\approx\sum_{D\in\mathcal{D}_A}w_D U(\widetilde{bel}_{A,D}) \qquad (41.14)$$

式中，权重 w_D 是用于生成观察结果 D 的状态 X 的概率。更具体地说，对于状态空间的网格表示，每个 $D\in\mathcal{D}_A$ 是使用一些 $X\in\mathcal{X}_t$ 生成的，因此，w_D 是为在网格点 X 估计的置信度。如果 $\mathcal{X}_t$ 由一组加权粒子表示，那么 w_D 是用于生成观察结果 D 的粒子 $X\in\mathcal{X}_t$ 的权重。

考虑到这个效用函数，执行的最佳操作是具有最高实用程序的操作：

$$A^{best}:=\underset{A}{\operatorname{argmax}}[U(A)] \qquad (41.15)$$

由于效用函数依赖于负熵，使该效用函数最大化的方法通常称为熵最小化方法。

（3）替代措施 其他有用性的度量同样也是可行的，例如减少置信度的平均方差或模拟置信度与当前置信度的 Kullback-Leibler 散度（KLD）。然而，KLD 仅适用于物体静止的问题，因为该度量不支持变化状态。图 41.6 所示为使用 KLD 度量的动作选择。

如果目标是成功地抓取物体，而不仅仅是将其定位，那么选择能够最大化抓取成功概率的动作比简单地最小化熵更有意义。例如，抓取的成功标准可以用几何形式表示为任务成功所需的物体位姿的不确定性特定范围尺寸。对于一个给定的置信度，我们可以将执行所需的、任务导向的抓取会成功的物体位姿（状态）的概率相加，并将该值最大化，而不是最小化熵。操作选择仍然可以使用向前看一步来完成。使用这个指标而不是式（41.12）中的指标，只会让我们专注于减少重要维度的不确定性，而对不重要维度的关注较少[41.42]。例如，如果只需要成功地抓住一个近似圆柱形物体，那么它的轴向旋转就不重要了。

4. 置信度空间中的多步规划

虽然在某些情况下，一步先行的方法给出了很好的结果，但在其他情况下，多步先行可能是有利的。如果操作需要很长时间才能执行，和/或如果

计划可以存储并重复用于多次操作尝试，则多步先行就显得尤其有利。

可通过构造有限深度搜索树（图41.7用于说明）来执行多步前瞻。从目前的置信度出发，我们考虑可能的第一步动作 A_1，…，A_3，以及模拟观察 D_{11}，…，D_{32}。对于每个模拟观察，我们执行置信度更新以获得模拟置信度 B_{11}，…，B_{32}。对于每个模拟置信度，我们考虑可能的第二步动作（其中仅显示 A_4，…，A_6）。对于每个第二步动作，我们再次模拟观察并计算模拟置信度。对第三步操作、第四步操作等重复此过程，直到达到所需的步骤数。图41.7中的例子显示了向前看两步的搜索树。

树从上到下构造到所需深度后，从下到上执行评分。叶置信度使用所选的效用度量进行评估。在图41.7的示例中，所示的叶是 B_{41}，…，B_{62}。对于每片叶子，我们展示了熵 H 和成本 βC。然后通过对该行为模拟的所有观察值取期望值来计算每个相应行为 A_4，…，A_6 的效用。请注意，我们必须在这个层级上进行预期，因为我们无法控制将实际观察哪些模拟观测。然而，在下一个层级上，我们确实可以控制要执行的操作，并且选择具有最大效用的操作[41.42]。我们计算置信度 B_{11}，…，B_{32} 的效用，方法是从子系统的最佳动作的效用中减去它们的成本。例如：

$$U(B_{22})=U(A_6)-\beta C(A_2,D_{22}) \tag{41.16}$$

通过这种方式，可以对树的多个层级进行预期和最大化，直到到达树的顶部。最高层级的最大化选择下一步要执行的最佳操作。图41.7中的粗线显示了该算法根据可能的观察结果认为是最佳的可能动作序列。

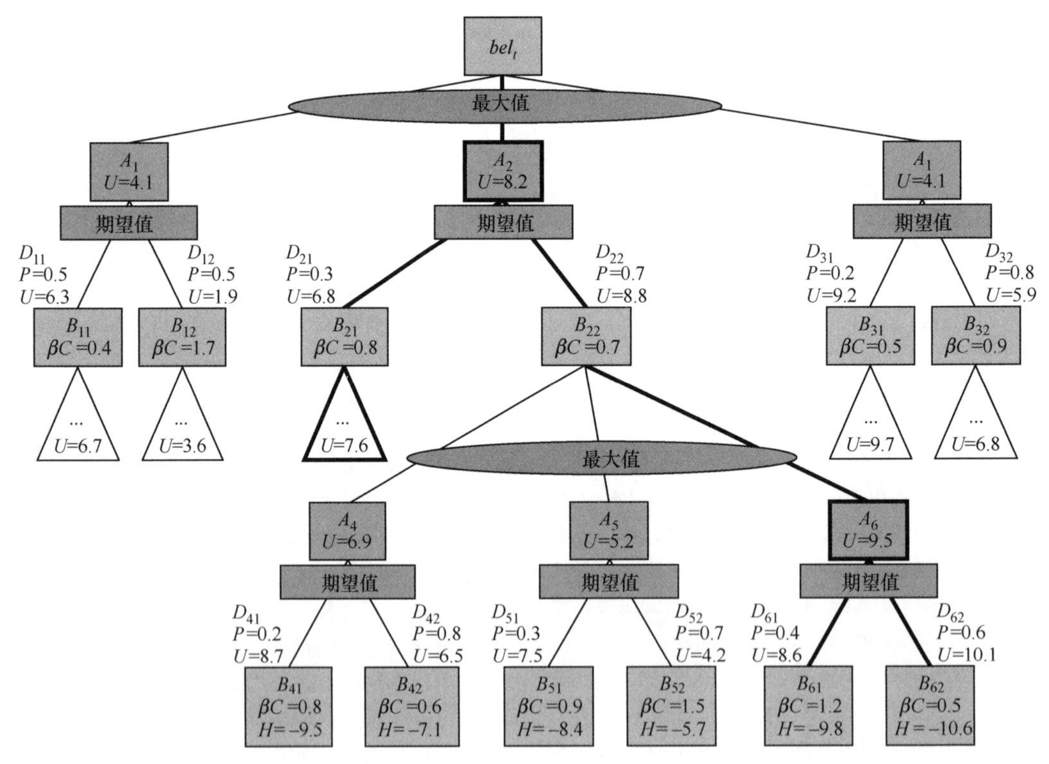

图41.7　基于置信度空间、深度为2的搜索树的一部分

注：每个层级上有三个动作，每个动作有两个典型观察；bel_t 是当前的置信度；A_1，…，A_6 是动作；D_{11}，…，D_{62} 是模拟观测值；而 B_{11}，…，B_{62} 是模拟置信度。我们可以计算叶的熵 H 和动作成本 βC，从而计算每个叶的效用 U。然后，从下往上，我们可以计算出动作 A_4，…，A_6 的期望效用 U；把它们的子系统加权求和。然后，我们选择效用最大的动作（本例中为 A_6），并通过式（41.16）使用其效用 $U(A_6)$ 计算节点 B_{22} 处的效用[41.16]。对上层重复相同的操作，在顶层，我们最终选择置信度最高的操作作为要执行的最佳操作（本例中为 A_2）。[41.22]

当搜索到大于1的深度时，对每一个可能的观测进行分支化很可能是禁止的。相反，我们可以根据观测值的相似程度将它们聚类成少量的规范观测值，并且只在这些规范观测值上进行分支化。

执行多步搜索允许我们将所需的最终抓取作为操作包含在内。如果满足成功标准，这些操作可能导致提前终止，但如果不满足标准，也可以作为可能的信息收集动作。它还允许我们对可能需要的操作进行推理，以便使所需的抓取成为可能，如重新定位物体使其达到可触及范围。如参考文献[41.42]所示，两步的前瞻搜索通常就足够了。搜索深度为 3 通常不会产生额外的好处。图 41.8 和 VIDEO 77 中显示了在抓取电钻过程中，使用深度为 2 的多步搜索来获取信息、抓取和物体重新定向的完整序列。

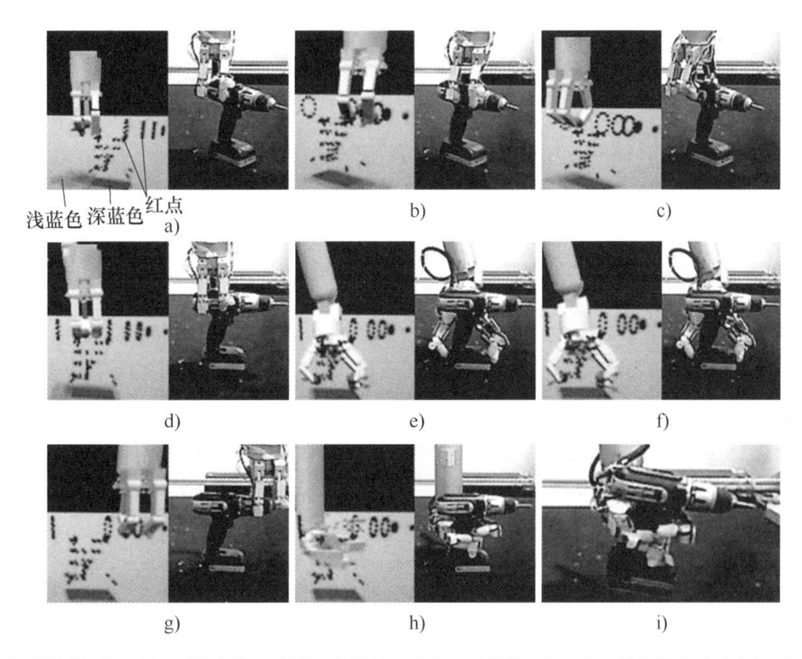

图 41.8 基于置信度空间、深度为 2 的搜索抓取电钻的示例顺序。每对图像的右侧显示刚刚执行的抓取动作，而左侧显示最终的置信度。深色扁平矩形和电钻的离散点轮廓显示最可能的状态，而浅色矩形显示的状态与每个维度 (x,y,θ)

a、b、c、e、f、g）用于定位钻削的信息收集抓取 d）机器人调整钻削方向以使所需抓取在可触及范围内 h、i）机器人在钻削上使用所需的最终抓取，提升并成功拉动触发器[41.42]

5. 其他规划方法

在对触觉物体定位和抓取执行贝叶斯状态估计时，有许多其他可能的方法来选择操作。只要我们继续用上面描述的一种推理方法跟踪置信度，即使是随机操作也可以朝着成功地定位物体的方向进展。在这一节中，我们将描述一些显著不同的贝叶斯物体定位的动作选择方法。到目前为止，我们所描述的规划方法要么使用保护动作，要么移动直到接触，以避免干扰或撞倒物体。然而，在推进抓取过程中，可以使用物体推动的动力学来定位和约束物体的位姿，如 Dogar 和 Srinivasa[41.43]的文章中所述。

此外，我们可以把较小的运动看作可以建立较大轨迹的动作，而不是把整个轨迹当作动作。在这种情况下，一步或两步的前瞻性将不足以获得良好的结果。相反，我们需要构建由许多步骤组成的计划。换言之，我们需要更长的规划时间。如上所述，所面临的挑战是通过置信度空间进行搜索在规划范围内是指数级的。在 Platt 等的研究[41.44]中，作者通过假设当前最有可能的状态为真，并寻找既能达到目标，又能将当前最有可能的假设与其他抽样的竞争状态区分开来的更长时间范围的规划来回避这个问题。如果我们在执行过程中监控置信度，并在置信度偏离超过设定的阈值时重新规划置信度，最终会达到目标，因为每个假设要么得到确认（从而达到目标），要么被推翻。

最后，虽然上述方法可用于规划我们所称的全局定位（即高度不确定性下的物体定位），但如果物体需要在更广泛的背景中进行定位，如在厨房某处尝试定位物体时，则我们可能必须规划使用更高级别的操作（如打开橱柜）来收集信息。这种行为可以用象征性的任务规划来推导，如 Kaelbling 和 Lozano Perez[41.45]的文章中所述。

41.3 了解物体

虽然上一节的重点是对已知物体的定位，但在本节中，我们将讨论了解先前未知物体或环境的方法。目标是构建物体的表示，之后可以用于物体的定位、抓取规划或操作。可能需要估计许多特性，包括形状、惯性、摩擦、接触状态等。

41.3.1 刚性物体的形状

在这组问题中，目标是通过接触物体来构造物体几何形状的二维或三维模型的。由于数据采集率较低，与基于密集三维相机或扫描仪的方法相比，基于接触的形状重建面临着特殊的挑战。这些挑战决定了物体表示和探索策略的选择。

虽然大多数形状重建的工作集中在末端执行器的戳动运动上，但有些方法依赖于诸如在配备触觉传感器的平面手掌之间滚动物体等技术。在这些方法中，物体在手掌上的接触曲线可以重建物体的形状。这些方法最初是针对平面二维物体开发的[41.46]，后来又扩展到三维物体[41.47]。

1. 表征

形状重建过程在很大程度上依赖于所选择的表示。由于数据稀疏，一个简单的形状表示可以大大加快形状获取过程。

（1）形状基本体　最简单的表示是基本形状：平面、球体、圆柱体、圆环体、四面体或立方体。在这种情况下，只需要根据收集的数据估计几个参数。例如，Slaets 等[41.49]通过将立方体压在桌子上进行柔顺运动来估计立方体的大小。

（2）基本体的简单组合　如果一个基本体不能很好地描述整个物体，可以使用几个基本体的简单组合。物体的部分用不同原语的子曲面表示，这些子曲面融合在一起[41.48]（图41.9），见 VIDEO 76 。在这种情况下，需要一种细化原语之间融合边界的策略，并且可以为此目的收集额外的数据。

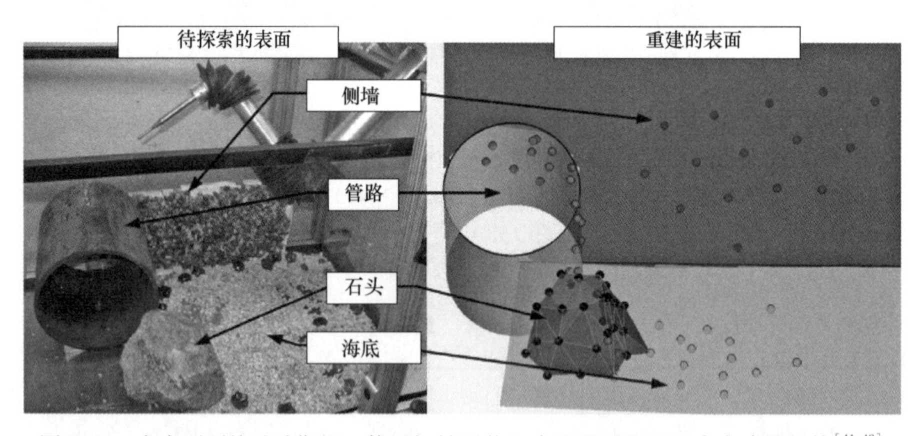

图41.9　在水下测绘试验期间，使用初始形状和多边形网格的组合来建模物体[41.48]

（3）超级二次曲面　稍微复杂一点的基本体形状是一个超二次曲面，它比简单的基本体具有更大的灵活性。超二次曲面在球坐标系中表示为

$$S(\omega_1,\omega_2):=\begin{pmatrix} c_x\cos^{\varepsilon_1}(\omega_1)\cos^{\varepsilon_2}(\omega_2) \\ c_y\cos^{\varepsilon_1}(\omega_1)\cos^{\varepsilon_2}(\omega_2) \\ c_z\sin^{\varepsilon_1}(\omega_1) \end{pmatrix} \quad (41.17)$$

式中，参数 c_x、c_y 和 c_z 分别描述了超二次曲面沿 x、y 和 z 轴的范围。通过调整指数 ε_1 和 ε_2，我们可以改变从椭圆到长方体的任意形状。例如，设置 ε_1，$\varepsilon_2 \approx 0$ 将生成长方体形状；$\varepsilon_1 = 1$，$\varepsilon_2 \approx 0$ 形成圆柱体；ε_1，$\varepsilon_2 = 1$ 形成椭圆。因此，通过估计 c_x、c_y、c_z、ε_1 和 ε_2，我们可以对各种形状进行建模[41.50]。

（4）多边形网格　当没有任何参数化表示能够很好地捕捉物体的形状时，可以使用多边形网格。多边形网格可以表示任意形状，因为它由连接在一起形成曲面的多边形（通常是三角形）组成（图41.2）。最简单的方法是连接收集的数据点来创建网格面（即多边形网格）。然而，这种方法往往低估了物体的总体大小，因为很少收集物体拐角处的数据点。这种效应即使对于密集的三维传感器也是存在的，但由于数据的稀疏性，在这里尤其明显。通过为每个多边形面收集多个数据点，然后与多边形面相交以获得网格的角点，可以获得更精确的表示。然而，这往往是一个更复杂的手动过程[41.28]。

（5）点云　物体也可以表示为聚集的数据点云。在这种情况下，表示的准确性直接取决于收集数据的密度。因此，这些方法通常花费大量时间收集数据[41.51,52]。

（6）样条曲线　二维物体可以用样条曲线表示。例如，Walker 和 Salisbury 使用接近传感器和平面机器人绘制放置在平面上的平滑形状[41.53]（图 41.10）。

（7）体积栅格地图　物体也可以用体积栅格表示。对于二维物体，这种表示称为占据栅格图。对于三维物体，它被称为体素栅格贴图。每个网格单元表示曲面（或空间）的一小部分，并记录一个二进制值（例如，单元是否被占用）。该值是基于收集的数据，使用概率方法估计的，类似于使用二维激光进行移动机器人绘图的方法[41.48,54]（图 41.11）。有关占据栅格图的更多信息，请参见第 45 章。

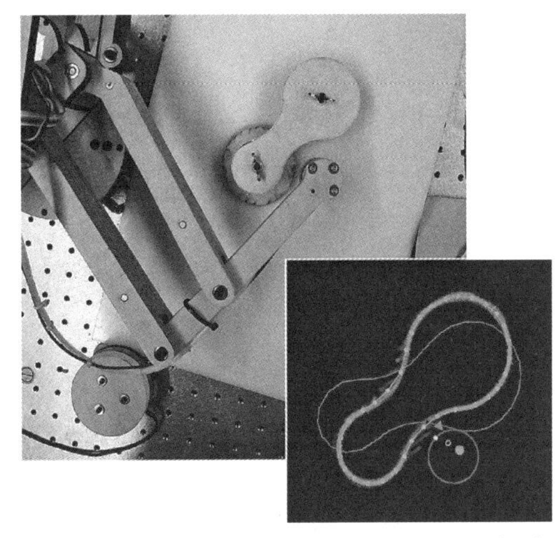

图 41.10　二维物体被探索并用样条曲线表示[41.53]

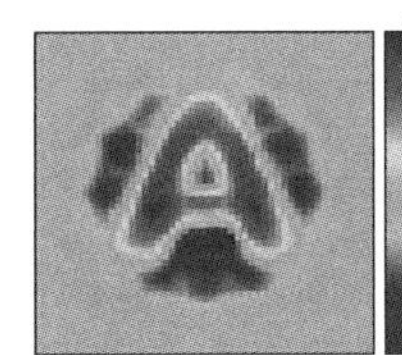

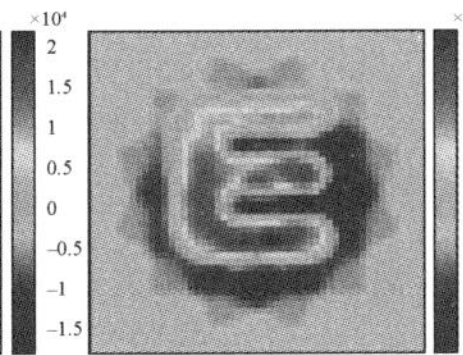

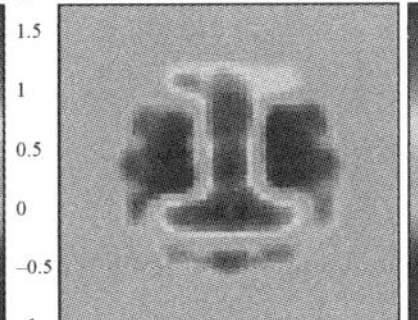

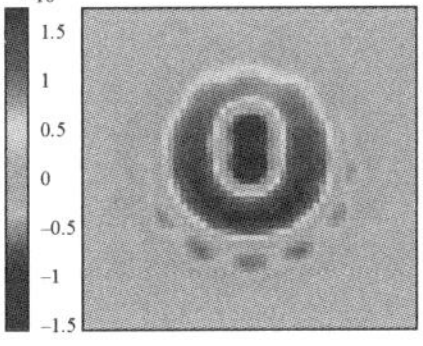

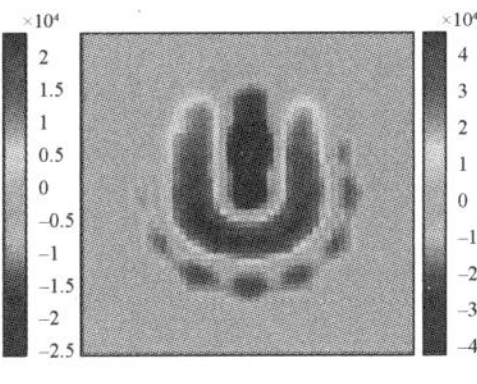

图 41.11　从触觉图像重建字母

注：像素以对数优势形式由占用概率着色。可以看出，字母本身的概率较高，在进行测量的周围区域的概率较低，在周围未感测区域的概率下降到先前的概率[41.54]。

2. 数据收集

映射期间可以收集不同类型的数据。触觉阵列图像可以为映射平面物体提供非常丰富的信息。感测末端效应器接触给出物体表面上的三维数据点。甚至在没有感觉皮肤的情况下，也可以估计链接接触并用于映射（更多细节见第 41.3.4 节）。此外，操作臂扫过的体积也提供了负面信息，即该体积中没有障碍物。所有这些信息都可以用来绘制地图和规划下一步最有意义的动作。

（1）引导探索　在许多应用中，可以由人类操作员指导数据收集。这种方法允许更精确的模型建立，因为人类可以选择最佳点来感知物体。人类还可以建立可变精度模型，在模型中，在感兴趣的区域/特征附近收集的数据越多，在其他地方收集的数据越少。

（2）自主探索　当需要自主建模时，存在许多探索策略。最简单的方法是随机选择传感位置。然而，当使用随机采样时，收集数据的密度可能会有所不同。穷举策略可以确保以指定的密度收集点。三角形格子排列是这种策略的最佳选择；然而，这种方法需要相当长的时间。通过考虑可以获得的信息量，可以做出关于下一个感测位置的最佳决策。这些技术类似于第 41.2.5 节中描述的技术。参考文献［41.48］比较了几种初始的和高级的触觉映射策略。

41.3.2　铰接体

在前面的所有章节中，我们都关注刚性物体，它们往往更易于建模。就复杂性而言，下一步是由几个刚性部分组成的物体，它们可以相对移动。这些物体被称为铰接体。对于许多物体，通过移动关节或旋转关节，相互连接部件的运动仅限于 1 个或 2 个自由度。铰接体的示例包括简单物体，如门、橱柜抽屉和剪刀，以及更复杂的物体，如机器人甚至人类（图 41.12）。

操作可以在建立新型铰接体中起着重要的作用。通过对铰接体的一个部分施加力，我们可以观察其他部分如何移动，从而推断各部分之间的关系。观察可以通过触觉或其他感觉来进行，如视觉。例如，如果一个机器人手臂顺从地拉/推一扇门，它的轨迹允许机器人确定门的宽度[41.57]。或者，如果一个机器人手臂推动一把剪刀的一个手柄，可以通过头顶相机跟踪视觉特征来推断剪刀关节的位置（图41.13）。

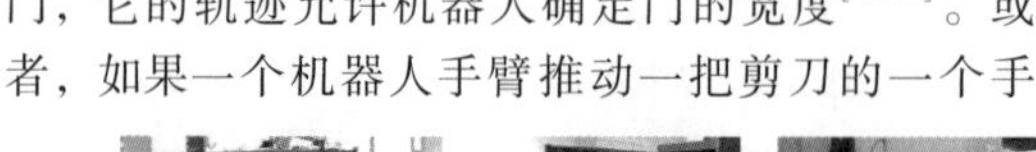

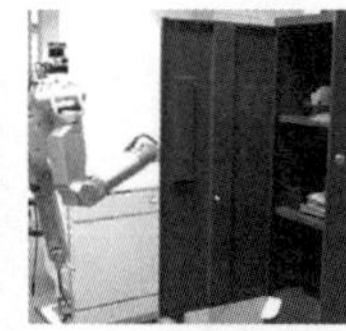
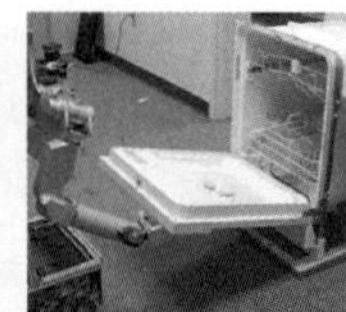

图41.12　机器人操作各种常见的铰接体

注：从左到右：向右打开的柜门、向左打开的柜门、洗碗机、抽屉和滑动柜门[41.55]。

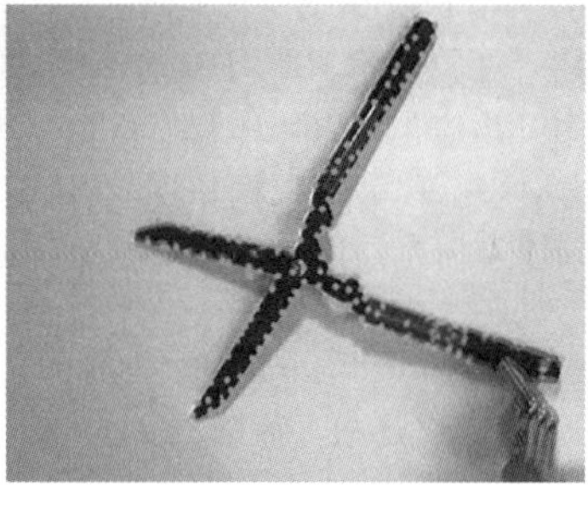

a)　　　　b)

图41.13　机器人探索铰接体[41.56]

a）机器人手臂推动剪刀的一个手柄以推断其关节的位置　b）机器人相机的视图，跟踪的视觉特征显示为圆点

由多个旋转关节和移动关节组成的运动结构可以表示为一个关系模型，它描述了物体零件之间的关系。为了建立多关节物体的关系模型，机器人需要一种有效的探测策略来收集数据。探测任务可以使用马尔可夫决策过程来描述，类似于第41.2.5节中讨论的过程。由于目标是学习关系模型，这些马尔可夫决策过程（MDP）被称为关系马尔可夫决策过程（RMDP）。在RMDP的帮助下，机器人可以学习探索以前未知的关节物体有效的策略，学习它们的运动学结构，然后操作它们以达到目标状态[41.56]。

某些运动学结构不完全由旋转关节和移动关节组成。一个常见的例子是车库门，它沿着弯曲的轨迹滑进滑出。一般的运动学模型可以用高斯过程来表示，高斯过程可以捕捉零件之间的旋转、移动和其他类型的连接[41.55]（可参考 VIDEO 78）。

41.3.3　可变形物体

比铰接体更复杂的是可变形物体，它们可以移动形成任意形状。其中最简单的是一维可变形物体，如绳索、弦和电缆。这些物体通常建模为具有任意变形能力的线形物体（拉伸除外）。在参考文献［41.58］中可以找到许多方法。

一种更复杂的可变形物体是平面可变形物体，如织物或可变形塑料板。虽然这些物体可以表示为节点网络，但对这些节点之间的交互进行建模可能代价高昂，而且并不总是必要的。例如，Platt等[41.59]开发了一种通过在机器人手指之间扫动平面可变形物体来绘制地图的方法（图41.14）。这些地图可以在随后的刷卡过程中用于定位，方式类似于地图上的室内机器人定位。

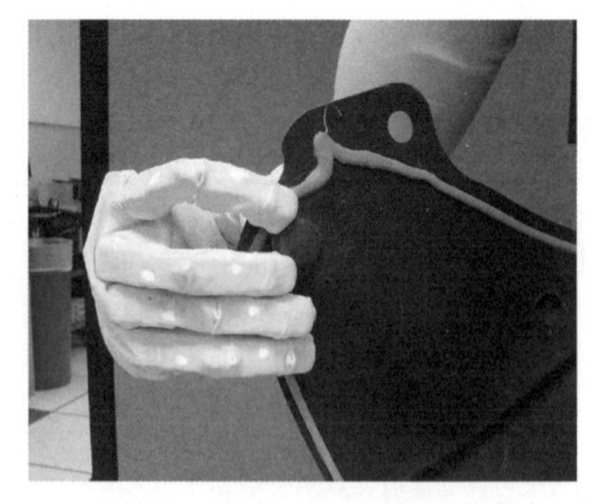

图41.14　用机器人探测二维可变形物体[41.59]

最复杂的可变形物体是三维可变形物体。这类物品包括我们日常生活中各种各样的物品：海绵、沙发和面包只是几个典型例子。此外，在医疗机器人中，人体组织通常必须建模为三维可变形物体。由于这些物体的刚度和组成可能不同，因此需要将

它们建模为节点网络，不同节点之间可以发生不同的交互。这种模型通常需要大量的参数来描述甚至相当小的物体。但是，通过假设物体的子区域具有相似的特性，可以获得一些效率方面的改进。尽管存在挑战，三维可变形物体建模有许多有用的应用，例如，手术模拟器或三维图形。Burion 等[41.60]将三维物体建模为一个质量-弹簧系统（图 41.15），其中质量节点通过弹簧相互连接。通过对物体施加力，我们可以观察弹簧的变形并推断弹簧的刚度参数（即，伸长、弯曲和扭转）。

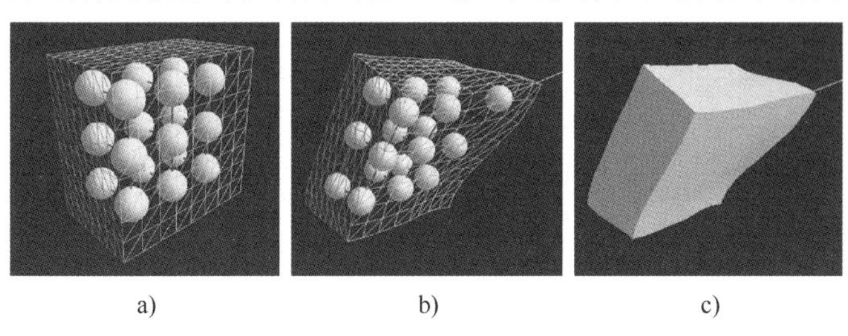

a) b) c)

图 41.15 三维可变形物体模型

a）静止的物体 b）受外力影响的物体之一 c）受外力影响的物体之二

41.3.4 接触估计

到目前为止，我们假设在数据收集过程中的接触位置是已知的。然而，对机器人来说，确定接触点并不像对人那么简单，因为机器人并没有完全覆盖感觉皮肤。因此，在机器人与其环境的交互过程中，机器人的无传感部件可以与环境接触。如果这种接触未被检测到，机器人和/或环境可能会受到损害。因此，接触感应通常通过将传感器放置在末端执行器上并确保传感轨迹不会使机器人的无传感部分与环境接触来执行。

显然，仅末端执行器的感知作为一个重要的约束，在现实条件下很难满足。关于全身感觉皮肤的研究正在进行中[41.61]，然而目前只有机器人表面的一小部分被感觉皮肤覆盖。

代替感觉皮肤，通过柔顺运动的主动运动估计机器人和环境的几何接触情况。一旦检测到机器人与环境之间的接触（例如，通过关节力矩或角度的偏差），机器人将切换到主动传感程序。在这个过程中，机器人通过向环境施加一个小的力并往复移动来执行柔顺的运动（无论是硬件还是软件）。直观地说，机器人的身体在移动时会划出自由空间，因此，通过几何推理，可以推断出环境的形状和接触点。然而，从数学的角度来看，这可以用几种不同的方法来实现。

最早的方法之一是由 Kaneko 和 Tanie 开发的，他们提出了自我位姿变化（SPC）方法[41.63]。在 SPC 中，柔顺运动期间手指表面的交点被视为接触点。这种方法在环境曲率较高的区域（如拐角）效果更好，但在曲率较低的区域会产生噪声。与 SPC 不同，Jentoft 和 Howe 的空间扫描算法[41.62]将手指表面上的所有点标记为可能的接触，然后逐渐排除这种可能性（图 41.16）。空间扫描算法在曲率较低的区域提供较少的噪声估计，但即使是环境表面的最小干扰也更容易受到影响。

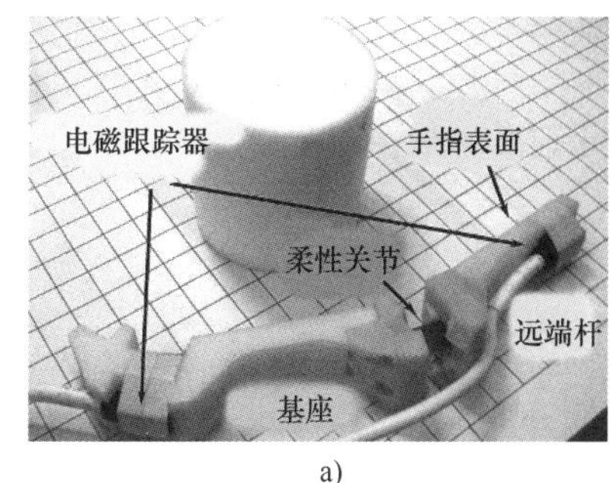

a)

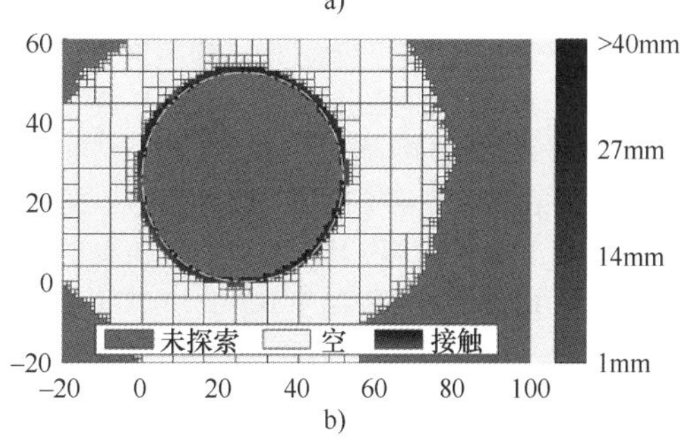

b)

图 41.16 空间扫描算法示例

a）用于接触传感的双连杆兼容手指 b）由空间扫描算法建立的结果模型[41.62]

在数学上，接触估计也可以表示为贝叶斯估计问题。如果机器人使用上述柔顺运动移动，则传感器数据表示机器人的关节角度。状态是环境的形状和位置，使用第 41.3.1 节中描述的一个刚性物体模型来表示。然后，可以使用概率测量模型（如第 41.2.2 节中描述的邻近模型）对每个可能的状态进行评分，并且可以使用贝叶斯推理方法解决问题[41.64]。

41.3.5　物理属性

到目前为止，我们主要研究物体的形状和关节。与视觉数据相比，使用触觉数据有一些优势，但视觉数据也可用于生成形状和关节模型。然而，物体的许多特性仅凭视觉是不容易检测到的，如表面纹理和摩擦力、惯性特性、刚度或导热系数。

1. 摩擦和表面结构

可以通过在物体上拖动指尖来估计表面摩擦、纹理和表面粗糙度。以不同速度在表面上拖动指尖所需的力可用于估算表面摩擦参数[41.65-67]。加速度计或压力数据有助于估计表面粗糙度（通过滑动时振动的幅度和频率）[41.67,68]，或更直接地使用分类技术，如支持向量机（SVM）或 k 邻域（k-NN）[41.69] 识别表面纹理。在表面上拖动指尖的位置对于估计表面粗糙度和绘制小的表面特征也很有用[41.65]。根据滑动发生时施加的法向力[41.70,71]，静摩擦力通常也被估计为在抓取过程中避免物体滑动的副产品。最后，通过将物体推到不同的位置并观察其移动方式，可以估计物体在表面上滑动时的支撑摩擦分布[41.53,72]。

2. 惯性

Atkeson 等[41.73] 利用腕力/力矩传感器的测量值，估计被抓取物体的质量、质心（COM）和惯性矩。没有抓住但放在桌子上的物体可以被推；如果已知指尖的推力，就可以估计物体的质量、质心以及平面中的惯性参数。Yu 等[41.74] 通过使用配备有力/力矩传感器的两个指尖推动物体并记录指尖力、速度和加速度来实现估计。Tanaka 和 Kushihama[41.75] 通过用已知的接触力推动物体并用相机观察产生的运动来估计物体的质量。

3. 刚度

识别物体的刚度（或逆刚度、柔度）有助于对物体的材料特性进行建模，但更直接地说，它也有助于防止机器人压碎或损坏精密物体。轻轻挤压物体并测量给定接触法向力下的挠度是估计刚度的常用方法之[41.68,76,77]。Omata 等[41.78] 在反馈电路中使用压电换能器和压力传感器元件，在接触物体时改变其共振频率，以估计物体的声阻抗（随物体刚度和质量而变化）。Burion 等[41.60] 使用粒子滤波器，基于在物体上不同位置施加力时看到的位移，来估计可变形物体的质量-弹簧模型的刚度参数。

4. 导热系数

热传感器可用于根据物体的导热系数识别物体的材料成分。带有内部温度传感器的指尖[41.68,79] 可以通过将机器人指尖加热到高于室温、将指尖接触到物体并测量热损失率来估计物体的导热系数。

41.4　物体识别

触觉感知的另一个共同目标是物体识别。与更典型的基于视觉的物体识别一样，目标是从一组可能的物体中识别所需物体。一些方法假设已知的物体形状，并试图找出哪个物体几何结构与传感器数据最匹配。其他使用基于特征的模式识别来识别物体的方法，通常使用不依赖于与物体整体形状进行几何比较的特征袋模型。最后，还有一些方法使用物体属性（如弹性或纹理）来识别物体。

41.4.1　物体形状匹配

任何一种基于形状的定位方法都可以通过对所有潜在物体进行定位来识别。根据第 41.2 节中使用的方程，如果我们考虑有限数量的具有已知网格模型的潜在物体，我们可以简单地扩展我们的状态空间，以包括关于物体身份和位姿的假设，而不仅仅是位姿。如果我们向状态向量 $\boldsymbol{X}$ 中的每个状态添加一个物体标识符（ID），并将该物体 ID 的适当网格模型用于每个状态的测量模型，那么前面部分中使用的所有方程仍然成立。组合物体形状和位姿的物体 ID 与收集的传感器数据最匹配，这就是我们的顶部物体假设。

用于定位和物体识别的非概率方法通常涉及从一组可能的与感测数据不匹配的物体形状/位姿中对物体进行几何修剪。例如，Gaston 和 Lozano Perez[41.1] 以及 Grimson 和 Lozano Perez[41.2] 在生成和测试框架中使用感测接触点的位置和法线来识别和定位多面体物体：生成关于感测接触点和物体表面之间匹配的可行假设，并基于对感测点及其虚拟面部位置和法线的约束来测试它们的一致性。Russell[41.80] 将触觉阵列图像分类为点、线或面接触，并使用在阵列上滚动物体时看到的接触时间序列来修剪不一致的物体形状。

其他方法通过形成物体的模型，然后将新模型与数据库物体匹配来识别物体。例如，Allen 和 Roberts[41.81]根据接触数据建立物体的超二次模型，然后将超二次参数与物体模型数据库进行匹配。Caselli 等[41.82]构建了物体的多面体表示法（一种基于接触点和法线，表示真实物体必须适合的空间，另一种仅基于真实物体必须包络的接触点），并使用生成的表示法修剪在多面体物体数据库中不兼容的物体。

41.4.2 统计模式识别

触觉物体识别的许多方法都是利用统计模式识别技术，将感测数据进行特征汇总，并对得到的特征向量进行分类，以确定物体的身份。例如，Schöpfer 等[41.84]沿着直线将触觉阵列滚动到物体上，计算得到的触觉图像时间序列上的特征，如图像斑点质心和二阶或三阶力矩，并使用决策树根据得到的特征对物体进行分类。Bhattacharjee 等[41.85]基于前臂触觉阵列的时间序列图像，在一组特征上使用 k 邻域，除了可以识别特定的物体，还可以识别一个物体是固定的还是可移动的，以及刚性还是柔性。

触觉阵列数据与视觉数据中的小图像块非常相似，因此使用触觉阵列进行物体识别的技术与使用视觉数据的物体识别技术非常相似。例如，Pezzementi 等[41.86]以及 Schneider 和 Sturm[41.83]都使用指尖触觉阵列数据上的特征包模型来识别物体。触觉数据的处理过程与视觉图像几乎相同：对于每个训练物体（图像），获得一组触觉阵列图像（二维图像块）（图 41.17），基于每个触觉图像计算特征（描述统计的向量），对训练集中所有物体的特征进行聚类，形成规范的特征词汇表（图 41.18）。每个物体表示为每个特征出现频率的直方图。当观察一个新的未知物体时，从触觉阵列图像中计算出的特征同样被用来计算直方图，然后将新的直方图与数据库中的物体进行比较以找到最佳匹配。这两个领域的一个显著区别是，触觉数据比适当的图像块更耗时和更难获得：在二维视觉物体识别中，兴趣点检测算法可以从给定的二维图像中快速生成数百个显著块，而在触觉物体识别中，每个触觉阵列都需要接触物体，而这又需要一个规划器（如第 41.2.5 节所述）来决定如何收集适当的触觉数据。

图 41.17 一些物体及其相关的左右指尖触觉图像[41.83]

图 41.18 使用无监督聚类创建的触觉图像词汇表

注：每对手指只显示左手手指的图像[41.83]。

触觉物体探索也允许人们收集和使用除触觉图像块之外的信息。例如，Gorges 和 Navarro[41.87]将物体包裹在一只多指手上，并将得到的关节角度作为与物体尺寸直接相关的特征，以及根据触觉图像模式计算出的附加特征。在参考文献［41.88］中，Pezzementi 和 Hager 将基于视觉的物体识别技术与第 41.4.1 节中描述的局部识别技术相结合，使用指尖触觉图像特征对及其位置和表面法线来更新物体位姿和身份的置信度状态。

41.4.3 材料特性识别

触觉物体识别有时比纯视觉物体识别有更显著的优势，特别是在物体视觉特性相似但具有触觉传感器可检测到的不同材料特性的情况下。最近的一些方法使用诸如弹性、表面纹理和导热系数等特性对物体进行分类。第 41.3.5 节中列出的任何方法以及第 41.4.2 节中描述的许多技术都可以用来识别物体。例如，表面纹理和粗糙度可用于区分物体，如参考文献［41.67］或［41.69］；导热系数也是可行的，如参考文献［41.79］所示。

更具体的属性也可用于对特定类型的物体进行分类。例如，Chitta 等[41.89]通过从一侧到另一侧挤压和滚动瓶子，并使用决策树分类器对产生的触觉测量结果进行分类，从而识别瓶子并将其分为打开或关闭、满或空的状态。Drimus 等[41.90]也通过挤压物体来识别物体，但在执行完动态时间扭曲以对齐物体后，在触觉测量的时间序列数据上使用了 k 邻域。

41.4.4　结合视觉和触觉感知

当然，视觉物体识别比单纯的触觉方法有优势，因此将两种模式的数据结合起来可以得到更好的物体识别和定位。例如，Allen[41.91] 使用稀疏的立体数据提供感兴趣的区域，以便使用触觉传感器进行探索，然后将立体数据与产生的触觉点进行融合，从而创建表面和特征描述，然后与数据库中的物体进行匹配；通过触觉探索进一步验证了物体假设。Boshra 和 Zhang[41.92] 在约束满足问题中，通过使用触觉特征和视觉顶点和边制定约束来识别多面体物体。Nakamura[41.93] 基于视觉数据（以 SIFT 描述符的形式）、振动时获得的音频信息（使用基于倒谱系数的音频特征码本）和挤压时获得的触觉信息（使用基于手指压力传感器读数的硬度估计）掌握物体并学习物体类别；利用概率潜在语义分析（PLSA）进行学习和推理。

通过将视觉和触觉感知相结合，可以更容易地从视觉场景中分割物体（这使得进一步的识别更加容易）；通过推动物体并观察视觉场景的哪些部分一起移动，可以将物体从背景中分割出来，也可以从彼此中分割出来。例如，Gupta 和 Sukhatme[41.94] 使用 RGB-D 数据以及操纵原语，如展开运动来分割和排序 Duplo 砖块；Hausman 等[41.95] 通过执行视觉分割，然后使用推送运动解决模糊问题，从而分割 RGB-D 数据中的无纹理物体。

根据物体的特征或功能对其进行分类的工作通常也同时使用视觉和触觉数据，Sutton 等[41.96] 使用基于形状的推理（使用从距离图像中导出的形状）和基于交互的推理（使用机器人与物体物理交互的数据）来预测和确认物体的启示，如抓取、容纳和坐着（适合人类坐着）。Bekiroglu[41.97] 使用视觉、本体感知和触觉数据在贝叶斯网络上进行推理，以评估物体/抓握组合是否既稳定，也适用于倾倒、移交或洗碗等任务。

41.5　结论

本章描述了依赖于操作的感知方法。尽管这些方法通常比基于视觉的感知更复杂，但它们在低能见度条件下，在确定需要操作的特性时，以及在后续操作任务需要感知的情况下非常有用。由于低的数据采集率和每个感知动作都会干扰场景的事实，通过操作的感知面临着特殊的挑战。为了应对这些挑战，开发了特殊的推理方法以应对数据不足以完全约束问题的情况（见第 41.2.3 节）。必须采用特殊的规划方法，以尽量减少感知动作的数量，并减少重大现场干扰或非感知接触的可能性（见第 41.2.5 节）。这些挑战也决定了物体模型的选择（见第 41.3 节），并在物体识别方法中发挥作用（见第 41.4 节）。

41.5.1　实际应用

通过操作的感知已经在许多实际应用中使用，在不久的将来，更多的应用可能会从中受益。在制造业中，基于接触的零件定位的加工或装配通常比光学方法更受欢迎，因为它不受物体光学特性（如透明度或反射率）的影响。目前，在基于接触的定位之前，对零件定位的不确定性要求很低，这导致了较高的仪器和重构成本。然而，本章提出的新定位方法能够应对高不确定性，从而使柔性制造线能够在不重构的情况下生产各种零件。在未来，完全自动化的家庭制造甚至可能成为现实。

医疗机器人是另一个成熟的真实环境应用，机器人与环境（即病人）的接触不仅是不可避免的，事实上许多操作都需要这种接触。可操作性比较困难，使用发出声音、光或其他波的设备进行感应可能对患者有害。在这些条件下，通过接触进行传感有时是最可行的选择。环境本身是可变形的，因此，医疗机器人技术已经成为可变形物体操作和感知研究的强大驱动力。

机器人不可或缺的另一个领域是水下机器人。人类在水下深处执行任务并不总是安全或方便的，因此，遥操作水下机器人（ROV）是一种自然选择。在 2010 年春季英国石油公司（BP）漏油事故的恢复性操作中，遥控水下航行器甚至成了国际新闻。由于水下能见度通常很低，通过接触获得的感知能力发挥着更重要的作用。

除了更成熟的机器人应用之外，随着服务机器人在救灾领域的发展，通过接触进行感知的必要性变得越来越明显。在这些应用中，机器人经常需要在杂乱的环境中工作，并且离人类很近。在这种情况下，能见度可能很低，但同时，未经许可的接触可能是灾难性的。

41.5.2 未来研究方向

受许多现有和潜在应用的启发，操作感知领域正在迅速发展，并受到更多的关注。尽管面临挑战，但仍有大量机会进行富有成效的进一步研究：

1）绝大多数基于接触的感知工作针对的都是刚性物体，而我们环境中的许多物体都是铰接和/或可变形的。这些类型的物体需要更详细地研究。

2）对于刚性物体，基于接触的运动物体、物体堆和杂波中物体的感知还没有得到充分的研究。

3）无论是否有感觉皮肤，全身接触估计需要进一步关注。这里的挑战是巨大的，但好的解决方案将提高机器人在服务应用程序和其他非结构化环境中的安全性。

4）虽然贝叶斯方法已在机器人的其他领域得到广泛接受，但基于接触的感知尚未充分受益于这些方法。因此，将贝叶斯方法应用于上述任何领域都是特别有前途的。

41.5.3 延展阅读

从更广泛的角度来看，本手册的其他章节中可以找到大量相关资料。大多数通过操作的感知都是通过接触或近接触（即近距离）传感器完成的。这些传感器在第 28 章中进行了描述。一些方法将经典视觉传感器与操作结合使用（如第 41.3.2 节）。视觉传感器方法已在第 32 章和第 34 章中详细介绍。操作臂的设计和控制在第 1 卷第 4 章、第 8 章和第 9 章中已有介绍。其他相关章节包括关于规划方法的第 7 章（第 1 卷）、第 14 章（第 1 卷）和第 47 章；关于建模的第 37 章、第 45 章和第 46 章；关于识别的第 33 章；关于推理的第 5 章（第 1 卷）和第 35 章。

视频文献

VIDEO 76 Tactile exploration and modeling using shape primitives
available from http://handbookofrobotics.org/view-chapter/41/videodetails/76

VIDEO 77 Tactile localization of a power drill
available from http://handbookofrobotics.org/view-chapter/41/videodetails/77

VIDEO 78 Modeling articulated objects using active manipulation
available from http://handbookofrobotics.org/view-chapter/41/videodetails/78

VIDEO 721 Touch-based door handle localization and manipulation
available from http://handbookofrobotics.org/view-chapter/41/videodetails/721

VIDEO 723 6-DOF object localization via touch
available from http://handbookofrobotics.org/view-chapter/41/videodetails/723

参考文献

41.1 P.C. Gaston, T. Lozano-Perez: Tactile recognition and localization using object models: The case of polyhedra on a plane, IEEE Trans. Pattern Anal. Machine Intell. **6**(3), 257–266 (1984)

41.2 W.E.L. Grimson, T. Lozano-Perez: Model-based recognition and localization from sparse range or tactile data, Int. J. Robotics Res. **3**, 3–35 (1984)

41.3 O.D. Faugeras, M. Hebert: A 3-D recognition and positioning algorithm using geometrical matching between primitive surfaces, Proc. 8th Intl. Jt. Conf. Artif. Intell., Los Altos (1983) pp. 996–1002

41.4 S. Shekhar, O. Khatib, M. Shimojo: Sensor fusion and object localization, Proc. IEEE Int. Conf. Robotics Autom. (ICRA), Vol. 3 (1986) pp. 1623–1628

41.5 Y.-B. Jia, M. Erdmann: Pose from pushing, Proc. IEEE Int. Conf. Robotics Autom. (ICRA) (1996) pp. 165–171

41.6 K.Y. Goldberg: Orienting polygonal parts without sensors, Algorithmica **10**(2-4), 201–225 (1993)

41.7 M.A. Erdmann, M.T. Mason: An exploration of sensorless manipulation, IEEE J. Robotics Autom. **4**(4), 369–379 (1988)

41.8 H.T. Yau, C.H. Menq: An automated dimensional inspection environment for manufactured parts using coordinate measuring machines, Int. J. Prod. Res. **30**(7), 1517–1536 (1992)

41.9 K.T. Gunnarsson, F.B. Prinz: CAD model-based localization of parts in manufacturing, Computer **20**(8), 66–74 (1987)

41.10 K.T. Gunnarsson: Optimal Part Localization by Data Base Matching with Sparse and Dense Data, Ph.D. Thesis (Dept. Mech. Eng., Carnegie Mellon Univ. Pittsburgh 1987)

41.11 H.J. Pahk, W.J. Ahn: Precision inspection system for aircraft parts having very thin features based on CAD/CAI integration, Int. J. Adv. Manuf. Technol. **12**(6), 442–449 (1996)

41.12 M.W. Cho, T.I. Seo: Inspection planning strategy for

the on-machine measurement process based on CAD/CAM/CAI integration, Int. J. Adv. Manuf. Technol. **19**(8), 607–617 (2002)

41.13 Z. Xiong: Workpiece Localization and Computer Aided Setup System, Ph.D. Thesis (Hong Kong Univ. Sci. Technol., Hong Kong 2002)

41.14 J. Hong, X. Tan: Method and apparatus for determining position and orientation of mechanical objects, US Patent US520 8763 A (1993)

41.15 B.K.P. Horn: Closed-form solution of absolute orientation using unit quaternions, J. Opt. Soc. Am. A **4**(4), 629–642 (1987)

41.16 C.H. Menq, H.T. Yau, G.Y. Lai: Automated precision measurement of surface profile in CAD-directed inspection, IEEE Trans. Robotics Autom. **8**(2), 268–278 (1992)

41.17 Y. Chu: Workpiece Localization: Theory, Algorithms and Implementation, Ph.D. Thesis (Hong Kong Univ. Sci. Technol., Hong Kong 1999)

41.18 Z. Xiong, M.Y. Wang, Z. Li: A near-optimal probing strategy for workpiece localization, IEEE Trans. Robotics **20**(4), 668–676 (2004)

41.19 Y. Huang, X. Qian: An efficient sensing localization algorithm for free-form surface digitization, J. Comput. Inform. Sci. Eng. **8**, 021008 (2008)

41.20 L.M. Zhu, H.G. Luo, H. Ding: Optimal design of measurement point layout for workpiece localization, J. Manuf. Sci. Eng. **131**, 011006 (2009)

41.21 L.M. Zhu, Z.H. Xiong, H. Ding, Y.L. Xiong: A distance function based approach for localization and profile error evaluation of complex surface, J. Manuf. Sci. Eng. **126**, 542–554 (2004)

41.22 Y. Sun, J. Xu, D. Guo, Z. Jia: A unified localization approach for machining allowance optimization of complex curved surfaces, Precis. Eng. **33**(4), 516–523 (2009)

41.23 K. Gadeyne, H. Bruyninckx: Markov techniques for object localization with force-controlled robots, 10th Int. Conf. Adv. Robotics (ICAR) (2001) pp. 91–96

41.24 S.R. Chhatpar, M.S. Branicky: Particle filtering for localization in robotic assemblies with position uncertainty, IEEE/RSJ Int. Conf. Intell. Robots Syst. (IROS) (2005)

41.25 C. Corcoran, R. Platt: A measurement model for tracking hand-object state during dexterous manipulation, Proc. IEEE Int. Conf. Robotics Autom. (ICRA) (2010)

41.26 K. Hsiao, L. Kaelbling, T. Lozano-Perez: Task-driven tactile exploration, Robotics Sci. Syst. Conf. (2010)

41.27 A. Petrovskaya, O. Khatib: Global localization of objects via touch, IEEE Trans. Robotics **27**(3), 569–585 (2011)

41.28 A. Petrovskaya: Towards Dependable Robotic Perception, Ph.D. Thesis (Stanford Univ., Stanford 2011)

41.29 A. Petrovskaya, O. Khatib, S. Thrun, A.Y. Ng: Bayesian estimation for autonomous object manipulation based on tactile sensors, Proc. IEEE Int. Conf. Robotics Autom. (ICRA) (2006) pp. 707–714

41.30 S. Arulampalam, S. Maskell, N. Gordon, T. Clapp: A tutorial on particle filters for on-line nonlinear/non-Gaussian Bayesian tracking, IEEE Trans. Signal Process. **50**(2), 174–188 (2002)

41.31 A. Petrovskaya, S. Thrun, D. Koller, O. Khatib: Guaranteed inference for global state estimation in human environments, Mob. Manip. Workshop Robotics Sci. Syst. (RSS) (2010)

41.32 M.C. Koval, M.R. Dogar, N.S. Pollard, S.S. Srinivasa: Pose estimation for contact manipulation with manifold particle filters, IEEE/RSJ Int. Conf. Intell. Robots Syst. (IROS) (2013) pp. 4541–4548

41.33 J. Deutscher, A. Blake, I. Reid: Articulated body motion capture by annealed particle filtering, IEEE Conf. Comput. Vis. Pattern Recog. (CVPR) (2000)

41.34 J. Deutscher, I. Reid: Articulated body motion capture by stochastic search, Int. J. Comput. Vis. **61**(2), 185–205 (2005)

41.35 A.O. Balan, L. Sigal, M.J. Black: A quantitative evaluation of video-based 3D person tracking, 2nd Jt. IEEE Int. Workshop Vis. Surveill. Perform. Eval. Track. Surveill. (2005) pp. 349–356

41.36 K. Huebner: BADGr – A toolbox for box-based approximation, decomposition and grasping, Robotics Auton. Syst. **60**(3), 367–376 (2012)

41.37 A.T. Miller, P.K. Allen: Graspit! a versatile simulator for robotic grasping, IEEE Robotics Autom, Magaz. **11**(4), 110–122 (2004)

41.38 K. Hsiao, T. Lozano-Pérez, L.P. Kaelbling: Robust belief-based execution of manipulation programs, 8 Int. Workshop Algorithm. Found. Robotics (WAFR) (2008)

41.39 P. Hebert, T. Howard, N. Hudson, J. Ma, J.W. Burdick: The next best touch for model-based localization, Proc. IEEE Int. Conf. Robotics Autom. (ICRA) (2013) pp. 99–106

41.40 J.L. Schneiter, T.B. Sheridan: An automated tactile sensing strategy for planar object recognition and localization, IEEE Trans. Pattern Anal. Mach. Intell. **12**(8), 775–786 (1990)

41.41 S. Javdani, M. Klingensmith, J.A. Bagnell, N.S. Pollard, S.S. Srinivasa: Efficient touch based localization through submodularity, Proc. IEEE Int. Conf. Robotics Autom. (ICRA) (2013) pp. 1828–1835

41.42 K. Hsiao, L.P. Kaelbling, T. Lozano-Pérez: Robust grasping under object pose uncertainty, Auton. Robots **31**(2/3), 253–268 (2011)

41.43 M. Dogar, S. Srinivasa: A framework for push-grasping in clutter. In: *Robotics: Science and Systems VII*, ed. by H.F. Durrant-Whyte, N. Roy, P. Abbeel (MIT, Cambridge 2011)

41.44 R. Platt, L. Kaelbling, T. Lozano-Perez, R. Tedrake: Efficient planning in non-Gaussian belief spaces and its application to robot grasping, Int. Symp. Robotics Res. (2011)

41.45 L.P. Kaelbling, T. Lozano-Pérez: Integrated task and motion planning in belief space, Int. J. Robotics Res. **32**(9/10), 1194–1227 (2013)

41.46 M. Erdmann: Shape recovery from passive locally dense tactile data, Proc. Workshop Algorithm. Found. Robotics (1998) pp. 119–132

41.47 M. Moll, M.A. Erdmann: Reconstructing the shape and motion of unknown objects with active tactile sensors, Algorithm. Found. Robotics, Vol. V (2003) pp. 293–309

41.48 F. Mazzini: Tactile Mapping of Harsh, Constrained Environments, with an Application to Oil Wells, Ph.D. Thesis (MIT, Cambridge 2011)

41.49 P. Slaets, J. Rutgeerts, K. Gadeyne, T. Lefebvre,

H. Bruyninckx, J. De Schutter: Construction of a geometric 3-D model from sensor measurements collected during compliant motion, 9th. Proc. Int. Symp. Exp. Robotics (2004)
41.50 A. Bierbaum, K. Welke, D. Burger, T. Asfour, R. Dillmann: Haptic exploration for 3D shape reconstruction using five-finger hands, 7th IEEE-RAS Int. Conf. Hum. Robots (2007) pp. 616–621
41.51 S.R. Chhatpar, M.S. Branicky: Localization for robotic assemblies using probing and particle filtering, Proc. IEEE/ASME Int. Conf. Adv. Intell. Mechatron. (2005) pp. 1379–1384
41.52 M. Meier, M. Schopfer, R. Haschke, H. Ritter: A probabilistic approach to tactile shape reconstruction, IEEE Trans. Robotics **27**(3), 630–635 (2011)
41.53 S. Walker, J.K. Salisbury: Pushing using learned manipulation maps, Proc. IEEE Int. Conf. Robotics Autom. (ICRA) (2008) pp. 3808–3813
41.54 Z. Pezzementi, C. Reyda, G.D. Hager: Object mapping, recognition, and localization from tactile geometry, Proc. IEEE Int. Conf. Robotics Autom. (ICRA) (2011) pp. 5942–5948
41.55 J. Sturm, A. Jain, C. Stachniss, C.C. Kemp, W. Burgard: Operating articulated objects based on experience, IEEE/RSJ Int. Conf. Intell. Robots Syst. (IROS) (2010) pp. 2739–2744
41.56 D. Katz, Y. Pyuro, O. Brock: Learning to manipulate articulated objects in unstructured environments using a grounded relational representation, Robotics Sci. Syst. (2008)
41.57 C. Rhee, W. Chung, M. Kim, Y. Shim, H. Lee: Door opening control using the multi-fingered robotic hand for the indoor service robot, Proc. IEEE Int. Conf. Robotics Autom. (ICRA) (2004)
41.58 D. Henrich, H. Wörn: *Robot Manipulation of Deformable Objects* (Springer, Berlin, Heidelberg 2000)
41.59 R. Platt, F. Permenter, J. Pfeiffer: Using bayesian filtering to localize flexible materials during manipulation, IEEE Trans. Robotics **27**(3), 586–598 (2011)
41.60 S. Burion, F. Conti, A. Petrovskaya, C. Baur, O. Khatib: Identifying physical properties of deformable objects by using particle filters, Proc. IEEE Int. Conf. Robotics Autom. (ICRA) (2008) pp. 1112–1117
41.61 A. Jain, M.D. Killpack, A. Edsinger, C. Kemp: Reaching in clutter with whole-arm tactile sensing, Int. J. Robotics Res. **32**(4), 458–482 (2013)
41.62 L.P. Jentoft, R.D. Howe: Determining object geometry with compliance and simple sensors, IEEE/RSJ Int. Conf. Intell. Robots Syst. (IROS) (2011) pp. 3468–3473
41.63 M. Kaneko, K. Tanie: Contact point detection for grasping an unknown object using self-posture changeability, IEEE Trans. Robotics Autom. **10**(3), 355–367 (1994)
41.64 A. Petrovskaya, J. Park, O. Khatib: Probabilistic estimation of whole body contacts for multi-contact robot control, Proc. IEEE Int. Conf. Robotics Autom. (ICRA) (2007) pp. 568–573
41.65 A.M. Okamura, M.A. Costa, M.L. Turner, C. Richard, M.R. Cutkosky: Haptic surface exploration, Lec. Notes Control Inform. Sci. **250**, 423–432 (2000)
41.66 A. Bicchi, J.K. Salisbury, D.L. Brock: Experimental evaluation of friction characteristics with an articulated robotic hand, Lec. Notes Control Inform. Sci. **190**, 153–167 (1993)
41.67 J.A. Fishel, G.E. Loeb: Bayesian exploration for intelligent identification of textures, Frontiers Neurorobot. **6**, 4 (2012)
41.68 P. Dario, P. Ferrante, G. Giacalone, L. Livaldi, B. Allotta, G. Buttazzo, A.M. Sabatini: Planning and executing tactile exploratory procedures, IEEE/RSJ Int. Conf. Intell. Robots Syst. (IROS) (1992) pp. 1896–1903
41.69 J. Sinapov, V. Sukhoy: Vibrotactile recognition and categorization of surfaces by a humanoid robot, IEEE Trans. Robotics **27**(3), 488–497 (2011)
41.70 M.R. Tremblay, M.R. Cutkosky: Estimating friction using incipient slip sensing during a manipulation task, Proc. IEEE Int. Conf. Robotics Autom. (ICRA) (1993) pp. 429–434
41.71 R. Bayrleithner, K. Komoriya: Static friction coefficient determination by force sensing and its application, IEEE/RSJ Int. Conf. Intell. Robots Syst. (IROS) (1994) pp. 1639–1646
41.72 K.M. Lynch: Estimating the friction parameters of pushed objects, IEEE/RSJ Int. Conf. Intell. Robots Syst. (IROS) (1993) pp. 186–193
41.73 C.G. Atkeson, C.H. An, J.M. Hollerbach: Estimation of inertial parameters of manipulator loads and links, Int. J. Robotics Res. **5**(3), 101–119 (1986)
41.74 Y. Yu, T. Arima, S. Tsujio: Estimation of object inertia parameters on robot pushing operation, Proc. IEEE Int. Conf. Robotics Autom. (ICRA) (2005) pp. 1657–1662
41.75 H.T. Tanaka, K. Kushihama: Haptic vision-vision-based haptic exploration, Proc. 16th Int. Conf. Pattern Recognit. (2002) pp. 852–855
41.76 H. Yussof, M. Ohka, J. Takata, Y. Nasu, M. Yamano: Low force control scheme for object hardness distinction in robot manipulation based on tactile sensing, Proc. IEEE Int. Conf. Robotics Autom. (ICRA) (2008) pp. 3443–3448
41.77 J. Romano, K. Hsiao, G. Niemeyer, S. Chitta, K.J. Kuchenbecker: Human-inspired robotic grasp control with tactile sensing, IEEE Trans. Robotics **27**, 1067–1079 (2011)
41.78 S. Omata, Y. Murayama, C.E. Constantinou: Real time robotic tactile sensor system for the determination of the physical properties of biomaterials, Sens. Actuators A **112**(2), 278–285 (2004)
41.79 C.H. Lin, T.W. Erickson, J.A. Fishel, N. Wettels, G.E. Loeb: Signal processing and fabrication of a biomimetic tactile sensor array with thermal, force and microvibration modalities, IEEE Int. Conf. Robotics Biomim. (ROBIO) (2009) pp. 129–134
41.80 R.A. Russell: Object recognition by a 'smart' tactile sensor, Proc. Aust. Conf. Robotics Autom. (2000) pp. 93–98
41.81 P.K. Allen, K.S. Roberts: Haptic object recognition using a multi-fingered dextrous hand, Proc. IEEE Conf. Robotics Autom. (ICRA) (1989) pp. 342–347
41.82 S. Caselli, C. Magnanini, F. Zanichelli, E. Caraffi: Efficient exploration and recognition of convex objects based on haptic perception, Proc. IEEE Int. Conf. Robotics Autom. (ICRA), Vol. 4 (1996) pp. 3508–3513
41.83 A. Schneider, J. Sturm: Object identification with tactile sensors using bag-of-features, IEEE/RSJ Int. Conf. Intell. Robots Syst. (IROS) (2009) pp. 243–248

41.84 M. Schöpfer, M. Pardowitz, R. Haschke, H. Ritter: Identifying relevant tactile features for object identification, Springer Tracts Adv, Robotics **76**, 417–430 (2012)
41.85 T. Bhattacharjee, J.M. Rehg, C.C. Kemp: Haptic classification and recognition of objects using a tactile sensing forearm, IEEE/RSJ Int. Conf. Intell. Robots Syst. (IROS) (2012) pp. 4090–4097
41.86 Z. Pezzementi, E. Plaku, C. Reyda, G.D. Hager: Tactile-object recognition from appearance information, IEEE Trans. Robotics **27**(3), 473–487 (2011)
41.87 N. Gorges, S.E. Navarro: Haptic object recognition using passive joints and haptic key features, Proc. IEEE Int. Conf. Robotics Autom. (ICRA) (2010) pp. 2349–2355
41.88 Z. Pezzementi, G.D. Hager: Tactile object recognition and localization using spatially-varying appearance, Int. Symp. Robotics Res. (ISRR) (2011)
41.89 S. Chitta, J. Sturm, M. Piccoli, W. Burgard: Tactile sensing for mobile manipulation, IEEE Trans. Robotics **27**(3), 558–568 (2011)
41.90 A. Drimus, G. Kootstra, A. Bilberg, D. Kragic: Design of a flexible tactile sensor for classification of rigid and deformable objects, Robotics Auton. Syst. **62**(1), 3–15 (2012)
41.91 P. Allen: Integrating vision and touch for object recognition tasks, Int. J. Robotics Res. **7**(6), 15–33 (1988)
41.92 M. Boshra, H. Zhang: A constraint-satisfaction approach for 3D vision/touch-based object recognition, IEEE/RSJ Int. Conf. Intell. Robots Syst. (IROS), Vol. 2 (1995) pp. 368–373
41.93 T. Nakamura: Multimodal object categorization by a robot, IEEE/RSJ Int. Conf. Intell. Robots Syst. (IROS) (2007) pp. 2415–2420
41.94 M. Gupta, G. Sukhatme: Using manipulation primitives for brick sorting in clutter, Proc. IEEE Int. Conf. Robotics Autom. (ICRA) (2012) pp. 3883–3889
41.95 K. Hausman, F. Balint-Benczedi, D. Pangercic, Z.-C. Marton, R. Ueda, K. Okada, M. Beetz: Tracking-based interactive segmentation of textureless objects, Proc. IEEE Int. Conf. Robotics Autom. (ICRA) (2013) pp. 1122–1129
41.96 M. Sutton, L. Stark, K. Bowyer: Function from visual analysis and physical interaction: A methodology for recognition of generic classes of objects, Image Vis. Comput. **16**(11), 745–763 (1998)
41.97 Y. Bekiroglu: Learning to Assess Grasp Stability from Vision, Touch and Proprioception Ph.D. Thesis (KTH Roy. Inst. Technol., Stockholm 2012)

第 42 章
触觉技术

Blake Hannaford，Allison M. Okamura

触觉技术（haptics）一词，应源自于希腊文 haptesthai，意指关于接触感知的知识。在心理学和神经科学的文献中，触觉技术研究的是人类对于接触的感知，特别是通过动觉（力/位置）和皮肤（接触）感受器并与感知和操作相关的触觉。在机器人和虚拟现实文献中，触觉技术被广义地定义为机器人或人类与真实环境、远程环境或模拟环境之间的真实的或模拟的接触交互，或者上述场景的组合。本章把重点放在特殊机器人装置的使用及其相应的控制，即触觉交互技术，这些技术允许人类操作员可以在远程环境（遥控操作或遥操作）或模拟（虚拟）环境中体验触觉。

目　录

由于依赖灵巧的机电装置并且还广泛应用了操作臂设计、驱动、传感及控制的基础理论，触觉技术与机器人技术联系紧密。在本章中，将首先介绍触觉交互设计和使用的目的，其中包括触觉交互的基本设计、人体触觉信息以及触觉交互的应用实例。其次，回顾运动触觉交互机电设计的有关概念，包括传感器、驱动器和机构。然后，讨论动觉的触觉交互控制问题，尤其是虚拟环境模拟及力的稳定和精确显示。接下来，回顾触觉显示方法，由于需要给人类操作员呈现各种各样的触觉信息，这些方法变化纷呈。最后，为进一步研究触觉技术提供了延展阅读文献。

42.1　概述

触觉技术是在人为控制条件下体验和产生触摸感觉的科学和技术。设想如果没有触觉，我们将如何扣上大衣的纽扣，和他人握手，或者写一张便条。如果没有足够的触觉反馈，这些简单的任务变得难以完成。为了提升人类操作员在模拟环境或遥操作环境中的操作水平，触觉交互（技术）寻求产生一种赋予性的感觉信号使得操作员感到真实环境触摸可及。

触觉交互，试图通过机械电子装置和计算机控制技术再现或强化操纵，或感知真实环境的触觉体验。它们包括一个触觉装置（具有传感器和驱动器的操作模拟器）和一个控制计算机，该控制计算机系统中装有能够将相关人类操作输入给触觉信息显示的软件。而触觉交互的底层设计根据不同的应用广泛地变化，它们的操作一般情况下遵守触觉循环，如图42.1所示。首先，触觉装置（HD）检测到一个操作输入，可能是位置（及其各阶微分）、力、肌肉的活动等。其次，传感器的输入被施加到一个虚拟的或遥操作环境中。对于一个虚拟环境，操作员的输入对虚拟物体施加的影响以及随后响应显示给操作员，这些计算都是基于模型和触觉再现算法。在遥操作中，一个操作臂在空间、尺度或能量方面都是远程的，它将试图跟踪遥操作员的输入。当操作臂与其真实环境交互时，需要传递给操作员的触觉信息将得到记录和评估。最终，触觉装置的驱动器会将触摸感觉完全地传递给人类操作员。无论是通过无意识或有意识的人类控制，或简单的系统动力学，基于触觉的反馈都改变了操作员的输入。这将开启触觉环的另一个周期。

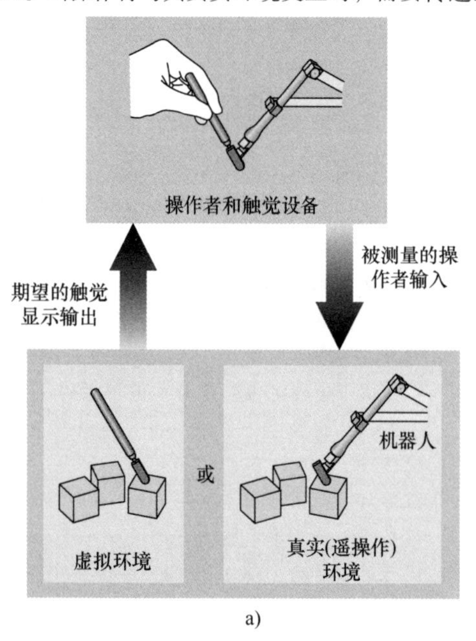

a)

b)

图42.1　触觉循环

a）通用触觉交互的触觉循环（触觉装置感知操作员的输入，如位置或力，该系统将这一输入施加到一个虚拟或遥操作环境。需要传递给操作员的环境响应通过建模、触觉再现、传感和/或估计来计算得到。最后，在触觉装置驱动器显示相应的接触感觉给操作员）　b）理想的结果是操作员感觉他/她是在直接与真实环境交互

尽管触觉显示概念简单，但研制一种性能卓越的触觉交互装置仍存在着诸多挑战性工作。其中有许多是通过基本的机器人理论和对人触觉能力的理解来解决的。在一般情况下，触觉交互性能特征取决于人的感知和电动机控制特性。人为产生的触觉感受的一个主要挑战是当没有与一个虚拟或远程物体接触时人操作运动应不受限制。触觉装置应能满足操作员进行所期望的运动，因此需要触觉装置能有足够的自由度和驱动反馈性能。各种机器人的设计中使用的触觉装置包括：外骨骼康复动力服、驱动夹持器、并联和串联操作臂、小作业空间类鼠标装置、可以捕捉整个手臂甚至全身运动的大作业空间装置。另一个挑战是人能够把动觉（力/位置）与具有运动和控制信号的皮肤（触觉）信息两者结合起来形成触觉感知。理想状态下，触觉装置应包括力和触觉显示；但由于受驱动器的大小和重量的限制，这些很难做到。由于人对高频信息的敏感性，对于许多触觉交互和应用，上述触觉循环必须能以高频率（通常1kHz）重复。快速更新不仅给人类操作员提供真实（不间断的）触觉，而且也有助于保持系统的稳定性。触觉装置的控制分析必须同时考虑到物理力学的连续特性和计算机控制的离散特性。

在我们详细地介绍触觉交互各种组成部分之前，通过回顾人类触觉和触觉应用对其设计应会有所启发。本节的其余部分就用于阐述这些内容。

42.1.1　人类触觉

人类神经系统的两个功能在触觉中扮演着重要角色：运动感觉功能（指在肌肉、韧带和关节中感知运动和力量的内在感知功能）和触动感觉功能（对于皮肤变形的感知功能）。触觉是两者的整合，同时也与活动如操纵和探测相联系。

1. 解剖学和生理学

本章主要阐述动觉交互作用意义上的一些系统。在第42.5节将专门针对触觉感知装置进行描述。正如我们所知道的，即使触觉装置没有清晰地产生触觉刺激，触觉感官仍然会被刺激，且能对高达10000Hz[42.1]的频率和小到2~4μm[42.2-4]的位移有所响应。

动觉是由传导肌肉拉伸的肌梭和传导关节旋转运动的高尔基肌腱器官进行传递的，尤其在极限拉

伸时。一般而言，这些感官和类似感官将由刺激直接产生触觉感觉。例如，振动施加到肌肉，肌腱会产生一个肌肉强烈拉伸的感觉和相应的人体关节运动[42.5,6]。有关周边神经刺激应用于假肢控制的研究表明，植入在截肢者周边神经束末端的电极可以受到激励而产生关于截肢者假肢的触感和运动感[42.7]。

2. 心理物理学

在较生理学和解剖学更高一级的水平上，心理物理学[42.8]作为感官物理能力的科学，是研发设计触觉装置的数据宝藏。它的首要贡献在于设计思路，触觉研究者应用它回答了关于什么是触觉装备所必备能力的问题。这些感官能力必将转化为设计需求。一些主流心理物理学方法在触觉方面有着丰富的应用，其中包括通过限制和自适应自上而下的方法进行阈值测量。然而，对阈值的感知并不是100%可靠的。感知精度往往取决于刺激强度和在命中率与误报率之间的权衡，而权衡很大程度取决于在一个给定的时间间隔内所呈现的刺激的概率 P_{stim}。

一个更一般的概念是接收者操作曲线（图 42.2，心理物理学家借用了雷达的原理），它描述了一个物体对于给定刺激的响应概率相对于无刺激的概率响应。通过测量在几个不同时间间隔 P_{stim} 的两个概率值生成曲线。理想响应点是（0，1）：对于刺激100%的响应和对于无刺激 0%的响应。对于远高于阈值的刺激，人体反应接近此点，但是随之成弧线下降，最终落在 45°线上；低于阈值的刺激，人的反应完全变成偶然。

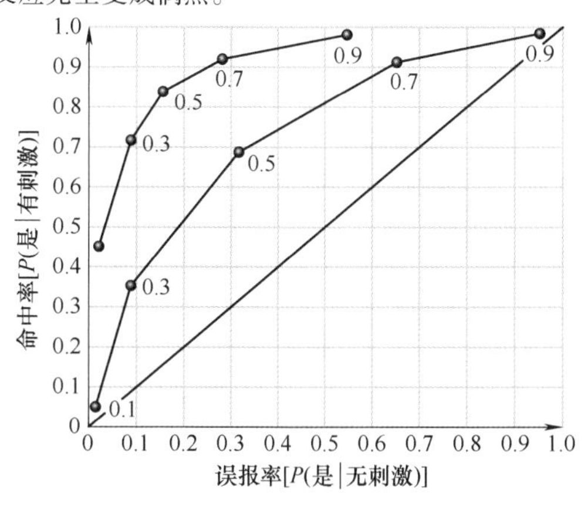

图 42.2 接收者操作曲线（ROC）

注：ROC 反映的是由受试者做出对一个有效刺激在误报风险与遗漏风险之间的取舍。当刺激用一个特定的概率来描述时，ROC 的每个点都代表在这两种观测风险之间特定的取舍。对于较强刺激信息 ROC 会向左上角偏移（引自参考文献［42.8］，经 Lawrence Erlbaum and Associates，Mahwah 许可）。

从心理物理学的角度另一个相关的概念是最小可觉差（JND），通常用百分比来表示。这是在一个刺激中相对改变的强度，如力或位移作用到手指刚刚可被受试者觉察感知的强度。

对于范围在 0.5～200N 的作用到人手指上的力，Jones[42.9]测量到其最小可觉差是 6%。

3. 心理学：探索方法

在始于 20 世纪 80 年代的影响深远的研究中，Lederman 和 Klatzky 定义了手的运动原型，称为探测流程（EP），由此刻画了人类触觉探测的特点[42.10-12]。他们把物体放入蒙住眼睛的受试者手中，录制受试者的手部动作。他们的初步试验[42.11]表明，受试者所使用的探测流程可以根据所需区分的物体的属性（纹理、质量、温度等）加以预测。试验还表明，受试者所选的探测流程是最能区别该物体属性的。此外，当问及关于物体专门属性的问题（这是饮食器具还是叉子?）时，受试者使用两个阶段顺序回答，其中较一般属性的探测流程要优先于较具体的探测流程[42.12]。

Lederman 和 Klatzky 的八种探测流程以及其最适用的物体属性如下（图 42.3）：

1）横向运动（纹理）。
2）按压（硬度）。
3）静接触（温度）。
4）无支撑持有（重量）。
5）封闭轮廓（全部形状，体积）。
6）轮廓跟踪（精确的形状，体积）。
7）部分运动测试（部分运动）。
8）功能测试（特定功能）。

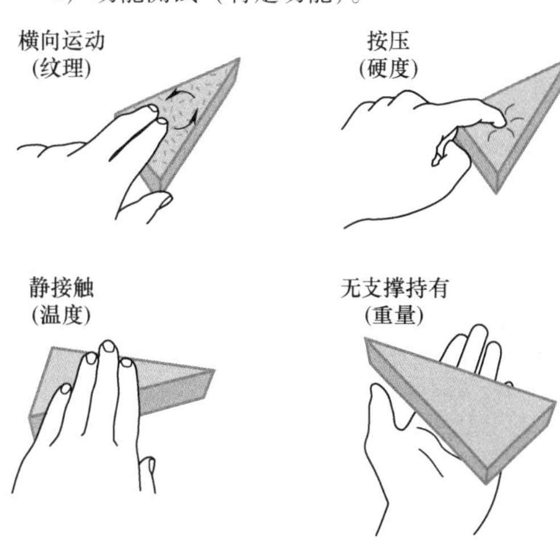

图 42.3 人的八种探测流程（EP）之中的四个（引自 Lederman 和 Klatzky[42.11]）

这些探测流程都是双手任务，涉及与手掌表面的接触、手腕的运动、各种自由度、皮肤的触觉和温度感觉（如第1种探测流程和第3种探测流程），以及手的动觉（探测流程4）。能够支持所有这些探测流程的触觉装置，远远超出了当今最先进的技术发展水平。然而，对于触觉交互的设计，这些结果意义重大，因为这使得我们从这些探测流程中获得了对于触觉装置的性能要求。

42.1.2　应用实例

人们所遇到最常见的触觉装置是一个振动显示装置，它在操作员玩视频游戏时可提供触觉反馈。例如，当操作员驶离虚拟路面或冲撞到一个虚拟墙时，手动杆振动表明行驶过颠簸路面或显示冲击来代表撞到坚硬表面的撞击。我们下面要仔细观察两个更加实用的例子：医疗模拟器和计算机辅助设计（CAD）系统。此外，我们将介绍几种商用的触觉装置。触觉交互技术虽然没有在娱乐业以外获得更广泛的商业应用，但是它们正在被大量集成到实际应用中，在这些应用场合，其潜在的利益足以证明采用这些新技术是合理的。在一系列领域，大量新颖和创造性的应用正在得到开发，包括：辅助技术、汽车、设计、教育、娱乐、人-计算机交互、制造/装配、医学模拟、微/纳米技术、分子生物学、假肢、康复、科学可视化、空间技术、外科手术机器人。

1. 医学模拟

如今推动大量触觉虚拟环境研究的重要实例之一是模拟训练动手医疗过程。医学侵入性治疗诊断过程，从抽取血液样本到外科手术对病人而言都有潜在的危险和痛苦，需要学生通过触觉信息的介入去体会学习动手技能[42.13]。具有和没有触觉反馈的仿真器的目标是取代直接在病人或动物身体上的辅导学习。仿真器在开发微创手术技巧方面[42.14]已被证明高度有效，尤其是在早期训练时提供触觉反馈[42.15]。对于触觉模拟器训练的预期益处包括：

1）在训练期间和之后降低病人危险。

2）提升模拟特殊条件或医疗紧急情况的能力。

3）在培训过程中收集物理数据与给学生提供具体和直接的反馈的能力。

4）增加单位教练员时间的培训时间输出。

模拟器设计方法，特殊医疗应用和培训评价方法在过去二十年中得到了广泛的研究，如参考文献[42.16，17]。然而，这种技术的成本仍然很高。此外，在模拟器技术中哪些技术得到改进，并不总是很明确的，如触觉装置的性能或软组织建模的准确性，将导致临床表现的改善并最终使病人受益。

2. 计算机辅助设计

波音公司研究了触觉交互的使用，用于解决计算机辅助设计（CAD）中的复杂问题[42.18]。问题之一是验证一个像飞机一样的复杂系统的高效维修保养能力。在过去，力学可以验证在物理模型中的程序（如物理模型中部件的更换）。然而，在一些先进的视觉CAD系统中，这种分析还是很难或者不可能得到体现。开发的VoxMap Pointshell系统（图42.4）是利用触觉交互技术来测试部件更换功能。从触觉交互获得的力觉使操作员产生了复杂工作空间部件的物理约束导致的触碰感。如果维修人员能够在触觉交互中移除这一部件，这就表明这一部件可以无须过度拆解进行维护。在实际设计中，这种能力已被证明很有用。

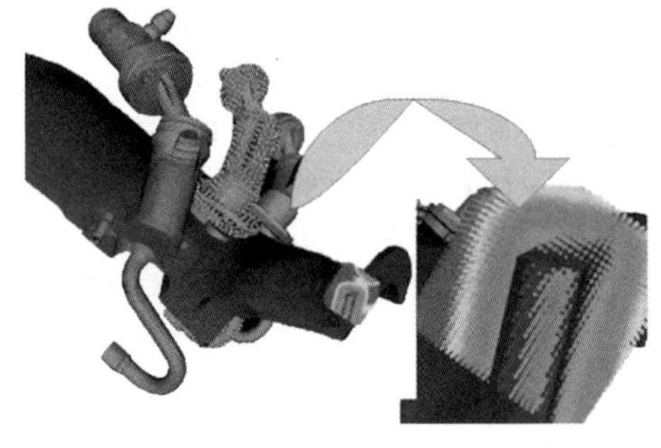

图42.4　波音公司对复杂飞机系统的装配和维修核查的计算机辅助设计（CAD）应用程序

注：波音公司研究人员开发了VoxMap Pointshell软件用于非常复杂的6自由度模型的高效触觉再现（感谢Bill McNeely，Boeing Phantom Works提供）。

3. 商用触觉装置与系统

从高保真的研究装置到廉价的娱乐系统，有各种各样可购买到的触觉装置。一些研究者也制造他们自己的触觉装置用来实现一些新颖的设计，满足特定的应用要求或节省成本。在撰写本文时，最成功的触觉装置商业公司之一是Geomagic Touch[42.19]，它的前身是SensAble Technologies公司的Phantom Omni（图42.5）。在20世纪90年代和21世纪初，SensAble Technologies公司开发了Phantom系列的触控笔式触觉装置。Phantom Premium[42.20]是一种保真度更高、工作空间更大的装置，在触觉研究中也得到了广泛的应用。触觉装置的高价格（相比视觉显示）限制了一些商业应用的发展。Phantom Omni比Phantom Premium便宜了一个数量级，在触觉与机器人研究者中广受欢迎。2007年，Novint技术公司发布的Novint Falcon[42.21]是一个价格便宜的3自由度触觉装置，又比 Phantom Omni 便宜一个数量级，此装置主要针对娱乐应用。

Immersion 公司定位在大众市场和广大的有多种触觉产品需求的消费者，许多产品只有 1 个自由度。例如，他们把技术授权给各种视频游戏的制造商以及移动电话的厂商，来生产用于驾驶游戏的具有振动反馈的手持装置和触觉方向盘。Immersion 公司也有医疗分支机构销售具有触觉反馈的医疗模拟器。

触觉再现软件已通过商业渠道和研究群体广泛应用。销售触觉装置的大多数公司还提供具有触觉体验能力的标准开发工具包（SDK）。此外，非营利性的开源项目如 Chai3D（www.chai3d.org）[42.22]，目的是使得来自不同群体的再现算法可以公开，以缩短应用程序开发时间，并允许用直接比较算法来完成标准性能测试。

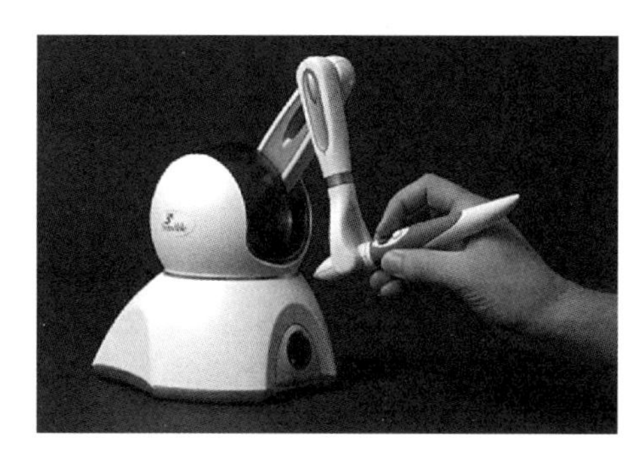

图 42.5 SensAble Technologies 公司生产的 Phantom Omni，现在被称为 Geomagic Touch

注：这种相对低成本的装置可以感应触针 6 个自由度的运动，并可以在 x、y 和 z 方向向触针尖端施加力（SensAble Technologies 公司提供）。

42.2 触觉装置设计

触觉装置分为两大类：导纳型和阻抗型。导纳型装置感知由操作员施加的力和操作员位置的约束以匹配在虚拟现实中的模拟物体或表面的偏转。相比之下，阻抗型触觉装置感知操作员的位置，然后根据模拟物体或表面的计算行为给操作员施加一个力矢量。

阻抗类型的机器人可反向驱动，具有低摩擦和小惯量，并且有力源驱动器。在机器人相关的研究中，一个常用的阻抗触觉装置是 Phantom Premium（高级模拟器）[42.20,23]。导纳类型的机器人，如典型的工业机器人，是非反向驱动的，具有速度源的驱动器。速度用高带宽低增益控制器控制，而且被假定为与施加的外力独立。一些触觉装置商品如 Haptic-Master[42.24]，其操作是导纳控制。虽然这种闭环力控制一直使用于触觉显示，但设计师更愿意选择为开环力控制专门设计的机构，以同时获得低成本和高带宽。

在软件和硬件系统设计中，导纳或阻抗架构的选择具有许多深远的影响。由于各种原因，包括成本，现今触觉装置实现的大多数是阻抗型的。因为当今系统主流是阻抗型装置。限于篇幅，下面的讨论仅局限于这一类型。

42.2.1 机构

创建高保真触觉感觉，操作员需要注意机构设计（见第 1 卷第 5 章）。阻抗触觉装置的要求是与设计操作臂力控制相类似的。对开环力控制理想的机械属性包括低惯量、高刚度和在所设计的整个作业空间的良好的运动调节能力，以有效地匹配合适的人体四肢，主要是手指或手臂。该机构重量应尽量减小，因为它是作为虚拟环境或遥操作环境的重量和惯性而被操作员感知的。运动学奇异点（见第 1 卷第 2、5、18 章）对于触觉交互有害，因为它们导致空间中某些方向上，人工操作不能移动到末端点，从而产生在触觉装置与虚拟物体接触时的错觉，因此带来干扰。由于它们引进大量摩擦，必须避免高传动比。这一约束带来触觉交互对于驱动器性能更高的要求。

1. 机械性能的度量

理想的触觉装置在任意方向上可以自由运动，而且没有奇异结构以及在其附近产生对于操作的负面影响。在传统意义上，运动性能由机构的雅可比矩阵 $\boldsymbol{J}(p,q)$ 导出，使用下列参数来度量。

1）可操作性[42.25]：$\boldsymbol{J}(p,q)$ 奇异值的积。

2）机构各向同性[42.26]：$\boldsymbol{J}(p,q)$ 最小的奇异值与最大的奇异值之比。

3）最小力输出[42.25,27,28]：在最差方向上的最大力输出。

也可以通过使用如动态可操作性度量[42.29]将动力学引入罚函数。这仍然是研究热点之一。关于对触觉装置灵活性的何种度量方法是最适合的，目前尚无定论。

2. 运动学和动力学优化

这方面的设计要求机构与人（最常见如手指或

手臂）的工作空间相匹配，同时避免运动奇异点。

触觉装置工作空间定义为与规定人的四肢指标相匹配。这可以通过使用人体测量数据完成[42.30]。性能目标，如低惯量和避免运动学奇异点，必须无量纲化成对任何备选设计计算的一个定量性能测量。一个这样的测量必须考虑如下要求：

1）贯穿整个目标空间运动调节的一致性。

2）倾向具有低惯量的设计。

3）确保目标空间可达。

上述定义的机械性能的测量是在工作空间中一个点上的，因此对触觉装置设计指标而言必须结合整个工作空间得出一个数值。例如，如果 S 是所有使得末端执行器是在目标工作空间内部的关节角度 Θ 的集合，这样的测量可以是

$$M=\min_{S} W(\Theta) \tag{42.1}$$

式中，$W(\Theta)$ 是设计性能的测量。性能测量应包括杆长罚函数如

$$M=\min_{S}\frac{W(\Theta)}{l^3} \tag{42.2}$$

从而避免求得设计方案的尺度、柔度、质量过大。我们可以通过机械优化设计实现 M 最大化。例如，如果一个设计有5个自由度（通常为各连杆长度和偏移量），我们对每个参数研究10个可能的值，这样就必须评估 10^5 个设计。

现有的计算能力增长速度远远超过人体自由度数量规模上的实际机构的复杂性。因此，通常对于设计空间进行遍历搜索就足够了，复杂的优化方法没有必要。

3. 接地与非接地装置

目前，提供动觉反馈的大多数装置是完全接地的，也就是说，操作员感觉到的力是相对于操作员的地面的，如地板或桌面。非接地触觉反馈装置更多是可移动的，而且与接地装置相比可以在更大的作业空间中操作，能够使它们用在大型虚拟环境中。大量的非接地触觉反馈装置已被开发，如参考文献[42.31-33]。也已有很多非接地装置的性能和接地触觉显示之间的比较[42.34]。一些非接地装置提供触觉而不是动觉的感觉，这些将在第42.5节中阐述。

42.2.2 传感

触觉装置需要传感器来测量该装置的状态。这种状态可能会被操作员提供的位置/力、触觉控制法则和/或装置与环境动态改变。操作员的输入是以所提供的位置或施加的力的方式被感知的。对于触觉传感的要求类似于其他机器人装置（见第29章）的传感，所以这里只讨论一些特有的触觉传感问题。

1. 编码器

旋转式光电直角编码器通常用做触觉装置关节的位置感知。它们经常与作为驱动器的旋转电动机相结合。编码器底层传感机构在第29.1节进行了介绍。触觉装置编码器所需的分辨率，取决于一个单一编码器刻度的角距离与笛卡儿空间的终点间运动距离之比。选定的位置编码器的分辨率，其影响已远不止是操作端的简单空间分辨率，还包括在没有不稳定或非被动行为[42.35]的条件下所再现的最大刚度（见第42.4节）。

许多触觉应用，如具有阻尼的虚拟环境体验（此时力与速度成正比）需要速度测量。速度通常是通过编码器的位置信号的数值微分获得的。对速度估计的算法必须选择那些没有噪声并且在所关心的频率上相位滞后达到最小[42.36]的方法。因此，另一方法是使用专用仪器测量编码器刻度间对应的时间来计算速度[42.37]。

2. 力传感器

触觉装置中，力传感器用于操作员对一个导纳控制装置的输入，或作为一种机构在一个阻抗控制装置消除装置摩擦和其他不希望的动态特性。当使用一种测力传感器（如应变计或荷重单元）测量操作员施加的力时，必须注意采取热绝缘传感器，因为由身体热量引发的热梯度可能影响传感器的力读数。

42.2.3 驱动与传动

触觉装置有别于传统计算机输入装置，其通过控制的驱动器提供合适的触觉感觉给操作员。触觉装置的性能很大程度上取决于驱动机构的特性和机械传动在驱动器和触觉交互点（HIP）之间的传输。下面介绍一下对触觉技术的要求。

在阻抗型触觉装置中对驱动器和机械传动的基本要求是低惯性、低摩擦、低力矩脉动、可反向驱动和低的反向作用。此外，如果设计成驱动器本身随着位置变化而运动，那就需要较高的功率重量比。尽管在阻抗型装置中闭环力控制已被用于触觉显示，最常见的机构设计还是有足够低的摩擦和惯性以保证足够准确的开环力控制。

对触觉装置而言，一个常见机械传动装置是绞盘驱动的（图42.6），由缠着缆束的不同直径的滑轮来提供传动比。在缆束和滑轮之间保持无滑动、高摩擦的接触，是通过多圈缠绕的缆束来实现的。通过绞盘驱动器可以使操作人感知的摩擦力达到最小，因为它能防止在电动机和关节轴上产生平移力。

电流放大器通常被用于产生通过数-模（D/A）转换器用计算机产生的输出电压与由电动机产生的转矩输出之间的直接联系。相对于大多数触觉装置的位置传感器的分辨率和采样率，驱动器与放大器的动态性能以及D/A分辨率对系统稳定性的作用通常可以忽略不计。驱动器或放大器饱和，可导致性能变差，特别是多自由度触觉装置，一个单一饱和电动机转矩可能会明显改变虚拟物体的几何外观。因此，当有任何驱动器处在饱和状态时，力矢量以及相应驱动器的力矩必须适当予以估计。

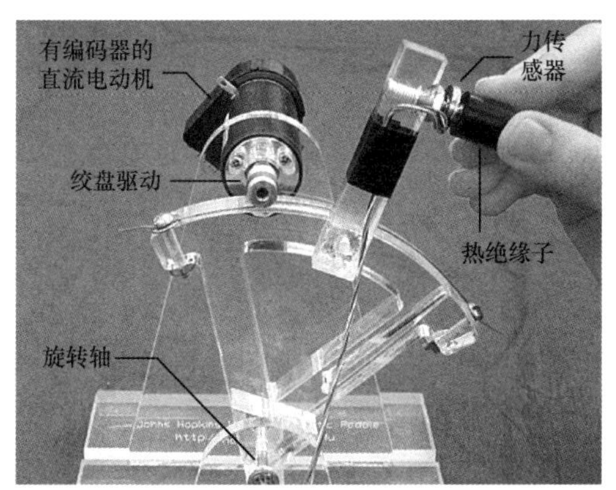

图42.6 这个版本的触觉垫[42.38]包括一个位置传感器，一个单一轴力传感器和用于驱动绞盘传动的直流电动机

42.2.4 装置实例

作为一个示意性例证，我们将对一个简单的被称为触觉垫的单自由度触觉装置提供详细的设计信息[42.38]。本节是为了提供具体部件类型的描述，这些部件用于运动触觉装置。该装置可以根据约翰斯霍普金斯大学提供的指导说明构建。许多广泛使用的触觉装置拥有与该装置共同的工作原理，主要不同在于，具有较多的自由度，在运动细节上有所区别。

如图42.6所示，触觉垫配备有两个传感器：位置编码器和力传感器。一个每转产生500个计数的Hewlett-Packard HEDS 5540编码器直接安装在电动机上。正交过程使得每转产生2000个计数，绞盘齿轮的传动比和杆臂使得在HIP的位置分辨率为2.24×10^{-5}m。一个用于测量施加的力的可选测压元件。塑料盖使测压元件隔热。在此装置上，测力传感器可通过控制来尽量减少摩擦的影响，该控制方法为当HIP不与虚拟物体接触时，它试图使得操作员施加的力减少到零。

图42.6所示的触觉垫使用一个有刷直流电动机，铝制滑轮固定在电动机的轴上。像许多的商业触觉装置一样，它使用绞盘驱动：缆束多次缠绕驱动滑轮，并固定在大的从动轮上。在实例中，D/A转换器的输出从微处理器通过一个电流放大器，该电流放大器输出的电流通过电动机与D/A转换器的输出电压成正比。

这使得电动机上施加的力矩直接受到控制。在最终生成的系统中，静态操作条件下，在驱动点感受到的力与输出电压成比例。当系统运动时，由于不同的人和装置的动力特性不同，操作员所受到的力可能会有所不同。

42.3 触觉再现

触觉再现（在阻抗系统中）是一个基于操作员运动的测量，通过与虚拟物体接触计算所需要力的过程。本节介绍虚拟环境的触觉再现。对遥操作触觉反馈将在第43章阐述。

触觉系统的一个重要属性是它们的时间约束是相当严格的。为了说明这一点，试着用铅笔敲击桌面加以验证。在笔尖和桌面之间你听到的是一个在接触动力学里音频表征的声音。人手指上的触觉感受器的响应可高达10kHz[42.1]。为了真实地再现两个硬表面之间的这类触碰，对进入音频范围（高达20kHz）需要有更好的响应，因此采样时间大约为25μs。即使有特殊的设计，触觉装置也不具备这样的带宽，同时这样高保真通常也不是触觉再现的目标。为了达到稳定再现，任何类型的硬接触需要有非常高的采样率。实际上，建造大多数触觉模拟系统至少要1000Hz的采样率。如果虚拟环境被限制成软材料，采样率可以被减少到几百赫兹以下。

1. 基本的触觉再现

每个周期触觉再现的计算过程由以下七个连续步骤组成（图42.7）。为了达到稳定和真实的效果，再现周期一般必须在1ms内完成：①传感（见第42.2.2节）；②运动学；③碰撞检测；④确定表面点；⑤力计算；⑥运动学；⑦驱动（见第42.2.3节）。

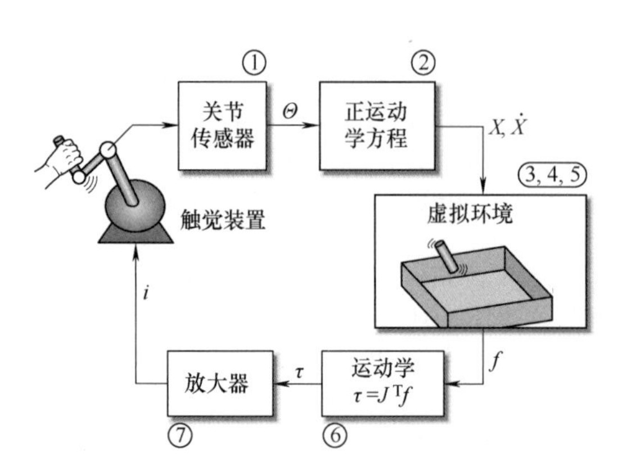

图 42.7 阻抗型触觉显示系统的触觉再现周期示意图

注：根据操作员触觉装置的位移虚拟对象在虚拟环境中运动。在装置中感知的关节位移 Θ①，通过运动学②、碰撞检测③、表面点的确定④、力计算⑤、运动学⑥、驱动⑦得到处理。

2. 运动学

在关节空间中，通常需要使用传感器来进行位置和速度的测量。这些必须通过正运动学模型和雅可比矩阵（见第1卷第2章）转换成操作员手或指尖的笛卡儿空间中的位置和速度。在一些应用中，操作员虚拟地抓持一个工具或物体，这些工具或物体的形状在虚拟环境中是象征性的，但是它们的位置和姿态是确定的。在其他的情形，操作员的手或指尖由一个点来表示，在虚拟环境（VE）中仅该点与物体相接触。我们将虚拟物体当作一个虚拟工具，同时将这个点称为触觉交互点（HIP）。

3. 碰撞检测

对于点接触的情形，碰撞检测软件必须确定HIP的位置是否就是在当前时刻与虚拟对象接触的点。这通常意味着确定HIP是否穿透物体表面或者在物体内部。物体表面由多边形或样条曲线等几何模型表示。

在计算机图形学方面虽有大量关于碰撞检测的文献，但是触觉碰撞检测有其独到之处。特别是，计算速度至关重要，还有最坏情形下的速度，而不是平均速度。首选的是要在固定时间内估计出解。第42.3.1节提出对复杂环境的碰撞检测和触觉再现。

如果检测到HIP在所有物体之外，则返回大小是零的力。

4. 确定表面点

一旦确定HIP在某个物体的内部，就必须计算出来应该显示给操作员的力的大小。许多研究者采用的思路是，用一个虚拟的弹簧将HIP与距离最近的物体表面的一点相连，并将此作为渗透模型和力生成的模型[42.39-41]。Basdogan 和 Srinivasan 将此点命名为中间触觉交互点（IHIP）。然而，大家都意识到最接近的表面点模型并不总是最好的接触模型。例如，当HIP沿着立方体的顶面以下进行横向移动时（图42.8），最终该点将足够接近边缘，而使得最接近表面的点实际在立方体的一个侧面。这个算法需要保存顶部表面的IHIP，并且始终产生一个向上的力，否则操作员会突然从立方体的侧面弹射出来。

图42.8中，操作员指尖轨迹进入物体表面向右下移动，触觉交互点（HIP）在时刻1~4用实心圆 P_1~P_4 显示。当HIP在对象内部时，中间触觉交互点（IHIP）用空心圆表示。在位置 P_4，不应采用基于最接近表面点的接触力再现算法，否则将会导致操作员受到从侧表面的作用力（由于这个力与顶端表面相切所以会感觉不自然）。

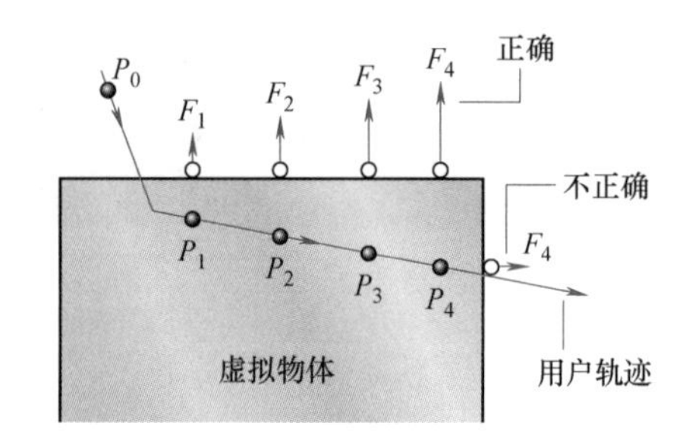

图 42.8 一种在触觉再现中接触力的巧妙处理方法示意图

5. 力计算

力通常是使用弹簧模型来计算（胡克定律），即

$$\boldsymbol{f}=k\boldsymbol{x} \tag{42.3}$$

式中，$\boldsymbol{x}$ 是从HIP到IHIP的矢量，并且 $k>0$。当 k 充分大时，物体的表面会感觉像一堵墙垂直 $\boldsymbol{x}$。这个虚拟墙，换言之，阻抗表面，是大多数触觉虚拟环境的一个基本模块。由于虚拟墙仅当检测到HIP和虚拟物体之间的碰撞时才显示，虚拟墙是单边约束，被一个非线性的切换条件控制。如同在以下章节所述，具有复杂几何形状的触觉虚拟环境通常由一个多边形网格形成，其中每个多边形本质上是一个虚拟墙。在与操作员局部的交互是靠虚拟墙控制时，虚拟表面也可以允许全局变形。通常构建在虚拟墙上的虚拟着力点可以被覆盖在触觉反馈点上，使得遥操作员在进行遥操作任务时可以协助当地操作员（见第43章）。

上文所述的纯刚度模型可以扩充以提供其他作用，特别是通过使用虚拟耦合，这将在第 42.3.2 节论述。阻尼（参量）可以垂直或平行地施加到表面上。另外，库仑摩擦或其他非线性摩擦也可平行施加到表面上。为了提供更真实的坚硬表面的感觉，在碰触瞬间，在表面和 HIP 之间振动也可以以开环的方式表示，如第 42.5 节所述。

6. 运动学

在笛卡儿空间计算得到的力必须转化为驱动空间的力矩。通常情况下，满足

$$\boldsymbol{\tau}=\boldsymbol{J}^{\mathrm{T}}\boldsymbol{f} \tag{42.4}$$

式中，$\boldsymbol{\tau}$ 是驱动器所要求的力矩；$\boldsymbol{f}$ 是期望的广义力矢量；$\boldsymbol{J}^{\mathrm{T}}$ 是触觉装置雅可比矩阵的转置矩阵（见第 1 卷第 2 章）。如果触觉装置没有动力损耗并且驱动器是理想的，那么提供给操作员的力将是精确的。然而，实际装置的动力损耗、时间延迟以及其他非理想的条件，使得提供给操作员的力与所期望的力是不同的。

42.3.1 复杂环境再现

使用各种相对简单的算法对简单虚拟环境中的触觉进行有效的再现，当今计算机的能力就足够了。虚拟环境通常由几个简单的几何图元组成，如球体、立方体和平面。然而，现在的挑战是扩展这些算法以应对复杂的环境，如同我们通常所看到的包含 $10^5\sim10^7$ 个多边形的计算机图形再现。在文献中提出了多种方法尝试对复杂场景进行有效再现。Zilles 和 Salisbury[42.40] 根据相邻的表面多边形之间的平面约束，利用拉格朗日乘子求得了最接近 IHIP 的点。Ruspini 和 Khatib[42.42] 开发了力涂色（force shading）和摩擦模型。Ho 等[42.39] 使用包络球域的层次结构以确定初始接触（碰撞）点，然后搜索邻近的表面、边缘和当前接触的三角形的顶点（几何图元），以此找到最接近 IHIP 的点。Gregory 等[42.43] 施加一个离散三维空间的层次结构，以加速检测与该表面的初始连接点。Johnson 等[42.44] 基于局部极值进行了在运动模型上的触觉再现，该局部极值为触觉装置所控制的模型与场景其余部分之间的距离。Lin 和 Otaduy[42.45,46] 使用对象详细描述用以执行多分辨率碰撞检测，从而实现满足实时约束，同时最大限度地提高计算邻近信息的准确性的目标。

若不将物体的表面以多边形来表示，也可以找到替代算法和效率。Thompson 和 Cohen[42.47] 利用数学可以从非均匀有理 B 样条（NURBS）模型直接计算表面的渗透深度。McNeely 等[42.18] 在毫米级尺度上采取三维网格化的极端做法。每个网格包含一个预先计算的法向量、刚度属性等。利用复杂的 CAD 模型，可以进行 1000Hz 的再现，这些 CAD 模型包含数百万个多边形（以图形等价表示），但是这个方法需要占用大量的计算机内存，并且需要进行预处理。该算法有足够高的性能，它可以同时被用来再现数百个接触点。这使得操作员可以操纵任意形状的工具或对象。该工具/对象被表现为一些表面点，在该工具上产生的力和力矩是表面上所有点相互作用力的总和。

对于手术模拟，研究人员将主要精力放在手术器械与器官之间相互作用的建模和触觉再现上。研究人员曾试图用多种方法为虚拟组织的行为建模。这些方法大致可划分为：

1）基于线弹性的方法。

2）基于非线性（超弹性）弹性的有限元（FE）方法。

3）不基于有限元方法或连续介质力学的方法。

普通的线性和非线性有限元算法不能满足实时运行要求，然而一些方法（如预处理方法）可以运行它们达到触觉的速率[42.48]。许多研究人员依靠从真实组织所获得的数据为器官变形和断裂准确建模。在这一领域的主要挑战包括结缔组织支持器官的建模，装置和组织之间的摩擦和在微创手术过程中发生的拓扑变化。

42.3.2 虚拟耦合

迄今为止，我们都是通过计算一个虚拟弹簧的长度和方向，并应用胡克定律式（42.3）来进行力的再现。这个弹簧是在 HIP 和 IHIP 之间的虚拟耦合的一种特殊情形[42.41]。虚拟耦合是对力再现的渗透模型的抽象化。我们假设物体是刚性的，而不是柔性的。但是通过一个虚拟弹簧将它们与操作员相连。如此就构建了（虚拟耦合的）最大等效刚度。

稳定接触的再现（见第 42.4 节）问题往往需要更复杂的虚拟耦合而不只是一个简单的弹簧。例如，可以增加阻尼。一般地，式（42.3）中力的再现模型可以化为

$$\boldsymbol{f}=k\boldsymbol{x}+b\dot{\boldsymbol{x}} \tag{42.5}$$

式中的参数 k 和 b 可以凭经验调节来实现稳定和高性能操作。更规范的虚拟耦合设计方法将在第 42.4 节进行论述。

42.4 触觉交互的控制和稳定

1. 问题概述

如图42.7所示，触觉再现系统是一个闭环动态系统。再现自然界中人与环境接触时的实际接触力，使之保持稳定的行为仍然是一个巨大的挑战。触觉交互的不稳定性以其自身的噪声、振动、甚至失去控制的发散行为表现出来。对阻抗器件来说，最坏的情形发生在其试图与刚性物体接触过程中。根据以往经验，在研究触觉交互与刚性虚拟对象时，会经常遇到不稳定性。但通过减少虚拟物体的刚性，或操作员较坚实地握持住触觉装置，这种不稳定性可以被消除。

2. 经典控制理论的问题描述

尽管线性理论在应用中使用很有限，但是可以用它来对不稳定性影响因素进行基本分析[42.49]。一个高度简化的阻抗器件模型如图42.9所示。$G_1(s)$ 和 $G_2(s)$ 分别描述同时具有操作位置感知和力的显示两方面功能的触觉装置的动力学结构。假设虚拟环境和人类操作员/用户（HO）都可以通过线性阻抗表示，如

$$Z_{VE}=\frac{F_{VE}(s)}{X_{VE}(s)} \tag{42.6}$$

$$Z_{HO}=\frac{F_{HO}(s)}{X_{HO}(s)} \tag{42.7}$$

则从操作员又回到操作员的闭环系统的环路增益是

$$G_l(s)=G_1(s)G_2(s)\frac{Z_{VE}(s)}{Z_{HO}(s)} \tag{42.8}$$

在传统意义上，稳定性是通过对 $G_l(s)$ 运用奈奎斯特（Nyquist）幅度和相位判据来估计的。增加的 Z_{VE}（相当于更硬的或更重的虚拟物体）也增加了 $G_l(s)$ 的幅度，从而使系统趋于不稳定；而当操作员握持更稳固时，这增加了 Z_{HO} 的幅度，从而促进了稳定性。类似的分析也适用于可能出现在系统任何部分的相移。

3. 线性理论的局限性

尽管图42.9所示的模型显示了触觉交互稳定性的一些特性，但是线性连续理论在环路的稳定性设计方法上很少使用。令人感兴趣的是虚拟环境是非线性的。尤其是，由于应用经常性地模拟非连续接触（如在自由空间和坚硬的表面之间的手写笔），因此很难被线性化。另一特性是为实现数字化而引入采样和量化，这两者都有显著影响。

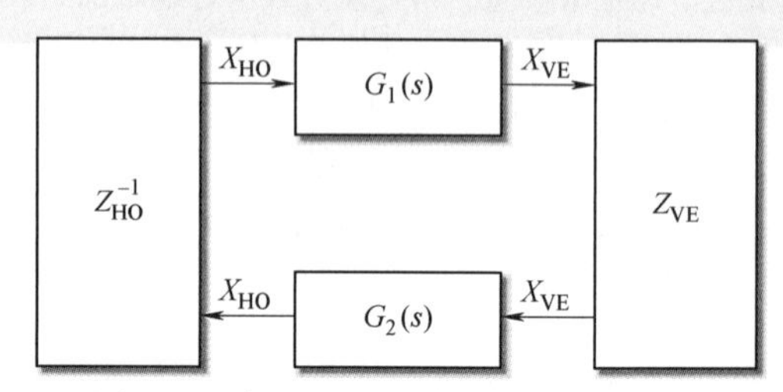

图42.9　触觉再现的高度简化线性模型可以突出一些稳定性问题

4. 采样

Colgate等[42.41]在稳定性分析中合并考虑离散采样行为。他们考虑实现刚性的虚拟墙壁问题

$$H(z)=K+B\frac{z-1}{Tz} \tag{42.9}$$

式中，K 为虚拟墙刚度；B 为虚拟墙的阻尼系数；z 为 Z 变换变量；T 为采样时间。在连续时间模拟触觉装置（HD）进一步模型化为

$$Z_{HD}(s)=\frac{1}{ms+b} \tag{42.10}$$

式中，m 和 b 分别是触觉装置的质量和阻尼。对于无源性装置它们得到下面的条件

$$b>\frac{KT}{2}+|B| \tag{42.11}$$

上式表明高采样率和在触觉装置中的高机械阻尼具有显著的稳定作用。

5. 量化

另外的因素包括由于数值化积分以及量化导致的延时。这些不稳定因素被Gillespie和Cutkosky[42.50]称为能量泄漏。

6. 无源性

令人关注的虚拟环境总是非线性的，并且操作员的动态特性也是重要的。这些因素使得很难用已知参数和线性控制理论分析触觉系统。卓有成效的方法之一是使用无源性的方案以保证系统稳定运行。无源性对稳定性而言是一个充分条件，而且在第43章针对遥操作机器人有更详细的介绍。触觉交互和双向远程控制之间有许多相似之处。

利用无源性进行触觉交互系统设计的主要问题是它过于保守，如参考文献［42.35］所述。在许多情况下，在所有操作条件下采用一个固定的阻尼值用于保证无源性，系统性能会很差。Adams和Hannaford从适合所有的因果关系组合的二端网络理论得到虚拟解耦设计方法，而且比基于无源性设

计具有更少保守性[42.51]。他们利用触觉装置的动态模型，并通过满足 Lewellyn 提出的绝对稳定性判据得到最优虚拟耦合参数，该绝对稳定性判据是由各项组成的一个不等式，这些项是结合触觉交互与虚拟耦合系统的二端口网络描述模型的项。Miller 等人提出了另一个设计方法：该方法将分析推广到非线性环境，并提取一个阻尼参数以保证系统稳定运行[42.52-54]。

42.5 其他类型的触觉交互

动觉（力反馈）触觉交互和机器人技术有着最密切的关系，而其他种类的触觉交互通常被归类为触觉显示器。触觉显示是用来将表示力、接触和形状的信息传递给皮肤。它们故意刺激皮肤感受器，对动觉的感觉影响较小。与本章前面介绍的动觉不同，前面的重点是力的显示，同时考虑提供通过与工具或探针进行物理接触的皮肤触觉。触觉显示通常被用来实现特殊的目的，如接触显示、接触定位、滑动/剪切、纹理和局部形状。这在一些方面是合理的，对于不同类型的皮肤感受器，每种都有它们各自的频率响应、接受域、空间分布和感受参数（如局部皮肤的曲率、皮肤伸展和振动）等。它们也与不同的探测流程是相关的，如 42.1.1 节所述。

与动觉显示相反，触觉显示的设计和原型构建对于虚拟现实或遥操作再现实际的接触信息是非常具有挑战性的。准确再现每个指尖的局部形状和压力分布需要驱动器的密集阵列。关于触觉接收装置的研究是一个热点领域，但是大部分还没有达到应用阶段或商业流通阶段，只有为盲人所用的著名盲文显示器除外。在这节中，我们将介绍各种类型的触觉显示，以及它们的设计思路、实现算法和应用。

42.5.1 振动反馈

振动反馈是一种提供触觉反馈的常用方法。它可以作为触觉反馈的单独方法或者动觉显示的一种补充方法。振动元素如压电材料和音圈电动机要比动觉装置的驱动器更轻，通常可以将其添加到动觉装置上，它对现有机构的影响较小。另外，高带宽动觉显示可以通过它们的标准驱动器编程来显示开环振动。人体振动的灵敏度的感应范围从直流到 1kHz 以上，峰值灵敏度大约在 250Hz。

我们首先考虑使用振动来传递事件的冲击和接触——这一方法横跨动觉（肌肉运动知觉的）反馈和触觉反馈。当人们接触环境时，嵌入在皮肤内的快速运动感知器会记录这种微小的产生于该交互中的振动。如第 42.3 节所述，触觉显示的传统方法通常包括用一个简单几何结构的虚拟模型，然后用一阶刚度控制理论模拟表面。然而这样的一阶模型往往缺少高阶效果，如冲击的真实效果。利用一般的触觉渲染算法，表面显得湿软或不真实的光滑。为了提高在这种环境中的真实性，一种解决方法是增加高阶效应，如纹理和接触振动。这些效果可以用一个基于实时动态分析描述的表面模型库进行分析说明[42.55]，其有时采用定性操作员反馈、物理测量（从经验数据产生的逼真模型）[42.56,57]，或者这两者的结合来调整[42.58]。在检测到 HIP 与虚拟物体表面进行瞬时碰撞时，表面模型库就会产生一个适当的波形，该波形根据运动情况进行大小缩放（如速度和加速度），最后通过一个驱动器开环输出。该驱动器可能是同一个同时显示较低频力信息的驱动器，如图 42.10 所示。或者它可能是一个独立的变换器。Kuchenbecker 等[42.59]考虑用触觉装置的动力学来显示可能的最准确的振动波形，并比较了大量不同振动波形的产生方法，意欲传递响应叠加作用到虚拟环境的力反馈。大多数振动反馈方法表现类似于现实情况，比起仅靠传统的力反馈方法，它们更实用。

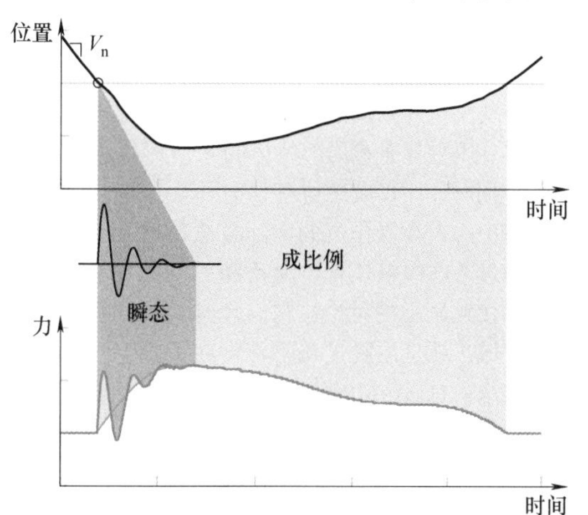

图 42.10 事件触发的开环力信号叠加在传统的基于渗透的反馈力上提供振动反馈，从而在虚拟环境中改善了硬表面的真实性[42.59]

振动反馈还可以用来提供有关图案的纹理、粗糙度和有明显振动信号的其他现象的信息。这种类

42

型的振动反馈被称为振动触觉反馈。在远程控制环境中，Kontarinis 和 Howe[42.60] 提出可以通过振动反馈确定球轴承的受损程度。Dennerlein 等[42.61] 根据水下机器人的遥操作任务试验，证明有振动反馈的机器人性能比没有振动反馈的性能好。在这些遥操作系统中，振动感知传感器，如一些加速度计和压电式传感器被用来拾取振动，在大多数情况下将振动信号直接作为输入传给振动触觉驱动器。Okamura 等[42.62] 给出了在虚拟环境中基于纹理和膜穿刺的振动模型。和上文提到基于事件的触觉装置类似，振动波形的建模是基于先期试验，并且以开环方式体现在虚拟环境交互中。

最后，振动反馈可以作为一种感知替代方法来传递方向、注意力或者其他信息[42.63-65]。在这种应用中，所关注的是信号的强度和清晰度，而不是其真实感。接近人灵敏度峰值的振动频率是最有效的，适应这些应用的振动触觉驱动器（接触器）有销售，如 Engineering Acoustic 公司的 C2 Tactor[42.66]。接触器阵列中的单元可以选择性地打开和关闭，以产生感觉跳跃现象，在这个现象中接触器阵列脉冲不是在不同位置的连续拍打，而是以皮肤上经过或跳过的轻拍的形式被感知的。

42.5.2 接触定位、滑动和剪切力的显示

在有关机器人灵巧操作的早期工作中发现，机器人手和所抓取物体之间的接触点对操作而言是至关重要的。如果没有这些知识，机器人将会由于抓取误差的快速累积而扔下物体。在许多机器人研究者和一些公司开发出的触觉阵列传感器能够测量接触位置、压力分布和局部物体的几何形状（见第 28 章）的同时，用以展现这些信息给一个虚拟或遥操作环境中的人类操作员的实际方法已被证明相当困难。通过考虑接触位置、滑动和剪切力的显示，我们开始接触显示的讨论，它们具有的共同目标是对单一区域，就是皮肤（几乎常常在手指上）接触的运动显示。对显示接触信息，应用触针阵列的上升和下降对皮肤产生压力分布是迄今为止最流行的方法，而我们在第 42.5.3 节关于局部形状的部分将阐述这种设计，因为它们主要的优点是对空间分布信息的显示。相反，这里我们将重点放在一些专业触觉装置上，这些装置专门用来解决接触的定位与运动。

作为一个接触位置显示的例子，Provancher 等[42.67] 研制了一个系统，让其再现用户指尖移动的接触质心的位置。接触元件是一个自由滚动的圆柱体，通常离开指尖悬挂，但是当操作员推一个虚拟物体时它便会接触皮肤。在皮肤上圆柱体的运动是用带套的推拉线来控制的。这样就可以把驱动器放置在远处，接触显示本身做成一个轻的、顶针大小的部件，它可以灵巧地安装在动觉触觉装置上。试验表明，在物体曲率区分的任务中，操作员在真实操作和虚拟操作中执行的操作是相似的。此外，操作员能用该装置区分滚动操作和虚拟物体绕定点的旋转操作。

42.5.3 滑移和剪切

人类在执行操作任务过程中广泛利用滑动和初始滑动[42.68]。为了重现这些现象，试验刻画人对滑动的感觉，研究者设计了一个独立的单自由度的滑动演示装置[42.69-71]。Webster 等[42.71] 设计了 2 自由度的触觉滑动显示，它使用了一个装在用户指尖下面的驱动旋转球。这样一个轻的模块触觉显示可以附着在多自由度的动觉交互上，用来显示有防滑功能的虚拟环境。试验结果表明，与通常仅用力反馈的方法比较，可以用较小的力通过结合滑动和力反馈来完成一个虚拟操作任务。皮肤拉伸也可以与滑动显示相结合，从而可以提供有关预滑动条件的信息。例如，Tsagarakis 等[42.72] 研制了一种利用 V 结构的微型电动机提供在操作员指尖的相对横向运动（方向和速度）的感觉。二维滑动/拉伸可以通过协调两个电动机的转速和方向来生成。

在触觉装置运动学方面，滑移和剪切显示可以非常相似。然而，剪切或皮肤拉伸显示达到的目标是保持无滑移状态，这样剪切力/运动就可以相对于操作员精确地控制，通常是在手指上。剪切（切向皮肤拉伸）的使用是由感知试验驱动的，该试验表明，与正常位移相比，人的手指对切向位移更敏感[42.73]。各种切向皮肤拉伸装置已经被设计出来，应用于可穿戴触觉、高保真触觉渲染和遥操作。Hayward 和 Cruz-Hernandez[42.74] 开发了一种由紧密排列的压电驱动器组成的触觉装置，它能在手指垫内产生可编程的应力场。单一皮肤拉伸牵引器也被用于传递二维方向的信息（用于导航）[42.75]，并单独或与动觉触觉交互结合来增强对虚拟环境（如摩擦）的感知[42.76]。类似的方法已用于 3 自由度的皮肤拉伸，并与皮肤法向力[42.77,78] 相结合。在另一种形式因素中，研究人员开发了可作为自然本体感受反馈的替代品的旋转式皮肤拉伸装置[42.79,80]。

42.5.4 局部形状

大多数显示局部形状的触觉装置，是由一系列

独立的触针阵列组成，这些触针可以沿表面法向移动。通常，有一层弹性材料可覆盖针头，这样，操作员接触到的是一个光滑的表面而不是直接与触针本身接触。也有其他一些系统利用独立单元的横向移动，另一些用电极代替移动部分形成电皮肤元件的矩阵。许多研究者利用心理物理学和知觉的试验结果定义设计参数，如触针的数目、间距和基于触针的触觉显示的振幅。一个常用的指标是两个点分别测试，以获得在皮肤上两个接触点（被感知为两个点而不是一个点）之间的最小距离。这个区分限制在身体不同部位的皮肤上大小是不同的，指尖具有最小的距离（通常被认为小于 1mm，虽然这取决于接触点的形状和大小）[42.81,82]。Moy 等[42.83]基于预测皮下应变和基于心理物理学试验所测量的幅度分辨率、剪切力的影响以及黏弹性（蠕变和松弛）对静态触觉感知的影响，量化了人类触觉系统的几个感知能力。他们发现 10%的幅度分辨率对于一个有 2mm 的弹性层和 2mm 间隔的触觉传感器的远程控制系统就足够了。一个不同类型的试验检验与特定应用相关的不同种类的触觉信息。例如，Peine 和 Howe[42.84]发现并检测到的手指垫的变形，而非压力分布，原因在于软材料里局部的肿块，如组织中的肿瘤。

我们将重点放在几种个性鲜明的阵列式触觉显示器的设计上。大量驱动器技术已经用来开发触觉阵列，包括压电、形状记忆合金（SMA）、电磁、气动、电流变、微机电系统（MEMS）和电触觉的技术。想进一步了解关于触觉显示设计和驱动的内容，可以阅读一些综述性文章，如参考文献［42.85-90］。

我们首先考虑基于触针方法的复杂性/成本谱图的两端。Killebrew 等[42.91]在神经科学试验中研制了一台 400 个触针、1cm^2 的触觉模拟器来展现任意时空对皮肤的刺激。每个触针是在独立计算机控制下，每分钟可以产生超过 1200 次刺激。虽然驱动器的大小和重量对于大多数触觉应用是不切实际的，但它是迄今为止分辨率最高的触觉显示装置，并且可以用来估算低分辨率显示潜在设计。Wagner 等[42.92]利用市售伺服电动机构建了一个 36 触针、1cm^2 的触觉形状显示器。这一显示器最高频率为 7.5~25Hz，这取决于触针的偏转量，如图 42.11 所示。Howe 等[42.93,94]开发了形状记忆合金的触针并应用到远程触诊中。

与垂直于表面的触针形成鲜明对照，最新的触觉阵列设计中采用了横向移动的触针。这种结构首先是由 Hayward 和 Cruz-Hernandez[42.95]采用，最新的设计使用了一个 6×10 压电双晶片驱动阵列，具有 1.8mm×1.2mm 的空间分辨率，是一种紧凑、轻量级、模块化设计[42.96]的装置。各个独立的驱动器的力提供足够的皮肤垫的运动/拉伸以激发机械感受器[42.97]。先导测试表明，受试者可以检测到虚拟的线，这条线是随机放在虚拟光滑平面上的。该装置也已经作为一种盲文显示[42.98]得到测试。另一个横向拉伸显示及其评价在参考文献［42.99］中介绍。其他触觉显示的新方法，还包括使用电皮肤阵列通过向皮肤或者舌头发送小电流簇[42.100]和应用空气压力的方法刺激浅层次的机械感受器[42.101]。

a)

b)

图 42.11 一种低成本的触觉显示装置

a）一个低成本 36 触针触觉显示用无线控制的伺服电动机驱动器 b）近距离显示 6×6 阵列，展示正弦栅格[42.92]

42.5.5 表面显示器

近年来，出现了表面显示器的概念，它调节表面摩擦，以显示用户在表面上移动手指时不断变化的剪切力。触觉模式显示（TPaD）[42.102]就是使用滑动和摩擦来显示引人注目的触觉感知的一个示例装置。平板的超声波频率和低振幅振动在平板和接触平板的手指之间形成一层空气膜，从而减少摩擦。人体无法感知板的 33kHz 频率的振动。摩擦的减小量随振幅变化，允许在主动勘探期间间接控制手指上的剪切力。手指位置和速度反馈可以实现空间纹理感觉的触觉渲染。这项工作已经扩展到各种不同的表面显示器，包括产生主动力的装置[42.103]和使用静电力调节摩擦的装置[42.104,105]。

42.5.6 温度

由于人体通常比环境中的物体温度高，热的感觉是基于热传导、热容量和温度的综合作用结果。这使得我们不仅可以推断出温差，也可以推断出材料组成[42.106]。大多数热的显示装置都是基于热电冷却器，也被称为珀尔帖（Peltier）热泵。热电冷却器由一系列的半导体接头组成，这些接头电连接串联和热连接并联。热电冷却器被设计成将热量从一个陶瓷面板抽送到另一个，但如果反向使用，装置的温度梯度会成比例地产生电动势，作为一个相对于温度变化的度量。触觉热显示的设计大多使用现有的组件，它们的应用通常都是明确的，即通过它们的温度和热传导识别虚拟或者遥操作环境中的对象。

Ho和Jones[42.107]对触觉温度显示进行了概述，而且展望了一个令人鼓舞的结果：当视觉线索受限制的情况下，热显示能够有助于对象的识别。许多系统已经将热显示和其他类型的触觉显示集成起来，但是由Caldwell等[42.108,109]设计的数据手套输入系统是第一个这样做的。他们的触觉交互同时提供了力、触觉和热反馈。用于热显示的Peltier装置与食指的背面接触。受试者仅仅依靠热的线索来识别物体，如冰块、焊接钢、绝缘泡沫和铝块，并取得了90%的成功率。对人体温度感知的研究，包括一些问题如空间总和与温度显示的心理关联等，都非常有趣。例如，在假肢中，温度显示可能不仅仅对于一些实际考虑，如安全和材料识别有用，对贴身舒适的考虑可能也有用，如感觉到亲人的手的温暖。

42.6 结论与展望

触觉技术，试图提供在虚拟和远程控制环境中进行人工操作的令人信服的感觉，是一种相对较新的技术，但同时也是发展最快的技术。这个领域不仅将机器人学和控制理论作为根本基础，还得益于人文科学领域，特别是神经科学和心理学。迄今为止，触觉技术在娱乐、医疗模拟和设计等领域取得了很大的商业成功，新装置和新应用不断涌现。

有很多书籍是关于触觉技术的，其中很大一部分来源于这个主题的研讨会和会议的论文汇编。关于触觉技术的最早的书之一是Burdea[42.110]写的，书中对1996年之前的应用和触觉装置进行了全面论述。由Lin和Otaduy[42.111]编写的专著，主要论述了触觉再现技术，完全可以用来作为教材。另外，我们推荐一些有用的文章如下：Hayward和MacLean[42.112,113]描述了构造难度适当的试验性触觉装置，它们的驱动软件组成、交互作用设计概念等基础知识，对创建可用系统很重要。Hayward等[42.114]也提供了触觉装置和交互的教程。Salisbury等[42.115]描述了触觉再现的基本原则。Hayward和MacLean[42.116]描述了大量的触觉幻觉，可以激发用于触觉交互设计的创造性想法。Robles-De-La-Torre[42.117]用失去触觉人类的有趣例子强调触觉的重要性。

最后，触觉领域有两个期刊：*Haptics-e*[42.118]和*IEEE Transactions on Haptics*。还有一些会议也是致力于触觉的：Euro-haptics和the Symposium on Haptic Interfaces for Virtual Environment and Teleoperator System，每偶数年轮流举办，奇数年则变成单独的会议——World Haptics。IEEE（电气与电子工程师协会）触觉技术委员会[42.119]提供了有关出版及论坛方面的信息。

参考文献

42.1 K.B. Shimoga: A survey of perceptual feedback issues in dexterous telemanipulation. I. Finger force feedback, Proc. Virtual Real. Annu. Int. Symp. (1993) pp. 263–270

42.2 M.A. Srinivasan, R.H. LaMotte: Tactile discrimination of shape: responses of slowly and rapidly adapting mechanoreceptive afferents to a step indented into the monkey fingerpad, J. Neurosci. **7**(6), 1682–1697 (1987)

42.3 R.H. LaMotte, R.F. Friedman, C. Lu, P.S. Khalsa, M.A. Srinivasan: Raised object on a planar surface stroked across the fingerpad: Responses of cutaneous mechanoreceptors to shape and orientation, J. Neurophysiol. **80**, 2446–2466 (1998)

42.4 R.H. LaMotte, J. Whitehouse: Tactile detection of a dot on a smooth surface: Peripheral neural events, J. Neurophysiol. **56**, 1109–1128 (1986)

42.5 R. Hayashi, A. Miyake, H. Jijiwa, S. Watanabe: Postureal readjustment to body sway induced by vibration in man, Exp. Brain Res. **43**, 217–225 (1981)
42.6 G.M. Goodwin, D.I. McCloskey, P.B.C. Matthews: The contribution of muscle afferents to kinesthesia shown by vibration induced illusions of movement an the effects of paralysing joint afferents, Brain **95**, 705–748 (1972)
42.7 G.S. Dhillon, K.W. Horch: Direct neural sensory feedback and control of a prosthetic arm, IEEE Trans. Neural Syst. Rehabil. Eng. **13**(4), 468–472 (2005)
42.8 G.A. Gescheider: *Psychophysics: The Fundamentals* (Lawrence Erlbaum, Hillsdale 1985)
42.9 L.A. Jones: Perception and control of finger forces, Proc. ASME Dyn. Syst. Control Div. (1998) pp. 133–137
42.10 R. Klatzky, S. Lederman, V. Metzger: Identifying objects by touch, An 'expertt system', Percept. Psychophys. **37**(4), 299–302 (1985)
42.11 S. Lederman, R. Klatzky: Hand movements: A window into haptic object recognition, Cogn. Psychol. **19**(3), 342–368 (1987)
42.12 S. Lederman, R. Klatzky: Haptic classification of common objects: Knowledge-driven exploration, Cogn. Psychol. **22**, 421–459 (1990)
42.13 O.S. Bholat, R.S. Haluck, W.B. Murray, P.G. Gorman, T.M. Krummel: Tactile feedback is present during minimally invasive surgery, J. Am. Coll. Surg. **189**(4), 349–355 (1999)
42.14 C. Basdogan, S. De, J. Kim, M. Muniyandi, M.A. Srinivasan: Haptics in minimally invasive surgical simulation and training, IEEE Comput. Graph. Appl. **24**(2), 56–64 (2004)
42.15 P. Strom, L. Hedman, L. Sarna, A. Kjellin, T. Wredmark, L. Fellander-Tsai: Early exposure to haptic feedback enhances performance in surgical simulator training: A prospective randomized crossover study in surgical residents, Surg. Endosc. **20**(9), 1383–1388 (2006)
42.16 A. Liu, F. Tendick, K. Cleary, C. Kaufmann: A survey of surgical simulation: Applications, technology, and education, Presence Teleop. Virtual Environ. **12**(6), 599–614 (2003)
42.17 R.M. Satava: Accomplishments and challenges of surgical simulation, Surg. Endosc. **15**(3), 232–241 (2001)
42.18 W.A. McNeely, K.D. Puterbaugh, J.J. Troy: Six degree-of-freedom haptic rendering using voxel sampling, Proc. SIGGRAPH 99 (1999) pp. 401–408
42.19 Geomagic Touch: http://www.geomagic.com
42.20 T.H. Massie, J.K. Salisbury: The phantom haptic interface: A device for probing virtual objects, Proc. ASME Dyn. Syst. Contr. Div., Vol. 55 (1994) pp. 295–299
42.21 Novint Technologies: http://www.novint.com
42.22 Chai3D: http://www.chai3d.org
42.23 M.C. Cavusoglu, D. Feygin, F. Tendick: A critical study of the mechanical and electrical properties of the PHANToM haptic interface and improvements for high-performance control, Presence **11**(6), 555–568 (2002)
42.24 R.Q. van der Linde, P. Lammerste, E. Frederiksen, B. Ruiter: The HapticMaster, a new high-performance haptic interface, Proc. Eurohaptics Conf. (2002) pp. 1–5
42.25 T. Yoshikawa: Manipulability of robotic mechanisms, Int. J. Robotics Res. **4**(2), 3–9 (1985)
42.26 J.K. Salibury, J.T. Craig: Articulated hands: Force control and kinematics issues, Int. J. Robotics Res. **1**(1), 4–17 (1982)
42.27 P. Buttolo, B. Hannaford: Pen based force display for precision manipulation of virtual environments, Proc. Virtual Reality Annu. International Symposium (VRAIS) (1995) pp. 217–225
42.28 P. Buttolo, B. Hannaford: Advantages of actuation redundancy for the design of haptic displays, Proc. ASME 4th Annu. Symp. Haptic Interfaces Virtual Environ. Teleop. Syst., Vol. 57-2 (1995) pp. 623–630
42.29 T. Yoshikawa: *Foundations of Robotics* (MIT Press, Cambridge 1990)
42.30 S. Venema, B. Hannaford: A probabilistic representation of human workspace for use in the design of human interface mechanisms, IEEE Trans. Mechatron. **6**(3), 286–294 (2001)
42.31 H. Yano, M. Yoshie, H. Iwata: development of a non-grounded haptic interface using the gyro effect, Proc. 11th Symp. Haptic Interfaces Virtual Environ. Teleop. Syst. (2003) pp. 32–39
42.32 C. Swindells, A. Unden, T. Sang: TorqueBAR: an ungrounded haptic feedback device, Proc. 5th Int. Conf. Multimodal Interface (2003) pp. 52–59
42.33 Immersion Corporation: CyberGrasp – Groundbreaking haptic interface for the entire hand, http://www.immersion.com/3d/products/cyber_grasp.php (2006)
42.34 C. Richard, M.R. Cutkosky: Contact force perception with an ungrounded haptic interface, Proc. ASME Dyn. Syst. Control Div. (1997) pp. 181–187
42.35 J.J. Abbott, A.M. Okamura: Effects of position quantization and sampling rate on virtual-wall passivity, IEEE Trans. Robotics **21**(5), 952–964 (2005)
42.36 S. Usui, I. Amidror: Digital low-pass differentiation for biological signal processing, IEEE Trans. Biomed. Eng. **29**(10), 686–693 (1982)
42.37 P. Bhatti, B. Hannaford: Single chip optical encoder based velocity measurement system, IEEE Trans. Contr. Syst. Technol. **5**(6), 654–661 (1997)
42.38 A.M. Okamura, C. Richard, M.R. Cutkosky: Feeling is believing: Using a force-feedback joystick to teach dynamic systems, ASEE J. Eng. Educ. **92**(3), 345–349 (2002)
42.39 C.H. Ho, C. Basdogan, M.A. Srinivasan: Efficient point-based rendering techniques for haptic display of virtual objects, Presence **8**, 477–491 (1999)
42.40 C.B. Zilles, J.K. Salisbury: A constraint-based god-object method for haptic display, Proc. IEEE/RSJ Int. Conf. Intell. Robots Syst. (IROS) (1995) pp. 146–151
42.41 J.E. Colgate, M.C. Stanley, J.M. Brown: Issues in the haptic display of tool use, Proc. IEEE/RSJ Int. Conf. Intell. Robots Syst. (IROS) (1995) pp. 140–145
42.42 D. Ruspini, O. Khatib: Haptic display for human interaction with virtual dynamic environments, J. Robot. Syst. **18**(12), 769–783 (2001)
42.43 A. Gregory, A. Mascarenhas, S. Ehmann, M. Lin, D. Manocha: Six degree-of-freedom haptic display of polygonal models, Proc. Conf. Vis. 2000

(2000) pp. 139–146
42.44 D.E. Johnson, P. Willemsen, E. Cohen: 6-DOF haptic rendering using spatialized normal cone search, Trans. Vis. Comput. Graph. **11**(6), 661–670 (2005)
42.45 M.A. Otaduy, M.C. Lin: A modular haptic rendering algorithm for stable and transparent 6-DOF manipulation, IEEE Trans. Vis. Comput. Graph. **22**(4), 751–762 (2006)
42.46 M.C. Lin, M.A. Otaduy: Sensation-preserving haptic rendering, IEEE Comput. Graph. Appl. **25**(4), 8–11 (2005)
42.47 T. Thompson, E. Cohen: Direct haptic rendering of complex trimmed NURBS models, Proc. ASME Dyn. Syst. Control Div. (1999)
42.48 S.P. DiMaio, S.E. Salcudean: Needle insertion modeling and simulation, IEEE Trans. Robotics Autom. **19**(5), 864–875 (2003)
42.49 B. Hannaford: Stability and performance tradeoffs in bi-lateral telemanipulation, Proc. IEEE Int. Conf. Robotics Autom. (ICRA), Vol. 3 (1989) pp. 1764–1767
42.50 B. Gillespie, M. Cutkosky: Stable user-specific rendering of the virtual wall, Proc. ASME Int. Mech. Eng. Cong. Exhib., Vol. 58 (1996) pp. 397–406
42.51 R.J. Adams, B. Hannaford: Stable haptic interaction with virtual environments, IEEE Trans. Robotics Autom. **15**(3), 465–474 (1999)
42.52 B.E. Miller, J.E. Colgate, R.A. Freeman: Passive implementation for a class of static nonlinear environments in haptic display, Proc. IEEE Int. Conf. Robotics Autom. (ICRA) (1999) pp. 2937–2942
42.53 B.E. Miller, J.E. Colgate, R.A. Freeman: Computational delay and free mode environment design for haptic display, Proc. ASME Dyn. Syst. Cont. Div. (1999)
42.54 B.E. Miller, J.E. Colgate, R.A. Freeman: Environment delay in haptic systems, Proc. IEEE Int. Conf. Robotics Autom. (ICRA) (2000) pp. 2434–2439
42.55 S.E. Salcudean, T.D. Vlaar: On the emulation of stiff walls and static friction with a magnetically levitated input/output device, Proc. IEEE Int. Conf. Robotics Autom. (ICRA), Vol. 119 (1997) pp. 127–132
42.56 P. Wellman, R.D. Howe: Towards realistic vibrotactile display in virtual environments, Proc. ASME Dyn. Syst. Control Div. (1995) pp. 713–718
42.57 K. MacLean: The haptic camera: A technique for characterizing and playing back haptic properties of real environments, Proc. 5th Annu. Symp. Haptic Interfaces Virtual Environ. Teleop. Syst. (1996)
42.58 A.M. Okamura, J.T. Dennerlein, M.R. Cutkosky: Reality-based models for vibration feedback in virtual environments, ASME/IEEE Trans. Mechatron. **6**(3), 245–252 (2001)
42.59 K.J. Kuchenbecker, J. Fiene, G. Niemeyer: Improving contact realism through event-based haptic feedback, IEEE Trans. Vis. Comput. Graph. **12**(2), 219–230 (2006)
42.60 D.A. Kontarinis, R.D. Howe: Tactile display of vibratory information in teleoperation and virtual environments, Presence **4**(4), 387–402 (1995)
42.61 J.T. Dennerlein, P.A. Millman, R.D. Howe: Vibrotactile feedback for industrial telemanipulators, Proc. ASME Dyn. Syst. Contr. Div., Vol. 61 (1997) pp. 189–195
42.62 A.M. Okamura, J.T. Dennerlein, R.D. Howe: Vibration feedback models for virtual environments, Proc. IEEE Int. Conf. Robotics Autom. (ICRA) (1998) pp. 674–679
42.63 R.W. Lindeman, Y. Yanagida, H. Noma, K. Hosaka: Wearable vibrotactile systems for virtual contact and information display, Virtual Real. **9**(2-3), 203–213 (2006)
42.64 C. Ho, H.Z. Tan, C. Spence: Using spatial vibrotactile cues to direct visual attention in driving scenes, Transp. Res. F Traffic Psychol. Behav. **8**, 397–412 (2005)
42.65 H.Z. Tan, R. Gray, J.J. Young, R. Traylor: A haptic back display for attentional and directional cueing, Haptics-e Electron. J. Haptics Res. **3**(1), 20 (2003)
42.66 C2 Tactor: Engineering Acoustic Inc.: http://www.eaiinfo.com
42.67 W.R. Provancher, M.R. Cutkosky, K.J. Kuchenbecker, G. Niemeyer: Contact location display for haptic perception of curvature and object motion, Int. J. Robotics Res. **24**(9), 691–702 (2005)
42.68 R.S. Johansson: Sensory input and control of grip, Novartis Foundat. Symp., Vol. 218 (1998) pp. 45–59
42.69 K.O. Johnson, J.R. Phillips: A rotating drum stimulator for scanned embossed patterns and textures across the skin, J. Neurosci. Methods **22**, 221–231 (1998)
42.70 M.A. Salada, J.E. Colgate, P.M. Vishton, E. Frankel: Two experiments on the perception of slip at the fingertip, Proc. 12th Symp. Haptic Interfaces Virtual Environ. Teleop. Syst. (2004) pp. 472–476
42.71 R.J. Webster III, T.E. Murphy, L.N. Verner, A.M. Okamura: A novel two-dimensional tactile slip display: Design, kinematics and perceptual experiment, ACM Trans. Appl. Percept. **2**(2), 150–165 (2005)
42.72 N.G. Tsagarakis, T. Horne, D.G. Caldwell: SLIP AESTHEASIS: A portable 2D slip/skin stretch display for the fingertip, 1st Jt. Eurohaptics Conf. Symp. Haptic Interfaces Virtual Environ. Teleop. Syst. (World Haptics) (2005) pp. 214–219
42.73 J. Biggs, M. Srinivasan: Tangential versus normal displacements of skin: Relative effectiveness for producing tactile sensations, Proc. 10th Symp. Haptic Interfaces Virtual Environ. Teleop. Syst. (2002) pp. 121–128
42.74 V. Hayward, J.M. Cruz-Hernandez: Tactile display device using distributed lateral skin stretch, Proc. 8th Symp. Haptic Interfaces Virtual Environ. Teleoperator Syst. (2000) pp. 1309–1314
42.75 B. Gleeson, S. Horschel, W. Provancher: Perception of direction for applied tangential skin displacement: Effects of speed, displacement, and repetition, IEEE Trans. Haptics **3**(3), 177–188 (2010)
42.76 W.R. Provancher, N.D. Sylvester: Fingerpad skin stretch increases the perception of virtual friction, IEEE Trans. Haptics **2**(4), 212–223 (2009)
42.77 Z.F. Quek, S.B. Schorr, I. Nisky, W.R. Provancher, A.M. Okamura: Sensory substitution using 3-degree-of-freedom tangential and normal skin deformation feedback, IEEE Haptics Symp. (2014)

pp. 27–33
42.78 A. Tirmizi, C. Pacchierottie, D. Prattichizzo: On the role of cutaneous force in teleoperation: Subtracting kinesthesia from complete haptic feedback, IEEE World Haptics Conf. (2013) pp. 371–376
42.79 K. Bark, J. Wheeler, P. Shull, J. Savall, M. Cutkosky: Rotational skin stretch feedback: A wearable haptic display for motion, IEEE Trans. Haptics **3**(3), 166–176 (2010)
42.80 P.B. Shull, K.L. Lurie, M.R. Cutkosky, T.F. Besier: Training multi-parameter gaits to reduce the knee adduction moment with data-driven models and haptic feedback, J. Biomech. **44**(8), 1605–1609 (2011)
42.81 K.O. Johnson, J.R. Phillips: Tactile spatial resolution. I. Two-point discrimination, gap detection, grating resolution, and letter recognition, J. Neurophysiol. **46**(6), 1177–1192 (1981)
42.82 N. Asamura, T. Shinohara, Y. Tojo, N. Koshida, H. Shinoda: Necessary spatial resolution for realistic tactile feeling display, Proc. IEEE Int. Conf. Robotics Autom. (ICRA) (2001) pp. 1851–1856
42.83 G. Moy, U. Singh, E. Tan, R.S. Fearing: Human psychophysics for teletaction system design, Haptics-e Electron. J. Haptics Res. **1**, 3 (2000)
42.84 W.J. Peine, R.D. Howe: Do humans sense finger deformation or distributed pressure to detect lumps in soft tissue, Proc. ASME Dyn. Syst. Contr. Div., Vol. 64 (1998) pp. 273–278
42.85 K.B. Shimoga: A survey of perceptual feedback issues in dexterous telemanipulation: Part II, Finger touch feedback, Proc. IEEE Virtual Real. Annu. Int. Symp. (1993) pp. 271–279
42.86 K.A. Kaczmarek, P. Bach-Y-Rita: Tactile displays. In: *Virtual Environments and Advanced Interface Design*, ed. by W. Barfield, T.A. Furness (Oxford Univ. Press, Oxford 1995) pp. 349–414
42.87 M. Shimojo: Tactile sensing and display, Trans. Inst. Electr. Eng. Jpn. E **122**, 465–468 (2002)
42.88 S. Tachi: Roles of tactile display in virtual reality, Trans. Inst. Electr. Eng. Jpn. E **122**, 461–464 (2002)
42.89 P. Kammermeier, G. Schmidt: Application-specific evaluation of tactile array displays for the human fingertip. In: *IEEE/RSJ Int. Conf. Intell. Robot. Syst. (IROS)* 2002)
42.90 S.A. Wall, S. Brewster: Sensory substitution using tactile pin arrays: Human factors, technology and applications, Signal Process. **86**(12), 3674–3695 (2006)
42.91 J.H. Killebrew, S.J. Bensmaia, J.F. Dammann, P. Denchev, S.S. Hsiao, J.C. Craig, K.O. Johnson: A dense array stimulator to generate arbitrary spatio-temporal tactile stimuli, J. Neurosci. Methods **161**(1), 62–74 (2007)
42.92 C.R. Wagner, S.J. Lederman, R.D. Howe: Design and performance of a tactile shape display using RC servomotors, Haptics-e Electron. J. Haptics Res. **3**, 4 (2004)
42.93 R.D. Howe, W.J. Peine, D.A. Kontarinis, J.S. Son: Remote palpation technology, IEEE Eng. Med. Biol. **14**(3), 318–323 (1995)
42.94 P.S. Wellman, W.J. Peine, G. Favalora, R.D. Howe: Mechanical design and control of a high-bandwidth shape memory alloy tactile display, Lect. Notes Comput. Sci. **232**, 56–66 (1998)
42.95 V. Hayward, M. Cruz-Hernandez: Tactile display device using distributed lateral skin stretch, Haptic Interfaces Virtual Environ. Teleop. Syst. Symp., Vol. 69-2 (2000) pp. 1309–1314
42.96 Q. Wang, V. Hayward: Compact, portable, modular, high-performance, distributed tactile transducer device based on lateral skin deformation, Haptic Interfaces Virtual Environ. Teleop. Syst. Symp. (2006) pp. 67–72
42.97 Q. Wang, V. Hayward: In vivo biomechanics of the fingerpad skin under local tangential traction, J. Biomech. **40**(4), 851–860 (2007)
42.98 V. Levesque, J. Pasquero, V. Hayward: Braille display by lateral skin deformation with the STReSS2 tactile transducer, 2nd Jt. Eurohaptics Conf. Symp. Haptic Interfaces Virtual Environ. Teleop. Syst. (World Haptics) (2007) pp. 115–120
42.99 K. Drewing, M. Fritschi, R. Zopf, M.O. Ernst, M. Buss: First evaluation of a novel tactile display exerting shear force via lateral displacement, ACM Trans. Appl. Percept. **2**(2), 118–131 (2005)
42.100 K.A. Kaczmarek, J.G. Webster, P. Bach-Y-Rita, W.J. Tompkins: Electrotactile and vibrotactile displays for sensory substitution systems, IEEE Trans. Biomed. Eng. **38**, 1–16 (1991)
42.101 N. Asamura, N. Yokoyama, H. Shinoda: Selectively stimulating skin receptors for tactile display, IEEE Comput. Graph. Appl. **18**, 32–37 (1998)
42.102 L. Winfield, J. Glassmire, J.E. Colgate, M. Peshkin: T-PaD: Tactile pattern display through variable friction reduction, 2nd Jt. Eurohaptics Conf. Symp. Haptic Interfaces Virtual Environ. Teleop. Syst. (World Haptics) (2007) pp. 421–426
42.103 J. Mullenbach, D. Johnson, J.E. Colgate, M.A. Peshkin: ActivePaD surface haptic device, IEEE Haptics Symp. (2012) pp. 407–414
42.104 O. Bau, I. Poupyrev, A. Israr, C. Harrison: TeslaTouch: Electrovibration for touch surfaces, Proc. 23nd Annu. ACM Symp. User Interface Softw. Technol. (2012) pp. 283–292
42.105 D.J. Meyer, M.A. Peshkin, J.E. Colgate: Fingertip friction modulation due to electrostatic attraction, IEEE World Haptics Conf. (2013)
42.106 H.-N. Ho, L.A. Jones: Contribution of thermal cues to material discrimination and localization, Percept. Psychophys. **68**, 118–128 (2006)
42.107 H.-N. Ho, L.A. Jones: Development and evaluation of a thermal display for material identification and discrimination, ACM Trans. Appl. Percept. **4**(2), 118–128 (2007)
42.108 D.G. Caldwell, C. Gosney: Enhanced tactile feedback (tele-taction) using a multi-functional sensory system, Proc. IEEE Int. Conf. Robotics Autom. (ICRA) (1993) pp. 955–960
42.109 D.G. Caldwell, S. Lawther, A. Wardle: Tactile perception and its application to the design of multimodal cutaneous feedback systems, Proc. IEEE Int. Conf. Robotics Autom. (ICRA) (1996) pp. 3215–3221
42.110 C.G. Burdea: *Force and Touch Feedback for Virtual Reality* (Wiley, New York 1996)
42.111 M.C. Lin, M.A. Otaduy (Eds.): *Haptic Rendering: Foundations, Algorithms, and Applications* (AK Peters, Wellesley 2008)
42.112 V. Hayward, K.E. MacLean: Do it yourself haptics, Part I, IEEE Robotics Autom. Mag. **14**(4), 88–104 (2007)

42.113 K.E. MacLean, V. Hayward: Do It Yourself Haptics, Part II, IEEE Robotics Autom. Mag. **15**(1), 104–119 (2008)
42.114 V. Hayward, O.R. Astley, M. Cruz-Hernandez, D. Grant, G. Robles-De-La-Torre: Haptic interfaces and devices, Sensor Rev. **24**(1), 16–29 (2004)
42.115 K. Salisbury, F. Conti, F. Barbagli: Haptic rendering: Introductory concepts, IEEE Comput. Graph. Appl. **24**(2), 24–32 (2004)
42.116 V. Hayward, K.E. MacLean: A brief taxonomy of tactile illusions and demonstrations that can be done in a hardware store, Brain Res. Bull. **75**(6), 742–752 (2007)
42.117 G. Robles-De-La-Torre: The importance of the sense of touch in virtual and real environments, IEEE Multimedia **13**(3), 24–30 (2006)
42.118 Haptics-e: The Electronic Journal of Haptics Research, http://www.haptics-e.org
42.119 Haptics Technical Committee: http://www.worldhaptics.org

第 43 章

遥操作机器人

Günter Niemeyer，Carsten Preusche，Stefano Stramigioli，Dongjun Lee

本章主要从控制的角度对遥操作机器人领域的研究进行综述。通过对该领域研究历史的回顾以及应用前景的展望，将其控制架构进行分类并做简要介绍；然后重点介绍目前研究的热点领域——双边控制和力反馈控制；最后列出一些可供延展阅读的文章，以对遥操作机器人领域做全面了解。

目　录

43.1　概述

遥操作机器人或许是机器人领域最早的研究方向之一。字面解释为远距离操作的机器人，但通常是指有操作员控制的或是人在控制环中的机器人。用户对规划层、认知层等系统上层进行决策，而机器人只负责机械实现。实质上，相当于大脑与身体分离或是远离。

“tele”源于希腊语，意思为远距离的，在遥操作机器人中用来指用户和作业环境之间存在障碍。通过远距离控制作业环境中的机器人来克服此障碍，如图 43.1 所示。除了距离之外，危险的或缩放到非常大（或很小）的作业环境也可能造成障碍。所有障碍的共同点是用户无法（或不会）与作业环境有物理接触。

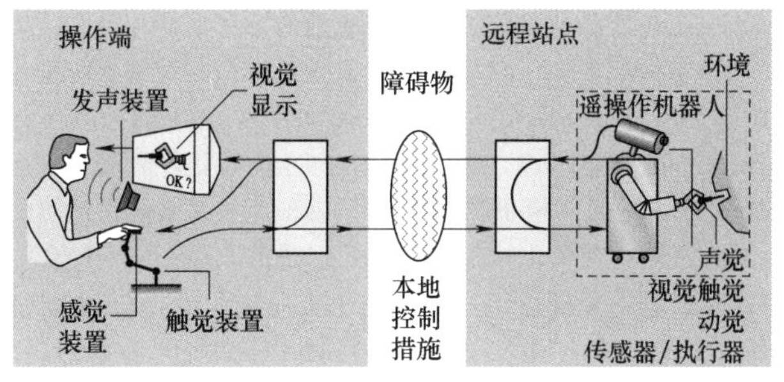

图 43.1　遥操作机器人系统（源于参考文献［43.1］，改编自参考文献［43.2］）

然而，对于操作员与机器人处于同一房间，二者物理距离很短的情况，遥操作机器人系统通常至少要在概念上分为两个站点：本地站点，包括操作员以及所有用来与操作员进行系统连接的必要部件，如操纵杆、监视器、键盘或其他输入/输出设备；远程站点，包括机器人以及相应的传感器和控制部件。

为实现遥操作功能，遥操作机器人融合了机器人领域许多方面的研究成果。系统通过操作远程站点的机器人以及执行用户指令来控制机器人的运动和/或受力，参见第1卷第7章和第8章的详细介绍。传感器（见第1卷第5章）也极为重要，包括力传感器（见第28章）以及其他传感器（见第3篇）。此外，本地站点信息通常为触觉信息（见第41章）。

遥操作机器人技术的最新进展是使用计算机网络在站点之间传输信息。网络接入的普及使得人们可以根据需要从任何地方进行远程控制。第44章讨论了其中的一些进展，详细介绍了网络基础设施，重点介绍了可视化的、通常基于网络的用户界面，避免了对专用机械输入/输出（I/O）设备的需要。计算机网络也允许新的多边遥操作机器人体系架构。例如，多个用户可以共享一个机器人，或者一个用户可以控制多个机器人（见第43.5.2节）。遗憾的是，计算机网络经常会出现传输延迟，并可能引入不确定性效应，如可变延迟时间和数据丢失。这些效应很容易使力反馈回路不稳定，需要采取特殊对策（见第43.4.4~43.4.6节）。

第3卷第69章中还指出了遥操作机器人和操作员肢体之间的联系。操作员肢体由操作员控制，因此用户面临着任务规划以及其他高层任务的挑战，其控制系统与遥操作机器人有许多相同之处。然而，其本地站点和远程站点均位于外骨骼中，就如同用户与机器人进行直接的接触和交互。本章不考虑上述连接方式。

操作员的存在使遥操作机器人能够应对未知的且无特定结构的作业环境。其应用领域（见第3卷第6篇）有航空航天（见第3卷第55章），危险作业环境（见第3卷第58章），搜救现场（见第3卷第60章），医疗系统（见第3卷第63章）以及康复系统（见第3卷第64章）。

为便于后文叙述，先定义一些基本术语。实际上，遥操作和遥操纵等术语均与遥操作机器人同义。只不过遥操作机器人最为常用，且突出机器人是由操作员远程控制。遥操作强调任务层操作，而遥操纵侧重对象层操纵。

遥操作机器人可采用多种控制架构。直接控制或手动控制是一种极端的控制方法，是指用户直接且不借助任何自动控制设备来控制机器人的行为。另一种极端的控制方法为监督控制，系统高层处理用户指令以及反馈信息，并对机器人的智能或自主性有一定要求。在介于这两个极端之间的共享控制架构下，机器人具有某种程度的自主性或操作员可利用自动控制设备辅助控制。

实际的许多控制系统至少在某几个系统层采用直接控制，且用户接口包括一个控制杆或其他相似的设备以接收操作员指令。由于控制杆是机械设备，因此可被视为一个独立的机器人。本地站点和远程站点的机器人分别被称为主机器人和从机器人，相应地称该系统为主从系统。为实现直接控制，操作员控制主机器人的运动，然后通过编程实现从机器人跟踪主机器人。通常，主机器人（控制杆）与从机器人具有相同的运动形式，且能提供一个直观的用户接口。

有些主从系统还可以提供力反馈信息，使主机器人不但能够感知从机器人的运动过程，还能够将其受力信息反馈给用户。这样用户接口能够进行双边通信的系统称为双边遥操作机器人系统。操作员与主机器人之间的交互是人机交互的一种形式（见第3卷第69章）。在触觉交互（见第41章）中，尽管用户与虚拟环境而不是远程环境对接，但也对用户接口的双边通信进行了研究，主要涉及运动信息和受力信息的通信。需要注意的是，不同的系统结构下，运动和受力信息可能是对用户的输入信息或是用户的输出信息。

最后，远程呈现通常被认为是主从系统和遥操作机器人技术的最终目标。它向用户承诺不仅能够操纵远程环境，而且能够感知环境，仿佛直接身处在远程环境中一样。为操作员提供足够的反馈和感觉信息，使其感觉到远程站点中的存在。这将触觉模式与其他服务于人类视觉、听觉甚至嗅觉和味觉的模式相结合。请参阅 VIDEO 297 VIDEO 318 VIDEO 319 以及 VIDEO 321，了解针对这种临场感的一些早期和最新结果。我们将重点描述由机器人硬件及其控制系统创建的触觉通道。主从系统成为用户与远程环境交互的媒介，理想情况下，用户甚至会忘记媒介的存在。如果实现了这一点，我们就称该主从系统是透明的。

虽然双边主从系统在临场感和直观操作方面拥有更大的潜力，但它们也带来了一些稳定性和控制问题。特别是考虑到来自远程站点传感器的力反馈，这些系统关闭多个相互交织的反馈回路，并且必须处理环境中的巨大不确定性。它们已经受到了大量的研究关注，因此将在我们接下来的一些讨论中反复成为关注的焦点。

43.2 遥操作机器人系统及其应用

遥操作机器人与移动机器人、工业机器人以及其他大多数机器人一样，必须针对特定的任务及要求进行设计。因此，我们将对系统针对不同应用所做的改进做一个综述。先做简要的历史回顾，然后介绍各种机器人设计和用户接口的应用。

43.2.1 历史回顾

遥操作最早出现在 20 世纪四五十年代 Raymond C. Goertz 的核研究工作中。他搭建了操作员可以从保护盾后方处理放射性材料的保护系统。第一代系统是由一组选择开关控制电动机驱动以及坐标轴平移的电动系统[43.3]。显然，操作速度慢且不自然，因此 Goertz 建立了机械连接的主从机器人系统[43.3,4]。传动装置、联动装置以及电缆的连接使得操作员可以通过这些连接结构将手的动作以力和振动的形式传递给从机器人，但这对操作员与作业环境间的距离有一定限制且要求使用同种运动器械，如图 43.2 所示。Goertz 很快认识到电耦合机械臂的重要用途，并为现代遥操作机器人和双向力反馈位置伺服奠定了基础[43.5]。

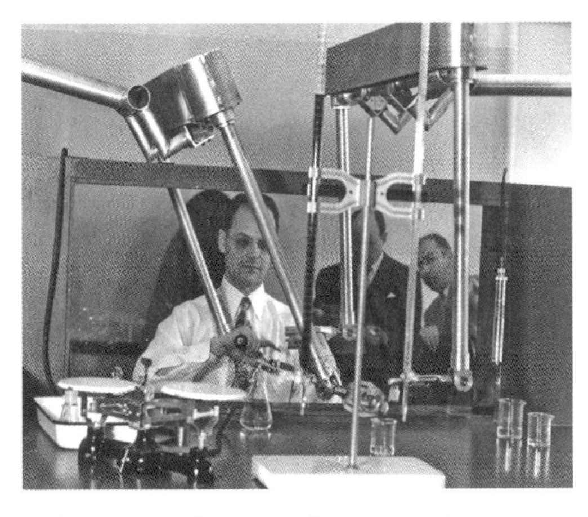

图 43.2 20 世纪 50 年代，Raymond C. Goertz 使用电动机械遥操作机器人处理放射性物质

20 世纪 60 年代初，时延对遥操作机器人的影响开始成为研究热点[43.6,7]。监督控制[43.2]的引入是为了解决时延问题，同时也引领了遥操作机器人领域此后数年的发展。20 世纪 80 年代末 90 年代初，引进了基于李雅普诺夫稳定性分析和网络理论[43.8-13]的控制方法。以上方法的采用使得遥操作机器人系统的双边控制成为当今重要的研究方向（见第 43.4 节）。因特网（Internet）的发展及其作为通信平台的应用加速了该方向的发展，同时也引入了非确定性时延的挑战。

在硬件实现方面，中心研究实验室于 1982 年开发的 M2 模型是首个分离主从电子设备实现力反馈的遥操作机器人系统。该模型由橡树岭国家实验室共同研发，曾被用来进行多种任务演示，其中包括军事、航天或核应用等。美国国家航空航天局（NASA）采用 M2 模型对 ACCESS 太空桁架组装进行仿真，得到了很好的结果（图 43.3）。由 M2 模型为基础开发的高级伺服操作臂（ASM）改进了操作员的远程维持性且被认为是遥操作机器人系统的基础部件[43.14]。

图 43.3 遥操作机器人系统 CRL M2 模型用于太空桁架组装（1982）

43

受核应用的推动，法国CEA的Vertut和Coiffet开发了遥操作双边伺服机械手[43.15]。他们借助MA23对遥操作机器人的操作进行了验证，其中包括计算机辅助功能设计，以改善操作员的操作[43.16]。辅助设备包括软件模具、固定装置（或虚拟墙）及约束[43.17]，见第43.3.2节的相关介绍。

Bejczy等在喷气推进实验室（JPL）研发了太空用的双臂力反馈遥操作机器人系统[43.18]（VIDEO 298）。该方法首次使用了运动学和动力学上均不同的主从系统，控制域为笛卡儿空间坐标系。图43.4所示为带有两个后骑式手柄控制器的主控制站。该系统用于太空的遥操作机器人仿真。

图43.4　JPL ATOP控制站（20世纪80年代早期）

1993年，携带首个遥操作机器人系统的哥伦比亚号航天飞机翱翔于太空，执行德国太空实验室D2号任务。机器人技术试验（ROTEX）验证了通过本地传感反馈、预测显示和遥操作来远程控制太空机器人[43.19]，如图43.5所示。由于该试验中的往返时延为6~7s，因而无法在控制回路中加入力反馈。

20世纪八九十年代，由于核能应用开始减少，研究热点转向太空、医疗以及水下等其他领域。计算机的日益发展及新型手柄控制器的出现加速了研究进展，例如，PHANToM设备[43.20]通过应用于虚拟现实的触觉系统而逐渐普及（见第41章）。

图43.5　ROTEX首个太空远程控制机器人（1993），太空中的遥操作机器人及地面操作站

同时，外科手术正朝着微创技术的方向发展。1987年，第一次腹腔镜胆囊切除术就突出了这一点。一些研究小组看到了遥操作机器人技术的潜力，并开始研究远程外科手术系统。其中，最值得注意的是1987年斯坦福研究所（现为SRI International）开发的远程呈现手术系统[43.21]，IBM沃森（Watson）研究中心创建的腹腔镜辅助机器人系统（LARS）[43.22]，麻省理工学院（MIT）设计的远程手术器械Falcon[43.23]，以及JPL开发的机器人辅助显微外科（RAMS）工作站[43.24]。

1995年，Intuitive Surgical公司成立，利用上述的其中几个概念，推出了达·芬奇远程外科系统[43.25]，并于1999年推向市场。与此同时，计算机运动从一个语音控制的机器人移动内窥镜相机开始[43.26]，并将这些能力扩展到宙斯系统。2001年，美国纽约的一名外科医生使用宙斯系统对法国斯特拉斯堡[43.27]的一名患者进行了第一次跨大西洋远程腹腔镜胆囊切除术，如图43.6所示。该系统不包括力反馈，因此外科医生只能依靠视觉反馈。

以上我们简要介绍的遥操作机器人系统，是遥操作机器人发展史上的里程碑。还有一些遥操作机器人系统对该研究领域也有一定的贡献，但没有提及。

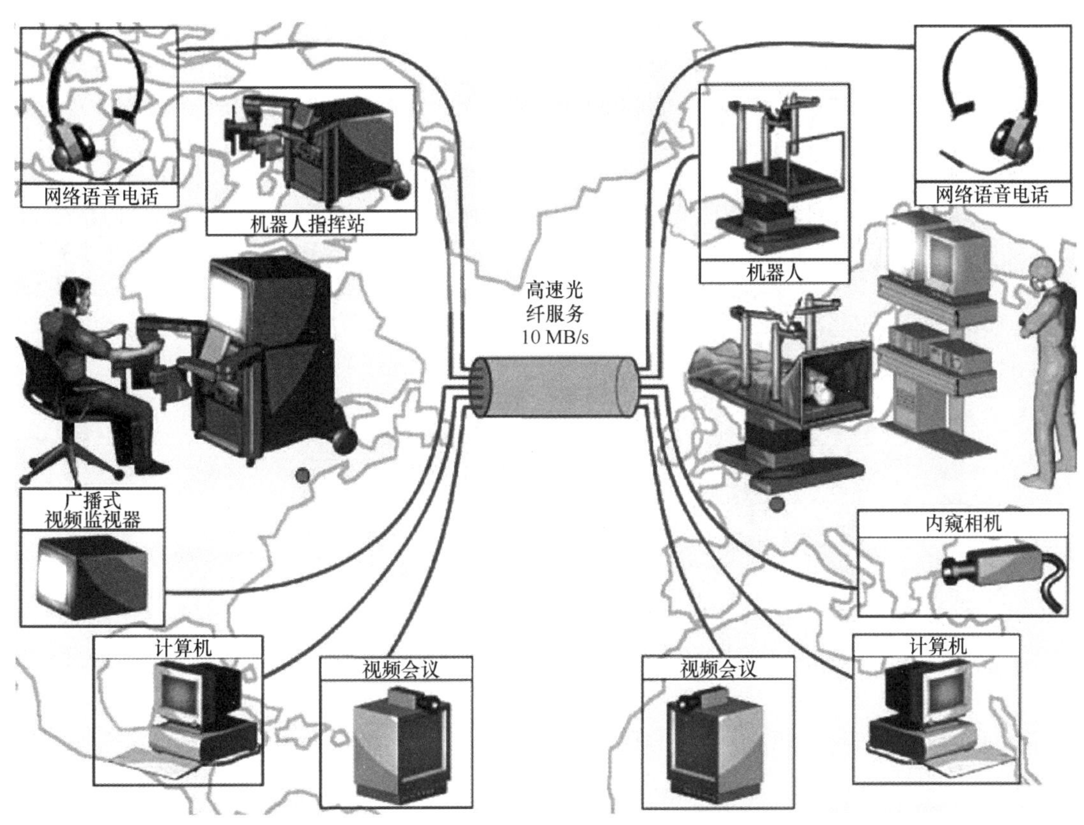

图 43.6 林德博格手术——首例横跨大西洋的遥操作手术（2001）

43.2.2 应用

危险环境中的人身安全问题（如核或化工生产过程），到达远程环境的高代价问题（如太空），标定问题（如功率放大或位置调整的微操作或微创手术）等推动了遥操作机器人技术的发展。自遥操作技术应用于核研究领域后，遥操作机器人系统就不断改进以适用于其他领域。只要是有机器人的地方几乎都可以发现遥操作机器人的身影。以下是一些更振奋人心的应用。

微创手术遥操作机器人减小了手术切口，相比传统的手术而言减轻了病人的创伤[43.28]。由 Intuitive Surgical 公司研发的达·芬奇远程外科系统[43.25]，如图 43.7 所示，是目前唯一的商用设备。此外，Computer Motion[43.26]、endo Via Medical[43.29]，以及华盛顿大学[43.30]、约翰霍普金斯大学[43.31]、德国航空航天中心[43.32]等也对遥操作机器人商业化做出了努力（VIDEO 322）。

遥操作机器人由于能保护操作员不必进入危险环境而被广泛应用于核或化工工业。操作员也可以使用遥操作机器人对高压电力线路进行安全维修而不必中断输电服务。排爆也是其重要应用之一。图 43.8 所示的远程排爆及视察机器人（tEODor）或 iRobot 生产的 PackBot[43.33] 常被警察和军队用来排雷或排除其他易爆物品。此外，远程控制工具车被用于灾区的搜救[43.34]。

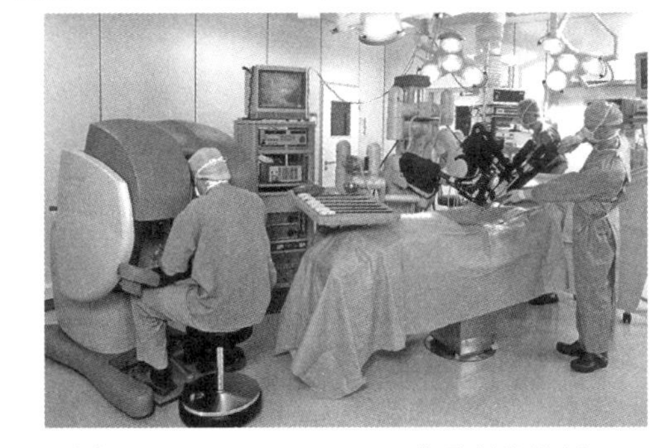

图 43.7 Intuitive Surgical 公司研发的用于微创手术的达·芬奇远程外科系统

距离障碍的存在使得太空机器人成为遥操作机器人的经典应用领域，参见第 3 卷第 55 章。NASA 研制的火星车就是一个成功的例子。由于存在几分钟的时延，因此火星车采用监督控制，即火星车通过直接传感反馈获得局部自主，以完成操作员预先

43

制定的目标运动[43.35]。

图43.8　用于排爆的遥操作机器人系统tEODor

德国技术试验ROKVISS（机器人国际空间站组件核查）的轨道机器人是最先进的遥操作机器人系统[43.36]，于2004—2010年期间安装在国际空间站（ISS）俄罗斯舱外。该试验在真实的太空环境下验证了带力矩传感和立体相机的高级从机器人系统。由于国际空间站和位于德国航空局的操作站之间存在通信连接，时延减少到20ms左右，因而可以采用带高保真力反馈的双边控制架构[43.37]（图43.9）。该技术引领了卫星服务机器人的发展，名为Robonauts的机器人可通过地面进行远程操作来协助宇航员舱外活动（EVA）或完成维修工作[43.38]。

图43.9　能向地面操作员提供立体视觉和触觉反馈信息的遥操作机器人系统

43.3　控制架构

相比一般的机器人系统中机器人只执行用户预先设定的运动或程序而不顾用户或操作员的后续操作，遥操作机器人系统既向用户提供信息，同时也接收用户指令。如图43.10所示，遥操作机器人的控制架构可通过控制方法和连接层来描述。主要分为三类：直接控制、共享控制和监督控制。

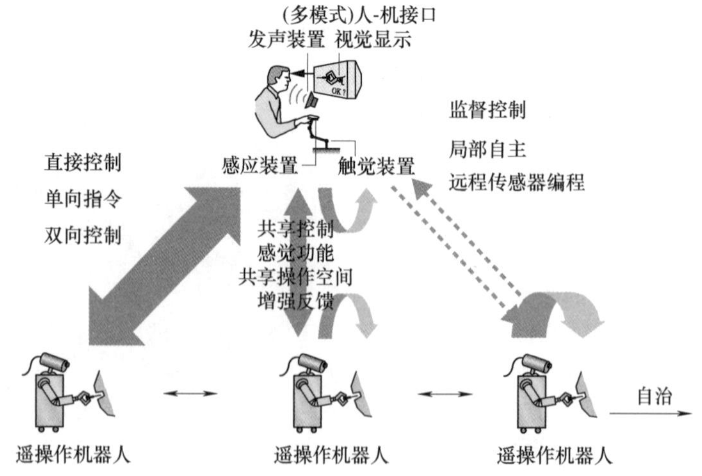

图43.10　遥操作机器人系统不同的控制架构

实际上，一般控制架构为以上三种控制策略的融合。

直接控制表明系统不具备智能和自主，因而用户通过主接口直接控制从机器人的运动。如果通过直接控制，结合本地传感和自主来完成任务，或者用户反馈通过虚拟现实或其他自动化辅助设备进行放大，这样的控制架构称为共享控制。监督控制下用户与从机器人连接松散，因而从机器人具有很强的局部自主能力，例如用户发送高层指令，遥操作机器人提取指令并执行。下面从监督控制开始对各种控制架构进行介绍，第 43.3.3 节详细介绍了直接控制和双边控制，为第 43.4 节奠定基础。

43.3.1 监督控制

Ferell 和 Sheridan 于 1967 年提出了监督控制[43.2]，灵感源于对监督下属工作人员的模拟。监督者向机器人发出高层指令，并接收来自于机器人的综合信息。Sheridan 通过对比人工操作和自动控制对该方法进行了描述[43.39]：

“操作员间隔地进行程序设定，并不间断地从电脑接收信息，而电脑可通过智能执行器和传感器关闭自主的控制回路。”

一般来说，监控技术将允许越来越多的自主性和智能转移到机器人系统。今天，简单的自主控制回路可能在远程站点关闭，只有状态和模型信息被传输到操作员站点。操作员密切监控遥机器人系统，并准确决定如何行动和做什么。监控的一个具体实现方法是遥传感器编程方法，下文将介绍该方法。另见 VIDEO 299，了解空间操作监控的另一种实现方式。

远程传感器编程（TSP）方法是为具有大通信延迟的空间应用而开发的，其特点是面向任务级编程技术和基于传感器的教学[43.40,41]。本质上，操作员与机器人和远程环境的复杂模拟交互，在其中他们可以测试和调整任务。这些任务包括机器人和环境信号以及位形参数，然后上传到远程站点。该方法假定传感器系统提供有关实际环境的足够信息，以便能够自主执行任务。规范和高级规划仍然是人类操作员的责任。

图 43.11 所示为 TSP 实现的结构，由两个并行工作的控制回路组成。其中一个回路控制真实（远程）系统，包含内部反馈以形成局部自主。另一个回路建立了一个与真实系统结构大致相同的仿真环境，与真实系统有一些区别。最重要的一点是，任何通信时延信号传送至远程系统，如太空系统，在仿真环境中该信号不会被复制。因此，相对于真实系统，仿真环境具有预测功能。第二点，真实系统无法观测内部变量，仿真系统则可以显示内部变量，使操作员或任务规划者可以更直观地了解系统接收指令后所做出的反应。两个回路通过一个通用的模型数据库进行通信，将任务执行的先验知识传递给远程系统，然后将后验知识用于仿真环境的模型更新。

为实现这样一个遥操作机器人控制系统的功能，需要借助特殊的工具。首先要建立一个能够对真实机器人系统进行模拟的复杂的仿真系统。其中包括在真实环境中的传感感知进行仿真。此外，共享自主的概念必须能够提供一个有效的操作界面（特指软件界面）以建立任务描述，配置任务相关变量，选择传感器和控制算法，调试整个任务运行。

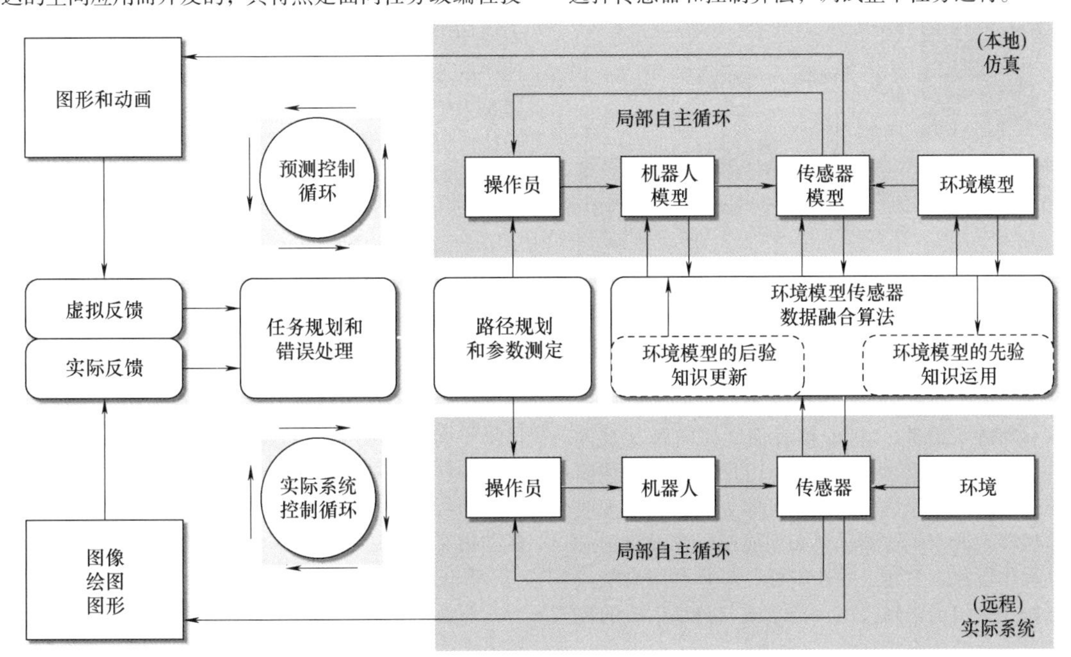

图 43.11 远程传感器编程在 ROTEX 任务中的实现

在有大时延的遥操作机器人系统，如太空和水下应用中，基于传感信息的任务编程方法具有一定的优势。在视觉反馈信息出现几秒延迟的情况下，由于操作员无法准确判断机器人的运动状态，因而不能采用此方法。预测仿真使操作员能够遥操作远程系统[43.42]。此外，通过将手柄控制器的受力信息反馈到共享和遥操作控制模型[43.43]或预测仿真模型中可以改进操作员的操作。最后，交互式监督用户接口使配置环境变量和控制参数成为可能。

43.3.2 共享控制

共享控制尝试将直接控制所能实现的基本可靠性和存在感与自主控制的智能和可能的安全保障结合起来[43.44,45]（VIDEO 299）。这可能以各种形式发生。例如，从机器人可能需要遥操作机器人来纠正运动命令、调节关节或子任务的子集，或叠加其他命令。

在具有大时延的应用环境下，操作员可能只能指定总路径命令，从机器人必须使用本地感官信息对其进行微调[43.46]。我们可能还希望从机器人来承担对子任务的控制，如长时间保持抓取[43.47]。在外科手术应用中，已提出共享控制以补偿心脏跳动（图43.12）。感知到的心脏运动叠加在用户命令上，因此外科医生可以对稳定的虚拟患者进行手术[43.48]。

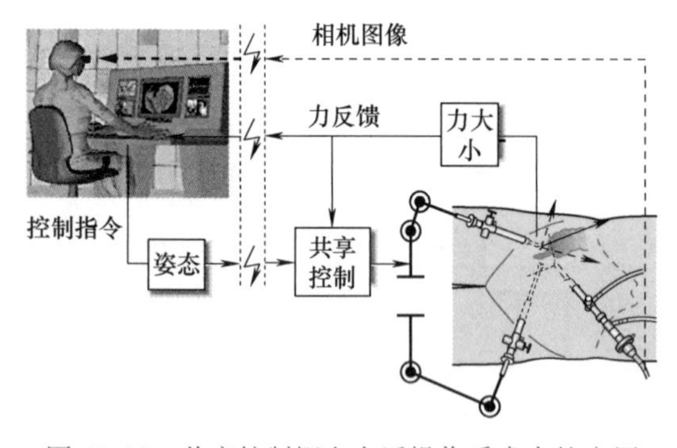

图43.12 共享控制概念在遥操作手术中的应用

虚拟固定装置[43.49-51]是共享控制的一个特殊应用（VIDEO 72）。将虚拟表面、导向管等其他部件叠加到可视和/或可触摸的用户屏上。这些固定装置可以使操作员通过限制机器人的运动范围或强迫机器人沿期望轨迹运动来完成遥操作或机器人辅助操作任务。主站点的控制权共享是利用系统或任务的先验知识来修改用户指令或与自动生成的控制信号进行结合来实现的。

带固定设备的遥操作机器人系统由于充分利用了机器人系统的准确性并与操作员共享控制权，因而操作更安全迅速。Abbott 等把共享控制比喻为一把普通的尺[43.50]：

“与直接用手画直线相比，用直尺画则快得多，而且画出的直线更直。同样的道理，主机器人的受力和位置信息就如同一把直尺，帮助操作员画直线。”

主机器人及其控制器的特性决定了虚拟固定装置实际上就如同阻抗或导纳，分别向用户提供修正的受力或位置信息。而与实际的物理固定设备不同的是，辅助层及辅助类型均可由编程实现且互不相同。

43.3.3 直接与双边遥操作

为了避免实现局部自主的困难，多数遥操作机器人系统都采用了某种形式的直接控制：允许操作员规划机器人的运动。这可能涉及对位置、速度或加速度的指令。我们从后两个选项开始讨论，这两个选项通常是单边实施的，没有对用户的力反馈。然后我们集中讨论位置控制，它更适合双边操作。我们将假设一个主从系统，即用户手持一个操纵杆或作为输入设备的主控机构。

1. 单边加速或速率控制

在水下、航空或航天应用中，从机器人可能是一个由助推器推进的小车或飞行器。用户通过控制助推器的供能系统使其加速称为直接控制。在其他应用中，用户则可能需要控制小车或从机器人的速率或速度。在这两种情况下，输入设备通常是以弹簧为中心的控制杆，控制指令与控制杆的位移成正比。例如，用一个六维空间鼠标或用两个控制杆分别来控制6自由度（DOF）从机器人的平移和旋转。

采用加速度和速度控制时，操作员要使从机器人到达目标位置并且保持不动并非一件容易的事。显然，速度控制比加速度控制的精确度要高[43.52]。实际上，加速度控制适用于二阶系统，而速度控制对一阶系统的控制效果更好。如果从机器人的位置信息可通过局部回路进行反馈，那么控制系统就可以利用局部反馈信息控制从机器人的位置，而不必求解动态控制问题。具体可参考第43.5.1节有关移动机器人双边控制的一些最新进展的介绍。

2. 位置控制和运动学耦合

假设对从机器人采用位置控制，那么接下来就要考虑主从机器人之间的运动耦合问题，如主从机器人的位置映射。需要强调的是，主机器人和从机器人分别在主空间和从空间中运动。主从空间不完全相同。

（1）离合与偏移　在讨论主从机器人的耦合方式之前，需认识到二者并不是常常出现耦合，比如，在系统运行之前主从机器人可能被置于不同的初始位置/空间。以下三种方式可导致系统出现耦合：①使主从机器人中的一个或两个运动到同一位置；②用户控制其中一个机器人运动到另一个机器人所在的位置；③机器人间的连接存在位置偏移量。

机器人间建立连接后，大多数系统也允许两个机器人间短暂地断开连接。主要原因有两点：一是允许用户在不影响从机器人状态的情况下短暂休息，且方便机器人进行切换。二是在主从机器人的工作空间没有完全重合的情况下，主要是为方便机器人进行切换，这是非常重要的。这就如同将鼠标从鼠标垫上拿起重新定位，而不需要移动光标。

在遥操作机器人中，该过程称为离合，有时也称为分度（或转位）。如果可以出现离合，或主从机器人的初始位形不一定相同，那么机器人间便可出现位姿偏移。

当发生离合或断开时，大多数系统都会使从机器人保持静止或允许其浮动以应对环境力的变化。从机器人也可以保持其离合前的动力并继续前进，类似于智能手机中的动态滚动。[43.53]

（2）运动学相似机构　最简单的主从机构实现方式是采用运动学相似机构。这种情况下，主从机器人通过一个关节层连接。‘$\boldsymbol{q}$’代表关节角度，下标‘m’指主机器人，‘s’指从机器人，‘offset’表示二者间的位置偏移，‘d’为期望值，有如下等式：

$$\boldsymbol{q}_{\mathrm{sd}}=\boldsymbol{q}_{\mathrm{m}}+\boldsymbol{q}_{\mathrm{offset}}$$
$$\boldsymbol{q}_{\mathrm{md}}=\boldsymbol{q}_{\mathrm{s}}-\boldsymbol{q}_{\mathrm{offset}} \tag{43.1}$$

当主从机器人将要进行连接或重连时，二者间的位置偏移由式（43.2）计算：

$$\boldsymbol{q}_{\mathrm{offset}}=\boldsymbol{q}_{\mathrm{s}}-\boldsymbol{q}_{\mathrm{m}} \tag{43.2}$$

大多运动学相似的主从系统两站点的工作空间相同且不允许出现离合，因此机器人间的偏移位置通常设为零。

关节速度与控制器结构有关，可由式（43.1）求导得出。关节速度的偏移则无须定义。

（3）运动学相异机构　很多情况下，主从机器人并不相同。考虑到主机器人与用户连接，从而进行相应的设计。从机器人工作于某个特定的作业环境，从而进行相应的关节配置且决定所需关节数目。因此，机器人通过关节连接很难实现。

运动学相异的机器人在顶层进行连接。若 x 表示机器人的位置，以下等式成立：

$$\begin{cases}\boldsymbol{x}_{\mathrm{sd}}=\boldsymbol{x}_{\mathrm{m}}+\boldsymbol{x}_{\mathrm{offset}}\\ \boldsymbol{x}_{\mathrm{md}}=\boldsymbol{x}_{\mathrm{s}}-\boldsymbol{x}_{\mathrm{offset}}\end{cases} \tag{43.3}$$

如果机器人的姿态也相互连接，且 $\boldsymbol{R}$ 为旋转矩阵，有如下等式：

$$\begin{cases}\boldsymbol{R}_{\mathrm{sd}}=\boldsymbol{R}_{\mathrm{m}}\boldsymbol{R}_{\mathrm{offset}}\\ \boldsymbol{R}_{\mathrm{md}}=\boldsymbol{R}_{\mathrm{s}}\boldsymbol{R}_{\mathrm{offset}}\end{cases} \tag{43.4}$$

其中，姿态偏移定义为主从机器人间的角度差，即

$$\boldsymbol{R}_{\mathrm{offset}}=\boldsymbol{R}_{\mathrm{m}}^{\mathrm{T}}\boldsymbol{R}_{\mathrm{s}} \tag{43.5}$$

如果有需要，可将机器人的速度和角速度进行连接但不一定要有偏移。

最后需要强调的是，多数遥操作机器人系统的远程站点使用摄像头，本地站点则安装监视器。为了使连接看起来更为真实，从机器人的位置和姿态是在摄像头的坐标空间中测量的，而主机器人的位置和姿态值是基于用户的视觉坐标系。

（4）标定和空间映射　运动学相异的主从机器人通常尺寸也不同。这意味着离合时二者的工作空间要完全映射，但同时也需要进行运动学标定。式（43.3）经标定后有以下形式：

$$\begin{cases}\boldsymbol{x}_{\mathrm{sd}}=\mu\boldsymbol{x}_{\mathrm{m}}+\boldsymbol{x}_{\mathrm{offset}}\\ \boldsymbol{x}_{\mathrm{md}}=\dfrac{(\boldsymbol{x}_{\mathrm{s}}-\boldsymbol{x}_{\mathrm{offset}})}{\mu}\end{cases} \tag{43.6}$$

然而，机器人的姿态不能进行标定。标量 μ 值的选取依据为主从空间的映射匹配程度，或是用户的舒适程度。

如下文所述，如果提供了力反馈，则可能需要进行等效的力标定。这将防止远程环境条件（如刚度或阻尼）因缩放而发生变形。除了运动和力的缩放，还可以直接实现主系统和从系统之间的功率缩放[43.51]。

除了线性缩放，一些研究工作还创建了使工作空间变形的非线性或时变映射。这些可能会有效地改变对象附近的比例[43.54]，或发生漂移或偏移，以使主工作空间得到最佳利用[43.55]。

（5）局部位置控制　我们假设从机器人接收位置控制指令。因为需要一个局部控制器来控制从机器人的位置。特别是在运动学相异机构中，则是一个带有逆运动学模型的笛卡儿空间位置控制器。详见第 1 卷第 7 章中的介绍。

如果从机器人存在冗余，将采用自动控制或增加用户控制指令来优化某些性能指标。相应的技术及最新进展参见第 1 卷第 11 章和本卷第 43.5 节。

43.4 双边控制和力反馈控制

为了增强远程呈现以及提高任务执行效率，许多主从机器人系统引入了力反馈。主从机器人分别作为传感器和显示设备建立用户和作业环境之间的前馈和反馈通道。图43.13所示为常见的用户与作业环境之间的控制链，由许多部件构成。

双边控制的特点使得控制架构遇到挑战：多反馈回路形式以及主从机器人在没有作业环境接触或用户接入时形成一个内部闭环回路。站点间的通信给系统和回路带来了时延，从而给系统稳定性带来挑战[43.56]。

为了在不出现稳定性问题的前提下提供力信息，需要借助摄像头或可触摸设备[43.57]。此外，结合了精确的力反馈信息的触感式方法可以提高系统的高频性能，且给用户带来更好的体验[43.58]。触觉传感和显示也可用来向用户提供受力信息[43.59]。

以下将对精确的力反馈进行讨论。在讨论稳定性以及一些先进技术之前首先看看基本的控制架构。

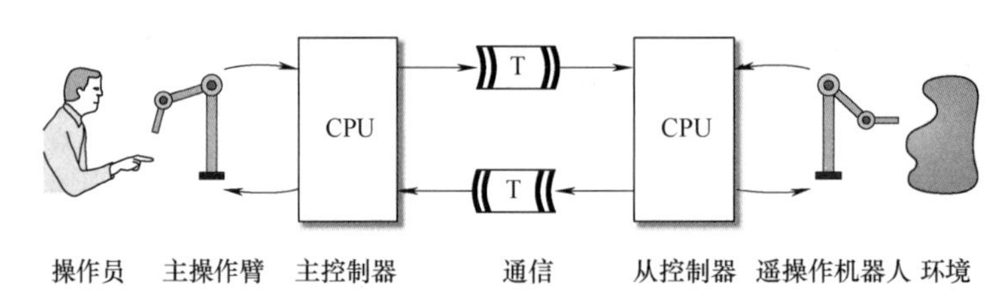

图43.13　典型的双边遥操作机器人可被视为用户到作业环境的一个控制链

43.4.1 位置/力控制

主从机器人的基本架构为：位置-位置、位置-力。假设机器人的顶层相连，第43.3.3节中的等式为平移控制律。姿态和关节运动的控制也具有相应的控制律。

1. 位置-位置架构

最简单的情况是机器人根据指令相互跟踪。两站点均采用了跟踪控制器，通常采用PD控制器来实现以下控制：

$$\begin{cases}\boldsymbol{F}_{\mathrm{m}}=-\boldsymbol{K}_{\mathrm{m}}(\boldsymbol{x}_{\mathrm{m}}-\boldsymbol{x}_{\mathrm{md}})-\boldsymbol{B}_{\mathrm{m}}(\dot{\boldsymbol{x}}_{\mathrm{m}}-\dot{\boldsymbol{x}}_{\mathrm{md}})\\ \boldsymbol{F}_{\mathrm{s}}=-\boldsymbol{K}_{\mathrm{s}}(\boldsymbol{x}_{\mathrm{s}}-\boldsymbol{x}_{\mathrm{sd}})-\boldsymbol{B}_{\mathrm{s}}(\dot{\boldsymbol{x}}_{\mathrm{s}}-\dot{\boldsymbol{x}}_{\mathrm{sd}})\end{cases}\tag{43.7}$$

如果位置和速度比例常数相同（$\boldsymbol{K}_{\mathrm{m}}-\boldsymbol{K}_{\mathrm{s}}=\boldsymbol{K}$，$\boldsymbol{B}_{\mathrm{m}}=\boldsymbol{B}_{\mathrm{s}}=\boldsymbol{B}$），那么二者的受力相同且系统可进行有效力反馈。也可解释为主从机器人的顶层间存在一个弹簧阻尼装置，如图43.14所示。如果主从机器人互不相同且位置和速度比例常数也不同，那么要对主从机器人的受力进行标定或变形。

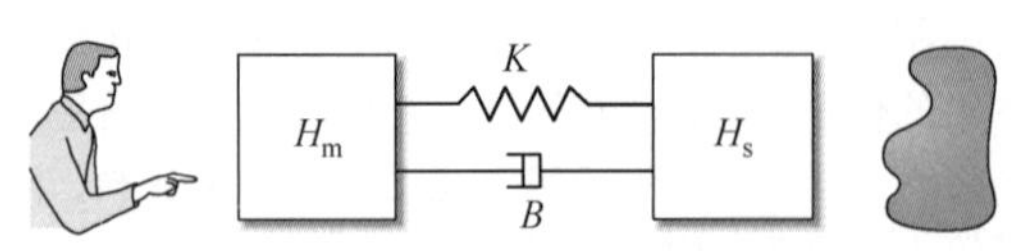

图43.14　位置-位置架构采用弹簧阻尼装置控制主从机器人

注意，我们假设从机器人是用阻抗控制方式且能反向驱动（back drive）。若从机器人采用指令控制，也就是说，它能直接接收位置控制指令，那么可省略式（43.7）的第二部分。

用户通过力反馈控制器获得从机器人的受力信息，其中包括与弹簧阻尼装置相关的受力以及从机器人的惯性力和环境受力。实际上在与从机器人无接触的情况下，用户需要惯性以及其他动态受力信息来控制从机器人的运动。若从机器人不能反向驱动，即无法轻易地通过环境施力来改变运动，那么环境施力将被用户屏蔽。显然力反馈就失去了意义。在这样的情况下，本地的力控制系统将作为从机器人的反向驱动。相应地，控制架构将采用位置-力架构。

2. 位置-力架构

在位置-力架构中，从机器人的力反馈控制器向用户提供从机器人的受力信息。由于从机器人的受力很稳定，也就意味着用户感受到的是从机器人在控制器驱动下克服的摩擦力和惯性力。很多情况下我们不希望出现这样的情况。为避免这个问题，位置-力架构中，在从机器人的顶层安装一个力传感器反馈受力信息，也就是系统由式（43.8）进行控制：

$$\begin{cases}\boldsymbol{F}_{\mathrm{m}}=\boldsymbol{F}_{\mathrm{sensor}}\\ \boldsymbol{F}_{\mathrm{s}}=-\boldsymbol{K}_{\mathrm{s}}(\boldsymbol{x}_{\mathrm{s}}-\boldsymbol{x}_{\mathrm{sd}})-\boldsymbol{B}_{\mathrm{s}}(\dot{\boldsymbol{x}}_{\mathrm{s}}-\dot{\boldsymbol{x}}_{\mathrm{sd}})\end{cases}\tag{43.8}$$

这使得用户只感觉到从机器人和作业环境间的外力，因此对作业环境有更清楚的认识。然而，该结构的稳定性较差：控制回路经过主机器人的运动，从机器人的运动，作业环境受力，最后回到主机器人受力。从机器人的运动跟踪可能会出现滞后，更不用说回路中的通信延迟。回路增益值可能会很高：如果从机器人正在穿越刚性环境时，小幅运动控制指令可能转变成一个很大的受力。总的来说，在有刚性接触时，系统的稳定性可能会折中，这种情况下很多系统都出现了通信不稳定。

43.4.2 无源性和稳定性

第 43.4.1 节中介绍的两种基本的控制架构很清楚地指出了力反馈控制需要考虑的问题：系统稳定性和控制性能。之所以会出现稳定性问题是因为系统的任何模型都是依赖于作业环境和用户建立的。我们很难捕捉到作业环境和用户信息，如对未知环境进行勘探时无法进行环境信息预测。这增加了系统稳定性分析的难度。无源性概念的引入可以避免以上问题。尽管无源性仅仅提出了系统稳定的充分（非必要）条件，但仍然能很好地处理作业环境的不确定性。

无源性是一种直观的工具，通过系统的能量来判断系统的稳定性：如果能量耗散则系统稳定，如果能量增加则系统不稳定。以下为三条重要规则：①当且仅当系统不产生能量时系统是被动的，也就是系统的输出能量受限于系统的初始和积聚的能量；②两个被动系统可以结合为一个新的被动系统；③两个被动系统具有稳定的反馈连接。

在遥操作机器人中，我们通常假设从机器人只与环境被动的交互，也就是作业环境中没有电动机等驱动器。在没有操作员的情况下，只要系统是被动的就可以保证系统的稳定性，而不需要对作业环境进行精确建模。

在主站点中，由于操作员也处于闭环回路中，因此做稳定性分析时必须考虑操作员。通常主机器人由用户的手和手臂握住。表征用户手臂动态特性的模型和变量有很多，其中主要是质量—阻尼—弹簧系统模型。参考文献［43.60］对不同模型变量进行了汇总。对于一个阻抗控制的可触接口，对大多数系统而言，系统稳定性分析最坏的情况是操作员脱离了可触设备[43.61,62]。因此，我们在进行稳定性分析时可能会忽略操作员（$\boldsymbol{F}_{\text{human}} \approx 0$）。如果一个系统稳定，那么操作员与设备交互时系统仍然稳定。

我们以图 43.13 所示的系统为例，分析无源性的应用。将该系统表示为二端口部件构成的控制链，如图 43.15 所示。我们规定当电流方向向右时为正电流。如在第一个环节中，正向电流为主机器人的速度与操作员受力的乘积，即

$$P_{\text{left}} = \dot{\boldsymbol{x}}_{\text{m}}^{\text{T}} \boldsymbol{F}_{\text{human}} \tag{43.9}$$

在最后一个环节中，正向电流为从机器人的速度与环境受力（与操作员的受力相反）的乘积，即

$$P_{\text{right}} = \dot{\boldsymbol{x}}_{\text{s}}^{\text{T}} \boldsymbol{F}_{\text{env}} \tag{43.10}$$

因此遥操作机器人系统如果满足式（43.11），则为被动系统。

$$\begin{aligned} \int_0^t P_{\text{input}} \, \mathrm{d}t &= \int_0^t (P_{\text{left}} - P_{\text{right}}) \, \mathrm{d}t \\ &= \int_0^t (\dot{\boldsymbol{x}}_{\text{m}}^{\text{T}} \boldsymbol{F}_{\text{human}} - \dot{\boldsymbol{x}}_{\text{s}}^{\text{T}} \boldsymbol{F}_{\text{env}}) \, \mathrm{d}t \\ &> -E_{\text{store}}(0) \end{aligned} \tag{43.11}$$

显然，理想的遥操作员（$\dot{\boldsymbol{x}}_{\text{m}} = \dot{\boldsymbol{x}}_{\text{s}}, \boldsymbol{F}_{\text{human}} = \boldsymbol{F}_{\text{env}}$）是被动的。上述定义也可以推广到六维运动旋量和力旋量。

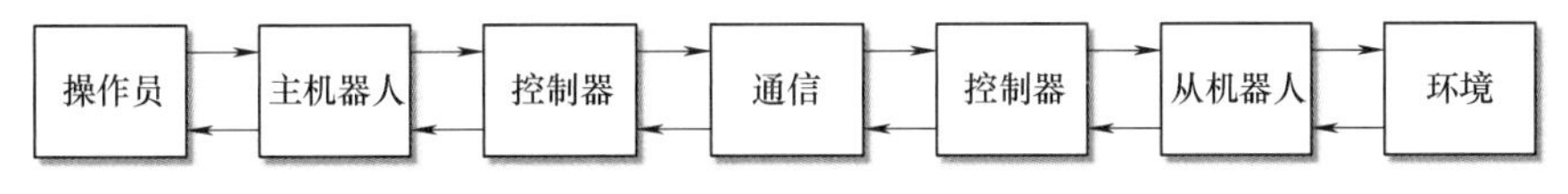

图 43.15 遥操作机器人系统被表示为二端口部件构成的控制链

为简化分析，先检验每个端口的无源性，然后推断整个系统的无源性。由于主从机器人为机械部件，因而是被动的。因为位置-位置架构的控制器是模仿弹簧和阻尼器，所以也是被动的。那么，我们可以推出在没有时延的情况下，位置-位置架构是被动的。

由于被动型具有很强的处理不确定性的能力，因此可能会过于保守。若每一个子系统都是被动的，那么控制器会出现严重超调。相反，将主动的子系统和被动的子系统组合得到的系统被认为是被动的，且系统稳定，能量耗散小。这对于图 43.15 中遥操作机器人系统中两个端口元件的级联排列尤其如此。网络理论中的 Llewellyn 准则指出一个主动的二端口子系统与任何被动的一端口系统相连得到的系统仍是被动的。这样的二端口系统称为无条件稳定系统，与任意两个一端口被动子系统相连后得到的系统仍是稳定的。Llewellyn 准则可被用作遥操作机器人系统或部件的稳定性判别标准[43.63]。

由于被动控制器不能隐藏从机器人的动态特

性，因而功能受限。在上文介绍的位置-位置架构中，用户可以感知与从机器人惯性相关的受力。而位置-力架构对用户隐藏从机器人的惯性力和摩擦力信息。因此，当用户向主机器人注入能量而没感觉到任何反抗作用时，系统也同时给从机器人提供能量。这使得系统被动特性受到扰动，且进一步解释了系统为什么存在稳定性问题。

43.4.3 透明度和多通道反馈

由 Lawrence[43.13]设计的通用遥操作控制系统包含以上两种基本的控制架构，HashtrudiZaad 和 Salcudean[43.63]随后对该方法进行了扩展，如图 43.16 所示。理想情况下，操作员操纵主机器人跟踪从机器人的运动，同时使得操作员的受力与环境力匹配，测量主从站点的位置和受力。这样，当用户对主机器人施加作用力时，从机器人甚至可以在主机器人运动之前就立即开始运动。

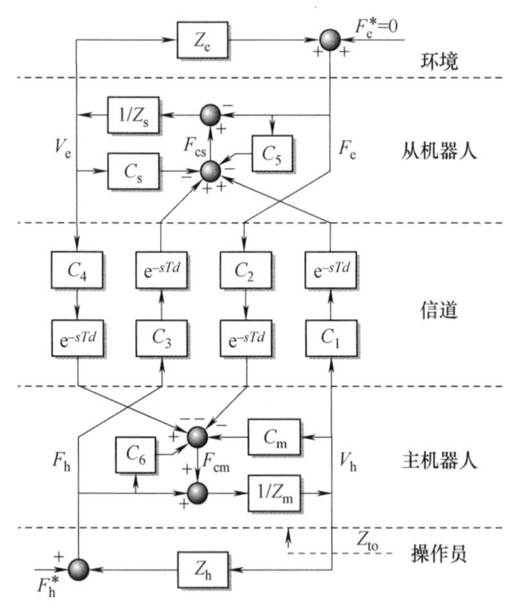

图 43.16 控制器利用主从机器人的位置和受力信息（源于参考文献［43.63］，改编自参考文献［43.13］）

由参考文献［43.13］中提出的概念，可以通过阻抗和导纳的形式来判断速度和受力之间的关系。假设所有的自由度都可以单独处理，我们首先看看单自由度的情况。环境的阻抗 $Z_e(s)$ 为未知量，且将环境力与从机器人的速度建立如下联系：

$$\boldsymbol{F}_e(s)=Z_e(s)\boldsymbol{v}_s(s) \tag{43.12}$$

如果将遥操作员视为一个二端口系统，可由以下矩阵方程定义：

$$\begin{pmatrix}\boldsymbol{F}_h(s)\\ \boldsymbol{v}_m(s)\end{pmatrix}=\begin{pmatrix}H_{11}(s) & H_{12}(s)\\ H_{21}(s) & H_{22}(s)\end{pmatrix}\begin{pmatrix}\boldsymbol{v}_s(s)\\ -\boldsymbol{F}_e(s)\end{pmatrix} \tag{43.13}$$

用户感知到的阻抗为

$$Z_{to}(s)=\frac{\boldsymbol{F}_h(s)}{\boldsymbol{v}_m(s)}=(H_{11}-H_{12}Z_e)(H_{21}-H_{22}Z_e)^{-1} \tag{43.14}$$

透明度描述了用户感知的阻抗与真实环境阻抗的接近程度。

对于遥操作机器人无源性的具体实现，以及阻抗和导纳的说明、设计和透明度参见参考文献［43.11-13，63-66］。

43.4.4 时延和散射理论

当本地站点和远程站点存在通信时延时，连位置-位置架构都会受到很严重的不稳定性干扰[43.67,68]。如图 43.15 所示的通信阻塞，电流左进右出，却没有进行叠加。阻塞不但不能产生能量，反而增加了系统的不稳定性[43.9]。

参考文献［43.69］研究了有时延的操作方法，特别是共享兼容控制[43.70]和增加局部力反馈回路[43.71]。网络作为通信工具的使用，增加了时延的种类，也是研究热点[43.72,73]。随后科研人员研究了数据压缩问题[43.74]。

由于自然波动现象具有双向被动特性，因而可以容忍时延。如果在频域讨论控制系统且阻抗和导纳矩阵由散射矩阵给出，系统便可以容忍时延[43.75]。散射矩阵将速度和受力与二者的差分建立联系，因此无源性作为系统增益的条件不受时延影响。相应地，可以通过精确观察无源性来保证系统的稳定性。

43.4.5 波动变量

波动现象规避了通信时延存在的问题，它提供了可忍受时延的编码方案[43.76]。考虑系统能量的流动，将正向电流和逆向电流分开。

$$P=\dot{\boldsymbol{x}}^{\mathrm{T}}\boldsymbol{F}=\frac{1}{2}\boldsymbol{u}^{\mathrm{T}}\boldsymbol{u}-\frac{1}{2}\boldsymbol{v}^{\mathrm{T}}\boldsymbol{v}=P_{\text{forward}}-P_{\text{return}} \tag{43.15}$$

正向和逆向电流必须为非负的，因而有如下波动变量定义：

$$\boldsymbol{u}=\frac{b\dot{\boldsymbol{x}}+\boldsymbol{F}}{\sqrt{2b}}\quad \boldsymbol{v}=\frac{b\dot{\boldsymbol{x}}-\boldsymbol{F}}{\sqrt{2\boldsymbol{b}}} \tag{43.16}$$

式中，$\boldsymbol{u}$ 为正向波动；$\boldsymbol{v}$ 为逆向波动。

如果将正常信号编码为波动变量，在有时延时传送，然后分解为一般变量，那么无论在有无时延的情况下，系统仍为被动的。实际上，在波动领域，无源性相当于波动增益。由于对相位没有任何要求，因此时延不会影响系统稳定性。

波动阻抗 b 将速度与力连接起来，且向用户提供了一个微调旋钮。b 值很大，则意味着系统以增加惯性力来增加力反馈；b 值很小，则降低了不适感，使得移动更为容易，但同时也减小了期望的环境受力。理想情况下，在没有连接风险时操作员会减小 b 的值，当需要进行连接的时候则增加 b 的值[43.77]。

近期有研究将位置-位置架构与位置-力架构融合到波动框架中，所得的系统对于任何环境、任何时延都是稳定的，且保持了高频力反馈，以帮助操作员识别远程站点发生的情况[43.78]。为了改进系统的性能及辅助操作员，也可以引入预测器[43.79]。

43.4.6 有损通信遥操作

因特网（Internet）提供了一种负担得起的、无处不在的通信媒介。然而，由于时延、包丢失和包重排序，它也会引入不确定性影响和有损连接。如何在这种有损通信网络上实现无源双边遥操作一直是遥操作领域的一个热门研究课题。

许多遥操作机器人系统都依赖于位置-位置架构式（43.7）和额外的阻尼注入。这导致了以下 PD 控制律，具有简单的结构和明确的位置反馈。

$$\begin{cases} \boldsymbol{F}_{\mathrm{m}}=-\boldsymbol{B}_{\mathrm{d}}\dot{\boldsymbol{x}}_{\mathrm{m}}(t)-\boldsymbol{B}[\dot{\boldsymbol{x}}_{\mathrm{m}}(t)-\dot{\boldsymbol{x}}_{\mathrm{s}}(t-\tau_1)] \\ \qquad -\boldsymbol{K}[\boldsymbol{x}_{\mathrm{m}}(t)-\boldsymbol{x}_{\mathrm{s}}(t-\tau_1)] \\ \boldsymbol{F}_{\mathrm{s}}=-\boldsymbol{B}_{\mathrm{d}}\dot{\boldsymbol{x}}_{\mathrm{s}}(t)-\boldsymbol{B}[\dot{\boldsymbol{x}}_{\mathrm{s}}(t)-\dot{\boldsymbol{x}}_{\mathrm{m}}(t-\tau_2)] \\ \qquad -\boldsymbol{K}[\boldsymbol{x}_{\mathrm{s}}(t)-\boldsymbol{x}_{\mathrm{m}}(t-\tau_2)] \end{cases} \tag{43.17}$$

式中，$\boldsymbol{B}_{\mathrm{d}}$ 表示用于稳定绝对阻尼的参数，而 $\boldsymbol{K}$、$\boldsymbol{B}$ 分别表示 PD 控制律的增益系数；τ_1，$\tau_2 \geqslant 0$ 分别是从机器人到主机器人，以及主机器人到从机器人的通信延迟。

由于缺乏无源性和稳定性的理论保证，该控制器在有损通信中的使用仍然受到阻碍（或至少被保留）。有研究人员认为，在足够大的阻尼、较小的延迟和 PD 增益的情况下，闭环系统能保持稳定。在参考文献［43.80］中，对于恒定延迟的情况，这一观察是合理的，即如果满足式（43.18）的条件，类 PD 控制器式（43.17）就是被动的。

$$\boldsymbol{B}_{\mathrm{d}}>\frac{\bar{\tau}_1+\bar{\tau}_2}{2}\boldsymbol{K} \tag{43.18}$$

式中，$(\bar{\tau}_1+\bar{\tau}_2)/2$ 是往返延迟的上界，通常很容易估计。如果没有人为或环境的受迫因素，主位置和从位置也会相互收敛。该结果在参考文献［43.81］中对时延的情况进行了扩展。在符合以下情况时，可保证类 PD 控制器式（43.17）的无源性。

$$\boldsymbol{B}_{\mathrm{d}}>\frac{\sqrt{\bar{\tau}_1^2+\bar{\tau}_2^2}}{2}\boldsymbol{K},\ |\dot{\tau}_i(t)|<1 \tag{43.19}$$

其中，第二个条件表示延迟 $\tau_i(t)$ 的增长或减少速度均不快于时间 t。对于控制器增益不对称的情况，我们可参照参考文献［43.81］；对于一般数字有损通信网络的扩展，我们可参照参考文献［43.82，83］。

由于具有固定的结构，PD 控制器式（43.17）必须根据式（43.18）和式（43.19）调整至最坏情况条件。因此，它可能会对严重可变的通信表现出严重的性能下降。为了克服这种固定结构的限制，最近提出了几种具有无源增强的柔性控制技术。

无源性观察器/无源性控制器（PO/PC）技术最初设计用于触觉装置控制[43.84]并已扩展到具有时延的数字网络的双边遥操作[43.85-87]。每个 PO 都对主站点和从站点的能量流进行实时记账。每当检测到无源性违反时，PC 就会被激活以耗散能量。本文提出了无源定位调制（PSPM）框架[43.88]，从通用数字有损通信网络接收的期望的定位信号尽可能接近初始定位信号进行实时调制，但仅在系统中可用能量允许的范围内。利用装置的物理阻尼对期望的控制力可采用能量边界算法（EBA），具体见参考文献［43.89］。在双层法中也采用了调制控制信号或在无源性约束下调制控制信号或动作的想法[43.90]，其中透明层被设计为最佳性能，而无源性层叠加约束来强制执行无源性。

总体而言，PO/PC 方法可被视为纠正性（即首先检测无源性违反，然后应用被动性动作），而 PSPM、EBA 和双层法是预防性的。有趣的是，PO/PC、PSPM、EBA 和双层法有一些共同的特点：

1）它们通过通信网络传输能量包和其他信息以补充能级，使有用的工作成为可能。

2）这些方法只有在必要时才激活其被动性动作，因此，与固定结构的遥操作控制器相比，可以显著提高控制性能，同时也有力地对各种通信不完美性实施无源性。

43.4.7 基于端口的方法

从第 43.4.2 节我们知道，能量流为遥操作机器人系统提供了一个很好的描述，该系统可以与未知环境和人类用户进行物理交互。事实上，所有物理交互动力学从根本上都与能量交换有关。无源性是一种非常适合的分析工具，在系统能量有界的情况下可确保稳定性。所有可能的不稳定性都可以追溯到通过驱动器的无监督能量注入。从第 43.4.6 节我们还看到了明确监控能量流的方法。这里，我们描述了明确围绕能量交换设计的基于端口的方法。这有利于处理非线性系统动力学、离散化、时延和其他问题。

电源端口和能量流的概念（见第 43.4.2 节）允许对物理系统进行精确的分析。这种方法源于键合图中的概念，能够对复杂的非线性物理系统进行纯能量分析[43.91]，它还为建模和机器人控制提供了新的视角[43.92]。

为了处理采样问题，并防止由于有限采样率的不稳定性，考虑能量一致离散化[43.93]。不是在离散区间测量功率流，而是考虑在整个采样间隔上连续发生的能量流。采样时间 kT 与后续采样时间 $(k+1)T$ 之间能量转移的精确测量值为

$$\Delta E_k = \int_{kT}^{(k+1)T} \tau(t)\dot{q}(t)\,\mathrm{d}t \tag{43.20}$$

假设有一台带有理想电流放大器且没有任何换向效应的电动机，正在产生零阶保持（ZOH）数模转换器指令的扭矩。进一步假设位置传感器与 ZOH 数模转换器同步。然后，可以认为扭矩在间隔期间是恒定的，因此有

$$\Delta E_k = \int_{kT}^{(k+1)T} \tau_{k,k+1}\dot{q}(t)\,\mathrm{d}t \tag{43.21}$$

将扭矩从积分中去掉，我们得到

$$\Delta E_k = \tau_{k,k+1}[q(k+1)-q(k)] \tag{43.22}$$

这个简单的结果对于连接数字世界和物理世界具有深远的影响，并且即使采样时间（参见 VIDEO 724）有所不同，也可以很容易地进行计算。一些假设条件可以通过适当的调整来弱化。使用这种更精确的能量流测量可以使能量记账更加一致。

如图 43.17 所示，我们现在可以跟踪数字世界中的能量，将单个可用能量库 H_m 和 H_s 与主控制器和从控制器相关联。通信信道传输数据包和能量包（EP），其中 EP 仅包含关于能量量子的信息。只有当发射器有足够的可用能量时，才会发送 EP，然后通过量子减少可用能量。到达的 EP 将量子注入接收器的可用能量。这样，系统中的总虚拟能量将永远不会增加。如果通信协议允许 EP 丢失，这将消除类似于耗散的能量。该过程与任何恒定或可变延迟无关。

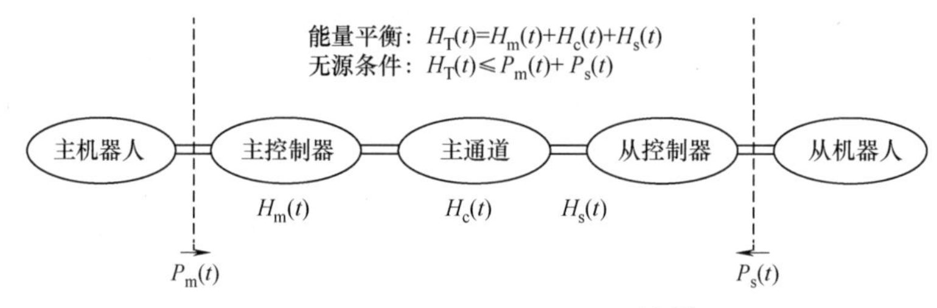

图 43.17 遥操作链的能量平衡[43.90]

基于端口的范例允许采用任何非线性控制算法。但任何施加的控制力都将产生能量后果，并且只有在相关可用能级足够高的情况下才允许施加。按照第 43.4.6 节的分类，这种模式是预防性的。它可以防止产生能量，而无须耗散意外的能量。

需要策略来解决主设备与从设备之间的能量交换问题。参考文献［43.90］中引入的一个简单协议持续传输具有本地存储能量百分比的 EP。可以看出，这将导致主控制器和从控制器之间的能量分配相等。此外，如有必要，可以在主控侧叠加一个小阻尼器，以根据需要从人体中提取能量。

在基于端口的范例中，数据通信（与透明性相关）和能量通信（与无源性相关）被分开：控制器可能是非线性的，能量和数据传输可能是独立的，并且基本上对可以实现的控制器类型没有限制。能量和数据分离的事实为双层法命名[43.90]。

43.5 遥操作机器人的前沿应用

历史上，遥操作机器人的研究集中在传统领域，有两个固定的机器人作为主从装置。最近，有大量的努力将遥操作机器人理论和框架扩展到更广阔的场景。在此，我们总结了关于这些新兴应用的一些最新结果。该总结绝不是穷尽式的，为了与本章一致，重点关注控制方面并提供稳定的双边用户界面。

43.5.1 面向移动机器人的遥操作技术

如果任务覆盖的空间很大，移动机器人可作为有用的从设备。特别是飞行机器人，可以在三维空间中操作，而不受地面的束缚。对于移动机器人的

遥操作，力反馈可以用来传递从机器人的本体感知信息（如速度），或远程环境中虚拟（或真实）物体的触觉反馈。

移动和飞行机器人的一个关键区别在于与常规的运动学不相似[43.94]：主设备的工作空间是有界的，而从机器人的工作空间是无界的。建议将主位置与从速度耦合起来，如第 43.3.3 节所述的速率控制。但是，标准的无源性框架不能解决主位置和从速度之间的直接耦合（见第 43.4.2 节）。主位置和从速度相对于转矩具有不同的相对程度。一种规避这个困难的方法是利用所谓的 r 变量：

$$r := \dot{q} + \lambda q \tag{43.23}$$

也就是说，通过利用类似自适应控制器设计的逆动力学[43.95,96]或注入一些 PD 类型局部状态反馈，重新定义输出 r[43.97]（图 43.18），可以用这个 r 变量替换其初始无源关系式（43.9）中的速度 $\dot{x}_m^T$（对应图 43.18 中的 $\dot{q}$），使主设备成为无源设备。这意味着我们可以像标准的无源控制器一样被动地耦合 r 变量和从机器人的速度。

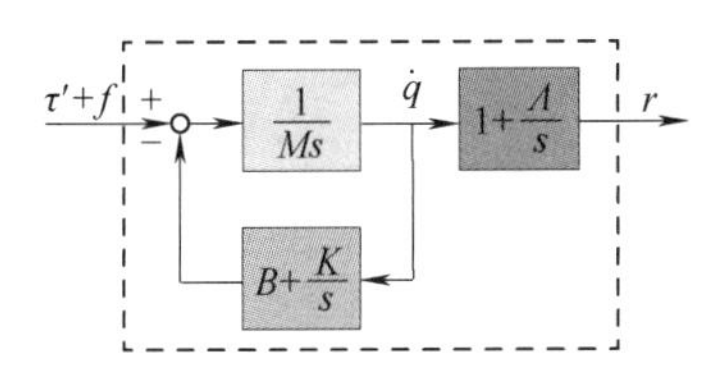

图 43.18　使用 PD 型状态反馈的反馈 r 变量

通过将第 43.4.7 节中提出的基于端口的思想扩展为虚拟车辆的概念[43.98]，我们也可以实现具有时延的被动移动机器人遥操作。这个虚拟车辆是一个模拟的从系统，在一个无引力场中演化，并拥有一个有限的能量罐。主系统的命令仅允许从油箱传输能量以加速车辆或通过使车辆减速返回能量。这就为从系统创造了一个封闭的能量系统。通过在虚拟车辆和真实车辆之间的黏弹性连接，可以实现被动行为。

移动遥操作机器人通常采用具有纯滚动轮的非完整约束轮式移动机器人（WMR）。对于从 WMR，通常可以（具有下面所述的一些低水平控制）将运动（即速度方向）分割成上述需要位置-速度耦合的运动（如 WMR 的前进速度），以及其他可由标准位置-位置耦合（如 WMR 的旋转角度）控制的运动。如第 43.4.1 和第 43.4.6 节所述。

其他移动机器人，特别是四旋翼或管扇式的飞行机器人，或推力推进式自主水上车辆（AUV）。驱动控制变量数少于自由度，也违反了标准的遥操作技术。为了解决驱动不足的问题，我们利用了从机器人的抽象问题[43.98,99]。也就是说，人类用户遥控一个完全驱动的虚拟系统，假设它的运动充分地描述了真正的从机器人，而使用某种低级的跟踪控制来控制未驱动的从机器人紧紧地跟随这个虚拟系统。这种抽象问题导致了一种分层控制设计，包括：1）虚拟车辆和主设备之间的一个高级遥操作控制层；2）一个低级跟踪控制层，其中限制了从机器人的欠驱动问题。

对于遥操作控制层，我们可以使用第 43.4 节中解释的传统遥操作技术，并使用上文解释的（r，v）耦合。我们也可以使用在第 43.4.6 节中解释的控制技术，它提供更清晰的触觉反馈并保证稳定性，以对抗有损通信。然而，通过同一个触觉反馈通道同时呈现从机器人的本体感知信息和周围物体的存在以实现避障，通常会导致感知模糊[43.100]。为了解决这种模糊性，通常需要进一步的感知形态（如视觉）。在某些应用中，从机器人需要在任何物理环境中移动，但不能直接接触任何物理环境。在这些情况下，可以为任何障碍物产生虚拟力，而从机器人只与这个精确已知的虚拟力场相互作用。这表明，强制执行从稳定性与非从被动性相比是足够的（见参考文献［43.99］、VIDEO 71 和 VIDEO 72），因为一个不太保守的控制器可能会带来更好的系统性能。

43.5.2　多边遥操作机器人

许多实际的遥操作机器人任务需要灵巧、复杂和大自由度的运动，如外科训练、康复或探索。对于这样的任务，我们可以利用多个协作从机器人团队或单个具有多自由度的从机器人。这两种情况所涉及的复杂性可能需要多个操作员来充分控制和协调所有的自由度。根据参考文献［43.102］，我们考虑以下场景：

1）单主多从（SMMS）系统。

2）多主多从（MMMS）系统。

3）多主单从（MMSS）系统。

4）单主单从（SMSS）系统，这构成了传统的遥操作机器人设置。

在这里，我们介绍一些适用于 SMMS 和 MMSS 系统的最新成果。

单主多从（SMMS）系统自主控制中，从系统之间的简单子任务是很常见的，例如，保持抓取、维护连接性或避免冲突（图 43.19）。特别是在参考文献［43.101，104，105］中，被动分解[43.106]

用于将多个从机器人的动力学分解为其形状系统，描述多个从机器人间的队形和锁定系统，并抽象出它们的集体运动和质心行为。锁定系统可以由一个人类用户远程遥控，而一个自主控制器调节形状系统，以保持从机器人之间对物体的协同抓取。

SMMS遥操作机器人学的另一个有趣的发展是与多代理合作控制框架（即共识、群集、同步和其他行为）的结合。例如，在参考文献［43.103］和 VIDEO 73 中，单个人类用户直接遥控从机器人中的一个领导者代理，而其他从机器人的行为则由领导者-追随者信息图决定（图43.20）。在从属服务器之间具有任意分割/连接操作的时变图拓扑允许重新配置，例如，在混乱的环境中导航。而虚拟能量罐的概念，以及哈密尔顿端口建模法和基于端口的方法（见第43.4.7节），被用来加强整个系统的无源性和稳定性。

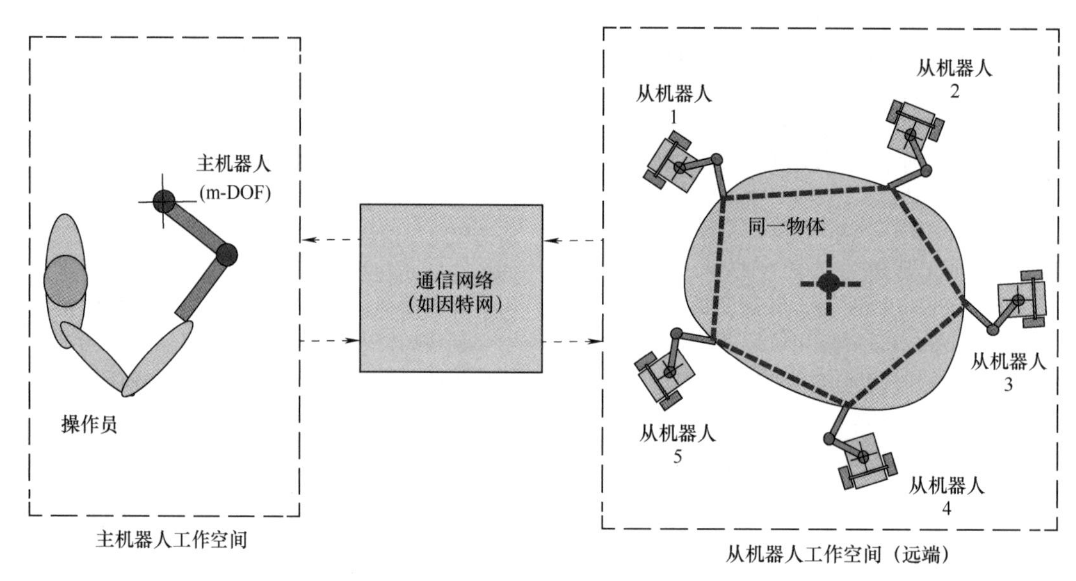

图43.19 多个从机器人的SMMS遥操作[43.101]

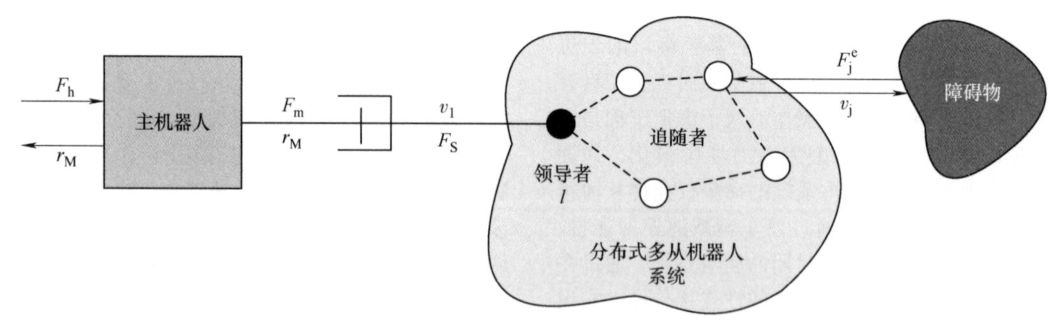

图43.20 可能具有时变领导者-追随者拓扑信息的SMMS遥操作机器人控制架构[43.103]

在参考文献［43.99］中也提出了一种分布式的SMMS方法，也反映在 VIDEO 71 和 VIDEO 72 中，使一个人类用户能够远程遥控一些从机器人。从机器人之间的行为通过在时间不变的无向信息图（图43.21）上构造的分布式人工势进行编码。通过利用运动学虚拟系统对从机器人进行抽象，实现了主无源性和从稳定性的结合。它保证从机器人之间没有碰撞或与障碍物之间没有碰撞，从机器人之间也没有分离。

本文提出了一种针对MMSS遥操作机器人系统的控制方法，反映在参考文献［43.107］和 VIDEO 75 中。其中两个人类用户远程控制一个多自由度从机器人的不同框架。从机器人的速度空间根据两种命令运动进行分解，解决它们之间的冲突和施加给它们的约束。对主要用户的命令具有优先级（图43.22）。运动学层面的优先速度命令是通过所有主、从机器人的动力学层面的自适应控制实现的。

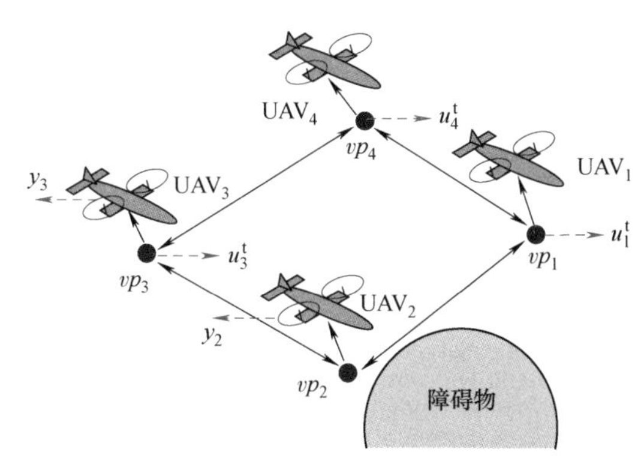

图 43.21 多无人机的 SMMS 控制架构

在参考文献［43.108］中，开发了一种不同的共享三边 MMSS 遥操作框架，其中两个人类用户对单个从机器人的同一点进行遥操作。根据任务目标（如训练时 $\alpha=1$，评估时 $\alpha=0$）设置一个支配因子 $\alpha\in[0,1]$ 来调整他们的控制权限。该 MMSS 系统优化了透明度，并将 Llewellyn 准则应用于等效二端口系统（嵌入环境阻抗 Z_e），以建立无条件稳定性。

这些多边方法和以前的移动遥操作机器人方法有望显著扩大传统遥操作机器人的功效和应用前景。不过，还存在若干重大技术挑战和研究问题，例如：

1）如何分配和确定多个协作的人类用户的角色？

2）如何系统地将控制任务分为遥操作控制和自主控制？

3）最合适的性能指标是什么，它们可能与传统的指标有何不同？

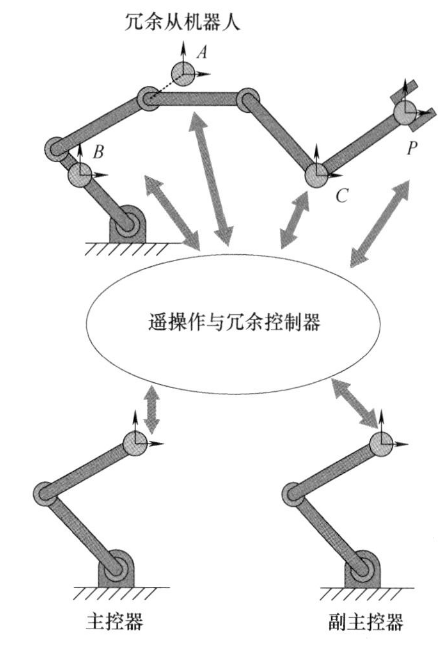

图 43.22 三边遥操作[43.107]

注：主控器控制末端执行器框架 P，而副主控器控制任务空间框架 A、B 或 C：如果选择 A，主和副任务是不冲突/不受约束的；如果选择 B，没有冲突，但副任务是约束的；如果选择 C，那么主任务和副任务之间就需要有优先级的零空间控制。

4）对于移动技术和多边遥操作机器人而言，最好的人机界面（或触觉反馈）是什么。以及如何用其他模式（如视觉反馈）来补充该界面。

43.6 结论与延展阅读

尽管它已经发展了一段时间，但遥操作机器人技术仍然是机器人技术中一个令人兴奋和充满活力的领域。它提供了一个综合利用先进机器人技术和用户操作技术能力的平台，就如同汽车技术的发展与驾驶人的关系。随着电子稳定控制和导航系统的增加，汽车变得越来越复杂，它们对驾驶人来说变得更安全、更有用，但无法取代驾驶员。同样地，遥操作机器人技术也是渐进发展的，因此，它可能最适合实现机器人技术改善人类生活的长期承诺。在具有挑战性的搜索和救援领域，它正在发挥作用。随着最近遥操作机器人手术系统的发展和商业化，它确实正在以一种深刻的方式影响着成千上万病人的生活，并将机器人技术延伸到我们的世界。

关于监督控制领域的进一步阅读，我们可以参考 Sheridan[43.39] 的文章。虽然出版于 1992 年，但它仍然是关于这个领域的最完整的阐述。遗憾的是，很少有其他的书专注于甚至充分讨论遥操作机器人。在参考文献［43.109］中收集了许多最新的进展，包括方法、试验、应用和发展。除此之外，对双边和共享控制领域的应用有进一步了解，我们只能参考所提供的引文。最后，除了标准的机器人杂志，我们特别注意到麻省理工学院出版社出版的《存在：远程操作员和虚拟环境》。该专著结合虚拟现实应用，专注于与人类操作员交互的技术。

视频文献

VIDEO 71 Semi-autonomous teleoperation of multiple UAVs: Passing a narrow gap
available from http://handbookofrobotics.org/view-chapter/43/videodetails/71
VIDEO 72 Semi-autonomous teleoperation of multiple UAVs: Tumbing over obstacle
available from http://handbookofrobotics.org/view-chapter/43/videodetails/72
VIDEO 73 Bilateral teleoperation of multiple quadrotors with time-varying topology
available from http://handbookofrobotics.org/view-chapter/43/videodetails/73
VIDEO 74 Passive teleoperation of nonlinear telerobot with tool-dynamics rendering
available from http://handbookofrobotics.org/view-chapter/43/videodetails/74
VIDEO 75 Asymmetric teleoperation of dual-arm mobile manipulator
available from http://handbookofrobotics.org/view-chapter/43/videodetails/75
VIDEO 297 Tele-existence master-slave system for remote manipulation
available from http://handbookofrobotics.org/view-chapter/43/videodetails/297
VIDEO 298 JPL dual-arm telerobot system
available from http://handbookofrobotics.org/view-chapter/43/videodetails/298
VIDEO 299 Single and dual arm supervisory and shared control
available from http://handbookofrobotics.org/view-chapter/43/videodetails/299
VIDEO 318 Teleoperated humanoid robot – HRP
available from http://handbookofrobotics.org/view-chapter/43/videodetails/318
VIDEO 319 Teleoperated humanoid robot – HRP: Tele-driving of lifting vehicle
available from http://handbookofrobotics.org/view-chapter/43/videodetails/319
VIDEO 321 Multi-modal multi-user telepresence and teleaction system
available from http://handbookofrobotics.org/view-chapter/43/videodetails/321
VIDEO 322 Laparoscopic telesurgery workstation
available from http://handbookofrobotics.org/view-chapter/43/videodetails/322
VIDEO 724 Passivity of IPC strategy at 30 Hz sample rate
available from http://handbookofrobotics.org/view-chapter/43/videodetails/724

参考文献

43.1 M. Buss, G. Schmidt: Control problems in multi-modal telepresence systems. In: *Advances in Control*, ed. by P.M. Frank (Springer, London 1999) pp. 65–101

43.2 W.R. Ferell, T.B. Sheridan: Supervisory control of remote manipulation, IEEE Spectrum **4**(10), 81–88 (1967)

43.3 R.C. Goertz: Fundamentals of general-purpose remote manipulators, Nucleonics **10**(11), 36–42 (1952)

43.4 R.C. Goertz: Mechanical master-slave manipulator, Nucleonics **12**(11), 45–46 (1954)

43.5 R.C. Goertz, F. Bevilacqua: A force-reflecting positional servomechanism, Nucleonics **10**(11), 43–45 (1952)

43.6 W.R. Ferell: Remote manipulation with transmission delay, IEEE Trans. Hum. Factors Electron. **6**, 24–32 (1965)

43.7 T.B. Sheridan, W.R. Ferell: Remote manipulative control with transmission delay, IEEE Trans. Hum. Factors Electron. **4**, 25–29 (1963)

43.8 F. Miyazaki, S. Matsubayashi, T. Yoshimi, S. Arimoto: A new control methodology towards advanced teleoperation of master-slave robot systems, Proc. IEEE Int. Conf. Robotics Autom. (ICRA) (1986) pp. 997–1002

43.9 R.J. Anderson, M.W. Spong: Asymptotic stability for force reflecting teleoperators with time delay, Int. J. Robotics Res. **11**(2), 135–149 (1992)

43.10 G. Niemeyer, J.-J.E. Slotine: Stable adaptive teleoperation, IEEE J. Ocean. Eng. **16**(1), 152–162 (1991)

43.11 J.E. Colgate: Robust impedance shaping telemanipulation, IEEE Trans. Robotics Autom. **9**(4), 374–384 (1993)

43.12 B. Hannaford: A design framework for teleoperators with kinesthetic feedback, IEEE Trans. Robotics Autom. **5**(4), 426–434 (1989)

43.13 D.A. Lawrence: Stability and transparency in bilateral teleoperation, IEEE Trans. Robotics Autom. **9**(5), 624–637 (1993)

43.14 D. Kuban, H.L. Martin: An advanced remotely maintainable servomanipulator concept, Proc. 1984 Natl. Top. Meet. Robotics Remote Handl. Hostile Environ., Washington (1984)

43.15 J. Vertut, P. Coiffet: *Teleoperation and Robotics: Evolution and Development* (Kogan Page, London 1985)

43.16 J. Vertut: MA23M contained servo manipulator with television camera, PICA and PIADE telescopic supports, with computer-integrated control, Proc. 28th Remote Syst. Technol. Conf. (1980) pp. 13–19

43.17 J. Vertut, P. Coiffet: Bilateral servo manipulator MA23 in direct mode and via optimized computer control, Proc. 2nd Retote Manned Syst. Technol. Conf. (1977)

43.18 A.K. Bejczy: Towards advanced teleoperation in space, Prog. Astronaut. Aeronaut **161**, 107–138 (1994)

43.19 G. Hirzinger, B. Brunner, J. Dietrich, J. Heindl: Sensor-based space robotics – ROTEX and its telerobotic features, IEEE Trans. Robotics Autom. **9**(5), 649–663 (1993)

43.20 T.H. Massie, J.K. Salisbury: The phantom haptic interface: A device for probing virtual objects, Proc. ASME Int. Mech. Eng. Congr. Exhib., Chicago (1994) pp. 295–302

43.21 P.S. Green, J.W. Hill, J.F. Jensen, A. Shah: Telepresence Surgery, IEEE Eng. Med. Bio. Mag. **14**(3), 324–329 (1995)

43.22 R.H. Taylor, J. Funda, B. Eldridge, S. Gomory, K. Gruben, D. LaRose, M. Talamini, L. Kavoussi, J. Anderson: A telerobotic assistant for laparoscopic surgery, IEEE Eng. Med. Bio. Mag. **14**(3), 279–288 (1995)

43.23 A.J. Madhani, G. Niemeyer, J.K. Salisbury: The black falcon: A teleoperated surgical instrument for minimally invasive surgery, Proc. IEEE/RSJ Int. Conf. Intell. Robots Syst. (IROS), Victoria (1998) pp. 936–944

43.24 S. Charles, H. Das, T. Ohm, C. Boswell, G. Rodriguez, R. Steele, D. Istrate: Dexterity-enhanced telerobotic microsurgery, Proc. Int. Conf. Adv. Robotics (1997) pp. 5–10

43.25 G.S. Guthart, J.K. Salisbury: The Intuitive$^{\hat{U}}$ telesurgery system: Overview and application, Proc. IEEE Int. Conf. Robotics Autom. (ICRA) (2000) pp. 618–621

43.26 J.M. Sackier, Y. Wang: Robotically assisted laparoscopic surgery: From concept to development, Surg. Endosc. **8**(1), 63–66 (1994)

43.27 J. Marescaux, J. Leroy, F. Rubino, M. Vix, M. Simone, D. Mutter: Transcontinental robot assisted remote telesurgery: Feasibility and potential applications, Ann. Surg. **235**, 487–492 (2002)

43.28 G.H. Ballantyne: Robotic surgery, telerobotic surgery, telepresence, and telementoring – Review of early clinical results, Surg. Endosc. **16**(10), 1389–1402 (2002)

43.29 D.H. Birkett: Electromechanical instruments for endoscopic surgery, Minim. Invasive Ther. Allied Technol. **10**(6), 271–274 (2001)

43.30 J. Rosen, B. Hannaford: Doc at a distance, IEEE Spectrum **8**(10), 34–39 (2006)

43.31 A.M. Okamura: Methods for haptic feedback in teleoperated robot-assisted surgery, Ind. Robot **31**(6), 499–508 (2004)

43.32 T. Ortmaier, B. Deml, B. Kübler, G. Passig, D. Reintsema, U. Seibold: Robot assisted force feedback surgery, Springer Tracts Adv. Robotics **31**, 361–379 (2007)

43.33 B.M. Yamauchi: PackBot: A versatile platform for military robotics, Proc. SPIE **5422**, 228–237 (2004)

43.34 R.R. Murphy: Trial by fire [rescue robots], IEEE Robotics Autom. Mag. **11**(3), 50–61 (2004)

43.35 J. Wright, A. Trebi-Ollennu, F. Hartman, B. Cooper, S. Maxwell, J. Yen, J. Morrison: Driving a rover on mars using the rover sequencing and visualization program, Int. Conf. Instrumentation, Control Inf. Technol. (2005)

43.36 G. Hirzinger, K. Landzettel, D. Reintsema, C. Preusche, A. Albu-Schäffer, B. Rebele, M. Turk: ROKVISS – Robotics component verification on ISS, Proc. 8th Int. Symp. Artif. Intell. Robotics Autom. Space (iSAIRAS) (2005), Session2B

43.37 C. Preusche, D. Reintsema, K. Landzettel, G. Hirzinger: ROKVISS – Preliminary results for telepresence mode, Proc. IEEE/RSJ Int. Conf. Intell. Robots Syst. (IROS) (2006) pp. 4595–4601

43.38 G. Hirzinger, K. Landzettel, B. Brunner, M. Fischer, C. Preusche, D. Reintsema, A. Albu-Schäffer, G. Schreiber, M. Steinmetz: DLR's robotics technologies for on-orbit servicing, Adv. Robotics **18**(2), 139–174 (2004)

43.39 T.B. Sheridan: *Telerobotics, Automation and Human Supervisory Control* (MIT Press, Cambridge 1992)

43.40 G. Hirzinger, J. Heindl, K. Landzettel, B. Brunner: Multisensory shared autonomy – A key issue in the space robot technology experiment ROTEX, Proc. RSJ/IEEE Int. Conf. Intell. Robots Syst. (IROS) (1992) pp. 221–230

43.41 B. Brunner, K. Arbter, G. Hirzinger: Task directed programming of sensor based robots, Proc. IEEE/RSJ Int. Conf. Intell. Robots Syst. (IROS) (1994) pp. 1080–1087

43.42 A.K. Bejczy, W.S. Kim: Predictive displays and shared compliance control for time-delayed telemanipulation, Proc. IEEE/RSJ Int. Workshop Intell. Robots Syst. (IROS) (1990) pp. 407–412

43.43 P. Backes, K. Tso: UMI: An interactive supervisory and shared control system for telerobotics, Proc. IEEE Int. Conf. Robotics Autom. (ICRA) (1990) pp. 1096–1101

43.44 L. Conway, R. Volz, M. Walker: Tele-autonomous systems: Methods and architectures for intermingling autonomous and telerobotic technology, Proc. IEEE Int. Conf. Robotics Autom. (ICRA) (1987) pp. 1121–1130

43.45 S. Hayati, S.T. Venkataraman: Design and implementation of a robot control system with traded and shared control capability, Proc. IEEE Int. Conf. Robotics Autom. (ICRA) (1989) pp. 1310–1315

43.46 G. Hirzinger, B. Brunner, J. Dietrich, J. Heindl: ROTEX – The first remotely controlled robot in space, Proc. IEEE Int. Conf. Robotics Autom. (ICRA) (1994) pp. 2604–2611

43.47 W.B. Griffin, W.R. Provancher, M.R. Cutkosky: Feedback strategies for telemanipulation with shared control of object handling forces, Presence **14**(6), 720–731 (2005)

43.48 T. Ortmaier, M. GrÖger, D.H. Boehm, V. Falk, G. Hirzinger: Motion estimation in beating heart surgery, IEEE Trans. Biomed. Eng. **52**(10), 1729–1740 (2005)

43.49 L. Rosenberg: Virtual fixtures: Perceptual tools for telerobotic manipulation, Proc. IEEE Virtual Real. Int. Symp. (1993) pp. 76–82

43.50 J.J. Abbott, P. Marayong, A.M. Okamura: Haptic virtual fixtures for robot-assisted manipulation, Proc. 12th Int. Symp. Robotics Res. (2007) pp. 49–64

43.51 D.J. Lee, P.Y. Li: Passive bilateral control and tool dynamics rendering for nonlinear mechanical teleoperators, IEEE Trans. Robotics **21**(5), 936–951 (2005)
43.52 M.J. Massimino, T.B. Sheridan, J.B. Roseborough: One handed tracking in six degrees of freedom, Proc. IEEE Int. Conf. Syst. Man Cybern. (1989) pp. 498–503
43.53 A. Ruesch, A.Y. Mersha, S. Stramigioli, R. Carloni: Kinetic scrolling-based position mapping for haptic teleoperation of unmanned aerial vehicles, Proc. IEEE Int. Conf. Robotics Autom. (ICRA) (2012) pp. 3116–3121
43.54 A. Casals, L. Munoz, J. Amat: Workspace deformation based teleoperation for the increase of movement precision, Proc. IEEE Int. Conf. Robotics Autom. (ICRA) (2003) pp. 2824–2829
43.55 F. Conti, O. Khatib: Spanning large workspaces using small haptic devices, Proc. 1st Jt. Eurohaptics Conf. Symp. Haptic Interfaces Virtual Environ. Teleoperator Syst. (2005) pp. 183–188
43.56 R.W. Daniel, P.R. McAree: Fundamental limits of performance for force reflecting teleoperation, Int. J. Robotics Res. **17**(8), 811–830 (1998)
43.57 M.J. Massimino, T.B. Sheridan: Sensory substitution for force feedback in teleoperation, Presence Teleoperator Virtual Environ. **2**(4), 344–352 (1993)
43.58 D.A. Kontarinis, R.D. Howe: Tactile display of vibratory information in teleoperation and virtual environments, Presence Teleoperator Virtual Environ. **4**(4), 387–402 (1995)
43.59 D.A. Kontarinis, J.S. Son, W.J. Peine, R.D. Howe: A tactile shape sensing and display system for teleoperated manipulation, Proc. IEEE Int. Conf. Robotics Autom. (ICRA) (1995) pp. 641–646
43.60 J.J. Gil, A. Avello, Á. Rubio, J. Flórez: Stability analysis of a 1 DOF haptic interface using the Routh–Hurwitz criterion, IEEE Trans. Control Syst. Technol. **12**(4), 583–588 (2004)
43.61 N. Hogan: Controlling impedance at the man/machine interface, Proc. IEEE Int. Conf. Robotics Autom. (ICRA) (1989) pp. 1626–1631
43.62 R.J. Adams, B. Hannaford: Stable haptic interaction with virtual environments, IEEE Trans. Robotics Autom. **15**(3), 465–474 (1999)
43.63 K. Hashtrudi-Zaad, S.E. Salcudean: Analysis of control architectures for teleoperation systems with impedance/admittance master and slave manipulators, Int. J. Robotics Res. **20**(6), 419–445 (2001)
43.64 Y. Yokokohji, T. Yoshikawa: Bilateral control of master-slave manipulators for ideal kinesthetic coupling – Formulation and experiment, IEEE Trans. Robotics Autom. **10**(5), 605–620 (1994)
43.65 K.B. Fite, J.E. Speich, M. Goldfarb: Transparency and stability robustness in two-channel bilateral telemanipulation, ASME J. Dyn. Syst. Meas. Control **123**(3), 400–407 (2001)
43.66 S.E. Salcudean, M. Zhu, W.-H. Zhu, K. Hashtrudi-Zaad: Transparent bilateral teleoperation under position and rate control, Int. J. Robotics Res. **19**(12), 1185–1202 (2000)
43.67 W.R. Ferrell: Remote manipulation with transmission delay, IEEE Trans. Hum. Factors Electron. **6**, 24–32 (1965)
43.68 T.B. Sheridan: Space teleoperation through time delay: Review and prognosis, IEEE Trans. Robotics Autom. **9**(5), 592–606 (1993)
43.69 A. Eusebi, C. Melchiorri: Force reflecting telemanipulators with time-delay: Stability analysis and control design, IEEE Trans. Robotics Autom. **14**(4), 635–640 (1998)
43.70 W.S. Kim, B. Hannaford, A.K. Bejczy: Force-reflection and shared compliant control in operating telemanipulators with time delays, IEEE Trans. Robotics Autom. **8**(2), 176–185 (1992)
43.71 K. Hashtrudi-Zaad, S.E. Salcudean: Transparency in time-delayed systems and the effect of local force feedback for transparent teleoperation, IEEE Trans. Robotics Autom. **18**(1), 108–114 (2002)
43.72 R. Oboe, P. Fiorini: A design and control environment for internet-based telerobotics, Int. J. Robotics Res. **17**(4), 433–449 (1998)
43.73 S. Munir, W.J. Book: Control techniques and programming issues for time delayed internet based teleoperation, ASME J. Dyn. Syst. Meas. Control **125**(2), 205–214 (2003)
43.74 S. Hirche, M. Buss: Transparent data reduction in networked telepresence and teleaction systems. Part II: Time-delayed communication, Presence Teleoperator Virtual Environ. **16**(5), 532–542 (2007)
43.75 R.J. Anderson, M.W. Spong: Bilateral control of tele-operators with time delay, IEEE Trans. Autom. Control **34**(5), 494–501 (1989)
43.76 G. Niemeyer, J.-J.E. Slotine: Telemanipulation with time delays, Int. J. Robotics Res. **23**(9), 873–890 (2004)
43.77 S. Stramigioli, A. van der Schaft, B. Maschke, C. Melchiorri: Geometric scattering in robotic telemanipulation, IEEE Trans. Robotics Autom. **18**(4), 588–596 (2002)
43.78 N.A. Tanner, G. Niemeyer: High-frequency acceleration feedback in wave variable telerobotics, IEEE/ASME Trans. Mechatron. **11**(2), 119–127 (2006)
43.79 S. Munir, W.J. Book: Internet-based teleoperation using wave variables with prediction, IEEE/ASME Trans. Mechatron. **7**(2), 124–133 (2002)
43.80 D.J. Lee, M.W. Spong: Passive bilateral teleoperation with constant time delay, IEEE Trans. Robotics **22**(2), 269–281 (2006)
43.81 E. Nuno, L. Basanez, R. Ortega, M.W. Spong: Position tracking for non-linear teleoperators with variable time delay, Int. J. Robotics Res. **28**(7), 895–910 (2009)
43.82 K. Huang, D.J. Lee: Consensus-based peer-to-peer control architecture for multiuser haptic interaction over the internet, IEEE Trans. Robotics **29**(2), 417–431 (2013)
43.83 K. Huang, D.J. Lee: Hybrid pd-based control framework for passive bilateral teleoperation over the Internet, Proc. IFAC World Congr. (2011) pp. 1064–1069
43.84 B. Hannaford, J.H. Ryu: Time domain passivity control of haptic interfaces, IEEE Trans. Robotics Autom. **18**(1), 1–10 (2002)
43.85 J.-H. Ryu, C. Preusche, B. Hannaford, G. Hirzinger: Time domain passivity control with reference energy following, IEEE Trans. Control Syst. Technol. **13**(5), 737–742 (2005)

43.86 J. Artigas, C. Preusche, G. Hirzinger: Time domain passivity-based telepresence with time delay, Proc. IEEE/RSJ Int. Conf. Intell. Robots Syst. (IROS) (2006) pp. 4205–4210
43.87 J. Ryu, C. Preusche: Stable bilateral control of teleoperators under time-varying communication delays: Time domain passivity approach, Proc. IEEE Int. Conf. Robotics Autom. (ICRA) (2007) pp. 3508–3513
43.88 D.J. Lee, K. Huang: Passive-set-position-modulation framework for interactive robotic systems, IEEE Trans. Robotics Autom. **26**(2), 354–369 (2010)
43.89 J.P. Kim, J. Ryu: Robustly stable haptic interaction control using an energy-bounding algorithm, Int. J. Robotics Res. **29**(6), 666–679 (2010)
43.90 M.C.J. Franken, S. Stramigioli, S. Misra, S. Secchi, A. Macchelli: Bilateral telemanipulation with time delays: A two-layer approach combining passivity and transparency, IEEE Trans. Robotics **27**(4), 741–756 (2011)
43.91 V. Duindam, A. Macchelli, S. Stramigioli, H. Bruyninckx: *Modeling and Control of Complex Physical Systems* (Springer, Berlin, Heidelberg 2009)
43.92 S. Stramigioli: *Modeling and IPC Control of Interactive Mechanical Systems: A Coordinate-Free Approach*, Lecture Notes in Control and Information Sciences, Vol. 266 (Springer, London 2001)
43.93 S. Stramigioli, C. Secchi, A.J. Van der Schaft, C. Fantuzzi: Sampled Data Systems Passivity and Discrete Port-Hamiltonian Systems, IEEE Trans. Robotics **21**(4), 574–587 (2005)
43.94 D.J. Lee, O. Martinez-Palafox, M.W. Spong: Bilateral teleoperation of a wheeled mobile robot over delayed communication networks, Proc. IEEE Int. Conf. Robotics Autom. (ICRA) (2006) pp. 3298–3303
43.95 N. Chopra, M.W. Spong, R. Lozano: Synchronization of bilateral teleoperators with time delay, Automatica **44**, 2142–2148 (2008)
43.96 J.-J.E. Slotine, W. Li: On the adaptive control of robot manipulators, Int. J. Robotics Res. **6**(3), 49–59 (1987)
43.97 D.J. Lee, D. Xu: Feedback r-passivity of lagrangian systems for mobile robot teleoperation, Proc. IEEE Int. Conf. Robotics Autom. (ICRA) (2011) pp. 2118–2123
43.98 S. Stramigioli, R. Mahony, P. Corke: A novel approach to haptic tele-operation of aerial robot vehicles, Proc. IEEE Int. Conf. Robotics Autom. (ICRA) (2010) pp. 5302–5308
43.99 D.J. Lee, A. Franchi, H.-I. Son, C. Ha, H.H. Bülthoff, P.R. Giordano: Semi-autonomous haptic teleoperation control architecture of multiple unmanned aerial vehicles, IEEE/ASME Trans. Mech. **18**, 1334–1345 (2013)
43.100 H.I. Son, A. Franchi, L.L. Chuang, J. Kim, H.H. Bülthoff, P.R. Giordano: Human-centered design and evaluation of haptic cueing for teleoperation of multiple mobile robots, IEEE Trans. Cybern. **43**(2), 597–609 (2013)
43.101 D.J. Lee, M.W. Spong: Bilateral teleoperation of multiple cooperative robots over delayed communication networks: Theory, Proc. IEEE Int. Conf. Robotics Autom. (ICRA) (2005) pp. 362–367
43.102 P.F. Hokayem, M.W. Spong: Bilateral teleoperation: An historical survey, Automatica **42**, 2035–2057 (2006)
43.103 A. Franchi, C. Secchi, H.I. Son, H.H. Bülthoff, P.R. Giordano: Bilateral teleoperation of groups of mobile robots with time-varying topology, IEEE Trans. Robotics **28**(5), 1019–1033 (2012)
43.104 G. Hwang, H. Hashimoto: Development of a human-robot-shared controlled teletweezing system, IEEE Trans. Control Sys. Technol. **15**(5), 960–966 (2007)
43.105 E.J. Rodriguez-Seda, J.J. Troy, C.A. Erignac, P. Murray, D.M. Stipanovic, M.W. Spong: Bilateral teleoperation of multiple mobile agents: Coordinated motion and collision avoidance, IEEE Trans. Control Sys. Technol. **18**(4), 984–992 (2010)
43.106 D.J. Lee, P.Y. Li: Passive decomposition of multiple mechanical systems under motion coordination requirements, IEEE Trans. Autom. Control **58**(1), 230–235 (2013)
43.107 P. Malysz, S. Sirouspour: Trilateral teleoperation control of kinematically redundant robotic manipulators, Int. J. Robotics Res. **30**(13), 1643–1664 (2011)
43.108 B. Khademian, K. Hashtrudi-Zaad: Shared control architectures for haptic training: performance and coupled stability analysis, Int. J. Robotics Res. **30**(13), 1627–1642 (2011)
43.109 M. Ferre, M. Buss, R. Aracil, C. Melchiorri, C. Balague (Eds.): *Advances in Telerobotics*, Springer Tracts in Advanced Robotics, Vol. 31 (Springer, Berlin, Heidelberg 2007)

第 44 章

网络机器人

Dezhen Song，Ken Goldberg，Nak-Young Chong

截至 2013 年，几乎所有机器人都可以使用提供大量计算、内存和其他资源提高性能的计算机网络。

本章的重点框架是：网络机器人。网络机器人的起源可以追溯到遥操作机器人或者是遥控机器人。遥操作机器人广泛用于探索海底地形和外部空间，拆除炸弹和消除危险。直到 1994 年，遥操作机器人只能被训练有素和值得信赖的专家使用。本章将描述相关网络技术的历史，网络机器人在遥操作领域的历史，网络机器人的特性，如何构建网络机器人，以及示例系统。在本章的后面，我们将重点介绍云机器人技术的最新进展和未来的研究主题。

目　录

44.1　概述与背景

如图 44.1 所示，网络机器人位于两个令人兴奋的领域的交汇处：机器人技术和网络。同样，遥操作机器人（见第 43 章）和多移动机器人系统（见第 53 章）也在交汇中找到它们的重叠。遥操作的主要考虑因素是稳定性和时延。多移动机器人系统关注自主机器人的协同和规划以及通过本地网络进行通信的传感器。网络机器人的子领域专注于机器人系统架构、接口、硬件、软件和使用网络（主要是因特网/云）。

到 2012 年，已有数百台网络机器人被开发并在线上供公众使用。许多人已经发表了描述这些系统的论文，此外还有 Goldberg 和 Siegwart 关于这个课题的书可以使用[44.1]。相关研究的更新信息和网络机器人的综述可在 IEEE 网络机器人技术委员会的网站上找到，因此促进了这一领域的研究[44.2]。

图 44.1 给出了网络机器人（本章）与其他主题之间的关系，包括遥操作（见第 43 章）和多移动机器人系统（见第 53 章）。

本章的其余部分安排如下：第 44.2 节首先回

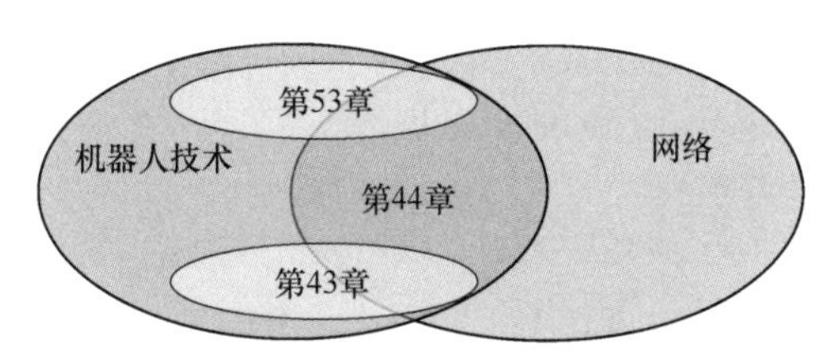

图 44.1 网络机器人（本章）、遥操作（见第 43 章）和多移动机器人系统（见第 53 章）各主题之间的联系

顾一下发展史及相关研究工作。第 44.3 节回顾了网络和通信技术，为第 44.4 和第 44.5 节提供必要的背景。第 44.4 节专注于传统的网络机器人，而第 44.5 节总结了基于云计算的机器人技术。在第 44.6 节中，我们以相关技术的最新应用和未来方向结束本章。

44.2 简要回顾

网络机器人扎根于遥操作系统，最初是作为远程控制的设备。但是，由于因特网（Internet）和无线网络的最新发展，网络机器人迅速将其范围从传统的主从遥操作关系扩展到机器人、人、代理、非车载传感器、数据库和全球云的集成。回顾网络机器人的历史，我们可以追溯到根本：远程控制设备。

44.2.1 网络遥操作

像许多技术一样，远程控制设备最初是在科幻小说中想象的。1898 年，Nicola Tesla[44.3] 在纽约的麦迪逊广场花园演示了一艘无线电控制的船。20 世纪 40 年代，遥操作领域的第一个主要试验是出于处理放射性物质的需要。20 世纪 50 年代，Goertz 和 Thompson 在阿贡国家实验室演示了首批双边模拟器之一[44.4]。遥操作机构设计用于恶劣环境，如海底[44.5] 和太空探索[44.6]。在通用电气公司，Mosher[44.7] 开发了带有相机的双臂遥操作员。义肢手也被应用于遥操作中[44.8]。最近，正在考虑将遥操作应用于医学诊断[44.9]、制造[44.10] 和显微操作[44.11]，这里参考第 43 章和来自 Sheridan[44.12] 的书，里面有关于遥操作领域和遥操作机器人研究的出色陈述。

超文本（参考链接）的概念是由 Vannevar Bush 在 1945 年提出，后来计算机和网络技术的发展使这一切成为可能。20 世纪 90 年代初期，Berners-Lee 提出了超文本传输协议（HTTP）。一组 Marc Andreessen 领导的学生开发了第一个图形用户界面的开源版本网络浏览器，即马赛克（Mosaic）浏览器，并于 1993 年上线。第一台联网相机，即今天网络相机的前身，于 1993 年 11 月上线[44.13]。

大约 9 个月后，第一个联网的遥操作机器人上线了。水星（Mercury）项目将 IBM 工业机器人手臂与数码相机相结合，并使用机器人的空气喷嘴允许远程用户在沙箱中挖掘埋藏的文物[44.14,15]。西澳大学的 Taylor 和 Trevelyan 率领一个团队独立工作，在 1994 年 9 月演示了一种远程控制的六轴遥操作机器人[44.16,17]。这些早期项目开创了网络机器人的新领域。有关其他示例，请参见参考文献 [44.18-26]。

网络机器人是 Sheridan 和他的同事提出的监控遥操作机器人的一个特例[44.12]。在监控下，本地计算机在关闭反馈回路中起着积极的作用。大多数网络遥操作机器人都是 c 类监控控制系统（图 44.2）。

尽管大多数网络机器人系统由单个操作员和单个机器人组成[44.27-34]，Chong 等[44.35] 提出了一个有用的分类：单操作员单机器人（SOSR），单操作员多机器人（SOMR）[44.36,37]，多操作员单机器人（MOSR）和多操作员多机器人（MOMR）[44.38,39]（见 VIDEO 81 和 VIDEO 84）。这些框架大大扩展了网络机器人的系统架构。事实上，人类操作员通常可以被自主代理、非车载传感器、专家系统和编程逻辑所取代。如 Xu、Song[44.40] 和 Sanders 等[44.41] 证明的那样。扩展的网络化连接也使我们能够采用技术，如众包和协同控制等技术；用于要求严格的应用，如自然观察和环境监测[44.42,43]。因此，网络遥操作机器人完全演化为网络机器人：机器人、人[44.44]、计算能力、非车载传感器和因特网数据库的集成。

1994 年至 2012 年，网络机器人获得了广泛的发展。新系统、新试验和新应用远远超出了国防、太空和核材料处理[44.12] 等传统领域，这些领域在 20 世纪 50 年代早期推动了遥操作的发展。随着因特网普及生活的每一个角落，网络机器人在现代社会的影响变得越来越广泛和深入。最近的应用范围从教育、工业、商业、医疗保健、地质、环境监测到娱乐和艺术。

网络机器人为人们与远程环境交互提供了一种新的媒介。网络机器人可以提供比普通视频会议系统更多的交互性。物理机器人不仅代表远程人，还将多模态反馈传输给远程人，这在文献中通常被称为“远程呈现”[44.30]。Paulos等的个人巡视机器人（PRoP）[44.45]以及Thomas的代理机器人[44.30]，Takayama等的辅助驾驶机器人[44.46]，以及Lazewatsky和Smart的廉价产品平台[44.47]等都是代表作品。

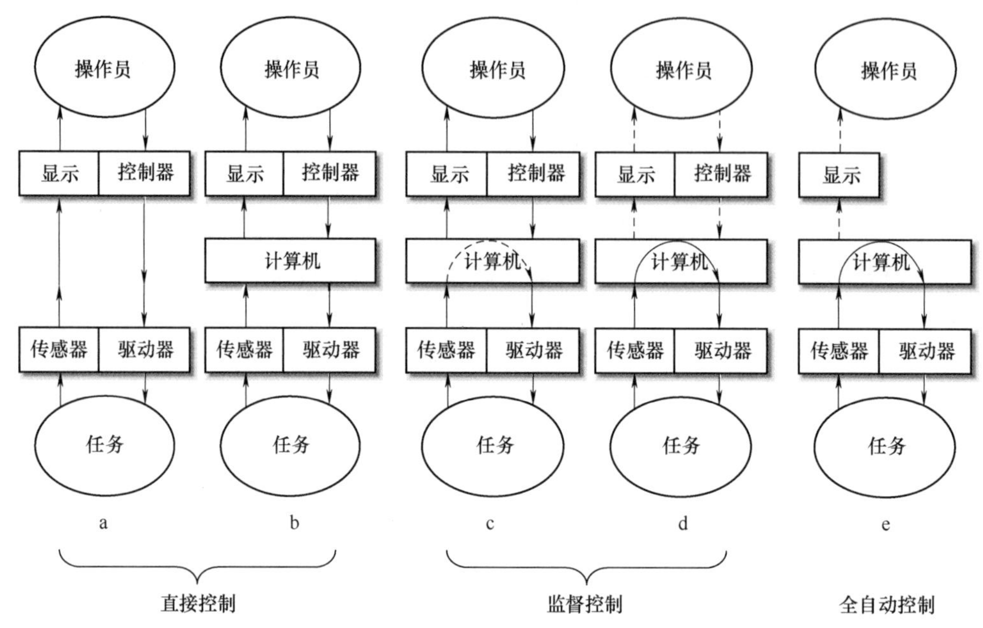

图44.2　根据Sheridan的著作[44.12]改编的一系列遥操作控制模式

注：为了增加机器人的自主性，我们给它们加上标签（a~e）。最左边的是连杆机构，人类从另一个房间通过滑动的机械杆直接操作机器人，最右边的是人类的作用仅限于观察/监测的系统。在（c~e）中，虚线表示通信可能是间歇性的。

网络机器人在教育和培训方面具有巨大潜力。事实上，最早的网络遥操作机器人系统[44.48]之一起源于远程实验室的概念。网络遥操作机器人为可能对机器人知之甚少的普通大众提供了了解、学习和操作机器人的机会，而这些机器人在以前是仅限于大学和大型企业实验室使用的昂贵科学设备。建立在网络遥操作机器人基础上的在线远程实验室[44.49,50]，通过提供互动体验大大改善了远程学习的效果。例如，遥操作的望远镜帮助学生了解天文学[44.51]。遥操作的显微镜[44.52]帮助学生观察微生物。Tele-Actor项目[44.53]允许一组学生远程控制一个人类替身，访问通常无法进入的环境，如半导体制造设施的洁净室和脱氧核糖核酸（DNA）分析实验室。

44.2.2　云机器人与自动化

云计算的最新发展为网络机器人提供了新的手段和平台。2010年，谷歌公司的Kuffner提出了“云机器人”[44.54]的概念，描述一种新的机器人技术方法。该方法利用因特网作为资源，进行大规模并行计算和实时共享。谷歌公司的自动驾驶项目就是这种方法的一个例子：该系统对卫星、街景以及网络众包收集和更新的地图和图像进行索引，以便于准确定位。另一个例子是Kiva系统的仓库自动化和物流的新方法，使用大量的移动平台来移动托盘，使用本地网络来协调平台和更新跟踪数据。这只是两个基于云资源的新项目。Willow Garage公司的Steve Cousins恰当地总结了这个想法：没有机器人是一个岛屿。开源、开放、众包等概念的广泛应用，大大扩展了开源机器人[44.1]和网络机器人[44.55,56]的可用性。

自20世纪90年代初万维网诞生以来，云一直被用作因特网的隐喻。截至2012年，研究人员正在进行一系列云机器人和自动化项目[44.57,58]。新资源范围从软件架构[44.59-62]到计算资源[44.63]。RoboEarth项目[44.64]旨在发展机器人的万维网[44.65]：一个巨大的网络和数据库存储库，在这里机器人可以共享信息并相互学习各自的行为和环境。

云机器人和自动化与物联网[44.66]和工业互联网的概念有关，这些概念设想了如何将射频识别（RFID）和廉价的处理器纳入从库存物品到家用电器的大量物体中，使它们能够通信和分享信息。

44.3 通信与网络

下面是对网络相关术语和技术的简要回顾。有关的详细信息，请参见参考文献［44.67］。

一个通信网络包括三个要素：链接、路由器/交换机和主机。链接指的是将数据从一个地方传送到另一个地方的物理介质。链接的例子包括铜质或光纤电缆和无线（射频或红外）信道。交换机和路由器是在链接之间引导数字信息的枢纽。主机是通信终端，如浏览器、计算机和机器人。

网络可以基于一个物理区域（局域网，即LAN），也可以分布在远距离（广域网即WAN）。访问控制是网络中的一个基本问题。在各种方法中，以太网协议是最流行的。以太网提供支持广播的多址LAN。它采用载波侦听多址访问（CSMA）策略来解决多址问题。在IEEE 802.x标准中定义，CSMA允许每个主机随时通过链接发送信息。因此，两个或多个同时传输请求之间可能会发生冲突。在有线网络的情况下，可以通过直接感应电压［称为冲突检测（CSMA/CD）］或通过检查无线网络中预期确认的超时［称为冲突避免（CSMA/CA）］来检测碰撞。如果检测到冲突，则两个/所有发送方在重新传输前都会在短时间内随机退出。CSMA有许多重要的特性：①它是一种完全分散的方法；②它不需要在整个网络上进行时钟同步；③它非常容易实现。然而，CSMA的缺点是：①网络的效率不是很高；②传输延迟可能会急剧变化。

如前所述，局域网是通过路由器/交换机相互连接的。传输的信息是以数据包的形式进行传递。一个数据包是一串比特（bit）的字符串，通常包含源地址、目的地址、内容位数和校验。路由器/交换机根据其路由表来分配数据包。路由器/交换机对数据包没有记忆，这确保了网络的可扩展性。数据包通常根据先进先出（FIFO）规则进行路由，这与应用无关。数据包格式和地址与主机技术无关，这确保了可扩展性。这种路由机制在网络文献中被称为分组交换。它与传统的电话网络完全不同，后者被称为电路交换。电话网络的设计是为了保证在电话建立后，发送方和接收方之间有一个专用电路。专用电路保证了通信质量。然而，它需要大量的电路来保证服务质量（QOS），这导致了整个网络的利用率低下。分组交换网络不能保证每对传输的专用带宽，但它可以提高总体资源利用率。因特网是一种分组交换网络，是最流行的通信媒体和网络遥操作机器人的基础设施。

44.3.1 网络

因特网的创建可以追溯到美国国防部（DOD）在20世纪60年代的APRA NET网络。APRA NET网络有两个特点，使因特网得以成功发展。一个特点是信息（数据包）能够绕过故障重新路由。最初，这是为了确保在发生核战争时的通信。有趣的是，这种动态路由能力也允许因特网的拓扑结构轻松增长。第二个重要特征是异构网络相互连接的能力。异构网络，如X.25、G.701、以太网，只要能够实现因特网协议（IP），都可以连接到因特网。IP是独立于媒体、操作系统（OS）和数据速率的。这种灵活的设计允许各种应用和主机连接到因特网，只要它们能够生成和理解IP。

图44.3说明了因特网中使用的协议的四层模型。在IP之上，我们有两个主要的传输层协议：传输控制协议（TCP）和用户数据协议（UDP）。TCP是一种终端到终端的传输控制协议。它根据数据包往返时间管理数据包排序、错误控制、速率控制和流量控制。TCP保证每个数据包的到达。然而，在拥挤的网络中，TCP的过度重传可能会在网络遥操作机器人系统中引入不希望的时延。UDP是一种不同的机制：它是一个支持广播的协议，没有重传机制。用户必须自己负责差错控制和速率控制。与TCP相比，UDP的开销要小得多。UDP数据包以发送方的预设速率传输，速率根据网络拥塞情况而改变。UDP有很大的潜力，但由于缺乏速率控制机制，它经常被防火墙阻止。值得一提的是，广泛接受的术语TCP/IP指的是基于IP、TCP和UDP的系列协议。

在因特网协议的应用层中，HTTP是最重要的协议之一。HTTP是万维网（WWW）的协议。它允许在异构主机和操作系统之间共享多媒体信息，包括文本、图像、音频和视频。该协议极大地促进了因特网的繁荣。它还将传统的客户端/服务器（C/S）通信体系架构更改为浏览器/服务器（B/S）体系架构。B/S体系架构的典型配置包括web服务器和带有web浏览器的客户端。web服务器以超文本标记语言（HTML）格式或其变体投影内容，并使用HTTP在因特网上传输。可以使用公共网关接口（CGI）或其他变体获取用户

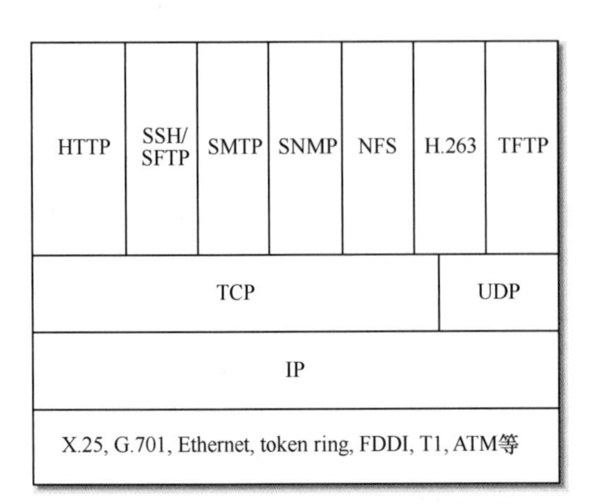

图 44.3　因特网协议的四层模型[44.67]

输入。B/S 体系架构是最容易访问的，因为客户端不需要专门的软件。

44.3.2　有线链接

即使在高峰使用期间，因特网的网络主干通常也不到其总容量的 30%。平均主干网利用率为 15%~20%。因特网的主要速度限制是最后一千米，即客户端与其本地因特网服务提供商（ISP）之间的链接。

表 44.1 列出了不同链接类型的典型比特率。值得注意的是，在许多情况下，上行比特率（从客户端到因特网）远低于下行比特率（从因特网到客户端），速度不对称。这些不对称性为遥操作网络模型引入了复杂性。由于最慢的调制解调器链接和最快的因特网Ⅱ节点之间的速度差过大，因此网络遥操作机器人系统的设计者应预测通信速度的巨大差异。

表 44.1　按有线链接类型划分的最后一千米因特网速度（如果未指定，则下行传输和上行传输共享相同的带宽）

类　型	数据流/(B/s)
拨号调制解调器（V.92）	最高 56K
综合业务数字网（ISDN）	BRI：64~160K PRI：最高 2048K
高速数字用户线（HDSL）	最高 2.3M 双工双绞线
非对称数字用户线（ADSL）	1.544~24.0M 下行 0.5~3.3M 上行
电缆调制解调器	2~400M 下行 0.4~108M 上行
光纤到户（FTTH）	0.005~1G 下行 0.002~1G 上行
直接因特网Ⅱ节点	1.0~10.0G

44.3.3　无线链接

表 44.2 比较了截至 2012 年时的不同无线标准的速度、频带和范围。增加比特率和通信范围需要增加功率。距离 d 上所需的射频（RF）传输功率与 d^k 成正比，其中，$2 \leqslant k \leqslant 4$，取决于天线类型。在表 44.2 中，蓝牙和 Zigbee 是适用于短距离的典型低功率传输标准。HSPA+和 LTE 作为 4G 手机网络进行商业营销。

表 44.2　无线技术在比特率和范围方面的概况

类　型	比特率/(bit/s)	频带/Hz	范围/m
Zigbee(802.15.4)	20~250K	868~915M/2.4G	50
蓝牙	732K~3.0M	2.4G	100
3G 手机	400K~14.0M	≤3.5G	N/A
HSPA+	5.76M~44.0M	≤3.5G	N/A
LTE	10M~300M	≤3.5G	N/A
WiFi(802.11a,b,g,n)	11~600M	2.4G/5G	100

通过以低成本提供高速链接，WiFi 成为 2012 年最流行的无线标准。其射程约为 100m，WiFi 无线网络通常由小型互联接入点组成。覆盖范围通常将这些网络限制在办公楼、家庭和其他室内环境中。WiFi 是室内移动机器人和人类操作员的良好选择。如果机器人需要在室外环境中导航，3G 或 4G 手机网络可以提供最佳覆盖。虽然无线标准在覆盖范围和带宽方面存在明显的重叠，但表 44.2 中未涵盖两个重要问题。一个是移动性。我们知道，如果射频源或接收器在移动，相应的多普勒效应会导致频率偏移，这可能会导致通信问题。WiFi 不是为快速移动的主机设计的。3G 手机允许主机以低于 120km/h

的速度移动。然而，LTE 允许主机以 350km/h 或 500km/h 的速度移动，这甚至适用于高速列车。

长距离无线链接通常存在延迟问题，这可能会大幅降低系统性能，如第 43 章所述。人们可能会注意到，我们没有在表 44.2 中列出卫星无线，因为长延迟（0.5~1.7s）和高价格使得机器人很难使用。天线尺寸大、功耗高也限制了其在移动机器人中的应用。事实上，远程无线的最佳选择是 LTE。LTE 设计的传输延迟小于 4ms，而 3G 手机网络的可变延迟为 10~500ms。

44.3.4 视频音频传输标准

在网络机器人系统中，往往需要将远程环境的表现以视频和音频格式传递给在线用户。为了在因特网上传输视频和音频，来自相机光学传感器和传声器的原始视频和音频数据必须根据不同的视频和音频压缩标准进行压缩，以适应有限的网络带宽。由于缺乏对流媒体视频进行编码的带宽和计算能力，大多数早期系统只以有限的帧率（即每秒 1~2 帧或更少）传输 JPEG 格式的远程场景的定期快照。音频在早期的系统设计中很少被考虑。早期系统中的初级视频传输方法大多数使用 HTML 和 JavaScript 以定期重新加载 JPEG。

今天，HTML 标准的扩展使得网络浏览器可以采用插件作为流媒体视频的客户端。HTML5 甚至原生支持视频解码。因此，最近系统的服务器端经常采用流媒体服务器软件（如 Adobe Flash Media Encoder、Apple Quick Time Streaming Server、Oracle Java Media Framework、Helix Media Delivery Platform、Microsoft DirectX、SkypeKit 等）来编码和传输视频。这些流媒体视频软件包通常提供易于使用的软件开发工具包（SDK）以促进系统集成。

值得注意的是，这些不同的软件包只是视频/音频流协议的不同实现。并非每个协议都适用于网络机器人。有些协议是为按需提供视频而设计的，而有些则是为视频会议的实时流媒体而设计的。网络机器人使用实时视频作为反馈信息，这对延迟和带宽提出了与视频会议类似的严格要求。超过 150ms 的单程延迟会大大降低远程呈现效果，从而降低人类操作员的表现。

延迟通常是由带宽和视频编码/解码时间造成的。因为与视频数据相比，音频数据量可以忽略不计。我们将重点讨论视频压缩标准。在给定的带宽下，帧率和分辨率之间总是存在着权衡。对于一个给定的中央处理器（CPU）来说，压缩率和计算时间之间也有一个权衡。计算时间包括客户端和服务器端的 CPU 时间和数据缓冲时间。视频编码是一项非常密集的计算任务。漫长的计算时间会带来延迟，并大大影响系统性能。可以使用硬件来减少计算时间，但不能减少数据缓冲时间，这是由视频编码器控制的。

目前有许多标准和协议可用，但大多数只是 MJPEG、MPEG2、H.263+和 H.264/MPEG4 AVC 的变种。我们在表 44.3 中比较了这些标准。请注意，这种比较是定性的，可能不是最准确的，因为每个视频编码标准都有许多影响整体缓冲时间的参数。

表 44.3 在相同的固定带宽下，对现有的视频流标准进行比较（FMBT 代表缓冲时间设置，不会明显降低压缩率或视频质量）

标　　准	可行的最小缓冲时间（FMBT）	帧率
MJPEG	0(<10ms)	低
MPEG2	可变的（即 50ms~视频长度），2~10s 是常见的	中等
H.263+	<300ms	高
H.264/ MPEG4 AVC	0(<10ms)	最高

从网络机器人的角度来看，缓冲时间决定了延迟，而帧率决定了系统的响应能力。一个理想的视频流应该同时具有高帧率和低缓冲时间，但如果两者不能同时实现，则首选低缓冲时间。从表 44.3 来看，H.264/MPEG4 AVC 明显优于其他竞争对手，是最受欢迎的视频压缩方法。

44.4 网络机器人的属性

网络机器人具有以下属性：

1）物理世界受到某一个设备的影响，该设备由网络服务器在本地控制，它连接到因特网，与被称为系统的客户端的远程人类用户、数据库、代理和非车载传感器通信。

2）人类的决策能力往往是系统的一个组成部分。如果是这样，人类往往通过网络浏览器，如 Internet Explorer 或 Firefox，或移动设备中的应用程序访问机器人。截至2012年，网络浏览器的标准协议是超文本传输协议（HTTP），这是一个无状态传输协议。

3）大多数网络机器人都可以每周7天，每天24h持续访问（在线）。

4）对于具有不同连接的客户端，网络可能不可靠或速度不同。

5）由于现在有数以亿计的人可以访问因特网，所以需要有机制来处理客户端的身份验证和争用。系统安全和用户隐私在网络机器人中很重要。

6）网络机器人的人类用户的输入和输出通常通过标准的计算机屏幕、鼠标和键盘来实现。

7）客户端可能是没有经验或怀有恶意的，因此通常需要在线教程和保护措施。

8）额外的传感、数据库和计算资源可以通过网络获得。

44.4.1 总体结构

根据Mason、Peshkin和其他人[44.68,69]的定义，在准静态机器人系统中，加速度和惯性力与耗散力相比可以忽略不计。在准静态机器人系统中，运动通常被建模为离散胞元位形之间的转换。

我们对网络遥操作机器人采用了类似的术语。在准静态遥操作机器人（QT）中，机器人的动力学和稳定性是在本地处理的。在每次胞元运动之后，一个新的状态报告将呈现给远程用户，远程用户将发回一个胞元命令。胞元状态描述机器人及其相应环境的状态。胞元命令指的是人类指令，它反映了期望的机器人动作。

那么提出以下问题：

1）状态-命令显示：应如何使用二维屏幕显示向远程人类操作员显示状态和可用命令？

2）命令执行/状态生成：应如何在本地执行命令，以确保机器人达到并保持所期望的状态？

3）命令协调：当存在多个人类操作员和/或代理时，应如何解析命令？如何同步和聚合具有不同网络连接、背景、响应、错误率等的用户/代理发出的命令，以实现最佳的系统性能？

4）虚拟夹持器（错误预防和状态纠正）：系统应如何防止可能导致机器人碰撞或其他不良状态的错误命令？

在我们详细介绍这些问题之前，让我们逐步认识如何构建最小的网络机器人系统。

读者可以按照以下示例来构建自己的主站网络机器人系统并了解问题中的挑战。

44.4.2 构建网络机器人系统

这个最小的系统是一个网络遥操作机器人系统，它允许一组用户通过web浏览器访问机器人。如图44.4所示，典型或最小网络遥操作机器人系统通常包括三个组件：

1）用户：任何具有Internet连接，具有web浏览器或符合HTTP的同等应用程序的人。

2）Web服务器：运行Web服务器软件的计算机。

3）机器人：操作臂、移动机器人或任何能够改变或影响其环境的设备。

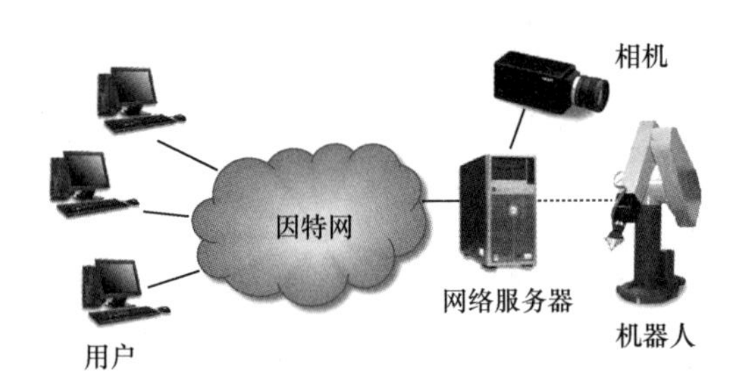

图44.4 网络机器人的典型系统架构

用户通过其web浏览器访问系统。任何与W3C的HTML标准兼容的web浏览器都可以访问web服务器。2012年，最受欢迎的网络浏览器是Internet Explorer、Mozilla Firefox、Chrome、Safari和Opera。新浏览器和具有新功能的更新版本会被定期推出。所有这些流行的浏览器都发布了相应的移动应用程序以支持移动设备，如苹果公司的iPad、iPhone以及基于谷歌公司安卓系统的平板电脑和智能手机。

web服务器是通过因特网响应HTTP请求的计算机。根据web服务器的操作系统，流行的服务器软件包包括Apache和Microsoft的因特网信息服务（IIS）。大多数服务器软件都可以从因特网上免费下载。

要开发网络机器人，需要具备开发、配置和维护web服务器的基本知识。如图44.5所示，开发需要了解HTML和至少一种本地编程语言，如C、CGI、Javascript、Perl、PHP、.Net或Java。

考虑与各种浏览器的兼容性是很重要的。尽管HTML是按照与所有浏览器兼容的标准设计的，但也有例外。例如，web浏览器的嵌入式脚本语言Javascript在Internet Explorer和Firefox之间并不完全兼容。用户还需要掌握常见的HTML组件，如用于接受用户输入的表单、用于将界面划分为不同功能区域的框架等。HTML简介见参考文献［44.70］。

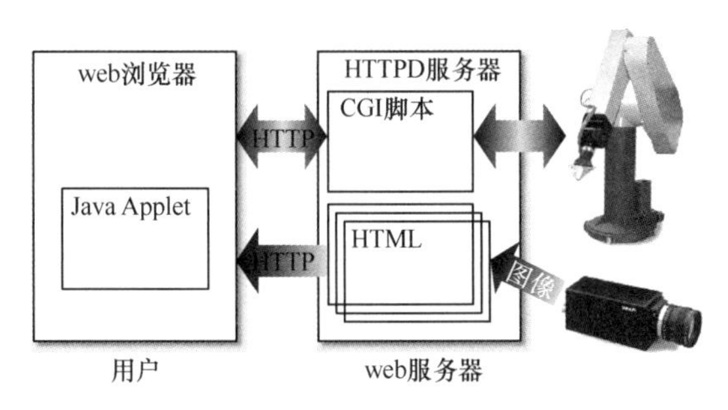

图 44.5 网络机器人的软件架构示例

用户命令通常由 web 服务器使用公共网关接口（CGI）进行处理。也可以使用 PHP、Java 服务器页面（JSP）和基于套接字的系统编程等最成熟的方法。当统一资源定位器（URL）中引用 CGI 脚本时，HTTP 服务器将调用 CGI。然后，CGI 程序解释输入（这通常是下一个机器人运动命令），并通过本地通信通道向机器人发送命令。CGI 脚本几乎可以用任何编程语言编写，最常用的是 Perl 和 C。

一个简单的网络机器人系统可以只用 HTML 和 CGI 构建。但是，如果机器人需要复杂的控制界面，建议使用高级插件，如 Java Applet、Silver Light 或 Flash。这些插件在客户端计算机上的 web 浏览器中运行。有关这些插件的信息可以分别在 Oracle、Microsoft 和 Adobe 的主页上找到。强烈建议使用 Java Applet，因为它在不同浏览器受到最广泛支持。最近，HTML5 的快速采用也为兼容性问题提供了一个新的长期解决方案。

大多数遥操作机器人系统也收集用户数据和机器人数据。因此，还需要数据库设计和数据处理程序。最常用的数据库包括 MySQL 和 PostgresSQL。两者都是开源数据库，支持多种平台和操作系统。由于网络遥操作机器人系统是 24h 在线的，可靠性也是系统设计中的一个重要考虑因素。网站安全至关重要。其他常见的辅助开发包括在线文档、在线手册和用户反馈收集。

将这个最小的网络遥操作机器人系统扩展为一个成熟的网络机器人系统并不困难。例如，一些用户可以被一天 24h、一周 7 天运行的代理所取代，以监控系统状态与人共同执行任务，或者在无人在线时接管系统。这些代理可以使用云计算实现。此类扩展通常基于任务的需要。

44.4.3 状态-命令显示

生成正确且高质量的命令取决于人类操作员理解状态反馈的有效程度。状态-命令表示包含三个子问题：机器人真实状态的二维表示（状态显示）、用户界面对生成新命令（空间推理）提供的辅助作用，以及输入机制。

1. 状态显示

与传统的为操作员提供专业培训和设备的点对点遥操作不同，网络机器人为公众提供了广泛的访问渠道。设计师不能假设操作员之前有任何机器人经验。如图 44.6 所示，网络遥操作机器人系统必须在二维屏幕显示器上显示机器人状态。

遥操作机器人的状态通常被表征在世界坐标系或机器人关节位形中，以数字格式显示或通过图形表示。图 44.6 在界面上列出了机器人的 *XYZ* 坐标，并绘制了一个简单的二维投影图，以显示关节位形。图 44.7 显示了 Taylor 和 Trevelyan[44.48] 开发的遥操作界面的另一个示例。在此界面中，*XYZ* 坐标显示在视频窗口附近的滑动条中。

机器人的状态通常以二维视图显示，如图 44.6 和图 44.7 所示。在某些系统中，多个相机可以帮助操作员了解机器人与周围环境中物体之间的空间关系。图 44.8 显示了一台 6 自由度工业机器人的四个不同相机视图示例。

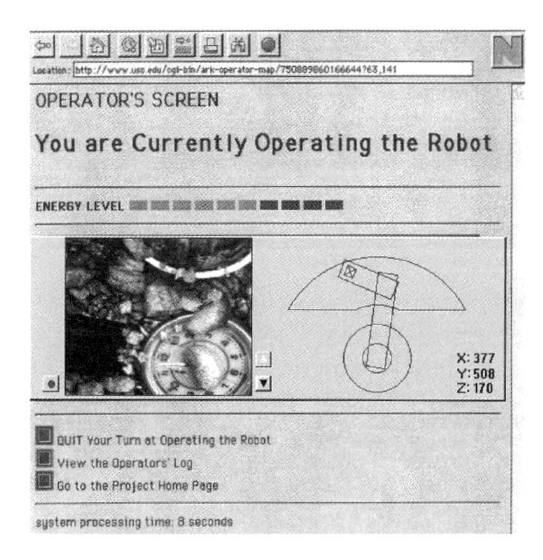

图 44.6 第一个网络遥操作机器人的浏览器视图界面[44.55]

注：右下方的示意图给出四轴机器人手臂位置的俯视图（末端的相机标有 X），然后左下方图像表示相机的当前视图。左侧标有圆点的小按钮可以控制释放 1s 的压缩空气，吹走相机下方的沙子。“水星计划”从 1994 年 8 月开始在线运行，直到 1995 年 3 月。

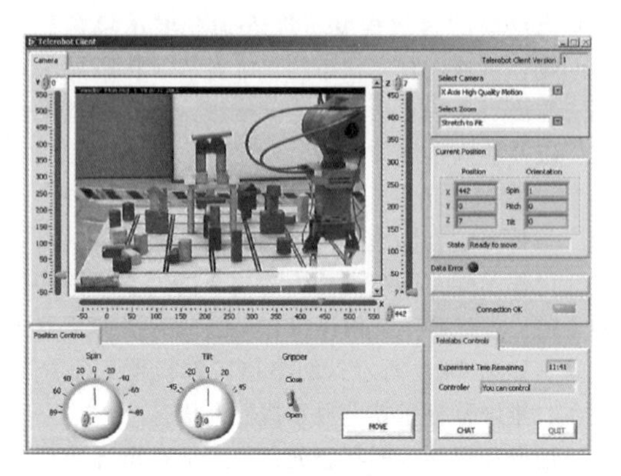

图 44.7　澳大利亚网络机器人的浏览器界面（这是一个六轴操作臂，可以捡起和移动小物块[44.17]）

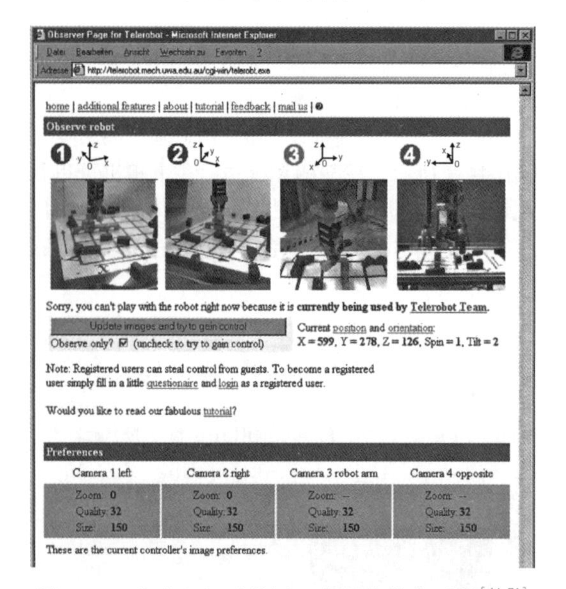

图 44.8　将多相机系统用于多视点状态反馈[44.71]

图 44.9 展示了与平移-倾斜-变焦机器人相机交互的界面。图 44.9 中的界面是为移动机器人设计的。

更复杂的空间推理可以消除人类提供底层控制的需要，方法是在接收到来自人类操作员的任务级命令后自动生成一系列命令。当机器人系统高度动态且需要快速响应时，这一点尤为重要。在这种情况下，不可能要求人类在机器人控制中生成中间步骤，例如，Belousov 等[44.28]采用共享自主模型来引导机器人捕捉移动杆，如图 44.10 所示。Fong 和 Thorpe[44.72]总结了利用这些监控技术的车辆遥操作系统。Su 和 Luo[44.33]开发了一种增量算法，用于更好地将操作员的意图和动作转化为遥操作机器人的动作命令。

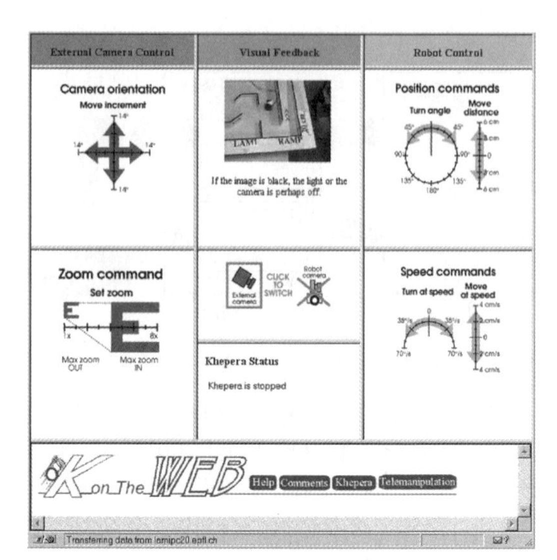

图 44.9　Patrick Saucy 和 Francesco Mondada 的 Khep 网络项目中的相机控制和移动机器人控制界面

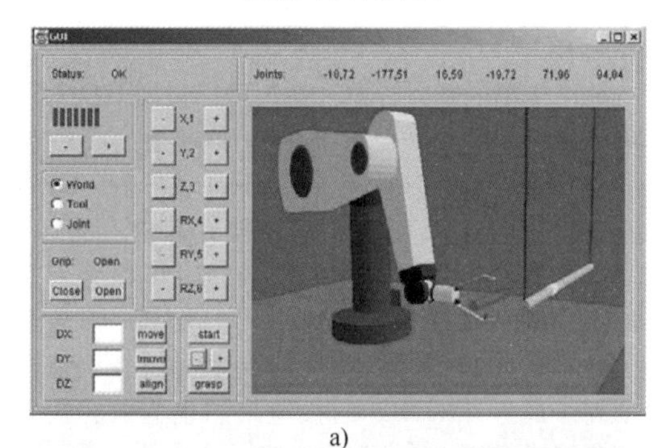

a)

b)

图 44.10　一个网络遥操作系统，它允许捕获快速移动杆的机器人

a）用户接口　b）系统设置[44.28]

传感和显示技术的快速发展使得在三维显示器中可视化机器人和环境状态或生成以生态为中心的合成视图（又称第三人称视图）（VIDEO 82）成

为可能。为了实现这一点，通常需要机器人配备多个相机和激光测距仪，以快速重建远程环境[44.73,74]。有时，重建的感官信息可以叠加在先前已知的三维信息上，形成增强现实。这种显示器可以极大地提高远程呈现和性能。

2. 人类操作员输入

大多数网络机器人系统仅依赖鼠标和键盘进行输入。设计问题是在界面中单击什么。考虑到用户命令可能有很大不同，我们需要为输入采用适当的接口；例如，输入可以是世界坐标系中的笛卡儿 *XYZ* 坐标值，也可以是基于关节角的机器人位形。

对于角度输入，通常建议使用圆形拨盘作为控制接口，如图 44.7 的左下角和图 44.9 所示。对于笛卡儿坐标系中的线性运动，建议通过鼠标单击或键盘操作的箭头表示。位置和速度控制经常如图 44.9 所示。速度控制通常是由鼠标单击线性进度条和拨盘来实现的。

最常见的控制类型是位置控制。最直接的方法是直接点击视频图像。要实现该功能，软件需要将二维点击输入转换为三维世界坐标值。为了简化问题，系统设计人员通常认为点击位置在固定平面上，例如，假设在图 44.6 的界面上单击鼠标即可机器人在 *X-Y* 平面上移动，结合在图像上单击鼠标也可以允许抽象的任务级别命令。图 44.10 中的示例使用鼠标单击以对图像进行投票以生成命令，指示机器人在任务级别选择测试代理。

44.4.4 命令执行/状态生成

机器人收到命令后，将执行命令并生成和传输新状态返回给操作员。但是，命令可能无法及时到达或可能在传输中丢失。另外，由于用户通常没有经验，因此他们的命令可能包含错误。在有限的通信通道上，要求用户直接控制操作臂是不可能的。需要计算机视觉、激光测距仪、本地智能和基于增强现实的显示器[44.74]来帮助操作员。

Belousov 等[44.28]演示了一个系统，该系统允许网络用户捕获向操作臂发送的控制指令。他们还设计了一个共享自主控制来实现捕获。首先，操作员使用机器人和杆的三维在线虚拟模型选择杆上捕获的所需点和捕获瞬间。然后，使用基于杆的运动模型和两个正交相机输入的运动预测算法自动执行捕获操作，这两个相机输入实时地局部感知杆的位置。

当需要共享响应时，因特网通常需要更快地自主执行任务。人工命令必须保持在任务级别，而不是指导每个执行器的移动。这种方法的根源可以追溯到 1990 年，Conway 等[44.75]提出的远程自主概念。在本文中，两个重要的概念，包括时间离合器和位置离合器被引入来说明共享响应方法。时间离合器断开人类操作员和机器人之间的时间同步。在向遥操作机器人发送一组经过验证的命令之前，人类操作员在预测显示器上验证其命令。然后，机器人可以优化人类操作员提出的中间轨迹，并分离位置对应，即位置离合器。最近的工作[44.76]采用类似的想法，通过将人工输入与隧道跟随行为相结合，来指导地下矿井中的自卸车。

44.4.5 虚拟夹持器

由于时延、缺乏背景以及可能的恶意行为，人为错误不可避免地会不时引入系统。错误的命令可能会产生错误的状态。如果不检查，环境中的机器人或物体可能会损坏。有时，用户可能有良好的意图，但无法生成准确的命令来远程控制机器人。例如，很难生成一组命令来引导移动机器人沿墙移动，同时与墙保持 1m 的距离。

虚拟夹持器是为了应对遥操作任务中的这些挑战而设计的。由 Rosenberg[44.77]提出，虚拟夹持器被定义为机器人工作空间上抽象感官信息的叠加，以提高遥操作任务中的远程呈现。为了进一步解释这个定义，Rosenberg 以尺子为例。对于一个人来说，徒手画一条直线是非常困难的。但是，如果提供了尺子，这是一种物理固定装置，那么任务就变得容易了。与物理夹持器类似，虚拟夹持器设计用于引导机器人根据感官数据生成的虚拟边界或力场（如虚拟管或曲面）运动。虚拟夹持器通常使用基于虚拟接触模型的控制律[44.78,79]实现。

虚拟夹持器有两个主要用途：避免操作错误和引导机器人沿着可设计的轨迹运动。这也是一种共享自治，与第 44.4.4 节中机器人和人类在系统中共享控制权的情况类似。第 43 章详细介绍了共享控制方案。值得注意的是，虚拟夹持器应在显示器中可视化，以帮助操作员了解机器人状态，从而保持位姿感知。这实际上把显示器变成了增强现实[44.80]。

44.4.6 协同控制与众包

当多人共享设备控制时，需要协调指挥。根据参考文献［44.81］，多操作员可以减少出错的机会，应对恶意输入，利用操作员的不同专业知识，培训新操作员。在参考文献［44.82，83］中，协同控制的网络机器人被定义为由多个参与者同时控制的遥操作机器人，其中来自每个参与者的输入被组合以生成单一控制流。

当群组输入以方向矢量的形式存在时，平均值可以采用聚合机制[44.84]。当决策来自不同的选择或处于抽象任务级别时，投票是更好的选择[44.53]。如图 44.11 所示，Goldberg 和 Song（VIDEO 83）基于空间动态投票开发了远程演员系统。远程演员是一个配备音频/视频设备的人，由一群在线用户来控制。在投票间隔期间，用户通过在 320×320 像素的图像上选定他们的投票来表明自己的意图。投票结果在服务器上收集，并根据投票图像上请求最多的区域确定远程演员的下一个动作[44.85]。

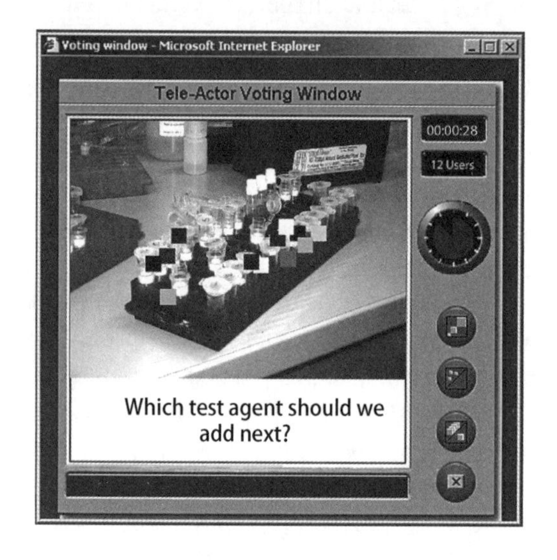

图 44.11　远程演员系统的空间动态投票界面

注：每个用户可查看的空间动态投票（SDV）界面。在远程环境中，远程演员使用数码相机拍摄图像，这些图像通过网络传输，并向所有参与者显示相关问题。通过点击鼠标，每个用户在图像上放置一个有颜色编码的标记（选票或选票元素）。用户可以查看所有选票的位置，并可以根据群组的响应更改其选票位置。然后对选票位置进行处理，以识别投票图像中的共识区域，并将其发送回给远程演员。通过这种小组方式，合作指导远程演员的动作。[44.53]

协同控制网络机器人的另一种方法是应用优化框架。Song 等[44.86,87]合作开发控制相机，使许多客户能够共享对其相机参数的控制，如图 44.12 所示。在图 44.12 中用户通过在全景图像上绘制矩形指出他们要查看的区域。算法计算相对于相机的最佳相机帧用户满意度函数，该函数定义为帧选择问题[44.88,89]。

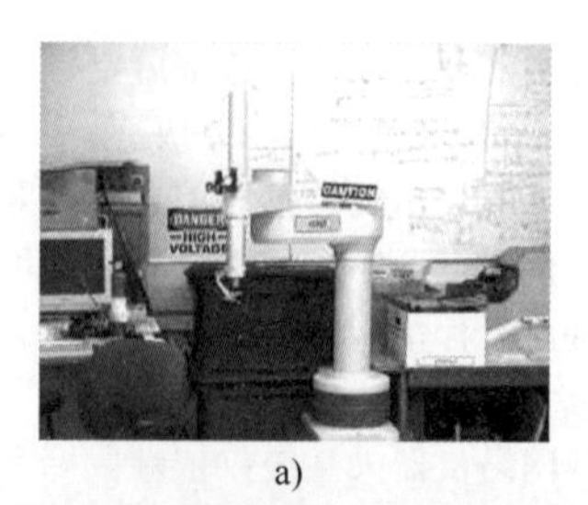

a)

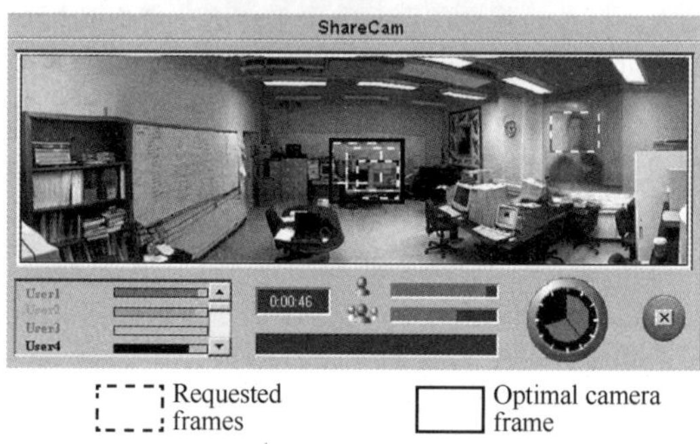

b)

图 44.12　帧选择界面[44.86]

a）上部窗口　b）下部窗口

注：用户界面包括两个图像窗口。下部窗口根据相机的整个工作空间（可到达的视野）显示固定的全景图像。每个用户通过在下部窗口中定位一个虚线矩形来请求一个相机帧。基于这些请求，该算法计算最佳相机帧（以实心矩形显示），相应地移动相机，并在上部窗口中显示生成的直播视频图像。

Xu 等人的最新工作[44.40,90]进一步调试 p 框架的优化框架，允许控制和协调多个相机，而人工输入也可以由自主代理和其他感官输入代替。这些发展已应用于最近的一个项目，即自然环境合作观测站（CONE）项目[44.91]，该项目旨在设计一个网络机器人相机系统，为自然科学家从荒野中收集数据。

协同控制中的一个重要问题是单个命令和机器人动作之间的断开，这可能导致失去位姿感知、参与度降低以及最终的系统故障。Goldberg 等[44.92]受电脑游戏评分系统的启发，通过评估个人领导水平，设计协同控制体系结构的评分机制。早期结果显示团队绩效有了很大的提高。此外，Blog 和 Twitter 等社交媒体的最新发展也可用于协同控制，以方便用户实时交互，从而使系统更具吸引力和有效性。由此产生的新体系结构可被视为网络机器人的众包[44.42,93]型方法，它将人类识别和决策能力结合到机器人执行中，其规模和深度与常规遥操作系统不同。

44.5 云机器人

如前所述，基于所谓的云计算技术的进步，云机器人一词越来越常见。云机器人技术扩展了以前所谓的在线机器人[44.1]和网络机器人[44.55,56]。云计算为机器人提供了大量的计算、内存和编程资源。

在这里，我们介绍云机器人技术和自动化技术可能提高机器人和自动化性能的五种方法：

1）提供对图像、地图和对象数据的全局库的访问，最终使用几何图形和机械特性进行注释。

2）按需进行大规模并行计算，用于优化运动规划和基于样本的统计建模等高要求任务。

3）机器人共享结果、轨迹和动态控制策略。

4）人类共享用于编程、试验和硬件构建的开源代码、数据和设计。

5）用于异常处理和错误恢复的按需人工指导（呼叫中心）。更新信息和链接见参考文献［44.94］。

44.5.1 大数据

“大数据”一词描述的数据集超出了标准关系数据库系统的能力，它描述了不断增长的图像、地图和因特网上与机器人技术和自动化相关的许多其他形式的数据库。一个例子是抓取，可以参考在线数据集来确定适当的抓取方式。哥伦比亚抓取（Columbia Grasp）数据集[44.95]和麻省理工学院工具包（MIT KIT）对象数据集[44.96]可在线获取，并已广泛用于评估抓取算法[44.97-100]。

相关工作探索了如何将计算机视觉与云资源结合使用，通过在线数据库中的三维计算机辅助绘图（CAD）模型匹配传感器数据，逐步学习抓取策略[44.102,103]。传感器数据的示例包括二维图像特征[44.104]、三维特征[44.105]和三维点云[44.106]。Google Goggles[44.107]是一种为移动设备开发的基于网络的免费图像识别服务，已被纳入机器人抓取系统[44.101]，如图 44.13 所示。

Dalibard 等[44.108]将操作任务手册附在物体上。RoboEarth 项目存储与物体地图和任务相关的数据，用于物体识别、移动导航及抓取和操作的应用（图 44.14）[44.64]。

如下所述，在线数据集被有效地用于促进计算机视觉的学习。通过利用谷歌公司的三维仓库[44.109]减少了人工标注培训数据的需要。使用社区照片集，参考文献［44.110］创建了一个在云中处理的增强现实应用程序。

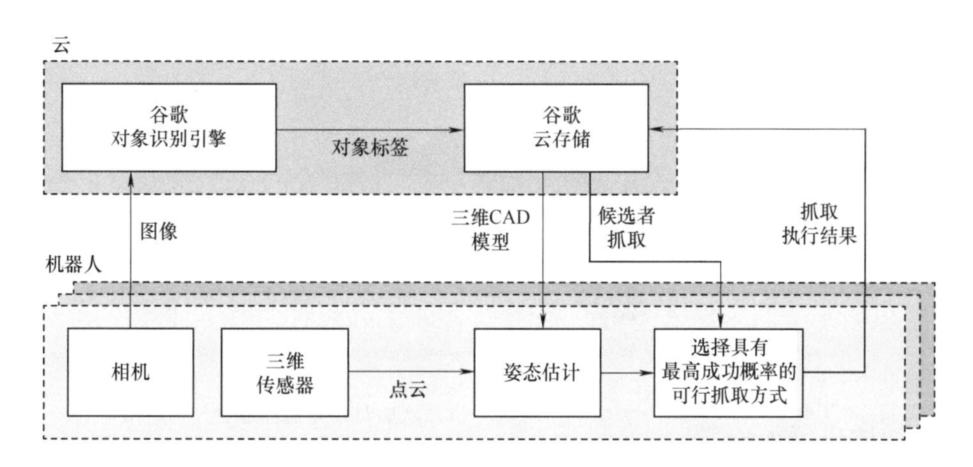

图 44.13 用于抓取的基于云的对象识别系统架构

注：机器人捕捉一个物体的图像，并通过网络发送到谷歌对象识别服务器。服务器处理图像并返回一组候选对象的数据，每个对象都带有预计算的抓取选项。机器人将返回的 CAD 模型与检测到的点云进行比较，以优化识别和执行姿态估计，并选择适当的抓取。执行抓取后，结果数据用于更新云中的模型以供将来参考。[44.101]

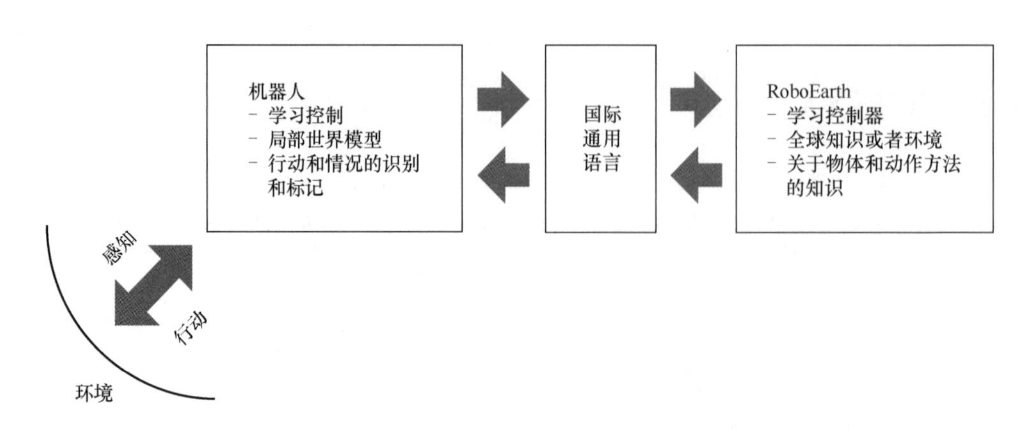

图 44.14 RoboEarth 架构[44.64]

44.5.2 云计算

截至2012年，云计算服务（如亚马逊公司的EC2弹性计算引擎）可按需提供大规模并行计算[44.111]。示例包括亚马逊公司的Web服务[44.112]弹性计算云，称为EC2[44.113]，谷歌计算引擎（Google Compute Engine）[44.114]，Microsoft Azure[44.115]。它们提供了大量的计算资源，公众可以租用这些资源来完成短期的计算任务。这些服务最初主要由web应用程序开发人员使用，但越来越多地用于科学和技术高性能计算（HPC）应用程序[44.116-119]。

当存在实时限制时，云计算具有挑战性[44.120]；这是一个活跃的研究领域。然而，有许多机器人技术应用对时间不敏感，例如清理房间或预先计算抓取策略。

机器人技术和自动化中存在许多不确定性来源[44.121]。云计算允许对误差分布进行大规模采样，而蒙特卡罗采样的并行性令人尴尬；医学[44.122]和粒子物理学[44.123]等领域的最新研究利用了云计算。实时视频和图像分析可以在云中执行[44.109,124,125]。云中的图像处理已被用于为视力受损者[44.126]和老年人[44.127]提供辅助技术。云计算是不确定性条件下基于样本的统计运动规划的理想选择，可用于探索物体和环境位姿、形状以及机器人对传感器和命令的响应中的许多可能扰动[44.128]。基于云的采样也在研究中，用于抓取几何形状不确定的物体[44.129,130]（图44.15）。抓取规划算法接受在每个顶点和质心周围具有高斯不确定性的标称多边形轮廓作为输入，以基于实现力封闭概率的下限计算抓取质量。

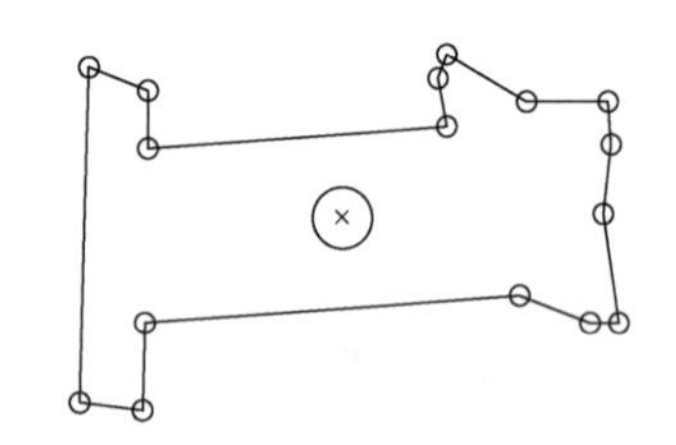

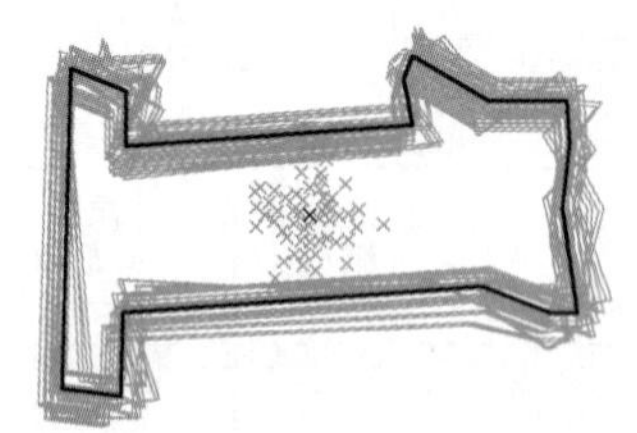

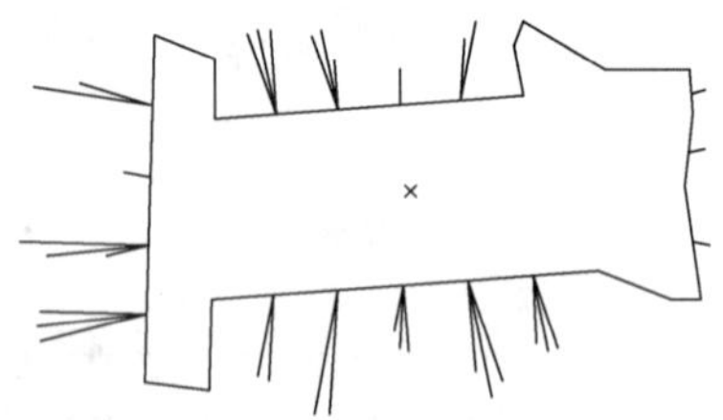

图 44.15 一种基于云的抓取几何形状不确定性分析方法[44.129,130]

44.5.3 集体机器人学习

云允许机器人和自动化系统共享各种环境中物理试验的数据。例如，初始和期望条件、相关控制策略和轨迹，尤其重要的是关于性能和结果方面的数据。这些数据是机器人学习的丰富来源。

一个例子是路径规划，其中先前生成的路径适用于类似的环境[44.131]，手指接触的抓取稳定性可以从之前对物体的抓取中学习[44.98]。

RobotShop 的 MyRobots 项目[44.132]提出了一个机器人社交网络[44.133]：

正如人类从社交、协作和共享中受益一样，机器人也可以从这些互动中受益，分享传感器信息，从而洞察其当前状态。

44.5.4 开源与开放访问

云便于人类共享硬件、数据和代码的设计。开源软件[44.134-136]的成功现在已被机器人和自动化界广泛接受。一个主要的例子是，机器人操作系统（ROS），它提供了库和工具来帮助软件开发人员创建机器人应用程序[44.137,138]。ROS也被移植到Android设备上[44.139]。ROS已经成为一种类似于Linux的标准，现在几乎所有从事研究工业机器人的开发人员都在使用ROS。

此外，许多机器人仿真库现在都是开源的，这使得学生和研究人员能够快速建立和适应新系统，并共享生成的软件。开源仿真库包括Bullet[44.141]（最初用于视频游戏的物理模拟器），OpenRAVE[44.142]和Gazebo[44.143]（专门针对机器人的仿真环境），OO-PSMP（运动规划库[44.144]）和GraspIt!（抓取模拟器[44.145]）。

另一个令人兴奋的趋势是在开源硬件领域，CAD模型和设备造型的技术细节可以免费获得[44.147,148]。Arduino项目[44.149]是一个广泛使用的开源微控制器平台，已在许多机器人项目中使用。Raven[44.150]是一款开源的腹腔镜手术机器人，作为一个研究平台开发，比商业手术机器人的价格便宜一个数量级[44.151]。

云还可以用于促进开放式挑战赛和设计竞赛。例如，在IEEE机器人和自动化协会的支持下，非洲机器人网络在2012年夏天主办了“10美元的机器人设计挑战赛”。这次公开比赛吸引了来自世界各地的28种设计，包括泰国的获奖作品（图44.16），该作品修改了一台剩余的索尼游戏控制器，将其嵌入式振动电动机调整为驱动车轮，并将棒棒糖添加到拇指开关上，作为接触感应的惯性配重，它可以用剩余零件制造，价格为8.96美元[44.140]。

图44.16 “10美元机器人设计挑战赛”的获奖作品[44.140]

注：机器人名为Suckerbot，由泰国的Tom Tilley设计。

44.5.5 众包与呼叫中心

与自动电话预约和技术支持系统相比，考虑未来的场景，机器人和自动化系统检测到错误和异常，然后在远程呼叫中心按需获得人类指导。人类的技能、经验和直觉正被用来解决许多问题，如计算机视觉的图像标记[44.54,62,102,152]。亚马逊公司的Mechanical Turk开创了可利用人工计算或社会计算系统的按需众包。研究项目正在探索如何将其用于路径规划[44.153]，从图像中确定深度层、图像法线和对称性[44.154]，以及优化图像分割[44.155]。研究人员正在努力理解定价模型[44.156]，并将众包应用于抓取[44.146]（图44.17）。

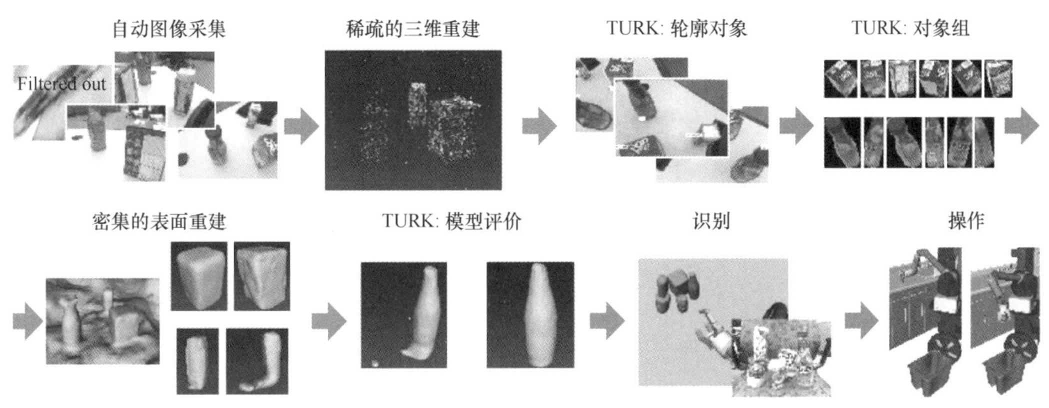

图44.17 结合了亚马逊公司的Mechanical Turk的云机器人系统，众包对象识别以便于机器人抓取[44.146]

44.6 结论与未来方向

随着这项技术的成熟，网络机器人将逐渐走出大学实验室，在现实世界中得到应用。

如第44.2.2和第44.5节所述，由Google和RoboEarth领导的云机器人技术的新发展自然地将研究和应用联系起来。开源特性和随时可用的API可以快速传播和部署研究成果。日本国际先进电信研究所（ATR）智能机器人和通信实验室也宣布了由夏田北弘领导的网络机器人项目。它的任务是为服务、医疗和安全等应用开发基于网络的智能机器人。2005年春，日本庆应义塾大学的Hideyuki Tokuda主持了网络机器人论坛，该论坛通过广泛支持各方（包括100多名业界和学术界成员）合作开展提高认识和验证试验的活动，促进网络机器人的研发（R&D）和标准化。韩国信息通信部也宣布了无处不在的机器人伴侣（URC）项目，以开发基于网络的智能机器人。

网络机器人让世界各地成千上万的非专业人士有机会与机器人互动。网络机器人的设计提出了一系列工程挑战，以构建可由非专业人员每周7天、每天24h操作并保持在线数年的可靠系统。许多新的研究挑战仍然存在：

1）新接口：随着手机和平板电脑等便携式设备计算能力的提高，网络机器人应该能够采用它们作为新接口。随着计算机越来越强大，它们能够可视化更复杂的传感器输入。新接口的设计者还应追踪硬件的新发展，如触觉接口和语音识别系统。如flash、可扩展标记语言（XML）、可扩展超文本标记语言（XHTML）、虚拟现实建模语言（VRML）和无线标记语言（WML）等新的软件标准也将改变我们设计接口的方式。随着人机交互技术、移动计算和计算机图形学领域的发展，新的接口技术应运而生。脑-机交互的最新进展探索了使用脑波［如脑电图（EEG）信号］来控制地面机器人[44.157]和无人机[44.158]的机器人运动的可能性。手势[44.159]和多点触摸[44.160]也用于生成控制命令。与传统的鼠标和键盘界面不同，新的界面有助于更自然地交互，但存在精度问题，因为这些方法噪声大，需要更多的研究工作来提高鲁棒性和准确性。

2）新算法：算法决定性能。能够处理大量数据（如视频/传感器网络输入）并利用快速发展的硬件能力（如分布式和并行计算）的可扩展算法在网络机器人技术中（尤其是在云机器人技术中），将变得越来越重要。

3）新协议：虽然我们列出了一些在改变网络环境以改进遥操作方面的开创性工作，但仍然存在大量的开放性问题，如新协议、适当的带宽分配[44.161]、QoS[44.162]、安全性、路由机制[44.29,163]等等。网络通信是一个发展非常迅速的领域。将网络通信思想融入网络化遥操作机器人系统设计将继续是一个活跃的研究领域。通用对象请求代理体系结构（CORBA）或实时CORBA[44.20,21,39,164,165]对于网络机器人具有巨大的利用潜力。

4）新的性能指标：随着越来越多的机器人投入服务，制定量化机器人-人类团队性能指标非常重要。随着我们对评估机器人性能或任务性能的指标更加熟悉[44.162]，使用机器人评估人类性能的最新进展[44.166,167]揭示了新的指标。将这些指标标准化也是一个重要方向。

5）机器人视频：另一个有趣的观察结果是，所有现有的视频压缩和传输标准都试图重建相机视频的真实完整表示。然而，由于网络机器人的带宽限制，这可能没有必要或不可行[44.168]。有时，高层次的抽象就足够了。例如，当移动机器人避开移动障碍物时，机器人需要知道的只是移动障碍物的速度和边界框，而不是知道该障碍物是人类还是其他机器人。我们可能想要控制视频感知和传输中的细节水平。这实际上带来了一个有趣的问题：我们需要一个为网络机器人服务的新流媒体标准。

6）应用程序：最近成功的应用程序包括环境监控[44.43,169]、制造[44.170,171]和基础设施检查和维护[44.172,173]。这些网络机器人系统的快速发展是全球性的。许多新的应用正在安全、检查、教育和娱乐等领域涌现。可靠性、安全性和模块化等应用需求将继续对系统设计提出新的挑战。

视频文献

VIDEO 81 A heterogeneous multiple-operator-multiple-robot system
available from http://handbookofrobotics.org/view-chapter/44/videodetails/81
VIDEO 82 Teleoperation of a mini-excavator
available from http://handbookofrobotics.org/view-chapter/44/videodetails/82
VIDEO 83 Tele-Actor
available from http://handbookofrobotics.org/view-chapter/44/videodetails/83
VIDEO 84 A multi-operator-multi-robot teleoperation system
available from http://handbookofrobotics.org/view-chapter/44/videodetails/84

参考文献

44.1 K. Goldberg, R. Siegwart (Eds.): *Beyond Webcams: An Introduction to Online Robots* (MIT Press, Cambridge 2002)
44.2 IEEE Technical Committee on Networked Robots: http://tab.ieee-ras.org/
44.3 N. Tesla: Method of and apparatus for controlling mechanism of moving vessels or vehicles, US Patent 613809 A (1898)
44.4 R. Goertz, R. Thompson: Electronically controlled manipulator, Nucleonics **12**(11), 46–47 (1954)
44.5 R.D. Ballard: A last long look at titanic, Nat. Geogr. **170**(6), 698–727 (1986)
44.6 A.K. Bejczy: Sensors, controls, and man-machine interface for advanced teleoperation, Science **208**(4450), 1327–1335 (1980)
44.7 R.S. Mosher: Industrial manipulators, Sci. Am. **211**(4), 88–96 (1964)
44.8 R. Tomovic: On man-machine control, Automatica **5**, 401–404 (1969)
44.9 A. Bejczy, G. Bekey, R. Taylor, S. Rovetta: A research methodology for tele-surgery with time delays, 1st Int. Symp. Med. Robotics Comput. Assist. Surg. (MRCAS) (1994)
44.10 M. Gertz, D. Stewart, P. Khosla: A human-machine interface for distributed virtual laboratories, IEEE Robotics Autom. Mag. **1**, 5–13 (1994)
44.11 T. Sato, J. Ichikawa, M. Mitsuishi, Y. Hatamura: A new micro-teleoperation system employing a hand-held force feedback pencil, Proc. IEEE Int. Conf. Robotics Autom. (ICRA) (1994)
44.12 T.B. Sheridan: *Telerobotics, Automation, and Human Supervisory Control* (MIT Press, Cambridge 1992)
44.13 FirstWebcam: http://www.cl.cam.ac.uk/coffee/qsf/timeline.html. (1993)
44.14 K. Goldberg, M. Mascha, S. Gentner, N. Rothenberg, C. Sutter, J. Wiegley: Robot teleoperation via WWW, Proc. IEEE Int. Conf. Robotics Autom. (ICRA) (1995)
44.15 K. Goldberg, M. Mascha, S. Gentner, N. Rothenberg, C. Sutter, J. Wiegley: Beyond the web: Manipulating the physical world via the WWW, Comput. Netw. ISDN Syst. J. **28**(1), 209–219 (1995)
44.16 B. Dalton, K. Taylor: A framework for internet robotics, Proc. IEEE/RSJ Int. Conf. Intell. Robots Syst. (IROS) (1998)
44.17 K. Taylor, J. Trevelyan: The telelabs project, http://telerobot.mech.uwa.edu.au (1994)
44.18 H. Hu, L. Yu, P.W. Tsui, Q. Zhou: Internet-based robotic systems for teleoperation, Assem. Automat. **21**(2), 143–151 (2001)
44.19 R. Safaric, M. Debevc, R. Parkin, S. Uran: Telerobotics experiments via internet, IEEE Trans. Ind. Electron. **48**(2), 424–431 (2001)
44.20 S. Jia, K. Takase: A corba-based internet robotic system, Adv. Robotics **15**(6), 663–673 (2001)
44.21 S. Jia, Y. Hada, G. Ye, K. Takase: Distributed telecare robotic systems using corba as a communication architecture, Proc. IEEE Int. Conf. Robotics Autom. (ICRA) (2002)
44.22 J. Kim, B. Choi, S. Park, K. Kim, S. Ko: Remote control system using real-time MPEG-4 streaming technology for mobile robot, IEEE Int. Conf. Consum. Electron. (2002)
44.23 T. Mirfakhrai, S. Payandeh: A delay prediction approach for teleoperation over the internet, Proc. IEEE Int. Conf. Robotics Autom. (ICRA) (2002)
44.24 K. Han, Y. Kim, J. Kim, S. Hsia: Internet control of personal robot between KAIST and UC Davis, Proc. IEEE Int. Conf. Robotics Autom. (ICRA) (2002)
44.25 L. Ngai, W.S. Newman, V. Liberatore: An experiment in internet-based, human-assisted robotics, Proc. IEEE Int. Conf. Robotics Autom. (ICRA) (2002)
44.26 R.C. Luo, T.M. Chen: Development of a multibehavior-based mobile robot for remote supervisory control through the internet, IEEE/ASME Trans. Mechatron. **5**(4), 376–385 (2000)
44.27 D. Aarno, S. Ekvall, D. Kragi: Adaptive virtual fixtures for machine-assisted teleoperation tasks, IEEE Int. Conf. Robotics Autom. (ICRA) (2005) pp. 1151–1156
44.28 I. Belousov, S. Chebukov, V. Sazonov: Web-based teleoperation of the robot interacting with fast moving objects, Proc. IEEE Int. Conf. Robotics Autom. (ICRA) (2005) pp. 685–690
44.29 Z. Cen, A. Goradia, M. Mutka, N. Xi, W. Fung, Y. Liu:

Improving the operation efficiency of supermedia enhanced internet based teleoperation via an overlay network, Proc. IEEE Int. Conf. Robotics Autom. (ICRA) (2005) pp. 691–696
44.30 N.P. Jouppi, S. Thomas: Telepresence systems with automatic preservation of user head height, local rotation, and remote translation, Proc. IEEE Int. Conf. Robotics Autom. (ICRA) (2005) pp. 62–68
44.31 B. Ricks, C.W. Nielsen, M.A. Goodrich: Ecological displays for robot interaction: A new perspective, Proc. IEEE/RSJ Int. Conf. Intell. Robots Syst. (IROS), Vol. 3 (2004) pp. 2855–2860
44.32 D. Ryu, S. Kang, M. Kim, J. Song: Multi-modal user interface for teleoperation of ROBHAZ-DT2 field robot system, Proc. IEEE/RSJ Int. Conf. Intell. Robots Syst. (IROS), Vol. 1 (2004) pp. 168–173
44.33 J. Su, Z. Luo: Incremental motion compression for telepresent walking subject to spatial constraints, Proc. IEEE Int. Conf. Robotics Autom. (ICRA) (2005) pp. 69–74
44.34 I. Toshima, S. Aoki: Effect of driving delay with an acoustical tele-presence robot, telehead, Proc. IEEE Int. Conf. Robotics Autom. (ICRA) (2005) pp. 56–61
44.35 N. Chong, T. Kotoku, K. Ohba, K. Komoriya, N. Matsuhira, K. Tanie: Remote coordinated controls in multiple telerobot cooperation, Proc. IEEE Int. Conf. Robotics Autom. (ICRA), Vol. 4 (2000) pp. 3138–3343
44.36 P. Cheng, V. Kumar: An almost communicationless approach to task allocation for multiple unmanned aerial vehicles, Proc. IEEE Int. Conf. Robotics Autom. (ICRA) (2008) pp. 1384–1389
44.37 X. Ding, M. Powers, M. Egerstedt, S. Young, T. Balch: Executive decision support, IEEE Robotics Autom. Mag. **16**(2), 73–81 (2009)
44.38 J. Liu, L. Sun, T. Chen, X. Huang, C. Zhao: Competitive multi-robot teleoperation, Proc. IEEE Int. Conf. Robotics Autom. (ICRA) (2005)
44.39 Z. Zhang, Q. Cao, L. Zhang, C. Lo: A CORBA-based cooperative mobile robot system, Ind. Robot Int. J. **36**(1), 36–44 (2009)
44.40 Y. Xu, D. Song: Systems and algorithms for autonomous and scalable crowd surveillance using robotic PTZ cameras assisted by a wide-angle camera, Auton. Robots **29**(1), 53–66 (2010)
44.41 D. Sanders, J. Graham-Jones, A. Gegov: Improving ability of tele-operators to complete progressively more difficult mobile robot paths using simple expert systems and ultrasonic sensors, Ind. Robot Int. J. **37**(5), 431–440 (2010)
44.42 S. Faridani, B. Lee, S. Glasscock, J. Rappole, D. Song, K. Goldberg: A networked telerobotic observatory for collaborative remote observation of avian activity and range change, IFAC Workshop Netw. Robots (2009)
44.43 R. Bogue: Robots for monitoring the environment, Ind. Robot Int. J. **38**(6), 560–566 (2011)
44.44 R. Murphy, J. Burke: From remote tool to shared roles, IEEE Robotics Autom. Mag. **15**(4), 39–49 (2008)
44.45 E. Paulos, J. Canny, F. Barrientos: Prop: Personal roving presence, SIGGRAPH Vis. Proc. (1997) p. 99
44.46 L. Takayama, E. Marder-Eppstein, H. Harris, J. Beer: Assisted driving of a mobile remote presence system: System design and controlled user evaluation, Proc. IEEE Int. Conf. Robotics Autom. (ICRA) (2011) pp. 1883–1889
44.47 D. Lazewatsky, W. Smart: An inexpensive robot platform for teleoperation and experimentation, Proc. IEEE Int. Conf. Robotics Autom. (ICRA) (2011) pp. 1211–1216
44.48 K. Taylor, J.P. Trevelyan: Australia's telerobot on the web, 26th Symp. Ind. Robotics (1995) pp. 39–44
44.49 A. Khamis, D.M. Rivero, F. Rodriguez, M. Salichs: Pattern-based architecture for building mobile robotics remote laboratories, Proc. IEEE Int. Conf. Robotics Autom. (ICRA) (2003) pp. 3284–3289
44.50 C. Cosma, M. Confente, D. Botturi, P. Fiorini: Laboratory tools for robotics and automation education, Proc. IEEE Int. Conf. Robotics Autom. (ICRA) (2003) pp. 3303–3308
44.51 K.W. Dorman, J.L. Pullen, W.O. Keksz, P.H. Eismann, K.A. Kowalski, J.P. Karlen: The servicing aid tool: A teleoperated robotics system for space applications, 7th Annu. Workshop Space Operat. Appl. Res. (SOAR), Vol. 1 (1994)
44.52 C. Pollak, H. Hutter: A webcam as recording device for light microscopes, J. Comput.-Assist. Microsc. **10**(4), 179–183 (1998)
44.53 K. Goldberg, D. Song, A. Levandowski: Collaborative teleoperation using networked spatial dynamic voting, Proceedings IEEE **91**(3), 430–439 (2003)
44.54 J.J. Kuffner: Cloud-Enabled Robots, IEEE-RAS Int. Conf. Humanoid Robots (2010)
44.55 K. Goldberg, M. Mascha, S. Gentner, N. Rothenberg, C. Sutter, J. Wiegley: Desktop teleoperation via the World Wide Web, Proc. IEEE Int. Conf. Robotics Autom., Vol. 1 (1995) pp. 654–659
44.56 G. McKee: What is networked robotics?, Inf. Control Autom. Robotics **15**, 35–45 (2008)
44.57 E. Guizzo: Cloud robotics: Connected to the cloud, robots get smarter, IEEE Spectrum http://spectrum.ieee.org/automaton/robotics/robotics-software/cloud-robotics (2011)
44.58 M. Tenorth, A.C. Perzylo, R. Lafrenz, M. Beetz: The RoboEarth language: Representing and exchanging knowledge about actions, objects, and environments, Proc. IEEE Int. Conf. Robotics Autom. (ICRA) (2012) pp. 1284–1289
44.59 R. Arumugam, V.R. Enti, L. Bingbing, W. Xiaojun, K. Baskaran, F.F. Kong, A.S. Kumar, K.D. Meng, G.W. Kit: DAvinCi: A cloud computing framework for service robots, Proc. IEEE Int. Conf. Robotics Autom. (ICRA) (2010) pp. 3084–3089
44.60 Z. Du, W. Yang, Y. Chen, X. Sun, X. Wang, C. Xu: Design of a robot cloud center, Int. Symp. Auton. Decentralized Syst. (2011) pp. 269–275
44.61 G. Hu, W.P. Tay, Y. Wen: Cloud robotics: Architecture, challenges and applications, IEEE Network **26**(3), 21–28 (2012)
44.62 K. Kamei, S. Nishio, N. Hagita, M. Sato: Cloud networked robotics, IEEE Network **26**(3), 28–34 (2012)
44.63 D. Hunziker, M. Gajamohan, M. Waibel, R. D'Andrea: Rapyuta: The RoboEarth cloud engine, Proc. IEEE Int. Conf. Robotics Autom. (ICRA) (2013)
44.64 M. Waibel, M. Beetz, J. Civera, R. D'Andrea,

J. Elfring, D. Gálvez-López, K. Häussermann, R. Janssen, J.M.M. Montiel, A. Perzylo, B. le Schieß, M. Tenorth, O. Zweigle, R. De Molengraft: RoboEarth, IEEE Robotics Autom. Mag. **18**(2), 69–82 (2011)
44.65 RoboEarth: What is RoboEarth?, http://www.roboearth.org/what-is-roboearth
44.66 L. Atzori, A. Iera, G. Morabito: The internet of things: A survey, Comput. Netw. **54**(15), 2787–2805 (2010)
44.67 J. Walrand, P. Varaiya: *High-Performance Communication Networks*, 2nd edn. (Morgan Kaufmann Press, San Francisco 2000)
44.68 M.A. Peshkin, A.C. Sanderson: Minimization of energy in quasi-static manipulation, IEEE Trans. Robotics Autom. **5**(1), 53–60 (1989)
44.69 M.T. Mason: On the scope of quasi-static pushing, 3rd Int. Symp. Robotics Res. (1986)
44.70 E. Ladd, J. O'Donnell: *Using Html 4, Xml, and Java 1.2* (QUE Press, Indianapolis 1998)
44.71 H. Friz: Design of an Augmented Reality User Interface for an Internet based Telerobot using Multiple Monoscopic Views, Ph.D. Thesis (Technical Univ. Clausthal, Clausthal-Zellerfeld 2000)
44.72 T. Fong, C. Thorpe: Vehicle teleoperation interfaces, Auton. Robots **11**, 9–18 (2001)
44.73 A. Birk, N. Vaskevicius, K. Pathak, S. Schwertfeger, J. Poppinga, H. Buelow: 3-D perception and modeling, IEEE Robotics Autom. Mag. **16**(4), 53–60 (2009)
44.74 A. Kellyo, N. Chan, H. Herman, D. Huber, R. Meyers, P. Rander, R. Warner, J. Ziglar, E. Capstick: Real-time photorealistic virtualized reality interface for remote mobile robot control, Int. J. Robotics Res. **30**(3), 384–404 (2011)
44.75 L. Conway, R.A. Volz, M.W. Walker: Teleautonomous systems: Projecting and coordinating intelligent action at a distance, IEEE Trans. Robotics Autom. **6**(20), 146–158 (1990)
44.76 J. Larsson, M. Broxvall, A. Saffiotti: An evaluation of local autonomy applied to teleoperated vehicles in underground mines, Proc. IEEE Int. Conf. Robotics Autom. (ICRA) (2010) pp. 1745–1752
44.77 L.B. Rosenberg: Virtual fixtures: Perceptual tools for telerobotic manipulation, IEEE Virtual Real. Annu. Int. Symp. (VRAIS) (1993) pp. 76–82
44.78 P. Marayong, M. Li, A. Okamura, G. Hager: Spatial motion constraints: Theory and demonstrations for robot guidance using virtual fixtures, Proc. IEEE Int. Conf. Robotics Autom. (ICRA), Vol. 2 (2003) pp. 1954–1959
44.79 A. Bettini, P. Marayong, S. Lang, A. Okamura, G. Hager: Vision-assisted control for manipulation using virtual fixtures, IEEE Trans. Robotics **20**(6), 953–966 (2004)
44.80 R. Azuma: A survey of augmented reality, Presence **6**(4), 355–385 (1997)
44.81 K. Goldberg, B. Chen, R. Solomon, S. Bui, B. Farzin, J. Heitler, D. Poon, G. Smith: Collaborative teleoperation via the internet, Proc. IEEE Int. Conf. Robotics Autom. (ICRA), Vol. 2 (2000) pp. 2019–2024
44.82 D. Song: Systems and Algorithms for Collaborative Teleoperation, Ph.D. Thesis (Univ. California, Berkeley 2004)
44.83 D. Song: *Sharing a Vision: Systems and Algorithms for Collaboratively-Teleoperated Robotic Cameras* (Springer, Berlin, Heidelberg 2009)
44.84 K. Goldberg, B. Chen: Collaborative teleoperation via the internet, Proc. IEEE/RSJ Int. Conf. Intell. Robots Syst. (IROS) (2001)
44.85 K. Goldberg, D. Song: Tele-Actor http://www.tele-actor.net, Univ. of California, Berkeley
44.86 D. Song, A. Pashkevich, K. Goldberg: Sharecam part II: Approximate and distributed algorithms for a collaboratively controlled robotic webcam, Proc. IEEE/RSJ Int. Conf. Intell. Robots (IROS), Vol. 2 (2003) pp. 1087–1093
44.87 D. Song, K. Goldberg: Sharecam part I: Interface, system architecture, and implementation of a collaboratively controlled robotic webcam, Proc. IEEE/RSJ Int. Conf. Intell. Robots Syst. (IROS), Vol. 2 (2003) pp. 1080–1086
44.88 D. Song, K. Goldberg: Approximate algorithms for a collaboratively controlled robotic camera, IEEE Trans. Robotics **23**(5), 1061–1070 (2007)
44.89 D. Song, A.F. van der Stappen, K. Goldberg: Exact algorithms for single frame selection on multiaxis satellites, IEEE Trans. Autom. Sci. Eng. **3**(1), 16–28 (2006)
44.90 Y. Xu, D. Song, J. Yi: An approximation algorithm for the least overlapping p-frame problem with non-partial coverage for networked robotic cameras, Proc. IEEE Int. Conf. Robotics Autom. (ICRA) (2008)
44.91 D. Song, N. Qin, K. Goldberg: Systems, control models, and codec for collaborative observation of remote environments with an autonomous networked robotic camera, Auton. Robots **24**(4), 435–449 (2008)
44.92 K. Goldberg, D. Song, I.Y. Song, J. McGonigal, W. Zheng, D. Plautz: Unsupervised scoring for scalable internet-based collaborative teleoperation, Proc. IEEE Int. Conf. Robotics Autom. (ICRA) (2004)
44.93 J. Rappole, S. Glasscock, K. Goldberg, D. Song, S. Faridani: Range change among new world tropical and subtropical birds, Bonn. Zool. Monogr. **57**, 151–167 (2011)
44.94 http://goldberg.berkeley.edu/cloud-robotics/, UC Berkeley
44.95 C. Goldfeder, M. Ciocarlie, P.K. Allen: The Columbia grasp database, Proc. IEEE Int. Conf. Robotics Autom. (ICRA) (2009) pp. 1710–1716
44.96 A. Kasper, Z. Xue, R. Dillmann: The KIT object models database: An object model database for object recognition, localization and manipulation in service robotics, Int. J. Robotics Res. **31**(8), 927–934 (2012)
44.97 H. Dang, J. Weisz, P.K. Allen: Blind grasping: Stable robotic grasping using tactile feedback and hand kinematics, Proc. IEEE Int. Conf. Robotics Autom. (ICRA) (2011) pp. 5917–5922
44.98 H. Dang, P.K. Allen: Learning grasp stability, Proc. IEEE Int. Conf. Robotics Autom. (ICRA) (2012) pp. 2392–2397
44.99 J. Weisz, P.K. Allen: Pose error robust grasping from contact wrench space metrics, Proc. IEEE Int. Conf. Robotics Autom. (ICRA) (2012) pp. 557–562
44.100 M. Popovic, G. Kootstra, J.A. Jorgensen, D. Kragic,

N. Kruger: Grasping unknown objects using an Early Cognitive Vision system for general scene understanding, Proc. IEEE/RSJ Int. Conf. Intell. Robots Syst. (IROS) (2011) pp. 987–994
44.101 B. Kehoe, A. Matsukawa, S. Candido, J. Kuffner, K. Goldberg: Cloud-based robot grasping with the Google object recognition engine, Proc. IEEE Int. Conf. Robotics Autom. (ICRA) (2013)
44.102 M. Ciocarlie, C. Pantofaru, K. Hsiao, G. Bradski, P. Brook, E. Dreyfuss: A side of data with my robot, IEEE Robotics Autom. Mag. **18**(2), 44–57 (2011)
44.103 M.A. Moussa, M.S. Kamel: An experimental approach to robotic grasping using a connectionist architecture and generic grasping functions, IEEE Trans. Syst. Man Cybern. C **28**(2), 239–253 (1998)
44.104 K. Huebner, K. Welke, M. Przybylski, N. Vahrenkamp, T. Asfour, D. Kragic: Grasping known objects with humanoid robots: A box-based approach, Int. Conf. Adv. Robotics (2009)
44.105 C. Goldfeder, P.K. Allen: Data-driven grasping, Auton. Robots **31**(1), 1–20 (2011)
44.106 M. Ciocarlie, K. Hsiao, E.G. Jones, S. Chitta, R.B. Rusu, I.A. Sucan: Towards reliable grasping and manipulation in household environments, Intl. Symp. Exp. Robotics (2010) pp. 1–12
44.107 Google Goggles, http://www.google.com/mobile/goggles/
44.108 S. Dalibard, A. Nakhaei, F. Lamiraux, J.-P. Laumond: Manipulation of documented objects by a walking humanoid robot, IEEE-RAS Int. Conf. Humanoid Robots (2010) pp. 518–523
44.109 K. Lai, D. Fox: Object recognition in 3-D point clouds using web data and domain adaptation, Int. J. Robotics Res. **29**(8), 1019–1037 (2010)
44.110 S. Gammeter, A. Gassmann, L. Bossard, T. Quack, L. Van Gool: Server-side object recognition and client-side object tracking for mobile augmented reality, IEEE Comput. Soc. Conf. Comput. Vis. Pattern Recognit. (2010) pp. 1–8
44.111 M. Armbrust, I. Stoica, M. Zaharia, A. Fox, R. Griffith, A.D. Joseph, R. Katz, A. Konwinski, G. Lee, D. Patterson, A. Rabkin: A view of cloud computing, Communication ACM **53**(4), 50 (2010)
44.112 Amazon Web Services, http://aws.amazon.com
44.113 Amazon Elastic Cloud (EC2), http://aws.amazon.com/ec2/
44.114 Google Compute Engine, https://cloud.google.com/products/compute-engine
44.115 Microsoft Azure, http://www.windowsazure.com
44.116 G. Juve, E. Deelman, G.B. Berriman, B.P. Berman, P. Maechling: An evaluation of the cost and performance of scientific workflows on Amazon EC2, J. Grid Comput. **10**(1), 5–21 (2012)
44.117 P. Mehrotra, J. Djomehri, S. Heistand, R. Hood, H. Jin, A. Lazanoff, S. Saini, R. Biswas: Performance evaluation of Amazon EC2 for NASA HPC applications, Proc. 3rd Workshop Sci. Cloud Comput. Date (ScienceCloud) (2012)
44.118 R. Tudoran, A. Costan, G. Antoniu, L. Bougé: A performance evaluation of Azure and Nimbus clouds for scientific applications, Proc. 2nd Int. Workshop Cloud Comput. Platf. (CloudCP) (2012) pp. 1–6
44.119 TOP500 List, http://www.top500.org/list/2012/06/100 (June 2012)
44.120 N.K. Jangid: Real time cloud computing, Proc. 1st Natl. Conf. Data Manag. Secur., Jaipur (2011)
44.121 J. Glover, D. Rus, N. Roy: Probabilistic models of object geometry for grasp planning. In: *Robotics: Science and Systems IV*, ed. by O. Brock, J. Trinkle, F. Ramos (MIT Press, Cambridge 2008)
44.122 H. Wang, Y. Ma, G. Pratx, L. Xing: Toward real-time Monte Carlo simulation using a commercial cloud computing infrastructure, Phys. Med. Biol. **56**(17), 175–181 (2011)
44.123 M. Sevior, T. Fifield, N. Katayama: Belle monte-carlo production on the Amazon EC2 cloud, J. Phys. **219**(1), 012003 (2010)
44.124 D. Nister, H. Stewenius: Scalable recognition with a vocabulary tree, IEEE Comput. Soc. Conf. Comp. Vis. Pattern Recognit., Vol. 2 (2006) pp. 2161–2168
44.125 J. Philbin, O. Chum, M. Isard, J. Sivic, A. Zisserman: Object retrieval with large vocabularies and fast spatial matching, IEEE Conf. Comput. Vis. Pattern Recognit. (2007) pp. 1–8
44.126 B. Bhargava, P. Angin, L. Duan: A mobile-cloud pedestrian crossing guide for the blind, Int. Conf. Adv. Comput. Commun. (2011)
44.127 J.J.S. García: Using cloud computing as a HPC platform for embedded systems, http://www.atc.us.es/descargas/tfmHPCCloud.pdf (2011)
44.128 J. van den Berg, P. Abbeel, K. Goldberg: LQG-MP: Optimized path planning for robots with motion uncertainty and imperfect state information, Int. J. Robotics Res. **30**(7), 895–913 (2011)
44.129 B. Kehoe, D. Berenson, K. Goldberg: Estimating part tolerance bounds based on adaptive cloud-based grasp planning with slip, Proc. IEEE Int. Conf. Automat. Sci. Eng. (2012)
44.130 B. Kehoe, D. Berenson, K. Goldberg: Toward cloud-based grasping with uncertainty in shape: Estimating lower bounds on achieving force closure with zero-slip push grasps, Proc. IEEE Int. Conf. Robotics Autom. (ICRA) (2012) pp. 576–583
44.131 D. Berenson, P. Abbeel, K. Goldberg: A robot path planning framework that learns from experience, Proc. IEEE Int. Conf. Robotics Autom. (ICRA) (2012) pp. 3671–3678
44.132 MyRobots.com, http://myrobots.com
44.133 What is MyRobots?, http://myrobots.com/wiki/About
44.134 L. Dabbish, C. Stuart, J. Tsay, J. Herbsleb: Social coding in GitHub: transparency and collaboration in an open software repository, Proc. ACM Conf. Comp. Support. Coop. Work (2012) pp. 1277–1286
44.135 A. Hars: Working for free? Motivations of participating in open source projects, Proc. 34th Annu. Hawaii Int. Conf. Syst. Sci. (2001)
44.136 D. Nurmi, R. Wolski, C. Grzegorczyk, G. Obertelli, S. Soman, L. Youseff, D. Zagorodnov: The Eucalyptus open-source cloud-computing system, IEEE/ACM Int. Symp. Clust. Comput. Grid (2009) pp. 124–131
44.137 ROS (Robot Operating System), http://ros.org.
44.138 M. Quigley, B. Gerkey: ROS: An open-source robot operating system, ICRA Workshop Open Source Softw. (2009)
44.139 rosjava, an implementation of ROS in pure Java with Android support, http://cloudrobotics.com
44.140 The African Robotics Network (AFRON): *Ten Dollar*

Robot design challenge winners, http://robotics-africa.org/design_challenge.html (2012)
44.141 Bullet Physics Library, http://bulletphysics.org
44.142 OpenRAVE, http://openrave.org/
44.143 Gazebo, http://gazebosim.org
44.144 E. Plaku, K.E. Bekris, L.E. Kavraki: OOPS for motion planning: An online, open-source, programming system, Proc. IEEE Int. Conf. Robotics Autom. (2007) pp. 3711–3716
44.145 A.T. Miller, P.K. Allen: GraspIt! A versatile simulator for robotic grasping, IEEE Robotics Autom. Mag. **11**(4), 110–122 (2004)
44.146 A. Sorokin, D. Berenson, S.S. Srinivasa, M. Hebert: People helping robots helping people: Crowdsourcing for grasping novel objects, Proc. IEEE/RSJ Int. Conf. Intell. Robots Syst. (IROS) (2010) pp. 2117–2122
44.147 S. Davidson: Open-source hardware, IEEE Des. Test Comput. **21**(5), 456–456 (2004)
44.148 E. Rubow: Open Source Hardware, Tech. Rep. http://cseweb.ucsd.edu/classes/fa08/cse237a/topicresearch/erubow_tr_report.pdf (2008)
44.149 Arduino: http://www.arduino.cc
44.150 H.H. King, L. Cheng, P. Roan, D. Friedman, S. Nia, J. Ma, D. Glozman, J. Rosen, B. Hannaford: Raven II: Open platform for surgical robotics research, Hamlyn Symp. Med. Robotics (2012)
44.151 An open-source robo-surgeon, The Economist, http://www.economist.com/node/21548489 (2012)
44.152 L. von Ahn: Human computation, Des. Autom. Conf. (2009) pp. 418–419
44.153 J.C. Gamboa Higuera, A. Xu, F. Shkurti, G. Dudek: Socially-driven collective path planning for robot missions, 9th Conf. Comput. Robot Vis. (2012) pp. 417–424
44.154 Y. Gingold, A. Shamir, D. Cohen-Or: Micro perceptual human computation for visual tasks, ACM Trans. Graphics **31**(5), 1–12 (2012)
44.155 M. Johnson-Roberson, J. Bohg, G. Skantze, J. Gustafson, R. Carlson, B. Rasolzadeh, D. Kragic: Enhanced visual scene understanding through human-robot dialog, Proc. IEEE/RSJ Int. Conf. Intell. Robots Syst. (IROS) (2011) pp. 3342–3348
44.156 A. Sorokin, D. Forsyth: Utility data annotation with Amazon Mechanical Turk, IEEE Comput. Soc. Conf. Comput. Vis. Pattern Recognit. Workshops (2008) pp. 1–8
44.157 C. Escolano, J. Antelis, J. Minguez: Human brain-teleoperated robot between remote places, Proc. IEEE Int. Conf. Robotics Autom. (ICRA) (2009) pp. 4430–4437
44.158 A. Akce, M. Johnson, T. Bretl: Remote teleoperation of an unmanned aircraft with a brain-machine interface: Theory and preliminary results, Proc. IEEE Int. Conf. Robotics Autom. (ICRA) (2010) pp. 5322–5327
44.159 J. Roselln, R. Suárez, C. Rosales, A. Pérez: Autonomous motion planning of a hand-arm robotic system based on captured human-like hand postures, Auton. Robots **31**(1), 87–102 (2011)
44.160 K. Onda, F. Arai: Parallel teleoperation of holographic optical tweezers using multi-touch user interface, Proc. IEEE Int. Conf. Robotics Autom. (ICRA) (2012) pp. 1069–1074
44.161 P.X. Liu, M. Meng, S.X. Yang: Data communications for internet robots, Auton. Robots **15**, 213–223 (2003)
44.162 W. Fung, N. Xi, W. Lo, B. Song, Y. Sun, Y. Liu, I.H. Elhajj: Task driven dynamic QOS based bandwidth allcoation for real-time teleoperation via the internet, Proc. IEEE/RSJ Int. Conf. Intell. Robots Syst. (IROS) (2003)
44.163 F. Zeiger, N. Kraemer, K. Schilling: Commanding mobile robots via wireless ad-hoc networks – A comparison of four ad-hoc routing protocol implementations, Proc. IEEE Int. Conf. Robotics Autom. (ICRA) (2008) pp. 590–595
44.164 M. Amoretti, S. Bottazzi, M. Reggiani, S. Caselli: Evaluation of data distribution techniques in a corba-based telerobotic system, Proc. IEEE/RSJ Int. Conf. Intell. Robots Syst. (IROS) (2003)
44.165 S. Bottazzi, S. Caselli, M. Reggiani, M. Amoretti: A software framework based on real time COBRA for telerobotics systems, Proc. IEEE/RSJ Int. Conf. Intell. Robots Syst. (IROS) (2002)
44.166 J. Chen, E. Haas, M. Barnes: Human performance issues and user interface design for teleoperated robots, IEEE Trans. Syst. Man Cybern. C **37**(6), 1231–1245 (2007)
44.167 Y. Jia, N. Xi, Y. Wang, X. Li: Online identification of quality of teleoperator (QoT) for performance improvement of telerobotic operations, Proc. IEEE Int. Conf. Robotics Autom. (ICRA) (2012) pp. 451–456
44.168 S. Livatino, G. Muscato, S. Sessa, C. Koffel, C. Arena, A. Pennisi, D. Di Mauro, F. Malkondu: Mobile robotic teleguide based on video images, IEEE Robotics Autom. Mag. **15**(4), 58–67 (2008)
44.169 G. Podnar, J. Dolan, A. Elfes, S. Stancliff, E. Lin, J. Hosier, T. Ames, J. Moisan, T. Moisan, J. Higinbotham, E. Kulczycki: Operation of robotic science boats using the telesupervised adaptive ocean sensor fleet system, Proc. IEEE Int. Conf. Robotics Autom. (ICRA) (2008) pp. 1061–1068
44.170 Y. Kwon, S. Rauniar: E-quality for manufacturing (EQM) within the framework of internet-based systems, IEEE Trans. Syst. Man Cybern. C **37**(6), 1365–1372 (2007)
44.171 L. Wang: Wise-shopfloor: An integrated approach for web-based collaborative manufacturing, IEEE Trans. Syst. Man Cybern. C **38**(4), 562–573 (2008)
44.172 P. Debenest, M. Guarnieri, K. Takita, E. Fukushima, S. Hirose, K. Tamura, A. Kimura, H. Kubokawa, N. Iwama, F. Shiga: Expliner – Robot for inspection of transmission lines, Proc. IEEE Int. Conf. Robotics Autom. (ICRA) (2008) pp. 3978–3984
44.173 N. Pouliot, S. Montambault: Linescout technology: From inspection to robotic maintenance on live transmission power lines, Proc. IEEE Int. Conf. Robotics Autom. (ICRA) (2009) pp. 1034–1040

第5篇 移动与环境

（篇主编：Raja Chatila）

第45章　环境建模
Wolfram Burgard，德国弗莱堡
Martial Hebert，美国匹兹堡
Maren Bennewitz，德国波恩

第46章　同步定位与建图
Cyrill Stachniss，德国波恩
John J. Leonard，美国剑桥
Sebastian Thrun，美国山景城

第47章　运动规划与避障
Javier Minguez，西班牙萨拉戈萨
Florant Lamiraux，法国图卢兹
Jean-Paul Laumond，法国图卢兹

第48章　腿式机器人的建模与控制
Pierre-Brice Wieber，法国格勒诺布尔
Russ Tedrake，美国剑桥
Scott Kuindersma，美国剑桥

第49章　轮式机器人的建模与控制
Claude Samson，法国索菲亚-安提波利斯
Pascal Morin，法国巴黎
Roland Lenain，法国欧比耶尔

第50章　崎岖地形下机器人的建模与控制
Keiji Nagatani，日本仙台
Genya Ishigami，日本横滨
Yoshito Okada，日本仙台

第51章　水下机器人的建模与控制
Gianluca Antonelli，意大利卡西诺
Thor I. Fossen，挪威特隆赫姆
Dana R. Yoerger，美国伍兹霍尔

第52章　飞行机器人的建模与控制
Robert Mahony，澳大利亚堪培拉
Randal W. Beard，美国普罗沃
Vijay Kumar，美国费城

第53章　多移动机器人系统
Lynne E. Parker，美国诺克斯维尔
Daniela Rus，美国剑桥
Gaurav S. Sukhatme，美国洛杉矶

内容导读

直到20世纪60年代中期，机器人只能在预先确定的工作空间中运动，即基于固定的基座到达预定的工作空间。本篇就是讨论如何征服整个空间的问题。20世纪60年代末，随着启动SRI的Shakey项目，移动机器人开始变成一个重要研究领域。2015年是这个开创性项目的50周年，它拥有了一个持久的遗产。在1969年，国际人工智能联席会议（IJCAI）上，N. J. Nilsson发表了一篇题为《移动自动机：人工智能技术的应用》的论文，讨论了感知、映射、运动规划和控制架构等概念。这些问题在接下来的几十年里一直是移动机器人研究的核心内容。20世纪80年代，移动机器人项目蓬勃发展，一旦有必要应对现实物理世界，就促进了新的研究方向出现。实际上远离最初的概念，机器人只是人工智能（AI）的应用技术。这部分解决了构建和控制移动机器人所必需的所有问题，除了机械设计本身。

导航是从一个位置移动到另一个位置的能力。为了有效地移动，机器人需要使用其环境的适当表示，以便根据存在的障碍物和周围地形来规划和控制它的运动，并使用环境特征作为其定位的地标。这是第45章讨论的主题，它处理室内或室外环境的不同表示，包括拓扑图和语义属性。

然而，环境地图的构建通常是逐步实现的，因为机器人在导航的同时也在探测自身的环境。因此，从不同位置建立的部分感知需要融合在一起，考虑到感知误差和不确定性（见第1卷第5章）来构造一个一致的全局性地图。这需要机器人知道这些位置，而且由于动作不准确，它们之间的变换是不确定的。这需要将这些位置引用到仅在环境地图本身中定义的环境特征中。因此，需要进行本地化映射，而建图需要定位。因此，定位和建图是两个必须同时解决的交叉性问题。这个问题的解决办法见第46章。

一旦环境地图可用，或者在其建造过程中，机器人必须尽可能最优地规划其路径，从而到达目标，同时避开障碍物。在第1卷第7章中，我们概述了解决这个中心问题的技术，它需要在构造复杂的位形空间中进行几何推理。为了避免位形空间的显式构造，概率技术被证明是计算路径的最有效的方法——以优化为代价。然而，必须考虑到机器人运动系统的运动学约束条件，如非全局性。在本篇第47章中，我们将看到控制问题如何不能与几何图形分离。本章从移动机器人的角度讨论了运动规划，并介绍了控制理论和微分几何等工具，从而能够解决运动学约束。此外，它还概述了机器人在移动时遇到未知或移动障碍时使用的基于本地传感器的方法。

本篇的其余部分主要集中于在各种不同环境中运动的机器人：腿式机器人（见第48章）、轮式机器人（见第49章）、崎岖地形下机器人（见第50章），以及水下机器人和飞行机器人（分别为第51章和第52章），它们均面临着环境扰动下三维运动的具体问题。在最后两种情况下，机器人学和控制之间的密切联系更是需要讨论的核心问题。

最后，在解释了单个机器人如何在不同的环境中运动之后，本篇第53章概述了多移动机器人系统的交互和协同问题。

第 45 章

环境建模

Wolfram Burgard，Martial Hebert，Maren Bennewitz

本章给出了描绘移动机器人环境的常用方法。对经常使用二维表示方法存储的室内环境，我们讨论占据栅格、直线地图、拓扑地图和基于地标的表示法。这些技术中的每一种都有各自的优缺点。占据栅格的地图允许数据的快速存取而且可以有效地进行更新，而直线地图则更简练。尽管基于地标的地图也可以有效地进行更新和维持，但它们不能像拓扑地图那样，很好地支持诸如路径规划之类的导航任务。

另外，我们还讨论了适用于室外地形建模的方法。在室外环境中，适应于室内环境的许多地图建模方法使用的平坦地面的假设不再有效了。在本章中很常用的一个途径是海拔地图及其变体，这些地图存储了地形表面的信息而与一般空间栅格不同。这类地图的替代方案是点阵、网格或三维栅格。这些方案提供了更大的灵活性但却有更高的存储需求。

目　录

环境模型的构造对移动机器人系统应用及开发都有重要意义。正是通过这些环境模型，机器人才可以做出适应当前环境状态的决策。当机器人探索环境时，通过传感器的数据进行环境模型的构建。使用传感器数据进行环境模型的构建有三个难点：第一，模型必须简洁从而使得它们可以被其他系统元件，如路径规划器，有效地利用。第二，模型必须适应任务和环境的类型。比如，将环境建模成一系列平面就不适合在自然地形中运行的机器人。特别是，这暗示着对机器人来说，一个适合各种环境的一般性表示方法是不可能的，我们必须从一系列不同途径中选择一个合适的。第三，表示法必须包容传感器数据和机器人状态预测系统内在的不确定因素。而后者尤为重要，这是因为在一个共同坐标系中，环境模型通常随距离的增加而累积传感器数据。机器人位置预测的偏差是难免的，而这个因素必须在模型表示和构建中考虑进去。

45.1　发展历程概述

从历史文献看，环境建模的工作首先集中于在室内环境中运行的机器人。在这种情况下，被建模型得益于“环境可由参考地面上的垂直结构表示”这一事实。这种简化可将环境表示为二维栅格。测量与机器人位姿预测中的不确定性可以使用栅格占据的概率进行建模，而不是简单的二进制占据/空白标识。室内环境的另一个特点是它们的高度结构化并且主要包含的是线性构造，比如线和面。这种观察导致了基于点、线和面的集合上，可以构建第二层表示类别以表现环境。在这里，大量的研究专注于表示这些几何元素相对位姿的不确定性上，其中就包括20世纪80年代使用卡尔曼滤波器和其他基于概率技术的大量工作。

随着传感技术（比如，远距离的激光扫描仪和立体视觉技术），以及移动机器人系统的机械和控制方面上不断地进展，开发使用在非结构化、自然地形上运行的移动机器人系统就变得可能了，而开发这种机器人的部分动机是星际探索和军事应用。在这些情况下，将数据投射到二维栅格就不太适宜了，而环境也不足以仅使用少量的几种几何元素来表示。因为，在多数情况下，假设（即便只是局部的）存在一个参考地面是可行的，一种自然的表示法是使用一个二维半栅格，栅格的每一个单元保存了该位置地形的海拔信息（和其他可能特征）。尽管已经被广泛应用，这种海拔地图最大的问题是它们不是一种简洁的表示法，而且很难插入不确定性的表示。于是，很多研究专注于为海拔地图设计有效的数据结构和算法，如分层制表示法。最近，有关不确定性的难点被使用海拔地图的概率性表示法解决了。

尽管海拔地图为很多种自然地形提供了天然的表示方式，但它们不能用以表示具有垂直或悬挂结构的环境。这种局限在近年来变得更加明显，因为移动机器人在城市环境中的应用逐渐增加（城市中很多建筑物的墙和其他结构不能用海拔地图表示），而牵涉到悬挂结构，如树顶的空间数据的使用也是原因之一。这就导致了真正的三维表示法（如点阵）、三维栅格和网格的发展。上面提到的两个难点也出现在这儿，除了因为引入第三维而增加的复杂性外，情况变得更复杂。当前的研究包括三维结构有效的计算和三维数据的概率性表示法。

因为在所有这些表示法中涉及海量的数据，能否将这些数据分组为与环境中具有实际意义的部分所对应的大块就很重要了。这种分组可以在不同层次上进行，取决于应用的环境。在最低的层次，需要做的工作涉及将点分为与导航任务（如辨别植被和路面、抽取墙面、树的表面等）相关的类。在较高层次的表示法里面，牵涉的工作是抽取环境中可以被看作对导航任务有帮助特征（如路面）的部分。最后，表示法层次最高的部分牵涉抽取和描述环境中的物体（比如，自然形成的障碍物或诸如需要在城市环境中运行时遇到的车等特殊物体）。

所有这些对环境的表示都假设环境是静止的。事实上，许多当下的移动机器人应用需要在混合的环境中运行。在这些环境中机器人与其他移动的物体共享环境，如其他机器人、人类和交通工具。假设观测算法可以发现并追踪环境中的单个移动物体，此时的难点在于将此信息插入可以被一个路径规划器使用的表示法。在这种情况下，之前提到的任何一种表示法可以作为一个基础，但是它需要延伸并添加一个时间维度以存储被探测物体的位置和状态的时序信息。这种表示法包括被探测物体的轨迹以及在某些情况下对该物体未来轨迹的预测信息。

45

45.2 室内与结构化环境的建模

45.2.1 占据栅格

占据栅格地图，在20世纪80年代由Moravec和Elfes[45.1]发明，是一种通用的、概率性的表示环境的途径。这是一种类似于我们计算一个离散栅格里每一个单元的后验概率的技术，而对应于栅格的是环境中一片被障碍物占据的区域。占据栅格地图的优势在于它们不需要依赖任何需要事先定义的特征。再者，它们提供了一种对栅格单元定期的存取和描述未知（未被观测）地域的能力，而这是很重要的，比如，在探索任务中。这种方法的缺点在于潜在的离散化的误差和很高的内存需求。

本节我们始终假设地图 m 包含一个二维离散的栅格，具有 L 个单元，记为 m_1，……，m_L。在位置 $x_{1:t}$ 处，机器人获得的传感器输入是 $z_{1:t}$，占据栅格制图法计算出一个后验概率 $p(m \mid x_{1:t}, z_{1:t})$。

为了使计算简便，整体方法都假设栅格的每一个单元是独立的，即下面的等式成立：

$$p(m \mid x_{1:t}, z_{1:t}) = \prod_{l=1}^{L} p(m_l \mid x_{1:t}, z_{1:t}) \tag{45.1}$$

注意这是一个严格的假设。基本上，它说明的是一个单元被占据与否的信息，并不能告诉我们任何有关其相邻单元的任何信息。实际上我们经常发现超过单个单元的物体，如门、橱和椅子等。因而，如果我们知道一个单元被占据了，它的每一个相邻单元被占据的概率也应升高。尽管有此假设，占据栅格地图成功地应用于很多移动机器人例子里，而在诸如定位和路径规划等不同的导航任务中，被证实为一种强有力的工具。

由于式（45.1）里表达出的独立性假设，我们可以专注于对 m 中的单个单元 m_l 的占据概率进行预测。在附加独立性假设的条件下，给定 $p(m \mid x_{1:t-1}, z_{1:t-1})$ 和在 x_t 处的新观测记录 z_t，我们可以得到如下式以计算单元 m_l 被占据的概率：

$$p(m \mid x_{1:t}, z_{1:t}) = \left[1 + \frac{[1-p(m_l \mid x_t, z_t)]}{p(m \mid x_t, z_t)} \cdot \frac{p(m_l)}{[1-p(m_l)]} \cdot \frac{1-p(m_l \mid x_{1:t-1}, z_{1:t-1})}{p(m_l \mid x_{1:t-1}, z_{1:t-1})}\right]^{-1} \tag{45.2}$$

实际上，我们通常假设先验概率 $p(m_l)=0.5$，这样，式（45.2）乘积中的第二项变为 1，从而在公式中消去。

另外，如果我们定义

$$\text{Odds}(x) = \frac{p(x)}{1-p(x)} \tag{45.3}$$

累积的更新可以由下式来计算：

$$\text{Odds}(m_l \mid x_{1:t}, z_{1:t}) = \text{Odds}(m_l \mid x_t, z_t) \cdot \text{Odds}(m_l)^{-1} \cdot \text{Odds}(m_l \mid x_{1:t-1}, z_{1:t-1}) \tag{45.4}$$

为了从式（45.4）中给出的 Odds 表示法得到占据概率，我们可以使用式（45.5），而该式可以很容易地从（45.3）中推导而来：

$$p(x) = \frac{\text{Odds}(x)}{1+\text{Odds}(x)} \tag{45.5}$$

剩下的工作是如何根据给定的单个观测 z_t 以及对应的机器人姿态 x_t 来计算一个栅格单元的占据概率 $p(m \mid x_t, z_t)$。该计算量强烈地取决于机器人的传感器而必须为每一种传感器分别进行定义。另外，这些模型的参数必须适应于每一个传感器的性质。假设方程 $\text{dist}(x_t, z_t)$ 代表在姿态 x_t 处的传感器和单元 m_l 中心之间的距离。让我们首先假设我们只需考虑传感器锥体的光学轴，比如，由激光测距仪发射的激光束。那么 $p(m_l \mid x_t, z_t)$ 可以表示为

$$p(m_l \mid x_t, z_t) = \begin{cases} p_{\text{prior}}, & z_t \text{ 是最大的距离读数} \\ p_{\text{prior}}, & m_l \text{没有被 } z_t \text{ 覆盖} \\ p_{\text{occ}}, & |z_t - \text{dist}(x_t, m_l)| < \frac{r}{2} \\ p_{\text{free}}, & z_t \geqslant \text{dist}(x_t, m_l) \end{cases} \tag{45.6}$$

式中，r 是栅格地图的分辨率。显然有 $0 \leqslant p_{\text{free}} < p_{\text{prior}} < p_{\text{occ}} \leqslant 1$。

如果使用声呐传感器，传感器模型稍微复杂一些，因为这种传感器不是光束型的，而且观测噪声要比激光传感器的大。实际上，我们通常使用三种方程的混合来表示该模型。首先，观测的影响（表示为 p_{prior} 与 p_{occ}，以及 p_{prior} 与 p_{free} 的区别）随距离的增大而减小。再者，声呐传感器的近似观测信息受噪声影响很大。因而，我们通常使用一个逐个线性方程来对从 p_{free} 到 p_{occ} 的平滑渐变建模。最后，声呐传感器不能使用激光传感器的模型，因为它发射出的是锥形的信号。观测的准确性随被观测单元与观测光学轴的距离变大而降低。准确性的表达由先验概率的推导而来，并通常使用具有零均值的高斯模型。因此，最大的准确性是沿光学轴，而距光学轴越远降低越多[45.2]。

图 45.1 显示了生成模型的两个例子，画出了测量值是 2.0m（图 45.1a）和 2.5m（45.1b）时导致的占据概率的三维绘图。在此图中，传感器锥形的光学轴与坐标系的 x 轴重合，而传感器位于坐标系原点。如图所示，对于距离 x_t 接近于 z_t 的单元，占据概率高。单元的占据概率随着距离减小（短于 z_t）和角度距离的变大而减小。

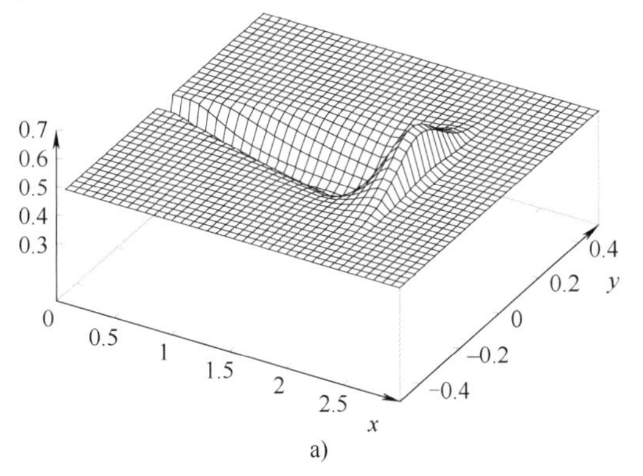

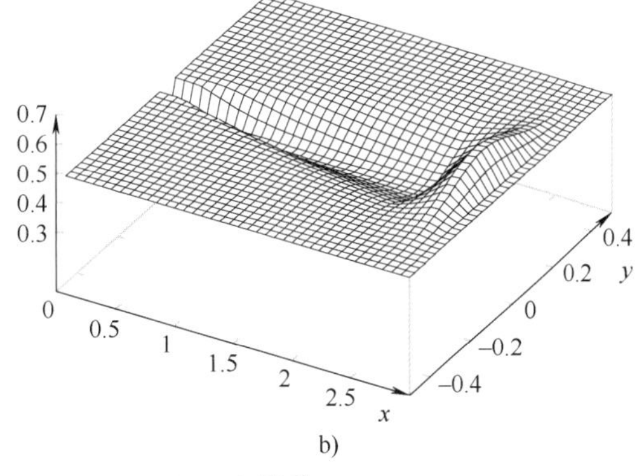

图 45.1 一个单个超声波测量导致的占据概率[45.2]
a) $z=2.0$m b) $z=2.5$m

45

图 45.2 显示了 iRobot 公司出产的一台机器人 B21r 使用一系列观测进行制图的过程。第一行显示出如何使用一系列事先的超声波扫描进行地图构建。之后机器人进行了一系列 18 次超声波扫描，每一次扫描包括 24 组测量值。第 2~7 行显示出这 18 次扫描造成的占据概率。该图的最后一行显示的是将所有的单个观测整合置入地图得到的占据地图栅格。可以看出，概率收敛于一个扫描发生的走廊结构环境的图案。图 45.3 则画出一个由超声波扫描构建的占据栅格地图。

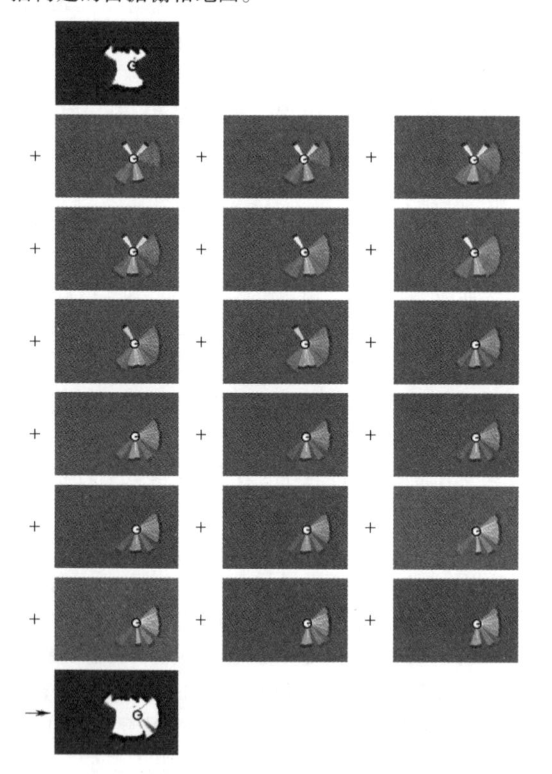

图 45.2　一个走廊环境的渐进地图绘制

注：左上角的画面是初始地图，而最下方的画面则是最后形成的地图。介于两者之间的是由机器人接收到的单个超声波扫描构建的局域地图[45.2]。

图 45.3　由超声波扫描构建的占据栅格地图[45.2]

45.2.2　直线地图

使用直线模型对环境进行表示的方法是对上述基于栅格的近似法的一种常用替代手段。比起那些不使用参数的表示法，直线模型具有几点优势。它们比栅格法需要的内存少得多，因而更适应不同的环境尺寸。因为不会引入离散误差，它们也更加精确。本节，我们考虑使用一系列来自一条直线的点来计算直线方程的问题。如果点的数据使用 n 对笛卡儿坐标（x_i, y_i）给出，那么使到所有点的距离的平方和最小的直线方程可以由下列封闭形给出：

$$\tan 2\phi = \frac{-2\sum_i(\bar{x}-x_i)(\bar{y}-y_i)}{\sum_i[(\bar{y}-y_i)^2-(\bar{x}-x_i)^2]} \tag{45.7}$$

$$r = \bar{x}\cos\phi + \bar{y}\sin\phi \tag{45.8}$$

式中，$\bar{x}=\frac{1}{n}\sum_i x_i$，$\bar{y}=\frac{1}{n}\sum_i y_i$，在这两个等式中，$r$ 是从原点到该直线的法线距离而 ϕ 是法线的角度。

遗憾的是，当数据点是由多条直线构造形成的时候，封闭解不存在。这种情况下会出现两个问题。第一，我们必须知道有几条直线存在；第二是我们必须解决数据结合的问题，即找到属于每一条直线的数据点。一旦直线数目和数据结合的问题得到解决，我们就可以使用式（45.7）和式（45.8）来计算每一条直线的参数。

解决对多线状构造的距离扫描的建模问题，我们有一个流行的方案。这个方案，最早追溯到 Douglas 和 Peucker 的工作[45.3]，也被称为分拆合并算法。关键概念是递归性地将数据点集分为能更准确地近似为一条直线模型的子集。该方案开始于从所有的点计算出一条直线，然后决定距离该直线最远的点。如果该距离小于一个给定的阈值，算法停止并给出找到的直线作为输出结果。否则，将继续计算出距离点集开始和结束的两点形成的直线最远的点。该点因而被称为分拆点。它把点集分拆成两个部分，一部分包括从分拆点到点集开始的点而另一部分包括从分拆点到点集结束的点。算法递归地应用到分拆后的两个子集里直到结束。分拆合并算法应用于一个数据点集的情形如图 45.4 所示。

尽管分拆合并算法很有用也很有效，但是它不能保证最后的结果是优化的，也就是说，最后得到的模型未必使所有点的平方距离最小化。一种可以找到这种优化模型的方案是基于期望最大化（EM）算法的。而在这里描述的应用里，EM 算法可以当

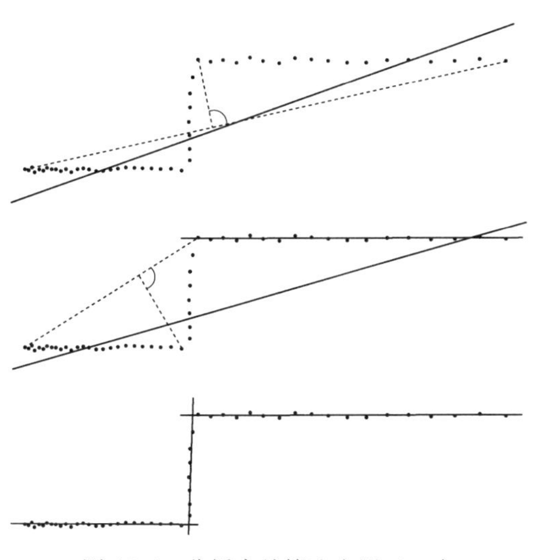

图 45.4 分拆合并算法应用于一个数据点集的情形

作模糊 k 均值聚类算法的一个变体。我们假设在模型 θ 里有 m 条直线已经求解。进一步假设给定包含直线集 $\{\theta_1,\cdots,\theta_m\}$ 的模型 θ 的条件下，一个数据点 $z=(x,y)$ 的似然函数定义为

$$p(z \mid \theta)=\frac{1}{\sqrt{2\pi\sigma}}\exp\left(-\frac{1}{2}\frac{d(z,\theta_k)^2}{\sigma^2}\right) \qquad (45.9)$$

式中，σ 是测量噪声的标准差；θ_k 是距离 z 的欧氏距离 $d(z,\theta_k)$ 最小的直线。

EM 算法的目标是产生具有不断增大可能性的迭代次序模型。为了达到此目标，我们引入一个称为对应性的变量 $c_{ij}\in\{0,1\}$，它指明了每一个点属于某一个模型的直线成员。因为每一个对应性变量的正确数值是未知的，我们必须预测它们的后验概率。假设 θ_j 是模型的一个直线成员，而 z_i 是一次测量。那么 c_{ij}的期待值，也即测量 i 属于直线 j 的概率在 E 步骤（E-steps）中的计算为

$$E[c_{ij} \mid \theta_j,z_i]=p(c_{ij} \mid \theta_j,z_i) \qquad (45.10)$$

$$=\alpha p(z_i \mid c_{ij},\theta_j)p(c_{ij} \mid \theta_j) \qquad (45.11)$$

$$=\alpha' p(z_i \mid \theta_j) \qquad (45.12)$$

在 M 步骤（M-steps）中，算法把在 E 步骤中计算得来的期望值考虑在内，计算模型的参数：

$$\theta_j^*=\arg\min_{\theta_j'}\sum_i\sum_j E[c_{ij} \mid \theta_j,z_i]d^2(z_i,\theta_j') \qquad (45.13)$$

对所有属于 z 的数据点给定固定的方差 σ，我们可以根据下列公式计算出封闭形的具有最大可能性的模型。而这些公式则是式（45.7）和式（45.8）的概率性变形，考虑了在给定 E 步骤计算出的期望值条件下得到的数据结合的不确定因素：

$$\tan 2\phi_j=\frac{-2\sum_i E[c_{ij} \mid \theta_j,z_i](\bar{x}-x_i)(\bar{y}-y_i)}{\sum_i E[c_{ij} \mid \theta_j,z_i][(\bar{y}-y_i)^2-(\bar{x}-x_i)^2]} \qquad (45.14)$$

$$r_j=\bar{x}\cos\phi_j+\bar{y}\sin\phi_j \qquad (45.15)$$

这里，$\bar{x}$ 和 $\bar{y}$ 可用下式来计算：

$$\bar{x}=\frac{\sum_i E[c_{ij} \mid \theta_j,z_i]x_i}{\sum_i E[c_{ij} \mid \theta_j,z_i]},\quad \bar{y}=\frac{\sum_i E[c_{ij} \mid \theta_j,z_i]y_i}{\sum_i E[c_{ij} \mid \theta_j,z_i]} \qquad (45.16)$$

图 45.5 画出了基于 EM 算法从 311823 个数据点抽取的直线地图。在此例中，模型包含 94 条线。决定最优直线的一条途径是使用贝叶斯信息原则[45.4]。

图 45.5 基于 EM 算法[45.4]，从 311823 个数据点产生的包含 94 条线的直线地图

45.2.3 拓扑地图

上述的表示方法主要关注环境的几何构造，与其形成对比的是，拓扑表示法同样受到相当多的关注。有关拓扑地图的一个开创性工作是 1988 年 Kuipers 和 Byun 的成果[45.7]。在此方案中，环境由一个类似于曲线图的结构表示，而其中节点是环境中显著的地方。连接节点的是机器人可以在不同地方之间移动的行进边缘参考 VIDEO 270。这里，特别的地方是由距其附近的物体距离辨认的。特别的地方由 Choset 和 Nagatani 定义为广义维诺（Voronoi）图中的集合点[45.8]，即具有三次或更多次的点。一个广义维诺图是由距离最近的两个或更多个障碍物边际等距的点组成的集合。因为可以考虑使用广义维诺图作为与环境的拓扑性架构具有高度相似性的蓝图，这种图成为一种很常用的环境表示法。它们广泛地应用于路径规划。为了规划出环境中从一个起始点到一个目标点的路径，机器人只需要先规划出一条路径到维诺图中，然后沿着维诺图规划到达目标点的路径[45.8]。图 45.6 显示出一个在室内环境使用广义维诺图的例子。注意在

此图中，只显示了那些可以由机器人穿过而不会与任何物体相撞的图形部分。

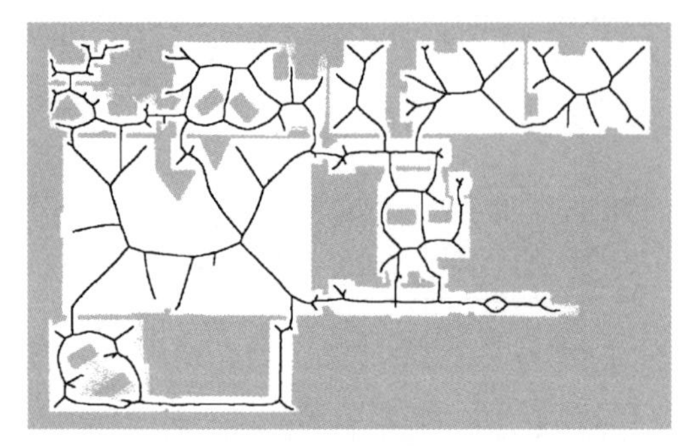

图 45.6 一个使用广义维诺图的例子[45.5]

45.2.4 基于地标的地图

对于具有局部可区分特征的环境，基于地标的地图使用广泛。如果我们假设机器人的位置总是已知的，那么剩下的任务只是维持一个关于各个地标的位置随时间的预测。在平面环境中，m 由 K 个均值为 μ_k、协方差为 Σ_k 的二维高斯函数组成，每一个高斯函数代表一个地标。如果此观测问题的线性化模型已知，那么可以使用扩展卡尔曼滤波器（EKF）的公式对这些高斯函数进行更新。需要注意的是，与使用 EKF 的基于地标的同时定位与建图（SLAM）问题相比，那里我们需要一个（$2K+3$）维的状态向量（机器人的位置为三维而各个地标的位置共需要 $2K$ 维），而这里我们只需要 K 个二维高斯函数来表示整个地图，因为机器人的位置已知。比如，这个属性已经应用于快速 SLAM 算法中[45.6]。在过去的几年里，基于曲线图的 SLAM 范式已经由于它们对运动和测量功能的再线性化成了估算地标地图的流行方法，更多细节见第 46 章。

图 45.7a 显示的是一个装有一颗 SICK 牌激光测距仪的移动机器人对环境中岩石的位置进行地图绘制。而图 45.7b 描述的是机器人的路径，以及由手工绘制的地标位置与自动预测的地标位置的对比。

a) b)

图 45.7 移动机器人地图绘制示例

a）一个移动机器人对环境中岩石的位置进行地图绘制 b）机器人的路径和预测的地标（岩石）位置，而圆圈代表的是人工手绘的岩石位置

45.3 自然环境与地形建模

从一个重点放在室内环境的概率性技术对环境建模的研究[45.9]中，我们可以沿几个方向建立一个分类：度量与拓扑与语义；以机器人为中心与以环境为中心；或是基于应用。我们选择首先回顾纯几何模型（海拔栅格、三维栅格和网格），然后回顾具有低级属性（如成本地图）的几何模型，然后是具有丰富语义属性的模型，最后回顾异构结构和分层制模型。

45.3.1 海拔栅格

假定地形能被描述为函数 $h=f(x,y)$。其中 x 和 y 是参考地点的坐标，并且 h 是相应的海拔信息。一个很自然的表示法是一个包含在离散位置（x_i, y_i）数值 h 的数字海拔地图（图 45.8）。因为海拔地图使用简单的数据结构，而且可以用一种相对直接的方式从传感器数据产生，它广泛地应用于在自然环境中操作的移动机器人。我们指的这种自然环境是不包括具有垂直面和悬挂结构的（比如，星际探索中的情境[45.10]）。对移动机器人使用海拔地图需要解决几个问题。

当传感器数据大致均匀分布在参考面上时，一

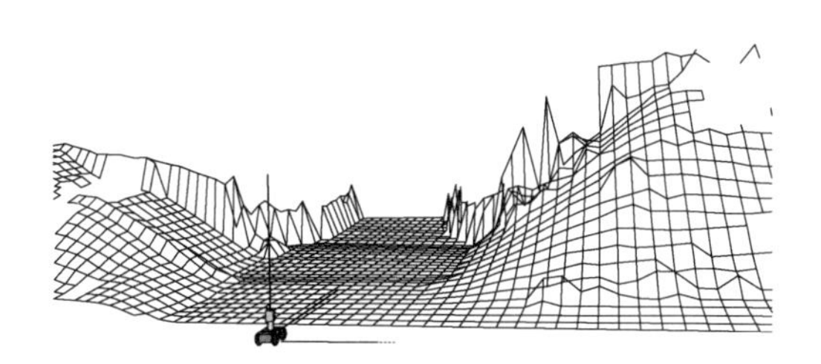

图 45.8 使用来自一个距离传感器的累积三维数据进行海拔地图建制的例子

个均匀采样的栅格模型是合适的。比如，使用航空数据就是这种情况。但是，对于地面机器人来说，因为传感器与参考面形成的入射角较小，数据在参考面上的分布变化剧烈。这个问题可以通过使用变化的单元尺寸，而不是均匀采样的单元尺寸进行解决。在这种情况下，栅格单元在参考面上的分布可以看作近似安装在该参考面上的传感器测量出来的点的分布。对于地图是相对于机器人的当前位置[45.11]（图 45.9）的情况，这种不均匀的表示法具有重要作用。如果地图是位于全局参考系的话，需要进行频繁的采样。

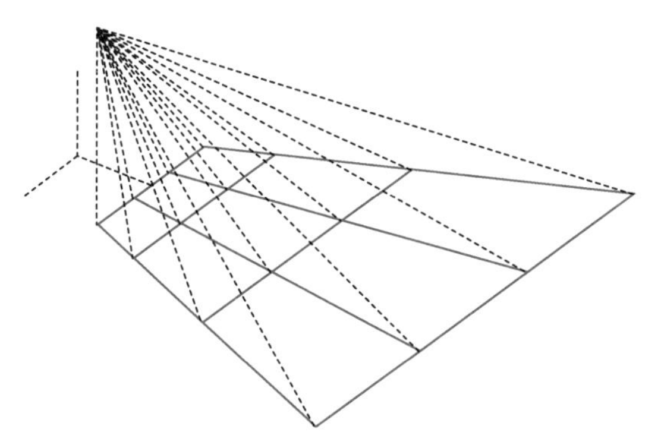

图 45.9 一个具有变化尺寸的以机器人为中心的地图实例[45.11]

无论采用何种采样方案来构建参考栅格，栅格中的数据密度都会因地形表面的局部自我封闭和预期传感器数据的分辨率与栅格的分辨率不匹配而变化。这种不一致会造成麻烦，因为从规划器的角度来看，海拔地图看上去会像散布的具有海拔数据的单元，而有些单元没有数据。预测空白单元海拔的基本要点是对具有已知海拔数据的单元进行插值。实现这种做法必须多加小心，以避免将环境中被地形（距离阴影）遮挡的部分填充了数值，因为这些部分海拔数据是无从得知的。这种错误可能会是灾难性的，因为路径规划器也许会规划出经过完全未知区域的路径。常用的解决途径是使用表面插值技术以包含一个条款，用以允许出现插值结果面的不连续状况[45.12]。其他方案包括使用传感器的几何关系造成的视觉限制，从而预测每一个单元的可能海拔数值[45.13,14]。

插值技术的一个难点是明确地考虑传感器的不确定性。特别是，在一个固定分辨率栅格中，把传感器变化的分辨率当作一个距离的函数是很困难的。一个替代方法是使用具有不同分辨率的多重栅格。在一个特定点（x,y）处的合适的分辨率，取决于从（x,y）到最近处的传感器的位置，从而可以在该分辨率下，取得（x,y）处来自合适地图的数值。通常，距离越远，使用的地图越稀疏。这一途径使用了基于传感器几何关系的优化分辨率[45.15]，从而去除了因为传感器在远距离处的欠采样而造成的地图上的缺口。

传感器测量的不确定性在传感器的坐标系中表达得最自然，比如，沿着测量的方向表示误差。其结果是，将这种误差模型转换为海拔地图变得非常困难，因为沿测量方向的分布对应于一个特定点的参考平面的分布，而不是海拔数值的分布。当根据传感器的输入更新一个单元的数值时，我们必须考虑测量误差因为倾斜角中的误差造成的随距离变大的现象。预测（x,y）处高度 h 的常用办法是使用一个卡尔曼滤波器。如果我们假设 σ 是（x,y）处沿垂直方向的当前测量值 h 的标准差，而 σ_{t-1} 是 h_{t-1} 的标准差，我们可以使用下列公式获得具有标准差 σ_t 的新预测值 h_t：

$$h_t=\frac{\sigma^2 h_{t-1}+\sigma_{t-1}^2 h}{\sigma^2+\sigma_{t-1}^2} \tag{45.17}$$

$$\sigma_t^2=\frac{\sigma_{t-1}^2\sigma^2}{\sigma_{t-1}^2+\sigma^2} \tag{45.18}$$

应对变化的不确定性因素的一个可能解决方案是采用一个模型，使得高度测量的标准差随着距离测量长度的增加而线性增大，如图 45.10 所示。

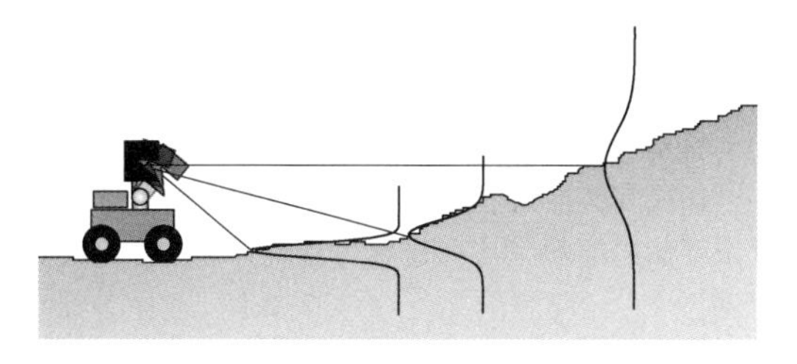

图 45.10 高度测量的标准差可以建模为线性的取决于栅格单元到传感器的距离

45

植被覆盖是恢复地形海拔的另一个误差源，因为它们全部或部分地遮挡了机器人的传感器‘视线’。基于对过去相似地形表面的观察和机器人在地形上的状态以预测机器人前面的地表海拔，在线学习技术可以解决植被覆盖造成遮挡的问题[45.17]。

介于二维海拔地图和完全的三维表示法之间的表示方法，包括延展海拔地图[45.18]和所谓的多重水平表面地图[45.16]。这些方案在具有垂直物体或悬挂体（如桥梁）的地形构造中特别有用（图45.11）。

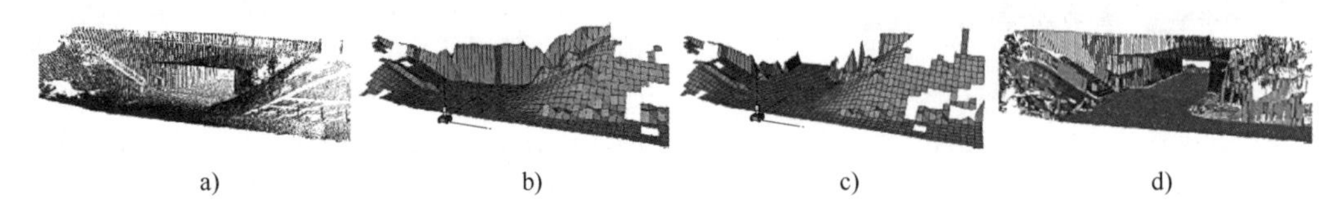

a)　　b)　　c)　　d)

图45.11　不同版本的数字海拔地图[45.16]

a）一个桥梁的扫描（点集）　b）从此数据点集计算出的标准差地图　c）一个正确表示了桥下通道的延展海拔地图　d）一个正确表示了垂直物体高度的多重水平表面地图

45.3.2　三维栅格与点阵

如上所述的海拔地图假设存在一个参考方向。在很多情况下，这种假设是不成立的。另一种方法是直接在三维中表示数据，而不将其投影到参考二维平面上。这样做的优势在于所有传感器数据都可以保留在其初始分布中，并且对环境的几何结构没有限制。图45.12显示了一个使用三维数据点集分类和绘图的示例。在此类点云上运行的SLAM系统[45.19-21]的缺点是既不能对自由空间也不能对未知区域建模，且不能直接处理传感器噪声和动态对象。另一个问题是，非常大的三维点集很难有效处理。点云库[45.22]通过提供基于八叉树的实现，以高效的方式存储和处理大型点云，解决了这个问题。

基于动态三维栅格的数据结构也可用于此目的[45.26]。这些表示法的一个有趣的特点是，它们能够计算从数据的真实局部三维分布评估的成本［与从局部曲面 $z=f(x,y)$ 计算的成本相反］。例如，在植被分散的环境中，这一点很重要，因为分散植被不能建模为曲面。

将占据栅格扩展到密集的三维占据栅格已成功用于使用雷达模拟自然环境[45.24]。为了更有效地维护大型环境的三维表示，也可以使用基于树的表示。特别是，基于八叉树的三维表示已被采用，例如，通过安装在水下航行器上的多个声呐传感器绘制水下洞穴地图[45.23]。这些方法的示例如图45.13所示。

OctoMap方法[45.27]使用八叉树，支持紧凑的内存表示、多分辨率查询和概率占用估计。空间的体积表示允许显式表示自由空间和未知区域。为了利用环境中的层次依赖关系，可以将其扩展为在树结构中维护子映射集合，其中每个节点表示环境的子空间[45.28]。图45.14和 VIDEO 79 显示了一个从激光数据获取并由OctoMap构建的室外地图示例。

a)

b)

图45.12　三维数据点集分类和绘图的示例

a）三维数据和分类结果（绿色=植被，红色=表面，蓝色=线条；颜色的饱和度与分类结果的可信度成正比）　b）累积了大量扫描的地图

OctoMap 框架已成功用于各种任务，包括飞行器自主导航[45.29]、多层次室内环境中的仿人导航[45.30]，以及在杂乱环境中的移动操作[45.31,32]，其中规划路径需要体积信息。

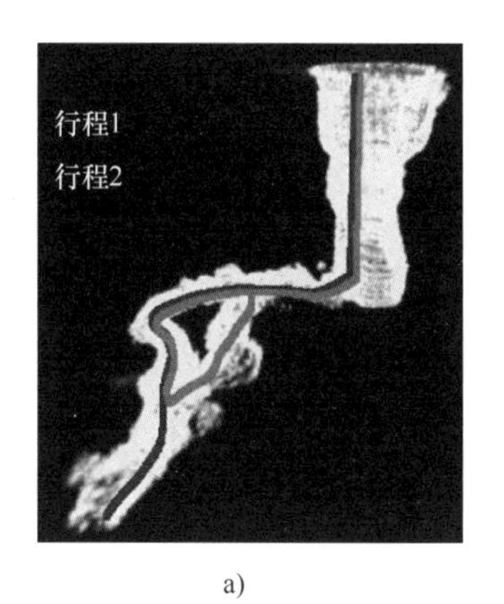

a)

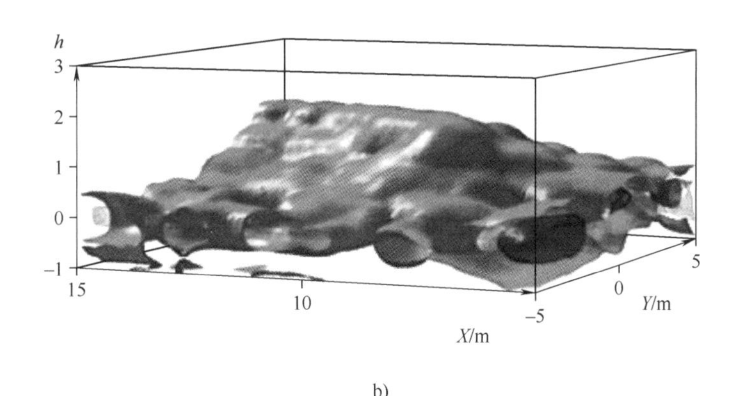

b)

图 45.13 一个自然环境的容积地图的示例

a）一个水下洞穴的地图 b）描绘了来自一个雷达的地形地图

图 45.14 以 0.2m 分辨率（场景大小：292m×167m×28m）表示室外环境的八叉树结果[45.25]

注：为清晰起见，仅显示占用的体积，高度通过颜色（灰度）编码可视化。

在上述的方案中，数据点阵有些时候以概率性的方式累积形成环境重建模型。一个使用离散的传感器采样进行环境重建的方法是将数据概率性融合成米制地图[45.33]。这种方法与占据栅格在几个方面存在不同：存储要求和分辨率是渐变的而不是固定的，可延展的可能性也更大。

45.3.3 网格

如上所述，海拔地图简便而易于实现，但是它们只适用于特定类型的地形；其他的极端情况是，直接使用三维表示法更具一般性但计算量也更大，而且也不能明确地表示表面的连续性。折中的方案是使用网格表示地图。这种方案的吸引力在于，理论上，它可以表示任何混合的表面。同时它也是一种简洁的表示方法。尽管网格的初始尺寸可能很大，我们可以在参考文献中发现有效的网格简化算法[45.34]，可以将表示地图的顶点数目缩小。

网格的关键问题是，在复杂环境中，从原始数据抽取正确的表面可能会很困难。特别是，数据被传感器噪声和来自其他不能表示为连续表面的来源（如植被）的随机零散物所污染。另外，有必要对数据中不连续的地方准确检查，这样表面不连续的块就不会在网格信息处理过程中被意外地连接[45.18]。图45.15显示的是一个城市环境的网格表示。

在一些应用中，目标不是生成支持自动驾驶的地形模型，而是生成人类可以查看的模型。城市规划就是这样一种典型应用。范例包括使用相机视频图像产生城市环境的三维结构模型，而相机安装在装配有惯性导航系统的移动车辆上[45.35]（VIDEO 269）；使用两个推扫式激光扫描仪，一个用于绘图而另一个用于定位[45.36]，并使用一个与绘图激光器配准的相机采集高分辨率的激光数据和图像，从而为建筑物生成几何和光度都正确的三维模型[45.37]。图45.16所示为使用纹理化网格表示的城市地形模型示例。

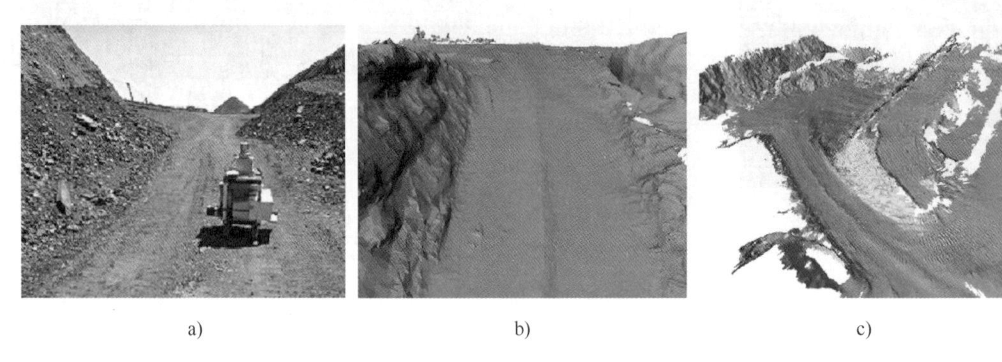

a)　b)　c)

图45.15　一个城市环境的网格表示

a）城市环境　b）观测面一　c）观测面二

注：一个用网格表示的地图的两个不同观测面。网格的获得是通过对环境的扫描（网格只使用了原始数据采样的十分之一）。

a)

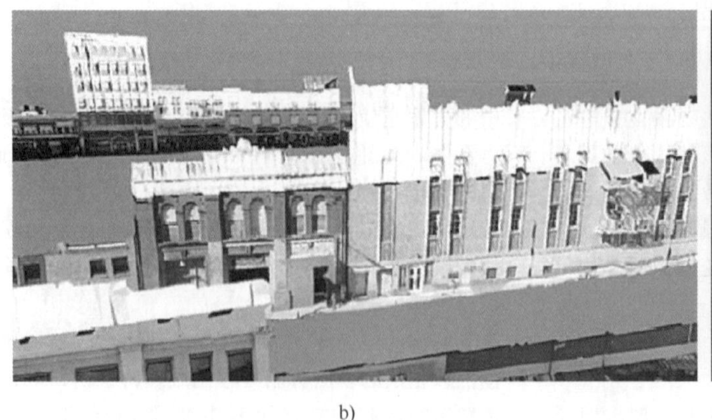

b)　c)

图45.16　使用纹理化网格表示的城市地形模型示例

a）来自参考文献［45.35］　b）来自参考文献［45.37］　c）来自参考文献［45.36］

45.3.4 成本地图

海拔地图最直接的用处是计算栅格中每一个单元的通过成本。成本的计算是通过比较当地的地形形状和机器人的动力学模型。研究者们已经推出了几种方案以根据准确的机器人模型计算通过成本。比如，一种方案通过考虑局域斜坡和地形的三维纹理来计算[45.38]。更多的模型用到机器人详细的动力学模型。在这种情况下，针对机器人的不同速度和地图上不同的路径弯曲度，计算出不同的通过成本。成本栅格被用于一个最小成本规划器（VIDEO 271）。因为当机器人穿越环境时，地形地图在不断更新中，有必要在新的数据到来时，对通过成本时时更新。然后，很重要的一点是规划器可以使用变动的成本，从而不需要在新的数据到来时重新处理整个栅格。

这种栅格表示法和动态规划的混合使用的一个例子是 $D*$ 系统，它使用 $A*$ 的一个版本并完全支持动态栅格更新[45.39-41]。当任何时候，一个栅格单元（或一组栅格单元）进行了更新，规划器对其内部表示进行最小化更新从而使得优化的路径可以迅速更新。

对成本与存储于栅格中的海拔数据之间的关系进行准确定义可能会很难。实际上，除了大的海拔梯度或大坡度等极端情况之外，我们没有多少依据来决定为什么地形的某一部分比另一部分更容易通过，因为这种依据很大程度上取决于机器人的准确配置。正因为如此，最近的研究工作集中在直接从观察中推导出成本地图，而不是使用手工的算法。一个方案牵涉到学习融合一系列事先确定的成本的最佳权重。另一个方案使用从其他来源计算出的成本来推断如何决定机器人当前看到的地形的成本。比如，空中的视觉信息可用以预测被一个地面机器人使用的地形的通行成本[45.42]（图 45.17），

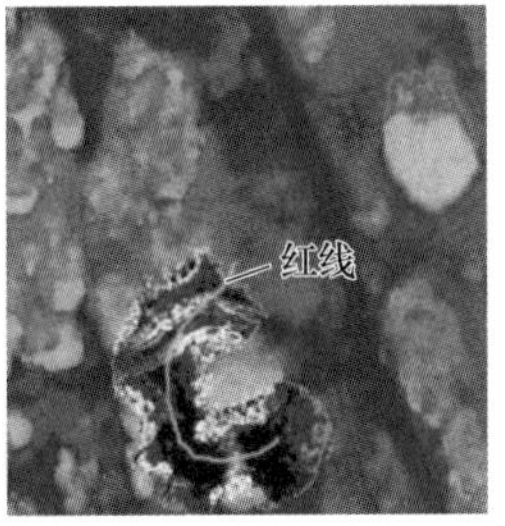

图 45.17 在线成本学习的例子[45.42]

注：机器人的路径用红线表示。注意在机器人行进过程中成本的变化。颜色越暗，成本越小。

或者通过分析机器人实际穿过地形的路径以学习将局域海拔信息分配为成本数据。类似的在线学习算法用以预测地形崎岖度[45.43]、地形滑移度[45.44]或者成本地图中的总体通过性[45.45,46]。

45.3.5 语义属性

上述的表示法考虑的仅仅是如何简洁地存储数据并能用于估计地形可通过性的成本。有时候必须考虑有关环境的更高层次的认知，比如，机器人周围物体的位置和种类或者环境中地形的类型（植被、泥沼、墙面）。为方便起见，我们选择的这种信息是附加在环境中不同部位的语义属性。有几种不同的途径来产生和表示语义属性。一种可能的途径是从环境中抽取地标。与室内环境相应的，室外环境也可以使用地标进行建模。地标的定义广泛，可以是景象中容易探测的元素，在环境中特别显眼而且容易辨认。它们可以是特殊的物体，如岩石[45.47]、森林中的树干[45.48]或者城市环境中[45.49,50]或自然环境中[45.51]外表在二维或三维表示法里有特征的位置。地标可以用以构建环境的拓扑表示或者与米制方法联合使用。最近的研究成果就包括了在不预先指定什么物体是地标的条件下学习环境的一种简练表示法[45.52,53]，以及使用统计学习技术[45.54]从图像中提取新的特征。还有一些研究中，使用非线性降维技术以获得环境的表示，其结果在地面机器人和飞行机器人上得到了展现（图 45.18）。

语义问题也被看作分类组合问题。确实，前几节里描述的地图表示法是较低水平的，因为它们没有试图将数据点组合到更大的结构中。这些结构从几何关系、地形类型或语义内容来说更具有一致性。实际上，我们也许会想要将数据归纳为更大的单元，从而可以用于规划器或者传输给另一个机器人或操作员。比如，在城市环境中，我们想要将对应于墙面属于平面的部分数据分组。图 45.19 显示了这样一个例子。

一种方案是将三维点分组为基于较低水平分类和特征探测的元素[45.58]。研究人员对这些元素的形状做进一步分析以区分成不同的自然物体元素（树干、树枝）和人工障碍物（电线）。他们将几何元素匹配到这些物体上（地面匹配成网格、植被匹配成树形球、树枝匹配成圆柱体），从而给出有关地形的更高级别的、简练的几何描述。

局域地形分类可以通过从地图中计算出局域特征并将地图中的每一个元素分类成地形的不同类别

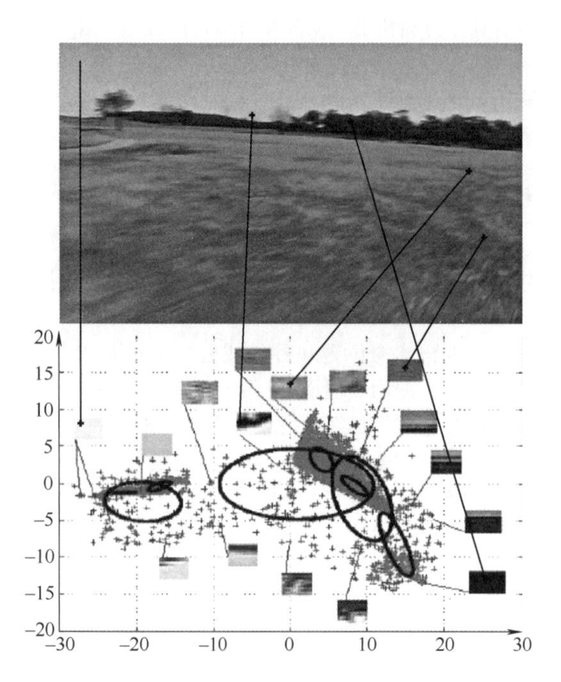

图 45.18 一个样本图像，其中随机采样的高维图像块嵌入到低维表示里面[45.53]

图 45.19 地形分类以及几何特征的提取（三维数据在左边显示，而特征地图与提取的平面和植被在右边显示[45.55]）

来完成。这可以利用海拔地图完成。在这种情况下，元素是海拔地图的单元格；或者利用点阵表示法完成，在这种情况下，元素则是三维位置。给定地图中的一个位置 x，从 x 的邻域 $N(x)$ 中计算出一个特征向量 $\boldsymbol{V}(x)$，而一个分类函数 $f(V)$ 则返回在 x 处的地形类型。过去用到的特征是围绕每一个元素的地图数据的随机分布，比如斜坡和海拔分布[45.59]，以及三维点在其邻域中分布的二阶矩[45.58]。地形的分类取决于应用。最直接的分类方案使用一个二进制分类器将地形分为障碍物区域和可通过区域。更深层次的分类器将地图区分为更多的类别，像植被、固定表面和线性结构[45.13,58,60]；其中的一个例子如图 45.12 所示。在某些情况下，有可能在地图中每一个数据元素 x 中存储对此元素进行测量的方向。这种情况下，有可能利用对测量光束 $d(x)$ 与地图其他部分的交界的分析，进行分类的细化。例如，这种类型的几何分析[45.61]已经应用于恢复被植被遮挡的路面[45.51,62,63]，以及抽取负值的障碍物[45.64]（如沟槽）。在所有这些情况下，分类信息不能直接由局域统计获取，而必须从长距离几何推导中得来。

这类针对局域特征分类的方案与从图像中抽取特征的方案相似，也受到相似性的限制。特别是，这些表示法对用以计算特征的邻域的选择很敏感。如果邻域太大，来自一大片区域的信息被平均，会导致比较差的分类性能。如果太小，在邻域内没有足够的信息来提供可靠的分类。由于地图的分辨率，或更准确地讲，地图中数据点的密度，可能随着与传感器的距离变化而剧烈变化，这使得情况变得更加复杂。这个问题的解决可以通过在地图不同位置使用不同邻域尺寸，或者根据地图位置来调节分类器，通常基于距离传感器的远近[45.15,65]。第二个问题是生成分类器函数 f。这个问题的解决可以通过使用一个物理模型来预测地图中局域数据分布的统计量，根据的假设是不同的地形类型[45.66]。通常这种方案比较困难，而比较易于接受的方案是使用训练数据来训练分类器。

这种水平的分类提供了有关地形的局域类型的信息，可以用以规划，但它没有提取可能存在于环境中的延伸的几何结构（图 45.19）。几何结构诸如平面小块可以使用类似于在室内环境的背景中介绍的方法（如 EM）进行提取。但是增加的难度在于室外环境存在大量的散落物，从而使这些平面小块的抽取变得复杂。通常人们使用可以处理这种级别的散落物的鲁棒技术进行抽取[45.67,68]。

基于局域属性的分类可以通过考虑背景信息得以大幅度的改进。比如，隐藏马尔可夫（Markov）模型就成功地用于激光数据的分析以决定地形的可通过性[45.69]。另一类基于马尔可夫随机域的结构学习方案与边缘最大化原则的结合具有广泛的应用，包括三维地形分类和物体分段[45.56]，或构建结构抽取[45.57]（图 45.20）。最后，还有一些方法针对机器人的定位和环境建图，用于自动探测、选择、建模和辨认自然地标[45.47]。

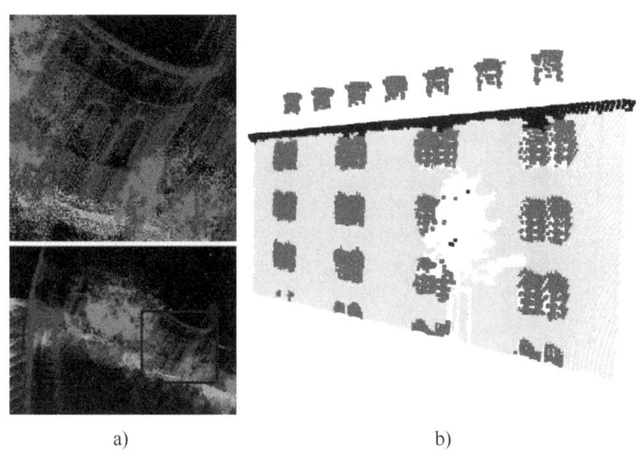

a) b)

图 45.20 基于马尔可夫随机域的结构学习方案与边缘最大化原则的结合示例

a）针对地形分类的结构学习[45.56] b）构建特征抽取[45.57]

45.3.6 异构结构与分层模型

为了进行远距离导航，一辆自动驾驶交通工具必须执行一系列任务，包括绝对和相对定位、路径规划和反应式障碍物规避。另外，它还必须执行一些工作以完成要求的任务，如探测物体并建模等。为了达到这个目标，研究人员开发了分层制框架以应付需要的表示法的不同比例和间隔尺寸[45.59]。更进一步，从异构结构的图像源（空中、斜坡和地面上）构建的模型以应用于生成支持火星探索的三维多分辨率地形模型[45.70]。混合米制地图[45.71]，使用米制地图来增强特征地图，提供了一个密集但简洁的环境表示法。另一种表示法基于激光/图像表征和一个米制地图来提取地标[45.72]。

45.4 动态环境

大多数的地图绘制技术是为静态环境开发的。有些方案（如占据栅格或海拔地图）本质上可以应付物体在其中移动的动态环境。占据栅格的缺点在于当一个栅格单元空了的时候需要时间去忘记该栅格之前的状态。而海拔地图的缺点在于一个地点海拔的改变需要机器人接收到与该地点被占据时同样多的信息。为了解决这些问题，几种替代方案已经被提出。一个非常流行的技术是使用基于特征的追踪算法来追踪移动的物体[45.73,74]。当被追踪的动态物体的类型已知的时候，这种算法特别有效。这种技术已经成功地应用于从距离数据学习三维城市地图的情景中。如图 45.21 和图 45.22 所示，是从城市情景中的移动机器人获得的三维数据中，移除动态物体的应用。这种追踪计算的替代方案包括在不同时间比例上学习地图[45.75]，显示学习动态环境的不同状态[45.76,77]，或只对静态物体进行地图绘制[45.78]（VIDEO 270）。

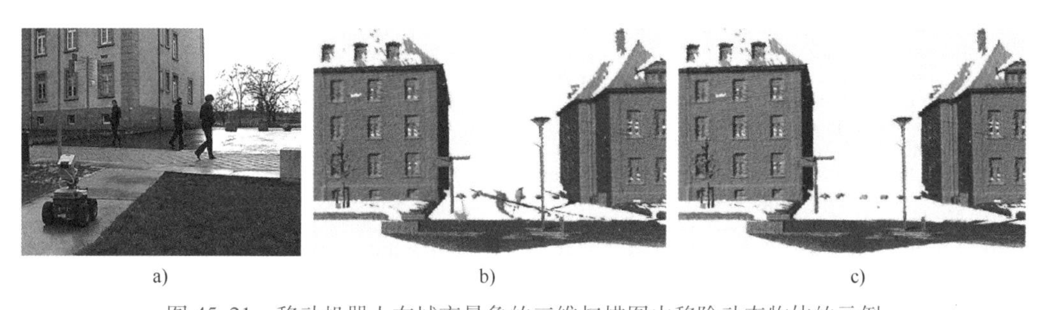

a) b) c)

图 45.21 移动机器人在城市景象的三维扫描图中移除动态物体的示例

a）一个移动机器人正在获取一幅城市景象的三维扫描图 b）景象中的人造成了结果网格中的错误数据点

c）同一幅景象（人被滤除的效果）

图 45.22 一幅由移动机器人获得的复杂三维景象（滤除了动态物体之后的效果）[45.74]

45.5 结论与延展阅读

有关经典表示法以及如何将这些表示法应用于移动机器人导航的深入阅读，可以参见最近有关移动机器人的专著[45.2,79,80]。针对空间数据结构的基础知识及其应用的一项系统研究可以在 Samet 的著作中找到[45.81]。

视频文献

VIDEO 79 OctoMap visualization
available from http://handbookofrobotics.org/view-chapter/45/videodetails/79

VIDEO 269 3-D textured model of urban environments
available from http://handbookofrobotics.org/view-chapter/45/videodetails/269

VIDEO 270 Service robot navigation in urban environments
available from http://handbookofrobotics.org/view-chapter/45/videodetails/270

VIDEO 271 Learning navigation cost grids
available from http://handbookofrobotics.org/view-chapter/45/videodetails/271

参考文献

45.1 H.P. Moravec, A.E. Elfes: High resolution maps from wide angle sonar, Proc. IEEE Int. Conf. Robotics Autom. (ICRA) (1985)

45.2 H. Choset, K. Lynch, S. Hutchinson, G. Kantor, W. Burgard, L. Kavraki, S. Thrun: *Principles of Robot Motion: Theory, Algorithms and Implementation* (MIT Press, Cambridge 2005)

45.3 D.H. Douglas, T.K. Peucker: Algorithms for the reduction of the number of points required to represent a line or its caricature, Cdn. Cartogr. **10**(2), 112–122 (1973)

45.4 D. Sack, W. Burgard: A comparison of methods for line extraction from range data, Proc. IFAC Symp. Intell. Auton. Veh. (IAV) (2004)

45.5 P. Beeson, N.K. Jong, B. Kuipers: Towards autonomous topological place detection using the extended Voronoi graph, Proc. IEEE Int. Conf. Robotics Autom. (ICRA) (2005)

45.6 M. Montemerlo, S. Thrun, D. Koller, B. Wegbreit: FastSLAM: A factored solution to the simultaneous localization and mapping problem, Proc. Nat. Conf. Artif. Intell. (AAAI) (2002)

45.7 B.J. Kuipers, Y.-T. Byun: A robust qualitative method for spatial learning in unknown environments, Proc. Nat. Conf. Artif. Intell. (AAAI) (1988)

45.8 H. Choset, K. Nagatani: Topological simultaneous localization and mapping (SLAM): Toward exact localization without explicit localization, IEEE Trans. Robotics Autom. **17**(2), 125–137 (2001)

45.9 S. Thrun: Robotic mapping: A survey. In: *Exploring Artificial Intelligence in the New Millenium*, ed. by G. Lakemeyer, B. Nebel (Morgan Kaufmann, San Diego 2003)

45.10 M. Maimone, P. Leger, J. Biesiadecki: Overview of the Mars exploration rovers' autonomous mobility and vision capabilities, Proc. IEEE Int. Conf. Robotics Autom. (ICRA) (2007)

45.11 S. Lacroix, A. Mallet, D. Bonnafous, G. Bauzil, S. Fleury, M. Herrb, R. Chatila: Autonomous rover navigation on unknown terrains: functions and integration, Int. J. Robotics Res. **21**(10–11), 917–942 (2002)

45.12 R. Olea: *Geostatistics for Engineers and Earth Scientists* (Kluwer, Boston 1999)
45.13 A. Kelly, A. Stentz, O. Amidi, M. Bode, D. Bradley, A. Diaz-Calderon, M. Happold, H. Herman, R. Mandelbaum, T. Pilarki, P. Rander, S. Thayer, N. Vallidi, R. Warner: Toward reliable off road autonomous vehicles operating in challenging environments, Int. J. Robotics Res. **25**(5–6), 449–483 (2006)
45.14 I.S. Kweon, T. Kanade: High-resolution terrain map from multiple sensor data, IEEE Trans. Pattern Anal. Mach. Intell. **14**(2), 278–292 (1992)
45.15 M. Montemerlo, S. Thrun: A multi-resolution pyramid for outdoor robot terrain perception, Proc. AAAI Nat. Conf. Artif. Intel., San Jose (2004)
45.16 R. Triebel, P. Pfaff, W. Burgard: Multi-level surface maps for outdoor terrain mapping and loop closing, Proc. IEEE/RSJ Int. Conf. Intell. Robotics Syst. (IROS) (2006)
45.17 C. Wellington, A. Courville, A. Stentz: A generative model of terrain for autonomous navigation in vegetation, Int. J. Robotics Res. **25**(12), 1287–1304 (2006)
45.18 P. Pfaff, R. Triebel, W. Burgard: An efficient extension to elevation maps for outdoor terrain mapping and loop closing, Int. J. Robotics Res. **26**(2), 217–230 (2007)
45.19 D.M. Cole, P.M. Newman: Using laser range data for 3D SLAM in outdoor environments, Proc. IEEE Int. Conf. Robotics Autom. (ICRA) (2006)
45.20 A. Nüchter, K. Lingemann, J. Hertzberg, H. Surmann: 6D SLAM – 3D mapping outdoor environments: Research articles, J. Field Robotics **24**(8–9), 699–722 (2007)
45.21 J. Elseberg, D. Borrmann, A. Nüchter: Efficient processing of large 3D point clouds, Proc. 23rd Int. Symp. Infor. Commun. Autom. Technol. (ICAT) (2011)
45.22 R.B. Rusu, S. Cousins: 3D is here: Point cloud library (PCL), Proc. IEEE Int. Conf. Robotics Autom. (ICRA) (2011)
45.23 N. Fairfield, G. Kantor, D. Wettergreen: Real-time SLAM with octree evidence grids for exploration in underwater tunnels, J. Field Robotics **24**(1), 3–21 (2007)
45.24 A. Foessel: Scene Modeling from Motion-Free Radar Sensing, Ph.D. Thesis (Carnegie Mellon Univ., Pittsburgh 2002)
45.25 K.M. Wurm, A. Hornung, M. Bennewitz, C. Stachniss, W. Burgard: OctoMap: A probabilistic, flexible, and compact 3D map representation for robotic systems, Proc. ICRA Workshop Best Pract. 3D Percept. Model. Mob. Manip. (2010)
45.26 J.-F. Lalonde, N. Vandapel, M. Hebert: Data structure for efficient processing in 3-D, Proc. Robotics Sci. Syst., Vol. I (2005) p. 48
45.27 A. Hornung, K.M. Wurm, M. Bennewitz, C. Stachniss, W. Burgard: OctoMap: An efficient probabilistic 3D mapping framework based on octrees, Auton. Robots **34**(3), 189–206 (2013)
45.28 K.M. Wurm, D. Hennes, D. Holz, R.B. Rusu, C. Stachniss, K. Konolige, W. Burgard: Hierarchies of octrees for efficient 3D mapping, Proc. IEEE/RSJ Int Conf. Intell. Robots Syst. (IROS) (2011)
45.29 L. Heng, L. Meier, P. Tanskanen, F. Fraundorfer, M. Pollefeys: Autonomous obstacle avoidance and maneuvering on a vision-guided MAV using onboard processing, Proc. IEEE Int. Conf. Robotics Autom. (ICRA) (2011)
45.30 S. Oßwald, A. Hornung, M. Bennewitz: Improved proposals for highly accurate localization using range and vision data, Proc. IEEE/RSJ Int. Conf. Intell. Robots Syst. (IROS) (2012)
45.31 M. Ciocarlie, K. Hsiao, E.G. Jones, S. Chitta, R.B. Rusu, I.A. Sucan: Towards reliable grasping and manipulation in household environments, Int. Symp. Exp. Robotics (ISER) (2010)
45.32 A. Hornung, M. Phillips, E.G. Jones, M. Bennewitz, M. Likhachev, S. Chitta: Navigation in three-dimensional cluttered environments for mobile manipulation, Proc. IEEE Int. Conf. Robotics Autom. (ICRA) (2012)
45.33 J. Leal: Stochastic Environment Representation, Ph.D. Thesis (Univ. of Sydney, Sydney 2003)
45.34 P. Heckbert, M. Garland: Optimal triangulation and quadric-based surface simplification, J. Comput. Geom. Theory Appl. **14**(1-3), 49–65 (1999)
45.35 A. Akbarzadeh: Towards urban 3d reconstruction from video, Proc. Int. Symp. 3D Data Vis. Transm. (2006)
45.36 C. Frueh, S. Jain, A. Zakhor: Data processing algorithms for generating textured 3d building facade meshes from laser scans and camera images, Int. J. Comput. Vis. **61**(2), 159–184 (2005)
45.37 I. Stamos, P. Allen: Geometry and texture recovery of scenes of large scales, Comput. Vis. Image Underst. **88**, 94–118 (2002)
45.38 D. Gennery: Traversability analysis and path planning for a planetary rover, Auton. Robotics **6**, 131–146 (1999)
45.39 D. Ferguson, A. Stentz: The delayed D* algorithm for efficient path replanning, Proc. IEEE Int. Conf. Robotics Autom. (ICRA) (2005)
45.40 D. Ferguson, A. Stentz: Field D*: An interpolation-based path planner and replanner, Proc. Int. Symp. Robotics Res. (ISRR) (2005)
45.41 M. Likhachev, D. Ferguson, G. Gordon, A. Stentz, S. Thrun: Anytime dynamic A*: An anytime, replanning algorithm, Proc. Int. Conf. Autom. Plan. Sched. (ICAPS) (2005)
45.42 B. Sofman, E. Lin, J. Bagnell, J. Cole, N. Vandapel, A. Stentz: Improving robot navigation through self-supervised online learning, J. Field Robotics **23**(12), 1059–1075 (2006)
45.43 D. Stavens, S. Thrun: A self-supervised terrain roughness estimator for off-road autonomous driving, Uncertainty Artif. Intell., Boston (2006)
45.44 A. Angelova, L. Matthies, D. Helmick, P. Perona: Slip prediction using visual information, Robotics Sci. Syst., Philadelphia (2006)
45.45 D. Kim, J. Sun, S. Oh, J. Rehg, A. Bobick: Traversability classification using unsupervised online visual learning for outdoor robot navigation, Proc. IEEE Int. Conf. Robotics Autom. (ICRA) (2006)
45.46 S. Thrun, M. Montemerlo, A. Aron: Probabilistic terrain analysis for high-speed desert driving, Robotics Sci. Syst. (2005)
45.47 R. Murrieta-Cid, C. Parra, M. Devy: Visual navigation in natural environments: From range and color data to a landmark-based model, Auton. Robotics

13(2), 143–168 (2002)
45.48 D. Asmar, J. Zelek, S. Abdallah: Tree trunks as landmarks for outdoor vision SLAM, Proc. Conf. Comp. Vis. Pattern Recogn. Workshop (2006)
45.49 I. Posner, D. Schroeter, P. Newman: Using scene similarity for place labelling, Int. Symp. Exp. Robotics (2006)
45.50 A. Torralba, K.P. Murphy, W.T. Freeman, M.A. Rubin: Context-based vision system for place and object recognition, Proc. IEEE Int. Conf. Comput. Vis. (ICCV) (2003)
45.51 D. Bradley, S. Thayer, A. Stentz, P. Rander: *Vegetation Detection for Mobile Robot Navigation, Tech. Rep. CMU-RI-TR-04-12* (Carnegie Mellon Univ., Pittsburgh 2004)
45.52 S. Kumar, J. Guivant, H. Durrant-Whyte: Informative representations of unstructured environments, Proc. IEEE Int. Conf. Robotics Autom. (ICRA) (2004)
45.53 S. Kumar, F. Ramos, B. Douillard, M. Ridley, H. Durrant-Whyte: A novel visual perception framework, Proc. 9th Int. Conf. Control Autom. Robotics Vis. (ICARCV) (2006)
45.54 F. Ramos, S. Kumar, B. Upcroft, H. Durrant-Whyte: Representing natural objects in unstructured environments, NIPS Workshop Mach. Learn. Robotics (2005)
45.55 C. Pantofaru, R. Unnikrishnan, M. Hebert: Toward generating labeled maps from color and range data for robot navigation, Proc. IEEE/RSJ Int. Conf. Intell. Robotics Syst. (2003)
45.56 D. Anguelov, B. Taskar, V. Chatalbashev, D. Koller, D. Gupta, G. Heitz, A. Ng: Discriminative learning of Markov random fields for segmentation of 3D scan data, Proc. Conf. Comp. Vis. Pattern Recogn. (CVPR) (2005)
45.57 R. Triebel, K. Kersting, W. Burgard: Robust 3D scan point classification using associative Markov networks, Proc. IEEE Int. Conf. Robotics Autom. (ICRA) (2006)
45.58 J.F. Lalonde, N. Vandapel, D. Huber, M. Hebert: Natural terrain classification using three-dimensional ladar data for ground robot mobility, J. Field Robotics **23**(10), 839–861 (2006)
45.59 M. Devy, R. Chatila, P. Fillatreau, S. Lacroix, F. Nashashibi: On autonomous navigation in a natural environment, Robotics Auton. Syst. **16**(1), 5–16 (1995)
45.60 R. Manduchi, A. Castano, A. Talukder, L. Matthies: Obstacle detection and terrain classification for autonomous off-road navigation, Auton. Robotics **18**(1), 81–102 (2005)
45.61 D. Huber, M. Hebert: 3D modeling using a statistical sensor model and stochastic search, Proc. IEEE Conf. Comput. Vision Pattern Recogn. (CVPR) (2003) pp. 858–865
45.62 S. Balakirsky, A. Lacaze: World modeling and behavior generation for autonomous ground vehicles, Proc. IEEE Int. Conf. Robotics Autom. (ICRA) (2000)
45.63 A. Lacaze, K. Murphy, M. Delgiorno: Autonomous mobility for the demo III experimental unmanned vehicles, Proc. AUVSI Int. Conf. Unmanned Veh. (2002)
45.64 P. Bellutta, R. Manduchi, L. Matthies, K. Owens, A. Rankin: Terrain perception for demo III, Proc. Intell. Veh. Symp. (2000)
45.65 J.F. Lalonde, R. Unnikrishnan, N. Vandapel, M. Hebert: Scale selection for classification of point-sampled 3D surfaces, Proc. 5th Int. Conf. 3-D Digital Imaging Model. (3DIM) (2005)
45.66 J. Macedo, R. Manduchi, L. Matthies: Ladar-based discrimination of grass from obstacles for autonomous navigation, Proc. 7th Int. Symp. Exp. Robotics (ISER) (2000)
45.67 H. Chen, P. Meer, D. Tyler: Robust regression for data with multiple structures, Proc. IEEE Int. Conf. Comput. Vis. Pattern Recogn. (CVPR) (2001)
45.68 R. Unnikrishnan, M. Hebert: Robust extraction of multiple structures from non-uniformly sampled data, Proc. IEEE/RSJ Int. Conf. Intell. Robotics Syst. (IROS) (2003)
45.69 D. Wolf, G. Sukhatme, D. Fox, W. Burgard: Autonomous terrain mapping and classification using hidden Markov models, Proc. IEEE Int. Conf. Robotics Autom. (ICRA) (2005)
45.70 C. Olson, L. Matthies, J. Wright, R. Li, K. Di: Visual terrain mapping for Mars exploration, Comput. Vis. Underst. **105**, 73–85 (2007)
45.71 J. Nieto, J. Guivant, E. Nebot: The hybrid metric maps (hymms): A novel map representation for denseSLAM, Proc. IEEE Int. Conf. Robotics Autom. (ICRA) (2004)
45.72 F. Ramos, J. Nieto, H. Durrant-Whyte: Recognising and modelling landmarks to close loops in outdoor SLAM, Proc. IEEE Int. Conf. Robotics Autom. (ICRA) (2007)
45.73 D. Hähnel, D. Schulz, W. Burgard: Mobile robot mapping in populated environments, Adv. Robotics **17**(7), 579–598 (2003)
45.74 C.-C. Wang, C. Thorpe, S. Thrun: Online simultaneous localization and mapping with detection and tracking of moving objects: Theory and results from a ground vehicle in crowded urban areas, Proc. IEEE Int. Conf. Robotics Autom. (ICRA) (2003)
45.75 P. Biber, T. Duckett: Dynamic maps for long-term operation of mobile service robots, Proc. Robotics Sci. Syst. (2005)
45.76 D. Meyer-Delius, J. Hess, G. Grisetti, W. Burgard: Temporary maps for robust localization in semistatic environments, Proc. IEEE/RSJ Int. Conf. Intell. Robots Syst. (IROS), Taipei (2010)
45.77 C. Stachniss, W. Burgard: Mobile robot mapping and localization in non-static environments, Proc. Nat. Conf. Artif. Intell. (AAAI), Pittsburgh (2005)
45.78 D. Hähnel, R. Triebel, W. Burgard, S. Thrun: Map building with mobile robots in dynamic environments, Proc. IEEE Int. Conf. Robotics Autom. (ICRA) (2003)
45.79 R. Siegwart, I. Nourbakhsh: *Introduction to Autonomous Mobile Robots* (MIT Press, Cambridge 2001)
45.80 S. Thrun, W. Burgard, D. Fox: *Probabilistic Robotics* (MIT Press, Cambridge 2005)
45.81 H. Samet: *Foundations of Multidimensional and Metric Data Structures* (Elsevier, Amsterdam 2006)

第 46 章

同步定位与建图

Cyrill Stachniss，John J. Leonard，Sebastian Thrun

本章全面介绍了同步定位与建图（Simultaneous Localization and Mapping，SLAM）。SLAM 主要用于解决机器人在未知环境行进导航中的感知问题。在环境中行进时，机器人会试图获取当地地图，并同时希望在此地图中实现自我定位。SLAM 问题的研究可能受到两方面动机的驱使：一是对详细的环境模型有所兴趣时，二是试图维持移动机器人对位置的精确感知时。

我们回顾了三种模型范式：①扩展卡尔曼滤波器（EFK）；②粒子滤波器；③图优化。很多已发表的 SLAM 文献都源自于这些主题。同时也评述了使用视觉和红绿蓝距离传感器（RGB-D）的三维 SLAM 的最新研究，最后讨论了机器人建图方面的开放性研究问题。

目　录

本章全面介绍了移动机器人导航的一项关键的、广泛使用的技术——同步定位与建图（SLAM）。SLAM 解决了机器人在获取环境空间地图的同时相对此地图进行定位的问题，被认为是搭建真正自主移动机器人的关键问题之一，具有重要的现实意义。一个强大的、通用的 SLAM 解决方案将使移动机器人的很多新应用成为可能。

虽然这个问题看似简单，并且该领域内也取得了重大的进步，但仍然面临着诸多挑战。目前我们能够很鲁棒地对静态的、结构化的、有限尺度的环境进行建图，但对于动态的、非结构化的、大尺度的环境进行实时建图很大程度上仍是有待探索的开放性问题。

应用于解决 SLAM 问题方法的历史根源可以追溯到高斯[46.1]，归功于其发明的最小二乘法。到了 20 世纪，很多机器人以外的领域已经在进行通过移动传感器平台建立环境模型的研究，尤其是摄影测绘学[46.2-4]和计算机视觉[42.5]领域，这些领域中最为密切相关的是光束平差法（bundle adjustment）和运动结构（SfM）。SLAM 建立在这些工作的基础上，并把基础模型范式延伸到更具可扩展性的算法当中。现代 SLAM 系统常将估计问题看作对约束组成的稀疏图的求解和使用非线性最优化计算机器人的地图、轨迹的问题。随着我们想要努力实现长寿命周期的自主机器人，海量传感器数据流的处理也成为一个新挑战。

本章从 SLAM 问题的定义开始介绍，其中包含了这一问题不同版本的简要分类；本章的中间部分重点对这个领域中的三个模型及其当下的众多延伸进行了简单浅显的介绍。读者很快可以发现，SLAM 问题没有唯一的、最好的解决方案，从事者们选择方法时需要考虑如所需地图分辨率、更新时间、特征本质等大量因素，不过本章的三种方法可以涵盖这一领域的主要模型。

若想对 SLAM 进行更详细的了解，请读者们参考 Durrant-Whyte 和 Bailey[46.6,7]的著作，提供了 SLAM 方面的深入教程；Grisetti 等[46.8]提供了基于图形的 SLAM 教程以及 Thrun 等[46.9]用了很多章节来讨论 SLAM 主题。

46.1 SLAM：问题的定义

SLAM 问题的定义如下：移动机器人在未知环境中移动时，从初始位置 x_0 开始，由于运动的不确定性，其在全局坐标下的当前位姿逐渐难以确定，移动过程中，机器人可以使用一个带有噪声的传感器感知周围环境，SLAM 问题就是对这一环境进行建图的同时，通过带噪声的数据对机器人相对地图定位的问题。

46.1.1 数学基础

SLAM 通常用概率论中的术语来表述。设时间为 t，机器人的位置为 x_t，对于平地上移动的机器人，x_t 通常是一个三维向量，包含平面的二维坐标和一个表示朝向的旋转值。其位置或路径的序列表示为

$$X_T=\{x_0,x_1,x_2,\cdots,x_T\} \tag{46.1}$$

式中，T 表示时间终值（T 可能为无穷大），初始位置 x_0 作为估计算法的参考点，其他位置则无法感知。

里程计给出两个连续位置的相对信息。用 u_t 表示里程计记录的在 $t-1$ 时刻到 t 时刻之间的运动里程，这些数据可能从机器人的车轮编码器或发送给电动机的控制信息中获取，表示机器人相对运动的序列为

$$U_T=\{u_1,u_2,u_3,\cdots,u_T\} \tag{46.2}$$

对于无噪声的运动，U_T 完全能够在 x_0 的基础上恢复机器人所在位置。但是里程计的测量是包含噪声的，路径经过积分不可避免地会偏离真实值。

最后，机器人感知环境中的物体。用 m 表示实际的环境地图，包含环境中的地标、物体、表面等，m 表示它们的位置。环境地图 m 被认为总是时不变的，即静态的。

机器人所测得的数据对环境地图 m 中的特征点与机器人自身位置 x_t 间的信息进行估计。一般的，我们认为机器人在每个时间点都进行一次精确的测量，其测量值的序列表示如下：

$$Z_T=\{z_1,z_2,z_3,\cdots,z_T\} \tag{46.3}$$

图 46.1 所示为 SLAM 问题中所包含的变量，它表示了位置和传感器测量值的序列，以及这些变量之间的因果关系。图 46.1 是 SLAM 问题的图表示模型（graphical model），有助于我们理解该问题的关系。

此时 SLAM 问题就相当于通过里程计和观测数据来确定环境地图 m 和机器人位置序列 X_T。文献中区分了 SLAM 问题的两个主要形式，两者有同等重要的实际意义。一种被称为全 SLAM 问题（full SLAM problem）：它涉及整个机器人路径和地图的后验估计。

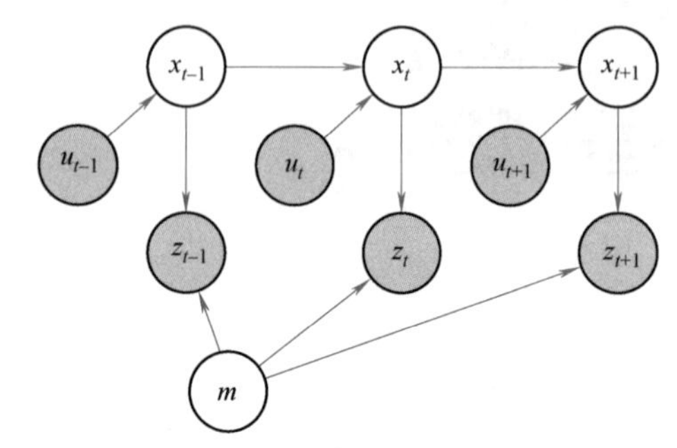

图 46.1　SLAM 问题的图表示模型（箭头表示因果关系，阴影标出的节点是机器人可直接观测的变量，在 SLAM 中机器人试图恢复不可直接观测的变量）

$$p(X_T,m\mid Z_T,U_T) \tag{46.4}$$

式（46.4）表明，全 SLAM 问题通过已获取数据计算 X_T 和 m 的联合后验概率。请注意，式（46.4）中条件分隔线右侧的变量都是可以通过机器人直接观测到的，而左侧是我们希望得到的值。可以看到，全 SLAM 问题的算法通常是批量处理，需要同时处理所有的数据。

第二种形式是在线 SLAM 问题（online SLAM problem），其定义是

$$p(x_t,m\mid Z_t,U_t) \tag{46.5}$$

在线 SLAM 只寻求计算出机器人的当前位置，而不是整个路径。解决实时问题的算法通常是增量式的，一次只处理一个数据。在书中，这种算法通常被称为滤波。

为了解决 SLAM 问题，机器人还需要被赋予两个模型：一个是将里程计测量值 u_t 和机器人运动前后位姿 x_{t-1} 和 x_t 联系起来的数学模型；另一个是将观测值 z_t 与环境地图 m 和机器人位置 x_t 联系起来的模型。这些模型对应图 46.1 中的箭头。

在 SLAM 中，通常将这些数学模型看作概率分布，$p(x_t\mid x_{t-1},u_t)$ 表示在从一个已知位置 x_{t-1} 开始，测量到里程计数据 u_t 的条件下位置 x_t 的概率分布；同样的，$p(z_t\mid x_t,m)$ 表示在假定已知位置 x_t 和环境地图 m 的情况下获取到的观测值 z_t 的概率分布。当然，在 SLAM 问题中，机器人当前位置与

环境是未知的，贝叶斯法则将这些数学关系转换为另一种形式，使我们可以在观测数据中恢复潜在变量的概率分布，从而解决了这一问题。

46.1.2 示例：地标环境中的 SLAM

SLAM 中一个常见的设定是假设环境是由点地标构成的。在建立二维地图时，点地标可能对应着门柱和房间角落，投影到二维地图上时用点坐标表示。在二维环境中，每一个点地标由两个坐标值。设点地标的数量为 N，则二维环境就是一个维数为 $2N$ 的向量。通常情况下，机器人可以感知三个量：与周围地标的相对距离、相对方位以及这些地标的属性标识。其中相对距离和方位的观测值可能是包含噪声的，但是大多数简单情况下，所感应地标的属性标识可以被准确获取。确定所感知地标的属性标识也就是数据关联问题，实际上这也是 SLAM 中最困难的问题之一。

对上述假设建模，首先要从定义准确的、无噪声的观测函数 h 开始。观测函数 h 代表传感器的工作原理：以环境地图 m 和机器人位置 x_t 作为输入，得到输出的测量值为

$$h(x_t, m) \tag{46.6}$$

在简化的地标设置中，h 可以很容易地通过三角关系直接算出。测量概率模型则是在观测函数 h 上加入一个干扰项，是一个峰值在无噪声值 $h(x_t, m)$处、允许存在观测噪声的概率分布。表述如下：

$$p(z_t \mid x_t, m) = \mathcal{N}[h(x_t, m), \boldsymbol{Q}_t] \tag{46.7}$$

这里 $\mathcal{N}$ 是以 $h(x_t, m)$ 为中心的二维正态分布，2×2 阶的矩阵 $\boldsymbol{Q}_t$ 表示随时间变化的噪声协方差。

运动模型源于机器人行进的运动学模型。给定机器人的位姿向量 x_{t-1} 和运动量 u_t，通过运动学求出 x_t，可将这个模型用函数 g 表示为

$$g(x_{t-1}, u_t) \tag{46.8}$$

这一运动模型可用中心在 $g(x_{t-1}, u_t)$ 的正态分布表示，但是受到高斯噪声的影响：

$$p(x_t \mid x_{t-1}, u_t) = \mathcal{N}[g(x_{t-1}, u_t), \boldsymbol{R}_t] \tag{46.9}$$

因为机器人的位姿是一个三维向量，所以使用 3×3 阶矩阵 $\boldsymbol{R}_t$ 表示协方差。

有了这些定义，我们就可以开发一个 SLAM 算法了。在文献中，带有距离-朝向检测的点地标环境问题被研究得最多，但是 SLAM 算法并不仅仅局限于地标环境。但是无论地图的表示方法和传感器的模型是什么，任何一种 SLAM 算法都需要对环境地图 m 中的特征、测量概率模型 $p(z_t \mid x_t, m)$ 和运动概率模型 $p(x_t \mid x_{t-1}, u_t)$ 有一个类似的简明定义。请注意，这些分布都不局限于上述示例中的高斯噪声。

46.1.3 SLAM 问题的分类

SLAM 问题可以从多个不同的维度进行分类。大部分重要文献都是通过明确指定的潜在假设来确定所需解决问题的类型。从前文我们已经知道了全 SLAM 和在线 SLAM 这种区分，其他常见的区分方式如下。

1. 基于体素与特征

在体素 SLAM（volumetic SLAM）中，用足够高的分辨率对地图进行采样，以便能够对环境进行逼真的重建，体素 SLAM 中的地图通常是相当高维度的，结果是计算也相当复杂。而在特征 SLAM（Feature-based SLAM）中，从传感器数据流中提取稀疏特征，地图仅由这些稀疏特征构成。我们的点地标就是特征 SLAM 的一个例子。特征 SLAM 技术往往更加高效，但是由于特征提取过程中传感器观测的信息有所丢弃，因此其计算结果没有体素 SLAM 好。

2. 拓扑与度量

一些建图技术只对环境进行了定性描述，表示了基本区域位置间的关系，这样的方法被称为拓扑。拓扑地图可以被定义为一系列的不同位置和这些位置之间的定性关系（例如，地点 A 和地点 B 是相邻关系）。度量 SLAM 方法提供了地点之间的关系之上的度量信息。近年来，尽管有充分的证据显示人们经常在导航中用到拓扑信息，但拓扑方法已经过时了。

3. 已知关联关系与未知关联关系

关联问题是指被感知物体的属性与其他被感知物体联系起来的问题。在点地标的例子中，我们假设地标的属性是已知的，部分 SLAM 算法做了这样的假设，另外一些并没有，它们没有提供一种特殊机制来将观测到的特征与地图上先前已观察到的地标关联起来。这种关联估计问题，也被称作数据关联问题，是最困难的 SLAM 问题之一。

4. 静态与动态

静态 SLAM 问题假设环境不随时间变化，而动态方法则允许环境是变化的。大量 SLAM 文献假设环境为静态，动态结果通常被看作观测异常值。关于动态环境变化的方法往往更加复杂，但是在实际应用也会具有更好的鲁棒性。

5. 低不确定性与高不确定性

SLAM 问题可根据位置不确定性的程度进行区分。最简单的 SLAM 问题只允许位置估计中的小误差，它适用于机器人沿着不与自身相交的路径前进并且原路返回的情况。在许多环境中，可能从多个

方向到达同一位置，此时机器人就会产生很大的不确定性，这个问题被称为回环问题（loop closing problem）。当发生回环时，不确定性可能会很大。回环能力就成了现在 SLAM 算法中的一个重要特性。如果机器人能够感知其在某些绝对坐标系中的位置信息，则可以减小不确定性，例如通过使用全球定位系统（GPS）接收器。

6. 被动与主动

在被动 SLAM 算法中，机器人受到其他实体的控制，而 SLAM 算法只进行观测。绝大多数算法都是这类算法，机器人设计师可以任意控制机器人的运动，并且可以跟随任意运动目标。主动 SLAM 算法中，机器人主动探索所处环境以追求建构一个精确的地图，主动 SLAM 方法往往能在更短的时间内获取更准确的地图，但这将限制机器人的运动。在一些现有的混合技术中，SLAM 算法只控制机器人传感器的指向，不控制机器人的运动方向。

7. 单体机器人与多机器人

尽管近期以来多机器人探索越来越受到关注，但绝大多数 SLAM 问题的定义在单体机器人平台上的。多机器人 SLAM 问题带来更多的形式。一些情况下，机器人会相互感知，也会被告知它们同类的初始位置。多机器人 SLAM 问题也可以根据不同机器人之间所允许的通信类型分类；一些情况下，机器人的通信没有延迟且无带宽限制。而实际中更多的情况是，机器人只能连接相邻一定范围的机器人进行通信，并且还会受到延迟和带宽的限制。

8. 任意时长与任意尺度

机器人完成所有计算所需要的储存空间和算力资源是有限的。任意时长和任意尺度的 SLAM 是传统方法的一个可能替代方案，它们是机器人能够在给定系统有限资源的约束下计算出解决方案，所能提供的资源越多，得到的计算结果也越好。

从以上的分类可以看出，目前存在着一系列的 SLAM 算法，现在也有很多专注于 SLAM 的会议。本章重点介绍 SLAM 最基本的设定：静态环境中的单体机器人。在本章的结尾部分也会涉及一些扩展内容，并讨论了相关文献。

46.2 三种主要的 SLAM 方法

本节将重点介绍三种基本的 SLAM 方法，其余的大多数方法也都是从这三种中衍生出来的。第一种方法，扩展卡尔曼滤波器 SLAM（EKF SLAM），是最早出现在机器人研究中的，但是由于其计算能力有限，并且只能解决单一线性化的问题，所以并不被太多地应用。第二种方法，粒子滤波器，使用了非参数统计的滤波技术，多用于在线 SLAM，并提供了一个解决 SLAM 中数据关联问题的视角。第三种方法，图优化，基于图表示并使用稀疏非线性优化方法成功解决 SLAM 问题，是解决全 SLAM 问题的主要方法，近来也有更多的技术可用于解决全 SLAM 问题。

46.2.1 扩展卡尔曼滤波器

历史上，扩展卡尔曼滤波器（EKF）应该是最早、最有影响力的 SLAM 算法，在参考文献［46.10-13］中最早被提出，这几份文献首次提出使用单一状态向量来估计机器人位置和环境的一系列特征，使用误差协方差矩阵表示包括车辆与特征状态估计间相关性在内的估计的不确定性。随着机器人在环境中行进和观测，卡尔曼滤波器对系统状态向量和协方差矩阵进行更新[46.14,15]。当观察到新特征时，新的状态也被添加到系统原有的状态向量中，系统协方差矩阵的大小呈现二次增长。

这个方法假设了一种可度量的、基于特征的环境表示方法，其中的物体可以被高效地表示为适当参数空间中的点，机器人的位置和环境特征的位置便形成了一个不确定的空间关系的网络。在 SLAM 中，使用适当的表示方法是非常重要的问题，它与第 4 篇的第 36 章中有关感知和环境建模的内容都有紧密的联系。

EKF 算法用多变量的高斯分布来表示对机器人的位置估计：

$$p(x_t, m \mid Z_t, U_t) = \mathcal{N}(\boldsymbol{\mu}_t, \textstyle\sum_t) \quad (46.10)$$

高维向量 $\boldsymbol{\mu}_t$ 包含了对机器人当前位置 x_t 和环境特征的位置的最佳估计，在点地标的例子当中，$\boldsymbol{\mu}_t$ 的维度是 $3+2N$，其中 3 个变量用于描述机器人的位置，$2N$ 个变量用于描述地图中的 N 个点地标。

矩阵 $\sum_t$ 是评定机器人在估计 $\boldsymbol{\mu}_t$ 中的预期误差的协方差矩阵，是一个维数为 $(3+2N)\times(3+2N)$ 的半正定矩阵。在 SLAM 中，这个矩阵通常是密集的。其中非对角元素表示不同变量估计的相关性，出现非零相关性是由于机器人位置的不确定性，因此地图中地标的位置也是不确定的。

EKF SLAM 算法可以很容易地从我们的点地标

案例中衍生出来。假设在某一个时刻，运动函数 g 和观测函数 h 在它们的参数中是线性的，那么就可以适用卡尔曼滤波器的教材中提到的 vanilla 卡尔曼滤波器。EKF SLAM 运用泰勒级数展开将函数 g 和 h 线性化。在最基本的、没有任何数据关联问题的情况下，EFK SLAM 基本上是 EKF 在线 SLAM 问题上面的应用。

图 46.2 说明了 EKF SLAM 算法在人工实例中的应用，机器人以起始位姿为坐标原点开始导航运动，其自身位姿的不确定性随着运动的进行而逐渐增加，如图中直径不断增大的不确定度椭圆所示。机器人也感知周围的地标并对其进行带不确定性的建图，这种不确定性将固定的观测不确定性和不断增大的位姿不确定性相结合。因此，地标位置的不确定性随时间增大。图 46.2d 中发生了一个很有意思的转变，在这里，机器人观测其建图初期看到的初始地标，它的位置相对而言是已知的。通过这次观测，机器人的不确定性大大减小，如图 46.2d 所示——机器人的最终位置对应的是非常小的偏差椭圆。这种观测同时也降低了地图中其他地标的不确定性，这种现象源于用高斯后验的协方差矩阵表示相关性。由于先前地标估计的大部分不确定性是由机器人位姿引起的，并且这种不确定性会随着时间的推移持续存在，所以这些地标的位置估计是相关联的。当获取机器人位姿的信息时，这些信息扩展到之前观测到的地标，这种效应可能是 SLAM[46.16] 后验问题最重要的特征。帮助机器人定位的信息扩展到整个地图上，从而改善了对其他地标的定位。

通过一些调整，EKF SLAM 也可以应用在存在不确定性的数据关联问题上。但如果观测到的特征的身份属性未知，那么基本的 EKF 方法将不再适用，此时的解决方案就是在观测物体时进行与最可能的数据关联。这通常是基于接近度的，考虑地图中哪一个地标最有可能与刚观测到的地标相对应，接近度的计算需要考虑地标估计中的观测噪音和实际不确定性，该计算中使用到的度量标准是马氏距离（Mahalanobis distance），它是一种加权平方距离。为了将错误数据关联的概率降到最低，虽说可用激光数据来区分不同地标[46.19,20]，但在实际部署中常用视觉特征来区分单独地标并对观测到的地标组进行关联[46.17,18]。典型的实现方式还会保留临时的地标集，只有被足够频繁地观测到时，才会被添加到内部地图中[46.16,21]。通过对地标进行适当的定义、对数据关联的步骤进行细致部署，EKF SLAM 已经被成功应用在航空、水下、室内等各种环境之中。

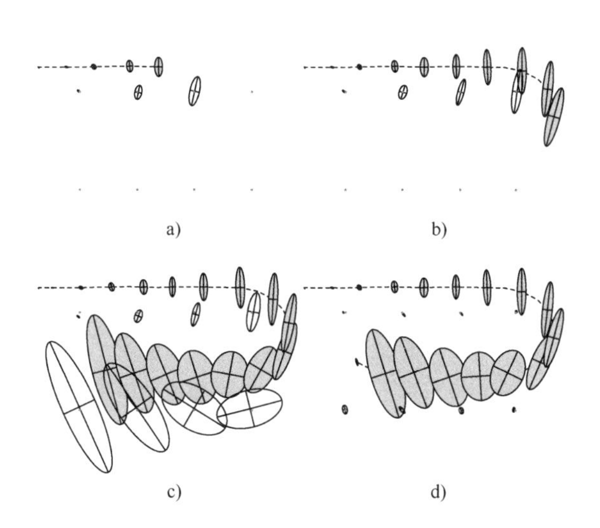

图 46.2 EKF 用于在线 SLAM 问题

a）行进位置一 b）行进位置二

c）行进位置三 d）行进位置四

注：机器人的路径是虚线，对其自身位置的估计为阴影的椭圆，未知位置的八个可区分的地标用小点表示，其位置的估计为白色的椭圆。图 a）~图 c）中，机器人位置的不确定性逐渐增加，其遇到的地标的不确定性也逐渐增加。图 d）中，机器人再次观测到初始地标，从而使所有地标的不确定性下降，其当前位姿的不确定性也有所下降。（图片来自于斯坦福大学的 Michael Montemerlo）

EKF SLAM 的基本假设是机器人能够从单一位置充分观测到地图中特征的位置，该方法已经扩展到只有部分特征可被观察、只有范围[46.22]或者只有角度[46.23,24]可观测的情况了。该技术还被应用于以无特征表示的情况，其中状态量由当前和过去机器人的位姿组成，而观测结果则以位姿间约束的形式表示，例如激光扫描匹配或者相机测量[46.25,26]。

处理 SLAM 的 EKF 方法中，一个关键问题在于协方差矩阵的二次特性。许多研究人员已经提出了对 EKF SLAM 算法的补充，以实现其可扩展性，例如子地图分解[46.27-30]。一大组相关方法[46.31-34]采用扩展信息过滤器，对协方差矩阵的逆矩阵进行处理。一个重要的观点是，虽然 EKF 协方差是密集的，但是当保持完整的机器人轨迹时，信息矩阵是稀疏的，这导致了高效算法的发展，并提供了与第 46.2.3 节中介绍的位姿图优化方法的概念联系。

EKF SLAM 中的一致性和收敛性问题在参考文献［46.35，36］中进行了说明。参考文献［46.37］中提出了用于 EKF SLAM 一致性估计的、基于可观测性的准则。

46.2.2 粒子滤波器

第二种重要的 SLAM 模型是基于粒子滤波器的，粒子滤波器可以追溯到参考文献［46.38］，但只在最近的二十年里才逐渐流行。粒子滤波器用一组粒子来表示后验结果，对于 SLAM 的初学者，可以将每一个粒子看作对状态真值的一个具体猜测。通过将许多这样的猜测收集到一组猜测或一组粒子中，粒子滤波器近似于后验分布。在温和的条件下，粒子滤波器随着粒子尺寸趋于无穷大，逐渐接近真实的后验概率。它是一种易于用来描述多模态分布的非参数表示。

粒子滤波器用在 SLAM 中的关键问题是，地图和机器人路径的空间都很大，假设地图中有 100 个特征，那么我们需要多少粒子来占据这个空间呢？事实上，粒子滤波器的规模随着底层状态空间的维度呈指数级增长，因此，三个或四个维度尚且可以接受，提高到 100 个通常是不适用的。

将粒子滤波器应用到 SLAM 问题上的方法可以追溯到参考文献［46.39，40］，被称为 Rao-Blackwellization。该方法相继在与 SLAM 相关的文献［46.41，42］中被介绍到，并被称为快速同步定位与建图（FastSLAM）。我们先在简化的点地标案例中解释基本的 FastSLAM 算法，然后讨论此方法的合理性。

46

在任何时间点，FastSLAM 将含有 K 个同种粒子：

$$X_t^{[K]}, \boldsymbol{\mu}_{t,1}^{[K]}, \cdots, \boldsymbol{\mu}_{t,N}^{[K]}, \boldsymbol{\Sigma}_{t,1}^{[K]}, \cdots, \boldsymbol{\Sigma}_{t,N}^{[K]} \tag{46.11}$$

式中，［K］是样本的指数。从该表达式可以看出一个粒子包含如下内容：

1）一个样本路径 $\boldsymbol{X}_t^{[K]}$。

2）一组数量为 N、具有与环境地标一一对应的估计 $\boldsymbol{\mu}_{t,n}^{[K]}$ 和协方差 $\boldsymbol{\Sigma}_{t,n}^{[K]}$ 的二维高斯分布集合。

这里 n 表示地标的索引（$1 \leqslant n \leqslant N$），由此可见，$K$ 个粒子具有 K 条路径样本，也具有 KN 个高斯分布，其中每一个分布都为一个粒子准确建模一个地标。

初始化 FastSLAM 十分简单：将每个粒子的机器人位置设置在起始坐标，通常为 $(0,0,0)^{\mathrm{T}}$，并将地图置零。然后对粒子进行如下更新：

1）当获取到一个里程计读数时，每个粒子的新的位置变量将随机生成。这些粒子的位置分布的产生基于的运动模型为

$$x_t^{[K]} \approx p(x_t \mid x_{t-1}^{[K]}, u_t) \tag{46.12}$$

式中，$x_{t-1}^{[K]}$ 是上一时刻的位置，也是粒子的一部分。这一概率采样可以很容易地适用于任何运动学可计算的机器人。

2）当接收到一个观测值 z_t 时，会进行如下两个步骤：首先，FastSLAM 为每个粒子计算新观测值 z_t 的概率。设感知到的地标为第 n 个，其期望概率定义为

$$\omega_t^{[K]} = \mathcal{N}(z_t \mid x_t^{[K]}, \boldsymbol{\mu}_{t,n}^{[K]}, \boldsymbol{\Sigma}_{t,n}^{[K]}) \tag{46.13}$$

参数 $\omega_t^{[K]}$ 被称为权重，根据新的传感器测量值来衡量粒子的重要性。这里 $\mathcal{N}$ 是在特定值 z_t 计算的正态分布。将所有粒子的权重归一化，使其和为 1。

接着，FastSLAM 用一组新的粒子替换掉现有的一组粒子，新粒子的概率决定于其归一化权重，该步骤称为再采样。再采样的原理是，观测值合理性越大的粒子在重采样过程中被采集的可能性也更大。

最后，FastSLAM 更新了新粒子基于观测值 z_t 的估计 $\boldsymbol{\mu}_{t,n}^{[K]}$ 和协方差 $\boldsymbol{\Sigma}_{t,n}^{[K]}$。这一更新遵循标准 EKF 的更新规则。注意，与 EKF SLAM 相比，FastSLAM 中的扩展卡尔曼滤波器都是低维的（通常为二维）。

这些看起来可能很复杂，但是 FastSLAM 是很容易实现的。从运动模型中采样用到简单的运动学计算，观测值的权重可以直接算出，特别是对于高斯测量噪声，对低维的粒子滤波器的更新也不会很复杂。

FastSLAM 已经可以近似看作全 SLAM 的后验，FastSLAM 的推导用到了三种技术：Rao-Blackwell 定理、条件独立性和再采样。Rao-Blackwell 定理的概念如下：假设我们要计算一个概率分布 $p(a,b)$，其中 a 和 b 是任意随机变量，vanilla 粒子滤波器会从联合分布中生成粒子，即每个粒子都有对应的 a 和 b 的取值。然而，如果条件概率 $p(b \mid a)$ 是封闭的，那么只从 $p(a)$ 中生成粒子也是合理的，并给每个粒子赋予封闭条件概率 $p(b \mid a)$，这就是 Rao-Blackwell 定理，比从联合密度中采样有更好的结果。FastSLAM 就是运用的这个定理，因为它从路径的后验概率 $p(X_t^{[K]} \mid U_t, Z_t)$ 中采样，并用高斯分布的形式表示地图 $p(m \mid X_t^{[K]}, U_t, Z_t)$。

FastSLAM 还将地图后验（以路径为条件）分解成低维度高斯序列，其道理十分微妙。它来自于 SLAM 原本的特定条件独立性假设，图 46.3 以贝叶斯网络图说明这一概念。在 SLAM 中，机器人路径的认知使对所有地标的估计相互独立，在图 46.3 的图形网络中很容易看出，如果我们删去图 46.3

中的路径变量，那么地标变量之间都将不再有联系[46.43]。因此，在 SLAM 中，多个地标估计之间的任意依赖关系都是通过机器人路径来传导的。这意味着即使我们对整个地图应用一个巨大的整体高斯分布（每个粒子对应一个分布），不同地标之间非对角元素也都是零。因此用 N 个小的高斯分布对应每个地标更有效地实现地图是合理的，这便解释了 FastSLAM 中高效的地图表示。

图 46.4 显示了点特征问题的结果，这里的点特征是户外机器人观测到的树干的中心，这里使用到的数据集是 Victoria Park dataset[46.44]。图 46.4a 表示通过对机器人运动控制的积分而非感知得到机器人的路径，可以看出控制信息并不能很好地预测位置，行驶 30min 后，机器人估计的位置偏离了其 GPS 位置 100m。

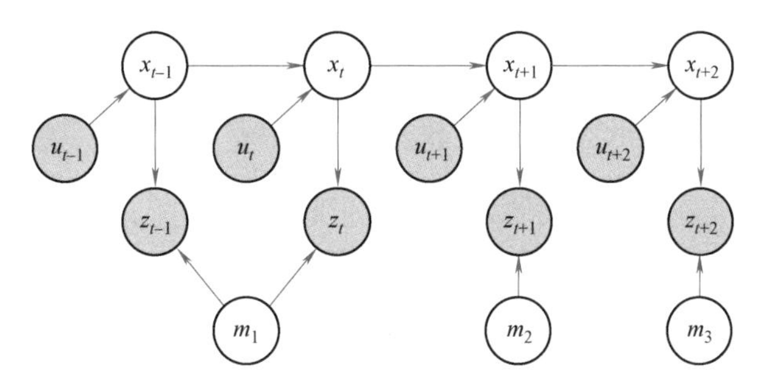

图 46.3 SLAM 问题的贝叶斯网络图描述

注：机器人受控制序列驱动从位置 x_{t-1} 移动到位置 x_{t+2}，在每一个位置 x_t 都将观测附近的环境特征 $m=\{m_1, m_2, m_3\}$。这个网络图说明位置变量将地图中单个环境特征相互区分开来，如果这些位置是已知的，那么地图中的任意两个特征之间就不包含存在未知量的其他路径。给定位置时，这种路径的缺失使得地图中任意两个特征间的后验概率都条件独立。

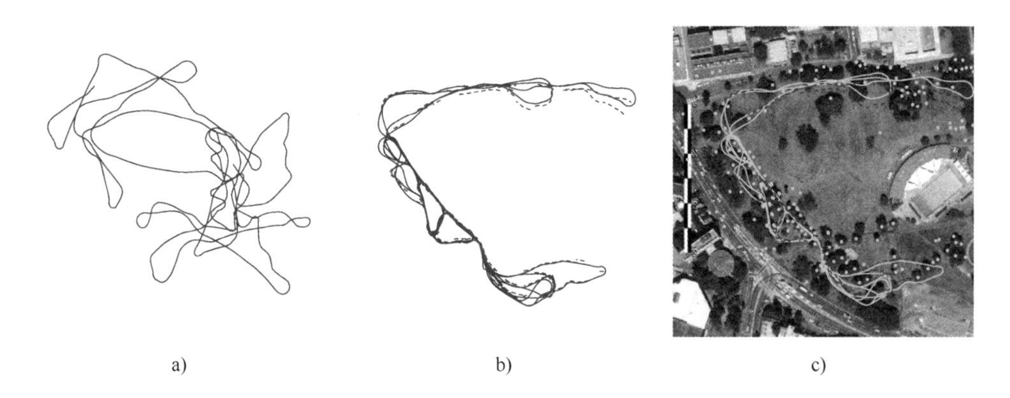

图 46.4 点特征问题的结果示例

a）通过里程计推算的路径 b）GPS 路径和 Fast SLAM1.0 路径 c）含航拍景象的路径和地图

注：图 b 中 GPS 路径为虚线，FastSLAM1.0 路径为实线；图 c 中 GPS 路径为虚线，平均 FastSLAM1.0 路径为实线，估计的特征为点。（数据和航拍图片由澳大利亚户外机器人中心的 JoséGuivant 和 Eduardo Nebot 提供）

FastSLAM 算法有很多有趣的特性。首先，它既能解决全 SLAM 问题，又能解决在线 SLAM 问题，每个粒子都对完整路径进行了采样，但实际的更新方程只使用最新位姿，这样 FastSLAM 就进行了滤波。其次，FastSLAM 可以维持多个数据关联假设，在每个粒子的基础上做出数据关联是很简单的，不必对整个滤波过程使用相同的假设。尽管不能给出数学上的解释，但我们注意到 FastSLAM 甚至可以处理未知的数据关联，这是扩展卡尔曼滤波器（EKF）所不能做到的。最后，FastSLAM 可以使用高级树方法来表示地图估计，从而高效实施，更新可以在大小为 N 的地图上以时间的对数的形式执行，粒子的数量 M 是线性的。

已经有了一些对 FastSLAM 扩展方式，其中一种变体是基于栅格地图的 FastSLAM，其中使用栅格图替代高斯分布来对点地标建模[46.45-47]。图 46.5 说明了参考文献［46.46］的变体。

图 46.6 说明了在大尺度环路闭合之前一个带有三个粒子的简化情况。三个不同的粒子分别代表不同的路径，并拥有其各自地图。当环路闭合时，权重重采样将选择与观测结果最接近的粒子，所得到的大规模地图如图 46.5 所示。进一步的扩展可在参考文献［46.48，49］中找到，其方法被称为 DP-SLAM，对祖先树进行操作，为栅格图提供更有效的树更新方法。与此相关的，在参考文献［46.50］中提出了粒子共享地图的近似 FastSLAM 算法。

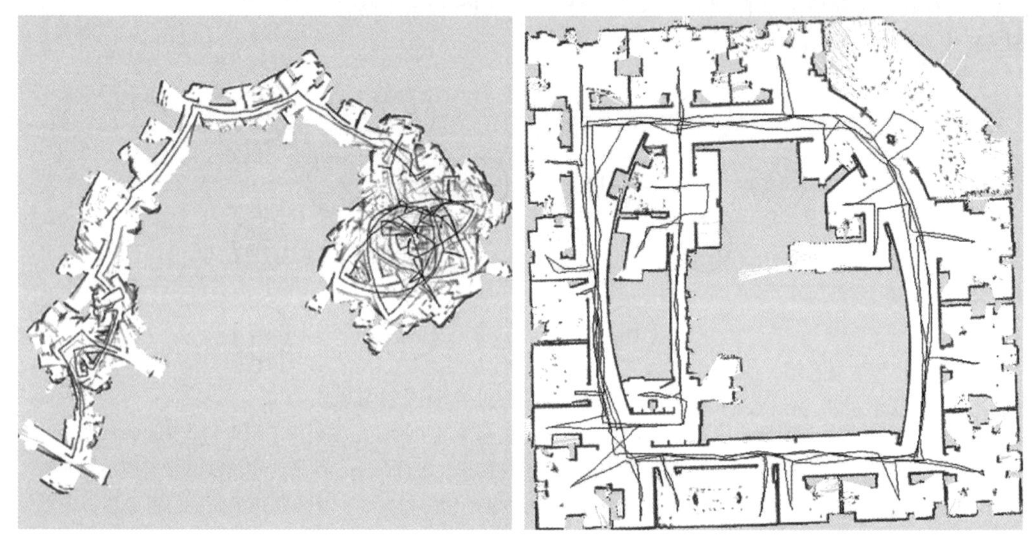

图 46.5 根据激光测距数据和纯里程计测距数据生成的栅格图
（图片由弗莱堡大学的 Dirk Hähnel 提供）

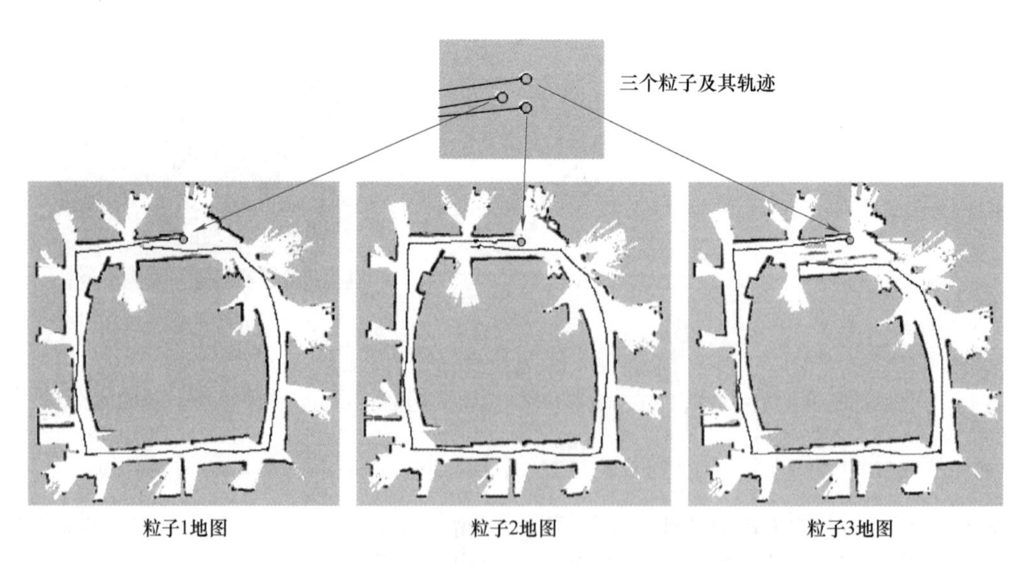

图 46.6 FastSLAM 算法基于栅格变体的应用
注：每个粒子都含有自己的地图，其权重是基于每个粒子自身地图测量的可能性来计算的。

参考文献［46.45，47，51］在文献［46.52］先前工作的基础上了提出了将新的观测纳入地标和栅格地图的位置采样过程的方法，改进后的采样过程如下：

$$x_t^{[k]} \approx \frac{p(z_t \mid m_{t-1}^{[K]}, x_t)\, p(x_t \mid x_{t-1}^{[K]}, u_t)}{p(z_t \mid m_{t-1}^{[K]}, x_{t-1}^{[K]}, u_t)} \tag{46.14}$$

其中包含了同一时间的里程计值和观测值，使用改进后的分布得到更准确的地点采样，这反过来也就能得到更准确的地图，与式（46.12）中给出的采样方法相比，所需要的粒子也更少。这一扩展使得 FastSLAM，特别是其基于栅格的变体，能够更具鲁棒性地解决 SLAM 问题。

最后，有一些方法旨在克服“观测值必须表现高斯分布特征”这一假设的弊端。参考文献［46.47］中提到，有一些情况下，模型是非高斯分布且是多模态的。可以在粒子滤波器中使用基于每个粒子的高斯模型之和，这样实际上能够解决上面的问题，同时不引入额外的计算需求。

迄今为止开发的基于粒子滤波器的 SLAM 系统存在两个问题。首先，计算一致地图所需要的采样数量通常是通过有根据的猜测来手动设置的，滤波器在建图过程中需要表示的不确定性越大，这个参数就越关键。其次，结合对先前已构建地图区域大量再访问的嵌套循环可能导致颗粒耗尽，这反过来可能阻止系统估计一致地图。自适应再采样策略[46.45]、粒子共享地图[46.50]或过滤器备份方法[46.53]改善了这种情况，但是通常不能消除这个问题。

46.2.3 图优化技术

第三类算法通过非线性稀疏优化解决了 SLAM 问题。它们从 SLAM 问题的图表示中获得灵感，其在机器人方面的第一个可运行解决方案在参考文献［46.54］中被提出。这里使用的图表示与一系列的论文[46.55-64]有关。早期的大部分技术都是离线的，只解决了全 SLAM 问题。近年来，已经提出了有效再利用先前计算出的解决方案、新的增量版本，例如参考文献［46.65-67］。

基于图的 SLAM 的直观表述如下：地标和机器人位置可以被认为是图中的节点，每一对连续的位置（x_{t-1},x_t），通过表示里程计读数 u_t 的边连接在一起。假设在 t 时刻机器人感知到地标 i，那么在位置 x_t 和地标 m_i 对应的节点之间存在另外的边。这个图中的边是软约束，通过放宽这些约束条件，可以得到机器人对地图和完整路径的最佳估计。

图结构如图 46.7 所示。假设在 $t=1$ 时刻，机器人观测到地标 m_1，于是 x_1 和 m_1 之间用弧线（不完整的）连接。当以矩阵格式（对应了定义约束的二次方程）缓存这条边时，如图 46.7a 的右侧所示，一个值将被存入 x_1 和 m_1 之间的元素中去。

现在假设机器人进行移动，里程计读数 u_2 形成了节点 x_1 和 x_2 之间的弧线，如图 46.7b 所示。连续应用这两个基本步骤会导致图的尺寸不断增大，如图 46.7c 所示。尽管如此，这个图是稀疏的，因为每个节点只连接到少数其他节点（假定传感器的观测范围有限）。图中约束条件的数量（在最坏的情况下）与经过的时间和图中的节点数量线性相关。

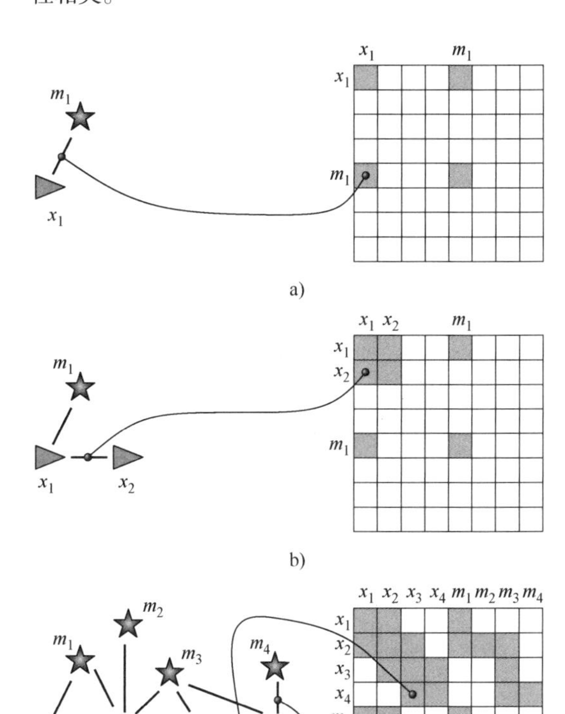

图 46.7 图结构的说明（左侧表示图，右侧表示矩阵形式的约束）
a）观测到地标 m_1 b）机器人从 x_1 运动到 x_2 c）几次运动之后

如果我们将该图看作弹簧-质量模型[46.60]，则计算 SLAM 的解就相当于求解这个模型的最小能量状态。我们发现，该图与全 SLAM 问题的后验概率的对数［参照式（46.4）］相对应：

$$\log p(X_T,m \mid Z_T,U_T) \qquad (46.15)$$

省去推导过程，我们将此对数定义为如下形式：

$$\log p(X_T,m \mid Z_T,U_T)$$
$$=\text{const}+\sum_t \log p(x_t \mid x_{t-1},u_t)+\sum_t \log p(z_t \mid x_t,m) \qquad (46.16)$$

假设单独的观测值和里程计值相互独立，每一个 $\log p(x_t \mid x_{t-1}, u_t)$ 的约束都是机器人运动的结果，对应于图中的一条边。同样，每一个 $\log p(z_t \mid x_t, m)$ 的约束是一次传感器观测的结果，在图中也可找到相应的边。SLAM 问题就简化为求这个方程最大值的解，即

$$X_T^*, m^* = \underset{X_T, m}{\mathrm{argmax}} \log p(X_T, m \mid Z_T, U_T) \tag{46.17}$$

省去推导过程，我们可以看到，在点地标示例中所做的高斯噪声假设下，这个表达式可解析为下面的二次形式：

$$\log p(X_T, m \mid Z_T, U_T)$$

$$= \mathrm{const} + \sum_t [x_t - g(x_{t-1}, u_t)]^{\mathrm{T}} R_t^{-1} [x_t - g(x_{t-1}, u_t)] +$$

$$\sum_t [z_t - h(x_t, m)]^{\mathrm{T}} Q_t^{-1} [z_t - h(x_t, m)] \tag{46.18}$$

这个二次形式产生一个稀疏的方程组，并且很多最优化技术可以加以应用。常见方法包括稀疏乔莱斯基（Cholesky）分解和 QR 分解等直接法，或者梯度下降法、共轭梯度法等迭代方法。大多数 SLAM 实现依赖于对线性化函数 g 和 h 进行迭代，在这种情况下，式（46.18）中的所有变量都变为二次。

支持对大规模图进行有效修正的扩展是分层方法。其中最早的框架之一是 ATLAS 框架[46.25]，它构造了一个两级层次结构，在低层次上运行卡尔曼滤波器，在高层次上运行全局优化。与此类似，分层 SLAM[46.68]（Hierarchical SLAM）是一种使用独立局部地图的技术，当重新访问同一地点时将这些地图合并。完全分层的方法在参考文献［46.65］中有介绍。它构建了一个多层的位姿图，并采用了增量式的、缓慢的优化方案，可以优化大规模的图，同时可以在每一步建图过程中执行。另一种可行的分层方法见参考文献［46.69］，它使用嵌套剖分法递归地将图分割成多层子地图。

在计算高精度的环境重建时，在优化机器人位姿的同时能够优化稠密传感器的每个单独观测值的方法将带来更好的结果。基于光束平差法的思想[46.4]，用于激光扫描仪[46.70]和 Kinect 相机[46.71]的方法也已经被提出。

当我们可以将关于数据关联的额外知识集成到式（46.18）中之后，图的方法便可以扩展来处理数据关联问题。假设已知地图上的地标 m_i 和 m_j 对应于真实环境中同一个物理地标，那么我们就可以从图中删除 m_j，并将与其相邻的边添加到 m_i 上，或者我们可以添加这个形式的软关联约束（soft correspondence constraint）[46.72]：

$$(m_j - m_i)^{\mathrm{T}} \boldsymbol{\Gamma} (m_j - m_i). \tag{46.19}$$

式中，$\boldsymbol{\Gamma}$ 是一个 2×2 阶对角矩阵，其系数决定不给两个地标分配相同位置的罚值（因此我们希望 $\boldsymbol{\Gamma}$ 很大）。由于基于图的方法通常用于全 SLAM 问题，所以优化过程可以与搜索最优数据关联相结合。

数据关联上的错误通常会对地图估计结果产生很大的影响，就算是很少量的错误数据关联也可能导致不一致的地图估计。近来，已经有了在一定数量错误关联下依然具有鲁棒性的新方法被提出，例如，参考文献［46.73，74］提出了一个允许对禁用约束的迭代过程，这一操作与成本相关，参考文献［46.75］将这一方法一般化，将参考文献［46.74］的方法归纳为一个鲁棒的成本函数，减少了计算需求。这种方法可以处理大量的错误关联，并提供高质量的地图。对回环假设的一致性检查也可以在其他方法中找到，不论是在前端[46.76]还是在优化器[46.77]中。还有一个分支方法可以处理多模态约束[46.78]，提出一个最大混合表示来维持式（46.16）中对数似然的最优化效率。因此，多模式方面的扩展分支对运行时间的影响很小，可以很容易地集成到大多数优化器中。SLAM 中也用到了鲁棒的机器人成本函数，如伪胡贝尔（Huber）和几种替代方法[46.75,79-81]。

基于图的 SLAM 方法的优点在于，相比 EKF SLAM，它利用了图的稀疏性，可以扩展到更高维度的地图上。EKF SLAM 中的关键限制因素是协方差矩阵，其所占空间（及更新所需的时间）是地图尺度的二次方。图方法中则不存在这样的约束，图的更新时间是常量，所需的内存大小是线性的（在一些温和的假设下）。图方法相对于 EKF 的另一个优点是能够不断重新线性化误差函数，从而得到更好的结果，虽然执行这种优化的成本可能很高。尽管在实践中合理分配的数量通常很少，但是从技术上讲，找到最佳的数据关联被认为是一个 NP-hard 问题。式（46.18）中对数似然函数的连续优化取决于地图中回环的数量和大小，另外，初始化过程对结果有很大的影响，一个好的初始假设可以从本质上大大简化优化过程[46.8,82,83]。

可以注意到，图优化方法与信息论密切相关，软约束构成了机器人在环境中的信息（从信息论的角度来看[46.92]）。该领域的大多数方法都是离线的，它们的优化针对机器人的整条路径。如果机器人的路径很长，优化过程就会很麻烦。然而，在过

去的五年中，增量式的优化技术已经被提出，目的是在每个时间点提供一个充分但不一定完善的环境模型。这使得机器人可以根据当前模型做出决定，如确定探测目标。在这种情况下，随机梯度下降技术[46.8,91]的增量变量[46.93,94]被提出来，即给定新的传感器数据，估计图的哪一部分需要被优化。平滑和映射框架中的增量方法[46.66,79,95]可以在建图过程中的每一步执行，并通过变量排序和选择性再线性化来实现性能。同样，参考文献［46.96］中评估了 SLAM 问题中变量排序对优化性能的影响。另外一些研究则使用分层数据结构[46.89]和位姿图[46.97]，并结合了一个缓慢优化来进行实时建图[46.65]。作为全局方法的替代方法，相对优化方法[46.98]旨在计算局部一致的几何地图，但是仅计算全局范围内的拓扑地图。混合方法[46.87]试图结合两者的优点。

此外，也存在一些交叉的方法，在线地操作图以分解出过去的机器人位置变量。由此产生的算法是文献［46.25，33，99，100］中提到的滤波器，它往往与信息过滤方法密切相关。最初，许多试图将 EKF SLAM 表示分解成较小的子地图以扩大尺度的尝试，都是基于与图方法不同的动机[46.27,28,101]。

最近，研究人员解决了长周期优化和频繁重访已构建地图地带的问题。为避免稠密连接的位姿图导致的收敛过程缓慢，机器人可以在 SLAM 和定位之间切换，融入节点以避免图的增长[46.90,102]，或者可以丢弃节点或边[46.32,103-105]。

基于图优化技术的 SLAM 算法仍待深入研究，该范式可扩展到大量节点的地图[46.25,55,57,59,63-65,89,90,106,107]。可以说，图优化的方法已经衍生出一些有史以来最大的 SLAM 地图。此外，SLAM 社区开始在开源许可下发布灵活的优化框架和 SLAM 实现，以支持进一步的开发，并允许进行有效的比较（表 46.1）。特别是优化框架[46.66,79,80]是开发图优化 SLAM 系统的灵活和强大的先进工具。它们既可以作为黑箱，也可以通过插件轻松扩展。

表 46.1 最新的开源图优化 SLAM 实现方法

名　称	说　明
动态协方差缩放（DCS）[46.75]	1. 用鲁棒的成本函数处理异常值的优化方法 2. 已经集成到 g^2o 中
g^2o[46.80]	1. 针对 SLAM 的灵活且易于扩展的优化框架 2. 带有不同的优化方法和纠错功能 3. 支持外部扩展
GTSAM2. 1[46.79]	1. 为 SLAM 和 SfM 提供的灵活优化框架 2. 实现直接和迭代的优化方法 3. 实现平滑和映射（SAM），iSAM 和 iSAM2 4. 实现 Visual SLAM 和 SFM 的 BA 优化
HOG-Man[46.65]	1. 通过分层位姿图和缓慢优化的增量式优化方法 2. 需要具有满秩约束的位姿图
iSAM2[46.66]	1. 使用可变消元法的广义增量式非线性优化 2. 对变量重新排序以保持稀疏性 3. 所选变量的按需重线性化
KinFu（KinectFusion 实现）	1. 使用点云库（PCL）的 KinectFusion[46.84]开源实现 2. 使用 Kinect 相机进行稠密且高精度的重建 3. 目前仅限于中等尺度空间
MaxMixture[46.78]	1. 能够对多模态约束和异常值进行优化 2. 对异常值具有鲁棒性 3. 能够在 g^2o 上扩展
并行跟踪和建图（PTAM）[46.85]	1. 一个可以跟踪手持单目相机和观测特征的系统 2. 在相对较小的空间中运行

46

（续）

名　称	说　明
RGBD-SLAM[46.86]	1. 为 HOG-Man 和 g^2o 提供 Kinect 前端 2. 对 SURF 匹配和 RANSAC 进行标准的结合
ScaViSLAM[46.87]	1. 为立体的、Kinect 相机提供的 SLAM 系统 2. 将局部 BA 优化与稀疏全局优化相结合，用于即时处理
SLAM6-D[46.88]	1. 运行在三维激光点云数据上的 SLAM 系统 2. 应用迭代最近点（ICP）算法和全局松弛方法
稀疏表面调整（SSA）[46.70,71]	1. 将机器人位姿和接近传感器数据结合进行优化 2. 提供平滑的表面估计 3. 假定一个距离传感器（如激光扫描仪、Kinect 等）
TreeMap[46.89]	1. 增量式优化方法 2. 更新的时间复杂度为 $O(\log N)$ 3. 只提供一个平均估计值
TORO[46.90]	1. 对随机梯度下降法（SGD）进行扩展的优化方法[46.91] 2. 即便在错误的初步猜测下依然具有鲁棒性 3. 能够很快从大的错误中恢复，但收敛缓慢 4. 假定约束具有近似球形的协方差矩阵 5. 只提供一个平均估计值
Vertigo[46.74]	1. 用于鲁棒性优化的可切换约束 2. 能够在 g^2o 上扩展

46.2.4 三种方法之间的关系

上文讨论的三种方法覆盖了 SLAM 领域的绝大多数工作。正如所讨论的那样，EKF SLAM 带有一个计算障碍，造成严重的维数限制，线性化可能导致所构建的地图不一致。由 EKF SLAM 衍生的最有前景的扩展是基于局部子地图的构建，然而在很多方面，所得到的算法都与图优化类似。

粒子滤波器方法避开了由地图中自然特征间的关联性所引起的一些问题（这些问题使 EKF 方法难以进行）。通过从机器人位姿采样，地图中的各个地标变得独立，因此是去相关的。因此，fast SLAM 可以通过机器人的一个采样位姿来表示后验，并且可以用许多局部的、独立的高斯分布来表示地标。粒子表示方法为 SLAM 提供了优势，因为它允许进行高计算效率的更新以及对数据关联进行采样。缺点是必要粒子的数量可能会变得非常大，尤其是要对多个嵌套循环进行建图的机器人而言。

图优化方法解决了全 SLAM 问题，因此是非实时的。图优化方法的思路是基于 SLAM 可以用软约束的稀疏图来模拟这一情形，其中每个约束对应于一次运动或观测事件。由于已经有了针对稀疏非线性优化问题的高效优化方法，图优化 SLAM 已经成为构建大规模地图的首选方法。最近的发展已经提出了几种基于图优化的增量式建图方法，可以在导航期间的每个时间步中执行。数据关联搜索可以被集成到基本的数学框架和不同的方法中，即便在错误的数据关联下也能够鲁棒地获取和实现。

46.3 视觉 SLAM 与 RGB-D SLAM

近年来，视觉 SLAM 的热度和重要性都有所上升，使用来自相机[46.108]或 RGB-D（Kinect）传感器[46.86,109]的数据来构建地图并跟踪机器人完整的 6 自由度成了新的挑战。视觉传感器提供了丰富的信息，可以构建丰富的三维模型，还可以利用外观信息以新的方法解决诸如回环等难题[46.110]。为了开发能够与环境进行智能物理交互的低成本系统，视觉 SLAM 将是未来机器人感知研究的一个关键领域。

使用单目、立体、全向或 RGB-D 相机进行 SLAM 提升了许多 SLAM 组件的难度级别，如前文描述的数据关联和计算效率问题。一个关键的挑战是鲁棒性。许多视觉 SLAM 应用（如增强现实[46.85]）

都需要计算手持相机的运动，这比一个轮式机器人在平坦的路面上的运动状态估计更加困难。

视觉导航和建图是移动机器人领域早期的一个关键目标[46.111,112]，但是由于缺乏足够的计算资源来处理大量的视频数据流，早期的方法受到了阻碍。早期的方法通常基于扩展卡尔曼滤波器[46.113-116]，但是没有计算特征的位姿和相机轨迹的完全协方差，导致了一致性的损失。视觉 SLAM 与计算机视觉中的 SfM 问题密切相关[46.4,5]。从历史角度看，SFM 主要涉及离线数据的批量处理，而 SLAM 则力求为实时操作提供解决方案，适用于机器人或用户与其环境的闭环交互。与激光扫描仪相比，相机提供了一个信息的“消防栓”，使得曾经的在线处理几乎无法实现，直到近来计算量得到增长后才得以实现。

Davison 是开发完整视觉 SLAM 系统的一位早期开拓者，最初使用一个实时主动立体探头[46.121]，使用一种完全协方差 EKF 方法跟踪独特的视觉特征。随后他开发了第一个使用一个自由移动相机作为位移数据来源的实时 SLAM 系统[46.23,122]。这个系统可以实时地以 30Hz 的帧率构建稀疏的房间大小的室内场景地图，这在视觉 SLAM 研究中是一个显著的历史成就。初期单目 SLAM[46.23]困难在于处理远离相机的点的初始化，由于深度信息缺失导致该特征位置非高斯分布。这个限制问题在参考文献［46.24］中得到解决，该文献介绍了一种正对单目 SLAM 的参数化深度反求方法，这是一项关键的研究进展，能够完成视觉特征初始化与实时跟踪两个过程的统一处理。

创建鲁棒的视觉 SLAM 系统的一个里程碑是并行跟踪和建图（PTAM）[46.85]中关键帧的引入，它将关键帧的建图和定位任务分割为两个并行线程，改善实时处理的鲁棒性和性能。现在，关键帧已经成为视觉 SLAM 系统中降低复杂度的主流概念。使用关键帧的相关方法可见参考文献［46.87，123-126］。参考文献［46.108］中分析了在视觉 SLAM 中使用滤波器和基于关键帧的 BA 优化方法的利弊，并得出结论：基于关键帧的 BA 优化优于滤波器方法，因为它提供了单位计算时间的最高精度。

正如 Davison 和其他研究人员所指出的那样，视觉 SLAM 吸引人的一个方面在于相机测量可以提供里程计信息，实际上视觉里程计是现代 SLAM 系统的一个关键组成部分[46.127]。参考文献［46.128］和［46.129］提供了视觉里程计技术的大量教程，包括特征检测、特征匹配、异常剔除、约束估计和轨迹优化等。最后，现在已经有了一个公开可用的、能够对小型无人机高效操作进行优化的视觉里程计库[46.130]。

视觉信息为回环提供了大量的信息来源，这是 21 世纪初开发的典型二维激光 SLAM 系统中不存在的。参考文献［46.110］是最早使用视觉目标检测[46.131]技术进行位置识别的研究之一。更近的，FAB-MAP[46.118,132]已经验证了仅基于外观的大规模地形识别，对长达 1000km 的轨迹上的地图进行了构建。将特征包方法与概率地点模型和 Chow-Liu 树推理相结合，能够产生在感知混叠和保持计算效率的情况下依然具有鲁棒性的地点识别效果。其他关于地点识别的工作还包括参考文献［46.133］，将字库回环与基于随机条件场的几何一致性检验结合了起来（图 46.8）。

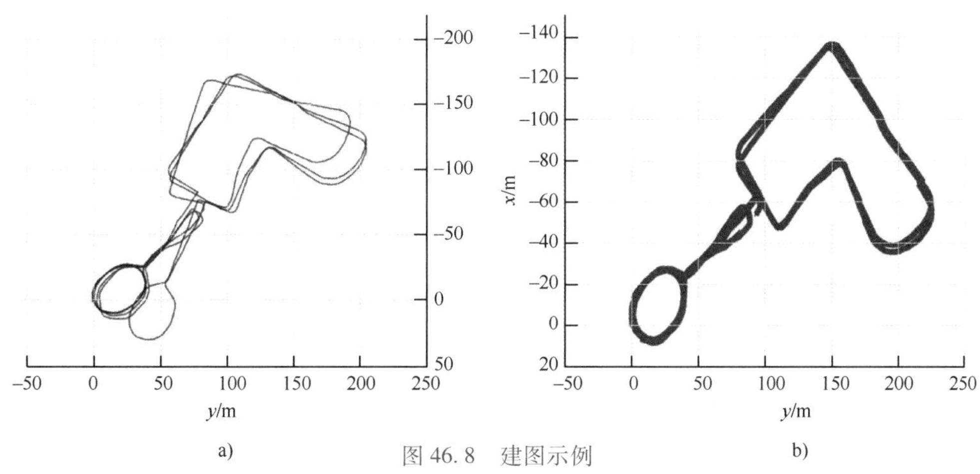

图 46.8 建图示例

a）使用相对 BA 优化方法[46.98]为 New College 数据集（New College Dataset）[46.117]估计的一条 2km 路径和 50000 帧数据 b）使用 FAB-MAP[46.118]回环方法，很容易使相对 BA 优化解决方案得到改进，这是在没有全局优化的情况下实现的[46.119]。Sibley 等人认为自主导航要求相对度量精度和拓扑一致性，而使用相对流形表示比使用传统的单一欧几里得表示能更好地达到这些要求[46.120]

上述技术已经形成了近年来开发的一些著名的大规模 SLAM 系统的基础。IEEE Transactions on Robotics 的 2008 年特刊提供了最新、最先进的 SLAM 技术的简介[46.135]。其他值得注意的最新成果包括参考文献［46.98，119，126，136-138］。使用相对 BA 优化[46.98]以在线方式计算完全最大似然解；甚至对于回环问题，通过使用非强制欧几里得约束的流形表示，得到了可以以高帧率计算的地图（图 46.8）。最后，基于视图的建图系统[46.126,136,137]旨在基于第 46.2.3 节中描述的位姿图优化技术进行大规模与/或长生命周期的视觉建图。

近几年来，一些使用 RGB-D（Kinect）传感器的引人注目的三维建图和定位方法也已经构建出来。直接的距离测量与稠密视觉影像相结合，室内环境建图和导航上带来了令人印象深刻的改善。最先进的 RGB-D SLAM 系统见参考文献［46.86，109］。图 46.9 展示了这些系统案例的输出。

a)

b)

图 46.9 RGB-D SLAM 系统的输出示例

a）三维模型 b）以 Kinect 数据构建的大楼走廊的环境特写图[46.109]（图片由华盛顿大学的 Peter Henry 提供）

其他研究人员致力于利用被扫描环境的表面属性来校正距离传感器的传感器噪声，如 Kinect[46.71]。通过联合优化传感器的位姿和测量表面点的位置，在每次优化后验算数据关联来迭代细化误差函数的结构，从而产生精确的光滑环境模型。

未来研究的一个新兴领域是利用商用 GPU 的最新技术进步发展完全密集的处理技术。参考文献［46.140］描述了基于 Kinect 的密集跟踪和建图，这是一种用于小规模视觉跟踪和重建的全密集方法。密集的建模和跟踪是通过商用 GPU 硬件上的高度并行化操作来实现的，从而产生优于以前方法的系统（如用于挑战相机轨迹的 PTAM）。密集的方法提供了一个有趣的、新颖的视角来解决长期存在的问题（如视觉里程计），而不需要显式的特征检测和匹配[46.141]。KinectFusion[46.84,134]是一个可以在跟踪手持 Kinect 相机三维位姿的同时，实时重建高质量的场景三维模型的密集建模系统（图 46.10）。参考文献［46.139，142］中介绍 KinectFusion 已经被应用到了空间扩展环境当中（图 46.11）。

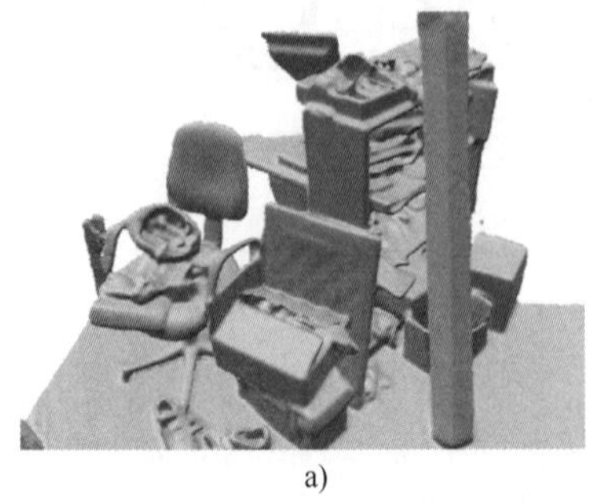

a)

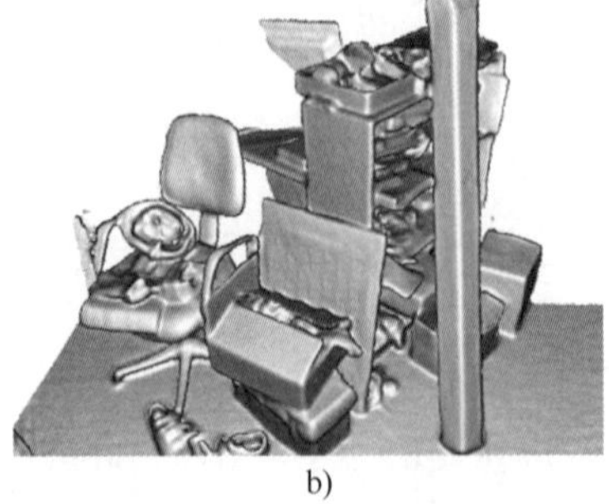

b)

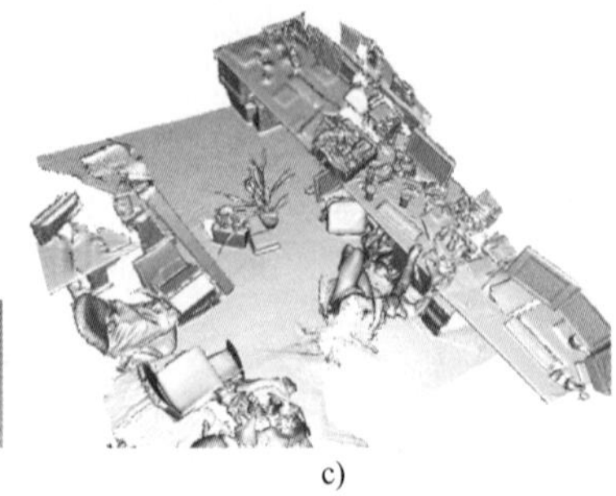

c)

图 46.10 使用 KinectFusion 获得的结果[46.134]（图片由伦敦帝国理工学院的 Richard Newcombe 提供）

a）作为普通地图的局部场景 b）Phong-shaded 渲染的结果 c）一个更大的场景

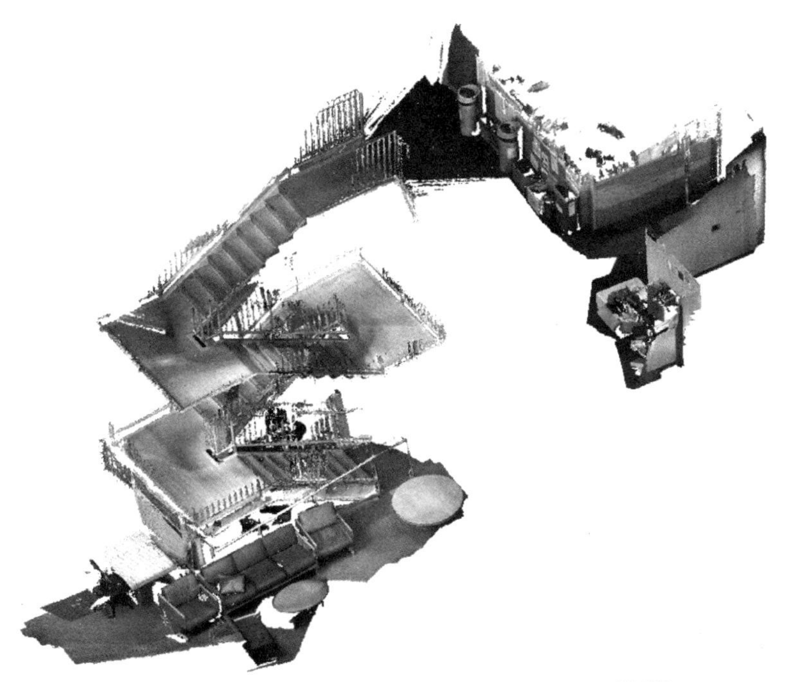

图 46.11 实时产生的空间扩展 KinectFusion 输出[46.139]

46.4 结论与未来挑战

本章对 SLAM 进行了介绍。SLAM 被定义为在未知环境行进的移动平台所面临的同步定位和建图问题。本章讨论了基于扩展卡尔曼滤波器、粒子滤波器和稀疏图优化技术的三种主要方法模型的 SLAM，并介绍了有关视觉/Kinect SLAM 的最新进展。

以下参考提供了对 SLAM 进行深入了解的资料，并深入介绍现在流行的 SLAM 算法细节。此外，流行 SLAM 系统的一些实现方法，包括表 46.1 中列出的大多数方法，可以在因特网中找到资源（如 http：// www.openslam.org）或在参考文献［46.6，9，21，62］中找到相关内容。

在过去十年，SLAM 领域所取得的巨大进展是毋庸置疑的，SLAM 核心的状态估计问题现在已经被很好地理解了，并且已有许多令人印象深刻的应用实现，包括几个广泛使用的开源软件实现和一些商业项目。尽管如此，长时间复杂动态环境中机器人建图的一般问题仍然存在一些开放性研究挑战，包括机器人共享/扩展/修正先前建立的模型、有效的故障恢复、零用户干预以及在有限资源系统上的运行。未来的另一个新兴领域是利用 GPU 硬件的最新进展，开发全密集视觉映射系统。

我们最终目标是实现持续的导航和建图，即机器人在复杂、动态环境中，以最少的人工监督，鲁棒地一次性执行数天、数周乃至数月 SLAM 的能力。将时间 $t \to \infty$ 加入限制条件，对大多数当前的算法提出了巨大的挑战。实际上，大多数机器人建图和导航算法注定随着时间的推移而失败，因为误差不可避免。尽管最近出现了一些令人眼前一亮的解决方案[46,102,105]，但是能将机器人从误差中恢复、应对环境变化和实现长期自主生存的技术还需要进一步的研究。

视频文献

VIDEO 439 Deformation-based loop closure for Dense RGB-D SLAM
available from http://handbookofrobotics.org/view-chapter/46/videodetails/439

VIDEO 440 Large-scale SLAM using the Atlas framework
available from http://handbookofrobotics.org/view-chapter/46/videodetails/440

VIDEO 441 Graph-based SLAM
available from http://handbookofrobotics.org/view-chapter/46/videodetails/441

VIDEO 442 Graph-based SLAM
available from http://handbookofrobotics.org/view-chapter/46/videodetails/442
VIDEO 443 Graph-based SLAM
available from http://handbookofrobotics.org/view-chapter/46/videodetails/443
VIDEO 444 Graph-based SLAM
available from http://handbookofrobotics.org/view-chapter/46/videodetails/444
VIDEO 445 Graph-based SLAM
available from http://handbookofrobotics.org/view-chapter/46/videodetails/445
VIDEO 446 Graph-based SLAM using TORO
available from http://handbookofrobotics.org/view-chapter/46/videodetails/446
VIDEO 447 Sparse pose adjustment
available from http://handbookofrobotics.org/view-chapter/46/videodetails/447
VIDEO 449 Pose graph compression for laser-based SLAM
available from http://handbookofrobotics.org/view-chapter/46/videodetails/449
VIDEO 450 Pose graph compression for laser-based SLAM
available from http://handbookofrobotics.org/view-chapter/46/videodetails/450
VIDEO 451 Pose graph compression for laser-based SLAM
available from http://handbookofrobotics.org/view-chapter/46/videodetails/451
VIDEO 452 DTAM: Dense tracking and mapping in real-time
available from http://handbookofrobotics.org/view-chapter/46/videodetails/452
VIDEO 453 MonoSLAM: Real-time single camera SLAM
available from http://handbookofrobotics.org/view-chapter/46/videodetails/453
VIDEO 454 SLAM++: Simultaneous localisation and mapping at the level of objects
available from http://handbookofrobotics.org/view-chapter/46/videodetails/454
VIDEO 455 Extended Kalman filter SLAM
available from http://handbookofrobotics.org/view-chapter/46/videodetails/455

参考文献

46.1 C.F. Gauss: *Theoria Motus Corporum Coelestium (Theory of the Motion of the Heavenly Bodies Moving about the Sun in Conic Sections)* (Perthes and Bessen, Hamburg 1809), Republished in 1857 and by Dover in 1963

46.2 D.C. Brown: The bundle adjustment – Progress and prospects, Int. Arch. Photogramm. **21**(3), 3:3–3:35 (1976)

46.3 G. Konecny: *Geoinformation: Remote Sensing, Photogrammetry and Geographical Information Systems* (Taylor Francis, London 2002)

46.4 B. Triggs, P. McLauchlan, R. Hartley, A. Fitzgibbon: Bundle adjustment – A modern synthesis, Lect. Notes Comput. Sci. **62**, 298–372 (2000)

46.5 R. Hartley, A. Zisserman: *Multiple View Geometry in Computer Vision* (Cambridge Univ. Press, Cambridge 2003)

46.6 T. Bailey, H.F. Durrant-Whyte: Simultaneous localisation and mapping (SLAM): Part II, Robotics Autom. Mag. **13**(3), 108–117 (2006)

46.7 H.F. Durrant-Whyte, T. Bailey: Simultaneous localisation and mapping (SLAM): Part I, Robotics Autom. Mag. **13**(2), 99–110 (2006)

46.8 G. Grisetti, C. Stachniss, W. Burgard: Nonlinear constraint network optimization for efficient map learning, IEEE Trans. Intell. Transp. Syst. **10**(3), 428–439 (2009)

46.9 S. Thrun, W. Burgard, D. Fox: *Probabilistic Robotics* (MIT Press, Cambridge, 2005)

46.10 R. Smith, M. Self, P. Cheeseman: A stochastic map for uncertain spatial relationships, Proc. Int. Symp. Robotics Res. (ISRR) (MIT Press, Cambridge 1988) pp. 467–474

46.11 R. Smith, M. Self, P. Cheeseman: Estimating uncertain spatial relationships in robotics. In: *Autonomous Robot Vehicles*, ed. by I.J. Cox, G.T. Wilfong (Springer Verlag, Berlin, Heidelberg 1990) pp. 167–193

46.12 P. Moutarlier, R. Chatila: Stochastic multisensory data fusion for mobile robot location and environment modeling, 5th Int. Symp. Robotics Res. (ISRR) (1989) pp. 207–216

46.13 P. Moutarlier, R. Chatila: An experimental system for incremental environment modeling by an autonomous mobile robot, 1st Int. Sym. Exp. Robotics (ISER) (1990)

46.14 R. Kalman: A new approach to linear filtering and prediction problems, J. Fluids **82**, 35–45 (1960)

46.15 A.M. Jazwinsky: *Stochastic Processes and Filtering Theory* (Academic, New York 1970)

46.16 M.G. Dissanayake, P.M. Newman, S. Clark, H.F. Durrant-Whyte, M. Csorba: A solution to the simultaneous localization and map building (SLAM) Problem, IEEE Trans. Robotics Autom. **17**(3), 229–241 (2001)

46.17 J. Neira, J. Tardos, J. Castellanos: Linear time vehicle relocation in SLAM, Proc. IEEE Int. Conf. Robotics Autom. (ICRA) (2003) pp. 427–433

46.18 J. Neira, J.D. Tardos: Data association in stochastic mapping using the joint compatibility test, IEEE Trans. Robotics Autom. **17**(6), 890–897 (2001)

46.19 G.D. Tipaldi, M. Braun, K.O. Arras: Flirt: interest regions for 2D range data with applications to robot navigation, Proc. Int. Symp. Exp. Robotics (ISER) (2010)

46.20 G.D. Tipaldi, L. Spinello, W. Burgard: Geometrical flirt phrases for large scale place recognition in 2D range data, Proc. IEEE Int. Conf. Robotics Autom. (ICRA) (2013)

46.21 T. Bailey: Mobile Robot Localisation and Mapping in Extensive Outdoor Environments, Ph.D. Thesis (Univ. of Sydney, Sydney 2002)

46.22 J.J. Leonard, R.R. Rikoski, P.M. Newman, M. Bosse: Mapping partially observable features from multiple uncertain vantage points, Int. J. Robotics Res. **21**(10), 943–975 (2002)

46.23 A.J. Davison: Real-time simultaneous localisation and mapping with a single camera, Proc. IEEE 9th Int. Conf. Comput. Vis. (2003) pp. 1403–1410

46.24 J.M.M. Montiel, J. Civera, A.J. Davison: Unified inverse depth parametrization for monocular SLAM, Robotics Sci. Syst., Vol. 1 (2006)

46.25 M. Bosse, P.M. Newman, J. Leonard, S. Teller: Simultaneous localization and map building in large-scale cyclic environments using the Atlas Framework, Int. J. Robotics Res. **23**(12), 1113–1139 (2004)

46.26 J. Nieto, T. Bailey, E. Nebot: Scan-SLAM: Combining EKF-SLAM and scan correlation, Proc. IEEE Int. Conf. Robotics Autom. (ICRA) (2005)

46.27 J. Guivant, E. Nebot: Optimization of the simultaneous localization and map building algorithm for real time implementation, IEEE Trans. Robotics. Autom. **17**(3), 242–257 (2001)

46.28 J.J. Leonard, H. Feder: A computationally efficient method for large-scale concurrent mapping and localization, Proc. 9th Int. Symp. Robotics Res. (ISRR), ed. by J. Hollerbach, D. Koditschek (1999) pp. 169–176

46.29 J.D. Tardós, J. Neira, P.M. Newman, J.J. Leonard: Robust mapping and localization in indoor environments using sonar data, Int. J. Robotics Res. **21**(4), 311–330 (2002)

46.30 S.B. Williams, G. Dissanayake, H.F. Durrant-Whyte: Towards multi-vehicle simultaneous localisation and mapping, Proc. IEEE Int. Conf. Robotics Autom. (ICRA) (2002) pp. 2743–2748

46.31 R.M. Eustice, H. Singh, J.J. Leonard: Exactly sparse delayed-state filters for view-based SLAM, IEEE Trans. Robotics **22**(6), 1100–1114 (2006)

46.32 V. Ila, J.M. Porta, J. Andrade-Cetto: Information-based compact pose SLAM, IEEE Trans. Robotics **26**(1), 78–93 (2010)

46.33 S. Thrun, D. Koller, Z. Ghahramani, H.F. Durrant-Whyte, A.Y. Ng: Simultaneous mapping and localization with sparse extended information filters, Proc.5th Int. Workshop Algorithmic Found. Robotics, ed. by J.-D. Boissonnat, J. Burdick, K. Goldberg, S. Hutchinson (2002)

46.34 M.R. Walter, R.M. Eustice, J.J. Leonard: Exactly sparse extended information filters for feature-based SLAM, Int. J. Robotics Res. **26**(4), 335–359 (2007)

46.35 T. Bailey, J. Nieto, J. Guivant, M. Stevens, E. Nebot: Consistency of the EKF-SLAM algorithm, Proc. IEEE/RSJ Int. Conf. Intell. Robots Syst. (IROS) (2006) pp. 3562–3568

46.36 S. Huang, G. Dissanayake: Convergence and consistency analysis for extended Kalman filter based SLAM, IEEE Trans. Robotics **23**(5), 1036–1049 (2007)

46.37 G.P. Huang, A.I. Mourikis, S.I. Roumeliotis: Observability-based Rules for Designing Consistent EKF SLAM Estimators, Int. J. Robotics Res. **29**, 502–528 (2010)

46.38 N. Metropolis, S. Ulam: The Monte Carlo method, J. Am. Stat. Assoc. **44**(247), 335–341 (1949)

46.39 D. Blackwell: Conditional expectation and unbiased sequential estimation, Ann. Math. Stat. **18**, 105–110 (1947)

46.40 C.R. Rao: Information and accuracy obtainable in estimation of statistical parameters, Bull. Calcutta Math. Soc. **37**(3), 81–91 (1945)

46.41 K. Murphy, S. Russel: Rao-Blackwellized particle filtering for dynamic Bayesian networks. In: *Sequential Monte Carlo Methods in Practice*, ed. by A. Docout, N. de Freitas, N. Gordon (Springer, Berlin 2001) pp. 499–516

46.42 M. Montemerlo, S. Thrun, D. Koller, B. Wegbreit: FastSLAM: A factored solution to the simultaneous localization and mapping problem, Proc. AAAI Natl. Conf. Artif. Intell. (2002)

46.43 J. Pearl: *Probabilistic Reasoning in Intelligent Systems: Networks of Plausible Inference* (Morgan Kaufmann, San Mateo 1988)

46.44 J. Guivant, E. Nebot, S. Baiker: Autonomous navigation and map building using laser range sensors in outdoor applications, J. Robotics Syst. **17**(10), 565–583 (2000)

46.45 G. Grisetti, C. Stachniss, W. Burgard: Improved techniques for grid mapping with Rao-Blackwellized particle filters, IEEE Trans. Robotics **23**, 34–46 (2007)

46.46 D. Hähnel, D. Fox, W. Burgard, S. Thrun: A highly efficient FastSLAM algorithm for generating cyclic maps of large-scale environments from raw laser range measurements, Proc. IEEE/RSJ Int. Conf. Intell. Robots Syst. (IROS) (2003)

46.47 C. Stachniss, G. Grisetti, W. Burgard, N. Roy: Evaluation of gaussian proposal distributions for mapping with rao-blackwellized particle filters, Proc. IEEE/RSJ Int. Conf. Intell. Robots Syst. (IROS) (2007)

46.48 A. Eliazar, R. Parr: DP-SLAM: Fast, robust simultaneous localization and mapping without predetermined landmarks, Proc. 16th Int. Jt. Conf. Artif. Intell. (IJCAI) (2003) pp. 1135–1142

46.49 A. Eliazar, R. Parr: DP-SLAM 2.0, Proc. IEEE Int. Conf. Robotics Autom. (ICRA), Vol. 2 (2004) pp. 1314–1320

46.50 G. Grisetti, G.D. Tipaldi, C. Stachniss, W. Burgard, D. Nardi: Fast and accurate SLAM with Rao-Blackwellized particle filters, J. Robotics Auton. Syst. **55**(1), 30–38 (2007)

46.51 D. Roller, M. Montemerlo, S. Thrun, B. Wegbreit: FastSLAM 2.0: An improved particle filtering algorithm for simultaneous localization and mapping that provably converges, Int. Jt. Conf. Artif. Intell. (IICAI) (Morgan Kaufmann, San Francisco 2003) pp. 1151–1156

46.52 R. van der Merwe, N. de Freitas, A. Doucet, E. Wan: The unscented particle filter, Proc. Adv. Neural Inform. Process. Syst. Conf. (2000) pp. 584–590

46.53 C. Stachniss, G. Grisetti, W. Burgard: Recovering particle diversity in a Rao-Blackwellized particle filter for SLAM after actively closing loops,

Proc. IEEE Int. Conf. Robotics Autom. (ICRA) (2005) pp. 655–660
46.54 F. Lu, E. Milios: Globally consistent range scan alignment for environmental mapping, Auton. Robots **4**, 333–349 (1997)
46.55 F. Dellaert: Square root SAM, Robotics Sci. Syst., ed. by S. Thrun, G. Sukhatme, S. Schaal, O. Brock (MIT Press, Cambridge 2005)
46.56 T. Duckett, S. Marsland, J. Shapiro: Learning globally consistent maps by relaxation, Proc. IEEE Int. Conf. Robotics Autom. (ICRA) (2000) pp. 3841–3846
46.57 T. Duckett, S. Marsland, J. Shapiro: Fast, online learning of globally consistent maps, Auton. Robots **12**(3), 287–300 (2002)
46.58 J. Folkesson, H.I. Christensen: Graphical SLAM: A self-correcting map, Proc. IEEE Int. Conf. Robotics Autom. (ICRA) (2004) pp. 383–390
46.59 U. Frese, G. Hirzinger: Simultaneous localization and mapping – A discussion, Proc. IJCAI Workshop Reason. Uncertain. Robotics (2001) pp. 17–26
46.60 M. Golfarelli, D. Maio, S. Rizzi: Elastic correction of dead-reckoning errors in map building, Proc. IEEE/RSJ Int. Conf. Intell. Robots Syst. (IROS) (1998) pp. 905–911
46.61 J. Gutmann, K. Konolige: Incremental mapping of large cyclic environments, Proc. IEEE Int. Symp. Comput. Intell. Robotics Autom. (CIRA) (2000) pp. 318–325
46.62 G. Grisetti, R. Kümmerle, C. Stachniss, W. Burgard: A Tutorial on Graph-based SLAM, IEEE Trans. Intell. Transp. Syst. Mag. **2**, 31–43 (2010)
46.63 K. Konolige: Large-scale map-making, Proc. AAAI Natl. Conf. Artif. Intell. (MIT Press, Cambridge 2004) pp. 457–463
46.64 M. Montemerlo, S. Thrun: Large-scale robotic 3-D mapping of urban structures, Springer Tract. Adv. Robotics **21**, 141–150 (2005)
46.65 G. Grisetti, R. Kümmerle, C. Stachniss, U. Frese, C. Hertzberg: Hierarchical optimization on manifolds for online 2D and 3D mapping, Proc. IEEE Int. Conf. Robotics Autom. (ICRA) (2010)
46.66 M. Kaess, H. Johannsson, R. Roberts, V. Ila, J.J. Leonard, F. Dellaert: iSAM2: Incremental smoothing and mapping using the Bayes tree, Int. J. Robotics Res. **31**, 217–236 (2012)
46.67 M. Kaess, A. Ranganathan, F. Dellaert: iSAM: Incremental Smoothing and Mapping, IEEE Trans. Robotics **24**(6), 1365–1378 (2008)
46.68 C. Estrada, J. Neira, J.D. Tardós: Hierarchical SLAM: Real-time accurate mapping of large environments, IEEE Trans. Robotics **21**(4), 588–596 (2005)
46.69 K. Ni, F. Dellaert: Multi-level submap based SLAM using nested dissection, Proc. IEEE/RSJ Int. Conf. Intell. Robots Syst. (IROS) (2010)
46.70 M. Ruhnke, R. Kümmerle, G. Grisetti, W. Burgard: Highly accurate maximum likelihood laser mapping by jointly optimizing laser points and robot poses, Proc. IEEE Int. Conf. Robotics Autom. (ICRA) (2011)
46.71 M. Ruhnke, R. Kümmerle, G. Grisetti, W. Burgard: Highly accurate 3D surface models by sparse surface adjustment, Proc. IEEE Int. Conf. Robotics Autom. (ICRA) (2012)
46.72 Y. Liu, S. Thrun: Results for outdoor-SLAM using sparse extended information filters, Proc. IEEE Int. Conf. Robotics Autom. (ICRA) (2003)
46.73 N. Sünderhauf, P. Protzel: BRIEF-Gist – Closing the loop by simple means, Proc. IEEE/RSJ Int. Conf. Intell. Robots Syst. (IROS) (2011) pp. 1234–1241
46.74 N. Sünderhauf, P. Protzel: Switchable constraints for robust pose graph SLAM, Proc. IEEE/RSJ Int. Conf. Intell. Robots Syst. (IROS) (2012)
46.75 P. Agarwal, G.D. Tipaldi, L. Spinello, C. Stachniss, W. Burgard: Robust map optimization using dynamic covariance scaling, Proc. IEEE Int. Conf. Robotics Autom. (ICRA) (2013)
46.76 E. Olson: Recognizing places using spectrally clustered local matches, J. Robotics Auton. Syst. **57**(12), 1157–1172 (2009)
46.77 Y. Latif, C. Cadena Lerma, J. Neira: Robust loop closing over time, Robotics Sci. Syst. (2012)
46.78 E. Olson, P. Agarwal: Inference on networks of mixtures for robust robot mapping, Robotics Sci. Syst. (2012)
46.79 F. Dellaert: *Factor graphs and GTSAM: A hands-on introduction*, Tech. Rep. GT-RIM-CP & R-2012-002 (Georgia Tech, Atlanta 2012)
46.80 R. Kümmerle, G. Grisetti, H. Strasdat, K. Konolige, W. Burgard: G²o: A general framework for graph optimization, Proc. IEEE Int. Conf. Robotics Autom. (ICRA) (2011)
46.81 D.M. Rosen, M. Kaess, J.J. Leonard: An incremental trust-region method for robust online sparse least-squares estimation, Proc. IEEE Int. Conf. Robotics Autom. (ICRA) (2012) pp. 1262–1269
46.82 L. Carlone, R. Aragues, J. Castellanos, B. Bona: A linear approximation for graph-based simultaneous localization and mapping, Robotics Sci. Syst. (2011)
46.83 G. Grisetti, R. Kümmerle, K. Ni: Robust optimization of factor graphs by using condensed measurements, Proc. IEEE/RSJ Int. Conf. Intell. Robots Syst. (IROS) (2012)
46.84 S. Izadi, R.A. Newcombe, D. Kim, O. Hilliges, D. Molyneaux, S. Hodges, P. Kohli, J. Shotton, A.J. Davison, A. Fitzgibbon: Kinectfusion: Real-time dynamic 3D surface reconstruction and interaction, ACM SIGGRAPH Talks (2011) p. 23
46.85 G. Klein, D. Murray: Parallel tracking and mapping for small AR workspaces, IEEE ACM Int. Symp. Mixed Augment. Real. (ISMAR) (2007) pp. 225–234
46.86 F. Endres, J. Hess, N. Engelhard, J. Sturm, D. Cremers, W. Burgard: An evaluation of the RGB-D SLAM system, Proc. IEEE Int. Conf. Robotics Autom. (ICRA) (2012)
46.87 H. Strasdat, A.J. Davison, J.M.M. Montiel, K. Konolige: Double window optimisation for constant time visual SLAM, Int. Conf. Computer Vis. (ICCV) (2011)
46.88 A. Nüchter: 3D robot mapping, Springer Tract. Adv. Robotics **52** (2009)
46.89 U. Frese: Treemap: An $O(\log n)$ algorithm for indoor simultaneous localization and mapping, Auton. Robots **21**(2), 103–122 (2006)
46.90 G. Grisetti, C. Stachniss, S. Grzonka, W. Burgard: A tree parameterization for efficiently computing maximum likelihood maps using gradient descent, Robotics Sci. Syst. (2007)

46.91 E. Olson, J.J. Leonard, S. Teller: Fast iterative alignment of pose graphs with poor initial estimates, Proc. IEEE Int. Conf. Robotics Autom. (ICRA) (2006) pp. 2262–2269
46.92 T.M. Cover, J.A. Thomas: *Elements of Information Theory* (Wiley, New York 1991)
46.93 E. Olson, J.J. Leonard, S. Teller: Spatially-adaptive learning rates for online incremental SLAM, Robotics Sci. Syst. (2007)
46.94 G. Grisetti, D. Lordi Rizzini, C. Stachniss, E. Olson, W. Burgard: Online constraint network optimization for efficient maximum likelihood map learning, Proc. IEEE Int. Conf. Robotics Autom. (ICRA) (2008)
46.95 M. Kaess, A. Ranganathan, F. Dellaert: Fast incremental square root information smoothing, Int. Jt. Conf. Artif. Intell. (ISCAI) (2007)
46.96 P. Agarwal, E. Olson: Evaluating variable reordering strategies for SLAM, Proc. IEEE/RSJ Int. Conf. Intel Robots Syst. (IROS) (2012)
46.97 K. Ni, D. Steedly, F. Dellaert: Tectonic SAM: exact, out-of-core, submap-based SLAM, Proc. IEEE Int. Conf. Robotics Autom. (ICRA) (2007) pp. 1678–1685
46.98 G. Sibley, C. Mei, I. Reid, P. Newman: Adaptive relative bundle adjustment, Robotics Sci. Syst. (2009)
46.99 P.M. Newman, J.J. Leonard, R. Rikoski: Towards constant-time SLAM on an autonomous underwater vehicle using synthetic aperture sonar, 11th Int. Symp. Robotics Res. (2003)
46.100 M.A. Paskin: Thin junction tree filters for simultaneous localization and mapping, Int. Jt. Conf. Artif. Intell. (IJCAI) (Morgan Kaufmann, New York 2003) pp. 1157–1164
46.101 S.B. Williams: Efficient Solutions to Autonomous Mapping and Navigation Problems, Ph.D. Thesis (ACFR Univ. Sydney, Sydney 2001)
46.102 H. Johannsson, M. Kaess, M.F. Fallon, J.J. Leonard: Temporally scalable visual SLAM using a reduced pose graph, RSS Workshop Long-term Oper. Auton. Robotic Syst. Chang. Environ. (2012)
46.103 N. Carlevaris-Bianco, R.M. Eustice: Generic factor-based node marginalization and edge sparsification for pose-graph SLAM, Proc. IEEE Int. Conf. Robotics Autom. (ICRA) (2013)
46.104 M. Kaess, F. Dellaert: Covariance recovery from a square root information matrix for data association, J. Robotics Auton. Syst. **57**(12), 1198–1210 (2009)
46.105 H. Kretzschmar, C. Stachniss: Information-theoretic compression of pose graphs for laser-based SLAM, Int. J. Robotics Res. **31**(11), 1219–1230 (2012)
46.106 U. Frese, L. Schröder: Closing a million-landmarks loop, Proc. IEEE/RSJ Int. Conf. Intell. Robots Syst. (IROS) (2006)
46.107 J. McDonald, M. Kaess, C. Cadena, J. Neira, J.J. Leonard: Real-time 6-DOF multi-session visual SLAM over large scale environments, J. Robotics Auton. Syst. **61**(10), 1144–1158 (2012)
46.108 H. Strasdat, J.M.M. Montiel, A.J. Davison: Real-time monocular SLAM: Why filter?, Proc. IEEE Int. Conf. Robotics Autom. (ICRA) (2010)
46.109 P. Henry, M. Krainin, E. Herbst, X. Ren, D. Fox: RGB-D mapping: Using depth cameras for dense 3D modeling of indoor environments, Int. J. Robotics Res. **31**(5), 647–663 (2012)
46.110 D. Nister, H. Stewenius: Scalable recognition with a vocabulary tree, Proc. IEEE Int. Conf. Comput. Vis. Pattern Recognit. (ICCVPR) (2006) pp. 2161–2168
46.111 R.A. Brooks: Aspects of mobile robot visual map making, Proc. Int. Symp. Robotics Res. (ISRR) (MIT Press, Cambridge 1984) pp. 287–293
46.112 H. Moravec: Obstacle Avoidance and Navigation in the Real World by a Seeing Robot Rover, Ph.D. Thesis (Stanford Univ., Stanford 1980)
46.113 N. Ayache, O. Faugeras: Building, registrating, and fusing noisy visual maps, Int. J. Robotics Res. **7**(6), 45–65 (1988)
46.114 D. Kriegman, E. Triendl, T. Binford: Stereo vision and navigation in buildings for mobile robots, IEEE Trans. Robotics Autom. **5**(6), 792–803 (1989)
46.115 L. Matthies, S. Shafer: Error modeling in stereo navigation, IEEE J. Robotics Autom. **3**(3), 239–248 (1987)
46.116 S. Pollard, J. Porrill, J. Mayhew: Predictive feed-forward stereo processing, Alvey Vis. Conf. (1989) pp. 97–102
46.117 M. Smith, I. Baldwin, W. Churchill, R. Paul, P. Newman: The new college vision and laser data set, Int. J. Robotics Res. **28**(5), 595–599 (2009)
46.118 M. Cummins, P.M. Newman: Appearance-only SLAM at large scale with FAB-MAP 2.0, Int. J. Robotics Res. **30**(9), 1100–1123 (2010)
46.119 P.M. Newman, G. Sibley, M. Smith, M. Cummins, A. Harrison, C. Mei, I. Posner, R. Shade, D. Schroter, L. Murphy, W. Churchill, D. Cole, I. Reid: Navigating, recognising and describing urban spaces with vision and laser, Int, J. Robotics Res. **28**, 11–12 (2009)
46.120 G. Sibley, C. Mei, I. Reid, P. Newman: Vast-scale outdoor navigation using adaptive relative bundle adjustment, Int. J. Robotics Res. **29**(8), 958–980 (2010)
46.121 A. Davison, D. Murray: Mobile robot localisation using active vision, Eur. Conf. Comput. Vis. (ECCV) (1998) pp. 809–825
46.122 A.J. Davison, I. Reid, N. Molton, O. Stasse: MonoSLAM: Real-time single camera SLAM, IEEE Trans., Pattern Anal. Mach. Intell. **29**(6), 1052–1067 (2007)
46.123 R.O. Castle, G. Klein, D.W. Murray: Wide-area augmented reality using camera tracking and mapping in multiple regions, Comput. Vis. Image Underst. **115**(6), 854–867 (2011)
46.124 E. Eade, T. Drummond: Unified loop closing and recovery for real time monocular SLAM, Br. Mach. Vis. Conf. (2008)
46.125 E. Eade, P. Fong, M.E. Munich: Monocular graph SLAM with complexity reduction, Proc. IEEE/RSJ Int. Conf. Intell. Robots Syst. (IROS) (2010) pp. 3017–3024
46.126 K. Konolige, M. Agrawal: FrameSLAM: From bundle adjustment to real-time visual mapping, IEEE Trans. Robotics **24**(5), 1066–1077 (2008)
46.127 D. Nister, O. Naroditsky, J. Bergen: Visual odometry for ground vehicle applications, J. Field Robotics **23**(1), 3–20 (2006)
46.128 D. Scaramuzza, F. Fraundorfer: Visual odometry.

Part I: The first 30 years and fundamentals, IEEE Robotics Autom. Mag. **18**(4), 80–92 (2011)
46.129 F. Fraundorfer, D. Scaramuzza: Visual odometry. Part II: Matching, robustness, optimization, and applications, IEEE Robotics Autom. Mag. **19**(2), 78–90 (2012)
46.130 A.S. Huang, A. Bachrach, P. Henry, M. Krainin, D. Maturana, D. Fox, N. Roy: Visual odometry and mapping for autonomous flight using an RGB-D camera, Proc. Int. Symp. Robotics Res. (ISRR) (2011)
46.131 J. Sivic, A. Zisserman: Video Google: A text retrieval approach to object matching in videos, Int. Conf. Computer Vis. (ICCV) (2003) p. 1470
46.132 M. Cummins, P.M. Newman: Probabilistic appearance based navigation and loop closing, Proc. IEEE Int. Conf. Robotics Autom. (ICRA) (2007) pp. 2042–2048
46.133 C. Cadena, D. Gálvez, F. Ramos, J.D. Tardós, J. Neira: Robust place recognition with stereo cameras, Proc. IEEE/RSJ Int. Conf. Intell. Robots Syst. (IROS) (2010)
46.134 R.A. Newcombe, A.J. Davison, S. Izadi, P. Kohli, O. Hilliges, J. Shotton, D. Molyneaux, S. Hodges, D. Kim, A. Fitzgibbon: Kinectfusion: Real-time dense surface mapping and tracking, IEEE/ACM Int. Sym. Mixed Augment. Real. (ISMAR) (2011) pp. 127–136
46.135 J. Neira, A.J. Davison, J.J. Leonard: Guest editorial special issue on visual SLAM, IEEE Trans. Robotics **24**(5), 929–931 (2008)
46.136 K. Konolige, J. Bowman: Towards lifelong visual maps, Proc. IEEE/RSJ Int. Conf. Intell. Robots Syst. (IROS) (2009) pp. 1156–1163
46.137 K. Konolige, J. Bowman, J.D. Chen, P. Mihelich, M. Calonder, V. Lepetit, P. Fua: View-based maps, Int. J. Robotics Res. **29**(8), 941–957 (2010)
46.138 G. Sibley, C. Mei, I. Reid, P. Newman: Planes, trains and automobiles – Autonomy for the modern robot, Proc. IEEE Int. Conf. Robotics Autom. (ICRA) (2010) pp. 285–292
46.139 T. Whelan, H. Johannsson, M. Kaess, J.J. Leonard, J.B. McDonald: Robust real-time visual odometry for dense RGB-D mapping, IEEE Int. Conf. Robotics Autom. (ICRA (2013)
46.140 R.A. Newcombe, S.J. Lovegrove, A.J. Davison: DTAM: Dense tracking and mapping in real-time, Int. Conf. Computer Vis. (ICCV) (2011) pp. 2320–2327
46.141 F. Steinbruecker, J. Sturm, D. Cremers: Real-time visual odometry from dense RGB-D images, Workshop Live Dense Reconstr. Mov. Cameras Int. Conf. Comput. Vis. (ICCV) (2011)
46.142 H. Roth, M. Vona: Moving volume kinectfusion, Br. Mach. Vis. Conf. (2012)

第 47 章

运动规划与避障

Javier Minguez，Florant Lamiraux，Jean-Paul Laumond

本章主要介绍移动机器人的运动规划和避障问题。我们将会看到为什么这两个领域不适用相同的建模方法。从运动规划一开始，研究就被计算机科学所主导。研究人员的目标是设计出具有充分理解的完备性和精确性好的基本算法。

本章重点介绍非完整约束下的运动规划（第 47.1~47.6 节）和避障（第 47.7~47.10 节）问题。第 47.11 节回顾了最近成功的一些方法，这些方法倾向于包含运动规划和运动控制的整个问题，并从非完整运动规划和避障方法中受益。

目　录

非完整约束的引入需要通过引入微分几何等工具来重新研究这些算法。对于某些类型的系统，即所谓的短时可控系统，这种组合已经成为可能。运动规划算法的基本假设仍然是全局的，基于精确的环境地图的知识。不仅如此，所考虑的系统是一个不考虑整个物理系统的正式方程组，即不考虑环境或系统建模过程中存在的不确定性。这些假设在实践中，约束性过强。这就是为什么其他互补性研究以更务实但更现实的方式并行进行的原因。这类研究涉及避障。这里的问题不是要处理复杂的系统，比如有多个拖车的汽车。所考虑的系统就其几何形状而言要简单得多。该问题考虑了基于传感器的运动，以更好地面对真实环境中导航系统的物理问题，而不是运动规划算法。当需要规避的障碍刚刚被实时发现时，我们如何在杂乱的环境中朝着目标行进？这就是避障所要解决的问题。

20 世纪 60 年代末至 20 世纪 70 年代初，移动机器人的出现开启了一个新的研究领域：自主导航。值得注意的是，第一个导航系统是在 1969 年第一次国际人工智能联合会议（IJCAI）上提出的。这些系统基于开创性的想法，这在机器人运动规划算法的开发中已经非常成功。例如，1969 年，移动机器人 Shakey 使用基于栅格的方法来模拟和探测环境[47.1]；1977 年，Jason 使用了从障碍物角落建立的可见图[47.2]；1979 年，Hilare 将环境分解成无碰撞的凸单元[47.3]。

在 20 世纪 70 年代后期，机器人的研究推广了机械系统位形空间的概念[47.4]。在位形空间里，“钢琴搬运工的问题”（即对于一个刚性多面体如何找到无碰撞路径的问题）成为一个焦点。一个机械系统的运动规划问题简化为在位形空间寻找点的路径。这个方法是为了扩大开创性的思想和开发全新的、有充分根据的算法（见 Latombe 的著作[47.5]）。

十年后，非完整系统的概念（借助力学）通过驻车问题出现在机器人运动规划中[47.6]。移动机器人导航的前期研究还没解决这个问题。随后非完整运动规划成为一个引人注目的研究领域[47.7]）。

这项研究除了致力于路径规划，还开展了一些工作使机器人走出最初的人工环境，这些人工环境由一些圆柱形木制垂直板组成。机器人开始在实验室大楼里移动，周围有人走动。不准确的定位，不确定和不完整的环境地图，以及意外的移动或静态障碍使机器人专家意识到路径规划和运动执行之间的差距。自那时以来，避障领域一直非常活跃。

在 21 世纪，人们在运动规划和避障的集成方面做出了大量努力。DARPA 城市挑战赛刺激了这一努力。最成功的集成是由卡内基梅隆大学团队完成的，他们赢得了比赛[47.8]。

47.1 非完整移动机器人：遵循控制理论的运动规划

非完整约束在速度空间系统下是不可积线性约束的。例如，差速驱动移动机器人（图 47.1）的无滑动约束的滚动相对于差速驱动机器人的速度矢量（线速度和角速度矢量）是线性的，并且是不可积的（它不能集成到位形变量的约束中）。因此，一个差速驱动移动机器人可以去任何地方，但不遵守任何轨迹。当考虑了二阶微分方程，如惯性动量守恒，其他类型的非完整约束就被提出来了。大量论文研究了著名的“落猫问题”和在空间自由漂浮的机器人问题（见参考文献［47.7］所述）。本章专门讨论轮式移动机器人的非完整约束问题。

由于障碍物而产生的约束直接在位形空间（即流形）中表示，而非完整约束表示在其切空间中。在存在线性运动学约束的情况下，自然产生一个首要问题：这个约束是否减少了系统可到达的空间？这个问题可以通过研究控制系统中李代数的分布结构来得到解答。

即使在没有障碍物的前提下，对一个非完整系统的两个位形之间规划可行性运动（如满足运动学约束）也不是一件容易的事。准确的解决方案已经被提出来了，不过只适合某些系统，还有很多系统没有很好的解决方法。在一般情况下，近似方法是可以使用的。

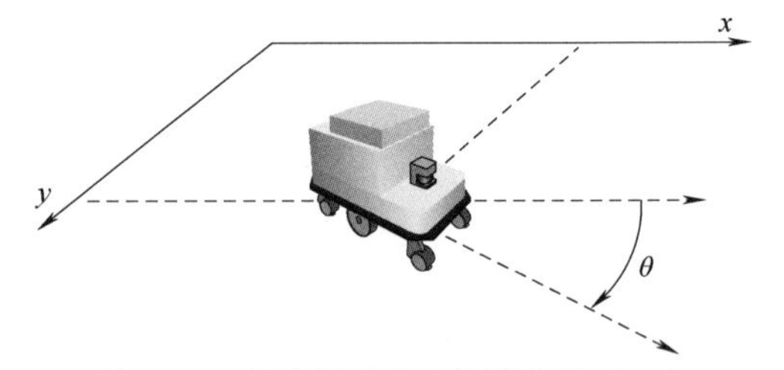

图 47.1 差速驱动移动机器人受到一个线性运动学约束，这是由于轮轴的滚动且没有滑动约束

对于一个非完整系统的运动规划问题可以表述如下：在工作空间内给定一个有障碍的情景地图，一个机器人受到非完整约束，初始位形，目标位形，找到一个初始和目标位形之间的无碰撞路径。解决这个问题需要考虑到由于障碍带来的位形空间的限制和非完整约束。解决这个问题需要开发的工具要有运动规划与控制理论技术。由于拓扑参数的出现使得这样的组合对所谓的微短时控制系统成为可能（见第 47.3 节的定理 47.2）。

47.2 运动学约束与可控性

在本节中，我们利用 Sussman 的术语[47.9]给出可控性的定义。

47.2.1 定义

我们用 CS 表示维数是 n，位形是 $\boldsymbol{q}$ 的给定移动机器人的位形空间。如果机器人安装在车轮上，则受运动学约束，在速度矢量中是线性的，即

$$\omega_i(\boldsymbol{q})\dot{\boldsymbol{q}}=0,\quad i\in\{1,\cdots,k\}$$

我们假设这些约束对任何 $\boldsymbol{q}$ 都是线性无关的。等价地，对于每个 $\boldsymbol{q}$，存在 $m=n-k$ 个线性无关的向量 $f_1(\boldsymbol{q}),\cdots,f_m(\boldsymbol{q})$，使得上述约束等同于

$$\exists(u_1,\cdots,u_m)\in\mathbb{R}^m,\quad \dot{\boldsymbol{q}}=\sum_{i=1}^{m}u_i f_i(\boldsymbol{q}) \tag{47.1}$$

我们注意到，向量 $f_i(\boldsymbol{q})$ 不是唯一的。幸运的是，无论我们选择什么，以下所有的推论都是有效的。此外，如果线性约束是平稳的，对于 $\boldsymbol{q}$，向量场 f_1，…，f_m 也是平稳的。从现在开始我们假定满足上述条件。

让我们定义一个 $\mathbb{R}^m$ 的紧凑子集 $\mathcal{U}$。根据式（47.1）我们定义 $(u_1,\cdots,u_m)\in\mathcal{U}$。

定义 47.1

局部和短时的可控性

1）Σ 是关于位形 $\boldsymbol{q}$ 局部可控的，当且仅当位形达到 $\boldsymbol{q}$ 且轨迹包含它邻近的 $\boldsymbol{q}$。

2）Σ 是关于位形 $\boldsymbol{q}$ 短时可控的，当且仅当位形达到 $\boldsymbol{q}$ 且轨迹小于 T，并包含任何 T 邻近的 $\boldsymbol{q}$。

f_1，…，f_m 称为 Σ 的控制向量场。一个系统只要在每个位形下短时可控，就被认为是短时可控的。

47.2.2 可控性

检查系统的可控性属性，需要分析与系统相关的控制李代数。让我们以非正式的方式来说明两个向量场的李括号是什么。考虑两种基本的运动：沿着一条直线行进和定点旋转，并分别在由 f 和 g 表示的向量场的支持下开启。现在考虑下面的组合：在时间 t 前进，以相同时间 t 顺时针转动，以相同时间 t 后退，然后以时间 t 逆时针转动。系统达到的不是初始位形。当然，当 t 趋于 0 时，目标位形非常接近初始位形。当 t 趋于 0 时，这样的目标位形所指示的方向对应于新的向量场，这是 f 和 g 的李括号。在数学描述中，李括号 $[f,g]$ 由两个向量场 f 和 g 组成，被定义为向量场 $\partial fg-\partial gf$。$[f,g]$ 的第 k 个坐标为

$$[f,g][k]=\sum_{i=1}^{n}\left(g[i]\frac{\partial}{\partial x_i}f[k]-f[i]\frac{\partial}{\partial x_i}g[k]\right)$$

下面的定理 47.10 给出一个对称系统的结果（当 $\mathcal{U}$ 关于原点对称时，系统被认为是对称的）

定理 47.1

当且仅当向量空间跨越所有向量场 f_i 和 $\boldsymbol{q}$ 的所有同类项 n 时，一个对称系统是关于位形 $\boldsymbol{q}$ 短时可控的。

检查控制系统上的李代数秩条件（LARC）包括试图由一个跨越控制向量场的自由李代数的基础（例如，P. Hall 族）来构建切空间。在参考文献［47.11，12］中提出了一种算法。

47.2.3 示例：差速驱动移动机器人

为了说明本节中的概念，我们考虑图 47.1 中的差速驱动移动机器人。该机器人的位形空间是 $\mathbb{R}^2\times\boldsymbol{S}^1$，位形可以用 $\boldsymbol{q}=(x,y,\theta)$ 表示；(x,y) 是机器人轮轴中心在水平面上的位置，θ 表示相对于 x 轴的方向。纯滚动的运动学约束满足：

$$-\dot{x}\sin\theta+\dot{y}\cos\theta=0$$

其相对于速度向量 $(\dot{x},\dot{y},\dot{\theta})$ 是线性的。因此，容许速度的子空间跨越了两个向量场，例如：

$$f_1(\boldsymbol{q})=\begin{pmatrix}\cos\theta\\ \sin\theta\\ 0\end{pmatrix}\text{和}f_2(\boldsymbol{q})=\begin{pmatrix}0\\0\\1\end{pmatrix} \tag{47.2}$$

这两个向量场的李括号为

$$f_3(\boldsymbol{q})=\begin{pmatrix}\sin\theta\\ -\cos\theta\\ 0\end{pmatrix}$$

这意味着，对任何位形 $\boldsymbol{q}$，由 $f_1(\boldsymbol{q})$、$f_2(\boldsymbol{q})$、$f_3(\boldsymbol{q})$ 所跨越的向量空间的秩是 3，因此，差速驱动移动机器人是短时可控的。

47.3 运动规划与短时可控性

运动规划提出了两个问题：第一个问题涉及无碰撞的可接受路径的存在，即决策性问题；第二个

问题是解决这样的路径计算问题，即完整性问题。

47.3.1 决策性问题

从现在开始，我们假定无碰撞位形集合是开子集。这意味着，接触位形是在碰撞中假定的。

定理 47.2

对称短时可控移动机器人的两个位形间一定存在一条无碰撞路径（不一定是容许的）。

证明：让我们考虑一条在两个位形 $\boldsymbol{q}_1$ 和 $\boldsymbol{q}_2$ 之间不一定是容许的无碰撞路径，它作为一个连续映射 Γ，从区间 [0,1] 到达位形空间 CS，使得：

1）$\Gamma(0)=\boldsymbol{q}_1, \Gamma(1)=\boldsymbol{q}_2$；

2）在任何的区间 $t\in[0,1]$ 内，$\Gamma(t)$ 是无碰撞的。

第2点意味着，对于任何 t，都存在一个 $\Gamma(t)$ 的邻域 $U(t)$，包含位形空间的无碰撞子集。

让我们用 $\varepsilon(t)$ 表示所有始于 $\Gamma(t)$ 的碰撞轨迹的较大时间下限。控制向量（$u_1,\cdots,u_m$）仍然是紧集 $\mathcal{U}$，$\varepsilon(t)>0$。

由于该系统对于 $\Gamma(t)$ 是短时可控的，因此从 $\Gamma(t)$ 开始，对于时间小于 $\varepsilon(t)$ 的 $\Gamma(t)$ 的邻域集合，我们记作 $V(t)$。

合集 $\{V(t), t\in[0,1]\}$ 是紧集 $\{\Gamma(t), t\in[0,1]\}$ 的开覆盖，因此，我们可以提取一个有限的覆盖范围：$\{V(t_1),\cdots,V(t_l)\}$，其中，$t_1=0<t_2<\cdots<t_{l-1}<t_l=1$。像这样对于任意一个1和 $l-1$ 之间的 i，$V(t_i)\cap V(t_{i+1})\neq\varnothing$。对于1和 $l-1$ 之间的每个 i，我们选择一个在 $V(t_i)\cap V(t_{i+1})$ 的位形 $\boldsymbol{r}_i$。由于该系统是对称的，一定存在一条 $\boldsymbol{q}(t_i)$ 与 $\boldsymbol{r}_i$ 之间、$\boldsymbol{r}_i$ 与 $\boldsymbol{q}(t_{i+1})$ 之间的无碰撞路径。这些路径的集合就构成了 $\boldsymbol{q}_1$ 和 $\boldsymbol{q}_2$ 之间的无碰撞容许路径。

47.3.2 完整性问题

在第47.3.1节中，我们建立了决策性问题，即确定在两种位形之间是否存在一个无碰撞容许路径，相当于确定该位形是否在同一连通的无碰撞位形空间。在这一节，我们现在用所需要的工具来解决完整性问题。这些工具虽然融合了第7章讲到的经典运动规划问题和开环控制理论，但是需要进一步改进，这部分我们将在第47.4节中讨论。对于非完整系统，为了规划容许无碰撞运动而设计了两种主要方法。首先，参考文献[47.13]提出了建议，利用证明定理47.2的思维方式，即递归逼近一个非必须容许的、通过一系列可行路径的无碰撞路径。第二种方法取代了概率路线图法（PRM）算法（见第1卷第7章）这种局部方法，这种方法通过局部转向方法由容许路径与位形对联系。

这两种方法都使用了一种转向方法。简要介绍它们之前，我们给出了一个局部转向方法的定义。

定义 47.2

系统 Σ 的一个局部转向方法是一个映射。

$$S_{\text{loc}}: CS\times CS\rightarrow C^1_{\text{pw}}([0,1], CS)$$

$$(\boldsymbol{q}_1,\boldsymbol{q}_2)\mapsto S_{\text{loc}}(\boldsymbol{q}_1,\boldsymbol{q}_2)$$

式中，$S_{\text{loc}}(\boldsymbol{q}_1,\boldsymbol{q}_2)$ 是 CS 中的一条分段连续可微曲线，并满足以下性质：

1）$S_{\text{loc}}(\boldsymbol{q}_1, \boldsymbol{q}_2)$ 满足与 Σ 相关的运动学约束。

2）$S_{\text{loc}}(\boldsymbol{q}_1,\boldsymbol{q}_2)$ 与 $\boldsymbol{q}_1$、$\boldsymbol{q}_2$ 的关系为 $S_{\text{loc}}(\boldsymbol{q}_1,\boldsymbol{q}_2)(0)=\boldsymbol{q}_1$，$S_{\text{loc}}(\boldsymbol{q}_1,\boldsymbol{q}_2)(1)=\boldsymbol{q}_2$。

1. 一个非必然可容许路径的近似

一个不一定容许的无碰撞路径 $\Gamma(t)$，$t\in[0,1]$ 连接两个位形和给定的局部转向方法 S_{loc}，近似算法递归地进行，通过调用由算法47.1定义的函数“approximation”，输入为 Γ、0和1。

算法 47.1

近似函数：输入一条路径 Γ 和两个横坐标 t_1 和 t_2。

if $S_{\text{loc}}(\Gamma(t_1),\Gamma(t_2))$ collision free **then**
　return $S_{\text{loc}}(\Gamma(t_1),\Gamma(t_2))$
else
　return concat
(approximation $(\Gamma,t_1,(t_1+t_2)/2)$,
approximation$(\Gamma,(t_1+t_2)/2,t_2)$)
end if

---

2. 基于采样的路线图方法

大部分以采样为基础的路线图方法，可以通过用局部转向方法代替位形对之间的连接方法来适应非完整系统。这个策略对于PRM算法是相当有效的。对于快速探索随机树（RRT）方法，效率强烈依赖于用来选择最近邻域的度量。两种位形之间的距离函数需要考虑局部转向方法返回的连接这些位形的路径长度[47.14]。

47.4 局部转向方法与短时可控性

前面介绍的近似算法是递归的，并提出了完备性问题：算法是在有限的时间内完成，还是可能无法找到解决方案？近似算法在有限次数的迭代中找到解的充分条件是局部转向方法考虑了短时可控性。

定义 47.3

局部转向方法 S_{loc} 解释了系统 Σ 的短时可控性。

对任何 $\boldsymbol{q} \in CS$，以及 $\boldsymbol{q}$ 的任意邻域 U，都存在 $\boldsymbol{q}$ 的邻域 V，使得任意 $\boldsymbol{r} \in V$，$S_{loc}(\boldsymbol{q}, \boldsymbol{r})([0,1]) \subset U$。

换句话说，如果局部转向方法产生的路径越来越接近其连接的位形，则系统的短时可控性较小。

当这些位形彼此接近时，该属性也足以保证基于路线图采样方法的概率完整性。

47.4.1 考虑短时可控性的局部转向方法

考虑到短时可控性的局部转向方法是一项艰巨的任务，只有少数几个系统才能实现。在运动规划领域研究的大多数移动机器人都是拖曳拖车（或未拖车）的轮式移动机器人。

1. 使用最优控制进行转向

最简单的系统，即第 47.2.3 节中介绍的差速驱动机器人。有界速度或有界曲率的所谓 Reed 和 Shepp（RS）[47.15] 汽车具有相同的控制向量场式（47.2）。不同之处在于控制变量的范围：

对于 RS 车，$-1 \leqslant u_1 \leqslant 1$，$|u_2| \leqslant |u_1|$

对于差速驱动机器人，$|u_1| + b|u_2| \leqslant 1$

式中，b 是左右车轮之间距离的一半。对于这些系统，可以使用最优控制理论来构造考虑短时可控性的局部转向方法。对于其中一个系统的间隔 I 定义的任何允许路径，我们定义一个长度如下：

对于 RS 车，$\int_I |u_1|$

对于差速驱动机器人，$\int_I |u_1| + b|u_2|$

两种位形之间的最短路径长度在位形空间上定义一个度量。最短路径的综合，也就是说，任何一对位形之间最短路径的确定可通过参考文献 [47.16] 实现（适用于 RS 车），参考文献 [47.17] 将其用在了差速驱动机器人中。图 47.2 显示了与这些度量相对应的球状模型。

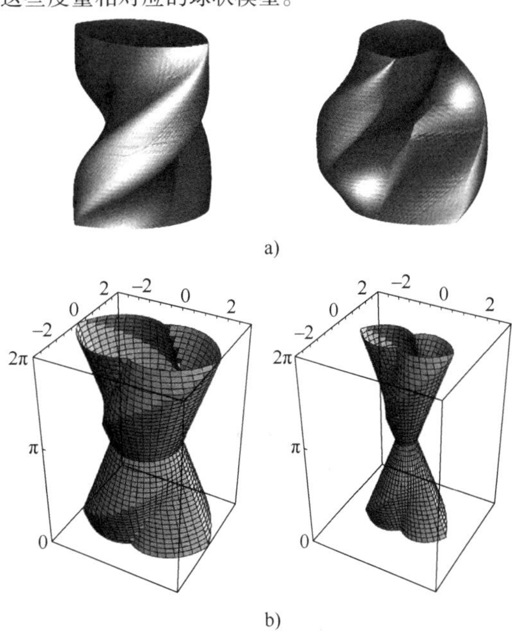

图 47.2 球状模型

a）RS 球的两个透视图：一组长度小于给定距离的 RS 车的路径 b）两个差速驱动（DD）球的透视图：一组长度小于给定距离的路径可用于差速驱动机器人，方向 θ 在 z 轴上表示

最优控制自然地定义了一种局部转向方法，将这些位形之间的最短路径与任何位形对相关联。让我们注意到最短路径在大多数位形对之间是唯一的。一般结果表明，由非完整度量引起的，以 $\boldsymbol{q}$ 为中心、半径 $r>0$ 的球集合构成了 $\boldsymbol{q}$ 的一个不断增加的邻域集合，其交集为 $\{\boldsymbol{q}\}$。该属性直接意味着基于最短路径的局部转向方法占据了短时可控性。

最优控制的主要优点是它提供了与转向方法一致的局部转向方法和距离度量。这使得转向方法非常适用于为完整系统设计的路径规划算法，并且使用了距离函数，如 RRT（见第 1 卷第 7 章）。

遗憾的是，最短路径的综合只能在本节描述的两个简单系统中实现。对于更复杂的系统，问题仍然存在。

本节中描述的最短路径导向方法的主要缺点是输入函数不连续。这需要额外的步骤来计算运动执行之前的路径的时间参数。沿着这个时间参数，输入不连续性迫使机器人停下来。例如，为了跟随两段连续的曲率相反的圆弧，移动机器人需要在圆弧之间停止，以确保线型的连续性和角速度 u_1 和 u_2。

2. 转向链式系统

通过参数变换，一些级别的系统可以被输入到一种称作链式系统的系统中。

$$\dot{z}_1=u_1 \tag{47.3}$$

$$\dot{z}_2=u_2 \tag{47.4}$$

$$\dot{z}_1=z_2u_1 \tag{47.5}$$

$$\vdots \quad \vdots$$

$$\dot{z}_n=z_{n-1}u_1 \tag{47.6}$$

让我们考虑下面的输入[47.18]：

$$\begin{cases}u_1(t)=a_0+a_1\sin\omega t,\\u_2(t)=b_0+b_1\cos\omega t+\cdots+b_{n-2}\cos(n-2)\omega t\end{cases} \tag{47.7}$$

将 $Z^{\text{start}}\in\mathbb{R}^n$ 作为初始位形。每一个 $z_i(1)$ 都可以通过 Z^{start} 的坐标与参数（$a_0,a_1,b_0,b_1,\cdots,b_{n-2}$）计算得到。对于给定的 $a_1\neq0$ 和给定位形 Z^{start}，从（a_0,b_0,a_1,b_1,b_3）到 $Z(1)$ 的映射是一个原点处的 C^1 微分同胚映射，而且系统是可逆的。对于小于或等于5的数 n，参数（$a_0,b_0,b_1,\cdots,b_{n-2}$）可通过两种位形 Z^{start} 和 Z^{goal} 进行分析计算。相应的正弦输入将系统从 Z^{start} 到 Z^{goal} 进行了转向。路径的形状唯一取决于参数 a_1，每个 a_1 的值定义了一种局部转向方法，用 $S_{\sin}^{a_1}$ 来表示。对于任何 $Z\in\mathbb{R}^n$，这些转向方法 $S_{\sin}^{a_1}(Z,Z)([0,1])$ 不能解释短时可控性，不能简化为 $\{Z\}$。通过采集 $S_{\sin}^{a_1}$ 去建立一种局部转向方法，去解释短时可控性，我们需要使 a_1 依赖于位形 Z_1 和 Z_2。

$$\lim_{Z^2\to Z^1}a_1(Z^1,Z^2)=0$$

$$\lim_{Z^2\to Z^1}a_0[Z^1,Z^2,a_1(Z^1,Z^2)]=0$$

$$\lim_{Z^2\to Z^1}b_i[Z^1,Z^2,a_1(Z^1,Z^2)]=0$$

这种结构可在参考文献［47.19］中获得。

3. 转向反馈线性化系统

反馈线性化（或微分平坦性）的概念是由Fliess等[47.20,21]提出的。

如果一个系统存在被称为线性化输出的输出（即，状态函数，输入和输入导数），则这个系统被称为反馈线性化系统，该系统的状态和输入是线性化输出及其导数的函数。线性化输出的维数与输入的维数相同。

让我们用一个简单的例子来说明这个概念。我们考虑一个差速驱动移动机器人牵引挂在机器人轮轴顶部的拖车，如图47.3所示。拖车轮轴中心跟随曲线的切线给出了拖车的方向。从拖车沿曲线的方向，我们可以推断出曲线跟随机器人的中心。跟随机器人中心的曲线切线给出了机器人的行进方向。因此，该系统的线性化输出是拖车轮轴的中心。通过两次区分线性化输出，我们可以重构系统的位形。

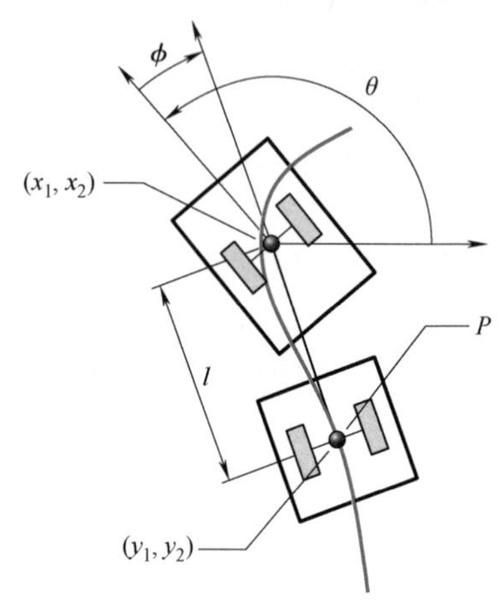

图47.3 牵引拖车的差速驱动移动机器人

注：在机器人的轮轴上安放一个反馈线性化系统。线性化输出是拖车轮轴的中心。系统的位形可以通过对曲线 $\boldsymbol{y}(s)$ 微分来重建，其中 s 是参数化的弧长，之后为线性化输出。拖车的姿态由式 $\tau=\arctan(\dot{y}_2/\dot{y}_1)$ 给出。机器人与拖车之间的角度 $\phi=-l\arctan(\mathrm{d}\tau/\mathrm{d}s)$，其中 l 是拖车连接的长度。

反馈线性化对于转向目的非常有意义。事实上，线性化输出不受任何运动学约束。因此，如果知道状态和线性化输出之间的关系，规划两个位形之间的允许路径就简单地在空间 $\mathbb{R}^m$ 中建立曲线，其中 m 是两端有差分约束的输入的维数。这个问题很容易用多项式来解决。

对于像这样的两个输入无漂移系统，线性化输出只取决于状态 $\boldsymbol{q}$。状态 $\boldsymbol{q}$ 通过参数化不变值依赖于线性化输出，即线性化输出 $\boldsymbol{y}$，方向 τ（跟随 $\boldsymbol{y}$）曲线向量的正切值且 τ 的连续导数与曲线的横坐标 s 有关。

因此，维数为 n 的双输入线性反馈无漂移系统的结构可以用向量（$\boldsymbol{y},\tau,\tau^1,\cdots,\tau^{n-3}$）表示，该向量表示穿过位形的可容许路径的线性化输出曲线的几何性质。

因此，设计一个这样的系统的局部转向方法就相当于把任意一个向量对（$\boldsymbol{y}_1,\tau_1,\tau_1^1,\cdots,\tau_1^{n-3}$），（$\boldsymbol{y}_2,\tau_2,\tau_2^1,\cdots,\tau_2^{n-3}$）联系起来，是从 $\boldsymbol{y}_1$ 开始到 $\boldsymbol{y}_2$ 结束的平面内曲线，沿向量的切线方向对 s 求连续导数，分别等于从 τ_1，τ_1^1，…，τ_1^{n-3} 开始，到 τ_2，τ_2^1，…，τ_2^{n-3} 结束。这项工作在使用多项式并将多项式系数转换为线性方程组的边界条件后，变得相对容易了。但是，考虑到短时可控性之后则有点棘手。参考文献［47.22］提出了一种建立在标准曲线的凸组合上的基于平坦性的转向方法。

47.4.2 链式系统和反馈线性化系统的等价性

在前面的章节中，我们提出了一些方法来引导反馈线性化的控制系统或者链式系统。现在我们给出反馈线性化的充要条件。

1. 反馈线性化的充要条件

在参考文献［47.23］中，Rouchon 给出了检查系统是否可反馈线性化的条件。对于双输入无漂移系统，一个必要和充分的条件如下：让我们定义分布集合（即向量场的集合）Δ^k，$k>0$，迭代定义的：$\Delta_0=\text{span}\{f_1,f_2\}$，$\Delta_1=\text{span}\{f_1,f_2,[f_1,f_2]\}$，$\Delta_{i+1}=\Delta_0+[\Delta_i,\Delta_i]$，且 $[\Delta_i,\Delta_i]=\text{span}\{[f,g],f\in\Delta_i,g\in\Delta_i\}$。当且仅当 $\text{rank}(\Delta_i)=2+i$ 时，一个具有二维输入的系统是反馈线性化的。

2. 示例：链式系统

让我们考虑由式（47.3）~式（47.6）定义的链式系统。这个系统的控制向量场是

$$f_1=(1,0,z_2,\cdots,z_{n-1})$$

$$f_2=(0,1,\cdots,0)$$

式中，$\text{rank}\Delta_0=2$。令 $f_3=[f_1,f_2]=(0,0,1,0,\cdots,0)$，则可得到 $\text{rank}\Delta_1=3$。通过计算 $f_i=[f_1,f_{i-1}](i=1,2,\cdots,n)$，我们找到一个序列 $f_i=(0,\cdots,0,1,0,\cdots,0)$，其中 1 在位置 i。因此，$\text{rank}\Delta_i=2+i(i=1,2,\cdots,n-2)$，我们可以得到这个链式系统是反馈线性化的。这个结论本可以通过更直接的方式得出，即注意到可以从（z_1,z_2）和它的导数重建分布，因此（z_1,z_2）被认为是链式系统的线性化输出。

47.5 机器人与拖车

在运动规划中研究的机器人系统主要是由一个移动机器人单独组成或牵引一个或几个拖车。这些系统的输入是二维的。

47.5.1 差速驱动移动机器人

最简单的移动机器人，即差速驱动移动机器人。由图 47.1 可以看出，该机器人的轮轴中心的轨迹（线性化输出）就是机器人的运动方向，显然该系统是反馈线性化的。因此可以用基于平滑的局部转向方法来导引移动机器人。

47.5.2 牵引一辆拖车的差速驱动移动机器人

图 47.3 显示的机器人轮轴拖挂拖车的差速驱动移动机器人反馈线性化，线性化输出为拖车轮轴中心。差速驱动移动机器人牵引带挂钩主销的拖车（图 47.4）也是可反馈线性化的[47.24]，但线性化输出和位形变量之间的关系更为复杂。

$$\begin{cases} y_1=x_1-b\cos\theta+L(\phi)\dfrac{b\sin\theta+a\sin(\theta+\phi)}{\sqrt{a^2+b^2+2ab\cos(\phi)}} \\ y_2=x_2-b\sin\theta-L(\phi)\dfrac{a\cos(\theta+\phi)+b\cos\theta}{\sqrt{a^2+b^2+2ab\cos(\phi)}} \end{cases}$$

式中，L 可由以下椭圆积分定义：

$$L(\phi)=ab\int_0^{\phi}\frac{\cos\sigma}{\sqrt{a^2+b^2+2ab\cos(\sigma)}}\mathrm{d}\sigma$$

这是一个线性输出系统，它们之间的关系可用下式表示：

$$\tan\tau=\frac{a\sin(\theta+\phi)+b\sin\theta}{b\cos\theta+a\cos(\theta+\phi)}$$

$$\kappa=\frac{\sin(\phi)}{\cos\phi\sqrt{a^2+b^2+2ab\cos(\phi)}+L(\phi)\sin(\phi)}$$

我们可以由线性化输出和它的两个一阶导数来重构系统的位形变量。

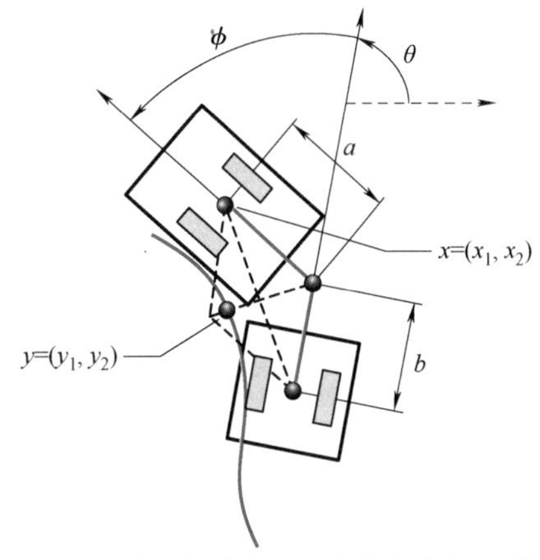

图 47.4 通过主销牵引一个拖车的差速驱动移动机器人是反馈线性化的

47.5.3 汽车型移动机器人

汽车型移动机器人（图 47.5）由一个固定轴和两个可转向的前轮组成，其中前轮的轴线相交于

曲率中心。该机器人运动学模型等效于通过机器人的车轮轴心牵引一辆拖车的差速驱动移动机器人（图 47.3）：虚拟前轮对应于差速机器人，而车身对应拖车。

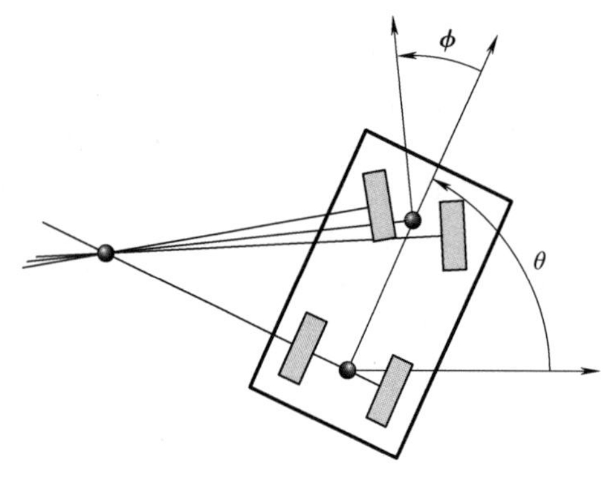

图 47.5　四轮汽车型移动机器人

注：前轮的轴线相交于曲率中心，转向角 ϕ 是汽车纵轴和两个前轮中间的虚拟前轮之间的夹角。

47.5.4　前后车轮均可转向的机器人

前后车轮均可转向的机器人（图 47.6）相当于一种可控制前后车轮转向和前后轮之间角度的汽车。该系统在参考文献［47.25］中已被证明是反馈线性化的。对于通过主销拖动拖车的机器人系统，线性化输出是在机器人参照系中一个移动的点。

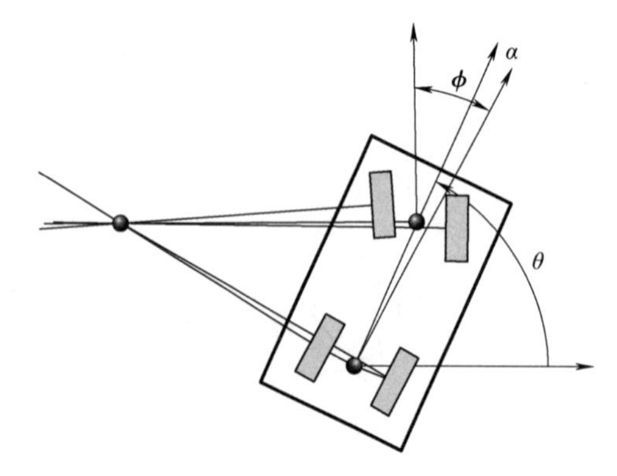

图 47.6　前后车轮均可转向的机器人

注：前方和后方车轮均可转向，前、后轮转向角之间的关系为：$\alpha=f(\phi)$。

47.5.5　牵引多辆拖车的差速驱动移动机器人

我们已经分析了通过机器人的车轮轴心牵引一辆拖车的差速驱动移动机器人，现在添加任意数量的拖车，每一辆拖车都连接在前一辆拖车轮轴的中心。通过对最后一辆拖车中心的曲线微分后，我们得到最后一辆拖车的运动方向（这个方向同曲线切线方向一致）。如果知道沿路径的最后一辆拖车的运动方向和中心位置，就可以重构它前面的拖车中心的运动轨迹，重复这一过程，我们可以多次微分，来重构整个系统的轨迹。因此，该系统是反馈线性化的，线性化输出是最后一辆拖车的中心。

综合本节推导过程，我们可以建立一个混合的反馈线性化的拖车系统。例如，一个差速驱动移动机器人拖着任意 n 辆拖车，除了最后一辆拖车勾住主销外，其他前面的每一辆拖车都连接在车轮连接轴中心，这样的一个系统也是反馈线性化的。可以把最后两辆拖车组成的系统简单看作图 47.4 中的系统，也是反馈线性化系统，由该系统的线性化输出使我们能够重构最后两辆拖车的轨迹。第 $n-1$ 辆拖车的中心是移动机器人拖最后 $n-1$ 辆拖车时的线性化输出。

47.5.6　开放性问题

最后对于我们能够在任意位形对之间规划精确运动的所有系统都被归为线性反馈这一大类。我们确实已经看到，链式系统也是这一大类的一部分。对于其他系统，至今没有提出确切的解决方案。例如，图 47.7 中显示的系统都不是反馈线性化的，它们不符合第 47.4.2 节的必要条件。

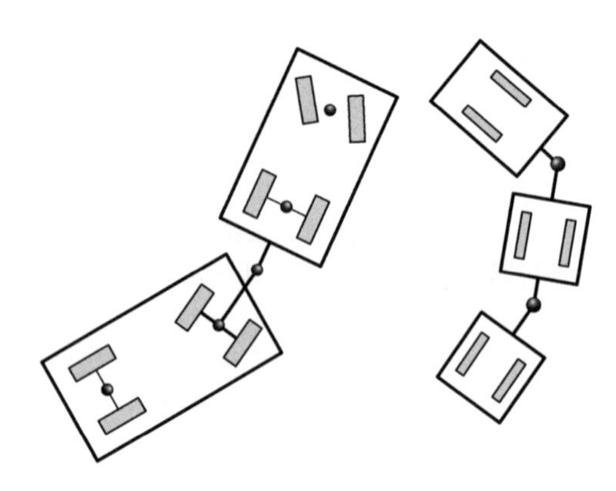

图 47.7　非完整系统精确路径规划的两个开放性问题

注：左图为汽车型移动机器人通过主销拖着一辆拖车，右图为差速驱动移动机器人通过主销拖着两辆拖车。

47.6 近似方法

为了处理不属于存在精确解的任何一类非完整系统，已经开发出了数值近似解法。我们将在本节中介绍其中一些方法。

47.6.1 正向动态规划

在参考文献［47.26］中，Barraquand 和 Latombe 提出了一种非完整路径规划的动态规划方法。允许的路径由一系列恒定的输入值生成，应用于固定的时间间隔 δt。从初始位形开始，生成一棵搜索树：通过将输入设置为常量，并对微分系统在 δt 的时间区间内进行积分，获得给定位形 $\boldsymbol{q}$ 的子位形 $\boldsymbol{q}$。位形空间被离散成一组大小相等的单元（即超平行六面体）。当且仅当从 $\boldsymbol{q}$ 到 $\boldsymbol{q}'$ 的计算路径无冲突且 $\boldsymbol{q}'$ 不属于包含已生成位形的单元时，位形 $\boldsymbol{q}$ 的子位形 $\boldsymbol{q}'$ 才会插入到搜索树中。当算法生成与目标属于同一单元的位形时（即它不一定完全达到目标），该算法结束。

不管是对 δt 还是对单元的数量来说，该算法已被证明是渐近完成的。由于该算法比较粗糙，离实用还有很长的路要走。值得关注的是，该搜索是基于 Dijkstra 的算法，允许考虑采取最优标准，如路径长度或反转的次数。产生最小反转的渐近最优化仅被证明在汽车型机器人中应用。

47.6.2 输入空间的离散化

在参考文献［47.27］中，Divelbiss 和 Wen 介绍了一种非完整移动机器人无碰撞避开障碍的可行性路径规划。他们由傅里叶理论，限制子空间的输入函数集在区间［0，1］内。因此，由有限维向量 $\boldsymbol{\lambda}$ 表示输入函数。达到目标位形变成对一个非线性方程组求解，其中的未知量为 $\boldsymbol{\lambda}$ 中的坐标 λ_i。作者使用牛顿迭代法来求解。障碍是指位形空间中的不等式约束。该路径离散成 N 个采样点。在样本点范围内，这些无碰撞约束表示为以向量 $\boldsymbol{\lambda}$ 为变量的不等式约束。通过函数 g 可将不等式约束转化为等式约束，定义为

$$g(c)=\begin{cases}(1-e^{c})^{2} & c>0\\ 0 & c\leqslant 0\end{cases}$$

因此，在避开障碍物的同时达到目标位形成为向量 $\boldsymbol{\lambda}$ 上的非线性方程组，再次使用牛顿迭代法求解。该方法对短时运动相当有效。主要的困难是调整傅里叶级数展开的顺序。杂乱环境中的长时运动需要更高的阶数，而在空白空间中的运动可以用低阶数来解决。作者没有提到动力系统积分中的数值不稳定性问题。

47.6.3 基于输入的快速搜索随机树

第 1 卷第 7 章中描述的 RRT 算法可以在没有局部转向方法的情况下用于非完整系统的路径规划。通过在一段时间间隔内应用随机输入函数，可以从现有节点生成新节点[47.28]。主要的困难在于找到一个距离函数，该函数能够准确表示系统从一个位形到另一个位形所需的距离。此外，目标从来都不可能准时达到。后一个困难可以通过使用路径变形方法对 RRT 算法返回的路径进行后处理来克服，如参考文献［47.29］所述。

47.7 从运动规划到避障

到目前为止，我们已经描述了运动规划技术。其目标是计算符合机器人约束的目标位形的无碰撞轨迹，并假设一个完美的机器人模型和场景。这些技术的优点是，它们提供了问题的完整和全局解决方案。然而，当周围环境是未知和不可预测的时候，这些技术都失效了。

面对运动问题的一种补充方法是避障。目标是将机器人移动到目标位置，避免与机器人运动执行期间传感器收集的障碍物发生碰撞。反应式避障的优点是通过在控制回路中引入传感器信息来计算运动，从而使运动适应与初始规划不兼容的任何意外情况。

执行过程中考虑真实环境的主要成本是局部性。在这种情况下，如果需要全局推理，可能会出现陷阱情况。尽管存在这一限制，但在未知和不断变化的环境中，必须使用避障技术来处理移动问题。

请注意，已开发出将运动规划的全局观点和避障的局部观点相结合的方法。我们如何考虑在规划层面上的机器人感知？这就是所谓的基于传感器的运动规划。目前存在几种变体，如参考文献［47.30］中最初引入的错误（Bug）算法。然而，这些变体没有考虑非完整移动机器人的实际背景。

47.8 避障的定义

设 $\mathcal{A}$ 是在空间 $\mathcal{W}$ 中移动的机器人（刚性物体），其位形空间为 CS。假设 $\boldsymbol{q}$ 是一个位形，在时刻 t 的位形是 $\boldsymbol{q}_t$，$\mathcal{A}(\boldsymbol{q}_t)\in\mathcal{W}$ 是机器人在这个位形中占用的空间。在机器人中有一个传感器，它在 $\boldsymbol{q}_t$ 中感知机器人周围空间 $\mathcal{S}(\boldsymbol{q}_t)\subset\mathcal{W}$，定义一组障碍物 $\mathcal{O}(\boldsymbol{q}_t)\subset\mathcal{W}$。

设 $\boldsymbol{u}$ 是时间 δt 的一个常量控制向量，而控制向量 $\boldsymbol{u}(\boldsymbol{q}_t)$ 应用于 $\boldsymbol{q}_t$ 中。给定 $\boldsymbol{u}(\boldsymbol{q}_t)$，描述机器人的轨迹为 $\boldsymbol{q}_{t+\delta t}=f(\boldsymbol{u},\boldsymbol{q}_t,\delta t)$，其中 $\delta t\geqslant 0$。设 $\mathcal{Q}_{t,T}$ 为从 $\boldsymbol{q}_t$ 到 $\delta t\in[0,T]$ 之后的轨迹位形集；$\delta t\in[0,T]$ 是给定的时间间隔。$T>0$ 被称为采样周期（Sample Period）。设 F：$CS\times CS\rightarrow\mathbb{R}^+$ 是一个函数，用于评估一个位形到另一个位形的进度。

接下来对避障问题进行讨论。

令 $\boldsymbol{q}_{\text{target}}$ 作为目标位形，然后在 t_i 时间内机器人 $\mathcal{S}$ 处于位形 $\boldsymbol{q}_{t_i}$，传感器感知区域为 $\mathcal{S}(\boldsymbol{q}_{t_i})$，识别到一个障碍物 $\mathcal{O}(\boldsymbol{q}_{t_i})$。

在每个采样周期（图 47.8a）解决该问题，就是要在执行时间内计算出的一系列运动控制向量 $\{\boldsymbol{u}_1,\cdots,\boldsymbol{u}_n\}$，以避开传感器识别到的障碍物，同时使机器人在每个位形空间 $\{\boldsymbol{q}_1,\cdots,\boldsymbol{q}_{\text{target}}\}$ 中向目标位形前进（图 47.8b）。请注意，运动规划问题是一个全局性问题。避障方法是解决这一问题的局部迭代技术。局部性（陷阱情况）的缺点通过在控制周期内引入传感器的感知信息（考虑执行中的真实环境）来抵消。

影响避障方法发展的因素至少有三个方面：避障技术、机器人传感器类型和场景类型。这些主题对应于下面三个部分。首先，我们描述了避障技术（见第 47.9 节）。其次，我们讨论了在机器人上使给定的避障方法适应工作的技术，考虑形状、运动学和动力学（见第 47.10 节）。感知处理在本书第 1 卷的第 5 章和第 25 章中有详细说明。最后，在给定场景中，在机器人上使用避障技术在很大程度上取决于场景性质（例如，静态或动态、未知或已知、结构化或非结构化，或者是障碍物的大小）。通常，该问题与规划-反应的集成有关（见第 47.11 节）。

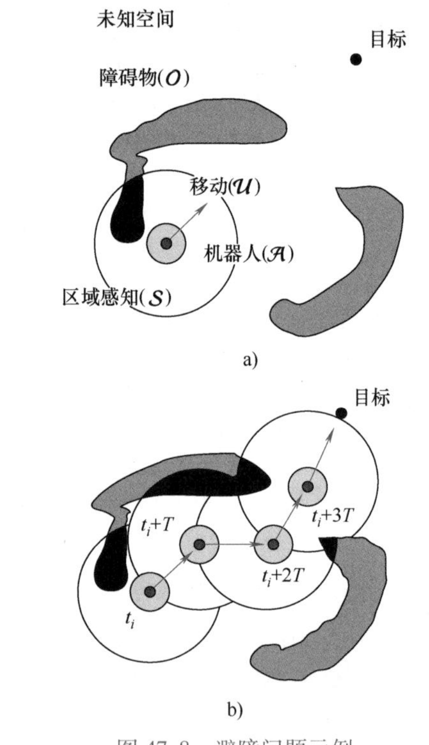

图 47.8 避障问题示例
a）当机器人朝着目标位置移动的时候，避障问题就是通过传感器搜集的障碍物信息，计算避免碰撞的运动控制 b）每次避障的移动就形成了一系列使机器人向目标靠近的运动

47.9 避障技术

这里我们介绍一下避障技术的分类以及具有代表性的避障方式，首先有两大类：第一类是运动计算在一步中，第二类就是运动计算在多步中。一步方式直接降低了传感器信息对运动的控制。下面为其两种类型：

1）启发式方法是第一个应用于依靠传感器控制运动的方式，主要起源于经典规划方式，这里不再讨论，详细情况可参看参考文献 [47.1, 30-33]。

2）物理类比的方式是把避障类比为物理问题。参考文献 [47.34, 35] 讨论势场法。其他的为某种不确定模型的变异 [47.36] 或其他类比方式 [47.37-39]。

多步方式计算一些中间信息，然后处理这些信息以获得运动：

1）控制子集的方法计算一组中间的运动控制，然后选择其中一个作为解决方案。有两种类型：①计算运动方向子集的方法。我们在此描述向量场直方图（VFH）[47.40]和障碍约束法[47.41]（三维工作空间见参考文献［47.42］）。另一种方法是转向角场法[47.43]。②计算速度控制子集的方法。我们在此描述了动态窗口法（DWA）[47.44]和速度障碍（VO）[47.45]（移动障碍物见参考文献［47.46］）。另一种基于类似原理但独立开发的方法是曲率速度法[47.47]。

2）最后，还有一些方法可以计算一些高级信息，如中间信息，然后在运动中进行转换。我们描述了近程图导航的基本版本[47.48,49]。读者可参阅参考文献［47.50-52］了解进一步改进。

本文概述的所有方法都有其优缺点，取决于导航环境，如不确定环境、高速运动、受限空间中的运动等。遗憾的是，没有可用的度量标准来定量衡量这些方法的性能。然而，有关这些方法本质问题的试验比较，请参见参考文献［47.48］。

47.9.1 势场法

势场法（PFM）运用一种类比方式，这里机器人就像一粒微粒受力场作用在位形空间中运动，同时目标位置向机器人微粒施加引力 $\boldsymbol{F}_{\mathrm{att}}$，障碍物向机器人微粒施加斥力 $\boldsymbol{F}_{\mathrm{rep}}$。在每一时间 t_i，机器人是沿上面两种假想力的合力 $\boldsymbol{F}_{\mathrm{tot}}(\boldsymbol{q}_{t_i})=\boldsymbol{F}_{\mathrm{att}}(\boldsymbol{q}_{t_i})+\boldsymbol{F}_{\mathrm{rep}}(\boldsymbol{q}_{t_i})$ 方向移动（最为理想的方向），如图 47.9 所示。

例 47.1

$$\boldsymbol{F}_{\mathrm{att}}(\boldsymbol{q}_{t_i})=K_{\mathrm{att}}\boldsymbol{n}_{\boldsymbol{q}\mathrm{target}} \tag{47.8}$$

$$\boldsymbol{F}_{\mathrm{rep}}(\boldsymbol{q}_{t_i})=\begin{cases}K_{\mathrm{rep}}\sum_j\left(\dfrac{1}{d(\boldsymbol{q}_{t_i},\boldsymbol{p}_j)}-\dfrac{1}{d_0}\right)\boldsymbol{n}_{\boldsymbol{p}_j} & ,d(\boldsymbol{q}_{t_i},\boldsymbol{p}_j)<d_0\\ 0 & ,\text{其他}\end{cases} \tag{47.9}$$

式中，K_{att} 和 K_{rep} 为恒定的力；d_0 是机器人微粒距障碍物 $\boldsymbol{p}_j$ 的距离，$\boldsymbol{q}_{t_i}$ 为机器人当前位形；$\boldsymbol{n}_{\boldsymbol{q}\mathrm{target}}$ 和 $\boldsymbol{n}_{\boldsymbol{p}_j}$ 分别为从 $\boldsymbol{q}_{t_i}$ 指向目标和每个障碍物 $\boldsymbol{p}_j$ 的矢量。借助 $F_{\mathrm{tot}}(\boldsymbol{q}_{t_i})$，通过位置或力的控制便可得到 $\boldsymbol{u}_i$，具体参阅参考文献［47.53］。

这是一个经典模型，其中的势场仅取决于机器人的当前位形。作为补充的情况是广义势场，这种势场还受瞬息万变的机器人速度和加速度影响。

例 47.2

$$\boldsymbol{F}_{\mathrm{rep}}(\boldsymbol{q}_{t_i})=\begin{cases}K_{\mathrm{rep}}\sum_j\left(\dfrac{a\dot{\boldsymbol{q}}_{t_i}}{[2ad(\boldsymbol{q}_{t_i},\boldsymbol{p}_j)-\dot{\boldsymbol{q}}_{t_i}^2]}\right)\boldsymbol{n}_{p_j}\cdot\boldsymbol{n}_{\dot{\boldsymbol{q}}_{t_i}} & ,\dot{\boldsymbol{q}}_{t_i}>0\\ 0 & ,\text{其他}\end{cases} \tag{47.10}$$

式中，$\dot{\boldsymbol{q}}_{t_i}$ 为机器人当前的速度；$\boldsymbol{n}_{\dot{\boldsymbol{q}}_{t_i}}$ 为机器人速度矢量；a 为机器人最大加速度。当把排斥势场定义为机器人碰撞障碍物之前的估计时间和机器人达到最大后退加速度前停止机器人所需的时间颠倒时，这个表达式就起作用了。注意这里的斥力只对机器人的移动方向起作用，这和经典势场截然不同的。经典势场和这种广义势场的比较以及其与计算运动控制的关系可以参阅参考文献［47.53］。这种方法因为其易于理解并且具有清晰的数学表达式而被广泛应用。

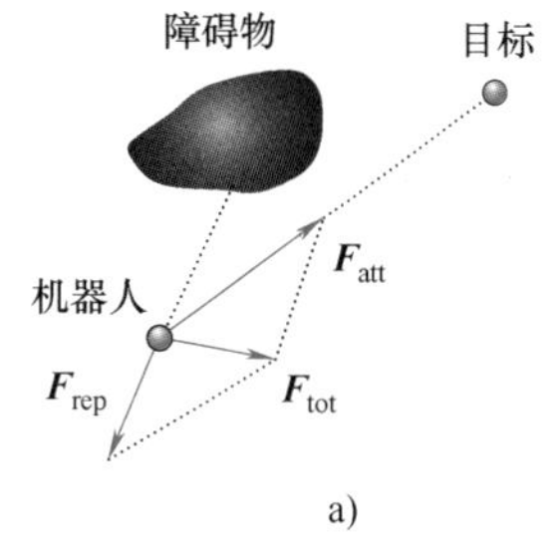

a)

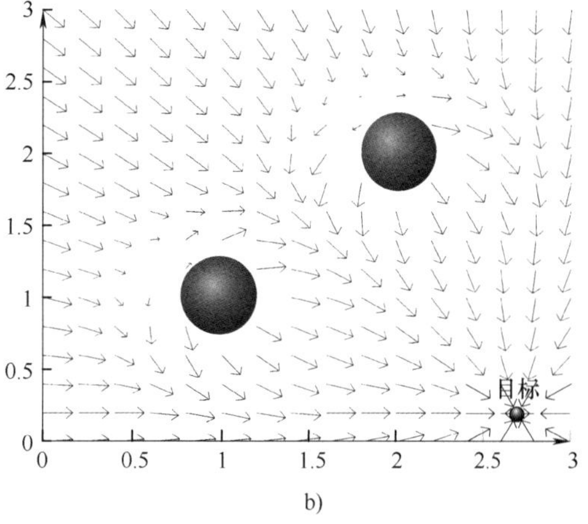

b)

图 47.9 运动方向计算方法示例

a）利用势场法计算运动方向。目标对机器人施加引力 F_{att} 而障碍物对机器人施加斥力 F_{rep}，其合力 F_{tot} 的方向为机器人避障运动最理想的方向

b）空间各点经典方法计算所得的运动方向

47.9.2 向量场直方图

向量场直方图（VFH）方法分两步解决这一问题，即先计算备选运动方向集合，然后再在这些方向中选择一个。

47

1. 方向的备选集合

首先，从机器人位置将空间分成多个扇形区域，这种方法就是在机器人周围构建极坐标直方图 H，其中每个部分表示障碍物在相应扇形区域的极密度，表示出障碍物在扇区 k 中分布对应部分的直方图 $h^k(\boldsymbol{q}_{t_i})$ 的函数表达式为

$$h^k(\boldsymbol{q}_{t_i})=\int_{\Omega_k}P(\boldsymbol{p})^n\left(1-\frac{d(\boldsymbol{q}_{t_i},\boldsymbol{p})}{d_{\max}}\right)^m \mathrm{d}\boldsymbol{p} \tag{47.11}$$

积分范围 $\Omega_k=\{\boldsymbol{p}\in\mathcal{W}\backslash\boldsymbol{p}\in k \wedge d(\boldsymbol{q}_{t_i},\boldsymbol{p})<d_0\}$。密度 $h^k(\boldsymbol{q}_{t_i})$ 与某点被障碍物占据的概率 $P(\boldsymbol{r})$ 成正比，并随着距该点的距离减小而增大。

通常所得的直方图有峰值（高密度障碍物的方向）和低谷（低密度方向），备选方向集合是相邻部分的集合，这些部分具有比给定阈值更低的障碍物密度，且最靠近包含目标方向的部分。称这些部分（扇区）的集合为可选择的低谷，并表示备选方向的集合，如图 47.10 所示。

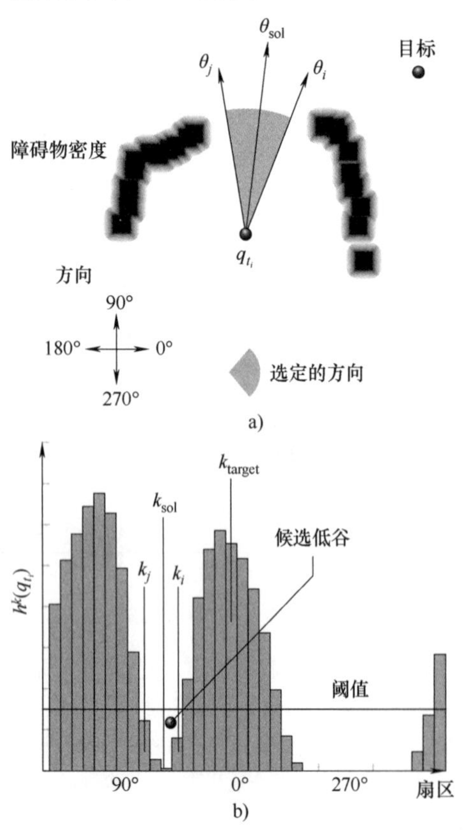

图 47.10　使用 VFH 方法计算运动方向 θ_{sol}

2. 运动计算

下一步的目标是在这个集合中选择一个方向，其思想就是三个依赖于包含目标的部分或已选低谷的大小启发式方法。几种情况检测如下。

1）情况 1：目标扇区在已选低谷中。处理办法：$k_{sol}=k_{target}$，k_{target} 为包含目标位置的扇区。

2）情况 2：目标扇区不在已选的低谷中，且低谷中的扇区数大于 m。处理办法：$k_{sol}=k_i\pm(m/2)$，m 为确定的扇区数，k_i 为低谷中最靠近目标的扇区。

3）情况 3：目标扇区不在已选的低谷中，且低谷中的扇区数不大于 m。处理办法：$k_{sol}=(k_i+k_j)/2$，其中 k_i 和 k_j 为低谷最外侧的两个扇区。

处理得到 k_{sol} 扇区，其平分线就是方向 θ_{sol}。速度 v_{sol} 与机器人和最近障碍物之间的距离成反比。所以得到控制向量为：$\boldsymbol{u}_i=(v_{sol},\theta_{sol})$。

VFH 方法将障碍物的分布可能性用公式表达出来，因此很好地适应于不同传感器的障碍物识别，如超声波传感器等。

47.9.3　障碍约束法

用障碍约束法（ORM）解决问题分三步走，前两步的结果是机器人运动方向的备选集。第一步要计算出一个瞬时的子目标（如果必要的话）。第二步将每一个障碍物和每一个运动约束结合起来，结合它们进一步来计算理想方向的集合。最后一步是用该策略来计算给定集的运动。

1. 瞬时目标选择

这一步计算子目标时，最好的办法就是直接向给定空间区域运动（改善条件以实现目标后），而不是直接向目标本身。这个子目标位于障碍物的中间或障碍物的边缘（图 47.11a）。接下来，用局域算法来检查这个过程是否可以从该机器人的位置来获得目标。如果不能，则选择距目标最近的可到达的子目标。为了检查是否有一个这样的点可以到达，有一个局域算法可以用来计算连接这两个位置的局部路径的存在性[47.48]。

设 x_a 和 x_b 为空间中的两个位置，R 为机器人的半径，L 为障碍物点列表，其中 $\boldsymbol{p}_i$ 为该点列表中的一个障碍物。令 A 和 B 分别表示被 x_a 和 x_b 连接的直线所分割的两个半平面。若对于 L 中的所有点都有 $d(\boldsymbol{p}_j,\boldsymbol{p}_k)>2R$（其中 $\boldsymbol{p}_j\in A,\boldsymbol{p}_k\in B$），则存在一个免碰撞路径连接这两个位置。如果该条件不满足，则不存在这样的局域路径（即使存在这样的一个全局路径）。这个有意义的结论就是当结果是正的时候，可以保证一点能够到达其他存在的点。

这个过程的结果是它们的目标或一个瞬时的子目标（从现在起这个地点被称为目标位置）。注意到这一过程的一般性以及可作为预处理步骤，用其

他方式来立即验证目标定位或去计算一个瞬时的子目标来驱动机器人。

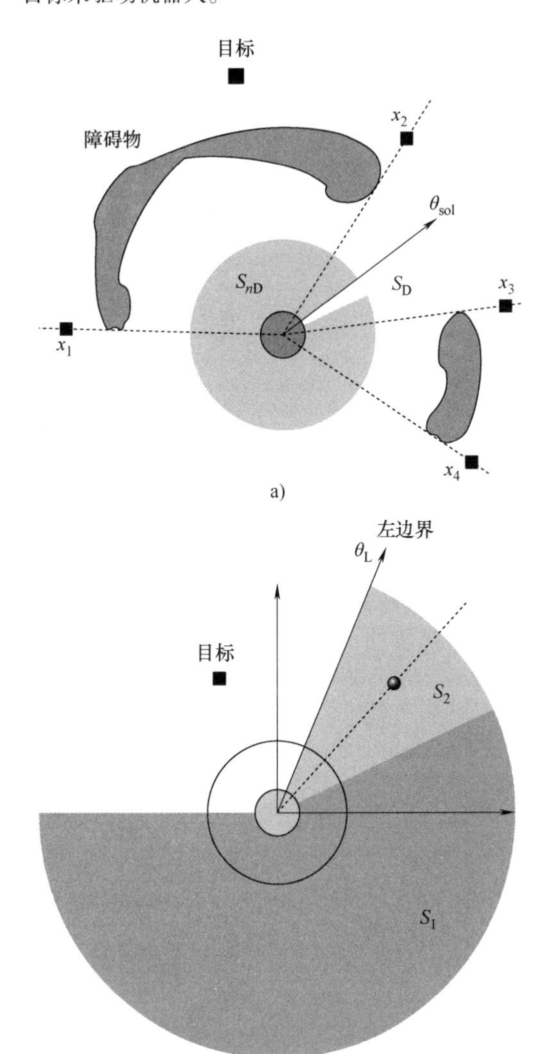

图 47.11 瞬时目标选择示例

a）子目标 x_i 的分布。选取的瞬时目标位置为 x_2。备选方向的集合是 S_{nD}，解决方法是 θ_{sol}（第二种情况）

b）对给定的障碍，两个不理想方向的集合 S_1 和 S_2

2. 备选方向集

对每一个障碍物 i，不理想的运动方向集合 S^i_{nD}（运动约束）被计算出来。这个集合是两个子集 S^i_1 和 S^i_2 的并集。S^i_1 表示不适合躲避的障碍物的那一侧，S^i_2 表示障碍物所包围的禁区（图 47.11b）。障碍物的运动约束是这两个集合的并集 $S^i_{nD}=S^i_1\cup S^i_2$。理想的运动方向集合就是它们的补集 $S_D=\{[-\pi,\pi]\backslash S_{nD}\}$，其中 $S_{nD}=\cup_i S^i_{nD}$。

3. 运动计算

最后一步是选择运动方向。有三种情况依赖于理想方向 S_D 和目标方向 θ_{target}。这些情况按顺序检查如下。

1）情况 1：$S_D\neq\varnothing$ 且 $\theta_{target}\in S_D$。处理办法：$\theta_{sol}=\theta_{target}$。

2）情况 2：$S_D\neq\varnothing$ 且 $\theta_{target}\notin S_D$。处理办法：$\theta_{sol}=\theta_{lim}$，其中 θ_{lim} 是最接近 θ_{target} 的 S_D 的方向。

3）情况 3：$S_D=\varnothing$。处理办法：$\theta_{sol}=(\phi^l_{lim}+\phi^r_{lim})/2$，其中 ϕ^l_{lim} 和 ϕ^r_{lim} 分别是更接近 θ_{target} 的 S_{D_l} 和 S_{D_r} 的方向（S_{D_l} 和 S_{D_r} 是在目标左侧和右侧障碍物的理想方向上的集合）。

结果是运动方向解 θ_{sol}。速度 v_{sol} 与距离最近障碍物的距离成反比。控制量为 $\boldsymbol{u}_i=(v_{sol},\theta_{sol})$。

这是一种基于实例的几何度量方法。其优点是已证明可解决受限空间中的有效运动。

47.9.4 动态窗口法

动态窗口法（DWA）分两个步骤来解决问题，作为中介信息来计算控制空间 $\mathcal{U}$ 的一个子集。简单来说，我们把运动控制看作平移和转动速度 (v,ω)。$\mathcal{U}$ 被定义为

$$\mathcal{U}=\{(v,\omega)\in\mathbb{R}^2\backslash v\in[-v_{max},v_{max}]\wedge \omega\in[-\omega_{max},\omega_{max}]\} \tag{47.12}$$

1. 备选控制集

控制备选集 $\mathcal{U}_R$ 包括：①机器人最大速度内的控制 $\mathcal{U}$；②产生安全轨迹的控制 $\mathcal{U}_A$；③在给定加速度的情况下，可以在很短的一段时间内达到的控制 $\mathcal{U}_D$。集合 $\mathcal{U}_A$ 包含可采纳的控制。通过利用最大负加速度 (a_v,a_ω)，这些控制可以在碰撞前撤销：

$$\mathcal{U}_A=\{(v,\omega)\in\mathcal{U}\mid v\leqslant\sqrt{2d_{obs}a_v}\wedge\omega\leqslant\sqrt{2\theta_{obs}a_\omega}\} \tag{47.13}$$

式中，d_{obs} 和 θ_{obs} 分别表示障碍的距离和越过障碍轨迹的切线方向。集合 $\mathcal{U}_D$ 包含在很短时间内可达到的控制：

$$\mathcal{U}_D=\{(v,\omega)\in\mathcal{U}\backslash v\in[v_o-a_vT,v_o+a_vT]\wedge \omega\in[\omega_o-a_\omega T,\omega_o+a_\omega T]\} \tag{47.14}$$

式中，$\dot{\boldsymbol{q}}_{t_i}=(\omega_o,v_o)$ 表示当前速度。

产生的控制子集为（图 47.12）

$$\mathcal{U}_R=\mathcal{U}\cap\mathcal{U}_A\cap\mathcal{U}_D \tag{47.15}$$

47

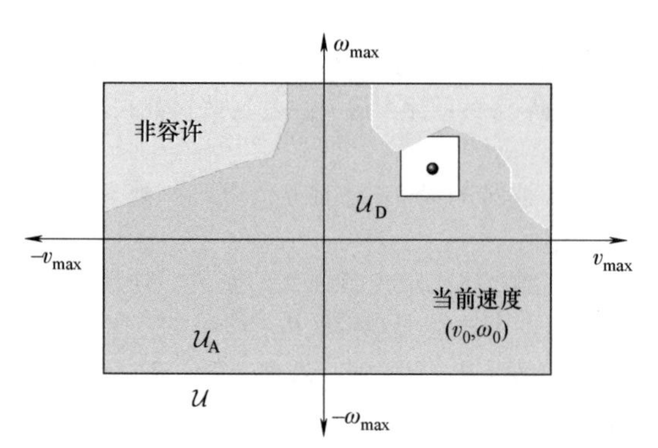

图 47.12 控制子集 $\mathcal{U}_R=\mathcal{U}\cap\mathcal{U}_A\cap\mathcal{U}_D$，这里 $\mathcal{U}$ 表示最大速度内的控制，$\mathcal{U}_A$ 表示可采纳的控制，$\mathcal{U}_D$ 表示在很短时间内可达到的控制

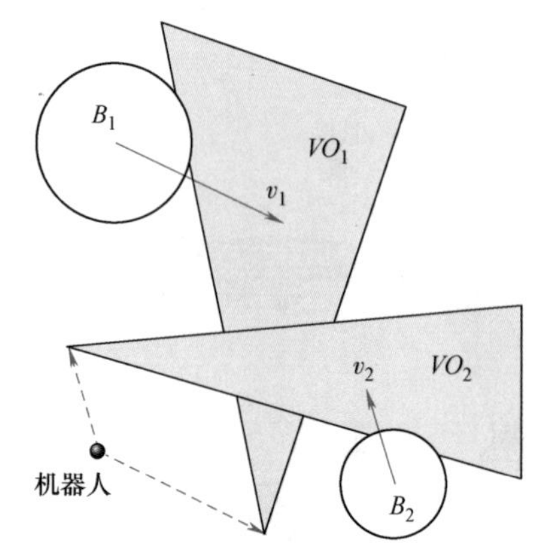

图 47.13 非安全控制子集 $\overline{\mathcal{U}}_A=VO_1\cup VO_2$

注：对于移动的障碍，超出该集合的控制矢量产生非碰撞运动。

2. 运动计算

接下来的步骤是选择一个控制 $\boldsymbol{u}_i\in\mathcal{U}_R$。阐述这个问题可转化为目标函数最大化的问题，即

$$G(\boldsymbol{u})=\alpha_1\cdot \mathrm{Goal}(\boldsymbol{u})+\alpha_2\cdot \mathrm{Clearance}(\boldsymbol{u})+\alpha_3\cdot \mathrm{Velocity}(\boldsymbol{u}) \tag{47.16}$$

这个函数是 Goal($\boldsymbol{u}$) 中的一个折中型函数，Goal($\boldsymbol{u}$) 表示向目标提供进展的速度；Clearance($\boldsymbol{u}$) 为远离障碍物的速度；Velocity($\boldsymbol{u}$) 表示高速。解决的办法是控制 $\boldsymbol{u}_i$，使该函数最大。

DWA 是在控制空间内使用机器人动力学信息来解决问题的，因此该算法也很好地适用于工作在缓慢动态性能的或高速的机器人上。

47.9.5 速度障碍

用速度障碍（VO）法解决问题分两步走，通过计算作为中介信息 $\mathcal{U}$ 的一个子集。其框架类似于 DWA。不同的是，安全轨迹的集合 $\mathcal{U}_A$ 计算考虑了障碍的速度，这个问题接下来进行描述。

令 $\boldsymbol{v}_i$ 表示障碍 i 的速度（机器人半径伸长后所占区域为 B_i），$\boldsymbol{u}$ 为给定的机器人控制。碰撞相对速度的集合称为碰撞锥：

$$CC_i=\{\boldsymbol{u}_i \mid \boldsymbol{\lambda}_i\cap B_i\neq\varnothing\} \tag{47.17}$$

式中，$\boldsymbol{\lambda}_i$ 表示单位矢量空间 $\boldsymbol{u}_i=\boldsymbol{u}_i-\boldsymbol{v}_i$ 的方向。速度障碍是在一个共同的绝对参考系中设置的：

$$VO_i=CC_i\oplus\boldsymbol{v}_i \tag{47.18}$$

式中，$\oplus$表示明科夫斯基矢量和。非安全轨迹的集合是针对每一个移动障碍的速度障碍的并集 $\overline{\mathcal{U}}_A=\cup_i VO_i$（图 47.13）。该方法的优点是考虑了障碍物的速度，因此非常适合于动态场景。

47.9.6 近程图导航

这种方法与其说是一种算法本身，不如说是一种设计避障方法的方法论。近程图导航（ND）是一种基于几何应用的避障方法。该方法背后的思想是采用基于情境的分而治之策略，以简化情境活动范式下的避障问题[47.54]。首先，有一组情况可以表示机器人位置、障碍物和目标位置之间的所有情况。此外，对于每种情况，都有一个与之相关的运动规律。在执行阶段，在时间 t_i，识别一种情况，并使用相应的规律来计算运动。

1. 情况

这些情况用二叉决策树表示。情况的选择取决于障碍物 $\mathcal{O}(\boldsymbol{q}_{t_i})$、机器人位形 $\boldsymbol{q}_{t_i}$ 和目标 $\boldsymbol{q}_{\mathrm{target}}$。这些标准基于高级实体，如机器人边界周围的安全距离和运动区域（识别合适的运动区域）。例如，一个标准是安全系统中是否存在障碍区；另一个标准是运动区域是宽还是窄。结果只有一种情况，因为根据定义和表示（二叉决策树），情况集是完整和排他的（图 47.14）。

2. 动作

与任何情况相关联的是一个动作，该动作计算运动以使行为适应每种情况所代表的情境。在高层次上，行动描述了每种情况下所需的行为。例如，一种情况是安全区域内没有障碍物，目标位于运动区域内，即高安全目标区域（HSGR）。解决办法是朝着这个目标前进。另一种情况是，安全区域内没有障碍物，目标不在运动区域内，但很宽，即具有高安全宽度区域（HSWR）。解决办法是向运动

区域的极限移动，但应清除安全区域内的障碍物。

这种方法的有趣之处在于它采用了分而治之的策略来解决导航问题。因此，它降低了问题的难度。第一个优点是，该方法是在符号级别描述的，因此，有许多方法可以实现该方法。第二个优点是，该方法的几何实现（ND 方法）已被证明可用于解决困难的导航情况，从而在密集、复杂和困难的场景中实现安全导航。

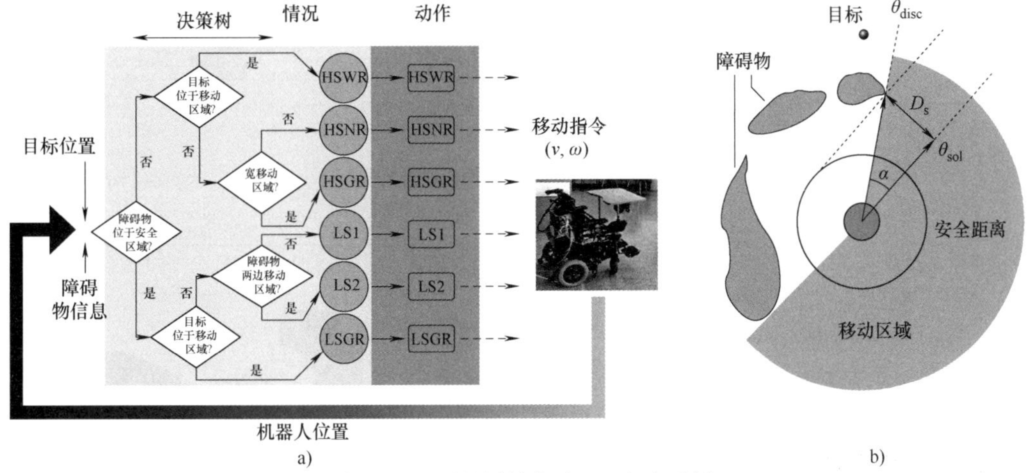

图 47.14　近程图导航及 ND 方法示例

a）方法设计图。给定障碍信息及目标信息，在给定的一个标准下就可以识别出一种情况。紧接着，相关的行为被执行，来计算运动　b）ND 方法的计算示例（几何应用）。第一步是确定情况。没有比安全距离 D_s 更近的障碍。第二步是确定 $\boldsymbol{q}_{target}$ 不在运动区域内。第三，运动区域是宽的。鉴于这三个标准我们确定当前的情况，HSWR。在这种情况下，相应的行为计算控制 $\boldsymbol{u}_i=(v_{sol},\theta_{sol})$，其中 v_{sol} 是最大速度，θ_{sol} 被计算为从更接近目标的方向运动区域极限方向 θ_{disc} 的偏差 α

47.10　避障机器人的形状特征、运动学与动力学

在避障过程中，对于机器人需要考虑三个方面的问题：形状特征、运动学和动力学。这个形状特征和运动学共同形成一个几何问题，涉及机器人在给定的轨迹 $\mathcal{Q}_{t,\infty}$ 碰撞中的位形表示。动力学考虑了加速度和时间问题，包括两个方面：①在给定当前速度 $\dot{\boldsymbol{q}}_{t_i}$ 及最大加速度的条件下在短时间段 T 内选择一个可达到的控制；②把制动距离考虑进去，这样当控制执行后，在应用最大加速度时，机器人在碰撞前可以一直保持不动（改善了安全性）。

在避障时关于形状特征、运动学和动力学的问题我们从三个不同的方面来考虑：①设计一种可以将约束融入算法中的方法（见第 47.9.4 节）；②从算法应用的层面上开发将机器人抽象化的技术[47.55-58]；③借助技术将问题分解成一些子问题，再通过使用算法将各个方面按顺序[47.59-61]依次合并。

47.10.1　抽象机器人方面的技术

这些技术是基于在机器人方面及避障算法之间构造一个抽象层，以此，当算法一旦被采用，解决方案就已考虑到了各个方面[47.55-58]。这里我们考虑在常量控制下所得到的基本路径下的机器人可以通过圆弧来近似估计（如一个差速驱动机器人，一个同步驱动机器人或一个三轮车）。为简化分析，我们提出控制就是一个平移的和转动的速度 $\boldsymbol{u}=(v,\omega)$。给定当前的速度 $\dot{\boldsymbol{q}}_{t_i}=(v_0,\omega_0)$，可达到的控制集 $\mathcal{U}_A$ 及最大加速度（a_v,a_ω）可通过式（47.14）得到。

1. 抽象结构

对于这个机器人，它的位形空间 CS 是三维空间。其思想是构造一个由基本的圆周路径定义 $ARM(\boldsymbol{q}_{t_i})\equiv ARM$ 位形空间的流形，以每一时刻 t_i 的机器人位置为中心。定义流形的函数是

$$\theta=f(x,y)$$

$$=\begin{cases}\arctan2\left(x,\dfrac{x^2-y^2}{2y}\right) & ,y\geqslant 0\\ -\arctan2\left(x,-\dfrac{x^2-y^2}{2y}\right) & ,\text{其他}\end{cases}\tag{47.19}$$

47

很容易看出函数 f 在 $\mathbb{R}^2\setminus(0,0)$ 中是可微的；因此，当 $(x,y)\in\mathbb{R}^2\setminus(0,0)$ 时，$[x,y,f(x,y)]$ 在 $\mathbb{R}^2\times S^1$ 中定义了一个二维流形。该 ARM 流形包含在避障的每个步骤中可以达到的所有位形。

接下来，在 ARM 中，人们可根据任意形状的机器人中给出的碰撞域 CO_{ARM}（如流形中障碍的表示）计算这一障碍的确切位置，给一个障碍点 (x_p,y_p) 和一个机器人活动域 (x_r,y_r)，CO_{ARM} 域中的点 (x_s,y_s) 可按下式计算：

$$x_s=(x_f+x_i)a \qquad (47.20)$$
$$y_s=(y_f-y_i)a$$

其中

$$a=\{[(y_f^2-y_i^2)+(x_f^2-x_i^2)][(y_f-y_i)^2+(x_f-x_i)^2]\}\times[(y_f-y_i)^4+2(x_f^2+x_i^2)(y_f-y_i)^2+(x_f^2-x_i^2)^2]^{-1}$$

这一结果用来绘制机器人避开所有多样化障碍物边界的地图，以此来确切地计算 CO_{ARM} 的形状。接下来，在多样化 ARM 中计算非容许位形 CNA_{ARM}，因为在这个位形空间中，机器人一旦在时间 T 达到了给定的速度，则它不能采用无碰撞最大负加速度停止（即没有足够的制动距离）。CNA_{ARM} 的区域是 CO_{ARM} 拓展的部分，由机器人的最大加速度而定。可在短期时间 $\mathcal{U}_A$ 通过控制可达性，可达到的位形集 RC_{ARM} 也是在 ARM 中计算得出的。最后，对 ARM 进行坐标变换得到 ARM^p，其作用是将流形中的一般的圆形路径变成直线路径。结果现在问题变为在无约束的二维空间中可向任意方向点移动。

2. 方法应用

最后一步是将避障方法应用在 ARM^p 中以避免 CNA_{ARM}^p 区域。该方法的解 β_{sol} 是在 ARM^p 中一个最有希望的方向。这个方向也被用来在给定的动态可达 RC_{ARM}^p 位形集中选择一个 $\boldsymbol{q}_{sol}^p\notin CNA_{ARM}^p$ 的可行位形。最后通过控制 $\boldsymbol{u}_{sol}$ 在时间 T 时刻到达这一位形。通过构造，这种运动学和动力学允许的控制避免了已知形状机器人的碰撞并考虑到制动距离（图47.15）。

如图47.15所示，在这种表示下，障碍看作 ARM^p 空间中的不接受区域 CNA_{ARM}^p 且运动是全向的（许多避障算法的适应条件）。算法被用来获得最有发展希望的方向 β_{sol}，以及被用来获取在可到达位形集合 RC_{ARM}^p 里的位形方案 $\boldsymbol{q}_{sol}^p$。最后，解决方法就是在时间 T 完成该位形的控制 $\boldsymbol{u}_{sol}$。这个控制符合运动学和动力学并考虑到了具体车辆的形状特性。

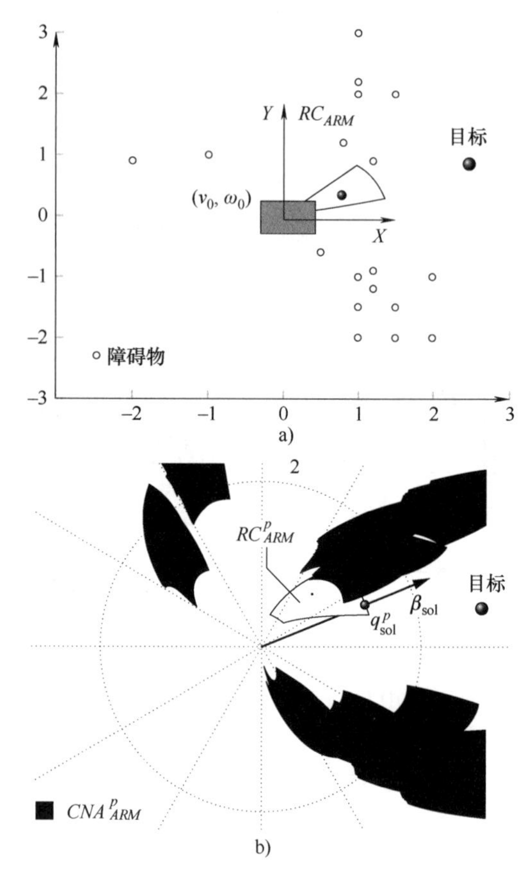

图47.15　避障方法应用示例
a）机器人位置、障碍信息以及目标位置
b）ARM^p 空间的抽象层

47.10.2　子问题的分解技巧

这些技巧论述了避障问题，并将其分解为各个子问题：①避障；②运动学和动力学；③形状。每个子问题按顺序处理（图47.16）。

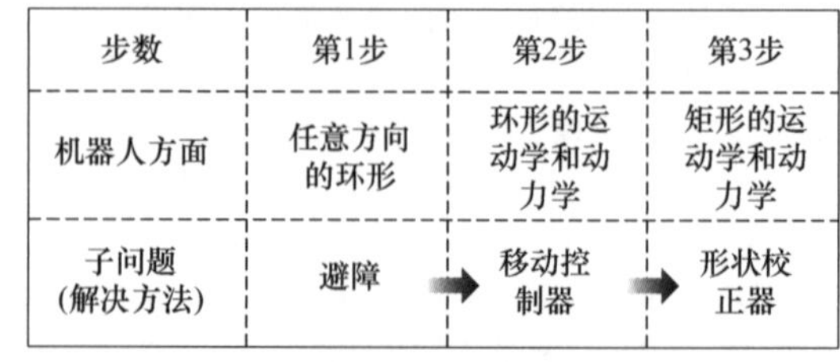

步数	第1步	第2步	第3步
机器人方面	任意方向的环形	环形的运动学和动力学	矩形的运动学和动力学
子问题（解决方法）	避障	移动控制器	形状校正器

图47.16　将避障问题分解为顺序子问题，依次嵌入到机器人中

1. 避障

首先采用避障方法，假定一个圆形和全向机器人。解决的方案以最理想的运动方向和速度 $\boldsymbol{u}_1=(v_1,\theta_1)$ 引导机器人朝向目标行进。

2. 运动学和动力学

其次，该控制被转换为符合运动学和动力学的控制，该控制倾向于将机器人与 $\boldsymbol{u}_1$ 的瞬时运动方向 θ_1 对齐。例如，参考文献［47.60，61］通过反馈动作修改避障方法的输出，该反馈动作以最小二乘方式将机器人与方向解对齐。此外，参考文献［47.59］使用机器人的运动控制器。该控制器模拟机器人被虚拟力拉动时的行为，并计算在短时间内施加该力后产生的运动。生成的运动是新的控制。为了使用控制器，先前的控制 $\boldsymbol{u}_1$ 被转换为瞬时力 $\boldsymbol{F}=[\theta_1, F_{\max}(v_1/v_{\max})]$，并输入控制器中，它计算出符合运动学和动力学的控制 $\boldsymbol{u}_2$。

3. 形状

最后一步是确保在前一步中获得的控制 $\boldsymbol{u}_2$ 避免与机器人的确切形状发生碰撞。为此，使用形状校正器通过控制的动态模拟来检查碰撞。如果存在冲突，则在可访问控制集［式（47.14）］中进行搜索，直到其中一个控制无冲突为止。此过程的结果是产生一个运动控制 $\boldsymbol{u}_i$，可确保避障，并符合机器人的运动学和动力学。

47.11 规划-反应的集成

在本节中，我们将展示如何将避障方法集成到实际系统中。一方面，避障方法是解决运动问题的局部技术。因此，它们注定会落入局部极小值，在陷阱情况或循环运动中转换。这揭示了一种更具全局性的推理的必要性。另一方面，运动规划方法计算一条无碰撞的几何路径，从而保证全局收敛。然而，当环境未知且不断演变时，这些方法会失败，因为预先计算的路径几乎肯定会与障碍物碰撞。显然，构建运动系统的一个关键环节是将两个方面的优点结合起来：运动规划提供的全局知识和避障方法的反应性。

最广泛的方法是指出慎思和反应之间的相互关系：①根据从传感器信息（路径变形系统）获得的场景变化函数（例如，参考文献［47.62-67］）预先计算执行过程中变形的目标路径。②频繁使用具有战术角色的规划者，将执行程度留给反应者[47.68-73]。

47.11.1 路径变形系统

弹性带方法最初假设存在到目标位形的一条几何路径（由规划器计算）。该路径是一个区域带，受到两种类型的力影响：内部收缩力和外力。内力模拟钢带的张力来维持压力。外力由障碍物施加，并使这个带远离障碍物。在执行过程中，新的障碍物会产生力量，将这个路径带从远处移开，从而确保避开障碍物。第 37 章介绍了这些方法。

参考文献［47.64］中提出了扩展的非完整系统路径变形方法。尽管对于没有运动学约束的移动机器人目标是一样的，在跟踪轨迹时避开障碍物，但概念完全不同。非完整系统的轨迹 Γ 完全由初始位形 $\Gamma(0)$ 和函数 $\boldsymbol{u}\in C^1(I,\mathbb{R}^m)$ 的输入值确定，其中 I 是一个区间。因此，非完整系统的轨迹变形方法基于当前轨迹输入函数的扰动，以实现三个目标：

1）保持满足非完整约束。

2）远离车载传感器在线检测到的障碍物。

3）变形后保持轨迹的初始和最终位形不变。

输入函数 Γ 的干扰，由一个向量值输入扰动 $\boldsymbol{v}\in C^1(I,\mathbb{R}^m)$，产生轨迹变形 $\boldsymbol{\eta}\in C^1(I,\mathbb{R}^n)$：

$$\boldsymbol{u}\leftarrow\boldsymbol{u}+\tau\boldsymbol{v}\Rightarrow\Gamma\leftarrow\Gamma+\tau\eta$$

式中，τ 是一个无穷小的正实数。作为一阶近似，$\boldsymbol{u}$ 和 η 两者的关系由线性化系统给出，在这里不再给出其表达式。

1. 障碍势场

障碍是通过在位形空间中定义一个潜在的势场来检测的，当机器人靠近障碍时这个势场就增强。这个潜在的势场被提升到由位形潜在值轨迹所整合成的轨迹空间中。

2. 输入空间的离散化

输入扰动空间 $C^1(I,\mathbb{R}^m)$ 是一个有限维的向量空间。一个输入扰动的选择被限制在一个有限维子空间内，包含 p 个任意测试函数（$e_1,\cdots,e_p$），其中 p 是一个正整数。因此一个输入的微小扰动 $\boldsymbol{u}=\sum_{i=1}^{p}\lambda_i e_i$ 由向量 $\boldsymbol{\lambda}\in\mathbb{R}^p$ 来定义。轨迹势能是关于 $\boldsymbol{\lambda}$ 线性变化的。

3. 边界条件

边界条件是由在区间 I 的两端应用等于零的轨迹扰动构成的，其中区间 I 是关于 $\boldsymbol{\lambda}$ 线性的。因此，不难发现一个向量 $\boldsymbol{\lambda}$，它可使势场下降并满足边界条件。

4. 非完整约束偏差

输入微扰与轨迹变形之间的近似一阶关系引起了一个副作用：经过几次迭代后，非完整约束条件不再满足。这个副作用可通过增广系统得以改善，增广系统由每个位形的 n 个控制向量场 $f_1,\cdots,f_n$ 组成 $\mathbb{R}^n$ 空间，并通过保持输入部分 u_{m+1} 到 u_n 沿着附加的向量场尽可能接近零。图 47.17 给出了用于非完整系统的轨迹变形算法的例子。

47

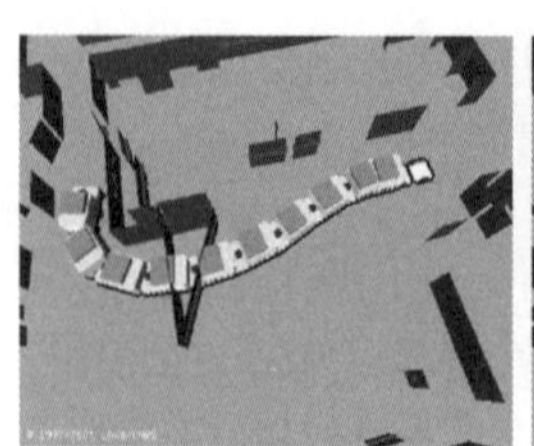
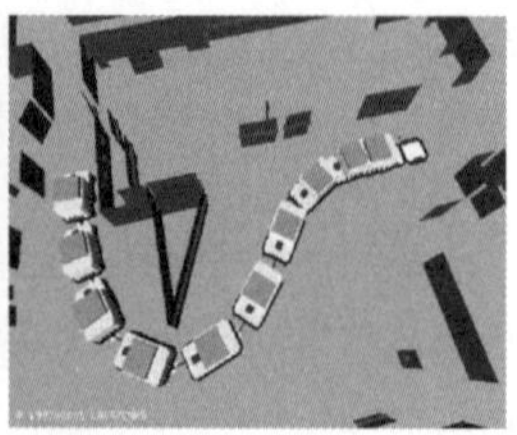

图 47.17　一个拖着一辆拖车的差速驱动移动机器人，通过在线检测应用轨迹变形算法避障

47.11.2　战术规划系统

战术规划系统以高频率重新计算到目标位形的路径，并使用主航线向避障模块提供建议。这些运动系统的设计至少涉及三种功能的综合：模型构建、审慎规划和避障。模型生成器为反应性行为的思考和记忆构建了一个表示基础。规划器生成用于战术指导避障模块的全局规划，该模块生成局部运动。接下来，我们将介绍三种功能以及实现它们的三种可能工具[47.73]。

1. 模型生成器模块

构建环境模型（增加规划的空间域，并作为避障的本地存储器）。一种可能性是使用二进制占据栅格，该栅格在新的传感器测量值可用时更新，并在栅格中集成任何新测量值之前，采用扫描匹配技术[47.74,75]改进机器人测距。

2. 规划器模块

提取自由空间的连通性（用于避免周期性运动和陷阱情况）。一个很好的选择是动态导航功能，如D*[47.76,77]。规划器模块的想法是将搜索集中在场景结构发生变化并影响路径计算的区域。规划器避免了局部极小值，并且实现非常有效的实时计算。

3. 避障模块

本章中描述的任何避免碰撞运动的计算方法均可以被使用。一种可能性是ND方法（见第47.9.6节），因为它已被证明在小空间环境中移动非常有效和稳健。

在全局范围内，该运动系统的工作原理如下（图47.18）：给定机器人的激光扫描和里程计，模型生成器将该信息合并到现有模型中。接下来，规划器模块使用模型中障碍物和自由空间的变化信息来计算要达到目标的路线。最后，避障模块使用栅格中包含的障碍物信息和该战术规划器的信息生成运动（以使机器人无碰撞地驶向目标）。该运动由机器人控制器执行，该过程通过新的传感器测量值重新启动。必须强调的是，这三个模块由于一致性原因，应在感知-执行周期内同步工作。这些系统的优点是，模块的协同作用允许避免陷阱情况和循环运动（与避障方法的局部性质相关的限制）。图47.19显示了使用该运动系统实施的试验照片。

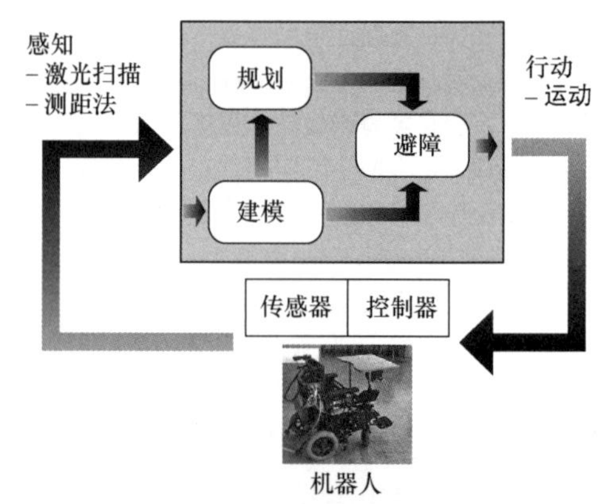

图 47.18　运动系统概览

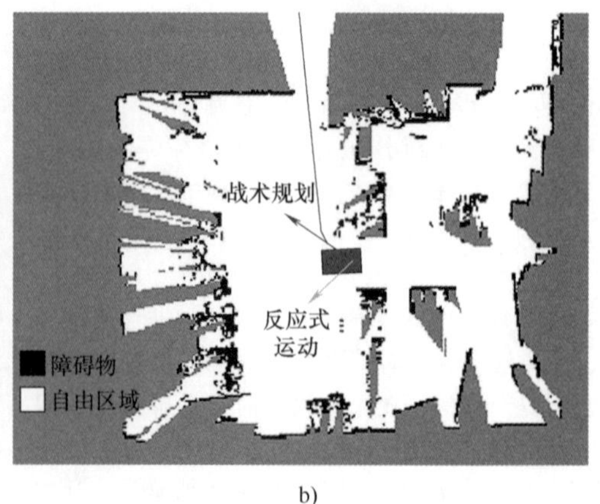

a)　　b)

图 47.19　运动系统实施的试验照片

a）所述运动系统在配备平面范围激光传感器的轮椅机器人上进行的试验照片　b）给定时间的运动系统信息：场景的当前累积地图，使用规划器计算的路径和战术运动方向，以及反应式避障方法的解决方案

47

47.12 结论、未来方向与延展阅读

本章中介绍的算法工具表明，运动规划和避障研究技术已达到成熟程度，可将其转移到真实平台上。如今，一些室内移动机器人每天都使用避障技术来引导博物馆的参观者。户外应用仍然需要在感知和建模方面有所发展。对于这些应用，三维传感能力对于环境建模和检测障碍物都是必要的。例如，几家汽车制造商正在开发并行辅助驻车系统。该应用程序的难点是在各种环境中利用三维数据构建停车场模型。

目前，移动机器人自主运动的主要挑战在于集成不同机器人研究领域的技术，以便为非常复杂的系统规划和执行运动，如仿人机器人。不同软件组件需要集成在一台机器上协同工作，同时还应具有科学意义：具有位形变量的经典运动规划公式根据全局参考框架定位机器人，不适合具有不精确地图的部分已知环境。像运动这样的机器人任务需要根据环境的地标来指定。例如，根据定义，抓取一个物体是相对于该物体位置指定的运动。在这个方向上，很少有研究者进行总体框架方面的研究。

有关移动机器人运动规划和避障的其他补充资料，请参见参考文献 [47.5，78-80]。

视频文献

- VIDEO 80 Sensor-based trajectory deformation and docking for nonholonomic mobile robots
  available from http://handbookofrobotics.org/view-chapter/47/videodetails/80
- VIDEO 707 Autonomous robotic smart wheelchair navigation in an urban environment
  available from http://handbookofrobotics.org/view-chapter/47/videodetails/707
- VIDEO 708 Sena wheelchair: Autonomous navigation at University of Malaga (2007)
  available from http://handbookofrobotics.org/view-chapter/47/videodetails/708
- VIDEO 709 Robotic wheelchair: Autonomous navigation with Google Glass
  available from http://handbookofrobotics.org/view-chapter/47/videodetails/709
- VIDEO 710 A ride in the google self driving car
  available from http://handbookofrobotics.org/view-chapter/47/videodetails/710
- VIDEO 711 Mobile robot navigation system in outdoor pedestrian environment
  available from http://handbookofrobotics.org/view-chapter/47/videodetails/711
- VIDEO 712 Mobile robot autonomous navigation in Gracia district, Barcelona
  available from http://handbookofrobotics.org/view-chapter/47/videodetails/712
- VIDEO 713 Autonomous navigation of a mobile vehicle
  available from http://handbookofrobotics.org/view-chapter/47/videodetails/713
- VIDEO 714 Autonomous robot cars drive DARPA Urban challenge
  available from http://handbookofrobotics.org/view-chapter/47/videodetails/714

参考文献

47.1 N.J. Nilson: A mobile automaton: An application of artificial intelligence techniques, 1st Int. Jt. Conf. Artif. Intell. (1969) pp. 509–520

47.2 A. Thompson: The navigation system of the JPL robot, 5th Int. Jt. Conf. Artif. Intell., Cambridge (1977) pp. 749–757

47.3 G. Giralt, R. Sobek, R. Chatila: A multi-level planning and navigation system for a mobile robot: A 1st approach to Hilare, 6th Int. Jt. Conf. Artif. Intell. (1979) pp. 335–337

47.4 T. Lozano-Pérez: Spatial planning: A configuration space approach, IEEE Trans. Comput. **32**(2), 108–120 (1983)

47.5 J.C. Latombe: *Robot Motion Planning* (Kluwer, Dordrecht 1991)

47.6 J.-P. Laumond: Feasible trajectories for mobile robots with kinematic and environment constraints. In: *Intelligent Autonomous Systems*, ed. by F.C.A. Groen (Hertzberger, Amsterdam 1987) pp. 346–354

47.7 Z. Li, J.F. Canny: *Nonholonomic Motion Planning* (Kluwer, Dordrecht 1992)

47.8 M. Likhachev, D. Ferguson: Planning long dynamically-feasible maneuvers for autonomous vehicles, Int. J. Robotics Res. **28**(8), 933–945 (2009)

47.9 H. Sussmann: Lie brackets, real analyticity and geometric control. In: *Differential Geometric Control Theory*, Progress in Mathematics, Vol. 27, ed. by R. Brockett, R. Millman, H. Sussmann (Birkhauser,

47

New York 1982) pp. 1–116
47.10 H.J. Sussmann, V. Jurdjevic: Controllability of nonlinear systems, J. Differ. Equ. **12**, 95–116 (1972)
47.11 J.-P. Laumond: Singularities and topological aspects in nonholonomic motion planning. In: *Nonholonomic motion Planning*, ed. by Z. Li, J.F. Canny (Kluwer, Boston 1992) pp. 149–199
47.12 J.-P. Laumond, J.J. Risler: Nonholonomic systems: Controllability and complexity, Theor. Comput. Sci. **157**, 101–114 (1996)
47.13 J.-P. Laumond, P. Jacobs, M. Taix, R. Murray: A motion planner for nonholonomic mobile robot, IEEE Trans. Robotics Autom. **10**(5), 577–593 (1994)
47.14 P. Cheng, S.M. LaValle: Reducing metric sensitivity in randomized trajectory design, IEEE/RSJ Int. Conf. Intell. Robots Syst. (IROS) (2001) pp. 43–48
47.15 J.A. Reeds, R.A. Shepp: Optimal paths for a car that goes both forward and backwards, Pac. J. Math. **145**(2), 367–393 (1990)
47.16 P. Souères, J.-P. Laumond: Shortest path synthesis for a car-like robot, IEEE Trans. Autom. Control **41**(5), 672–688 (1996)
47.17 D. Balkcom, M. Mason: Time optimal trajectories for bounded velocity differential drive vehicles, Int. J. Robotics Res. **21**(3), 199–218 (2002)
47.18 D. Tilbury, R. Murray, S. Sastry: Trajectory generation for the *n*-trailer problem using Goursat normal form, IEEE Trans. Autom. Control **40**(5), 802–819 (1995)
47.19 S. Sekhavat, J.-P. Laumond: Topological property for collision-free nonholonomic motion planning: The case of sinusoidal inputs for chained form systems, IEEE Trans. Robotics Autom. **14**(5), 671–680 (1998)
47.20 M. Fliess, J. Lévine, P. Martin, P. Rouchon: Flatness and defect of non-linear systems: Introductory theory and examples, Int. J. Control **61**(6), 1327–1361 (1995)
47.21 P. Rouchon, M. Fliess, J. Lévine, P. Martin: Flatness and motion planning: The car with *n* trailers, Eur. Control Conf. (1993) pp. 1518–1522
47.22 F. Lamiraux, J.-P. Laumond: Flatness and small-time controllability of multibody mobile robots: Application to motion planning, IEEE Trans. Autom. Control **45**(10), 1878–1881 (2000)
47.23 P. Rouchon: Necessary condition and genericity of dynamic feedback linearization, J. Math. Syst. Estim. Control **4**(2), 1–14 (1994)
47.24 P. Rouchon, M. Fliess, J. Lévine, P. Martin: Flatness, motion planning and trailer systems, IEEE Int. Conf. Decis. Control (1993) pp. 2700–2705
47.25 S. Sekhavat, J. Hermosillo: Cycab bi-steerable cars: A new family of differentially flat systems, Adv. Robotics **16**(5), 445–462 (2002)
47.26 J. Barraquand, J.C. Latombe: Nonholonomic multibody mobile robots: Controllability and motion planning in the presence of obstacles, Algorithmica **10**, 121–155 (1993)
47.27 A. Divelbiss, T. Wen: A path space approach to nonholonomic motion planning in the presence of obstacles, IEEE Trans. Robotics Autom. **13**(3), 443–451 (1997)
47.28 S. LaValle, J. Kuffner: Randomized kinodynamic planning, Proc. IEEE Int. Conf. Robotics Autom. (ICRA) (1999) pp. 473–479
47.29 F. Lamiraux, E. Ferré, E. Vallée: Kinodynamic motion planning: Connecting exploration trees using trajectory optimization methods, Proc. IEEE Int. Conf. Robotics Autom. (ICRA) (2004) pp. 3987–3992
47.30 V. Lumelsky, A. Stepanov: Path planning strategies for a point mobile automation moving admist unknown obstacles of arbitrary shape, Algorithmica **2**, 403–430 (1987)
47.31 R. Chatila: Path planning and environmental learning in a mobile robot system, Eur. Conf. Artif. Intell. (1982)
47.32 L. Gouzenes: Strategies for solving collision-free trajectories problems for mobile robots and manipulator robots, Int. J. Robotics Res. **3**(4), 51–65 (1984)
47.33 R. Chattergy: Some heuristics for the navigation of a robot, Int. J. Robotics Res. **4**(1), 59–66 (1985)
47.34 O. Khatib: Real-time obstacle avoidance for manipulators and mobile robots, Int. J. Robotics Res. **5**, 90–98 (1986)
47.35 B.H. Krogh, C.E. Thorpe: Integrated path planning and dynamic steering control for autonomous vehicles, Proc. IEEE Int. Conf. Robotics Autom. (ICRA) (1986) pp. 1664–1669
47.36 J. Borenstein, Y. Koren: Real-time obstacle avoidance for fast mobile robots, IEEE Trans. Syst. Man Cybern. **19**(5), 1179–1187 (1989)
47.37 K. Azarm, G. Schmidt: Integrated mobile robot motion planning and execution in changing indoor environments, IEEE/RSJ Int. Conf. Intell. Robots Syst. (IROS) (1994) pp. 298–305
47.38 A. Masoud, S. Masoud, M. Bayoumi: Robot navigation using a pressure generated mechanical stress field, the biharmonical potential approach, Proc. IEEE Int. Conf. Robotics Autom. (ICRA) (1994) pp. 124–129
47.39 L. Singh, H. Stephanou, J. Wen: Real-time robot motion control with circulatory fields, Proc. IEEE Int. Conf. Robotics Autom. (ICRA) (1996) pp. 2737–2742
47.40 J. Borenstein, Y. Koren: The vector field histogram-fast obstacle avoidance for mbile robots, IEEE Trans. Robotics Autom. **7**, 278–288 (1991)
47.41 J. Minguez: The obstacle restriction method (ORM): Obstacle avoidance in difficult scenarios, IEEE/RSJ Int. Conf. Intell. Robot Syst. (IROS) (2005)
47.42 D. Vikerimark, J. Minguez: Reactive obstacle avoidance for mobile robots that operate in confined 3-D workspaces, IEEE Mediterr. Electrotech. Conf. (2006)
47.43 W. Feiten, R. Bauer, G. Lawitzky: Robust obstacle avoidance in unknown and cramped environments, Proc. IEEE Int. Conf. Robotics Autom. (ICRA) (1994) pp. 2412–2417
47.44 D. Fox, W. Burgard, S. Thrun: The dynamic window approach to collision avoidance, IEEE Robotics Autom. Mag. **4**(1), 23–33 (1997)
47.45 P. Fiorini, Z. Shiller: Motion planning in dynamic environments using velocity obstacles, Int. J. Robotics Res. **17**(7), 760–772 (1998)
47.46 F. Large, C. Laugier, Z. Shiller: Navigation among moving obstacles using the NLVO: Principles and applications to intelligent vehicles, Auton. Robots **19**(2), 159–171 (2005)

47.47 R. Simmons: The curvature-velocity method for local obstacle avoidance, Proc. IEEE Int. Conf. Robotics Autom. (ICRA) (1996) pp. 3375–3382

47.48 J. Minguez, L. Montano: Nearness diagram (ND) navigation: Collision avoidance in troublesome scenarios, IEEE Trans. Robotics Autom. **20**(1), 45–59 (2004)

47.49 J. Minguez, J. Osuna, L. Montano: A divide and conquer strategy to achieve reactive collision avoidance in troublesome scenarios, Proc. IEEE Int. Conf. Robotics Autom. (ICRA) (2004)

47.50 J.W. Durham, F. Bullo: Smooth nearness-diagram navigation, IEEE/RSJ Int. Conf. Intell. Robots Syst. (IROS) (2008)

47.51 C.-C. Yu, W.-C. Chen, C.-C. Wang: Self-tuning nearness diagram navigation, Int. Conf. Serv. Interact. Robotics (SIRCon) (2009)

47.52 M. Mujahad, D. Fischer, B. Mertsching, H. Jaddu: Closest gap based (CG) reactive obstacle avoidance Navigation for highly cluttered environments, IEEE/RSJ Int. Conf. Intell. Robots Syst. (IROS) (2010) pp. 1805–1812

47.53 R.B. Tilove: Local obstacle avoidance for mobile robots based on the method of artificial potentials, Proc. IEEE Int. Conf. Robotics Autom. (ICRA) (1990) pp. 566–571

47.54 R.C. Arkin: *Behavior-Based Robotics* (MIT Press, Cambridge 1999)

47.55 J. Minguez, L. Montano: Abstracting any vehicle shape and the kinematics and dynamic constraints from reactive collision avoidance methods, Eur. Conf. Mob. Robots (2007)

47.56 J. Minguez, L. Montano, J. Santos-Victor: Abstracting the vehicle shape and kinematic constraints from the obstacle avoidance methods, Auton. Robots **20**(1), 43–59 (2006)

47.57 L. Armesto, V. Girbés, M. Vincze, S. Olufs, P. Muñoz-Benavent: Mobile robot obstacle avoidance based on quasi-holonomic smooth paths, Lect. Notes Comput. Sci. **7429**, 244–255 (2012)

47.58 J.L. Blanco, J. González, J.A. Fernández-Madrigal: Foundations of parameterized trajectories-based space transformations for obstacle avoidance. In: *Motion Planning*, ed. by X.-Y. Jing (InTech, Rijeka 2008)

47.59 J. Minguez, L. Montano: Robot navigation in very complex dense and cluttered indoor/outdoor environments, 15th IFAC World Congr. (2002)

47.60 A. De Luca, G. Oriolo: Local incremental planning for nonholonomic mobile robots, Proc. IEEE Int. Conf. Robotics Autom. (ICRA) (1994) pp. 104–110

47.61 A. Bemporad, A. De Luca, G. Oriolo: Local incremental planning for car-like robot navigating among obstacles, Proc. IEEE Int. Conf. Robotics Autom. (ICRA) (1996) pp. 1205–1211

47.62 S. Quinlan, O. Khatib: Elastic bands: Connecting path planning and control, Proc. IEEE Int. Conf. Robotics Autom. (ICRA) (1993) pp. 802–807

47.63 O. Brock, O. Khatib: Real-time replanning in high-dimensional configuration spaces using sets of homotopic paths, Proc. IEEE Int. Conf. Robotics Autom. (ICRA) (2000) pp. 550–555

47.64 F. Lamiraux, D. Bonnafous, O. Lefebvre: Reactive path deformation for nonholonomic mobile robots, IEEE Trans. Robotics **20**(6), 967–977 (2004)

47.65 Y. Yang, O. Brock: Elastic roadmaps – Motion generation for autonomous mobile manipulation, Auton. Robots **28**(1), 113–130 (2010)

47.66 E. Yoshida, C. Esteves, I. Belousov, J.-P. Laumond, T. Sakaguchi, K. Yokoi: Planning 3-d collision-free dynamic robotic motion through iterative reshaping, IEEE Trans. Robotics **24**, 1186–1198 (2008)

47.67 H. Kurniawati, T. Fraichard: From path to trajectory deformation, IEEE/RSJ Int. Conf. Intell. Robots Syst. (IROS) (2007)

47.68 O. Brock, O. Khatib: High-speed navigation using the global dynamic window approach, Proc. IEEE Int. Conf. Robotics Autom. (ICRA) (1999) pp. 341–346

47.69 I. Ulrich, J. Borenstein: VFH*: Local obstacle avoidance with look-ahead verification, Proc. IEEE Int. Conf. Robotics Autom. (ICRA) (2000) pp. 2505–2511

47.70 J. Minguez, L. Montano: Sensor-based motion robot motion generation in unknown, dynamic and troublesome scenarios, Robotics Auton. Syst. **52**(4), 290–311 (2005)

47.71 C. Stachniss, W. Burgard: An integrated approach to goal-directed obstacle avoidance under dynamic constraints for dynamic environments, IEEE/RSJ Int. Conf. Intell. Robots Syst. (IROS) (2002) pp. 508–513

47.72 R. Philipsen, R. Siegwart: Smooth and efficient obstacle avoidance for a tour guide robot, Proc. IEEE Int. Conf. Robotics Autom. (ICRA) (2003)

47.73 L. Montesano, J. Minguez, L. Montano: Lessons learned in integration for sensor-based robot navigation systems, Int. J. Adv. Robotics Syst. **3**(1), 85–91 (2006)

47.74 F. Lu, E. Milios: Robot pose estimation in unknown environments by matching 2-D range scans, Intell. Robotic Syst. **18**, 249–275 (1997)

47.75 J. Minguez, L. Montesano, F. Lamiraux: Metric-based iterative closest point scan matching for sensor displacement estimation, IEEE Trans. Robotics **22**(5), 1047–1054 (2006)

47.76 A. Stenz: The focussed d^* Algorithm for real-time replanning, Int. Jt. Conf. Artif. Intell. (IJCAI) (1995) pp. 1652–1659

47.77 S. Koenig, M. Likhachev: Improved fast replanning for robot navigation in unknown terrain, Proc. IEEE Int. Conf. Robotics Autom. (ICRA) (2002)

47.78 J.-P. Laumond: Robot motion planning and control. In: *Lecture Notes in Control and Information Science*, ed. by J.P. Laumond (Springer, New York 1998)

47.79 H. Choset, K.M. Lynch, S. Hutchinson, G. Kantor, W. Burgard, L.E. Kavraki, S. Thrun: *Principles of Robot Motion* (MIT Press, Cambridge 2005)

47.80 S.M. LaValle: *Planning Algorithms* (Cambridge Univ. Press, Cambridge 2006)

第 48 章

腿式机器人的建模与控制

Pierre-Brice Wieber，Russ Tedrake，Scott Kuindersma

48

与轮式机器人相比，腿式机器人的优势在于改善在崎岖地形上的机动性。遗憾的是，这种优势是以大大增加复杂性为代价的。现在，我们对如何使腿式机器人能够动态地行走和跑动有了很好的了解，但是要使腿式机器人在行走和跑动时的能量、速度、反应性、多功能性和鲁棒性方面都能保证高效，仍然需要进一步的研究。在本章中，我们将讨论如何对腿式机器人进行建模，如何对其进行稳定性分析，如何生成和控制动态运动，最后总结目前试图提高其性能的趋势。腿式机器人的主要问题是避免跌倒，事实证明这很困难，因为腿式机器人必须完全依靠可用的接触力来做到这一点。腿部的瞬时运动似乎是这方面的关键，因为当前的控制解决方案包括对未来运动的持续预测（使用某种形式的模型预测控制），或更具体地集中在极限环和轨道稳定性上。

目　录

与轮式机器人相比，腿式机器人的优势在于改善在崎岖地形上的机动性。这种预期是建立在环境与允许铰接腿存在的机器人主体之间解耦之上的，并存在两种可能的结果。首先，机器人主体的运动可以在很大程度上与地形的粗糙度无关，因为在腿部的运动学范畴内，腿部提供了主动悬架系统。实际上，20 世纪 80 年代最先进的六足机器人之一就被贴切地称为“自适应悬架车”[48.1]。其次，这种解耦可以使腿部暂时脱离地面：可以克服不连续地形上孤立的立足点，从而可以绝对避免接触其他地方。请注意，这里并不一定要将脚牢牢地踩在地面上：滑冰是同样有趣的选择，尽管到目前为止在机器人技术中很少实现。遗憾的是，这种前景是以增加复杂性为代价的。直到 1996 年 Honda P2 仿人机器人诞生[48.2]，和 2005 年波士顿动力公司（Boston Dynamics）的 BigDog 四足机器人出现之后，腿式机器人才终于开始提供现实生活的应用能力，这些功能与人们长期探索的在崎岖地形与动物相似的机动性相匹配。机器人与生物力学研究人员的许多卓有成效的合作证明，尽管腿式机器人还无法与人类和动物的能力相提并论，但是腿式机器人确实已经为理解其运动做出了应有贡献。

48.1 腿式机器人的研究历程

在数字计算机出现之前，只能通过机电手段的方式来实现腿式机器，而缺乏先进的反馈控制。在前机器人时代，由 Ralph Mosher 开发的通用电动步行机达到了时代顶峰，在 20 世纪 60 年代中期引起了人们的惊叹。这种大象大小的四足机器的肢体运动直接反映了负责所有运动控制和同步的操作员的肢体运动。遗憾的是，这一费力的工作需要将操作限制在 15 分钟以内。

到了 20 世纪 60 年代后期，数字控制的腿式机器人开始出现。在早期的先驱者中，Robert McGhee 先后在南加利福尼亚大学和俄亥俄州立大学创立了一系列四足和六足机器人，并在 20 世纪 80 年代中期推出了自适应悬架车，这是一款可在不规则的自然户外地形上行走的载人六足机器人[48.1]，Ichiro Kato 在早稻田大学开发了一系列的双足和仿人机器人，这个系列持续了近半个世纪的开发工作[48.3]。但是到了 20 世纪 70 年代末，所有腿式机器人仍然仅限于准静态步态。例如，慢速行走时，机器人的质心始终保持在其脚上方。

向动态腿式运动的过渡发生在 20 世纪 80 年代初，东京大学展示了第一台动态行走的双足机器人[48.4]。麻省理工学院腿实验室在 Marc Raibert[48.5] 领导下开发出了著名的跳跃和跑动的单足、双足和四足机器人系列。理论上的重大突破出现在 20 世纪 80 年代末，当时 Tad McGeer 证明了可以通过纯机械手段获得稳定的动态行走运动，从而诞生了一个全新的研究领域，即被动动态行走，引入了新的关键概念，如使用 Poincaré 图的轨道稳定性[48.6]得出一个简单的结论：无须具有完整（或任何）控制就可以实现高效的动态行走。

当本田公司在 1996 年推出 P2 仿人机器人时，腿式机器人仍然是在有限的情况下进行实验室的主要探索性工作[48.2]，这是一个长达十年的秘密项目，展示了前所未有的多功能性和鲁棒性，随后是 2000 年出现的 Asimo 仿人机器人。仿人和腿式机器人的领域已经成熟，公司开始进行投资。少数其他日本公司，如丰田或川田公司，很快就采用了自己的仿人机器人，而索尼公司开始销售超过 15 万条 Aibo 家用伴侣狗。Marc Raibert 离开麻省理工学院腿实验室后，创立的波士顿动力公司终于在 2005 年推出了其四足机器人 BigDog[48.7]，这是第一个在崎岖地形上展示拥有像动物一样的真正运动能力的机器人。

在过去的几十年中，腿式机器人研究进展非常显著。一些重要的问题终于得到了答案：我们现在了解了如何使腿式机器人动态行走和奔跑。但是还必须解决其他重要的问题，如如何最好地使它们有效地行走和奔跑。腿式机器人的性能需要从许多方面进行改进：能量、速度、反应性、多功能性、鲁棒性等。因此，我们将在第 48.2 节讨论通常如何对腿式机器人进行建模，以及在第 48.4 节和第 48.5 节中讨论当前如何生成和控制动态运动，然后在第 48.6 节中讨论当前在提高效率方面的趋势。

48.2 腿部运动的动力学建模

使腿式机器人行走或奔跑的主要困难之一是保持平衡：机器人应该将脚放在哪里，如何移动身体以便在强烈的扰动下也能安全地沿给定的方向运动？产生这种困难的原因是与环境的接触力是产生和控制运动的绝对必要条件，但受到单边接触的机械定律的限制。

接触力的重要影响在机器人的总线动量和角动量的求导中特别明显，前者涉及其质心的运动。由于接触力对腿部运动的重要性，我们在此简要讨论它们的不同模型。

48.2.1 拉格朗日动力学

1. 位形空间的结构

对于在三维环境中移动的每个机器人（如在太空或水下），腿式机器人的位形空间 $\boldsymbol{q}$ 将其 N 个关节的位形 $\hat{\boldsymbol{q}} \in \mathbb{R}^N$ 与全局位置 $\boldsymbol{x}_0 \in \mathbb{R}^3$ 和姿态 $\boldsymbol{\theta}_0 \in \mathbb{R}^3$ 组合起来［表示 $SO(3)$ 的元素］：

$$\boldsymbol{q} = \begin{pmatrix} \hat{\boldsymbol{q}} \\ \boldsymbol{x}_0 \\ \boldsymbol{\theta}_0 \end{pmatrix} \tag{48.1}$$

式中，位置 $\boldsymbol{x}_0$ 和姿态 $\boldsymbol{\theta}_0$ 通常处于身体（骨盆或躯干）或四肢（脚或手）的末端。

2. 拉格朗日动力学的结构

上述位形空间的特定结构反映在系统的拉格朗日动力学中，可以写成

$$\boldsymbol{M}(\boldsymbol{q})\left[\begin{pmatrix}\ddot{\hat{\boldsymbol{q}}}\\ \ddot{\boldsymbol{x}}_0\\ \ddot{\boldsymbol{\theta}}_0\end{pmatrix}+\begin{pmatrix}\boldsymbol{0}\\ \ddot{\boldsymbol{g}}\\ \boldsymbol{0}\end{pmatrix}\right]+\boldsymbol{n}(\boldsymbol{q},\dot{\boldsymbol{q}}) = \begin{pmatrix}\boldsymbol{u}\\ \boldsymbol{0}\\ \boldsymbol{0}\end{pmatrix}+\sum_i \boldsymbol{C}_i(\boldsymbol{q})^{\mathrm{T}}\boldsymbol{f}_i \qquad (48.2)$$

式中，$\boldsymbol{M}(\boldsymbol{q})\in\mathbb{R}^{(N+6)\times(N+6)}$ 是机器人的广义惯性矩阵；$-\boldsymbol{g}\in\mathbb{R}^3$ 是恒定重力加速度矢量；$\boldsymbol{n}(\boldsymbol{q},\dot{\boldsymbol{q}})\in\mathbb{R}^{N+6}$ 是反映科氏力和离心效应的向量；$\boldsymbol{u}\in\mathbb{R}^N$ 是关节力矩向量；对于所有 i，$\boldsymbol{f}_i\in\mathbb{R}^3$ 是环境在机器人上施加的力；而 $\boldsymbol{C}_i(\boldsymbol{q})\in\mathbb{R}^{(N+6)\times 3}$ 是相关的雅可比矩阵[48.8]。

由于关节力矩矢量 $\boldsymbol{u}$ 与关节位置矢量 $\hat{\boldsymbol{q}}$ 具有相同的维度，因此，如果不施加外力 $\boldsymbol{f}_i$，则整个动力学（包括全局位置 $\boldsymbol{x}_0$ 和姿态 $\boldsymbol{\theta}_0$ 在内）呈现出驱动不足。

48.2.2 牛顿-欧拉方程

1. 质心与角动量

拉格朗日动力学结构式（48.2）的结果是，该动力学的未直接驱动部分涉及整个机器人的牛顿运动方程和欧拉运动方程（详细推导见参考文献[48.8]）。牛顿方程可以写成以下形式

$$m(\ddot{\boldsymbol{c}}+\boldsymbol{g})=\sum_i \boldsymbol{f}_i \qquad (48.3)$$

式中，m 为机器人的总质量；$\boldsymbol{c}$ 为机器人的质心（COM）。可以通过以下方式相对于质心来表达欧拉方程

$$\dot{\boldsymbol{L}}=\sum_i(\boldsymbol{p}_i-\boldsymbol{c})\times\boldsymbol{f}_i \qquad (48.4)$$

式中，$\boldsymbol{p}_i$ 表示力 $\boldsymbol{f}_i$ 的作用点，且

$$\boldsymbol{L}=\sum_k(\boldsymbol{x}_k-\boldsymbol{c})\times m_k\dot{\boldsymbol{x}}_k+\boldsymbol{I}_k\boldsymbol{\omega}_k \qquad (48.5)$$

式中，$\boldsymbol{L}$ 是整个机器人相对于质心的角动量；$\dot{\boldsymbol{x}}_k$ 和 $\boldsymbol{\omega}_k$ 是机器人不同部分 k 的平移和旋转速度；m_k 和 $\boldsymbol{I}_k$ 是它们的质量和惯性张量矩阵（以全局坐标表示）。

牛顿方程很明显表明，机器人需要外力 $\boldsymbol{f}_i$ 才能使其质心沿非重力方向移动。正如我们在飞行阶段会看到的那样，欧拉方程更加微妙。

2. 飞行阶段

在飞行阶段，当腿式机器人未与其周围环境接触且未受到任何接触力 $\boldsymbol{f}_i$ 时，牛顿方程式（48.3）简化为

$$\ddot{\boldsymbol{c}}=-\boldsymbol{g} \qquad (48.6)$$

在这种情况下，质心遵循标准的落体运动，始终以恒定的水平速度沿重力矢量 $-\boldsymbol{g}$ 加速：绝对不可能控制质心以任何其他方式移动。欧拉方程式（48.4）简化为

$$\dot{\boldsymbol{L}}=\boldsymbol{0} \qquad (48.7)$$

上式表明施加的角动量 $\boldsymbol{L}$ 守恒。但是，在这种情况下，机器人仍然能够驱动并控制关节运动和全局旋转，这就像当猫从任何初始方向掉下时，它们都能够用脚落地（图48.1）。这是角动量式（48.5）不完整约束作用的结果，它不是机器人位形的任何函数的导数[48.9]。结果表明，即使角动量 $\boldsymbol{L}$ 在整个飞行阶段保持恒定，也可以在飞行阶段结束时将机器人的关节位形 $\hat{\boldsymbol{q}}$ 和全局位姿 $\boldsymbol{\theta}_0$ 驱动到任何期望值。我们将在第48.5节中看到这如何影响腿式机器人的控制。注意腿式机器人在飞行阶段的动力学与第3卷第55章中讨论的自由漂浮空间机器人的动力学相似，在第55章中可以找到进一步的讨论和扩展。

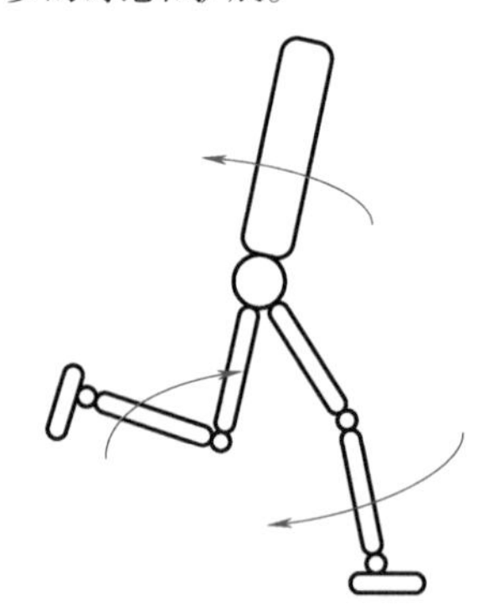

图48.1 即使角动量在飞行阶段是守恒的，由于角动量不完整，机器人仍然可以借助腿部或手臂运动（浅色箭头）产生并控制整个身体的旋转。这就是当猫从任何初始方向跌落时都用脚落地的原因

3. 与平坦地面接触：压力中心

如果环境施加在机器人上的力是由于与平坦的地面接触（静止不动、行走或奔跑）而产生的，让我们考虑沿地面定向的参考系，z 轴与地面正交（因此，如果地面倾斜则参考系倾斜，如图48.5所示）。在不失一般性的前提下，让我们假设与地面的接触点 $\boldsymbol{p}_i$ 均为 $p_i^z=0$。

让我们考虑欧拉方程式（48.4）与质心 $\boldsymbol{c}$ 与牛

顿方程式（48.3）向量积的和

$$m\boldsymbol{c}\times(\ddot{\boldsymbol{c}}+\boldsymbol{g})+\dot{\boldsymbol{L}}=\sum_i \boldsymbol{p}_i\times\boldsymbol{f}_i \tag{48.8}$$

之后让我们将结果除以牛顿方程的 z 坐标即可得到

$$\frac{m\boldsymbol{c}\times(\ddot{\boldsymbol{c}}+\boldsymbol{g})+\dot{\boldsymbol{L}}}{m(\ddot{c}^z+g^z)}=\frac{\sum_i \boldsymbol{p}_i\times\boldsymbol{f}_i}{\sum_i f_i^z} \tag{48.9}$$

由于 $p_o^z=0$，因此可以通过以下方式简化该方程式的 x 和 y 坐标：

$$c^{x,y}-\frac{c^z}{\ddot{c}^z+g^z}(\ddot{\boldsymbol{c}}^{x,y}+\boldsymbol{g}^{x,y})+\frac{1}{m(\ddot{c}^z+g^z)}\boldsymbol{S}\dot{\boldsymbol{L}}^{x,y}=\frac{\sum_i f_i^z\boldsymbol{p}_i^{x,y}}{\sum_i f_i^z} \tag{48.10}$$

旋转矩阵 $\boldsymbol{S}$ 为

$$\boldsymbol{S}=\begin{pmatrix}0 & -1\\ 1 & 0\end{pmatrix}$$

在式（48.10）的等号右侧出现了接触力 $\boldsymbol{f}_i$ 的压力中心（CoP）z 的定义。这些接触力通常是单向的（机器人可以在地面上推动而不是拉动），即

$$f_i^z\geqslant 0 \tag{48.11}$$

这意味着压力中心必然位于接触点的凸包中（图 48.2）。

$$\boldsymbol{z}^{x,y}=\frac{\sum_i f_i^z\boldsymbol{p}_i^{x,y}}{\sum_i f_i^z}\in \mathrm{conv}\{\boldsymbol{p}_i^{x,y}\} \tag{48.12}$$

将此包含与动力学方程式（48.10）结合起来可以推导出一个常微分包含（ODI）为

$$\boldsymbol{c}^{x,y}-\frac{c^z}{\ddot{c}^z+g^z}(\ddot{\boldsymbol{c}}^{x,y}+\boldsymbol{g}^{x,y})+\frac{1}{m(\ddot{c}^z+g^z)}\boldsymbol{S}\dot{\boldsymbol{L}}^{x,y}=\boldsymbol{z}^{x,y}\in \mathrm{conv}\{\boldsymbol{p}_i^{x,y}\} \tag{48.13}$$

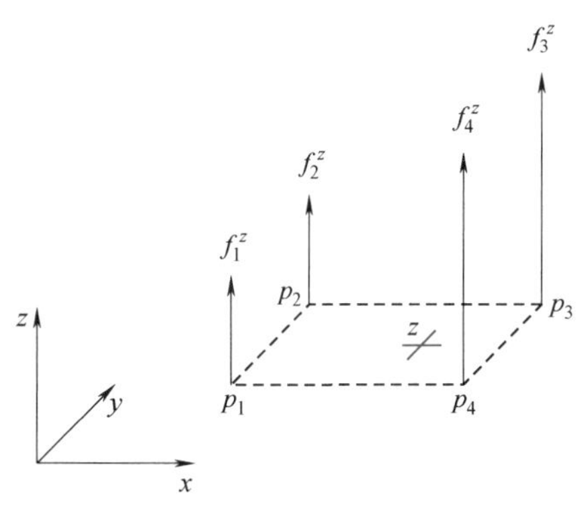

图 48.2　压力中心 z 必然位于接触点 $\boldsymbol{p}_i$ 的凸包中

它将机器人质心 $\boldsymbol{c}$ 的运动及其角动量 $\boldsymbol{L}$ 的变化分别限制在接触点的位置 $\boldsymbol{p}_i^{x,y}$ 上。

该 ODI 可以通过以下方式进行重组：

$$\frac{c^z}{\ddot{c}^z+g^z}(\ddot{\boldsymbol{c}}^{x,y}+\boldsymbol{g}^{x,y})=(\boldsymbol{c}^{x,y}-\boldsymbol{z}^{x,y})+\frac{1}{m(\ddot{c}^z+g^z)}\boldsymbol{S}\dot{\boldsymbol{L}}^{x,y} \tag{48.14}$$

为了在图 48.3 中显示其简单的几何含义，我们可以看到，除了重力 $\boldsymbol{g}^{x,y}$ 和角动量的变化 $\dot{\boldsymbol{L}}^{x,y}$ 的影响之外，质心的水平加速度 $\ddot{\boldsymbol{c}}^{x,y}$ 是力将质心 $\boldsymbol{c}^{x,y}$ 推离压力中心 $\boldsymbol{z}^{x,y}$ 的结果，必然位于接触点的凸包中，在这里我们得到一个本质上不稳定的动力学。

最后请注意，可以对质心的定义式（48.12）进行重组，以显示接触力 $\boldsymbol{f}_i$ 相对于质心 $\boldsymbol{z}$ 的水平动量等于零，即

$$\left[\sum_i(\boldsymbol{p}_i-\boldsymbol{z})\times\boldsymbol{f}_i\right]^{x,y}=\sum_i(\boldsymbol{p}_i^{x,y}-\boldsymbol{z}^{x,y})\boldsymbol{f}_i^z=0 \tag{48.15}$$

因此，压力中心也称为零力矩点（ZMP）[48.10,11]。

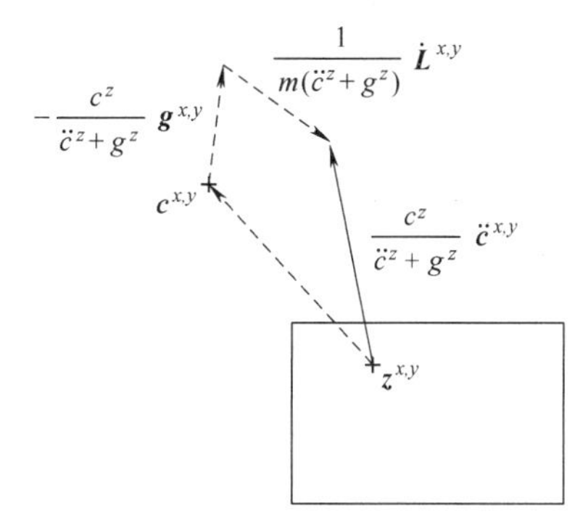

图 48.3　机器人质心的水平加速度 $\ddot{\boldsymbol{c}}^{x,y}$ 是将质心 $\boldsymbol{c}^{x,y}$ 推离压力中心 $\boldsymbol{z}^{x,y}$ 的力，重力的作用 $-\boldsymbol{g}^{x,y}$ 和角动量 $\dot{\boldsymbol{L}}^{x,y}$ 变化的总和

4. 多表面接触

如果接触点 $\boldsymbol{p}_i$ 不在同一平面上，则可以为每个接触面引入压力中心，但是不能像之前一样为所有接触力引入唯一的压力中心。对有限多个接触情况的近似和概括已经提出，但并未得到广泛采用[48.11-14]。在一般情况下，必须明确考虑牛顿方程式（48.3）、欧拉方程式（48.4）和单边条件式（48.11），以检查哪个运动可行或不可行[48.15-17]。然后，我们必须解决的问题与第 38 章中关于抓紧力讨论的力封闭问题密切相关。尽可能快地解决它的不同方法[48.15,18]已经提出了，到目前为止，大多数方法用于离线测量给定运动的稳定性和鲁棒性[48.19,20]，并且直到最近才用于运动规划，再次离线[48.21]。对弯曲接触面的改进[48.22]也已经提出。

48.2.3　接触模型

拉格朗日动力学的结构清楚地表明，接触力对于腿式机器人的建模和控制至关重要。但是请注意，到目前为止，我们引入的这些力的唯一特征是它们的单向性，参见式（48.11）。因此之前的分析适用于各种接触情况，如行走和跑动的动作；也适用于滑动情况，如在滑雪或滑冰时，甚至在滚动情况下[48.23,24]。

现在让我们简短地讨论标准的接触模型（更多细节可以在第37章中了解）。对与接触表面相切的运动和力，通常考虑一个简单的库仑摩擦模型。对垂直于接触面的运动和力，通常考虑两个选择：柔性模型或刚性模型，引入冲击和其他不平滑的行为。

1. 库仑摩擦

当接触点 $\boldsymbol{p}_i$ 在其接触表面上滑动时，相应的切向接触力 $\boldsymbol{f}_i^{x,y}$ 在与滑动运动相反的方向上与法向力 f_i^z 成正比

$$\boldsymbol{f}_i^{x,y}=-\mu_0 f_i^z\frac{\dot{\boldsymbol{p}}_i^{x,y}}{\|\dot{\boldsymbol{p}}_i^{x,y}\|},\ \dot{\boldsymbol{p}}_i^{x,y}\neq 0 \qquad (48.16)$$

其中摩擦系数 $\mu_0>0$。当接触点粘住且不滑动时，以相同的摩擦系数限制了切向力的范数，即

$$\|\boldsymbol{f}_i^{x,y}\|\leqslant\mu_0 f_i^z,\ \dot{\boldsymbol{p}}_i^{x,y}=0 \qquad (48.17)$$

这通常称为摩擦锥。注意该摩擦模型直接表明了单边条件式（48.11）。

2. 柔性接触模型

柔性接触模型考虑了在垂直于接触表面的方向上接触材料的黏弹性，即

$$f_i^z=-K_i p_i^z-\Lambda_i\dot{p}_i^z,\ p_i^z\leqslant 0 \qquad (48.18)$$

式中，K_i 和 Λ_i 分别是刚度和阻尼系数。在这种情况下，法向力 f_i^z 可以认为是由于接触点穿透到接触表面以下的结果，如当 $p_i^z<0$ 时。请注意，此模型并非在所有情况下都满足单边条件式（48.11），因此需要饱和以强制执行此属性。当然，没有接触时就没有接触力，即

$$f_i^z=0,\ p_i^z>0 \qquad (48.19)$$

也可以使用类似的弹簧-阻尼模型来确定摩擦接触力的固定值 $f_i^{x,y}$，但要视摩擦锥方程式（48.17）的范围而定。

3. 刚性接触模型

刚性接触模型的引入较为简单：无论是否接触，法向力都可以取任何非负值，即

$$f_i^z\geqslant 0,\ p_i^z=0 \qquad (48.20)$$

或者没有接触和接触力，即

$$f_i^z=0,\ p_i^z>0 \qquad (48.21)$$

在这种情况下，不考虑接触点在接触表面下方的穿透。还要注意，单边条件式（48.11）在这里满足定义。实际上，可以通过以下方式总结这种刚性模型：

$$\begin{aligned} f_i^z&\geqslant 0\\ p_i^z&\geqslant 0\\ f_i^z p_i^z&=0\end{aligned} \qquad (48.22)$$

该式表明法向力 f_i^z 和接触点 p_i^z 相对于接触表面的位置都必须为非负值，但其中至少一个必须等于0，这称为互补条件。类似于式（48.20）和式（48.21），它将法向力定义为零，或将保持 $p_i^z=0$ 所需的力定义为零。注意库仑摩擦的黏附或滑动行为也可以用这种互补条件来表示。还应注意，在某些病态情况下，这组隐式方程可能没有解，也可能有多个解[48.25]。

在静态情况下（当 $\dot{p}_i^z=0$ 时），刚性和柔性接触模型在图48.4中进行了比较，图中清楚地显示了刚性模型与无限刚性的柔性模型的对应关系。柔性的接触模型可以更精确地对接触体的变形进行建模，但是精确的模型通常需要非常硬的弹簧，从而导致所得的微分方程在数值上变得僵硬，从而使数值分析变慢或复杂化。使用纯刚体和接触面建立的刚性模型相对更易于集成和分析。因此在优化行走或跑动轨迹等情况时，刚性模型是在理论上或数值上研究腿式机器人稳定性的首选。

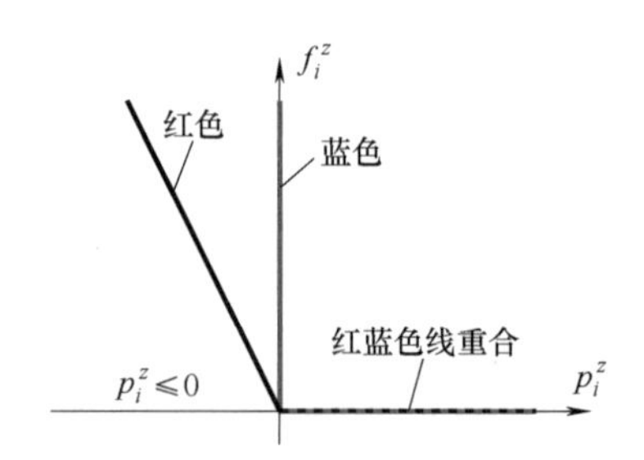

图48.4　静态情况下刚性（蓝色）和柔性（红色）接触模型的比较

注：与刚性模型不同，柔性模型在 $p_i^z<0$ 时考虑接触点穿透在接触表面下方。刚性模型的图形（具有特定的直角形状）称为Signorini图。

4. 冲击

由于刚性接触模型不允许接触点穿透到接触面以下，因此当点 $\boldsymbol{p}_i$ 以速度 $\dot{p}_i^z<0$ 到达接触面 $p_i^z=0$ 时，该速度必须瞬时更改，以满足无穿透假设 $p_i^z\geqslant 0$[48.26]。在这种情况下发生的是一个冲击，即速度的不连续性，我们需要区分机器人在冲击前的速度 $\dot{\boldsymbol{q}}^-$ 和冲击后的速度 $\dot{\boldsymbol{q}}^+$。在时间单顿[48.27]上对拉格朗日动力学式（48.2）的直接积分，为我们提供了

冲击前后速度与冲击力 $\boldsymbol{F}_i$ 之间的关系。

$$\boldsymbol{M}(\boldsymbol{q})(\dot{\boldsymbol{q}}^+-\dot{\boldsymbol{q}}^-)=\sum_i \boldsymbol{C}_i(\boldsymbol{q})^{\mathrm{T}}\boldsymbol{F}_i \quad (48.23)$$

但是为了完全定义冲击定律并计算冲击后速度，我们还需要一个冲击力模型。遗憾的是，这是一个尚待研究的复杂问题[48.28,29]，特别是在腿式机器人多触点的标准情况下。因此，对于腿式机器人，通常的方法是假设冲击后的行为，通常考虑接触点最终会黏附在接触表面上，即

$$\dot{\boldsymbol{q}}_i^+=\boldsymbol{C}_i\dot{\boldsymbol{q}}^+=\boldsymbol{0} \quad (48.24)$$

但是，这是一个很强的假设条件，而且现实情况可能要复杂得多，如参考文献［48.30］中所示。此外，最近的一项研究表明，冲击后的黏附可能并不总是可取的[48.31]。在被动动态行走机器人的大多数稳定性分析中，冲击是至关重要的（见第 48.6 节），但对于机器人的机械零件，它们可能具有破坏性。因此，冲击经常被小心地规避掉，通常在被动动态行走机器人之外将其忽略。然而，最近的一项研究表明这可能是一个错误[48.32]。

5. 混合动力学与非光滑动力学

在刚性接触的情况下，腿式机器人的动力似乎有所变化，具体取决于接触情况式（48.20）或式（48.21）。机器人状态的不连续性也会在碰撞时发生。结合这些不同方面的经典方法是使用混合动力系统。但是，这种方法有一些局限性[48.33,34]，最明显的是它无法正确处理齐诺（Zeno）行为，即在有限时间内无限积累冲击力[48.35]。这种情况的一个示例是，腿式机器人以一只脚直立，并从一个接触边缘向另一个接触边缘缓慢摆动，并且周期不断减小（至少根据完全刚性模型）。

具有多重接触和齐诺行为的冲击并不是刚性接触模型的唯一困难，还有 Painlevé 悖论、切向冲击、无碰撞冲击等。非光滑动力学方法[48.25,27,33,34]中拉格朗日动力学变成了测度微分方程，加速度是抽象测度，速度是具有局部有界变化的函数，非光滑动力学方法似乎是更合适处理所有这些复杂问题的方法。但是，由于数学上的复杂性显著增加，它还未被腿式机器人广泛采用。

可以通过时间上离散系统动力学和推导一个时间步长内作用力的积分来避免刚体接触动力学的诸多复杂性，尤其是冲量和在一个时间步长上的有限接触力之间没有区别。通过保守地将摩擦锥近似为多面体，可以将正向动力学转换为线性互补问题（LCP）[48.36]，对此存在有效的求解器。这已成为在摩擦接触中模拟刚体的常用公式，并且最近在腿式控制系统的设计中得到了应用[48.37]。

48.3　稳定性分析：不跌倒

上述机器人模型代表了一个复杂的、受约束的非线性动力学系统。我们在本节中的主要目标是了解该动力学系统的稳态行为，从而解答诸如“机器人会跌倒吗?”之类的问题。正如我们将在以下各节中看到的那样，可以通过开环或闭环反馈控制来改善这种稳态行为，其明确目标是最大限度地降低机器人跌倒的可能性。

对于受控非线性动力学系统，有许多与其安全性和稳定性有关的有用概念，包括：

（1）固定点　稳定的固定点表示机器人可以安全地静止不动的静态姿势。

（2）极限环　极限环自然地将定点分析扩展到了周期性的行走或跑步运动。

（3）可行性　可行性是控制不变性的概念，它分析了机器人能够避免跌倒的状态集。遗憾的是，该属性很难计算。

（4）可控性　可控性提供了一个略受限制的可行性概念，分析了机器人能够从中返回到特定的固定点（或极限环）状态集。这比可行性更易于计算，尤其是对于简单模型而言。

此外，如果机器人模型中存在未知错误，环境不确定（如地面位置）或存在未建模的干扰，则可以从鲁棒性分析和随机稳定性中获得其他工具：

（1）鲁棒稳定性　鲁棒稳定性（或生存力）在考虑最坏情况（有界）干扰的前提下检查系统的性能。例如，即使躯干质量的估算误差为±10%，鲁棒控制器也能够保证固定点是稳定的。

（2）随机稳定性　随机分析提供了研究跌倒可能性的工具。对于许多机器人干扰模型，系统最终将总是最终跌倒（概率为 1），但是分析可以揭示长期存在的亚稳态分布。

（3）输入-输出稳定性　此分析将特定的干扰作为输入，将性能标准作为输出，并尝试计算由于该输入而导致的机器人性能的相对增益或灵敏度。

（4）稳定裕度　鲁棒性分析可能很困难。在实践中，控制设计人员通常会希望系统充分地远离确

定性稳定性的边界。

在本节的其余部分中，我们将对这些工具进行非常简要的概述，以强调腿式机器人特有的功能。

48.3.1　固定点

给定由 $\dot{\boldsymbol{x}}=\boldsymbol{a}(\boldsymbol{x})$ 控制的一阶常微分方程，系统的固定点是状态 $\boldsymbol{x}^*$，满足 $\boldsymbol{a}(\boldsymbol{x}^*)=0$。第48.2节的腿式机器人控制方程是二阶的，需要控制输入，可能需要ODI来描述接触力，但是固定点的概念仍然有意义。这里的固定点是位形 $\boldsymbol{q}^*$，对于该 $\boldsymbol{q}^*$ 存在可行的控制输入 $\boldsymbol{u}^*$ 和可行的接触力 $\boldsymbol{f}^*$，因此 $\dot{\boldsymbol{q}}^*=\ddot{\boldsymbol{q}}^*=0$ 是式（48.2）的解。该系统的固定点是腿式机器人能够站立不动的姿势。

在静态情况下，当 $\ddot{\boldsymbol{c}}=\dot{\boldsymbol{L}}=0$ 时，由ODI式（48.13）给出以下必要条件：

$$\boldsymbol{c}^{x,y}-\frac{c^z}{g^z}\boldsymbol{g}^{x,y}=\boldsymbol{z}^{x,y}\in\operatorname{conv}\{\boldsymbol{p}_i^{x,y}\} \tag{48.25}$$

在平坦地面上实现静态平衡。此必要条件表明，质心 $\boldsymbol{c}$ 必须沿重力矢量 $-\boldsymbol{g}$ 在地面上投影，且位于接触点 $\boldsymbol{p}_i$ 的凸包内部，也称为支撑多边形（图48.5）。这是一个众所周知的且被广泛使用的必要条件。但是请注意，仅当考虑与平坦地面的接触时才有效[48.15]。

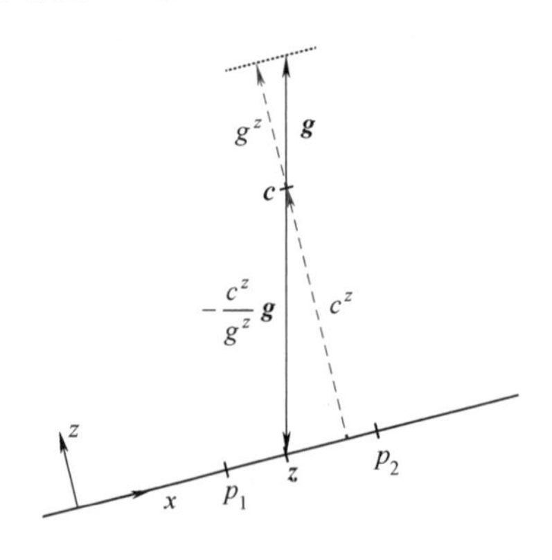

图48.5　在平坦地面上静态平衡的必要条件是，质心 $\boldsymbol{c}$ 必须沿重力矢量 $-\boldsymbol{g}$ 在地面上投影，且位于接触点 p_i 的凸包内部，也称为支撑多边形

一旦找到一个固定点，人们通常会希望检查其稳定性。对于光滑非线性微分方程，通常可以通过以下方式来建立局部稳定性：线性化固定点上的动力学，然后应用线性系统理论中的经典工具。确实，这些工具也可以在接触条件不变的强假设下使用（例如，$f_i^z=0$ 和 $p_i^z\geqslant0$ 或 $f_i^z\geqslant0$ 和 $p_i^z=0$）。每个有效的接触都向线性化系统添加了一个等式约束，并且该受约束线性系统的特征值仅在最小坐标时才有意义。例如，对于水平站立的机器人，该假设排除了检查整个机器人在垂直方向上的扰动的能力。请注意，在腿式机器人的混合模型中，此假设等效于在单个混合模式下进行线性化，并且通常的做法是在其最小坐标下描述每个混合模式[48.38]。一旦建立了局部稳定性，就有可能了解固定点的吸引域[48.39,40]。通过改变触点位形来评估这些模型的稳定性是一个崭新且重要的研究领域。对于最近的工作，请参见文献［48.41］中的示例。

48.3.2　极限环

将固定点分析自然地扩展到行走和跑动运动中是为了考察动力系统的周期性轨道或极限环的存在以及稳定性。在这里，一个周期性轨道是一个动力系统的解 $\{\langle\boldsymbol{q}(t),\boldsymbol{u}(t),\boldsymbol{f}(t)\rangle\mid t\in[0,\infty)\}$，其中有限周期 $T>0$，满足 $\boldsymbol{q}(t+T)=\boldsymbol{q}(t)$，$\boldsymbol{u}(t+T)=\boldsymbol{u}(t)$，$\boldsymbol{f}(t+T)=\boldsymbol{f}(t)$。周期性轨道几乎总是使用第48.4节中所述运动规划中的技术在数值上被发现。对于无源或极少驱动的机器人，周期性轨道的存在可能会令人激动[48.42]。具有更多驱动器的机器人通常具有大量的周期解和规划技术来找到问题的解决方案，可解决一些最大限度地减少诸如运输成本[48.43]或开环稳定性度量[48.44]之类的问题。

周期解 $\langle\boldsymbol{q}_0(\cdot),\boldsymbol{u}_0(\cdot),\boldsymbol{f}_0(\cdot)\rangle$ 的周期为 T，是（渐近的）轨道稳定[48.45]或极限环稳定的，如果给定初始条件 $\boldsymbol{q}(0)$，则

$$\lim_{t\to\infty}\left[\min_{0\leqslant t'<T}\|\boldsymbol{q}(t)-\boldsymbol{q}_0(t')\|\right]=0 \tag{48.26}$$

这里的关键特征是不需要系统轨迹及时收敛；只有到轨道上最近点的距离必须为零。这种稳定性可以由仅限于 $\boldsymbol{q}_0(\cdot)$ 局部邻域的初始条件定义，或由包含 $\boldsymbol{q}_0(\cdot)$ 的区域或全局（尽管对腿式机器人是否全局稳定不感兴趣）输入由各种开环或闭环控制策略 $\boldsymbol{u}(t)=\pi[t,\dot{\boldsymbol{q}}(t),\boldsymbol{f}(t)]$ 的变量确定定义。如图48.6所示，在弱约束条件下，建立轨道稳定性的充分标准是建立Poincaré图的固定点稳定性[48.46]。由于通常在数学上找到周期解的局限性，Poincaré图分析通常也以数字形式完成，如使用有限差分来评估地图的局部线性化。尽管可能存在数值上的误差，但这并不一定排除进行严格分析的可能性，并且存在用于计算混合极限环的吸引域的技术[48.47]。最后，我们注意到极限环分析可以（小心地）应用于并非在所有状态下都具有周期性的解

决方案，例如，如果机器人需要向前移动，则应忽略浮动基座 x、y 方向的位置。

极限环分析的主要优点是使用 Poincaré 图和相关方法可以轻松扩展固定点分析和线性系统理论中的许多工具去评估（局部）稳定性，甚至设计（局部）稳定控制器。但这是对运动的非常有限的定义，在非常规环境中进行有效运动可能需要非周期性运动。

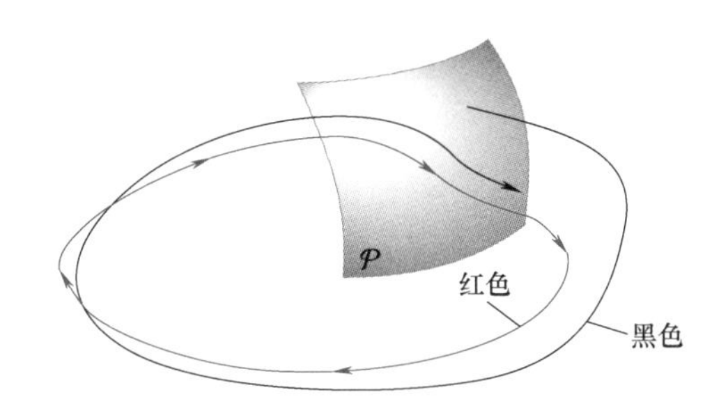

图 48.6 定义在周期轨道（红色）上的 Poincaré 表面 $\mathcal{P}$ 和汇聚到轨道的轨迹（黑色）

非周期性稳定性的扩展：稳定性的概念要求随着时间到达无穷大而收敛到某个名义最优解，因此必须在无限间隔内定义名义最优解。一种常见的方法是将周期解与可证明有界的有限时间转换策略联合在一起，并可以在它们之间切换[48.48]。可以使用横向线性化或移动 Poincaré 截面[48.49]来确定（无限）非周期性轨迹的轨道稳定性。对于无法事先知道整个所需轨迹的现实情况，也可以使用实时运动规划和重设水平线控制来提供这些保证[48.50]。

48.3.3 可行性

如果腿式机器人的目的仅仅是避免跌倒，则可以直接定义（至少在理论上）位姿 $\mathcal{F}\subseteq\mathbb{R}^{N+6}$，机器人不应跌倒在该位置，而机器人只需避开该位置。这导致引入了机器人可以避开的状态集 $\mathcal{F}$——机器人可以从中避免跌倒。遵循参考文献［48.51］中为一般 ODI 开发的可行性理论，这种状态集被称为可行的，并在参考文献［48.52］中将其引入行走机器人的分析中。原则上所有可行状态的集合代表了机器人的安全运行范围，明确地进行计算通常很困难，但是在行走机器人的情况下，可以通过以下方式间接地进行计算。

1. 水平行走时的质量动力学中心

如果机器人在水平地面上行走，则 z 轴与重力平行，因此 $\boldsymbol{g}^{x,y}=0$ 且 ODI 式（48.13）变为

$$\boldsymbol{c}^{x,y}-\frac{c^z}{\ddot{c}^z+g^z}\ddot{\boldsymbol{c}}^{x,y}+\frac{1}{m(\ddot{c}^z+g^z)}\boldsymbol{S}\dot{\boldsymbol{L}}^{x,y}\in\operatorname{conv}\{\boldsymbol{p}_i^{x,y}\} \quad (48.27)$$

我们可以观察到它相对于质心的水平运动 $\boldsymbol{c}^{x,y}$，$\ddot{\boldsymbol{c}}^{x,y}$ 和角动量 $\boldsymbol{L}^{x,y}$ 的变化是线性的。通常可以限制质心的垂直运动 c^z，$\ddot{c}^z$，但是为了简化之后推导，我们假设质心严格在地面上方水平移动，例如，c^z 为常数，$\ddot{c}^z=0$，因此 ODI 变为

$$\boldsymbol{c}^{x,y}-\frac{c^z}{g^z}\ddot{\boldsymbol{c}}^{x,y}+\frac{\boldsymbol{S}\dot{\boldsymbol{L}}^{x,y}}{mg^z}\in\operatorname{conv}\{\boldsymbol{p}_i^{x,y}\} \quad (48.28)$$

角动量 $\boldsymbol{L}$ 的变化也可以在 x 和 y 方向上有界，但为了使假设尽可能简单，让我们考虑这些变化等于 0，因此 ODI 采用非常简单的二阶线性形式，即

$$\boldsymbol{c}^{x,y}-\frac{c^z}{g^z}\ddot{\boldsymbol{c}}^{x,y}=\boldsymbol{z}^{x,y}\in\operatorname{conv}\{\boldsymbol{p}_i^{x,y}\} \quad (48.29)$$

2. 必然跌倒的例子

让我们进一步考虑一种情况，由于某种原因（如悬崖），与地面的接触不能在某条线之外实现（图 48.7），矢量 $\boldsymbol{a}$ 垂直于这条线并指向它之外。如果机器人质心在时间 t_0 到达这条线，且速度指向该线以外［$\boldsymbol{a}^{\mathrm{T}}\dot{\boldsymbol{c}}^{x,y}(t_0)>0$］，则线性 ODI 可以非常简单地解析积分，并推出以下不等式[48.53]，在 $t\geqslant t_0$ 时始终有效：

$$\boldsymbol{a}^{\mathrm{T}}[\boldsymbol{c}^{x,y}(t)-\boldsymbol{c}^{x,y}(t_0)]\geqslant\frac{\boldsymbol{a}^{\mathrm{T}}\dot{\boldsymbol{c}}^{x,y}(t_0)}{\omega}\sin[\omega(t-t_0)] \quad (48.30)$$

其中

$$\omega=\sqrt{\frac{g^z}{c^z}} \quad (48.31)$$

式（48.30）等号右边随时间呈指数增长。因此，质心的位置 $\boldsymbol{c}^{x,y}$ 沿矢量 $\boldsymbol{a}$ 的方向上呈指数级发散，不可避免地导致跌倒。

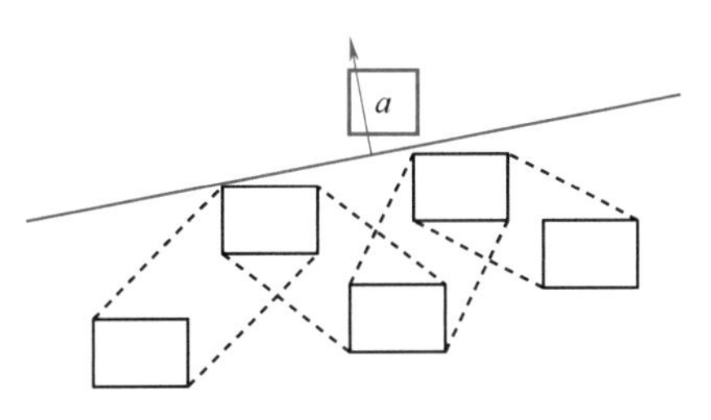

图 48.7 由于某种原因，无法在某条线之外执行任何步骤，且矢量 $\boldsymbol{a}$ 与该线正交并指向该线之外

3. 可行性的一个充分条件

在之前推导的简化线性情况下，式（48.30）确定质心的运动在跌倒的情况下呈指数发散，因此其位置的任何 N 阶导数的范数积分为

48

$$\int_{t_0}^{\infty} \| \boldsymbol{c}^{(n)}(t) \| \mathrm{d}t \tag{48.32}$$

该范数积分将是无限的。因此，如果我们能从机器人给定的初始状态中找到这样一个积分的有限值，我们就可以得出这个状态是可行的。

48.3.4　可控性

对于任何动力系统，如果存在可行的输入轨迹 $\boldsymbol{u}(\cdot)$，则初始条件 $\boldsymbol{x}_0$ 可控制为最终状态 $\boldsymbol{x}_f$，从而使系统从 $\boldsymbol{x}_0$ 变为 $\boldsymbol{x}_f$。如果所需的最小时间是有限的，则初始状态 $\boldsymbol{x}_0$ 表示为有限时间内可控到 $\boldsymbol{x}_f$。可控性分析是线性动力系统的一个众所周知的主题，其中可控性矩阵的一个简单的秩条件提供了确定任何初始条件是否可以驱动到任意最终状态的充分必要条件[48.54]。对于非线性系统，其性质取决于初始状态和最终状态。

48

在腿式机器人的情况下，我们可以考虑更有限的状态集合，而不是考虑先前引入的所有可行性的集合，这些状态集合可被控制到稳定的固定点——在给定数量的步骤之后可以达到稳定停止的状态。这是可行性的充分条件。这种状态被称为可捕获状态[48.55]，包含了腿式机器人感兴趣的大多数状态。一种变体是考虑机器人能够达到稳定极限环的状态，或任何已知可行的状态。

在上述简单线性情况下，可捕获状态 $\boldsymbol{\xi}$ 可借助复合变量进行解析识别，即

$$\boldsymbol{\xi} = \boldsymbol{c} + \frac{1}{\omega}\dot{\boldsymbol{c}} \tag{48.33}$$

作为外推质心（XCOM）[48.56]、捕获点[48.57]或动力学的发散分量[48.58]单独引入。这三种派别对应于该变量的三个关键属性。首先，一个简单的新表达为

$$\dot{\boldsymbol{c}} = \omega(\boldsymbol{\xi} - \boldsymbol{c}) \tag{48.34}$$

式（48.34）揭示了这一点是质心收敛到的点，因此是外推质心。根据线性动力学方程式（48.29），该点的水平运动满足

$$\dot{\boldsymbol{\xi}}^{x,y} = \omega(\boldsymbol{\xi}^{x,y} - \boldsymbol{z}^{x,y}) \tag{48.35}$$

我们可以看到 $\boldsymbol{\xi}$ 这一点偏离了压力中心 $\boldsymbol{z}$。但如果该点位于支撑多边形上方，角动量 $\boldsymbol{L}$ 的变化也可以在 x 和 y 方向上定界。如果我们令

$$\boldsymbol{\xi}^{x,y} \in \mathrm{conv}\{\boldsymbol{p}_i^{x,y}\} \tag{48.36}$$

我们可以有 $\boldsymbol{z}^{x,y} = \boldsymbol{\xi}^{x,y}$，这样该点 ξ 可以保持静止，并且质心会收敛到该点并停止，因此可以将其视为捕获点（CP）。最后我们可以观察到二阶线性动力学式（48.29）在这里已分解为两个一阶线性动力学式（48.34）和式（48.35），第一个是稳定的，质心收敛到外推质心；第二个是不稳定的，因为外推质心偏离压力中心，因此是动力学的差异部分式（48.29）。在这里出现了一个有趣的结构，它与点 $\boldsymbol{z}$，$\dot{\boldsymbol{c}}$ 和 $\boldsymbol{\xi}$ 的运动有关[48.59,60]，如图48.8[48.59,60]所示。

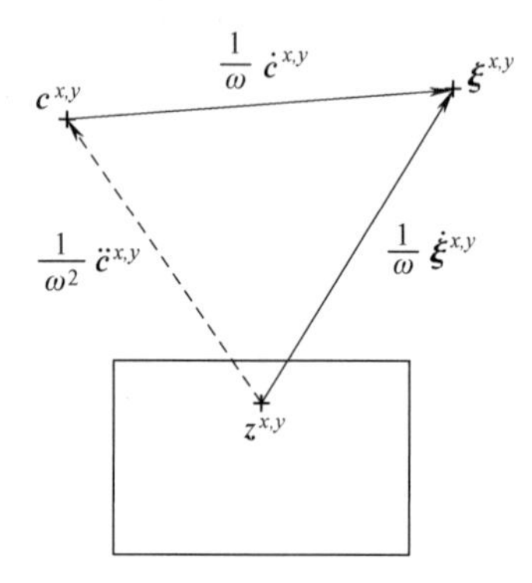

图48.8　质心 $\boldsymbol{c}$ 的速度指向捕获点 $\boldsymbol{\xi}$，而该捕获点的速度指向压力中心 z 以外。这两个一阶动力学的组合给出了加速度 $\ddot{\boldsymbol{c}}$，将质心推离了压力中心

此处的一个重要研究结果是，如果机器人的状态满足条件式（48.36），则机器人可以不采取任何措施而停止，并且可捕获并具有可行性。在参考文献［48.60］中可以找到考虑任意给定数量的步长和非零角动量 $\boldsymbol{L}$ 的进一步分析过程。

48.3.5　鲁棒稳定性或随机稳定性

在第48.2节中，固定点、极限环、可行性和可控性的概念构成了分析的核心问题。但是，在存在干扰（如模型不准确或地形的意外变化）的情况下，必须使用可靠的验证工具来表征系统的稳定性。广义上讲，鲁棒稳定性分析有两种形式：在最坏情况下，给出扰动的上限，目的是证明对于在此范围内的任何扰动，系统都不会达到不稳定状态。可替代地，可以在指定干扰概率分布的情况下执行随机分析，其目的是证明系统以高概率避免不稳定状态。迄今为止，最差情况的分析在腿式机器人技术界很少受到关注，但是，使用通用 Lyapunov 函数[48.61]的概念可以轻松扩展基于 Lyapunov 函数的分析方法[48.38,41,47]。此处的一个挑战是名义最优解（如标称极限环的确切形状）通常取决于参数：系统可能在具有不同参数的情况下仍然稳定，但极限环略有不同。

在腿式机器人领域，随机稳定性得到了相对更

多的关注，这也许是因为许多带有可能干扰的有趣模型确实可以实现机器人的长时间行走，但最终还是会跌倒。不能将此类系统归类为稳定系统，但是简单地将其称为不稳定系统似乎并不完整。此类系统应该说是亚稳态的，这一概念最早在物理学界建立[48.62]，随后被用于分析行走系统[48.63]。从这个角度来看，系统的稳定性可以通过其平均失效时间来表征。

回忆一下 Poincaré 图的思路，设周期性行走系统的离散时间随机返回地图动力学方程为

$$\boldsymbol{x}_{k+1}=r(\boldsymbol{x}_k, h_k) \tag{48.37}$$

式中，$h_k \sim P(h)$ 是一个随机变量，例如，在时间步长 k 处捕获地形高度。将状态空间 $\mathcal{X} \subseteq \mathbb{R}^{N+6} \times \mathbb{R}^{N+6}$ 离散为 d 个状态，使我们可以根据上述返回地图定义马尔可夫过程：

$$\boldsymbol{p}_{k+1}=\boldsymbol{T}\boldsymbol{p}_k \tag{48.38}$$

式中，$\boldsymbol{p}_k \in \mathbb{R}^d$ 是状态可能的分布向量，而 $\boldsymbol{T}$ 是具有项 $T_{ij}=\Pr(\boldsymbol{x}_{k+1}^i \mid \boldsymbol{x}_k^j)$ 的随机矩阵。如果我们假设所有故障状态都可以吸收并且可以组合为一个状态，则这对应于 $\boldsymbol{T}$ 中包含一个 1 和 $(d-1)$ 个 0 的列。那么，$\boldsymbol{T}$ 的最大特征值必须是 $\lambda_1=1$，并且具有相应的特征向量 $\boldsymbol{v}_1$ 描述吸收态的稳定分布。有趣的是，对于几个简单的行走系统，发现第二大特征值接近于单位 $\lambda_2 \approx 1$，并且比其余的 $(d-2)$ 个特征值大得多[48.63]。这表明在状态空间中由分布 $\boldsymbol{v}_2$ 捕获的亚稳态邻域具有相关的时间常数 $\tau=-1/\log(\lambda_2)$。计算这些随机稳定性边界的其他方法也是可能的[48.64]。

48.3.6 输入-输出稳定性

输入-输出方法定义了灵敏度来衡量系统对干扰的响应。例如，对于一个行走系统可以定义一个由 m 个步态变量组成的向量 $\boldsymbol{l} \in \mathbb{R}^m$，这些步态变量直接与故障模式（如脚底离地距离）相关，并测量一组输入干扰 $\boldsymbol{w}$ 对它们的影响。参考文献 [48.65] 中，步态敏感度规范正是这样做的，动态系统响应 $\| \partial \boldsymbol{l} / \partial \boldsymbol{w} \|^2$ 被用做抑制干扰的量度。实际如何计算这种响应？在实践中，可以通过产生各种扰动并测量步态变量的影响来试验性地计算系统响应。尽管相对复杂，但这种方法可能最适合物理系统。或者对于模拟极限环的行走机器人，Poincaré 返回图的线性化和扰动分析可得出动态系统响应的完整特征。

此外，还可以应用非线性控制理论中的更多通用工具。L_2 增益作为一种灵敏度度量，已在非线性控制理论中得到广泛应用。对于复杂的动力学系统（如行走机器人），可以使用计算机存储的函数来估计 L_2 增益的上限，该函数通常可以使用凸优化来计算[48.66,67]。

48.3.7 稳定裕度

实际上，对于复杂的行走系统而言，像上面提到的那样计算性能指标可能非常困难。所以研究人员经常采用启发式的稳定裕度来使机器人远离稳定性边界，这使稳定性的定义可以有很大的不同。最简单的稳定裕度仅取决于机器人的静态位形，如果质心的地面投影离开支撑多边形，则这对应于脚上的未补偿力矩，从而导致沿其边缘旋转。常用的静态度量包括质心的地面投影与支撑多边形的边缘之间的距离，或使机器人侧向倾斜所需的最小势能[48.68]。由于这些稳定性标准仅基于静态，因此它们仅对缓慢（或准静态）运动有用。

最常用的动态稳定裕度要求压力中心（或零力矩点）保持在支撑多边形的边界内。当满足此条件时，脚将无法围绕支撑多边形的边界旋转。请注意，这当然是非常保守的，许多双足机器人即使具有点接触脚也可以动态行走（导致压力中心始终位于支撑多边形的边界上），但事实证明此度量指标对于平足动态行走非常有用。Goswami 介绍了脚旋转指示器（FRI）[48.69] 的相关概念，该概念定义为净地面反作用力必须起作用以防止脚旋转的点；该点不必停留在支撑多边形内，因此可以应用于更宽的步态范围。但是，基于这些指标的稳定性要求仅在平坦的地形上有效，它们通常不构成稳定行走的必要条件或充分条件[48.15,55]。

当质心投影离开支撑多边形时，有两种方法使其返回：通过角动量的变化沿支撑多边形的方向加速质心或通过步进改变支撑多边形。这种基本见解得到了基于捕获区域的稳定裕度[48.55,60]。捕获区域就是所有捕获点（在第 48.3.4 节中定义）的集合。捕获裕度是确定行走系统的可捕获性的度量。如果捕获区域和支撑多边形重叠，则将其定义为捕获区域中的点与支持多边形的最接近边之间的最大距离，否则为捕获区域和支持多边形之间的负距离。注意，在该度量指标下，较大的值与总捕获区域面积有关，而面积又与行走系统稳定自身的能力有关，如影响角度动量的上肢运动[48.60]。在参考文献 [48.55] 中 n 步捕获裕度的扩展也已发展并详细描述。

48.4 动态行走与跑步运动的生成

正如本章开始的研究历程中所提到的，早期的腿式机器人始终保持准静态平衡状态。向更多的动态运动的转变发生在20世纪80年代初，与双足（biped）[48.4]和独脚（monopod）[48.5]机器人相关。因此，关于动态腿部运动的这一部分将重点关注主要使用双足机器人获得的结果，尽管这里讨论的大多数方法也可以应用于其他腿式机器人。

48.4.1 早期的离线运动生成方案

因为早期机器人的计算能力非常有限，仅允许非常有限的实时决策。因此，轨迹通常是离线计算的，尤其是在复杂的情形下，如腿式机器人。由于计算能力的指数级增长和过去几十年数值计算方法的不断进步，实时运动生成方案最终在2000年才成为可能。

1. 轨迹优化

计算行走和跑动运动的早期方法之一是通过数值优化[48.70]。这个方法是利用轨迹优化方法的能力来考虑非线性动力学和目标，如能量消耗最小化，并计算相应的最优化运动。遗憾的是，腿式机器人的动力学非常复杂，以至于到20世纪90年代末，这种方法仍然停留在简单的平面模型上[48.71-75]。直到2000年，才可以计算完整三维模型的第一个最优化行走运动[48.76,77]。

幸运的是，数值计算方法的不断改进（如第48.6.1节所述）使研究人员能够解决复杂的问题，如同时优化轨迹和机器人的质量分布以及最大化轨迹的开环稳定性[48.78]。

遗憾的是，这种方法仍然需要耗时的计算，而这些计算通常无法实时实现。无法实时计算行走或跑动运动将机器人限制于一组预定义的预先计算的动作，这可能会破坏它们的多功能性和反应性。减弱这种严重限制的一种方法是生成一个可以实时查询的轨迹数据库[48.79]，可能以机器人的命令[48.80]或机器人的当前状态为条件，以提高其稳定性[48.40,81,82]。

2. 人工协同合成和ZMP方法

分割问题是另一种早期方法，旨在缓解阻碍轨迹优化的腿式机器人动力学的复杂性。这个方法是分配机器人的一些自由度来处理动态约束，如ODI式（48.13），允许机器人的其余部分或多或少地独立操作。这种通用方法被称为人工协同合成[48.10]。

参考文献［48.10］中的原始提议是使用躯干旋转来确保动态可行性，同时机器人腿部执行预先给定的记录运动。更准确地说，腿部运动和接触点 $\boldsymbol{p}_i$ 是预定义的，因此可以相应地预定义压力中心 z 的轨迹，因此对于这个预定义的 z 只需求解常微分方程（ODE）式（48.13）即可获得所需的旋转。20年后，早稻田大学WL-12RV双足行走机器人[48.83]试验证明了这一原始命题。这种预定义压力中心轨迹的方法最终被称为生成行走运动的ZMP方法（请记住，ZMP只是CoP的另一个名称）。这种ZMP方法后来被认为与双脚始终平放在地面上有关，不包括脚跟和脚趾旋转阶段。但是请注意，原始命题[48.10]中考虑了这些阶段。

这个命题的某些方面可能会受到质疑。首先，有人认为预先定义压力中心的演变是不必要的，甚至是不可取的[48.84,85]。然后，ODI式（48.13）清楚地表明动态可行性取决于角动量 $\boldsymbol{L}$ 的变化和质心 $\boldsymbol{c}$ 相对于接触点 $\boldsymbol{p}_i$ 的运动。虽然躯干旋转主要涉及角动量的变化，但最近的一项分析表明，这对腿式机器人的平衡只有微弱的影响[48.86]。通过调整质心的运动，可以更有效地处理动态可行性，这一直是主流的方法。

机器人运动分割的核心思想建立在一个意义深远的观察之上：如果机器人有足够数量的自由度和足够的控制权限，那么运动的每一部分都没有涉及动态约束——除了质心相对于接触点的角动量和运动之外的所有内容都可以或多或少地独立操作，因此看来与腿部运动问题相对无关。正是这样的关键观察隐含地驱动了模板和锚点方法以及长期以来腿部运动的简单生物力学模型的发展，这些模型专注于一些有意义的自由度，主要是质心相对于接触点的运动，并抽象所有其余的运动[48.87-89]。这个想法在腿部运动研究领域取得了巨大的成功。

48.4.2 实时运动生成：模型预测控制的观点

如果运动生成算法的运行速度足够快，可以实时应用，那么机器人就可以通过不断地使运动适应机器人的当前状态及其环境来实现反应性和鲁棒性。但其中存在一个问题：我们如何确保对实时决策的持续重新评估保持长期可行性？一种解决方案来自模型预测控制（MPC）理论。

迄今为止，大多数伟大的仿人机器人行走和跑动的实时运动生成方案都可以与MPC理论相关，并且都可以看作是同一个MPC方案的变体，尽管它们很少以这种方式被引入。大多数采用第48.4.1节中描述的人工协同合成方法，几乎只关注质心相对于接触点的运动，并假设机器人的其余部分可以或多或少地独立操作。

1. 可行性、最优控制和MPC

在第48.3.3节中尝试确定可行性时，第一个选项是检查积分式（48.32）是否为有限值。最优控制理论的一个经典结果是，最小化该积分的最优控制律会随时间减小。因此，如果这个积分一开始是有限的，它就会保持有限：如果机器人的状态一开始是可行的，它就会保持可行。问题是，腿式机器人的动力学太复杂，无法在一般情况下计算出这样的最优控制律。

MPC是获得该最优控制律的可计算近似值的一种方法。基本思想是引入一个终端约束[48.90]，规定积分式（48.32）在有限的时间内为零。引入这样的人为约束自然会产生次优控制律，但这允许仅在有限的时间内考虑积分式（48.32），同时保持可行性。请注意，在有限时间内实施可行性意味着在这种情况下实施可捕获性：这里，终端约束是可捕获性约束。

已经提出了许多MPC变体[48.91]，但以下两个极端方法将是重要的。一个极端方法是观察到最小化形式的积分式（48.32）不是获得可行行为所必需的，在这方面，终端的可捕获性约束就足够了[48.92]。然而，在这种情况下，不可能不断地重新评估和调整运动以适应系统的状态，必须在精心选择的时刻进行，这限制了机器人的反应性。另一个极端方法是研究发现终端约束不是绝对必要的[48.93]：简单地在足够长但有限的时间内最小化积分式（48.32）的截断变体仍然可以导致积分随时间减少，确保可行性。在这种情况下，可以毫无问题的根据系统状态不断重新评估和调整运动。

现在让我们看看如何将所有这些理论应用于行走和跑动运动的实时生成。在以下所有示例中，机器人应该在平坦的水平地面上行走。

2. 预定义的足迹和可捕获性约束

最早实现ZMP方法的运动生成方案，具有预定义的足迹和预定义的压力中心，并考虑可捕获性约束以确保可行性。让我们从早稻田大学一系列仿人机器人[48.94]实现的行走运动生成方案开始，方案考虑了具有预定义运动的四质点模型，除了腰部和躯干质量的水平运动，该模型被分配参考压力中心的参考轨迹。然后使用基于快速傅里叶变换的迭代程序来求解动力学。

$$\frac{\sum m_i(\ddot{c}_i^z+g^z)\boldsymbol{c}_i^{x,y}-m_i c_i^z\ddot{\boldsymbol{c}}_i^{x,y}}{\sum m_i(\ddot{c}_i^z+g^z)}\to z_{\mathrm{ref}}^{x,y} \tag{48.39}$$

为了实时执行该方案，引入了可捕获性约束，强制机器人始终能够在两步内停止[48.95]。遗憾的是，有关选择参考质心和确切终端约束的细节没有公开。在慕尼黑大学的Johnny机器人[48.96]中实现的行走运动生成方案只考虑具有预定义运动的三质点模型，除了躯干中的主要质量的水平运动，该运动被分配遵循分段线性参考轨迹。在此参考轨迹中保留一个自由度，以便在接下来的两步结束时对质心的位置施加终端约束：

$$\boldsymbol{c}^{x,y}=\boldsymbol{c}_{\mathrm{ref}}^{x,y} \tag{48.40}$$

这种约束在强加可捕获性方面似乎是不完整的，还需要考虑质心的速度（见第48.3.3节）。

Honda Asimo机器人[48.58]中实现的行走运动生成方案非常相似，三质点和质心的分段线性参考，剩下一个自由度以满足终端约束。不同之处在于终端约束是真正的可捕获性约束，通过动力学的捕获点/XCOM/发散分量在下一步结束时强加运动的周期性：

$$\boldsymbol{\xi}^{x,y}=\boldsymbol{\xi}_{\mathrm{ref}}^{x,y} \tag{48.41}$$

在东京大学H7机器人中实现的行走运动生成方案[48.97]考虑了机器人的整体动力学方程式（48.13）。机器人的整个运动是预定义的，除了质心的水平运动，质心的水平运动被指定为遵循压力中心的参考轨迹，设置在接触点的中间。然后使用迭代算法来求解动力学：

$$\boldsymbol{c}^{x,y}-\frac{mc^z\ddot{\boldsymbol{c}}^{x,y}-\boldsymbol{S}\dot{\boldsymbol{L}}^{x,y}}{m(\ddot{c}^z+g^z)}\to\overline{\boldsymbol{p}_i^{x,y}} \tag{48.42}$$

在接下来的两步结束时，还考虑了对质心位置的终端约束式（48.40）（关于可捕获性不完整）。在Toyota Partner机器人[48.98]中实现的行走和跑动运动生成方案完全相同，除了终端约束是一个真正的可捕获性约束，通过质心的位置和速度强加运动的周期性。在Sony QRIO机器人[48.99]中，实现的行走和跑步运动生成方案遵循类似的设计，但仅考虑恒定高度的单质点，其水平运动被分配以最小化压力中心与接触点中间的偏差：

$$\min\int\left\|\boldsymbol{c}^{x,y}-\frac{c^z}{g^z}\ddot{\boldsymbol{c}}^{x,y}-\overline{\boldsymbol{p}_i^{x,y}}\right\|^2\mathrm{d}t \tag{48.43}$$

同时对质心的位置和速度施加可捕获性约束。

在Kawada HRP-2机器人[48.100]上测试的另一个变体也考虑了恒定高度的单质点，但压力中心遵循分段多项式轨迹：

$$c^{x,y}-\frac{c^z}{g^z}\ddot{c}^{x,y}=z_{\mathrm{ref}}^{x,y} \tag{48.44}$$

通过质心的位置和速度，保留一些自由度以满足与以前相同的可捕获性约束。该方案的一个重要特征是压力中心的分段多项式轨迹可能会剧烈波动，有可能违反ODI式（48.13）。因此，建议自动调整迈步时间以将这种风险降至最低。

所有这些行走和跑动运动生成方案都试图通过终端约束来强加可捕获性，但其中一些仅通过约束质心位置似乎无法正确执行此操作。它们都没有考虑式（48.32）形式的积分：积分方程式（48.43）不匹配。我们之前已经看到，在这种情况下，可以重新评估和调整特定时刻的运动，当必须实现新的迈步或改变行走速度或方向时所做的动作。但是为了使运动适应扰动，需要一个特定的观测器在正确的时刻触发适应[48.92]，而且这个选项似乎还没有被研究过：这些运动生成方案还没有对状态反馈进行过试验。

3. 预定义脚步，无可捕捉性约束

在Kawada HRP-2仿人机器人[48.101]中实现的标准行走运动生成方案中，机器人的整个运动都是预先定义的，除了质心的水平运动，这次被指定为最小的加权积分：

$$\min\int\|\dddot{c}^{x,y}\|^2+\beta\left\|c^{x,y}-\frac{c^z}{g^z}\ddot{c}^{x,y}+\frac{S\dot{L}^{x,y}}{mg^z}-\overline{p_i^{x,y}}\right\|^2\mathrm{d}t \tag{48.45}$$

该加权积分是质心运动的三阶导数的范数和压力中心与接触点中间参考点的偏差。这显然是一个形式为式（48.32）的积分。我们已经看到，在这种情况下，如果我们考虑这个积分在足够长但有限的时间内的截断版本，通常是接下来的两步，而不需要施加任何终端约束就可以确保可行性。我们还看到，在这种情况下，有可能不断地重新评估和调整运动以适应系统的状态，这比以前仅基于终端约束的方法有明显的改进。这已经在各种情况下得到了试验验证，使行走运动有效地适应扰动[48.102]。

一个有趣的变体[48.103]引入了角动量$\boldsymbol{L}$的变化作为一个额外的变量来最小化组合积分：

$$\min\int\|\dddot{c}^{x,y}\|^2+\beta\left\|c^{x,y}-\frac{c^z}{g^z}\ddot{c}^{x,y}+\frac{S\dot{L}^{x,y}}{mg^z}-\overline{p_i^{x,y}}\right\|^2+\gamma\|L^{x,y}\|^2\mathrm{d}t \tag{48.46}$$

式（48.46）显示了对生成运动的跟踪改进（以及对小扰动的同样的闭环鲁棒性）。

然而，这些方法的一个问题是简单地最小化压力中心与接触点中间的偏差，并不能排除它的波动。所以ODI式（48.13）可能被违反，特别是在扰动的情况下。在参考文献［48.102］中对这一点进行了监测，以便在必要时触发脚步的改变，但没有任何明确的保证可证明这种改变是适当的。由于这个原因，在参考文献［48.85］中提议将ODI式（48.13）作为一个严格的约束条件，考虑一个具有恒定高度的单质点模型：

$$c^{x,y}-\frac{c^z}{g^z}\ddot{c}^{x,y}\in\mathrm{conv}\{p_i^{x,y}\} \tag{48.47}$$

简单地最小化积分为

$$\min\int\|\dddot{c}^{x,y}\|^2\mathrm{d}t \tag{48.48}$$

在一个足够长但有限的时间内最小化积分式（48.48），以确保可行性。这就是在Aldebaran Nao机器人[48.104]中实施的行走运动生成方案。

在DLR（Deutsches Zentrum für Luftund Raumfahrt）双足机器人上成功测试的一个变体[48.105]，将XCOM与CoP的导数一起考虑的参考轨迹偏差降到最低。

$$\min\int\|\xi^{x,y}-\xi_{\mathrm{ref}}^{x,y}\|^2+\beta\|\dot{z}^{x,y}\|^2\mathrm{d}t \tag{48.49}$$

我们考虑了一个额外的终端约束，但没有测试。

最后一个建议，只在简单的模拟中测试过，没有用真实的机器人[48.106]，考虑了一个单质点，它被分配到最小的腿长l与给定参考的偏差，以及在接下来的两步中CoP与接触点中间的偏差。

$$\min\int(l-l_{\mathrm{ref}})^2+\beta\left\|c^{x,y}-\frac{c^z\ddot{c}^{x,y}}{\ddot{c}^z+g^z}-\overline{p_i^{x,y}}\right\|^2\mathrm{d}t \tag{48.50}$$

使这个命题特别的是，这不是一个形式为式（48.32）的积分，它可以确保可行性，而且没有终端约束来强加可捕捉性，所以与第48.3.3节中开发的可行性/可捕捉性分析没有直接关系。第48.3.3节中制定的可行性/可捕性分析没有直接关系，而所有以前的方案都是基于这一点。这种最小化只要求在未来实现多走两步的能力，腿部大约处于额定长度：这两步结束时的情况不受控制（没有终端约束），所以机器人很可能在之后跌倒。然而，在提出的模拟中似乎保持这种在未来再走两步的能力是产生稳定的行走和跑步运动的充分条件。结论是式（48.32）形式的终端约束或积分实际上不是强制性的，可以完全放松。

在所有这些方法中，脚步被预先定义并保持固定，这显然是对机器人能力的一个强约束。这是对机器人适应不断变化的环境或强烈扰动的能力的一种强约束。

4. 自适应步态

事实上，自适应步态的实现是很简单的。而且已经在 Kawada HRP-2 机器人上得到了验证[48.107]。唯一需要改变的是将脚的位置作为一个决策变量，与质心的水平运动一起使用，以便既满足 ODI 式（48.47）又使积分最小化。

$$\min\int\|\dot{\boldsymbol{c}}^{x,y}-\dot{\boldsymbol{c}}_{\mathrm{ref}}^{x,y}\|^2\mathrm{d}t \tag{48.51}$$

在一个足够长的时间内，以确保其可行性［因为这显然是一个形式为式（48.32）的积分］。并让质心在此基础上遵循参考速度 $\dot{\boldsymbol{c}}_{\mathrm{ref}}^{x,y}$。现在，由于脚步位置是实时决定的，几何可行性也需要实时检查。一个简单而有效的选择是考虑相对于地面上的每只脚而言，质心的可到达体积的多边形近似[48.108]。

然而，迈步的时间仍然是预先定义的。这对腿式机器人的反应性有很大的影响[48.60]。为了更好地适应它，在参考文献［48.109］中提出了最小化组合积分：

$$\min\int\|\dot{\boldsymbol{c}}^{x,y}-\dot{\boldsymbol{c}}_{\mathrm{ref}}^{x,y}\|^2+\|\ddot{\boldsymbol{f}}^{x,y}\|^2\mathrm{d}t \tag{48.52}$$

式中，$\ddot{\boldsymbol{f}}^{x,y}$是脚的水平加速度。但迄今为止，这种方法只在简单的模拟中进行测试。此外，基本的优化问题变成了非线性问题，这大大增加了解决的难度。

另一种方法相当独特，从奇异的**线性二次调节器**（LQR）设计开始[48.110]。考虑到经典的单质点在一个恒定的高度，指定为最小化 CoP 与参考 CoP 和 XCOM 的组合的偏差。

$$\min\int\left\|\boldsymbol{c}^{x,y}-\frac{c^z}{g^z}\ddot{\boldsymbol{c}}^{x,y}+\alpha z_{\mathrm{ref}}^{x,y}-(1+\alpha)\boldsymbol{\xi}^{x,y}\right\|^2\mathrm{d}t \tag{48.53}$$

其中，$\alpha>0$。这种奇异的 LQR 设计的一个有趣特点是，它可以被分析解决。这个奇异目标函数的一个有趣特性是它可以被还原为零。在这种情况下，我们有

$$\boldsymbol{c}^{x,y}-\frac{c^z}{g^z}\ddot{\boldsymbol{c}}^{x,y}=(1+\alpha)\boldsymbol{\xi}^{x,y}-\alpha z_{\mathrm{ref}}^{x,y} \tag{48.54}$$

式（48.54）可以与 XCOM 的动力学方程式（48.35）相结合，得到一个稳定的一阶动力学方程：

$$\dot{\boldsymbol{\xi}}^{x,y}=\alpha\omega(z_{\mathrm{ref}}^{x,y}-\boldsymbol{\xi}^{x,y}) \tag{48.55}$$

据此，XCOM$\boldsymbol{\xi}$ 将收敛于 $z_{\mathrm{ref}}^{x,y}$；而根据式（48.54），压力中心 z 也是如此。但在一个非常不寻常的转折中，这个 LQR 设计没有被原封不动地使用，而是用反向分析来寻找在什么条件下 CoP 的部分恒定轨迹会产生质心的非发散性运动。不出所料，这个不发散条件最终成为动力学中捕获点/XCOM/发散部分的一个终端约束，其轨迹最终与参考文献［48.59］中发现的轨迹完全对应。但在这里，这个终端约束最终被用来实时决定将确保可行性的步态位置，这一点最终在试验中得到了极强扰动的验证。

5. 通用设计的所有变体

第 48.3.3 节的可行性分析证明了预期对于避免跌倒的重要性。我们现在观察到，为至今为止大多数最伟大的仿人机器人提供动态行走和跑步运动生成的方案［如 Honda Asimo、Toyota Partner、Sony Qrio、Aldebaran Nao、Kawada HRP-2、东京大学 H7、慕尼黑大学的约翰尼（Johnny）、DLR 双足机器人、早稻田大学（Waseda University）的长系列仿人机器人等］都围绕这种必要性进行了结构设计，至少要提前两步。然后以不同的方式确保可行性，这些方式总是与 MPC 理论相关，通过可捕获性或通过最小化形式的积分方程式（48.32）。在所有情况下，采用人工协同合成方法，关注机器人质心相对于接触点的运动，考虑到其余的运动或多或少可以独立处理，是实现高效计算的关键。所有这些运动生成方案似乎都共享相同的通用设计：机器人质心相对于接触点的 MPC，剩下的就是细节问题了。

确定这种通用设计的令人信服的结果是揭示了在保留了每种方法的最佳特征基础上，组合所有这些方法的可能性：更精确的多质点模型，用于生成行走和跑动运动，具有自适应步态放置、自适应定时和传感器反馈，一切都是为了获得最终的鲁棒性和多功能的实时运动生成方案。这便是日后研究的明显步骤。

在这个巨大的腿式机器人画廊中，波士顿动力公司的双足和四足机器人未在其中。毫无疑问，它们是当今展现出最令人印象深刻的动态运动的腿式机器人，既坚固又具备多项功能。关于它们的控制算法的确切细节很少，但各种线索表明，它们可能共享了相同的设计。

48.4.3 受限环境下的运动

到目前为止，我们已经了解了如何通过独立于任何其他问题考虑动态可行性约束方程式（48.13）来生成动态行走和跑步运动。但是，在真正崎岖的地形或杂乱的空间环境中，机器人运动的运动学约束不可忽视，并可能使问题进一步复杂化。更准确地说，运动学约束通常使机器人的可达空间非凸，

因此决定行动和运动时，只考虑局部的情况下，可以很快让机器人陷入局部循环或死胡同。从全局角度决定行动和运动的一种方法是使用规划技术，如第1卷第7章和本卷第47章所述。在腿式机器人的情况下，考虑了三类日益复杂的问题：无运动的动态操作、有障碍物的平坦地面上的腿部运动以及复杂接触转换的崎岖地形上的腿部运动。

1. 无运动的动态操作

在没有运动的操作任务情况下，腿式机器人与更传统的操作臂机器人的唯一区别是动态可行性约束式（48.13）。因此仅应用第1卷第7章和本卷第47章中描述的标准规划技术（包括此可行性约束）已被证明是完全足够的。但是这些技术强烈倾向于准静态运动。结果，首先要计算一系列静态稳定的状态，然后平滑并加速运动，最后考虑动态可行性[48.111]。涉及更多有关运动的问题，因此引起了更多的关注。

2. 有障碍物的平坦地面上的腿部运动

如果我们认为由于本节前面描述的不同方法，产生动态腿部运动的问题得到了适当的解决，我们可以尝试抽象其细节并规划腿式机器人上半身在障碍物之间的导航，就像任何其他移动机器人无论确切的运动方法是怎样的，都具有相同的规划技术。

事实证明，腿式机器人呈现出一种小空间可控性，这意味着它们的上半身可以以任何给定的精度[48.112]跟随任意给定的路径，尽管这可能需要不切实际的快速步伐。令上半身完全遵循任何给定路径的另一种选择是交叉双腿，就像在平衡木上行走一样，并且一些机器人经过专门设计，能够实现这样的壮举[48.113]，但这可能需要不切实际的缓慢步伐。排除不切实际的缓慢或快速步伐，腿部运动最终可能与计划路径不同并且无法避开障碍物。在这种情况下，已经提出了迭代重新规划技术[48.114]。

然而，在这种方法中假设最终找到合适的立足点来沿着为上半身设计的路径并不是问题。但腿式机器人的吸引力在于，在困难的地形上提供更好的机动性，在这种情况下，寻找立足点实际上是一个难题。一种解决方案是在规划上半身运动时检查是否有合适的立足点[48.115]，这是一种最近改进的方法，展示了如何在一般情况下获得连续规划路径和在平地规划一系列立足点之间的精确等效性[48.116,117]。

另一种不同的方法是直接针对地面上的障碍物规划立足点，然后生成相应的动态腿部运动[48.118]。该方法已成功应用于具有分层策略的长距离导航[48.119]，其计算速度足够快，可以在不断变化的环境中实时运行[48.120]，同时考虑到在轻微崎岖地形[48.122-124]上使用机载传感[48.125]确定性移动的障碍物[48.121]。然后可以使用混合边界框或更精细的扫描体积[48.126,127]来考虑地面上方的障碍物，或者可以使用凸面分割来近似自由空间[48.128]。

3. 具有复杂接触转换的腿部运动

在真正崎岖的地形或杂乱的环境中，腿部运动可能需要比标准行走或跑动更复杂的接触情况和接触转换，不仅涉及脚和地面之间的接触，还涉及机器人和环境的所有潜在接触面。这些情况的可变性是之前在平坦地面上的情况无法比拟的，并且十分缺乏预先计算或简化的机会。值得注意的是，运动学和动力学约束不能独立解决，而必须同时考虑它们，这会导致大量的计算问题。因此一个主要的努力方向是找到不同子问题的正确排序，以便最终获得一个易于处理的问题，最终选择在运动之前规划接触[48.129-131]。复杂的现实生活案例已经通过这种方式解决[48.132-134]，但计算需求仍然限制了我们在平坦地面上实现多功能运动的能力。对不断变化的环境的实时适应尚未得到令人信服的证明，并且仍然是一个活跃的研究领域。

如前所述，底层的规划技术表现出对准静态运动的强烈偏向：一些后处理是最终获得真正动态运动所必需的。已经提出了与第48.4.1节相同的两个选项，标准轨迹优化[48.135]，或遵循人工协同合成方法。首先计算机器人质心相对于不同接触点的运动，独立于机器人的其余运动，后者仅在之后计算[48.21]。但是在这种情况下，运动学和动力学约束之间的强相互依赖性使人工协同合成方法的核心假设失败：动态可行性不能总是独立于机器人的其余运动进行处理。因此，即使存在可行的运动，仍然存在很大的风险，该方法最终也无法找到可行的运动。

在仿人机器人特殊情况下，对所有这些问题的进一步讨论可以在关于仿人机器人的第3卷第67.5节或参考文献［48.136］中找到。关于多腿机器人步态选择的文献也很丰富，早在参考文献［48.137］的年代就开始了，但这仍然是一个活跃的研究领域[48.138]。

48.4.4 有限计算资源下的运动生成

本章到目前为止介绍的行走和跑动运动生成方案，即使它们只考虑简化的动力学模型，都需要大量计算。早期的腿式机器人的计算资源非常有限，不得不依赖要求不高的方法。一种选择是结合简单的显式规则，每个规则都侧重于整体运动的不同部分。另一种选择是尝试模仿关于动物如何产生和控制其运动的生物学假设，实际上最终得出了类似的命题。

1. 简单规则组合

由于简化了双足机器人或四足机器人跑动步态的对称性，如快跑、踱步和跳跃，20 世纪 80 年代，麻省理工学院腿实验室的整个机器人家族都在使用 1、2 或 4 条腿实现二维或三维跳动，依赖于同样简单的控制设计[48.5]。一般的想法是将简单的控制规则独立地应用于整体运动任务的不同部分。垂直振荡由开环垂直推力控制，仅通过机械能损失稳定。由于角动量在飞行阶段是守恒的，因此仅在站立阶段使用标准的 PD 控制身体姿态。保持长期平衡和控制整体运动的关键是脚的位置，对站立阶段质心运动的基本分析揭示了所谓的中立脚位置的作用，这将使站立阶段完全对称。然后只是相对于该中立位置对脚部位置进行线性校正，以使站立相位不对称，从而控制机器人的速度和平衡。这些完全简单的控制法的直接组合产生了令人印象深刻的强大和灵活的运动。

第一个动态行走的双足机器人依赖于同样简单的方法[48.4]。这个机器人模拟踩高跷行走，脚和地面之间的接触面减少到单点，所以 $z=p$。在单支撑相（假设双支撑相可以忽略不计）有一个固定的接触点，ODI 式（48.29）可以解析求解，对于 $t \geqslant t_0$，有

$$\begin{pmatrix} \boldsymbol{c}^{x,y}(t)-\boldsymbol{p}^{x,y}(t_0) \\ \dot{\boldsymbol{c}}^{x,y}(t) \end{pmatrix} = \boldsymbol{A}(t)\begin{pmatrix} \boldsymbol{c}^{x,y}(t_0)-\boldsymbol{p}^{x,y}(t_0) \\ \dot{\boldsymbol{c}}^{x,y}(t_0) \end{pmatrix} \tag{48.56}$$

其中

$$\boldsymbol{A}(t)=\begin{pmatrix} \cosh\omega(t-t_0) & \omega^{-1}\sinh\omega(t-t_0) \\ \omega\sinh\omega(t-t_0) & \cosh\omega(t-t_0) \end{pmatrix}$$

$$\omega=\sqrt{\frac{g^2}{c^2}} \tag{48.57}$$

如果下一个支撑相在时间 t_1 开始，脚的位置为 $\boldsymbol{p}^{x,y}(t_1)$，我们最终会得到

$$\begin{pmatrix} \boldsymbol{c}^{x,y}(t_1)-\boldsymbol{p}^{x,y}(t_1) \\ \dot{\boldsymbol{c}}^{x,y}(t_1) \end{pmatrix} = \boldsymbol{A}(t_1)\begin{pmatrix} \boldsymbol{c}^{x,y}(t_0)-p^{x,y}(t_0) \\ \dot{\boldsymbol{c}}^{x,y}(t_0) \end{pmatrix} + \begin{pmatrix} p^{x,y}(t_0)-\boldsymbol{p}^{x,y}(t_1) \\ 0 \end{pmatrix} \tag{48.58}$$

上述方程描述了质心 $\boldsymbol{c}^{x,y}$ 相对于接触点 $\boldsymbol{p}^{x,y}$ 的运动，即从时间 t_k 开始的一个步伐，到时间 t_{k+1} 开始的下一个步伐。这个离散时间动力系统可以通过脚的位置 $\boldsymbol{p}^{x,y}(t_k)$ 来控制。由于它是线性的，因此可以应用标准杆放置，从而产生脚放置的标准 PD 控制。这种简单的方法已成功应用于更复杂的双足机器人[48.139,140]。

组合独立控制规则的缺点是缺乏协调，可能会产生粗暴的、未经改善的运动，但这种方法表明即使控制资源非常有限，也可以实现稳定的运动。这里最重要的是脚的位置和上半身的姿态；其余的运动似乎是次要的，至少在平衡控制方面是这样。进一步推动这一研究，有人提出并在模拟中验证，可以使用多种行走模式，并且仅通过上半身姿态和脚部位置控制来稳定，这两种模式都具有简单的 PD 控制法则[48.141]。毫不奇怪，尽管这可能需要精细的微调，人工设计的运动模式可以成功地用于像韩国科学技术院（KAIST）Hubo 仿人机器人[48.142]这类的复杂机器人上。

可以调整机器人的机械结构进一步降低控制要求，以便被动运动会自动将脚放在适当的稳定性位置，最终实现完美的被动稳定动态运动。这个想法将在第 48.6 节中更深入地讨论。

2. 仿生运动生成

当前关于动物运动控制的理论包括中枢模式发生器（CPG）和反射运动级联，它们相互作用并结合产生最终运动。CPG 是可调谐振荡器，可根据简单的控制信号（如运动速度或转向角[48.143]）生成同步的准循环运动模式。为了在腿式机器人中引入这样的 CPG，已经提出了标准振荡器，如 Van der Pol 方程或 Hopf 振荡器[48.144,145]，或更受生物学启发的神经振荡器[48.146]（具有讽刺意味的是，中枢模式发生器经常碰巧是分散的，由一组同步振荡器组成[48.143,145,147]）。

但是，CPG 本质上是开环运动发生器，因此为了稳定机器人的运动并使其适应环境，引入了有限的反馈回路，类似于本节前面讨论的简单控制规则，重点是上半身姿态和脚的位置[48.145,147,148]。与生物学类比，这些简单的反馈回路被称为反射。参考第 1 卷第 13 章关于基于行为的系统的更深入讨论的想法，已经提出包含架构（subsumption architecture）来构建更复杂的反应行为或反射网络[48.149]，并允许六足机器人在轻微崎岖的地形上成功行走而无须任何小心地运动规划[48.150]。

3. 本质相同的解耦方法

受简单的机械分析或动物的启发，这些基于简单规则组合的方法表明，至少在简单情况下无须大

量计算即可实现稳定的行走。更复杂的情况可能需要更精细的运动，如本章前面讨论的需要更精细的运动生成方案。但在控制上半身姿态或脚部位置（或两者）时，无论其余动作如何，再次研究机器人质心相对于接触点的运动，这一点令人惊讶，它可以通过CPG、逆运动学或任何其他简单或复杂的方法生成。从根本上讲，这与先前通过人工协同合成方法提出的解耦是相同的。

48.5 运动与力控制

正确执行上一节中计算的行走和跑步运动需要应用第1卷第8章和第9章关于运动和力控制的技术精确控制机器人的运动和与环境的接触力。但由于腿式机器人通常是具有许多自由度和某种形式冗余的复杂机械系统，因此也需要经常应用第1卷第10章中关于冗余操作臂的技术。并且在与多个表面接触的情况下，会出现接触力分布的问题，需要类似于本卷第38章中关于抓取的技术。而在相反的情况下，在飞行阶段，当机器人完全不与环境接触时，其动力学似乎与自由漂浮的空间机器人拥有同样的重要属性，需要类似于第3卷第55章的空间机器人技术。所有这些技术（以及更多技术）对于使腿式机器人有效地行走和跑动都是必不可少的。本节的目的是了解它们在腿式机器人的情况下如何连接和实现。

1. 全身运动

仿人机器人和其他腿式机器人通常是具有大量自由度的复杂机械系统，以完成同时实现运动、环境感知和操作、与人类交互等所需的各种运动学和动力学任务。利用所有可用的自由度，而不仅仅是腿部的自由度来同时实现多个目标，而不仅仅是运动，这通常被称为全身运动控制（见第3卷第67.5节）。我们之前已经看到，运动主要涉及质心 $\boldsymbol{c}$ 相对于与环境接触的点 $\boldsymbol{p}_i$ 的运动。其他目标包括用于操作的末端执行器运动、用于感知的凝视控制、用于避障的机器人特定部分的运动等。在所有这些情况下，需要控制的是机器人不同部分的笛卡儿运动，而不是关节运动。标准的逆运动学已经提出了几种控制方案来做到这一点，如进行关节空间控制[48.139]、虚拟模型控制[48.151]、任务函数方法[48.152,153]、操作空间控制[48.154]。

有趣的是，最后两个选项允许将分配给机器人的不同目标指定不同的优先级，因此如果这些目标不能共同实现，机器人会首先尝试实现具有更高优先级的目标。对于腿式机器人，保持平衡和避免跌倒似乎对机器人及其环境的安全至关重要，因此在这方面能够以更高的优先级考虑这一目标至关重要。这些控制方案还允许不同目标之间的某种形式的解耦，进一步有助于上一节前面介绍的人工协同合成方法。因此，我们将在此继续专注于运动目标，因为其他目标或多或少可以独立考虑，并不特定于腿式机器人。

2. 飞行阶段

我们在第48.2.2节已经看到，在飞行阶段，当腿式机器人不与环境接触时，质心的运动总是遵循标准的落体运动：不可能使其以任何其他方式移动。但是我们已经看到，即使在飞行阶段角动量 $\boldsymbol{L}$ 是恒定的，机器人的关节位形 $\hat{\boldsymbol{q}}$ 和全局位姿 $\boldsymbol{\theta}_0$ 仍然可以被驱动到任何所需的值。然而由Brockett[48.155]提出的一个著名定理表示，诸如参考文献［48.156，157］中提出的那些连续时不变反馈控制规则无法做到这一点。解决方案是使用不连续或随时间变化的控制规则[48.158]，这是一种在空间机器人[48.159,160]中成熟的方法。

在奔跑运动的情况下，有人建议在飞行阶段专门调整腿部轨迹，以便在飞行阶段结束时控制关节位形和全局位姿[48.161]。确实已经测量到，单个步骤高度的简单差异可能导致机器人全局位姿的1°或2°偏差[48.8]。虽然很小，但这种影响绝不是可以忽略不计的。关于非完整约束和Brockett定理影响的更深入讨论可以在第49章轮式机器人的建模和控制或在参考文献［48.158］中找到。

3. 角动量

无论是考虑在平坦地面上行走时的ODI式（48.13），还是在一般情况下的牛顿方程式（48.3）和欧拉方程式（48.4），腿部运动的动态可行性似乎都与脚的运动直接且完全相关。因此，自然提出了要同时控制这两个量[48.162-164]。

当然，由于质心运动和角动量与接触力 $\boldsymbol{f}_i$（或等效于CoP，z）直接相关，因此控制前者完全等效于控制后者。然而问题是角动量是否应该被专门控制到某个给定值，以及该值应该是多少[48.163,164]。当然，由于角动量与接触力直接相关，因此应符合接触力式（48.11）和式（48.17）的单边约束和库仑摩擦约束。事实上，角动量的调节只在准静态情况[48.162-164]中讨论过，其参考值显然为零，这通常很好地符合这些限制。并且在考虑行走的唯一情况下，在平坦的水平地面上行走时出现在 ODI 式（48.13）中的水平角动量 $\boldsymbol{L}^{x,y}$ 没有受到明确控制[48.162]。事实上，在行走运动期间，因为角动量是非完整性约束的，它应该具有哪个值的问题似乎非常复杂，但它绝对不是零[48.8,103]。

即使在准静态情况下，关节位形和全局位姿也可以独立于角动量进行控制；这些不同值之间的联系非常微妙。因此，控制角动量不会引起对关节位形或全局位姿的控制（由于其非完整性约束）。然而，情况恰恰相反：控制关节位形和全局位姿确实会导致对角动量的控制作为导出量。此外，还有人认为，常见的全身运动目标（如操作或与人交互），与关节位形和全局位姿的关系比与角动量的关系更直接相关[48.165]。事实上，到目前为止，忽略角动量的确切变化是最常见的选择[48.139,151-154,165]。最后，尚不清楚具体控制角动量是否有助于控制腿式机器人：这仍然是一个悬而未决的问题。

4. 质心运动控制

撇开角动量不谈，只考虑在平坦地面上行走时的简单线性动力学式（48.29），更准确地说是其分解式（48.34）和式（48.35），我们已经看到每个状态都满足条件式（48.36），如捕获点 $\boldsymbol{\xi}$ 在支撑多边形中是可捕获的，因此可以稳定。如果捕获点严格位于支撑多边形内部，则质心甚至可以稳定到支撑多边形上方的任何参考位置 $\boldsymbol{c}_{\text{ref}}$，通过捕获点的简单线性反馈：

$$\boldsymbol{z}^{x,y}=\boldsymbol{c}_{\text{ref}}^{x,y}+k(\boldsymbol{\xi}^{x,y}-\boldsymbol{c}_{\text{ref}}^{x,y}) \tag{48.59}$$

其中必须调整反馈增益 $k>1$ 以将压力中心 $\boldsymbol{z}$ 保持在支撑多边形内，确保运动的动态可行性。实际上，将此反馈与动力学方程式（48.35）结合使用，会得到稳定的闭环动力学方程为

$$\dot{\boldsymbol{\xi}}^{x,y}=\omega(k-1)(\boldsymbol{c}_{\text{ref}}^{x,y}-\boldsymbol{\xi}^{x,y}) \tag{48.60}$$

据此，捕获点 $\boldsymbol{\xi}$ 将收敛到参考位置 $\boldsymbol{c}_{\text{ref}}$，并且质心 $\boldsymbol{c}$ 将作为稳定动力学方程式（48.34）的结果收敛到它。已经表明，在质心运动的所有 PD 反馈中，有

$$\boldsymbol{z}^{x,y}=\boldsymbol{c}_{\text{ref}}^{x,y}+k(\boldsymbol{c}^{x,y}+\lambda\dot{\boldsymbol{c}}^{x,y}-\boldsymbol{c}_{\text{ref}}^{x,y}) \tag{48.61}$$

捕获点的反馈满足式（48.59）。选择 $\lambda=\omega^{-1}$，是唯一能够成功稳定所有可捕获状态的反馈[48.166]。它已成功应用于 DLR 双足机器人的行走运动[48.59]。

现在，如果我们的动力学中存在时变的扰动或误差，那么有

$$\boldsymbol{c}^{x,y}-\frac{c^z}{g^z}\ddot{\boldsymbol{c}}^{x,y}=\boldsymbol{z}^{x,y}+\boldsymbol{\varepsilon} \tag{48.62}$$

可以证明 PD 反馈方程式（48.61）相对于 $\boldsymbol{\varepsilon}$ 是鲁棒稳定的（准确地说是输入到状态稳定），但 $\lambda<\omega^{-1}$ 和 $k>1/(\lambda^2\omega^2)$[48.167]。如上所述，使用 λ 的情况下，即使没有扰动也不是所有可捕获的状态都会成功稳定。遗憾的是，这是鲁棒控制中的常见折中方式。

5. 力反馈

使用基于被动的控制，而没有接触力传感和反馈的腿式机器人的运动控制，已被证明可以用于简单的准静态平衡任务[48.168]。但是，在实现更多动态运动（如行走或跑动）时，通常会使用力传感与反馈。在这种情况下首先要克服的问题之一是机器人及其环境的顺应性，这很容易产生不稳定的振荡[48.169-172]。已经提出了各种复杂的接触力控制方案，但始终以抑制这些不需要的振荡为目标。这些力控制方案的确切实施通常依赖于刚性的低级关节运动控制以增强抗干扰性，从而导致准入控制实施[48.139,169-173]。有关此类控制方案的更多详细信息，请参见第 1 卷第 9 章的力控制内容。

现在，这些阻尼控制方案不可避免地会导致所需接触力的实现出现一些延迟。一种选择是表明前面描述的完全依赖于接触力的质心运动控制方案对这种延迟具有鲁棒性[48.59]。

另一种选择是通过压力中心的简单一阶动力学方程来考虑此延迟，即

$$\dot{\boldsymbol{z}}=\omega_z(\boldsymbol{z}_d-\boldsymbol{z}) \tag{48.63}$$

同时，相应地调整以前的质心运动控制方案[48.174,175]，即

$$\boldsymbol{z}_d^{x,y}=\boldsymbol{c}_{\text{ref}}^{x,y}+k(\boldsymbol{\xi}^{x,y}-\boldsymbol{c}_{\text{ref}}^{x,y})+k'(\boldsymbol{z}^{x,y}-\boldsymbol{c}_{\text{ref}}^{x,y}) \tag{48.64}$$

这在质心运动控制中通过测量压力中心 $\boldsymbol{z}$ 直接引入了一些力反馈，这有助于提高控制器对扰动的反应性。

6. 接触力分布

在与多个表面接触的情况下，计算接触力 $\boldsymbol{f}_i$ 允许通过牛顿方程式（48.3）和欧拉方程式（48.4）实现所需的运动控制方案，同时符合单边性条件式（48.11）和库仑摩擦模型式（48.17），可以稍微复杂一些。标准方法是通过优化，以及更精确的具有线性约束的二次规划（QP），使用库仑摩擦模型式（48.17）的多面线性近似可得

$$\boldsymbol{A}\boldsymbol{f}_i\leqslant\boldsymbol{b} \tag{48.65}$$

之后有人建议，在可能的情况下最小化关节力矩 $\boldsymbol{u}$ 的范数，以降低能耗[48.152]，即

$$\min_{f_i}\|\boldsymbol{u}\|^2 \tag{48.66}$$

或平衡不同接触点之间的接触力，或者通过最小化它们的范数和[48.165]，即

48

$$\min_{f_i}\sum_i \|\boldsymbol{f}_i\|^2 \quad (48.67)$$

或最小化它们范数的差[48.176]，即

$$\min_{f_i}\|\boldsymbol{f}_{\text{left}}-\boldsymbol{f}_{\text{right}}\|^2 \quad (48.68)$$

或最小化切向力以降低滑倒的风险[48.177]，即

$$\min_{f_i}\sum_i \|\boldsymbol{f}_i^{x,y}\|^2 \quad (48.69)$$

目前已经提出了更通用的 QP 公式[48.178,179]，包括运动学和动态任务和约束的层次结构[48.153]。

但是通过这些方式获得的接触力并没有明确地远离摩擦锥的边缘和单边条件，因此最轻微的扰动可能会迅速导致滑动或倾翻，从而导致严重的问题。稳定提高机器人对此类扰动的鲁棒性的最简单方法是引入安全裕度 w，有

$$\boldsymbol{A}\boldsymbol{f}_i \leqslant \boldsymbol{b}-w\boldsymbol{I} \quad (48.70)$$

式中，$\boldsymbol{I}$ 是模为 1 的向量，但没有明显的方法来决定哪个值是合适的。一种选择是尝试使用线性程序（LP）最大化安全裕度：

$$\max_{w,f_i} w \quad (48.71)$$

通过选择离（多面）摩擦锥边缘和单边条件最远的接触力 $\boldsymbol{f}_i$，尽可能提高机器人对扰动的鲁棒性。请注意，以这种方式获得的最大值 w^* 是参考文献［48.19］中讨论的剩余半径（residual radius）。

48.6　实现更高效的行走

非常高效的运动例子在自然界中无处不在。从奔跑的猎豹到跳跃的狐猴，动物运动的多样性和美感几十年来一直激励着机器人专家。然而一些最令人印象深刻的仿人行走例子，如本田公司的 Asimo 或波士顿动力公司的 Atlas，已经采用高阻抗联合控制来实现稳定的运动。所以它们运动的机动性与它们的对应生物相去甚远。事实上，这些机器人在行走时消耗的能量比普通人多一个数量级[48.180]。

相比之下，McGeer 等人[48.6,181]的被动动态行走机器人已经能够在没有任何驱动的情况下，实现令人惊讶的类人步态，完全依赖于经过精心设计的身体动力学。这些机器人依靠势能到动能的转换以平衡由冲击和摩擦引起的损失，从而在倾斜的地形上移动。随后出现的能够在平坦地形上靠自身力量行走的最小驱动双足机器人的各种示例（图 48.9）为实现高效行走机器人迈出了第一步[48.180,182]。

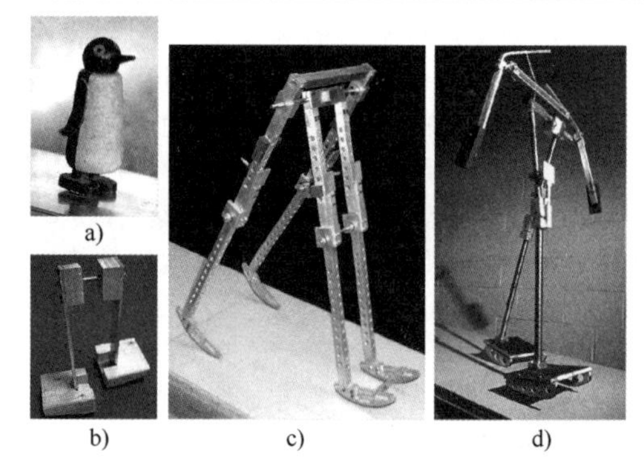

图 48.9　被动动态行走机器人

a）威尔逊行走机[48.183]　b）稍微改进的版本[48.184]
c）、d）以企鹅滑稽、笨拙、蹒跚的步态走下一个小斜坡[48.183,185]（照片经参考文献［48.180］许可转载）

这些机器人的存在导致了几个有趣的问题。例如，我们如何找到欠驱动行走机器人的极限周期并推断其稳定性？二十多年来，简单的行走系统模型一直被用来试图回答这些问题。此类分析通常依赖于模型动力学的线性化，以集成运动方程或非线性动力学的数值模拟，并通过 Poincaré 图进行分析（见第 48.3.2 节）。例如，指南针步态模型是最简单的行走模型之一，由三个质点组成：一个在臀部，另外两个在每条腿上，腿通过销关节连接到臀部（图 48.10）。尽管这个非常简单的模型无法采用解析法进行分析，但已经使用数值技术确定了各种稳定步态[48.186]。

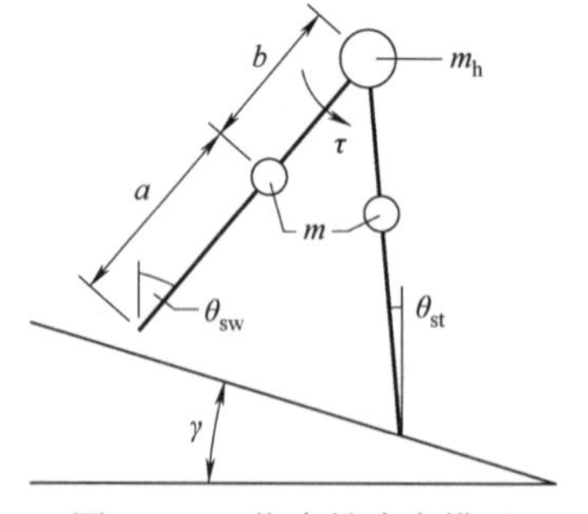

图 48.10　指南针步态模型

今天，有一个研究群体致力于缩小稳定和多功能机器人（如 Asimo）与高效动态行走者之间的差距。特别感兴趣的主题包括在崎岖地形上稳健导航、生成和稳定非周期性步态以及扩展到更复杂的机器人模型。用于生成和稳定欠驱动动力系统轨迹的新计算工具是这项工作的重要成果。在本节中，我们重点介绍被动动态行走机器人的工作原理，并描述将这些想法扩展到更一般系统的方式。

48.6.1 动态行走的步态生成

在欠驱动机器人中，产生高效行走步态的最直接方法是设计控制器，以产生模拟被动轨迹的驱动轨迹。这些方法的基础是恢复机械能的思路。由于每次脚跟撞击时机械能都会损失，被动动态行走机器人需要在下一步之前以重力为系统恢复能量。通过选择调节机械能的控制输入，如通过模拟重力，可以实现在平坦地形上行走[48.187,188]。然而，这种方法仍然限于适度的地形和周期性运动。

轨迹优化方法提供了超越极限环步态和没有被动稳定性的更复杂系统的潜力。然而行走系统必须与环境产生和断开接触这一事实，使轨迹优化问题变得复杂。使用弹簧阻尼器模型连续模拟刚体接触力通常会产生刚性微分方程，从而产生数值和计算问题。另一种方法是通过使用混合系统将碰撞建模表示为冲击事件来捕获速度的不连续性（见第 48.2.3 节）。对于行走混合系统，定义了一组自主保护函数，使得 $\varphi_i(\boldsymbol{q})=0$ 表示身体 i 接触，而 $\varphi_i(\boldsymbol{q})>0$ 表示相反。当物体接触时，广义速度会发生瞬时变化，$\dot{\boldsymbol{q}}^+=f_\Delta(\boldsymbol{q},\dot{\boldsymbol{q}}^-)$，其中 $\dot{\boldsymbol{q}}^-$ 和 $\dot{\boldsymbol{q}}^+$ 分别是冲击前和冲击后的速度。系统的模式由主动接触集 $C=\{i \mid \varphi_i(\boldsymbol{q})=0\}$ 定义，它也定义了式（48.2）所示的雅可比矩阵。

混合系统为表示轨迹优化方法带来了若干挑战。由于模式转换而引起的不连续性通常使用直接或多重排除方法[48.189]显式地解释。由于每种模式都意味着不同的动力学，并且行走需要模式改变，这就导致了如何制定动力学约束的问题。一种解决方案是预定义模式转换的顺序。对于带有尖脚的简单模型，这种方法可以很好地工作。然而，对于具有许多触点的更复杂的模型，模式的数量呈指数级增长，使得模式序列预先指定不切实际。

第 48.2.3 节中描述了另外一种基于互补性的模拟接触中的刚体系统的方法。通过时间离散动力学并仅考虑接触力在时间间隔内的积分，可以大大简化行走系统的正动力学。由于许多轨迹优化方法已经通过评估沿轨迹的有限点集进行离散化，将接触力作为优化变量的结合，使得轨迹优化成为具有互补约束的非线性优化问题[48.37]。

文献中存在许多令人印象深刻的行走和跑动轨迹优化示例。例如，Mombaur[48.78]同时优化模拟双足机器人的运动和物理参数以实现开环稳定运行，而 Remy[48.190]应用轨迹优化来生成四足机器人的高效跑步。还有更多的例子，它仍然是一个活跃的研究领域。稳定离线优化的轨迹仍然是一个挑战，特别是当执行偏离计划的模式序列时。计算需求仍然阻止非线性轨迹优化方法作为 MPC 算法实时应用，但数值求解器和计算硬件的改进可能会继续缩小这一差距。

48.6.2 轨道稳定与控制

一旦生成开环步态，通常必须稳定它才能在机器人上执行。通过线性控制实现轨迹稳定的经典技术是可行的，但腿式机器人稳定的一个重要主题是人们不应该强制安排轨迹的精确时间。第 48.3.2 节讨论了轨道稳定性的概念，并介绍了作为稳定性分析工具的 Poincaré 图。相较于传统的轨迹稳定，轨道稳定牺牲很小，似乎与欠驱动机器人更兼容。这些想法在使用虚拟约束开发稳定的动态行走和跑动控制器方面也发挥了重要作用[48.38]。虚拟约束是对机器人位形变量的单调函数的完整约束。例如，对于前向周期性步态，假设站立腿相对于地面的角度 θ_{st} 在整个站立阶段随时间单调增加可能是合理的。其余的位形变量被写成 θ_{st} 的函数，有效地更新参数化时间，并强加了约束，例如，强制对称姿势和摆动腿角度（$\theta_{sw}=-\theta_{st}$）或协调手臂与腿的运动。由此导致以下输出：

$$\boldsymbol{y}=\begin{pmatrix} h_1(\boldsymbol{q}) \\ \vdots \\ h_d(\boldsymbol{q}) \end{pmatrix} \tag{48.72}$$

式中，每个 $h_i(\boldsymbol{q})$ 编码一个虚拟约束。例如，$h(\boldsymbol{q})=\theta_{sw}+\theta_{st}$ 编码用于摆动站立腿对称的虚拟约束。通过使用高增益控制将输出动态渐近驱动到 0，可以看到系统根据虚拟约束进行演化，产生了控制设计和稳定性分析的低维问题。这种方法已被用于在真实机器人中生成非凡的动态行走和跑动示例[48.191]。

Poincaré 图是相对于周期轨道上单个点的横向表面来定义的，这限制了它们在设计稳定控制器方面的实用性。另一方面，横向动力学（transverse dynamics）是相对于轨道横切面 $S(t)$ 的连续族定义的[48.45]。在这些坐标附近，动力学方程可以写为

$$\dot{\tau}=1+f_1(\tau,\boldsymbol{x}_\perp) \tag{48.73}$$

$$\dot{\boldsymbol{x}}_\perp=\boldsymbol{A}(\tau)\boldsymbol{x}_\perp+f_2(\tau,\boldsymbol{x}_\perp) \tag{48.74}$$

式中，$\tau\in[0,t_f]$ 代表轨道相位；$\boldsymbol{x}_\perp$ 是与系统流动正交的（$2N-1$）个坐标；$f_1(\cdot),f_2(\cdot)$ 是包含非线性项的函数。请注意，与离散 Poincaré 图不同，这些动力学方程不适用的轨迹是周期性轨道。

通过提取横向动力学的线性部分并结合控制输入，我们获得横向线性化：

$$\dot{\boldsymbol{z}}(t)=\boldsymbol{A}(t)\boldsymbol{z}(t)+\boldsymbol{B}(t)\boldsymbol{u}(t) \tag{48.75}$$

对于 $t\in[0,t_f]$，可以使用来自线性控制理论的标

准技术来实现该系统的稳定性，从而实现潜在的轨迹。对于具有冲击的行走系统，动力学可以扩展为包括线性化冲击图，$z(t_i^+)=C_i z(t_i^-)$，其中，$t_i(i\in C)$ 是冲击发生的时间。图 48.11 所示为带有冲击的系统沿标称轨迹横向线性化的示例示意。Manchester 等[48.50]表明，在一些温和的假设条件下，在混合非线性系统上规划运动的局部指数轨道稳定性可以使用横向线性动力学的后退水平控制来实现。

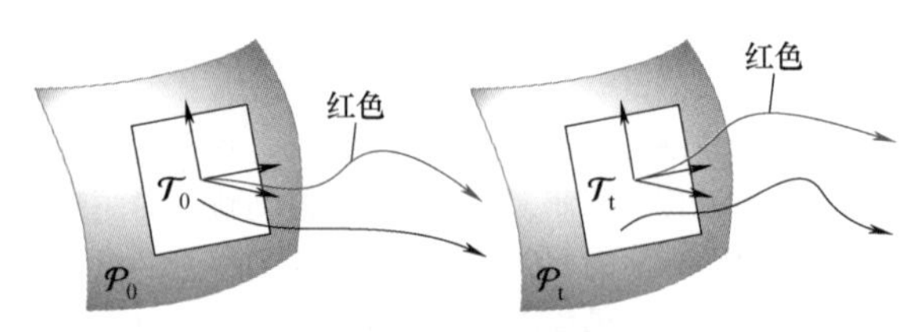

图 48.11 带有冲击的系统沿标称轨迹（红色）横向线性化的示例

可以在基于线性化的稳定行走轨迹的方法中处理撞击时间的微小变化，但扰动导致通常不能实现模式排序变化。为了解决这个问题，我们需要实时调整行走轨迹的算法。如第 48.6.1 节所述，行走系统的混合性质使这具有挑战性。避免这个问题的一种方法是采用动力学的平滑近似，允许使用有效的局部轨迹优化技术，但以违反互补条件式（48.22）为代价，如允许刚体的相互渗透。这种方法产生了令人印象深刻的模拟系统实时轨迹优化示例[48.192]，但尚不清楚这些近似值将如何转移到物理系统。

48.7 不同类型的接触行为

在本章中，接触力一直是腿式机器人建模与控制的核心。因此，不同的接触行为会导致整个机器人的动态行为明显不同，这在标准行走或跑动的效率低下或完全不可能的情况下非常有用。

48.7.1 攀爬

腿式攀爬机器人依靠各种设备，如吸盘、磁铁、黏性材料、微型脊柱阵列，它们可以产生黏着力，以便黏附在各种垂直表面上，如玻璃、钢、混凝土、砖、石头[48.193-195]。在这种情况下，本章中心的单边约束条件式（48.11）不再相关。因此，整个运动建模和控制发生了深刻的变化。

48.7.2 系绳行走

在陡坡上，速降是一个有趣的选择，将机器人拴在锚上以避免翻滚。这已在建筑工地[48.196]或令人印象深刻的卡内基梅隆大学（CMU）Dante Ⅱ章鱼机器人[48.197]的火山试验中取得了成功。在这种情况下，运动问题类似于本章中描述的一般情况，但在机器人和环境之间系绳引入了额外的接触，机器人可以拉但不能推，因此该情况下的单边接触与脚和地面之间的标准单边接触正好相反，但可以以完全相同的方式进行处理。

48.7.3 轮腿式

使轮式机器人适应崎岖地形在某些情况下导致在腿上植入轮子，将在崎岖地形上铰接腿的灵活性与在平坦地形上车轮的效率相结合。针对被动或主动轮，被动或主动腿[48.198-202]，不同的选择是可能的。在这种情况下，单边约束条件式（48.11）是本章其余部分的基本条件，但接触点可以在接触面上沿着车轮的方向自由移动，这可以显著增加可能的运动阵列[48.203]。与标准腿式机器人类似的问题包括寻找稳定的姿势和分配接触力以最大限度地提高稳定性和效率[48.200-202]。有趣的是，被动轮的情况会导致类似于滑冰的运动[48.198]。

48.7.4 带腿的轮子

为了更加简单和提高效率，腿的机械设计不断发展，导致在某些情况下将腿直接植入到轮子上[48.204,205]。这导致了非常令人印象深刻的户外性能，但最终与标准腿式机器人没有太大关系。

48.8 结论

腿式系统是现代机器人技术中一些最令人兴奋的工作的核心。它们提供了到达轮式系统无法触及的地方的机会，并获得对可能实现稳定和高效运动的条件的基本认识。同时，它们复杂的动力学特性对控制和稳定性分析计算方法提出了重大挑战。事实上，每个步行系统都必须与其环境进行间歇性接触这一简单事实具有重要的数学意义。

在过去十年中，我们见证了大量具有高精度和高可靠性的腿式系统的成功案例，而基于优化的规划、控制和分析的新工具，为开发实现更高水平的鲁棒性和效率的机器提供了希望。

参考文献

48.1 K.J. Waldron, R.B. McGhee: The adaptive suspension vehicle, IEEE Control Syst. Mag. **6**, 7–12 (1986)
48.2 K. Hirai, M. Hirose, Y. Haikawa, T. Takenaka: The development of honda humanoid robot, Proc. IEEE Int. Conf. Robotics Autom. (ICRA) (1998) pp. 1321–1326
48.3 H. Lim, A. Takanishi: Biped walking robots created at waseda university: WL and WABIAN family, Philos. Trans. Royal Soc. A **365**(1850), 49–64 (2007)
48.4 H. Miura, I. Shimoyama: Dynamic walk of a biped, Int. J. Robotics Res. **3**(2), 60–74 (1984)
48.5 M. Raibert: *Legged Robots that Balance* (MIT Press, Cambridge 1986)
48.6 T. McGeer: *Passive Dynamic Walking*, Simon Fraser University Tech. Rep., (Simon Fraser Univ., Burnaby 1988)
48.7 M. Raibert, K. Blankespoor, G. Nelson, R. Playter, the BigDog Team: BigDog, the rough-terrain quadruped robot, Proc. 17th World Cong. Int. Fed. Autom. Control. (2008)
48.8 P.-B. Wieber: Holonomy and nonholonomy in the dynamics of articulated motion, Proc. Ruperto Carola Symp. Fast Motion Biomech. Robotics (2005)
48.9 R.M. Murray, Z. Li, S.S. Sastry: *A Mathematical Introduction to Robotic Manipulation* (CRC, Boca Raton 1994)
48.10 M.K. Vukobratović: Contribution to the study of anthropomorphic systems, Kybernetika **8**(5), 404–418 (1972)
48.11 P. Sardain, G. Bessonnet: Forces acting on a biped robot. center of pressure–zero moment point, IEEE Trans. Syst. Man. Cybern. A **34**(5), 630–637 (2004)
48.12 K. Harada, S. Kajita, K. Kaneko, H. Hirukawa: ZMP analysis for arm/leg coordination, Proc. IEEE/RSJ Int. Conf. Intell. Robots Syst. (IROS) (2003) pp. 75–81
48.13 K. Harada, H. Hirukawa, F. Kanehiro, K. Fujiwara, K. Kaneko, S. Kajita, M. Nakamura: Dynamical balance of a humanoid robot grasping an environment, Proc. IEEE/RSJ Int. Conf. Intell. Robots Syst. (IROS) (2004) pp. 1167–1173
48.14 Y. Or, E. Rimon: Analytic characterization of a class of 3-contact frictional equilibrium postures in 3D gravitational environments, Int. J. Robotics Res. **29**(1), 3–22 (2010)
48.15 P.-B. Wieber: On the stability of walking systems, Proc. Int. Workshop Humanoids Hum. Friendly Robots (2002)
48.16 T. Saida, Y. Yokokoji, T. Yoshikawa: FSW (feasible solution of wrench) for multi-legged robots, Proc. IEEE Int. Conf. Robotics Autom. (ICRA) (2003)
48.17 H. Hirukawa, S. Hattori, K. Harada, S. Kajita, K. Kaneko, F. Kanehiro, K. Fujiwara, M. Morisawa: A universal stability criterion of the foot contact of legged robots – adios ZMP, Proc. IEEE Int. Conf. Robotics Autom. (ICRA) (2006) pp. 1976–1983
48.18 T. Bretl, S. Lall: Testing static equilibrium for legged robots, IEEE Trans. Robotics **24**(4), 794–807 (2008)
48.19 S. Barthélemy, P. Bidaud: Stability measure of postural dynamic equilibrium based on residual radius, Proc. Int. Symp. Adv. Robot Kinemat. (2008)
48.20 Z. Qiu, A. Escande, A. Micaelli, T. Robert: Human motions analysis and simulation based on a general criterion of stability, Proc. Int. Symp. Digit. Hum. Model. (2011)
48.21 Z. Qiu, A. Escande, A. Micaelli, T. Robert: A hierarchical framework for realizing dynamically-stable motions of humanoid robot in obstacle-cluttered environments, Proc. IEEE-RAS Int. Conf. Humanoid Robots (2012)
48.22 E. Rimon, R. Mason, J.W. Burdick, Y. Or: A general stance stability test based on stratified morse theory with application to quasi-static locomotion planning, IEEE Trans. Robotics **24**(3), 626–641 (2008)
48.23 Q. Huang, S. Sugano, K. Tanie: Stability compensation of a mobile manipulator by manipulator motion: Feasibility and planning, Proc. IEEE/RSJ Int. Conf. Intell. Robots Syst. (IROS) (1997) pp. 1285–1292
48.24 J. Kim, W.K. Chung, Y. Youm, B.H. Lee: Real-time ZMP compensation method using null motion for mobile manipulators, Proc. IEEE Int. Conf. Robotics Autom. (ICRA) (2002) pp. 1967–1972
48.25 B. Brogliato: *Nonsmooth Mechanics*, Communications and Control Engineering (Springer, London 1999)
48.26 F. Pfeiffer, C. Glocker: *Multibody Dynamics with Unilateral Contacts* (Wiley, New York 1996)
48.27 S. Chareyron, P.-B. Wieber: *Stability and Regulation of Nonsmooth Dynamical Systems* INRIA Res. Rep. RR-5408 (INRIA, Montbonnot Saint-Ismier 2004)
48.28 C. Liu, Z. Zhao, B. Brogliato: Frictionless multiple impacts in multibody systems. I. Theoretical framework, Proc. R. Soc. A **464**, 3193–3211 (2008)
48.29 Y.-B. Jia, M. Mason, M. Erdmann: Multiple impacts: A state transition diagram approach, Int. J. Robotics Res. **32**(1), 84–114 (2013)
48.30 J.-M. Bourgeot, C. Canudas de Wit, B. Brogliato: Impact shaping for double support walk: From the rocking block to the biped robot, Proc. Int. Conf. Climb. Walk. Robots (2005)
48.31 B. Gamus, Y. Or: Analysis of dynamic bipedal robot locomotion with stick-slip transitions, Proc. IEEE Int. Conf. Robotics Autom. (ICRA) (2013) pp. 3348–3355
48.32 S. Kajita, K. Miura, M. Morisawa, K. Kaneko, F. Kanehiro, K. Yokoi: Evaluation of a stabilizer for biped walk with toe support phase, Proc. IEEE-RAS Int. Conf. Humanoid Robots (2012)
48.33 V. Acary, B. Brogliato: *Numerical Methods for*

Nonsmooth Dynamical Systems, Lect. Notes Appl. Comput. Mech., Vol. 35 (Springer, Berlin, Heidelberg 2008)
48.34 R.I. Leine, N. van de Wouw: *Stability and Convergence of Mechanical Systems with Unilateral Constraints*, Lect. Notes Appl. Comput. Mech., Vol. 36 (Springer, Berlin, Heidelberg 2008)
48.35 Y. Or, A.D. Ames: Stability and completion of zeno equilibria in lagrangian hybrid systems, IEEE Trans. Autom. Control **56**(6), 1322–1336 (2011)
48.36 D.E. Stewart, J.C. Trinkle: An implicit time-stepping scheme for rigid body dynamics with inelastic collisions and coulomb friction, Int. J. Numer. Methods Eng. **39**(15), 2673–2691 (1996)
48.37 M. Posa, C. Cantu, R. Tedrake: A direct method for trajectory optimization of rigid bodies through contact, Int. J. Robotics Res. **33**(1), 69–81 (2014)
48.38 E.R. Westervelt, J.W. Grizzle, C. Chevallereau, J.H. Choi, B. Morris: *Feedback Control of Dynamic Bipedal Robot Locomotion* (CRC, Boca Raton 2007)
48.39 M. Wisse: Essentials of Dynamic Walking: Analysis and Design of Two-Legged Robots, Dissertation (Technische Universiteit, Delft 2004)
48.40 R. Tedrake, I.R. Manchester, M.M. Tobenkin, J.W. Roberts: LQR-Trees: Feedback motion planning via sums of squares verification, Int. J. Robotics Res. **29**, 1038–1052 (2010)
48.41 M. Posa, M. Tobenkin, R. Tedrake: Lyapunov analysis of rigid body systems with impacts and friction via sums-of-squares, Proc. Int. Conf. Hybrid Syst. Comput. Control (2013) pp. 63–72
48.42 S. Cotton, I. Olaru, M. Bellman, T. van der Ven, J. Godowski, J. Pratt: Fastrunner: A fast, efficient and robust bipedal robot. concept and planar simulation, Proc. IEEE Int. Conf. Robotics Autom. (ICRA) (2012)
48.43 M. Srinivasan, A. Ruina: Computer optimization of a minimal biped model discovers walking and running, Nature **439**, 72–75 (2006)
48.44 K. Mombaur, H.G. Bock, J.P. Schloder, R.W. Longman: Open-loop stable solutions of periodic optimal control problems in robotics, Z. Angew. Math. Mech. **85**(7), 499–515 (2005)
48.45 J. Hauser, C.C. Chung: Converse Lyapunov functions for exponentially stable periodic orbits, Syst. Control Lett. **23**(1), 27–34 (1994)
48.46 J. Guckenheimer, P. Holmes: *Nonlinear Oscillations, Dynamical Systems, and Bifurcations of Vector Fields* (Springer, Berlin, Heidelberg 1983)
48.47 I.R. Manchester, M.M. Tobenkin, M. Levashov, R. Tedrake: Regions of attraction for hybrid limit cycles of walking robots, Proc. 21st World Cong. Int. Fed. Autom. Control (2011)
48.48 E.R. Westervelt, G. Buche, J.W. Grizzle: Experimental validation of a framework for the design of controllers that induce stable walking in planar bipeds, Int. J. Robotics Res. **23**(6), 559–582 (2004)
48.49 A.S. Shiriaev, L.B. Freidovich, I.R. Manchester: Can we make a robot ballerina perform a pirouette? Orbital stabilization of periodic motions of underactuated mechanical systems, Annu. Rev. Control **32**(2), 200–211 (2008)
48.50 I.R. Manchester, U. Mettin, F. Iida, R. Tedrake: Stable dynamic walking over uneven terrain, Int. J. Robotics Res. **30**(3), 265–279 (2011)
48.51 J.-P. Aubin: *Viability Theory* (Birkhäuser, Basel 1991)
48.52 P.-B. Wieber: Constrained dynamics and parametrized control in biped walking, Proc. Int. Symp. Math. Theory Networks Syst. (2000)
48.53 P.-B. Wieber: Viability and predictive control for safe locomotion, Proc. IEEE/RSJ Int. Conf. Intell. Robots Syst. (IROS) (2008)
48.54 K. Ogata: *Modern Control Engineering*, 3rd edn. (Prentice Hall, Upper Saddle River 1996)
48.55 J. Pratt, R. Tedrake: Velocity based stability margins for fast bipedal walking, Proc. Ruperto Carola Symp. Fast Motion Biomech. Robotics (2005)
48.56 A.L. Hof, M.G.J. Gazendam, W.E. Sinke: The condition for dynamic stability, J. Biomech. **38**, 1–8 (2005)
48.57 J. Pratt, J. Carff, S. Drakunov, A. Goswami: Capture point: A step toward humanoid push recovery, Proc. IEEE-RAS Int. Conf. Humanoid Robots (2006)
48.58 T. Takenaka, T. Matsumoto, T. Yoshiike: Real time motion generation and control for biped robot – 1st report: Walking gait pattern generation, Proc. IEEE/RSJ Int. Conf. Intell. Robots Syst. (IROS) (2009)
48.59 J. Englsberger, C. Ott, M.A. Roa, A. Albu-Schäffer, G. Hirzinger: Bipedal walking control based on capture point dynamics, Proc. IEEE/RSJ Int. Conf. Intell. Robots Syst. (IROS) (2011)
48.60 T. Koolen, T. de Boer, J. Rebula, A. Goswami, J. Pratt: Capturability-based analysis and control of legged locomotion, Part 1: Theory and application to three simple gait models, Int. J. Robotics Res. **31**(9), 1094–1113 (2012)
48.61 A. Papachristodoulou, S. Prajna: Robust stability analysis of nonlinear hybrid systems, IEEE Trans. Autom. Control **54**(5), 1035–1041 (2009)
48.62 P. Hanggi, P. Talkner, M. Borkovec: Reaction-rate theory: Fifty years after Kramers, Rev. Mod. Phys. **62**(2), 251–342 (1990)
48.63 K. Byl: Metastable Legged-Robot Locomotion, Dissertation (MIT, Cambridge 2008)
48.64 J. Steinhardt, R. Tedrake: Finite-time regional verification of stochastic nonlinear systems, Int. J. Robotics Res. **31**(7), 901–923 (2012)
48.65 D.G.E. Hobbelen, M. Wisse: A disturbance rejection measure for limit cycle walkers: The gait sensitivity norm, IEEE Trans. Robotics **23**(6), 1213–1224 (2007)
48.66 C. Ebenbauer: Polynomial Control Systems: Analysis and Design via Dissipation Inequalities and Sum of Squares, Dissertation (Univ. Stuttgart, Stuttgart 2005)
48.67 H. Dai, R. Tedrake: L2-gain optimization for robust bipedal walking on unknown terrain, Proc. IEEE Int. Conf. Robotics Autom. (ICRA) (2013)
48.68 E. Garcia, J. Estremera, P. Gonzalez de Santos: A classification of stability margins for walking robots, Proc. Int. Conf. Climb. Walk. Robots (2002)
48.69 A. Goswami: Postural stability of biped robots and the foot rotation indicator (FRI) point, Int. J. Robotics Res. **18**(6), 523–533 (1999)
48.70 C.K. Chow, D.H. Jacobson: *Studies of human locomotion via optimal programming*, Tech. Rep. No. 617 (Harvard Univ., Cambridge 1970)
48.71 P.H. Channon, S.H. Hopkins, D.T. Phan: Derivation of optimal walking motions for a biped walking

robot, Robotica **10**(2), 165–172 (1992)
48.72 G. Cabodevilla, N. Chaillet, G. Abba: Energy-minimized gait for a biped robot, Proc. Auton. Mob. Syst. (1995)
48.73 C. Chevallereau, A. Formal'sky, B. Perrin: Low energy cost reference trajectories for a biped robot, Proc. IEEE Int. Conf. Robotics Autom. (ICRA) (1998)
48.74 M. Rostami, G. Bessonnet: Impactless sagittal gait of a biped robot during the single support phase, Proc. IEEE Int. Conf. Robotics Autom. (ICRA) (1998)
48.75 L. Roussel, C. Canudas de Wit, A. Goswami: Generation of energy optimal complete gait cycles for biped robots, Proc. IEEE Int. Conf. Robotics Autom. (ICRA) (1998)
48.76 J. Denk, G. Schmidt: Synthesis of a walking primitive database for a humanoid robot using optimal control techniques, Proc. IEEE-RAS Int. Conf. Humanoid Robots (2001)
48.77 T. Buschmann, S. Lohmeier, H. Ulbrich, F. Pfeiffer: Optimization based gait pattern generation for a biped robot, Proc. IEEE-RAS Int. Conf. Humanoid Robots (2005)
48.78 K. Mombaur: Using optimization to create self-stable human-like running, Robotica **27**(3), 321–330 (2009)
48.79 J. Denk, G. Schmidt: Synthesis of walking primitive databases for biped robots in 3D-environments, Proc. IEEE Int. Conf. Robotics Autom. (ICRA) (2003)
48.80 S.A. Setiawan, S.H. Hyon, J. Yamaguchi, A. Takanishi: Quasi real-time walking control of a bipedal humanoid robot based on walking pattern synthesis, Proc. Int. Symp. Exp. Robotics (1999)
48.81 P.-B. Wieber, C. Chevallereau: Online adaptation of reference trajectories for the control of walking systems, Robotics Auton. Syst. **54**(7), 559–566 (2006)
48.82 C. Liu, C.G. Atkeson: Standing balance control using a trajectory library, Proc. IEEE/RSJ Int. Conf. Intell. Robots Syst. (IROS) (2009) pp. 3031–3036
48.83 J. Yamaguchi, A. Takanishi, I. Kato: Development of biped walking robot compensating for three-axis moment by trunk motion, Proc. IEEE/RSJ Int. Conf. Intell. Robots Syst. (IROS) (1993)
48.84 Q. Huang, K. Yokoi, S. Kajita, K. Kaneko, H. Arai, N. Koyachi, K. Tanie: Planning walking patterns for a biped robot, IEEE Trans. Robotics Autom. **17**(3), 280–289 (2001)
48.85 P.-B. Wieber: Trajectory free linear model predictive control for stable walking in the presence of strong perturbations, Proc. IEEE-RAS Int. Conf. Humanoid Robots (2006)
48.86 T. de Boer: Foot placement in robotic bipedal locomotion, Dissertation (Technische Univ. Delft, Dleft 2012)
48.87 R.J. Full, D.E. Koditschek: Templates and anchors: Neuromechanical hypotheses of legged locomotion on land, J. Exp. Biol. **202**, 3325–3332 (1999)
48.88 R.M. Alexander: Mechanics of bipedal locomotion, Persp. Exp. Biol. **1**, 493–504 (1976)
48.89 R.M. Alexander: Simple models of human movement, ASME Appl. Mech. Rev. **48**(8), 461–470 (1995)
48.90 S.S. Keerthi, E.G. Gilbert: Optimal infinite-horizon feedback laws for a general class of constrained discrete-time systems: Stability and moving-horizon approximations, J. Optim. Theory Appl. **57**(2), 265–293 (1988)
48.91 D.Q. Mayne, J.B. Rawlings, C.V. Rao, P.O.M. Scokaert: Constrained model predictive control: Stability and optimality, Automatica **26**(6), 789–814 (2000)
48.92 M. Alamir, N. Marchand: Numerical stabilisation of non-linear systems: Exact theory and approximate numerical implementation, Eur. J. Control **5**(1), 87–97 (1999)
48.93 M. Alamir, G. Bornard: Stability of a truncated infinite constrained receding horizon scheme: The general discrete nonlinear case, Automatica **31**(9), 1353–1356 (1995)
48.94 A. Takanishi, M. Tochizawa, H. Karaki, I. Kato: Dynamic biped walking stabilized with optimal trunk and waist motion, Proc. IEEE/RSJ Int. Conf. Intell. Robots Syst. (IROS) (1989)
48.95 H. Lim, Y. Kaneshima, A. Takanishi: Online walking pattern generation for biped humanoid robot with trunk, Proc. IEEE Int. Conf. Robotics Autom. (ICRA) (2002)
48.96 T. Buschmann, S. Lohmeier, M. Bachmayer, H. Ulbrich, F. Pfeiffer: A collocation method for real-time walking pattern generation, Proc. IEEE-RAS Int. Conf. Humanoid Robots (2007)
48.97 K. Nishiwaki, S. Kagami, Y. Kuniyoshi, M. Inaba, H. Inoue: Online generation of humanoid walking motion based on a fast generation method of motion pattern that follows desired ZMP, Proc. IEEE/RSJ Int. Conf. Intell. Robots Syst. (IROS) (2002)
48.98 R. Tajima, D. Honda, K. Suga: Fast running experiments involving a humanoid robot, Proc. IEEE Int. Conf. Robotics Autom. (ICRA) (2009)
48.99 K. Nagasaka, Y. Kuroki, S. Suzuki, Y. Itoh, J. Yamaguchi: Integrated motion control for walking, jumping and running on a small bipedal entertainment robot, Proc. IEEE Int. Conf. Robotics Autom. (ICRA) (2004)
48.100 M. Morisawa, K. Harada, S. Kajita, K. Kaneko, F. Kanehiro, K. Fujiwara, S. Nakaoka, H. Hirukawa: A biped pattern generation allowing immediate modification of foot placement in real-time, Proc. IEEE-RAS Int. Conf. Humanoid Robots (2006)
48.101 S. Kajita, F. Kanehiro, K. Kaneko, K. Fujiwara, K. Harada, K. Yokoi, H. Hirukawa: Biped walking pattern generation by using preview control of zero moment point, Proc. IEEE Int. Conf. Robotics Autom. (ICRA) (2003) pp. 1620–1626
48.102 K. Nishiwaki, S. Kagami: Online walking control systems for humanoids with short cycle pattern generation, Int. J. Robotics Res. **28**(6), 729–742 (2009)
48.103 J. Park, Y. Youm: General ZMP preview control for bipedal walking, Proc. IEEE Int. Conf. Robotics Autom. (ICRA) (2007)
48.104 D. Gouaillier, C. Collette, C. Kilner: Omni-directional closed-loop walk for NAO, Proc. IEEE-RAS Int. Conf. Humanoid Robots (2010)
48.105 M. Krause, J. Englsberger, P.-B. Wieber, C. Ott: Stabilization of the capture point dynamics for bipedal walking based on model predictive control, Proc. IFAC Symp. Robot Control (2012)
48.106 M. van de Panne: From footprints to animation,

Comput. Graph. **16**(4), 211–223 (1997)
48.107 A. Herdt, H. Diedam, P.-B. Wieber, D. Dimitrov, K. Mombaur, M. Diehl: Online walking motion generation with automatic foot step placement, Adv. Robotics **24**(5-6), 719–737 (2010)
48.108 A. Herdt, N. Perrin, P.-B. Wieber: LMPC based online generation of more efficient walking motions, Proc. IEEE-RAS Int. Conf. Humanoid Robots (2012)
48.109 Z. Aftab, T. Robert, P.-B. Wieber: Ankle, hip and stepping strategies for humanoid balance recovery with a single model predictive control scheme, Proc. IEEE-RAS Int. Conf. Humanoid Robots (2012)
48.110 J. Urata, K. Nishiwaki, Y. Nakanishi, K. Okada, S. Kagami, M. Inaba: Online decision of foot placement using singular LQ preview regulation, Proc. IEEE-RAS Int. Conf. Humanoid Robots (2011)
48.111 J. Kuffner, S. Kagami, K. Nishiwaki, M. Inaba, H. Inoue: Dynamically-stable motion planning for humanoid robots, Auton. Robots **12**, 105–118 (2002)
48.112 S. Dalibard, A. El Khoury, F. Lamiraux, M. Taix, J.-P. Laumond: Small-space controllability of a walking humanoid robot, Proc. IEEE-RAS Int. Conf. Humanoid Robots (2011)
48.113 K. Kaneko, F. Kanehiro, S. Kajita, H. Hirukawa, T. Kawasaki, M. Hirata, K. Akachi, T. Isozumi: Humanoid robot HRP-2, Proc. IEEE Int. Conf. Robotics Autom. (ICRA) (2004) pp. 1083–1090
48.114 E. Yoshida, C. Esteves, I. Belousov, J.-P. Laumond, T. Sakaguchi, K. Yokoi: Planning 3-D collision-free dynamic robotic motion through iterative reshaping, IEEE Trans. Robotics **24**(5), 1186–1198 (2008)
48.115 J.-D. Boissonnat, O. Devillers, S. Lazard: Motion planning of legged robots, SIAM J. Comput. **30**(1), 218–246 (2000)
48.116 N. Perrin, O. Stasse, F. Lamiraux, E. Yoshida: Weakly collision-free paths for continuous humanoid footstep planning, Proc. IEEE/RSJ Int. Conf. Intell. Robots Syst. (IROS) (2011)
48.117 N. Perrin: From discrete to continuous motion planning, Proc. Int. Workshop Algorithm. Found. Robotics (2012)
48.118 J. Kuffner, S. Kagami, K. Nishiwaki, M. Inaba, H. Inoue: Online footstep planning for humanoid robots, Proc. IEEE Int. Conf. Robotics Autom. (ICRA) (2003)
48.119 J. Chestnutt, J. Kuffner: A tiered planning strategy for biped navigation, Proc. IEEE-RAS Int. Conf. Humanoid Robots (2004)
48.120 P. Michel, J. Chestnutt, J. Kuffner, T. Kanade: Vision-Guided Humanoid Footstep Planning for Dynamic Environments. In: *Proc. IEEE/RAS Int. Conf. Humanoid Robots* 2005)
48.121 J. Chestnutt, P. Michel, J. Kuffner, T. Kanade: Locomotion among dynamic obstacles for the honda asimo, Proc. IEEE/RSJ Int. Conf. Intell. Robots Syst. (IROS) (2007)
48.122 J.-M. Bourgeot, N. Cislo, B. Espiau: Path-planning and tracking in a 3D complex environment for an anthropomorphic biped robot, Proc. IEEE/RSJ Int. Conf. Intell. Robots Syst. (IROS) (2002)
48.123 J. Chestnutt, J. Kuffner, K. Nishiwaki, S. Kagami: Planning biped navigation strategies in complex environments, Proc. IEEE-RAS Int. Conf. Humanoid Robots (2003)
48.124 M. Zucker, J.A. Bagnell, C. Atkeson, J. Kuffner: An optimization approach to rough terrain locomotion, Proc. IEEE Int. Conf. Robotics Autom. (ICRA) (2010)
48.125 J. Chestnutt, Y. Takaoka, K. Suga, K. Nishiwaki, J. Kuffner, S. Kagami: Biped navigation in rough environments using on-board sensing, Proc. IEEE/RSJ Int. Conf. Intell. Robots Syst. (IROS) (2009)
48.126 N. Perrin, O. Stasse, F. Lamiraux, Y. Kim, D. Manocha: Real-time footstep planning for humanoid robots among 3D obstacles using a hybrid bounding box, Proc. IEEE Int. Conf. Robotics Autom. (ICRA) (2012)
48.127 N. Perrin, O. Stasse, L. Baudoin, F. Lamiraux, E. Yoshida: Fast humanoid robot collision-free footstep planning using swept volume approximations, IEEE Trans. Robotics **28**(2), 427–439 (2012)
48.128 R.L.H. Deits, R. Tedrake: Computing large convex regions of obstacle-free space through semidefinite programming, Proc. Int. Workshop Algorithmic Found. Robotics (2014)
48.129 T. Bretl, S. Lall, J.-C. Latombe, S. Rock: Multi-step motion planning for free-climbing robots, Proc. Int. Workshop Algorithmic Found. Robotics (2004)
48.130 K. Hauser, T. Bretl, J.-C. Latombe: Non-gaited humanoid locomotion planning, Proc. IEEE-RAS Int. Conf. Humanoid Robots (2005)
48.131 K. Hauser, T. Bretl, J.-C. Latombe, K. Harada, B. Wilcox: Motion planning for legged robots on varied terrain, Int. J. Robotics Res. **27**(11/12), 1325–1349 (2008)
48.132 A. Escande, A. Kheddar, S. Miossec: Planning support contact-points for humanoid robots and experiments on HRP-2, Proc. IEEE/RSJ Int. Conf. Intell. Robots Syst. (IROS) (2006)
48.133 A. Escande, A. Kheddar, S. Miossec, S. Garsault: Planning support contact-points for acyclic motions and experiments on HRP-2, Proc. Int. Symp. Exp. Robotics (2008)
48.134 K. Bouyarmane, J. Vaillant, F. Keith, A. Kheddar: Exploring humanoid robots locomotion capabilities in virtual disaster response scenarios, Proc. IEEE-RAS Int. Conf. Humanoid Robots (2012)
48.135 S. Lengagne, J. Vaillant, E. Yoshida, A. Kheddar: Generation of whole-body optimal dynamic multi-contact motions, Int. J. Robotics Res. **32**(9/10), 1104–1119 (2013)
48.136 K. Harada, E. Yoshida, K. Yokoi: *Motion Planning for Humanoid Robots* (Springer, Berlin, Heidelberg 2010)
48.137 R.B. McGhee, A.A. Frank: On the stability properties of quadruped creeping gaits, Math. Biosci. **3**, 331–351 (1968)
48.138 G.C. Haynes, A.A. Rizzi: Gaits and gait transitions for legged robots, Proc. IEEE Int. Conf. Robotics Autom. (ICRA) (2006) pp. 1117–1122
48.139 Y. Fujimoto, A. Kawamura: Proposal of biped walking control based on robust hybrid position/force control, Proc. IEEE Int. Conf. Robotics Autom. (ICRA), Minneap. (1996) pp. 2724–2730
48.140 S. Kajita, F. Kanehiro, K. Kaneko, K. Fujiwara,

K. Yokoi, H. Hirukawa: A realtime pattern generator for biped walking, Proc. IEEE Int. Conf. Robotics Autom. (ICRA) (2002) pp. 31–37
48.141 K. Yin, K. Loken, M. van de Panne: SIMBICON: Simple Biped Locomotion Control, Proc. ACM SIGGRAPH (2007)
48.142 I.-W. Park, J.-Y. Kim, J.-H. Oh: Online biped walking pattern generation for humanoid robot KHR-3(KAIST humanoid robot – 3: HUBO), Proc. IEEE-RAS Int. Conf. Humanoid Robots (2006)
48.143 A. Ijspeert, A. Crespi, D. Ryczko, J.-M. Cabelguen: From swimming to walking with a salamander robot driven by a spinal cord model, Science **315**(5817), 1416–1420 (2007)
48.144 R. Katoh, M. Mori: Control method of biped locomotion giving asymptotic stability of trajectory, Automatica **20**(4), 405–414 (1984)
48.145 L. Righetti, A. Ijspeert: Programmable central pattern generators: An application to biped locomotion control, Proc. IEEE Int. Conf. Robotics Autom. (ICRA) (2006)
48.146 K. Matsuoka: Sustained oscillations generated by mutually inhibiting neurons with adaptation, Biol. Cybern. **52**, 367–376 (1985)
48.147 G. Endo, J. Morimoto, J. Nakanishi, G. Cheng: An empirical exploration of a neural oscillator for biped locomotion control, Proc. IEEE Int. Conf. Robotics Autom. (ICRA) (2004) pp. 3036–3042
48.148 Y. Fukuoka, H. Kimura, A. Cohen: Adaptive dynamic walking of a quadruped robot on irregular terrain based on biological concepts, Int. J. Robotics Res. **22**(3-4), 187–202 (2003)
48.149 R. Brooks: Elephants don't play chess, Robotics Auton. Syst. **6**, 3–15 (1990)
48.150 R. Brooks: A robot that walks; emergent behaviors from a carefully evolved network, Proc. IEEE Int. Conf. Robotics Autom. (ICRA) (1989) pp. 292–296
48.151 J. Pratt, C.-M. Chew, A. Torres, P. Dilworth, G. Pratt: Virtual model control: An intuitive approach for bipedal locomotion, Int. J. Robotics Res. **20**, 129–143 (2001)
48.152 F. Génot, B. Espiau: On the control of the mass center of legged robots under unilateral constraints, Proc. Int. Conf. Climb. Walk. Robots (1998)
48.153 L. Saab, O.E. Ramos, F. Keith, N. Mansard, P. Souères, J.-Y. Fourquet: Dynamic whole-body motion generation under rigid contacts and other unilateral constraints, IEEE Trans. Robotics **29**(2), 346–362 (2013)
48.154 L. Sentis, J. Park, O. Khatib: Compliant control of multicontact and center-of-mass behaviors in humanoid robots, IEEE Trans. Robotics **26**(3), 483–501 (2010)
48.155 R.W. Brockett: Asymptotic stability and feedback stabilization. In: *Differential Geometric Control Theory*, (Birkhäuser, Boston 1983)
48.156 S. Kajita, T. Nagasaki, K. Kaneko, K. Yokoi, K. Tanie: A running controller of humanoid biped HRP-2LR, Proc. IEEE Int. Conf. Robotics Autom. (ICRA) (2005) pp. 618–624
48.157 L. Sentis, O. Khatib: Control of free-floating humanoid robots through task prioritization, Proc. IEEE Int. Conf. Robotics Autom. (ICRA) (2005) pp. 1730–1735
48.158 A. De Luca, G. Oriolo: Modelling and control of nonholonomic mechanical systems, CISM Int. Centre Mech. Sci. **360**, 277–342 (1995)
48.159 Y. Nakamura, R. Mukherjee: Exploiting nonholonomic redundancy of free-flying space robots, IEEE Trans. Robotics Autom. **9**(4), 499–506 (1993)
48.160 E. Papadopoulos: Nonholonomic behaviour in free-floating space manipulators and its utilization. In: *Nonholonomic Motion Planning*, ed. by Y. Xu, T. Kanade (Kluwer Academic, Dordrecht 1993)
48.161 C. Chevallereau, E.R. Westervelt, J.W. Grizzle: Asymptotically stable running for a five-link, four-actuator, planar bipedal robot, Int. J. Robotics Res. **24**(6), 431–464 (2005)
48.162 S. Kajita, F. Kanehiro, K. Kaneko, K. Fujiwara, K. Harada, K. Yokoi, H. Hirukawa: Resolved momentum control: Humanoid motion planning based on the linear and angular momentum, Proc. IEEE/RSJ Int. Conf. Intell. Robots Syst. (IROS) (2003) pp. 1644–1650
48.163 M. Popovic, A. Hofmann, H. Herr: Zero spin angular momentum control: definition and applicability, IEEE/RAS Int. Conf. Humanoid Robots (2004)
48.164 S.-H. Lee, A. Goswami: Ground reaction force control at each foot: A momentum-based humanoid balance controller for non-level and non-stationary ground, Proc. IEEE/RSJ Int. Conf. Intell. Robots Syst. (IROS) (2010) pp. 3157–3162
48.165 C. Ott, M.A. Roa, G. Hirzinger: Posture and balance control for biped robots based on contact force optimization, Proc. IEEE-RAS Int. Conf. Humanoid Robots (2011)
48.166 T. Sugihara: Standing stabilizability and stepping maneuver in planar bipedalism based on the best COM-ZMP regulator, Proc. IEEE Int. Conf. Robotics Autom. (ICRA) (2009)
48.167 Y. Choi, D. Kim, B.-J. You: On the walking control for humanoid robot based on the kinematic resolution of CoM jacobian with embedded motion, Proc. IEEE Int. Conf. Robotics Autom. (ICRA) (2006) pp. 2655–2660
48.168 S.-H. Hyon: Compliant terrain adaptation for biped humanoids without measuring ground surface and contact forces, IEEE Trans. Robotics **25**(1), 171–178 (2009)
48.169 S. Kajita, K. Yokoi, M. Saigo, K. Tanie: Balancing a humanoid robot using backdrive concerned torque control and direct angular momentum feedback, Proc. IEEE Int. Conf. Robotics Autom. (ICRA) (2001) pp. 3376–3382
48.170 S. Lohmeier, K. Löffler, M. Gienger, H. Ulbrich, F. Pfeiffer: Computer system and control of biped *Johnnie*, Proc. IEEE Int. Conf. Robotics Autom. (ICRA) (2004) pp. 4222–4227
48.171 J.-H. Kim, J.-H. Oh: Walking control of the humanoid platform KHR-1 based on torque feedback control, Proc. IEEE Int. Conf. Robotics Autom. (ICRA) (2004) pp. 623–628
48.172 M.-S. Kim, J.-H. Oh: Posture control of a humanoid robot with a compliant ankle joint, Int. J. Humanoid Robotics **7**(1), 5–29 (2010)
48.173 T. Buschmann, S. Lohmeier, H. Ulbrich: Biped

walking control based on hybrid position/force control, Proc. IEEE/RSJ Int. Conf. Intell. Robots Syst. (IROS) (2009) pp. 3019–3024
48.174 S. Kajita, M. Morisawa, K. Miura, S. Nakaoka, K. Harada, K. Kaneko, F. Kanehiro, K. Yokoi: Biped walking stabilization based on linear inverted pendulum tracking, Proc. IEEE/RSJ Int. Conf. Intell. Robots Syst. (IROS) (2010) pp. 4489–4496
48.175 M. Morisawa, S. Kajita, F. Kanehiro, K. Kaneko, K. Miura, K. Yokoi: Balance control based on capture point error compensation for biped walking on uneven terrain, Proc. IEEE-RAS Int. Conf. Humanoid Robots (2012)
48.176 Y. Fujimoto, A. Kawamura: Simulation of an autonomous biped walking robot including environmental force interaction, IEEE Robotics Autom. Mag. **5**(2), 33–41 (1998)
48.177 L. Righetti, J. Buchli, M. Mistry, M. Kalakrishnan, S. Schaal: Optimal distribution of contact forces with inverse dynamics control, Int. J. Robotics Res. **32**(3), 280–298 (2013)
48.178 A.D. Ames: Human-inspired control of bipedal robotics via control lyapunov functions and quadratic programs, Proc. Int. Conf. Hybrid Syst. Comput. Control (2013)
48.179 S. Kuindersma, F. Permenter, R. Tedrake: An efficiently solvable quadratic program for stabilizing dynamic locomotion, Proc. IEEE Int. Conf. Robotics Autom. (ICRA) (2014)
48.180 S.H. Collins, A. Ruina, R. Tedrake, M. Wisse: Efficient bipedal robots based on passive-dynamic walkers, Science **307**, 1082–1085 (2005)
48.181 S.H. Collins, M. Wisse, A. Ruina: A three-dimensional passive-dynamic walking robot with two legs and knees, Int. J. Robotics Res. **20**(7), 607–615 (2001)
48.182 R. Tedrake, T.W. Zhang, H.S. Seung: Stochastic policy gradient reinforcement learning on a simple 3D biped, Proc. IEEE/RSJ Int. Conf. Intell. Robots Syst. (IROS) (2004) pp. 2849–2854
48.183 J.E. Wilson: Walking Toy, Patent 0 (1936)
48.184 R. Tedrake, T.W. Zhang, M.F. Fong, H.S. Seung: Actuating a simple 3D passive dynamic walker, Proc. IEEE Int. Conf. Robotics Autom. (ICRA) (2004) pp. 4656–4661
48.185 M. Garcia, A. Chatterjee, A. Ruina: Efficiency, speed, and scaling of two-dimensional passive-dynamic walking, Dyn. Stab. Sytems **15**(2), 75–99 (2000)
48.186 A. Goswami, B. Thuilot, B. Espiau: *Compass-Like Biped Robot Part I : Stability and Bifurcation of Passive Gaits*, INRIA Res. Rep. No. 2996 (INRIA, Les Chesnay Cedex 1996)
48.187 M.W. Spong, G. Bhatia: Further results on control of the compass gait biped, Proc. IEEE/RSJ Int. Conf. Intell. Robots Syst. (IROS) (2003) pp. 1933–1938
48.188 F. Asano, Z.-W. Luo, M. Yamakita: Biped gait generation and control based on a unified property of passive dynamic walking, IEEE Trans. Robotics **21**(4), 754–762 (2005)
48.189 J.T. Betts: Survey of numerical methods for trajectory optimization, J. Guid. Control, Dyn. **21**(2), 193–207 (1998)
48.190 C.D. Remy: Optimal Exploitation of Natural Dynamics in Legged Locomotion, Dissertation (ETH, Zurich 2011)
48.191 K. Sreenath, H.W. Park, I. Poulakakis, J.W. Grizzle: A compliant hybrid zero dynamics controller for stable, efficient and fast bipedal walking on MABEL, Int. J. Robotics Res. **30**(9), 1170–1193 (2011)
48.192 Y. Tassa, T. Erez, E. Todorov: Synthesis and stabilization of complex behaviors through online trajectory optimization, Proc. IEEE/RSJ Int. Conf. Intell. Robots Syst. (IROS) (2012) pp. 4906–4913
48.193 S. Hirose, A. Nagakubo, R. Toyama: Machine that can walk and climb on floors, walls and ceilings, Proc. Int. Conf. Adv. Robotics (1991) pp. 753–758
48.194 T. Yano, S. Numao, Y. Kitamura: Development of a self-contained wall climbing robot with scanning type suction cups, Proc. IEEE/RSJ Int. Conf. Intell. Robots Syst. (IROS) (1998) pp. 249–254
48.195 S. Kim, A. Asbeck, W. Provancher, M.R. Cutkosky: SpinybotII: Climbing hard walls with compliant microspines, Proc. Int. Conf. Adv. Robotics (2005) pp. 18–20
48.196 S. Hirose, K. Yoneda, H. Tsukagoshi: TITAN VII: quadruped walking and manipulating robot on a steep slope, Proc. IEEE Int. Conf. Robotics Autom. (ICRA) (1997) pp. 494–500
48.197 J. Bares, D. Wettergreen: Dante II: technical description, results and lessons learned, Int. J. Robotics Res. **18**(7), 621–649 (1999)
48.198 G. Endo, S. Hirose: Study on roller-walker (system integration and basic experiments), IEEE Int. Conf. Robotics Autom. (1999) pp. 2032–2037
48.199 R. Siegwart, P. Lamon, T. Estier, M. Lauria, R. Piguet: Innovative design for wheeled locomotion in rough terrain, Robotics Auton. Syst. **40**, 151–162 (2002)
48.200 K. Iagnemma, A. Rzepniewski, S. Dubowsky: Control of robotic vehicles with actively articulated suspensions in rough terrain, Auton. Robots **14**, 5–16 (2003)
48.201 K. Iagnemma, S. Dubowsky: Traction control of wheeled robotic vehicles in rough terrain with application to planetary rovers, Int. J. Robotics Res. **23**(10–11), 1029–1040 (2004)
48.202 C. Grand, F. Ben Amar, F. Plumet, P. Bidaud: Stability and traction optimization of a wheel-legged robot, Int. J. Robotics Res. **23**(10–11), 1041–1058 (2004)
48.203 G. Besseron, C. Grand, F. Ben Amar, F. Plumet, P. Bidaud: Locomotion modes of an hybrid wheel-legged robot, Proc. Int. Conf. Climb. Walk. Robots (2004)
48.204 U. Saranli, M. Buehler, D.E. Koditschek: Rhex - a simple and highly mobile hexapod robot, Int. J. Robotics Res. **20**(7), 616–631 (2001)
48.205 T. Allen, R. Quinn, R. Bachmann, R. Ritzmann: Abstracted biological principles applied with reduced actuation improve mobility of legged vehicles, Proc. IEEE/RSJ Int. Conf. Intell. Robots Syst. (IROS) (2003) pp. 1370–1375

第 49 章

轮式机器人的建模与控制

Claude Samson，Pascal Morin，Roland Lenain

本章是对第 1 卷第 24 章内容的延续，主要介绍基本轮式机器人（WMR）的结构分类与建模。同时，本章也是对本卷第 47 章内容的补充，第 47 章研究的是轮式机器人的运动规划方法。这些方法的一个典型结果就是针对一个给定的移动机器人，提出可行的参考状态轨迹。随之而来的问题是如何使实体机器人能够通过控制安装在其上的驱动器，来实现参考轨迹的跟踪。本章的目标就是基于简单和有效的控制策略前提下，描述解决这一问题的基本要素。

本章按照如下顺序展开：第 49.2 节主要讲述控制模型的选择以及与路径跟踪控制相关的建模方程的确定。在第 49.3 节中，当机器人的方向没有要求时，最简单地解决了路径跟踪和轨迹的稳定问题（也就是说位置控制）。在第 49.4 节中同样的问题也会被重新考虑到对位置和方向的控制。前面提到的章节考虑设计另一个理想的机器人，它可以满足滚动假设。在第 49.5 节中，我们先搁置这个假设以便于考虑到非理想化的轮地接触。这对于野外机器人的应用变得尤为重要，并且通过对自然地形的全面试验验证了所得到的结果。最后，在第 49.6 节的总结中，简要地讨论了移动机器人反馈控制的几个补充问题，并对 WMR 运动控制的进一步阅读进行了评述。

目　录

49.1　背景

作为美国国防高级研究计划局的重要研究目标，轮式移动机器人（简称：轮式机器人）仍旧是一个十分活跃的研究主题[49.1]。2005年，发生在明确环境中的第一届重大挑战赛由Stanley赢得了第一名（图49.1a）。2007年的第二届重大挑战赛是在城市中进行的，并展示了自主驾驶的能力，尤其是在复杂环境中，安全性和可靠性都非常高。这使得无人驾驶汽车的研发成为可能，如谷歌汽车（图49.1b）。无论用于定位和监测的传感器是什么，像VipaLab（图49.1c）这样的网络汽车在日常生活中的应用，都在逐渐成为现实。世界各地都在开展大量的试验，证明了自主交通系统的优势。公路交通运输可能是新兴自主轮式机器人的主要和最有显示度的应用领域。在非公路条件下，为人类活动提供帮助是另一领域的应用。事实上，轮式机器人也可以在十分危险的环境中使用，也可以用在人类无法抵达的环境中。以好奇号（图49.1d）为例，星际探索是这类应用中很受欢迎的一个例子。在环境监测、监控、农业、公民保护和国防等领域，也开展了其他有关人类福祉和安全的相关研究。图49.1e、f展示了这些进展，前者为克拉斯机器人（一种用于耕作的机器人，也可见于第3卷第56章），后者为iRobot公司制造的机器人Packbot。这个机器人致力于保护公民，是第一个进入受污染的福岛核电站的机器人。所有这些示例都强调了轮式机器人可能的优点以及不同的应用。各式各样的机器人设计（按尺度、运动方式或相关的执行策略分类，具体见第1卷第24章），与应用程序需求的多样性是一致的。然而，无论系统和应用如何，自主性都依赖于高效反馈的设计，它可以确保车辆的精确运动，尽管会出现所有可能的建模错误和干扰。本章是专门针对这一问题的，目的是为非正常的轮式机器人提供反馈控制设计的基础。这些控制律的实现需要假设一个可以测量控制回路中所涉及的变量（通常是移动机器人的位置和姿态，而不是固定坐标系或车辆应该遵循的路径）。通过这一章，我们将假定这些度量是连续的，并且不会被噪声所破坏。一般来说，鲁棒性将不会被详细讨论，一个原因在于，除了空间限制之外，大部分呈现的方法都是基于线性控制理论的。然后，反馈控制律继承了与稳定线性系统相关的强大鲁棒性。结果也可以通过使用互补的、最终更精细的自动控制技术来得到改进。为简单起见，控制方法主要为独轮车型和汽车型移动机器人而开发，分别对应于第1卷第24章中所提出的类型（2,0）和（1,1）。大多数的结果实际上可以很容易地扩展到其他的移动机器人中，特别是那些带有拖车的系统。我们将提到这些扩展非常简单的情况。所有解释各种控制问题和解决方法的仿真结果都是基于小型机器人得出的，这种机器人的运动学比独轮车型要更复杂一些。

图49.1　可移动式机器人的一些不同应用例子
a）Stanley（斯坦佛大学）越野运动　b）谷歌汽车
c）VipaLab（Pascal/Ligier研究所）　d）好奇号（NASA）行星探测　e）克拉斯（Etrion）农业机器人
f）Packbot机器人（iRobot公司）

如图49.2所示：

1）一个独轮车型移动机器人包含两个可独立驱动的轮子，它们被安装在同一个轴上，轴的方向与机器人的底座刚性相关，另外还有一个或多个被动转向（或是悬挂）的轮子，它们不受控制，只起到支撑的作用。

2）一个（后轮驱动）汽车型移动机器人由一个机箱后部的动力轮轴和一个（或一对）可转向的前轮组成。

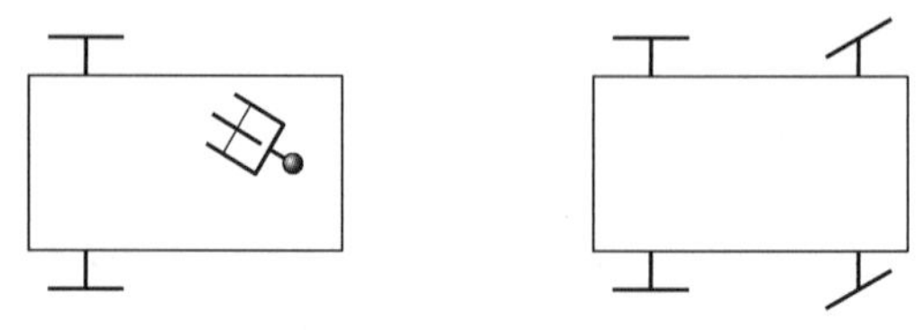

图49.2　独轮车型移动机器人（左）和汽车型移动机器人（右）

不仅如此，如图 49.3 所示，汽车型移动机器人（至少在运动学上）可以视为独轮车型移动机器人与一个拖车的连接。

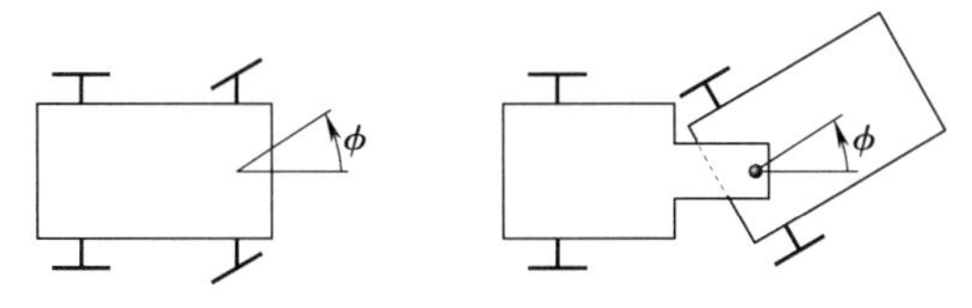

图 49.3 汽车/带拖车的独轮车的模拟

尽管应用种类众多，但在移动机器人技术中，主要可以考虑三种通用控制问题，并在本章详细介绍。

49.1.1 路径跟踪

给定平面上的一条曲线 C，机器人底座的纵向速度 v_0（非零），选定底座上的一点 P，目的是使机器人在以速度 v_0 移动时，点 P 可以沿这曲线 C 运动。因此，必须稳定到零点的变量就是点 P 和曲线之间的距离（也就是说，点 P 与距离曲线 C 上最近的点 M 之间的距离）。这个类型的问题通常对应于车辆在道路上行驶时，试图保持汽车底座和道路一侧之间的距离恒定。自动围墙跟踪是另一个可能的应用。

49.1.2 轨迹稳定

这类问题与上一问题的不同之处在于，小车的纵向速度不再是预先设定好的，因为人们旨在监控其沿曲线 C 所走的距离。这一目标通常假设几何曲线 C 是由一个时间进度表所描述的，也就是说，它可以由时间变量 t 进行参数化。这可以归结为在参考坐标系 $\mathcal{F}_0$ 中定义一条轨迹 $t\mapsto[x_r(t),y_r(t)]$。

于是，目标变为把位置误差向量 $[x(t)-x_r(t),y(t)-y_r(t)]$ 稳定到零点，其中 $[x(t),y(t)]$ 为点 P 于 t 时刻在参考系 $\mathcal{F}_0$ 中的坐标。这个问题也可以表述为控制一个车辆以跟踪另一个参考车辆的轨迹，而参考车辆的轨迹由 $t\mapsto[x_r(t),y_r(t)]$ 给出。值得注意的是，能够实现精确跟踪的前提是参考轨迹对于真实车辆是可行的，当然，对于独轮车可行的轨迹不必要对汽车是可行的。此外，除了检测机器人的位置 $[x(t),y(t)]$，人们还希望控制底座的方向 $\theta(t)$，使之与相关参考车辆之间的方向保持一个理想的参考值 $\theta_r(t)$。对于一个非完整约束的独轮车型移动机器人，如果它是由具有真实机器人相同运动学限制的参考车辆产生的，参考轨迹 $[x_r(t),y_r(t),\theta_r(t)]$ 是可行的。例如，大多数由全向运动车辆（具体参考第 1 卷第 24 章）所产生的轨迹对于非完整约束的移动机器人是不可行的，然而，不可行性并不意味着参考轨迹就不可以用一种近似方式，也就是一种存在小误差（尽管非零）的方式，来进行跟踪。

49.1.3 固定位姿的稳定性

用 $\mathcal{F}_1$ 表示一个依附于机器人底座上的坐标系。在这一章中，我们称一个机器人的位姿（或状态）为机器人的底座上一个点 P 的位置，以及 $\mathcal{F}_1$ 相对于运动平面内的一个固定坐标系 $\mathcal{F}_0$ 之间的方位角 $\theta(t)$。对于最后这类问题，目标是使位姿向量 $\xi(t)=[x(t),y(t),\theta(t)]$ 稳定到零点，其中 $[x(t),y(t)]$ 表示在坐标系 $\mathcal{F}_0$ 中 P 点的位置。尽管固定的参考位姿显然是可行轨迹的一种特殊形式，但这一问题并不能用经典控制方法解决。

49.2 控制模型

49.2.1 运动学与动力学

为了进行移动机器人的控制，必须导出一个描述其运动的模型。在目标应用程序（预期速度、地形配置等）上，可以推导出若干个运动方程。第 1 卷第 24 章中的关系式给出了建立轮式机器人结构模型的一般方法。对于独轮车型和汽车型移动机器人等特殊情形，给出如下公式：

$$\boldsymbol{H}(\boldsymbol{q})\dot{\boldsymbol{u}}+\boldsymbol{F}(\boldsymbol{q},\boldsymbol{u})\boldsymbol{u}=\boldsymbol{\Gamma}(\phi)\boldsymbol{\tau} \tag{49.1}$$

式中，$\boldsymbol{q}$ 表示机器人的位形向量；$\boldsymbol{u}$ 是由与机器人的自由度相关的独立速度变量组成的向量；$\boldsymbol{H}(\boldsymbol{q})$ 为降阶惯性矩阵（对任意 $\boldsymbol{q}$ 均为可逆）；$\boldsymbol{F}(\boldsymbol{q},\boldsymbol{u})\boldsymbol{u}$ 是科氏力（地球自转偏向力）和车轮-地面压力所综合作用下的合力向量；ϕ 为小车方向轮的方位角；$\boldsymbol{\Gamma}$ 为可逆的控制矩阵（在独轮车型的情形下是常值矩阵）；$\boldsymbol{\tau}$ 为独立电动机转矩向量（其维数等于全驱动情形下自由度的个数，针对本章所考虑车型，取值为 2）。对于独轮车型车辆，位形向量是由底座位姿向量 $\boldsymbol{\xi}$ 的分量和所有（车辆悬架上的）从动轮的方位角所组成的。对于汽车型车辆，位形向量是由 $\boldsymbol{\xi}$ 的分量和方向轮的方位角 ϕ 所组成的。为了完整性，这一动态模型必须辅之以如下形式的运动方程：

$$\dot{\boldsymbol{q}}=\boldsymbol{S}(\boldsymbol{q})\boldsymbol{u} \tag{49.2}$$

由式（49.2）我们可以提取一个简化的运动学

模型：

$$\dot{z}=\boldsymbol{B}(z)\boldsymbol{u} \tag{49.3}$$

式中，在独轮车型车辆的情形下，取 $z=\boldsymbol{\xi}$；在汽车型车辆的情形下 $z=(\boldsymbol{\xi},\phi)$。在自动控制的概念中，完整的动力学模型式（49.1）和式（49.2）可以组成一个控制系统，可以写成

$$\dot{\boldsymbol{X}}=f(\boldsymbol{X},\boldsymbol{\tau})$$

式中，$\boldsymbol{X}=(\boldsymbol{q},\boldsymbol{u})$ 表示这个系统的状态向量；$\boldsymbol{\tau}$ 为控制输入向量。运动学模型式（49.2）和式（49.3）也可以看成以 $\boldsymbol{q}$ 和 z 为状态向量，$\boldsymbol{u}$ 为控制向量的控制系统。这些模型都可以用来进行控制设计和分析。在本章的剩余部分，我们选择运动学模型式（49.3）进行处理。通过模拟操作臂的运动控制，得出如下结论，更倾向于采用速度控制输入的模型，而不是力矩控制输入的模型。当动态效果不占优势时，这是合理的，在车轮电动机上的低速度控制回路足够强大，可以确保良好的路径跟踪。然而，在第49.5节中，当考虑不理想的轮地接触时，也意味着需要考虑动力学。

49

49.2.2 绝对坐标系中的建模

对于独轮车型移动机器人，其运动学模型式（49.3）从现在开始采用如下形式：

$$\begin{cases}\dot{x}=u_1\cos\theta\\ \dot{y}=u_1\sin\theta\\ \dot{\theta}=u_2\end{cases} \tag{49.4}$$

式中，(x,y) 表示两个驱动轮轴心连线的中点 P_m 的坐标；角 θ 表示机器人底座的方向（图49.4）。在这个方程中，u_1 表示小车纵向速度的大小，u_2 表示底座转向时的瞬时转速。变量 u_1 和 u_2 与其各自相应驱动轮的角速度有着如下的对应关系：

$$u_1=\frac{r}{2}(\dot{\psi}_r+\dot{\psi}_\ell)$$

$$u_2=\frac{r}{2R}(\dot{\psi}_r-\dot{\psi}_\ell)$$

式中，r 为车轮的半径；R 为两个驱动轮之间的距离；$\dot{\psi}_r$ 和 $\dot{\psi}_\ell$ 分别为右、左后轮的角速度。

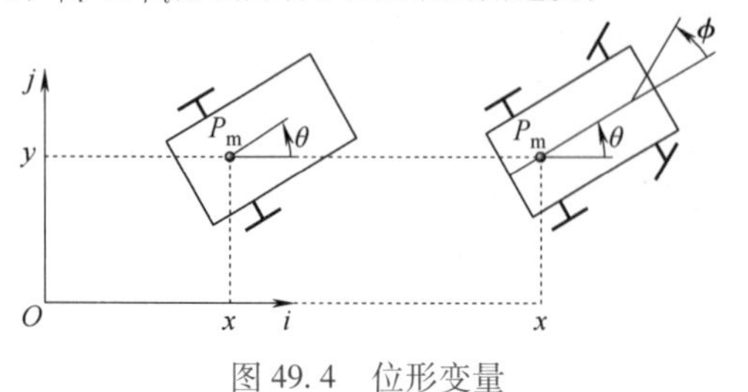

图49.4 位形变量

对于汽车型移动机器人，其运动学模型式（49.3）从现在开始采用如下形式：

$$\begin{cases}\dot{x}=u_1\cos\theta\\ \dot{y}=u_1\sin\theta\\ \dot{\theta}=\dfrac{u_1}{L}\tan\phi\\ \dot{\phi}=u_2\end{cases} \tag{49.5}$$

式中，ϕ 表示小车舵轮的方位角；L 为前后轮轴之间的距离。在接下来所有的仿真中，L 均设为1.2m。

49.2.3 Frénet 坐标系下建模

本小节的目的是将前面建立的运动学模型推广到以Frénet坐标系为参考坐标系的情形。这个推广将在后面论述路径跟踪问题时被用到。

让我们考虑一条运动平面上的曲线 C，如图49.5所示，我们定义三个如下所述的参考系 $\mathcal{F}_0$，$\mathcal{F}_m$ 和 $\mathcal{F}_s$。其中 $\mathcal{F}_0=\{0,\boldsymbol{i},\boldsymbol{j}\}$ 是一个固定参考坐标系；$\mathcal{F}_m=\{P_m,\boldsymbol{i}_m,\boldsymbol{j}_m\}$ 是一个依附于移动机器人车体上的动参考坐标系，其坐标原点 P_m 位于机器人两个后轮的轴线中心；参考坐标系 $\mathcal{F}_s=\{P_s,\boldsymbol{i}_s,\boldsymbol{j}_s\}$ 由曲线 C 的曲线横坐标 s 导出，使得单位向量 $\boldsymbol{i}_s$ 是曲线 C 的切线方向。考虑到机器人底座上的一点 P，令 (l_1,l_2) 表示P点在 $\mathcal{F}_m$ 坐标系中所表示的坐标。为了确定 P 点相对于曲线 C 的运动方程，我们引入三个变量 s、d 和 θ_e，分别定义如下：

1）s 是 P_s 点的曲线横坐标，而点 P_s 是 P 点到曲线 C 的正交投影。若 P 点与曲线距离足够近，则点 P_s 存在且唯一。更加精确地说，只要曲线和点 P 间的距离小于曲线半径的下界。我们假定这个条件是满足的。

2）d 是在参考系 F_s 中位于 P 点的纵坐标；其绝对值大小就是 P 点与曲线之间的距离。

3）$\theta_e=\theta-\theta_s$ 是描述机器人底座相对于 $\mathcal{F}_s$ 参考系的方位角。

我们也可以确定 P_s 点在曲线 C 上的曲率 $c(s)$，即 $c(s)=\partial\theta_s/\partial s$。

使用这些符号可以很容易地根据式（49.4）推导出下面的式（49.6）（见参考文献［49.2］），它涵盖了式（49.4）中的内容。

$$\begin{cases}\dot{s}=\dfrac{1}{1-dc(s)}[(u_1-l_2u_2)\cos\theta_e-l_1u_2\sin\theta_e]\\ \dot{d}=(u_1-l_2u_2)\sin\theta_e+l_1u_2\cos\theta_e\\ \dot{\theta}_e=u_2-\dot{s}c(s)\end{cases} \tag{49.6}$$

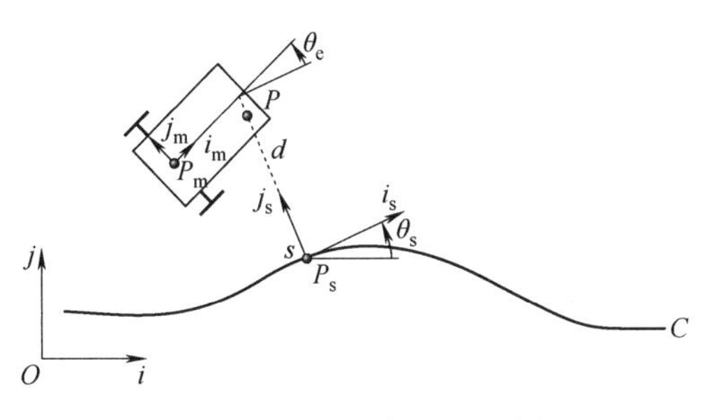

图 49.5 Frénet 坐标系下的描述

对于汽车型车辆，基于式（49.5）很容易将式（49.6）转化为

$$\begin{cases}\dot{s}=\dfrac{u_1}{1-dc(s)}\left[\cos\theta_e-\dfrac{\tan\phi}{L}(l_2\cos\theta_e+l_1\sin\theta_e)\right]\\ \dot{d}=u_1\left[\sin\theta_e+\dfrac{\tan\phi}{L}(l_1\cos\theta_e-l_2\sin\theta_e)\right]\\ \dot{\theta}_e=\dfrac{u_1}{L}\tan\phi-\dot{s}c(s)\\ \dot{\phi}=u_2\end{cases}\tag{49.7}$$

49.3 对于完整约束系统控制方法的适应性

我们将在本节的内容中讨论轨迹稳定的问题和路径跟踪的问题。当我们在介绍中提到这些问题时，我们所考虑到的是附着在机器人底座上的一个参考点 P。事实证明，对于这一点的选择是十分重要的。实际上，如对独轮车上的一点 P，当曲线 C 为坐标轴（$O,\boldsymbol{i}$）时，我们考虑方程式（49.6）。于是有 $s=x_P$，$d=y_P$，以及 $\theta=\theta_e$ 表示了机器人相对于固定参考系 $\mathcal{F}_0$ 下的位姿。根据 P 点是否在驱动轮的轴线上，可以有两种可能的情形。考虑第一种情形（P 点在轮轴上），其中 $l_1=0$。从式（49.6）中的前两个方程可知：

$$\dot{x}_P=(u_1-l_2u_2)\cos\theta$$
$$\dot{y}_P=(u_1-l_2u_2)\sin\theta$$

这些方程式指出，P 点只能够沿向量（$\cos\theta$, $\sin\theta$）的方向移动，这是小车所受非完整约束的直接结果。现在，如果 P 点不在轮轴上，则有

$$\begin{pmatrix}\dot{x}_P\\ \dot{y}_P\end{pmatrix}=\begin{pmatrix}\cos\theta & -l_1\sin\theta\\ \sin\theta & l_1\cos\theta\end{pmatrix}\begin{pmatrix}1 & -l_2\\ 0 & 1\end{pmatrix}\begin{pmatrix}u_1\\ u_2\end{pmatrix}\tag{49.8}$$

式（49.8）等号右边这两个方阵都是可逆的，这个事实表明 $\dot{x}_P$、$\dot{y}_P$ 可以取任意值，因此 P 点的运动是不受约束的。通过和完整约束下的操作臂对比，这意味着 P 点可以视为一个具体有 2 个自由度的操作臂，因此它可以通过采用与操作臂相同的方法来控制。在这一部分，我们假设用来描述机器人位置的 P 点并没有选择在后轮轴上。在这种情形下，我们将发现解决轨迹稳定问题和路径跟踪问题会简单很多。然而，正如接下来的仿真所显示的，在轮轴上选择 P 点，也许可以更有利于控制小车的方向。

49.3.1 非约束点的轨迹稳定

1. 独轮车型

考虑到平面内的一条可微分的参考轨迹 $t\mapsto[x_r(t),y_r(t)]$，用 $e=(x_P-x_r,y_P-y_r)$ 表示位置的跟踪误差。控制目标是要渐进稳定误差到零点。从式（49.8）中可以得到误差的方程式为

$$\dot{e}=\begin{pmatrix}\cos\theta & -l_1\sin\theta\\ \sin\theta & l_1\cos\theta\end{pmatrix}\begin{pmatrix}u_1-l_2u_2\\ u_2\end{pmatrix}-\begin{pmatrix}\dot{x}_r\\ \dot{y}_r\end{pmatrix}\tag{49.9}$$

引入新的控制变量（v_1,v_2），定义如下：

$$\begin{pmatrix}v_1\\ v_2\end{pmatrix}=\begin{pmatrix}\cos\theta & -l_1\sin\theta\\ \sin\theta & l_1\cos\theta\end{pmatrix}\begin{pmatrix}u_1-l_2u_2\\ u_2\end{pmatrix}\tag{49.10}$$

这时，式（49.9）可以简化为

$$\dot{e}=\begin{pmatrix}v_1\\ v_2\end{pmatrix}-\begin{pmatrix}\dot{x}_r\\ \dot{y}_r\end{pmatrix}$$

由此就可以应用稳定线性系统的传统技术了。例如，我们可以考虑一个带有前馈补偿的比例反馈控制如下：

$$v_1=\dot{x}_r-k_1e_1=\dot{x}_r-k_1(x_P-x_r),\quad (k_1>0)$$
$$v_2=\dot{y}_r-k_2e_2=\dot{y}_r-k_2(y_P-y_r),\quad (k_2>0)$$

由此可以得到的闭环方程为 $\dot{e}=-Ke$。当然，这个控制可以用初始控制变量 $\boldsymbol{u}$ 进行重写，因为映射（u_1,u_2）$\mapsto$（v_1,v_2）是双射的。

2. 汽车型

这项技术可以直接推广到类似汽车型移动机器人（也包括拖车系统），只要将 P 点选择附着于舵轮支架上，而非在舵轮轴上。

49.3.2 无方向控制的路径跟踪

1. 独轮车型

让我们来采取图 49.5 中的符号来表述跟踪一条平面内由曲线 C 所描述的路径问题。控制目标是使距离 d 稳定到零点。由式（49.6）可以得到

$$\dot{d}=u_1\sin\theta_e+u_2(-l_2\sin\theta_e+l_1\cos\theta_e)\tag{49.11}$$

在这种情况下，车辆的纵向速度是外加的或者

是预先设定的。我们假设 l_1u_1 乘积总是正的，即 P 点相对于驱动轴的位置与 u_1 的符号有关。这个假设将在第 49.4 节中移除。为了简单起见，我们也假设 $l_2=0$，即 P 点位于坐标轴（$P_m,\boldsymbol{i}_m$）上。考虑下面的反馈控制律：

$$u_2=-\frac{u_1\tan\theta_e}{l_1}-\frac{u_1}{\cos\theta_e}k(d,\theta_e)d \qquad (49.12)$$

式中，k 是一个定义在 $\mathbb{R}\times(-\pi/2,\pi/2)$ 上连续的严格的正函数，且满足 $k(d,\pm\pi/2)=0$。由于 $l_2=0$，将式（49.12）应用到式（49.11）上，可得

$$\dot{d}=-l_1u_1k(d,\theta_e)d$$

这表明反馈控制律式（49.12）保证了在 l_1、u_1 和 k 满足条件的情况下，d 收敛到 0 的充分条件。这在以下结果中也是精确的（详解见参考文献［49.2］）。

49

定理 49.1

在下面假设的基础上考虑独轮车型移动机器人的路径跟踪问题：

1）纵向方向的速度 u_1 严格为正，或者严格为负。

2）在车辆底座坐标系中，参考点 P 的坐标为（l_1,0），且满足 $l_1u_1>0$。

用 k 表示一个连续函数，它在 $\mathbb{R}\times(-\pi/2,\pi/2)$ 上严格为正，且满足对于任意 d［如 $k(d,\theta_e)=k_0\cos\theta_e$］，总有 $k(d,\pm\pi/2)=0$ 成立。那么，对于满足任意初始条件［$s(0),d(0),\theta_e(0)$］，有

$$\theta_e(0)\in\left(\frac{-\pi}{2},\frac{\pi}{2}\right)$$

$$\frac{l_1c_{\max}}{1-|d(0)|c_{\max}}<1$$

式中，$c_{\max}=\max_s|c(s)|$，反馈控制律式（49.12）会使得 P 点与曲线之间的距离 $|d|$ 不再增加，进一步，在满足条件 $\int_0^t|u_1(s)|\mathrm{d}s\longrightarrow+\infty$，当 $t\longrightarrow+\infty$ 时，其收敛到 0。

2. 汽车型

这种控制技术也同样适用于这种情形，如果考虑到 P 点附属于舵轮支架上，且 u_1 为正数。

49.4 针对非完整约束系统的方法

前一部分所叙述的控制技术对于许多应用程序具有简单的优点。它的主要限制来自于机器人的方位没有被主动控制的事实。当应用需要涉及可操纵时，这就成了一个问题（具体来说当车辆的速度 u_1 变为负数的时候）。这个问题对于拖车系统（包括汽车型车辆）尤为重要。实际上，当纵向速度为正数时，领班车辆就会有一个拉拽动作，它会使沿曲线的追随者保持一致。在另一种情况下，领班车辆有一种倾向于对它们造成偏差的推动作用，从而导致车辆部件之间的碰撞（如拆刀效应，见图 49.6）。为了消除这个纵向速度符号的限制，必须设计控制策略使系统在所有的方位角下都能主动稳定下来。一个间接的方法是把 P 点选择在驱动轮轴上，且位于轴的中点。在这种情形下，非完整约束更加明显，且无法应用完整约束操作臂的技术来得到控制解。

这一部分的结构安排如下：首先，与 Frénet 坐标系相关的建模公式被重新描述为称作链式形式的标准形式。由此出发，给出一种包含主动稳定车辆方位角的路径跟踪问题的解。然后重新研究了增加控制车辆方位角的（可行）路径跟踪问题。接着研究了固定位姿的渐进稳定问题。最后，讨论了之前

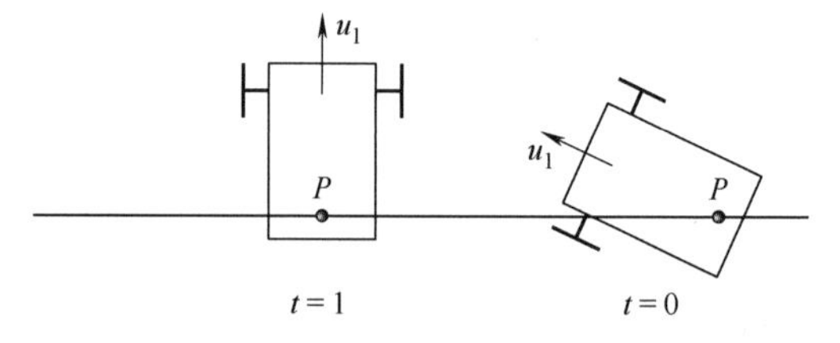

图 49.6 反向纵向速度下路径跟踪的不稳定性

所提出的关于渐进稳定控制策略的局限性，为介绍一种在下面部分提出的新控制方法提供目标。

49.4.1 运动学模型向链式形式的转换

本节将要介绍如何通过改变状态变量和控制变量，把移动机器人（独轮车型、汽车型、拖车型）的运动学方程转化为链式形式。特别地，独轮车型方程式（49.4）和汽车型方程式（49.5）可以分别转化为三维和四维的链式系统。带有 N 节拖车的独轮车，如果拖车之间使用特定方式连接，可以生成一个（N+3）维的链式系统。如下所示，这种转化可以推广到 Frénet 坐标系下的运动学模型。这里只给出了独轮车型和汽车型的结果［见式（49.6）和式（49.7）］，该结果同样适用于当拖车固定在这类车辆上时的情形。此时，参考点 P 要选在车辆两

个后轮轴线的中心位置（如果有拖车，参考点可以选择最后一节拖车两个轮子轴线的中心位置）。

我们先从独轮车型开始。假设 P 点是坐标系 $\mathcal{F}_m$ 的原点，有 $l_1=l_2=0$，因此系统式（49.6）可以简化为

$$\begin{cases}\dot{s}=\dfrac{u_1}{1-dc(s)}\cos\theta_e\\ \dot{d}=u_1\sin\theta_e\\ \dot{\theta}_e=u_2-\dot{s}c(s)\end{cases}\tag{49.13}$$

确定一个坐标和变量的变换 $(s,d,\theta_e,u_1,u_2)\mapsto(z_1,z_2,z_3,v_1,v_2)$，使原系统式（49.13）（局部地）转化为三维的链式系统：

$$\begin{cases}\dot{z}_1=v_1\\ \dot{z}_2=v_1z_3\\ \dot{z}_3=v_2\end{cases}\tag{49.14}$$

通过最开始设定的条件，令

$$z_1=s$$

$$v_1=\dot{s}=\frac{u_1}{1-dc(s)}\cos\theta_e$$

我们已经得到 $\dot{z}_1=v_1$，这表明

$$\dot{d}=u_1\sin\theta_e=\frac{u_1}{1-dc(s)}\cos\theta_e[1-dc(s)]\tan\theta_e=v_1[1-dc(s)]\tan\theta_e$$

然后，令 $z_2=d$，$z_3=[1-dc(s)]\tan\theta_e$，上面的等式变成了 $\dot{z}_2=v_1z_3$。最后，定义

$$v_2=\dot{z}_3=\left[-\dot{d}c(s)-d\frac{\partial c}{\partial s}\dot{s}\right]\tan\theta_e+[1-dc(s)](1+\tan^2\theta_e)\dot{\theta}_e$$

等式（49.14）满足如此定义的变量 z_i、v_i。

从上述过程中，我们可以很容易地确定映射 $(s,d,\theta_e)\mapsto z$ 是一种定义在 $\mathbb{R}^2\times(-\pi/2,\pi/2)$［更严格地说，应该把限制 $|d|<1/c(s)$ 考虑在内］上的局部坐标变换。最后我们注意到，控制变量的变换包括路径曲线（计算中要用到这部分信息）的微分 $\partial c/\partial s$。总之，我们已经证明了坐标和控制变量转换 $(s,d,\theta_e,u_1,u_2)\mapsto(z_1,z_2,z_3,v_1,v_2)$，这些转换定义为

$$(z_1,z_2,z_3)=[s,d,[1-dc(s)]\tan\theta_e]$$

$$(v_1,v_2)=(\dot{z}_1,\dot{z}_3)$$

将独轮车型的式（49.13）转换成三维的链式系统。同样，也可以将汽车型的方程式转换成一个四维的链式系统，尽管计算稍微麻烦一些。准确地说，坐标与控制变量的变化 $(s,d,\theta_e,\phi,u_1,u_2)\mapsto(z_1,z_2,z_3,z_4,v_1,v_2)$ 可以定义为

$$(z_1,z_2,z_3,z_4)=\Big\{s,d,[1-dc(s)]\tan\theta_e,\ -c(s)[1-dc(s)](1+2\tan^2\theta_e)-d\frac{\partial c}{\partial s}\tan\theta_e+[1-dc(s)]^2\frac{\tan\phi}{L}\frac{1+\tan^2\theta_e}{\cos\theta_e}\Big\}$$

$$(v_1,v_2)=(\dot{z}_1,\dot{z}_4)$$

这个转换可以把汽车型的式（49.7）（满足 $l_1=l_2=0$）转化为四维的链式系统。

49.4.2 相同运动学特性参考车辆的跟踪

我们首先考虑跟踪同时包括车辆的位置和方向的参考车辆的问题（图 49.7）。为简单起见，我们选择 P_m 作为机器人底盘坐标系 $\mathcal{F}_m$ 的原点。

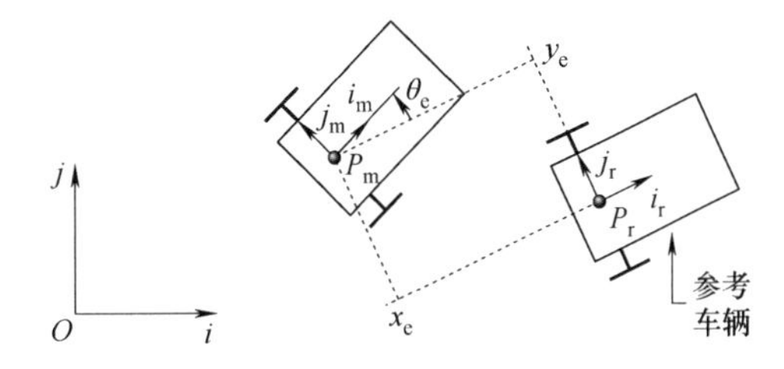

图 49.7 参考车辆及误差坐标

虽然术语并不严谨，但在控制文献中，跟踪问题通常是相关的，有渐进稳定参考轨迹的问题。在这种情况下，一个控制解决方案存在的必要条件是，参考轨迹是可行的。可行的轨迹 $t\mapsto[x_r(t),y_r(t),\theta_r(t)]$ 是关于时间的平滑函数，这些函数是机器人运动学模型在某些特定控制输入 $t\mapsto\boldsymbol{u}_r(t)=[u_{1,r}(t),u_{2,r}(t)]^T$（称为参考控制）时的解。例如，对于独轮车型移动机器人，按照式（49.4）的规定有如下形式：

$$\begin{cases}\dot{x}_r=u_{1,r}\cos\theta_r\\ \dot{y}_r=u_{1,r}\sin\theta_r\\ \dot{\theta}_r=u_{2,r}\end{cases}\tag{49.15}$$

换句话说，可行的参考轨迹与参考坐标系的运动是一致的。参考坐标系 $\mathcal{F}_r=\{P_r,\boldsymbol{i}_r,\boldsymbol{j}_r\}$ 严格依附于所参考的独轮车型移动机器人，其中 P_r 位于两个主动轮的轴线中心位置（类似于 $P=P_m$）（图 49.7）。由此出发，问题可以转化为确定一种反馈控制律，使跟踪误差（$x-x_r,y-y_r,\theta-\theta_r$）能够渐进稳定到零点。其中（$x_r,y_r$）是 P_r 点在坐标系 $\mathcal{F}_0$ 中的坐标，θ_r 是 $\boldsymbol{i}$ 和 $\boldsymbol{i}_r$ 之间的方位角。我们可以像在路径跟踪问题中一样处理。首先建立坐标系 $\mathcal{F}_r$ 下的

误差方程，然后通过与之前的移动机器人的运动学模型转化为链式系统类似的变量转换，将方程转化为链式系统，最后对转化后的系统设计稳定控制律。

在坐标系 $\mathcal{F}_r$ 下，用 $(x-x_r, y-y_r)$ 表示位置跟踪误差，我们可以得到向量（图49.7）：

$$\begin{pmatrix} x_e \\ y_e \end{pmatrix} = \begin{pmatrix} \cos\theta_r & \sin\theta_r \\ -\sin\theta_r & \cos\theta_r \end{pmatrix} \begin{pmatrix} x-x_r \\ y-y_r \end{pmatrix} \tag{49.16}$$

对时间求导，可得

$$\begin{pmatrix} \dot{x}_e \\ \dot{y}_e \end{pmatrix} = \begin{pmatrix} u_{2,r}y_e + u_1\cos(\theta-\theta_r) - u_{1,r} \\ -u_{2,r}x_e + u_1\sin(\theta-\theta_r) \end{pmatrix}$$

用 $\theta_e=\theta-\theta_r$ 表示坐标系 $\mathcal{F}_m$ 与 $\mathcal{F}_r$ 之间的方位角误差，可以得到

$$\begin{cases} \dot{x}_e = u_{2,r}y_e + u_1\cos\theta_e - u_{1,r} \\ \dot{y}_e = -u_{2,r}x_e + u_1\sin\theta_e \\ \dot{\theta}_e = u_2 - u_{2,r} \end{cases} \tag{49.17}$$

为了确定控制律 (u_1, u_2) 使得误差 (x_e, y_e, θ_e) 能够渐进稳定到零点，我们考虑坐标和控制变量变换 $(x_e, y_e, \theta_e, u_1, u_2) \mapsto (z_1, z_2, z_3, w_1, w_2)$，并定义如下：

$$\begin{aligned} z_1 &= x_e \\ z_2 &= y_e \\ z_3 &= \tan\theta_e \\ w_1 &= u_1\cos\theta_e - u_{1,r} \\ w_2 &= \frac{u_2-u_{2,r}}{\cos^2\theta_e} \end{aligned} \tag{49.18}$$

需要注意的是，在零点附近，只有当 $\theta_e \in (-\pi/2, \pi/2)$ 时，这个映射才有意义。换句话说，实际的机器人与参考机器人方位角之间的误差必须要小于 $\pi/2$。

使用新的变量时，容易验证系统式（49.17）可以写为

$$\begin{cases} \dot{z}_1 = u_{2,r}z_2 + w_1 \\ \dot{z}_2 = -u_{2,r}z_1 + u_{1,r}z_3 + w_1z_3 \\ \dot{z}_3 = w_2 \end{cases} \tag{49.19}$$

显而易见，上面三个方程中每个方程的末项对应着一个链式系统，从这里，可以看到反馈控制律：

$$\begin{cases} w_1 = -k_1 |u_{1,r}| (z_1 + z_2z_3), & (k_1>0) \\ w_2 = -k_2u_{1,r}z_2 - k_3 |u_{1,r}| z_3, & (k_2, k_3>0) \end{cases} \tag{49.20}$$

这条定律使得系统式（49.19）的原点为全局渐进稳定的。如果 $u_{1,r}$ 是一个有界可微分的函数，其导函数有界，并且当 t 趋向于无穷时，导函数不趋于0。在49.2节中提供了一个精确的稳定性条件和相关的证明，以及关于增益调优的补充细节。最后，通过使用式（49.18）的最后两行，可以从 w_1 到 w_2 推导出速度控制输入 u_1 和 u_2。

1. 推广至汽车型车辆

之前使用的方法可以扩展到汽车型车辆的情形。我们在下面给出主要步骤。根据汽车型车辆的运动学模型式（49.5），并且一种参考车辆满足了相同的运动方程，它包含了下标r的所有向量。我们假设存在一个 $\delta \in (0, \pi/2)$ 使得方位角 φ_r 属于区间 $[-\delta, \delta]$。通过定义 x_e、y_e 和 θ_e，就像独轮车型车辆情形里一样，并且通过设定 $\varphi_e=\varphi-\varphi_r$，很容易得到如下方程：

$$\begin{cases} \dot{x}_e = \left(\dfrac{u_{1,r}}{L}\tan\phi_r\right)y_e + u_1\cos\theta_e - u_{1,r} \\ \dot{y}_e = -\left(\dfrac{u_{1,r}}{L}\tan\phi_r\right)x_e + u_1\sin\theta_e \\ \dot{\theta}_e = \dfrac{u_1}{L}\tan\phi - \dfrac{u_{1,r}}{L}\tan\phi_r \\ \dot{\phi}_e = u_2 - u_{2,r} \end{cases} \tag{49.21}$$

让我们再引入新的状态变量：

$$\begin{cases} z_1 = x_e \\ z_2 = y_e \\ z_3 = \tan\theta_e \\ z_4 = \dfrac{\tan\phi - \cos\theta_e\tan\phi_r}{L\cos^3\theta_e} + k_2y_e, (k_2>0) \end{cases}$$

注意到对任意 $\phi_r \in (-\pi/2, \pi/2)$，映射 $(x_e, y_e, \theta_e, \varphi) \mapsto z$ 在 $\mathbb{R}^2 \times (-\pi/2, \pi/2)^2$ 和 $\mathbb{R}^4$ 之间定义了一个微分同胚映射。由此引入了新的控制变量：

$$\begin{cases} w_1 = u_1\cos\theta_e - u_{1,r} \\ w_2 = \dot{z}_4 = k_2\dot{y}_e + \left(\dfrac{3\tan\phi}{\cos\theta_e} - 2\tan\phi_r\right)\dfrac{\sin\theta_e}{L\cos^3\theta_e}\dot{\theta}_e - \\ \qquad \dfrac{u_{2,r}}{L\cos^2\phi_r\cos^2\theta_e} + \dfrac{u_2}{L\cos^2\phi\cos^3\theta_e} \end{cases} \tag{49.22}$$

映射 $(u_1, u_2) \mapsto (w_1, w_2)$ 定义了变量 θ_e、φ、φ_r 在区间 $(-\pi/2, \pi/2)$ 内的变化。状态和控制变量的这些变化将系统式（49.21）转换为

$$\begin{cases} \dot{z}_1 = \left(\dfrac{u_{1,r}}{L}\tan\phi_r\right)z_2 + w_1 \\ \dot{z}_2 = -\left(\dfrac{u_{1,r}}{L}\tan\phi_r\right)z_1 + u_{1,r}z_3 + w_1z_3 \\ \dot{z}_3 = -k_2u_{1,r}z_2 + u_{1,r}z_4 + \\ \qquad w_1\left[z_4 - k_2z_2 + (1+z_3^2)\dfrac{\tan\phi_r}{L}\right] \\ \dot{z}_4 = w_2 \end{cases} \tag{49.23}$$

由此，可以推断出控制律 w_1 和 w_2 定义为

$$\begin{cases} w_1 = -k_1 \mid u_{1,\mathrm{r}} \mid \times \\ \quad \left\{ z_1 + \dfrac{z_3}{k_2}\left[z_4 + (1+z_3^2)\dfrac{\tan\phi_\mathrm{r}}{L} \right] \right\} \\ w_2 = -k_3 u_{1,\mathrm{r}} z_3 - k_4 \mid u_{1,\mathrm{r}} \mid z_4 \end{cases} \quad (49.24)$$

式中，$k_{1,2,3,4}$均为正数，使得系统式（49.23）的原点为全局渐进稳定的。如果 $u_{1,\mathrm{r}}$是有界可微函数，它的导数有界，并且当 t 趋于无穷时导函数不趋于 0。

2. 仿真结果

在图 49.8 中以及 VIDEO 181 中的仿真结果验证了这种控制策略的效果。增益系数 k_i 被选为 $(k_1,k_2,k_3,k_4)=(1,1,3,3)$。参考车辆的初始位姿（即在 $t=0$ 时刻）在图 49.8a 中用虚线表示，为 $(x_\mathrm{r},y_\mathrm{r},\theta_\mathrm{r})(0)=(0,0,0)$。参考控制量 $\boldsymbol{u}_\mathrm{r}$ 由式（49.25）定义。实际机器人的初始位姿在图中用实线表示，为 $(x,y,\theta)(0)=(0,-1.5,0)$。在 $t=10$、20、30 时，机器人的状态也在图中表示。由于跟踪误差很快收敛于 0（参考图 49.8b 中跟踪误差分量 x_e、y_e 和 θ_e 的时间演变过程），因此可以认为两个小车在 $t=10$ 后状态保持一致。

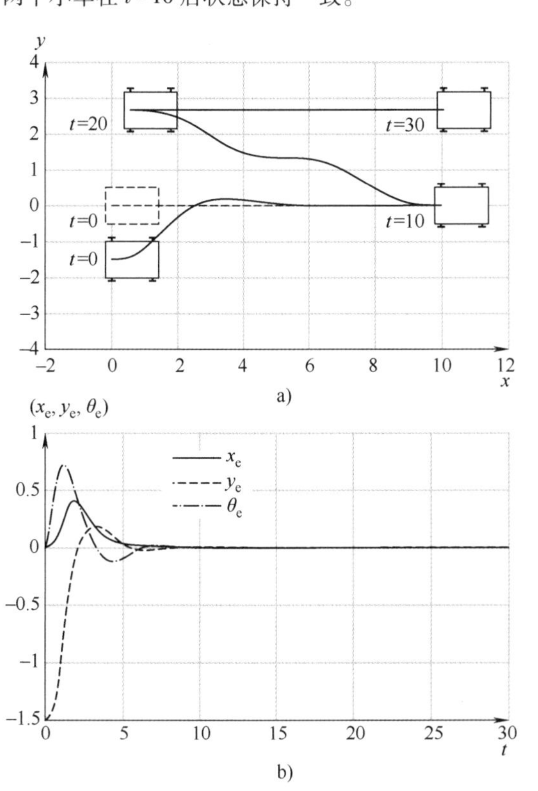

图 49.8 参考车辆的路径跟踪

a）笛卡儿坐标系下的运动 b）误差-时间坐标系

$$u_\mathrm{r}(t)=\begin{cases}(1,0)^\mathrm{T} & ,t\in[0,10]\\ \{-1,0.5\cos[2\pi(t-10)/5]\}^\mathrm{T} & ,t\in[10,20]\\ (1,0)^\mathrm{T} & ,t\in[20,30]\end{cases} \quad (49.25)$$

49.4.3 包含方向控制的路径跟踪

我们应该重新考虑路径跟踪问题，假设参考点 P 位于两个驱动轮轴线中点的位置上。目标是设计一种新的控制策略使小车能够稳定地跟踪路径，而与纵向速度的符号无关。

1. 独轮车型

我们在第 49.4.1 节中已经看到如何将于 Frénet 坐标系有关的运动学方程转换为三维的链式系统。

$$\begin{cases}\dot z_1 = v_1\\ \dot z_2 = v_1 z_3\\ \dot z_3 = v_2\end{cases} \quad (49.26)$$

回顾 $(z_1,z_2,z_3)=[s,d,(1-dc(s))\tan\theta_\mathrm{e}]$ 和 $v_1=\dfrac{u_1}{1-dc(s)}\cos\theta_\mathrm{e}$。目标是确定一个控制律渐进稳定（$d=0,\theta_\mathrm{e}=0$），并且是在受控系统的轨迹上始终满足对 d 的约束条件［比如，$|dc(s)<1|$］。对于这个控制律来说，最可能考虑包括的就是比例反馈，比如：

$$v_2=-v_1k_2z_2-|v_1|k_3z_3,\quad (k_2,k_3>0) \quad (49.27)$$

然后就可以很直接地证明出闭环子系统为

$$\begin{cases}\dot z_2 = v_1 z_3\\ \dot z_3 = -v_1k_2z_2-|v_1|k_3z_3\end{cases} \quad (49.28)$$

该系统的原点是渐近稳定的（如果 v_1 是常量，不论是正值还是负值）。由于 u_1（不是 v_1）是车辆的纵向速度值，我们更愿意建立依赖于 u_1 的稳定性条件。在参考文献［49.2］中，控制律式（49.27）实际上使系统式（49.28）的原点在主条件下渐进稳定，而 u_1 不趋于 0 而趋于无穷。注意到 u_1 不需要为常数。至于限制条件 $|dc(s)|<1$，对于受控系统的任何解都是可以实现的。

$$z_2^2(0)+\frac{1}{k_2}z_3^2(0)<\frac{1}{c_{\max}^2}$$

式中，$c_{\max}=\max_s|c(s)|$。

从实用的角度看，有必要用一个积分项来补充控制作用。更精确地说，我们定义变量 z_0，且 $z_0(0)=0$。控制律式（49.27）可按如下方式修正：

$$\begin{aligned} v_2 &= -|v_1|k_0z_0-v_1k_2z_2-|v_1|k_3z_3\\ &= -|v_1|k_0\int_0^t v_1z_2-v_1k_2z_2-|v_1|k_3z_3\end{aligned}$$

$$(k_0,k_2,k_3>0,k_0<k_2k_3) \qquad (49.29)$$

与之前的结果一样，可以产生类似的稳定结果。至于限制条件 $|dc(s)|<1$，若满足如下公式：

$$z_2^2(0)+\frac{1}{k_2-\frac{k_0}{k_3}}z_3^2(0)<\frac{1}{c_{\max}^2}$$

那么，受控系统的任意解均满足该限制条件。

2. 推广

除了控制律简单和关于其稳定性的需求条件少之外，这种类型方法的一个优点就是可以直接推广到汽车型和带拖车的独轮车型的情形。相关结果将在下个命题中给出。考虑如下 n 维链式系统：

$$\begin{cases}\dot{z}_1=v_1\\ \dot{z}_2=v_1z_3\\ \quad\vdots\\ \dot{z}_{n-1}=v_1z_n\\ \dot{z}_n=v_2,\end{cases} \qquad (49.30)$$

式中，$n\geqslant3$，它的证明是三维情形的直接扩展。维数 $n=4$ 对应于汽车型（见第 49.4.1 节）。对于带有 N 个拖车的独轮车型，我们有 $n=N+3$。回顾前面可知，在所有情形下，z_2 表示路径和位于最后一辆拖车两个后轮轴线中心 P 点之间的距离 d。控制的目标就是确保 z_2，…，z_n 收敛到零。这个问题的一个答案，扩展了为独轮车型提出的解决方案式（49.27），由如下方程解决：

$$v_2=-v_1\sum_{i=2}^{n}\text{sign}(v_1)^{n+1-i}k_iz_i \qquad (49.31)$$

式中，参数 k_2，…，k_n 使多项式 $s^{n-1}+k_ns^{n-2}+k_{n-1}s^{n-3}+\cdots+k_3s+k_2$ 是 Hurwitz 稳定的。限制条件 $|dc(s)|<1$ 对于受控系统的任何解都可以在参考文献［49.2］中规定的［$z_2(0),\cdots,z_n(0)$］条件下得到保证。在式（49.31）中加入一个积分修正项的可能性也在参考文献［49.2］中得到了解决。

3. 仿真结果

图 49.9 和 VIDEO 181 中报告的仿真结果验证了这种控制方案是如何应用于汽车型车辆的。参考曲线是以原点为中心，半径等于 4 的圆。机器人的纵向速度 u_1 定义为 $u_1=1$，$t\in[0,5]$ 和 $u_1=-1$，$t>5$。控制增益选择为 $(k_2,k_3,k_4)=(1,3,3)$。图 49.9a 显示了汽车型车辆在平面中的运动，图中还显示了其在时间 $t=0$、5 和 25 时的位形；变量 z_2、z_3、z_4 的时间变化（定义见第 49.4.1 节）如图 49.9b 所示。可以观察到，$t=5$ 处纵向速度 u_1 的（不连续）变化不会影响这些变量收敛到零。

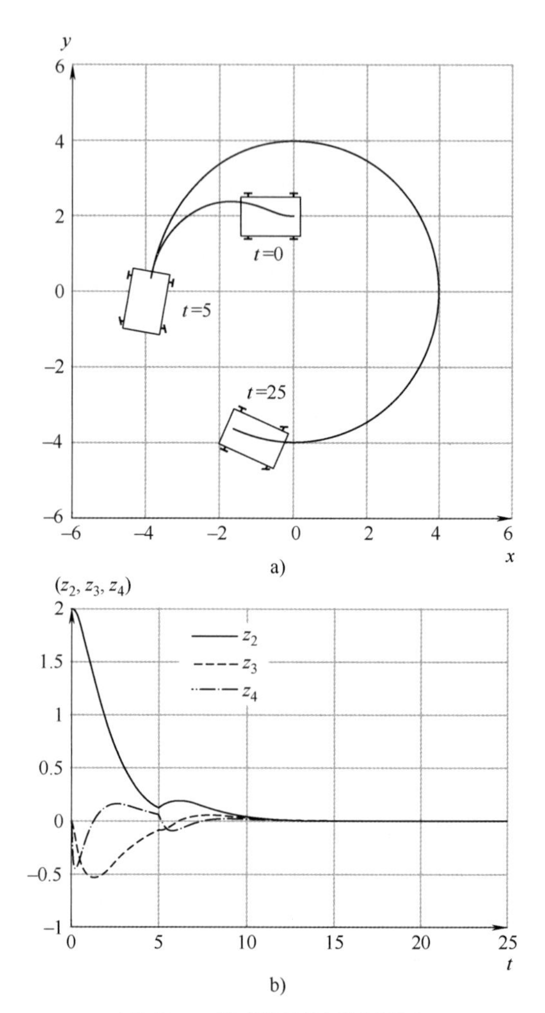

图 49.9 沿着圆弧的路径跟踪

a）笛卡儿坐标系下的运动 b）变量-时间坐标系

49.4.4 固定位姿的渐进稳定

现在我们考虑一个机器人底座在固定期望（参考）位姿（即位置和方向）的渐进稳定问题。这个问题可以看作路径追踪问题的一个极限情形。然而，本章前面提出的所有反馈控制器都不能很好地解决这个问题。从自动控制的观点来看，固定位姿的渐进稳定与纵向速度不为零的路径跟随和轨迹跟踪很不一样，如同一个司机所了解的那样，从经验角度来讲，把一辆车停在一个精确的位置所用到的技术和技巧与在公路上行驶时所用到的不同。特别地，它无法使用任何可应用于线性系统（或者基于线性化）的经典控制方法来解决。从技术来讲，最根本的一般性问题是可控的无漂移系统在控制输入个数少于状态变量个数时的渐进稳定问题。这个问题在 20 世纪 90 年代激励许多学者从各种不同角度进行了大量的研究，而且这个主题在之后五年仍然是研究热点。迄今为止已经提出了各种各样的候选解决方案，它们背后所采用的数学技术，以及没有解决的困难和限制，特别是（但不仅仅是）鲁棒性方面（后面会讨论到的问题），使我们无法全面地覆盖这个主题。取而代之，我们选择在某种程度上不规范地阐述一些已经考虑的方法，同时会涉及一些控制方法的算例，但不会涉及过多的技术与数学细节。

这个问题激发了大量的关于非完整约束系统控制的研究。问题的一个主要方面在于使用仅仅依靠状态的连续反馈（即连续的纯状态反馈）无法实现平衡点（或固定点）的渐进稳定。这是 Brockett 在 1983 年提出的一个重要结论，他最初的结果只考虑了可微的反馈形式，后来这些又被推广到一个更大的仅限于连续反馈的集合。

定理 49.2 （Brockett[49.3]）

考虑一个控制系统 $\dot{x}=f(\boldsymbol{x},\boldsymbol{u})$ （$\boldsymbol{x}\in\mathbb{R}^n,\boldsymbol{u}\in\mathbb{R}^m$），其中，函数 f 是可微的，且 $(\boldsymbol{x},\boldsymbol{u})=(0,0)$ 是这个系统的一个平衡状态。存在一个连续的反馈控制律 $\boldsymbol{u}(\boldsymbol{x})$ 使得闭环系统 $\dot{\boldsymbol{x}}=f[\boldsymbol{x},\boldsymbol{u}(\boldsymbol{x})]$ 的原点是渐进稳定的一个必要条件是映射 $(\boldsymbol{x},\boldsymbol{u})\mapsto f(\boldsymbol{x},\boldsymbol{u})$ 是局部满射的；更准确地说，在 $\mathbb{R}^{n+m}$ 中 (0,0) 的任何邻域 Ω 由 f 所映射的项必须也是 $\mathbb{R}^n$ 中 0 的邻域。

这个结果意味着许多可控（非线性）系统的平衡点无法由连续的纯状态反馈渐进稳定。所有非完整约束的轮式移动机器人都属于此类系统范畴。这会在下面的独轮车型移动机器人情形中给出说明；而其他类型移动机器人的证明也是类似的。因此我们考虑一种独轮车型车辆，它的运动学方程式（49.4）可以写作 $\dot{\boldsymbol{x}}=f(\boldsymbol{x},\boldsymbol{u})$，其中 $\boldsymbol{x}=(x_1,x_2,x_3)^{\mathrm{T}}$，$\boldsymbol{u}=(u_1,u_2)^{\mathrm{T}}$，并且 $f(\boldsymbol{x},\boldsymbol{u})=(u_1\cos x_3,u_1\sin x_3,u_2)^{\mathrm{T}}$，这里要指出在 $(\boldsymbol{x},\boldsymbol{u})=(0,0)$ 的邻域内 f 并不是局部映射的。为了说明这个问题，我们取 $\mathbb{R}^3$ 中的一个向量 $(0,\delta,0)^{\mathrm{T}}$。很明显，方程 $f(\boldsymbol{x},\boldsymbol{u})=(0,\delta,0)^{\mathrm{T}}$ 在 $(\boldsymbol{x},\boldsymbol{u})=(0,0)$ 的邻域内无解，因为第一个等式 $u_1\cos x_3=0$ 意味着 $u_1=0$，因此第二个等式在 $\delta\neq0$ 时无解。

我们也可以很明显地看到，独轮车型运动学方程的线性近似［在平衡点 $(x,u)=(0,0)$ 附近］是不可控的。如果可控，就可以用一个线性（也是连续的）状态反馈（局部地）使这个平衡点渐进稳定。

因此，根据上面的理论，一个独轮车型移动机器人（像其他非完整机器人一样）不可能使用连续纯状态反馈渐进稳定在一个期望的位姿（位置/方向）。这种不可能性促进了解决这个问题的其他控制策略的发展。其中三类主要被考虑的控制策略：

1）连续时变反馈。这种策略不仅依赖状态 x，还依赖外部的时间变量［也就是用 $\boldsymbol{u}(\boldsymbol{x},t)$ 取代传统反馈中的 $\boldsymbol{u}(\boldsymbol{x})$］。

2）非连续反馈。形式上与传统反馈相同，即为 $\boldsymbol{u}(\boldsymbol{x})$，只是函数 $\boldsymbol{u}$ 在所期望稳定的平衡点处不是连续的。

3）混合的离散/连续反馈。尽管这类反馈定义得不像其他两种控制一样精确，它主要包括时变反馈，要么连续要么不连续，使得依赖于状态的那部分控制策略只是周期性地更新，例如，对于任意 $t\in[kT,(k+1)T]$，$\boldsymbol{u}(t)=\bar{\boldsymbol{u}}[\boldsymbol{x}(kT),t]$，其中 T 表示一个恒定的时间间隔，$k\in\mathbb{N}$。

我们重点关注的是连续时变反馈。对独轮车型和汽车型车辆的混合/连续反馈的例子在参考文献［49.2］的第 34.4.4 节以及相关的仿真结果中提供。至于非连续反馈，它们包含了一些难题（解决方案的存在性，解的数学意义），这些问题使分析变得十分复杂，而且无法得到更加完整的答案。除此之外，在文献中描述的大多数离散控制策略中，对于李雅普诺夫意义下稳定性的讨论，要么不满足，要么就还是一个悬而未解决的问题。

对于轮式移动机器人而言，为了避免 Brockett 定理所指出的障碍，利用时变反馈来确定一种固定的平衡的渐进稳定，这种方法第一次在参考文献［49.4］中提出。在此之后，人们得到了具有时变反馈的非线性系统稳定的一般结果。举例说明，任何可控的无漂移系统都可以在这类控制系统[49.5]下具有渐进稳定的平衡。这包含了非完整约束的移动机器人的运动学模型。我们将分别在用三维和四维链式系统建模的独轮车型和汽车型移动机器人的情形下对这种方法进行演示。为了考虑三维的情形，我们回顾在第 49.4.3 节路径跟随中得到的结果。我们已经获得了控制律 $v_2=-v_1k_2z_2-|v_1|k_3z_3$，即式（49.27），将其应用到如下系统：

$$\begin{cases}\dot{z}_1=v_1\\\dot{z}_2=v_1z_3\\\dot{z}_3=v_2\end{cases}$$

49

使得函数满足：

$$V(z):=\frac{1}{2}\left(z_2^2+\frac{1}{k_2}z_3^2\right)$$

该函数沿着受控系统的任意轨迹都是非增的，即

$$\dot{V}=-\frac{k_3}{k_2}\mid v_1\mid z_3^2$$

当 t 趋于无穷、v_1 不趋于0时，有 z_2、z_3 收敛于0。举例来说，如果 $v_1(t)=\sin t$，命题成立，则 z_2、z_3 收敛于0，并且满足：

$$z_1(t)=z_1(0)+\int_0^t v_1(s)\mathrm{d}s=z_1(0)+\int_0^t \sin s\mathrm{d}s$$
$$=z_1(0)+1-\cos t$$

这导致了 $z_1(t)$ 在均值 $z_1(0)+1$ 上下振荡。为了减少这种振荡，我们可以给 v_1 乘以一个依赖当前状态的因子。举例来说，取 $v_1(z,t)=\|(z_2,z_3)\|\sin t$，我们再补偿一个像 $-k_1z_1$ 一样的稳定项，其中 $k_1>0$，即

$$v_1(z,t)=-k_1z_1+(z_2,z_3)\sin t$$

这时，我们得到的这个反馈控制律是时变的，并且也是渐进稳定的。

定理 49.3

连续时变反馈

$$\begin{cases}v_1(z,t)=-k_1z_1+\alpha\|(z_2,z_3)\|\sin t\\ v_2(z,t)=-v_1(z,t)k_2z_2-\mid v_1(z,t)\mid k_3z_3\end{cases}\quad(49.32)$$

式中，α，$k_{1,2,3}>0$，使得三维链式系统的原点为全局渐进稳定[49.6]。

上述定理可以推广到任意维的链式系统[49.6]，对于 $n=4$ 的情形，也就是对应着汽车型车辆的情形，我们会得到如下的结论。

定理 49.4

连续时变反馈

$$\begin{cases}v_1(z,t)=-k_1z_1+\alpha\|(z_2,z_3,z_4)\|\sin t\\ v_2(z,t)=-\mid v_1(z,t)\mid k_2z_2-v_1(z,t)k_3z_3-\\ \qquad\mid v_1(z,t)\mid k_4z_4\end{cases}\quad(49.33)$$

式中，α，k_1，k_2，k_3，$k_4>0$ 的选取保证多项式 $s^3+k_4s^2+k_3s+k_2$ 是 Hurwitz 稳定的，使得四维链式系统的原点为全局渐进稳定[49.6]。

图49.10展示了前面提到的这些结果。在这个仿真试验中，反馈控制律式（49.33）中的参数 α，$k_{1,2,3,4}$ 分别取值为 $\alpha=3$，$k_{1,2,3,4}=(1.2,10,18,17)$。图49.10a显示了汽车型移动机器人在平面上的运动过程。在 $t=0$ 时刻的初始形态用实线表示，而目标形态用虚线表示。图49.10b给出了变量 x，y 和 θ［对应于模型式（49.5）的位置与方向变量］的时间演变过程。

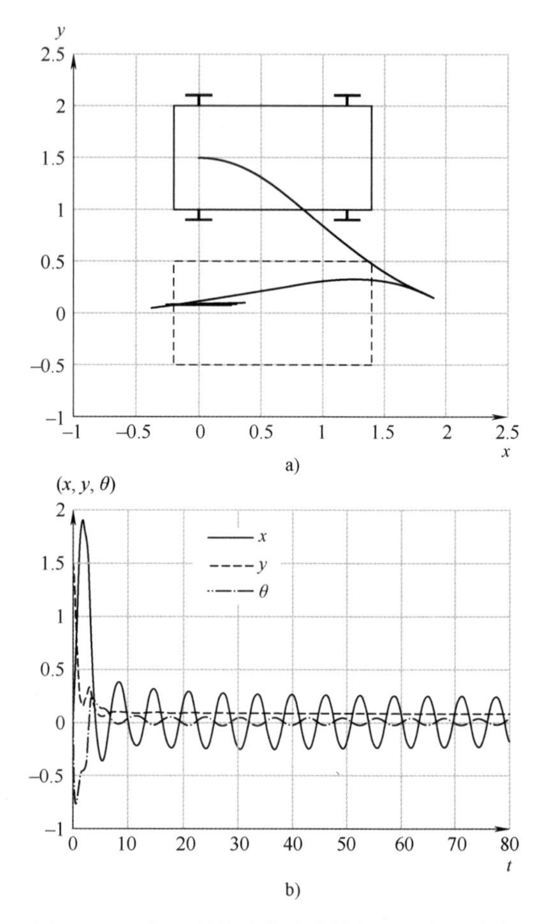

图49.10 使用利普希茨连续控制器的渐进稳定
a）笛卡儿坐标系下的运动 b）误差-时间坐标系

从仿真结果可以清楚地看到，这一类控制的一个缺点是，系统状态收敛到零的过程非常缓慢。事实上，对于大部分受控系统的轨迹，收敛速度仅仅是多项式级的，即它大体相当于 $t^{-\alpha}$ 水平［对于常数 $\alpha\in(0,1)$］。这个缓慢的收敛速率与一个事实是相关的，即控制函数关于 $\boldsymbol{x}$ 是利普希茨连续的。此类系统的一个特征就是其近似线性系统不能稳定。实际上，可以证明，当系统的线性逼近且系统的线性近似不能稳定时（参考文献［49.2］中的定理34.11提出了精确的论述细节），在非线性系统的平衡点上的指数稳定性（在经典意义上的线性系统）是无法得到的。由于提高性能和效率的需要，已经引起了稳定时变反馈的发展，这种反馈是连续的，

但不是利普希茨连续的。下面分别针对三维和四维链式系统，给出一致性指数收敛于此类反馈的实例。

定理 49.5

令 α，k_1，k_2，$k_3>0$，使得多项式 $p(s)=s^2+k_3s+k_2$ 是 Hurwitz 稳定的。对任意整数 p，$q\in\mathbb{N}^*$，令 $\rho_{p,q}$ 表示一个定义于 $\mathbb{R}^2$ 的函数，满足

$$\forall \bar{z}_2=(z_2,z_3)\in\mathbb{R}^2$$

$$\rho_{p,q}(\bar{z}_2)=(|z_2|^{\frac{p}{q+1}}+|z_3|^{\frac{p}{q}})^{\frac{1}{p}}$$

那么，存在 $q_0>1$，使得对任意 $q\geqslant q_0$ 且 $p>q+2$，如下的连续状态反馈

$$\begin{cases}v_1(z,t)=-k_1(z_1\sin t-|z_1|)\sin t+\\ \qquad \alpha\rho_{p,q}(\bar{z}_2)\sin t\\ v_2(z,t)=-v_1(z,t)k_2\dfrac{z_2}{\rho_{p,q}^2(\bar{z}_2)}-|v_1(z,t)|k_3\dfrac{z_3}{\rho_{p,q}(\bar{z}_2)}\end{cases} \tag{49.34}$$

使得三维链式系统的原点是全局渐进稳定的，并存在一致指数收敛速率[49.7]。

控制律式（49.32）和控制律式（34.34）之间的继承关系是显而易见的。人们可以通过验证发现控制律式（49.34）在 $\bar{z}_2=0$ 处有定义（由连续性可得）。更精确地说，两个比例 $\dfrac{z_2}{\rho_{p,q}^2(\bar{z}_2)}$ 和 $\dfrac{z_3}{\rho_{p,q}(\bar{z}_2)}$ 在 $\bar{z}_2\neq0$处有定义，并且当 $\bar{z}_2$ 趋于 0 时也都趋于 0。这保证了控制律的连续性。

上述结果中指出的指数收敛特性需要进一步的解释。事实上，这个特性并不完全对应于稳定线性系统的经典指数收敛性。在后一种情形中，指数收敛意味着对于某个常数 K、γ，以及对于受控系统的任何解，都存在

$$\|z(t)\|\leqslant K\|z(t_0)\|\mathrm{e}^{-\gamma(t-t_0)}$$

这对应于指数稳定性的一般概念。在目前的状况下，这个不等式将变为

$$\rho[z(t)]\leqslant K\rho[z(t_0)]\mathrm{e}^{-\gamma(t-t_0)}$$

对于某个函数 ρ 成立，比如 ρ 可以定义为

$$\rho(z)=|z_1|+\rho_{p,q}(z_2,z_3)$$

式中，$\rho_{p,q}$如定理 49.5 中所定义的那样。尽管函数 ρ 与状态向量的欧几里得范数拥有一些共同的特性（正定的且当 $\|z\|$ 趋于无穷大的时候也趋于无穷大），但其并不等价于这个范数。当然，这并不能改变一个事实，即 z 的所有分量 z_i 指数收敛到零。当然，瞬时特性是不同的，因为只能满足 $|z_i(t)|\leqslant K\|z(t_0)\|^{\alpha}\mathrm{e}^{-\gamma(t-t_0)}$，式中，$\alpha<1$。而不能满足 $|z_i(t)|\leqslant K\|z(t_0)\|\mathrm{e}^{-\gamma(t-t_0)}$。

在四维链式系统的情形下，我们可以建立如下结果，其类似于定理 49.5。

定理 49.6

令 α，k_1，k_2，k_3，$k_4>0$，使得多项式 $p(s)=s^3+k_4s^2+k_3s+k_2$ 是 Hurwitz 稳定的。对于任意整数 p，$q\in\mathbb{N}$，定义在 $\mathbb{R}^3$ 上的函数 $\rho_{p,q}$满足

$$\rho_{p,q}(\bar{z}_2)=(|z_2|^{\frac{p}{q+2}}+|z_3|^{\frac{p}{q+1}}+|z_4|^{\frac{p}{q}})^{\frac{1}{p}}$$

式中，$z_2=(z_2,z_3,z_4)\in\mathbb{R}^3$。那么，存在 $q_0>1$，使得 $q\geqslant q_0$ 且 $p<q+2$，如下的连续状态反馈

$$\begin{cases}v_1(z,t)=-k_1(z_1\sin t-|z_1|)\sin t+\\ \qquad \alpha\rho_{p,q}(\bar{z}_2)\sin t\\ v_2(z,t)=-|v_1(z,t)|k_2\dfrac{z_2}{\rho_{p,q}^3(\bar{z}_2)}-v_1(z,t)k_3\\ \qquad \dfrac{z_3}{\rho_{p,q}^2(\bar{z}_2)}-|v_1(z,t)|k_4\dfrac{z_4}{\rho_{p,q}(\bar{z}_2)}\end{cases} \tag{49.35}$$

使得四维链式系统的原点是全局渐进稳定的，并存在一致指数收敛速率[49.7]。

图 49.11 中所示的仿真结果验证了控制律式（49.35）的性能。控制参数如下：$\alpha=0.6$，$k_{1,2,3,4}=(1.6,10,18,17)$，$q=2$，$p=5$。同图 49.10 所示的结果相比较，可知性能有了明显的提升。

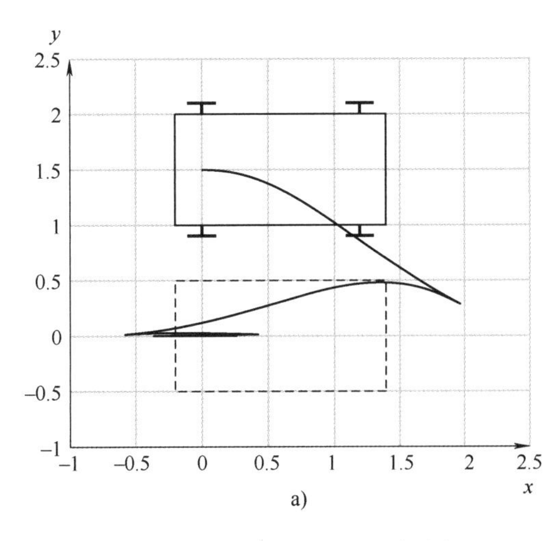

图 49.11 具有连续（非利普希茨）时变反馈的渐进稳定

a）笛卡儿坐标系下的运动

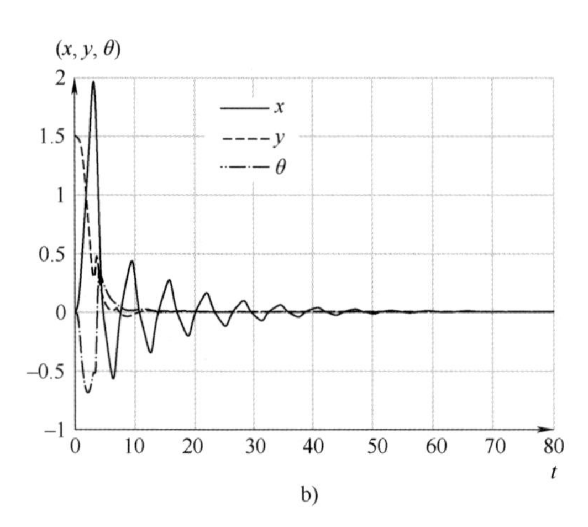

图 49.11　具有连续（非利普希茨）时变反馈的渐进稳定（续）

b）误差-时间坐标系

49.4.5　非完整约束系统控制的固有局限性

我们首先指出上面提到的非线性时变反馈和混合反馈存在的一些问题。当研究反馈控制时，鲁棒性始终是一个重要的问题。事实上，如果不是为了鲁棒性，反馈控制将会失去它相对于开环控制解决方案的价值和意义。一般会存在多种鲁棒性问题，其中有一类问题关心的是对建模误差的敏感度。例如，考虑一个独轮车型移动机器人，它的运动学方程为 $\dot{x}=u_1b_1(x)+u_2b_2(x)$，我们想知道一个可以稳定这种系统的平衡点的反馈控制是否也可以稳定它的邻域系统的平衡点，其邻域系统的运动学方程式为 $\dot{\boldsymbol{x}}=u_1[b_1(\boldsymbol{x})+\varepsilon g_1(\boldsymbol{x})]+u_2[b_2(\boldsymbol{x})+\varepsilon g_2(\boldsymbol{x})]$，式中，$g_1$ 和 g_2 为连续函数，而参数 ε 用来度量建模误差。这类误差是可以计算的，例如，驱动轮轴的方向相对于底座会有一个很小的不确定性，这将导致在方向测量上出现误差。对某些特定的函数 g_1、g_2 和任意小的 ε，我们可以证明类似式（49.34）那样的时变控制律对这类建模误差是没有鲁棒性的，即系统的解将最终在原点的附近振荡而不是收敛到原点。换言之，即使在没有任何测量噪声的情形下，任意小的一个建模误差都将会破坏掉原点的稳定性和原点的收敛性。考虑到这些问题，我们会提出疑问，是否存在具有鲁棒性的快速（指数）稳定控制器，就像那些稳定线性系统的线性反馈控制器一样。据我们所知，问题的答案是这样的控制解决方案（不论是连续的还是不连续的）还没有被发现。对于非完整约束系统来说，问题更是如此。针对建模误差，控制离散化和时延稳定性的鲁棒性已经在某些情形下被证明了，但是只有在利普希茨连续反馈的情形下才能获得。此时，我们已经看到，可以保证慢速的收敛。鲁棒性和性能之间的折中看起来要比稳定的线性系统（或者非线性系统的线性近似系统是稳定的）的情形更加糟糕。

第二个问题是已经证明不存在一个普适的反馈控制器可以渐进稳定任何可行的参考状态路径[49.8]。这是另一个显著不同于线性系统的地方。事实上，给定的一个可控的线性系统 $\dot{\boldsymbol{x}}=\boldsymbol{Ax}+\boldsymbol{Bu}$，其反馈控制器 $\boldsymbol{u}=\boldsymbol{u}_r+\boldsymbol{K}(\boldsymbol{x}-\boldsymbol{x}_r)$，其中 $\boldsymbol{K}$ 是增益矩阵，使得 $\boldsymbol{A}+\boldsymbol{BK}$ 是 Hurwitz 稳定的。它可以指数稳定在相应的系统输入 $\boldsymbol{u}_r$ 下任意可行的参考轨迹 $\boldsymbol{x}_r$（系统的解）。对于非完整约束移动机器人的情形，这样的控制器不存在，和之前那些考虑轨迹稳定的纵向速度的条件有关。这从根本上表明，这些条件不能被完全去掉：不管我们选择什么样的反馈控制器，总是存在一条反馈控制器不能渐进稳定的可行参考轨迹。注意这种限制在非标准反馈（如时变周期反馈，其可以渐进稳定收缩到一点的参考轨迹）中也会存在。进一步，这种限制有着明显的工程意义，因为存在这样的实际应用（如自动跟踪一辆由人驾驶的汽车），其参考轨迹和它的性质事先也是未知的（如无法确定领航的车将要停下来还是要继续走）。这导致我们不能轻松决定该使用哪个控制器。在很多的控制器之间切换是个合理的策略，这已经被一些人研究过了，并且在很多情形下都能找到理想的解决方案。然而，由于执行预先设定两个控制器之间的切换策略可以归结为设计第三种控制器，这既不能解决问题的核心，也不能保证绝对的成功。

第三个问题并非特别针对非完整约束系统，但是在非线性控制文献中很少提及，其关注的是不可行轨迹（既不是系统方程解的轨迹）的跟踪问题。由于精确跟踪是不可能的，根据不可行轨迹的定义，控制目标是保证该跟踪误差缩小到某些非零阀值之内并一直保持不再超出。在非完整约束系统情形下，如果速度控制输入的幅值没有限制，那么这些阀值理论上可以任意小。这一事实使得这个问题与这些系统关系更紧密。这可以称为实用稳定目标，虽然它比前面章节中考虑的稳定目标稍弱，但是极大地拓宽了控制设计问题和应用范围。例如，它可以描述用一个独轮车型车辆或者汽车型车辆跟踪一个全方位型车辆的轨迹问题。在考虑避障的轨迹规划中，针对一类移动机器人，把不可行轨迹转化为可行轨迹可以通过将实用稳定控制器应用于此类机器人的模型上对系统的闭环方程进行数值积分来实现。此外，如果我们用实用稳定目标代替渐进稳定目标，对前面提到的普适稳定控制器的存在问题进行重新表述，那么答案就会变为肯定的：如此的稳定控制器存在，并且参考轨迹不必要求可行。

49.4.6 基于横向函数方法的任意轨迹的实用稳定

针对可控无漂移系统，参考文献［49.9］描述了一种设计实用稳定器的可行方法。我们接下来回顾其中的一些基本原理。然后把它们推广到独轮车型和汽车型移动机器人的例子上。

我们首先介绍一些本节将要用到的矩阵符号。

$$\boldsymbol{R}(\theta)=\begin{pmatrix}\cos\theta & -\sin\theta\\ \sin\theta & \cos\theta\end{pmatrix},\quad \boldsymbol{S}=\begin{pmatrix}0 & -1\\ 1 & 0\end{pmatrix}$$

$$\overline{\boldsymbol{R}}(\theta)=\begin{pmatrix}R(\theta) & 0\\ 0 & 1\end{pmatrix}$$

1. 独轮车型

根据如上的符号，动力学模型式[49.4]可以写为

$$\dot{\boldsymbol{g}}=\overline{\boldsymbol{R}}(\theta)\boldsymbol{C}\boldsymbol{u} \tag{49.36}$$

式中，$\boldsymbol{g}=(x,y,\theta)^{\mathrm{T}}$，并且

$$\boldsymbol{C}=\begin{pmatrix}1 & 0\\ 0 & 0\\ 0 & 1\end{pmatrix}$$

我们考虑一个平滑函数

$$f:\alpha\mapsto f(\alpha)=\begin{pmatrix}f_x(\alpha)\\ f_y(\alpha)\\ f_\theta(\alpha)\end{pmatrix}$$

式中，$\alpha\in S^1=\mathbb{R}/2\pi\mathbb{Z}$（即 α 是一个角度标量），并且定义

$$\begin{aligned}\bar{\boldsymbol{g}}:=\begin{pmatrix}\bar{x}\\ \bar{y}\\ \bar{\theta}\end{pmatrix}&:=\boldsymbol{g}\overline{\boldsymbol{R}}[\theta-f_\theta(\alpha)]f(\alpha)\\ &=\begin{pmatrix}\begin{pmatrix}x\\ y\end{pmatrix}-\boldsymbol{R}[\theta-f_\theta(\alpha)]\begin{pmatrix}f_x(\alpha)\\ f_y(\alpha)\end{pmatrix}\\ \theta-f_\theta(\alpha)\end{pmatrix}\end{aligned} \tag{49.37}$$

注意，$\bar{\boldsymbol{g}}$ 可以看作坐标系 $\overline{\mathcal{F}}_{\mathrm{m}}(\alpha)$ 的一种状态，其原点在坐标系 $\mathcal{F}_{\mathrm{m}}$ 中的位置为 $-\boldsymbol{R}[-f_\theta(\alpha)]\begin{pmatrix}f_x(\alpha)\\ f_y(\alpha)\end{pmatrix}$。用微分几何的术语描述，$\bar{\boldsymbol{g}}$ 是在 $SE(2)$ 中李群运算的意义下 $\boldsymbol{g}$ 与 $\overline{\mathcal{F}}_{\mathrm{m}}(\alpha)$ 的积。由于 $f(\alpha)$ 的元素都小，因此 $\overline{\mathcal{F}}_{\mathrm{m}}(\alpha)$ 无限趋近 $\mathcal{F}_{\mathrm{m}}$。对任意平滑时间函数 $t\mapsto\alpha(t)$，沿着任意系统式（49.36）的解，$\bar{\boldsymbol{g}}$ 的时间导数如下给出：

$$\dot{\bar{\boldsymbol{g}}}=\overline{\boldsymbol{R}}(\bar{\theta})\bar{\boldsymbol{u}} \tag{49.38}$$

其中

$$\bar{\boldsymbol{u}}=\boldsymbol{A}(\alpha)\left(\overline{\boldsymbol{R}}(f_\theta(\alpha))-\frac{\partial f}{\partial\alpha}(\alpha)\right)\begin{pmatrix}\boldsymbol{C}\boldsymbol{u}\\ \dot{\alpha}\end{pmatrix} \tag{49.39}$$

并且

$$\boldsymbol{A}(\alpha)=\begin{pmatrix}\boldsymbol{I}_2 & -\boldsymbol{S}\begin{pmatrix}f_x(\alpha)\\ f_y(\alpha)\end{pmatrix}\\ \boldsymbol{0} & 1\end{pmatrix} \tag{49.40}$$

由式（49.38）和式（49.39），我们可以把 $\dot{\alpha}$ 看作一种补偿控制输入，其可以用于监控坐标系 $\overline{\mathcal{F}}_{\mathrm{m}}(\alpha)$ 的移动。更精确地说，$\overline{\mathcal{F}}_{\mathrm{m}}(\alpha)$ 可以看作是全方位坐标系，使得 $\boldsymbol{u}$ 可以等于任何 $\mathbb{R}$ 中的向量，即，只要映射 $(\boldsymbol{u},\dot{\alpha})\mapsto\bar{\boldsymbol{u}}$ 是映上的。下面我们确定何时这个条件可以得到满足。式（49.39）也可以写成

$$\bar{\boldsymbol{u}}=\boldsymbol{A}(\alpha)\boldsymbol{H}(\alpha)\begin{pmatrix}\boldsymbol{u}\\ \dot{\alpha}\end{pmatrix} \tag{49.41}$$

令

$$\boldsymbol{H}(\alpha)=\begin{pmatrix}\cos f_\theta(\alpha) & 0 & -\dfrac{\partial f_x}{\partial\alpha}(\alpha)\\ \sin f_\theta(\alpha) & 0 & -\dfrac{\partial f_y}{\partial\alpha}(\alpha)\\ 0 & 1 & -\dfrac{\partial f_\theta}{\partial\alpha}(\alpha)\end{pmatrix} \tag{49.42}$$

由于 $\boldsymbol{A}(\alpha)$ 是可逆的，所以 $\overline{\mathcal{F}}_{\mathrm{m}}(\alpha)$ 是全向的当且仅当矩阵 $\boldsymbol{H}(\alpha)$ 也是可逆的。对于任何 $\alpha\in S^1$ 满足此性质的函数 f 称为横向函数。在横向函数方法[49.9,10]的更一般的背景下，已经讨论了此类函数存在的问题。在本例中，横向函数族由下式给出：

$$f(\alpha)=\begin{pmatrix}\varepsilon\sin\alpha\\ \varepsilon^2\eta\dfrac{\sin2\alpha}{4}\\ \arctan(\varepsilon\eta\cos\alpha)\end{pmatrix}\quad(\varepsilon,\eta>0) \tag{49.43}$$

实际上，使用此函数可以验证，对于任何 $\alpha\in S^1$，$\det\boldsymbol{H}(\alpha)=-\dfrac{\varepsilon^2\eta}{2}\cos[\arctan(\varepsilon\eta\cos\alpha)]<0$。注意，$f$ 的分量均匀地趋向于零，因为 ε 趋向于零，因此通过选择足够小的 ε（但不等于零），可以使相关的全方位坐标系 $\overline{\mathcal{F}}_{\mathrm{m}}(\alpha)$ 任意接近 $\mathcal{F}_{\mathrm{m}}$。现在，令 $t\mapsto\boldsymbol{g}_{\mathrm{r}}(t)=[x_{\mathrm{r}}(t),y_{\mathrm{r}}(t),\theta_{\mathrm{r}}(t)]^{\mathrm{T}}$，表示平滑但任

49

意的参考轨迹。从式（49.38）导出一个反馈律 $\bar{u}$ 并不困难，该反馈律使 $\bar{g}$ 在 g_r 处渐近稳定。一个可能的选择由下式给出：

$$\bar{\boldsymbol{u}}=\bar{\boldsymbol{R}}(-\bar{\theta})[\dot{\boldsymbol{g}}_r-k(\bar{\boldsymbol{g}}-\boldsymbol{g}_r)] \quad (49.44)$$

这意味着，$(\dot{\bar{g}}-\dot{g}_r)=-k(\bar{g}-g_r)$。因此，对于任何 $k>0$，$\bar{g}-g_r=0$ 是上述方程的指数稳定平衡点。然后，从式（49.37）得出

$$\lim_{t\to+\infty}\{\boldsymbol{g}(t)-\boldsymbol{g}_r(t)-\bar{\boldsymbol{R}}[\theta_r(t)]f[\alpha(t)]\}=0 \quad (49.45)$$

因此，跟踪误差 $\|g-g_r\|$ 的范数最终以 $f(\alpha)$ 的范数为界，基于式（49.43），可通过选择 ε 值，使其任意小。正是在这种意义上实现了实用稳定。然后，通过对关系式（49.41）求逆，并使用 $\bar{u}$ 的表达式（49.44）来计算独轮车型移动机器人的控制 $\boldsymbol{u}$。

虽然为了获得良好的跟踪精度，可能会对横向函数 f 使用非常小的 ε 值，但必须注意该策略的局限性。事实上，当 ε 趋于零时，由式（49.42）定义的矩阵 $\boldsymbol{H}(\alpha)$ 变得病态，其行列式趋于零。这意味着，通过式（49.41），机器人的速度 u_1 和 u_2 可能变得非常大。特别是，当参考轨迹 g_r 不可行时，可能会发生许多人工操纵。请注意，这一困难是机器人非完整性的固有问题，无法回避（想想在非常狭窄的停车场停车的问题）。因此，在实际中，试图对不可行的轨迹实施非常精确的跟踪并不一定是一个好的选择。另一方面，当轨迹可行时，不需要操纵来实现精确跟踪，因此在这种情况下可以使用较小的 ε 值。这显然导致了一个两难境地，即参考轨迹事先未知，其可行性属性可能随时间而变化。参考文献［49.11］中提出了一种基于横向函数的控制策略，其幅值可在线调整。在参考文献［49.12］中还可以找到在独轮车型移动机器人上对当前方法的试验验证。

2. 汽车型

上述控制方法可扩展到汽车型移动机器人（以及拖车型）。同样的想法是给机器人坐标系 $\mathcal{F}_m$ 关联一个全方位坐标系 $\bar{\mathcal{F}}_m(\alpha)$，通过选择一些设计参数，该坐标系可以任意接近 $\mathcal{F}_m$。让我们展示一下如何为汽车型移动机器人做到这一点。为了简化即将出现的方程，让我们将系统式（49.5）改写为

$$\begin{cases}\dot{x}=u_1\cos\theta\\ \dot{y}=u_1\sin\theta\\ \dot{\theta}=u_1\xi\\ \dot{\xi}=u_\xi\end{cases}$$

式中，$\xi=(\tan\phi)/L$，$u_\xi=u_2(1+\tan^2\phi)/L$。此系统式也可以写成［与式（49.36）相比］

$$\begin{cases}\dot{\boldsymbol{g}}=\bar{\boldsymbol{R}}(\theta)\boldsymbol{C}(\xi)u_1\\ \dot{\xi}=\boldsymbol{u}_\xi\end{cases} \quad (49.46)$$

式中，$\boldsymbol{g}=(\boldsymbol{x},\boldsymbol{y},\theta)^{\mathrm{T}}$ 和 $\boldsymbol{C}(\xi)=(1,0,\xi)^{\mathrm{T}}$。现在让我们设一个光滑函数为

$$f:\alpha\mapsto f(\alpha)=\begin{pmatrix}f_g(\alpha)\\ f_\xi(\alpha)\end{pmatrix}=\begin{pmatrix}f_x(\alpha)\\ f_y(\alpha)\\ f_\theta(\alpha)\\ f_\xi(\alpha)\end{pmatrix}$$

式中，$\alpha\in S^1\times S^1$［即 $\alpha=(\alpha_1,\alpha_2)$］，并定义［与式（49.37）相比］

$$\bar{\boldsymbol{g}}:=\begin{pmatrix}\bar{x}\\ \bar{y}\\ \bar{\theta}\end{pmatrix}:=\boldsymbol{g}-\bar{\boldsymbol{R}}[\theta-f_\theta(\alpha)]f_g(\alpha)$$
$$=\begin{pmatrix}\begin{pmatrix}x\\ y\end{pmatrix}-\boldsymbol{R}[\theta-f_\theta(\alpha)]\begin{pmatrix}f_x(\alpha)\\ f_y(\alpha)\end{pmatrix}\\ \theta-f_\theta(\alpha)\end{pmatrix} \quad (49.47)$$

与独轮车型的情况一样，可以将其视为某个全方位坐标系 $\bar{\mathcal{F}}_m(\alpha)$ 的情况。通过沿任意平滑时间函数$\bar{g}t\mapsto\alpha(t)$ 和式（49.46）的任何解的微分，可以验证式（49.38）仍然满足要求，但 $\bar{u}$ 的定义为

$$\bar{\boldsymbol{u}}=\boldsymbol{A}(\alpha)\left(\bar{\boldsymbol{R}}[f_\theta(\alpha)]-\frac{\partial f_g}{\partial\alpha_1}(\alpha)-\frac{\partial f_g}{\partial\alpha_2}(\alpha)\right)\times\begin{pmatrix}\boldsymbol{C}(\xi)u_1\\ \dot{\alpha}_1\\ \dot{\alpha}_2\end{pmatrix} \quad (49.48)$$

式中，$\boldsymbol{A}(\alpha)$ 仍然由式（49.40）定义。利用以下事实：

$$\boldsymbol{C}(\xi)u_1=\boldsymbol{C}[f_\xi(\alpha)]u_1+\{\boldsymbol{C}(\xi)-\boldsymbol{C}[f_\xi(\alpha)]\}u_1$$
$$=\begin{pmatrix}1\\ 0\\ f_\xi(\alpha)\end{pmatrix}u_1+\begin{pmatrix}0\\ 0\\ \xi-f_\xi(\alpha)\end{pmatrix}u_1$$

式（49.48）也可以写成

$$\bar{\boldsymbol{u}}=\boldsymbol{A}(\alpha)\boldsymbol{H}(\alpha)\begin{pmatrix}u_1\\ \dot{\alpha}_1\\ \dot{\alpha}_2\end{pmatrix}+\boldsymbol{A}(\alpha)\begin{pmatrix}0\\ 0\\ u_1[\xi-f_\xi(\alpha)]\end{pmatrix} \quad (49.49)$$

其中

$$H(\alpha)=\begin{pmatrix}\cos f_\theta(\alpha) & -\dfrac{\partial f_x}{\partial\alpha_1}(\alpha) & -\dfrac{\partial f_x}{\partial\alpha_2}(\alpha)\\ \sin f_\theta(\alpha) & -\dfrac{\partial f_y}{\partial\alpha_1}(\alpha) & -\dfrac{\partial f_y}{\partial\alpha_2}(\alpha)\\ f_\xi(\alpha) & -\dfrac{\partial f_\theta}{\partial\alpha_1}(\alpha) & -\dfrac{\partial f_\theta}{\partial\alpha_2}(\alpha)\end{pmatrix} \tag{49.50}$$

通过令

$$u_\xi=\dot{f}_\xi(\alpha)-k[\xi-f_\xi(\alpha)] \tag{49.51}$$

其中 $k>0$，由式（49.46）可知指数收敛到 0。因此，经过短暂的相移（其持续时间可以由 $1/k$ 所度量）之后，$\xi-f_\xi(\alpha)\approx 0$，且式（49.49）可以简化为

$$\bar{u}=A(\alpha)H(\alpha)\begin{pmatrix}u_1\\ \dot{\alpha}_1\\ \dot{\alpha}_2\end{pmatrix} \tag{49.52}$$

假设函数 f 使得 $H(\alpha)$ 始终可逆，这也就意味着与 $\bar{g}$ 相关的坐标系 $\mathcal{F}_m(\alpha)$ 是全向的。所有满足这个性质的函数 f 称为横向函数。一旦这个函数确立了，我们可以渐进稳定 $\bar{g}$ 的参考轨迹 g_r，例如，定义式（49.44）中的 $\bar{u}$，机器人所需的控制律 u_1 可以通过对式（49.52）的求逆获得。下面的引理描述了一个横向函数的集合。

引理 49.1

对于任意的 $\varepsilon>0$ 和 η_1，η_2，η_3，使得 η_1，η_2，$\eta_3>0$，且 $6\eta_2\eta_3>8\eta_3+\eta_1\eta_2$，函数 f 定义如下：

$$f(\alpha)=\begin{pmatrix}\bar{f}_1(\alpha)\\ \bar{f}_4(\alpha)\\ \arctan[\bar{f}_3(\alpha)]\\ \bar{f}_2(\alpha)\cos^3 f_3(\alpha)\end{pmatrix}$$

式中，$\bar{f}$：$S^1\times S^1\to\mathbb{R}^4$，由下式给出：

$$\bar{f}(\alpha)=\begin{pmatrix}\varepsilon(\sin\alpha_1+\eta_2\sin\alpha_2)\\ \varepsilon\eta_1\cos\alpha_1\\ \varepsilon^2\left(\dfrac{\eta_1\sin2\alpha_1}{4}-\eta_3\cos\alpha_2\right)\\ \varepsilon^3\left(\eta_1\dfrac{\sin^2\alpha_1\cos\alpha_1}{6}-\dfrac{\eta_2\eta_3\sin2\alpha_2}{4}-\eta_3\sin\alpha_1\cos\alpha_2\right)\end{pmatrix}$$

此时，则满足横向条件 $\det H(\alpha)\neq0$，对于任意 α。其中，$H(\alpha)$ 由式（49.50）定义[49.13]。

图 49.12 中的仿真结果验证了该控制方法对一个汽车型移动机器人的应用效果。参考轨迹是由初始条件 $g_r(0)=0$ 和它如下的时间导函数决定：

$$\dot{g}_r(t)=\begin{cases}(0,0,0)^T & t\in[0,30]\\ (1,0,0)^T & t\in(30,38]\\ (0,0.3,0)^T & t\in(38,53]\\ (-1,0,0)^T & t\in(53,61]\\ (0,0,0.2)^T & t\in(61,80]\end{cases}$$

当 $t\in[0,30]$ 时，对应于一个固定位姿，当 $t\in(30,61]$ 时，按时间顺序描述了三种纯粹的平移运动；当 $t\in(61,80]$ 时，描述了一种纯粹的旋转运动。我们注意到当 $t\in(38,53]$ 时，对汽车型移动机器人来说参考轨迹是不可行的，因为对应于一个与 g_r 相关的坐标系 $\mathcal{F}_r$ 下单位向量 j_r 的方向上的侧向平移；同样当 $t\in(61,80]$ 时，参考轨迹也是不可行的，因为一个后轮驱动的机器人不能做纯粹的旋转运动。汽车型移动机器人在 $t=0$ 时，初始状态为 $g(0)=(0,1.5,0)$，初始方位角 $\phi(0)=0$。

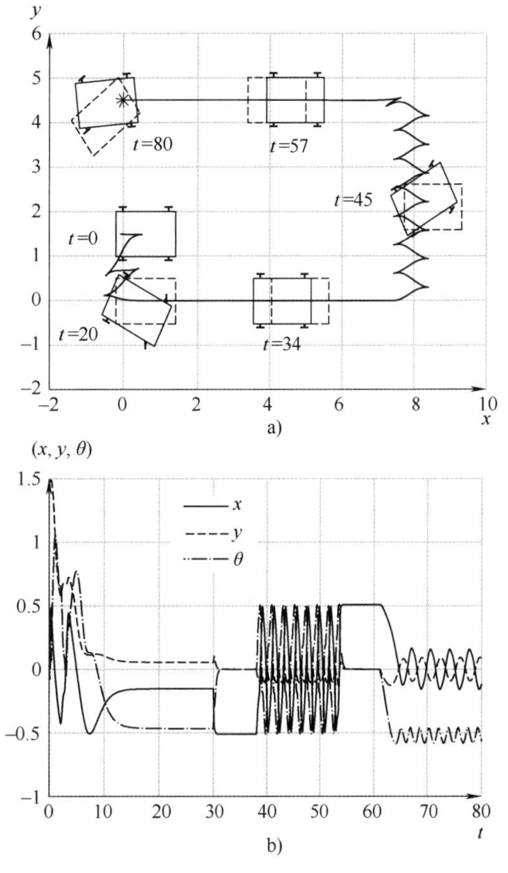

图 49.12　采用横向函数方法的任意轨线的实用稳定
a）笛卡儿坐标系下的运动　b）误差-时间坐标系

在图 49.12a 中，用实线框表示不同时刻机器人的位姿，用虚线框表示在对应时刻参考机器人底座的位姿。图中同样反映了机器人两个后轮轮轴中心的运动轨迹。图 49.12b 给出了参考系［即 (x_e, y_e) 由式（49.16）所定义，$\theta_e=\theta-\theta_r$］下跟踪误差随时间变化的过程。由式（49.54）可知，在 $\bar{g}$ 指数收敛到零点以后，$|x_e|$，$|y_e|$ 和 $|\theta_e|$ 的最终上界分别由函数 f_x，f_y，f_θ 的最大振幅来决定。在这个仿真试验中，引理 49.1 中横向函数的控制参数取以下数值：$\varepsilon=0.17$，$\eta_{1,2,3}=(12,2,20)$。基于这些具体的数值，我们可以验证 $|f_x|$、$|f_y|$ 和 $|f_\theta|$ 的上界分别为 0.51、0.11 和 0.6。这与图中所示的跟踪误差的时间演化相一致。正如对独轮车型情形所指出的，我们可以通过减小 ε 的值来获得更高的跟踪精度，但是这将导致更大的控制输入值以及更频繁的动作，特别是在时间区间［38, 53］和［61, 80］内，此时参考轨线是不可行的。有关该方法的其他仿真和试验结果可参考 VIDEO 182 和 VIDEO 243。

49.5　非理想轮地接触下的路径跟随

在前一节中所使用的运动学模型是根据车辆车轮的经典滚动假设得出的。这个假设对许多室内以及室外的应用（如在公路上时）都很适用。然而，在某些情况下，滑动是十分重要的。例如，当车辆在自然地形上行驶时（草地、土地），若车辆的速度很快或者地形不是完全水平的时候，就容易会发生这样的情况。在这些情况下，前几节中提出的控制方法可能不会完全满足。在这一节当中，我们展示了这些控制法则仍然可以适用，前提是在模型层面上考虑滑动，并通过一个专门的观测器在线估计。为了简单起见，只为了解决路径的问题，但是这里提供的技术可以扩展到其他的控制问题。

49.5.1　在滑动的情况下扩展控制模型

1. 扩展的运动学模型

在图 49.13 中，考虑到一辆汽车型移动机器人的双轮示意图。引入角度 β_R 和 β_F 分别代表了后轮和前轮的滑动。更精确地说，将后轮和前轮的中心分别设为 $\boldsymbol{P}_R$ 和 $\boldsymbol{P}_F$，β_R 是向量 $\boldsymbol{P}_R\boldsymbol{P}_F$ 以及 $\boldsymbol{P}_R$ 的速度矢量 $\boldsymbol{v}_R$ 之间的夹角，在这个情况下，β_F 代表着控制方向以及 $\boldsymbol{P}_F$ 的速度矢量 $\boldsymbol{v}_F$。在第 49.2 节中的运动学建模很容易扩展[49.14]，从而产生了下面的模型：

$$\begin{cases}\dot{x}=u_1\cos(\theta+\beta_R)\\ \dot{y}=u_1\sin(\theta+\beta_R)\\ \dot{\theta}=u_1\cos(\beta_R)\dfrac{\tan(\phi+\beta_F)-\tan(\beta_R)}{L}\\ \dot{\phi}=u_2\end{cases}\tag{49.53}$$

式中，u_1（被标记的）为向量 $\boldsymbol{v}_R$ 的幅值。注意到这些等式在 $\beta_R=\beta_F=0$ 时，可化简为式（49.5）。

2. Frénet 坐标系下的运动学模型

在路径跟踪的背景下，通过对第 49.2.3 节中讨论的纯滚动情况的直接调整，获得一个沿着期望

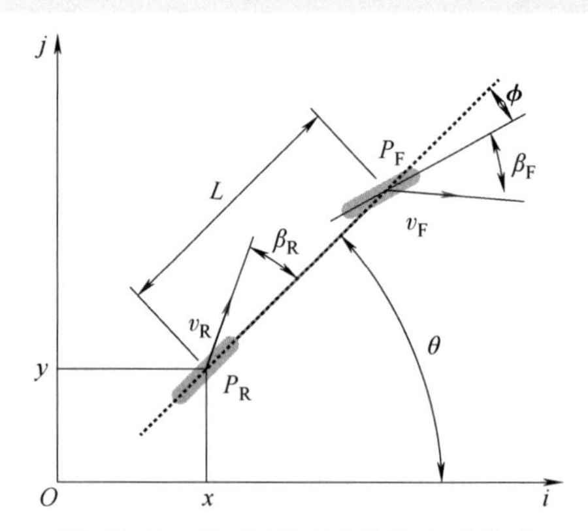

图 49.13　滑动情况下的汽车型移动机器人的情形

路径移动的运动学模型。定义车辆与期望路径 C 之间的距离，作为点 P_R 和这条路径之间的距离 d（图 49.5），这个模型的方程式很容易从式（49.53）中推导出来［相对于式（49.13）而言］。

$$\begin{cases}\dot{s}=u_1\dfrac{\cos(\theta_e+\beta_R)}{1-dc(s)}\\ \dot{d}=u_1\sin(\theta_e+\beta_R)\\ \dot{\theta}_e=u_1[\cos(\beta_R)\lambda_1-\lambda_2]\\ \dot{\phi}=u_2\end{cases}\tag{49.54}$$

式中，θ_e 是车体轴 P_RP_F 与这条路径上点 P_R 的期望路径切线的夹角；$c(s)$ 是在投影点上的路径曲率；$\lambda_1=[\tan(\phi+\beta_F)-\tan(\beta_R)]/L$；$\lambda_2=[c(s)\cos(\theta_e+\beta_R)]/[1-dc(s)]$。

3. 滑动角动力学模型

运动学模型式（49.53）可用于控制器设计，一旦它可以得到完成，也就得到了含滑动角度 β_R 和 β_F 的动力学模型。这样的模型可以从牛顿定律和轮地接触模型中得到。一些符号（详情见图 49.14）和假设也是为了这个目的而引入的，说

明如下：

1）车辆的质量被表示为 m，它的惯性矩与（固定的机构）垂直轴可以表示为 I_z。车辆的重心 G 位于 P_R 与 P_F 之间的部分，并且该点与 P_R 之间的距离为 L_R，与 P_F 之间的距离为 L_F。

2）纵向动力忽略不计。更精确地说，人们认为，在车辆上的牵引力与对纵向的轮胎/地面接触力的监控，是独立于车辆的横向动力学控制的，由于这个控制，车辆的纵向速度，在车身坐标系中（例如，$u_1\cos\beta_r$）缓慢地变化以至于它的时间导数在计算横向动力学时可以被忽略。

3）与车轮平面正交的横向轮胎/地面接触力，分别表示为 $\boldsymbol{F}_R$ 和 $\boldsymbol{F}_F$。

4）重力的横向分量被表示为 $\boldsymbol{F}_G$。这个力作用在 G 上，它的大小值是 $mg\sin\alpha$，其中 α 表示横向方向的地形斜率。

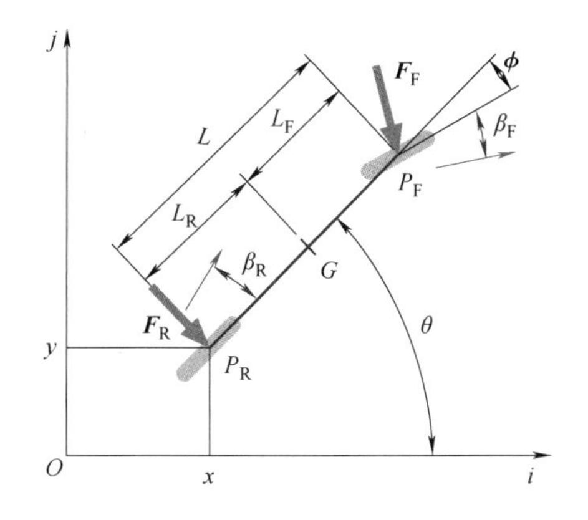

图 49.14　施加在类似汽车型移动机器人上的横向力

在向正交于 $\boldsymbol{v}_R$ 的方向投影的条件下，牛顿定律[49.15]的应用如下：

$$\dot{\beta}_R=\frac{1}{mu_1}[(F_R+mg\sin\alpha)\cos\beta_R+F_F\cos(\beta_R-\phi)-mL_R\ddot{\theta}\cos\beta_R]-\dot{\theta}$$

式中，F_F 和 F_R（被标记的）分别是横向力 $\boldsymbol{F}_F$ 和 $\boldsymbol{F}_R$ 的大小，并且

$$\ddot{\theta}=\frac{1}{I_z}(L_FF_F\cos\phi-L_RF_R)\qquad(49.55)$$

由式（49.53）可知，

$$\tan(\phi+\beta_F)=\tan\beta_R-\frac{L\dot{\theta}}{u_1\cos\beta_R}$$

假设 $u_1\cos\beta_r$ 是一个常值，则求出这个等式关于时间的导数为

$$\dot{\beta}_F=\cos^2(\phi+\beta_F)\left(\frac{\dot{\beta}_R}{\cos^2\beta_R}-L\frac{\ddot{\theta}}{u_1\cos\beta_R}\right)-\dot{\phi}$$

因此，滑动角动力学模型可由下式给出：

$$\begin{cases}\dot{\beta}_R=\dfrac{1}{mu_1}[(F_R+mg\sin\alpha)\cos\beta_R+\\ \qquad F_F\cos(\beta_R-\phi)-mL_R\ddot{\theta}\cos\beta_R]-\dot{\theta}\\ \dot{\beta}_F=\cos^2(\phi+\beta_F)\left(\dfrac{\dot{\beta}_R}{\cos^2\beta_R}-L\dfrac{\ddot{\theta}}{u_1\cos\beta_R}\right)-\dot{\phi}\end{cases}\qquad(49.56)$$

用车辆的角速度表达式（49.55）来替换角加速度 $\ddot{\theta}$，并用式（49.53）来代换 $\dot{\theta}$、$\dot{\phi}$，利用参数 φ、α、u_1、u_2、F_R、F_F 便可以表示一个滑动角动力学的表达式。

4. 轮胎/地面相互作用模型的侧向力模型

考虑到式（49.56），我们需要横向力 $\boldsymbol{F}_R$ 与 $\boldsymbol{F}_F$ 的知识来计算滑动角和车辆运动的演变。在这种情况下，特别是为了模拟的时候，一个轮地交互的模型是十分有用的。虽然库仑模型很受人们的欢迎，但也不可以解决在一个大的操作域内轮胎/地面相互作用的复杂问题。由于这个原因，其他的接触模型也在各类文献中提出。例如，Dahl 模型[49.16]以及 LuGre 模型[49.17]，即使它们没有专门用于轮地接触描述的那样，依旧可以用少许几个参数给出接触力和滑动速度的关系。它们被用来描述参考文献［49.18］中的车辆的动态情形，最令人感兴趣的是著名的“Pacejka 模型”[49.19]的著名的轮地接触模型，在这个模型中有几个版本是依赖于应用程序的。移动机器人中，一个实用方便的模型的仿真和分析是在参考文献［49.20］中提出的一个所谓的“魔法公式”。和其他的接触模型一样，这个公式表示了在滑动角度方向的侧向地面力。它的定义公式如下：

$$\begin{cases}F_*=D\sin\left[c\arctan(B[1-E])\beta_*+\dfrac{E}{B}\arctan(B\beta_*)\right]\\ D=a_1(F_z^*)^2+a_2F_z^*\\ E=a_6(F_z^*)^2+a_7F_z^*+a_8\\ B=\dfrac{a_3\sin[a_4\arctan(a_5F_z^*)]}{cD}\end{cases}\qquad(49.57)$$

式中，$*\in\{F,R\}$ 用来表示前面（F）以及后面（R）的轮子，并且 F_Z^* 是相应的轮胎负载定义为 $(L_*/L)m$。参数 $a_i(i\in[1,\cdots,8])$ 和 c 则分别代表控制条件和轮胎性能（压力、接触点）。表 49.1 给出了车辆在潮湿的草地上以 2m/s 的速度移动（见第 49.5.4 节）时典型的参数值。图 49.15 描述了前侧横向力 $\boldsymbol{F}_F$ 与滑动角 β_F 之间的关系。这

个关系是关于原点对称的，具有小角度的准确性，具有大约±10的极值，并且涉及一个大滑动角的饱和度。在良好的抓握条件下，该函数的线性部分通常足够考虑慢速运动，而当车辆在自然地形或高速的情况下以可能较大的滑动角运动时，其线性部分就变得十分重要。

用轮胎/地面接触模型来描述滑动的动态特性，并对模拟中控制律的性能有一定的帮助。这些模型的主要缺点是大量的相关参数和在实际应用中评估合适的值比较困难，因为这些值很大程度上依赖于不精确的已知地面特性，而且可能会在车辆的轨迹上快速变化。由于这些原因，先前控制模型可能不是最适合控制器设计的。在许多情况下，与其试图开发一个包含不可靠和快速变化参数的完整模型，不如使用与在线评估程序相关联的原始粗糙模型。进一步提出的控制器设计遵循后一种方法。

表 49.1 用于动态建模的参数

参数	值
a_1	-25
a_2	500
a_3	1000
a_4	2
a_5	1
a_6	0
a_7	-0.35
a_8	5
c	1.6
$L=L_F+L_R$	1.3=0.6+0.7
m	380
I_z	300

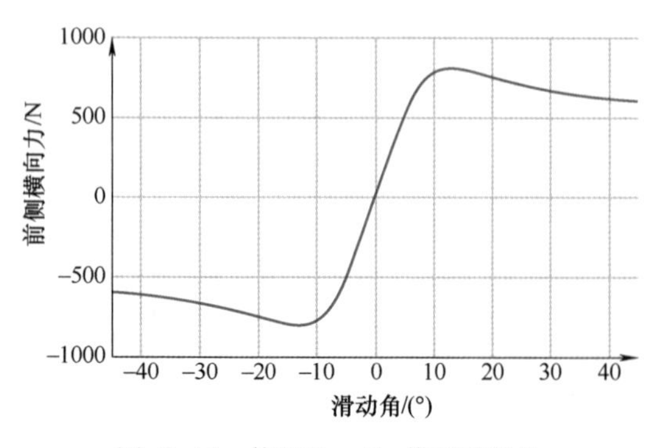

图 49.15 使用Pacejka模型获得的前侧横向力与滑动角之间的关系

49.5.2 滑动角的在线估计

正如之前已经提到的那样，一些关于滑动角度 β_F 以及 β_R 的知识对于精确控制车辆与期望路径之间的横向距离非常有用。由于使用专用传感器直接测量这些角度是相当困难的，因此，另一种方法是设计一个基于相对车辆/路径位置和姿态的测量，对滑动角度进行在线估计的观测器。在这个观测器的设计中，隐含的（粗糙的）模型是，滑动的角度不会改变，就像在一些常见的情况下一样，比如沿着一条缓慢弯曲的道路行驶，或者沿着一条笔直的直线穿过一个恒定坡度的田地。这一类型的解决方案，利用了车辆的运动学模型式（49.54），将在后面展示。

定义 $\boldsymbol{\xi}=(d,\theta_e)^T$，$\beta=(\beta_F,\beta_R)^T$，并且 f 函数表示如下：

$$f[\xi,\beta,\phi,c(s)]=\begin{pmatrix}\sin(\xi_2+\beta_2)\\ \cos(\beta_2)\dfrac{\tan(\phi+\beta_1)-\tan(\beta_2)}{L}-\dfrac{c(s)\cos(\xi_2+\beta_2)}{1-\xi_1 c(s)}\end{pmatrix}$$

从式（49.54）中可知

$$\dot{\xi}=u_1 f[\xi,\beta,\phi,c(s)] \tag{49.58}$$

观测器定义如下：

$$\begin{cases}\dot{\hat{\xi}}=u_1 f[\xi,\hat{\beta},\phi,c(s)]+\alpha_\xi\\ \dot{\hat{\beta}}=\alpha_\beta\end{cases} \tag{49.59}$$

估计值的误差应该满足下式：

$$\begin{cases}\dot{\tilde{\xi}}=u_1\{f[\xi,\beta,\phi,c(s)]-f[\xi,\hat{\beta},\phi,c(s)]\}-\alpha_\xi\\ \dot{\tilde{\beta}}=-\alpha_\beta+\dot{\beta}\end{cases} \tag{49.60}$$

目的是为了确定项 α_ξ 以及 α_β，从而确保当 β 是常数的时候（也就是说，当 $\dot{\beta}=0$ 时），上述估计误差系统的渐进稳定性可以得到保障。因此，在这种情况下，估计 $\hat{\beta}$ 对 β 的渐进收敛性。此外，如果 β 的变化足够缓慢，估计误差依旧会很小。

定理 49.7

令

$$\begin{cases}\alpha_\xi=|u_1|K_1\tilde{\xi}\\ \alpha_\beta=K_2 u_1\left\{\dfrac{\partial f}{\partial\beta}[\xi,\hat{\beta},\phi,c(s)]\right\}^T\tilde{\xi}\end{cases} \tag{49.61}$$

式中，K_1 是一个 2×2 阶正定矩阵，并且 K_2 是一个正的标量。我们假设 β 是一个常数并且有如下假设：

1）变量 u_1、ξ、φ、$c(s)$、$1-dc(s)$ 是有界、可导的，并且它们关于时间的导数是有界的。

2）存在 $\zeta>0$，满足

$$|\phi+\beta_1|,|\beta_2|,|\xi_2+\beta_2|\leqslant\frac{\pi}{2}-\tau$$

3）函数 u_1 是恒定持续的，因为存在有两个常数 T，$\delta>0$，满足

$$\forall t,\int_t^{t+T}|u_1(s)|\mathrm{d}s\geqslant\delta$$

因此，系统式（49.60）的原点在局部是呈指数稳定的。

简要证明：从式（49.61）中可知，动态的估计误差（49.60）可以写成

$$\begin{cases}\dot{\tilde{\xi}}=u_1\left\{\dfrac{\partial f}{\partial\beta}[\xi,\hat{\beta},\phi,c(s)]\tilde{\beta}+O^2(\tilde{\beta})\right\}-|u_1|K_1\tilde{\xi}\\ \dot{\tilde{\beta}}=-K_2u_1\left\{\dfrac{\partial f}{\partial\beta}[\xi,\hat{\beta},\phi,c(s)]\right\}^{\mathrm{T}}\tilde{\xi}\end{cases}\tag{49.62}$$

式中，$O^2(\tilde{\beta})$ 表示 $\tilde{\beta}=0$ 情形下的 $\tilde{\beta}$ 的二阶项。注意到这一项也与 ξ、ϕ、$c(s)$ 以及 $1-dc(s)$ 的值有关。与系统式（49.62）相互关联的线性系统如下：

$$\begin{cases}\dot{\tilde{\xi}}=u_1\dfrac{\partial f}{\partial\beta}[\xi,\beta,\phi,c(s)]\tilde{\beta}-|u_1|K_1\tilde{\xi}\\ \dot{\tilde{\beta}}=-K_2u_1\left\{\dfrac{\partial f}{\partial\beta}[\xi,\beta,\phi,c(s)]\right\}^{\mathrm{T}}\tilde{\xi}\end{cases}\tag{49.63}$$

考虑到备选的 Lyapunov 函数 V 定义如下：

$$V(\tilde{\xi},\tilde{\beta})=K_2|\tilde{\xi}|^2+|\tilde{\beta}|^2$$

V 函数伴随系统式（49.63）的解关于时间的导数满足下式：

$$\dot{V}=-|u_1|K_2\tilde{\xi}^{\mathrm{T}}K_1\tilde{\xi}$$

由于 K_1 是正定的，且 K_2 是正数，因此 V 是一个递增函数。这确保了原点（$\tilde{\xi},\tilde{\beta}$）= 0 的稳定性。使用定理 49.7 中假设 1）和 2）以及矩阵 $\partial f/\partial\beta[\xi,\beta,\varphi,c(s)]$ 可逆的事实，得知系统式（49.63）的原点是渐近稳定的。假设 3）则暗示了原点实际上是一直指数稳定的。再一次使用假设 1）以及假设 2），它们表明了初始（非线性）系统式（49.62）的原点是局部的指数稳定。

对定理 49.7 仍有几点补充说明。尽管估计误差的收敛只在滑动角不变的情况下得到证明，观测器仍然可以提供一个对 β 的很好估计，特别当 $\dot{\beta}$ 很小的时候。对于 β 的快速变化，基于动态模型和 IMU 测量（惯性测量单元）的估计通常会提供更好的结果[49.21]。假设 1）和 2）与式（49.54）中决定方向盘角速度 u_2 的控制器选择有着很大的关系。在这方面，让我们回顾一下分离原理，它允许独立设计一个反馈控制器和一个线性系统的观测器来保证系统的稳定性，而不是系统化地满足于非线性系统。

49.5.3 路径的反馈律

运动学模型式（49.54）可以转化为一个线性系统。这直接扩展了第 49.4.1 节的结果。更精确地说，坐标与控制变量的映射 $(s,d,\theta_e,\phi,u_1,u_2)\mapsto(z_1,z_2,z_3,z_4,v_1,v_2)$ 可通过如下公式进行定义：

$$\begin{aligned}&(z_1,z_2,z_3,z_4)=\\&\Big\{s,d,[1-dc(s)]\tan(\theta_e+\beta_R),\\&-c(s)[1-dc(s)][1+2\tan^2(\theta_e+\beta_R)]-\\&d\frac{\partial c}{\partial s}\tan(\theta_e+\beta_R)+\\&[1-dc(s)]^2\frac{\tan(\phi+\beta_F)-\tan\beta_R}{L}\frac{1+\tan^2(\theta_e+\beta_R)}{\cos(\theta_e+\beta_R)}\Big\}\\&(v_1,v_2)=(\dot{z}_1,\dot{z}_4)\end{aligned}$$

由此将一个汽车型模型式（49.54）转化为一个四维的链式系统。

根据这个转换，第 49.4 节提供一种路径跟踪问题的反馈控制解 v_2。由于 v_2 和初始控制变量 u_2 的关系包含了滑动角 β_F 与 β_R，u_2 可以通过第 49.5.2节中的 $\hat{\beta}_F$ 以及 $\hat{\beta}_R$ 来计算出来。

在实际中，先前存在的底层控制循环可能会使用转向角 ϕ 本身（而不是它关于时间的导数）作为控制输入。在这种情况下，可以通过识别式（49.54）和式（49.13）中的 $\dot{\theta}_e$，在这种情况下，u_2 是一种从独轮车型移动机器人的（链式）控制律式（49.27）推导出的反馈律。进一步假设 $c(s)$ 是常量，可以得到以下的表达式：

$$\phi_{\mathrm{ref}}=\arctan\left[\tan(\hat{\beta}_R)+\frac{L}{\cos(\hat{\beta}_R)}\left(\frac{c(s)\cos\tilde{\theta}_2}{\kappa}+\frac{A\cos^3\tilde{\theta}_2}{\kappa^2}\right)\right]-\hat{\beta}_F\tag{49.64}$$

49

其中

$$\begin{cases}\widetilde{\theta}_2=\theta_e+\hat{\beta}_R\\ \kappa=1-c(s)d\\ A=-k_2d-k_3\kappa\text{sign}(u_1)\tan\widetilde{\theta}_2+c(s)\kappa\tan^2\widetilde{\theta}_2\end{cases}\tag{49.65}$$

49.5.4 低抓地力条件下的路径跟随

1. 仿真结果

通过分别利用运动学和动力学模型式（49.54）和（49.56），我们得到了即将在后面展示的仿真结果，并给出了表49.1指定的轮地相互作用的参数集。图49.16中在黑色的直线上描绘的参考轨迹，由两条与半径为13m的圆轨迹相关联的直线组成。模拟出来的抓握条件会沿着路径的圆弧部分产生滑动状况。由于曲率的不连续性，圆弧部分和直线部分之间的过渡出现了暂时的误差。车辆的速度为3m/s。

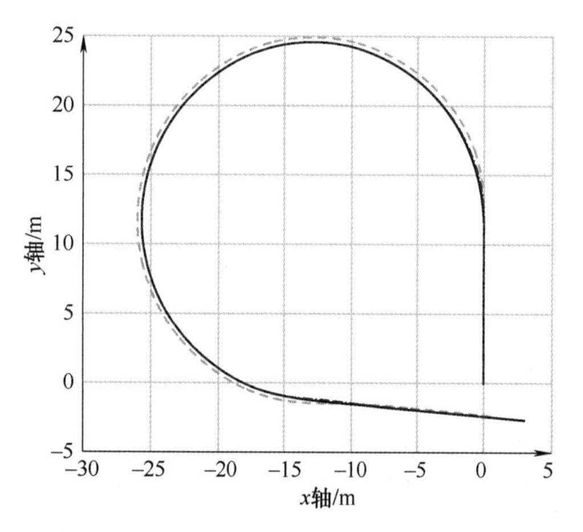

图49.16　在笛卡儿平面上的参考路径和轨迹

操纵驾驶速度 u_2 是根据简单比例反馈控制律来计算出来的，即

$$u_2=-k_\phi(\phi-\phi_{ref})$$

式中，ϕ_{ref} 在式（49.64）中定义并且控制增益 k_ϕ = 12（以250ms作为结算单位）。另一个在式（49.64）中的控制增益被定义为 $(k_2,k_3)=(0.09,0.6)$，在不被超越的情况下，产生了12m的沉降距离。首先，控制律适用于 $(\hat{\beta}_F,\hat{\beta}_R)=(0,0)$（即不考虑滑动的情况下）。结果为图49.16以及图49.17中的虚线部分。除此之外，控制律也适用于观测器通过式（49.59）~式（49.61）得到的 $\hat{\beta}_F$ 以及 $\hat{\beta}_R$，使用 K_1 作为一个对角矩阵，矩阵中的元素等于10和20，并且增益 $K_2=10$。这些结果被显示为点画线，图49.17则清楚地说明了滑动角估计导致横向误差的减少。

图49.18显示了给出的观测器的性能，实线为真实的滑动角（即从模拟运动学中得到的），虚线为估计角度。这样可以验证滑动角的估计是否正确。在实际应用中，使用观测器可以对各种未建模的参数进行动力学补偿，例如，从不精确的车辆几何知识（如距离 L）或者从方向盘上的一个不确定的角度出发。

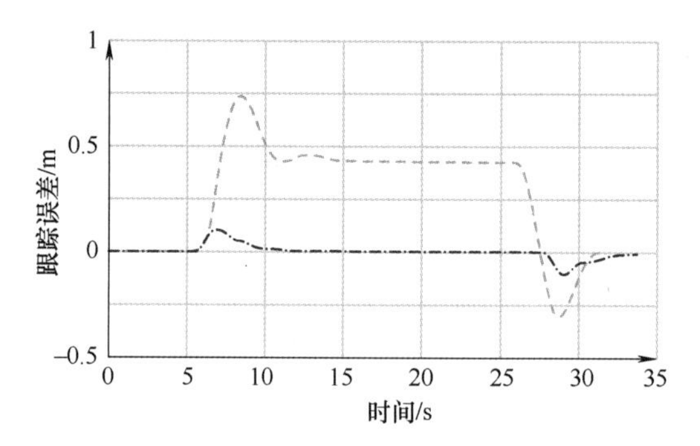

图49.17　横向跟踪误差（d）

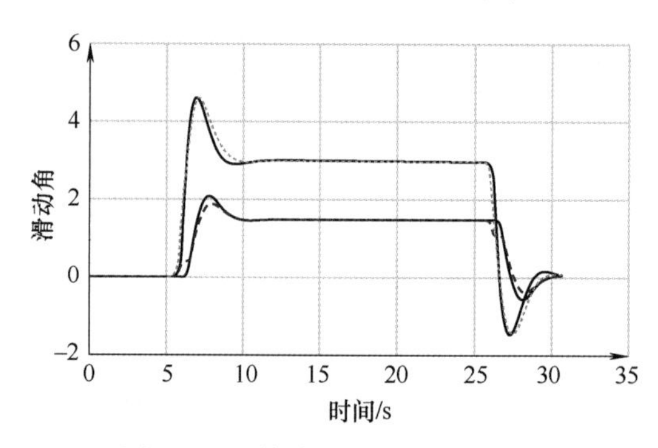

图49.18　估计和实际滑动角比较

2. 试验结果

在这之后我们对图49.19中的汽车型移动机器人进行了全面的自然地形试验，也可以在 VIDEO 435 中查阅展示。这种移动机器人装备有一个实时运动学全球定位系统（RTK-GPS），能产生±2cm精度的绝对位置测量。GPS的天线位于控制点 P_R 的正上方。参考路径由一条与斜率方向垂直的直线组成，在手动驾驶过程中被记录下来。图49.19中左上角显示了 x-y 平面上的记录坐标，z 轴表示了横向倾角 α 的绝对值。这个角度在横坐标为27m时达到10°，并且它随后迅速地增加，达到了约18°。

至于之前报告的模拟结果，反馈控制式（49.64）首次应用于以下公式：

$$\hat{\beta}_F=\hat{\beta}_R=0$$

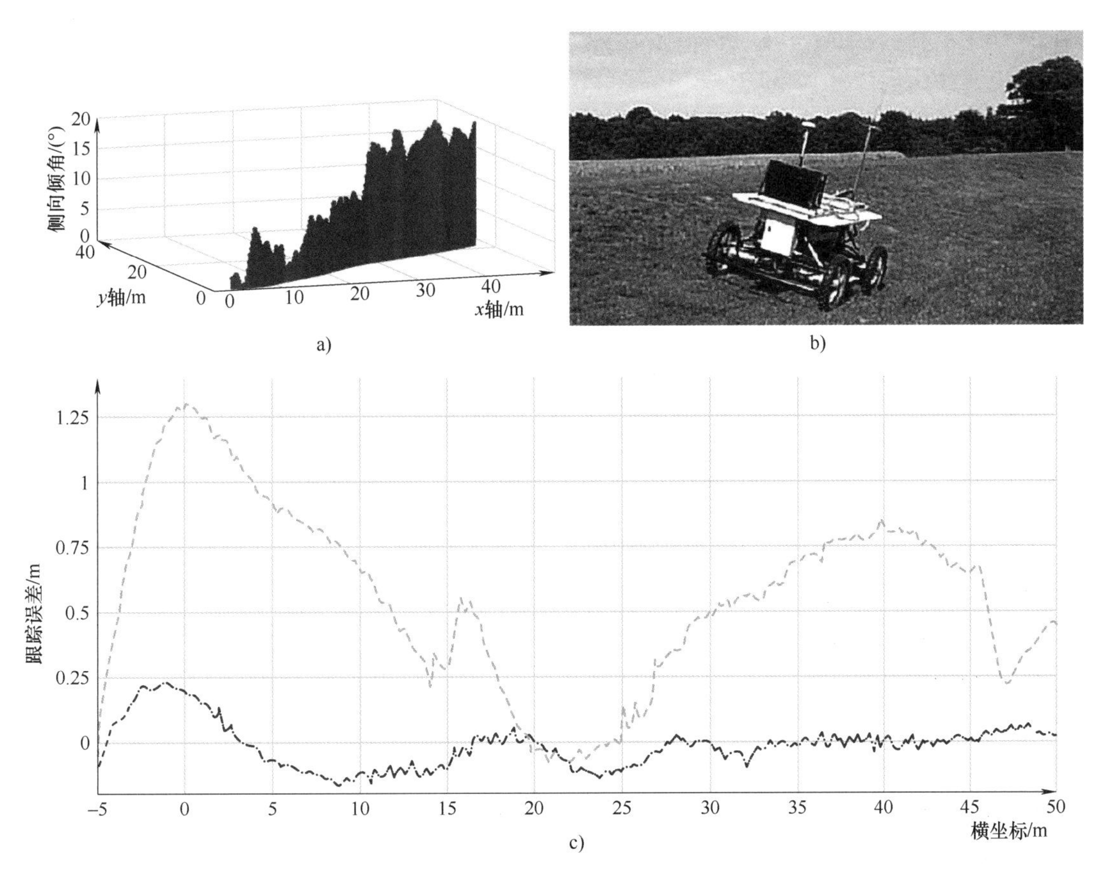

图 49.19 自动越野机器人的滑动效应

a）三维坐标系中的参考轨迹 b）自动跟踪时的机器人 c）跟踪错误（虚线：没有滑动补偿，点实虚线：滑动估算和补偿）

（具体来说，不考虑滑动的情况下），式中由观测器给出的β_F 以及β_R。在这些情况下，在模拟中使用的控制增益与模拟效果相同，例如，$(k_2, k_3)=(0.09, 0.6)$。在试验过程中，机器人的纵向速度为 3m/s。图 49.19 的底部显示了沿着路径的跟踪误差，与在控制法中使用 $(\beta_F, \beta_R)=(0,0)$ 的浅色虚线相对应，深色的虚线表示的是滑动角的估计值。

这些试验结果证实了之前所报道的模拟结果。在控制律中使用估计滑动角的跟踪精度得到了明显的改善：侧向误差仍然很小（小于 0.25m），并且当地形的斜率是最稳定的（曲线的横坐标值超过 30m）时候，它就可以忽略不计了。当滑动角被假定为常数时，这与观测器的稳定性和收敛性分析是一致的。

49.6 补充材料与文献指南

49.6.1 广义拖车系统

这里所提出的大部分针对独轮车型移动机器人和汽车型移动机器人的控制设计方法都可以推广到由一个领航车辆拖着多节拖车的拖车型移动机器人的情形。特别地，第 49.4 节中针对非完整系统所提出的方法都可以推广到这一情形，只要通过把描述系统运动的运动学方程组转换成（至少半全局地）一个链式系统即可[49.6]。为此，一个基本的前提是每一节拖车都要链接在前一节拖车后轮的轮轴上[49.22]。例如，当有两节（或更多节）相继的拖车采用非轴点的链接，则向链式系统的转化是无法实现的[49.23]。所谓的广义拖车系统（包括采用非轴点的链接）导致了更加困难的控制器设计问题，并且关注此类问题的文献也很少。基于上述原因，再加上由于这些系统远没有简单的那些车辆那么高的应用效率，在这里我们就不再单独阐述那些针对此类问题的控制方法了。不过，一部分相关的参考文献会在下面列举。路径跟随问题已经被充分考虑了，如在参考文献［49.24］中讨论了包含两节拖车的系统，更一般地说，在参考文献［49.25］的第3章以及参考文献［49.26］中讨论了包含任意多节拖车的系统。据我们所知，针对此类系统的稳定非静态的参考轨迹还没有结果（除了单拖车的情形，此时系统可以转变为链式形式[49.23,27]）。实际上，明确地求解从一任意位姿到另一任意位姿的可行轨迹已经是一个极端困难的问题。而对于一大类可控无漂移系统的固定位姿渐进稳定问题，则可以（在理论上）应用很多现有的一般性方法得到解决。然而，与这些方法相关联的计算会随着拖车数量的增加而很快变得难以处理。一些更特殊和简单的问题已经有所讨论。在参考文献［49.28］中讨论了针对任意节数的拖车和简化的位姿集的渐进稳定。在参考文献［49.29］中，讨论了包含两节拖车和任意固定位姿的情形。

49.6.2 基于传感器的运动控制

在本章中描述的控制律以及相应的计算，包括在线测量，最终都需要对车辆所在环境中与车辆位置相关的一些变量的在线估计作为补充。这些测量通过应用以下各种传感器（测距仪、GPS、高度计、视觉传感器等）获得。通常，在计算控制变量自身之前，首先要用多种方法对传感器的原始数据进行处理。例如，噪声滤波和状态估计都是此类的基本操作，这些都在自动控制类文献中非常常见。在所有的传感器中，视觉传感器在机器人应用中扮演着一个非常重要的角色。这是由于视觉传感器可以提供丰富多彩的信息。把视觉数据和反馈控制结合在一起，经常形成视觉伺服。在第34章，给出了若干视觉伺服任务，主要是对于操作的情形，和/或假设机器人的任务实现等价于控制安装在全方位操作臂上的相机位姿的情形。在一些情形下，本章所描述的概念和方法可以毫不费力地适用于移动机器人。这些情形基本上对应于在本章的第49.3节所描述的从机器人操作演化而来的控制方法。例如，通过控制机器人车体侧面和道路边缘之间视觉估计的距离来实现的自动驾驶，或者通过控制机器人车体与领航车体前方和侧方的距离来实现的车辆编队。这些问题可以应用第34章给出的控制技术进行讨论，理由是可以比较容易地把这些技术改造为第49.3节所给出的控制方法。然而，也存在一些针对非完整约束移动机器人的基于视觉的实际应用问题，它们是不能通过应用经典视觉伺服技术解决的。例如，在第49.4节所描述的任务目标中，把非完整约束车辆的完整位姿（即位置和姿态）稳定到一个期望位姿处。基于视觉控制的此类问题在参考文献［49.11，30］中进行了讨论。

49.6.3 滑动效应和其他动力学问题

第49.5节的结果可以被看做解决与滑动效应相关的动力学问题的第一步。运动控制模型式（49.53）~式（49.54）可以扩展到其他轮式机器人（参考文献［49.31］用于移动机器人的分类，可以扩展运用到由参考文献［49.32］和［49.33］提出的拖车系统）。通过观察这些角度的动力学，并利用互补的测量手段（如IMU），可以实现对滑动角的在线估计。结果在参考文献［49.21］中提出了一个滑动角动力学模型，在观测器层面上使用了一个模型，从而对这些角度产生了更大的响应性估计。注意，在本例中，仍可使用第49.5节的运动控制律。当参考路径的线验知识可用时，可采用可执行的控制律，以减少与全向角动力学相关的瞬态误差效应。

在高速行进时（如在高速行驶或翻转时），车辆的完整性所带来的各种风险，在本章中没有提到。在参考文献［49.34］中，这些问题在路径规划级别上得到处理。对机器人动力学的了解也可以用来将控制输入与衡量此类风险重要性的指标联系起来，以便在控制层面为参考文献［49.35］引入约束。一种多模型方法（运动学和动力学）可以用来将稳定性问题转化为控制约束，如定义一个最大可接受的纵向速度。预测控制策略也可以帮助控制滚转，转向饱和度，或在参考文献［49.36］中提到的左右摇摆。最后，可以利用额外的驱动器，比如四个独立的驱动车轮[49.37]，或者使用倾斜的驱动器[49.38]。

49.6.4 文献指南

几项关于轮式机器人控制的前期研究已经发表出来。特别是在参考文献［49.39-41］中，包含了关于建模和控制问题的章节。对不同类型的轮式机器人结构的运动学和动力学模型进行了详细的分类（第1卷第24章是基础），可从参考文献［49.32］中找到。用链式系统表示轮式机器人方程的方法在参考文献［49.42］中被提出来，然后推广到参考文献［49.22］。

路径跟踪可能是机器人研究人员解决的第一个

移动机器人的控制问题。在这些开创性工作中，我们引用了参考文献［49.43，44］。在本章给出的几个结果都是基于参考文献［49.6，45］。

有些文献对独轮车型移动机器人和汽车型移动机器人的跟踪以及可跟踪问题进行了相应的研究，并在大量的会议和期刊论文中做了相应的讨论。一些作者用动态反馈线性化技术解决了这个问题。在这方面，可以参考文献［49.46-48］，以及参考文献［49.39］第 8 章的具体细节。

大量文献研究了固定位形下的渐进稳定。其中，参考文献［49.49］提供了一个早期的反馈控制技术的概述，以及一个参考列表。第一个结果给出了一个时变反馈的解决方案，参考文献［49.4］是一个独轮车型移动机器人的例子。参考文献［49.50］提供了一份在更一般的非线性控制系统中关于时变反馈稳定的研究。更具体的结果，如定理 49.3 以及定理 49.5，在参考文献［49.6，7］中给出。其他的早期关于平滑时变反馈的设计可以从参考文献［49.51，52］中找到。关于连续（但不是利普希茨连续）时变反馈，可以参考［49.53］得到指数级收敛。混合离散/连续固定点的设计可以从参考文献［49.54-57］中找到答案。在本章中，不连续的控制设计技术没有得到解决，感兴趣的读者可在参考文献［49.58-59］中找到这样的反馈。

根据已有的知识，在第 49.4.6 节中提出的控制方法，基于横向函数[49.9,10]的概念，是第一次尝试解决跟踪任意轨迹的问题（即对于控制机器人来说，不一定是可行的）。这种方法的实现问题和试验结果可以在参考文献［49.11，12］中找到。其中，对轮式机器人的轨迹跟踪问题只做了简要介绍，而详细地阐述了汽车型系统的具体运动情况。

视频文献

VIDEO 181 Tracking of an admissible trajectory with a car-like vehicle
available from http://handbookofrobotics.org/view-chapter/49/videodetails/181

VIDEO 182 Tracking of arbitrary trajectories with a truck-like vehicle
available from http://handbookofrobotics.org/view-chapter/49/videodetails/182

VIDEO 243 Tracking of an omnidirectional frame with a unicycle-like robot
available from http://handbookofrobotics.org/view-chapter/49/videodetails/243

VIDEO 435 Mobile robot control in off-road condition and under high dynamics
available from http://handbookofrobotics.org/view-chapter/49/videodetails/435

参考文献

49.1 M. Buehler, K. Iagnemma, S. Sanjiv (Eds.): *The 2005 DARPA Grand Challenge: The Great Robot Race*, Springer Tracts in Advanced Robotics, Vol. 36 (Springer, Berlin, Heidelberg 2007)

49.2 P. Morin, C. Samson: Motion control of wheeled mobile robots. In: *Springer Handbook of Robotics*, ed. by B. Siciliano, O. Khatib (Springer, Berlin, Heidelberg 2008) pp. 799–826

49.3 R.W. Brockett: Asymptotic stability and feedback stabilization. In: *Differential Geometric Control Theory*, ed. by R.W. Brockett, R.S. Millman, H.J. Sussmann (Birkhäuser, Boston 1983)

49.4 C. Samson: Velocity and torque feedback control of a nonholonomic cart, Lect. Notes Control Inform. Sci. **162**, 125–151 (1991)

49.5 J.-M. Coron: Global asymptotic stabilization for controllable systems without drift, Math. Control Signals Syst. **5**, 295–312 (1992)

49.6 C. Samson: Control of chained systems. Application to path following and time-varying point-stabilization, IEEE Trans. Autom. Control **40**, 64–77 (1995)

49.7 P. Morin, C. Samson: Control of non-linear chained systems. From the Routh–Hurwitz stability criterion to time-varying exponential stabilizers, IEEE Trans. Autom. Control **45**, 141–146 (2000)

49.8 D.A. Lizárraga: Obstructions to the existence of universal stabilizers for smooth control systems, Math. Control Signals Syst. **16**, 255–277 (2004)

49.9 P. Morin, C. Samson: Practical stabilization of driftless systems on Lie groups: the transverse function approach, IEEE Trans. Autom. Control **48**, 1496–1508 (2003)

49.10 P. Morin, C. Samson: A characterization of the Lie algebra rank condition by transverse periodic functions, SIAM J. Control Optim. **40**(4), 1227–1249 (2001)

49.11 G. Artus, P. Morin, C. Samson: Control of a maneuvering mobile robot by transverse functions, Symp. Adv. Robot Kinemat. (ARK) (2004) pp. 459–468

49.12 G. Artus, P. Morin, C. Samson: Tracking of an omnidirectional target with a nonholonomic mobile robot, IEEE Conf. Adv. Robotics (ICAR) (2003) pp. 1468–1473

49.13 P. Morin, C. Samson: Trajectory tracking for nonholonomic vehicles: overview and case study, Proc. 4th Int. Workshop Robot Motion Control (RoMoCo), ed. by K. Kozlowski (2004) pp. 139–153

49.14 R. Lenain, B. Thuilot, C. Cariou, P. Martinet: High accuracy path tracking for vehicles in presence of sliding. application to farm vehicle automatic guidance for agricultural tasks, Auton. Robots **21**(1), 79–97 (2006)

49.15 T.D. Gillespie: *Fundamentals of Vehicle Dynamics* (SAE, Warrendale 1992)

49.16 P.R. Dahl: Solid friction damping of mechanical vibrations, AIAA J. **14**(12), 1675–1682 (1976)

49.17 C. Canudas de Wit, H. Olsson, K.J. Astrom, P. Lischinsky: A new model for control of systems with friction, IEEE Trans. Autom. Control **40**(3), 419–425 (1995)

49.18 C. Canudas de Wit, P. Tsiotras: Dynamic tire friction models for vehicle traction control, Proc. 38th IEEE Conf. Decis. Control, Vol. 4 (1999)

49.19 E. Bakker, L. Nyborg, H.B. Pacejka: Tyre modeling for use in vehicle dynamics studies, International Conference of the Society of Automotive Engineers (SAE) (1987) pp. 2190–2204

49.20 H.B. Pacejka: *Tyre and Vehicle Dynamics* (Butterworth-Heinemann, Oxford 2002)

49.21 R. Lenain, B. Thuilot, C. Cariou, P. Martinet: Mixed kinematic and dynamic sideslip angle observer for accurate control of fast off-road mobile robots, J. Field Robotics **27**(2), 181–196 (2010)

49.22 O.J. Sørdalen: Conversion of the kinematics of a car with *n* trailers into a chained form, IEEE Int. Conf. Robot. Autom. (ICRA) (1993) pp. 382–387

49.23 P. Rouchon, M. Fliess, J. Lévine, P. Martin: Flatness, motion planning and trailer systems, IEEE Int. Conf. Decis. Control (1993) pp. 2700–2705

49.24 P. Bolzern, R.M. DeSantis, A. Locatelli, D. Masciocchi: Path-tracking for articulated vehicles with off-axle hitching, IEEE Trans. Control Syst. Technol. **6**, 515–523 (1998)

49.25 D.A. Lizárraga: Contributions à la Stabilisation des Systèmes Non-Linéaires et à la Commande de Véhicules Sur Roues, Ph.D. Thesis (INRIA-INPG, University of Grenoble, Grenoble 2000)

49.26 C. Altafini: Path following with reduced off-tracking for multibody wheeled vehicles, IEEE Trans. Control Syst. Technol. **11**, 598–605 (2003)

49.27 F. Lamiraux, J.-P. Laumond: A practical approach to feedback control for a mobile robot with trailer, Proc. IEEE Int. Conf. Robotics Autom. (ICRA) (1998) pp. 3291–3296

49.28 D.A. Lizárraga, P. Morin, C. Samson: Chained form approximation of a driftless system. Application to the exponential stabilization of the general N-trailer system, Int. J. Control **74**, 1612–1629 (2001)

49.29 M. Venditelli, G. Oriolo: Stabilization of the general two-trailer system, IEEE Int. Conf. Robotics Autom. (ICRA) (2000) pp. 1817–1823

49.30 M. Maya-Mendez, P. Morin, C. Samson: Control of a nonholonomic mobile robot via sensor-based target tracking and pose estimation, IEEE/RSJ Int. Conf. Intell. Robots Syst. (IROS) (2006) pp. 5612–5618

49.31 D. Wang, C.B. Low: An analysis of wheeled mobile robots in the presence of skidding and slipping: Control design perspective, Proc. IEEE Int. Conf. Robotics Autom. (ICRA) (2007) pp. 2379–2384

49.32 G. Campion, G. Bastin, B. d'Andréa-Novel: Structural properties and classification of kynematic and dynamic models of wheeled mobile robots, IEEE Trans. Robotics Autom. **12**, 47–62 (1996)

49.33 C. Cariou, R. Lenain, M. Berducat, B. Thuilot: Autonomous maneuvers of a farm vehicle with a trailed implement in headland, Proc. 7th Int. Conf. Inform. Control Autom. Robotics (ICINCO), Vol. 2 (2010) pp. 109–114

49.34 K. Iagnemma, S. Shimoda, Z. Shiller: Near-optimal navigation of high speed mobile robots on uneven terrain, IEEE/RSJ Int. Conf. Intell. Robots Syst. (IROS) (2008) pp. 4098–4103

49.35 N. Bouton, R. Lenain, B. Thuilot, P. Martinet: A new device dedicated to autonomous mobile robot dynamic stability: application to an off-road mobile robot, Proc. IEEE International Conference on Robotics and Automation (ICRA) (2010) pp. 3813–3818

49.36 O. Hach, R. Lenain, B. Thuilot, P. Martinet: Avoiding steering actuator saturation in off-road mobile robot path tracking via predictive velocity control, Proc. IEEE Int. Conf. Robotics Autom. (ICRA) (2011) pp. 5523–5528

49.37 E. Lucet, C. Grand, D. Salle, P. Bidaud: Stabilization algorithm for a high speed car-like robot achieving steering maneuver, Proc. IEEE Int. Conf. Robotics Autom. (ICRA) (2008) pp. 2540–2545

49.38 M. Krid, F. Ben-Amar: Design and control of an active anti-roll system for a fast rover, IEEE/RSJ Int. Conf. Intell. Robots Syst. (IROS) (2011) pp. 274–279

49.39 C. Canudas de Wit, B. Siciliano, G. Bastin (Eds.): *Theory of Robot Control* (Springer, Berlin, Heidelberg 1996)

49.40 J.-P. Laumond (Ed.): *Robot Motion Planning and Control*, Lecture Notes in Control and Information Sciences, Vol. 229 (Springer, Berlin, Heidelberg 1998)

49.41 Y.F. Zheng (Ed.): *Recent Trends in Mobile Robots*, World Scientific Series in Robotics and Automated Systems, Vol. 11 (World Scientific, Singapore 1993)

49.42 R.M. Murray, S.S. Sastry: Steering nonholonomic systems in chained form, IEEE Int. Conf. Decis. Control (1991) pp. 1121–1126

49.43 E.D. Dickmanns, A. Zapp: Autonomous high speed road vehicle guidance by computer vision, Proc. IFAC 10th World Congr. Autom. Control. (1987)

49.44 W.L. Nelson, I.J. Cox: Local path control for an autonomous vehicle, Proc. IEEE Int. Conf. Robot. Autom. (ICRA) (1998) pp. 1504–1510

49.45 C. Samson: Path following and time-varying feedback stabilization of a wheeled mobile robot, Proc. Int. Conf. Autom. Robotics Comput. Vis. (1992)

49.46 B. d'Andréa-Novel, G. Campion, G. Bastin: Control of nonholonomic wheeled mobile robots by state feedback linearization, Int. J. Robotics Res. **14**, 543–559 (1995)

49.47 A. De Luca, M.D. Di Benedetto: Control of nonholonomic systems via dynamic compensation, Kybernetica **29**, 593–608 (1993)

49.48 M. Fliess, J. Lévine, P. Martin, P. Rouchon: Flatness and defect of non-linear systems: Introductory theory and examples, Int. J. Control **61**, 1327–1361 (1995)
49.49 I. Kolmanovsky, N.H. McClamroch: Developments in nonholonomic control problems, IEEE Control Syst. **15**, 20–36 (1995)
49.50 P. Morin, J.-B. Pomet, C. Samson: Developments in time-varying feedback stabilization of nonlinear systems, IFAC Nonlinear Control Syst. Design Symp. (1998) pp. 587–594
49.51 J.-B. Pomet: Explicit design of time-varying stabilizing control laws for a class of controllable systems without drift, Syst. Control Lett. **18**, 467–473 (1992)
49.52 A.R. Teel, R.M. Murray, G. Walsh: Nonholonomic control systems: from steering to stabilization with sinusoids, Int. J. Control **62**, 849–870 (1995)
49.53 R.T. M'Closkey, R.M. Murray: Exponential stabilization of driftless nonlinear control systems using homogeneous feedback, IEEE Trans. Autom. Control **42**, 614–6128 (1997)
49.54 M.K. Bennani, P. Rouchon: Robust stabilization of flat and chained systems, Eur. Control Conf. (1995) pp. 2642–2646
49.55 P. Lucibello, G. Oriolo: Stabilization via iterative state feedback with application to chained-form systems, IEEE Conf. Decis. Control (1996) pp. 2614–2619
49.56 O.J. Sørdalen, O. Egeland: Exponential stabilization of nonholonomic chained systems, IEEE Trans. Autom. Control **40**, 35–49 (1995)
49.57 P. Morin, C. Samson: Exponential stabilization of nonlinear driftless systems with robustness to unmodeled dynamics, ESAIM Control Optim. Calc. Var. **4**, 1–36 (1999)
49.58 A. Astolfi: Discontinuous control of nonholonomic systems, Syst. Control Lett. **27**, 37–45 (1996)
49.59 C. Canudas de Wit, O.J. Sørdalen: Exponential stabilization of mobile robots with nonholonomic constraints, IEEE Trans. Autom. Control **37**(11), 1791–1797 (1992)

第 50 章

崎岖地形下机器人的建模与控制

Keiji Nagatani，Genya Ishigami，Yoshito Okada

在本章，我们介绍轮式机器人和履带式机器人的建模与控制。我们的目标环境是崎岖地形，这包含了可变形的泥土和碎石堆，因而，研究内容也分为了两类，其一是轮式机器人在松软泥土中的运动，其二则是履带式机器人在碎石堆上的运动。

在第 50.1 节中提供一个概述之后，在第 50.2 节中将会介绍在可变形路面下的轮式机器人的建模方法，这一方法是基于路面动力学的，重点关注于崎岖地形的力学特性以及它对轮式机器人或履带式机器人的动力学影响，特别是车轮与泥土路面的相互作用力。在第 50.3 节中，介绍轮式机器人的控制，在崎岖地形运动的轮式机器人经常要面对车轮的滑动和侧滑，因此本节的基本方法就是通过控制策略去补偿这一滑动。在碎石堆环境下，履带式机器人具有很大的优势，为了提高在这种难度较高环境下的越野能力，部分履带式机器人被装备上了“子履带”。而在第 50.4 节中，讨论了一种在崎岖地形下，履带式机器人的运动学建模方法。这一类机器人的稳定性分析将在第 50.5 节中进行介绍。在第 50.6 节中，基于运动学模型的稳定性分析，基于传感器的崎岖地形下的履带式机器人控制将重点讨论。第 50.7 节则是对本章的总结。

目　录

50.1 概述

50.1.1 机器人在可变形路面下的建模

崎岖地形包括很多种的地面状况，在沙石路面下，轮式机器人的运动就会变得相对复杂，这是因为在这样条件下的相互作用力不同于室内平坦路面下的机器人的接触力问题。在碎石下，轮子的接触是多点接触；而在松软泥土条件下，轮子则是使泥土发生形变的面接触。

目前已有大量关于军用机器人的机动性分析的研究[50.1,2]，这些研究主要凭借对重达数吨的较大型交通工具的经验分析，考虑崎岖地形下交互作用力问题的小型移动机器人的分析同样也有所调研。此外，关注了轮胎对泥土之间相互作用力的涉及轮胎纵向滑移的多体动力学仿真也有相关研究工作[50.3]。这一动力学模型，即土壤接触模型（SCM）。而这一模型，通过使用栅格模拟变形表面，提供了塑性可变形路面的动力学模型，同时也考虑了车轮的“多通”问题，如图 50.1 所示[50.4]。近来，多体动力学软件包，如 Vortex 软件，可以用模拟路面的约束反力去分析机器人的运动学问题[50.5]。

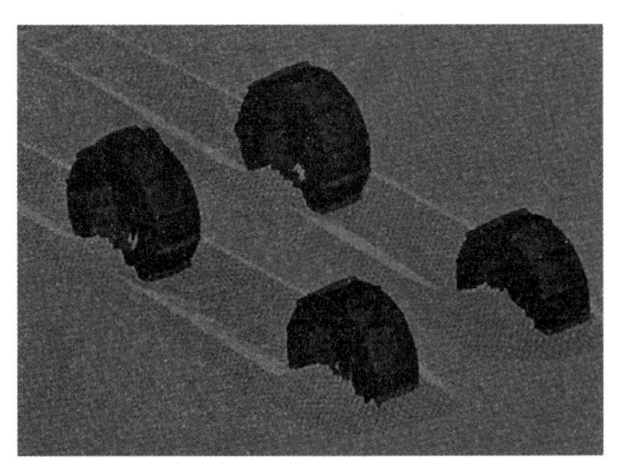

图 50.1 考虑“多通”问题的塑性变形路面

注：右下两轮为驱动轮，左上两轮为从动轮。

近来，路面动力学[50.6]被广泛应用在越野机器人[50.7,8]和火星探测车上。越野机器人的一个基本要求就是保持在包括松软沙地、泥浆、碎石等的崎岖恶劣路面下的越野能力。一个典型问题就是在这样的环境下车轮的滑动问题，这是由于轮地接触的运动副中松软泥土的变形位移导致的。轮的滑动通常会降低轮式机器人的运动水平，这是因为驱动器输出的牵引力被泥土的变形位移消耗掉了。更进一步地，轮体的滑动引起车体的滑动，成为对机器人运动控制的干扰。图 50.2 则展示了在这样的情况下，轮式机器人的侧滑问题。在这种路面条件下的一个基于路面动力学的案例会在第 50.2 节中去讲述。近来，在参考文献［50.9］中提出了一项关于腿部运动的路面动力学研究，用于崎岖复杂路面的越野。

图 50.2 轮式机器人的侧滑问题

50.1.2 在可变形路面下的机器人控制

轮式机器人经常在横向移动中遇到轮体和车体的滑动问题，这会降低机器人的运动控制性能，导致机器人偏离原本的轨道，或者也许会陷入松软的泥土里。因此一个能够得到正确控制策略的控制方案对于轮式机器人是非常必要的，这样才能确保机器人达到理想的越野能力，以及克服可能出现的侧滑问题。

大量针对移动机器人的路径跟踪控制的研究著作得到发表，关于路径跟踪这一主题的信息可以在参考文献［50.10-12］中得到。Rezaei 在这个主题上研究了在线路径跟踪的策略，这个策略结合了同步定位与地图构建（SLAM）算法，从而对一个户外环境下的汽车型移动机器人进行控制[50.13]。Coelho 和 Nunes 提出了基于卡尔曼算法的运动控制器来控制轮式机器人的路径跟随[50.14]。Helmick 则是提出了一个包括了基于可视化里程计和卡尔曼滤波器的滑动补偿路径跟踪算法[50.15,16]。这一方法被应用到了具有 6 个可转向轮的机器人的摇臂转向架配置之中，如图 50.3 所示。在第 50.3 节中，将介绍一个四轮移动机器人路径跟踪的例子。一个针对表述的控制算法的试验验证在参考文献［50.17］中介绍。

图 50.3　具有 6 个可转向车轮的摇臂转向架配置机器人 Rocky 8

50.1.3　碎石环境下的机器人建模及其控制

在涉及碎石堆的环境中，如城市搜寻和救援，机器人建模和控制的方法和前述的都有所不同。为了应对这种难度较大的环境，履带就被应用到了机器人上，因为相比于轮式机器人，履带式机器人与碎石路面的接触更多，因此其运动性能更好。一些履带式机器人被赋予了活动履带或者是多履带的配置来进一步提高履带式机器人的运动能力。一个典型的履带式机器人几何模型将在第 50.4 节中介绍。

在碎石堆是稳定的条件下，运动学方法在机器人的导航与控制上是非常有用的，在经典的稳定性分析理论中，由 Messuri 和 Klein 所提出的能量稳定裕度（ESM）这一概念由机器人的势能所定义[50.18]。Hirose 提出提高机器人的重量不总是有助于机器人的稳定性，因为这也同样增加了围绕机器人质心的动力学干扰。因此，他提出了正则化能量稳定裕度判据（NESM），在其中，机器人的重力则被正则化处理了[50.19]。这个判据中，NESM 这个概念，是在依据机器人的一次翻滚转动过程中的质心的初始位形与终止位形的垂直距离之差的基础之上，来评估机器人的稳定性。近来，Tubouchi 的研究小组提出了一种方法，这种方法能够控制履带式机器人在任意随机的台阶上运动[50.20]（图 50.4）。一个人造的凹凸不平的环境是由若干高度随机的木质正方形台阶所拼成的，这一环境被用于评估城市搜寻机器人和救援机器人[50.21]。试验的基本目标是使机器人在这个凹凸不平的台阶高度场中每一步的路径均保持最大的稳定性。与稳定性分析相关的方法在 50.5 节中介绍，而另一种方法则是基于 NESM，其在参考文献［50.22］中介绍。

为了评估机器人的稳定性，路面探测已成为一

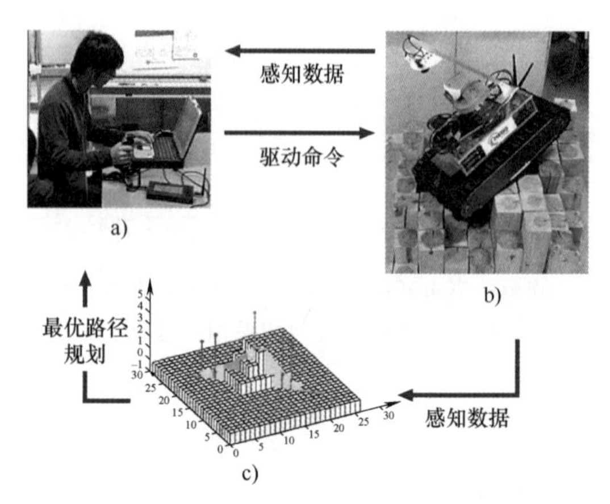

图 50.4　履带式机器人遥操作系统
a）远程操作站　b）移动机器人平台
c）保持机器人最大稳定性的路径规划器[50.20]

项重要的技术，因此，许多机器人学研究者关注路面地形建模工作，尤其是基于第 46 章中介绍的 SLAM 算法，以及机器学习。LIDAR 和立体相机也得到了广泛应用（见第 1 卷第 22.3 节）。Vandapel 提出了一种基于几何特征的三维点云的分类方法[50.23]。Lacaze 也提出一种办法在厚密的草丛中找出一条路径[50.25]。为了提高 LIDAR 的地图建模能力，Ohno 提出了一种方法去获取细而扁的目标体，如网状体、杆状体和线状体[50.26]。图 50.5 给出了对户外崎岖地形的地图建模结果。

a)

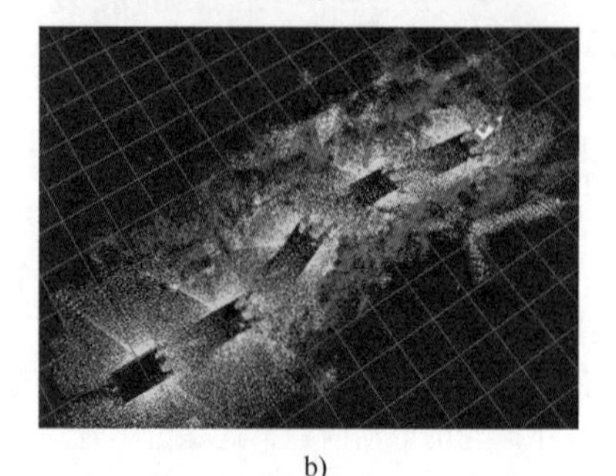

b)

图 50.5　室外碎石数据分类
a）目标区域：某地应急管理和培训中心
b）越野的分类结果[50.23]

如果凹凸不平的碎石自身就是不稳定的，那么机器人-碎石的相互作用力建模则是非常复杂的，一种建模方法叫作 gareki 工程[50.27,28]，这个模型不仅仅包括结构数据，同时也包括每个单元间的内力。为了获取这些数据，研究者提出采取如下的信息，如图 50.6 所示，分别是一个真实坍塌的建筑物、一个人造坍塌的整体和小型建筑物模型和一个虚拟仿真的数字化模型。他们的研究目标是最终将这一模型成功应用到救援机器人上去。

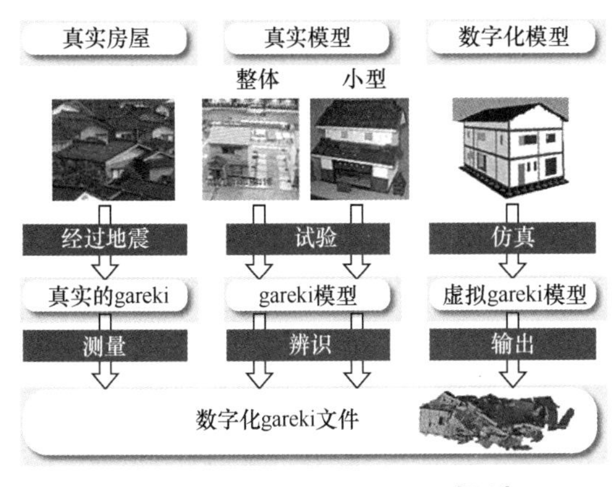

图 50.6　gareki 数据采集方法[50.24]

而基于传感器的方法则是另一种在不稳定碎石环境下控制机器人的方法。这类机器人通常具有多重或多形式的履带，并借助运动连接起来，从而能够在自然的或人造的各种台阶上运动。有些配备了被动关节[50.29]，但更常见的则是主动关节[50.30]。多重履带的配置能够使机器人成功登上高度大于履带自身半径的台阶。为了成功执行这一运动，一种基于传感器的控制方法被提出并用于控制更多的履带。随着机器人的运动，机器人持续探测地形信息，并根据反馈回来的地形信息调整机器人自身多履带的配置关系，一旦地形表面形态因机器人的穿越而发生改变或者是地形发生变化，子履带能够快速响应去适应外部的变化。在第 50.6 节中则是一个机器人在不稳定碎石堆中运动控制的代表性例子。另一个基于传感器的方法则是适应来自接触点的力反馈进行控制，通过安装在子履带的力传感器获取接触力，从而改变子履带的配置[50.31]。

50.2　崎岖地形下的轮式机器人建模

这节介绍了轮式机器人在崎岖地形上的力学问题，特别关注的是轮地相互作用力的建模。

50.2.1　移动机器人的动力学建模

图 50.7 描绘了一个轮式机器人的动力学模型，它可以看作铰接副连接起来的多体系统。动力学方程如下：

$$\boldsymbol{H}\begin{pmatrix}\dot{\mathcal{V}}_{\mathrm{b}}\\ \ddot{\boldsymbol{q}}\end{pmatrix}+\boldsymbol{C}+\boldsymbol{G}=\begin{pmatrix}\mathcal{F}_{\mathrm{b}}\\ \boldsymbol{\tau}\end{pmatrix}+\boldsymbol{J}^{\mathrm{T}}\mathcal{F}_{\mathrm{e}} \tag{50.1}$$

式中，$\boldsymbol{H}$ 是惯性矩阵；$\boldsymbol{C}$ 是速度相关项；$\boldsymbol{G}$ 是重力项；$\dot{\mathcal{V}}_{\mathrm{b}}$ 是机器人的线速度和角速度；$\boldsymbol{q}$ 是转动副的角度；$\mathcal{F}_{\mathrm{b}}$ 是作用在质心的力和力矩；$\boldsymbol{\tau}$ 是作用在转动副的驱动力矩；$\boldsymbol{J}$ 是雅可比矩阵；$\mathcal{F}_{\mathrm{e}}$ 是作用在每个车轮质心的外力及力矩，即

$$f_{ij}(i=\{r,l\},j=\{r,m,f\})$$

机器人在给定行驶策略下的动力学响应可以通过连续的求解方程式（50.1）来进行数值求解。在这里，一个关键点就是将一个定义好的外部接触模型应用在现有动力学模型之上，

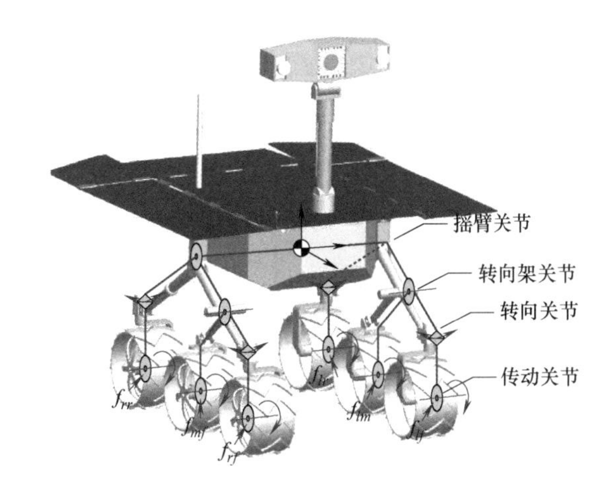

图 50.7　轮式机器人的动力学模型

以此去计算轮地之间的接触力（矩）。一些近期的研究工作则发布了一些相关的结合了路面动力学模型的仿真工具包，如 NASA 的工具包[50.32,33]以及 ExoMars[50.34]等。

50.2.2 车轮-路面的相互作用力

路面动力学关注的重点是自然崎岖地形的力学特性，以及它对机器人的力学响应，尤其是泥土与车轮的相互作用力。20世纪60年代，Bekker提出一种经典路面动力学模型，模型包含一系列关键性的动力学响应概念，如压力-沉降方程和剪切应力模型[50.35,36]。而Wong则是提出一种能预测主动牵引轮和被动从动轮的动力学行为的方法[50.37-39]，该方法通过应用车轮下方的应力分布模型来计算车轮的力学性能。

基于路面动力学求解机器人与路面的响应的方法主要有3种[50.40,41]：解析法、经验法和数值法。

解析法是基于车轮路面接触的理论模型及经验模型的确证。经验法是利用测量器对松软崎岖的路面进行实际测量。数值法是利用有限元法（FEM）或离散元法（DEM），将泥土路面视作大量颗粒而建立模型，仿真每个小颗粒的行为即可求解轮地相互作用[50.42-44]。

本节的关注重点是解析法，并介绍一种典型的刚性车轮和可变形路面的相互作用模型（图50.8）。第3卷第55.3.13节是展开后的动力学模型。下面的内容提到一些核心方程，以便讨论车轮在粗糙地形的牵引特性、泥土参数识别和模型不确定性问题等。

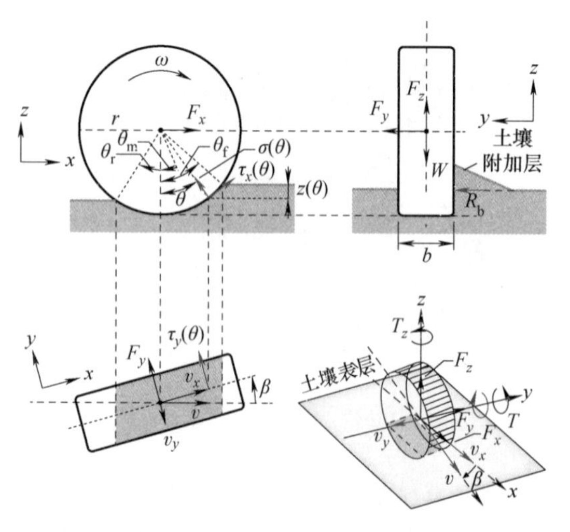

图50.8 车轮-路面相互作用模型

1. 车轮侧滑

当机器人行驶在松软路面时，车轮侧滑被普遍观测到。同样，在机器人穿过斜坡的时候，轮体也会在侧向发生滑动。滑移率 s（即车轮纵向行驶方向的滑移）被定义为车轮纵向速度 v_x，已知车轮圆周速度 ωr 的函数，ω 是车轮角速度，r 是车轮半径[50.37]。

$$s=\begin{cases}(r\omega-v_x)/r\omega & (\,|r\omega|\geqslant|v_x|:\text{启动过程})\\(r\omega-v_x)/v_x & (\,|r\omega|<|v_x|:\text{刹车过程})\end{cases} \tag{50.2}$$

滑移率的假设值范围是-1~1。

侧向滑动定义为滑动角 β，是 v_x 和侧向速度 v_y 的函数。

$$\beta=\begin{cases}\tan^{-1}(v_y/v_x) & (v_x\neq 0)\\ \dfrac{\pi}{2}\mathrm{sgn}(v_y) & (v_x=0)\end{cases} \tag{50.3}$$

2. 车轮牵引力

车轮与路面的接触力包含了拖拉力 F_x、侧向力 F_y、垂直力 F_z 和阻力矩 T，它们都可通过入角 θ_f、出角 θ_r、正应力 $\sigma(\theta)$、切应力 $\tau_x(\theta)$ 和 $\tau_y(\theta)$、下沉量 $z(\theta)$、角度 θ、轮宽 b 来进行积分运算得到[50.38,48]。

$$F_x=rb\int_{\theta_r}^{\theta_f}\{\tau_x(\theta)\cos\theta-\sigma(\theta)\sin\theta\}\,\mathrm{d}\theta \tag{50.4}$$

$$F_y=\int_{\theta_r}^{\theta_f}[\,rb\tau_y(\theta)+R_b\{r-z(\theta)\cos\theta\}\,]\,\mathrm{d}\theta \tag{50.5}$$

$$F_z=rb\int_{\theta_r}^{\theta_f}\{\tau_x(\theta)\sin\theta+\sigma(\theta)\cos\theta\}\,\mathrm{d}\theta \tag{50.6}$$

$$T_x=r^2b\int_{\theta_r}^{\theta_f}\tau_x(\theta)\,\mathrm{d}\theta \tag{50.7}$$

式中，$\sigma(\theta)$ 为正应力；$\tau_x(\theta)$ 和 $\tau_y(\theta)$ 是纵向和横向的剪切应力；$z(\theta)$ 是车轮在角度 θ 时的下沉量，b 是车轮宽度，R_b 是车轮侧壁的推土阻力。

3. 试验验证

下面是试验验证环节。前述模型在试验平台上进行验证（图50.9）。其中，测试条件的参数可以变化，如泥土的参数。通过控制运动体相对车轮的速度，同时测量车轮牵引力、轮体的下沉量等，从中获得试验数据，并与理论模型得到的数值仿真结果进行对比。

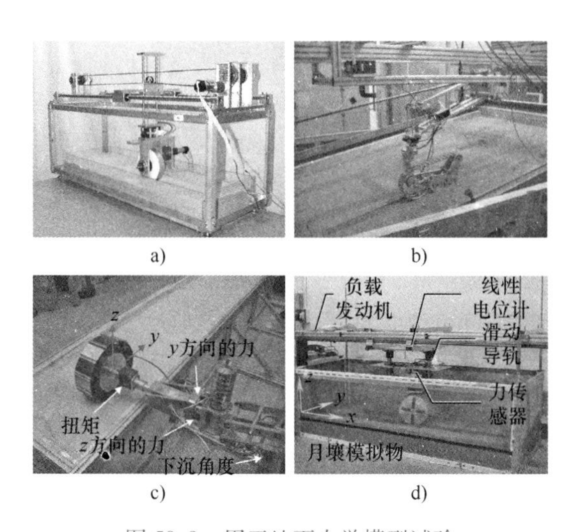

图 50.9 用于地面力学模型试验验证的单轮试验台

a）MIT 的单轮试验台[50.45] b）JAXA 的单轨试验台[50.46] c）DLR 的单轮试验台[50.47] d）日本东北大学的单轮试验台[50.48]

50.2.3 牵引轮的动力学行为

轮地接触模型可以被利用在轮式机器人的运动性能评估上，包括越野能力和变形路面行驶能力[50.49,50]。这一方法会在移动机器人系统的设计中更有应用价值，这样可以帮助我们找到一个能够将在某些约束条件下的越野能力最大化的车轮或履带设计[50.46,47,51]。

Ishigami 提出了一个轮体牵引力图，称为推力-转弯特性图，在考虑滑动情况下，确定了斜坡越野准则[50.17]。图 50.10 则展示了推力和转向力在崎岖地形上的关系。转向力 F_c 和推力 F_T 可从如下公式中得到：

$$F_c = F_x \sin\beta + F_y \cos\beta \tag{50.8}$$

$$F_T = F_x \cos\beta - F_y \sin\beta \tag{50.9}$$

在图 50.11 中展示考虑斜面越野的情况，图 50.10 则是斜面越野的最小推力与最小转向力的判据或准则：情况 1 是上坡的越野运动，情况 2 是直线越野，情况 3 是下坡的越野运动。此外，机器人在负推力作用下会减速，此图中，滑移率 s 必须超过 0.6 才能产生向前的推力，另外，转向力主要随着滑移角度而变化。因此，该图能够通过特征曲线，在滑移量的基础上相应地确定斜面的越野能力。

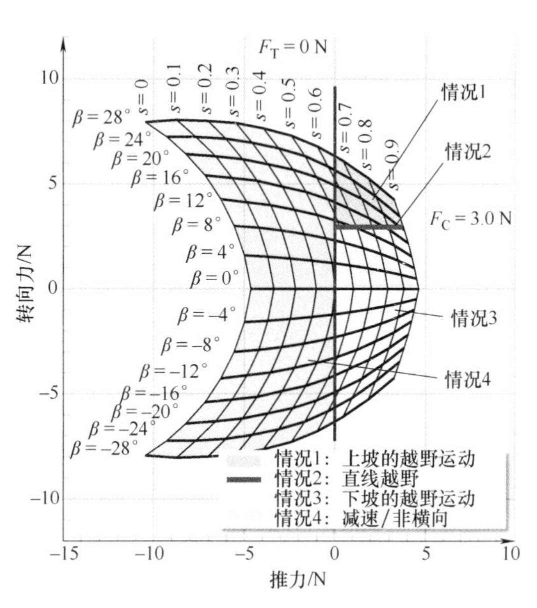

图 50.10 推力-转弯特性图

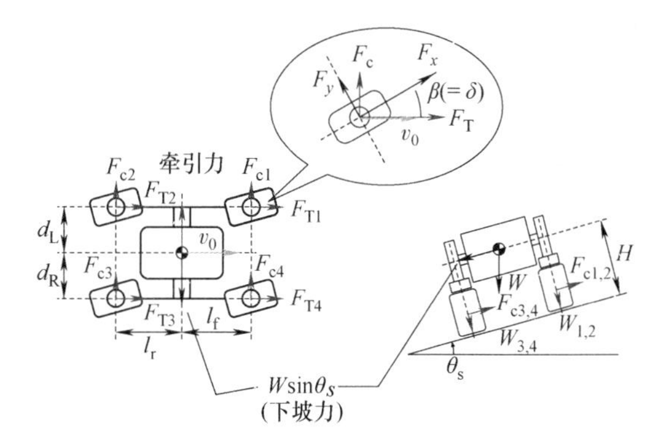

图 50.11 斜面越野时的力平衡

50.2.4 模型不确定性及泥土参数的识别

在这里要说明的是，经典的轮地接触模型是为应用于体积大且沉重（成百上千公斤级）的交通工具，当把经典模型应用在小型机器人上时，就会因先前的假设不再适用而引起计算的不准确，并造成对轮式机器人轮体动力学行为的不准确计算。因假设不再适用所引起的误差可以通过模型改进以及模型参数的不确定性分析来进行处理。应该被提到的是，Bekker 的压力-沉降模型是假定轮体和泥土的接触面被离散化为一系列连贯的平面。然而，Bekker[50.36]写道：

对于直径小于 20 英寸的轮体，随着直径减小，计算会变得越发不准确，这是因变大的曲率造成的。

另一项研究提出，在法向力小于45N或当直径小于50cm时，该模型及其假设条件所预测的接触问题结果开始变得不准确[50.36]。

一些研究者尝试去改进这一轮地接触模型，从而使之能够成功应用在相对小型的机器人上。例如，Nagatani开发出一套测量装置，能够测量接触区正应力的分布情况[50.52]。此外，一种依赖于轮径的压力-沉降模型被提出[50.53]，Senatore和Iagnemma也提出了一种改进的用于计算剪切变形模量的方法[50.54]。

轮地接触模型的参数与泥土的指标有关，而指标随着位置的不同，具有不确定性及随机的变化。几位研究者处理了泥土的参数识别问题：一个在线泥土产生评估器及其简化了的泥土力学方程在参考文献［50.55］中提出。一种非线性的轮地接触模型，以识别出压力-沉降系数，内力的摩擦角和剪切变形模量[50.56]。最近的一些工作同样尝试去预测在不确定情况下的运动能力：一种基于学习的方法用于轮式机器人滑动的预测和运动分析[50.57]。还有一种基于统计数据的方法进行机器人在崎岖地形的机动性预测[50.58]。

50.3 崎岖地形下轮式机器人的控制

本节介绍了一种控制策略，用来在轮式机器人做给定路径跟踪运动中补偿滑移量。

在越野崎岖地形过程中，轮式机器人经常遇到滑动及侧滑问题，这就降低了机器人的控制性能，机器人可能会偏离应有的方向，或者是一个轮子陷入泥土里。因此，一个能够正确引导机器人去实现引导驾驶的控制策略对于使机器人成功穿过崎岖地形并应对滑移是非常必要的。

数量较多的关于路径跟踪控制的研究已发表，路径跟踪的要点可以在参考文献［50.10-12］中看见。Rezaei[50.13]研究了一种结合SLAM的在线路径跟踪算法。Coelho和Nunes[50.14]针对路径跟踪任务，提出了基于卡尔曼算法的运动式观测控制器，用于轮式机器人的路径跟踪。

如前所述，崎岖地形的路径跟踪的关键点在于补偿轮体和车体的滑移量。本节简要介绍路径跟踪中出轨问题的滑移补偿[50.15-50.17]。

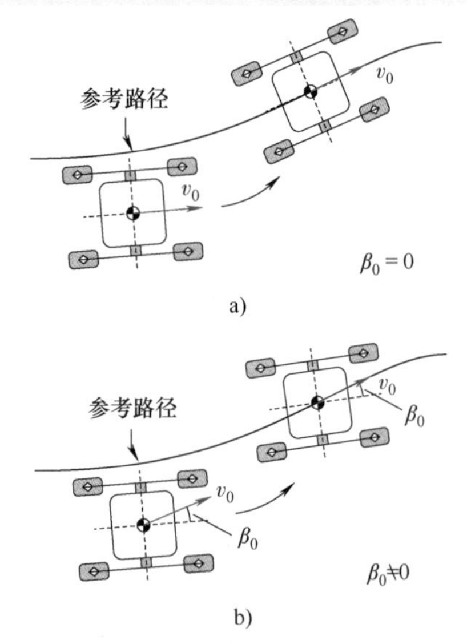

图 50.12 二维路径跟踪问题
a）无侧滑状态 b）侧滑状态

50.3.1 滑动补偿路径跟踪器

二维路径跟踪的问题如图50.12所示。总体上说一个路径跟踪控制，要使速度 v_0 与给定轨迹线的切线相吻合，这样才能距离和方向误差降低到0。然而，一旦机器人发生侧滑并产生了一个的侧滑方位角 β_0，机器人将会有一个附加的方向角误差 β_0，即使 v_0 的方向是相切于轨迹的。

路径跟踪器在给定当前的机器人位置（x_0, y_0, θ_0）以及一个参照路径矢量（x_p, y_p）的时候，会导出一个被要求的机器人速度矢量（$\dot{x}_{cmd}, \dot{y}_{cmd}, \dot{\theta}_{cmd}$）。而在高滑动的环境下，滑动补偿路径跟踪器由以下两个算法所组成去完成路径跟踪任务。

首先，“萝卜头”算法测定前进的误差角 θ_e，这个角度通过在机器人坐标为中心的圆和路径的交点计算出来（图50.13），并有如下表达式：

$$\theta_e=\theta_d-\theta_0 \tag{50.10}$$

式中，θ_d 是在路径在交点上的目标切线角；θ_0 是机器人当前的方位角。若辅助圆的半径较大，机器人将会忽视路径上的小细节并使运动轨迹更加平滑。而一个较小的辅助圆半径会缩小总体的路径跟踪误差，但是为了补偿小误差，机器人的引导方向将改变得更加频繁。

一旦导引误差被确定下来，滑动补偿跟踪算法驱动控制器，控制器根据导引误差 θ_e 和偏航滑移率 $\dot{\beta}_0$ 来计算机器人所要求的偏航速率 $\dot{\theta}_{cmd}$，并有如

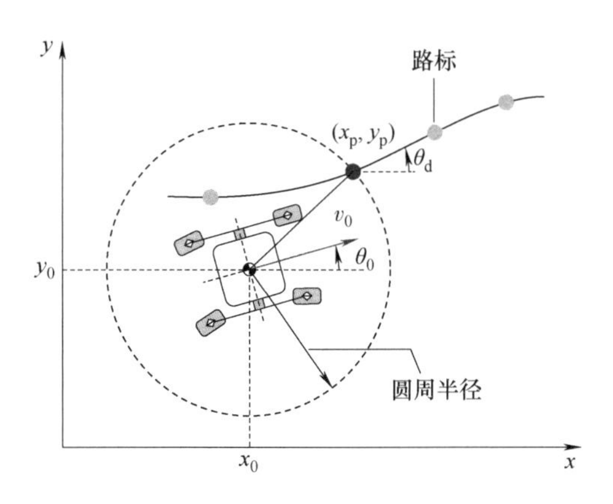

图 50.13　路径跟踪与“萝卜头”算法

下计算式：

$$\dot{\theta}_{cmd}=\frac{(K_1\theta_e+K_2\dot{\beta}_0)}{T_s} \tag{50.11}$$

式中，K_1 和 K_2 是控制器的增益；T_s 是采样周期。

对于线速度 $\dot{x}_{cmd}$ 和 $\dot{y}_{cmd}$ 与驱动电动机的最大速度以及欲得的偏航速率 $\dot{\theta}_{cmd}$ 都是紧密联系起来的。而这些要求都是通过驱动器来实现的。下面将介绍满足式（50.11）中所定义的航向控制器指令 $\dot{\theta}_{cmd}$ 的驱动导引策略及推导过程。

50.3.2 驱动导引策略

这里是一个四轮移动机器人的运动学模型，其中每个车轮都可以独立导向。图 50.14 展示了这类机器人的二维运动学模型。

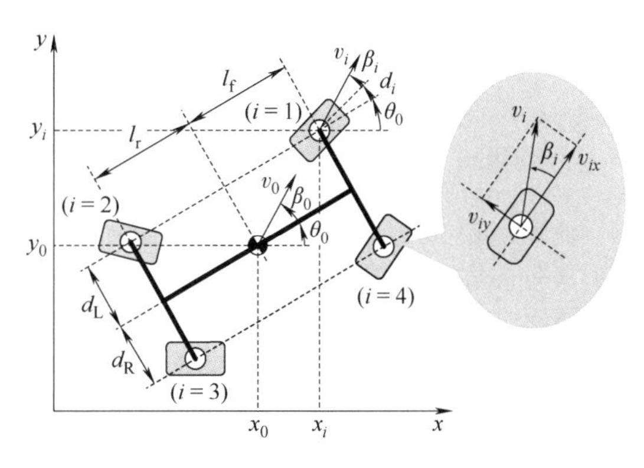

图 50.14　发生滑移时四轮移动机器人的二维运动学模型

其中车体具有滑动角 β_0，4 个轮体分别具有编号 1，2，3，4，编号为 i 的轮体具有侧轮滑移角 β_i，其余尺寸均在图中标出。车体的位置和方位也在图中标出。此模型中，如下所述的假设要被考虑到：轮体之间距离为常数，且对地面垂直。机器人的运动学模型的约束可通过如下方程定义：

$$\begin{aligned}\dot{x}_0\sin\phi_0-\dot{y}_0\cos\phi_0=0\\ \dot{x}_i\sin\phi_i-\dot{y}_i\cos\phi_i=0\end{aligned} \tag{50.12}$$

式中，$\phi_0=\theta_0+\beta_0$；$\phi_i=\theta_0+\delta_i+\beta_i$。

每个车轮与车体质心的几何条件约束可以用如下方程来表示：

$$\left.\begin{aligned}x_1=x_0+l_f\cos\theta_0-d_L\sin\theta_0\\ x_2=x_0-l_r\cos\theta_0-d_L\sin\theta_0\\ x_3=x_0-l_r\cos\theta_0+d_R\sin\theta_0\\ x_4=x_0+l_f\cos\theta_0+d_R\sin\theta_0\end{aligned}\right\}\rightarrow x_i=x_0+X_i \tag{50.13}$$

$$\left.\begin{aligned}y_1=y_0+l_f\cos\theta_0+d_L\sin\theta_0\\ y_2=y_0-l_r\cos\theta_0+d_L\sin\theta_0\\ y_3=y_0-l_r\cos\theta_0-d_R\sin\theta_0\\ y_4=y_0+l_f\cos\theta_0-d_R\sin\theta_0\end{aligned}\right\}\rightarrow y_i=y_0+Y_i \tag{50.14}$$

给定所需的车体角 $\theta_0=\theta_d$ 和所需的线速度 v_d 之后，能够路径跟踪和能实现滑动补偿的操纵导向角度 δ_{di} 为

$$\delta_{di}=\arctan(\dot{y}_i/\dot{x}_i)-\theta_d-\beta_i \tag{50.15}$$

随后，将式（50.13）和式（50.14）代入到式（50.15）中，得到

$$\delta_{di}=\arctan\left(\frac{v_d\sin\theta_d-\dot{Y}_i(\dot{\theta}_d)}{v_d\cos\theta_d-\dot{X}_i(\dot{\theta}_{cmd})}\right)-\theta_d-\beta_i \tag{50.16}$$

式中，$\dot{\theta}_{cmd}$ 可通过式（50.11）得到。

控制策略通过机器人各个车轮的角速度去实施，从图 50.14 中可知，车轮的线速度可以表示为

$$v_i=\frac{r\omega_i}{\cos\beta_i} \tag{50.17}$$

或者是

$$v_i=\frac{\dot{x}_i}{\cos\phi_i}=\frac{\dot{y}_i}{\sin\phi_i} \tag{50.18}$$

再将式（50.13）和式（50.14）代入式（50.18）中得到

$$\omega_{di}=\begin{cases}\dfrac{[v_d\cos\theta_d+\dot{X}_i(\dot{\theta}_{cmd})]\cos\beta_i}{r\cos\phi_i} & (\theta_d\leqslant\pi/4)\\ \dfrac{[v_d\sin\theta_d+\dot{Y}_i(\dot{\theta}_{cmd})]\cos\beta_i}{r\sin\phi_i} & (\theta_d\geqslant\pi/4)\end{cases} \tag{50.19}$$

对于指定路径的位置和方位误差，必须得到精确测定，才能得到正确的控制量的输入以及计算相应的控制策略。可视化里程计是精确测量位置、方

位和下沉量的可靠技术，它在松软沙地上的执行也同样足够可靠。

可视化里程计根据车载相机连续拍摄图像中得到的光流矢量来测定车体的速度。将速度估计值与惯性传感器读数或用于位姿估计的立体图像结合起来，可提供6自由度运动的准确估计。

50.4 崎岖地形下的履带式机器人建模

履带是一种能够提高机器人运动能力的典型机构，因为其在接触表面上具有更加宽阔的接触面积。因此，许多需要工作在崎岖地形的机器人都安装有履带，如军用型或搜索救援型机器人。

一些履带式机器人具有通过运动副连接起来的多履带使之能够在自然形成的或人造的台阶上行驶。一些机器人安装有被动运动副，但是更多的是主动运动副。多履带的配置能够使机器人登上高度大于履带半径的台阶。

很多履带式机器人适合在碎石堆等未知环境中应用，因为和第50.2节中标准的沙地不一样，这一类的地形具有不统一、不均匀等特点，所以动力学模型的建立难度将显著增大。换句话说，我们能够比较简单地感受这一地形，但是确定如刚度、重心（COG）、动力等动力学参数却是难度较大的。

因此，从几何层面去考虑地形与车轮的相互作用的方法是可取的。本节中，重点分析轮地接触的几何模型，分析中包括：①通用履带的参数化建模；②轮地接触的单点接触情形；③向点云形式的轮地接触扩展。

50.4.1 履带的参数化

通用履带的几何形状将是进行轮地接触建模的关键环节，本节将讨论履带的参数化。如图50.15所示，一个通用的履带可以用两个滑轮各自的半径 R 和 r 以及它们的中心距 L 进行参数化描述。

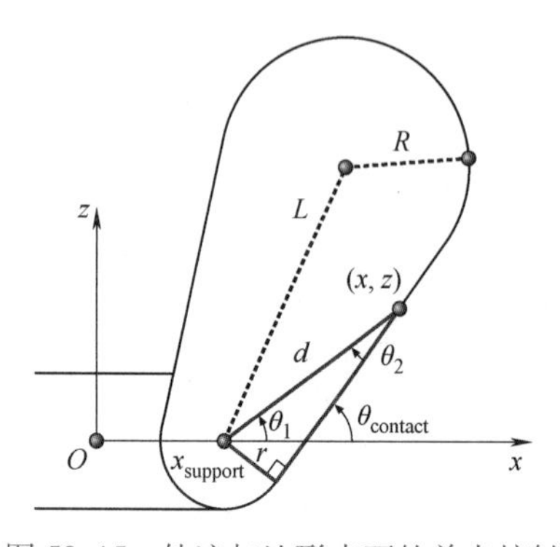

图50.15 轨迹与地形表面的单点接触

此外，定义坐标系，坐标系原点在相邻履带的中心，x 轴沿相邻履带的中心线。履带相对于相邻履带的相对姿态可以通过原点和第一个滑轮中心之间的距离以及连接履带的关节角度 θ 来参数化。

50.4.2 路面的单点接触

讨论轮地接触的单点接触形式将是讨论整体轮地接触的一个很好的开端。我们在本节中利用第50.4.1节定义的参数化履带来进行讨论。

如图50.16所示，履带有4部分可以与路面接触，具体包括圆弧部分和直线部分，并具有折叠和展开两种状态。展开状态中，S侧实现接触（称展开模式）；折叠状态中，F侧实现接触（称折叠模式）。

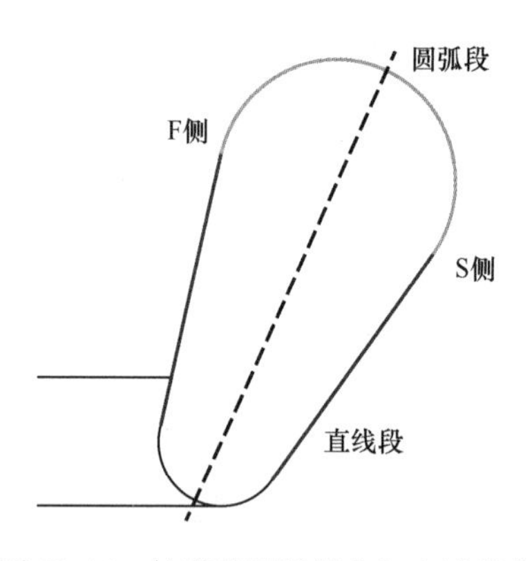

图50.16 轨道的圆弧部分与直线部分

此外，我们假定履带S侧的直线段接触平滑表面时履带的姿态是0°，假定当履带从0°提升至第二滑轮的方向是正的。

接触点与姿态的几何关系在表50.1中列出。例如，在展开模式的直线部分接触（图50.15）中，根据履带与表面接触的几何条件，可以得到如下方程：

$$\theta_{contact}=\theta_1+\theta_2$$
$$=\arctan\frac{z}{x-x_{support}}+\arcsin\frac{r}{\sqrt{(x-x_{support})^2+z^2}} \tag{50.20}$$

表 50.1 基于几何的子履带接触角

段节		$\theta_{contact}$
展开	直线段	$\arctan\dfrac{z}{x-x_{support}}+\arcsin\dfrac{r}{\sqrt{(x-x_{support})^2+z^2}}$
	圆弧段	$\arccos\dfrac{d^2+L^2-R^2}{2Ld}+\arctan\dfrac{z}{x-x_{support}}-\arcsin\dfrac{R-r}{L}$
折叠	直线段	$\arctan\dfrac{z}{x-x_{support}}-\arcsin\dfrac{r}{\sqrt{(x-x_{support})^2+z^2}}-2\arcsin\dfrac{R-r}{L}$
	圆弧段	$\arctan\dfrac{z}{x-x_{support}}-\arcsin\dfrac{R-r}{L}-\arccos\dfrac{d^2+L^2-R^2}{2Ld}$

50

50.4.3 路面的点云接触

现在我们已经为理解履带地面接触几何做好了准备。本节中，我们使用能够代表崎岖地形表面的点云去描述轮地接触。

将崎岖地形的形状用一系列点去代替，即 $\{u_1,u_2,\cdots,\mu_n\}$。之后，履带的接触角将由如下一组方程确定：

$$\theta_{ref}=\begin{cases}\min(\theta_{contact,1},\cdots,\theta_{contact,n}), & 展开模式\\ \max(\theta_{contact,1},\cdots,\theta_{contact,n}), & 折叠模式\end{cases} \tag{50.21}$$

为了利用单点接触的情形去计算在复杂路面的接触角，我们需要去确定哪段履带以及履带的哪一侧正在产生接触。

履带段的形式可以通过检查图 50.15 中的 d、L、R 来确定。如果 $d<\sqrt{L^2+R^2}$，则是直线段发生接触，否则是圆弧段发生接触。

现在我们理解了这种描述多履带式机器人与自由路面的接触情况的几何模型，下一节中，我们介绍这种模型的一种应用范例。

50.5 履带式机器人的稳定性分析

如本章前几节所述，建立起崎岖地形的模型是难度很大的，因此，在这一研究领域中，通常使用仅基于几何参数的稳定性判据来评估履带式机器人的姿态。

本节介绍了两个用于履带式机器人的典型稳定性判据：一是支撑多边形判据，二是正则化能量稳定裕度判据。

支撑多边形判据是确定表面上的物体是否稳定的一个简单可靠的判据。履带式机器人的支撑多边形等价于履带和路面所有接触点组成的凸包的水平投影，我们可以通过考察机器人质心的投影是否被支撑多边形所包含来判定其稳定性。

另一个稳定性判据，则是正则化能量稳定裕度判据，该判据是基于机器人跌倒过程中的初始和最高的质心位置来判定的。尽管它主要应用在腿式机器人上，它的评判仅仅需要与地面的接触点和机器人的质心。也就是说，如果将其应用在履带式机器人上时，这一判据没有本质上的不同。

这一判据在履带式机器人上的一种典型应用则是评价一条机器人行进的可能路径，如 Magid 提出了一种基于稳定性分析的路径评价方法，并应用了支撑多边形判据和正则化能量稳定裕度判据。这一方法先通过评估毗邻于机器人当前位置的网格区的路径稳定性，若这个路径使得支撑多边形判据被违背，那么这个路径将被否定。当一条路径完整走下来并没有违反前一个判据，那么将用正则化能量稳定裕度判据进行稳定程度的评估（图 50.17）。

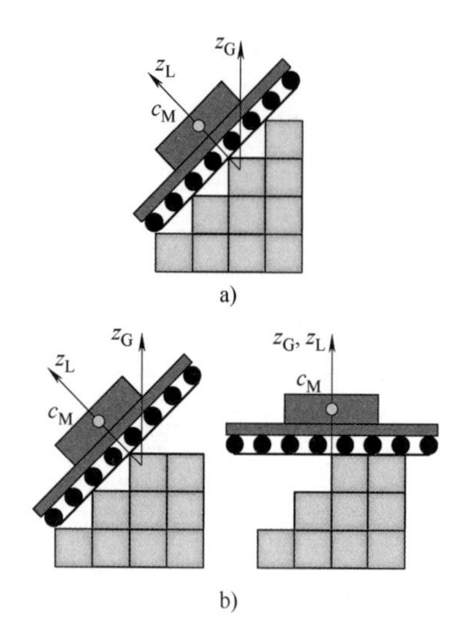

标签	平衡状态	具体情况
红色	倒立或者卡堵	倾角大于π/4或者滚转角大于π/6中至少一个不满足
橙色	故意失去平衡	存在两种可选姿态
品红色	上爬或下滑	姿态估计算法中出现振荡
蓝绿色	跳跃	两个稳定姿态之间的CM跳转＜50mm
黄色	平衡	NESM参数＜1
绿色	稳定	NESM参数≥1

c)

图 50.17　基于支撑多边形和 NESM 判据的崎岖地形履带式机器人的稳定性分析
a）绿色标签对应的稳定姿态　b）橙色标签对应的不稳定姿态　c）标签对照表

50.6　崎岖地形下的履带式机器人控制

在本节中，将介绍一种具有多履带及其主动运动副的履带式机器人的自主控制方法。如本章前几节所述，履带式机器人的几何模型赋予了每个履带的姿态，履带都是与基于地形几何形态的崎岖地形相接触的。自主控制则是使用了几何模型去确定履带之间活动运动副的所需角度，从而使机器人在未知崎岖地形上具有平滑的运动。

多履带式机器人的运动质量要比单履带式机器人的运动质量更好，这是因为履带的姿态可以通过驱动运动副驱动器的动作而改变，进而与崎岖地形上的台阶等具体路面适应，获得更好的运动能力。一些多履带式机器人具有单自由度的履带臂，通常被称为子履带。而其他多履带式机器人则是蛇形的。

然而，多履带式机器人由于自由度多而难以进行人工控制，尤其对于军用型和搜索救援型机器人，它们倾向于借助有限的相机视角，在未知的崎岖地形上被远程控制，这是很难通过人工去控制它们的全部自由度的。

在本节的剩余部分，将介绍多履带式机器人基于几何模型的自主控制方法。在控制算法中，几何模型决定了所需要的主动运动副的姿态，基于实时路面形状支持了子履带的响应。

多履带式机器人 Kenaf 具有自主的子履带控制，在图 50.18 中得到展示，它具有两个主履带覆盖了它的主体，另外具有四个子履带并通过一个单自由度运动副连接到机器人主体的四角上，它总共具有 6 个自由度，4 个自由度对应到子履带上，1 个自由度对应到右侧主履带和两个子履带上，1 个自由度对应到右侧主履带和两个子履带上。

此外，Kenaf 具有三个 LIDAR 传感器（激光雷达传感器），分别布置在主体的前部、左侧和右侧，去获取地形数据。传感器的扫描将集合起来去测量临近区域的三维地形，前面提到过的活动履带自主控制方法将得到应用。

图 50.18　多履带式机器人，配备四个提升机动性的子履带和三个感应地形形状的激光雷达传感器

图 50.19 所示为子履带自主控制的流程图，具

体运动在视频文献中有所展示。控制算法分以下六步：

1）机载 LIDAR 传感器扫描地形的图像和形态，临近机器人的地形的三维形状被获取或评估。

2）基于测得的地形，机器人所需要的姿态（包括俯仰角和滚转角）被计算出来。

3）和整机姿态紧密相关的子履带的位置同样被确定下来。

4）机器人所需姿态对应的稳定性也被确定下来。

5）如果发现姿态存在不稳定，那么姿态要重新确定，重新执行第 3~5 步。

6）当姿态稳定后，子履带的位置控制会得以执行。

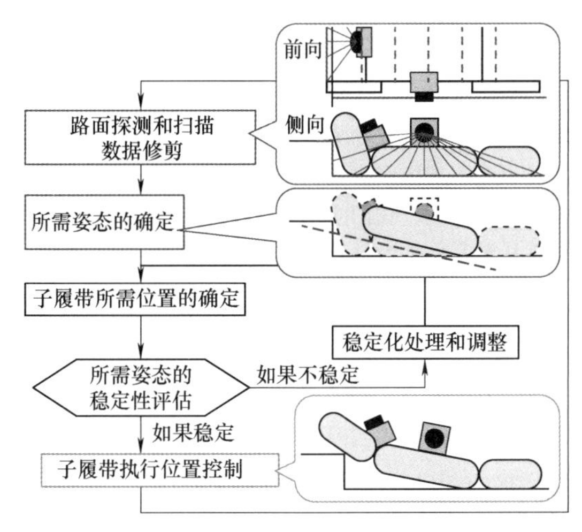

图 50.19 子履带自主控制的流程图

50.6.1 路面探测与扫描数据修剪

这一步中，我们使用机载 LIDAR 传感器获取机身周边目标点的数据。我们首先根据传感器得到二维数据片段，再将其组装成三维地形信息。本步骤的最后，我们将距离临近地形较远的扫描采集点从集成好的三维模型中过滤掉。其中有

$$U_{\text{target}}=\{u_1,u_2,\cdots,u_m\} \tag{50.22}$$

50.6.2 符合期望的机器人姿态确定

接下来，我们根据目标地形的最小二乘平面确定所需的姿态。这是为了保证崎岖地形的平滑运动。参数 a，b，c 和最小二乘平面 $z=ax+by+c$ 由如下方程所确定。

$$a=\frac{\alpha_{z,x}\alpha_{y,y}-\alpha_{x,y}\alpha_{y,z}}{\alpha_{x,x}\alpha_{y,y}-\alpha_{x,y}\alpha_{x,y}} \tag{50.23}$$

$$b=\frac{\alpha_{y,z}\alpha_{x,x}-\alpha_{x,y}\alpha_{z,x}}{\alpha_{x,x}\alpha_{y,y}-\alpha_{x,y}\alpha_{x,y}} \tag{50.24}$$

$$c=\overline{z_v}-\overline{x_v}a-\overline{y_v}b \tag{50.25}$$

$$\alpha_{x,y}=\overline{x_u y_u}-\overline{x_u}\,\overline{y_u} \tag{50.26}$$

$$\alpha_{y,z}=\overline{y_u z_u}-\overline{y_u}\,\overline{z_u} \tag{50.27}$$

$$\alpha_{z,x}=\overline{z_u x_u}-\overline{z_u}\,\overline{x_u} \tag{50.28}$$

$$\alpha_{x,x}=\overline{x_u x_u}-\overline{x_u}\,\overline{x_u}, \tag{50.29}$$

$$\alpha_{y,y}=\overline{y_u y_u}-\overline{y_u}\,\overline{y_u}, \tag{50.30}$$

然后，如果机器人与地面的最小二乘平面平行并与地面接触，坐标系的转换将由下列方程来描述。

$$\begin{pmatrix}0\\x_{u_i'}\\y_{u_i'}\\z_{u_i'}\end{pmatrix}=\boldsymbol{q}'\times\begin{pmatrix}0\\x_{u_i}\\y_{u_i}\\z_{u_i}\end{pmatrix}\times\boldsymbol{q}'^{-1}-\begin{pmatrix}0\\0\\0\\\max(z_{u'})\end{pmatrix} \tag{50.31}$$

$$\boldsymbol{q}'=\begin{pmatrix}\cos\dfrac{\theta_{\text{rot}}}{2}\\b\sin\dfrac{\theta_{\text{rot}}}{2}\\-a\sin\dfrac{\theta_{\text{rot}}}{2}\\0\end{pmatrix} \tag{50.32}$$

$$\theta_{\text{rot}}=\arccos\frac{1}{\sqrt{a^2+b^2+1}} \tag{50.33}$$

50.6.3 符合期望的子履带位置确定

在这一步中，利用所需的机器人姿态和地形区域，基于车辆和地面之间的接触几何模型，我们确定所需的子履带位置。

程序允许操作员手动操作展开和折叠控制之间的模式切换。各控制模式都具有第 50.4 节中相应的几何模型计算方法，换句话说，自主控制器根据操作员选择的模式，采用相应的计算来确定子履带位置。

在任何一种模式中，我们确定所需的子履带位置，通过所需的机器人姿态与地面接触。也计算子履带角位置，使其与左右两侧的 LIDAR 传感器所扫描的点接触。子履带的理想位置是针对子履带在展开或折叠模式下的最大、最小角位置相应确定下来的。

50.6.4 目标位置的稳定性评估

在所提出的控制器中，我们采用正则化能量稳定裕度（NESM）[50.19] 作为理想位姿的稳定性评价标准。通过 NESM 评估理想位姿的稳定性。如果稳

定性不足，则重新定义该位姿。

对于带有四个子履带的履带式机器人，四个接触点（右前、左前、右后和左后）可通过第50.6.3节中给出的步骤来确定。此外，可以假设四个翻滚轴穿过前、后、右和左等处的接触点。因此，具有四个子履带的履带式机器人的稳定性可通过关于这四个轴的NESM最小值来确定。

50.6.5　目标位置的稳定化处理

如果NESM小于事先定义的阈值，那么就要重复以下步骤直到获取稳定的姿态为止。

1）如果前后的NESM判据被采纳，减小俯仰角至0°。

2）如果左右的NESM判据被采纳，减少滚转角至0°。

3）再次计算机器人姿态并重定义子履带位置。

4）对再定义的位置姿态进行NESM判据的检验。

50.6.6　子履带的位置控制

我们对子履带开展位置控制，使之达到上述步骤中的理想子履带位置。子履带被内置电动机驱动器上的微处理器所控制，子履带位置的目标值被传送到微处理器之中，并采取传统的PID控制方法进行控制。

50.7　总结

在这一章中，概述了机器人在崎岖地形上的运动建模与控制。目标环境是崎岖地形，其中包括各种各样的地面条件。在有碎石堆的环境中，轮式机器人的运动变得相对复杂，因为在该地形上，车轮的相互作用机理与平面室内机器人有很大的不同。在这一章中，我们介绍了基于路面动力学的模型去处理轮地接触的变形路面相互作用力的问题。此外，我们解释了轮式机器人的转向控制，确保在这样的环境下能够成功完成路径跟踪。在有碎石堆的环境中，用于控制机器人的方法是不同于常规地面的方法。因此，我们介绍了基于传感器并测量地形形貌从而完成参数计算和控制的方法。

视频文献

VIDEO 184　Mobility prediction of rovers on soft terrain
available from http://handbookofrobotics.org/view-chapter/50/videodetails/184
VIDEO 185　Experiments of wheeled rovers in a sandbox covered with loose soil
available from http://handbookofrobotics.org/view-chapter/50/videodetails/185
VIDEO 186　Terradynamics of legged locomotion for traversal in granular media
available from http://handbookofrobotics.org/view-chapter/50/videodetails/186
VIDEO 187　Interaction human-robot supervision, long range science rover for Mars exploration
available from http://handbookofrobotics.org/view-chapter/50/videodetails/187
VIDEO 188　A path-following control scheme for a four-wheeled mobile robot
available from http://handbookofrobotics.org/view-chapter/50/videodetails/188
VIDEO 189　Evaluation test of tracked vehicles on random step fields in the Disaster City
available from http://handbookofrobotics.org/view-chapter/50/videodetails/189
VIDEO 190　Autonomous sub-tracks control
available from http://handbookofrobotics.org/view-chapter/50/videodetails/190
VIDEO 191　Autonomous sub-tracks control
available from http://handbookofrobotics.org/view-chapter/50/videodetails/191

参考文献

50.1　M. Jurkat, C. Nuttall, P. Haley: *The AMC' 74 Mobility Model, Tech. Rep. 11921* (US Army Tank Automotive Command, Warren, 1975)

50.2　R.B. Ahlvin, P.W. Haley: *NATO Reference Mobility Model Edition II, NRMM User's Guide, Tech. Rep. GL-92-19* (US Army WES, Vicksburg, 1992)

50.3　A. Gibbesch, B. Schäfer: Multibody system modelling and simulation of planetary rover mobility on soft terrain, 8th Int. Symp. Artif. Intell. Robotics Autom. Space (i-SAIRAS), Munich (2005)

50.4　R. Krenn, A. Gibbesch, G. Hirzinger: Contact dynamics simulation of rover locomotion, Proc. 9th

Int. Symp. on Artif. Intell., Robotics Autom. Space, Los Angeles (2007)

50.5 D. Holz, A. Azimi, M. Teichmann, J. Kövecses: Mobility prediction of rovers on soft terrain: Effects of wheel- and tool-induced terrain deformations, Proc. 15th Int. Conf. Climbing Walk. Robots Support Technol. Mob. Mach. (CLAWAR) (2012)

50.6 J.Y. Wong: *Theory of Ground Vehicles* (Wiley, New York 1978)

50.7 M. Buehler, K. Iagnemma, S. Singh (Eds.): *The 2005 DARPA Grand Challenge: The Great Robot Race Springer Tracts Adv. Robotics Ser*, Vol. 36 (Springer, Berlin, Heidelberg 2005)

50.8 M. Buehler, K. Iagnemma, S. Singh (Eds.): *The DARPA Urban Challenge: Autonomous Vehicles in City Traffic*, Springer Tracts Adv. Robotics, Vol. 56 (Springer, Berlin, Heidelberg 2009)

50.9 C. Li, T. Zhang, D.I. Goldman: A terradynamics of legged locomotion on granular media, Science **339**, 1408–1412 (2013)

50.10 C. de Wit, H. Khennouf, C. Samson, O. Sordalen: Nonlinear control design for mobile robots. In: *Recent Trends in Mobile Robots*, World Scientific Series in Robotics and Automated System, Vol. 11, ed. by Y. Zheng (World Scientific, Singapore 1993)

50.11 A. Luca, G. Oriolo, C. Samson: Feedback control of nonholonomic car-like robots. In: *Robot Motion Planning and Control*, ed. by J. Laumond (Springer, Berlin, Heidelberg 1998) pp. 171–254

50.12 F. Rio, G. Jimenez, J. Sevillano, S. Vicente, A. Balcells: A generalization of path following for mobile robots, Proc. 1999 IEEE Int. Conf. Robotics Autom. (ICRA), Detroit (1999) pp. 7–12

50.13 S. Rezaei, J. Guivant, E. Nebot: Car-like robot path following in large unstructured environments, Proc. IEEE Int. Conf. Intell. Robots Syst. (IROS) (2003) pp. 2468–2473

50.14 P. Coelho, U. Nunes: Path-following control of mobile robots in presence of uncertainties, IEEE Trans. Robotics **21**(2), 252–261 (2005)

50.15 D. Helmick, Y. Cheng, D. Clouse, L. Matthies, S. Roumeliotis: Path following using visual odometry for a Mars rover in high-slip environments, Proc. 2004 IEEE Aerosp. Conf., Big Sky (2004) pp. 772–789

50.16 D. Helmick, S. Roumeliotis, Y. Cheng, D. Clouse, M. Bajracharya, L. Matthies: Slip-compensated path following for planetary exploration rovers, Adv. Robotics **20**(11), 1257–1280 (2006)

50.17 G. Ishigami, K. Nagatani, K. Yoshida: Slope traversal controls for planetary exploration rover on sandy terrain, J. Field Robotics **26**(3), 264–286 (2009)

50.18 D.A. Messuri, C.A. Klein: Automatic body regulation for maintaining stability of a legged vehicle during rough-terrain locomotion, IEEE J. Robotics Autom. **1**(3), 132–141 (1985)

50.19 S. Hirose, H. Tsukagoshi, K. Yoneda: Normalized energy stability margin and its contour of walking vehicles on rough terrain, Proc. IEEE Int. Conf. Robotics Autom. (ICRA) (2001) pp. 181–186

50.20 E. Magid, T. Tsubouchi, E. Koyanagi, T. Yoshida, S. Tadokoro: Controlled balance losing in random step environment for path planning of a teleoperated crawler-type vehicle, J. Field Robotics **28**(6), 932–949 (2011)

50.21 A. Jacoff, E. Messina, B.A. Weiss, S. Tadokoro, Y. Nakagawa: Test arenas and performance metrics for urban search and rescue robots, Proc. IEEE/RSJ Int. Conf. Intell. Robots Syst. (IROS), Las Vegas (2003) pp. 3396–3403

50.22 K. Ohno, V. Chun, T. Yuzawa, E. Takeuchi, S. Tadokoro, T. Yoshida, E. Koyanagi: Rollover avoidance using a stability margin for a tracked vehicle with sub-tracks, IEEE Int. Workshop Saf. Sec. Rescue Robotics (2009)

50.23 N. Vandapel, D. Huber, A. Kapuria, M. Hebert: Natural terrain classification using 3-D ladar data, Proc. IEEE Int. Conf. Robotics Autom. (ICRA), Vol. 5 (2004) pp. 5117–5122

50.24 M. Onosato, S. Yamamoto, M. Kawajiri, F. Tanaka: Digital gareki archives: An approach to know more about collapsed houses for supporting search and rescue activities, IEEE Int. Symp. Saf. Secur. Rescue Robotics (SSRR) (2012) pp. 1–6

50.25 A. Lacaze, K. Murphy, M. Del Giorno: Autonomous mobility for the demo III experimental unmanned vehicles, AUVS Int. Conf. Unnanned Veh. (2002)

50.26 K. Ohno, T. Suzuki, K. Higashi, M. Tsubota, E. Takeuchi, S. Tadokoro: Classification of 3-D point cloud data that includes line and frame objects on the basis of geometrical features and the pass rate of laser rays, Proc. 8th Int. Conf. Field Serv. Robotics (2012)

50.27 M. Onosato, T. Watasue: Two attempts at linking robots with disaster information: InfoBalloon and gareki engineering, Adv. Robotics **16**(6), 545–548 (2002)

50.28 M. Onosato: Digital GAREKI modeling for exploring knowledge of disaster-collapsed houses, IEEE Int. Workshop Saf. Secur. Rescue Robotics (SSRR) (2006)

50.29 L. Woosub, K. Sungchul, K. Munsang, P. Mignon: ROBHAZ-DT3: Teleoperated mobile platform with passively adaptive double-track for hazardous environment applications, Proc. IEEE/RSJ Int. Conf. Intell. Robots Syst. (IROS) (2004) pp. 33–38

50.30 B. Yamauchi: Packbot: A versatile platform for military robotics, Proc. SPIE **5422**, 228–237 (2004)

50.31 D. Inoue, K. Ohno, S. Nakamura, S. Tadokoro, E. Koyanagi: Whole-body touch sensors for tracked mobile robots using force-sensitive chain guides, IEEE Int. Workshop Saf. Secur. Rescue Robotics (SSRR) (2008) pp. 71–76

50.32 A. Jain, J. Balaram, J. Cameron, J. Guineau, C. Lim, M. Pornerantz, G. Sohl: Recent developments in the ROAMS planetary rover simulation environment, Proc. 2004 IEEE Aerosp. Conf., Big Sky (2004) pp. 861–876

50.33 K. Iagnemma, C. Senatore, B. Trease, R. Arvidson, A. Shaw, F. Zhou, L. Van Dyke, R. Lindemann: Terramechanics modeling of mars surface exploration rovers for simulation and parameter estimation, ASME Int. Des. Eng. Tech. Conf. (2011)

50.34 R. Bauer, W. Leung, T. Barfoot: Development of a dynamic simulation tool for the exomars rover, Proc. 8th Int. Symp. Artif. Intell., Robotics Autom. Space, Munich (2005)

50.35 M.G. Bekker: *Theory of Land Locomotion* (Univ. Michigan Press, Ann Arbor 1956)

50.36 M.G. Bekker: *Introduction to Terrain-Vehicle Systems* (Univ. Michigan Press, Ann Arbor 1969)
50.37 J.Y. Wong: *Theory of Ground Vehicles*, 4th edn. (Wiley, Hoboken 2008)
50.38 J.Y. Wong, A.R. Reece: Prediction of rigid wheel performance based on the analysis of soil-wheel stresses – Part I: Performance of driven rigid wheels, J. Terramechanics **4**(1), 81–98 (1967)
50.39 J.Y. Wong, A.R. Reece: Prediction of rigid wheel performance based on the analysis of soil-wheel stresses – Part II: Performance of towed rigid wheels, J. Terramechanics **4**(2), 7–25 (1967)
50.40 I.C. Schmid: Interaction of vehicle and terrain results from 10 years research at IKK, J. Terramechanics **32**(1), 3–25 (1995)
50.41 L. Ding, Z. Deng, H. Gao, K. Nagatani, K. Yoshida: Planetary rovers' wheel-soil interaction mechanics: New challenges and applications for wheeled mobile robots, Intell. Serv. Robotics **4**(1), 17–38 (2010)
50.42 H. Nakashima, H. Fujii, A. Oida, M. Momozu, Y. Kawase, H. Kanamori, S. Aoki, T. Yokoyama: Parametric analysis of lugged wheel performance for a lunar microrover by means of DEM, J. Terramechanics **44**, 153–162 (2007)
50.43 H. Nakashima, H. Fujii, A. Oida, M. Momozu, H. Kanamori, S. Aoki, T. Yokoyama, H. Shimizu, J. Miyasaka, K. Ohdoi: Discrete element method analysis of single wheel performance for a small lunar rover on sloped terrain, J. Terramechanics **47**, 307–321 (2010)
50.44 W. Li, Y. Huang, Y. Cui, S. Dong, J. Wang: Trafficability analysis of lunar mare terrain by means of the discrete element method for wheeled rover locomotion, J. Terramechanics **47**, 161–172 (2010)
50.45 K. Iagnemma: *A Laboratory single wheel testbed for studying planetary rover wheel-terrain interaction, Tech. Rep. 01-05-05* (MIT, Cambridge 2005)
50.46 S. Wakabayashi, H. Sato, S. Nishida: Design and mobility evaluation of tracked lunar vehicle, J. Terramechanics **46**(3), 105–114 (2009)
50.47 N. Patel, R. Slade, J. Clemmet: The ExoMars rover locomotion subsystem, J. Terramechanics **47**, 227–242 (2010)
50.48 G. Ishigami, A. Miwa, K. Nagatani, K. Yoshida: Terramechanics-based model for steering maneuver of planetary exploration rovers on loose soil, J. Field Robotics **24**(3), 233–250 (2007)
50.49 R. Lindemann, D. Bickler, B. Harrington, G. Ortiz, C. Voorhees: Mars exploration rover mobility development, IEEE Robotics Autom. Mag. **13**(2), 19–26 (2006)
50.50 G. Ishigami, A. Miwa, K. Nagatani, K. Yoshida: Terramechanics-based analysis on slope traversability for a planetary exploration rover, Proc. 25th Int. Symp. Space Technol. Sci. (2006) pp. 1025–1030
50.51 S. Michaud, L. Richter, T. Thueer, A. Gibbesch, T. Huelsing, N. Schmitz, S. Weiss, A. Krebs, N. Patel, L. Joudrier, R. Siegwart, B. Schäfer, A. Ellery: Rover chassis evaluation and design optimisation using the RCET, Proc. 9th ESA Workshop Adv. Space Technol. Robotics Autom. (ASTRA) (2006)
50.52 K. Nagatani, A. Ikeda, K. Sato, K. Yoshida: Accurate estimation of drawbar pull of wheeled mobile robots traversing sandy terrain using built-in force sensor array wheel, Proc. 2009 IEEE/RSJ Int. Conf. Robots Syst. (IROS), St. Loius (2009) pp. 2373–2378
50.53 G. Meirion-Griffith, M. Spenko: A Modified pressure-sinkage model for small, rigid wheels on deformable terrains, J. Terramechanics **48**(2), 149–155 (2011)
50.54 C. Senatore, K. Iagnemma: Direct shear behaviour of dry, granular soils for low normal stress with application to lightweight robotic vehicle modeling, 17th Conf. Terrain-Veh. Syst. (ISTVS), Blacksburg (2011)
50.55 K. Iagnemma, S. Kang, H. Shibly, S. Dubowsky: Online terrain parameter estimation for wheeled mobile robots with application to planetary rovers, IEEE Trans. Robotics **20**(5), 921–927 (2004)
50.56 S. Hutangkabodee, Y. Zweiri, L. Seneviratne, K. Althoefer: Soil parameter identification for wheel-terrain interaction dynamics and traversability prediction, Int. J. Autom. Comput. **3**(3), 244–251 (2006)
50.57 D. Helmick, A. Angelova, L. Matthies, C. Brooks, I. Halatci, S. Dubowsky, K. Iagnemma: Experimental results from a terrain adaptive navigation system for planetary rovers, Proc. 9th Int. Symp. Artif. Intell., Robotics Autom. Space (i-SAIRAS), Hollywood (2008)
50.58 G. Ishigami, G. Kewlani, K. Iagnemma: A statistical approach to mobility prediction for planetary surface exploration rovers in uncertain terrain, IEEE Robotics Autom. Mag. **16**(4), 61–70 (2009)
50.59 O. Yoshito, K. Nagatani, K. Yoshida, S. Tadokoro, T. Yoshida, E. Koyanagi: Shared autonomy system for traversing and turning tracked vehicles on rough terrain based on continuous three-dimensional terrain scanning, J. Field Robotics **28**(6), 875–893 (2011)

第 51 章

水下机器人的建模与控制

Gianluca Antonelli，Thor I. Fossen，Dana R. Yoerger

本章讨论水下机器人的建模和控制。首先，简要介绍了水下机器人在海洋工程领域日益重要的作用，同时还包含一些历史背景介绍。以下大部分章节与本手册中的相应章节有部分重叠；因此，为了避免无用的重复，仅讨论水下环境特有的方面，假设读者在讨论相应的水下实现时已经熟悉故障检测系统等概念。建模部分将重点介绍一种基于系数的方法，以捕捉最相关的水下动力学效应。然后给出两节，分别介绍传感器和驱动系统。自主水下机器人还需要实现任务控制系统以及导航和控制算法，同时讨论了水下定位问题，然后简要介绍了水下操作。故障检测和容错，以及多个水下机器人的协调控制是本章最后的理论环节。最后两节给出了一些成功的应用实例，并讨论了未来前景。读者可从第 1 卷第 25 章了解水下机器人的设计问题。

目　录

海洋覆盖了地球表面三分之二的面积，在整个历史上对人类福祉至关重要。与古代一样，它们使国家之间的货物运输成为可能。目前，海洋是粮食、石油和天然气等资源的重要来源。在不久的将来，我们可能很快就会看到近海金属开采和天然气水合物开采的出现。另一方面，海洋也通过飓风和海啸等自然现象威胁人类安全和破坏基础设施。

51.1　水下机器人在海洋工程中日益重要的作用

通过使用各种技术，我们越来越了解深海的形貌。早期的科学探索主要是通过使用潜水器和载人潜水器进行的，辅之以各种其他技术，如拖曳或下降仪器、拖网、挖泥船、自主海底仪器和深海钻探技术。近年来，遥操作和自主水下机器人开始彻底改变海底勘探的形式，通常以较低的成本返回优质数据。在不久的将来，通过光纤电缆和卫星连接的海底观测站将从沿海和深海站点返回大量的数据。这些观测数据将补充常规远程调查的观测结果，在安装和服务期间需要遥操作或机器人干预。为海底科学研究开发的遥操作水下机器人的一个例子是伍兹霍尔海洋研究所（WHOI）开发的 Jason 2（图 51.1），用于科学探索的遥操作水下机器人见表 51.1（表中最后列出的 Kaiko 在几年前的深海作业中已丢失）。

目前，海上石油和天然气设施几乎完全由遥操作水下机器人（ROV）提供服务，通过系绳进行物理连接以接收电力和数据，潜水员仅用于最浅的设施。海底系统在安装过程中需要广泛的工作能力，需要频繁的检查和干预，以支持钻井作业、驱动阀门、维修或更换海底组件，并完成维持生产率和产品质量所需的各种任务。机器人和遥操作海底干预的趋势随着海上石油和天然气生产进入更深的水域，以及经济因素推动关键的生产步骤从地面平台移向海底。遥操作的机械臂使这些系统能够执行复杂的任务，如碎屑清除、使用研磨工具清洁，以及操作各种无损检测工具。使用ROV的有效性随着深度的增加而降低，这主要是由于成本的增加和处理长系绳的困难。

图 51.1 ROV Jason 2（伍兹霍尔海洋研究所提供）

表 51.1 科研用的遥操作水下机器人

名　称	潜水深度/m	研究机构	制造商
Hyperdolphin	3000	JAMSTEC[a]	ISE
Dolphin 3K	3000	JAMSTEC	JAMSTEC
Quest	4000	MARUM[b]	Shilling
Tiburon	4000	MBARI[c]	MBARI
ROPOS	5000	CSSF[d]	ISE
Victor	6000	IFREMER[e]	IFREMER
Jason	6500	WHOI[f]	WHOI
ISIS	6500	NOC[g]	WHOI
UROV 7K	7000	JAMSTEC	JAMSTEC
Kaiko	11000	JAMSTEC	JAMSTEC

a 日本海洋科技中心；b 德国海洋环境科学中心；c 加拿大蒙特利尔水族馆研究所；d 加拿大科学潜水设施；e 法国海洋开发研究所；f 美国伍兹霍尔海洋研究所；g 美国国家海洋学中心

自主水下机器人（AUV）是一种自由潜水的无人水下机器人，可以克服遥操作水下机器人系绳对某些任务的限制。这类机器人自带能源（目前是蓄能电池，将来可能是燃料电池），在不久的将来只能通过声学和光学链路进行通信。有限的通信要求这些机器人独立于连续的人工控制运行，在许多情况下，机器人完全自主运行。自主水下机器人目前用于科学调查任务、海洋取样、水下考古和冰下调查。军事上，自主水下机器人可应用于地雷探测、着陆点勘测以及其他更雄心勃勃的应用，如长期海底监测。目前，由于典型的工作环境往往很复杂，甚至对熟练的操作员来说也很有挑战性，因此，自主水下机器人无法完成类似于遥操作水下机器人以及常规的采样或操作任务。

今天，大约有1000艘水下机器人投入使用，其中许多是试验性的。然而，它们正在迅速成熟。最近有几家公司提供水下机器人的商业服务。例如，对于石油和天然气行业，使用水下机器人而不是牵引车进行油气勘探的成本降低30%，数据质量通常更高。类似地，一些国家的制造商为特定的、定义明确的任务提供成套的自主水下机器人系统。目前，遥操作臂是大多数遥操作水下机器人的标准设备，而相反，自主操作仍然是一项研究挑战；SAUVIM[51.1]、ALIVE[51.2]和TRIDENT[51.3]项目致力于研究这一控制问题。VIDEO 88 显示了一个AUV Nereus任务的图形化渲染，VIDEO 87 显示了Remus AUV的透视图，VIDEO 92 显示了一个10min的冰下任务纪录片，最后 VIDEO 90 显示了与鲨鱼的强烈互动。

从有记载的历史开始，人类就开始使用船只，但是能够在水下机器人是最近才出现的。也许有记载的关于水下机器人的第一个想法来自亚里士多德的传记，在公元前325年的提罗战争中，在斯卡菲·安德罗斯（船夫）的协助下，马其顿国王亚历山大三世（公元前356—前323年）可以在水下至少停留半天。这可能是不现实的；如果这是真的，它将先于阿基米德定律，阿基米德定律最早出现是在大约公元前250年。达·芬奇可能是第一个设计水下机器人的人。他的尝试记录在1480年至1518年间的《大西洋法典（Codice Atlantico）》中。传说莱昂纳多曾研究过水下军事机器的想法，但他认为结果太危险，因此将其销毁。

反馈理论在船舶控制中的首次应用可能是指北仪装置，该装置于1908年获得专利，利用陀螺仪原理开发了第一个自动驾驶仪[51.4]。从那时起，反馈理论在船舶控制中的应用不断增加；有趣的是，今天在许多工业应用中常用的PID控制在1929年由Minorsky[51.5]首次正式提出。第一艘遥操作水下机器人POODLE于1953年建造，遥操作水下机器人在 20 世纪 60 年代和 70 年代发展，主要用于军事目的。20 世纪 80 年代，遥操作水下机器人被确立用于商业海上工业，并开始出现在科学应用中。20 世纪 70 年代，第一辆无缆自主水下机器人是为试验目的而制造的。目前，自主水下机器人在科学、军事和商业应用中越来越普遍。商业供应商可提供一系列任务的自主水下机器人系统，并且可以从多家公司获得自主水下机器人服务[51.6]。

51.2 水下机器人

51.2.1 建模

刚体完全由其对地固定的惯性参考坐标系（简称：固定坐标系）Σ_i，O_i-xyz 的位置和姿态来描述。让我们定义 $\boldsymbol{\eta}_1\in\mathbb{R}^3$ 为 $\boldsymbol{\eta}_1=(x\ y\ z)^{\mathrm{T}}$，表示对地固定的惯性参考坐标系中，物体坐标系原点的位置矢量。向量 $\dot{\boldsymbol{\eta}}_1$ 是相应的时间导数（以对地固定惯性参考坐标系表示）。如果定义 $\boldsymbol{v}_1=(u\ v\ w)^{\mathrm{T}}$作为物体坐标系 Σ_b，$O_b-x_by_bz_b$ 原点相对于固定坐标系原点的线速度（从现在起：物体线速度），定义的线速度存在以下关系：

$$\boldsymbol{v}_1=\boldsymbol{R}_{\mathrm{I}}^{\mathrm{B}}\dot{\boldsymbol{\eta}}_1 \tag{51.1}$$

式中，$\boldsymbol{R}_{\mathrm{I}}^{\mathrm{B}}$ 是表示从固定坐标系到物体坐标系转换的旋转矩阵。让我们定义 $\boldsymbol{\eta}_2\in SO(3)$ 为 $\boldsymbol{\eta}_2=(\phi\ \theta\ \psi)^{\mathrm{T}}$，表示固定坐标系中，物体欧拉角坐标向量。在航海领域，通常称为横摇、俯仰和偏航。偏航定义为围绕固定坐标系的 z 轴旋转；俯仰定义为偏航运动后产生的绕 y 轴旋转；横摇定义为在偏航和俯仰运动后产生的绕 x 轴旋转。向量 $\dot{\boldsymbol{\eta}}_2$ 是相应的时间导数（用固定坐标系表示）。让我们定义 $\boldsymbol{v}_2=(p\ q\ r)^{\mathrm{T}}$，表示物体坐标系相对于固定坐标系的角速度，用物体坐标系表示（从现在起：物体角速度）。向量 $\dot{\boldsymbol{\eta}}_2$ 没有实际的物理意义，它通过适当的雅可比矩阵与物体角速度相联系，即

$$\boldsymbol{v}_2=\boldsymbol{J}_{k,o}(\boldsymbol{\eta}_2)\dot{\boldsymbol{\eta}}_2 \tag{51.2}$$

矩阵 $\boldsymbol{J}_{k,o}\in\mathbb{R}^{3\times3}$可用欧拉角表示为

$$\boldsymbol{J}_{k,o}(\boldsymbol{\eta}_2)=\begin{pmatrix}1 & 0 & -s_\theta\\ 0 & c_\phi & c_\theta s_\phi\\ 0 & -s_\phi & c_\theta c_\phi\end{pmatrix} \tag{51.3}$$

矩阵 $\boldsymbol{J}_{k,o}$（$\boldsymbol{\eta}_2$）对于 $\boldsymbol{\eta}_2$ 中的每一个值并非都是可逆的。具体来说，其逆矩阵可表示成

$$\boldsymbol{J}_{k,o}^{-1}(\boldsymbol{\eta}_2)=\frac{1}{c_\theta}\begin{pmatrix}1 & s_\phi s_\theta & c_\phi s_\theta\\ 0 & c_\phi c_\theta & -s_\phi c_\theta\\ 0 & s_\phi & c_\phi\end{pmatrix} \tag{51.4}$$

当 $\theta=(2l+1)\dfrac{\pi}{2}$时，矩阵为奇异矩阵（$l\in\mathbb{N}$），即俯仰角为$\pm\dfrac{\pi}{2}$。

式（51.1）中，用来转换线速度所需的旋转矩阵 $\boldsymbol{R}_{\mathrm{I}}^{\mathrm{B}}$ 用欧拉角表示为

$$\boldsymbol{R}_{\mathrm{I}}^{\mathrm{B}}(\boldsymbol{\eta}_2)=\begin{pmatrix}c_\psi c_\theta & s_\psi c_\theta & -s_\theta\\ -s_\psi c_\phi+c_\psi s_\theta s_\phi & c_\psi c_\phi+s_\psi s_\theta s_\phi & s_\phi c_\theta\\ s_\psi s_\phi+c_\psi s_\theta c_\phi & -c_\psi s_\phi+s_\psi s_\theta c_\phi & c_\phi c_\theta\end{pmatrix} \tag{51.5}$$

表 51.2 给出了根据海军建筑师和海洋工程师协会（SNAME）符号[51.7]用于水下机器人运动变量的通用符号，示意图如图 51.2 所示。

表 51.2 水下机器人运动的通用符号

运动变量		力与力矩	$\boldsymbol{v}_1$、$\boldsymbol{v}_2$	$\boldsymbol{\eta}_1$、$\boldsymbol{\eta}_2$
x 方向的速度	横摇速度	X	u	x
y 方向的速度	俯仰速度	Y	v	y
z 方向的速度	偏航速度	Z	w	z
x 方向的转动	横摇角	K	p	ϕ
y 方向的转动	俯仰角	M	q	θ
z 方向的转动	偏航角	N	r	ψ

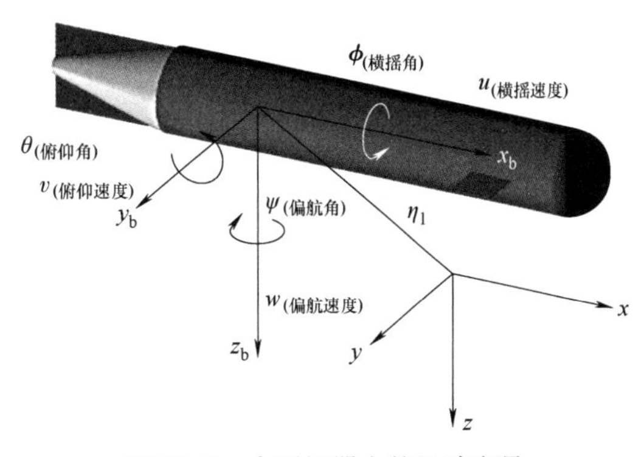

图 51.2 水下机器人的运动变量

对于刚体方向的任何表示，出现了几种可能性，其中包括使用由单位四元数给出的四参数描述。四元数这一术语是在1840年由Hamilton提出的，这是欧拉引入4个参数刚体姿态表示70年后的事情。第1卷第2章介绍了可替代的姿态表示法，参考文献［51.8］中介绍了海洋环境。

采用六维矩阵形式的运动学方程非常有用。让我们将向量 $\boldsymbol{\eta}\in\mathbb{R}^6$ 定义为

$$\boldsymbol{\eta}=\begin{pmatrix}\boldsymbol{\eta}_1\\ \boldsymbol{\eta}_2\end{pmatrix} \tag{51.6}$$

向量 $\boldsymbol{v}\in\mathbb{R}^6$ 为

$$\boldsymbol{v}=\begin{pmatrix}\boldsymbol{v}_1\\ \boldsymbol{v}_2\end{pmatrix} \tag{51.7}$$

定义矩阵 $\boldsymbol{J}_e(\boldsymbol{R}_B^I)\in\mathbb{R}^{6\times6}$ 为

$$\boldsymbol{J}_e(\boldsymbol{R}_B^I)=\begin{pmatrix}\boldsymbol{R}_I^B & \boldsymbol{0}_{3\times3}\\ \boldsymbol{0}_{3\times3} & \boldsymbol{J}_{k,o}\end{pmatrix} \tag{51.8}$$

式中，旋转矩阵 $\boldsymbol{R}_I^B$ 和 $\boldsymbol{J}_{k,o}$ 已分别在式（51.5）和式（51.3）中给出，则

$$\boldsymbol{v}=\boldsymbol{J}_e(\boldsymbol{R}_B^I)\dot{\boldsymbol{\eta}} \tag{51.9}$$

给定 $\boldsymbol{J}_e$ 的块对角结构，逆映射如下所示：

$$\dot{\boldsymbol{\eta}}=\boldsymbol{J}_e^{-1}(\boldsymbol{R}_B^I)\boldsymbol{v}=\begin{pmatrix}\boldsymbol{R}_B^I & \boldsymbol{0}_{3\times3}\\ \boldsymbol{0}_{3\times3} & \boldsymbol{J}_{k,o}^{-1}\end{pmatrix}\boldsymbol{v} \tag{51.10}$$

式中，$\boldsymbol{J}_{k,o}^{-1}$ 在式（51.4）中给出。

定义广义力向量 $\boldsymbol{\tau}_v$ 为

$$\boldsymbol{\tau}_v=\begin{pmatrix}\boldsymbol{\tau}_1\\ \boldsymbol{\tau}_2\end{pmatrix}$$

其中

$$\boldsymbol{\tau}_1=(X\ Y\ Z)^T \tag{51.11}$$

$\boldsymbol{\tau}_1$ 为作用在刚体上的合力，在物体坐标系中表示，且

$$\boldsymbol{\tau}_2=(K\ M\ N)^T \tag{51.12}$$

$\boldsymbol{\tau}_2$ 对应于极点 O_b 的合力矩，可以将空间中移动刚体的牛顿-欧拉运动方程改写为

$$\boldsymbol{M}_{RB}\dot{\boldsymbol{v}}+\boldsymbol{C}_{RB}(\boldsymbol{v})\boldsymbol{v}=\boldsymbol{\tau}_v \tag{51.13}$$

式（51.13）的推导可在第1卷第3章中找到。

矩阵 $\boldsymbol{M}_{RB}$ 为常值、对称正定矩阵，即 $\dot{\boldsymbol{M}}_{RB}=\boldsymbol{0}$，$\boldsymbol{M}_{RB}=\boldsymbol{M}_{RB}^T>0$。其独特的参数化形式如下：

$$\boldsymbol{M}_{RB}=\begin{pmatrix}m\boldsymbol{I}_3 & -m\boldsymbol{S}(\boldsymbol{r}_C^b)\\ m\boldsymbol{S}(\boldsymbol{r}_C^b) & \boldsymbol{I}_{O_b}\end{pmatrix} \tag{51.14}$$

式中，$\boldsymbol{r}_C^b$ 为到重心（CG）的3×1维位置矢量，在物体坐标系中表示；$\boldsymbol{I}_3$ 是3×3阶单位矩阵，$\boldsymbol{I}_{O_b}$ 是物体坐标系中表示的惯性张量。$\boldsymbol{S}(\boldsymbol{x})$ 是执行两个3×1维矢量之间矢量积的矩阵运算符，即

$$\boldsymbol{S}(\boldsymbol{x})=\begin{pmatrix}0 & -x_3 & x_2\\ x_3 & 0 & -x_1\\ -x_2 & x_1 & 0\end{pmatrix}$$

另一方面，不存在表示科氏力和向心力的矩阵 $\boldsymbol{C}_{RB}$ 的唯一参数化形式。可以证明矩阵 $\boldsymbol{C}_{RB}$ 总是可以参数化的，而且它是反对称的，即

$$\boldsymbol{C}_{RB}(\boldsymbol{v})=-\boldsymbol{C}_{RB}^T(\boldsymbol{v})\quad\forall\boldsymbol{v}\in\mathbb{R}^6 \tag{51.15}$$

矩阵 $\boldsymbol{C}_{RB}$ 的显式表达可从参考文献［51.8］中找到。

请注意，如果选择物体坐标系的原点与固定坐标系重合，则式（51.13）可以大大简化，因为 $\boldsymbol{r}_C^b=\boldsymbol{0}$。

1. 水动力学的广义力

式（51.13）表示刚体在空旷空间中的运动，而处理船舶或水下机器人需要考虑水（流体）动力学广义力的存在，即流体存在时产生的力和力矩。在水力学中，通常假设刚体上水力学的广义力可以线性叠加[51.9]；特别是，这些被分为辐射诱导力、环境扰动力、重力和浮力引起的恢复力。

辐射诱导力定义为当物体被迫随波激励频率振荡且无入射波时，作用在物体上的力。

这些可以被确定为由于周围流体的惯性而增加的质量和由于表面波耗散的能量而产生的辐射感应电位阻尼的总和。

环境扰动力可以被识别为由风、波浪和洋流引起的广义力。

因此，整体运动方程用矩阵形式写成[51.8,10,11]

$$\boldsymbol{M}_v\dot{\boldsymbol{v}}+\boldsymbol{C}_v(\boldsymbol{v})\boldsymbol{v}+\boldsymbol{D}_v(\boldsymbol{v})\boldsymbol{v}+\boldsymbol{g}_v(\boldsymbol{R}_B^I)=\boldsymbol{\tau}_v \tag{51.16}$$

式中，$\boldsymbol{M}_v=\boldsymbol{M}_{RB}+\boldsymbol{M}_A$ 和 $\boldsymbol{C}_v=\boldsymbol{C}_{RB}+\boldsymbol{C}_A$ 也包含在附加的质量项中。

接下来的内容中，将简要讨论这些特定于海洋环境的广义力。

2. 附加质量和惯性

当刚体在流体中运动时，必须考虑因刚体运动而加速的物体周围流体的附加惯性。这种影响在工业机器人中可以忽略，因为空气密度远低于移动机械系统的密度。然而，在水下应用中，水的密度 $\rho\approx1000\text{kg/m}^3$，与机器人本体的密度相当。特别是在0℃时，淡水密度为 1002.68kg/m^3；对于盐度为3.5%的海水来说，它的密度 $\rho=1028.48\text{kg/m}^3$。

身体周围的流体随着车体加速而加速，因此需要一个力来实现这种加速，而流体施加的反作用力大小相等，方向相反。该反作用力为附加质量做贡献。增加的质量不是要添加到系统中的流体量，以使其质量增加。由于附加质量是刚体表面几何形状

的函数，因此刚体的 6×6 阶惯性矩阵具有不同的特性。

由于 $\boldsymbol{x}_{\mathrm{b}}$ 线性加速度而引发的沿 $\boldsymbol{x}_{\mathrm{b}}$ 方向上的水动力定义为

$$X_{\mathrm{A}}:=-X_{\dot{u}}\dot{u},\quad 其中\ X_{\dot{u}}:=\frac{\partial X}{\partial \dot{u}}$$

式中，符号 ∂ 表示偏导数。以同样的方式，可以定义所有剩余 35 个元素，将六个力/力矩分量 $(X\ \ Y\ \ Z\ \ K\ \ M\ \ N)^{\mathrm{T}}$ 与六个线/角加速度 $(\dot{u}\ \ \dot{v}\ \ \dot{w}\ \ \dot{p}\ \ \dot{q}\ \ \dot{r})^{\mathrm{T}}$ 联系起来。这些元素可以分解到附加质量矩阵 $\boldsymbol{M}_{\mathrm{A}}\in\mathbb{R}^{6\times 6}$ 中。通常，矩阵的所有元素都是非零的。

一般来说，附加质量和潜在阻尼取决于频率，同时也取决于前进速度。某些黏性阻尼项（表面摩擦、滚动阻尼等）也是如此。这给出了一个描述车辆频率响应的伪微分方程。由于某些系数取决于频率，因此这不是一个常微分方程（ODE）。然而，可以使用参考文献［51.12］和参考文献［51.13］中以及最近在参考文献［51.14］中描述的概念将频域方程转换为时域方程。时域方程通常包括流体记忆效应[51.4]。然而，水下机器人通常采用机电理论建模，其中电势系数在零频率下计算。由此得到的方程是一个常微分方程，其中附加的惯性矩阵 $\boldsymbol{M}_{\mathrm{A}}$ 是恒定的，且与速度无关且正定的，即

$$\boldsymbol{M}_{\mathrm{A}}=\boldsymbol{M}_{\mathrm{A}}^{\mathrm{T}}>\boldsymbol{0},\quad \dot{\boldsymbol{M}}_{\mathrm{A}}=\boldsymbol{0} \tag{51.17}$$

这一结果在船舶流体力学[51.15]中是众所周知的；如基于美国空军数字数据通信[51.16]，可使用 WAMIT 或 Matlab 等数值程序计算矩阵 $\boldsymbol{M}_{\mathrm{A}}$；在这种情况下，应使用零频率结果，即 $\boldsymbol{M}_{\mathrm{A}}=\boldsymbol{A}(0)$，其中 $\boldsymbol{A}(\omega)$ 是频率相关的附加质量矩阵。与黏性效应和阻力/升力项相比，潜在的阻尼矩阵较小。因此，对于水下机器人，该项可以设置为零。如果通过试验计算附加质量，通常的做法是将结果对称化，即

$$\boldsymbol{M}_{\mathrm{A}}=\frac{1}{2}(\boldsymbol{A}_{\mathrm{exp}}+\boldsymbol{A}_{\mathrm{exp}}^{\mathrm{T}})$$

式中，$\boldsymbol{A}_{\mathrm{exp}}$ 表示通过试验获得的附加质量项。

如果主体完全浸没在水中，并且设计为左舷/右舷对称（xz 平面），这是 6 自由度水下机器人的常见情形，则可以考虑矩阵 $\boldsymbol{M}_{\mathrm{A}}$ 的结构为

$$\boldsymbol{M}_{\mathrm{A}}=-\begin{pmatrix} X_{\dot{u}} & 0 & X_{\dot{w}} & 0 & X_{\dot{q}} & 0\\ 0 & Y_{\dot{v}} & 0 & Y_{\dot{p}} & 0 & Y_{\dot{r}}\\ Z_{\dot{u}} & 0 & Z_{\dot{w}} & 0 & Z_{\dot{q}} & 0\\ 0 & K_{\dot{v}} & 0 & K_{\dot{p}} & 0 & K_{\dot{r}}\\ M_{\dot{u}} & 0 & M_{\dot{w}} & 0 & M_{\dot{q}} & 0\\ 0 & N_{\dot{v}} & 0 & N_{\dot{p}} & 0 & N_{\dot{r}} \end{pmatrix} \tag{51.18}$$

附加质量系数在理论上可通过利用刚体的几何结构或通过条带理论进行数值推导[51.17]。

参考文献［51.18］中报告了海军研究生院（NPS）试验 AUV Phoenix 时使用的系数。这些系数是通过试验推导出来的，几何结构给出了一个非对角矩阵 $\boldsymbol{M}_{\mathrm{A}}$。为了提供附加质量项的数量级，对于约 5000kg 的机器人质量，$X_{\dot{u}}$ 约为 −500kg。

增加的质量也增加了科氏力和向心力。可以证明，矩阵表达式始终可以参数化，以便

$$\boldsymbol{C}_{\mathrm{A}}(\boldsymbol{v})=-\boldsymbol{C}_{\mathrm{A}}^{\mathrm{T}}(\boldsymbol{v})\qquad \forall \boldsymbol{v}\in\mathbb{R}^{6}$$

矩阵 $\boldsymbol{C}_{\mathrm{A}}(\boldsymbol{v})$ 中各元素的具体符号表达式见参考文献［51.4］。

3. 水动力阻尼

船舶的水动力阻尼主要由以下因素引起：

1）潜在阻尼。

2）表面摩擦。

3）波浪漂移阻尼。

4）涡旋脱落阻尼。

5）黏性阻尼。

由受迫振荡引起的辐射诱发潜在阻尼通常称为电位阻尼；其动态贡献通常可忽略不计，而水下机器人的黏性摩擦，对于水面航行器则可能非常重要。

线性表面摩擦是由层流边界层引起的，可影响水下机器人的低频运动。加上这种效应，在高频下可以观察到由湍流边界层引起的二次或非线性表面摩擦现象。

波浪漂移阻尼是公海水面船舶纵荡运动的主要动力阻尼效应。它可以被认为是船只在波浪中前进的附加阻力；其漂移与有效波高的平方成正比。然而，在俯仰和偏航方向上，相对于涡旋脱落的影响，其动态贡献可忽略不计。

在流体中移动的物体导致流体分离；这仍然可以被认为是层流在上游，而两个反对称涡可以观察到在下游。如果物体是沿垂直于其轴的方向移动的圆柱体，则结果是垂直于速度和轴的周期力。这种效应可能会引起电缆和其他水下结构的振动。然而，关于水下机器人，这种影响对于 ROV 来说可以忽略不计，并且可以通过为鱼雷式 AUV 设计适当的小型控制面来抵消。

涡旋脱落是一种非定常流，在特定流速下发生（根据圆柱体的大小和形状）。在这种流动中，涡旋在车体的后部产生，周期性地从每一侧产生。

流体的黏度也会产生耗散力。这些力由阻力和升力组成，前者平行于水下机器人相对于水的相对

速度，而后者垂直于水流。对于在流体中移动的球体，阻力可建模为[51.9]

$$F_{\text{drag}}=\frac{1}{2}\rho U^2 SC_{\text{d}}(Re) \tag{51.19}$$

式中，ρ 是流体密度；U 是球体的速度；S 是球体的前沿面积；C_{d} 是无量纲阻力系数；Re 是雷诺数。对于一般车身，S 是沿流动方向的前部区域的投影。阻力可以视为两种物理效应的总和：法线垂直于流速的表面的摩擦效应和法线平行于流速的表面的压力效应。对于在流体中移动的水翼艇，升力可建模为[51.9]

$$F_{\text{lift}}=\frac{1}{2}\rho U^2 SC_{\text{l}}(Re,\alpha) \tag{51.20}$$

式中，S 是表面积；C_{l} 是无量纲升力系数；α 是迎角，即相对速度与表面切线之间的角度。对于小迎角，即 $|\alpha|<10°$，升力系数近似与 α 成正比，并随着 α 的增加迅速衰减为零[51.19]。

因此，阻力系数和升力系数取决于雷诺数，即关于层流/湍流流体运动，有

$$Re=\frac{\rho|U|D}{\mu}$$

式中，D 是垂直于 U 方向的物体的特征尺寸，是流体的动态黏度。表 51.3 列出了升力和阻力系数与圆柱体雷诺数之间的函数关系[51.20]。

表 51.3　圆柱体的升阻系数与雷诺数之间的函数关系

雷诺数	运动状态	C_{d}	C_{l}
$Re<2\times10^5$	亚临界流	1	3-0.6
$2\times10^5<Re<5\times10^5$	临界流	1-0.4	0.6
$5\times10^5<Re<3\times10^5$	跨临界流	0.4	0.6

常见的简化仅考虑线性和二次阻尼项，并将其分组为矩阵 $\boldsymbol{D}_{\text{v}}$，如式（51.16）所示，以便满足：

$$\boldsymbol{D}_{\text{v}}(\boldsymbol{v})>\boldsymbol{0}\quad \forall \boldsymbol{v}\in\mathbb{R}^6$$

4. 重力与浮力

当刚体在重力作用下完全或部分浸没在流体中时，必须考虑另外两种力：重力和浮力。后者仅受流体静力学效应影响，即它不是车体和液体之间相对运动的函数。

重力加速度定义为 $\boldsymbol{g}^{\text{I}}=(0\ 0\ 9.81)^{\text{T}}\text{m/s}^2$。重力加速度不是恒定的，而是随深度、经度和纬度而变化；然而，对于除惯性导航系统外的大多数应用，该值通常足够精确。

对于完全浸没的物体，这些动力效应的计算非常简单。物体的水下重量定义为 $W=m\|\boldsymbol{g}^{\text{I}}\|$，而浮力 $B=\rho\nabla\|\boldsymbol{g}^{\text{I}}\|$，其中，$\nabla$是物体的体积，$m$ 是物体的质量。作用于质心 $\boldsymbol{r}_{\text{C}}^{\text{B}}$ 的重力在物体坐标系中表示为

$$\boldsymbol{f}_{\text{G}}(\boldsymbol{R}_{\text{I}}^{\text{B}})=\boldsymbol{R}_{\text{I}}^{\text{B}}\begin{pmatrix}0\\0\\W\end{pmatrix}$$

而作用于浮力中心 $\boldsymbol{r}_{\text{B}}^{\text{B}}$的浮力在物体坐标系中表示为

$$\boldsymbol{f}_{\text{B}}(\boldsymbol{R}_{\text{I}}^{\text{B}})=-\boldsymbol{R}_{\text{I}}^{\text{B}}\begin{pmatrix}0\\0\\B\end{pmatrix}$$

由重力和浮力引起的物体坐标系中的 6×1 阶力/力矩向量，包括在运动方程的左侧，表示成

$$\boldsymbol{g}_{\text{v}}(\boldsymbol{R}_{\text{I}}^{\text{B}})=-\begin{pmatrix}\boldsymbol{f}_{\text{G}}(\boldsymbol{R}_{\text{I}}^{\text{B}})+\boldsymbol{f}_{\text{B}}(\boldsymbol{R}_{\text{I}}^{\text{B}})\\ \boldsymbol{r}_{\text{G}}^{\text{B}}\times\boldsymbol{f}_{\text{G}}(\boldsymbol{R}_{\text{I}}^{\text{B}})+\boldsymbol{r}_{\text{B}}^{\text{B}}\times\boldsymbol{f}_{\text{B}}(\boldsymbol{R}_{\text{I}}^{\text{B}})\end{pmatrix}$$

式中，$\boldsymbol{r}_{\text{G}}^{\text{B}}=\boldsymbol{r}_{C}^{\text{B}}=(x_{\text{G}}\ y_{\text{G}}\ z_{\text{G}})^{\text{T}}$ 为重心位置。$\boldsymbol{g}_{\text{v}}$ 可用欧拉角表示为

$$\boldsymbol{g}_{\text{v}}(\boldsymbol{\eta}_2)=\begin{pmatrix}(W-B)s_\theta\\-(W-B)c_\theta s_\phi\\-(W-B)c_\theta c_\phi\\-(y_{\text{G}}W-y_{\text{B}}B)c_\theta c_\phi+(z_{\text{G}}W-z_{\text{B}}B)c_\theta s_\phi\\(z_{\text{G}}W-z_{\text{B}}B)s_\theta+(x_{\text{G}}W-x_{\text{B}}B)c_\theta c_\phi\\-(x_{\text{G}}W-x_{\text{B}}B)c_\theta s_\phi-(y_{\text{G}}W-y_{\text{B}}B)s_\theta\end{pmatrix} \tag{51.21}$$

5. 洋流

洋流主要由潮汐运动、海面上的大气风系统、海面热交换、海水盐度变化、地球自转引起的科氏力、非线性波、主要海洋环流（如墨西哥湾流）、风暴潮的影响和上层海洋的强密度梯度引起的。由于当地气候和/或地理特征的变化，洋流可能会非常不同；例如，在峡湾中，潮汐效应可导致高达 3m/s 的洋流，此外，各种成分存在特定的数学模型[51.8]。

让我们假设洋流用惯性系表示，$\boldsymbol{v}_{\text{c}}^{\text{I}}$ 是常数且无漩的，则有 $\boldsymbol{v}_{\text{c}}^{\text{I}}=(v_{\text{c},x}\quad v_{\text{c},y}\quad v_{\text{c},z}\quad 0\quad 0\quad 0)^{\text{T}}$，且 $\dot{\boldsymbol{v}}_{\text{c}}^{\text{I}}=\boldsymbol{0}$。只需考虑物体坐标系内的相对速度，就可以将此效应加入到流体中运动的刚体动力学中。

$$\boldsymbol{v}_{\text{r}}=\boldsymbol{v}-\boldsymbol{R}_{\text{I}}^{\text{B}}\boldsymbol{v}_{\text{c}}^{\text{I}} \tag{51.22}$$

考虑附加科氏力、向心力和阻尼项时，有

$$\boldsymbol{M}_{\text{v}}\dot{\boldsymbol{v}}+\boldsymbol{C}_{\text{RB}}(\boldsymbol{v})\boldsymbol{v}+\boldsymbol{C}_{\text{A}}(\boldsymbol{v}_{\text{r}})\boldsymbol{v}_{\text{r}}+\boldsymbol{D}_{\text{v}}(\boldsymbol{v}_{\text{r}})\boldsymbol{v}_{\text{r}}+\boldsymbol{g}_{\text{v}}(\boldsymbol{R}_{\text{B}}^{\text{I}})=\boldsymbol{\tau}_{\text{v}} \tag{51.23}$$

请注意，$\boldsymbol{C}_{\text{A}}(\boldsymbol{v}_{\text{r}})\boldsymbol{v}_{\text{r}}$ 中，包括有称为 Munk 力矩

的重要失稳效应[51.9]。

如果 $\boldsymbol{D}_v(\boldsymbol{v}_r)$ 未知，二次浪涌阻力和横流阻力原理可用于描述横摇、俯仰和偏航中的耗散力和力矩[51.9]。此外，

$$\boldsymbol{C}_A(\boldsymbol{v}_r)\boldsymbol{v}_r+\boldsymbol{D}_v(\boldsymbol{v}_r)\boldsymbol{v}_r\approx(X_c \quad Y_c \quad 0 \quad 0 \quad 0 \quad N_c)^{\mathrm{T}} \tag{51.24}$$

对于较大的相对洋流角 $|\beta_c-\psi|$，其中 β_c 是洋流方向，根据横流原理，可将横摇力 Y_c 和横摇力矩 N_c 建模为

$$Y_c=\frac{\rho}{2}\int_L H(x)C_D(x)v_r^x(x)\,|v_r^x(x)|\,\mathrm{d}x \tag{51.25}$$

$$N_c=\frac{\rho}{2}\int_L xH(x)C_D(x)v_r^x(x)\,|v_r^x(x)|\,\mathrm{d}x-X_{r|r|}r\,|r| \tag{51.26}$$

式中，L 是水下机器人长度；$H(x)$ 是水下机器人高度；$C_D(x)$ 是二维阻力系数；$v_r^x(x)=v_r+rx$ 是 x 轴方向的相对横流速度。实际上，$C_D(x)$ 可以选择为介于 0~1 之间的常数。通过对试验数据的曲线拟合，可以确定合适的数值。然而，沿喘振方向，二次阻尼项 X_c 仍然由一个与相对速度平方成正比的项表示，其符号表达式可以写成

$$X_c=-X_{u|u|}u_r\,|u_r| \tag{51.27}$$

式中，$-X_{u|u|}>0$ 是二次型喘振阻尼系数，可通过曲线拟合试验数据或将其与阻力系数 C_d 关联，如式（51.19）所示。当二次项可以忽略时，式（51.24）中的近似值不能充分表示低速下的动力学。因此，通常在横摇、俯仰和偏航中添加线性可选阻尼器；这在物理上可以解释为表面摩擦，表现出线性行为。

或者，可借助飞行器的 Datcom 数据库计算二次浪涌阻力、非线性横摇阻尼和横流阻力效应，如参考文献［51.21］所示。

6. 模型特性

对于理想流体中完全淹没的物体，在没有洋流或波浪的情况下，以低速运动，式（51.16）满足以下特性：

1）惯性矩阵是对称正定的，即 $\boldsymbol{M}_v=\boldsymbol{M}_v^{\mathrm{T}}>\boldsymbol{0}$。

2）阻尼矩阵是正定的，即 $\boldsymbol{D}_v(\boldsymbol{v})>\boldsymbol{0}$。

3）矩阵 $\boldsymbol{C}_v(\boldsymbol{v})$ 是反对称的，即 $\boldsymbol{C}_v(\boldsymbol{v})=-\boldsymbol{C}_v^{\mathrm{T}}(\boldsymbol{v})$，$\forall \boldsymbol{v}\in\mathbb{R}^6$。

7. 水动力模拟

式（51.16）所示的水下机器人的数学模型非常重要；即使简化了，它也反映出了动力学中最重要的部分。此外，它的形式适合于控制器设计。关于 AUV/ROV 控制器的文献很多，其稳定性取决于上述特性。另一方面，在某些工作条件下，这些假设不再有效，即当 AUV 高速行驶或接近水面时，或当其形状不允许几何简化时（如多个 ROV 的情况）。此外，基于线性化模型设计自主水下机器人控制器和使用简单 PID 控制器控制遥操作水下机器人仍然很常见。

这些考虑因素证明了建模工作可以更准确地计算水动力项，目的是预测、模拟和性能分析，而不是控制设计。这可以通过从基于系数的方法切换到基于计算流体力学理论的组件建模方法来实现。具体而言，在计算水动力/力矩时，应考虑每种水下机器人的几何结构及其特定迎角和侧滑角。这种增加的计算工作量使得捕捉一些动力学效应成为可能，如涡流引起的滚转力矩，而这对于基于系数的方法来说是不合理的。

控制对象模型通常是一个简化模型，它捕获了动力学最重要的部分。预测和运动模拟应使用最精确的水下机器人模型。

51.2.2 传感器系统

水下机器人配备了一个传感器系统，专门用于实现运动控制以及完成其被命令完成的特定任务。在后一种情况下，可安装为化学/生物测量或绘图而开发的传感器，这超出了本章的范围。例如，表 51.4 列出了 AUV Dorado（图 51.3）的有效载荷。

水下机器人大部分时间需要在水下操作；水下机器人的主要问题之一是定位任务，因为没有一个单独的本体感知传感器来测量它的位置。全球定位系统（GPS）不能在水下使用。冗余的多传感器系统通常使用状态估计或传感器融合技术进行组合，为水下机器人提供故障检测和容错能力。表 51.5 列出了无人水下机器人（UUV）常用的传感器类型和相应的测量变量。

图 51.3　AUV Dorado（蒙特雷湾水族馆研究所[51.22]）

表 51.4 用于科学取样的 AUV Dorado 的有效载荷（蒙特雷湾水族馆研究所提供[51.22]）

传感器模型	描述
WHN300	300kHz 声学多普勒流速剖面仪/多普勒速度计程仪，由 Teledyne/RD 仪器制造
8CB4000I	Paroscitific Digiquartz 压力传感器，满量程 4000m
Gulpers	10×2L 水取样器
HS2	Hobilabs 2 通道后向散射/荧光计，420nm/700nm 激发
LISST-100	红杉科学粒度谱仪
ISUS	硝酸盐原位紫外分光光度计
2xSBE3/SBE4	海鸟温度/电导率仪，携带 2 对仪器
SBE43	海鸟溶解氧电池
2xSBE5	C/T/DO/ISUS 和 C/T/LISST 流道用泵
UBAT	Wetlabs 生物发光评估工具（用于测量浮游生物生物发光的深海光度计）
LOPC	激光光学浮游生物计数器
ECO-CDOM	测量有色溶解有机物（CDOM）的荧光计

表 51.5 UUV 常用的传感器类型和相应的测量变量

传感器	待测量的变量
惯性系统	线加速度和角速度
压力计	机器人深度
正面声呐	与障碍物的距离
垂直声呐	距海底的距离
多普勒速度计	机器人相对速度/海底
测流计	机器人相对速度/海流
全球定位系统	表面上的绝对位置
罗盘	方位
声学定位	已知区域内的绝对位置
视觉系统	相对位置/速度
声学多普勒流速剖面仪	相对水流速度

可在水下机器人上找到的传感器包括：

（1）**陀螺罗盘** 陀螺罗盘可以提供精确到几分之一度的大地北纬估计值。如果仔细校准以补偿车辆本身的磁干扰，磁罗盘可以提供精度小于1°的地磁北向估计值。可通过查表或使用数学模型将地磁北向转换为大地北纬。

（2）**陀螺仪** 陀螺仪是任何测量惯性角旋转的仪器的通用名称。它们是基于振动质量或光的惯性特性。非常精确的陀螺仪可能会输出信号，当集成时，会以足够小的偏差提供航向信息以满足实际需求。

（3）**惯性测量单元**（IMU） IMU 提供有关机器人线加速度和角速度的信息。这些测量值结合起来形成机器人姿态的估计值，包括从最复杂的单元来估计北方的所在方向。在大多数情况下，对于缓慢移动的水下机器人，还需要对其速度进行独立测量，以准确估计平动速度或相对位移。

（4）**深度传感器** 测量水压可得出水下机器人的深度。在超过几百米的深度处，必须调用海水状态方程，根据环境压力[51.23]得出准确的深度估计。使用高质量的传感器，这些估计值是可靠和准确的，误差很小，约为0.01%。

（5）**高度和前视声呐** 用于探测障碍物的存在以及与海底的距离。

（6）**多普勒速度计**（DVL） 通过处理来自海底和来自三个或更多波束的水柱的反射声能，可以获得相对于海底的速度和相对水体运动的估计值。底部跟踪速度估计值可以精确到大约1mm/s。

（7）**全球导航卫星系统**（GNSS） 用于在地面对机器人进行定位，以初始化或减少 IMU/DVL 组合估计值的漂移。全球导航卫星系统，如全球定位系统（GPS）或伽利略（Galileo）系统，只在地面工作。

（8）**声学定位系统** 存在多种利用声学确定水下机器人位置的方案。长基线导航可通过从声学行程时间获得的距离估计值，确定水下机器人相对于固定在海底或水面上的一组声信标的位置。超短基线导航使用相位信息从一组水听器确定方向；这通常用于从表面支撑容器确定水下机器人的方向（二维），然后将其与声学行程时间测量相结合，以在球坐标系下估计水下机器人的相对位置。这些技术将在本地化部分稍后讨论。

（9）**视觉系统** 摄像机可以使用一种类型的 SLAM 算法[51.25]获得相对运动的估计值，在某些情况下还可以获得绝对运动的估计值，并用于执行管路视觉跟踪、站位保持、视觉伺服或图像拼接等任务。

例如，表 51.6 列出了约翰斯·霍普金斯大学（JHU）开发的 ROV 仪器的一些数据[51.26]，表 51.7 列出了图 51.4 所示的 AUV ODIN III[51.27]的一些数据。Majumder 等[51.28]展示了安装在 AUV Oberon 上的冗余传感器系统的一些数据融合结果，同时参考文献［51.29］回顾了导航技术的进步。

图 51.4 完全驱动的 AUV ODIN Ⅲ（夏威夷大学自主系统实验室[51.24]）

表 51.6 JHU ROV 仪器

待测变量	传感器	精度	更新率
3 自由度车体的位置	SHARP 声脉冲转发器	0.5cm	10Hz
深度	Foxboro/ICT 型号 n. 15	2.5cm	20Hz
行进	Litton LN200 惯性测量单元陀螺仪	0.01°	20Hz
横摇、俯仰角	KVH ADGC	0.1°	10Hz
行进	KVH ADGC	1°	10Hz

表 51.7 AUV ODIN Ⅲ传感器概览

待测变量	传感器	更新率
xy 车体位置	8 声呐	3Hz
深度	压力传感器	30Hz
横摇、偏航与俯仰角	IMU	30Hz

51.2.3 驱动系统

船用车辆通常由推进器或水力喷射器推动。对于具有结构纵摇稳定性的遥操作水下机器人，通常有四个推进器为四个剩余自由度提供完整的机动性，特别是深度通常是解耦的，车辆在一个平面上控制在俯仰、横摇和偏航自由度。由于无法抵消与操作臂底座交换的广义力，这些欠驱动车辆无法通过操作臂轻松地用于交互式控制；在这种情况下，需要六个或更多推进器。水下机器人通常具有鱼雷形状，用于测绘/探索。它们由一个或两个平行于前后方向的推进器以及一个鳍和一个舵推进；这种推进显然是非完整约束的，在低速时会失去机动性。水射流，也被称为泵射流，是一种产生喷水推进的系统；与推进器相比，它们具有某些优势，如更高的功率密度和浅水可用性，但只能在一个方向上提供推力。

为了准确有效地描述推进器的数学模型，科研人员已经做了很多工作；参考文献［51.30］报告了一个单状态模型，其中状态为 n，即传动轴速度。在参考文献［51.31］中，提出了一个双状态模型，以考虑到试验观察到的推力超调；与 n 一起，附加状态变量为 u_p，即螺旋桨盘中的轴向流速。在参考文献［51.32］中，提出了一种包含旋转流体速度和惯性对推进器响应影响的推进器模型，以及一种通过试验确定非正弦升阻曲线的方法。参考文献［51.33］中描述了三状态模型：

$$J_m\dot{n}+K_n n=\tau-Q$$

$$m_f\dot{u}_p+d_{f0}u_p+d_f|u_p|(u_p-u_a)=T$$

$$(m-X_{\dot{u}})\dot{u}-X_u u-X_{u|u|}u|u|=(1-t)T$$

式中，J_m 是直流电动机/螺旋桨的惯性矩；K_n 是线性电动机阻尼系数；τ 是电动机控制输入；Q 是螺旋桨转矩；m_f 是螺旋桨控制容积中的水质量；u_p 是螺旋桨盘中的轴向流速；d_{f0} 和 d_f 分别是控制体积的线性和二次阻尼系数；u_a 是环境水速度；T 是螺旋桨推力；t 是推力缩减系数（图 51.5）。在稳态运动的情况下，$\dot{u}=0$，环境水速度 u_a 与尾流分数 w 的喘振有关，即

$$u_a=(1-w)u \tag{51.28}$$

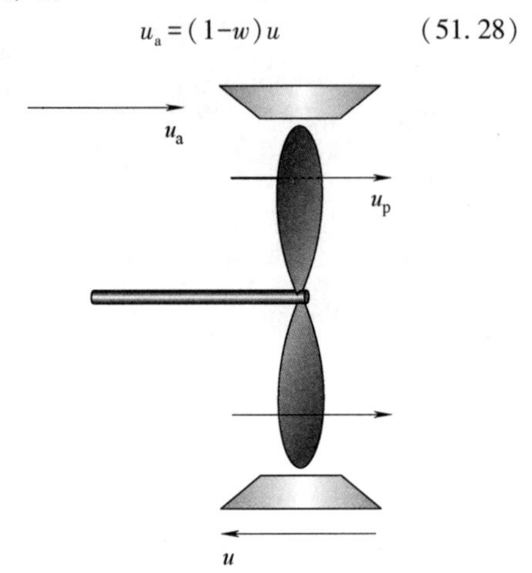

图 51.5 影响推进器性能的环境水速度和轴向流速

请注意，可以使用非线性观测器估计未测量变量 u_p[51.33]。非线性三态动力系统的输出为推力 T 和转矩 Q，它们是多变量的函数；在下文中，将忽略非定常流效应，如空气吸力、空化、水内外（Wagner）、边界层和阵风（Kuessner）效应。这导致了模型的准稳态表示：

$$T=\rho D^4 K_T(J_0)n|n| \tag{51.29}$$

$$T=\rho D^5 K_Q(J_0)n|n| \tag{51.30}$$

式中，D 为螺旋桨直径；$K_T(J_0)$ 和 $K_Q(J_0)$ 分别为推力系数和转矩系数，后者是推进比 J_0 的函数。

$$J_0=\frac{u_a}{nD} \tag{51.31}$$

未扰动水中的敞水螺旋桨效率为螺旋桨在产生推力时所做的功除以克服轴转矩所需功的比率，即

$$\eta_0=\frac{u_a T}{2\pi n Q}=\frac{J_0}{2\pi}\frac{K_T}{K_Q} \tag{51.32}$$

图 51.6 显示了作为瓦赫宁根 B4-70 螺旋桨推进比函数的 K_T、K_Q 和 η_0 的值[51.34]。

控制水下机器人通常需要作用在车身上的期望力/力矩；这些广义力被映射为螺旋桨提供的所需推力。因此，存在一个重要的控制问题，即要求电动机提供适当的传动轴转速 n，以满足上述推力 T 的非线性关系。

为了实现对可能故障的鲁棒性，驱动系统通常是冗余的。在这种情况下，还必须解决在推进器之间分配作用在机器人上的期望力/力矩的问题。参考文献［51.35］报告了船舶和水下机器人控制分配方法的研究进展。

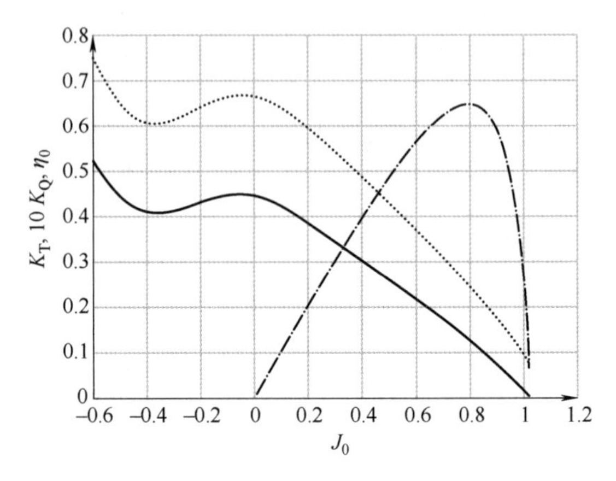

图 51.6 K_T（实心）、10 K_Q（虚线）和 η_0（点画线）的值作为 J_0 的函数[51.34]

51.2.4 通信系统

自主水下机器人可能需要与远程操作员或基站通信以进行监控。在多个 AUV 之间协调任务的情况下，需要开发它们之间通信的机器人/模式网络。

由于水的物理特性，更广泛的通信技术是基于声传播的。然而，声学调制解调器的性能不如其天线组件那样有效。影响声传播的三个主要因素：低速（1500m=s）、存在时变多路径、衰减随频率增加。最后，信道容量是距离的函数，受到限制[51.36]。对于这种具有挑战性的通信媒介，需要正确设计有效的通信协议[51.37]。

51.2.5 任务控制系统

任务控制系统（MCS）可被视为 AUV 任务期间运行的最高级别进程，它负责实现多目标控制。在最高级别，它作为操作员之间的接口，以更高级的语言接受他的指令，并根据实现的软件架构将这些指令分解为任务。任务通常是并行的，其处理取决于水下机器人状态和环境条件。因此，MCS 负责处理任务，最终对任务进行抑制、排序、修改和优先选择。MCS 通常还配备有图形用户界面（GUI），用于向操作员报告任务状态，参见 VIDEO 324 中的 Neptus 指挥和控制基础设施。

对于最先进的机器人应用，一个高效的 MCS 应该允许不一定知道所有技术细节的用户使用复杂的机器人系统。参考文献［51.38］中给出了与

水下任务控制相关的概述，其中包括有几个实验室中使用的 MCS 的有趣分类。根据该分类确定了四种主要的 AUV 控制架构：分层、异构、包容和混合。

从数学角度来看，MCS 通常需要设计，以便能够处理混合动力系统，即处理事件驱动和时间驱动的流程。例如，在参考文献［51.39］中，葡萄牙里斯本高等理工学院（IST）开发的 MCS（名为 CORAL）是通过采用基于 Petri 网的架构实现的，该架构可以适当地处理所有必要的任务，以便管理导航、制导与控制、传感、通信等。

麻省理工学院设计的面向运动的操作系统（MOOS）是一种能够执行和协调多种水下作业的软件工具。海军研究生院开发的 MCS 在行为控制的框架内，分为三层[51.40]；它基于 PROLOG，一种用于谓词逻辑的人工智能语言。

51.2.6 制导与控制

术语制导与控制可定义为[51.8]：

1）制导是确定水下机器人相对于某一参考系（通常是地球）的航向、姿态和速度的动作。

2）控制是在水下机器人上开发和应用适当的力和力矩，以实现工作点控制、跟踪和稳定。这包括设计前馈和反馈控制律。

图 51.7 显示了相应的方框图，其中还概述了导航组件。

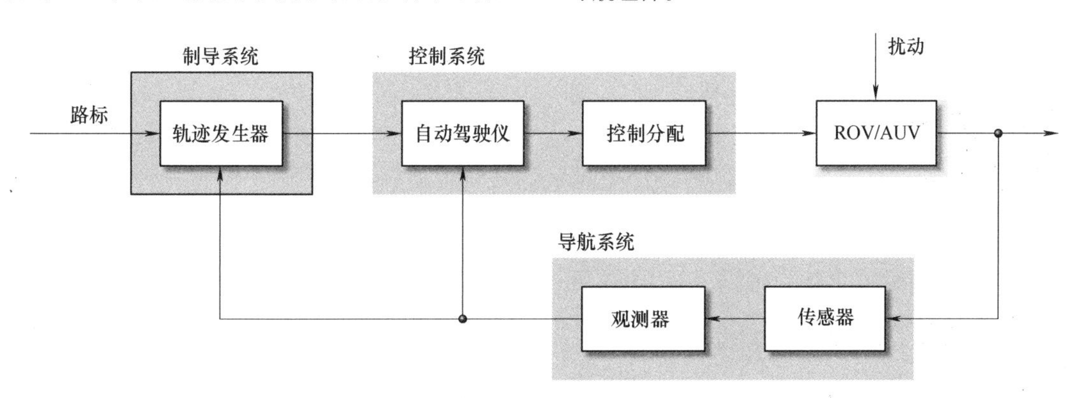

图 51.7 自主水下航行器的导航、制导和控制

1. 水下机器人的制导

制导算法可受益于广泛的输入、总体任务信息、实时操作员输入、环境测量数据（如洋流）、环境拓扑信息（如水深图）、用于避障的外部感知传感器，很明显，水下机器人状态作为导航系统的输出。

水下机器人可能需要遵循一条路径（即以二维或三维几何表示的曲线）或轨迹（即指定了特定时间规律的路径）。此外，当期望位置恒定时，该问题称为设定点调节或操作。制导问题通常分解为低维的简单子任务：姿态控制问题和路径控制问题。此外，姿态通常被视为具有零横摇和俯仰的简单深度设定点，路径通常是水平面上的一条直线。

最常见的制导方法之一是基于路径点的生成。这些数据通常存储在数据库中，用于生成水下机器人路径/轨迹；事实上，通过速度可以和路径点的笛卡儿坐标一起定义。连接路径点的最简单方法是使用连接两个连续路径点的线段。有效的基于路径点的制导方法需要考虑水下机器人当前和最终的非完整性约束[51.41]。参考文献［51.42］中介绍了一种通过适当生成路径点自适应跟踪等深线的技术；通过单个垂直声呐获取环境信息。另一种方法是基于视觉制导[51.43-45]。在这种情况下，通过考虑从水下机器人到下一个路径点的矢量形成的角度作为输入来计算航向控制，而不是要求水下机器人精确地沿着当前和下一个路径点之间的线段。对于对接操作，算法必须能够实现满足对接夹具精度和对准约束的控制[51.46]。

在参考文献［51.47］中，通过将基于视觉的制导与强化学习训练的神经控制器相结合，提出了一种针对礁石上的等待站或沿着水下管路航行的算法。参考文献［51.48］中给出了专门参与海底部署前调查和管路目视检查的 AUV 指南。Hyland 和 Taylor[51.49]报告了一种针对 AUV 避雷的特殊制导系统。基于环境的三维离散化，路径规划技术包括计算安全路径，避免地图上的不安全单元。由于在某些条件下低速时操纵性较差，水下机器人必须 360°转弯以避免停车，并在生成安全路径之前绘制其附近的环境地图。

在参考文献［51.4，8］中可以找到关于水面和水下机器人制导的深入讨论。

2. 水下机器人的控制

水下机器人的控制需要考虑不同的操作条件和驱动结构，其中需要水下机器人进行操作。特别是，有三个主要的控制问题：

1）以高速（>1m/s）行驶的AUV通常配备至少一个前后方向对齐的推进器和至少两个控制面（船尾和方向舵）。

2）欠驱动ROV，具有高稳心稳定性，即在横摇和纵摇方面结构稳定，并配备至少四个推进器。

3）配备至少六个推进器的全驱动AUV。

配备控制面的自主水下机器人是欠驱动水下机器人，主要用于勘测/勘探任务。与潜艇常规控制的方法相似，它们不允许在6自由度内执行任意运动，而是设计用于执行特定运动，例如，在恒定深度下沿给定方向巡航、在恒定深度下转向或下潜。事实上，海事经验和数学模型表明，这些运动在动力学方面是弱耦合的。此外，对于这些水下机器人，诸如归航或停靠等特定操纵需要特殊能力[51.46]。这就需要设计在侧倾自由度下结构稳定的水下机器人。巡航需要控制浪涌速度$u(t)$；转向需要控制俯仰速度$v(t)$和偏航自由度$r(t)$、$\psi(t)$；下潜需要控制垂荡自由度$\omega(t)$、$z(t)$和俯仰自由度$q(t)$、$\theta(t)$。可以通过这些运动控制AUV的最简单的驱动器配置包括一个沿前后方向排列的推进器、一个艉部和一个方向舵；因此，控制变量是螺旋桨速度和鳍板的偏转角。然后可以考虑几种方法来解决该控制问题，其中参考文献［51.50］中提出了滑模控制，而参考文献［51.51］中提出了下潜操纵的自适应滑模控制。Healey和Lienard[51.18]报告了在NPS AUV Ⅱ上成功实施多变量滑模控制的情况，后来也在NPS ARIES AUV上实施了多变量滑模控制[51.52]。由于高速运动的AUV模型是非线性耦合的，其参数的调整主要基于工作条件下的线性化模型。

从描述性的角度来看，ROV主要是一种箱形水下航行器，配备有相机或机器人操作臂等工具，而其有效载荷通常随任务而变化。它是遥操作的，并物理连接到另一个航行器（水下还是水面舰艇）。它主要设计为低速行驶，在横摇和纵摇方面结构稳定，而其深度、喘振、摇摆和偏航可独立控制。由于没有特定的形状、不同的有效载荷和相对较低的要求性能，通常采用单输入单输出（SISO）控制器控制ROV。此外，由于其简单性，通常使用PID控制方法。参考文献［51.53］中给出了ROV Romeo的双层制导和控制结构。

例如，在水下机器人携带操作臂执行交互任务的情况下，需要以6自由度控制全驱动AUV；事实上，后者需要提供所有力/力矩分量，以便动态抵消操作臂运动所带来的动力学影响。这个问题在运动学上类似于控制6自由度卫星的问题；然而，水下环境使其与动力学观点有显著不同。在运动学方面，主要问题是实施适当的定向控制策略；事实上，姿态的任何三个参数表示都存在奇异性（见第1卷第2章）。这个问题可以通过使用姿态的冗余表示（如四元数）来解决。文献中提出的大多数6自由度控制器基于式（51.16），它模拟了流体力学项的简化效应，并且具有与工业操作臂运动方程非常相似的特性。基于此，显然可以找到一系列继承自经典机器人学的方法[51.4,8]。在参考文献［51.54］中，对水下环境的一些具体注意事项导致了一个基于四元数的自适应控制器；值得注意的是，自适应控制需要一个合适的、简化的水动力项表达式。在参考文献［51.55］中，对几种6自由度控制器进行了比较。VIDEO 267和VIDEO 268显示了在水池中实现的对两个控制器的验证。

51.2.7 定位

水下环境中的定位可能是一项复杂的任务，主要是因为没有一个单一的外部传感器来提供水下机器人的位置，如室外地面车辆使用的GPS；此外，环境往往是非结构化的。

最可靠的定位方法之一是基于声学系统的使用，如基线系统：长基线（LBL）系统、短基线（SBL）系统和超短基线（USBL）系统。这些系统基于安装在水下机器人上的收发器和位于已知位置的可变数量的应答器。收发器与每个应答器的距离可以通过测量回波延迟来测量；根据该信息，可通过基本三角测量操作计算水下机器人位置[51.56]。USBL可与单个应答器一起使用，该应答器通常安装在水面舰艇上，其位置由GPS测量。最近的工作旨在开发基于单个信标的定位算法，即水下机器人和浮标之间仅测距测量[51.57]。

另一个定位系统称为地形辅助制导，基于地形高程图的使用；水深图是可用的，特别是在众所周知的位置，如港口，那里的分辨率通常为1m。在这种情况下，水下机器人位置是通过过滤来自俯视声呐的信息获得的。在参考文献［51.58］中，使用粒子滤波方法对悉尼港的AUV进行定位。

水下机器人可配备 IMU 或 DVL，以测量其速度和/或加速度。然后，可以整合这些数据以估计水下机器人位置。此类信息易受漂移现象的影响，在长时间运行时可能不可靠，或者如果需要精确的 IMU 设备进行漂移校正，则可能会提高成本。

即使在没有地图的情况下，也可以借助任何提供水下机器人相对于环境的相对位置信息的设备进行相对定位。在这种情况下，通过过滤沿运动进行的距离测量，可以测量水下机器人的位置。例如，声呐或基于视觉的定位技术就是如此[51.59]。

通常，在冗余系统中同时使用上述技术，并通过采用传感器融合技术（如卡尔曼滤波方法）获得有效定位。

同步定位与建图（SLAM），也称为并发映射与定位（CML），是移动机器人领域的一个广泛话题。该问题可以表述为移动机器人被放置在未知环境中，并在地图中定位自身的同时逐步构建地图的要求。第 46 章详细讨论了这个主题。对于海洋环境，由于长期任务需要使用大比例尺地图，因此产生了额外问题。参考文献［51.60］实现了一种解耦随机映射，以在扩展卡尔曼滤波器中处理该计算问题。参考文献［51.61］中实现了使用扫描声呐的地形辅助制导。Newman 和 Leonard[51.62] 使用长基线距离测量作为输入，采用高斯-牛顿法求解非线性最小二乘法；对应答器的初始未知位置和水下机器人位置进行估计。参考文献［51.29］中给出了关于水下机器人制导和 SLAM 的有趣综述。

51.2.8 水下操作

操作臂可以安装在 AUV 或 ROV 上，以完成交互操作。在这种情况下，需要完全驱动水下机器人以抵消操作臂基座产生的力和力矩。通过考虑一个具有 n 个连杆的操作臂，即 6 自由度操作臂，水下机器人操作臂系统（UVMS）是一个（$6+n$）自由度的机器人系统，其速度矢量为

$$\boldsymbol{\zeta}=(\boldsymbol{v}_1^{\mathrm{T}} \quad \boldsymbol{v}_2^{\mathrm{T}} \quad \dot{\boldsymbol{q}}^{\mathrm{T}})^{\mathrm{T}} \tag{51.33}$$

式中，$\boldsymbol{q}\in\mathbb{R}^n$ 是反映操作臂关节位置的矢量。

重复与水下机器人相同的考虑，可以将 UVMS 的运动方程用矩阵形式写为

$$\boldsymbol{M}(\boldsymbol{q})\dot{\boldsymbol{\zeta}}+\boldsymbol{C}(\boldsymbol{q},\boldsymbol{\zeta})\boldsymbol{\zeta}+\boldsymbol{D}(\boldsymbol{q},\boldsymbol{\zeta})\boldsymbol{\zeta}+\boldsymbol{g}(\boldsymbol{q},\boldsymbol{R}_{\mathrm{B}}^{\mathrm{I}})=\boldsymbol{\tau} \tag{51.34}$$

式中，$\boldsymbol{M}\in\mathbb{R}^{(6+n)\times(6+n)}$ 是惯性矩阵，包括附加质量项；$\boldsymbol{C}(\boldsymbol{q},\boldsymbol{\zeta})\boldsymbol{\zeta}\in\mathbb{R}^{6+n}$ 是包含科氏力和向心力的矢量；$\boldsymbol{D}(\boldsymbol{q},\boldsymbol{\zeta})\boldsymbol{\zeta}\in\mathbb{R}^{6+n}$ 是表示耗散效应的矢量；$\boldsymbol{g}(\boldsymbol{q},\boldsymbol{R}_{\mathrm{B}}^{\mathrm{I}})\in\mathbb{R}^{6+n}$ 是表示重力和浮力效应的矢量。广义力 $\boldsymbol{\tau}$ 与控制输入之间的关系如下所示：

$$\boldsymbol{\tau}=\begin{pmatrix}\boldsymbol{\tau}_v\\ \boldsymbol{\tau}_q\end{pmatrix}=\begin{pmatrix}\boldsymbol{B}_v & \boldsymbol{0}_{6\times n}\\ \boldsymbol{0}_{n\times 6} & \boldsymbol{I}_n\end{pmatrix}\boldsymbol{u}=\boldsymbol{B}\boldsymbol{u} \tag{51.35}$$

式中，$\boldsymbol{u}\in\mathbb{R}^{p_v+n}$ 是控制输入的矢量。请注意，对于水下机器人，假设控制输入的通用数量为 $p_v\geqslant 6$，而对于操作臂，假设有 n 个关节电动机可用。

根据这一假设（在低速时可以被认为是合理的），可以得到如下特性：

1）系统的惯性矩阵 $\boldsymbol{M}$ 是对称正定的。

2）对于 $\boldsymbol{C}$ 参数化的适当选择，如果系统的所有单体都是对称的，则 $\boldsymbol{M}-2\boldsymbol{C}$ 是反对称的。

3）矩阵 $\boldsymbol{D}$ 是正定的。

在参考文献［51.20］中，可以找到关于大地固定坐标系机器人位置和操作臂末端执行器的数学模型。然而，必须注意的是，在这种情况下，考虑一个 6 自由度操作臂，以便有一个方形雅可比矩阵来工作；此外，还需要避免运动奇异性。

式（51.34）中给出的矩阵形式的 UVMS 运动方程与地面固定操作臂（见第 1 卷第 3 章）的运动方程形式相似，有广泛的控制文献可用。这建议对现有控制算法进行适当的转换/实现。然而，需要强调控制方面的一些关键差异。UVMS 是一个复杂的系统，其特点是存在几个强约束条件：

1）模型知识的不确定性，主要是由于对流体动力学的了解不足。

2）数学模型的复杂性。

3）系统的运动学冗余。

4）主要由于推进器性能差，难以控制车辆悬停。

5）水下机器人与操作臂之间存在动力学耦合。

6）传感器读数的低带宽。

1996 年，McLain 等[51.63] 提出了 UVMS 的控制律，并在蒙特雷湾水族馆研究所（MBARI）进行了一些有趣的试验。一个单连杆操作臂安装在 OTTER 水下机器人上，由八个推进器控制 6 个自由度。然后实施协调控制系统以改进跟踪末端执行器的定位误差。

参考文献［51.64］着重于此类系统的建模和控制问题，可作为进一步阅读的参考。此外还讨论了与环境的相互作用。

目前，遥操作臂是几种遥操作水下机器人的标准设备。然而，自主操作仍然是一个研究挑战。SAUVIM 机器人，由夏威夷大学自主系统实验室开发，是第一个半自主式水下机器人操作臂系统之一。类似的研究项目 ALIVE 和 TRIDENT 由欧洲

共同体框架计划资助[51.2]。图 51.8 报告了在 TRIDENT 项目下开发的 UVMS[51.3]。 VIDEO 89 显示了用 Nereus 臂进行的采样。

图 51.8 水下机器人操作臂系统（由 FP7-TRIDENT 项目联合体提供）

51.2.9 故障检测/容错

一般来说，AUV 必须在非结构化环境中长时间运行。在这种环境中，未检测到的故障可能导致机器人丢失。需要故障检测和容错策略，以确定是否必须以尽可能安全的方式终止任务，或者水下机器人是否可以在性能降低的情况下继续执行任务。特修斯（Theseus）号水下机器人的北极任务就是一个例子[51.65]。

在使用遥操作水下机器人的情况下，由熟练的操作员负责指挥水下机器人；故障检测策略有助于人的决策过程。根据检测到的信息，操作员可以决定水下机器人救援或通过关闭推进器等方式终止任务。

故障检测是监测系统以识别故障存在的过程；故障隔离或诊断是确定哪个特定子系统发生故障的能力。在文献中，这些术语的使用往往有一定的重叠。容错是指在一个或多个子系统发生故障的情况下完成任务的能力；它也称为故障控制、故障调节或控制重构。在下文中，将使用故障检测/容错这一术语。

故障检测方案的特征是隔离检测到的故障的能力、可检测到的故障程度的灵敏度以及在非标称条件下继续正常工作的能力的鲁棒性。容错方案的要求是可靠性、可维护性和生存性。通常的概念是，为了克服故障导致的能力损失，系统需要一定的冗余度。

本节概述了水下机器人的现有故障检测和容错方案。对于这些特定系统，如果采用适当的策略，可以成功处理硬件/软件（HW/SW）传感器或推进器故障。在某些情况下，故障检测方案还必须能够诊断一些外部异常工作条件，如影响回声测深仪系统的多路径现象。值得注意的是，对于自主系统，如水下机器人、空间系统或飞机，没有紧急按钮（即无法选择关闭电源或启动某种刹车），因此这些系统必须具备故障容错策略，以能够安全回收受故障影响的受损系统。

大多数故障检测方案是基于模型的[51.66,67]，并考虑驱动器与机器人行为或特定输入输出推进器动力学之间的动态关系。一般来说，故障检测/容错理论已应用于水下环境的特定情况，即使只有少数论文报告了试验结果；有关此主题的研究，请参见参考文献［51.68］。

大多数容错方案考虑了一个冗余驱动的水下机器人，当有一个故障发生在其推进器中之后，仍然能保证系统的 6 自由度驱动特性。基于此假设，在工作推进器上重新分配水下机器人上的期望力[51.69]。有趣的是，还研究了水下机器人欠驱动时的重构策略。

水下机器人目前配备了多个传感器，以便提供有关其定位和速度的信息。这个问题并不容易。没有单一可靠的传感器可提供所需的位置/速度测量或相关环境信息，如判断机器人周围障碍物的存在。因此，通过卡尔曼滤波等方法进行传感器融合是为控制器提供所需变量的常用技术。这种结构冗余可用于为系统提供故障检测功能。

对于第 51.2.2 节中列出的每个传感器，如果出现电气故障或失去功能，则故障可由零输出组成。它可被视为传感器故障，也可被视为外部干扰，如声呐的多路径读数可被解释为传感器故障并相应检测到。

推进器阻塞发生在推进器叶片之间存在固体时。这种故障可以通过监测推进器所需的电流来检查。例如，在 Romeo 号水下机器人执行南极任务期间[51.70]就观察到了这种情况，是由冰块造成的。在同一次任务中，推进器也被水淹没。其结果是出现电分散现象，导致叶片旋转速度增加，因此推进器推力高于预期。

推进器不同故障的可能后果是叶片旋转速度归零，从而直接导致推进器停止工作。这是在 ODIN[51.67,69]、Roby 2[51.66]和 Romeo[51.70]号水下机器人的试验中有意体验到的。

其他故障包括硬件/软件崩溃或翅片卡滞或丢失。一种非常常见的故障类型是由于海水侵入水下电缆或连接器而导致电气绝缘性能下降。这种情况可以通过一种称为接地故障监测的技术来检测。如果发生这种情况，必须切断绝缘异常区域的电源。

51.2.10 多水下机器人

最近，越来越多的研究致力于制定水下机器人协同控制设计策略。事实上，使用多个水下机器人可能会提高总体任务性能，并提供更大的故障容忍度。该方法在水下环境中的具体应用可能包括海军水雷对抗问题、港口监控以及大面积的检查、勘探和测绘。AUV可以与一个或多个水面船只协调，或与地面或空中机器人连接，以形成异构自主机器人的协调网络。

除了已经为多个AUV操作开发了模拟软件包的几个机构外，还考虑使用真实的多AUV进行自主海洋采样网络的自适应采样和预测计划，该网络（针对机器人部件）由几个研究机构组成，如加州理工学院、MBARI、普林斯顿大学和WHOI[51.71]。自适应采样也在自适应采样与预测（ASAP）项目[51.72]中进行了研究。澳大利亚国立大学目前正在研究一个小型自主机器人集群，名为Serafina[51.73]。在葡萄牙里斯本高等理工学院（IST），正在进行AUV和双体船之间协同的工作[51.74]，即由异构自主机器人组成的多机器人系统。在参考文献［51.75］中对水下机器人和传感器网络之间的协作进行了试验研究。VIDEO 323 和 VIDEO 94 分别展示了多车探测、多车巡逻两个示例。

51.3 应用

水下机器人目前在许多科学、商业和军事任务中扮演着重要角色。遥操作水下机器人在所有这些领域都得到了很好的应用，并且越来越自动化，以减轻操作员的负担并提高性能。自主水下机器人也越来越多地应用于这些领域。目前，自主水下机器人几乎完全用于巡检工作，但采样和其他干预性任务变得似乎更加可行。此外，ROV和AUV之间的界限继续模糊化，因为具有两者最佳特性的系统不断发展。

海上石油和天然气行业严重依赖ROV进行平台、管路和海底生产设施的安装、检查和维修。随着石油和天然气搜索的深入，这一趋势只能继续发展下去。海洋技术协会估计，目前在商业海上工业中，有超过435艘工作级ROV在运行。自主水下机器人现在开始出现在商业海上行业的巡检任务中，能够执行干预任务的混合系统的概念也正在出现。其目标不仅是让这些机器人取代人类潜水员或人类操作的潜航设备，而且使整个新一代海底设备能够在不受钻井船或其他重型起重船干预的情况下进行维修。这有可能大大降低海底作业成本。

对ROV和AUV的科研需求也在急剧增加。ROV的科学应用包括以前由载人潜水器或拖曳式设备执行的调查、检查和取样任务。虽然用于科学应用的遥操作水下机器人的数量远不及海上石油和天然气行业的遥操作水下机器人，但它们正变得越来越通用。参与全球海底研究的大多数国家都有几种运载工具。与用于商业海上工业的水下机器人一样，这些水下机器人正变得越来越自动化。包括高清晰度电视在内的高质量电子成像系统在水下机器人中的应用也越来越普遍。科研用ROV现在配备了精密的取样装置，用于对动物、微生物、腐蚀性热液喷口流体和各种岩石样品进行取样。此外，ROV还用于部署和操作海底试验，这可能涉及诸如钻探和精密放置仪器等困难任务。

遥操作水下机器人也成为调查水下沉船和其他文化遗址的有力工具，应用包括现代沉船的法医调查，以确定沉没的原因，以及考古学和打捞工作。对于考古学来说，目标与陆地上的挖掘是一样的：在仔细挖掘之后绘制详细的地图。在潜水员的可达深度外，ROV是这些调查的首选方法。详细测绘阶段已取得重大进展，挖掘能力也在不断发展。遗憾的是，同样的技术也使沉船有可能被掠夺以获取经济利益，这通常会导致最有价值的历史信息的丢失。

经历长时间的怀疑之后，水下机器人现在已被接受用于科学考察任务。目前，水下机器人通常在由船只引导时执行测绘任务。具体测绘任务包括海底测深、侧扫声呐成像、磁场测绘、热液喷口定位和照片调查。与拖曳或绳系系统相比，水下机器人的使用已被证明能提高生产率和数据质量。它们还可以在其他无法收集数据的环境中运行，如冰架下。类似地，先进的原位化学传感器、生物传感器和质谱仪的日益普及，使得现在的水下机器人能够构建环境特征的时空地图，而这些地图只能通过将样本带回实验室来研究。目前正在测试能够对接到水下节点以充电、卸载数据和接收新指令的AUV系统。

军方一直是水下机器人能力发展的领导者。它们首创了用于回收试验武器和深海打捞等任务的遥操作水下机器人，而今天的商业和科学遥操作水下机器人则是直接从这些早期系统发展而来的。同样，军事利益目前正在大力推动AUV技术。许多不同的国家使用水下机器人进行军事调查，收集环境数据，并搜索地雷等危险物品。使用REMUS机器人对波斯湾乌姆卡斯尔港的地雷进行勘测，取得了商业上的成功。开发中的水下机器人不仅能够探测地雷，还能使地雷失效。更大胆、更具创新性的概念也在发展中。其中包括可以作为常规水面舰艇和潜艇延伸的水下机器人网络，能够以远低于常规水面舰艇、潜艇和飞机的成本在大范围内进行长时间监视。这些发展将依赖于声学通信、能源系统、传感器和车载智能的改进，这些改进很可能会进入商业和科研实践。

51.4 结论与延展阅读

水下环境对人类开展工程活动极为不利。除了非线性和不可预测的高压和水动力外，水不是电磁通信的合适介质，除非在短距离内。这促使水下技术依赖于以低带宽为特征的声学通信和定位系统。另一方面，从商业、文化和环境的角度来看，海洋对许多人类活动都极其重要。

水下机器人应用研究从技术和方法两个方面都很活跃。目前商用水下机器人的续航能力可达50h，并且续航能力将随着储能设备的改进而增加。改进的能源和电力能力将实现更长的任务时间、更高的速度或更好的/额外的传感器，例如，更强大的水下视频/摄影照明。目前，水下机器人价格呈下降趋势，越来越多的小型研究机构建造或购买水下机器人，以丰富其研究成果；此外，多AUV系统的设置正变得具有成本效益。研究目标是开发完全自主、可靠、稳定的决策型水下机器人。

为了提高AUV的能力，还需要解决许多技术问题：增加当前声学调制解调器的水下带宽，增加机载功率以处理更大的工具并与环境进行更强烈的交互，创建具有显著悬停能力的AUV以实现更好的交互，并实现更轻松的启动和恢复。

在不久的将来，ROV/AUV的二分法可能会变得不那么突出，会出现具有两个系统属性的系统：

1）对于海上石油和天然气干预任务，车辆可作为自主供电、全自动车辆运输至工作现场，然后停靠至工作现场。利用工作现场的能源和通信基础设施，该车辆可以像传统ROV一样操作。

2）电池驱动的ROV可以通过非常轻的光纤链路与地面通信，实现AUV的机动性，但与熟练的人类操作员进行高带宽连接，以完成复杂的干预或科学采样任务。

3）声学和光学数据链路可以在短距离内提供中等至高等的通信带宽，使人能够在不受任何约束的情况下进行监控。在更长的范围内，可以获得更适中的声学带宽。

这些发展使海洋机器人成为一个具有挑战性的工程问题，并与多个工程领域有着密切的联系。将自动驾驶车辆发送到在线通信有限的未知和非结构化环境中，需要一些车载智能以及车辆对意外情况做出可靠反应的能力。

水下机器人的一个主要挑战是通过一个或多个操作臂与环境进行交互。自主UVMS仍然是研究对象；目前的趋势是开发第一批半自主机器人设备，这种设备可以通过声音操作；此外，如果物理上可能，与需要干预的结构对接的能力可能会大大简化控制。最终目标可能是开发一种完全自主的UVMS，能够自主定位干预部位，识别要执行的任务，并在无须与空间站对接和人工干预的情况下对其采取行动。这可能使执行目前不可能完成的任务成为可能，如对深海遗址进行自主考古干预。这也将使石油和天然气行业能够显著降低成本和对人类的风险。

海洋系统模拟器[51.76]是一个用于海洋系统的Matlab/Simulink库和模拟器。它包括船舶、水下机器人和浮动结构物的模型。该库还包含用于实时仿真的制导、导航和控制（GNC）模块。根据TRIDENT项目[51.77]，已经开发了一个数值模拟器，其中还包括操作臂。

对于水下系统主题的进一步阅读，读者可以参考几篇综述性文章，包括参考文献［51.6，29，35，38，68］。此外，有几本杂志涵盖海洋工程主题，也包括机器人领域。各种专题讨论会和讲习班已经定期举行。关于海洋机器人的一些书籍/专著有参考文献［51.4，8，9，17，64］。

视频文献

VIDEO 87 Dive with REMUS
available from http://handbookofrobotics.org/view-chapter/51/videodetails/87
VIDEO 88 Underwater vehicle Nereus
available from http://handbookofrobotics.org/view-chapter/51/videodetails/88
VIDEO 89 Mariana Trench: HROV Nereus samples the Challenger Deep seafloor
available from http://handbookofrobotics.org/view-chapter/51/videodetails/89
VIDEO 90 REMUS SharkCam: The hunter and the hunted
available from http://handbookofrobotics.org/view-chapter/51/videodetails/90
VIDEO 92 The Icebot
available from http://handbookofrobotics.org/view-chapter/51/videodetails/92
VIDEO 94 Two underwater Folaga vehicles patrolling a 3-D area
available from http://handbookofrobotics.org/view-chapter/51/videodetails/94
VIDEO 267 Adaptive L1 depth control of a ROV
available from http://handbookofrobotics.org/view-chapter/51/videodetails/267
VIDEO 268 Saturation based nonlinear depth and yaw control of an underwater vehicle
available from http://handbookofrobotics.org/view-chapter/51/videodetails/268
VIDEO 323 Multi-vehicle bathymetry mission
available from http://handbookofrobotics.org/view-chapter/51/videodetails/323
VIDEO 324 Neptus command and control infrastructure
available from http://handbookofrobotics.org/view-chapter/51/videodetails/324

参考文献

51.1 J. Yuh, S.K. Choi, C. Ikehara, G.H. Kim, G. McMurty, M. Ghasemi-Nejhad, N.N. Sarkar, K. Sugihara: Design of a semi-autonomous underwater vehicle for intervention missions (SAUVIM), IEEE Int. Symp. Underw. Technol. (1998) pp. 63–68
51.2 P. Marty: ALIVE: An autonomous light intervention vehicle, Adv. Technol. Underw. Veh. Conf., Oceanol. Int. (2004)
51.3 M. Prats, J.C. Garcia, S. Wirth, D. Ribas, P.J. Sanz, P. Ridao, N. Gracias, G. Oliver: Multipurpose autonomous underwater intervention: A systems integration perspective, 20th IEEE Mediterr. Conf. Contr. Autom., Barcelona (2012) pp. 1379–1484
51.4 T.I. Fossen: *Handbook of Marine Craft Hydrodynamics and Motion Control* (Wiley, New York 2011)
51.5 S. Bennett: A brief history of automatic control, IEEE Control Syst. Mag. **16**(3), 17–25 (1996)
51.6 J. Yuh, M. West: Underwater robotics, J. Adv. Robotics **15**(5), 609–639 (2001)
51.7 SNAME: *Nomenclature for Treating the Motion of a Submerged Body Through a Fluid*, Techn. Res. Bull. (SNAME, New York 1952) pp. 1–5
51.8 T.I. Fossen: *Guidance and Control of Ocean Vehicles* (Wiley, New York 1994)
51.9 O.M. Faltinsen: *Sea Loads on Ships and Offshore Structures* (Cambridge Univ. Press, Cambridge 1990)
51.10 J. Yuh: Modeling and control of underwater robotic vehicles, IEEE Trans. Syst. Man Cybern. **20**, 1475–1483 (1990)
51.11 T.I. Fossen, A. Ross: *Guidance and Control of Unmanned Marine Vehicles*, IEEE Control Engineering (Wiley, Chichester 1999) pp. 23–42
51.12 W.E. Cummins: *The impulse response function and ship motions, Techn. Rep. 1661* (DTIC, Washington 1962)
51.13 T.F. Ogilvie: Recent progress towards the understanding and prediction of ship motions, 5th Symp. Nav. Hydrodyn. (1964) pp. 3–79
51.14 T. Perez, T.I. Fossen: Time-domain models of marine surface vessels for simulation and control design based on seakeeping computations, 7th Conf. Manoeuvring Control Mar. Craft, (IFAC) (2006)
51.15 T.I. Fossen: A nonlinear unified state-space model for ship maneuvering and control in a seaway, J. Bifurc. Chaos **15**(9), 2717–2746 (2005)
51.16 M. Nahon: Determination of undersea vehicle hydrodynamic derivatives using the USAF, Datcom, Proc. Ocean. Conf., Victoria (1993) pp. 283–288
51.17 J.N. Newman: *Marine Hydrodynamics* (MIT, Cambridge 1977)
51.18 A.J. Healey, D. Lienard: Multivariable sliding mode control for autonomous diving and steering of unmanned underwater vehicles, IEEE J. Ocean. Eng. **18**, 327–339 (1993)
51.19 B. Stevens, F. Lewis: *Aircraft Control and Simulations* (Wiley, New York 1992)
51.20 I. Schjølberg, T.I. Fossen: Modelling and control of underwater vehicle-manipulator systems, 3rd Conf. Manoeuvring Control Mar. Craft (IFAC), Southampton (1994) pp. 45–57
51.21 E.A. de Barros, A. Pascoal, E. de Sea: Progress towards a method for predicting AUV derivatives, 7th Conf. Manoeuvring Control Mar. Craft (IFAC), Lisbon (2006)
51.22 Monterey Bay Aquarium Research Institute: http://

www.mbari.org
51.23 N.P. Fofonoff, R.C. Millard: *Algorithms for Computation of Fundamental Properties of Seawater, UNESCO Tech. Pap. Mar. Sci. No. 44* (UNESCO, Paris 1983)
51.24 Autonomous Systems Laboratory, University of Hawaii: http://www.eng.hawaii.edu/~asl/
51.25 R. Eustice, H. Singh, J.J. Leonard, M. Walter: Visually mapping the RMS Titanic: Conservative covariance estimates for SLAM information filters, Int. J. Robotics Res. **25**(12), 1223–1242 (2006)
51.26 D.A. Smallwood, L.L. Whitcomb: Adaptive identification of dynamically positioned underwater robotic vehicles, IEEE Trans. Control Syst. Technol. **11**(4), 505–515 (2003)
51.27 S. Zhao, J. Yuh: Experimental study on advanced underwater robot control, IEEE Trans. Robotics **21**(4), 695–703 (2005)
51.28 S. Majumder, S. Scheding, H.F. Durrant-Whyte: Multisensor data fusion for underwater navigation, Robotics Auton. Syst. **35**(2), 97–108 (2001)
51.29 J.C. Kinsey, R.M. Eustice, L.L. Whitcomb: A survey of underwater vehicle navigation: Recent advances and new challenges, 7th Conf. Manoeuvring Control Mar. Craft (IFAC), Lisbon (2006)
51.30 D.R. Yoerger, J.G. Cooke, J.J. Slotine: The influence of thruster dynamics on underwater vehicle behavior and their incorporation into control system design, IEEE J. Ocean. Eng. **15**, 167–178 (1990)
51.31 A.J. Healey, S.M. Rock, S. Cody, D. Miles, J.P. Brown: Toward an improved understanding of thruster dynamics for underwater vehicles, IEEE J. Ocean. Eng. **20**(4), 354–361 (1995)
51.32 L. Bachmayer, L.L. Whitcomb, M.A. Grosenbaugh: An accurate four-quadrant nonlinear dynamical model for marine trhusters: Theory and experimental validation, IEEE J. Ocean. Eng. **25**, 146–159 (2000)
51.33 T.I. Fossen, M. Blanke: Nonlinear output feedback control of underwater vehicle propellersusing feedback form estimated axial flow velocity, IEEE J. Ocean. Eng. **25**(2), 241–255 (2000)
51.34 W.P.A. Van Lammeren, J. van Manen, M.W.C. Oosterveld: The wageningen B-screw series, Trans. SNAME **77**, 269–317 (1969)
51.35 T.I. Fossen, T.I. Johansen: A survey of control allocation methods for ships and underwater vehicles, 14th IEEE Mediterr. Conf. Control Autom., Ancona (2006) pp. 1–6
51.36 M. Stojanovic, J. Preisig: Underwater acoustic communication channels: Propagation models and statistical characterization, IEEE Commun. Mag. **47**(1), 84–89 (2009)
51.37 D. Pompili, I. Akyildiz: Overview of networking protocols for underwater wireless communications, IEEE Commun. Mag. **47**(1), 97–102 (2009)
51.38 K.P. Valavanis, D. Gracanin, M. Matijasevic, R. Kolluru: Control architecture for autonomous underwater vehicles, IEEE Control Syst. **17**, 48–64 (1997)
51.39 P. Oliveira, A. Pascoal, V. Silva, C. Silvestre: Mission control of the MARIUS AUV: System design, implementation, and sea trials, Int. J. Syst. Sci. **29**(10), 1065–1080 (1998)
51.40 D. Brutzman, M. Burns, M. Campbell, D. Davis, T. Healey, M. Holden, B. Leonhardt, D. Marco, D. McClarin, B. McGhee: NPS Phoenix AUV software integration and in-water testing, Proc. IEEE Symp. Auton. Underw. Veh. Technol. (AUV) (1996) pp. 99–108
51.41 A.P. Aguiar, A.M. Pascoal: Dynamic positioning and way-point tracking of underactuated AUVs in the presence of ocean currents, Int. J. Control **80**(7), 1092–1108 (2007)
51.42 A.A. Bennett, J.J. Leonard: A behavior-based approach to adaptive feature detection and following with autonomous underwater vehicles, IEEE J. Ocean. Eng. **25**(2), 213–226 (2000)
51.43 M. Breivik, T.I. Fossen: Principles of guidance-based path following in 2D and 3D, 44th IEEE Conf. Decis. Control 8th Eur. Control Conf., Sevilla (2005)
51.44 F.A. Papoulias: Bifurcation analysis of line of sight vehicle guidance using sliding modes, Int. J. Bifurc. Chaos **1**(4), 849–865 (1991)
51.45 R. Rysdyk: UAV path following for constant line-of-sight, Proc. 2nd AIAA Unmanned Unltd. Syst. Technol. Oper. Aerosp., San Diego (2003)
51.46 M.D. Feezor, F.Y. Sorrel, P.R. Blankinship, J.G. Bellingham: Autonomous underwater vehicle homing/docking via electromagnetic guidance, IEEE J. Ocean. Eng. **26**(4), 515–521 (2001)
51.47 D. Wettergreen, A. Zelinsky, C. Gaskett: Autonomous guidance and control for an underwater robotic vehicle, Int. Conf. Field Serv. Robotics (1999)
51.48 G. Antonelli, S. Chiaverini, R. Finotello, R. Schiavon: Real-time path planning and obstacle avoidance for RAIS: An autonomous underwater vehicle, IEEE J. Ocean. Eng. **26**(2), 216–227 (2001)
51.49 J.C. Hyland, F.J. Taylor: Mine avoidance techniques for underwater vehicles, IEEE J. Ocean. Eng. **18**, 340–350 (1993)
51.50 D.R. Yoerger, J.J. Slotine: Robust trajectory control of underwater vehicles, IEEE J. Ocean. Eng. **10**, 462–470 (1985)
51.51 R. Cristi, F.A. Pappulias, A. Healey: Adaptive sliding mode control of autonomous underwater vehicles in the dive plane, IEEE J. Ocean. Eng. **15**(3), 152–160 (1990)
51.52 D.B. Marco, A.J. Healey: Command, control and navigation experimental results with the NPS ARIES AUV, IEEE J. Ocean. Eng. **26**(4), 466–476 (2001)
51.53 M. Caccia, G. Veruggio: Guidance and control of a reconfigurable unmanned underwater vehicle, Control Eng. Prac. **8**(1), 21–37 (2000)
51.54 G. Antonelli, F. Caccavale, S. Chiaverini, G. Fusco: A novel adaptive control law for underwater vehicles, IEEE Trans. Control Syst. Technol. **11**(2), 221–232 (2003)
51.55 G. Antonelli: On the use of adaptive/integral actions for 6-degrees-of-freedom control of autonomous underwater vehicles, IEEE J. Ocean. Eng. **32**(2), 300–312 (2007)
51.56 M. Erol-Kantarci, H.T. Mouftah, S. Oktug: A survey of architectures and localization techniques for underwater acoustic sensor networks, IEEE Commun. Surv. Tutor. **13**(3), 487–502 (2011)
51.57 A. Bahr, J.J. Leonard, M.F. Fallon: Cooperative localization for autonomous underwater vehicles, Int. J. Robotics Res. **28**(6), 714–728 (2009)
51.58 S.B. Williams, I. Mahon: A terrain-aided tracking algorithm for marine systems. In: *Field and Service Robotics*, (Springer, Berlin, Heidelberg 2006)

pp. 93–102
51.59 M. Dunbabin, P. Corke, G. Buskey: Low-cost vision-based AUV guidance system for reef navigation, Proc. IEEE Int. Conf. Robot. Autom. (ICRA) (2004) pp. 7–12
51.60 J.J. Leonard, H.J.S. Feder: Decoupled stochastic mapping, IEEE J. Ocean. Eng. **26**(4), 561–571 (2001)
51.61 S. Williams, G. Dissanayake, H. Durrant-Whyte: Towards terrain-aided navigation for underwater robotics, Adv. Robotics **15**(5), 533–549 (2001)
51.62 P. Newman, J. Leonard: Pure range-only sub-sea SLAM, Proc. IEEE Int. Conf. Robot. Autom. (ICRA) (2003) pp. 1921–1926
51.63 T.W. McLain, S.M. Rock, M.J. Lee: Experiments in the coordinated control of an underwater arm/vehicle system, Auton. Robots **3**(2), 213–232 (1996)
51.64 G. Antonelli (Ed.): *Underwater Robots. Motion and Force Control of Vehicle-Manipulator Systems*, Springer Tracts in Advanced Robotics (Springer, Berlin, Heidelberg 2014), 3rd edn.
51.65 J.S. Ferguson, A. Pope, B. Butler, R. Verrall: Theseus AUV – Two record breaking missions, Sea Technol. Mag. **40**, 65–70 (1999)
51.66 A. Alessandri, M. Caccia, G. Veruggio: Fault detection of actuator faults in unmanned underwater vehicles, Control Eng. Prac. **7**, 357–368 (1999)
51.67 K.C. Yang, J. Yuh, S.K. Choi: Fault-tolerant system design of an autonomous underwater vehicle – ODIN: An experimental study, Int. J. Syst. Sci. **30**(9), 1011–1019 (1999)
51.68 G. Antonelli: A survey of fault detection/tolerance strategies for AUVs and ROVs. Recent advances. In: *Fault Diagnosis and Tolerance for Mechatronic Systems*, Springer Tracts in Advanced Robotics, ed. by F. Caccavale, L. Villani (Springer, Berlin, Heidelberg 2002) pp. 109–127
51.69 T.K. Podder, G. Antonelli, N. Sarkar: An experimental investigation into the fault-tolerant control of an autonomous underwater vehicle, J. Adv. Robotics **15**, 501–520 (2001)
51.70 M. Caccia, R. Bono, G. Bruzzone, G. Bruzzone, E. Spirandelli, G. Veruggio: Experiences on actuator fault detection, diagnosis and accomodation for ROVs, Int. Symp. Unmanned Untethered Submers. Technol. (2001)
51.71 E. Fiorelli, P. Bhatta, N.E. Leonard, I. Shulman: Adaptive sampling using feedback control of an autonomous underwater glider fleet, Int. Symp. Unmanned Untethered Submers. Technol. (2003)
51.72 N.E. Leonard, D.A. Paley, R.E. Davis, D.M. Fratantoni, F. Lekien, F. Zhang: Coordinated control of an underwater glider fleet in an adaptive ocean sampling field experiment in Monterey Bay, J. Field Robotics **27**(6), 718–740 (2010)
51.73 S. Kalantar, U. Zimmer: Distributed shape control of homogeneous swarms of autonomous underwater vehicles, Auton. Robots **22**(1), 37–53 (2006)
51.74 A. Pascoal, C. Silvestre, P. Oliveira: Vehicle and mission control of single and multiple autonomous marine robots. In: *Advances in Unmanned Marine Vehicles*, IEEE Control Engineering, ed. by G. Roberts, R. Sutton (Peregrinus, New York 2006) pp. 353–386
51.75 M. Dunbabin, I. Vasilescu, P. Corke, D. Rus: Experiments with cooperative networked control of underwater robots. In: *Experimental Robotics*, (Springer, Berlin, Heidelberg 2008) pp. 463–470
51.76 Marine Systems Simulator: http://www.marinecontrol.org
51.77 TRIDENT project: http://www.irs.uji.es/uwsim

第 52 章

飞行机器人的建模与控制

Robert Mahony，Randal W. Beard，Vijay Kumar

飞行机器人正在成为移动机器人技术中的一个核心领域。本章讨论了一些最常见的飞行机器人平台的基本建模和控制架构，平台包括四旋翼飞行器、六旋翼飞行器或直升机以及固定翼飞行器等小型旋翼飞行器。为了实现对飞行器的控制，首先需要构建一个出色且简单的动力学模型。基于这样的模型，可以进一步构建出物理激励的控制架构。控制算法需要依据目标轨迹和从机载传感器组获得的对系统状态的实时估计。本章对四旋翼和固定翼飞行器等主题进行了简要介绍。

目　录

52.1　概述

“飞行机器人”这个术语通常被认为是由罗伯特·迈克尔逊（Robert Michelson）[52.1]提出的，用于描述控制一类新型自主的智能小型飞行器。对飞行器自主性的追求可以追溯到动力飞行的起源。1912 年，在莱特兄弟第一次实现动力飞行的十年后，第一个用于固定翼飞行器的自动驾驶仪（Sperry 自动驾驶仪）诞生了。早在第一次世界大战期间，人们就开始发觉可自主稳定的遥控飞机具有成为武器的潜力；柯蒂斯-斯佩里（Curtis-Sperry）飞行炸弹在 1918 年首次进行了自主无人驾驶飞行[52.2]。之后在 20 世纪 30 年代，由于飞机技术的改进导致了飞行时间的延长，需要将飞行员从对飞行器飞行稳定性的持续关注中解脱出来，自动驾驶技术得到了完善。由无线电控制的自主目标飞行器是在 20 世纪 30 年代末开发的，在第二次世界大战期间被广泛用于军事训练。例如德国的 V-1 巡航导弹，通常被称为“嗡嗡弹”（buzz bomb）或“斗牛犬”（doodlebug），就是一种非常成功的自主飞行器，它在第二次世界大战中受英国情报工作的影响而被低估了影响力。

第二次世界大战后，自动驾驶技术和飞机制造的相对成熟意味着制造无人驾驶固定翼飞行器变得简单了。遥控直升机，如 Gyrodyne QH-50 DASH 早在 20 世纪 60 年代就已经开发出来了。雅马哈（Yamaha）R-50 和雅马哈 R-Max（图 52.1）开发于 20 世纪 80 年代，它们具有很大的机载自主性，提供了一个远程控制的商用空中平台，主要应用于农业。

图 52.1 搭载雅马哈 R-Max 平台的自主式飞行机器人（澳大利亚的新南威尔士大学开发[52.3,4]）

定义 52.1

无人机（unmanned aerial vehicle，UAV）是一种能够在没有人类直接控制的情况下持续飞行并能够执行特定任务的系统。

无人驾驶固定翼飞行器的广泛发展在 20 世纪中期受到了阻碍，因为它很难在远离基站的地方进行定位。事实上，卫星全球定位系统技术发展的主要推动力之一是冷战期间提出的巡航导弹对导航系统的要求。1995 年 4 月，美国宣布拥有 24 颗卫星的全球定位系统（GPS）全面运行，并于 1996 年被授权为两用系统（包括商用和军用）。类似地，较小规模的商用无人驾驶飞行器也因为缺乏坚固耐用的小型航空电子系统而被限制。小型低功率计算机的出现，微机电系统的发展提供了成本合理且鲁棒的惯性测量单元（IMU），并且可靠的 GPS 可被接入，这些技术的发展开启了 20 世纪 90 年代中期的非军用无人机和飞行机器人系统的时代。

大多数的商用和军用飞行机器人主要在无障碍空域飞行。对于此类飞行器，一旦起飞，就无须采用避障技术或与复杂的三维环境互动。

无人驾驶飞行器（即无人机）的导航和控制通常基于稳定的参考航向和高度，该航向和高度由自动驾驶控制系统从预设的 GPS 航路点和当前飞行器位置之间的误差计算得到。用于控制和导航的传感器组件通常是大气压力下的 GPS 和 IMU。它们被视为本体感知传感器，因为它们仅在不参考外部环境的情况下测量飞行器的内部状态。无人机最理想的任务类型包括高级监视和传感任务。在执行这些任务时，有效载荷传感组件与飞行器系统分离，应用于农业、环境监测、地球物理调查、搜索和救援、安全监视以及资源部署。此外，在资源部署和军事任务中，有效载荷传感组件同样会分离出来，应用于农业、搜索和救援。传感器系统是随传统飞行技术自然发展起来的，飞行器的大部分研究和开发由大学和航空航天公司进行。

定义 52.2

飞行机器人（aerial robotic vehicle）是一种能够与复杂动态三维环境自主交互并实现复杂环境中的相关目标作业的飞行器。

飞行机器人与环境存在相互作用，这说明其具有外部感知传感器，可以感知飞行器周围环境，以及这些传感器的输入如何被整合到飞行器制导中，这是这种飞行器的决定性属性。用于飞行机器人的典型外部感知传感器包括视觉系统、激光测距仪、声学传感器等，以及外部传感器系统，如 VICON[52.5] 和 Optitrack[52.6] 系统等。由于飞行器目标、传感组件和环境的动态特性之间紧密耦合，无人机的简单路点导航控制架构并不适用于飞行机器人。飞行机器人最理想的任务是小规模的交互式任务（如检查民用基础设施，包括大坝、桥梁大梁、工业压力容器），以及监视任务（如检查受损或燃烧的建筑物、监视人群等）。未来的应用可能涉及空中的操作，包括基础设施的维修，以及建筑和农业的物料搬运。相比于飞行技术，传感和控制任务在这类应用中更加重要。这些飞行器的开发往往是在大学和不断增加的新的飞行机器人公司中完成的。与过去几十年发展的轮式移动机器人技术相比，飞行机器人这种需要在三维空间移动的技术为机器人界带来新的研究挑战。

无人驾驶飞行系统（unmanned aerial system，UAS）是指基础设施、人机界面、空中平台以及传感和控制子系统的组合。由于某些飞行器可能会在无人机模式或飞行机器人模式下运行，因此该术语更有助于描述系统运行的思维方式，而不是对飞行器进行分类。

52.2 飞行机器人的建模

目前已经有大量的飞行器和无人机设计存在，考虑到篇幅的限制，我们仅选取了几个关键例子做介绍。有两大类飞行器用做飞行机器人平台：小型旋翼飞行器（如四旋翼飞行器、六旋翼飞行器或直升机），以及固定翼飞行器。首先描述一些词根。“Quad”派生于拉丁文中的“quadrangulum”，表示一个四边形。“Rotor”是由拉丁文“rotationem”得到的，表示一个旋转的物体。“hexa”是指希腊语中的六。“Heli”源于古希腊语“helikos”，意为螺旋。“copter”源于现代术语中的“helicopter”，是“helikos”与古希腊语“pteron”的组合，意为机翼。基于这个词源，我们提出了术语四旋翼飞行器（quadrotor）和六旋翼飞行器（hexacopter）来描述最常见的现代旋翼飞行机器人，区别于在词源上有问题的常见术语（quadcopter 和 hexarotor）。我们将对四旋翼飞行器（quadrotor）和六旋翼飞行器（hexacopter）的建模和控制进行介绍，特别是模型的基本结构。我们还将重点介绍 500g~4kg 重量范围内的飞行器，这对应于主要的通用机器人应用需要，其中重量主要来源于航空电子设备和传感器组件。在本章中，我们没有介绍其他类别的自主飞行器，包括飞艇和气球等轻于空气的飞行器、扑翼飞行器、管路风扇和火箭。

52.2.1 机身的刚体运动

重于空气的飞行机器人由一个刚性机身和用来产生升力和推力的空气动力学机构组成。对于重量范围内的飞行器来说，机身的紧凑性和结构完整性意味着在正常运行中机身几乎没有变形，因此可以将机身假设为一个刚体。在此条件下，飞行器模型可以基于刚体动力学建立，由空气动力学模型产生外力和力矩。

设 $\{\boldsymbol{e}_1,\boldsymbol{e}_2,\boldsymbol{e}_3\}$ 为坐标轴单位矢量，无参考系特别说明时，$\boldsymbol{e}_1=(1,0,0)^{\mathrm{T}}$，$\boldsymbol{e}_2=(0,1,0)^{\mathrm{T}}$，$\boldsymbol{e}_3=(0,0,1)^{\mathrm{T}}$。设参考系 $\{B\}$ 为（右侧）机身固定坐标系，单位矢量为 $\{\boldsymbol{b}_1,\boldsymbol{b}_2,\boldsymbol{b}_3\}$，表示 $\{B\}$ 相对于 $\{A\}$ 的轴，如图 52.2 所示。需要注意的是图 52.2 所示的坐标系选择是飞行机器人领域的常见惯例[52.7-14]，但与航天领域的通常惯例相反，在航天领域，$\boldsymbol{b}_2$ 和 $\boldsymbol{b}_3$ 轴通常按顺序颠倒，使 $\boldsymbol{b}_3$ 指向重力方向。在这一章中，我们选择遵循机器人领域的惯例，这将导致一些固定翼飞行器建模的定义与常规不同。我们会在固定翼飞行器建模和控制的章节中进一步讨论这个问题。

刚体的姿态由特殊正交系中的旋转矩阵 ${}^A\boldsymbol{R}_B=\boldsymbol{R}=\{\boldsymbol{b}_1,\boldsymbol{b}_2,\boldsymbol{b}_3\}\in \mathrm{SO}(3)$ 描述，于是可以得到 $\boldsymbol{b}_1=\boldsymbol{R}\boldsymbol{e}_1$，$\boldsymbol{b}_2=\boldsymbol{R}\boldsymbol{e}_2$，$\boldsymbol{b}_3=\boldsymbol{R}\boldsymbol{e}_3$。

我们将使用 *Z-X-Y* 欧拉角来描述这种旋转，如图 52.3 所示。需要注意的是，这不是航空航天中

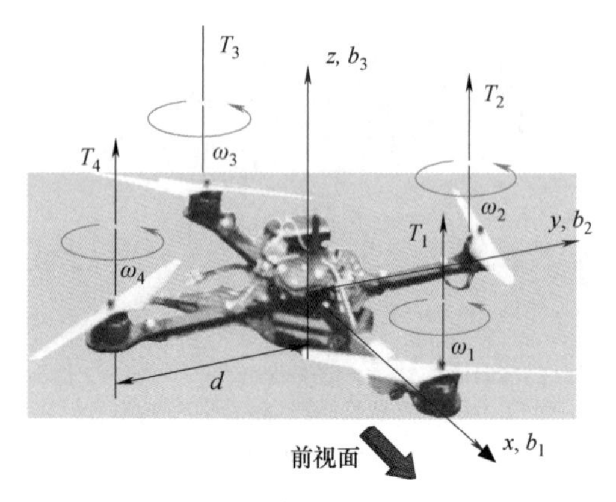

图 52.2 机身固定坐标系和螺旋桨的旋转方向

常用的横摇-俯仰-偏航惯例。为了从 $\{B\}$ 映射到 $\{A\}$，我们先绕 e_3 旋转偏航角 ψ，将中间的旋转坐标系定义为 $\{D\}$，其单位矢量为 $\{\boldsymbol{d}_1,\boldsymbol{d}_2,\boldsymbol{d}_3\}$，其中 $\boldsymbol{d}_i$ 是相对于参考系 $\{A\}$ 表示的。随后在旋转坐标系中绕 x 轴旋转，通过横摇角 ϕ，到达坐标系 $\{E\}$，再绕新的 y 轴旋转第三个俯仰角 θ，得到固定在机体上的三维矢量组 $\{\boldsymbol{b}_1,\boldsymbol{b}_2,\boldsymbol{b}_3\}$。整个过程的旋转矩阵为

$$\boldsymbol{R}=\begin{pmatrix} c_\psi c_\theta - s_\phi s_\psi s_\theta & -c_\phi s_\psi & c_\psi s_\theta + c_\theta s_\phi s_\psi \\ c_\theta c_\psi + c_\psi s_\phi s_\theta & c_\phi c_\psi & s_\psi s_\theta - c_\psi c_\theta s_\phi \\ -c_\phi s_\theta & s_\phi & c_\phi c_\theta \end{pmatrix} \tag{52.1}$$

式中，c 和 s 分别是余弦和正弦的简写。

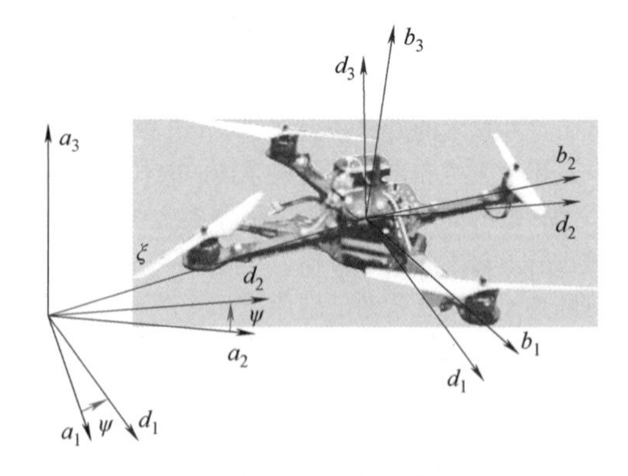

图 52.3 机身模型（飞行机器人在坐标系中的位置和方向由 $\boldsymbol{\xi}$ 和 $\boldsymbol{R}$ 表示）

假设 $\boldsymbol{\xi}$ 表示机身重心在参考系 $\{A\}$ 中的位置。假设机身重心也是参考系 $\{B\}$ 的原点，设 $\boldsymbol{v}\in\{A\}$，表示 $\{B\}$ 相对于 $\{A\}$ 的线速度。设 $\boldsymbol{\Omega}\in\{B\}$，表示 $\{A\}$ 相对于 $\{B\}$ 的角速度。设 m 为刚体的质量，$\boldsymbol{I}\in\mathbb{R}^{3\times3}$ 为常值惯性矩阵（相对于机身固定参考系 $\{B\}$）。则机身的刚体运动方程为[52.15,16]

$$\dot{\boldsymbol{\xi}}=\boldsymbol{v} \tag{52.2a}$$

$$m\dot{\boldsymbol{v}}=-mg\boldsymbol{e}_3+\boldsymbol{RF} \tag{52.2b}$$

$$\dot{\boldsymbol{R}}=\boldsymbol{R}\boldsymbol{\Omega}_\times \tag{52.2c}$$

$$\boldsymbol{I}\dot{\boldsymbol{\Omega}}=-\boldsymbol{\Omega}\times\boldsymbol{I}\boldsymbol{\Omega}+\boldsymbol{\tau} \tag{52.2d}$$

式中，$\boldsymbol{\Omega}_\times$表示反对称矩阵，保证对于矢量积和任意矢量 $\boldsymbol{v}\in\mathbb{R}^3$，都有 $\boldsymbol{\Omega}_\times\boldsymbol{v}=\boldsymbol{\Omega}\times\boldsymbol{v}$ 始终成立。矢量 $\boldsymbol{F}$，$\boldsymbol{\tau}\in\{B\}$ 表示作用于机身的主要非保守力和力矩，它们由基于推进系统和飞行器升力面的空气动力学生成。

52.2.2 四旋翼飞行器的建模

四旋翼飞行器是目前最受欢迎的飞行机器人研究平台，具有很高的机动性，能够在三维地图绘制、导航和控制策略方面进行安全、低成本的试验。这类飞行器可以说是最简单的可用于机器人应用建模的飞行机器人平台。飞行机器人建模和控制的早期工作可追溯到 20 世纪 90 年代末，之后该领域的研究保持了较高的研究热度[52.15-21]。

常见形态的四旋翼飞行器是一种非常简单的机器，由四个单独的旋翼连接到一个刚性的十字机身上，如图 52.4 所示。四旋翼飞行器的控制是通过对每个旋翼产生的推力进行差动控制来实现的，可以较容易地对俯仰、横摇和升降（总推力）控制进行描述。如图 52.2 所示，如果 i 为偶数，转子 i 逆时针旋转（关于 z 轴为正），反之，转子 i 顺时针旋转。偏航控制是通过调整顺时针和逆时针旋转转子的平均速度来实现的。这一系统是欠驱动的，因此对应于 $\boldsymbol{b}_1$-$\boldsymbol{b}_2$ 平面平移速度的其他自由度必须通过系统动力学来控制。

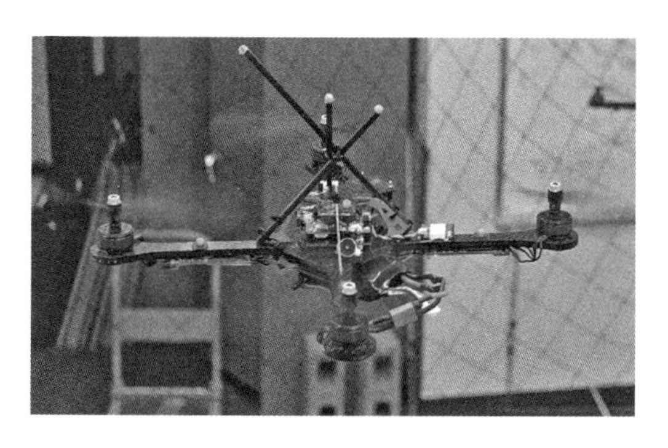

图 52.4 由宾夕法尼亚大学 Ascending Technologies 研发的四旋翼飞行器

20 世纪中期，随着载人直升机和旋翼空气动力学模型的发展，旋翼空气动力学得到了广泛的研究[52.22,23]。这些空气动力学模型中的许多细节促进了转子系统的设计，其中该设计的基础在于整体参数范围（转子几何形状、轮廓、关节机构等）的确定。对于一个典型的四旋翼飞行机器人来说，旋翼设计应当尽量从现有的可用模型中选择，最好忽略大多数复杂的空气动力学建模问题。尽管如此，基本的空气动力学理论对于理解控制器设计的特殊性十分重要。

悬停旋翼产生的稳态推力（即转子不发生水平或垂直平移）可以建立空气中的模型为

$$T_i:=C_T\rho A_{r_i}r_i^2\varpi_i^2 \tag{52.3}$$

式中，对于转子 i，A_{r_i}为转子圆盘的面积；r_i 为半径；ϖ_i为角速度；C_T 为取决于转子几何形状和轮廓的推力系数；ρ 为空气密度。实际上，该模型可以简化为

$$T_i=c_T\varpi_i^2 \tag{52.4}$$

式（52.4）在 $c_T>0$ 时成立，其中常数 c_T 从静态推力试验中确定。

空中悬停的旋翼产生的作用在机身上的反作用力矩（由于旋翼的升力）可建模为[52.23]

$$Q_i:=c_Q\varpi_i^2 \tag{52.5}$$

式中，系数 c_Q（也取决于 A_{r_i}、r_i 和 ρ）可通过静态推力试验来确定。

作为第一个近似值，假设每个旋翼的推力都在飞行器的 $\boldsymbol{b}_2$ 轴上。需要注意的是，这个假设并不完全适用于在空中平移的旋翼。

悬停时，施加在机身上的总推力 $\boldsymbol{T}$ 是每个单独旋翼的推力之和（图 52.2），即

$$\boldsymbol{T}=\sum_{i=1}^{4}|T_i|=c_T\left(\sum_{i=1}^{4}\varpi_i^2\right) \tag{52.6}$$

悬停的升力是式（52.2b）中外力的主要组成部分，即

$$\boldsymbol{F}=T\boldsymbol{e}_3+\boldsymbol{\Delta} \tag{52.7}$$

式中，$\boldsymbol{\Delta}$ 为当旋翼不处于悬停状态时产生的二次空气动力。

分别在方向 $\boldsymbol{b}_1$、$\boldsymbol{b}_2$ 和 $\boldsymbol{b}_3$ 上作用于四旋翼飞行器的空气动力学（单个旋翼力的组合）产生的净力矩为

$$\begin{aligned}\tau_1&=c_Td(\varpi_2^2-\varpi_4^2)\\ \tau_2&=-c_Td(\varpi_1^2-\varpi_3^2)\\ \tau_3&=c_Q\sum_{i=1}^{4}\sigma_i\varpi_i^2\end{aligned} \tag{52.8}$$

式中，d 是四旋翼飞行器的翼展。推力产生的结构和四旋翼飞行器缺乏空气动力升力面，意味着可根据电动机输入在一个方程中求解升降和扭矩，方程为

$$\begin{pmatrix} T \\ \tau_1 \\ \tau_2 \\ \tau_3 \end{pmatrix} = \underbrace{\begin{pmatrix} c_T & c_T & c_T & c_T \\ 0 & dc_T & 0 & -dc_T \\ -dc_T & 0 & dc_T & 0 \\ -c_Q & c_Q & -c_Q & c_Q \end{pmatrix}}_{\Gamma} \begin{pmatrix} \varpi_1^2 \\ \varpi_2^2 \\ \varpi_3^2 \\ \varpi_4^2 \end{pmatrix} \tag{52.9}$$

对式（52.9）求逆，可提供从刚体动力学的期望控制输入到电动机控制的转子速度设定点的映射。

实际上，四旋翼飞行器的推力产生中还存在额外的二阶气动效应[52.17,19-21]。低速时出现的主要二阶气动效应是入流变化、旋翼拍动和诱导阻力。第一种效应是当四旋翼飞行器上升时减小升力，当四旋翼飞行器由于四旋翼运动引起的旋翼入流速度变化而下降时增大升力。这在四旋翼飞行器垂直运动方向上起到阻尼的作用。其余两种效应产生的力与四旋翼飞机的水平平移方向相反；通过使柔性叶片转子的转子平面倾斜，并使推力矢量偏离运动方向，从而引起桨叶挥舞，并通过增加沿四旋翼运动方向前进的刚性转子叶片上的阻力而引起阻力[52.21]。在实际中，很难区分各种影响之间的差异，用一个单独的阻尼力来模拟它们就足够了，设

$$\boldsymbol{\Delta} = -\boldsymbol{D}\boldsymbol{v} \tag{52.10}$$

式中，$\boldsymbol{D}$ 是对角占优的正定矩阵。对于具有为悬停性能设计的相对刚性的旋翼叶片的小型四旋翼飞行器，即接近理想弦长和理想的扭曲，这些影响比传统直升机中通常的影响要显著得多，必须对这种影响进行建模以获得良好的控制性能。在没有全球定位系统的情况下，这些气动效应在为位姿和速度估计提供关键的低频激励方面也很重要[52.21,24-26]。

在较高的平移速度下，四旋翼飞行器也会经历平移升力、平移阻力和寄生阻力。这些气动效应与转子操作中的效率增益相关联，该效率增益与由飞行器向前的速度产生的流入速度的增加相关联。这种影响在大型有人驾驶的直升机中极其重要，因为这些直升机大部分时间都在向前飞行。然而，对于许多机器人应用来说，飞行器几乎一直处于准静止或接近悬停的飞行状态，这些二阶气动效应可以忽略不计。我们不会在本章中进一步讨论它们，感兴趣的读者可以参考最近的工作[52.18,20]和其他经典的直升机领域文章[52.22,23,27]。

52.2.3 固定翼飞行器的建模

固定翼飞行器的传统模型使用东北向下的参考坐标系。本章使用的参考坐标系为西北向上的，对应于移动机器人领域的通用飞行机器人法则。我们仍然需要定义与固定翼建模和控制相关的通常辅助角度，特别是：迎角、侧滑角、气动倾斜角、航迹角和航向角。我们将使用法线约定来定义这些角度。西北向上的惯例现在意味着下降时航迹角为正，上升时为负，正横摇导致航向角减小。细心的读者可以很容易地将在这里使用的惯例与传统飞机建模方法之间进行转换，作者对在整章中使用单一约定所造成的任何混乱表示歉意。

固定翼飞行器建模和四旋翼飞行器的关键区别在于，它们依靠机翼上方气流产生的升力来支持飞行。机翼上的风入射角是飞行器动力学中的一个关键变量，必须在动力学中建模。由于主升力是由空气动力过程产生的，而不是像四旋翼飞行器和软式飞艇那样直接由受控输入产生的，因此固定翼飞行器的建模和控制变得更复杂。

固定翼飞行器的空气动力学是相对于局部风坐标系｛W｝来定义的。风坐标系｛W｝选择与惯性坐标系｛A｝共线，但线速度等于相对于惯性坐标系的平均外部风速。风坐标系是伽利略坐标系（以恒定速度移动），具有平均外部风为零的特性。设 $\boldsymbol{v}_a \in \{W\}$ 表示飞行器的空气动力速度，即飞行器在｛W｝中的线速度。让 $\boldsymbol{v}_w \in \{A\}$ 表示在惯性坐标系｛A｝中测量的平均风速。由于坐标系｛A｝和｛W｝的方向相等，飞行器的惯性速度可以写成

$$\boldsymbol{v} = \boldsymbol{v}_a + \boldsymbol{v}_w \in \{A\}$$

为了模拟飞行器在空中飞行时所看到的入射风，我们引入了气流坐标系（也称为空气坐标系）$\{F\} = \{\boldsymbol{f}_1, \boldsymbol{f}_2, \boldsymbol{f}_3\}$，其中 f_i 用气流坐标系｛F｝表示，｛F｝与惯性坐标系｛A｝共线。$\boldsymbol{f}_1$ 的第一轴线朝向飞行器上的入射风的方向，$\boldsymbol{f}_3$ 被选择为位于垂直于 $\boldsymbol{b}_2$ 的飞行器对称平面内，$\boldsymbol{f}_2$ 构成右手坐标系。通过假设，飞行器在气流坐标系中的速度总为 f_1 方向。

我们定义了两个与风坐标系相关的姿态矩阵。迎角（AOA）矩阵 ${}^B\boldsymbol{R}_F = \boldsymbol{R}_{\alpha,\beta}$ 根据迎角和侧滑角描述了气流坐标系｛F｝相对于机身固定坐标系｛B｝的方位[52.28]（图52.5）。使用 Z-Y-X 欧拉角（偏航角为 β，俯仰角为 α，没有横摇角），则有

$$\boldsymbol{R}_{\alpha,\beta} = \begin{pmatrix} c_\alpha c_\beta & -c_\alpha s_\beta & -s_\alpha \\ s_\beta & c_\beta & 0 \\ s_\alpha c_\beta & s_\alpha s_\beta & c_\alpha \end{pmatrix} \tag{52.11}$$

第二个姿态矩阵是飞行轨迹矩阵 ${}^W\boldsymbol{R}_F = \boldsymbol{R}_{\mu,\gamma,\chi}$，这表示气流坐标系｛$F$｝相对于风坐标系｛$W$｝在气动倾斜角、航迹角和航向角上的方位。使用 Z-Y-X 欧拉角（偏航角为 χ，俯仰角为 γ，横摇角为 μ），则有

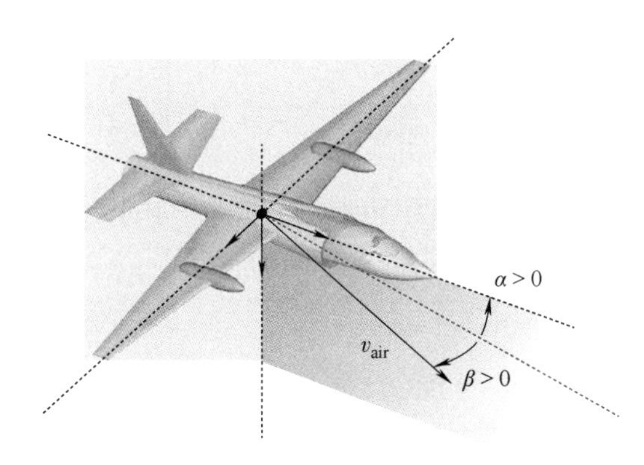

图 52.5 迎角、侧滑角和空速的示意图（v_{air}在文中用 v_{a} 表示，以节省空间）

$$\boldsymbol{R}_{\mu,\gamma,\chi}=\begin{pmatrix} c_\gamma c_\chi & s_\gamma s_\mu c_\chi-c_\mu s_\chi & s_\gamma c_\mu c_\chi+s_\mu s_\chi \\ c_\gamma s_\chi & s_\gamma s_\mu s_\chi+c_\mu c_\chi & s_\gamma c_\mu s_\chi-s_\mu c_\chi \\ -s_\gamma & c_\gamma s_\mu & c_\gamma c_\mu \end{pmatrix} \quad (52.12)$$

请注意，$\{W\}$ 和 $\{A\}$ 是共向的，所以${}^{A}\boldsymbol{R}_F={}^{W}\boldsymbol{R}_F$。于是有${}^{W}\boldsymbol{R}_F={}^{A}\boldsymbol{R}_F={}^{A}\boldsymbol{R}_B\,{}^{B}\boldsymbol{R}_F$。

升力面产生的空气动力与动压成正比[52.28]

$$\overline{Q}=\frac{1}{2}\rho\left|\boldsymbol{v}_{\mathrm{a}}^{2}\right| \quad (52.13)$$

式中，ρ 是空气密度，$|\boldsymbol{v}_{\mathrm{a}}|$ 代表空速或速度 $\boldsymbol{v}_{\mathrm{a}}$ 的范数。考虑飞行器正常飞行的情况，即在避免失速现象的亚音速下巡航。令 S 代表机翼的表面积（或飞行器的升力面）。升力面产生的升力 $L=F_Z^{\mathrm{a}}$ 定义为气流坐标系 $\{F\}$ 中沿 $\boldsymbol{f}_3$ 方向的空气动力，可表示为

$$\begin{aligned} L&=\overline{Q}SC_{\mathrm{L}}^{\alpha}(\alpha+\alpha_0)+\overline{Q}SC_{\mathrm{l}}^{\beta}\beta \\ &\approx\overline{Q}S(C_{\mathrm{L}}+C_{\mathrm{L}}^{\alpha}\alpha) \end{aligned} \quad (52.14)$$

式中，迎角 α 足够小（通常小于 15°）。$C_{\mathrm{L}}^{\alpha}(\alpha+\alpha_0)$ 项和 $C_{\mathrm{l}}^{\beta}\beta$ 项对于较小的 α 和 β 的升力系数曲线是线性近似的[52.28]。偏置迎角 α_0 被认为是正常水平飞行条件下机翼的有效迎角。特别的，在平飞的正常巡航速度下，$\overline{Q}SC_{\mathrm{L}}^{\alpha}\alpha_0=mg$ 是维持飞行器平飞所需的升力，因此水平飞行时 α 和 β 为 0。$\overline{Q}SC_{\mathrm{L}}^{\beta}\beta$ 项很小，在许多应用中可以省略。

阻力 $D=-F_X^{\mathrm{a}}$ 是寄生阻力和诱导阻力的组合，方向为$-\boldsymbol{f}_1$ 方向，可表示为

$$\begin{aligned} D&=\overline{Q}S[C_{\mathrm{D}}^{p}+\kappa(C_{\mathrm{L}}^{\alpha})^2(\alpha+\alpha_0)^2] \\ &\approx\overline{Q}S(C_{\mathrm{D}}+C_{\mathrm{D}}^{\alpha}\alpha) \end{aligned} \quad (52.15)$$

式中，κ 是奥斯瓦尔德（Oswald）系数[52.28]，第二个方程忽略了 α^2 项。常数 C_{D} 结合了寄生阻力系数 C_{D}^{p} 和 α_0 引起的诱导阻力 $\kappa(C_{\mathrm{L}}^{\alpha})^2\alpha_0{}^2$，而 $C_{\mathrm{D}}=2\kappa\alpha(C_{\mathrm{L}}^{\alpha})^2$ 是诱导阻力随迎角变化的线性系数。同样，可以对阻力的影响进行建模，然而，阻力的影响非常小，通常可忽略。此外还有侧滑引起的横向气动力分量 F_Y^{a} 为

$$F_Y^{\mathrm{a}}=\overline{Q}SC_Y^{\beta}\beta \quad (52.16)$$

固定翼飞行器的螺旋桨或推力机构在机身固定坐标系内产生 $\boldsymbol{b}_x$ 方向的推力 T。由于气动效应和推力效应而施加到飞行器上的总线性力 $\boldsymbol{F}\in\{B\}$ 可表示为

$$\begin{aligned} \boldsymbol{F}&=\boldsymbol{R}_{\alpha,\beta}(F_X^{\mathrm{a}},F_Y^{\mathrm{a}},F_Z^{\mathrm{a}})^{\mathrm{T}}+(T,0,0)^{\mathrm{T}} \\ &=\begin{pmatrix} T\\0\\0\end{pmatrix}+\overline{Q}S\begin{pmatrix} -C_{\mathrm{D}}c_\alpha c_\beta-C_{\mathrm{L}}s_\alpha \\ -C_{\mathrm{D}}s_\beta \\ -C_{\mathrm{D}}s_\alpha s_\beta+C_{\mathrm{L}}c_\alpha \end{pmatrix}+ \\ &\quad\overline{Q}S\begin{pmatrix} -C_{\mathrm{D}}^{\alpha}c_\alpha c_\beta-C_{\mathrm{L}}^{\alpha}s_\alpha \\ -C_{\mathrm{D}}s_\beta \\ -C_{\mathrm{D}}^{\alpha}s_\alpha s_\beta+C_{\mathrm{L}}^{\alpha}c_\alpha \end{pmatrix}\alpha+ \\ &\quad\overline{Q}S\begin{pmatrix} -C_{\mathrm{D}}^{\beta}c_\alpha c_\beta-C_Y^{\beta}c_\alpha s_\beta-C_{\mathrm{L}}^{\beta}s_\alpha \\ -C_{\mathrm{D}}^{\beta}s_\beta+C_Y^{\beta}c_\beta \\ -C_{\mathrm{D}}^{\beta}s_\alpha c_\beta-C_Y^{\beta}s_\alpha s_\beta-C_{\mathrm{L}}^{\beta}c_\alpha \end{pmatrix}\beta \end{aligned} \quad (52.17)$$

式（52.17）为在气流坐标系中的表示。

机身固定坐标系中的气动力矩 $\boldsymbol{\tau}\in\{B\}$ 可建模为

$$\begin{pmatrix}\tau^x\\ \tau^y\\ \tau^z\end{pmatrix}=\overline{Q}Sl\begin{pmatrix} C_x^{\beta}\beta+C_x^{p}\dfrac{c\Omega_x}{2|v_{\mathrm{a}}|}+C_x^{r}\dfrac{c\Omega_z}{2|v_{\mathrm{a}}|}+C_x^{\delta}\delta_x \\ C_y+C_y^{\alpha}\alpha+C_y^{q}\dfrac{b\Omega_y}{2|v_{\mathrm{a}}|}+C_y^{\delta}(\delta_y+\delta_y^0) \\ C_z^{\beta}\beta+C_z^{r}\dfrac{c\Omega_z}{2|v_{\mathrm{a}}|}+C_z^{\delta}\delta_z \end{pmatrix} \quad (52.18)$$

式中，$(\Omega_x,\Omega_y,\Omega_z)$ 是角速度 $\boldsymbol{\Omega}\in\{B\}$ 的分量，分别代表固定机身的横摇、俯仰和偏航角速度；b 是翼展；c 是机翼的平均弦长，$(\delta_x,\delta_y,\delta_z)$ 表示飞行器操纵面（副翼、升降舵和方向舵）的偏转。常数 $\{C_x^{p},C_x^{r},C_x^{\delta},C_y,C_y^{\alpha},C_y^{q},C_y^{\delta},C_z^{\beta},C_z^{r},C_z^{\delta}\}$ 是无量纲的空气动力系数[52.28]。在正常配平条件下，选择配平的升降舵偏度 δ_y^0 来抵消水平飞行中机翼产生的静力矩 $C_y^{\delta}\delta_y^0=-C_y$。

将式（52.17）、式（52.18）与式（52.2）相结合，得到了具有最小近似值的固定翼飞行器的动力学模型。得到的运动方程很复杂，很难直接处

理。基于完整模型控制固定翼飞行器的最常见方法是采用该模型，并沿轨迹或在状态空间区域内将该状态方程线性化。得到的模型是线性时变系统或线性参变系统，可以用经典的线性系统控制技术来控制[52.29]。虽然这种方法在航空航天工业中已经得到了很好的应用，但它往往隐藏了动力学内部的基本结构，并且需要各种空气动力学参数的良好模型，这对于许多具有机身的飞行机器人来说是一个挑战，这些机身总是容易变化，并且外部连接有传感器组件。对于飞行机器人应用，考虑一个简化且结构一致的固定翼动力学模型，并使用鲁棒和简单的控制策略是有意义的。

在本节中，我们提出了一个模型，它适用于飞行器处于正常飞行模式时的各种固定翼应用。所采用的方法使用一种飞行方式，通过倾斜机翼产生的升力来获得转动飞行器所需的横向加速度，这种策略在航空文献中称为倾斜转弯（bank-to-turn）或协调转弯（coordinated turn）[52.30,31]。倾斜转弯机动的特点是零侧滑，即 $\beta=0$，并很大程度地简化运动方程。对于任何固定翼飞行器来说，这都是一种非常常见的飞行模式，除非任务需要特技机动或飞行器缺乏操纵面驱动，否则这是控制无人机的自然方法。

由于通过机载惯性测量单元系统获得横摇速率 $\boldsymbol{\Omega}$ 的精确测量值，并且大多数无人机系统相对于其尺寸来说具有较大的操纵面，因此可以使用高增益来控制姿态动力学方程式（52.2d）和式（52.18）。角速度 $\boldsymbol{\Omega}\approx\boldsymbol{\Omega}^*$ 可以认为是降阶模型式（52.2a）、式（52.2b）、式（52.2c）的输入。上面的讨论激发了用新的输入 $\boldsymbol{\Omega}^*$ 和螺旋桨推力 T 来简化系统方程。

基于飞行器使用倾斜转弯控制飞行和小迎角的假设，则近似 $\beta\approx0$ 成立，并可导出简化的动力学方程。使用这个近似值并消去 α 和 β 中的所有二阶项，可以将式（52.17）改写为

$$\boldsymbol{F}=\begin{pmatrix}T\\0\\0\end{pmatrix}+\bar{Q}S\begin{pmatrix}-C_{\mathrm{D}}\\0\\C_{\mathrm{L}}\end{pmatrix}+\bar{Q}S\begin{pmatrix}-C_{\mathrm{D}}^{\alpha}-C_{\mathrm{L}}\\0\\C_{\mathrm{L}}^{\alpha}-C_{\mathrm{D}}\end{pmatrix}\alpha \qquad (52.19)$$

在 $\{F\}$ 中，我们定义了 ${}^{v}F_{\mathrm{a}}=|\boldsymbol{v}_{\mathrm{a}}|f_1$。由此可见，式（52.2a）可以写成

$$\dot{\boldsymbol{\xi}}=\boldsymbol{v}_{\mathrm{a}}=|\boldsymbol{v}_{\mathrm{a}}|\boldsymbol{R}_{\mu,\gamma,\chi}\boldsymbol{e}_1$$

注意，$\boldsymbol{R}_{\mu,\gamma,\chi}\boldsymbol{e}_1=(c_\chi c_\gamma,s_\chi c_\gamma,-s_\gamma)^{\mathrm{T}}$ 不取决于空气动力学倾斜角 μ。因此，$(|\boldsymbol{v}_{\mathrm{a}}|,\gamma,\chi)$ 可用做飞行器速度的广义坐标，则

$$\dot{\boldsymbol{\xi}}=\boldsymbol{v}_{\mathrm{a}}=|\boldsymbol{v}_{\mathrm{a}}|(c_\chi c_\gamma,s_\chi c_\gamma,-s_\gamma)^{\mathrm{T}} \qquad (52.20)$$

这里需要区分 $\boldsymbol{v}_{\mathrm{a}}=\dot{\boldsymbol{\xi}}$，并重新推导为

$$\dot{\boldsymbol{v}}_{\mathrm{a}}=\boldsymbol{R}_{\mu,\gamma,\chi}\begin{pmatrix}1&0&0\\0&|\boldsymbol{v}_{\mathrm{a}}|c_\gamma s_\mu&-|\boldsymbol{v}_{\mathrm{a}}|s_\mu\\0&-|\boldsymbol{v}_{\mathrm{a}}|c_\gamma s_\mu&-|\boldsymbol{v}_{\mathrm{a}}|c_\mu\end{pmatrix}\begin{pmatrix}|\dot{\boldsymbol{v}}_{\mathrm{a}}|\\\dot{\chi}\\\dot{\gamma}\end{pmatrix} \qquad (52.21)$$

考虑式（52.12）中的元素（3，2），通过 $\boldsymbol{R}_{\mu,\gamma,\chi}=\boldsymbol{R}_{\phi,\theta,\psi}\boldsymbol{R}_{\alpha,\beta}$，并利用 $\beta\equiv0$ 和 $s_\mu c_\gamma=s_\phi$，有

$$s_\mu=\frac{s_\phi}{c_\gamma} \qquad (52.22)$$

对于 $c_\gamma\neq0$ 和 $s_\phi<c_\gamma$ 的正常飞行条件，通过简单的几何关系推得

$$c_\mu=\frac{1}{c_\gamma}\sqrt{c_\gamma^2-s_\phi^2}$$

这样就完全从 $(|\boldsymbol{v}_{\mathrm{a}}|,\gamma,\chi)$ 运动学中去除了倾斜角相关的项，替换为横摇角 ϕ。

转换式（52.21），并代入式（52.2b）、式（52.19）和式（52.22），得到

$$\frac{\mathrm{d}}{\mathrm{d}t}|\boldsymbol{v}_{\mathrm{a}}|=-gs_\gamma+\frac{T}{m}c_\alpha-\alpha\frac{\bar{Q}S}{m}(C_{\mathrm{D}}^{\alpha}+C_{\mathrm{L}})-\frac{\bar{Q}S}{m}C_{\mathrm{D}} \qquad (52.23a)$$

$$\dot{\chi}=-\frac{s_\phi}{c_\gamma}\left(\frac{\bar{Q}S}{mc_\gamma}C_{\mathrm{L}}+(C_{\mathrm{L}}^{\alpha}-C_{\mathrm{D}})\alpha\right) \qquad (52.23b)$$

$$\dot{\gamma}=\frac{gc_\gamma}{|\boldsymbol{v}_{\mathrm{a}}|}+\alpha\frac{\bar{Q}S}{m}(C_{\mathrm{L}}^{\alpha}-C_{\mathrm{D}})-C_{\mathrm{L}}\frac{\bar{Q}S\sqrt{c_\gamma^2-s_\phi^2}}{m|\boldsymbol{v}_{\mathrm{a}}|c_\gamma} \qquad (52.23c)$$

上述公式可以联系到关于 $|\boldsymbol{v}_{\mathrm{a}}|$ 的 $\bar{Q}=\frac{1}{2}\rho|\boldsymbol{v}_{\mathrm{a}}|^2$，即式（52.13）。

注意，对于较小的 α，T 提供了一个自由输入来稳定飞行器速度式（52.23a），虽然我们将在第52.3.2节中看到不同的方法在实践中是有利的。式（52.23b）没有直接的输入变量，但是横摇角 ϕ 将在控制设计中发挥这一作用。类似地，在式（52.23c）中，必须使用本身具有动态特性的迎角 α 来控制 γ。事实上，式（52.23b）和式（52.23c）都依赖于复杂的变量组合，包括动态压力（因此也包括 $|\boldsymbol{v}_{\mathrm{a}}|$）、$\phi$、$\alpha$ 和 γ。然而，识别用航向控制的横摇角 ϕ 和用飞行轨迹控制的迎角 α 是飞行器控制发展中的一个自然的过程。

通过微分方程式（52.1），可以直接计算 ϕ 的运动学方程。对 $\boldsymbol{R}_{\phi,\theta,\psi}$ 中的元素（3,2）进行微分，我们有

$$\dot{\phi}=\Omega_x c_\theta+\Omega_z s_\theta \qquad (52.24)$$

$\dot{\phi}$ 的主要控制参数是横摇角速度 Ω_x，该控制将

用于消除 Ω_z 产生的干扰，如第 52.3.2 节所述。

为了模拟 α 的动力学，回顾一下关系式 $\boldsymbol{R}_{\mu,\gamma,\chi}=\boldsymbol{R}_{\phi,\theta,\psi}\boldsymbol{R}_{\alpha,\beta}$，这次考虑 $\boldsymbol{R}_{\mu,\gamma,\chi}$ 中的 (3,1) 元素，我们得到

$$\begin{aligned}\dot{\alpha}(c_\phi s_\theta s_\alpha+c_\alpha c_\phi c_\theta)=&-s_\phi c_\alpha\Omega_x+s_\phi s_\alpha\Omega_z+\\&(c_\phi s_\theta s_\alpha+c_\phi c_\theta c_\alpha)\Omega_y-c_\gamma\dot{\gamma}\end{aligned}\tag{52.25}$$

从式（52.23c）回代，并重新排布，得到

$$\begin{aligned}\dot{\alpha}=\Omega_y+&\frac{s_\phi s_\alpha\Omega_z-s_\phi c_\alpha\Omega_x}{(c_\phi s_\theta s_\alpha+c_\alpha c_\phi c_\theta)}-\\&c_\gamma\left[\frac{gc_\gamma}{|\boldsymbol{v}_a|}+\alpha\frac{\overline{Q}S}{m}(C_L^\alpha-C_D)-\frac{\overline{Q}Sc_\mu}{m|\boldsymbol{v}_a|}C_L\right]\end{aligned}\tag{52.26}$$

式中，分母对于正常飞行条件总是很明确的。角速度 Ω_y 输入式（52.26）作为自由输入，为迎角提供控制。

式（52.23a）、式（52.23c）和式（52.26）构成一个串联非线性系统，即

$$\dot{\chi}=-s_\phi\left(\frac{|\boldsymbol{v}_a|^2}{c_\gamma^2}A_2+\frac{\alpha}{c_\gamma}A_3\right)\tag{52.27a}$$

$$\dot{\phi}=u_\phi\tag{52.27b}$$

$$\dot{h}=-|\boldsymbol{v}_a|s_\gamma\tag{52.27c}$$

$$\frac{\mathrm{d}}{\mathrm{d}t}|\boldsymbol{v}_a|=TA_1-gs_\gamma+f_1(\gamma,\alpha,|\boldsymbol{v}_a|)\tag{52.27d}$$

$$\begin{aligned}\dot{\gamma}=\alpha|\boldsymbol{v}_a|^2A_4-&\frac{|\boldsymbol{v}_a|}{c_\gamma}(c_\gamma^2-s_\phi^2)^{\frac{1}{2}}A_5+\\&f_2(\gamma,|\boldsymbol{v}_a|)\end{aligned}\tag{52.27e}$$

$$\dot{\alpha}=u_\alpha+f_3(\gamma,\alpha,|\boldsymbol{v}_a|;t)\tag{52.27f}$$

式（52.27）中各常数为

$$A_1=\frac{c_\alpha}{m},\quad A_2=\frac{C_L\rho S}{2m},\quad A_3=(C_L^\alpha-C_D)$$

$$A_4=\frac{\rho S}{2m}(C_L^\alpha-C_D),\quad A_5=C_L\frac{\rho S}{2m}$$

相应的方程为

$$f_1(\gamma,\alpha,|\boldsymbol{v}_a|)=-\alpha\frac{\overline{Q}S}{m}(C_D^\alpha+C_L)-\frac{\overline{Q}S}{m}C_D$$

$$f_2(\gamma,|\boldsymbol{v}_a|)=\frac{gc_\gamma}{|\boldsymbol{v}_a|}$$

$$f_3(\gamma,\alpha,|\boldsymbol{v}_a|)=-c_\gamma\left[\frac{gc_\gamma}{|\boldsymbol{v}_a|}+\alpha\frac{\overline{Q}S}{m}(C_L^\alpha-C_D)-\frac{\overline{Q}Sc_\mu}{m|\boldsymbol{v}_a|}C_L\right]$$

以及输入方程为

$$u_\phi=\Omega_x c_\theta+\Omega_z s_\theta$$

$$u_\alpha=\Omega_y+\frac{s_\phi s_\alpha\Omega_z-s_\phi c_\alpha\Omega_x}{(c_\phi s_\theta s_\alpha+c_\alpha c_\phi c_\theta)}.$$

这里增加了高度 h 的运动学，以完成倾斜转弯动力学。由于选择了非标准的西北向上惯例，与传统的固定翼建模结果相比，航向式（52.27a）和高度式（52.27c）有负号。

这些方程是完全非线性方程，基于保持 $\beta\equiv0$ 相关的滑动模式简化。侧滑角的条件可以使用 Ω_z 的自由度来强制执行，这将在第 52.3.2 节中讨论。需要注意的是，本节介绍的动力学与处理飞行器的迎角、下滑角和速度的经典航空文献中考虑的纵向动力学密切相关。固定翼飞行器纵向控制的更经典的表达式是通过设置 $\dot{\chi}=\mu=\phi=0$，从上述模型中得到的。对航向运动学式（52.27a）经常做出的一个附加简化假设是，在水平飞行期间，升力补偿重力。有了这些假设，式（52.27a）可以替换为

$$\dot{\chi}=-\frac{g}{|\boldsymbol{v}_a|}\tan\phi$$

该替换式以基于向心力平衡为前提。

52.3 控制

出于多种原因，飞行器的控制颇具挑战性。第一，大多数飞行器是欠驱动的，控制设计必须利用动态状态之间的相互作用来控制飞行器。第二，飞行器利用空气动力学效应产生推力和升力，这些力的调节本质上是近似的，从而导致显著的建模误差。第三，外部效应，如风、湍流和涡流的产生，会导致控制回路中的高水平负载扰动。第四，通常很难或不可能直接测量飞行器和空气动力学状态，这使得有必要使用观测器或根据第一原理设计控制器来使用显式测量。

大多数飞行器采用基于三个层次的嵌套反馈环的分层控制结构进行控制，即规划、导航和控制：

1）规划：飞行器控制中最外层的环，与路径规划、设置航路点等相关联。

2）导航：控制的导航层次关注跟踪轨迹以实现局部目标。该控制回路通常使用姿态参考作为虚拟输入来设计，使其成为一个全驱动的控制问题。

3）控制：控制系统中最内层的高增益回路，主要与飞行器的姿态和飞行稳定性有关。这种控制问题通常是全驱动的，可以使用标准控制技术来解决。

52

所考虑的任务越是动态和主动，这些控制层次间的相互作用就越多，必须考虑组合控制器设计。然而，在大多数实际情况下，将控制分成三个层次可以获得一个更简单的设计问题，从而实现所需的性能。例如，最近在四旋翼飞行器控制中进行和演示的攻击性机动基于分级控制策略，该策略使用外环的轨迹规划过程，该过程指定了可实现的轨迹，然后使用姿态作为虚拟输入实时稳定这些轨迹，内环姿态稳定性控制具有高增益反馈。这些工作大部分是通过使用外部运动捕捉系统来提供惯性坐标系位置和速度反馈完成的[52.7-12,32]。然而，最近也有一些人尝试用机载相机和惯性测量单元来实现这一点[52.13,14]。

52.3.1　四旋翼飞行器的控制

四旋翼飞行器的控制和制导问题在概念上比固定翼飞行器更简单。在其最简单的形式中，目标是设计控制算法来跟踪平滑可行的轨迹 $[\boldsymbol{R}^*(t), \boldsymbol{\xi}^*(t)] \in SE(3)$。我们假设一个规划指定了完整的期望轨迹，包括高阶导数项 $[\boldsymbol{\Omega}^*(t), \dot{\boldsymbol{\xi}}^*(t)]$ 和 $[\dot{\boldsymbol{\Omega}}^*(t), \ddot{\boldsymbol{\xi}}^*(t)]$。四旋翼飞行器是一个欠驱动系统，有四个输入 $\boldsymbol{u}=(\boldsymbol{T},\boldsymbol{\tau}^{\mathrm{T}})^{\mathrm{T}}$，而轨迹在 SE(3) 中是六维的。所提出的分级控制结构产生了一个使用力矩 $\boldsymbol{\tau}$ 作为控制输入来调节姿态的内环。制导层级利用姿态角 $\boldsymbol{R}$ 和推力 $\boldsymbol{T}$ 来调节轨迹 $\boldsymbol{\xi}(t)$ 跟踪 $\boldsymbol{\xi}^*(t)$。在四旋翼飞行器的高性能控制中，性能的主要限制来自于电动机响应的限制，并且必须通过低级的电动机调节系统来增强控制体系。所提出的控制体系架构形成了嵌套的反馈回路，如图 52.6 所示。

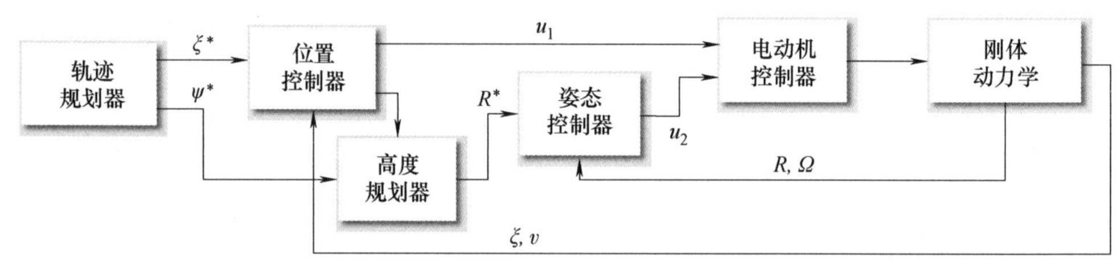

图 52.6　典型控制流程图（包括基本的电动机调节、内部姿态控制回路、中间位置制导回路，以及外部轨迹规划器）

1. 电动机调节

旋翼产生推力的空气动力学是经典旋翼飞行器文献[52.22,23,27]中已经详细研究过的课题。在飞行机器人应用的高性能旋翼控制的电动机控制设计中，使用完整的螺旋桨空气动力学模型具有巨大的潜力[52.33]。尽管如此，在大多数情况下，考虑静止推力模型就足够了，该模型适用于悬停状态下的旋翼，是大多数飞行机器人的近似应用场景。在这种模型中，产生的推力与转子速度的平方成正比。由于大多数四旋翼飞行器装备有无刷直流电动机，该电动机使用反电动势感测来进行转子换向，使得测量转子角速度具有可能性，转子推力的控制通常作为电子速度控制器（ESC）的局部控制环来实现转子速度调节。

大多数 ESC 使用脉宽调制（PWM）来提供电动机的电压控制。非受控系统的典型上升时间约为 200ms，必须包括一个本地控制回路来改善系统响应。转子的气动阻力意味着系统自然会有很大的阻尼，因此不需要微分控制。类似地，积分项在转子控制层很少被认为是必要的，因为所用的推力模型无论如何都不是特别精确，并且在控制体系的较高层次上总是要使用积分控制。由于积分项是不可取的，重要的是使用产生推力的最佳模型作为前馈项 $V_{\mathrm{ff}}(\varpi_i^*)$ 来尽量减小对比例调节的要求。因此，一个典型的 ESC 转子控制是由带有前馈的饱和比例控制给出的[52.34]，则有

$$V_i=\mathrm{sat}[k(\varpi_i^*-\varpi_i)+V_{\mathrm{ff}}(\varpi_i^*)] \tag{52.28}$$

式中，V_i 是施加的电动机电压；ϖ_i^* 是期望的速度；而实际电动机速度 ϖ_i 是从嵌入式速度控制器中的电子换向测量的。电动机控制器的性能最终受到电池所能提供的电流的限制[52.34]，并且对所需电压的饱和是必要的。在没有饱和电压的情况下，极端的操作可能会导致母线电压过度下降，破坏转子调节性能，除非采取谨慎措施，否则会导致机载电子设备断电。

2. 姿态控制

姿态调节中考虑的控制问题是利用式（52.2d）中对 $\boldsymbol{\tau}$ 的全驱动来控制式（52.2c）以跟踪期望的姿态轨迹 $\boldsymbol{R}^*(t)$ 以及它的速度 $\boldsymbol{\Omega}^*(t)$。下面描述的方法使用的全局稳定性设计基于最小化矩阵误差

$$\widetilde{\boldsymbol{R}}=(\boldsymbol{R}^*)^{\mathrm{T}}\boldsymbol{R} \tag{52.29}$$

类似于参考文献［52.7，35］，令 $\widetilde{\boldsymbol{R}}\to\boldsymbol{I}_3$，保证 $\widetilde{\boldsymbol{R}}\to\boldsymbol{R}^*$。跟踪误差的运动学方程为

$$
\begin{aligned}
\dot{\widetilde{R}} &= -\boldsymbol{\Omega}_{\times}^{*}\widetilde{R}+\widetilde{R}\boldsymbol{\Omega}_{\times} \\
&= [\widetilde{R},\boldsymbol{\Omega}_{\times}^{*}]+\widetilde{R}(\boldsymbol{\Omega}_{\times}-\boldsymbol{\Omega}_{\times}^{*}) \\
&= [\widetilde{R},\boldsymbol{\Omega}_{\times}^{*}]+\widetilde{R}\widetilde{\boldsymbol{\Omega}}_{\times}
\end{aligned} \tag{52.30}
$$

式中，$[\boldsymbol{A},\boldsymbol{B}]=\boldsymbol{AB}-\boldsymbol{BA}$ 是矩阵互易积公式。

$$\widetilde{\boldsymbol{\Omega}}:=\boldsymbol{\Omega}-\boldsymbol{\Omega}^{*} \tag{52.31}$$

我们假设目标角速度的导数 $\dot{\Omega}^{*}$ 可用于设计角速度动力学的前馈转矩，即

$$\boldsymbol{\tau}^{*}:=\boldsymbol{I}\dot{\boldsymbol{\Omega}}^{*}+\boldsymbol{\Omega}_{\times}^{*}\boldsymbol{I}\boldsymbol{\Omega} \tag{52.32}$$

式中，$\boldsymbol{I}$ 是机身的惯性矩阵式（52.2d）。姿态角速度的前馈控制对于高机动性能是非常重要的，尤其是当电动机响应接近性能极限时。角速度的高阶微分信息可从路径规划算法中获得，如第 52.4.1 节中讨论的算法，或使用预测控制算法[52.8-10,36]。选择控制输入为

$$\boldsymbol{\tau}:=\boldsymbol{\tau}^{*}+\boldsymbol{u}_2 \tag{52.33}$$

式中，$\boldsymbol{u}_2\in\mathbb{R}^3$ 是将用于稳定误差动态的自由控制（图 52.6），角速度的动态误差为

$$\boldsymbol{I}\dot{\widetilde{\boldsymbol{\Omega}}}=-\widetilde{\boldsymbol{\Omega}}_{\times}\boldsymbol{I}\boldsymbol{\Omega}+\boldsymbol{u}_2 \tag{52.34}$$

目标是选择 $\boldsymbol{u}_2$ 以便稳定误差动态式（52.30）和式（52.34）的鲁棒性。定义

$$\mathbb{P}(\widetilde{\boldsymbol{R}}):=\frac{1}{2}(\widetilde{\boldsymbol{R}}-\widetilde{\boldsymbol{R}}^{\mathrm{T}})$$

来表示误差矩阵的反对称投影。可以证实，$\mathbb{P}(\widetilde{\boldsymbol{R}})=\sin(\theta)\boldsymbol{a}_{\times}$，其中的 $(\boldsymbol{a},\theta)$ 是 $\widetilde{\boldsymbol{R}}$ 的轴-角表示。也就是反对称投影是旋转矩阵 $\boldsymbol{R}$ 到 $\boldsymbol{R}^{*}$ 的旋转轴（相当于将 $\widetilde{\boldsymbol{R}}$ 旋转到相同值）按两个方向之间的角度正弦值的缩放。选择比例-微分（PD）控制器，有

$$\boldsymbol{u}_2=-k_{\mathrm{P}}\,\mathrm{vex}[\mathbb{P}(\widetilde{\boldsymbol{R}})]-k_{\mathrm{D}}\widetilde{\boldsymbol{\Omega}}$$

式中，$\mathrm{vex}:\mathbb{R}^{3\times3}\to\mathbb{R}^3$ 是应用于反对称矩阵的算子，$\mathrm{vex}(\boldsymbol{\Omega}_{\times})=\boldsymbol{\Omega}$。比例项应用了一个与势能 $\mathrm{tr}(\widetilde{\boldsymbol{R}}^{\mathrm{T}}\widetilde{\boldsymbol{R}})$ 相关的非线性弹簧的扭矩，而导数 $k_{\mathrm{D}}\widetilde{\boldsymbol{\Omega}}$ 提供阻尼。很容易证明李雅普诺夫函数为

$$\mathcal{L}:=k_{\mathrm{P}}\mathrm{tr}(\widetilde{\boldsymbol{R}}^{\mathrm{T}}\widetilde{\boldsymbol{R}})+\frac{1}{2}\widetilde{\boldsymbol{\Omega}}^{\mathrm{T}}\boldsymbol{I}\widetilde{\boldsymbol{\Omega}}$$

满足

$$\frac{\mathrm{d}}{\mathrm{d}t}\mathcal{L}:=-k_{\mathrm{D}}\|\widetilde{\boldsymbol{\Omega}}\|^2$$

谨慎地使用 Barbalat 引理，由此可见，该系统几乎是全局渐进稳定的。零度量例外集与四旋翼完全翻转，与 $\theta=\pi$ 和 $\mathbb{P}(\widetilde{\boldsymbol{R}})=0$ 的情况相关，尽管 $\widetilde{\boldsymbol{R}}\neq\boldsymbol{I}$。

为了验证局部指数收敛并为增益调谐提供指导，我们考虑式（52.30）和式（52.34）的线性化。令 $\widetilde{\boldsymbol{R}}\approx\boldsymbol{I}+(z_R)_{\times}$，其中反对称矩阵 $(z_R)_{\times}$（对于 $z_R\in\mathbb{R}^3$）是 $\widetilde{\boldsymbol{R}}$ 围绕单位矩阵 $\boldsymbol{I}$ 的线性近似。令 $\widetilde{\boldsymbol{\Omega}}\approx z_{\Omega}$ 为 $\widetilde{\boldsymbol{\Omega}}$ 在原点 $\widetilde{\boldsymbol{\Omega}}=\boldsymbol{0}$ 附近的线性近似。误差 $z=(z_R,z_{\Omega})$ 的线性化系统方程式为

$$
\begin{pmatrix}\dot{z}_R\\ \dot{z}_{\Omega}\end{pmatrix}=\left[\begin{pmatrix}(\boldsymbol{\Omega}^{*})\times & 0\\ 0 & \boldsymbol{I}^{-1}(\boldsymbol{I}\boldsymbol{\Omega})\times\end{pmatrix}+\begin{pmatrix}0 & 1\\ -k_{\mathrm{P}}\boldsymbol{I}^{-1} & -k_{\mathrm{D}}\boldsymbol{I}^{-1}\end{pmatrix}\right]\begin{pmatrix}z_R\\ z_{\Omega}\end{pmatrix} \tag{52.35}
$$

或者用更紧凑的表示法 $\dot{z}=\boldsymbol{A}(t)z$，其中 $\boldsymbol{A}(t)=\boldsymbol{A}_1(t)+\boldsymbol{A}_2$，包括式（52.35）中两个矩阵的和。矩阵 $\boldsymbol{A}_1(t)$ 是一个时变矩阵，取决于外源系统信号 $\boldsymbol{\Omega}$ 和 $\boldsymbol{\Omega}^{*}$，而第二矩阵 $\boldsymbol{A}_2$ 是时不变的赫维茨（Hurwitz）二阶线性系统矩阵。使用一个根据前面所做的非线性论证的李雅普诺夫函数 $\ell=(k_{\mathrm{P}}/2)|z_R|^2+(1/2)z_{\Omega}^{\mathrm{T}}\boldsymbol{I}z_{\Omega}$，很容易证明这个系统是渐进稳定的。我们有 $\dot{\ell}=-k_{\mathrm{D}}|z_{\Omega}|^2$。定义 $\boldsymbol{C}=(\boldsymbol{0}\quad\boldsymbol{I}_3)\in\mathbb{R}^{3\times6}$，则与式（52.35）相关的系统矩阵 $[\boldsymbol{A}(t),\boldsymbol{C}]$ 是一致完全可观测的（UCO），尽管提供代数证明已经超出了本章的范围。调整增益是一个选择 k_{P} 和 k_{D} 来分配赫维茨系统矩阵的特征值的过程，目的是控制 $\boldsymbol{A}_1(t)$ 引入的振荡但能量有限的扰动。

3. 轨迹跟踪控制

将在第 52.4.1 节中讨论的轨迹规划算法提供了完整的轨迹规格以及 $(\boldsymbol{\xi}^p,\dot{\boldsymbol{\xi}}^p,\boldsymbol{R}^p,\boldsymbol{\Omega}^p,\dot{\boldsymbol{\Omega}}^p,\boldsymbol{u}_1^p,\boldsymbol{u}_2^p)$ 及其导数组成的前馈输入。轨迹跟踪控制的目标是调节四旋翼飞行器的线性动力学来跟踪指定的目标轨迹 $\boldsymbol{\xi}^{*}(t)$。轨迹跟踪控制在四旋翼飞行器控制体系结构的更高层次上运行（图 52.6），期望的姿态 R^{*} 用于姿态控制回路的输入被设计为轨迹控制回路设计中的输入。除了明确姿态目标 $\boldsymbol{R}^{*}$，轨迹跟踪控制指定升降（总推力）$\boldsymbol{T}$，以及与式（52.33）一起用于电动机控制参考式（52.9）的输入参考。

线性轨迹目标 $\boldsymbol{\xi}^{*}=\boldsymbol{\xi}^p$ 和 $\dot{\boldsymbol{\xi}}^{*}=\dot{\boldsymbol{\xi}}^p$ 直接从路径规划设计中作为轨迹规划器的目标使用。然而，线性动力学的驱动取决于飞行器的姿态。因此，有必要确定姿态控制的目标。$\boldsymbol{R}^{*}$ 作为控制设计的一部分而不是依赖于规划轨迹的设定点，特别是一般来说

$\boldsymbol{R}^* \neq \boldsymbol{R}^p$。请注意，第52.3.1节中的前馈控制要求$\boldsymbol{\Omega}^*$和$\dot{\boldsymbol{\Omega}}^*$来规划姿态动力学的前馈扭矩输入。姿态调节回路中的前馈是高性能控制的一个关键组成部分，如果没有这个输入，姿态动力学中就不会有足够的增益来跟踪积极的姿态轨迹。然而，实时计算与反馈相关的姿态控制目标$\boldsymbol{R}^*$相应的角速度目标，需要使用模型预测控制（MPC）[52.8-10,36]等工具对控制轨迹进行前瞻性预测。一种更简单的轨迹跟踪方法是使用计划的角速度$\boldsymbol{\Omega}^*=\boldsymbol{\Omega}^p$，尽管它不完全符合$\boldsymbol{R}^*$的变化。只要$(\boldsymbol{\xi},\dot{\boldsymbol{\xi}})$接近$(\boldsymbol{\xi}^*,\dot{\boldsymbol{\xi}}^*)=(\boldsymbol{\xi}^p,\dot{\boldsymbol{\xi}}^p)$，那么$\boldsymbol{R}^*$就接近$\boldsymbol{R}^P$，并且$(\boldsymbol{\Omega}^*,\dot{\boldsymbol{\Omega}}^*)=(\boldsymbol{\Omega}^p,\dot{\boldsymbol{\Omega}}^p)$将提供临界前馈姿态输入的良好估计。

我们将在这里讨论线性轨迹跟踪算法，该算法要求指定轨迹的横摇和俯仰值较小，从而保证动力学的线性近似是合理的。因此，我们假设与旋转$\boldsymbol{R}^p$相关的欧拉角由$\theta^P=\phi^P=0$给出，而ψ^P是t的特定函数。对于给定的任意偏航角，我们可以线性化悬停位置$(\theta=0,\phi=0,\psi=\psi^P)$和标称输入（$u_1=mg$，$\boldsymbol{u}_2=0$）的动力学方程。线性化式（52.2a），我们可以得到

$$\begin{aligned}\ddot{\xi}_1&=\boldsymbol{g}(\Delta\theta\cos\psi^P+\Delta\phi\sin\psi^P)\\ \ddot{\xi}_2&=\boldsymbol{g}(\Delta\theta\sin\psi^P-\Delta\phi\cos\psi^P)\\ \ddot{\xi}_3&=\frac{1}{m}\boldsymbol{u}_1-\boldsymbol{g}\end{aligned} \tag{52.36}$$

式中，$\Delta\theta=\theta^*$和$\Delta\phi=\phi^*$表示与悬停位置的微小偏差。为了快速驱动轨迹位置部分的所有三个误差分量，我们希望加速度矢量满足：

$$(\ddot{\boldsymbol{\xi}}^*-\ddot{\boldsymbol{\xi}})+K_d(\dot{\boldsymbol{\xi}}^*-\dot{\boldsymbol{\xi}})+K_p(\boldsymbol{\xi}^*-\boldsymbol{\xi})=0$$

根据式（52.36），我们可以快速得到

$$u_1=m[g+\ddot{\xi}_3^*+k_{d,z}(\dot{\xi}_3^*-\dot{\xi}_3)+k_{p,z}(\xi_3^*-\xi_3)] \tag{52.37}$$

为了保证$[\xi_3^*(t)-\xi_3(t)]\to 0$，我们为$\theta^*$，$\phi^*$和$\psi^*$选择合适的横摇、俯仰和偏航角期望值来保证指数收敛：

$$\phi^*=\frac{1}{g}(\ddot{\xi}_1^*\sin\psi-\ddot{\xi}_2^*\cos\psi) \tag{52.38a}$$

$$\theta^*=\frac{1}{g}(\ddot{\xi}_1^*\cos\psi+\ddot{\xi}_2^*\sin\psi) \tag{52.38b}$$

$$\psi^*=\psi^p \tag{52.38c}$$

现在用(ψ^*,ϕ^*,θ^*)定义旋转矩阵$\boldsymbol{R}^*$作为指数收敛姿态控制器的设定点。因此，如图52.6所示，通过解耦位置控制和姿态控制子问题来解决控制问题，并且位置控制回路为姿态控制器提供姿态设定点。

位置控制器也可以不用线性化而获得。这是通过沿$\boldsymbol{b}_3$投影位置误差（及其导数）并施加输入u_1来完成的，该输入u_1抵消重力并提供适当的比例加导数反馈：

$$u_1=m\boldsymbol{b}_3^{\mathrm{T}}[\ddot{\boldsymbol{\xi}}^*+K_d(\dot{\boldsymbol{\xi}}^*-\dot{\boldsymbol{\xi}})+K_p(\boldsymbol{\xi}^*-\boldsymbol{\xi})+g\boldsymbol{e}_3] \tag{52.39}$$

请注意，投影操作是横摇角和俯仰角的非线性函数，因此这是一个非线性控制器。在参考文献［52.7，35］中，表明这种方法具有指数稳定性，并允许机器人在SE(3)中跟踪轨迹。

52.3.2 固定翼飞行器的控制

飞行器是高度耦合的非线性动力系统，将控制问题视为一个集成的多输入多输出非线性设计问题似乎是最自然的[52.29,38-40]。然而，尽管飞行器状态存在非线性耦合，但在特定的驱动器和开环响应的某些动态模式之间仍存在明显的相关性。多输入多输出（MIMO）方法的一个缺点是，它往往会模糊控制设计和特定开环模式响应之间的洞察力。此外，其结果是，与传统的控制器设计相比，它对模型参数的较大变化（如使用不同的机翼，或加装全新的传感器套件，这对小型无人机系统来说并不罕见）的鲁棒性较差。固定翼飞行器的经典且更直观的控制结构是考虑一组独立但相互连接的单输入单输出（SISO）控制回路。这种方法的优点是非常直观，并引出基于连续回路闭合的模块化设计方法，提供了一个直接的增益调节机制[52.31]。SISO体系结构的坚固性和简单性使其成为大多数小型无人机控制系统的首选。然而，现代的实现方式是使用总能量控制系统（TECS）架构和输入解耦来克服经典的固定翼控制器设计的一些局限性。

固定翼飞行器的主要操纵动作与节气门和三个气动操纵面有关，即方向舵、副翼和升降舵。节气门调节电动机的功率，并控制推力。方向舵、副翼和升降舵分别通过飞行器的角速度动力学驱动角速度Ω_z，Ω_x和Ω_y。对于正常飞行的小型固定翼无人机，简单的高增益比例控制方案将有效地调节和解耦变量$(T,\Omega_x,\Omega_y,\Omega_z)$[52.31]。控制问题可以这样提出，$(T,\Omega_x,\Omega_y,\Omega_z)$是其余飞行器动力学调节的输入。由于横向变量（横摇速率、倾斜角、偏航速率和航向角）和纵向变量（空速、俯仰速率、俯仰角、高度速率和高度）之间的物理耦合很弱，并且由于升降舵和方向舵对横向变量的影响最大，节气门和副翼对纵向变量的影响最大，大多数控制结构将功能分为横向控制系统和纵向控制系统。横向控制系统的输入是期望的航向角，纵向控制系统的输入是期望的空速和期望的高度。

1. 横向控制系统

有三种与固定翼飞行器横向动力学响应相关的开环动力学模式：横摇模式、螺旋模式和荷兰横摇模式。横摇模式与飞行器横摇速率对副翼输入的一阶响应有关。通常机翼和机身是这样设计的（例如，具有正上反角，可参考第 26.4.4 节），因此这种模式是高度稳定的，并使用副翼输入的高增益进行调节。实际上，这种模式包含在上述的控制简化（Ω_x 调节）中。

螺旋模式与飞行器的自然转弯运动有关。也就是说，如果飞行器倾斜转弯，它将继续转弯直到应用控制动作使飞行器变回水平状态。螺旋模式是倾斜转弯动力学的线性化，是接近原点的单个实极点（见第 1 卷第 26 章的图 26.22）。一般来说，因为飞行器有侧滑进入转向状态的趋势，螺旋模式是稍微不稳定的。在载人飞行中，螺旋模式可能是危险的，因为外界对转弯的感知非常少。倾斜转弯动力学的性质确保机身固定坐标系加速度保持在通过飞行器中心轴的方向，并且旋转速度缓慢且几乎恒定。这种模式会变得很危险，因为飞行器会缓慢地侧滑到转向状态，渐渐地俯冲角度越来越大，空速也越来越大，这就是所谓的螺旋式下降。对于自主飞行控制来说，螺旋模式相对来说是无害的，因为自动驾驶仪从来不会停止观察仪器，如果飞行器偏离航线，会立即采取行动。

荷兰横摇模式与飞行器绕航向的摆动有关。在这种运动中，飞行器偏航，然后由于斜角效应而滚动，然后倾斜的升力矢量和方向舵作用迫使飞行器向入射风方向返回。如果方向舵很小，不能提供足够的阻尼，在重复振荡序列之前，飞行器可能会过冲偏航并向另一个方向滚动。荷兰横摇动作对载人飞行来说不太危险，因为它通常是稳定的（除了具有强后掠机翼或负上反角的飞行器），并且随着侧滑运动产生令人不快的侧向加速度，这对飞行员来说是显而易见的。通过设计大的尾翼平面和中等到小的上反角可以增加阻尼。特技飞行的遥控飞行器的典型极点位置请参见第 1 卷第 26 章的图 26.22。

为了理解横向动力学的控制问题，首先考虑方向舵驱动引起的偏航角速度 Ω_z。Ω_z 的主要影响会使飞行器在空中偏航并产生非零侧滑 β。在倾斜转弯控制范例中，我们将用 Ω_z 来调节 $\beta\equiv0$，然而，为了建立对横向动力学的直观理解，首先考虑非零侧滑的影响是有益的。如果侧滑 $\beta\neq0$，飞行器将会侧滑或在空中爬行。特别是，施加方向舵输入（非零的 Ω_z）会使飞行器在空中扭曲；它本身不会导致飞行器轨迹弯曲。对于一架典型的具有上反角的飞行器，这将导致飞行器偏离侧滑，如果荷兰横摇模式是稳定的，飞机将进入倾斜转弯。系统信号的因果关系为

$$\Omega_z\to\beta\to\phi\to\chi$$

这里 $\beta\to\phi$ 依赖于机体横向开环动力学的荷兰横摇模式的固有稳定性。事实上，具有强上反角和大尾翼的小型飞行器可以在没有副翼面的情况下飞行，如图 52.7 所示的飞行机器人，该飞行机器人设计用于低速低空飞行，并配备使用一对向下指向的网络相机计算的光流进行可视地形跟踪[52.41]，没有副翼，仅使用方向舵控制横向运动。

这种控制模式有几个缺点。它很少用于载人飞行，因为侧滑运动会产生不自然的减速。更重要的是，控制响应受到飞机开环荷兰横摇力学低通响应的限制。虽然这种模式是稳定的，但经常会有明显的阻尼振荡响应，导致飞行器轨迹偏离所需的航向，降低航向跟踪性能。

图 52.7 一种自主固定翼飞行机器人

注：用于在 ANU 进行基于视觉的地形跟踪的实验工作[52.41]。值得注意的是，它用于产生斜度的上翘机翼和缺乏副翼的情况。

另一种方法是明确地使用副翼给飞行器施加所需的横摇角 ϕ，并在不使用方向舵的情况下驱动航向动力学方程式（52.27a）。方向舵变成一个单独的控制输入，可以用来调节 β。即

$$\Omega_z\to\beta$$

$$\Omega_x\to\phi\to\chi$$

虽然，这看起来可能违背直觉（方向舵不是用来操纵飞行器的），但是，它是最有效的航向控制策略。使用这种控制策略并调节侧滑使 $\beta\equiv0$，可确保倾斜转弯简化后可应用于第 52.2.3 节所示的模型。

具体地说，在侧滑 β 用方向舵调节为零的倾斜

转弯策略中，横向运动方程由式（52.24）和式（52.27a）给出。在小俯仰角、速度和迎角大致恒定的水平飞行中，这些方程式简化为级联结构：

$$\dot{\phi}=\Omega_x+d_\phi$$
$$\dot{\chi}=-A_\chi\phi+d_\chi$$

式中，A_χ是常数；d_ϕ和d_χ是通过建模过程引入的干扰信号。根据经典控制理论可知，航向指令χ^*的一个步骤可以被跟踪，同时使用嵌套PI控制律抑制低频干扰d_ϕ和d_χ，该控制律为

$$\phi^*=k_{P_\chi}(\chi^*-\chi)+k_{I_\chi}\int_{-\infty}^{t}(\chi^*-\chi)\,d\tau \tag{52.40}$$

$$\Omega_x=k_{P_\phi}(\phi^*-\phi)+k_{I_\phi}\int_{-\infty}^{t}(\phi^*-\phi)\,d\tau \tag{52.41}$$

式中，k_{P_χ}，k_{I_χ}，k_{P_ϕ}和k_{I_ϕ}是正控制增益。比例控制为

$$\Omega_z=-k_{P_\beta}\beta \tag{52.42}$$

式（52.42）通常可以有效地将侧滑角调节到零，其中k_{P_β}是正控制增益。

2. 纵向控制系统

纵向动力学涉及推力T和升降舵（调节Ω_y）输入，以及迎角α、航迹角γ、空速$|\boldsymbol{v}_a|$和高度h。有两种主要的开环动态模式与纵向动态的开环响应相关，即短周期和长周期模式。短周期模式与恒定速度、恒定高度飞行的飞行器俯仰变化有关。这是当飞行器围绕其质心上下俯仰时，主翼升力与迎角线性相关的结果。飞机的质心总是被设计成位于主机翼面的力心的前面，以确保短周期模式振荡是稳定的，（将质心进一步向前放置会增加稳定裕度），而由飞行器的尾平面提供的阻尼确保渐近稳定性（见第1卷第26.4.2节）。

对于恒定迎角飞行，长周期模式与气动升力、速度、滑行路径和飞行器高度的相互作用有关。当飞行器开始缓慢下降时，空速随着高度势能的损失转化为动能的增加。当飞行器加速时，增加的空速导致机翼上的主升力增加，导致飞行器脱离俯冲并开始再次上升。当储存的动能转化为势能时，飞行器将会减速。由此产生的开环不稳定运动是一个重复的俯冲循环。由于飞行器是用低阻力系数设计的，所以平飞模式通常阻尼很小，但速度很慢，容易稳定。在长周期模式中需要注意的一个关键点是，它是一个恒定能量的振荡；势能转化为动能，然后再转化为势能。

推力和俯仰速率输入都会影响飞机的速度和迎角。反过来，滑行角度可以通过调节飞行器的迎角或速度来控制。与这些相关性相关的耦合意味着简单的推力-速度或俯仰-速率-滑行路径SISO控制回路不能覆盖典型飞行器的全部飞行状态，这是许多现有自动驾驶系统的一个限制，甚至在商用飞机上也是如此。解决这个问题的工业标准方法是针对不同的飞行条件，起飞和爬升、水平飞行和下降，采用不同的控制模式，这些模式利用不同的输入到状态控制映射[52.31]。总能量控制系统（TECS）设计范例[52.42,43]部分避免了这些在大范围运行条件下的困难，并且具有由节气门承担的控制活动最小化的额外优势。

由于长周期模式的能量保持特性，速度和高度的微小变化趋向于稳定和能量保持。基于这一认识，只要飞行器的空速与长周期模式响应相关联，就需要允许飞行器空速的微小变化。长周期模式的关键特征是它保持了飞行器的总能量：

$$E:=\frac{1}{2}m\,|\boldsymbol{v}_a|^2+mgh \tag{52.43}$$

TECS控制结构使用总能量作为输出，并使用节气门将该输出调节到期望的能量设定点。设定点为

$$E^*(t):=\frac{1}{2}m\,|\boldsymbol{v}_a^*|^2+mgh^*$$

设定点被选择为对应于期望的轨迹。能量误差为

$$\widetilde{E}:=E^*(t)-E(t)$$

同时节气门输入表示为

$$\delta_t=k_{P_E}\widetilde{E}(t)+k_{I_E}\int_{-\infty}^{t}\widetilde{E}(\tau)\,d\tau \tag{52.44}$$

式中，k_{P_E}和k_{I_E}为正控制增益。

一旦指定了节气门输入，必须使用升降舵来控制剩余的纵向动力学，以伺服控制俯仰速率Ω_y。俯仰速率的主要作用是旋转飞机的机翼部分，直接影响迎角。改变迎角会影响机翼产生的升力和阻力，升力的影响最大，因为它与式（52.14）中的α成线性关系，而阻力的影响小，只随迎角的平方而变化，见式（52.15）。根据定义，升力L是垂直于速度的机翼型的分量。因此，升力L不会直接导致飞行器总能量E的变化。特别的，飞行器俯仰动力学的驱动（几乎）与总能量调节回路解耦。现在可以为升降舵的输入选择一个输出，并且确信所得到的SISO回路响应将仅仅轻微地干扰总能量调节回路。不是简单地调节高度或速度，而是调节动能和势能之间的平衡[52.42]，这两个变量在经典固定翼控制结

构中被认为是升降舵调节回路的输出[52.31]。

分别考虑飞行器的动能和势能为

$$K=\frac{1}{2}m\left|\boldsymbol{v}_{\mathrm{a}}\right|^{2}$$

$$U:=mgh$$

给定的飞行轨迹对应的期望值 $[|\boldsymbol{v}_{\mathrm{a}}^{*}(t)|, h^{*}(t)]$ 定义期望动能 $K^{*}(t)=\frac{1}{2}m|\boldsymbol{v}_{\mathrm{a}}^{*}(t)|^{2}$ 以及势能 $U^{*}=mgh^{*}(t)$ 的设定点。将沿轨迹的动能和势能误差定义为

$$\widetilde{K}=K^{*}(t)-K(t)=\frac{1}{2}m\left[\left|\boldsymbol{v}_{\mathrm{a}}^{*}(t)\right|^{2}-\left|\boldsymbol{v}_{\mathrm{a}}(t)\right|^{2}\right]$$

$$\widetilde{U}=U^{*}(t)-U(t)=mg\left[h^{*}(t)-h(t)\right] \tag{52.45}$$

定义综合能量平衡误差 $\widetilde{B}$ 为

$$\widetilde{B}=\widetilde{K}-\widetilde{U}$$

所提出的控制策略是使用命令的俯仰角 θ^{*} 来调整 $\widetilde{B}\to 0$。

为了理解这种控制结构，请注意，如果 $\widetilde{E}=0$ 那么 $\widetilde{K}=\widetilde{E}-\widetilde{U}=-\widetilde{U}$。因此，有

$$\widetilde{B}=2\widetilde{K}=-2\widetilde{U}$$

由此可见，驱动 $\widetilde{B}\to 0$ 会迫使 $|\boldsymbol{v}_{\mathrm{a}}|\to|\boldsymbol{v}_{\mathrm{a}}^{*}|$ 和 $h\to h^{*}$。平衡能量控制结构的真正优势出现在 $\widetilde{E}\neq 0$ 时，这种情况下，令 $\widetilde{B}\to 0$ 无论如何都不会迫使 $|\boldsymbol{v}_{\mathrm{a}}|$ 或 h 回到其参考设定点，而是会在期望轨迹周围的动能和势能设定点之间平衡过剩或不足的能量。以这种方式平衡能量误差是一种高度鲁棒性的控制策略，它最大程度保持了节气门对总能量良好控制的能力。

另一个见解是，能量项 $\widetilde{B}$ 的差异对长周期模式中的激励最敏感。特别是，如果能量在势能和动能水平之间流动，那么在比例因子方面，与任何其他 $|\boldsymbol{v}_{\mathrm{a}}|$ 和 h 的组合测量相比，$\widetilde{B}$ 的相对变化是最大的。因此，平衡能量控制强烈地直接抑制了推力控制所无法控制的长周期模式。

因此，所需的俯仰角由下式给出：

$$\theta^{*}=k_{P_B}\widetilde{B}(t)+k_{I_B}\int_{-\infty}^{t}\widetilde{B}(\tau)\mathrm{d}\tau \tag{52.46}$$

式中，k_{P_B} 和 k_{I_B} 是正控制增益。在实际中，俯仰角驱动稳定的迎角动力学，这反过来引起飞行轨迹角的调节，并最终控制编码在 $\widetilde{B}$ 中的权衡。所提出的 SISO 控制回路的内部动态的稳定性通过适当调整 PI 增益来处理，避免了对这些动力学进行显式建模的需要。参考文献［52.31］很好地证明了这种方法的有效性和鲁棒性。

3. 控制实施和增益调整

固定翼飞行器的横向控制策略基于式（52.40）、式（52.41）和式（52.42）。在使用这些指令时，我们假设高带宽反馈回路分别使用副翼和方向舵调节 Ω_x 和 Ω_z。横向控制回路的实际实施需要使横摇指令 ϕ^{*} 饱和到 $\pm\bar{\phi}$，对大多数飞行器来说，合理的数值是 $\bar{\phi}=30°$。使用较高的横摇角通常会导致较大的侧滑角，从而导致转弯时高度下降过大。横摇速率指令 Ω_x 也饱和到速率陀螺传感器极限值的一小部分，以保证姿态估计器的充分收敛。式（52.40）的实际实施还需要小心地控制角度 χ 和 χ^{*} 为大约 $\pm180°$，以避免远离 $\pm180°$ 导致巨大的航向误差。

横向控制回路的增益可以在飞行中有选择地一次启用一个回路来进行调整。在多次飞行试验中证明成功的一种策略是按以下顺序调整增益：

1）Ω_x 和 Ω_z 的姿态速率回路。

2）侧滑增益 k_{P_β}。

3）横摇误差的比例增益 k_{P_ϕ}，随后是积分增益 k_{I_ϕ}。积分增益 k_{I_ϕ} 通常设置为零，因为航向回路上的积分项提供适当的鲁棒性。

4）航向回路上的比例增益 k_{P_χ}，随后是积分增益 k_{I_χ}。

式（52.46）的使用假设了一个高带宽桨距控制回路，该回路使用升降舵作为驱动器。式（52.44）的实际实施要求 δ_t 低于 $\delta_t^{\max}$，高于 $\delta_t^{\min}\geqslant 0$。俯仰角饱和对于避免大迎角时出现失速也很关键。一个有效的方法是在计算势能误差时使高度误差饱和，将式（52.45）替换为

$$\widetilde{U}=mg\,\mathrm{sat}\left[h^{*}(t)-h(t),\bar{h}\right] \tag{52.47}$$

其中

$$\mathrm{sat}(x,\ell)=\begin{cases}\ell & 若\ x\geqslant\ell\\ -\ell & 若\ x\leqslant-\ell\\ x & 其他\end{cases}$$

当 $h^{*}-h$ 很大时，饱和高度误差将导致稳定的爬升率。要理解为什么，假设速度调节良好，高度误差很大，那么 $\widetilde{B}\approx-mg\,\mathrm{sat}(h^{*}-h,\bar{h})=-mg\bar{h}$。忽略积分器，这将引起来自式（52.46）的恒定俯仰

角指令。然而，简单地使俯仰角饱和不会导致良好的性能，因为使 $\widetilde{B}=\widetilde{K}-\widetilde{U}=\frac{1}{2}m[\ |\boldsymbol{v}_a^*(t)|^2-|\boldsymbol{v}_a(t)|^2]-mg[h^*(t)-h(t)]$ 归零将导致动能和势能平衡的误差。因此，一个大的不饱和高度误差将导致控制器增加空速误差。持续的高度误差将导致式（52.46）中的积分器达到饱和状态。因此，积分器的反饱和方案至关重要。

类似于横向控制回路，纵向控制器的增益可以在飞行中通过一次选择性地启用一个回路来调节。增益应按以下顺序调整：

1）俯仰姿态回路首先被调整。俯仰姿态通常用一个 PID 控制器来控制。导数增益可以调整，以在 RC 控制器上提供足够的阻尼。然后增加并调整比例增益以提供足够的瞬态响应。积分器随后被添加以消除俯仰中的稳态误差。

2）然后调整式（52.44）中的节气门增益 k_{P_E} 和 k_{I_E}。我们已经发现，用参考动能 $K^{\mathrm{ref}}=\frac{1}{2}m\,|\boldsymbol{v}_a^{\mathrm{ref}}|$ 对能量误差方程 $\widetilde{E}$ 进行归一化使得这些增益特别容易调节，并且这种缩放引起在不同平台上工作的相似增益。

3）能量平衡增益 k_{P_B} 和 k_{I_B} 最后调整。同样，用 K^{ref} 缩放 $\widetilde{B}$ 似乎简化了不同机身的调整过程。

TECS 的一个优点是它减少了纵向自动驾驶仪对不同控制方式的需求。特别地，在参考文献［52.31］中描述的高度保持模式、爬升模式和下降模式被简化为一种使用 TECS 的模式。然而，我们应该注意到，对于这个方案，仍然需要参考文献［52.31］中描述的起飞方式。对于手动发射的小型飞行器，或任何起飞速度明显低于指令速度的飞行器，当空速误差较大时，式（52.46）中的 TECS 控制将使飞行器向下俯仰以获得空速。如果在起飞后立即执行，这种俯垂行为将导致机体坠毁。因此，最佳策略是起飞后节气门立即完全开启，并将指令俯仰角设置为足以避免失速的爬升率的固定值。

52.4 路径规划

在未来几年中，飞行机器人将需要承担许多不同的控制任务。在本章中，不可能涵盖所有潜在的任务及其相关的规划问题。我们将只考虑四旋翼飞行器和固定翼飞行器的基本轨迹或路径规划问题。这个问题是固定翼飞行器导航的基础，在固定翼飞行器导航中，所涉及的距离使得路径和轨迹规划方法足以满足几乎所有的目标。对于在混乱的三维空间中飞行的小型飞行机器人，有更广泛的目标来选择，包括与环境的物理交互、避障等，以及简单地规划和沿着一条轨迹到达给定的中间点。然而，轨迹规划为实现广泛的目标提供了基本的模块，并且是实现高性能任务的必要组成部分。

52.4.1 四旋翼飞行器的路径规划

四旋翼飞行器是欠驱动的，这使得在十二维状态空间（6 自由度的位置和速度）中规划路径变得困难。然而，如果我们利用四旋翼动力学是差分光滑的这一事实，问题就大大简化了[52.44]。为了看到这一点，我们考虑输出位置 $\boldsymbol{\xi}$ 和偏航角 $\boldsymbol{\psi}$。我们展示了可以把所有的状态变量和输入写成输出（$\boldsymbol{\xi}$，$\boldsymbol{\psi}$）和它们的导数的函数。由 $\boldsymbol{\xi}$ 的导数得出速度 $\boldsymbol{v}$ 和加速度：

$$\dot{\boldsymbol{v}}=\frac{1}{m}u_1\boldsymbol{b}_3+g\boldsymbol{e}_3$$

从图 52.3，可知

$$\boldsymbol{d}_1=[\cos\psi,\sin\psi,0]^{\mathrm{T}}$$

和机体固定坐标系对应的单位矢量，可以用变量 $\boldsymbol{\psi}$ 和 $\dot{\boldsymbol{v}}$ 的形式写成

$$\boldsymbol{b}_3=\frac{\dot{\boldsymbol{v}}-g\boldsymbol{e}_3}{\|\dot{\boldsymbol{v}}-g\boldsymbol{e}_3\|},\boldsymbol{b}_2=\frac{\boldsymbol{b}_3\times\boldsymbol{d}_1}{\|\boldsymbol{b}_3\times\boldsymbol{d}_1\|},\boldsymbol{b}_1=\boldsymbol{b}_2\times\boldsymbol{b}_3$$

式中，$\boldsymbol{b}_3\times\boldsymbol{b}_1\neq\boldsymbol{0}$。这将旋转矩阵 ${}^A\boldsymbol{R}_B$ 定义为 $\dot{\boldsymbol{v}}$（$\boldsymbol{\xi}$ 的二阶导数）和 $\boldsymbol{\psi}$ 的函数。这样，我们将角速度和四个输入写成位置、速度（$\boldsymbol{v}=\dot{\boldsymbol{\xi}}$）、加速度（$\boldsymbol{\alpha}=\ddot{\boldsymbol{\xi}}$）、跃度（$\boldsymbol{\gamma}=\boldsymbol{\xi}^{(iii)}$）和跃度的导数（$\boldsymbol{\sigma}=\boldsymbol{\xi}^{(iv)}$）的函数。从这些方程中，可以验证 18×1 维向量 $\boldsymbol{X}=(\boldsymbol{\xi}^{\mathrm{T}},\boldsymbol{v}^{\mathrm{T}},\boldsymbol{a}^{\mathrm{T}},\boldsymbol{\gamma}^{\mathrm{T}},\boldsymbol{\sigma}^{\mathrm{T}},\boldsymbol{\psi}^{\mathrm{T}},\dot{\boldsymbol{\psi}}^{\mathrm{T}},\ddot{\boldsymbol{\psi}})^{\mathrm{T}}$ 和随输入和它们的导数增强的状态$(\boldsymbol{\xi}^{\mathrm{T}},\dot{\boldsymbol{\xi}}^{\mathrm{T}},\boldsymbol{R},\boldsymbol{\Omega}^{\mathrm{T}},u_1,\dot{u}_1,\ddot{u}_1,\boldsymbol{u}_2^{\mathrm{T}})^{\mathrm{T}}$之间存在可微同构性。

微分光滑度的这一特性使得设计考虑欠驱动系统动力学的轨迹变得容易。在光滑输出空间中的任意四次可微轨迹 $[\boldsymbol{\xi}^{\mathrm{T}}(t),\boldsymbol{\psi}(t)]^{\mathrm{T}}$，对应一个可行的轨迹，一个满足运动方程的轨迹。所有状态和输入的不等式约束都可以表示为光滑的输出及其导数的函数。这种到光滑输出空间的映射可用于生成使不同光滑输出及其导数的加权组合形成的成本函数最小化的轨迹，即

$$[\boldsymbol{\xi}^p(t),\boldsymbol{\psi}^p(t)] = \arg\min_{\xi(t),\psi(t)} \int_0^{T} L(\boldsymbol{\xi},\boldsymbol{v},\boldsymbol{a},\boldsymbol{\gamma},\boldsymbol{\sigma},\boldsymbol{\psi},\dot{\boldsymbol{\psi}},\ddot{\boldsymbol{\psi}})\,dt$$
$$g[\xi(t),\psi(t)] \leqslant 0 \tag{52.48}$$

在参考文献［52.7］中，通过由捕捉和偏航角加速度导出的成本函数最小化来生成最小捕捉轨迹：

$$L(\boldsymbol{\xi},\dot{\boldsymbol{\xi}},\ddot{\boldsymbol{\xi}},\dddot{\boldsymbol{\xi}},\ddddot{\boldsymbol{\xi}}\,\boldsymbol{\psi},\dot{\boldsymbol{\psi}},\ddot{\boldsymbol{\psi}})=(1-\alpha)(\ddddot{\boldsymbol{\xi}})^4+\alpha(\ddot{\boldsymbol{\psi}})^2$$

通过用光滑空间中的基函数对轨迹进行适当的参数化，并通过考虑光滑空间中的线性不等式来对状态和输入的约束进行建模（如 $u_1 \geqslant 0$），就有可能把这种优化变成一个可以实时求解的二次规划。

最后，如参考文献［52.45］所示，可以将这种控制器与纯姿态控制器结合起来，以接近零的法向速度飞越垂直窗口或降落在倾斜的栖木上。飞行机器人使用轨迹控制器来建立动量，而姿态控制器在利用所产生的动量滑行时能够重新定向。

52.4.2 固定翼飞行器的路径规划

对于固定翼飞行器，影响路径规划的关键约束是最小转弯半径和最大飞行路径角。如参考文献［52.29，31］所示，最小转弯半径的良好近似值为

$$R_{\min}=\frac{|\boldsymbol{v}_a|^2}{g}\tan\bar{\phi}$$

式中，g 是海平面重力加速度；$\bar{\phi}$ 是最大允许倾斜角。从式（52.27c），我们看到最大飞行轨迹角的一个很好的近似值是

$$\bar{\gamma}=\arcsin\left(\frac{\dot{h}_{\max}}{|\boldsymbol{v}_a|}\right)$$

式中，$\dot{h}_{\max}$是机体的最大爬升/下降速率。固定翼飞行器通常被设计成以特定的空速飞行，在该空速下，升阻比最大化，从而使燃料消耗最小化。

因此，固定翼飞行器的轨迹规划器通常假设空速恒定。在这一节中，我们将假设零风速条件下空速等于地面速度。因此，固定翼飞行器的路径规划问题自然地被提出为在满足最小转弯半径和最大飞行路径角约束的两个位形之间规划一条恒速路径。

如果运动是在一个恒定的高度上进行的，那么可以用传统的杜宾斯汽车规划器寻找一条满足转弯速度约束的恒速路径[52.46]。在参考文献［52.31，47-50］中，使用杜宾斯汽车模型进行无人机路径规划是一种常见的做法。然而，恒定高度的限制可以通过将传统的杜宾斯汽车模型扩展为杜宾斯飞机模型消除，其公式为

$$\dot{n}=V\cos\chi$$
$$\dot{w}=V\sin\chi$$
$$\dot{\chi}=u_1$$
$$\dot{h}=-V\sin u_2$$

式中，(n,w) 是西北惯性坐标位置；V 是杜宾斯飞机的速度，在零环境风的情况下是 $V=|\boldsymbol{v}_a|$，其中 $|u_1|\leqslant V/R_{\min}$ 且 $|u_2|\leqslant\bar{\gamma}$[52.51]。

杜宾斯飞机的位形由 $C=(n,w,h,\chi)$ 确定，其中 n 和 w 是西北惯性坐标，h 是高度，χ 是航向角。杜宾斯飞机规划问题是寻找满足约束条件 $|u_1|\leqslant V/R_{\min}$ 和 $|u_2|\leqslant\bar{\gamma}$ 的初始位形 C_s 和终止位形 C_e 之间的最小距离路径。

回想一下，杜宾斯汽车路径由三段组成：一个转弯段，它遵循一个最小转弯半径为 $R_{\min}$ 的圆；一条直线段；最后是另一个转弯段，它再次遵循一个最小转弯半径为 $R_{\min}$ 的圆[52.46]。杜宾斯飞机的规划问题与杜宾斯汽车的规划问题密切相关，但由于高度因素会有一些变化。如参考文献［52.51，52］中所解释的，杜宾斯飞机的航迹可以根据初始和终止位形之间的高度增益/损失分为三类，即 $\Delta h=|h_e-h_s|$。

如果 Δh 足够小，那么杜宾斯飞机可以遵循标准的杜宾斯汽车路径，同时以满足飞行路径角度约束并允许实现高度差的恒定速率增加或减少高度。这种路径在参考文献［52.51］中被称为低海拔路径。另一方面，如果 Δh 太大，以至于在飞行路径角度限制下飞行杜宾斯汽车路径不会导致足够的高度升高/降低，那么必须适当地修改杜宾斯汽车路径。一种选择是在飞行路径角度约束下飞行，同时在沿着路径的直线段前进之前，在杜宾斯汽车路径的开始处的最小转弯半径螺旋线上形成多个完整的轨道。当然，一个类似的策略是在杜宾斯汽车路径的末端的最小转弯半径螺旋上制作多个完整的轨道。这种路径在参考文献［52.51］中被称为高海拔路径。中间的情况是当飞行路径角度约束不允许按照杜宾斯汽车的路径有足够的高度增减，但是在最大飞行路径角度沿着杜宾斯汽车路径的起点或终点圆的一个完整轨道导致比需要的更多的高度增减。在这种情况下，可以在杜宾斯汽车路径中放置一个偏差，将路径长度延长到恰到好处，以便在飞行路径角度约束下可以达到高度增减的要求。这些路径在参考文献［52.51］中被称为中海拔路径。

按照参考文献［52.52］中定义的符号，令

$L_{car}(C_s, C_e, R)$ 表示杜宾斯汽车路径的路径长度，即初始位形 C_s 在西北平面上的投影和终止位形 C_e 在西北平面上的投影之间的路径长度，使用 R 作为飞行器的转弯半径。

1. 低海拔杜宾斯路径

初始和终止位形之间的高度增益称为低海拔，如果满足

$$|h_e - h_s| \leqslant L_{car}(C_s, C_e, R_{min})\tan\bar{\gamma}$$

上式右边的项是在 $L_{car}(C_s, C_e, R_{min})$ 距离内以飞行路径角 $\pm\bar{\gamma}$ 飞行可获得的最大高度增益。

在低海拔情况下，通过以满足 $|u_2| \leqslant \bar{\gamma}$ 的飞行路径角飞行杜宾斯汽车路径，可以获得起始和终止位形之间的高度增益。因此，最佳飞行路径角的计算式为

$$u_2^* = \arctan\left(\frac{|h_e - h_s|}{L_{car}(C_s, C_e, R_{min})}\right)$$

2. 中海拔杜宾斯路径

在初始和终止位形之间的高度增益被称为中海拔，如果满足

$$L_{car}(C_s, C_e, R_{min})\tan\bar{\gamma} < |h_e - h_s| \leqslant [L_{car}(C_s, C_e, R_{min}) + 2\pi R_{min}]\tan\bar{\gamma} \tag{52.49}$$

式中，$2\pi R_{min}$ 项的增加说明了在路径长度上增加一个半径为 R_{min} 的轨道。

在中海拔情况下，初始和终止位形之间的高度差太大，不能通过在飞行路径角度约束下飞行杜宾斯汽车路径来获得，但足够小以至于在路径的开始或结束处增加一个完整的螺旋转弯并飞行，使得 $\gamma = \pm\bar{\gamma}$ 导致比所需更多的高度增减。如参考文献［52.51］所示，最小距离路径是通过设置 $\gamma = \mathrm{sgn}(h_e - h_s)\bar{\gamma}$，并在杜宾斯汽车路径中插入一个额外的运动来实现的，该运动延长了路径长度，使得当 $\gamma = \pm\bar{\gamma}$ 时正好是高度增益 $|h_e - h_s|$。虽然有许多可能的方法来延长路径长度，但参考文献［52.52］中提出的方法是在路径的起点或终点添加一个额外的中间弧，如图52.8和图52.9所示。如果起始高度低于结束高度，则中间弧会立即插入起始螺旋线之后。另一方面，如果起始高度高于终止高度，则中间弧紧接在终止螺旋线之前插入。

3. 高海拔杜宾斯路径

在下面的条件下，初始和终止位形之间的高度增益被称为高海拔，即

$$|h_e - h_s| > [L_{car}(C_s, C_e, R) + 2\pi R_{min}]\tan\bar{\gamma}$$

在高海拔情况下，高度增益不能通过在飞行路径角度限制内飞行杜宾斯汽车路径来实现。如参考文献［52.51］所示，当飞行轨迹角被设置在其极限值 $\pm\bar{\gamma}$ 时获得最小距离轨迹，杜宾斯汽车轨迹被延长以方便高度增益。虽然有许多不同的方法来延长杜宾斯汽车路径，参考文献［52.52］建议通过在路径的开始或结束处盘旋一定数量的转弯来延长路径，然后通过适当增加转弯半径来延长路径。

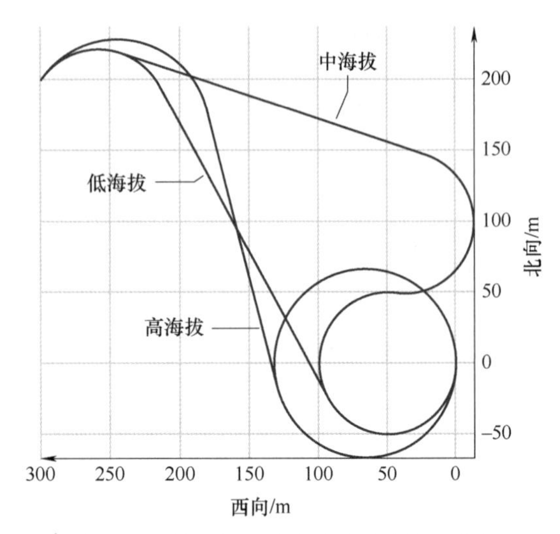

图52.8　低海拔、中海拔和高海拔杜宾斯飞机路径的俯视图

注：除了最后的高度，初始位形和结束位形是相同的。

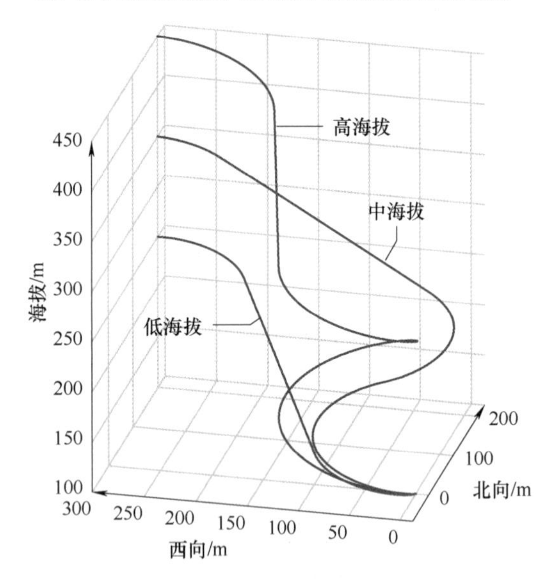

图52.9　低、中、高海拔杜宾斯飞机轨迹的三维视图

注：除了最后的高度，初始位形和结束位形是相同的。

对于无人机的场景，最明智的策略通常是将大部分轨迹用在尽可能高的高度。因此，如果终止位形的高度高于初始位形的高度，那么路径将在路径

的开始处通过爬升螺旋延伸。另一方面，初始位形的高度高于终止位形，那么路径将在路径的末端由下降的螺旋延伸。如果需要在螺旋线上转多圈，那么可以在起点和终点的螺旋线之间分割转圈，这样仍然会产生相同的路径长度。对于高海拔的杜宾斯路径，螺旋线上所需的转弯数将是最小的整数 k，使得

$$[L_{car}(C_s,C_e,R_{min})+2\pi kR_{min}]\tan\bar{\gamma}\leqslant|h_e-h_s|<[L_{car}(C_s,C_e,R_{min})+2\pi(k+1)R_{min}]\tan\bar{\gamma} \tag{52.50}$$

换句话说，即

$$k=\left\lfloor\frac{1}{2\pi R_{min}}\left[\frac{|h_e-h_s|}{\tan\bar{\gamma}}-L_{car}(C_s,C_e,R_{min})\right]\right\rfloor$$

式中，$\lfloor x\rfloor$ 是将 x 向下舍入到最近整数的向下取整函数。开始和结束的螺旋半径增加到 R^* 使得

$$[L_{car}(C_s,C_e,R^*)+2\pi kR^*]\tan\bar{\gamma}=|h_e-h_s| \tag{52.51}$$

图 52.8 和图 52.9 显示了三个不同的杜宾斯飞机路径的两个透视图，它们以相同的位形开始和结束，只是最终高度不同，它从低海拔路径的 250m 变化到中海拔空路径的 350m，再到高海拔路径的 450m。图 52.8 显示了一个俯视图。需要注意的是，对于低海拔和中海拔路径，最小转弯半径约束是有效的；而对于高海拔路径，转弯中的转弯半径大于最小转弯半径约束。三维视图如图 52.9 所示。请注意，对于中海拔和高海拔路径，飞行路径角度约束是有效的，但对于低海拔路径则无效。

有多种技术可以实现第 52.3.2 节中描述的控制架构来跟随杜宾斯飞机路线。一个简单的方法是使用路径参数来参数化路径。假设得到的参数化路径由 $\boldsymbol{p}(\sigma)$ 给出。在每个采样时间，路径参数沿着路径前进，以便使飞机到路径的距离最小化，即

$$\sigma_{t+1}=\operatorname{argmin}_{s\geqslant\sigma_t}\|\boldsymbol{\xi}(t)-\boldsymbol{p}(s)\|$$

式中，$\boldsymbol{\xi}(t)$ 表示飞行器的惯性位置。在时间 t 处指定的空速 $|\boldsymbol{v}_a^*|$、航向角 χ^*、海拔高度 h^* 由参数化的杜宾斯飞机路径 $\boldsymbol{p}(\sigma_{t+1})$ 给出。这种技术类似于参考文献［52.53］中建议的制导策略。在参考文献［52.54-56］中描述了基于向量场方法的一种替代方法。

52.5 飞行器状态估计

实现真实环境下机器人飞行的一个关键方面是提供飞行器状态的良好估计。飞行器控制所需的关键状态估计与其机体的刚体动力学、高度、姿态、角速度和线速度有关。此外，固定翼飞行器的动力学取决于迎角和侧滑角的空气动力学状态。在这些状态中，姿态和角速度是最重要的，因为它们是飞行器姿态控制和飞行调节中使用的主要变量。迎角和侧滑角很少被明确地估计出来，在控制器设计中被当作内部动力学参数而不是明确的输出或干扰来处理。

任何飞行器携带的普遍仪器是一个惯性测量单元（IMU），通常通过某种形式的高度测量来增强，无论是声学的、红外的、气压的还是基于激光的。在外部环境中飞行的飞行器携带全球定位系统，现在大多数系统都提供速度估计和位置估计。许多固定翼飞行器还包括一个皮托管（用于测量动压）或一个风速计来测量向前的速度。研究实验室的室内飞行机器人通常在装有运动捕捉系统的飞行环境中飞行，如 VICON 或 Optitrack[52.5,6]。最后，许多飞行机器人系统也配备了外部感知传感器系统，包括 Kinect 三维距离相机、扫描激光测距仪、集成立体相机系统或简单的单目相机。在开发三维 SLAM（见第 46.4 节）算法的研究领域很活跃，用于飞行机器人的定位和地图构建。

刚体动力学状态对飞行机器人系统的控制性能至关重要，我们将在本章集中讨论这个估计问题。状态估计的自然方法是将经典滤波器设计应用于刚体状态的坐标表示。在参考文献［52.31］中介绍了这种方法在小型飞行机器人系统中的良好发展。另一种方法是利用刚体运动学的非线性结构来开发非线性观测器。这种方法已被证明能够为小型飞行机器人系统生成简单、鲁棒和高效的滤波器，特别是对于姿态估计的关键问题。

52.5.1 姿态估计

典型的惯性测量单元包括三轴速率陀螺仪、三轴加速度计和三轴磁力计。速率陀螺仪测量 $\{B\}$ 系相对于 $\{A\}$ 系的角速度，用 $\{B\}$ 的固定参考系表示，即

$$\boldsymbol{\Omega}_{IMU}=\boldsymbol{\Omega}+\boldsymbol{b}_{\Omega}+\boldsymbol{\eta}\in\{B\}$$

式中，$\boldsymbol{\eta}$ 表示附加测量噪声；$\boldsymbol{b}_{\Omega}$ 表示恒定的（或缓慢时变）陀螺仪偏差。通常，安装在四旋翼飞行器上的陀螺仪是轻质的微机电系统设备，对噪声的鲁棒性高，并且非常可靠。

加速度计（在捷联惯性测量单元配置中）测量由于外力引起的$\{B\}$系的瞬时线性加速度，即

$$\boldsymbol{a}_{\mathrm{IMU}}=\boldsymbol{R}^{\mathrm{T}}(\dot{\boldsymbol{v}}+g\boldsymbol{e}_3)+\boldsymbol{b}_{\mathrm{a}}+\boldsymbol{\eta}_{\mathrm{a}}\in\{B\} \quad (52.52)$$

式中，$\boldsymbol{b}_{\mathrm{a}}$是偏置项；$\boldsymbol{\eta}_{\mathrm{a}}$表示附加测量噪声；$\dot{\boldsymbol{v}}$在惯性坐标系中度量。加速度计对振动非常敏感，安装在典型的飞行机器人平台上时，它们需要大量的低通机械和/或电气滤波来保证可靠性。大多数飞行器的航空电子设备将在信号采样前在微机电系统加速度计上集成模拟抗混叠滤波器。

磁力计提供环境磁场的测量，即

$$\boldsymbol{m}_{\mathrm{IMU}}=\boldsymbol{R}^{\mathrm{T}A}\boldsymbol{m}+\boldsymbol{B}_m+\boldsymbol{\eta}_b\in\{B\}$$

式中，${}^{A}\boldsymbol{m}$是地球磁场矢量（以惯性坐标系表示）；$\boldsymbol{B}_m$是局部磁扰动的固定参考系表达式；$\boldsymbol{\eta}_b$表示测量噪声。对于磁力计读数来说，噪声$\boldsymbol{\eta}_b$通常很低，但是局部磁扰动$\boldsymbol{B}_m$可能非常大，尤其是当传感器靠近电动机的电源线时。

在室外环境中，全球定位系统通常用于提供位置、惯性速度和航向角。全球定位系统包括一个由24颗卫星组成的星座，这些卫星在20180km的高度连续绕地球运行。全球定位系统接收器的位置是通过观察从卫星发送并由接收器检测的信号的飞行时间来确定的。如果接收器有精确的定时信息，那么至少需要三个卫星信号来确定接收器的位置。然而，对于低成本的全球定位系统接收器，还必须接收定时信息，这至少需要四个卫星信号。多种因素影响全球定位系统估计的准确性。误差的主要来源包括不准确的卫星轨道数据、不准确的卫星时钟、信号通过电离层时的可变延迟、地球表面附近的天气条件以及附近建筑物和山脉的多径反射。GPS总偏差的误差约为5~10m。现代全球定位系统接收器利用接收信号载波相位中的多普勒频移来估计航向角和地面速度。

加速度计和磁力计可用于提供飞行器的绝对姿态信息，而速率陀螺仪提供补充性的角速度测量信息。磁力计信号中的姿态信息很容易理解；在没有噪声和偏置的情况下，提供了$\boldsymbol{R}^{\mathrm{T}A}\boldsymbol{m}$的机身固定坐标系测量，因此限制了旋转矩阵$\boldsymbol{R}$的2个自由度。在与飞行器惯性运动相关的加速度分量得到补偿的情况下，加速度计也可以被使用。做到这一点最简单的方法是利用GPS等绝对外部信号来估计飞行器的加速度，即

$$\boldsymbol{a}_{\mathrm{CTD}}=\boldsymbol{a}_{\mathrm{IMU}}-\hat{\boldsymbol{R}}^{\mathrm{T}}\ddot{\boldsymbol{\xi}}_{\mathrm{GPS}}$$

式中，$\boldsymbol{a}_{\mathrm{CTD}}$是修正后的加速度。在这种情况下，$\boldsymbol{a}_{\mathrm{CTD}}\approx\boldsymbol{R}^{\mathrm{T}}\boldsymbol{e}_3$提供了姿态信息。值得注意的是，在式（52.53）提出的互补滤波器中，只需要$\boldsymbol{a}_{\mathrm{CTD}}$的低频分量。因此，全球定位系统信号二阶导数中的潜在噪声不一定是最初担心的问题。良好的滤波器性能的关键是确保互补灵敏度的交叉频率足够低，使得与$\ddot{\boldsymbol{\xi}}_{\mathrm{GPS}}$低通滤波相关的任何相位失真都不会影响估计。

定义52.3

如果在接收全球定位系统信号时有延迟，在应用校正$\hat{\boldsymbol{R}}^{\mathrm{T}}\ddot{\boldsymbol{\xi}}_{\mathrm{GPS}}$后的全球定位系统时可能会有问题。这可以通过结合短时间预测和时滞观测器来解决，但要以存储IMU数据为代价[52.57]。

在全球定位系统或飞行器运动的外部测量不可用的情况下，有许多替代技术可用于使用加速度计信息进行姿态估计。对于固定翼飞行器来说，最重要的扰动是由于飞行器转弯产生的向心加速度。可以用空速和角速度对向心加速度进行建模，并用前馈项进行补偿[52.58,59]。在旋翼飞行器主要处于悬停飞行状态的情况下，由于空气动力学阻力项$\boldsymbol{\Delta}=-\boldsymbol{D}\boldsymbol{v}$，即式（52.10）[52.21,24,25,63]引起的干扰，使用初始惯性测量单元加速度计读数仍然非常有效[52.60-62]。在这种情况下，在滤波器式（52.53）中使用的校正加速度计测量值a_{CTD}只是初始惯性测量单元加速度计测量值。

四旋翼飞行器的姿态运动学由式（52.2c）给出。令$\hat{R}$表示四旋翼飞行器姿态的估计值。下列观测器[52.61,62]融合了加速度计、磁力计和陀螺仪数据以及其他直接姿态估计值（如由VICON或其他外部测量系统提供的），即

$$\dot{\hat{\boldsymbol{R}}}:=\hat{\boldsymbol{R}}(\boldsymbol{\Omega}_{\mathrm{IMU}}-\hat{\boldsymbol{b}})_{\times}-\boldsymbol{\Upsilon} \quad (52.53\mathrm{a})$$

$$\dot{\hat{\boldsymbol{b}}}:=k_b\boldsymbol{\Upsilon} \quad (52.53\mathrm{b})$$

$$\boldsymbol{\Upsilon}:=\left(\frac{k_a}{g^2}[(\hat{\boldsymbol{R}}^{\mathrm{T}}\boldsymbol{e}_3)\times\boldsymbol{a}_{\mathrm{CTD}}]+\frac{k_m}{{}^{A}m^2}[(\hat{\boldsymbol{R}}^{\mathrm{T}A}\boldsymbol{m})\times\boldsymbol{m}_{\mathrm{IMU}}]\right)_{\times}+k_E\mathbb{P}_{SO(3)}(\hat{\boldsymbol{R}}\boldsymbol{R}_{\mathrm{E}}^{\mathrm{T}}) \quad (52.53\mathrm{c})$$

式中，k_a，k_m，k_E和k_b是任意非负观测器增益；$\mathbb{P}_{SO(3)}(\boldsymbol{M})=(\boldsymbol{M}-\boldsymbol{M}^{\mathrm{T}})/2$是反对称矩阵上的欧氏矩阵投影。如果更新中的任何一个测量值不可用或不可靠，则相应的增益应在观测器中设置为零。注意，姿态$\hat{\boldsymbol{R}}$和偏差校正角速度$\hat{\boldsymbol{\Omega}}=\boldsymbol{\Omega}_{\mathrm{IMU}}-\hat{\boldsymbol{b}}$都是由该观测器估计的。观测器式（52.53）在文献[52.61，62]中已被广泛研究，并被证明指数收敛（理论和试验）到期望的姿态估计，$\hat{\boldsymbol{b}}$收敛到陀螺仪偏置$\boldsymbol{b}$。该滤波器具有互补性质，使用陀螺仪

信号的高频部分和磁力计、加速度计和外部姿态测量的低频部分[52.61]。与这些信号相关的滚降频率由增益 k_a，k_m 和 k_E 按 rad/s 表示。

52.5.2 速度与位置估计

如果飞行器配备了全球定位系统，速度和位置估计是一个简单的过程。在这种情况下，动力学方程式（52.2a）和式（52.2b）是线性的，并且可以使用线性滤波器。令 $\hat{\boldsymbol{\xi}}$ 表示位置的估计，$\hat{\boldsymbol{v}}$ 表示速度的估计。一个简单的线性滤波器由下式给出：

$$\dot{\hat{\boldsymbol{\xi}}}=\hat{\boldsymbol{v}}-k_x(\hat{\boldsymbol{\xi}}-\boldsymbol{\xi}_{\mathrm{GPS}})$$

$$\dot{\hat{\boldsymbol{v}}}=\hat{\boldsymbol{R}}^{\mathrm{T}}\boldsymbol{a}_{\mathrm{IMU}}-g\boldsymbol{e}_3-k_v(\hat{\boldsymbol{\xi}}-\boldsymbol{\xi}_{\mathrm{GPS}})$$

对于增益 k_x，$k_v>0$。只要姿态估计 $\hat{\boldsymbol{R}}$ 是准确的，这种滤波器设计是高度鲁棒的。如果需要，可以很容易地增加加速度计的偏差估计。同样，如果认为可行，也可以直接使用卡尔曼滤波技术实时调整增益 k_x 和 k_v。实际上，对于小型飞行机器人系统，测量的噪声特性非常差，因此最好使用恒定增益滤波器，而不是引入额外的复杂性和与卡尔曼滤波器相关的 Riccati 方程的潜在不稳定性。

在没有全球定位系统的情况下，估计位置取决于附加传感器系统的可用性。因为大多数飞行机器人装备有气压计以提供高度的估计，并且这可以用于飞行器垂直运动的估计，即

$$\dot{\hat{h}}=\hat{v}_z-k_h(\hat{h}-h) \tag{52.54a}$$

$$\dot{\hat{v}}_z=\boldsymbol{e}_3^{\mathrm{T}}\hat{\boldsymbol{R}}^{\mathrm{T}}\boldsymbol{a}_{\mathrm{IMU}}-g-k_{v_z}(\hat{h}-h) \tag{52.54b}$$

式中，k_h，$k_{v_z}>0$ 是正增益。

对于四旋翼飞行器，也有可能利用与桨叶旋转和诱导阻力相关的线性阻力气动力方程式（52.10）来估计飞行器在近悬停状态下的水平速度[52.24]。定义投影仪矩阵为

$$\mathbb{P}_h:=\begin{pmatrix}1 & 0 & 0\\ 0 & 1 & 0\end{pmatrix} \tag{52.55}$$

取向量的前两个分量。那么惯性加速度的水平分量可以通过式（52.56）来测量：

$${}^{A}a_h:=\mathbb{P}_h\,{}^{A}\boldsymbol{a}=\mathrm{P}_h\boldsymbol{Ra}\approx\mathbb{P}_h\hat{\boldsymbol{R}}\boldsymbol{a} \tag{52.56}$$

式中，我们假设估计 $\hat{\boldsymbol{R}}$ 接近 $\boldsymbol{R}$。如果我们假设飞行器高度变化缓慢，则与水平速度 v_h 相比，$v_z\approx0$，则

$$v_h\approx\mathbb{P}_h^{\mathrm{T}}\boldsymbol{v}$$

此外，推力 $T\approx mg$ 必须补偿飞行器的重量。回顾式（52.10），只取水平分量，有

$${}^{A}a_h\approx-g\mathbb{P}_h\hat{\boldsymbol{R}}\boldsymbol{e}_3-g\mathbb{P}_h\hat{\boldsymbol{R}}\boldsymbol{DR}^{\mathrm{T}}\mathbb{P}_h^{\mathrm{T}}v_h \tag{52.57}$$

如果姿态滤波器估计良好，并且关于飞行器运动的假设成立，那么可用式（52.56）和式（52.57）求解 v_h 的估计，即

$$v_h\approx-\frac{1}{g}(\mathbb{P}_h\hat{\boldsymbol{R}}\boldsymbol{D}\hat{\boldsymbol{R}}^{\mathrm{T}}\mathbb{P}_h^{\mathrm{T}})^{-1}({}^{A}a_h+g\mathbb{P}_h\hat{\boldsymbol{R}}\boldsymbol{e}_3) \tag{52.58}$$

式（52.58）提供了水平速度的估计值，但是，由于它直接包含了未过滤的加速度计读数，因此通常噪音太大，用处不大。然而，它的低频信息可以用来驱动速度补偿观测器，该观测器使用姿态估计和系统模型式（52.2b）。设 $\hat{v}_h$ 为飞行器惯性速度水平分量的估计值，则

$$\dot{\hat{v}}_h=-g\mathbb{P}_h^{\mathrm{T}}(\hat{\boldsymbol{R}}\boldsymbol{e}_3+\hat{\boldsymbol{R}}\boldsymbol{D}\hat{\boldsymbol{R}}^{\mathrm{T}}\mathbb{P}_h^{\mathrm{T}}\hat{v}_h)-k_{\mathrm{w}}(\hat{v}_h-v_h) \tag{52.59}$$

式中，v_h 由式（52.58）给出。增益 $k_{\mathrm{w}}>0$ 提供调谐参数，该参数指示滤波器中使用的 $\hat{v}_h$ 信息的滚降频率。它还使用估计的速度 $\hat{v}_h$ 来提供前馈速度估计中更精确的 $\boldsymbol{RDR}^{\mathrm{T}}\mathbb{P}_h^{\mathrm{T}}v_h$ 项的近似值，但是，由于与该项相关的基础动力学是稳定的，因此即使有该近似值，观测器也是稳定的。我们发现，这种观测器在实践中对不进行特技机动的四旋翼飞行器非常有效[52.21,24,25,63]。

52.6 结论

本章重点介绍与飞行机器人系统高效运行相关的基本技术。特别地，我们专注于控制和导航算法的设计，以及建模和状态估计的相关问题。一旦一个坚固可靠的飞行机器人平台可用，无人机系统的潜在应用范围将非常广泛。已经在考虑中的应用类别[52.64,65]：①遥感，如管路定位、电力线监测、火山取样、测绘、气象学、地质学和农业[52.66,67]以及未爆炸地雷探测[52.68]。②灾害响应，如化学传感、洪水监测和野火管理。③监视，如执法、交通监控、沿海和海上巡逻以及边境巡逻[52.69]。④在低密度或难以到达的区域进行搜索和救援。⑤运输，包括小型和大型货物运输，甚至客运。⑥通信，作为语音和数据传输的永久或特殊通信中继，以及电视或广播的广播单元。⑦有效载荷输送，应用范围广泛，包括农业、消防，甚至产品输送的物流。⑧用于电影摄影和实时娱乐的图像采集。毋庸置疑，飞行机器人是目前机器人学研究中最具活力和最令人振奋的领域之一。

视频文献

VIDEO 436 Autopilot using total energy control
available from http://handbookofrobotics.org/view-chapter/52/videodetails/436

VIDEO 437 Dubins airplane
available from http://handbookofrobotics.org/view-chapter/52/videodetails/437

参考文献

52.1 R.C. Michelson: International aerial robotics competition – The world's smallest intelligent flying machines, 13th RPVs/UAVs International Conference (1998), pp. 31.1–31.9

52.2 L.R. Newcome: *Unmanned Aviation, a Brief History of Unmanned Aerial Vehicles* (American Institute of Aeronautics and Astronautics, Reston 2004)

52.3 M.A. Garratt, J.S. Chahl: Vision-based terrain following for an unmanned rotorcraft, J. Field Robotics **25**(4/5), 284–301 (2008)

52.4 M. Garratt, H. Pota, A. Lambert, S. Eckersley-Maslin, C. Farabet: Visual tracking and lidar relative positioning for automated launch and recovery of an unmanned rotorcraft from ships at sea, Naval Eng. J. **121**(2), 99–110 (2009)

52.5 Vicon Motion Systems Ltd: http://www.vicon.com/

52.6 NaturalPoint Inc.: OptiTrack, http://www.naturalpoint.com/optitrack/

52.7 D. Mellinger, V. Kumar: Minimum snap trajectory generation and control for quadrotors, Proc. Int. Conf. Robotics Autom. (ICRA) (2011)

52.8 M. Hehn, R. D'Andrea: Quadrocopter trajectory generation and control, IFAC World Congress (2011) pp. 1485–1491

52.9 M.W. Mueller, R. D'Andrea: A model predictive controller for quadrocopter state interception, European Control Conference (2013) pp. 1383–1389

52.10 M.W. Mueller, M. Hehn, R. D'Andrea: A computationally efficient algorithm for state-to-state quadrocopter trajectory generation and feasibility verification, IEEE/RSJ International Conference on Intelligent Robots and Systems (IROS) (2013) pp. 3480–3486

52.11 J. Thomas, J. Polin, K. Sreenath, V. Kumar: Avian-inspired grasping for quadrotor micro uavs, ASME Int. Des. Eng. Tech. Conf. (IDETC) (2013)

52.12 M. Turpin, N. Michael, V. Kumar: Trajectory design and control for aggressive formation flight with quadrotors, Auton. Robots **33**(1/2), 143–156 (2012)

52.13 S. Shen, Y. Mulgaonkar, N. Michael, V. Kumar: Vision-based state estimation for autonomous rotorcraft MAVs in complex environments, Proc. IEEE Int. Conf. Robotics Autom. (2013)

52.14 S. Shen, Y. Mulgaonkar, N. Michael, V. Kumar: Initialization-free monocular visual-inertial estimation with application to autonomous mavs, Int. Symp. Exp. Robotics (ISER) (2014)

52.15 T. Hamel, R. Mahony, R. Lozano, J. Ostrowski: Dynamic modelling and configuration stabilization for an X4-flyer, Proc. Int. Fed. Autom. Control Symp. (IFAC) (2002)

52.16 S. Bouabdallah, P. Murrieri, R. Siegwart: Design and control of an indoor micro quadrotor, Proc. IEEE Int. Conf. Robotics Autom. (ICRA), Vol. 5 (2004) pp. 4393–4398

52.17 P.-J. Bristeau, P. Martin, E. Salaän, N. Petit: The role of propeller aerodynamics in the model of a quadrotor uav, Proc. Eur. Control Conf. (2009) pp. 683–688

52.18 H. Huang, G.M. Hoffmann, S.L. Waslander, C.J. Tomlin: Aerodynamics and control of autonomous quadrotor helicopters in aggressive maneuvering, IEEE Int. Conf. Robotics Autom. (ICRA) (2009) pp. 3277–3282

52.19 P. Pounds, R. Mahony, P. Corke: Modelling and control of a large quadrotor robot. Control Eng, Pract. **18**(7), 691–699 (2010)

52.20 M. Bangura, R. Mahony: Nonlinear dynamic modeling for high performance control of a quadrotor, Australas. Conf. Robotics Autom. (2012)

52.21 R. Mahony, V. Kumar, P. Corke: Multirotor aerial vehicles: Modeling, estimation, and control of quadrotor, Robotics Autom. Mag. **19**(3), 20–32 (2012)

52.22 R.W. Prouty: *Helicopter Performance, Stability and Control* (Krieger, Malabar 1995), reprint with additions

52.23 J.G. Leishman: *Principles of helicopter aerodynamics*, Cambridge Aerospace Series (Cambridge University Press, Cambridge 2000)

52.24 P. Martin, E. Salaun: The true role of accelerometer feedback in quadrotor control, Proc. IEEE Int. Conf. Robotics Autom. (2010) pp. 1623–1629

52.25 D. Abeywardena, S. Kodagoda, G. Dissanayake, R. Munasinghe: Improved state estimation in quadrotor mavs: A novel drift-free velocity estimator, IEEE Robotics Autom. Mag. **20**(4), 32–39 (2013)

52.26 R. Leishman, J. Macdonald, R.W. Beard, T.W. McLain: Quadrotors and accelerometers: State estimation with an improved dynamic model. IEEE Control Syst, Mag. **34**(1), 28–41 (2014)

52.27 A. Bramwell, G. Done, D. Balmford: *Bramwell's Helicopter Dynamics* (Butterworth Heinenmann, Woburn 2001)

52.28 J.-L. Boiffier: *The Flight Dynamics: The Equations*

(Wiley, Chichester 1998)
52.29 B.L. Stevens, F.L. Lewis: *Aircraft Control and Simulation*, 2nd edn. (Wiley, Hoboken 2003)
52.30 L.H. Carter, J.S. Shamma: Gain-scheduled bank-to-turn autopilot design using linear parameter varying transformations. J. Guid, Control Dyn. **19**(5), 1056–1063 (1996)
52.31 R.W. Beard, T.W. McLain: *Navigation, Guidance, and Control of Small Unmanned Aircraft* (Princeton University Press, Princeton 2012)
52.32 M.-D. Hua, T. Hamel, P. Morin, C. Samson: A control approach for thrust-propelled underactuated vehicles and its application to vtol drones, IEEE Trans. Autom. Control **54**(8), 1837–1853 (2009)
52.33 M. Bangura, H. Lim, H. Jin Kim, R. Mahony: Aerodynamic power control for multirotor aerial vehicles, Proc. IEEE Int. Conf. Robotics Autom. (2014), Paper MoB03.2.
52.34 P. Pounds, R. Mahony, P. Corke: Design of a static thruster for micro air vehicle rotorcraft, ASCE J. Aerosp. Eng. **22**(1), 85–94 (2009)
52.35 T. Lee, M. Leok, N.H. McClamroch: Geometric tracking control of a quadrotor UAV on $se(3)$, Proc. IEEE Conf. Decis. Control (2010)
52.36 M. Bangura, R. Mahony: Real-time model predictive control for quadrotors, Proc. IFAC World Conf. (2014)
52.37 H.K. Khalil: *Nonlinear Systems*, 2nd edn. (Prentice Hall, Upper Saddle River 1996)
52.38 D. Pucci: Flight dynamics and control in relation to stall, IEEE Am. Control Conf. (ACC) (2012) pp. 118–124
52.39 S. Devasia, D. Chen, B. Paden: Nonlinear inversion-based output tracking, IEEE Trans. Autom. Control **41**(7), 930–942 (1996)
52.40 J.-F. Magni, S. Bennani, J. Terlouw: *Robust Flight Control: A Design Challenge*, Lecture Notes in Control and Information Sciences, Vol. 224 (Springer, Berlin, Heidelberg 1997)
52.41 E. Slatyer, R. Mahony, P. Corke: Terrain following using wide field optic flow, Proc. Australas. Conf. Robotics Autom. (ACRA) (2010)
52.42 A.A. Lambregts: Vertical fight path and speed control autopilot design using total energy principles, Proc. AIAA Guid. Control Conf. (1983) pp. 559–569
52.43 L.F. Faleiro, A.A. Lambregts: Analysis and tuning of a total energy control system control law using eigenstructure assignment, Aerosp. Sci. Technol. **3**(3), 127–140 (1999)
52.44 M.J. Van Nieuwstadt, R.M. Murray: Real-time trajectory generation for differentially flat systems, Int. J. Robust Nonlinear Control **8**, 995–1020 (1998)
52.45 D. Mellinger, N. Michael, V. Kumar: Trajectory generation and control for precise aggressive maneuvers with quadrotors, Int. J. Robotics Res. **31**, 664–674 (2012)
52.46 L.E. Dubins: On curves of minimal length with a constraint on average curvature, and with prescribed initial and terminal positions and tangents, Am. J. Math. **79**, 497–516 (1957)
52.47 G. Yang, V. Kapila: Optimal path planning for unmanned air vehicles with kinematic and tactical constraints, Proc. IEEE Conf. Decis. Control (2002) pp. 1301–1306
52.48 A. Rahmani, X.C. Ding, M. Egerstedt: Optimal motion primitives for multi-UAV convoy protection, Proc. Int. Conf. Robotics Autom. (2010) pp. 4469–4474
52.49 S. Hosak, D. Ghose: Optimal geometrical path in 3D with curvature constraint, Proc. IEEE/RSJ Int. Conf. Intell. Robots Syst. (IROS) (2010) pp. 113–118
52.50 H. Yu, R.W. Beard: A vision-based collision avoidance technique for micro air vehicles using local-level frame mapping and path planning, Auton. Robots **34**(1/2), 93–109 (2013)
52.51 H. Chitsaz, S.M. LaValle: Time-optimal paths for a Dubins airplane, Proc. 46th IEEE Conf. Decis. Control (2007) pp. 2379–2384
52.52 M. Owen, R.W. Beard, T.W. McLain: Implementing dubins airplane paths on fixed-wing UAVs. In: *Handbook of Unmanned Aerial Vehicles*, ed. by G.J. Vachtsevanos, K.P. Valavanis (Springer, Berlin, Heidelberg 2014) pp. 1677–1702
52.53 S. Park, J. Deyst, J.P. How: Performance and lyapunov stability of a nonlinear path-following guidance method, AIAA J. Guid. Control Dyn. **30**(6), 1718–1728 (2007)
52.54 D.R. Nelson, D.B. Barber, T.W. McLain, R.W. Beard: Vector field path following for miniature air vehicles, IEEE Trans. Robotics **37**(3), 519–529 (2007)
52.55 D.A. Lawrence, E.W. Frew, W.J. Pisano: Lyapunov vector fields for autonomous unmanned aircraft flight control, AIAA J. Guid. Control Dyn. **31**(5), 1220–12229 (2008)
52.56 V.M. Goncalves, L.C.A. Pimenta, C.A. Maia, B.C.O. Durtra, G.A.S. Pereira: Vector fields for robot navigation along time-varying curves in n-dimensions, IEEE Trans. Robotics **26**(4), 647–659 (2010)
52.57 A. Khosravian, J. Trumpf, R. Mahony, T. Hamel: Velocity aided attitude estimation on $so(3)$ with sensor delay, Proc. Conf. Decis. Control (2014)
52.58 M. Euston, P. Coote, R. Mahony, J. Kim, T. Hamel: A complementary filter for attitude estimation of a fixed-wing UAV, Proc. IEEE/RSJ Int. Conf. Intell. Robots Syst. (IROS) (2008) pp. 340–345
52.59 R. Mahony, M. Euston, J. Kim, P. Coote, T. Hamel: A nonlinear observer for attitude estimation of a fixed-wing UAV without GPS measurements, Trans. Inst. Meas. Control **33**(6), 699–717 (2011)
52.60 R. Mahony, T. Hamel, J.-M. Pflimlin: Complementary filter design on the special orthogonal group $SO(3)$, Proc. IEEE Conf. Decis. Control (CDC) (2005) pp. 1477–1484
52.61 R. Mahony, T. Hamel, J.-M. Pflimlin: Non-linear complementary filters on the special orthogonal group, IEEE Trans. Autom. Control **53**(5), 1203–1218 (2008)
52.62 S. Bonnabel, P. Martin, P. Rouchon: Non-linear symmetry-preserving observers on lie groups, IEEE Trans. Autom. Control **54**(7), 1709–1713 (2009)
52.63 J. Macdonald, R. Leishman, R. Beard, T. McLain: Analysis of an improved imu-based observer for multirotor helicopters, J. Intell Robotic Syst. **74**(3/4), 1049–1061 (2014)
52.64 D. Hughes: Uavs face hurdles in gaining access to civil airspace, Aviation Week (2007)
52.65 K.C. Wong, C. Bil, G. Gordon, P.W. Gibbens: *Study of the Unmanned Aerial Vehicle (UAV) Market in*

Australia, Tech. Rep. (Aerospace Technology Forum Report, Sydney 1997)

52.66 R. Sugiura, N. Noguchi, K. Ishii, H. Terao: Development of remote sensing system using an unmanned helicopter, J. Jap. Soc. Agricult. Mach. **65**(1), 53–61 (2003)

52.67 R. Sugiura, T. Fukagawa, N. Noguchi, K. Ishii, Y. Shibata, K. Toriyama: Field information system using an agricultural helicopter towards precision farming, IEEE/ASME Int. Conf. Adv. Intell. Mechatron. (2003) pp. 1073–1078

52.68 K. Schutte, H. Sahli, D. Schrottmayer, F.J. Varas: Arc: A camcopter based mine field detection system, 5th Int. Airborne Remote Sens. Conf. (2001)

52.69 S.E. Wright: Uavs in community police work, AIAA Infotechs., Aerospace (2005)

53

第 53 章 多移动机器人系统

Lynne E. Parker，Daniela Rus，Gaurav S. Sukhatme

多移动机器人系统背景下，本章研究其当前的技术进展。在做简要介绍之后，我们首先讨论一下多机器人协作的体系架构，并探究已经开发的可替代方案。接下来，在第 53.3 节，我们将研究通信问题及它们对多机器人系统的影响，然后在 53.4 节中讨论网络移动机器人（Networked Mobile Robots）。紧接着在第 53.5 节将讨论集群机器人系统，在第 53.6 节中讨论模块化机器人系统。集群机器人系统和模块化机器人系统通常假设包含多个完全相同的机器人，而其他类型的多机器人系统中则可能包括异构机器人。因此，接下来我们在第 53.7 节讨论协作机器人系统中的异构性问题。当机器人群组允许单个机器人存在异构性时，任务分配等问题便变得十分重要；因此在第 53.8 节讨论常见的任务分配方法。第 53.9 节讨论多机器人学习过程中遇到的若干问题，并给出典型的解决方法。在第 53.10 节，我们给出了一些典型的应用领域，作为多移动机器人系统研究的测试平台。最后，在第 53.11 节，我们对本章做出结论，包括一些总结性的评论，并给读者一些进一步阅读的建议。

目　录

相关研究表明，多机器人系统相较于单机器人系统有诸多优点[53.1,2]。对多机器人系统的研究通常源于以下几个因素：

1）单个机器人难以完成某些复杂任务。

2）任务目标本质上具有分散的特性。

3）制造多个具有单一功能的机器人比单个多

功能机器人要容易得多。

4）利用并行算法能使机器人更快地解决问题。

5）引入多机器人系统增加了冗余度，进而提高了鲁棒性。

开发多机器人解决方案时，所面对的问题取决于任务的需求、机器人传感器和末端执行器的功能。

多移动机器人系统研究的是可以在环境中自由运动的机器人类型，如陆上车辆、飞行器或水下航行器等。有别于其他的多机器人交互类型，本章特别聚焦于多个移动机器人的交互。例如，多移动机器人系统的一个特殊情况是可重构或模块化的机器人，它们相互联系以进行导航或操作。第53.5节详细讲述了该系统的算法，第1卷第22章则介绍了相关硬件知识。网络机器人也与多移动机器人系统紧密相关，但网络机器人的重点是通过网络通信将机器人、传感器、嵌入式计算机和用户彼此连接。第39章详细描述了由多个操作臂协作的多机器人系统。

53.1　历史

自20世纪80年代最早开始有关多移动机器人系统的研究以来，该领域得到快速发展，取得了大量的研究成果。在最一般的层面上，多移动机器人系统分为两大类：协同集群系统和主动协作系统。在协同集群系统中，机器人执行各自的任务而很少需要知道其他机器人同伴的情况，这些系统的特征是假设有很多个体完全相同的移动机器人，每个机器人利用本地控制算法来产生全局性的团队行为。另一方面，主动协作系统中的机器人知道环境中其他机器人的存在，并基于团队成员的状态、行为或者功能一起行动以完成同一个目标。依据考虑其他机器人的行为或状态的程度高低，可将主动协作系统的协作方案分为强与弱两种[53.3]。强协作方案要求多个机器人协同完成目标，以执行不能简单按顺序完成的任务。通常完成这些目标要求机器人之间存在某种通信和同步。弱协作方案在协调机器人任务和角色选择之后允许单个机器人有独立运行的时间。主动协作多机器人系统能够处理机器人系统内成员的差异性，如传感器与驱动器之间的功能差异。因为在该系统中各个机器人的作用是不可互换的，因此主动协作机器人系统的协同算法与协同集群机器人有较大差别。

大多数针对多移动机器人协作的研究可以分为以下几个关键研究主题：体系架构、通信、集群机器人、异构性、任务分配和学习，这也是本章讨论的重点。多移动机器人系统中的体系架构和通信与所有多机器人系统类型相关，因为这些方法规定了机器人团队中的成员如何组织和交互。集群机器人是一种特殊类型的多机器人系统，其特征是很多个相同机器人彼此互动。这类系统通常与异构机器人形成对比，在异构机器人中，团队成员的能力可能存在显著差异。当机器人的功能不一样时，确定哪些机器人应该执行哪项任务变得很有挑战性——即任务分配问题。最后，多机器人团队中的学习特性在设计具备时间适应能力并能学习新行为的机器人队列过程中特别受关注。通常可以通过一系列代表性的应用领域来说明在各自领域中的进展，这些应用是本章最后讨论的一个重点主题。

53.2　多机器人系统的体系架构

为多机器人系统设计总体控制架构，对于系统的鲁棒性和可扩展性具有重要的影响。多机器人系统体系架构中的基本组件，与单个机器人系统相同，后者在第1卷第12章已有描述。然而，多机器人系统必须处理机器人间的交互，以及如何从团队中单个机器人的控制架构来产生群体的行为。多机器人系统体系架构可以有几种不同的分类标准，最常见的有集中式、分层式、分布式和混合式。

集中式体系架构从单个控制点来协同整个队列，这在理论上是可能的[53.4]。但是，由于单点很容易失效，并且以适合实时控制的频率将整个系统的状态传回中央处理单元的难度很大，该结构通常在实际中并不经常使用。在与此类结构有关的应用中，从中央控制器可以很方便地观察各机器人，并能够很容易地广播群组消息，供所有机器人遵循[53.5]。

分层式体系架构对某些应用是很实用的，在这种控制方法中，每一个机器人监督相对较少的一组机器人的行动，而该组中的每一个机器人又依次监督另外的一组机器人，以此类推，直至仅仅只执行本身任务的最底层的机器人。这种结构比集中式方法能更好地缩放，类似于军事上的命令与控制。分层式控制架构的一个缺点是，当控制树中处于高层的机器人失效时，复原变得很困难。

分布式体系架构是多机器人系统最常用的方法，通常只需要机器人基于对本地情况的了解来采取行动，这种控制方法对失效具有高度的鲁棒性，因为机器人不需要负责控制另外的机器人。但是要在这些系统中获得全局一致性很困难，因为高层的目标必须要整合到每一个机器人的本地控制。如果目标改变，则很难修改单个机器人的行为。

混合式体系架构结合本地控制与高层次控制方法来获得鲁棒性，并通过全局目标、计划或控制来影响整个团队行为的能力。许多多机器人控制方法应用了混合式体系架构。

这些年来已经开发了大量的多机器人控制架构，这里我们集中描述三种方法来说明控制架构的整个范围。第一种，Nerd Herd 方法，是使用多个相同机器人的纯集群机器人方法的代表；第二种 ALLIANCE，是基于行为方法的代表，能够协同多机器人，并且在没有直接协同的情况下仍可控制异构机器人；第三种，分布式机器人体系架构（DIRA），是一种混合式方法，可在异构机器人队列中取得机器人自动化和直接协同。

53.2.1 Nerd Herd 系统

Mataric 是最早进行多机器人社会行为研究的学者之一[53.6]，他利用由 20 个相同机器人组成的 Nerd Herd 系统演示结果（图 53.1）。这项工作是集群机器人系统的一个范例，在第 53.4 节将进一步介绍这项工作。分布式控制方法是在基于包容体系（见第 1 卷第 12 章）的基础上，假设所有的机器人都是无差异的，且单个机器人只具备相对简单的功能，如探测障碍物和同伴（即其他机器人成员）等。其定义和证明了包括避障、返回原地、聚合、分散、跟随和安全漫游等一系列基本的社会行为。通过不同的方式组合，这些基本行为可产生更复杂的社会行为，包括集群（由安全漫游、聚合、分散组成）、包围（由安全漫游、跟随和聚合组成）、集中（由安全漫游、包围和群集组成）、觅食（由安全漫游、分散、跟随、返回原地和群集组成），这些行为要遵循一定的法则，例如下述聚合法则。

聚合：

If 机器人单元位于聚合范围之外
　　向聚合点前进
else
　　停止

这项研究表明集体行为可通过低阶的基本行为相互组合来实现。该项目还研究了用桶链算法来减少干扰[53.7]，以及学习过程[53.8]。

图 53.1 Nerd Herd 系统

53.2.2 ALLIANCE 体系架构

另外一项早期的多机器人体系架构研究是由 Parker[53.9] 设计的同盟（ALLIANCE）体系（图 53.2），用于异构多机器人系统的可容错任务分配。该方法在包容体系之上增加了行为集合和动机，用以多个机器人在没有直接协商的情况下完成行动选择。行为集合将低阶的行为组合到一起以执行特定的任务，由不同级别的焦躁和默许组成动机，可以增加或者降低机器人针对某项必须完成的任务时激活某行为集合的倾向。

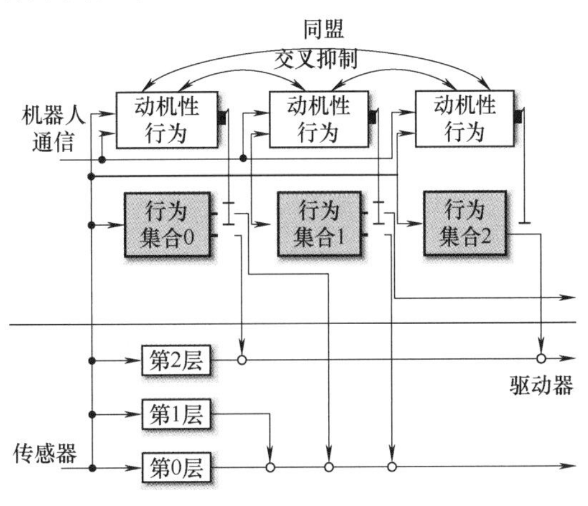

图 53.2 ALLIANCE 体系架构

在这种方法中，首先给执行给定行为集合的初始动机设为零，然后在每一个时间步骤，根据以下因素重新计算动机的水准：

1）前一步的动机水平。

2）焦躁率。

3）传感器反馈是否表明需要行为集合。

4）机器人是否已经激活了另外一个行为集合。

5）是否有另外一个机器人已经开始为该任务工作。

6）基于已经尝试任务的时间长短，机器人是否愿意放弃该任务。

动机以某一正速率持续增加，除非下面四种情况之一发生：

1）传感器反馈显示已经不再需要该行为集合。

2）激活了机器人中另外一个行为集合。

3）其他机器人第一次接手了任务。

4）机器人决定默许该任务。

在上述的任何一种情况下，动机返回零，否则动机将持续增加直到穿透临界值，此时行为集合激活，即可以确定机器人选定了一种行为。当一种行为被选定时，该机器人内部的交叉抑制将防止其他任务在其体内激活，当某个行为集合在机器人内并处于激活状态时，该机器人就会每隔一段时间将它的当前行为广播给其他机器人。

L-ALLIANCE 扩展[53.10]允许机器人根据它完成某项给定任务的期望质量来调整焦躁和默许的比例，结果证明能更好完成某些任务的机器人将会有更大的可能选择同样的任务。另外，在机器人队列运行发生问题时，机器人可以动态重新分配它们的任务来补救问题。分别测试了由三个异构机器人组成的机器人队列来执行一项模拟的清扫任务，两个机器人执行的推箱子任务，以及由四个机器人执行的协同目标观测问题，以此来验证该方法。该方法也在模拟看门服务任务以及掩护跃进中得到了验证。图 53.3 给出了多机器人利用 ALLIANCE 执行模拟的清扫任务。

图 53.3　多机器人利用 ALLIANCE 执行模拟的清扫任务

53.2.3　分布式机器人体系架构

Simmons 等[53.11]开发了一种混合式体系架构，称为分布式机器人体系架构（DIRA）。与 Nerd Herd 和 ALLIANCE 方法类似，DIRA 方法允许单个机器人具有自主权，但有别于前述方法的是，DIRA 方法更有利于机器人之间的直接协同。这种方法基于分层体系架构，后者在单机器人系统中已得到广泛应用（见第 1 卷第 12 章）。在这种方法中（图 53.4），每一个机器人的控制体系包含一个决定如何取得高阶目标的规划层；一个用于同步各单元、任务序列，并监控任务的执行层；一个与机器人的传感器和驱动器交互的行为层。上述每一层又分别与其上下的层相交互，并且机器人在每一层能够通过直接连接彼此交互。

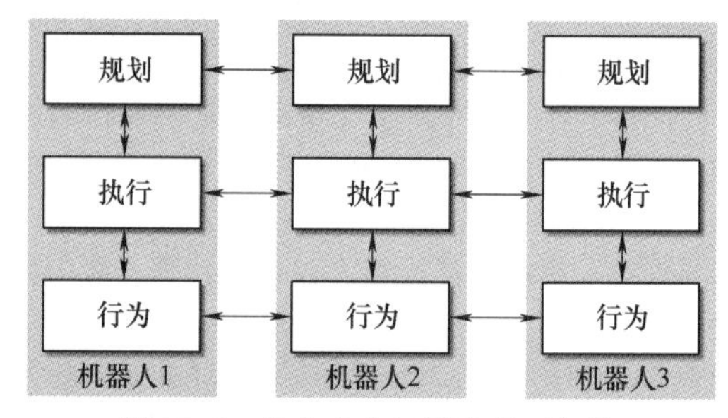

图 53.4　分布式多机器人体系架构

这种体系架构已经在由三个机器人组成的机器人队列中得到验证。该机器人队列包括一辆起重机器人、一辆流动摄像车、一个可移动操作臂，共同执行一项结构装配任务（图 53.5）。任务完成的标志是机器人能够协作将一道横梁连接到指定位置，在这个示例中，一个领班机器人决定哪一个机器人应该在何时移动横梁。一开始，起重机器人基于编码器反馈将横梁移动到目标位置的附近。然后，领班机器人在流动摄像车和起重机器人之间设置一个行为闭环，以将横梁伺服移动到更靠近目标位置点。一旦横梁足够靠近，领班机器人随后分配任务

图 53.5　使用分布式机器人体系架构完成装配任务的机器人

给流动摄像车和可移动操作臂，驱动操作臂抓住横梁。开始接触后，领班机器人指挥流动摄像车和可移动操作臂相互协调，驱动横梁到达目标位置点，至此任务完成。

53.3 通信

在多机器人系统研究中有一个基本假设：即使机器人缺乏完整的全局信息，通过机器人之间的交互也可以获得全局连续的有效解。但是，要获得这些全局连续解，需要机器人获取有关同伴的状态或者行为信息。该信息可通过很多方法获得，以下三种方法最为常见：

1）利用环境中的内在通信（称为间接通信），机器人通过对环境的作用来感知同伴的行为效果[53.6,12-16]。

2）被动行为识别，机器人利用传感器来直接观测同伴的行动[53.17]。

3）显式（有目的的）通信，机器人通过某些主动方式（如无线电[53.9,18-21]）有目的地直接交流相关信息。这是一种空间范围较大的多机器人系统研究领域。

上述每一种在机器人之间交换信息的机制各有利弊[53.22]。间接通信方法的优势在于它很简洁，不依赖于固定的信道和协议，但它受限制于机器人的环境感知反映任务显著状态的程度，该任务是机器人队列必须要完成的。被动行为识别的吸引力在于它不依赖于有限的带宽和容易出错的通信机制，在内在协同方面，它受限于机器人能够成功理解传感器信息的程度，以及分析机器人同伴行为的难度。最后，显示通信方法的吸引力在于机器人能够直接和容易地意识到同伴的行为和（或）目标。显式通信在多机器人中主要用来对通信进行协同、交换信息，以及机器人之间的协商。显式通信可用来处理隐藏状态问题[53.23]。有限的传感器不能区分环境的不同状态，而这些状态对于任务识别极为重要。但是，显式通信通常依赖于一个嘈杂且带宽有限的信道，而不能持续地连接机器人队列中的所有成员，这也导致其故障包容度和可靠性有限，故而使用显式通信的方法必须提供处理通信失效与消息丢失的机制。

设计阶段在多机器人系统中如何选择合适的通信主要取决于多机器人系统所要完成的任务。需要仔细考虑替代通信方案的成本和好处，来决定能够可靠获得所需系统性能的方法。研究者一般认同通信能够对团队性能产生很强的正面影响。MacLennan 的工作[53.24]是最早说明该影响的研究之一。他研究了通信在模拟环境中的演变过程，并得出结论，本地机器人信息的通信能带来显著的性能提升。有趣的是，研究者们发现对于很多代表性的应用，通信信息量与它对机器人队列的影响之间存在非线性关系。Balch 和 Arkin 的研究[53.25]证实，通常情况下，即便是很小的信息量都能对队列产生重大的影响，但是由于通信过载的限制，更多的信息并不一定会持续提高性能。多机器人系统的挑战在于找出能提高性能但又不会使通信带宽饱和的最优信息片段。目前还没有哪种通用方法能识别这些关键的信息是否可用，因此，系统设计者需要根据具体的应用来决定哪些信息需要通信。Dudeck 等人的多机器人分类系统包括与通信相关的轴线，内容包含通信范围、通信拓扑和通信带宽，这些特征可用来比较和对照多机器人系统。

在多机器人系统通信的活跃研究中，有几项是关于动态网络连接和拓扑的。例如，机器人队列必须能够在移动中保持通信连接，或者利用恢复战略使机器人队列在通信连接中断的时候复原。这些问题要求机器人根据对通信网络的预期效果，或对信息通过动态网络的预期传播行为的了解来相应调整行动。上述以及相关的问题在网络机器人系统的范畴内有更详细的讨论。

53.4 网络移动机器人

网络移动机器人（简称：网络机器人）是指多个机器人协同工作，通过网络通信进行协调和协作来完成特定任务的机器人。仅凭感知和控制是很难让多机器人系统实现新的功能，或者让通信网络实现新的解决方法的。通信功能使系统具有新的控制和感知能力（例如，获取机器人系统感知范围之外的信息）。相反，控制可以为某些对不可移动的机器人系统来说很难解决的问题提供新的解决方案（例如，定位问题）。第53.4.1节阐述了该领域的定义，列举了网络在机器人协作中的优点，并讨论了它的应用。第53.4.2节精选了几个基于网络机器人技术的案例，并讨论了在本领域的应用潜力。第53.4.3节讨论了在控制、沟通和感知交叉领域所面临的挑战。第53.4.4节介绍了在第53.4.5~53.4.8节中用到的一个网络机器人系统控制模型，并以此来说明研究面临的具体问题和机遇，而这些问题和机遇是由通信、控制和感知共同作用而产生的。

53.4.1　概述

网络机器人是指可以在网络通信的协作下多个机器人一起运作来完成一项特殊任务的机器人。各实体之间的通信是合作（和协调）的基础，因此它在网络机器人的通信网络中起到核心作用，网络机器人也可能涉及固定传感器、嵌入式计算机和人类用户的协调与合作。网络机器人的主要特征是具备执行单个机器人或相互之间无协调的多个机器人所不能完成的任务的能力。

IEEE网络机器人技术委员会对网络机器人进行了以下定义：

网络机器人就是与通信网络（如局域网）连接的机器人装置。网络可以是有线或者无线，也可以以多样的协议为根据，如传输控制协议（TCP）、用户数据协议（UDP）或802.11。从自动化领域到探索工程，许多与之相关的新应用正在被开发。

网络机器人分为两种：

第一，遥操作网络机器人。在对它的操作过程中执行者发送命令并通过网络接受反馈，这样的系统通过为大众产生有价值的资源来支持研究、教育和公众意识。

第二，自主网络机器人。在对它的操作过程中机器人和传感器通过网络交换数据。此项系统中，使用传感器网络扩展机器人的有效感应范围，以便它们通过长距离的沟通来协调各项活动。不需要再重新组合配置感应、启动、计算这些程序。该种类机器人的难点在于开发一个科学基地使通信、感知和控制相结合，从而开发自主网络机器人的新功能。

自主网络机器人的此项定义还包括了第三类分散式系统，即移动传感器网络，它是传感器网络的自然进化。机器人网络允许机器人更有效地测量空间和时间上的分布现象。机器人也可以反过来部署、修复和维护传感器网络以增加它的寿命和功用。本章的重点是自主网络机器人。

嵌入式计算机和传感器在家庭和工作场所已经无处不在，日益增多的无线点对点网络或即插即用的有线网络已经随处可见。用户可以通过与嵌入式计算机和传感器互动去执行诸如监控（如对某一项因素操作过程的监督和对一个建筑物的监督）或控制（运作由传感器、驱动器和物资搬运设备组成的生产流水线）等任务。在这些情形中，用户、嵌入式计算机和传感器之间的关系并不是并列的，三者之间的协作和沟通通过网络来实现。当把网络机器人的视野拓展到多个机器人时，要它们在不同的环境下起作用并执行任务，就需要每个机器人与其他机器人相互协调、与人类相互合作，并依据来自多个传感器的信息综合做出反应。

图53.6展示了来源于实验室和工业领域的网络机器人原型概念。在这些例子中，多个独立的机器人或者机器人模块可以协作来执行单个机器人（或机器人模块）不能单独完成的任务。机器人可以自动结合执行运动任务（图53.7）和操作任务，而这些任务由单个机器人是无法完成的，或者原本需要一个专用的更大的机器人来完成。它们可以利用并行处理的特点，以此相互合作来执行探索和勘测任务。它们也可以执行只有协调才能完成的独立任务，如制造业中的夹具和焊接。

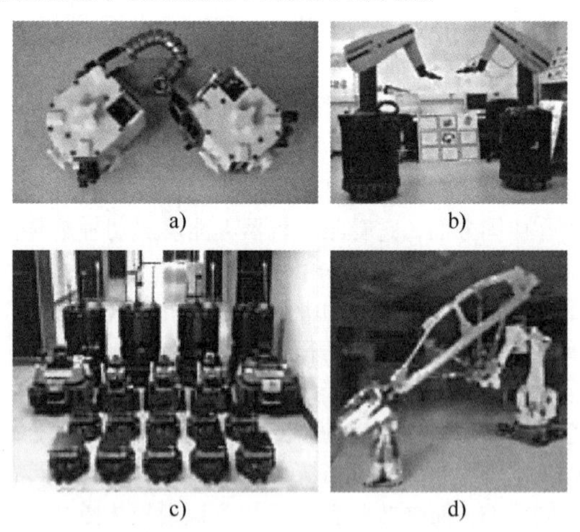

图53.6　来源于实验室和工业领域的网络机器人原型概念
a）小型模块[53.27]可以自动连接信息和进行信息交流，以执行移动任务　b）移动基座上的操作臂[53.28]可以合作完成家务　c）机器人群组[53.29]可以用来探索未知的环境　d）工业机器人可以配合焊接作业

除了能够执行单个机器人无法执行的任务外，网络机器人还可以提高工作效率。网络可以使机器人获取感知范围以外的信息。机器人数量的增多原则上可以更快地执行任务，如搜索和绘图任务。通过部署多个机器人并行合作的工作方式可以提高生产效率。

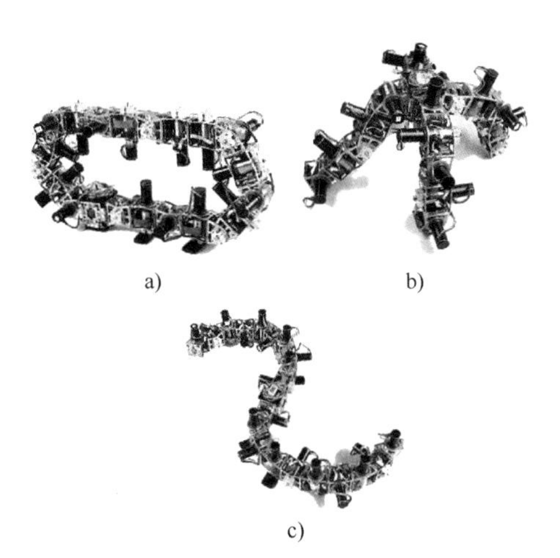

图 53.7 机器人模块[53.30]可以重新配置，变形为不同的运动系统
a）一个轮状的滚动系统 b）一个四肢的行走系统
c）一个蛇形的波动运动系统

使用网络机器人的另外一个优点是同时拥有互联和利用机器人自身移动特性的能力。网络移动机器人可以对位于远处的网络移动机器人所感应到的信息做出反应。工业机器人可以把它们的末端执行器按需分配到生产线的其他位置。用户可以通过网络远程操控机器人。

网络机器人的这些能力提高了设计容错率。如果机器人可以使用网络实现灵活地重新配置，它们就能更大限度地承受机器人的操作失误。这种情况在拥有由多个网关、路由器和计算机提供的容错系统的因特网中是存在的（虽然因特网在其他方面没有那么强大）。类似地，那些可即插即用的机器人可以通过灵活操作转换而提供一个强大的操作环境。

最后，网络机器人能够通过将具有互补作用的各部分组件连接在一起而产生巨大的协同作用，它以整体来工作，会比各个组件分别工作的效能要大。

网络机器人的应用非常广泛。美国军方日常部署的无人驾驶车辆，是根据由其他无人驾驶车辆收集的情报或自动地远程重新配置程序。而对太空卫星的部署通常由宇航员用航天飞机操作臂来操作，这需要航天飞机所搭载的复杂仪器、地面工作站的操作员、航天飞机操作臂和操作者相互协调。家用电器如今也搭载了许多传感器，并实现了网络连接。由于家庭和个人机器人的使用越来越普及，当我们看到机器人在与用户进行合作时用到传感器和家用电器来辅助进行工作也就不足为奇了。网络机器人很可能会成为环境观测十分重要的组成部分，现在有大量的环境监测系统还不能使用整体基础设施，不过，有望建成分散式的网络机器人系统。

53.4.2 技术发展水平和潜力

网络机器人系统的发展极为广泛，而且跨越许多行业。本行业和与传感器网络相关行业之间有很密切的联系。就商品化和市场价值来说，传感器网络行业已经有了显著增长[53.31]。机器人网络除了允许传感器具有移动性并且允许传感器根据所获信息来调整地理分布这两方面存在不同外，它和传感器网络是很相似的。

由机器人、嵌入式计算机、驱动器和传感器组成的系统在民用、防护和制造方面具有巨大的潜力。我们在自然界中也可以发现类似的集群行为[53.32]。我们可以在有数米长的物体中发现长度只有几微米的有机体具有群体行为。低智能的动物能通过传感器和驱动器去实现简易的行为，但是种群内部进行交流并感应到周围环境的存在从而去实施复杂的紧急行为，这才是生物种群实现迁徙、觅食、捕猎、筑巢、生存和繁衍等活动的根本。如图 53.8 所示，相对较小的智能体可以操控尺度明显更大的物体，并通过与相对更加简单的个体行为进行合作来实现有效载荷。当这些智能体换成大量的机器人和大体积的物体时，各智能体之间的协调则是完全分散开来的[53.33]。个体之间彼此并不能相互识别，换句话说，就是每个机器人并没有任何专属标签和标志，工作群体中的智能体数量并没有被明确编码。各智能体都是相同的，这使得系统的鲁棒性和模块性得以保证。它们彼此之间很少会相互沟通，即使有的话也只是和邻近智能体之间的沟通。而且，最佳的集体协调模式也许就是大规模的相互依赖，针对黄蜂的研究为此提供了有力证据，证明小规模群体之间存在集体协调，而更大群体则采取分散式的协调方式[53.34]。以上这些特征都和网络机器人息息相关。

生物学已经向我们证明了彼此不明身份的个体中（例如，昆虫和鸟类进行群体行为时）的分散行为可以非常容易地实施智能的群体行为。相似地，网络机器人之间也完全可以相互交流与合作，虽然单个机器人可能不是很复杂，但是依然可以为网络机器人提供一系列的智能行为（超越机器人的智力水平）。

从以下事例中，我们可以很明显地看出网络机器人的重要性和潜在的影响。

制造业一直是依靠传感器、驱动器、材料处理设备和机器人之间的集成而发展的。今天，一些企业发现，通过无线网络把网络机器人和传感器与现

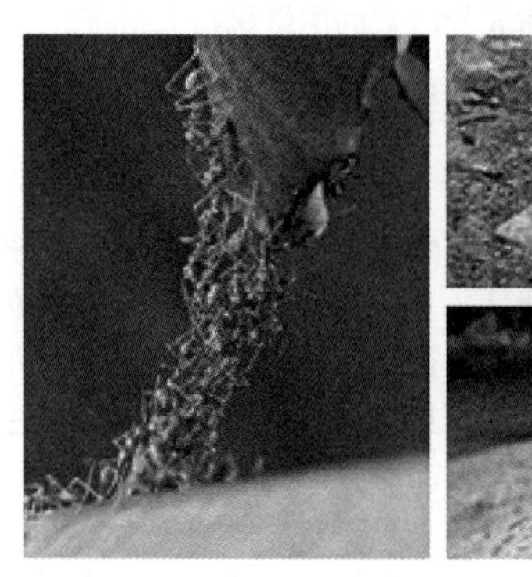

图 53.8 蚂蚁可以成群结队地协作来搬运物体，它们无须识别同伴身份，也无须采取集中协调方式

有的机器人进行联网，可以更容易地实现对现有基础设施的重新配置。机器人在操作过程中（如焊接），可进行彼此互动，在完成装配和材料处理任务时与人类相互合作。机器人在这些方面的功能呈增加的趋势。工作单元由多个机器人、许多传感器和控制器、自动导引车（AGV）以及一两个起监督作用的操作人员组成。然而，在这些单元的最内部，网络机器人在结构化的环境下进行操作，在这个环境中，配置或操作环境很少会有变化。

在机器人领域的应用层面，网络机器人受到越来越多的重视，其中，采矿行业就是一个例子：就像在制造行业中一样，操作条件往往难以令人满意，而且任务都是重复性的。但是，在这些领域的机器人架构并不完善，并且更多依赖人工操作。

在卫生保健行业，网络使卫生保健专业人员与病人、其他专业人才、昂贵的诊断仪器进行互动，并在未来可以和外科手术机器人进行互动。预计，远程医疗为将代替当今独立医疗设备的远程网络机器人设备提供主要的增长动力。

现在已经有许多商业产品，尤其是在日本，机器人可以通过与手机沟通来进行编程。例如，由富士通开发的 MARON 机器人让使用者给他们的机器人拨号，并指示它来进行简单的任务，包括用手机把照片返回给用户。事实上，这些机器人会与家里的其他传感器和驱动器互动，如配有蓝牙芯片和驱动器的管家以及计算机控制的照明、微波炉、洗碗机。事实上，网络机器人论坛[53.35]已经为固定传感器和驱动器如何与其他机器人在家庭和商业设置方面进行互动设定了标准。

环境监测是网络机器人的一个关键应用领域。通过利用移动通信，机器人的基础设施允许在生态监测的各个方面进行前所未有的尺度观测和数据收集。这是对环境监管政策（例如，清洁空气和水的法律）以及新的科学发现有着十分重要的意义。例如，它有可能有助于获得海洋中的盐度梯度图、温度图，在森林中湿度变化情况以及空气和水在不同生态系统[53.36]中的化学成分。除了移动传感器网络，也可以使用机器人部署传感器和检索来自传感器的信息。当通信允许协调控制和信息聚合时，移动平台允许同一个传感器来收集数据。这种情况的例子包括水中监测[53.37]、陆地监测[53.38]和土壤监测[53.39]。人们为开发水下网络平台付出了很多努力[53.40-42]。由于水产品检测[53.37]的需要，静态网络和机器人设备得以开发和发展，由此获得了关于浮游生物时空分布的高分辨率信息和伴随而来的环境参数。伦斯勒理工学院（RPI）的河网项目[53.43]重点是研发监测河流生态系统的机器人传感器网络。最近加州大学洛杉矶分校（UCLA）、南加州大学（USC）、加州大学里弗赛得分校和加州大学关于网络信息机械系统的工程[53.38]都已在重点研发机器人网络。有人把网络机器人 mini-rhizotrons[53.39]部署在森林监测树根的生长状况，并用来监测森林树冠，从而为树冠建模和地下增长状况提供数据。

在国防工业，一些国家（如美国）已经在网络概念和地理性分散资产方面投入巨资。无人驾驶飞行器（像“捕食者号”）实行的是远程操作。从“捕食者号”上的传感器发出的信息会对处在不同远程位置上的其他车辆和武器系统进行部署，并允许处在第三位置的指挥员来指挥和控制这些设施。美国军方正在从事大规模未来战斗系统计划，开发以网络为中心的方法来部署自主车辆。在现代战争中以网络为中心的战术模式创造了国防和国土安全的网络机器人。虽然网络机器人已经开始执行，但目前的方法仅限于由用户指挥的单一车辆或传感系统。然而，它需要很多的操作人员（在2~10人之间，视系统的复杂性而定）来部署与无人驾驶飞行器一样复杂的系统。目前，“捕食者号”无人机（UAV）的战术控制站将开始运行，此站也许会位于航空母舰上，有3~10名操作人员。

然而，最终目的则是确保单个用户能够部署无人驾驶的空中、地面、水面和水下航行器。最近有一些关于多机器人使用的演示系统，它通过探索城市环境[53.44,45]和建筑物内部[53.46,47]来探测和跟踪入侵者，并把以上所获信息传达给遥操作者。这些例子表明，使用现有的 802.11b 无线网络来部署网络机器人的运行以及拥有一个由单一操作者来进行遥操作和执行任务的团队是完全可行的。一个城市中有很多无人车的项目，如图 53.9 所示；一个室内环境中有很多无人车的项目，如图 53.10 所示，此时机器人可绘制出环境地图，并实行自行部署形成一个传感器网络以探测入侵者。

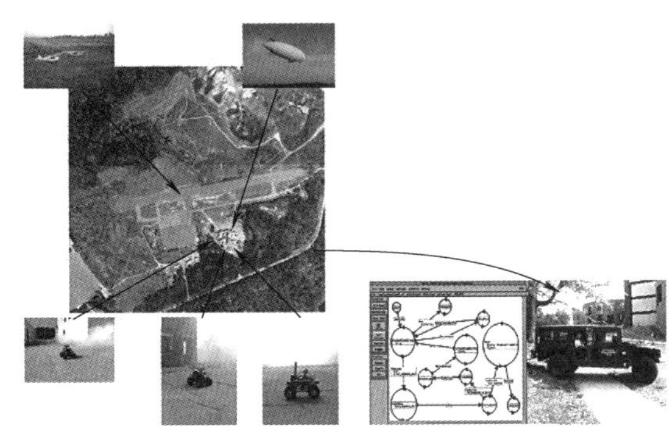

图 53.9 一个操作者在城市环境中的指挥控制车中发送指令来指挥无人机和无人车，以用来侦察和勘测（这是在美国宾夕法尼亚大学、佐治亚理工大学和南加州大学的一次演习中得到证实的[53.48]）

图 53.10 在 DARPA SDR 程序下，来自南加州大学、田纳西大学以及科学应用及国际合作（SAIC）的团队，展示了网络机器人队列的映射和入侵检测功能[53.46]

许多研究项目是通过观察自然界中的聚集行为来探究群体行为和集体智能。例如，欧盟（EU）有几个欧盟范围内的关于集体智能和群体智能的合作项目。在卡尔斯鲁厄的 I-Swarm 项目[53.49]和在洛桑联邦理工学院（EPFL）[53.50]的植物群项目是群体智能的例子。系统分析与体系架构实验室（LAAS）有一个机器人和人工智能的强联系群体。此群体在多机器人系统的基础和应用研究方面已经拥有了悠久的历史。多重无人驾驶车辆的综合应用，如地图测绘和消防的说明见参考文献［53.51］。最近美国的一个多所大学合作项目针对网络机器人在群体行为[53.52]中的发展进行了研究。像这样的一些项目正在把基本概念的延展性扩展到机器人、传感器和驱动器领域。

53.4.3 研究挑战

虽然网络机器人在制造业、国防工业、太空探索、国内援助、民用基础设施这些领域有得以成功应用的体现，但是还存在一些必须克服的重大挑战。

在协调多个自主单元及让它们相互合作方面的问题产生了在通信、控制和感知的交叉领域的问题：应该是谁向谁连接？应该传递什么样的信息以及怎样传达？为完成任务，每个单元应该怎样运作呢？团队的成员们怎样去获得信息呢？整个团队又该怎样集合信息呢？这些都是需要在控制理论、感知和网络通信方面获得基本进展的基本问题。此外，由于人类是网络的一部分（如在因特网中），我们必须在不必担心每个机器人的特殊性的情况下，为多人能够嵌入网络并指挥/控制/操作网络设计一种有效方法。因此，研究面临的潜在挑战在于控制理论、感知和通信/网络的交叉，如图 53.11 所示。

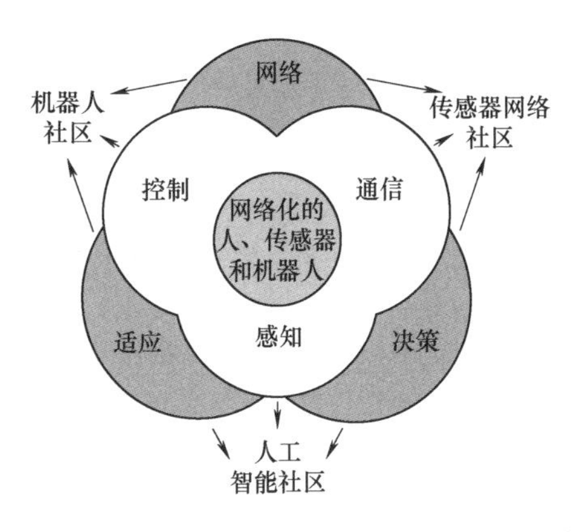

图 53.11 网络机器人平台引出了在控制、感知和通信方面面临的根本挑战，这是机器人、传感器网络和人工智能社区的兴趣所在

值得一提的是，与传感器、计算机或机器网络那样要在固定的拓扑结构中联网不同，机器人网络是动态的。当一个机器人移动时，与它相邻的机器人就会改变，并且它与环境的关系也会变化。因此，它获取的信息和它执行任务的情况也必须改变。不仅网络拓扑结构是动态的，而且机器人的行为也会随着拓扑结构的变化而变化。要预测这样的网络机器人的性能是很困难的，而且这正是机器人网络在部署网络之前必须解决的分析性问题。

这个变化的拓扑结构概念不可避免地为我们呈现出复杂的数学模型。传统上，群体行为模型建立在持续的个体动态模型基础上，其中包括与邻居的本地交互，与拥有固定一组邻居的控制和传感模型。虽然处于个体单元层面的动力学可以用微分方程适当地描述出来，但与相邻单元的交互最好是通过图表边缘值表示出来。建模、分析和控制这些系统都需要一个全面的理论框架和新的代表性工具。需要用结合动力系统理论的新型数学工具、切换系统、离散数学、图论和计算几何来解决潜在的问题。为了解决导航中的逆问题，我们需要一种设计方案，即一种控制个体以实现群体的特定总体运动和形态以及对主动感知和覆盖的应用行为的方案。第53.4.4节对这些方法中的一部分进行了概述。

机器人委员会已经广泛地研究了感知方面的问题。然而，网络系统的移动传感器平台中的感知问题带来了一系列的挑战。例如，我们可以想到在估计网络状态方面存在的问题。对状态的估计需要对机器人状态和以当地有限范围的感官信息为根据的环境状态的估计，在一个 m 维的位形空间中对 n 个车辆进行定位，需要用到关于 $O[(nm)^k]$ 的计算，根据算法和特定领域的假设，此时 k 的范围是介于3和6之间。但这也让估计更加困难，因为并不是所有网络中的机器人都能够在关键时刻获得必要的信息。在表示法和算法的发展方面存在着一些深层次问题，第53.4.6节将对此进行讨论。

主动感知[53.53]的范例将传感器平台控制与感知联系在一起，这就使控制理论和感知处于同一个框架结构内。将这种模式扩展到网络机器人需要把分布式控制与分散式估计合并在一起的方法。为了实现在环境中为自己定位，为环境中的其他主体定位，以及识别、定位和追踪环境中的特征，机器人是可以移动的。这些问题将在第53.4.7节进行讨论。

如前所述，机器人网络的功能是以通信网络为中心的。但是，如果网络由有限电源的发射器和接收器的移动智能体组成，也不能保证所有的智能体之间可以互相通信。和静态传感器网络不同的是，网络机器人可以朝彼此相互移动，以促进沟通和密切地维持通信网络。第53.4.8节提供了一些基本的算法问题和相关结果。

53.4.4 控制

单个机器人的控制对网络机器人的性能和活动范围是至关重要的。事实上，为了达到提高通信性能[53.54,55]、定位[53.56,57]、信息集成、部署[53.58]和在其他任务中实现覆盖[53.59-61]的目的，运动协调算法应运而生。移动性使得机器人群体能在通信、感知或任务需要的支持下通过进行自我定位实现自我部署和自我组织。例如，它们可以进行重新配置，以保证所需的通信带宽、k-hop 连通性或代数连通性，使得信息能够从一个机器人传输到另一个机器人。该群体还可以自我组织来定位传感器，以覆盖所需区域和适应以监测活动为中心的转移。对传感器位置的控制还支持地图制作、目标和事件追踪以及对网络使用者的目标导航。最后，移动性可以让机器人来完成诸如导航、侦察、运输以及搜索和救援任务。

给定一组移动式传感器，我们希望拥有分布式的控制功能来实现我们所期望的整体规范。因此，能够自主决定群体成员的必要位置、方位或群体成员的分布情况，以及它们完成所期望的任务的动力是很有必要的。从较低要求来说，机器人必须能够使用来自通信网络和它们自身传感器的信息获取关于空间网络（它们的近邻及与周围环境的关系）的局部估计值和原因，然后使用适合的控制策略以实现预期的群体计划。我们简要概述了最简易的数学模型，为更好地意识到潜在的挑战，对这些问题进行系统地阐述是很有必要的。

在机器人网络里，我们有多个智能体和交叉点，其中每个智能体都是一个物理实体，它可以是一个机器人，一辆带有驱动器和传感器的车、一个传感器平台（可能是静态的）或者是通信中继节点。每个智能体 A_i 以一个识别符 $i\in I\subset\mathbb{Z}$ 为特征，状态 $x_i\in X_i\subset\mathbb{R}^n$，控制输入 $u_i\in U_i\subset\mathbb{R}$，并且 f_i: $X_i\times U_i\rightarrow TX_i$ 为以下动力学方程的条件：

$$\dot{x}_i=f_i(x_i,u_i) \tag{53.1}$$

状态 x_i 由 d 维空间中的位置（和方向）r_i 和速度 $\dot{r}_i$: $x_i=(r_i^{\mathrm{T}},\dot{r}_i^{\mathrm{T}})^{\mathrm{T}}$ 组成，$n=2d$。$\mathcal{N}^c(r_i)$ 和 $\mathcal{N}^s(r_i)$ 与 r 相邻，分别就通信硬件和传感器的范围和领域进行了定义。

机器人网络 S 由 N 个智能体组成，它们拥有通过智能体的自然分布来定义的遥感图和通信图。遥感图（和通信图类似）是由一种图 $E^s: X^1\times X^2\times\cdots\times X^N\rightarrow I\times I$ 来定义的，该图的图表边缘是根据多个智能体的自然接触而动态形成的。具体来说，就是 $N\times N$ 的相邻矩阵 $\mathcal{A}^s$（和 $\mathcal{A}^c$），满足如下条件：

$$\mathcal{A}_{ij}^s=\begin{cases}1, & r_j\in\mathcal{N}^s(r_i)\\0, & \text{其他}\end{cases} \tag{53.2}$$

智能体 A_i 有对自身状态和邻近智能体（如 A_j）状态的估计能力，这些估计来源于遥感图和通信图边界的相关信息。估计值 $\hat{x}_j^{(i)}$ 可表示为

$$\hat{x}_j^{(i)}=h(x_i,z_{ij}) \tag{53.3}$$

式中，z_{ij}表示通过遥感或通信渠道对智能体 A_j和 A_i 状态的测量，h 是智能体 A_i 所用的评价指标。需要注意的是，z_{ij}的维度可能小于 n，因此可能不包含关于 $x_{ij}=x_i-x_j$的完整信息。显然，由 $\boldsymbol{r}_{ij}=\boldsymbol{r}_i-\boldsymbol{r}_j$ 所表示的相对位置向量及其大小是很重要的量，可能需要用它们来对生物智能体和人工智能体进行估计。

最后，A_i 可以对 n_{bi}的行为进行编码，我们可以通过 $\mathcal{B}_i=B_1, B_2, \cdots, B_{n_{bi}}$来表示，每种行为 B_j 都是一个控制量，函数 k_j：$\mathbb{R}\times X_i\rightarrow U_i$。可以指定给每个智能体相同或不同的行为。每种行为都代表了一系列不同步的、本地执行的计算（用于控制或估计），进行这些计算是为了某些共同的目的。处理器在计算中所用的数据只来自与其相邻的处理器。此外，即使对一个特定的行为任务，与每个处理器邻近的处理器也通常会随时间发生改变，因为处理器在集合 $\mathcal{N}^c$ 和 $\mathcal{N}^s$ 中是不断在移进移出的。因此，对这类系统的建模和分析方法需要在一定层次上将图论和动力系统论进行合并。

建议读者就这一问题参考更多的论文以获取更多信息。参考文献［53.62］中就控制领域所面临的挑战进行了概述。关于网络移动系统的基本理论已在自动高速公路系统[53.63]、协作机器人编队[53.46]和操作[53.64]、编队飞行控制[53.65]，以及无人驾驶车辆组的控制[53.45]中进行了探讨。我们接下来的目标是探讨通信、感知和控制之间的联系。

53.4.5 控制通信

通信网络允许互不相连的个体之间交换信息，至少当机器人组协同行动时，允许机器人之间交换状态信息[53.66-68]。在更高层面上，机器人可以根据从不同机器人处获得信息所产生的完整地图来执行导航和搜索任务[53.52]。

在多机器人情形下，对控制通信的使用已经在对联机多机器人队形进行研究的路径工程[53.63]中实现了。人们对编队的稳定性[53.69]、编队队形的收敛性[53.70]以及系统的整体性能[53.71]等方面的问题非常感兴趣。系统性能是直接受智能体之间的相互联系影响的。除了对稳定性有影响外[53.63]，来自不同智能体的状态反馈信息和前馈信息会影响多机器人系统对外部刺激[53.71]或操作人员指令[53.72]做出反应的速度。

此外，通信可用于机器人的高级控制和规划。人们对使用静态传感器节点作为信标引导机器人导航有极大的兴趣。参考文献［53.73］中，考虑了用移动机器人覆盖和探测未知动态环境的问题。在全局信息无法获得的假设下提出了一种算法（既不是地图信息，也不是 GPS 信息）。该算法部署了无线电导航网络来协助机器人完成覆盖任务，机器人也用此网络进行导航。部署的网络除了完成覆盖任务外，也可以被用做其他用途（如多机器人任务分配）。参考文献［53.52］提出了一个基于势场导航的类似想法。在此算法中，危险区域的概念被纳入导航成本函数中。近期沿着这一思路从传感器节点获取试验数据的研究工作见参考文献［53.74］。

在通信功能的协调控制和规划中（见参考文献［53.75］），通信网络在创建信息共享表示中起着重要作用。这种共享表示的概念对协调控制算法和大量的设备之间的比例是很重要的。例如，在参考文献［53.67］中，卡尔曼滤波器的信息表用来推导分散估计和融合算法的框架。这种方法适用于多种异质的地面和空中平台[53.56]。在这种方法中，协作机器人的特性和身份是已知的。这是因为每个机器人都有共同的表示，它们由确定性网络所组成，包括有关目标检测的可能性信息和用于卡尔曼滤波器[53.45]信息形式中的信息向量矩阵对。通过改变确定性网络和向量/矩阵信息，观察的结果可以通过网络进行传播。这使得每个机器人的行动选择效用函数最大化，这是来自对环境中的特点进行检测和定位的车载传感器的联合相互信息增益。

简言之，在最低水平上，通信使得网络能够进行部分或全部的状态反馈，并允许智能体为前馈控制而交换信息。在较高水平上，智能体可以共享规划和控制信息。这一点在第 53.4.6 节也进行了讨论，通信网络能够实现以网络为中心的感知方法。

53.4.6 感知通信

随着个体机器人由传感器和通过整合传感器信息建立地图和模型的能力的提升，网络机器人可以交换来自其他机器人的信息、数据、图片和模型。难点是在任务中利用感知通信，如分布式绘制地图时的延迟、有限带宽和破坏现象，这些都是典型的通信网络特点。

分布式定位（Distributed Localization）是用来描述状态估计中通信和感知的合并术语。定位是发展低成本机器人网络的有效工具，这一机器人网络用于位置感知应用和普遍存在的网络[53.76]。定位信息需要记录节点的分布并使连同节点的物理位置测得的价值相互联系，在测量噪声存在的情况下，分布式计算和鲁棒性是实际定位算法的关键因素，这一算法会对大规模网络给出可靠的结果。

分布式定位的方法可以分为两大类：依赖于锚定节点进行定位的算法和不使用信标的算法。可以使用节点之间的范围信息、承载信息（或两者都使用）来计算定位。

参考文献［53.54］中依据图表刚度理论提出了网络定位的理论基础。当节点有完善的范围信息时问题就得到了解决，它表明当且仅当网络底层图是全局刚性时，网络具有唯一定位。参考文献［53.77］为网络定位推导出了克拉默-拉奥下界（CRLB）。这项工作计算了理想算法的预期误差特性，并且将此误差与基于多点算法中的真实误差比较，得出了一个重要结论，由算法引入的误差与评价终端到终端定位精确度时的测量误差同等重要。参考文献［53.78］展示了一种分布式算法，它可以不使用信标，并保证在存在节点测量噪声的情况下计算出正确的定位信息。该算法依赖于鲁棒的四边形理念来鲁棒地计算节点之间的全局坐标系，并且支持移动节点。参考文献［53.79］讨论了这一被动式跟踪方面的扩展性工作。参考文献［53.80，81］讨论了基于定位信息传播的定位，这一定位信息来自于以连通性为基础的已知参考节点。参考文献［53.82］介绍了移动辅助定位。其他技术应用了使用多点定位的位置信息的分散式传播[53.77,83]。在最近的一篇论文［53.84］中，在满足现实系统的共同目标（分散性、异步性和并行化）的同时，讨论了评估平面网络刚度的问题。

参考文献［53.85，86］给出了两种方法，这两种方法是关于移动机器人队列的合作性相对定位。既不用GPS、地标，也不用任何形式的地图，相反地，机器人直接测量处于相对位置附近的机器人并且将此信息传递给整个队列。参考文献［53.85］指出，每一个机器人使用带有滤波器的贝叶斯形式来独立地处理此信息，并以自身为中心对其他机器人位置进行估计。参考文献［53.86］中用最大似然估计（MLE）和数值优化达到相似的结果。

一个关键问题是能够将这些用于建立共享表示的计算扩展到大量机器人和传感器。最近在美国国防部高级研究计划局（DARPA）资助的分布式机器人软件（SDR）项目中的试验研究了这一问题。这些试验的目的是开发和演示能够执行具体任务的多机器人系统。这需要能够在不可探测的建筑里部署大量的机器人，绘制建筑物的内部结构，跟踪观测入侵者，并把上述所有信息传输给遥操作人员。参考文献［53.46］介绍了一组试验的报告，描述了部署机器人的分层策略，其中高性能的机器人形成第一波队列进入和绘制建筑物，随后的第二波队列利用所绘制的地图来自动部署和监测环境。这两种方法都广泛地依赖于使用商业802.11b无线技术的网络机器人。这一任务包括建立共享表示的通信和感知控制。

当机器人网络被用于在动态设置中识别、定位和跟踪目标时，另一个重要的问题就出现了。嵌入式固定无线传感器网络就像一个在广阔地理范围内的虚拟传感器。这种网络可以为移动机器人提供远程定位信息。机器人网络允许这一虚拟传感器根据外部刺激来移动以跟踪移动目标。事实上，很可能将这一情景描述为有机器人传感器网络的追逃对策[53.87]。举例来说，南加州大学的特尼特计划解决的是分层网络架构的网络基元和抽象问题，并且机器人的追逃对策是目标应用之一。人们讨论了指导机器人船采样策略的算法，这种算法旨在模拟和定位水生环境中的感兴趣现象（如热点）[53.37]。网络信息机械系统（NIMS）项目专注于事件响应[53.88]和场景重构[53.89]中移动机器人自适应采样的传感器辅助技术。

可以在中央位置或分散方式下处理由传感器网络节点收集的信息。比起集中处理，这种网络在线数据处理技术更能充分利用网络交流计算资源。这也使网络可以估计全局景观感知的图片，这些图片不但精确而且是最新的，并且该系统中所有的机器人均可以利用。网络数据处理静态节点的方法包括人工势场运算、梯度计算、粒子过滤、贝叶斯推理和信号处理。这些算法已经被发展为计算地图、路径和预测的常用方法[53.52,73,90]。

最近，DARPA展示了通信网络如何有效地应用于关于异构机器人的感知任务[53.44]。合作研究表明，识别、定位无人机（UAV）可以用来覆盖大范围区域，并搜索目标。然而，UAV上的传感器很明显会受到地面上目标定位准确性的限制。另一方面，地面机器人可以准确地布置以定位地面目标，然而却不能快速移动，也不能看清诸如建筑或篱笆这样的障碍。在参考文献［53.56］中，这两种设备的协同作用被用来创建UAV和无人地面车辆（UGV）之间的无缝网络。正如在第53.2节谈到的那样，以网络中心搜索定位方法的关键在于状态信息的共同呈现，在这种情况下，这一方法很容易扩展到大量的UAV和UGV，并且对于个体平台的特性很清晰。然而，怎样更广泛地应用更多的无结构信息仍是未来需要研究的问题。

53.4.7 感知控制

网络移动机器人使动态环境的探索与三维信息通过分布式主动感知得到恢复成为可能[53.53]。因为节点是移动的，一个自然问题是节点应该如何摆放，以确保多节点信息的成功整合，并最大限度地提高队列返回的估计质量。由于传输和处理数据会造成一定花费，考虑什么样的传感器的读数应用于状态估计和什么信息应该传达给系统的其他部分非常重要。在绝对意义和相对意义上，由网络计算的信息质量都取决于传感器的定位，信息质量还取决于每一个传感器的噪声特点以及通信网络。

一个机器人网络的功能远远超出了一个固定的传感器网络，后者可以只收集在固定位置的空间数据。例如，当某个事件是在特定的位置被发现时，指挥多个传感器向事件观测位置传递更多的信息是有可能的（例如，更高分辨率的数据或更高的采样频率）。重新配置节点位置以实现自适应分辨率采样依赖于分布式控制策略。

控制移动传感器网络覆盖范围已经有了很多策略。移动感应智能体由基于信息的目标函数梯度来控制[53.91]。所导出的稳定性结果不考虑网络配置的最优性，但给出了局部保证。拓扑感知协调行为在参考文献［53.92］中得到了处理。在参考文献［53.93］和［53.94］中研究结果的主要部分描述了关于已知事件分布密度函数的最优定位移动传感器网络的分散控制规律。这一方法的优点在于它保证网络（部分地）能够将关于覆盖范围问题的成本函数最小化。然而，控制策略需要每个智能体对事件分布密度有全面的认识，因而，它对感知环境反应不够灵敏。参考文献［53.95，96］概括的结果是，网络节点需要估计而不是事先知道事件的分布密度函数。局部（分散）控制规律需要每个智能体在其自身位置上能够测量分布密度函数的值和梯度。传感器网络中这一结果对它的感知环境很敏感，并保持或寻求一个近似最优感知配置。另外，根据智能体的 Voronoi 区域顶点，分布密度函数估计会产生一个控制率的封闭表达式。这消除了在多项式域中每个时间步长对函数进行数值积分的需求，从而使得每一个智能体的计算费用显著降低。对于未知分布的事件监测的其他工作见参考文献［53.59］。Krause 等[53.97]最近提出了一种传感器安装方法，这种方法指出，在安装传感器时要考虑精确感知和通信元件的感知质量与通信成本两个方面。它们使用了一个链接接收率的参数模型，假设没有确认，也没有有损链接的时间相关性。

随着艺术馆警报设置问题的出现，为确定传感器的最佳配置来覆盖某一区域，人们已经做出了多种努力[53.98-100]。为人所知的一个允许使用移动传感器的变体是看守者巡逻问题。这些方法中，传感器模型是抽象的，不是很适合真实的环境和相机。分布式几何优化方法[53.94]也被应用于移动传感器网络重构。一类相关的方法是理论估计优化指标的使用和信息过滤器的应用，以协调整个网络内的运动[53.56]。还有其他使用分布控制规律的分布优化方法，这些方法表明它可以优化全局度量，如利用势场或者其他仅基于局部交流的线性控制规律[53.101]。参考文献［53.60，102，103］研究的重点是具有平移、倾斜、变焦功能的相机的控制。参考文献［53.102］中提出的方法是在其全变焦范围内自动地校准云台变焦相机并建立高分辨率的全景图像。在参考文献［53.60］中，相机不断移动并采用分解图来跟踪观测目标。参考文献［53.104］中的最新算法显著地改善了上述情况，这一算法通过定位相机来优化网络，在目标出现后使网络更适于观测和分类目标。云台变焦相机允许建立更灵活的可视系统而不是静态相机。

53.4.8 通信控制

在 53.4.5 节中，我们简要讨论了使用通信网络来合成和改善控制器设计的优点。相反地，机器人的行为也会影响网络以及网络中的数据传输，由此带来了诸多挑战。如果个体机器人的控制器是已知的，我们能够为网络通信提供保证吗？我们能在存在机器人运动的情况下开发强大的路由信息和网络算法吗？另一个挑战是信息如何在这些网络中传播和扩散。如果机器人在给定的控制模型下运动，信息如何通过网络传播？并且信息在何时何地能被接收到呢？如果我们知道这些问题的答案，也许可以设计控制器以实现所需的通信网络的特点。

能够影响网络性能的一种简单控制策略就是控制机器人运动，以确保信息能够在指定的节点之间传输。当节点超出范围时，机器人和传感器网络中的机器人运动可能会导致网络分区。然而，机器人以可控方式移动的能力会带来一个机会，即可以通过将机器人转化为中继节点来处理非连接网络中的信息路由问题。此处的核心思想是使机器人拥有未知目的地的当前信息，以便修正它的轨迹，达到传递信息的目的。这一问题已被表述为优化问题。我们的目标是尽量减少必要的轨迹修改将信息发送到目的地。基于机器人可用的信息，已经提出了几种解决方案。如果机器人的轨迹已知，路径规划技术可以用于计算哪个机器人移动到哪里，传递了什么信息；如果机器人的轨迹是未知的，我们可以创建分布式生成树来使机器人记录彼此的轨迹。每一个机器人被分配到一个行动区域并被指定一个父生成树。当机器人离开该区域时，父生成树被告知。当机器人移动得太远时，生成树被修改。

在合适的网络通信模型下，移动机器人可以用来创建期望的网络拓扑结构。如果机器人被用来在环境中安放节点（或传感器节点由机器人自动布置）以建立网络，这个问题被称为部署。它可以控制各个节点的协议来保证能够维持指定的拓扑结构[53.55]。它也可以重新定位节点以达到改变网络拓扑结构的明确目的，即所谓的拓扑结构控制问题。

一种移动机器人队列部署的分布式算法被虚拟信息素这一概念描述为[53.105]：从一个机器人到另一个机器人的局部信息。这些信息被用来产生气体膨胀或者引导增长的部署模型。基于人工势场的相似算法在参考文献［53.106，107］中有描述，其中参考文献［53.107］包含一个连通性限制。在参考文献［53.58］中给出了移动传感器网络的增量分布算法。节点一次部署到一个未知的环境中，每个节点利用以前部署的节点收集的信息来确定其部署位置。该算法旨在最大限度地扩大网络的覆盖范围，同时确保节点彼此保持视线一致。

大多数网络拓扑结构的控制工作都涉及失去控制的部署，这不包括单一节点位置的明确控制。主要机制提倡的是功率控制和睡眠协议，这些方法包括修改已存在的连接良好的通信图，以便在保证合成子图能够保持连接的同时节省电力。假设当所有的节点在最大功率情况下运转时网络是连接的，功率控制的目的在于使网络在节点消耗最小功率的情况下仍然保持连接[53.108]。给定一个过度部署的网络，睡眠协议旨在激活最小的节点子集来保持网络连接并实现其他所需指标[53.109]。与此相反，当节点的位置可以修改时，控制部署是可行的。基于两个原因，这一部署非常有趣。第一，有无线通信的网络拓扑与邻近关系及节点的位置直接相关。第二，有越来越多的证据表明，大量的部署很有可能涉及细致的、非随机的节点位置。节点位置由节点自身或者外部智能体控制。这样的网络为拓扑控制呈现了一个不同的且有趣的场景，因为它可能利用对节点移动和放置的控制来建立有效的拓扑结构。参考文献［53.110］中给出了一种运用局部移动性且完全分散的拓扑控制技术。

网络机器人的一个重要应用是监测和监督，机器人在覆盖区域的同时保持通信范围很重要[53.111-113]。在最近的研究中[53.114]，讨论到了如何设计通信模型和调度协议，为机器人数据收集选择适当的路径规划算法的问题。探测环境和自适应睡眠协议（PEAS）是最早的尝试之一，目的在于解决通信连接和运用启发式算法来同步感知覆盖范围[53.115]。Wang 等[53.116]提出了一种新的覆盖配置协议（CCP）来创立一种方法，这种方法能够在同步优化覆盖和连通性的同时将进入睡眠模式的节点数量最大化。此外，他们还根据无线电和传感范围的比率确定了三种不同类型的覆盖-连接问题，并发现前者是后者两倍时的临界比率。Zhang 和 Hou 证明，如果通信范围至少是感应范围的两倍，凸形区域的完全覆盖保证网络通信的连通性，然后将这一定理作为局部密度控制算法的基础[53.109]。这在随后被证明通信范围是感应范围的两倍这一情况是充分的，并且，如果初始网络拓扑是连通的，这一情况是为了保证意味着节点间通信的连通性完全覆盖保护的最低下限[53.117]。

总之，如果通信网络的状态和理想状态对每个智能体来说是已知的，那么应该有可能合成移动智能体的分散式控制器来实现所需的网络特性。然而，全局状态下的假设显然是不合理的。此外，优化网络特性的期望运动会与被要求来完成期望任务的运动冲突。然而，正如上面简短讨论说明的那样，有许多有趣的研究，这些研究都指向这一内涵极其丰富的研究领域，并指出今后非常有前景的研究方向。

53.5 集群机器人

历史上部分最早的多机器人系统研究[53.12,12,118-125]针对的是大量个体无差异机器人，称为集群机器人。时至今日这仍然是一个活跃领域，集群方法从生物领域得到启发——特别是蚂蚁、蜜蜂和鸟类——并在多机器人系统中开发相似的行为。因为生物领域能够实现令人印象深刻的群体能力，例如，白蚁类能建造大而复杂的土堆，或者蚂蚁能够协作搬动大型猎物。所以，机器人研究者以在机器人领域复制这样的能力为目标。

集群机器人系统通常称作协作机器人，这意味着单个机器人通常除了其周围信息外并不能意识到系统中其他机器人的行为。这些方法的目标是从单个机器人的交互动力学取得所期望的团队层次的全局行为，而单个机器人遵守相对简单的本地控制法则。集群机器人系统通常包含很少的机器人之间的显式通信，而是依赖于间接通信（即通过环境的内在通信）来取得偶发的协作。假定单个机器人被认为具有最低限度的功能，并且几乎没有能力自己解决有意义的任务，但是当它与其他类似的机器人组合到一起后，它们能够协作完成团队层次的任务。理想情况下，整个团队能比机器人单独工作取得更多成效，即超加性，意味着总体大于单个部分的简单相加。这些系统假设大量的机器人（至少数十个，通常几百个，甚至上千个）并直接处理扩展性。集群机器人方法拥有高层次的冗余度，因为机器人彼此类似，因此可以互换。

人们研究了许多类型的群体行为，如觅食、群集、链接、搜索、聚居、聚合和包容。这些群体行为主要涉及空间分布的多机器人运动，要求机器人通过以下方式协调运动：

1）相对于其他机器人。

2）相对于环境。

3）相对于外部机器人。

4）相对于其他机器人及环境。

5）相对于所有项目（即其他机器人、外部机器人和环境）。

表 53.1 根据这些组别对集群机器人进行归类，并列举了代表性的相关研究范例。

表 53.1　群体行为分类

相对运动要求	集群行为
相对于其他机器人	队列[53.126,127]、群集[53.121]、自然聚居（类似牲畜聚居）、教学、排序[53.14]、聚块[53.14]、缩合、聚合[53.128]、分散[53.129]
相对于环境	搜索[53.130]、觅食[53.131]、放牧、收获、部署[53.58]、覆盖[53.132]、定位[53.133]、地图绘制[53.134]、探测[53.135]
相对于外部机器人	追捕[53.136]、饵诱觅食[53.137]、目标追踪[53.138]、强制畜牧/牧养（类似于羊群牧养）
相对于其他机器人和环境	包容、转圈、包围、周边搜寻[53.139]
相对于其他机器人、外部机器人和环境	入侵、战略性掩护、机器人足球[53.140]

当前很多集群机器人的研究目标是为表 53.1 中的一种或者数种群体行为开发特定的方案（VIDEO 214）。某些群体行为受到了特别的关注，特别是队列、群集、搜索、覆盖和觅食。第 53.10 节将更详细地讨论这些行为。一般来说，目前大多数研究群体行为的工作不仅旨在展示类似于生物系统的群体运动，还旨在理解可预测并收敛到期望的群体行为，行为控制理论及原理，并保持稳定状态。

物理机器人集群的演示同时兼具软件和硬件上的挑战。如第 53.2 节所讨论的，第一个完成了这种验证的人是 Mataric[53.6]，涉及大约 20 个物理机器人，执行聚合、扩散和群集。该研究将可合成的基本行为定义为构建更复杂系统的基本元素（VIDEO 215）。最近，McLurkin[53.141] 开发了一种扩展的群体行为软件序列，并在 iRobot 公司研发的大约 100 个物理机器人（称为 SwarmBot 机器人）上演示了这些行为，如图 53.12 所示。他创建了几种群组行为，如躲开多个机器人、从源头分散、从分支散开、均匀散开、计算平均方位、跟随领班机器人、组围绕、梯度导航、源头簇、簇分组。由 108 个机器人组成的群体用开发的扩散算法，在一个面积大约 $300m^2$ 的空房间里能够定位感兴趣的物

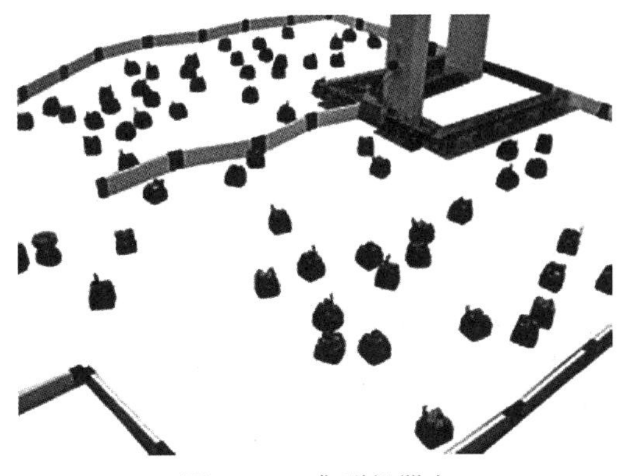

图 53.12　集群机器人

体，并将人领到该物体所在的位置[53.129]。

欧盟已经赞助了数个集群机器人项目，单个机器人的尺寸朝着逐渐变小的方向发展。例如，I-SWARM项目的目标是开发毫米级别机器人，具备车载感知、通信和供电单元，执行受生物启发的群体行为以及协同感知任务。该项目在硬件和软件领域都颇具挑战性，要开发全自动微尺度机器人执行有意义的协同行为，还需要当前技术水平有重大的进展。

欧盟的SWARM-BOTS项目研究了自组织和自组装机器人设计和实施的新概念（VIDEO 195）。该项目中[53.142]，S-bot机器人装有夹持器，能够与其他S-bot机器人或物体进行物理连接，从而创建机器人组件。因此，这些组件能够在崎岖地形上协同导航，或共同运输物体。S-bot机器人呈圆柱形，有一个灵活的手臂和带齿的夹持器，可以将两个S-bot机器人互连。图53.13显示了使用S-bot机器人进行物品传输的一个有趣应用，该图显示机器人自组装成四条链，以便搬运幼儿穿过地板（VIDEO 212）。

图53.13 自组装S-bot机器人搬运幼儿穿过地板

53.6 模块化机器人

对模块化机器人的研究始于1988年春季Fukuda和Nakagawa在国际机器人与自动化会议上发表的一篇论文[53.152]，该论文描述了可重构机器人系统的抽象概念，该系统可以呈现不同的形状，并设想了由不同类型的模块组成的机器人系统可以合作完成各种任务。在过去的二十年里，机器人研究发展了许多方面：硬件设计、规划和控制算法、硬件和算法复杂度之间的权衡、有效模拟、系统集成。

模块化机器人是物理连接、机电活动模块的集合。作为一个整体，这些模块形成了比单个模块更强大的机器人系统。典型的模块化机器人可以改变其形状或配置，以适应各种不同的任务。举个例子，一组模块可以从一个封闭的链条（在开阔地上快速滚动）重新配置为一个腿式机器人（更容易穿越崎岖的地形）。模块化机器人通常因其适应性、容错性以及单元模块的相对简单性而受到青睐。模块化机器人系统可以使用各种属性在多个维度上进行描述和分类。在下文中，我们选择了传统的方法来对模块化机器人系统进行分类：链式、网格、桁架或自由形式。有关模块化机器人技术领域更详细的历史，请参阅参考文献［53.153，154］。

53.6.1 链式系统

链式模块化机器人系统的主要特点是，当模块与相邻模块相连时，它们是以链式排列的。这些链可以是一维的，也可以是二维的，但是三维链并不常见。链式模块化机器人是二维的，甚至是一维的，这并不意味着它不能在三维空间中工作。事实上，由正交关节组成的蛇形模块化机器人非常常见。

最早的链式模块化机器人系统之一是Yim开发的polypod系统[53.155,156]（VIDEO 196）。polypod系统由两类模块组成：段节和节点。它可以形成各种形状，包括滚动的环和六足机器人，它还启发了许多其他基于链的系统，如CONRO系统[53.157-159]。CONRO系统中每个模块由两个正交伺服电动机组成，控制每个模块的俯仰和偏航。

Murata等开发了M-TRAN模块化机器人系统[53.160-163]，该系统经过多次修改和改进。在参考文献［53.161］中，Kamimura等利用一组相互连接的异相振荡器来实现M-TRAN系统中的步行步态。Marbach和Ijspeert在M-TRAN等系统的基础上，通过对其模块化系统YaMoR进行函数优化来实现实时步态生成[53.164]。M-urata等在M-TRAN系统中添加了摄像头，使得一组M-TRAN模块可以分离，执行独立的任务，然后重新连接到一个更大的结构中[53.163]。

ATRON系统[53.165,166]是为了改进M-TRAN而开发的。Lund等希望保持M-TRAN形成密集网格的能力，同时利用CONRO系统中的两个正交自由度（俯仰和偏航）。Superbot系统[53.167]还基于M-

TRAN 的机械设计，在两个现有旋转轴之间增加了额外的旋转自由度。

PolyBot 是链式模块化机器人[53.168,169]，具有单一的旋转自由度。PolyBot 演变成了 CKBot，它在被意外或故意破坏后重新组装自身的能力得以证实[53.170]。Lipson 等开发的 Molecube 系统[53.171]是链式模块化系统的另一个例子，该系统只有一个自由度，但仍然能够实现有趣的三维配置。Lipson 等证明了一个短链的 Molecube 模块和一些自由模块可以自我复制。

Yim 等设计了另一个独特的链式系统 RATChET[53.172]，它使用一个相互锁紧的直角四面体连接链来形成结构。相邻的棘轮模块在它们之间的夹角超过某个临界值时相互锁定，当加热到 70℃ 以上时，它们通过使用形状记忆合金（SMA）弹簧解锁。有趣的是，棘轮模块并不智能。取而代之的是，它们依靠一个智能的外部驱动器来控制悬挂链条的一端。RATChET 系统的一个独特特性是它的相对强度。

53.6.2 网格系统

网格模块化机器人系统是一组相互连接的机器人模块，其单元位于二维或三维网格的交点处（一维点阵系统是一种简单的链式机器人）。将网格系统与密集配置的链式机器人区分开来的主要特征是模块之间的互联密度。在网格系统中，每个模块通常与其所有相邻模块相连。在密集链式系统中，两个模块可能是相邻的，但它们不会在物理上相连。

此外，网格系统倾向于使用不包含旋转自由度的模块构建。虽然网格系统中的模块通常具有使自身相对于其相邻模块移动并与之结合的机制，但它们通常不能自我弯曲。相比之下，链式系统通常是由包含一个或多个旋转自由度的模块构建的，这样模块就可以像链条一样弯曲。这两种系统之间有一些重叠之处。

Chirikjian 等[53.173-175]开发了第一个基于网格的模块化机器人系统（VIDEO 198），其中模块是可变形的六边形，能够与它们的相邻模块结合。Walter 等[53.176]进一步分析了这些六边形系统，创建了能够将系统从一种状态重新配置到另一种状态的分布式运动规划器。

Murata 等人也是基于网格的模块化机器人系统开发的早期贡献者，他们开发了一个大致为六边形的模块，能够在二维空间中围绕其相邻模块滚动[53.177,178]。Kurokawa 等[53.179]提出了一种三维适应方案，由具有六个能够旋转的突出臂的立方体组成。Yoshida 等人改进了这一系统，采用了一种新的设计，使用形状记忆合金驱动器使一个机器人模块围绕相邻模块的周边旋转[53.180]。

最简单的网格系统之一是 DigitalClay 项目[53.181]。该系统是一组完全被动的模块，依赖用户对其拓扑结构进行更改。这些长 2.5cm 的菱形十二面体模块能够感知并与它们的相邻模块进行通信，以便创建模块物理排列的虚拟模型。

Rus 等还通过 Molecube 系统探索了一系列闩锁、旋转和解锁实现三维模块重构的想法[53.182-185]。在参考文献［53.186，187］中，Vona 和 Rus 描述了一种不同类型的可变形网格系统。晶体系统是由方形模块组成的，这些模块能够在 x-y 平面上以 2 的倍数伸缩。Suh 等[53.188]利用远距管扩展了晶体概念，远距管可以通过扩展所有六个面在三维空间中移动。

Chiang 和 Chirikjian[53.189]分析了如何在能够相互滑动的刚性立方体模块网格中执行运动规划。Koseki[53.190]开发的 CHOBIE 机器人能够实际执行 Chiang 和 Chirikjian[53.189]提出的滑动运动。最近，一个研究人员开发了 EM-Cube 系统[53.191]，它也能够滑动。

另一个独特的网格是由 Khosla 等开发的 I-Cube[53.192,193]。三维 I-Cube 系统由被动立方体组成，被动立方体通过具有三个旋转自由度的主动连杆连接，这些主动连杆能够抓取、重新定位和释放立方体。三维 I-Cube 系统是 Hosokawa 等开发的二维系统[53.194]的改进型，用于在垂直面上重新排列立方体模块。

Goldstein 等发表多篇论文[53.195,196]，提出了基于网格的黏土电子或原子，发起了黏土电子学项目。这些不能独立运动的垂直定向柱形机器人，使用 24 个电磁铁围绕它们的周长来实现它们周围的滚动运动。Goldstein 等人设想了一个系统，在该系统中，数百万个较小的原子可以使用随机算法形成任意形状，从而避免将形状的完整描述传达给系统中的每个模块。

原子继续演化。其中一个最新的实例[53.197]采用了 SiO_2 矩形轧制而成的空心圆柱体铝电极。作者希望其中的两个圆柱体，当它们的轴线对齐放置在非常接近的位置时，能够利用静电力相互旋转。具体地说，电极（位于每个圆柱的内部并且被 SiO_2 电隔离）将被充电，以便它们以引起旋转的方式吸引和排斥相邻圆柱上的镜像电荷。目前，该系统需要约束以形成二维结构。作者声称，完成后的系统将具有类似于塑料的屈服强度，并且模块将能够在相邻模块之间电容性地传输功率和通信信号。

黏土电子学项目提出了使用亚毫米智能粒子作为传感和复制设备的建议，但尚未用硬件进行演示[53.198]。特别的是，Pillai 等提出了一种理论上的三维传真机，在这种传真机中，要传真的对象被浸入一个智能粒子容器中，智能粒子可以感知和编码对象的尺寸。在接收端，这些相同的黏土电子粒子解码发射器发送的形状描述，并结合在一起复制原始物体。与我们的方法不同，Pillai 的方法是完全集中的，并且依赖外部计算机进行计算。

White 等[53.199]开发了几种二维随机驱动自组装系统的硬件和算法。为了形成特定的形状，每个模块都提供了所需形状的表示，并根据其在结构中的位置来决定是否允许其他模块黏合到其表面。Lipson 等[53.200-202]将他们的二维系统扩展到了三维，通过使用悬浮在湍流中的立方模块来实现自组装和重构。当自由模块在流体中循环时，它们经过一个不断增长的组装模块结构。当它们足够接近时，它们就被吸附到结构上。模块通过流体吸力或正压相互吸引或排斥。早期版本的系统使用具有间隔值的模块，这些间隔值可以对这些吸力重定向。最近，Lipson 的团队致力于将智能和驱动能力从模块转移到模块循环的油箱中[53.203]。

Miche 系统[53.204]由 45mm 的方形模块组成，能够通过机械可切换的永磁体与其相邻模块相匹配。每个模块包含三个可切换磁铁，每个磁铁与相邻模块上的钢面匹配。由于连接器是按性别分类的，因此任何模块的集合都必须手工组装，以便连接器始终正确定位，但系统能够自行分解形成三维结构。机器人卵石（VIDEO 211）至少在原则上是基于 Miche 模块的。

最新的网格型模块化机器人之一是由相同的六边形单转子模块组成的空中系统[53.205]。一组模块可以连接成一个多旋翼任意排列的飞行平台。除了飞行能力外，每个模块还包含轮子，这样系统就可以在地面为当前的特定任务进行自我重新配置。

53.6.3 桁架系统

桁架系统，顾名思义，也是模块化的机器人系统，其中模块是桁架结构中的节点和边。桁架和连接器在此类系统中都可能是活动的。与基于网格的系统不同，基于桁架的系统不需要对任何规则网格进行操作。大多数正在开发的基于桁架的系统都使用伸缩的支柱来实现结构变形。最早这样做的系统之一是 Tetrobot 系统[53.206]。Lyder 等[53.207,208]构想的 Odin 系统由三种物理上不同类型的模块组成：能够改变其长度的主动支撑模块、固定长度的被动支柱模块和关节模块。Nagpal 等人开发的受生物启发的形态系统[53.209]与 Odin 系统类似。它还使用主动连接、被动连接和连接器立方体。

53.6.4 自由形式系统

自由形式系统至少能够在半任意位置聚合模块。一个这样的系统是 Slimebot 系统[53.210,211]。该系统由在水平面上移动的相同垂直圆柱形模块组成。每个模块的周边由六个无性别的钩环补丁覆盖，用于与相邻模块连接。这些补丁从本体中心呈放射状来回摆动。通过控制相邻模块间振动的频率和相位，系统可以实现给定方向的聚集运动。

研究人员还在为自由形式系统开发算法。Funiak 等[53.212]开发了一种定位算法，能够在三维空间中定位数万个不规则排列的模块。Rubenstein 和 Shen[53.213,214]为二维模块集合开发了许多形状形成算法。这些算法允许任意大小的模块集合，以形成任意比例的独立形状。一旦形状形成，模块可以添加到系统中或从系统中删除，系统将重新配置自身以合并新模块。最终的形状将增长或收缩，但其基本形式将保持不变。最近，Rubenstein 等[53.215]开发了一个由 1000 个模块组成的硬件平台来验证这些算法。

研究人员还探索了利用折叠来创建可重构的折叠系统[53.216,217]。这些系统使用柔性布线和形状记忆合金驱动器嵌入复合材料板，以编程方式创建由折纸激发出灵感的形状。通过控制哪些驱动器通电，系统可以形成多种不同的形状。

53.6.5 自组装系统

自组装模块化机器人系统是模块的集合，这些模块能够自主地与它们的相邻模块合并和结合，形成更大的结构。其结果往往是机械化的。一个系统是否能够自组装与它是自由形式、链式、网格式或桁架为基础的系统无关。几乎所有上述的模块化机器人系统都依赖于人工干预来组装。为了使创建复杂的模块化机器人系统的过程自动化，研究人员试图模仿并改进自然的自组装系统。Whitesides 等[53.218-220]研究了各种各样的工程自组装系统。

Miyashita 等[53.221]对由饼形块组成完整的圆进行了理论上的自组装分析。在这个过程中，他们遵循 Hosokawa 等人[53.222]的指导，将系统建模为化学反应。Shimizu 和 Suzuki[53.223]开发了一个被动模块系统，当放置在振动台上时能够自我修复。

计算机科学家还研究了二维瓷砖自组装理论，这种瓷砖与相邻瓷砖选择性地结合，形成简单的明确形状，如正方形[53.224-226]。系统中每个瓷砖的每一面都有一个相关的黏合强度。当两块瓷砖碰撞时，只有当它们的累积黏结强度超过全局定义的系统熵时，它们才会保持连接。要形成特定的形状，必须设计一套具有适当黏结强度的瓷砖。

Klavins 等[53.227]致力于开发智能自组装系统，该系统利用空气工作台上振荡风扇驱动的三角形模块来自组装不同的形状。作者利用模块的局部拓扑结构和内部模块状态的知识，使每个模块以分布式方式决定何时保持或中断与邻近模块的连接。Griffith 等[53.228]还研究了能够选择性键合的智能模块，以证明自组装系统可以自我复制。

Rus 等[53.185]提出了第一种基于规则的方法，通过重构实现自组装、形状形成和移动。该规则可用于任何模块化机器人系统，实现相对运动的滑动立方体模型。结果是这些任务中的每一项都有一套抽象的规则，可以编译成模块运动，同时考虑到物理模块如何实现平移和凹凸转换。

Jones 和 Mataric[53.229]提出了基于规则的自组装方法，称为过渡规则集。他们提出了一种具体的方法，在给定目标结构的情况下，生成一组在所有模块之间共享的规则，这些规则控制何时何地允许新模块附加到不断增长的结构中。Kelly 和 Zhang[53.230]通过优化用于形成特定形状的规则集的大小，扩展了这项工作。Werfel[53.231]在研究如何使用集群从被动材料组装复合结构时，也应用了过渡规则集的思想。

其他研究小组试图使自组装更具确定性。由 Donald 等开发的 MEMS 机器人[53.232,233]由薄的（7~20μm）、矩形（≈260μm×60μm）刮板驱动装置组成，能够在嵌入电极的绝缘衬底上移动。作者用其中的四个机器人建造了更大的复合材料结构。Sitti 小组已经开发了一个类似的微米大小的机器人系统[53.234]。这些机器人的运动由外部磁场控制，而不是使用刮板驱动器。作者可以用静电钳将任意数量的机器人固定在它们移动的舞台上。除一个机器人被固定外，剩余的机器人可独立移动。该系统自然地自我组装，因为机器人含有永久磁铁，可以吸引它们的相邻模块。

大多数现有的自组装系统旨在以两种方式之一形成结构。一些系统，如参考文献［53.221，223-226］中使用的一组特定于应用程序的差异化模块，它们只能以特定的方式组装以形成特定的形状。相比之下，其他系统，如参考文献［53.199-201，227，229-231，235］使用完全通用的模块——在每个模块中嵌入更多的计算和通信能力。这两种类型的系统都旨在以直接的方式形成复杂的形状：当这些结构从单个模块生长时，新的模块只允许附加到特定位置的结构上。

另一种方法是通过主动装配，消除由形状形成的许多复杂性。SmartPebble 系统[53.154,204,236,237]采用了一套分布式算法来执行两个离散化步骤：①依赖随机力自组装模块的紧密网格；②使用自拆卸过程来移除该块中留下目标结构的多余材料。以这种方式接近形状的形成，加快了整个形状形成过程，提高了系统的鲁棒性。

53.7 异构系统

机器人异构特性可定义为机器人行为、形态、性能指标、尺寸和认知方面的多样化。在大多数大规模的多机器人系统工作中，通过使用可完全互换的无差异机器人来获得并行化和冗余度等好处，并求得解在空间和时间的分布（即群体行为，见第 53.4 节）。但是，某些大量机器人的复杂应用可能要求同时应用多种类型的传感器和机器人，而单一种类机器人在设计上不能容纳所有这些元素。有些机器人需要缩至更小尺寸，这样会限制其载荷，或者特定需要的传感器太贵而不能在机器人队列的所有成员上复制。另外一类机器人需要足够大的尺寸来承载与特定应用相关的载荷或传感器，或者在有限的时间内进行长距离导航。因此，这些应用需要大量的异构机器人之间的协作。

因此在多机器人系统中开发异构特性有两方面的目的：异构特性对特定应用是有益的设计特征，或者异构具有必要性。作为设计特征，异构特性能够提供经济上的好处，因为它能更容易地将不同功能分散到多个队列成员，而不是建造很多个整体式机器人的复制体。异构特性也能提供工程上的好处，因为设计单个机器人来整合指定应用的所有传感、计算和驱动的要求太过困难。在物理同质的机器人队列中，行为的异质性也可能以一种突发的方式出现，这是行为专业化的结果。

研究异构特性的第二个动因是它具有必要性，因为在实际中建立一支真正无个体差异的机器人队列几乎是不可能的，实际中，单个机器人的设计、制造和使用不可避免地使得多机器人系统随时间朝异构特性偏移。这一点为有经验的机器人研究者所证实。他们发现，因为传感器调校、校正等的不一样，同一个机器人的几个复制体在功能上可以很不一样。随着时间的推移，由于机器人的漂移和磨损，机器人之间的微小差异也会增大。其潜在含义是，为了有效地应用机器人队列，我们必须理解其多样性，预测它将如何影响性能，使机器人能够适应同伴的功能差异。实际上，在机器人队列的设计阶段就明确地建立多样性是有益的。

在异构多机器人系统中有很多研究方面的挑战。要取得有效的自动控制所面对的一项特别挑战是当机器人成员的功能发生重叠时，会影响到任务分配或者角色分配[53.238]，第53.6节所描述的方法一般能够处理异构机器人的任务分配。异构系统中的另一个重要主题是如何识别与量化机器人队列中的异构特性。某些类型的异构特性能够利用Balch所开发的社会熵[53.239]等度量衡来量化衡量。异构多机器人系统中的大部分研究假设机器人拥有一种通用语言和对用语言表示的符号的通用理解。Jung和Zelinsky[53.240]指出，开发一个对不同物理功能机器人之间通信符号的通用理解是一个根本性的挑战。（VIDEO 200）

如第53.2节所述，最早的关于物理机器人队列异构特性的研究证明之一是Parker开发的ALLIANCE系统架构[53.9]。该研究证明了机器人在任务分配和执行中对机器人队列成员的异构特性进行补偿的功能。Murphy[53.241]研究了在部署有袋类机器人背景下的异构特性，即一个母机器人在诸如搜索和救援等应用中辅助更小的机器人（VIDEO 206）。Grabowski等[53.134]开发了用于监控和侦察的模块化军用机器人，由可互换的传感器和驱动单元组成，因此可创建不同的异构队列。Simmons等[53.11]证明了用异构机器人进行与空间应用相关的自动装配和建造。Sukhatme等[53.242]验证了直升机式飞行机器人与两个地面机器人协作，模仿有袋类动物的负载部署和恢复、协作定位和侦查、监控等任务，如图53.14所示。Parker等[53.243]演示了用于传感器网络部署的辅助性导航，用一个更智能化的机器人首领将只装备了简单传感器（导航功能弱）的机器人引导至目标位置，它是Howard等[53.244]所进行的更大规模演示的一部分，即用100个机器人执行探查、地图绘制、部署和检测。Chaimowicz等[53.245]证明了由飞行机器人和地面机器人组成的队列协作在市区环境进行监控应用。Parker和Tang[53.246]开发了通过软件重构自动合成多机器人任务方案（ASyMTRe），令异构机器人共享传感器资源从而使得队列能够完成在没有紧密耦合的传感器共享情况下不可能完成的任务。

图53.14　由一个飞行机器人和两辆地面机器人组成的异构系统队列在认知和监测方面展现协作成效

许多异构多机器人队列的开放性的研究问题仍待研究。例如，优化团队设计，这是一个非常具有挑战性的问题。显然，给定应用中所需的行为性能决定了对机器人队列成员的物理设计的某些限制。另一方面，根据成本、机器人可用性、软件设计的简易性、机器人使用的灵活性等，在为给定应用设计解决方案时可能会做出多种选择。为给定应用设计最佳机器人队列需要对替代策略的权衡进行大量分析和考虑。

53.8　任务分配

在诸多的多机器人应用中，机器人队列的使命定义为一系列必须完成的任务。每一项任务通常能够由很多不同的机器人来执行；反过来说，每一个机器人通常能够执行多种不同的任务。在很多应用中，任务由通用的自动规划模块或者人类设计师分解为独立的子任务[53.9]、分层任务树[53.247]，或者角色[53.11,245,248,249]。独立的子任务或角色能够同时取得，而任务树中的子任务则根据它们的相互依赖关系来完成。一旦识别了任务或者子任务系列，接下来的挑战就是确定机器人至任务（或者子任务）的首选映射。这是一个任务分配问题，任务分配问题的细节可在很多方面变化。例如，每个任务所需的机器人数、单个机器人同时能够执行的任务数、任务之间的协作依赖程度、确定任务分配的时间范围。Gerkey 和 Mataric[53.250]定义了一套任务分配的分类系统，提供在上述诸多方面区分任务分配问题的一个途径，称为多机器人任务分配（MRTA）分类系统。

53.8.1 任务分配的分类系统

通常，任务可分为两种主要类别：单机器人任务（SR，根据 MRTA 分类系统），指一次只需要一个机器人的任务，而多机器人任务（MR）则同时需要超过一个机器人执行同一任务。通常，具有最小任务依赖程度的单机器人任务称为松耦合任务，代表一个弱协同解。另一方面，多机器人任务通常被认为是一系列具有强烈相互依赖关系的子任务，这些任务因此常被称为紧耦合任务，它们需要一个强协同解。松耦合多机器人任务的子任务需要各子任务之间有高层次的同步或者协同，意味着每一项任务必须在很小的时间延迟内知道其他协同子任务的当前状态。当时间延迟逐渐变大，协同的子任务之间的耦合会变得更加松散，即代表弱协同解。

机器人也可以分为单任务（ST）机器人，即一次只能执行一项任务，或者多任务（MT）机器人，一次能够执行超过一项任务。大多数时候，任务分配问题假设机器人是单任务机器人，因为功能更加强大，能够并行执行多项任务的机器人仍然超出当前的技术发展水平。

任务分配既可以优化任务的瞬时分配（IA），也可以优化未来的分配（时间扩展分配，TA）。在瞬时分配的情况下，不考虑当前分配对将来分配的影响，时间扩展分配尝试分配任务使得队列的性能不仅为当前时间步骤需要完成的任务集合，也为可能需要的整个任务集合做优化。

利用 MTRA 分类系统，用上述这些代号的三元组来对不同的任务分配方法进行归类。如 SR-ST-IA，即单机器人任务一次性分配给单任务机器人的分配问题。任务分配问题的不同变体具有不同的计算复杂度，最容易的变体是 SR-ST-IA 问题，因为它是优化分配问题的一个例子，故可在多项式时间内求解[53.251]。其他的变体要难得多，也没有已知的多项式时间解，例如，能够证明 ST-SR-IA 变体是集合划分问题[53.252]的一个例子，这是一个强 NP 难度问题。ST-MR-IA，MT-SR-IA 和 MT-SR-TA 变体也都被证明是 NP 难度问题，因为这些问题计算复杂。大多数多机器人系统任务分配方法生成的是近似解。

53.8.2 典型方法

多机器人系统的任务分配方法能大略地分为基于行为的方法和基于市场（有时也称为谈判型或者基于拍卖）的方法。本节接下来的部分描述这些通用方法的一些典型架构。有关以上部分方法在计算、通信要求以及求解质量方面的比较性分析，请见参考文献［53.250］。

1. 基于行为的任务分配

基于行为的方法通常能使机器人在没有明确讨论单个任务的情况下确定任务分配。在这些方法中，机器人利用对机器人队列的使命、机器人队列成员的功能和机器人行动的当前状态的了解，以分布方式决定哪一个机器人应该执行哪项任务。

基于行为的 ALLIANCE 架构[53.9]和相关的 L-ALLIANCE 架构[53.10]是最早的多机器人任务分配体系架构之一，并在机器人物理样机中验证过。ALLIANCE 架构针对任务分配问题的 ST-ST-IA 和 ST-ST-IA 变体，在机器人之间没有直接的通信。如第 53.2.2 节所述，ALLIANCE 架构利用动机性的行为，即每个机器人内在的焦躁与默许的级别，可确定自身和同伴执行特定任务的相对适合度，从而取得自适应行动选择。基于任务需求、同伴的行动和功能以及机器人内部状态来计算这些动机，这些动机有效地计算每一个机器人-任务对的效用尺度。

另外一种基于行为的多机器人任务分配方法是本地适任度广播（BLE）[53.253]，它针对的是任务分配的 ST-SR-IA 变体。BLE 利用一种包容型行为控制架构[53.254]，允许持续地广播本地计算的适任度并只选择具有最高适任度的机器人来执行任务，使得机器人可以有效地执行任务。在这种情况下，通过行为抑制来取得任务分配，BLE 使用一种与 Botelho 和 Alami 的 M+体系架构[53.255]类似的分配算法。

2. 基于市场的任务分配

基于市场（或基于谈判）的方法通常包含机器人之间关于所需任务的显式通信，且机器人基于它们的功能和可用性来竞标任务。谈判过程基于市场理论，即机器人队列寻求基于单个机器人执行特定任务的效用来优化一个目标函数。该方法通常会渴望向能以最高的效用执行任务的机器人分配子任务。

Smith 提出的合同网协议（CNP）[53.256]第一个针对机器人单元如何能通过谈判来协作解决一系列任

务。Botelho 和 Alami 的 M+体系架构[53.255]第一个将基于市场的方法用于多机器人任务分配。在 M+方法中，机器人为已分配的任务规划它们各自的路径，然后与同伴彼此协商，利用有助于合并规划的社会法则来逐渐调整自己的行动，使队列成为一个整体。

自这些早期的发展之后，又开发了许多基于市场任务分配的替代方法。参考文献［53.257］给出了详尽的关于多机器人任务分配最新技术发展的调查，并在解的质量、可缩放性、动态事件与环境、异构性等方面对替代方法进行了比较。

当前大部分基于市场的任务分配方法针对 ST-SR 问题的变体，也有些方法（如参考文献［53.11，258-260］）针对瞬时分配（IA），还有其他方法（如参考文献［53.135，261-263］）处理的是时间扩展分配（TA）。最近的方法开始处理多机器人任务的分配（即 MR-ST 问题的变体），包括参考文献［53.246，264-269］。在参考文献［53.270］中可找到 MR-MT 问题变体的一个示例方法。

代表性的基于市场的方法包括 MURDOCH[53.258]、TraderBots[53.247,263]和 Hoplites[53.265]。MURDOCH 方法[53.258]采用一种以资源为中心的发布——订阅通信模型来进行动作，具有匿名通信的好处。在这种方法中，一项任务由所需的资源来代表，如环境传感器。有关如何使用这样的传感器来产生满意结果的方法被预先编程并写入机器人。

TraderBots 方法[53.247,263]，利用市场经济技术在动态环境中产生有效且鲁棒的多机器人协作。在市场经济中，机器人基于自我兴趣行动。机器人试图完成一项任务时收到回报并承担成本，目标是机器人通过拍卖或谈判来进行任务交易，使得队列的利润（回报减去成本）最优。

Hoplites 方法[53.265]集中在通过将联合的回报与成本整合到投标中，选出合适的联合计划供机器人队列执行。这种方法将规划与被动和主动协同战略连接到一起，令机器人可以根据任务变化的需要改变协同战略。为完成选定的计划，预先定义好了机器人战略。

有些替代方法将待分配的目标表示成角色，通常把机器人扮演特定角色时应该执行的一系列任务和（或）行为打包，然后按照与基于拍卖的方法（例如，参考文献［53.11，248］）类似的方式将角色动态分配给各机器人。

53.9 学习

多机器人学习问题是学习新的协作行为，或者在有其他机器人在场的情况下学习的问题。但是，环境中的其他机器人具有它们各自的目标，因此可能以并行方式进行学习[53.271]。挑战性在于环境中存在其他机器人违反了马尔可夫性质——关于单机器人学习方法的一个基本假设[53.271]。多机器人学习问题特别具有挑战性，因为它综合了单机器人学习与多主体学习的难度。多机器人学习中必须考虑的特殊困难包括连续状态与活动空间、指数状态空间、分布式信任度分配、有限的培训时间和不足的培训数据、传感与共享信息的不确定性、非确定性行为、难以对学习到的信息定义合适的系统抽象、难以合并从不同机器人的经验学习到的信息。

已经研究过的多机器人学习应用类别包括多目标观测[53.272,273]、机群控制[53.274]、狩猎者-猎物[53.137,275,276]、推箱子[53.277]、觅食[53.23]和多机器人足球赛[53.140,278]。多机器人学习特别具有挑战性的领域是那些具备固有协作性的任务。固有协作任务不能再进一步分解成独立的可由单个机器人求解的子任务，相反，一个机器人的行为功效取决于其他同伴当前的行为。这种类型的任务在多机器人学习中特别具有挑战性，因为很难为机器人团队成员的个人行为分配任务。

信任度分配问题特别有挑战性，因为一个机器人很难确定它的适合度（好或者坏）是由它自己的行为，或另外一个机器人的行为造成的。正如 Pugh 和 Martinoli 在参考文献［53.279］中所讨论的，在机器人不直接共享它们的意图的情况下，该问题变得特别困难。信任度分配问题的两种不同变体在多机器人学习中很常见。第一种是机器人学习单独的行为，但有其他机器人在场并能影响其性能；第二种是机器人试图在一个共享的适应函数下学习一项任务，确定如何分解适应函数以奖赏或者处罚单个机器人的贡献是很困难的事。

单机器人系统（例如，第1卷第13章有关在基于行为的系统中学习的讨论，第1卷第15章关于基本学习技巧的讨论）和多主体系统[53.280]领域的学习已经有广泛的研究，而在多机器人学习领域内的研究就少很多，虽然该主题正获得更多的关注。迄今为止的很多研究集中于强化学习方法，这种多机器人学习研究的一些例子包括 Asada 等人的研究[53.281]，他提出了一种通过 Q 学习协同之前学到的行为，从而学习新的行为的方法，并将其应用于足球赛机器人。Mataric[53.8]介绍了一种利用非监督式强化学习、非均匀奖励函数以及进程估计器来将基本行为组合成高阶行为的方法。该机制应用在机器人队列上学习执行觅食任务。Kubo 和 Kakazu[53.282]提出了另外一种用进程值来确定强化量的强化学习机制，并将其应用到一个仿真的竞争取食蚂蚁群体上。Fernandez 等[53.272]应用强化学习算法，基于状态空间离散来结合监督式函数近似与归纳方法，并将其应用到学习多机器人追踪问题的机器人上。Bowling 和 Veloso[53.271]开发了一种通用的、可缩放的学习算法，称为基于梯度赢取或快速学习（GraWoLF）。它组合了基于梯度的策略学习技术与可变学习速率，并在对抗性的多机器人足球比赛中证明了其效果。

其他非基于强化的多机器人学习方法，包括 Parker 的 L-ALLIANCE 系统架构[53.10]，它针对学习避障的任务利用参数调整和基于统计经验数据，在执行一系列任务中学习不同的异构机器人的适应度。Pugh 和 Martinoli[53.279]将粒子群优化技术应用到分布式非监督型机器的分组学习。

53.10 应用

应用多移动机器人系统能使许多实际应用潜在获益，应用范例包括码头容器管理[53.283]、行星外探测[53.284]、搜索与救援[53.241]、矿物开采、交通、工业与家用维护、建筑[53.11]、危险废物清除[53.9]、安保[53.285,286]、农业和仓库管理[53.287]（VIDEO 210）。多机器人系统也应用在定位、地图绘制和探测等领域，第 46 章提到了关于多机器人系统在这些问题上应用的部分研究成果。本手册第 3 卷的第 6~7 篇列出了很多与单机器人系统、多机器人系统都相关的应用领域。迄今为止，这样的多机器人系统的实际应用相对较少，主要原因是多机器人系统的复杂度，以及相对较新的支撑技术。尽管如此，还是有许多多机器人系统概念的原理得到了物理验证。人们期望随着技术不断成熟，这些系统将会投入到更多的实际应用中去。

多移动机器人系统的研究经常在常见的应用测试领域背景下进行，虽然还没有上升到基准测试任务的层次，但这些常见领域为研究者提供了对比多机器人控制替代策略的机会。并且，虽然这些常见测试领域通常只是实验室阶段的测试，但它们与实际应用相关联，本节列举了这些常见的应用领域，有关这些领域的讨论和相关研究更详细的列举，请见参考文献［53.2］和参考文献［53.288］。

53.10.1 觅食与覆盖

觅食是多机器人系统中一项较为流行的测试应用，特别是对于处理集群机器人和包含大量移动机器人的方法而言。在觅食领域，如圆盘或者食物颗粒的目标分布于整个平面地形，机器人的任务就是收集这些目标并将它们送到一个或者多个收集位置，如基地。觅食主要用于研究松协作机器人系统，即单个机器人的行动不一定需要彼此紧密同步，该任务传统上就是多机器人系统的研究对象，因为它与激励了集群机器人研究的生物系统很类似。但是，它也与数个实际应用相关联，如有毒废物清除、搜索与救援、地雷移除。而且，为了发现目标，觅食通常要求机器人勘查整个地形，因此在覆盖领域存在着与觅食应用相似的问题。在覆盖范围内，机器人必须访问其环境的所有区域，也许是搜索物体（如地雷）或在环境的所有部分执行一些行动（如清洁地板）。覆盖应用也与诸如排雷、草坪打理、环境制图和农业等任务有实际的关联。

在觅食与覆盖应用中，一个基本的问题是如何令机器人可以快速地勘查环境而没有重复的行动或者彼此干扰。替代策略包括基本的间接通信[53.14]、链队列[53.120]和利用异构机器人[53.131]，觅食和（或）覆盖领域内其他已证实的研究包括参考文献［53.23，132，289-294］。

53.10.2 群集与队列

自从多移动机器人系统开创以来，协同机器人彼此的运动就一直是该领域的一个研究课题，特别是群集与队列控制问题受到了很多的关注。群集问题可以看作队列控制问题的一个子类，它要求机器人在集合的过程中沿着某些路径一起移动，但是对特定机器人所走的路径只有最低限度的要求（VIDEO 217 VIDEO 293）。队列则更严格，它要求机器人在环境中移动的时候保持某种相对位置。

在这些问题中，假定机器人只具备最低限度的传感、计算、驱动器和通信功能。群集和队列控制研究中的一个关键问题是确定每个机器人本地控制策略的设计，以产生期望的偶发性协同行为。其他问题包括如何合作定位自身的位置以取得队列控制（如参考文献［53.133，295］），以及为固定排列多机器人队形规划路径（如参考文献［53.296］）。

早期队列问题的人工智能体解决方案由 Reynolds[53.297]利用基于规则的方法生成。类似的基于行为或规则的方法已被用于物理机器人的证明和研究，如参考文献［53.121，298］，这些早期的解决方案是基于人工产生且被证明在实际中可行的本地控制规则。更近期的研究基于控制理论原理，集中在证明多机器人系统行为中的稳定性和收敛性，这种研究的例子包括参考文献［53.128，299-307］。有关控制理论工作的研究，见参考文献［53.308，309］。

53.10.3 物品传输与协同操作

集群机器人最早的一些工作是针对物品传输任务[53.13,123,310-313]，这需要一组机器人将物体从其在环境中的当前位置移动到某个目标位置（VIDEO 193）。使用集群机器人完成这项任务的主要好处是，单个机器人可以联合力量移动对于单独或小团队工作的单个机器人来说太重的物体。然而，这项任务并非没有挑战，设计能够在物品传输过程中有效协调机器人队列成员的分散机器人控制算法是非常重要的。更复杂的是，机器人与物体的交互动力学可能对某些物体几何形状[53.314,315]和传输过程中物体的旋转[53.315]敏感，从而加大了控制难度。

物品传输和协同操作是展现多机器人协作的热门领域，因为它们明确提供了一个需要密切协调和协作的领域。一种常见的物品传输方式是推箱子（图53.15），它要求机器人队列将箱子从起始位置移动到定义的目标位置，有时需要沿着指定的路径。通常情况下，推箱子在平面内进行，假设箱子太重或太长，无法让单个机器人单独推动。有时需要移动多个箱子，并且顺序依赖关系约束了运动序列。协同操作与此类似，只是它需要机器人将物体抬到目的地。该试验台有助于研究强协作多机器人策略，因为机器人通常必须同步其动作才能成功执行这些任务。推箱子和协同操作领域也很受欢迎，因为它与多个实际应用相关[53.288]，包括仓库储存、卡车装卸、在工业环境中运输大型物体以及大型结构的组装。

研究者通常强调他们的机器人合作控制方法在推箱子与机器人协同操作领域内的不同方面。例如，Kude 和 Zhang[53.13]证明了蜂群型协同控制技术如何能实现推箱子（VIDEO 199）；Parker[53.316]阐明了自适应任务分配与学习；Donald 人[53.317]阐明了信息不变和传感、通信以及控制的互换（VIDEO 208）；Simons 等[53.11]证明了利用协同控制建造行星栖息地的可行性。

图 53.15 协作推箱子

通常来说，集群式物品传输技术可以分为三种主要方法[53.318]：推进、抓取和围笼。推进方法[53.10,11,13,316,317]需要每个机器人与物体接触，向目标方向施力，然而机器人与物体间并没有直接连接。抓取时[53.123,142,310-312,319-322]，队列中每个机器人都与被运输的物体相连。例如，图53.16所示为协作抓取木棒，可以参阅参考文献［53.320］的协作拉杆工作。最后，利用围笼方法[53.323-326]（VIDEO 292）设计机器人环绕物体，此时任意机器人与物体没有持续接触，但仍能向所有方向移动。图53.17给出了利用上述方法实现集群式物品传输技术的具体实例[53.323]。

图 53.16 协作抓取木棒

集体施工与建墙是与之密切相关的一项任务，集体施工和建墙任务是指由机器人建造指定形式的二维或三维结构。此项任务不同于重构机器人，其本身充当动力结构。Werfel 和 Nagpal 对此进行了广泛探索（VIDEO 216），开发了分布式算法，使简化的机器人能够构建基于所提供二维蓝图[53.327-329]或三维蓝图[53.330]的结构。在他们的三维方法中，系统由执行施工的理想化移动机器人和作

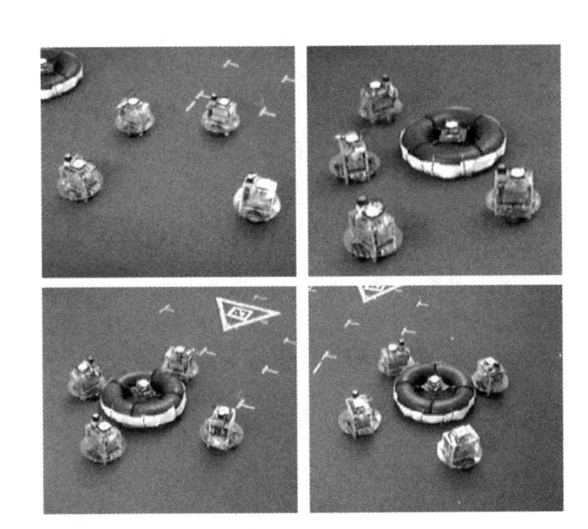

图 53.17 利用围笼方法实现集群式物品传输

为被动式结构的智能模块组成。机器人的工作是使其移动，而智能模块的作用是在不断增长的结构中，确定可以放置额外模块的位置，以获得所需的最终结构的路径。该项目的目标是能够通过部署，将一定数量的机器人和空闲模块放入施工区域，并且确保有某个模块作为建筑的基石，然后根据所提供的蓝图进行对所需结构的施工。

Terada 和 Murata[53.331] 解决了机器人集体施工时硬件方面的挑战。在这项工作中，他们提出了定义被动构建块的硬件设计，以及与机器人一起构建结构的组装机器人。关于集体施工这一主题的其他相关工作包括 Wawerla 等人[53.332] 的工作，其中机器人使用基于行为的方法来构建直线墙，使用配有正或负魔术贴的模块，模块以颜色区分。结果表明，添加 1bit 的状态信息来传达最后一个附加模块的颜色可以显著提高集体性能。Stewart 和 Russell[53.333,334] 的工作提出了一种分布式机器人集群的方法来构建松散的墙体结构。

另一种类型的结构称为 blind bulldozing，其灵感来自在某些蚁群中观察到的行为。这种方法不是通过积累材料来构建，而是通过去除材料来实现构建。这项任务在场地清理方面具有实际应用，如行星探索[53.335]。Brooks 等[53.336] 讨论了这个概念的早期想法，他主张将大量小型机器人运送到月球表面进行场地准备。Parker 等[53.337] 提出使用力传感器的机器人通过将材料推到工作现场的边缘来清理一个区域，进一步发展了这一想法。

该领域已经出现了各种其他研究，典型示例有参考文献 [53.3，6，123，258，284，310，323，338-344]。

53.10.4 多目标观测

多目标观测领域要求多个机器人监测和（或）观察多个在环境中移动的目标，目的是在任务执行过程中使目标保持在部分机器人成员视野中的时间或者可能性最大化。如果目标比机器人更多，任务可能特别有挑战性。该应用领域有助于提供强协作任务的解决方案，因为机器人需要协同运动或者切换跟踪目标以最大限度地实现目标。在多移动机器人应用的背景下，该测试平台的平面版本在参考文献 [53.345] 中被首先引入并用于多机器人协同观测多个移动目标（CMOMMT）。有数名研究者已经研究了类似的问题，并将其扩展到更复杂的问题领域。如具有复杂地形的环境或者三维情况下多个飞行机器人的应用。该领域也与其他领域的问题相关联，如艺术馆走廊监控算法、追逐与躲避以及传感器覆盖。该领域在安保、监控和侦察问题方面有许多实际的应用，属于多机器人系统在多目标观测问题中的研究还包括参考文献 [53.138，253，364-353]。

53.10.5 交通控制与多机器人路径规划

当多个机器人在一个共享环境中运行时，必须协同其行动以防止干扰；当机器人运行的空间含有瓶颈区域，如道路网络或者机器人占据了可用空间的较大部分，通常会出现这些问题。在这些问题中，空旷地域可被看作机器人必须尽可能共享的资源以避免障碍和死锁。在该领域中，机器人通常具有各自的目标，必须与其他机器人协作以确保享有的共享空间足够完成它们的目标。在有些变体情况下，多个机器人的所有路径需要彼此协同；而在其他变体情况下，机器人必须简单地避免彼此干扰。

很多不同的方法被引入来处理这个问题，包括交通法规、将环境分成单一主权单元、几何路径规划[53.354]。针对这个问题的许多早期研究基于启发式方法，如预先定义能防止死锁的运动控制（或交通）法规[53.355,358]，或者利用与分布式计算中的互斥类似的途径[53.359]。这些方法的好处是可以使获得解所需的规划成本最小化。其他更正规的技术将该应用视为几何多机器人路径规划问题，可以在位姿空间-时间域内精确求解。第 1 卷第 7 章包含了与该领域相关的多机器人运动规划讨论。尽管几何运动规划方法提供了最通用的解决方法，它们的计算量在实际应用中通常太大以至于不切实际。原因是环境具有动态本质，或者该方法对于当前问题而言根本不需要。在这些情况下，近似方法可能就足够了，如通过路线图限制搜索空间的集中式技术[53.361,362]，以及使用优先规划[53.363-365]（即逐个生成机器人路径）或路径协调的解耦方法（即首先为机器人规划单独的路径，然后处理碰撞避免）。

53.10.6 足球赛

自从机器人足球世界杯举办以来，多机器人足球比赛[53.366]作为研究多机器人系统协同和控制的一个挑战性问题诞生后，该领域的研究有了迅猛的发展。该领域整合了多机器人控制的许多挑战性因素，包括合作、机器人控制系统架构、策略获取、实时推理和行动、传感器融合、处理对抗性环境、认知模拟和学习。一年一度的竞赛展示了机器人队列在多种设置中的功能一直在提高，如图 53.18所示，该领域具有一个其他多机器人测试领域所不具备的关键因素，即机器人必须在对抗性的环境中运行。因为其在教育领域的作用和该领域的普及度，它将全世界的学生与研究者汇集到这项竞赛中以赢取机器人足球世界杯的挑战。机器人足球世界杯的竞赛已经增加了额外的搜索与救援类别[53.367]，该项目也已变成了重要的研究领域（该领域更多的细节请参见第 3 卷第 66 章）。机器人足球世界杯的年度会议记录记载了很多已经整合进多机器人足球队列的研究成果，部分代表性的研究成果包括参考文献［53.368-372］（VIDEO 202，VIDEO 209）。

图 53.18 机器人足球赛中的腿式机器人队列

53.11 结论与延展阅读

本章对多机器人系统当前的研究进展进行综述，并以此讨论了多机器人系统架构、通信问题、集群机器人系统、异构队列、任务分配、学习和应用。显然，在过去的十年中，这一领域已经取得了重大进展，但是它仍然是一个热门研究领域，还有很多研究课题有待解决。在系统集成、鲁棒性、学习、可扩展性、通用化以及处理异构性等广泛领域仍存在关键的开放性研究课题。

例如，在系统集成领域有一个待解决的问题是如何有效地令机器人队列通过组合一系列方法以获得能够执行超过有限任务集的完整机器人；在鲁棒性领域，多机器人系统仍然需要提高（故障时）适当降低性能的能力、推理容错能力和在不放大故障率的前提下提高复杂度的能力。多机器人系统学习领域仍然处在初级阶段，待解决的问题包括如何在多机器人系统中取得连续学习，如何有助于复杂表达的应用，以及如何让人能影响和（或）理解机器人队列学习的结果。就更复杂的环境和越来越多的机器人而言，可扩展性仍然是一个具有挑战性的问题。通用化中待解决的问题包括使机器人队列能够对背景进行推理，增加系统的多样性从而可以在多种不同的应用中运作。在异构性的处理中，待解决问题包括当所有的机器人为异构时，确定理论方法来预测系统性能，以及决定如何设计一个针对特定应用最优化的机器人队列。这些问题以及其他问题，预示着多移动机器人系统领域在将来的多年内将持续保持活跃。过去十年的进展为人类用户提供了与因特网中成百上千台计算机互动的能力。有必要开发类似的以网络为中心的接口方法，用于控制和监测。最后，一个主要的挑战是创建主动性网络预测我们的需求和命令，而不是对人类的命令做出反应（有延迟）。

有关多移动机器人系统主题的更多阅读，请读者参考该领域的综述性文章，包括参考文献［53.2，288，373，374］。还出现了数期特别针对本主题的期刊（特刊），包括参考文献［53.1，375-377］。参考文献［53.26，288，378］中给出了部分多机器人系统的分类体系。多种关于多机器人系统主题的专题研讨会与讲习班定期举行，这些讲习班与研讨会近期的会议论文集包括参考文献［53.379-388］。参考文献［53.389-391］包含有关这个主题的附加编辑材料。对于网络机器人的更多背景了解，我们向读者推荐参考文献［53.31，35，46，52，55，75，90，104］。此外，视频文献 VIDEO 192、VIDEO 197、VIDEO 201、

VIDEO 203、VIDEO 204、VIDEO 205、VIDEO 207、VIDEO 213 可供参考。

视频文献

VIDEO 192 Agents at play: Off-the-shelf software for practical multi-robot applications
available from http://handbookofrobotics.org/view-chapter/53/videodetails/192
VIDEO 193 Handling of a single object by multiple mobile robots based on caster-like dynamics
available from http://handbookofrobotics.org/view-chapter/53/videodetails/193
VIDEO 194 Synchronization and fault detection in autonomous robots
available from http://handbookofrobotics.org/view-chapter/53/videodetails/194
VIDEO 195 Self-assembly and morphology control in a swarm-bot
available from http://handbookofrobotics.org/view-chapter/53/videodetails/195
VIDEO 196 CKBOTS reconfigurable robots
available from http://handbookofrobotics.org/view-chapter/53/videodetails/196
VIDEO 197 Biologically inspired multi vehicles control algorithm
available from http://handbookofrobotics.org/view-chapter/53/videodetails/197
VIDEO 198 Metamorphic robotic system
available from http://handbookofrobotics.org/view-chapter/53/videodetails/198
VIDEO 199 Multi-robot box pushing
available from http://handbookofrobotics.org/view-chapter/53/videodetails/199
VIDEO 200 Elements of cooperative behavior in autonomous mobile robots
available from http://handbookofrobotics.org/view-chapter/53/videodetails/200
VIDEO 201 Coordination of multiple mobile platforms for manipulation and transportation
available from http://handbookofrobotics.org/view-chapter/53/videodetails/201
VIDEO 202 Robots in games and competition
available from http://handbookofrobotics.org/view-chapter/53/videodetails/202
VIDEO 203 A robotic reconnaissance and surveillance team
available from http://handbookofrobotics.org/view-chapter/53/videodetails/203
VIDEO 204 MARS (multiple autonomous robots)
available from http://handbookofrobotics.org/view-chapter/53/videodetails/204
VIDEO 205 A method for transporting a team of miniature robots
available from http://handbookofrobotics.org/view-chapter/53/videodetails/205
VIDEO 206 Reconfigurable multi-agents with distributed sensing for robust mobile robots
available from http://handbookofrobotics.org/view-chapter/53/videodetails/206
VIDEO 207 Miniature air vehicle cooperative timing missions
available from http://handbookofrobotics.org/view-chapter/53/videodetails/207
VIDEO 208 Distributed manipulation with mobile robots
available from http://handbookofrobotics.org/view-chapter/53/videodetails/208
VIDEO 209 Autonomous robot soccer – Through the wormhole with Morgan Freeman
available from http://handbookofrobotics.org/view-chapter/53/videodetails/209
VIDEO 210 A day in the life of a Kiva robot
available from http://handbookofrobotics.org/view-chapter/53/videodetails/210
VIDEO 211 Robot Pebbles – MIT developing self-sculpting smart sand robots
available from http://handbookofrobotics.org/view-chapter/53/videodetails/211
VIDEO 212 Transport of a child by swarm-bots
available from http://handbookofrobotics.org/view-chapter/53/videodetails/212
VIDEO 213 Towards a swarm of nano quadrotors
available from http://handbookofrobotics.org/view-chapter/53/videodetails/213
VIDEO 214 Swarm robotics at CU-Boulder
available from http://handbookofrobotics.org/view-chapter/53/videodetails/214
VIDEO 215 Swarm robot system
available from http://handbookofrobotics.org/view-chapter/53/videodetails/215
VIDEO 216 Swarm construction robots
available from http://handbookofrobotics.org/view-chapter/53/videodetails/216
VIDEO 217 Multi robot formation control – Khepera team
available from http://handbookofrobotics.org/view-chapter/53/videodetails/217
VIDEO 292 Experiments of escorting a target
available from http://handbookofrobotics.org/view-chapter/53/videodetails/292
VIDEO 293 Formation control via a distributed controller-observer
available from http://handbookofrobotics.org/view-chapter/53/videodetails/293

参考文献

53.1 T. Arai, E. Pagello, L.E. Parker: Editorial: Advances in multi-robot systems, IEEE Trans. Robotics Autom. **18**(5), 655–661 (2002)

53.2 Y. Cao, A. Fukunaga, A. Kahng: Cooperative mobile robotics: Antecedents and directions, Auton. Robots **4**, 1–23 (1997)

53.3 R.G. Brown, J.S. Jennings: A pusher/steerer model for strongly cooperative mobile robot manipulation, IEEE/RSJ Int. Conf. Intell. Robots Syst. (1995) pp. 562–568

53.4 D. Milutinović, P. Lima: Modeling and optimal centralized control of a large-size robotic population, IEEE Trans. Robotics **22**(6), 1280–1285 (2006)

53.5 B. Khoshnevis, G.A. Bekey: Centralized sensing and control of multiple mobile robots, Comput. Ind. Eng. **35**(3/4), 503–506 (1998)

53.6 M.J. Matarić: Issues and approaches in the design of collective autonomous agents, Robotics Auton. Syst. **16**, 321–331 (1995)

53.7 E. Ostergaard, G.S. Sukhatme, M.J. Matarić: Emergent bucket brigading, 5th Int. Conf. Auton. Agents (2001)

53.8 M. Matarić: Reinforcement learning in the multi-robot domain, Auton. Robots **4**, 73–83 (1997)

53.9 L.E. Parker: ALLIANCE: An architecture for fault-tolerant multi-robot cooperation, IEEE Trans. Robotics Autom. **14**(2), 220–240 (1998)

53.10 L.E. Parker: Lifelong adaptation in heterogeneous teams: Response to continual variation in individual robot performance, Auton. Robots **8**(3), 239–267 (2000)

53.11 R. Simmons, S. Singh, D. Hershberger, J. Ramos, T. Smith: First results in the coordination of heterogeneous robots for large-scale assembly, Proc. ISER 7th Int. Symp. Exp. Robotics (2000)

53.12 J. Deneubourg, S. Goss, G. Sandini, F. Ferrari, P. Dario: Self-organizing collection and transport of objects in unpredictable environments, Jpn.-USA Symp. Flex. Autom. (1990) pp. 1093–1098

53.13 C.R. Kube, H. Zhang: Collective robotics: From social insects to robots, Adapt. Behav. **2**(2), 189–219 (1993)

53.14 R. Beckers, O. Holland, J. Deneubourg: From local actions to global tasks: Stigmergy and collective robotics, Proc. 14th Int. Workshop Synth. Simul. Living Syst. (1994) pp. 181–189

53.15 S. Onn, M. Tennenholtz: Determination of social laws for multi-agent mobilization, Artif. Intell. **95**, 155–167 (1997)

53.16 B.B. Werger: Cooperation without deliberation: A minimal behavior-based approach to multi-robot teams, Artif. Intell. **110**(2), 293–320 (1999)

53.17 M.J. Huber, E. Durfee: Deciding when to commit to action during observation-based coordination, Proc. 1st Int. Conf. Multi-Agent Syst. (1995) pp. 163–170

53.18 H. Asama, K. Ozaki, A. Matsumoto, Y. Ishida, I. Endo: Development of task assignment system using communication for multiple autonomous robots, J. Robotics Mechatron. **4**(2), 122–127 (1992)

53.19 N. Jennings: Controlling cooperative problem solving in industrial multi-agent systems using joint intentions, Artif. Intell. **75**(2), 195–240 (1995)

53.20 M. Tambe: Towards flexible teamwork, J. Artif. Intell. Res. **7**, 83–124 (1997)

53.21 R.T. Vaughan, K. Stoy, G.S. Sukhatme, M.J. Matarić: LOST: Localization-space trails for robot teams, IEEE Trans. Robotics Autom. **18**(5), 796–812 (2002)

53.22 L.E. Parker: The Effect of action recognition and robot awareness in cooperative robotic teams, IEEE/RSJ Int. Conf. Intell. Robots Syst. (1995) pp. 212–219

53.23 M. Matarić: Behavior-based control: Examples from navigation, learning, and group behavior, J. Exp. Theor. Artif. Intell. **19**(2/3), 323–336 (1997)

53.24 B. MacLennan, G.M. Burghardt: Synthetic ethology and the evolution of cooperative communication, Adapt. Behav. **2**, 161–188 (1993)

53.25 T. Balch, R.C. Arkin: Communiation in reactive multiagent robotic systems, Auton. Robots **1**(1), 27–52 (1995)

53.26 G. Dudek, M. Jenkin, E. Milios, D. Wilkes: A taxonomy for multi-agent robotics, Auton. Robots **3**, 375–397 (1996)

53.27 Z. Butler, K. Kotay, D.L. Rus, M. Vona: Self-reconfiguring robots, Commun. ACM **45**(3), 39–45 (2002)

53.28 O. Khatib, K. Yokoi, K. Chang, D. Ruspini, R. Holmberg, A. Casal: Coordination and decentralized cooperation of multiple mobile manipulators, J. Robotic Syst. **13**(11), 755–764 (1996)

53.29 L.E. Parker: The effect of heterogeneity in teams of 100+ mobile robots. In: *Multi-Robot Systems Volume II: From Swarms to Intelligent Automata*, ed. by A. Schultz, L.E. Parker, F. Schneider (Kluwer, Dordrecht 2003)

53.30 M. Yim, Y. Zhang, D. Duff: Modular robots, IEEE Spectrum **39**(22), 30–34 (2002)

53.31 D. Estrin: *Embedded, Everywhere* (National Academies Press, Washington 2001)

53.32 J. Parrish, S. Viscido, D. Grünbaum: Self-organized fish schools: An examination of emergent properties, Biol. Bull. **202**, 296–305 (2002)

53.33 N. Franks, S. Pratt, E. Mallon, N. Britton, D. Sumpter: Information flow, opinion polling and collective intelligence in house-hunting social insects, Philos. Trans. R. Soc. B **357**, 1567–1584 (2002)

53.34 R.L. Jeanne: Group size, productivity, and information flow in social wasps. In: *Information Processing in Social Insects*, ed. by C. Detrain, J.M. Pasteels, J.L. Deneubourg (Birkhauser, Basel 1999)

53.35 T. Akimoto, N. Hagita: Introduction to a network robot system, IEEE Int. Symp. Intell. Signal Proc. Comm. (2006)

53.36 Argo Floats: *A global array of 3000 Free-Drifting*

Profiling Floats for Environmental Monitoring (Argo Information Center, Ramonville 2007)
53.37 G.S. Sukhatme, A. Dhariwal, B. Zhang, C. Oberg, B. Stauffer, D.A. Caron: The design and development of a wireless robotic networked aquatic microbial observing system, Environ. Eng. Sci. **24**(2), 205–215 (2006)
53.38 W. Kaiser, G. Pottie, M. Srivastava, G.S. Sukhatme, J. Villasenor, D. Estrin: Networked infomechanical systems (NIMS) for ambient intelligence. In: *Ambient Intelligence*, ed. by W. Weber, J.M. Rabaey, E. Aarts (Springer, Berlin, Heidelberg 2005)
53.39 Amarss: *Networked Minirhizotron Planning and Initial Deployment* (Center for Embedded Networkedsensing, Los Angeles 2007)
53.40 H. Singh, J. Catipovic, R. Eastwood, L. Freitag, H. Henriksen, F.F. Hover, D. Yoerger, J.G. Bellingham, B.A. Moran: An integrated approach to multiple AUV communications, navigation and docking, MTS/IEEE Conf. Proc. OCEANS (1996) pp. 59–64
53.41 I. Vasilescu, M. Dunbabin, P. Corke, K. Kotay, D. Rus: Data collection, storage, and retrieval with an underwater sensor network, Proc. ACM Sens. Syst. (2005)
53.42 N. Leonard, D. Paley, F. Lekien, R. Sepulchre, D.M. Fratantoni, R. Davis: Collective motion, sensor networks and ocean sampling, Proc. IEEE **95**(1), 48–74 (2006)
53.43 D.O. Popa, A.S. Sanderson, R.J. Komerska, S.S. Mupparapu, D.R. Blidberg, S.G. Chappell: Adaptive sampling algorithms for multiple autonomous underwater vehicles, IEEE/OES AUV2004: A Workshop Multiple Auton. Underw. Veh. Oper. (2004)
53.44 L. Chaimowicz, A. Cowley, B. Grocholsky, M.A. Hsieh, J.F. Keller, V. Kumar, C.J. Taylor: Deploying air-ground multi-robot teams in urban environments, 3rd Multi-Robot Syst. Workshop (2005)
53.45 B. Grocholsky, R. Swaminathan, J. Keller, V. Kumar, G. Pappas: Information driven coordinated air-ground proactive sensing, Proc. IEEE Int. Conf. Robotics Autom. (ICRA) (2005)
53.46 A. Howard, L.E. Parker, G.S. Sukhatme: Experiments with a large heterogeneous mobile robot team: Exploration, mapping, deployment and detection, Int. J. Robotics Res. **25**(5/6), 431–447 (2006)
53.47 D. Fox, J. Ko, K. Konolige, B. Limketkai, D. Schulz, B. Stewart: Distributed multirobot exploration and mapping, Proc. IEEE **94**(7), 1325–1339 (2006)
53.48 M.A. Hsieh, A. Cowley, J.F. Keller, L. Chaimowicz, B. Grocholsky, V. Kumar, C.J. Talyor, Y. Endo, R. Arkin, B. Jung, D. Wolf, G. Sukhatme, D.C. MacKenzie: Adaptive teams of autonomous aerial and ground robots for situational awareness, J. Field Robotics **24**(11/12), 991–1014 (2007)
53.49 J. Seyfied, M. Szymanski, N. Bender, R. Estana, M. Theil, H. Worn: The I-swarm project: Intelligent small world autonomous robots for micromanipulation, SAB 2004 Int. Workshop (2004)
53.50 F. Mondada, G.C. Pettinaro, A. Guignard, I.W. Kwee, D. Floreano, J.-L. Deneubourg, S. Nofli, L.M. Gambardella, M. Dorigo: Swarm-Bot: A new distributed robotic concept, Auton. Robots **17**, 193–221 (2004)
53.51 A. Ollero, S. Lacroix, L. Merino, J. Gancet, J. Wiklund, V. Remuss, I. Veiga, L.G. Gutierrez, D.X. Viegas, M.A. Gonzalez, A. Mallet, R. Alami, R. Chatila, G. Hommel, F.J. Colmenero, B. Arrue, J. Ferruz, R. Martinez de Dios, F. Caballero: Architecture and perception issues in the COMETS multi-UAV project, IEEE Robotics Autom. Mag. **12**(2), 46–57 (2005)
53.52 Q. Li, D. Rus: Navigation protocols in sensor networks, ACM Trans. Sens. Netw. **1**(1), 3–35 (2005)
53.53 R. Bajcsy: Active perception, Proc. IEEE **76**, 996–1005 (1988)
53.54 T. Eren, D. Goldenberg, W. Whitley, Y.R. Yang, S. Morse, B.D.O. Anderson, P.N. Belhumeur: Rigidity, computation, and randomization of network localization, Proc. IEEE INFOCOM (2004)
53.55 A. Hsieh, A. Cowley, V. Kumar, C.J. Taylor: Towards the deployment of a mobile robot network with end-to-end performance guarantees, Proc. IEEE Int. Conf. Robotics Autom. (ICRA) (2006)
53.56 B. Grocholsky, S. Bayraktar, V. Kumar, C.J. Taylor, G. Pappas: Synergies in feature localization by air-ground teams, Proc. 9th Int. Symp. Exp. Robotics (2004)
53.57 B. Grocholsky, E. Stump, V. Kumar: An extensive representation for range-only SLAM, Int. Symp. Exp. Robotics (2006)
53.58 A. Howard, M.J. Matarić, G.S. Sukhatme: An incremental self-deployment algorithm for mobile sensor networks, Auton. Robots **13**(2), 113–126 (2002)
53.59 Z. Butler, D. Rus: Controlling mobile networks for monitoring events with coverage constraints, Proc. IEEE Int. Conf. Robotics Autom. (ICRA) (2003)
53.60 M. Chu, J. Reich, F. Zhao: Distributed attention for large video sensor networks, Intell. Distrib. Surveill. Syst. Semin (2004)
53.61 B. Jung, G.S. Sukhatme: Tracking targets using multiple robots: The effect of environment occlusion, Auton. Robots **13**(3), 191–205 (2002)
53.62 R.M. Murray, K.J. Åström, S.P. Boyd, R.W. Brockett, G. Stein: Future directions in control in an information-rich world, IEEE Control Syst. Mag. (2003)
53.63 A. Pant, P. Seiler, K. Hedrick: Mesh stability of look-ahead interconnected systems, IEEE Trans. Autom. Control **47**, 403–407 (2002)
53.64 T. Sugar, J. Desai, V. Kumar, J.P. Ostrowski: Coordination of multiple mobile manipulators, Proc. IEEE Int. Conf. Robotics Autom. (ICRA) (2001) pp. 3022–3027
53.65 R.W. Beard, J. Lawton, F.Y. Hadaegh: A coordination architecture for spacecraft formation control, IEEE Trans. Control Syst. Technol. **9**, 777–790 (2001)
53.66 A. Das, J. Spletzer, V. Kumar, C. Taylor: Ad hoc networks for localization and control, Proc. IEEE Conf. Decis. Control (2002) pp. 2978–2983
53.67 J. Manyika, H. Durrant-Whyte: *Data Fusion and Sensor Management: An Information-Theoretic Approach* (Prentice Hall, Upper Saddle River 1994)
53.68 H.G. Tanner, A. Jadbabaie, G.J. Pappas: Stable flocking of mobile agents, Part I: Fixed topology, Proc. IEEE Conf. Decis. Control (2003) pp. 2010–2015

53.69 J.M. Fowler, R. D'Andrea: Distributed control of close formation flight, Proc. IEEE Conf. Decis. Control (2002) pp. 2972–2977

53.70 J.P. Desai, J.P. Ostrowski, V. Kumar: Modeling and control of formations of nonholonomic mobile robots, IEEE Trans. Robotics Autom. **17**(6), 905–908 (2001)

53.71 H.G. Tanner, V. Kumar, G.J. Pappas: Leader-to-formation stability, IEEE Trans. Robotics Autom. **20**(3), 443–455 (2004)

53.72 S. Loizou, V. Kumar: Relaxed input to state stability properties for navigation function based systems, Proc. IEEE Conf. Decis. Control (2006)

53.73 M. Batalin, G.S. Sukhatme: Coverage, exploration and deployment by a mobile robot and communication network, Telecommun. Syst. J. **26**(2), 181–196 (2004)

53.74 K.J. O'hara, V. Bigio, S. Whitt, D. Walker, T.R. Balch: Evaluation of a large scale pervasive embedded network for robot path planning, Proc. IEEE Int. Conf. Robotics Autom. (ICRA) (2006) pp. 2072–2077

53.75 V. Kumar, N. Leonard, A.S. Morse (Eds.): *Cooperative control*, Lecture Notes in Control and Information Sciences, Vol. 309 (Springer, Berlin, Heidelberg 2004)

53.76 J. Chen, S. Teller, H. Balakrishnan: Pervasive pose-aware applications and infrastructure, IEEE Comput. Graph. Appl. **23**(4), 14–18 (2003)

53.77 A. Savvides, C.-C. Han, M. Srivastava: Dynamic fine-grained localization in ad-hoc networks of sensors, Proc. 7th Annu. Int. Conf. Mobile Comput. Netw. (MOBICOM-01) (2001) pp. 166–179

53.78 D. Moore, J. Leonard, D. Rus, S.J. Teller: Robust distributed network localization with noisy range measurements, Proc. 2nd Int. Conf. Embed. Netw. Sens. Syst. (SenSys) (2004) pp. 50–61

53.79 C. Detweiler, J. Leonard, D. Rus, S. Teller: Passive mobile robot localization within a fixed beacon field, Proc. Int. Workshop Algorithmic Found. Robotics (2006)

53.80 N. Bulusu, J. Heidemann, D. Estrin: Adaptive beacon placement, Proc. 21st Int. Conf. Distrib. Comput. Syst. (ICDCS-01) (2001) pp. 489–498

53.81 S.N. Simic, S. Sastry: Distributed Localization in Wireless ad hoc Networks, Tech. Rep. UCB/ERL M02/26 (2001), http://www.eecs.berkeley.edu/Pubs/TechRpts/2002/4010.html

53.82 P. Corke, R. Peterson, D. Rus: Communication-assisted localization and navigation for networked robots, Int. J. Robotics Res. **4**(9), 116 (2005)

53.83 R. Nagpal, H.E. Shrobe, J. Bachrach: Organizing a global coordinate system from local information on an ad hoc sensor network, Lect. Notes Comput. Sci. **2634**, 333–348 (2003)

53.84 R.K. Williams, A. Gasparri, A. Priolo, G.S. Sukhatme: Evaluating network rigidity in realistic systems: Decentralization, asynchronicity, and parallelization, IEEE Trans. Robotics **30**(4), 950–965 (2014)

53.85 A. Howard, M.J. Matarić, G.S. Sukhatme: Putting the 'i' in 'team': An ego-centric approach to cooperative localization, Proc. IEEE Int. Conf. Robotics Autom. (ICRA) (2003) pp. 868–892

53.86 A. Howard, M.J. Matarić, G.S. Sukhatme: Localization for mobile robot teams using maximum likelihood estimation, IEEE/RSJ Int. Conf. Intell. Robots Syst. (2002) pp. 434–459

53.87 R. Vidal, O. Shakernia, H.J. Kim, D.H. Shim, S. Sastry: Probabilistic pursuit-evasion games: Theory, implementation and experimental evaluation, IEEE Trans. Robotics Autom. **18**(5), 662–669 (2002)

53.88 M. Batalin, M.H. Rahimi, Y. Yu, D. Liu, A. Kansal, G.S. Sukhatme, W. Kaiser, M. Hansen, G. Pottie, M. Srivastava, D. Estrin: Call and response: Experiments in sampling the environment, Proc. 2nd Int. Conf. Embed. Netw. Sens. Syst. (SenSys) (2004) pp. 25–38

53.89 M.H. Rahimi, W. Kaiser, G.S. Sukhatme, D. Estrin: Adaptive sampling for environmental field estimation using robotic sensors, IEEE/RSJ Int. Conf. Intell. Robots Syst. (2005) pp. 747–753

53.90 F. Zhao, L. Guibas: *Wireless Sensor Networks: An Information Processing Approach* (Morgan Kaufmann, New York 2004)

53.91 F. Zhang, B. Grocholsky, V. Kumar: Formations for localization of robot networks, IEEE Int. Conf. Robotics Autom. (2004)

53.92 R.K. Williams, G.S. Sukhatme: Constrained interaction and coordination in proximity-limited multiagent systems, IEEE Trans. Robotics **29**(4), 930–944 (2013)

53.93 J. Cortes, S. Martinez, T. Karatas, F. Bullo: Coverage control for mobile sensing networks, IEEE Trans. Robotics Autom. **20**(2), 243–255 (2004)

53.94 J. Cortes, S. Martinez, F. Bullo: Spatially-distributed coverage optimization and control with limited-range interactions, ESAIM Control Optim. Calc. Var. **11**, 691–719 (2005)

53.95 M. Schwager, J. McLurkin, D. Rus: Distributed coverage control with sensory feedback for networked robots, Proc. Robotics Sci. Syst. (RSS) (2006)

53.96 M. Schwager, J.-J. Slotine, D. Rus: Decentralized adaptive control for coverage for networked robots, Proc. Int. Conf. Robotics Autom. (2007)

53.97 A. Krause, C. Guestrin, A. Gupta, J. Kleinberg: Near-optimal sensor placements: Maximizing information while minimizing communication cost, 5th Int. Conf. Inf. Process Sens. Netw. (IPSN) (2006)

53.98 V. Chvatal: A combinatorial theorem in plane geometry, J. Comb. Theory Ser. **18**, 39–41 (1975)

53.99 J. O'Rourke: *Art Gallery Theorems and Algorithms* (Oxford Univ. Press, New York 1987)

53.100 S. Fisk: A short proof of Chvatal's watchmen theorem, J. Comb. Theory Ser. **24**, 374 (1978)

53.101 A. Jadbabaie, J. Lin, A.S. Morse: Coordination of groups of mobile autonomous agents using nearest neighbor rules, IEEE Trans. Autom. Control **48**(6), 988–1001 (2003)

53.102 S. Sinha, M. Pollefeys: Camera network calibration from dynamic silhouettes, Proc. IEEE Conf. Comput. Vis. Pattern Recognit. (2004)

53.103 R. Collins, A. Lipton, H. Fujiyoshi, T. Kanade: Algorithms for cooperative multisensor surveillance, Proc. IEEE **89**(10), 1456–1477 (2001)

53.104 A. Kansal, W. Kaiser, G. Pottie, M. Srivastava, G.S. Sukhatme: Reconfiguration methods for mobile sensor networks, ACM Trans. Sens. Networks **3**(4), 1–28 (2007)

53.105 D. Payton, M. Daily, R. Estkowski, M. Howard, C. Lee: Pheromone robotics, Auton. Robots **11**, 319–324 (2001)

53.106 A. Howard, M.J. Matarić, G.S. Sukhatme: Mobile sensor network deployment using potential fields: A distributed, scalable solution to the area coverage problem, Proc. Int. Symp. Distrib. Auton. Robotic Syst. (2002) pp. 299–308

53.107 S. Poduri, G.S. Sukhatme: Constrained coverage for mobile sensor networks, IEEE Int. Conf. Robotics Autom. (2004) pp. 165–172

53.108 R. Wattenhofer, L. Li, P. Bahl, Y.M. Wang: A cone-based distributed topology-control algorithm for wireless multi-hop networks, IEEE/ACM Trans. Netw. **13**(1), 147–159 (2005)

53.109 H. Zhang, J.C. Hou: On deriving the upper bound of alphalifetime for large sensor networks, ACM Trans. Sens. Netw. **1**(6), 272–300 (2005)

53.110 S. Poduri, S. Pattem, B. Krishnamachari, G.S. Sukhatme: Using local geometry for tunable topology control in sensor networks, IEEE Trans. Mobile Comput. **8**(2), 218–230 (2009)

53.111 M.A. Hsieh, V. Kumar: Pattern generation with multiple robots, Proc. IEEE Int. Conf. Robotics Autom. (ICRA) (2006)

53.112 R.N. Smith, M. Schwager, S.L. Smith, B.H. Jones, D. Rus, G.S. Sukhatme: Persistent ocean monitoring with underwater gliders: Adapting spatiotemporal sampling resolution, J. Field Robotics **28**(5), 714–741 (2011)

53.113 J. Das, F. Py, T. Maughan, T. O'Reilly, M. Messié, J. Ryan, G.S. Sukhatme, K. Rajan: Coordinated sampling of dynamic oceanographic features with AUVs and drifters, Int. J. Robotics Res. **31**(5), 626–646 (2012)

53.114 G.A. Hollinger, S. Choudhary, P. Qarabaqi, C. Murphy, U. Mitra, G.S. Sukhatme, M. Stojanovic, H. Singh, F. Hover: Underwater data collection using robotic sensor networks, IEEE J. Sel. Areas Commun. **30**(5), 899–911 (2012)

53.115 F. Ye, G. Zhong, J. Cheng, L. Zhang, S. Lu: Peas: A robust energy conserving protocol for long-lived sensor networks, Int. Conf. Distrib. Comput. Syst. (2003)

53.116 X. Wang, G. Xing, Y. Zhang, C. Lu, R. Pless, C. Gill: Integrated coverage and connectivity configuration in wireless sensor networks, 1st ACM Conf. Embed. Netw. Sens. Syst. (SenSys) (2003)

53.117 D. Tian, N.D. Georganas: Connectivity maintenance and coverage preservation in wireless sensor networks, Ad Hoc Networks **3**(6), 744–761 (2005)

53.118 G. Theraulaz, S. Goss, J. Gervet, J.-L. Deneubourg: Task differentiation in Polistes wasp colonies: A model for self-organizing groups of robots, Proc. 1st Int. Conf. Simul. Adapt. Behav. (1990) pp. 346–355

53.119 L. Steels: Cooperation Between Distributed Agents Through Self-Organization, Proc. IEEE Int. Workshop Intell. Robots Syst. (IROS) (1990)

53.120 A. Drogoul, J. Ferber: From tom thumb to the dockers: Some experiments with foraging robots, Proc. 2nd Int. Conf. Simul. Adapt. Behav. (1992) pp. 451–459

53.121 M.J. Matarić: Designing emergent behaviors: From local interactions to collective intelligence, Proc. 2nd Int. Conf. Simul. Adapt. Behav. (1992) pp. 432–441

53.122 G. Beni, J. Wang: Swarm intelligence in cellular robotics systems, Proc. NATO Adv. Workshop Robots Biol. Syst. (1989)

53.123 D. Stilwell, J. Bay: Toward the development of a material transport system using swarms of ant-like robots, Proc. IEEE Int. Conf. Robotics Autom. (1993) pp. 766–771

53.124 T. Fukuda, S. Nakagawa, Y. Kawauchi, M. Buss: Self organizing robots based on cell structures – CEBOT, Proc. IEEE Int. Workshop Intell. Robots Syst. (1988) pp. 145–150

53.125 J.H. Reif, H.Y. Wang: Social Potential fields: A distributed behavior control for autonomous robots, Robotics Auton. Syst. **27**(3), 171–194 (1999)

53.126 L.E. Parker: Designing control laws for cooperative agent teams, Proc. IEEE Int. Cont. Robotics Autom. (1993) pp. 582–587

53.127 K. Sugihara, I. Suzuki: Distributed algorithms for formation of goemetric patterns with many mobile robots, J. Robotic Syst. **13**(3), 127–139 (1996)

53.128 V. Gazi: Swarm aggregations using artificial potentials and sliding-mode control, IEEE Trans. Robotics **21**(6), 1208–1214 (2005)

53.129 J. McLurkin, J. Smith: Distributed algorithms for dispersion in indoor environments using a swarm of autonomous mobile robots, Symp. Distrib. Auton. Robots Syst. (2004)

53.130 D. Gage: Randomized search strategies with imperfect sensors, Proc. SPIE Mobile Robots VIII (1993) pp. 270–279

53.131 T. Balch: The impact of diversity on performance in robot foraging, Proc. 3rd Ann. Conf. Auton. Agents (1999) pp. 92–99

53.132 Z.J. Butler, A.A. Rizzi, R.L. Hollis: Cooperative coverage of rectilinear environments, Proc. IEEE Int. Conf. Robotics Autom. (ICRA) (2000)

53.133 A.I. Mourikis, S.I. Roumeliotis: Performance analysis of multirobot cooperative localization, IEEE Trans. Robotics **22**(4), 666–681 (2006)

53.134 R. Grabowski, L.E. Navarro-Serment, C.J. Paredis, P.K. Khosla: Heterogeneous teams of modular robots for mapping and exploration, Auton. Robots **8**(3), 271–298 (2000)

53.135 M. Berhault, H. Huang, P. Keskinocak, S. Koenig, W. Elmaghraby, P. Griffin, A. Kleywegt: Robot exploration with combinatorial auctions, Proc. IEEE/RSJ Int. Conf. Intell. Robots Syst. (IROS) (2003) pp. 1957–1962

53.136 J. Kim, J.M. Esposito, V. Kumar: An RRT-based algorithm for testing and validating mulit-robot controllers, Proc. Robotics Sci. Syst. I (2005)

53.137 Z. Cao, M. Tin, L. Li, N. Gu, S. Wang: Cooperative hunting by distributed mobile robots based on local interaction, IEEE Trans. Robotics **22**(2), 403–407 (2006)

53.138 R.W. Beard, T.W. McLain, M. Goodrich: Coordinated target assignment and intercept for unmanned air vehicles, Proc. IEEE Int. Conf. Robotics Autom. (ICRA) (2002) pp. 2581–2586

53.139 J. Clark, R. Fierro: Cooperative hybrid control of robotic sensors for perimeter detection and tracking, Proc. Am. Control Conf. (2005) pp. 3500–3505

53.140 P. Stone, M. Veloso: A layered approach to learning client behaviors in the RoboCup soccer server, Appl. Artif. Intell. **12**, 165–188 (1998)

53.141 J. McLurkin: Stupid Robot Tricks: Behavior-Based Distributed Algorithm Library for Programming Swarms of Robots, Ph.D. Thesis (Massachusetts Institute of Technology, Cambridge 2004)

53.142 F. Mondada, L.M. Gambardella, D. Floreano, S. Nolfi, J.L. Deneuborg, M. Dorigo: The cooperation of swarm-bots: Physical interactions in collective robotics, IEEE Robotics Autom. Mag. **12**(2), 21–28 (2005)

53.143 T.W. Mather, M.A. Hsieh: Macroscopic modeling of stochastic deployment policies with time delays for robot ensembles, Int. J. Robotics Res. **30**(5), 590–600 (2011)

53.144 X.C. Ding, M. Kloetzer, Y. Chen, C. Belta: Automatic deployment of robot teams, IEEE Robotics Autom. Mag. **18**(3), 75–86 (2022)

53.145 F.S. Melo, M. Veloso: Decentralized MDPs with sparse interactions, Artif. Intell. **175**(11), 1757–1789 (2011)

53.146 P. Tsiotras, L.I.R. Castro: Extended multi-agent consensus protocols for the generation of geometric patterns in the plane, Am. Controls Conf. (2011) pp. 3850–3855

53.147 K. Cheng, P. Dasgupta: Weighted voting game based multi-robot team formation for distributed area coverage, Proc. 3rd Int. Symp. Pract. Cognit. Agents Robots (2010) pp. 9–15

53.148 A.A. Taheri, M. Afshar, M. Asadpour: Influence maximization for informed agents in collective behavior, Distrib. Auton. Robotic Syst. (2013) pp. 389–402

53.149 M.A. Hsieh, A. Halász, E.D. Cubuk, S. Schoenholz, A. Martinoli: Specialization as an optimal strategy under varying external conditions, Proc. IEEE Int. Conf. Robotics Autom. (2009) pp. 1941–1946

53.150 N. Hoff, R. Wood, R. Nagpal: Distributed colony-level algorithm switching for robot swarm foraging, Distrib. Auton. Robotic Syst. (2013) pp. 417–430

53.151 A. Winfield, J. Nembrini: Safety in numbers: Fault-tolerance in robot systems, Int. J. Model. Identif. Control **1**(1), 30–37 (2006)

53.152 T. Fukuda, S. Nakagawa: Dynamically reconfigurable robotic system, IEEE Int. Conf. Robotics Autom. (1988) pp. 1581–1586

53.153 M. Yim, W.-M. Shen, B. Salemi, D. Rus, M. Moll, H. Lipson, E. Klavins, G.S. Chirikjian: Modular self-reconfigurable robot systems: Challenges and opportunities for the future, IEEE Robotics Autom. Mag. **14**(1), 43–52 (2007)

53.154 K. Gilpin, D. Rus: Modular robot systems: From self-assembly to self-disassembly, IEEE Robotics Autom. Mag. **17**(3), 38–53 (2010)

53.155 M. Yim: A reconfigurable modular robot with many modes of locomotion, JSME Int. Conf. Adv. Mechatron. (1993) pp. 283–288

53.156 M. Yim: New locomotion gaits, Proc. IEEE Int. Conf. Robotics Autom. (ICRA) (1994) pp. 2508–2514

53.157 A. Castano, P. Will: Mechanical design of a module for reconfigurable robots, Proc. IEEE/RSJ Int. Conf. Intell. Robots Syst. (IROS) (2000) pp. 2203–2209

53.158 W.-M. Shen, P. Will: Docking in self-reconfigurable robots, Proc. IEEE/RSJ Int. Conf. Intell. Robots Syst. (IROS) (2001) pp. 1049–1054

53.159 A. Castano, A. Behar, P. Will: The conro modules for reconfigurable robots, IEEE Trans. Mechatron. **7**(4), 403–409 (2002)

53.160 S. Murata, E. Yoshida, A. Kamimura, H. Kurokawa, K. Tomita, S. Kokaji: M-TRAN: Self-reconfigurable modular robotic system, IEEE/ASME Trans. Mechatron. **7**(4), 431–441 (2002)

53.161 A. Kamimura, H. Kurokawa, E. Yoshida, S. Murata, K. Tomita, S. Kokaji: Automatic locomotion design and experiments for a modular robotic system, IEEE/ASME Trans. Mechatron. **10**(3), 314–325 (2005)

53.162 H. Kurokawa, K. Tomita, A. Kamimura, E. Yoshida, S. Kokahji, S. Murata: Distributed self-reconfiguration control of modular robot M-TRAN, IEEE Int. Conf. Mechatron. Autom. (2005) pp. 254–259

53.163 S. Murata, K. Kakomura, H. Kurokawa: Docking experiments of a modular robot by visual feedback, Proc. IEEE/RSJ Int. Conf. Intell. Robots Systems (IROS) (2006) pp. 625–630

53.164 D. Marbach, A.J. Ijspeert: Online optimization of modular robot locomotion, IEEE Int. Conf. Mechatron. Autom. (2005) pp. 248–253

53.165 E.H. Østergaard, H.H. Lund: Evolving control for modular robotic units, IEEE Int. Symp. Comput. Intell. Robotics Autom. (2003) pp. 886–892

53.166 M.W. Jørgensen, E.H. Østergaard, H.H. Lund: Modular ATRON: Modules for a self-reconfigurable robot, Proc. IEEE/RSJ Int. Conf. Intell. Robots Syst. (IROS) (2004) pp. 2068–2073

53.167 B. Salemi, M. Moll, W.-M. Shen: SUPERBOT: A deployable, multi-functional, and modular self-reconfigurable robotic system, Proc. IEEE/RSJ Int. Conf. Intell. Robots Syst. (IROS) (2006) pp. 3636–3641

53.168 M. Yim, D.G. Duff, K.D. Roufas: PolyBot: A modular reconfigurable robot, Proc. IEEE Int. Conf. Robotics Autom. (ICRA) (2000) pp. 514–520

53.169 M. Yim, Y. Zhang, K. Roufas, D. Duff, C. Eldershaw: Connecting and disconnecting for self-reconfiguration with PolyBot, IEEE/ASME Trans. Mechatron. **7**(4), 442–451 (2003)

53.170 M. Yim, B. Shirmohammadi, J. Sastra, M. Park, M. Dugan, C.J. Taylor: Towards robotic self-reassembly after explosion, IEEE/RSJ Int. Conf. Intell. Robots Syst. (2007) pp. 2767–2772

53.171 V. Zykov, E. Mytilinaios, M. Desnoyer, H. Lipson: Evolved and designed self-reproducing modular robotics, IEEE Trans. Robotics **23**(2), 308–319 (2007)

53.172 P.J. White, M.L. Posner, M. Yim: Strength analysis of miniature folded right angle tetrahedron chain programmable matter, Proc. IEEE Int. Conf. Robotics Autom. (ICRA) (2010) pp. 2785–2790

53.173 G.S. Chirikjian: Kinematics of a metamorphic robotic system, Proc. IEEE Int. Conf. Robotics Autom. (ICRA) (1994) pp. 449–455

53.174 G. Chirikjian, A. Pamecha, I. Ebert-Uphoff: Evaluating efficiency of self-reconfiguration in a class of modular robots, J. Robotic Syst. **13**(5), 317–388 (1996)

53.175 A. Pamecha, I. Ebert-Uphoff, G.S. Chirikjian: Useful metrics for modular robot motion planning,

IEEE Trans. Robotics Autom. **13**(4), 531–545 (1997)
53.176 J.E. Walter, E.M. Tsai, N.M. Amato: Algorithms for fast concurrent reconfiguration of hexagonal metamorphic robots, IEEE Trans. Robotics **21**(4), 621–631 (2005)
53.177 S. Murata, H. Kurokawa, S. Kokaji: Self-assembling machine, Proc. IEEE Int. Conf. Robotics Autom. (ICRA) (1994) pp. 441–448
53.178 E. Yoshida, S. Murata, K. Tomita, H. Kurokawa, S. Kokaji: Distributed formation control for a modular mechanical system, Proc. IEEE/RSJ Int. Conf. Intell. Robots Syst. (IROS) (1997) pp. 1090–1097
53.179 H. Kurokawa, S. Murata, E. Yoshida, K. Tomita, S. Kokaji: A 3-D self-reconfigurable structure and experiments, Proc. IEEE/RSJ Int. Conf. Intell. Robots Syst. (IROS) (1998) pp. 860–865
53.180 E. Yoshida, S. Murata, S. Kokaji, A. Kamimura, K. Tomita, H. Kurokawa: Get back in shape! A hardware prototype self-reconfigurable modular microrobot that uses shape memory alloy, IEEE Robotics Autom. Mag. **9**(4), 54–60 (2002)
53.181 J. Gargus, B. Kim, I. Llamas, J. Rossignac, C. Shaw: Finger Sculpting with Digital Clay, Tech. Rep. GIT-GVU-02-22 (2002)
53.182 K. Kotay, D. Rus, M. Vona, C. McGray: The self-reconfiguring robotic molecule, Proc. IEEE Int. Conf. Robotics Autom. (ICRA) (1998) pp. 424–431
53.183 K. Kotay, D. Rus: Motion synthesis for the self-reconfiguring robotic molecule, IEEE Int. Conf. Intell. Robots Syst. (1998) pp. 843–851
53.184 K. Kotay, D. Rus: Algorithms for self-reconfiguring molecule motion planning, Proc. IEEE/RSJ Int. Conf. Intell. Robots Syst. (IROS) (2000)
53.185 Z.J. Butler, K. Kotay, D. Rus, K. Tomita: Generic decentralized control for lattice-based self-reconfigurable robots, Int. J. Robotics Res. **23**(9), 919–937 (2004)
53.186 D. Rus, M. Vona: A basis for self-reconfiguring robots using crystal modules, Proc. IEEE/RSJ Int. Conf. Intell. Robots Syst. (IROS) (2000) pp. 2194–2202
53.187 D. Rus, M. Vona: Crystalline robots: Self-reconfiguration with compressible unit modules, Int. J. Robotics Res. **22**(9), 699–715 (2003)
53.188 J.W. Suh, S.B. Homans, M. Yim: Telecubes: Mechanical design of a module for self-reconfigurable robotics, Proc. IEEE Int. Conf. Robotics Autom. (ICRA) (2002) pp. 4095–4101
53.189 C.-J. Chiang, G.S. Chirikjian: Modular robot motion planning using similarity metrics, Auton. Robots **10**, 91–106 (2001)
53.190 M. Koseki, K. Minami, N. Inou: Cellular robots forming a mechanical structure (evaluation of structural formation and hardware design of CHOBIE II), Proc. 7th Int. Symp. Distrib. Auton. Robotic Syst. (DARS) (2004) pp. 131–140
53.191 B.K. An: Em-cube: Cube-shaped, self-reconfigurable robots sliding on structure surfaces, Proc. IEEE Int. Conf. Robotics Autom. (ICRA) (2008) pp. 3149–3155
53.192 C. Ünsal, P.K. Khosla: Mechatronic design of a modular self-reconfiguring robotic system, Proc. IEEE Int. Conf. Robotics Autom. (ICRA) (2000) pp. 1742–1747
53.193 K.C. Prevas, C. Ünsal, M.Ö. Efe, P.K. Khosla: A hierarchical motion planning strategy for a uniform self-reconfigurable modular robotic system, Proc. IEEE Int. Conf. Robotics Autom. (ICRA) (2002) pp. 787–792
53.194 K. Hosokawa, T. Tsujimori, T. Fujii, H. Kaetsu, H. Asama, Y. Kuroda, I. Endo: Self-organizing collective robots with morphogenesis in a vertical plane, Proc. IEEE Int. Conf. Robotics Autom. (ICRA) (1998) pp. 2858–2863
53.195 S. Goldstein, J. Campbell, T. Mowry: Programmable Matter, IEEE Computer **38**(6), 99–101 (2005)
53.196 S.C. Goldstein, J.D. Campbell, T.C. Mowry: Programmable matter, Computer **38**(6), 99–101 (2005)
53.197 M.E. Karagozler, S.C. Goldstein, J.R. Reid: Stress-driven MEMS assembly + electrostatic forces = 1 mm diameter robot, Proc. IEEE/RSJ Int. Conf. Intell. Robots Syst. (IROS) (2009) pp. 2763–2769
53.198 P. Pillai, J. Campbell, G. Kedia, S. Moudgal, K. Sheth: A 3-D fax machine based on claytronics, Proc. IEEE/RSJ Int. Conf. Intell. Robots Syst. (IROS) (2006) pp. 4728–4735
53.199 P. White, K. Kopanski, H. Lipson: Stochastic self-reconfigurable cellular robotics, IEEE Conf. Robotics Autom. (2004) pp. 2888–2893
53.200 P. White, V. Zykov, J. Bongard, H. Lipson: Three dimensional stochastic reconfiguration of modular robots, Robotics Sci. Syst. (2005)
53.201 M. Tolley, J. Hiller, H. Lipson: Evolutionary design and assembly planning for stochastic modular robots, Proc. IEEE/RSJ. Int. Conf. Intell. Robotics Syst. (IROS) (2009) pp. 73–78
53.202 M. Tolley, H. Lipson: Fluidic manipulation for scalable stochastic 3-D assembly of modular robots, Proc. IEEE Int. Conf. Robotics Autom. (ICRA) (2010) pp. 2473–2478
53.203 M.T. Tolley, H. Lipson: Programmable 3-D stochastic fluidic assembly of cm-scale modules, Proc. IEEE/RSJ Int. Conf. Intell. Robots Syst. (IROS) (2011) pp. 4366–4371
53.204 K. Gilpin, K. Kotay, D. Rus, I. Vasilescu: Miche: Modular shape formation by self-disassembly, Int. J. Robotics Res. **27**, 345–372 (2008)
53.205 R. Oung, F. Bourgault, M. Donovan, R. D'Andrea: The distributed flight array, Proc. IEEE Int. Conf. Robotics Autom. (ICRA) (2010)
53.206 G.J. Hamlin, A.C. Sanderson: Tetrobot: A modular system for hyper-redundant parallel robotics, Proc. IEEE Int. Conf. Robotics Autom. (ICRA) (1995) pp. 154–159
53.207 A. Lyder, R.F.M. Garcia, K. Stoy: Mechanical design of Odin, an extendable heterogeneous deformable modular robot, Proc. IEEE/RSJ Int. Conf. Intell. Robots Syst. (IROS) (2008) pp. 883–888
53.208 A. Lyder, H.G. Peterson, K. Stoy: Representation and shape estimation of Odin, a parallel under-actuated modular robot, Proc. IEEE/RSJ Int. Conf. Intell. Robots Syst. (IROS) (2009) pp. 5275–5280
53.209 C.-H. Yu, K. Haller, D. Ingber, R. Nagpal: Morpho: A self-deformable modular robot inspired by cellar structure, Proc. IEEE/RSJ Int. Conf. Intell. Robots Syst. (IROS) (2008) pp. 3571–3578

53.210 M. Shimizu, A. Ishiguro, T. Kawakatsu: A modular robot that exploits a spontaneous connectivity control mechanism, Proc. IEEE/RSJ Int. Conf. Intell. Robots Syst. (IROS) (2005) pp. 1899–1904
53.211 M. Shimizu, T. Mori, A. Ishiguro: A Development of a modular robot that enables adaptive reconfiguration, Proc. IEEE/RSJ Int. Conf. Intell. Robots Syst. (IROS) (2006) pp. 174–179
53.212 S. Funiak, P. Pillai, M.P. Ashley-Rollman, J.D. Campbell, S.C. Goldstein: Distributed localization of modular robot ensembles, Int. J. Robotics Res. **28**(8), 946–961 (2009)
53.213 M. Rubenstein, W.-M. Shen: Scalable self-assembly and self-repair in a collective of robots, Proc. IEEE/RSJ Int. Conf. Intell. Robots Syst. (IROS) (2009) pp. 1484–1489
53.214 M. Rubenstein, W.-M. Shen: Automatic scalable size selection for the shape of a distributed robotic collective, Proc. IEEE/RSJ Int. Conf. Intell. Robots Syst. (IROS) (2010) pp. 508–513
53.215 M. Rubenstein, C. Ahler, R. Nagpal: Kilobot: A low cost scalable robot system for collective behaviors, IEEE Int. Conf. Robotics Autom. (ICRA) (2012)
53.216 E. Hawkes, B. An, N.M. Benbernou, H. Tanaka, S. Kim, E.D. Demaine, D. Rus, R.J. Wood: Programmable matter by folding, Proc. Natl. Acad. Sci. USA **107**(28), 12441–12445 (2010)
53.217 B. An, D. Rus: Programming and controlling self-folding sheets, IEEE Int. Conf. Robotics Autom. (ICRA) (2012)
53.218 G. Whitesides, B. Grzybowski: Self-assembly at all scales, Sci. USA **295**, 2418–2421 (2002)
53.219 G.M. Whitesides, M. Boncheva: Beyond molecules: Self-assembly of mesoscope and macroscopic components, Proc. Natl. Acad. Sciences **99**(8), 4769–4774 (2002)
53.220 D.H. Garcias, J. Tien, T.L. Breen, C. Hsu, G.M. Whitesides: Forming electrical networks in three dimensions by self-assembly, Science **289**(5482), 1170–1172 (2000)
53.221 S. Miyashita, M. Kessler, M. Lungarella: How morphology affects self-assembly in a stochastic modular robot, IEEE Int. Conf. Robotics Autom. (2008) pp. 3533–3538
53.222 K. Hosokawa, I. Shimoyama, H. Miura: Dynamics of self-assembling systems: Analogy with chemical kinematics, Artif. Life **1**(4), 413–427 (1994)
53.223 M. Shimizu, K. Suzuki: A Self-repairing structure for modules and its control by vibrating actuation mechanisms, IEEE Int. Conf. Robotics Autom. (ICRA) (2009) pp. 4281–4286
53.224 P.W.K. Rothemund, E. Winfree: The program-size complexity of self-assembled squares, 32rd Annu. ACM Symp. Theory Comput. (2000) pp. 459–468
53.225 L. Adleman, Q. Cheng, A. Goel, M.-D. Huang: Running time and program size for self-assembled squares, 33rd Annu. ACM Symp. Theory Comput. (2001) pp. 740–748
53.226 G. Aggarwal, M.H. Goldwasser, M.-Y. Kao, R.T. Schweller: Complexities for generalized models of self-assembly, 15th Annu. ACM-SIAM Symp. Discrete Algorithms (2004) pp. 880–889
53.227 J. Bishop, S. Burden, E. Klavins, R. Kreisberg, W. Malone, N. Napp, T. Nguyen: Programmable parts: A demonstration of the grammatical approach to self-organization, Proc. IEEE/RSJ Int. Conf. Intell. Robots Syst. (IROS) (2005) pp. 3684–3691
53.228 S. Griffith, D. Goldwater, J.M. Jacobson: Robotics: Self-replication from random parts, Nature **437**, 636 (2005)
53.229 C. Jones, M.J. Matarić: From local to global behavior in intelligent self-assembly, IEEE Int. Conf. Robotics Autom. (ICRA) (2003) pp. 721–726
53.230 J. Kelly, H. Zhang: Combinatorial optimization of sensing for rule-based planar distributed assembly, IEEE Int. Conf. Intell. Robots Syst. (2006) pp. 3728–3734
53.231 J. Werfel: Anthills Built to Order: Automating Construction with Artificial Swarms, Ph.D. Thesis (MIT, Cambridge 2006)
53.232 B. Donald, C.G. Levey, C.D. McGray, I. Paprotny, D. Rus: An untethered, electrostatic, globally controllable MEMS micro-robot, J. Microelectromech. Syst. **15**(1), 1–15 (2006)
53.233 B.R. Donald, C.G. Levey, I. Paprotny: Planar microassembly by parallel actuator of MEMS microrobots, J. Microelectromech. Syst. **17**(4), 789–808 (2008)
53.234 C. Pawashe, S. Floyd, M. Sitti: Assembly and disassembly of magnetic mobile micro-robots towards 2-D reconfigurable micro-systems, Int. Symp. Robotics Res. (2009)
53.235 N. Napp, S. Burden, E. Klavins: The statistical dynamics of programmed self-assembly, IEEE Int. Conf. Robotics Autom. (ICRA) (2006) pp. 1469–1476
53.236 K. Gilpin, D. Rus: A distributed algorithm for 2-D shape duplication with smart pebble robots, IEEE Int. Conf. Robotics Autom. (ICRA) (2012)
53.237 K. Gilpin, A. Knaian, D. Rus: Robot pebbles: One centimeter robotic modules for programmable matter through self-disassembly, IEEE Int. Conf. Robotics Autom. (ICRA) (2010)
53.238 L.E. Parker: The effect of heterogeneity in teams of 100+ mobile robots. In: *Multi-Robot Systems Volume II: From Swarms to Intelligent Automata*, ed. by A. Schultz, L.E. Parker, F. Schneider (Kluwer, Dordrecht 2003)
53.239 T. Balch: Hierarchic social entropy: An information theoretic measure of robot team diversity, Auton. Robots **8**(3), 209–238 (2000)
53.240 D. Jung, A. Zelinsky: Grounded symbolic communication between heterogeneous cooperating robots, Auton. Robots **8**(3), 269–292 (2000)
53.241 R.R. Murphy: Marsupial robots for urban search and rescue, IEEE Intell. Syst. **15**(2), 14–19 (2000)
53.242 G. Sukhatme, J.F. Montgomery, R.T. Vaughan: Experiments with cooperative aerial-ground robots. In: *Robot Teams: From Diversity to Polymorphism*, ed. by T. Balch, L.E. Parker (A K Peters, Natick 2002)
53.243 L.E. Parker, B. Kannan, F. Tang, M. Bailey: Tightly-coupled navigation assistance in heterogeneous multi-robot teams, Proc. IEEE Int. Conf. Intell. Robots Syst. (2004)
53.244 A. Howard, L.E. Parker, G.S. Sukhatme: Experiments with a large heterogeneous mobile robot

team: Exploration, mapping, deployment, and detection, Int. J. Robotics Res. **25**, 431–447 (2006)

53.245 L. Chaimowicz, B. Grocholsky, J.F. Keller, V. Kumar, C.J. Taylor: Experiments in multirobot air-ground coordination, Proc. IEEE Int. Conf. Robotics Autom. (ICRA) (2004)

53.246 L.E. Parker, F. Tang: Building multi-robot coalitions through automated task solution synthesis, Proc. IEEE **94**(7), 1289–1305 (2006)

53.247 R. Zlot, A. Stentz: Market-based multirobot coordination for complex tasks, Int. J. Robotics Res. **25**(1), 73–101 (2006)

53.248 J. Jennings, C. Kirkwood-Watts: Distributed mobile robotics by the method of dynamic teams. In: *Distributed Autonomous Robotic Systems 3*, ed. by T. Lueth, R. Dillmann, P. Dario, H. Wörn (Springer, Berlin, Heidelberg 1998)

53.249 E. Pagello, A. D'Angelo, E. Menegatti: Cooperation issues and distributed sensing for multirobot systems, Proc. IEEE **94**, 1370–1383 (2006)

53.250 B. Gerkey, M.J. Matarić: A formal analysis and taxonomy of task allocation in multi-robot systems, Int. J. Robotics Res. **23**(9), 939–954 (2004)

53.251 D. Gale: *The Theory of Linear Economic Models* (McGraw-Hill, New York 1960)

53.252 E. Balas, M.W. Padberg: On the set-covering problem, Oper. Res. **20**(6), 1152–1161 (1972)

53.253 B.B. Werger, M.J. Matarić: Broadcast of local eligibility for multi-target observation. In: *Distributed Autonomous Robotic Systems 4*, ed. by L.E. Parker, G. Bekey, J. Barhen (Springer, Tokyo 2000)

53.254 R.A. Brooks: A robust layered control system for a mobile robot, IEEE J. Robotics Autom. **RA-2**(1), 14–23 (1986)

53.255 S. Botelho, R. Alami: M+: A scheme for multi-robot cooperation through negotiated task allocation and achievement, Proc. IEEE Int. Conf. Robotics Autom. (1999) pp. 1234–1239

53.256 R.G. Smith: The contract net protocol: High-level communication and control in a distributed problem solver, IEEE Trans. Comput. **C-29**(12), 1104–1113 (1980)

53.257 B. Dias, R. Zlot, N. Kalra, A. Stentz: Market-based multirobot coordination: A survey and analysis, Proc. IEEE **94**(7), 1257–1270 (2006)

53.258 B.P. Gerkey, M.J. Matarić: Sold! Auction methods for multi-robot coordination, IEEE Trans. Robotics Autom. **18**(5), 758–768 (2002)

53.259 H. Kose, U. Tatlidede, C. Mericli, K. Kaplan, H.L. Akin: Q-learning based market-driven multi-agent collaboration in robot soccer, Proc. Turk. Symp. Artif. Intell. Neural Netw. (2004) pp. 219–228

53.260 D. Vail, M. Veloso: Multi-robot dynamic role assignment and coordination through shared potential fields, multi-robot systems: From swarms to intelligent automata, Proc. Int. Workshop Multi-Robot Syst. (2003) pp. 87–98

53.261 M. Lagoudakis, E. Markakis, D. Kempe, P. Keshinocak, A. Kleywegt, S. Koenig, C. Tovey, A. Meyerson, S. Jain: *Auction-based multi-robot routing, Robotics: Science and Systems I* (MIT Press, Cambridge 2005)

53.262 G. Rabideau, T. Estlin, S. Schien, A. Barrett: A comparison of coordinated planning methods for cooperating rovers, Proc. AIAA Space Technol. Conf. (1999)

53.263 R. Zlot, A. Stentz, M.B. Dias, S. Thayer: Multi-robot exploration controlled by a market economy, Proc. IEEE Int. Conf. Robotics Autom. (ICRA) (2002) pp. 3016–3023

53.264 J. Guerrero, G. Oliver: Multi-robot task allocation strategies using auction-like mechanisms, Proc. 6th Congr. Catalan Assoc. Artif. Intell. (2003) pp. 111–122

53.265 N. Kalra, D. Ferguson, A. Stentz: Hoplites: A market-based framework for planned tight coordination in multirobot teams, Proc. IEEE Int. Conf. Robotics Autom. (ICRA) (2005)

53.266 L. Lin, Z. Zheng: Combinatorial bids based multi-robot task allocation method, Proc. IEEE Int. Conf. Robotics. Autom. (ICRA) (2005) pp. 1145–1150

53.267 C.-H. Fua, S.S. Ge: COBOS: Cooperative backoff adaptive scheme for multirobot task allocation, IEEE Trans. Robotics **21**(6), 1168–1178 (2005)

53.268 E.G. Jones, B. Browning, M.B. Dias, B. Argall, M. Veloso, A. Stentz: Dynamically formed heterogeneous robot teams performing tightly-coupled tasks, Proc. IEEE Int. Conf. Robotics Autom. (ICRA) (2006) pp. 570–575

53.269 Y. Zhang, L.E. Parker: IQ-ASyMTRe: Forming executable coalitions for tightly coupled multirobot tasks, IEEE Trans. Robotics **29**(2), 400–416 (2012)

53.270 L. Vig, J.A. Adams: Multi-robot coalition formation, IEEE Trans. Robotics **22**(4), 637–649 (2006)

53.271 M. Bowling, M. Veloso: Simultaneous adversarial multi-robot learning, Proc. Int. Joint Conf. Artif. Intell. (2003)

53.272 F. Fernandez, L.E. Parker: A reinforcement learning algorithm in cooperative multi-robot domains, J. Intell. Robots Syst. **43**, 161–174 (2005)

53.273 C.F. Touzet: Robot awareness in cooperative mobile robot learning, Auton. Robots **2**, 1–13 (2000)

53.274 R. Steeb, S. Cammarata, F. Hayes-Roth, P. Thorndyke, R. Wesson: *Distributed Intelligence for Air Fleet Control*, Rand Corp. Tech. Rep. R-2728-AFPA (1981)

53.275 M. Benda, V. Jagannathan, R. Dodhiawalla: On Optimal Cooperation of Knowledge Sources, Boeing AI Center Tech. Rep. BCS-G2010-28 (1985)

53.276 T. Haynes, S. Sen: Evolving behavioral strategies in predators and prey. In: *Adaptation and Learning in Multi-Agent Systems*, ed. by G. Weiss, S. Sen (Springer, Berlin, Heidelberg 1986) pp. 113–126

53.277 S. Mahadevan, J. Connell: Automatic programming of behavior-based robots using reinforcement learning, Proc. AAAI (1991) pp. 8–14

53.278 S. Marsella, J. Adibi, Y. Al-Onaizan, G. Kaminka, I. Muslea, M. Tambe: On being a teammate: Experiences acquired in the design of RoboCup teams, Proc. 3rd Annu. Conf. Auton. Agents (1999) pp. 221–227

53.279 J. Pugh, A. Martinoli: Multi-robot learning with particle swarm optimization, Proc. 5th Int. Jt. Conf. Auton. Agents Multiagent Syst. (2006) pp. 441–448

53.280 P. Stone, M. Veloso: Multiagent systems: A survey from a machine learning perspective, Auton.

Robots **8**(3), 345–383 (2000)
53.281 M. Asada, E. Uchibe, S. Noda, S. Tawaratsumida, K. Hosoda: Coordination of multiple behaviors acquired by a vision-based reinforcement learning, Proc. IEEE/RSJ/GI Int. Conf. Intell. Robots Syst. (1994) pp. 917–924
53.282 M. Kubo, Y. Kakazu: Learning coordinated motions in a competition for food between ant colonies, Proc. 3rd Int. Conf. Simul. Adapt. Behav. (1994) pp. 487–492
53.283 R. Alami, S. Fleury, M. Herrb, F. Ingrand, F. Robert: Multi-robot cooperation in the MARTHA project, IEEE Robotics Autom. Mag. **5**(1), 36–47 (1998)
53.284 A. Stroupe, A. Okon, M. Robinson, T. Huntsberger, H. Aghazarian, E. Baumgartner: Sustainable cooperative robotic technologies for human and robotic outpost infrastructure construction and maintenance, Auton. Robots **20**(2), 113–123 (2006)
53.285 H.R. Everett, R.T. Laird, D.M. Carroll, G.A. Gilbreath, T.A. Heath-Pastore, R.S. Inderieden, T. Tran, K.J. Grant, D.M. Jaffee: *Multiple resource host architecture (MRHA) for the mobile detection assessment response system* (MDARS), SPAWAR Systems Technical Documen 3026, Revision A (2000)
53.286 Y. Guo, L.E. Parker, R. Madhavan: Towards collaborative robots for infrastructure security applications, Proc. Int. Symp. Collab. Technol. Syst. (2004) pp. 235–240
53.287 C. Hazard, P.R. Wurman, R. D'Andrea: Alphabet Soup: A testbed for studying resource allocation in multi-vehicle systems, Proc. AAAI Workshop Auction Mech. Robot Coord. (2006) pp. 23–30
53.288 D. Nardi, A. Farinelli, L. Iocchi: Multirobot systems: A classification focused on coordination, IEEE Trans. Syst. Man Cybern. B **34**(5), 2015–2028 (2004)
53.289 K. Passino: Biomimicry of bacterial foraging for distributed optimization and control, IEEE Control Syst. Mag. **22**(3), 52–67 (2002)
53.290 M. Schneider-Fontan, M. Matarić: Territorial multi-robot task division, IEEE Trans. Robotics Autom. **15**(5), 815–822 (1998)
53.291 I. Wagner, M. Lindenbaum, A.M. Bruckstein: Mac vs. PC – Determinism and randomness as complementary approaches to robotic exploration of continuous unknown domains, Int. J. Robotics Res. **19**(1), 12–31 (2000)
53.292 K. Sugawara, M. Sano: Cooperative behavior of interacting simple robots in a clockface arranged foraging field. In: *Distributed Autonomous Robotic Systems*, ed. by H. Asama, T. Arai, T. Fukuda, T. Hasegawa (Springer, Berlin, Heidelberg 2002)
53.293 P. Rybski, S. Stoeter, C. Wyman, M. Gini: A cooperative multi-robot approach to the mapping and exploration of Mars, Proc. AAAI/IAAI (1997)
53.294 S. Sun, D. Lee, K. Sim: Artificial immune-based swarm behaviors of distributed autonomous robotic systems, Proc. IEEE Int. Conf. Robotics Autom. (2001) pp. 3993–3998
53.295 A.I. Mourikis, S.I. Roumeliotis: Optimal sensor scheduling for resource-constrained localization of mobile robot formations, IEEE Trans. Robotics **22**(5), 917–931 (2006)
53.296 S. Kloder, S. Hutchinson: Path planning for permutation-invariant multirobot formations, IEEE Trans. Robotics **22**(4), 650–665 (2006)
53.297 C.W. Reynolds: Flocks, herds and schools: A distributed behavioral model, ACM SIGGRAPH Comput. Gr. **21**, 25–34 (1987)
53.298 T. Balch, R. Arkin: Behavior-based formation control for multi-robot teams, IEEE Trans. Robotics Autom. **14**(6), 926–939 (1998)
53.299 A. Jadbabaie, J. Lin, A.S. Morse: Coordination of groups of mobile autonomous agents using nearest neighbor rules, IEEE Trans. Autom. Control **48**(6), 988–1001 (2002)
53.300 C. Belta, V. Kumar: Abstraction and control for groups of robots, IEEE Trans. Robotics **20**(5), 865–875 (2004)
53.301 C.M. Topaz, A.L. Bertozzi: Swarming patterns in two-dimensional kinematic model for biological groups, SIAM J. Appl. Math. **65**(1), 152–174 (2004)
53.302 J.A. Fax, R.M. Murray: Information flow and cooperative control of vehicle formations, IEEE Trans. Autom. Control **49**(9), 1465–1476 (2004)
53.303 J.A. Marshall, M.E. Broucke, B.R. Francis: Formations of vehicles in cyclic pursuit, IEEE Trans. Autom. Control **49**(11), 1963–1974 (2004)
53.304 S.S. Ge, C.-H. Fua: Queues and artificial potential trenches for multirobot formations, IEEE Trans. Robotics **21**(4), 646–656 (2005)
53.305 P. Tabuada, G. Pappas, P. Lima: Motion feasibility of multi-agent formations, IEEE Trans. Robotics **21**(3), 387–392 (2005)
53.306 G. Antonelli, S. Chiaverini: Kinematic control of platoons of autonomous vehicles, IEEE Trans. Robotics **22**(6), 1285–1292 (2006)
53.307 J. Fredslund, M.J. Matarić: A general algorithm for robot formations using local sensing and minimal communication, IEEE Trans. Robotics Autom. **18**(5), 837–846 (2002)
53.308 Y. Cao, W. Yu, W. Ren, G. Chen: An overview of recent progress in the study of distributed multi-agent coordination, IEEE Trans. Ind. Inf. **9**(1), 427–438 (2012)
53.309 R.M. Murray: Recent research in cooperative control of multivehicle systems, J. Dyn. Syst. Meas. Control **129**(5), 571–583 (2007)
53.310 P.J. Johnson, J.S. Bay: Distributed control of simulated autonomous mobile robot collectives in payload transportation, Auton. Robots **2**(1), 43–63 (1995)
53.311 Z. Wang, E. Nakano, T. Matsukawa: Realizing cooperative object manipulation using multiple behaviour-based robots, Proc. IEEE/RSJ Int. Conf. Intell. Robots Syst. (IROS) (1996) pp. 310–317
53.312 K. Kosuge, T. Oosumi: Decentralized control of multiple robots handling an object, Proc. IEEE/RSJ Int. Conf. Intell. Robots Syst. (IROS) (1996) pp. 318–323
53.313 N. Miyata, J. Ota, Y. Aiyama, J. Sasaki, T. Arai: Cooperative transport system with regrasping car-like mobile robots, Proc. IEEE/RSJ Int. Conf. Intell. Robots Syst. (IROS) (1997) pp. 1754–1761
53.314 C.R. Kube, E. Bonabeau: Cooperative transport by ants and robots, Robotics Auton. Syst. **30**(1), 85–101 (2000)

53.315 R. Groß, M. Dorigo: Towards group transport by swarms of robots, Int. J. Bio-Inspired Comput. **1**(1), 1–13 (2009)

53.316 L.E. Parker: ALLIANCE: An architecture for fault tolerant, cooperative control of heterogeneous mobile robots, Proc. IEEE/RSJ/GI Int. Conf. Intell. Robots Syst. (1994) pp. 776–783

53.317 B. Donald, J. Jennings, D. Rus: Analyzing teams of cooperating mobile robots, Proc. IEEE Int. Conf. Robotics Autom. (1994) pp. 1896–1903

53.318 Y. Mohan, S.G. Ponnambalam: An extensive review of research in swarm robotics, World Congr. Nat. Biol. Insp. Comput. (2009) pp. 140–145

53.319 A.J. Ijspeert, A. Martinoli, A. Billard, L.M. Gambardella: Collaboration through the exploitation of local interactions in autonomous collective robotics: The stick pulling experiment, Auton. Robots **11**(2), 149–171 (2001)

53.320 A. Martinoli, K. Easton, W. Agassounon: Modeling swarm robotic systems: A case study in collaborative distributed manipulation, Int. J. Robotics Res. **23**(4–5), 415–436 (2004)

53.321 S. Berman, Q. Lindsey, M.S. Sakar, V. Kumar, S.C. Pratt: Experimental study and modeling of group retrieval in ants as an approach to collective transport in swarm robotic systems, Proc. IEEE **99**(9), 1470–1481 (2011)

53.322 J.M. Esposito: Distributed grasp synthesis for swarm manipulation with applications to autonomous tugboats, IEEE Int. Conf. Robotics Autom. (2008) pp. 1489–1494

53.323 Z. Wang, V. Kumar: Object closure and manipulation by multiple cooperating mobile robots, Proc. IEEE Int. Conf. Robotics Autom. (ICRA) (2002) pp. 394–399

53.324 Z. Wang, Y. Hirata, K. Kosuge: Control a rigid caging formation for cooperative object transportation by multiple mobile robots, Proc. of IEEE Int. Conf. Robotics Autom. (ICRA) (2004) pp. 1580–1585

53.325 J. Fink, N. Michael, V. Kumar: Composition of vector fields for multi-robot manipulation via caging, Robotics Sci. Syst. Conf. (2007)

53.326 F. Arrichiello, H.K. Heidarsson, S. Chiaverini, G.S. Sukhatme: Cooperative caging and transport using autonomous aquatic surface vehicles, Intell. Serv. Robotics **5**(1), 73–87 (2012)

53.327 J. Werfel: Building patterned structures with robot swarms, Proc. 19th Int. Jt. Conf. Artif. Intell. (IJCAI) (2005) pp. 1495–1502

53.328 J. Werfel, Y. Bar-Yam, D. Rus, R. Nagpal: Distributed construction by mobile robots with enhanced building blocks, IEEE Int. Conf. Robotics Autom. (2006) pp. 2787–2794

53.329 J. Werfel, R. Nagpal: Extended stigmergy in collective construction, IEEE Intell. Syst. **21**(2), 20–28 (2006)

53.330 J. Werfel, R. Nagpal: Three-dimensional construction with mobile robots and modular blocks, Int. J. Robotics Res. **27**(3/4), 463–479 (2008)

53.331 Y. Terada, S. Murata: Automatic modular assembly system and its distributed control, Int. J. Robotics Res. **27**, 445–462 (2008)

53.332 J. Wawerla, G.S. Sukhatme, M.J. Mataric: Collective construction with multiple robots, Proc. IEEE/RSJ Int. Conf. Intell. Robots Syst. (IROS) (2002) pp. 2696–2701

53.333 R.L. Stewart, R.A. Russell: Building a loose wall structure with a robotic swarm using a spatio-temporal varying template, Proc. IEEE/RSJ Int. Conf. Intell. Robots Syst. (IROS) (2004) pp. 712–716

53.334 R.L. Stewart, R.A. Russell: A distributed feedback mechanism to regulate wall construction by a robotic swarm, Adapt. Behav. **14**(1), 21–51 (2006)

53.335 T. Huntsberger, G. Rodriguez, P. Schenker: Robotics challenges for robotic and human Mars exploration, Proc. Robotics 2000 (2000) pp. 340–346

53.336 R.A. Brooks, P. Maes, M.J. Mataric, G. More: Lunar based construction robots, Proc. IEEE Int. Workshop Intell. Robots Syst. (IROS) (1990) pp. 389–392

53.337 C.A.C. Parker, H. Zhang, C.R. Kube: Blind bulldozing: Multiple robot nest construction, Proc. IEEE/RSJ Int. Conf. Intell. Robots Syst. (IROS) (2003) pp. 2010–2015

53.338 S. Sen, M. Sekaran, J. Hale: Learning to coordinate without sharing information, Proc. AAAI (1994) pp. 426–431

53.339 B. Tung, L. Kleinrock: Distributed control methods, Proc. 2nd Int. Symp. High Perform. Distrib. Comput. (1993) pp. 206–215

53.340 Z.-D. Wang, E. Nakano, T. Matsukawa: Cooperating multiple behavior-based robots for object manipulation, Proc. IEEE/RSJ/GI Int. Conf. Intell. Robots Syst. (IROS) (1994) pp. 1524–1531

53.341 D. Rus, B. Donald, J. Jennings: Moving furniture with teams of autonomous robots, Proc. IEEE/RSJ Int. Conf. Intell. Robots Syst. (1995) pp. 235–242

53.342 F. Hara, Y. Yasui, T. Aritake: A kinematic analysis of locomotive cooperation for two mobile robots along a general wavy road, Proc. IEEE Int. Conf. Robotics Autom. (1995) pp. 1197–1204

53.343 J. Sasaki, J. Ota, E. Yoshida, D. Kurabayashi, T. Arai: Cooperating grasping of a large object by multiple mobile robots, Proc. IEEE Int. Conf. Robotics Autom. (1995) pp. 1205–1210

53.344 C. Jones, M.J. Matarić: Automatic synthesis of communication-based coordinated multi-robot systems, Proc. IEEE/RSJ Int. Conf. Intell. Robots Syst. (IROS) (2004) pp. 381–387

53.345 L.E. Parker: Cooperative robotics for multi-target observation, Intell. Autom. Soft Comput. **5**(1), 5–19 (1999)

53.346 A.W. Stroupe, M.C. Martin, T. Balch: Distributed sensor fusion for object position estimation by multi-robot systems, Proc. IEEE Int. Conf. Robotics Autom. (ICRA) (2001) pp. 1092–1098

53.347 S. Luke, K. Sullivan, L. Panait, G. Balan: Tunably decentralized algorithms for cooperative target observation, Proc. 4th Int. Jt. Conf. Auton. Agents Multiagent Syst. (2005) pp. 911–917

53.348 S.M. LaValle, H.H. Gonzalez-Banos, C. Becker, J.-C. Latombe: Motion strategies for maintaining visibility of a moving target, Proc. IEEE Int. Conf. Robotics Autom. (1997) pp. 731–736

53.349 T.H. Chung, J.W. Burdick, R.M. Murray: A decentralized motion coordination strategy for dynamic target tracking, Proc. IEEE Int. Conf. Robotics Autom. (ICRA) (2006) pp. 2416–2422

53.350 A. Kolling, S. Carpin: Multirobot cooperation for surveillance of multiple moving targets – A new behavioral approach, Proc. IEEE Int. Conf. Robotics Autom. (ICRA) (2006) pp. 1311–1316

53.351 B. Jung, G. Sukhatme: Tracking targets using multiple mobile robots: The effect of environment occlusion, Auton. Robots **13**(3), 191–205 (2002)

53.352 Z. Tang, U. Ozguner: Motion planning for multitarget surveillance with mobile sensor agents, IEEE Trans. Robotics **21**(5), 898–908 (2005)

53.353 M.A. Vieira, R. Govindan, G.S. Sukhatme: Scalable and practical pursuit-evasion with networked robots, Intell. Serv. Robotics **2**(4), 247–263 (2009)

53.354 L.E. Parker: Path planning and motion coordination in multiple mobile robot teams. In: *Encyclopedia of Complexity and System Science*, ed. by R.A. Meyers (Springer, Berlin, Heidelberg 2009)

53.355 D. Grossman: Traffic control of multiple robot vehicles, IEEE J. Robotics Autom. **4**, 491–497 (1988)

53.356 P. Caloud, W. Choi, J.-C. Latombe, C. Le Pape, M. Yim: Indoor automation with many mobile robots, IEEE Int. Workshop Intell. Robots Syst. (IROS) (1990) pp. 67–72

53.357 H. Asama, K. Ozaki, H. Itakura, A. Matsumoto, Y. Ishida, I. Endo: Collision avoidance among multiple mobile robots based on rules and communication, Proc. IEEE/RSJ Int. Conf. Intell. Robots Syst. (IROS) (1991) pp. 1215–1220

53.358 S. Yuta, S. Premvuti: Coordinating autonomous and centralized decision making to achieve cooperative behaviors between multiple mobile robots, Proc. IEEE/RSJ Int. Conf. Intell. Robots Syst. (1992) pp. 1566–1574

53.359 J. Wang: Fully distributed traffic control strategies for many-AGV systems, IEEE Int. Workshop Intell. Robots Syst. (1991) pp. 1199–1204

53.360 J. Wang, G. Beni: Distributed computing problems in cellular robotic systems, Proc. IEEE Int. Workshop Intell. Robots Syst. (1990) pp. 819–826

53.361 P. Svestka, M. Overmars: Coordinated path planning for multiple robots, Robotics Auton. Syst. **23**, 125–152 (1998)

53.362 M. Peasgood, C. Clark, J. McPhee: A complete and scalable strategy for coordinating multiple robots within roadmaps, IEEE Trans. Robotics **24**(2), 283–292 (2008)

53.363 M. Erdmann, T. Lozano-Perez: On multiple moving objects, Algorithmica **2**, 477–521 (1987)

53.364 C. Ferrari, E. Pagello, J. Ota, T. Arai: Multirobot motion coordination in space and time, Robotics Auton. Syst. **25**, 219–229 (1998)

53.365 M. Bennewitz, W. Burgard, S. Thrun: Finding and optimizing solvable priority schemes for decoupled path planning techniques for teams of mobiel robots, Robotics Auton. Syst. **41**(2), 89–99 (2002)

53.366 H. Kitano, M. Asada, Y. Kuniyoshi, I. Noda, E. Osawa, H. Matasubara: RoboCup: A challenge problem of AI, AI Magazine **18**(1), 73–86 (1997)

53.367 H. Kitano, S. Tadokoro: RoboCup rescue: A grand challenge for multiagent and intelligent systems, AI Magazine **22**(1), 39–52 (2001)

53.368 B. Browning, J. Bruce, M. Bowling, M. Veloso: STP: Skills, tactics and plays for multi-robot control in adversarial environments, IEEE J. Control Syst. Eng. **219**, 33–52 (2005)

53.369 M. Veloso, P. Stone, K. Han: The CMUnited-97 robotic soccer team: Perception and multiagent control, Robotics Auton. Syst. **29**(2/3), 133–143 (1999)

53.370 T. Weigel, J.-S. Gutmann, M. Dietl, A. Kleiner, B. Nebel: CS Freiburg: Coordinating robots for successful soccer playing, IEEE Trans. Robotics Autom. **5**(18), 685–699 (2002)

53.371 P. Stone, M. Veloso: Task decomposition, dynamic role assignemnt, and low-bandwidth communicaiton for real-time strategic teamwork, Artif. Intell. **110**(2), 241–273 (1999)

53.372 C. Candea, H.S. Hu, L. Iocchi, D. Nardi, M. Piaggio: Coordination in multi-agent Robocup teams, Robotics Auton. Syst. **36**(2), 67–86 (2001)

53.373 L.E. Parker: Current state of the art in distributed autonomous mobile robotics, Distrib. Auton. Robotic Syst. **4**, 3–12 (2000)

53.374 K.R. Baghaei, A. Agah: Task allocation and communication methodologies for multi-robot systems, Intell. Autom. Soft Comput. **9**, 217–226 (2003)

53.375 T. Balch, L.E. Parker: Guest editorial, special issue on heterogeneous multi-robot systems, Auton. Robots **8**(3), 207–208 (2000)

53.376 M. Dorigo, E. Sahin: Guest editorial, special issue on swarm robotics, Auton. Robots **17**(2/3), 111–113 (2004)

53.377 M. Veloso, D. Nardi: Special issue on multirobot systems, Proc. IEEE **94**, 1253–1256 (2006)

53.378 T. Balch: Taxonomies of multi-robot task and reward. In: *Robot Teams: From Diversity to Polymorphism*, ed. by T. Balch, L.E. Parker (A K Peters, Natick 2002)

53.379 L.E. Parker, G. Bekey, J. Barhen (Eds.): *Distributed Autonomous Robotic Systems 4* (Springer, Berlin, Heidelberg 2000)

53.380 H. Asama, T. Arai, T. Fukuda, T. Hasegawa (Eds.): *Distributed Autonomous Robotic Systems 5* (Springer, Berlin, Heidelberg 2002)

53.381 R. Alami, R. Chatila, H. Asama (Eds.): *Distributed Autonomous Robotic Systems 6* (Springer, Berlin, Heidelberg 2006)

53.382 M. Gini, R. Voyles (Eds.): *Distributed Autonomous Robotic Systems 7* (Springer, Berlin, Heidelberg 2006)

53.383 H. Asama, H. Kurokawa, J. Ota, K. Sekiyama: *Distributed Autonomous Robotic Systems 8* (Springer, Berlin, Heidelberg 2009)

53.384 A. Martinoli, F. Mondada, N. Correll, G. Mermoud, M. Egerstedt, M.A. Hsieh, L.E. Parker, K. Stoy (Eds.): *Distributed Autonomous Robotic Systems*, Springer Tracts in Advanced Robotics, Vol. 83 (Springer, Berlin, Heidelberg 2013)

53.385 A. Schultz, L.E. Parker (Eds.): *Multi-Robot Systems: From Swarms to Intelligent Automata* (Kluwer, Dordrecht 2002)

53.386 A. Schultz, L.E. Parker, F. Schneider (Eds.): *Multi-Robot Systems Volume II: From Swarms to Intelligent Automata* (Kluwer, Dordrecht 2003)

53.387 E. Sahin, W.M. Spears (Eds.): *Swarm Robotics: SAB 2004 Int. Workshop* (Springer, Berlin, Heidelberg 2004)

53.388 L.E. Parker, F. Schneider, A. Schultz (Eds.): *Multi-Robot Systems Volume III: From Swarms to Intelligent Automata* (Kluwer, Dordrecht 2005)

53.389 T. Balch, L.E. Parker (Eds.): *Robot Teams: From Polymorphism to Diversity* (A K Peters, Natick 2002)

53.390 F. Bullo, J. Cortés, S. Martinez: *Distributed Control of Robotic Networks: A Mathematical Approach to Motion Coordination Algorithms* (Princeton University Press, Princeton 2009)

53.391 S. Kernbach (Ed.): *Handbook of Collective Robotics: Fundamentals and Challenges* (CRC, Boca Raton 2013)